控制阀设计制造技术

主 编 马玉山

副主编 周永兴

参 编 王学朋 贾 华 郭 伟 李虎生
　　　　余少华 赵文宝 徐喜龙 张耀华
　　　　刘海平 李彦梅

机械工业出版社

本书全面介绍了石油、化工等流程工业用控制阀的设计、制造、质量控制、选用、维护检修技术原理及方法。全书共17章，主要内容包括：控制阀基础知识，控制阀的基本原理、分类、名词术语和参数；控制阀相关标准、规范和认证；流体介质物性基础数据；控制阀材料及耐蚀性；控制阀选型与计算；控制阀的设计；控制阀制造技术与执行机构；控制阀各类附件，如定位器、电磁阀、空气过滤减压阀、行程开关以及其他常见控制阀配套附件；控制阀控制模式和质量控制及检验试验；控制阀的维护、维修与安装以及控制阀智能制造。

本书提供了大量图、表、数据资料，为广大流程工业生产过程控制领域的工程技术人员、设计科研院所的技术人员及控制阀相关行业设计、应用和维护人员提供了参考依据和可查阅的数据资料。

图书在版编目（CIP）数据

控制阀设计制造技术/马玉山主编.—北京：机械工业出版社，2023.2
 ISBN 978-7-111-72340-0

Ⅰ.①控⋯ Ⅱ.①马⋯ Ⅲ.①控制阀-设计②控制阀-制造 Ⅳ.①TH134

中国国家版本馆 CIP 数据核字（2023）第 030646 号

机械工业出版社（北京市百万庄大街22号 邮政编码100037）
策划编辑：王玉鑫　　　　　　　　　责任编辑：王玉鑫　张振霞　聂文君
责任校对：张晓蓉　何　洋　于伟蓉　封面设计：鞠　杨
责任印制：邓　博
盛通（廊坊）出版物印刷有限公司印刷
2023年7月第1版第1次印刷
184mm×260mm · 77 印张 · 1138 千字
标准书号：ISBN 978-7-111-72340-0
定价：348.00 元

电话服务　　　　　　　　　　　　网络服务
客服电话：010-88361066　　　　　机　工　官　网：www.cmpbook.com
　　　　　010-88379833　　　　　机　工　官　博：weibo.com/cmp1952
　　　　　010-68326294　　　　　金　书　网：www.golden-book.com
封底无防伪标均为盗版　　　　　机工教育服务网：www.cmpedu.com

前　言

控制阀是一种能够改变过程控制系统中流体流量的动力操作装置。它包括阀门及其所连接的执行机构，执行机构能够根据来自控制系统的信号改变阀门中流量控制元件的位置。控制阀是工业自动化的关键基础部件，它广泛应用于石油天然气、石化化工、冶金钢铁、电力、轻工等国民经济命脉产业和众多基础工业，是在工业过程中精确控制介质流量、压力、温度、液位等工艺参数的核心部件。作为流程工业控制系统的终端控制元件，控制阀是复杂的高科技产品，它在工业控制系统中的应用，不仅要求具有流通能力、泄漏量、材料适应性等静态性能指标，还需具有调节工艺参数的功能，同时，还决定了控制系统的稳定性、精确度和自动化程度。随着技术的进步，工业控制系统中超高压、真空、超高温、超低温、酸性、腐蚀、易燃易爆、多相流等复杂极端工况日益增多，从而对控制阀的安全性、可靠性以及使用寿命等提出了更高更严格的要求，对生产制造的工艺装备、设计水平、工艺水平及检测试验手段的要求进一步提高。控制阀技术的发展水平体现了国家的基础装备制造能力和工业现代化水平，是流程工业产业实现自动化、智能化的必要条件。

虽然控制阀的结构基本上都是由阀体组件、执行机构和控制器件（附件）组成，但是由于其主要零件与被控（流体）介质直接接触，因此在控制阀设计时，不仅要考虑机械强度、刚度、制造工艺和摩擦、磨损等问题，还要考虑流体的物理、化学作用和流体动力、热力作用所产生的问题。控制阀的设计、制造不仅涉及机械设计、机械制造、自动控制学科的知识，还需要材料学、腐蚀学、流体动力学、热力学和传热学等学科的知识。

同时，由于控制阀的品种较多，使用数量较大，从业人员必须综合应用各种知识，贯彻相关的标准，并通过试验研究和实践，才能最终完成控制阀的设计、制造、选择、应用、安装、维护等工作。

　　本书突出实用性，尽量以图表的形式向读者提供控制阀设计计算实际需要的公式、数据和程序方法，并汇集了大量的国内外有关阀门设计的最新标准资料，包括基础标准、结构尺寸标准、材料标准、试验方法标准等，有助于设计者根据不同需要按照不同的标准设计阀门。本书在引用国外标准、数据时，仍保留其原用计量单位，并在附录 A 中给出了常用计量单位转换与换算。

　　我们相信，本书的出版将会受到广大控制阀工作者的关注，也会对我国控制阀水平的提高起到积极的推动作用。由于编者的学识与水平有限，书中难免有不妥或疏漏之处，真诚地希望广大读者对本书存在的缺点和不足进行指正，以利修正，让更多的读者获益。

编　者

目 录

前 言

第1章 控制阀基础知识 ……… 1

1.1 控制阀工作原理 ……… 4
1.2 控制阀分类 ……… 7
   1.2.1 按结构形式分类 ……… 8
   1.2.2 按技术参数分类 ……… 25
1.3 控制阀组成及术语 ……… 27
   1.3.1 阀体组件 ……… 27
   1.3.2 执行机构 ……… 28
   1.3.3 控制阀附件 ……… 32
   1.3.4 控制阀术语 ……… 35
1.4 控制阀主要参数 ……… 41
   1.4.1 公称尺寸 ……… 41
   1.4.2 公称压力 ……… 42
   1.4.3 结构长度 ……… 43
   1.4.4 额定流量系数和额定容量 ……… 44
   1.4.5 流量特性 ……… 45
   1.4.6 可调比 ……… 46
   1.4.7 泄漏量 ……… 47
   1.4.8 推力及扭矩 ……… 48
   1.4.9 控制精度 ……… 49
   1.4.10 响应时间 ……… 50

第2章 控制阀相关标准、规范和认证 ……… 52

2.1 国家标准及行业标准 ……… 52
   2.1.1 国家标准 ……… 52
   2.1.2 行业标准 ……… 54
2.2 控制阀国际标准 ……… 56
2.3 控制阀相关控制部件标准 ……… 58
   2.3.1 定位器产品相关标准 ……… 58
   2.3.2 电磁阀产品相关标准 ……… 60
   2.3.3 电动执行机构相关标准 ……… 61
   2.3.4 空气过滤减压阀及其他气控元件产品相关标准 ……… 61
2.4 控制阀相关防爆标准 ……… 61
2.5 其他相关标准及规范 ……… 62
2.6 控制阀相关认证 ……… 63

第3章 流体介质物性基础数据 ………… 79

3.1 常用液体性质 …………………… 79
3.2 常用气体性质 …………………… 80
3.3 典型工业气体的热物理性质 … 82
    3.3.1 空气 ………………………… 82
    3.3.2 氮气 ………………………… 84
    3.3.3 氧气 ………………………… 85
    3.3.4 一氧化碳 …………………… 86
    3.3.5 二氧化碳 …………………… 87
    3.3.6 氢气 ………………………… 88
    3.3.7 水 …………………………… 89
3.4 常见有机、无机和单质气体比热容比 ………………………… 92
3.5 纯物质物性数据 ……………… 93

第4章 控制阀材料及耐蚀性 ……… 124

4.1 承压件材料 …………………… 124
    4.1.1 承压件材料的种类 ……… 124
    4.1.2 承压件材料的力学性能 …………………………… 125
    4.1.3 碳钢 ……………………… 125
    4.1.4 普通低温钢 ……………… 126
    4.1.5 高温钢 …………………… 127
    4.1.6 不锈钢 …………………… 129
    4.1.7 镍基合金 ………………… 131
    4.1.8 钛及钛合金 ……………… 131
    4.1.9 控制阀承压件常用材料 …………………………… 132
    4.1.10 承压件常用材料的标准及牌号对照 ………… 137
    4.1.11 材料的压力-温度额定值 ………………………… 139
    4.1.12 承压件常用材料的使用温度范围 …………… 304
    4.1.13 钛及钛合金的温度范围 ………………………… 306
    4.1.14 承压件常用材料的化学成分和力学性能 ……… 306
4.2 控压件材料 …………………… 333
    4.2.1 控压件材料特性 ………… 334
    4.2.2 一些特殊介质的材料禁忌 …………………… 348
    4.2.3 软密封材料 ……………… 350
4.3 紧固件材料 …………………… 351
    4.3.1 紧固件材料的标准 ……… 351
    4.3.2 紧固件材料的选用 ……… 351
    4.3.3 常用紧固件的力学性能 …………………………… 352

4.4 密封材料 …………………… 355
　4.4.1 常用密封材料 ………… 355
　4.4.2 常用的填料种类 ……… 355
　4.4.3 垫片 …………………… 363
4.5 控制阀表面硬化材料 ……… 365
　4.5.1 钴基合金堆焊焊丝的
　　　　选用 …………………… 366
　4.5.2 等离子弧堆焊用合金
　　　　粉末 …………………… 366
　4.5.3 手工电弧焊堆焊用
　　　　焊条 …………………… 368
　4.5.4 镍基合金熔覆粉末 …… 368
　4.5.5 非晶态合金堆焊材料 … 370

第5章 控制阀选型与计算 …… 372

5.1 控制阀尺寸 ………………… 372
5.2 控制阀基本流量公式的
　　修正 ………………………… 379
　5.2.1 阻塞流修正与低雷诺数
　　　　修正 …………………… 380
　5.2.2 可压缩性流体修正 …… 383
　5.2.3 配管集合形状修正 …… 388
　5.2.4 气液两相流计算 ……… 392
5.3 阀座泄漏量计算及试验
　　程序 ………………………… 394

5.4 基本流量计算 ……………… 396
　5.4.1 不可压缩流体的计算 … 396
　5.4.2 可压缩流体的计算 …… 398
　5.4.3 不可压缩流体与可压缩流
　　　　体计算通用修正系数 … 401
　5.4.4 控制阀雷诺数 Re_v …… 404
　5.4.5 控制阀流量系数典型计算
　　　　实例 …………………… 408
5.5 流量特性及选择 …………… 416
　5.5.1 控制阀固有流量特性 … 416
　5.5.2 工作流量特性 ………… 422
　5.5.3 流量特性的选择 ……… 431
5.6 控制阀选型计算 …………… 439
　5.6.1 控制阀的选型原则 …… 440
　5.6.2 液体控制阀选型 ……… 442
　5.6.3 可压缩流体阀门选型
　　　　计算 …………………… 448
5.7 力矩计算及执行机构选型 … 454
　5.7.1 直通阀 ………………… 454
　5.7.2 旋转式执行机构选型 … 465
5.8 闪蒸和气蚀 ………………… 467
　5.8.1 阻塞流引起的闪蒸和
　　　　气蚀 …………………… 467
　5.8.2 闪蒸工况阀门选型 …… 468
　5.8.3 气蚀工况阀门选型 …… 469

5.8.4 气液两相流工况下控制阀的计算与选型 ············ 470

5.9 噪声 ············ 472

 5.9.1 控制阀噪声 ············ 475

 5.9.2 控制阀噪声预估 ············ 480

 5.9.3 控制阀的噪声控制 ············ 484

第6章 控制阀的设计 ············ 497

6.1 控制阀常用设计计算 ············ 497

 6.1.1 阀体壁厚设计计算 ············ 497

 6.1.2 中法兰的设计计算 ············ 503

 6.1.3 阀盖和支架的结构 ············ 533

 6.1.4 阀盖的设计计算 ············ 536

 6.1.5 支架的设计计算 ············ 539

6.2 调节阀设计计算 ············ 545

 6.2.1 调节阀阀芯的流量特性曲线 ············ 545

 6.2.2 阀芯形面的计算和绘制 ············ 555

 6.2.3 阀芯开启流通面积的计算 ············ 556

 6.2.4 流通面积计算实例 ············ 557

 6.2.5 柱塞式阀芯的形面计算和绘制 ············ 566

 6.2.6 柱塞式阀芯形面计算实例 ············ 571

 6.2.7 套筒调节窗口的设计计算 ············ 575

 6.2.8 微小流量调节阀调节形面设计 ············ 576

 6.2.9 调节阀设计计算实例 ············ 577

6.3 球阀设计计算 ············ 589

 6.3.1 球阀通道截面直径的选择 ············ 589

 6.3.2 浮动式球阀的设计计算 ············ 591

 6.3.3 固定式球阀的设计计算 ············ 600

 6.3.4 球阀设计计算实例 ············ 607

6.4 蝶阀设计计算 ············ 624

 6.4.1 蝶阀阀杆力矩的计算 ············ 624

 6.4.2 密封面摩擦力矩的计算 ············ 626

 6.4.3 阀杆轴承处的摩擦力矩 ············ 627

 6.4.4 阀杆与填料的摩擦力矩 ············ 627

 6.4.5 蝶阀启闭的总力矩 ············ 628

 6.4.6 阀杆强度计算 ············ 628

6.4.7 蝶板强度验算 …………… 628
6.4.8 三偏心蝶阀设计计算实例 …………… 631

第7章 控制阀制造技术 ……… 651

7.1 控制阀制造技术简介 ……… 651
7.2 控制阀典型加工方法 ……… 652
   7.2.1 控制阀的机加工工艺 …… 652
   7.2.2 控制阀的装配工艺 …… 701
   7.2.3 控制阀的试验与检验 … 703
7.3 表面强化工艺 ……………… 718
   7.3.1 堆焊技术 …………… 718
   7.3.2 热喷涂技术 ………… 727
   7.3.3 熔覆加工技术 ………… 745
   7.3.4 表面热处理 ………… 762
   7.3.5 渗碳/氮技术 ………… 764
   7.3.6 固体渗硼 …………… 768
7.4 控制阀腐蚀与防护 ………… 770
   7.4.1 控制阀表面处理 ……… 771
   7.4.2 控制阀表面防护 ……… 772
7.5 材料成型技术 ……………… 774
   7.5.1 铸造技术 …………… 774
   7.5.2 锻造工艺 …………… 782

第8章 执行机构 ……………… 796

8.1 气动执行机构 …………… 796
   8.1.1 直行程气动薄膜执行机构 …………… 797
   8.1.2 直行程气动活塞执行机构 …………… 803
   8.1.3 角行程拨叉执行机构 … 807
   8.1.4 角行程曲柄连杆执行机构 …………… 817
   8.1.5 角行程齿轮齿条执行机构 …………… 824
   8.1.6 角行程扇形执行机构 … 832
8.2 电动执行机构 …………… 834
   8.2.1 直行程电动执行机构 … 836
   8.2.2 角行程电动执行机构 … 841
   8.2.3 多回转电动执行机构 … 845
   8.2.4 电动执行机构控制功能及显示界面 ……… 850
   8.2.5 电动调节阀常用限位方式 …………… 852
   8.2.6 电动执行机构输出力矩特性 …………… 853
   8.2.7 电动执行机构选型依据 …………… 854
   8.2.8 电动执行机构常见故障现象及处理方法 ……… 855
   8.2.9 国内外电动执行机构产品介绍 …………… 856

8.3 液压执行机构 860
 8.3.1 直行程液压执行机构 860
 8.3.2 角行程液压执行机构 864
8.4 气液联动执行机构 871
8.5 电液执行机构 873
 8.5.1 泵控型电液执行机构 873
 8.5.2 阀控型电液执行机构 874

第9章 定位器 875

9.1 定位器简介及分类 875
 9.1.1 定位器简介 875
 9.1.2 定位器分类 876
9.2 气动阀门定位器 877
 9.2.1 气动阀门定位器工作原理 877
 9.2.2 气动阀门定位器常见调试方法 879
 9.2.3 气动阀门定位器常见故障及处理方法 881
9.3 电气阀门定位器 882
 9.3.1 电气阀门定位器工作原理 882
 9.3.2 电气阀门定位器常见调试方法 884
 9.3.3 电气阀门定位器常见故障及处理方法 885

9.4 智能阀门定位器 886
 9.4.1 智能定位器简介 886
 9.4.2 智能定位器结构分类 887
 9.4.3 智能定位器工作原理 891
 9.4.4 常见智能定位器的调试方法 894
 9.4.5 智能定位器的常见故障及处理方法 897
9.5 定位器选型依据 897

第10章 电磁阀 899

10.1 电磁阀分类 899
10.2 直动式电磁阀 900
 10.2.1 直动式常闭型电磁阀 901
 10.2.2 直动式双向电磁阀 902
 10.2.3 直动式多通道电磁阀 903
10.3 先导式电磁阀 906
 10.3.1 先导式二位三通电磁阀 907
 10.3.2 先导式二位五通电磁阀 908
10.4 电磁阀的选型依据 910
10.5 常见电磁阀介绍 912
10.6 电磁阀常见调试方法及故障处理 913

目 录

第11章 空气过滤减压阀 …… 915

11.1 空气过滤减压阀简介 …… 915

11.2 空气过滤减压阀分类及工作原理 …………… 916

 11.2.1 减压阀分类………… 916

 11.2.2 直动式减压阀工作原理…………………… 916

 11.2.3 先导式减压阀工作原理…………………… 921

11.3 空气过滤减压阀选型依据 … 923

11.4 空气过滤减压阀常见产品介绍 ……………… 924

11.5 空气过滤减压阀常见调试方法及故障处理 ………… 926

 11.5.1 减压阀常见调试方法 … 926

 11.5.2 减压阀常见故障处理 … 926

第12章 行程开关 …………… 928

12.1 行程开关分类 ………… 928

12.2 接近式行程开关 ………… 930

12.3 行程开关原理 ………… 932

 12.3.1 接近式行程开关原理 … 932

 12.3.2 接触式行程开关原理 … 935

12.4 行程开关选型依据 ……… 936

12.5 行程开关常见产品 ……… 938

12.6 行程开关常见调试方法及故障处理…………… 940

第13章 其他常见控制阀配套附件 ………… 942

13.1 阀位变送器 …………… 942

 13.1.1 阀位变送器的工作原理…………………… 942

 13.1.2 阀位变送器的分类… 943

 13.1.3 VTM智能阀位变送器 … 944

 13.1.4 VTM阀位变送器的安装和调试方法………… 945

 13.1.5 阀位变送器选型依据 … 947

 13.1.6 阀位变送器常见故障处理…………………… 947

13.2 气动加速器……………… 948

 13.2.1 气动加速器工作原理 … 948

 13.2.2 VF01系列气动加速器…………………… 949

 13.2.3 VF01系列气动加速器调试方法…………… 950

 13.2.4 VF01系列气动加速器的选型依据和典型应用…… 951

13.3 气控阀………………… 954

 13.3.1 气控阀工作原理……… 954

13.3.2 VP系列气控阀 ……… 956

13.3.3 气控阀选型依据和典型

应用 ……… 956

13.4 闭锁阀 ……… 959

13.4.1 闭锁阀工作原理 …… 959

13.4.2 ZPB系列闭锁阀 …… 961

13.4.3 闭锁阀安装与调试

方法 ……… 962

13.4.4 闭锁阀选型依据和典型

应用 ……… 963

13.5 保位阀 ……… 965

13.5.1 保位阀工作原理 …… 965

13.5.2 ZPA系列保位阀 …… 967

13.5.3 保位阀安装与调试

方法 ……… 967

13.5.4 保位阀选型依据和典型

应用 ……… 968

13.6 电子开关 ……… 970

13.6.1 电子开关原理 ……… 970

13.6.2 DKB电子开关 …… 971

13.6.3 电子开关典型应用 …… 971

第14章 控制阀控制模式 …… 973

14.1 控制阀常用控制模式 …… 973

14.1.1 单作用执行机构控制阀

常用控制模式 ……… 973

14.1.2 双作用执行机构控制阀

常用控制模式 ……… 984

14.1.3 两段式执行机构控制阀

常用控制模式 ……… 996

14.2 控制阀特殊控制模式 …… 998

14.2.1 压缩机防喘振阀控制

模式 ……… 998

14.2.2 蒸汽放空阀控制模式 … 999

14.2.3 汽轮机旁路阀控制

模式 ……… 1001

14.2.4 自力式安全切断阀控制

模式 ……… 1003

14.2.5 控制阀延时控制

模式 ……… 1005

第15章 控制阀的质量控制及

检验试验 ……… 1008

15.1 质量管理体系 ……… 1008

15.1.1 企业质量管理体系 … 1008

15.1.2 国际准入管理体系 … 1010

15.2 控制阀的生产制造质量

控制 ……… 1018

15.2.1 控制阀压力试验 …… 1018

15.2.2 控制阀动作性能

检验 ……… 1021

目 录

第16章 控制阀的维护、维修与安装 ……………… 1024

16.1 控制阀的日常维护 ……… 1024
- 16.1.1 控制阀的故障诊断 … 1024
- 16.1.2 控制阀填料泄漏的维护 ………………… 1032
- 16.1.3 控制阀气路的维护 … 1034
- 16.1.4 控制阀的定期维修 … 1036

16.2 控制阀的离线维修 ……… 1038
- 16.2.1 控制阀的下线与运输 ………………… 1039
- 16.2.2 直行程控制阀维修 … 1040
- 16.2.3 球阀的维修 ………… 1049
- 16.2.4 高性能蝶阀的维修 … 1053
- 16.2.5 三偏心蝶阀的维修 … 1056
- 16.2.6 气动执行机构的维修 ………………… 1059
- 16.2.7 电动执行机构的维修 ………………… 1062
- 16.2.8 阀内密封件的测量与选配 ………………… 1064
- 16.2.9 气缸密封件的测量与选配 ………………… 1066
- 16.2.10 标准件的养护 ……… 1067
- 16.2.11 零件的热装与冷装 ………………… 1068
- 16.2.12 气路的装配 ………… 1070
- 16.2.13 控制阀的防腐与涂装 ………………… 1072

16.3 控制阀的在线维修 ……… 1073
- 16.3.1 降温、降压 ………… 1074
- 16.3.2 上阀盖的拆解 ……… 1075
- 16.3.3 内部维修 …………… 1076

16.4 控制阀的安装 …………… 1078
- 16.4.1 控制阀的装配 ……… 1078
- 16.4.2 控制阀的流向 ……… 1081

16.5 控制阀的再制造 ………… 1084
- 16.5.1 再制造的概念 ……… 1084
- 16.5.2 再制造关键技术 …… 1086
- 16.5.3 控制阀维修中的再制造 ………………… 1087

16.6 控制阀检维修科技资料的编制 ……………………… 1093
- 16.6.1 科技资料的价值与作用 ………………… 1093
- 16.6.2 控制阀检维修科技档案的内容 ………… 1094
- 16.6.3 QHSE技术安全交底编制内容要求 ……… 1097

第17章 控制阀智能制造 ······ 1100

17.1 技术维度 ············· 1100
17.1.1 业务问题及解决思路 ············ 1100
17.1.2 主要系统 ············ 1105
17.1.3 主要集成 ············ 1112
17.1.4 智能制造能力成熟度要求 ············ 1122

17.2 管理维度 ············· 1124
17.2.1 生产计划管理系统 ··· 1124
17.2.2 采购供应链管理系统 ············ 1134
17.2.3 项目计划管理系统 ··· 1139
17.2.4 安全管理智能制造能力成熟度要求 ············ 1144
17.2.5 能源管理智能制造能力成熟度要求 ············ 1145

17.3 装备维度 ············· 1146
17.3.1 业务问题及解决思路 ············ 1150
17.3.2 主要功能 ············ 1153
17.3.3 主要集成 ············ 1155
17.3.4 智能制造能力成熟度要求 ············ 1156

17.4 物料维度 ············· 1157
17.4.1 物料质量管理系统 ··· 1157
17.4.2 物料标识解析系统 ··· 1162
17.4.3 物料仓储库存系统 ··· 1163
17.4.4 物流管理系统 ······ 1169

17.5 制造维度 ············· 1176
17.5.1 业务问题及解决思路 ············ 1176
17.5.2 主要系统 ············ 1182
17.5.3 主要集成 ············ 1187
17.5.4 智能制造能力成熟度要求 ············ 1203

附录 ················· 1205

附录A 常用计量单位转换与换算 ············ 1205
附录B 管道数据 ············ 1211

参考文献 ··············· 1218

第1章 控制阀基础知识

控制阀是流程工业自动控制系统中的执行器，是过程控制中的终端元件，随着自动化程度的不断提高，其被广泛应用于冶金、电力、化工、石油、轻纺、建筑等工业中。控制阀作为流体机械（包括电力机械、化工机械、流体动力机械等）中控制流通能力的关键部件，其工作性能、安全性与整个装置的工作性能、效率、可靠性密切相关。在过程控制中，控制阀直接控制流体，其质量的稳定性与可靠性将直接影响整个系统，一旦发生故障后果不堪设想。在石油天然气工业中，从油田到炼油厂，由于各种生产装置都是大规模集中监测和控制的，大部分操作都是在高温或高压下进行的，且介质大都是易燃、易爆的油和气，因此，如何保证控制阀的质量与可靠性被提到了首位。在化学工业中，过程的多样性及工艺条件的变化，以及在温度、压力、流量、液位四大热工变量的控制中都有很多特殊情况，这就要求控制阀能够适应它们。在电力工业中，对发电厂锅炉进行有效控制来保持锅炉调节系统中的水位正常很关键，避免控制的误开、误关、失灵等故障发生也非常重要。现阶段，企业间的竞争很激烈，节能、环保、成本控制等是企业经营中迫切需要解决的问题，这就要求控制阀在保证质量和可靠性的基础上，必须有很低的泄漏率和较小的驱动力。

现代工业生产过程中需要控制的温度、压力、流量等参数有成百上千个，如图1-1所示。由于人工控制存在劳动强度大、控制精度低、响应时间长等缺点，已难以满足现代工业生产过程的要求。因此，各种自动控制系统开始模拟人工控制的方法，用仪表、计算机等装置代替操作人员的眼睛、大脑、手等的功能，实现对生产过程的自动控制。简单的自动控制系统包含检测元件和变送器、控制器、执行器和被控对象等。

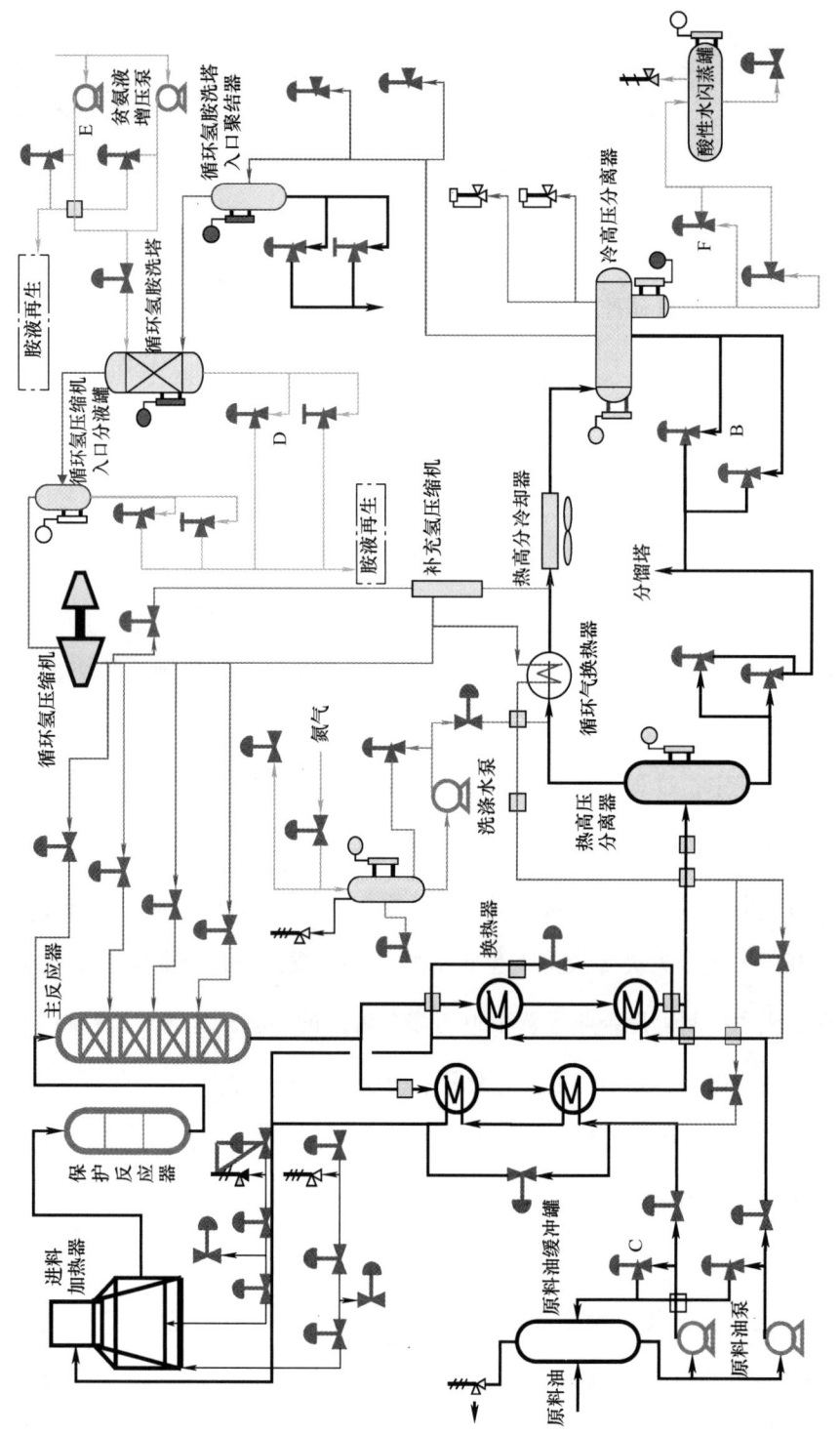

图 1-1 现代工业生产流程图

检测元件和变送器用于检测被控变量,将检测信号转换为标准信号。例如,热电阻将温度变化转换为电阻变化,温度变送器将电阻或热电势信号转换为标准的气压或电流、电压信号等。

控制器将检测变送环节输出的标准信号与设定值信号进行比较,获得偏差信号,并按一定控制规律对偏差信号进行运算,将运算结果输出给执行器。控制器可用模拟仪表来实现,也可用由微处理器组成的数字控制器来实现,如 DCS(分布控制系统)和 FCS(现场总线控制系统)中采用的 PID 控制功能模块等。

执行器用于接收控制器的输出信号,并控制操作变量的变化。在工业生产过程控制应用中,大多数执行器采用控制阀,其他执行器还采用计量泵、调节挡板等。控制阀通过接收调节控制器输出的控制信号,并借助动力操作来改变介质流量、压力、温度、液位等工艺参数。近年来,随着变频调速技术的应用,一些控制系统已采用变频器和相应的电动机(泵)等设备组成执行器。过程控制系统原理图如图 1-2 所示。

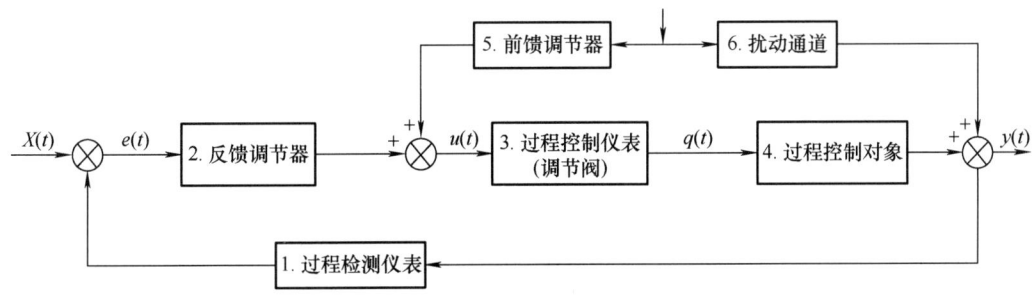

图 1-2　过程控制系统原理图

图中,测量变量 $X(t)$、控制变量 $u(t)$ 和操作变量 $q(t)$ 是与过程仪表直接相关的重要变量。

现代流程工业工厂由成千上万个控制回路组成,并按一定的工艺流程组成网络以生产可供销售的各类化工产品。每一个控制回路都是经过专门设计的,以保证重要的过程变量,如压力、流量、液位、温度等不超出工艺的要求范围,最终确保产品的质量。每一个控制回路都会接收扰动,而且也会在内部产生扰动,这些扰动对过程变量产生决定性的影响。流程里其他控制回路之间的相互作用也会产生影响过程变量的扰动。为了减少这些扰动的影响，检测元件和变送器会收集关于过程变量及其与要求的设定点之间关系的信息，然后由控制器处理这些信息，并决定如何做才能使得过程变量在扰动发生后恢复到它的正常范围。所有的测量、比较和计算工作完成后，选定的终端控制元件必须执行由控制器选择的控制策略，流程工业里最常用的终端控制元件就是控制阀。控制阀调节流动的流体，如气体、蒸汽、水或化学混合物，以补偿扰动并使被控制的过程变量尽可能地接近需要的设定点。控制阀是控制回路的核心元件。本书所讨论的控制阀或阀门，其实指的是控制阀组件。控制阀组件通常由阀体、阀内部零件、提供阀门操作驱动力的执行机构以及各种各样的阀门附件所组成。阀门附件包括定位器、转换器、供气压力调节器、手动操纵器、阻尼器或限位开关等。

1.1 控制阀工作原理

控制阀是过程控制系统中的可变节流装置，是一个局部阻力元件，由动力驱动，通过阀芯的运动来改变节流面积，以调节流体流量、压力等参数，如图 1-3 所示。控制阀的流量方程可根据流体动力学关系，由伯努利方程确定。

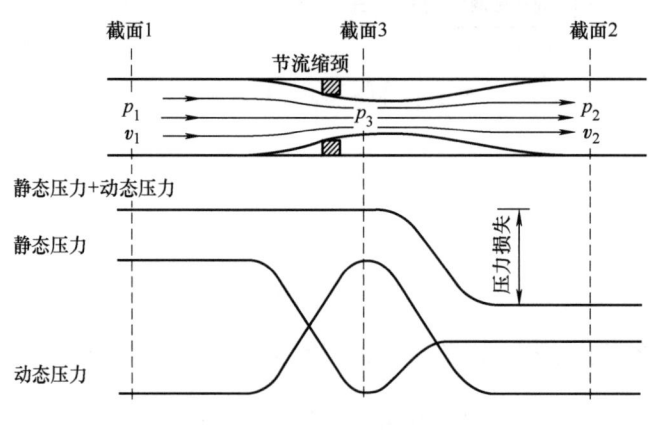

图 1-3　控制阀节流原理

第1章 控制阀基础知识

（1）连续性方程

连续性方程是描述运动流体质量守恒定律的数学方程式，它是运动学方程，适用于理想流体，也适用于实际流体。对封闭管道上的连续性方程可描述如下：

1）可压缩非定常流体的连续性方程为

$$\rho_1 v_1 A_1 = \rho_2 v_2 A_2 = q_m(t)$$

2）可压缩定常流动的连续性方程为

$$\rho_1 v_1 A_1 = \rho_2 v_2 A_2 = q_m = 常数$$

3）不可压缩定常流动的连续性方程为

$$\rho_1 = \rho_2 ; v_1 A_1 = v_2 A_2 = q_m = 常数$$

式中 A——截面面积；

v——截面处的平均流速，其中下角标表示不同截面；

ρ——截面处流体平均密度；

q_m——不随时间变化的质量流量；

$q_m(t)$——随时间变化的质量流量。

（2）伯努利方程

根据流体动力学原理，流体流动时，流体压力会发生变化，常用压头描述。流体压头分为几何压头、静压头和速度压头。它们的总和称为流体总压头。

几何压头是指流体所处位置距离标准平面的高度 h，流体压力引起的压头，称为静压头 h_s，静压头与流体压力 p 及流体密度 ρ 有关，可表示为 $h_s = p/\rho$。速度压头 h_v 由流体流速造成，流速越高，速度压头越大，可表示为 $h_v = v^2/2g$，其中，g 是重力加速度。

根据能量守恒定律，流体在管道中流动时，其能量保持不变，即总压头不变。但在不同的检测点，组成总压头的各部分压头，如静压头、速度压头等会发生变化。例如，流体经过水平安装的节流装置时，在节流处的流体流速增大，静压头下降，但总压头不变。伯努利（Bernoulli）方程是描述流体流动能量转换关系的数学方程式。

控制阀设计制造技术

1) 不可压缩流体定常流动的伯努利方程为

$$h_1 + \frac{p_1}{\rho} + \frac{v_1^2}{2g} = h_2 + \frac{p_2}{\rho} + \frac{v_2^2}{2g}$$

2) 可压缩流体定常流动的伯努利方程为

$$\frac{k}{k-1}\frac{p_1}{\rho} + \frac{v_1^2}{2} = \frac{k}{k-1}\frac{p_2}{\rho} + \frac{v_2^2}{2}$$

式中　k——等熵指数；

　　　h——几何压头；

　　　p——截面处的流体压力。

(3) 控制阀的流量方程

如图 1-4 所示为水平管道上的控制阀，在流体流过控制阀时，其压力和流速发生变化。假设流体为层流、定常的理想流体，在不考虑阀门结构对流动的影响，只考虑阀门两端压力的变化时，可认为流体经控制阀后压力从 p_1 降低到 p_2。然而实际情况是在阀门的节流处，由于流通面积的缩小，该处的流速增到最大，静态压力下降到 p_{vc}，然后，随着阀内流通面积的增大，流速变缓，由于流体内相互摩擦，部分能量转变为内能，从而使静态压力不能恢复到阀门前的压力 p_1，造成压力损失。不同控制阀的压力损失不同，因此，在同样的入口压力下，缩流处的静态压力最小值和恢复后的压力值也不同。

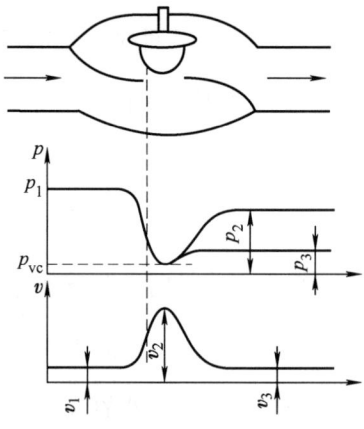

图 1-4　流体通过控制阀时的流速、压力变化

第1章 控制阀基础知识

1.2 控制阀分类

控制阀的种类繁多，且随着各类成套设备工艺流程和性能的不断改进，种类还在不断增加，且有多种分类方法，如图 1-5 所示。阀门部分由阀体和阀的内件组成，按阀

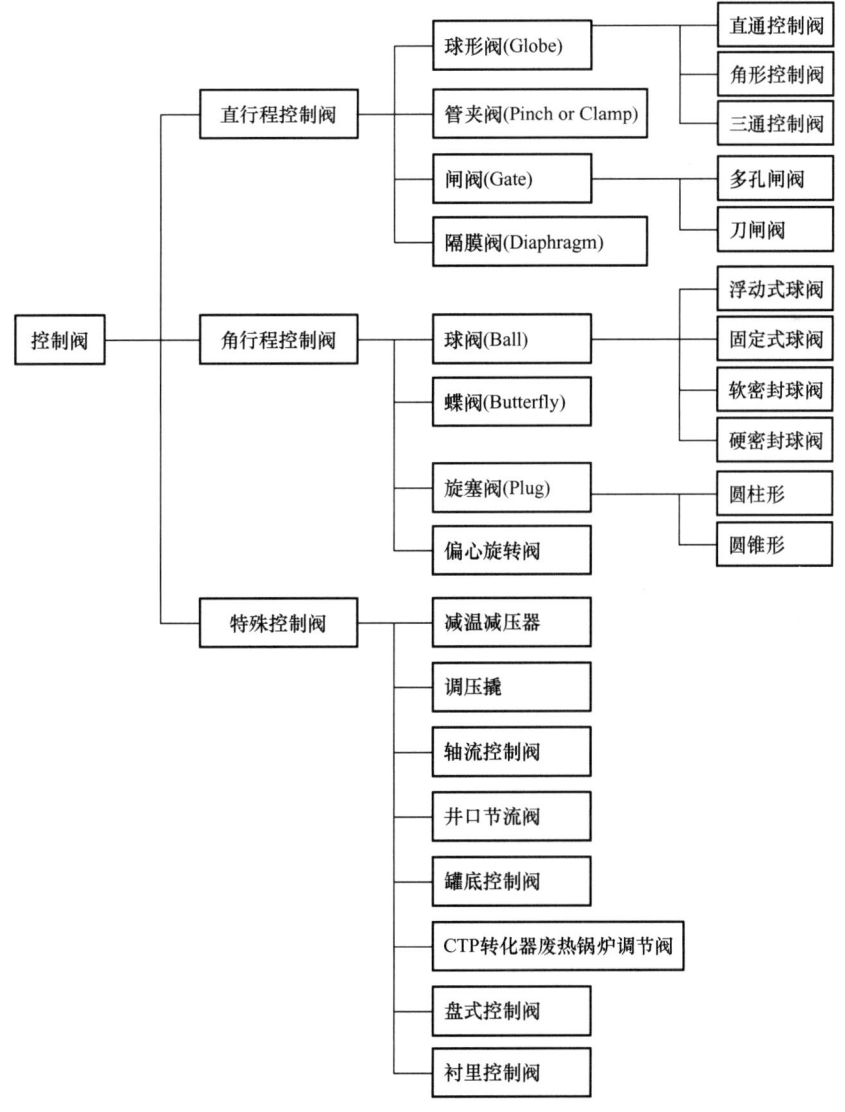

图 1-5 控制阀分类

7

芯或阀座的运动方式不同可分为直行程控制阀和角行程控制阀两大类；按阀体结构形式不同可分为球形阀、闸阀、隔膜阀、管夹阀、球阀、蝶阀、旋塞阀和偏心旋转阀；按照不同的使用要求和应用条件，控制阀又可分出不同结构形式的特殊控制阀。下面分别叙述几种主要阀型的特点和适用场合。

1.2.1 按结构形式分类

（1）球形阀

球形阀是具有直线运动的节流元件，阀体有两个或多个端口，端口之间的阀体内部为球状空腔，根据阀体的结构不同，可分为直通控制阀、角形控制阀和三通控制阀。

1）直通控制阀。直通控制阀包括直通单座控制阀和直通双座控制阀。

直通单座控制阀的阀体内只有一个阀芯和一个阀座。该控制阀具有结构简单、泄漏量低、易于维护、应用广泛等特点。

直通单座控制阀的阀芯分为非平衡式和平衡式两种。非平衡式阀芯一般应用于阀体尺寸较小或压力较低的场合，当不平衡力较大时，需要选用推力较大的执行机构。平衡式阀芯一般应用于高压差或阀体尺寸较大的场合。由于阀芯上下表面流体压力平衡，因此可选择推力较小的执行机构。

为避免节流引起阀芯振动，阀芯需要有导向结构。阀芯的导向形式分为阀座导向、阀杆导向和套筒导向。

直通双座控制阀的结构如图1-6所示，阀内有两个阀芯和两个阀座，阀杆做上下移动来改变阀芯与阀座的位置。从图中可以看出，流体从左侧进入，通过上、下阀芯后再汇合一起由右侧流出。由于双座控制阀有上、下两个阀芯，流体作用在上、下阀芯上推力的方向相反且大小接近相等，因此双座控制阀的不平衡力较小，允许压差较大，泄漏量大，流路复杂。双座控制阀的流通能力较强，执行机构小。

目前国内的双座控制阀主要采用套筒式结构。

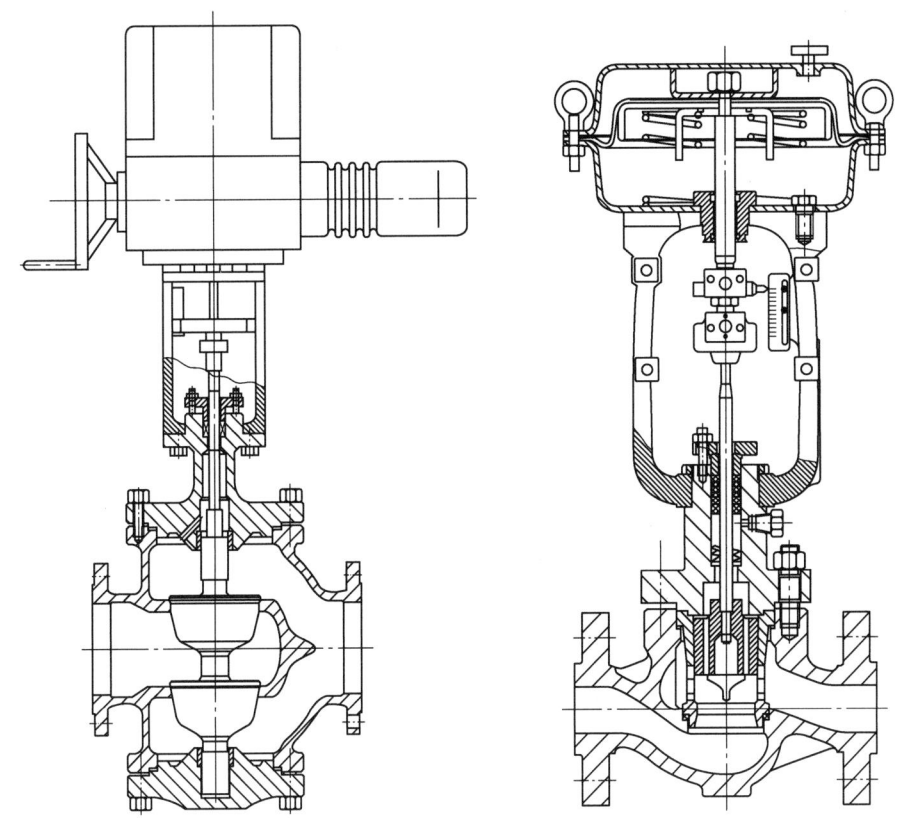

图 1-6 直通双座控制阀结构

2）角形控制阀。角形控制阀的结构如图 1-7 所示,除阀体为直角形外,其他结构与直通单座控制阀类似。角形控制阀的阀芯为单导向结构,流路简单,阻力小,阀体内侧流线型通路有助于防止固体在内壁堆积,适用于高黏度、含有悬浮物和颗粒状物质流体的调节工况。若由于现场条件的限制,要求两个管道成直角场合时,也可采角形控制阀。

从控制阀性能出发,底进侧出时,阀芯密封面易受损伤,而侧进底出时,阀座易受损伤。在高压差、闪蒸或气蚀场合,宜采用侧进底出,以改善对阀芯的损伤,同时也有利于介质的流动,避免结焦、堵塞,但侧进底出在小开度使用时,容易发生振荡,为了避免这种现象的发生,应选用刚度较大的执行机构或配合使用阀门定位器;在一

控制阀设计制造技术

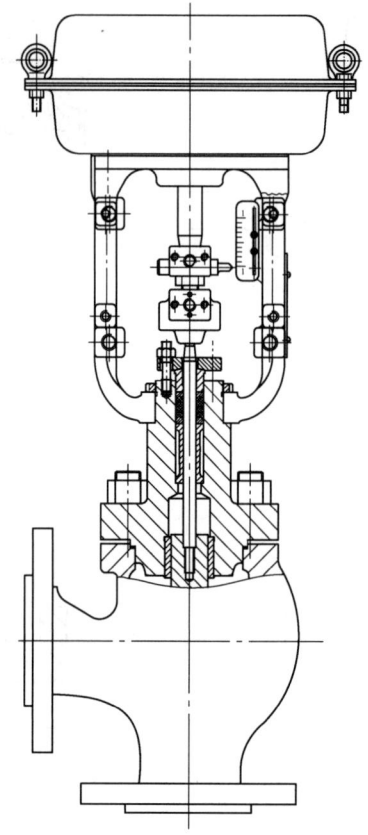

图 1-7 角形控制阀结构

般工况或阀芯、阀座采用套筒（阀笼）结构时，采用底进侧出。

3）三通控制阀。三通控制阀有三个出入口与管道相连，按作用方式可分为合流和分流两种。合流是两种流体通过控制阀时混合产生第三种流体，或者两种不同温度的流体通过控制阀时混合成温度介于前两者之间的第三种流体，这种控制阀有两个进口和一个出口。分流是把一种流体通过控制阀后分成两路，当控制阀在关闭一个出口的同时就打开另一个出口，这种控制阀有一个入口和两个出口。

典型的三通分流阀如图 1-8 所示，AB 端口为流体流入口，A、B 端口是流体流出端口，当阀芯关闭底部端口时，流体介质从 AB 端流向 A 端，三通阀相当于全开的直通单座控制阀；当阀芯关闭顶部阀座时，介质流体从 AB 端流向 B 端，三通阀相当于全开

第1章 控制阀基础知识

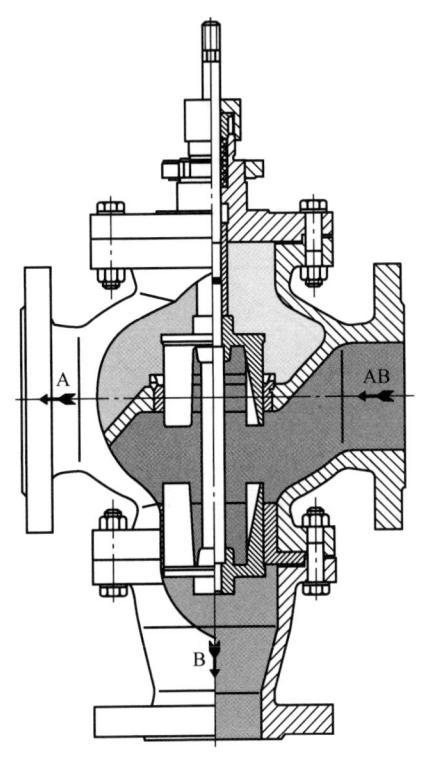

图1-8 三通分流阀

的角形控制阀（侧进底出）。

典型的三通合流阀如图1-9所示，A端口和B端口是介质流体入端口，AB端口是介质流体出端口，当阀芯关闭底部端口时，流体介质从A端流向AB端，三通阀相当于全开的直通单座控制阀；当阀芯关闭顶部阀座时，介质流体从B端流向AB端，三通阀相当于全开的角形控制阀（底进侧出）。

（2）球阀

球阀是球形阀芯围绕阀杆旋转的阀门。球阀广泛应用于气体、液体、浆料以及两相流等工况。

按照阀芯、阀座密封结构的不同，球阀可分为浮动式球阀和固定式球阀；按照阀座材料的不同，可分为软密封球阀和硬密封球阀；按照球芯的开孔形状不同，可分为

11

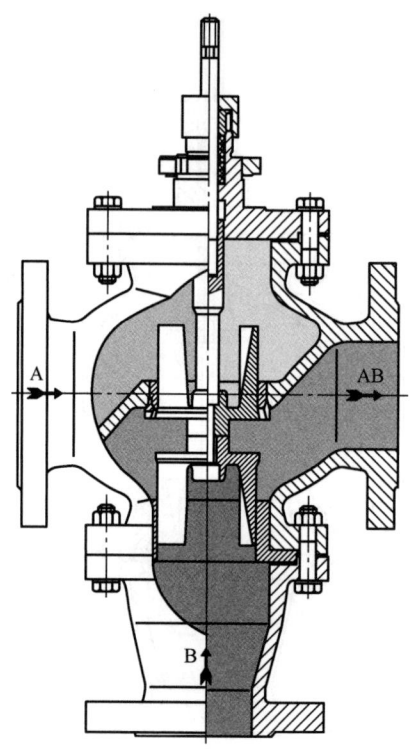

图 1-9　三通合流阀

O 形球阀和 V 形球阀；按照阀体的结构形式不同，可分为上装式和侧装式两类，侧装式又可分为整体式、两段式和三段式。

球阀具有流通能力强、流阻小、可调比宽、泄漏量低等特点。O 形球阀通常作为开关阀使用，V 形球阀可作为调节阀使用，适用于流体含有纤维、颗粒的场合。球阀的球芯经过特殊设计可具有降噪或抗气蚀的功能。

1）浮动式球阀。浮动式球阀的结构如图 1-10 所示。浮动式球阀的球芯由阀座夹持固定在阀体内，阀轴与球芯活动连接，只传递驱动球芯旋转的扭矩。在球阀关闭状态，球芯承受流体压力，与出口端的阀座紧密接触压紧以实现密封，当受到较大压力冲击时，球体可能发生偏移。这种结构一般用于低中压场合，浮动式球阀可实现双向密封。

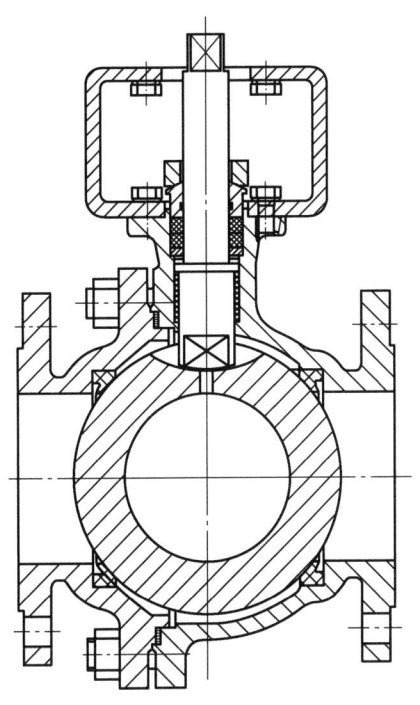

图 1-10 浮动式球阀结构

浮动式球阀的主要优点是结构简单、制造方便、成本低廉、工作可靠，因此得到了广泛应用。浮动式球阀的缺点是随着口径和压力等级的提高，操作扭矩会成倍增加。

浮动式球阀的密封性能与流体压力有关。在相同条件的情况下，一般压力越高，越容易密封；而对于较大口径的浮动式球阀，当压力较高时，操作转矩增大，而且球体自重较大，会在阀座密封面上产生不均匀的压力分布，因此易损坏阀座。

2）固定式球阀。固定式球阀的结构如图 1-11 所示，固定式球阀球芯与阀体间用轴瓦固定，两端的阀座采用浮动结构，阀座利用弹簧或介质流体压力推向球芯产生密封压力。由于密封压力和介质作用力全部传递给球芯支撑轴瓦，阀座不会承受过大压力，所以在大口径和高压条件下，固定式球阀的扭矩比浮动式球阀小，阀座变形小，密封性能稳定，使用寿命长，因此适用于高压、大通径的场合。

根据 API 6D ISO14313 标准规定，用于油气储运管线的固定式球阀为双阀座阀门。

控制阀设计制造技术

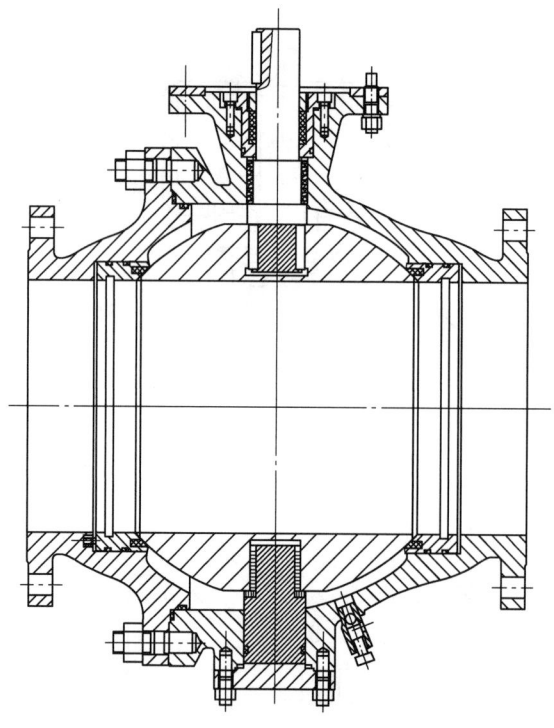

图 1-11　固定式球阀结构

对于双阀座阀门,根据密封不同可分为:单向密封阀门,双向密封阀门,双阀座双向密封阀门,双阀座一个阀座单向密封、一个阀座双向密封阀门,双截断-泄放阀。

- 单向密封阀门:设计在一个方向密封的阀门。
- 双向密封阀门:设计在两个方向都能密封的阀门。
- 双阀座双向密封阀门:每一个阀座均能达到双向密封。
- 双阀座一个阀座单向密封、一个阀座双向密封阀门。
- 双截断-泄放阀(DBB):在关闭位置,当两密封副间的体腔通大气或排空时,阀门体腔两端的介质流动应被切断。

3) 软密封球阀。早期的球阀大都是软密封球阀,阀座材料采用非金属材料,具有耐腐蚀、密封性能好等特点。软密封球阀主要用于零泄漏量、中低压和温度不高的场合。

软密封球阀的阀座材料主要有橡胶、尼龙和工程塑料三类。

4）硬密封球阀。硬密封球阀的球芯、阀座密封面材料全部采用金属材料。为提高球阀耐磨损、耐冲刷、抗擦伤能力，球芯和阀座表面通常采用镀硬铬、堆焊钴基合金、喷涂碳化钨、熔覆镍基合金等。

（3）蝶阀

蝶阀的阀芯是圆盘形的阀（蝶）板。阀（蝶）板在阀体内围绕主轴（阀杆）旋转，旋转角度为90°。弹性密封圈安装在阀板上或阀体内。蝶阀结构紧凑，安装维护简单，重量轻，广泛应用于空气、水、蒸汽、泥浆等流体中，适用于大口径、大流量、低压差的场合。

蝶阀按照结构不同，可分为中线蝶阀、单偏心蝶阀、双偏心蝶阀和三偏心蝶阀；按照密封材料不同，可分为软密封蝶阀和硬密封蝶阀；按照管道连接方式不同，可分为双法兰式蝶阀、凸耳式蝶阀和对夹式蝶阀。

三偏心蝶阀的结构如图1-12所示。三偏心蝶阀的偏心是指轴偏心、阀板偏心和角偏心。阀板偏心是阀板密封面中心偏离轴中心；轴偏心是旋转中心偏离流道中心；角偏心是密封锥体中心线偏离阀门通道中心线。

三偏心蝶阀在开关时阀板不刮擦阀座，可避免普通蝶阀打开时出现的跳跃现象，解决了低开度范围内调节不稳的问题。三偏心蝶阀的阀板与阀座之间的密封面为椭圆密封结构，靠扭力使阀板压紧阀座来实现密封。

三偏心蝶阀通常用于流体中含固体颗粒或高速流体冲刷磨损、高温、高压、深冷、紧急切断和严密关闭等工况。

蝶阀的硬密封有两种形式，一种是纯金属密封，另一种是金属与石墨的组合密封。密封环可安装在阀板上，也可安装在阀体上。

（4）偏心旋转阀

偏心旋转阀也称为凸轮挠曲阀，其结构如图1-13所示，阀芯是扇形的球面，阀芯在转轴的带动下做偏心旋转，阀芯的中心线与阀芯转动轴的中心线偏离，依靠阀芯的球形表面与阀座密封。偏心旋转阀同时具有旋转阀和直通阀的优势。

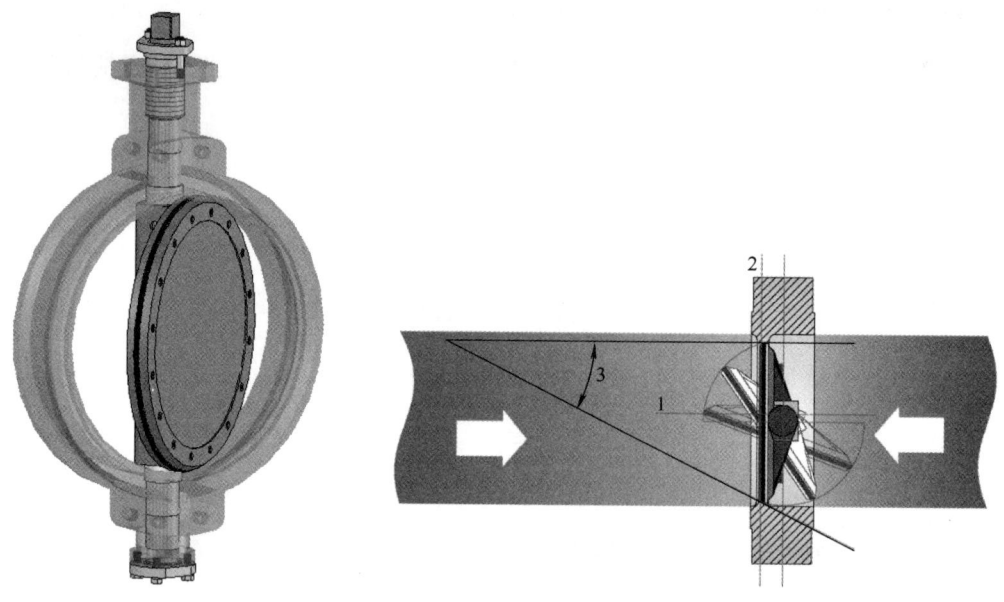

图 1-12 三偏心蝶阀结构

1——轴偏心，阀板转动产生凸轮效应，可消除转动范围内阀板与阀座80%的摩擦

2——阀板偏心，使密封面为连续360°　3——角偏心，消除余下20%摩擦干涉

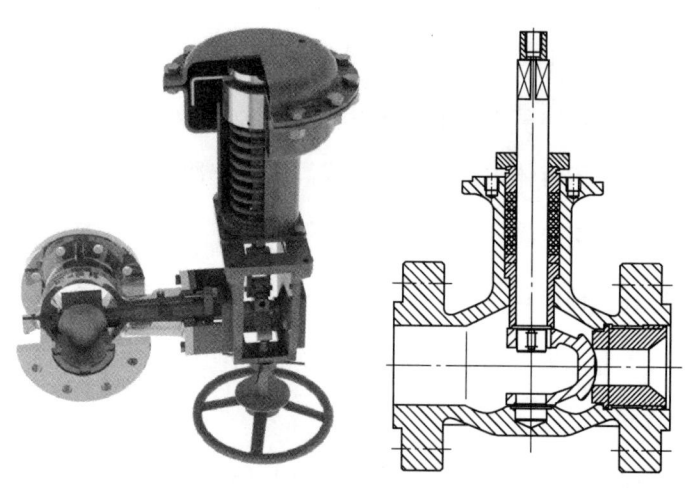

图 1-13 偏心旋转阀结构

第1章　控制阀基础知识

偏心旋转阀具有密封性好、流通能力强、可调比高、结构简单、体积小、磨损小、耐磨耐冲刷等特点，适用于高黏度、易结晶、含有固体颗粒和双向流体的场合。

偏心旋转阀的阀芯有单球面、双球面和V形球面等形式。单球面阀芯从全关到全开的旋转角度为50°~60°，双球面阀芯旋转角度为90°。

对于有冲蚀或闪蒸的流体，应使用流关式的偏心旋转阀。

偏心旋转阀的阀芯是上下旋转，阀杆水平安装，以减少磨损，延长使用寿命。

(5) 旋塞阀

旋塞阀采用圆柱形或圆锥形的阀芯，通过围绕阀杆90°旋转完成对流道的开启和关闭。旋塞阀密封面带有自清洁作用，适用于流体含有悬浮颗粒的场合。

旋塞阀按密封材料的不同分成软密封和硬密封两类。为了提高密封性能，减少磨损及腐蚀，可在旋塞和阀体之间加装聚四氟乙烯衬套，磨损后直接更换衬套即可。

旋塞阀具有结构简单、体积小、重量轻、阻力小、开关迅速、密封性好等优点。旋塞阀的缺点是扭矩较大，要想降低扭矩，应使用润滑结构或者金属提升式旋塞控制阀。

(6) 特殊控制阀

1) 减温减压器。减温减压器是工业热力系统平衡的重要装置，主要用于调节蒸汽压力和温度，使得蒸汽管网达到平衡。减温减压器的另一个重要用途是汽轮机旁路，当锅炉和汽轮机的运行不匹配或者汽轮机降负荷、甩负荷时，锅炉蒸汽可经减温减压器调节后送至用户。

减温减压器的原理如图1-14所示。

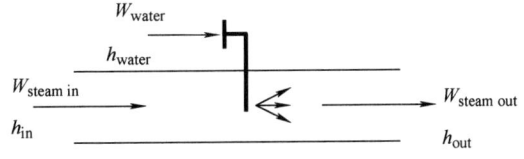

图1-14　减温减压器原理

蒸汽和水的热交换可以用以下公式表示：

$$W_{\text{steam in}}(h_{\text{in}} - h_{\text{out}}) = W_{\text{water}}(h_{\text{out}} - h_{\text{water}})$$

$$W_{\text{steam out}} = W_{\text{steam in}} + W_{\text{water}}$$

式中　h_{in}——减温减压阀前蒸汽焓（kJ/kg）；

　　　h_{out}——减温减压阀后蒸汽焓（kJ/kg）；

　　　h_{water}——减温水焓（kJ/kg）；

　　　W_{water}——理论减温水流量（kg/h）；

　　　$W_{\text{steam in}}$——减温减压阀进口蒸汽流量（kg/h）；

　　　$W_{\text{steam out}}$——减温减压阀出口蒸汽流量（kg/h）。

减温减压器由减压阀、减温器和减温水阀三部分组成。减温减压器可分为一体式和分体式。减温减压器的结构如图1-15所示，一体式减温减压器是减温器和减压阀集成为一体，分体式减温减压器是减温器和减压阀分开设置。一体式减温减压器可改善减温水与蒸汽的混合程度，优化整体的减温效果，适用于高压差、高可调比的苛刻工况；分体式减温减压器具有结构相对简单、维修方便的特点，适用于常规工况。

当压降与入口压力的比值大于0.45时，减温减压器应选用多级降压，采用角形后出口尺寸变大，可降低流速和减少噪声。

减温器可分为机械喷嘴式、文丘里式和蒸汽雾化式，按照结构形式的不同可分为固定喷嘴式、可调喷嘴式、环形喷嘴式、文丘里式和可变面积式。

机械喷嘴式采用一个或多个喷嘴，将减温水喷入蒸汽，其喷嘴数量取决于最大工况下减温水的流量系数。文丘里式利用流道面积缩小来产生低压区，蒸汽流速加快，进而改善雾化效果。蒸汽雾化式的原理与文丘里式相似，流道面积变化环状，利用蒸汽功能来提高雾化效果。

减温器的使用条件：蒸汽流速不小于10m/s、管径DN80以上、减温水阀下游压力应高于蒸汽压力0.7MPa以上、需上下游直管段。可变面积式减温器可调比达100∶1，不需要前后直管段，垂直安装。

第1章 控制阀基础知识

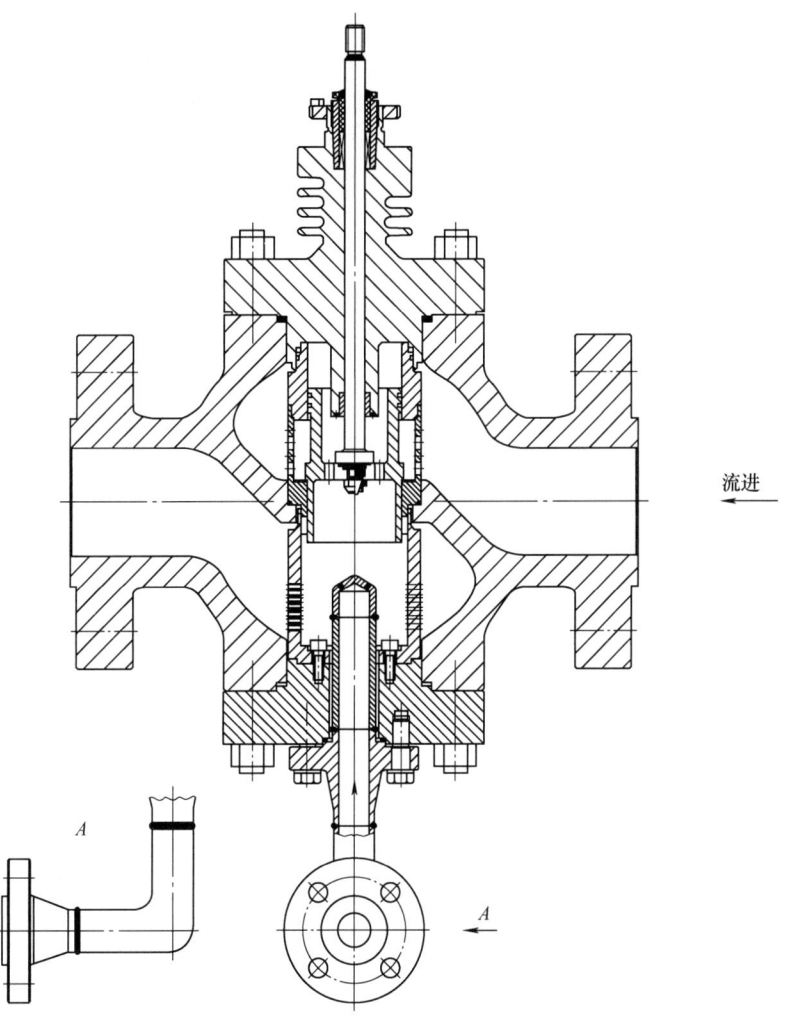

图 1-15 减温减压器结构

通常，减温水阀压差较大，且在高压差下易产生气蚀，在选择阀内件时应特别注意。

2）调压橇。调压橇包括输气管道分输站内的调压橇，也包括城市门站、调压站内的调压橇以及压缩天然气（CNG）减压橇，在此统称为调压橇。它是集过滤分离、安全切断、气体加热、气体减压稳压等功能于一体的集成橇装系统，如图 1-16 所示。

19

控制阀设计制造技术

图 1-16　调压橇

调压橇的主要功能是在入口压力和下游流量不断变化的情况下，经调压橇后获得一个稳定的出口压力。调压橇一般由进出口阀门、过滤器、安全切断阀、监控调压器、工作调压器（或工作调节阀）等组成，其中核心设备是安全切断阀、监控调压器和工作调压器。

在早期的天然气输配工程中，由于下游用户数量有限，而天然气供气量稳定，且因大规模储存设备不足，上游公司往往希望下游用户多用气，签订的用气合同也多为照付不议合同，此时调压橇的主要功能是减压稳压。这期间，工作调压设备主要以调压器为主，因为调压器是各种工作调压设备中反应速度最快、精度最高、稳定性和可靠性最好的设备。

随着燃气市场的蓬勃发展，下游用气量越来越大，上游供气能力开始受到挑战，在用气高峰季节时会出现供不应求的局面，因此上游公司开始提出限流的要求，以对不同用户进行流量分配。这时，既可以按压力信号控制阀口开度来实现压力调节、也可以按流量信号控制阀门开度来实现流量调节的调节阀就被大量应用了。

调压橇的常见配置有：安全切断阀（SSV）+工作调压设备（R）；安全切断阀（SSV）+安全切断阀（SSV）+工作调压设备（R）；安全切断阀（SSV）+监控调压设备（M）+工作调压设备（R）。这里的工作调压设备可以是调压器，也可以是气动调节阀或电动调节阀。

如果下游用户是允许随时停气检修的，则选用 SSV+SSV+R 的配置，这种配置不仅保证了高安全性，还因为安全切断阀的造价比监控调压设备低而节约了成本。如果下游用户要求尽可能地连续供气，则选用 SSV+M+R 的配置，当工作调压设备失效后，监控调压设备开始工作，在保证下游不超压的前提下可以不间断供气。同时，现场操作人员可以根据监控调压设备状态做出判断，及时切换备用路，并对失效工作调压设备进行检修。

3）轴流控制阀。轴流控制阀具有流线型且均匀对称的流道，阀内件安装在阀门的轴向中心，流体在通过轴流控制阀的过程中一直沿着流道轴向流动，不会产生大的流向改变，降低了流动阻力和噪声。轴流控制阀及内部介质流向如图1-17所示。

图1-17 轴流控制阀及内部介质流向

轴流控制阀由上阀盖、阀体、阀杆、推杆、导流罩、阀芯和套筒组成，流体沿着导流罩进入套筒，阀杆通过齿条传动带动推杆和阀芯在水平方向移动，通过改变套筒节流窗口的流通面积可实现流量控制。

轴流控制阀具有执行机构小、流通能力强、可调比高、阀内件设计多样化（可根据需要设计套筒）等特点，广泛应用在石油和天然气行业中长输管线的压力和流量调节场合。

4）井口节流阀。井口节流阀是用于高压差条件下的迷宫式调节阀，阀内件采用实体碳化钨，具有硬度高、耐磨性好、寿命长等优点，因此常在气井井口、油井井口等一些含砂介质的工况下使用，其结构如图1-18所示。

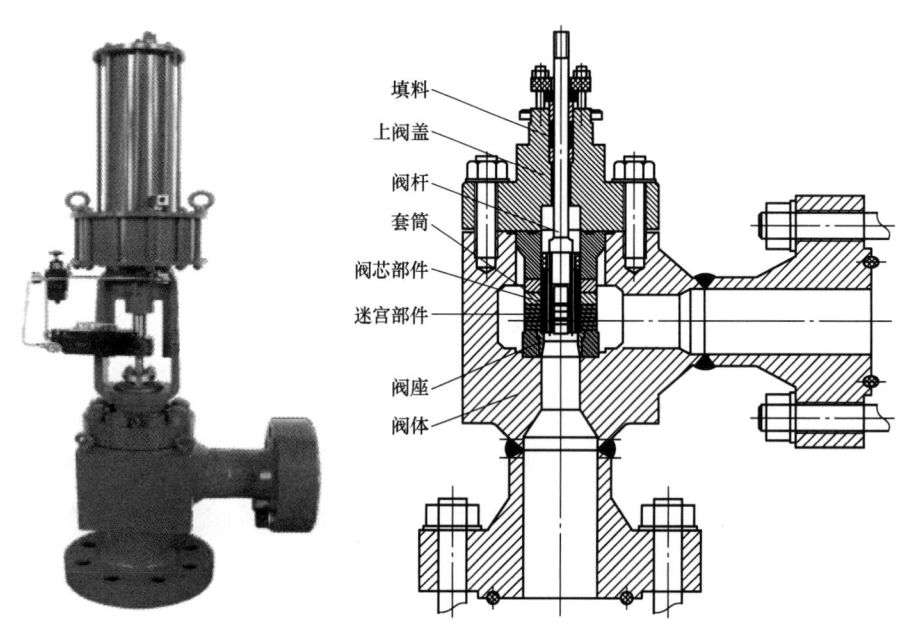

图1-18 井口节流阀结构

阀密封形式采用硬密封，装配时需特殊配研，密封等级高；采用迷宫式碟片组来调节流量，若介质中有大颗粒砂石等，可将阀门全开，介质通过套筒直接放泄至下游，以免造成阀门堵塞，保证介质流畅通过阀门。

5）罐底控制阀。罐底控制阀是一种特殊结构形式的单座调节阀，阀体呈"Y"形，阀体流路流畅，流量大，压降损失小，如图1-19所示。

罐底控制阀在化工、石油、冶金、制药、农药、燃料、食品加工等行业中被广泛使用，可采用各种操作方式，如手动、气动、电动、液动等。该控制阀最适宜控制容易沉

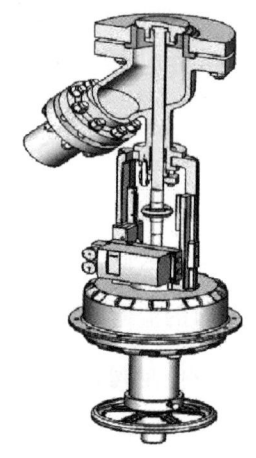

图1-19 罐底控制阀

积或含有颗粒的流体。

通用式罐底控制阀直接安装于反应釜底部，专用放料，其关闭件沿放料口通道中心上下移动。

按其开启时阀芯运动方向的不同分为上开式和下开式。阀门开启时，阀芯做提升运动为上开式；阀门开启时，阀芯做下降运动为下开式。特殊要求时可按用户要求定制。

6) CTP 转化器废热锅炉调节阀。CTP 转化器废热锅炉调节阀是一种应用于转化器废热锅炉温度调节的特殊调节阀，该阀必须在极高的使用温度下（1200℃）可靠、稳定运行，并能准确地控制调节阀后空腔的温度。因此，该阀与介质接触的零件必须满足转化器废热锅炉的设计温度，为使调节阀使用更安全，寿命更长，增加了密封隔热结构，并填充隔热耐火材料，进一步保护阀本体。CTP 转化器废热锅炉调节阀的结构如图 1-20 所示。

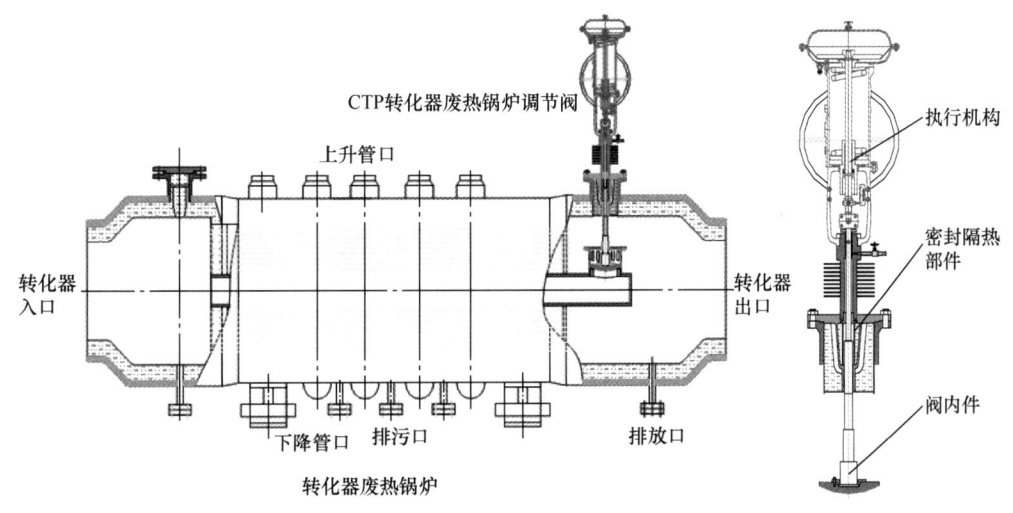

图 1-20　CTP 转化器废热锅炉调节阀结构

CTP 转化器废热锅炉调节阀结构主要分为三部分。

① 执行机构（带手轮），具有合适的输出力满足工艺要求，并在控制系统出现故障时可切换到手动操作。

② 阀内件，在高温环境中稳定工作，并调节温度。

③ 密封隔热部件。对阀本体进行有效保护，避免高温对阀本体的破坏，有效保证了阀的可靠性及寿命。

7）盘式控制阀。盘式控制阀的结构如图 1-21 所示，执行器带动连杆和驱动臂做 90°旋转，使阀盘与阀座密封面脱离或接触，从而完成流道的开启或关闭。

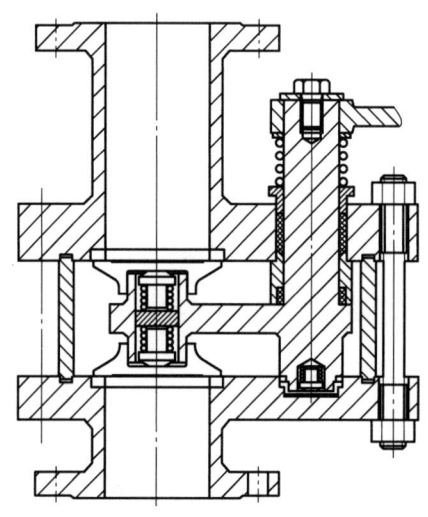

图 1-21　盘式控制阀结构

盘式控制阀具有内部空间大、启闭过程自动研磨流体中的颗粒、自动泄放内腔压力、金属硬密封和泄漏量低等特点，适用于带有高硬度固体颗粒、腐蚀性、结渣的流体并伴有高温高压、动作频繁的工况，如煤粉传送系统、灰渣排放系统、纸浆输送系统、泥浆输送系统和催化剂输送系统等。盘式控制阀的最高温度可达 800℃，最高压力可达 100MPa。

盘式控制阀可分为单盘阀、单座双盘阀和双座双盘阀三种，其中双座双盘阀可实现双向密封。与浮动式球阀类似，盘式控制阀主要依靠流体压力和弹簧实现阀盘和阀座之间的密封。阀盘背面的弹簧可补偿热胀冷缩引起的零件变形和磨损，避免固体颗粒进入密封面。借助吹扫设计，可有效克服介质在阀腔内的堆积。

第1章 控制阀基础知识

8）衬里控制阀。衬里控制阀是指在流道处内衬非金属材料，阀芯使用非金属材料，流体不与金属部件直接接触的控制阀。衬里控制阀适用于流体有强腐蚀性或有较多固体硬颗粒等金属材料不能满足要求的苛刻场合，衬里通常采用塑料衬里（见图1-22）和陶瓷衬里。

塑料衬里通常采用聚四氯乙烯（PTFE）、可溶性聚四氟乙烯（PFA）和聚全氟乙丙烯（FEP），塑料的耐腐蚀性能好，但受温度和压力限制，PTFE和PFA不超过250℃，FEP不超过200℃。

陶瓷衬里通常采用氧化铝（Al_2O_3）和氧化锆（ZrO_2）。陶瓷硬度高，耐磨耐冲刷、耐高温，但热冲击差，制造成型工艺难度大。

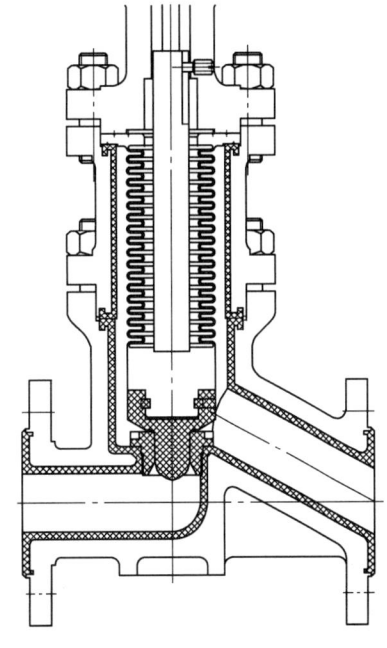

图1-22 塑料衬里控制阀

1.2.2 按技术参数分类

(1) 按公称尺寸分类

1）小口径控制阀，公称尺寸DN≤40mm的控制阀。

2）中口径控制阀，公称尺寸DN在50~300mm的控制阀。

3）大口径控制阀，公称尺寸DN≥350mm的控制阀。

(2) 按公称压力分类

1）真空控制阀，工作压力低于标准大气压的控制阀。

2）低压控制阀，公称压力PN≤1.6MPa的控制阀。

3）中压控制阀，公称压力PN在2.5~6.4MPa的控制阀。

4）高压控制阀，公称压力PN在10.0~80.0MPa的控制阀。

5）超高压控制阀，公称压力PN>80MPa的控制阀。

(3) 按介质工作温度分类

1) 高温控制阀，$t>450℃$ 的控制阀。

2) 中温控制阀，$120℃<t\leqslant450℃$ 的控制阀。

3) 常温控制阀，$-29℃<t\leqslant120℃$ 的控制阀。

4) 低温控制阀，$-100℃\leqslant t\leqslant-29℃$ 的控制阀。

5) 超低温控制阀，$t<-100℃$ 的控制阀。

(4) 按阀体材料分类

1) 非金属材料控制阀，如陶瓷控制阀、玻璃钢控制阀、塑料控制阀等。

2) 金属材料控制阀，如铜合金控制阀、铝合金控制阀、铅合金控制阀、钛合金控制阀、蒙乃尔合金控制阀、哈氏合金控制阀、铸铁控制阀、碳素铸钢控制阀、低合金钢控制阀、高合金钢控制阀、不锈钢控制阀。

3) 金属阀体衬里控制阀，如衬铅控制阀、衬聚四氟乙烯控制阀、衬搪瓷控制阀等。

(5) 按与管道的连接方式分类

1) 法兰连接控制阀，阀体上带有法兰，与管道采用法兰连接的控制阀。

2) 螺纹连接控制阀，阀体上带有内螺纹或外螺纹，与管道采用螺纹连接的控制阀。

3) 焊接连接控制阀，阀体上带有焊口，与管道采用焊接连接的控制阀。

4) 夹箍连接控制阀，阀体上带有夹口，与管道采用夹箍连接的控制阀。

5) 卡套连接控制阀，用卡套与管道连接的控制阀。

(6) 按操纵方式分类

1) 手动控制阀，借助手轮、手柄、杠杆或链轮等，由人力来操纵的控制阀。当需要传递较大的力矩时，可采用蜗轮、齿轮等减速装置。

2) 电动控制阀，用电动机或其他电气装置操纵的控制阀。

3) 气动控制阀，借助空气压力操纵的控制阀。

1.3 控制阀组成及术语

1.3.1 阀体组件

控制阀组件是用于控制流体流动的装置,在获得控制回路的可能最佳性能方面扮演着极其重要的角色。过程优化意味着优化整个过程,而不仅仅是用在控制室设备上的控制算法。阀门被称为终端控制元件,因为控制阀组件是过程控制被执行的地方。之前对几千个过程回路进行的统计已经强有力地证明了终端控制元件在过程优化方面扮演着非常重要的角色。当一个控制阀是为其应用场合而精心设计制造时,工厂的盈利能力才会增加。

控制阀是复杂的高科技产品,尽管传统的阀门技术规格起着重要的作用,但是如果要取得真正的过程优化,阀门技术规格必须能够解决真正的动态性能特性问题,所以这些技术规格应该还要包括诸如死区、时滞时间、响应时间等参数。

过程优化是随着整个回路的优化而开始和结束的,回路里的元件不能被单独地处理以取得协调回路性能的目的。类似地,回路里的任何单个元件的性能也不能被孤立地评估,因为在没有负载的标准条件下进行的孤立测试,不会等同于在实际过程条件下测试硬件所得到的性能信息。阀门截流元件的位置随着执行机构推力的改变而改变,从而调节控制阀流体的流量。

为了实现调节功能,阀门必须具有:

1) 承载流体而没有外部泄漏。
2) 针对应用工况有足够的流通能力。
3) 能够承受过程中的冲蚀、腐蚀和温度的影响。
4) 具有相应的连接端以与相邻的管道相配合,并建立执行机构的连接以使执行机构的推力传递给阀芯连接杆或旋转阀轴。

近年来已经推出了很多类型的控制阀体，有些被广泛使用，而其他一些则仅用于满足特殊的工况条件，所以不经常使用。以下概括介绍一些至今仍然在使用的常见的控制阀体类型。

1.3.2 执行机构

阀门执行机构按照控制系统的要求来调整阀芯的位置，其中气动执行机构的使用最普遍，即使在潜在的爆炸领域，也可以使用。气动执行机构具有响应时间短、持续密封力、安全状态易于维持的特点，是生产工艺上的首选。电动执行机构具有动态稳定和精确的特点，通过过程控制器可使直接控制成为可能。当在危险场合使用电动执行机构时，需要为其安全性支付高昂的费用，另外，电动执行机构的动作相对较慢。液动执行机构以它的高执行力和稳定性著称，然而成本高、制造工艺复杂是它的不足。

按照阀门形式的选择和工艺要求，下列标准在选择执行机构时必须考虑：

1) 作为开/关还是调节使用（对调节精度有何要求）。
2) 动力来源（压缩空气或电力）。
3) 安全位置。
4) 执行机构力的要求。
5) 行程是否有要求（如多段行程可调）。
6) 对执行机构稳定性的要求。
7) 执行机构线性特性的可允许偏差值。
8) 环境条件（防护级别、温度、腐蚀）。
9) 紧急状况下的手动功能（需要/不需要）。

阀门驱动装置按运动方式的不同可分为直行程和角行程两种。直行程驱动装置即多回转阀门驱动装置，主要适用于各种类型的闸阀、截止阀和节流阀等；角行程驱动装置即只回转90°转角的部分回转驱动装置，主要适用于各种类型的球阀、蝶阀等。

第1章 控制阀基础知识

阀门驱动装置按驱动力形式的不同可分为手动（手柄手轮式、弹簧杠杆式）、电动（电磁式、电动机式）、气动（弹簧膜片式、活塞式、旋转叶片式、空气发动机式、薄膜式和棘轮组合式）、液动（液压缸式、液压马达式）、联动（电液联动、气液联动）等多种形式。在各种类型的阀门驱动装置中，电动装置占主导地位，主要用在闭路阀门上；气动装置在有防爆要求的场合应用较广，其中薄膜式气动装置主要用在控制阀上。液动装置在长输管线上的自然紧急切断阀和井口放喷阀上广泛使用。手动装置的手轮，大多安装在低、中压截止阀和闸阀上；手柄则用于高压和超高压截止阀、球阀及旋塞阀上。气液联动装置多用于输气管道、无电源的野外场合，它的动力源即管道中的气体。

气动操作的控制阀执行机构（即气动执行机构）是使用最普遍的一种执行机构，电动、液动和手动执行机构也被广泛应用，气液联动、电液联动执行机构在油气储运方面也有部分应用。弹簧膜片式气动执行机构由于其结构的可靠性和简单性而被最广泛的使用。活塞式气动执行机构可以为要求的工况条件提供很高的阀杆输出力。弹簧膜片式和活塞式气动执行机构的适配器均可以直接安装在旋转式控制阀上。

（1）气动执行机构

1）弹簧膜片式执行机构

- 正作用：增加气源压力把膜片向下推并使执行机构推杆伸出。
- 反作用：增加气源压力把膜片向上推并使执行机构推杆缩回。
- 双向作用：可以组装成正作用或者反作用的执行机构。
- 旋转阀的开闭：增加气源压力把膜片向下推，可能打开或关闭阀门，取决于阀轴上的执行机构杠杆的定位。
- 净输出力：膜片力与弹簧反作用力之间的差值。模制膜片可提供线性的特性和较大的行程。

2）活塞式执行机构

- 活塞式执行机构使用压缩空气的高压气源最高可达 $1.03\mathrm{MPa}$，通常不需要气源压力调节器。

- 活塞式执行机构可提供较大的输出力和快速的驱动速度。
- 活塞式执行机构可以是双作用的,以在两个方向上都提供较大的力;或者是弹簧复位的,以提供失气—打开或失气—关闭的工作方式。
- 可以安装各种各样的附件,以便在供气压力切断时定位双作用的活塞。这些附件包括气动保位阀和锁定系统。
- 用于旋转阀的其他类型的活塞执行机构,在气缸的下端有一个滑动式密封。这使得执行机构推杆可以周向旋转以及上下移动,而不会产生气缸压力的泄漏。这个特点使得执行机构推杆可以直接安装到固定在旋转阀轴上的执行机构杠杆上,因此不需要连接件,也消除了相对运动损失。

3)旋转叶片式执行机构

旋转叶片式执行机构只有角行程输出,可以认为是一个旋转活塞,位于分段压力室的是密封叶片,其末端和旋转轴相连,输出轴在叶片一侧的流体压力作用下产生旋转运动。其主要优点是简单和成本低,气室容积小。

(2)电动执行机构

电动控制阀是工业过程控制系统中的终端执行元件,电动执行机构是电动控制阀的核心组成部分,工业过程连续生产自动控制系统中一般均需要用电动控制阀控制过程生产中的各种工艺参数,来达到对流体的压力、温度、流量和液位等参数的调节,通常被人们称为工业过程自动化生产中的"手和脚"。

电动执行机构以电动机为驱动源、以直流电流或电压为控制及反馈信号,当控制器接收到输入信号时,将此信号与位置信号进行比较,当两个信号的偏差值大于规定的死区时,控制器驱动电动机旋转,经传动机构后变成位移推力或转角力矩,直到偏差小于死区为止。

(3)液动执行机构

液动执行机构是以液压油为动力源来完成预定运动和实现各种机构功能的机构。

它把油液的压力能转换成机械能。液压执行机构按其运动形式分为：液压缸——用于直线往复运动；液压马达——用于旋转运动；摆动液压马达——用于摆动运动。

液动执行机构的优点：

1）在输出同等功率的条件下，机构结构紧凑、体积小、重量轻、惯性小。

2）工作平稳，冲击、振动和噪声都较小，易于实现频繁的起动、换向，能够完成旋转运动和各种往复运动。

3）操纵简单、调速方便，并能在大的范围内实现无级调速，调速比可达5000。

4）可实现低速大力矩传动，无须减速装置。

液动执行机构的缺点：

1）油液的黏性受温度变化的影响大，不宜用于低温和高温环境中。

2）液压组件的加工和配合要求精度高，加工工艺困难，成本高。

(4) 手动执行机构

手动执行机构应用在不需要自动控制的场合，需要简便的操作和良好的手动控制。在自动控制系统的维护或停车期间，手动执行机构常常用来驱动控制阀周围的旁路回路里的旁路阀，以进行手动过程控制。

手轮机构用于动力源失效的情况，将阀门运行到附件校准的设定位置，有时也可用于单作用弹簧膜片执行机构的行程限位。它通常安装在弹簧膜片或活塞执行机构的顶部或侧面，向进气的方向推动或拉动，用于压缩执行机构弹簧。对于双作用活塞，由于没有弹簧抵住，因此手轮机构有一个阀杆锁定功能，允许向任一方向施加推力。用于角行程执行机构（齿轮齿条/拨叉式）的手轮机构，通常是一种可以与执行机构分离的、带手动/自动切换的装置，用于动力源失效的场合。

(5) 联动执行机构

气液联动执行机构广泛安装在输气站场、阀室内的大型球阀上，利用管线内的气源作为动力源，结合液压、电控等一系列控制系统，实现阀门的驱动。整个装置可以分为执行器、气路控制系统、油路控制系统及电控单元保护系统四个部分，一般具有就地控制、远程开关控制、ESD 紧急关断控制及 ESD 关阀后的手动复位等功能。

电液联动执行机构将活塞的特性和电动液压泵相结合。这种组合使得执行机构在体积相同的情况下，能提供更大的输出力/力矩，并且具有较高的位置精度；还可以与弹簧部件组合，可用于故障开或故障关的场合；当发生故障时，也可通过将液压油压力保持在最后状态以轻松实现执行机构保位。

1.3.3 控制阀附件

（1）定位器

工业生产自动控制简称过程控制，主要针对六大参数，即温度、压力、流量、液位（或物位）、成分和物性等进行控制。它覆盖许多工业部门，如石油、化工、电力、冶金、轻工等，在国民经济中占有极其重要的地位。控制阀是过程控制系统中的重要组成部分，定位器是其主要附件之一。定位器技术的发展使控制阀变得更易于控制、控制更精确，简化了高性能控制回路的设计，使控制回路的执行更加紧凑。

定位器是提高控制阀性能的重要手段之一，因此要理解阀门定位器在过程控制系统中所扮演的角色，如图 1-23 所示。

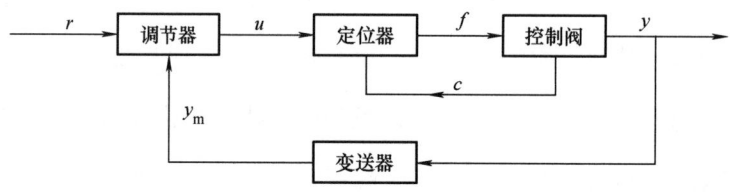

图 1-23 带有定位器的自动调节系统

图中，r 为被调量的设定值；y 为被调量；y_m 为被调量的测量值；u 为调节器的输出信号（与执行器即控制阀的开度成一定的关系）；f 为定位器的输出信号；c 为阀门位置信号。定位器利用闭环控制原理，将从调节器接收的调节信号（电流 4~20mA 或气压 20~100kPa）与从控制阀接收的阀门反馈位置信号进行比较，根据比较后的偏差

第1章 控制阀基础知识

使控制阀执行机构动作，从而使阀芯准确到位，达到定位的目的。其主要作用表现为：

1）改善控制阀的静态特性，提高阀门位置的线性度。

2）改善控制阀的动态特性，减少调节信号的传递滞后。

3）增大执行机构的输出功率，减少系统的传递滞后，加快阀杆的动作速度。

4）可以起到电气转换器的作用，即能用电信号来控制气动阀（电气阀门定位器）。

5）改变控制阀的作用方式。

6）改变控制阀的流量特性。

7）具有分程控制等功能。

（2）电磁阀

电磁阀是一种利用电磁力来控制阀门的电气装置，在工业机控制和工业阀门中特别常见，可以对介质的方向、流量、速度及其他参数进行控制，从而达到对阀门开关的控制。电磁阀可以配合不同的电路来实现预期的控制，而且还能保证控制的精度和灵活性。

电磁阀是由电磁线圈、磁心和包含一个或者多个孔的阀体组成。当电磁阀线圈通电或断电时，磁心的运动将导致气体通过电磁阀阀体或被切断，以达到改变阀门开关状态的目的。

（3）空气过滤减压阀

空气过滤减压阀一般安装在气动控制仪表的前方，可以压缩空气进行过滤净化，还可以将现场的气源压力调整到气动仪表所需的给定值，是一种为气动仪表提供清洁的、不同压力气源的辅助元件。空气过滤减压阀作为一种气动薄膜调节压力的辅助装置，内部主要由主阀和导阀组成，通过这两部分的相互作用来调节弹簧压力，从而实现气体减压和稳压的功能。空气过滤减压阀主要应用在气体管道中，用来控制空气、氮气、氧气、氢气、液化气、天然气等气体的输出、流通。在安装时必须确保其安全性，确保使用性能，确保易于操作和维护，节约安装费用。

空气过滤减压阀是通过调节系统将进口压力减至某一需要的出口压力，并依靠介质本身的能量,使出口压力自动保持稳定的元件。从流体力学的观点看,减压阀是一个局部阻力可以变化的节流元件,即通过改变节流面积,使流速及流体的动能改变,造成不同的压力损失,从而达到减压的目的;然后依靠控制与调节系统的调节,使阀后压力的波动与弹簧力相平衡,使阀后压力在一定的误差范围内保持恒定。

(4) 行程开关

行程开关又称限位开关或称阀门回讯器,是一种将阀门位移信号转换为电气信号,用于监测运动部件位置的自动控制设备。它也是自控系统中监测阀门状态的一种现场仪表,将阀门的开启或关闭位置以开关量(触点)的信号输出,被 DCS 或计算机接收,确认后执行下一程序。行程开关作为阀位监测设备,能够实时反映阀门开度,并将阀门开关位置信号传回控制室。在自动控制系统中,也用于重要阀门的联锁保护以及远程报警指示。

部分类型阀门回讯器带有阀位就地显示功能,如果想要就地监测开关阀的阀位状态,可以选用带有指示器的阀门回讯器。阀门回讯器通过同轴连接件或反馈杆使传动轴产生旋转,让凸轮触动微型开关,从而使开关组件的触点闭合或断开,通过接线端子向外部传送开关量信号,并通过指示器就地显示。阀门回讯器也可以与其他阀门控制设备组成更为复杂的自动控制系统。

行程开关具有结构紧凑、质量可靠、输出性能稳定、安装简单、功能多样以及适用范围广等特点。

(5) 阀位变送器

阀位变送器与各类控制阀或控制驱动器配合使用,主要作用是接收阀门旋转角度或行程位置,按阀门开度相应的比例转换为 4~20mA 直流电流信号,传送到控制室的 2 线制连接传送器。其中直行程阀位变送器测量阀门执行机构阀杆上下运动时的位移,经过非线性处理,计算出位移的百分比,并转换成 4~20mA 标准环路电流输出。

第1章 控制阀基础知识

1.3.4 控制阀术语

（1）控制阀分类术语（见表1-1）

表1-1 控制阀分类术语

编号	名词术语	英文术语	说　　明
1	自力式控制阀	Self-action type control valve	依靠被调介质（液体、空气、蒸汽、天然气）本身的能量实现介质温度、压力、流量自动调节的阀门
2	驱动式控制阀	Actuated type control valve	借助手动、电力、气压或液压来操纵的控制阀
3	气动控制阀	Penumatic control valve	以压缩空气为动力，由控制器的信号调节流体通路的面积，以改变流体流量的执行器
4	电动控制阀	Electric control valve	以电力为动力，由控制器的信号调节流体通路的面积，以改变流体流量的执行器
5	自力式温度控制阀	Self-action type temperature control valve	利用传感器内特殊液体对温度的敏感性，通过毛细管的传递来推动阀芯做线性运动，从而达到控制阀的开度随温度变化而变化来控制流量
6	蝶阀	Butterfly valve	启闭件（蝶板）绕固定轴旋转的阀门
7	中线蝶阀	Center line butterfly type valve	蝶板的回转轴线（阀杆轴线）位于阀体的中心线和蝶板的密封截面上的蝶阀
8	单偏心蝶阀	Single-eccentric butterfly valve	蝶板的回转轴线（阀杆轴线）位于阀体的中心线上，且与蝶板密封截面形成一个尺寸偏置的蝶阀
9	双偏心蝶阀	Double-eccentric butterfly valve	蝶板的回转轴线（阀杆轴线）与蝶板密封截面形成一个尺寸偏置，并与阀体中心线形成另一个尺寸偏置的蝶阀
10	三偏心蝶阀	Three-eccentric butterfly valve	蝶板的回转轴线（阀杆轴线）与蝶板密封面形成一个尺寸偏置，并与阀体中心线形成另一个尺寸偏置，阀体密封面中心线与阀座中心线（阀体中心线）形成一个角偏置的蝶阀
11	球阀	Ball valve	启闭件（球体）绕垂直于通路的轴线旋转的阀门
12	浮动式球阀	Floating ball valve	球体不带有固定轴的球阀
13	固定式球阀	Fixed ball valve	球体带有固定轴的球阀
14	弹性球球阀	Flexible ball valve	球体上开有弹性槽的球阀
15	V形开口球阀	V-notch ball valve	球体为带有V形开口的半球阀

（2）控制阀结构与零部件术语（见表1-2）

表1-2 控制阀结构与零部件术语

编号	名词术语	英文术语	说　　明
1	结构长度	Face-to-Face dimension End-to-Face dimension Face-to-centre dimension	直通式为进、出口端之间的距离，角式为进口（或出口）端到出口（或进口）端轴线的距离
2	结构形式	Type of construction	各类控制阀在结构和几何形状上的主要特征
3	直通式	Through way type	进、出口轴线重合或相互平行的阀体形式
4	角式	Angle type	进、出口轴线相互垂直的阀体形式
5	直流式	Y-globe type	通路呈一直线，阀杆位置与阀体通路轴线成锐角的阀体形式
6	三通式	Three way type	具有三个通路方向的阀体形式
7	T形三通式	T-pattern type	塞子（或球体）的通路呈"T"形的三通式
8	L形三通式	L-pattern type	塞子（或球体）的通路呈"L"形的三通式
9	平衡式	Balance type	利用介质压力平衡，减小阀杆轴向力的结构
10	杠杆式	Lever type	采用杠杆带动启闭件的结构形式
11	常开式	Normally open type	无外力作用时，启闭件自动处于开启位置的结构形式
12	常闭式	Normally closed type	无外力作用时，启闭件自动处于关闭位置的结构形式
13	保温式	Steam jacket type	带有蒸汽加热夹套的各种控制阀
14	波纹管密封式	Bellow sealed type	用波纹管作阀杆主要密封的各种控制阀
15	阀体	Body	与管道（或设备装置）直接连接，并控制介质流通的控制阀主要零件
16	阀盖	Bonnet/Cover/Cap	与阀体相连并与阀体（或通过其他零件，如隔膜等）构成压力控制的主要零件
17	启闭件	Disc	用于调节或截断介质流通零件的统称，如阀芯、阀瓣、蝶板等
18	阀芯、阀瓣	Disc	控制阀、节流阀、蝶阀等阀门中的启闭件
19	阀座	Seat ring	安装在阀体上，与启闭件组成密封副的零件
20	密封面	Sealing face	启闭件与阀座（阀体）紧密贴合，起密封作用的两个接触面
21	阀杆	Stem Spindle	将启闭力传递到启闭件上的主要零件
22	阀杆螺母	Yoke bushing/Yoke nut	与阀杆螺纹构成运动副的零件
23	填料函	Stuffing box	在阀盖（或阀体）上，充填填料，用来阻止介质由阀杆处泄漏的一种结构

第1章 控制阀基础知识

（续）

编号	名词术语	英文术语	说明
24	填料箱	Stuffing box	填充填料，阻止介质由阀杆处泄漏的零件
25	填料压盖	Gland	用以压紧填料达到密封的零件
26	填料	Packing	装入填料函（或填料箱）中，阻止介质从阀杆处泄漏的填充物
27	填料垫	Packing seat	支承填料，保持填料密封的零件
28	支架	Yoke	在阀盖或阀体上，用于支承阀杆螺母和传动机构的零件
29	上密封	Back seat	当阀门全开时，阻止介质向填料函处渗漏的一种密封结构
30	阀杆头部尺寸	Dimension of valve stem head	阀杆与手轮、手柄或其他操纵机构装配连接部位的结构尺寸
31	阀杆端部尺寸	Dimension of valve stem end	阀杆与启闭件连接部位的结构尺寸
32	连接槽尺寸	Dimension of connecting channel	启闭件与阀杆装配连接部位的结构尺寸
33	连接形式	Type of connection	控制阀与管道或设备装置的连接所采用的各种方式，如法兰连接、螺纹连接、焊接连接等
34	电动装置	Electric actuator	用电力启闭或控制阀门的驱动装置
35	气动装置	Pneumatic actuator	用气体压力调节或启闭阀门的驱动装置
36	液动装置	Hydraulic actuator	用液体压力调节或启闭阀门的驱动装置
37	电-液动装置	Electro-Hydraulic actuator	用电力和液体压力调节或启闭阀门的驱动装置
38	气-液动装置	Pneumatic-Hydraulic actuator	用气体压力和液体压力调节或启闭控制阀的驱动装置
39	蜗轮蜗杆传动装置	Worm gear actuator	用蜗轮蜗杆机构调节或启闭阀门的装置
40	圆柱齿轮传动装置	Cylindrical gear actuator	用圆柱齿轮机构调节或启闭阀门的装置
41	圆锥齿轮传动装置	Conical gear actuator	用圆锥齿轮机构调节或启闭阀门的装置
42	垂直板式蝶阀	Vertical disc type butterfly valve	蝶板与阀体通路轴线垂直的蝶阀
43	斜板式蝶阀	Indined disc butterfly valve	蝶板与阀体通路轴线成一倾斜角度的蝶阀
44	球体	Ball	球阀中的启闭件
45	蝶板	Disc	蝶阀中的启闭件
46	V形开口球体	V-notchball	V形开口调节球阀中的启闭件
47	调节螺套	Adjusting bolt/Adjusting screw	控制阀中调节弹簧压缩量的套筒式零件
48	弹簧座	Spring plate	控制阀中支承弹簧的零件
49	导向套	Valve guide Disc guide	控制阀中对阀瓣起导向作用的零件

（续）

编号	名词术语	英文术语	说　明
50	调节弹簧	Regulation spring	控制阀中用来调定出口压力的弹簧
51	复位弹簧	Returnning spring	控制阀中用来对启闭件起复位作用的弹簧
52	膜片	Diaphragm	控制阀中起平衡阀前、阀后压力作用的零件

（3）控制阀性能及其他术语（见表1-3）

表1-3　控制阀性能及其他术语

编号	名词术语	英文术语	说　明
1	主要性能参数	Specification	表示控制阀主要参数，如公称压力、公称通径、工作温度等
2	公称压力	Nonuna pressure	是一个用数字表示的与压力有关的标示代号，是供参考用的一个方便的圆整数
3	公称尺寸	Nominal diameter	是管道系统中为所有附件所通用的用数字表示的尺寸，以区别用螺纹或外径表示的那些零件。公称尺寸是供参考用的一个方便的圆整数，与加工尺寸呈不严格的关系
4	工作压力	Working pressure	控制阀在适用介质温度下的压力
5	工作温度	Working temperature	控制阀在适用介质下的温度
6	适用介质	Suitable medium	控制阀能适用的介质
7	适用温度	Suitable temperature	控制阀适用介质的温度范围
8	壳体试验	Shell test	对控制阀阀体和阀盖等连接而成的整个阀门外壳进行的压力试验。目的是检验阀体和阀盖的致密性，以及包括阀体与阀盖联接处在内的整个壳体的耐压能力
9	壳体试验压力	Shell test pressure	控制阀进行壳体试验时规定的压力
10	密封试验	Seal test	检验启闭件和阀体密封副密封性能的试验
11	密封试验压力	Seal test pressure	控制阀进行密封试验时规定的压力
12	上密封试验	Back seal test	检验阀杆与阀盖密封副密封性能的试验
13	渗漏量	Leakage	做控制阀密封试验时，在规定的持续时间内，由密封面间渗漏的介质量
14	吻合度	Percent of contact area	密封副径向最小接触宽度与密封副中的最小密封面宽度之比
15	类型	Type	按用途或主要结构特点对控制阀的分类

第1章 控制阀基础知识

（续）

编号	名词术语	英文术语	说 明
16	型号	Modle	按类型、控制方式、阀结构形式、公称压力、作用方式等对控制阀的编号
17	主要外形尺寸	General dimension	控制阀的开启和关闭高度、执行机构的外形尺寸、手轮直径及连接尺寸等
18	连接尺寸	Connection dimension	控制阀和管道连接部位的尺寸
19	执行机构	Actuator	接受控制器的信号，将信号转换成位移，并以此驱动阀的仪表
20	阀	Vavle	由执行机构驱动，直接与流体接触，并用来调节流体流量的组件
21	基本误差	Intrinstic error	控制阀的实际上升、下降特性曲线，与规定特性曲线之间的最大极限偏差
22	回差	Hysmresis error	同一输入信号上升和下降的两相应行程值间的最大差值
23	死区	Dead band	输入信号正、反方向的变化，不致引起阀杆行程有任何可察觉变化的有限区间
24	行程	Travel	为改变流体的流量，阀内组件从关闭位置算起的线位移或角位移
25	额定行程	Rated travel	规定全开位置上的行程
26	相对行程	Relative travel	给定开度上的行程与额定行程之比
27	固有可调比	Inherent rangeability	最大与最小可控流量系数的比值。可控流量系数应在固有流量特性斜率不大于规定的相对行程范围内取定
28	阀额定容量	Rated valve capacity	在规定的试验压力条件下，试验流体通过控制阀额定行程时的流量
29	流量系数	Flow coefficient	在规定条件下，即阀的两端压差为 0.1MPa，介质密度为 $1g/cm^3$ 时，某给定行程时流经控制阀以 m^3/h 或 t/h 计的流量数
30	额定流量系数	Rated flow coefficient	额定行程时的流量系数值
31	相对流量系数	Relative flow coefficient	某给定开度的流量系数与额定流量系数之比
32	固有流量特性	Inherent flow characteristic	相对流量系数和对应的相对行程之间的固有关系
33	直线流量特性	Liner flow characteristic	理论上，相对行程等量增加，引起相对流量系数等量增加的一种固有流量特性
34	等百分比流量特性	Egual percentage flow characteristic	理论上，相对行程等量增加，引起相对流量系数等百分比增加的一种固有流量特性

（续）

编号	名词术语	英文术语	说　明
35	调压器	Pressure regulators	自动调节燃气出口压力，使其稳定在某一压力范围的降压设备
36	直接作用式调压器	Pressure regulators of direct effect way	敏感元件感受的力，用于直接驱动调节机构
37	间接作用式调压器	Pressure regulators of indirect effect way	敏感元件和调节机构的受力元件是相隔分开的，敏感元件所受的力经中间放大环节，直到足以驱动调节机构动作
38	指挥器	Pilot regulator	间接作用式调压器中，用于实现自动调节的辅助调节设备
39	进口压力	Inlet pressure	调压器进口处按规定的测压法所测得的压力值
40	出口压力	Outlet pressure	调压器出口处按规定的测压法所测得的压力值
41	最大进口压力	Max inlet pressure	在规定的压力范围内，所允许的最高进口压力值
42	最小进口压力	Min inlet pressure	在规定的压力范围内，所允许的最低进口压力值
43	最大出口压力	Max outlet pressure	在规定的稳压精度范围内，所允许的最高出口压力
44	最小出口压力	Min outlet pressure	在规定的稳压精度范围内，所允许的最低出口压力
45	额定出压力	Normal outlet pressure	调压器出口压力在规定范围内的某一选定值
46	稳压精度	Accuracy of pressure stability	调压器出口压力偏离额定值的极限偏差，与额定出口压力的比值
47	关闭压力	Shut off pressure	当调压器流量逐渐减小，其流量等于零时，输出侧所达到的稳定的压力值
48	额定流量	Normal flow rate	在规定的进口压力范围内，当进口压力一定时，其出口压力在稳压精度范围内下限值时的流量
49	静特性曲线	Static characteristic curve	在规定的进口压力范围内，固定进口压力 P_0 为某一值时，出口压力 P_1 随流量变化的关系曲线
50	压力回差	Difference of pressure	当流量一定时，在规定的进口压力范围内升高和降低的往返过程中，同一进口压力下，所得到的两个相应出口压力之差
51	调压器综合流量系数	Total flow coefficient of pressure regulator	在额定流量工况下的流量系数
52	固有可调比	Inherent faflgeability	在规定的极限偏差内，最大流量系数与最小流量系数之比

(续)

编号	名词术语	英文术语	说明
53	阻塞流	Choked flow	不可压缩或可压缩流体在流过控制阀时,所能达到的极限或最大流量状态。无论是何种液体,在固定的入口(上游)条件下,压差增大而流量不进一步增大,就表明是阻塞流
54	临界压差比	Critical differential pressure ratio	压差与入口绝对压力之比。它对所有可压缩流体的控制阀尺寸方程式都有影响。当达到此最大比值时会出现阻塞流

1.4 控制阀主要参数

1.4.1 公称尺寸

阀门的公称尺寸是由管道系统元件的字母和数字组合的尺寸标识。这个数字与阀门端部连接件的孔径或外径(单位为 mm)等特征尺寸直接相关。

公称尺寸由字母 DN 后和其紧跟的一个整数数字组成。例如公称尺寸 250mm,应写为 DN250。

阀门的公称尺寸系列见表 1-4。

表 1-4 阀门的公称尺寸系列(GB/T 1047—2019)

DN 6	DN80	DN500	DN1000	DN1800	DN2800
DN8	DN100	DN550	DN1050	DN1900	DN2900
DN10	DN125	DN600	DN1100	DN2000	DN3000
DN15	DN150	DN650	DN1150	DN2100	DN3200
DN20	DN200	DN700	DN1200	DN2200	DN3400
DN25	DN250	DN750	DN1300	DN2300	DN3600
DN32	DN300	DN800	DN1400	DN2400	DN3800
DN40	DN350	DN850	DN1500	DN2500	DN4000
DN50	DN400	DN900	DN1600	DN2600	
DN65	DN450	DN950	DN1700	DN2700	

注:1. 除在相关标准中另有规定,字母 DN 后面的数字不代表测量值,也不能用于计算。
2. 采用 DN 标识的那些标准,应给出 DN 与管道元件的尺寸关系,如 DN/OD 或 DN/ID(OD 为外径,ID 为内径)。

在通常情况下，阀门的通道直径与公称尺寸是一样的，但当阀体采用管焊结构或者与之相连接的管道用标准钢管法兰连接时，阀门的实际通道直径并不等于公称尺寸DN的数值。例如，采用$\phi 54\text{mm} \times 3\text{mm}$的无缝钢管时，阀门的公称尺寸为DN50，但实际内径D则为48mm，这种情况在高压化工、石油用锻钢阀上是比较普遍的。

1.4.2 公称压力

公称压力由字母PN和其后紧跟的整数数字组成。它与管道系统元件的力学性能和尺寸特性相关。

在我国涉及公称压力时，为了明确起见，通常给出计量单位，以"MPa"表示。

在美国及欧洲部分国家中，尽管目前有关标准中已经列入了公称压力PN的概念，但在实际应用中仍采用英制单位的压力级制（CL）表示。由于公称压力和压力级制的温度基准不同，因此两者没有严格的对应关系，两者间大致的对应关系见表1-5。

表1-5 CL和公称压力PN的对照表（参考）

CL	150	300	400	600	800	900	1500	2500	3500	4500
公称压力PN/MPa	2.0	5.0	6.8	11.0	13.0	15.0	26.0	42.0	56.0	76.0

日本标准中有一种K级制，如10K、20K、30K、45K等，这种压力级制的概念与英制的压力级制的概念近似，但计量单位采用米制，K级制与CL之间的关系参见表1-6。

表1-6 K级制与CL对照表（参考）

CL	150	300	400	600	900	1500	2000	2500	3500	4500
K级制	10	20	30	45	65	110	140	180	250	320

阀门的公称压力系列表见表1-7。

第1章 控制阀基础知识

表1-7 阀门的公称压力系列表（GB/T 1048—2005）

PN 系列	Class 系列
PN 2.5	Class 25[①]
PN6	Class 75
PN10	Class 125[②]
PN16	Class 150
PN25	Class 250[②]
PN40	Class 300
PN63	(Class 400)
PN100	Class 600
PN160	Class 800[③]
PN250	Class 900
PN320	Class 1500
PN400	Class 2000[④]
—	Class2500
—	Class 3000[⑤]
—	Class 4500[⑥]
—	Class 6000[⑤]
—	Class 9000[⑦]

注：1. 除相关标准中另有规定外，无量纲数字不代表测量值，也不应用于计算。
2. 除与相关的管道元件标准有关联外，字母 PN 或 Class 不具有意义。
3. 管道元件的最大允许工作压力取决于管道元件的 PN 数值或 Class 数值、材料、元件设计和最高允许工作温度等。
4. 具有相同 PN 或 Class 和 DN 数值的管道元件，同与其相配合的法兰具有相同的连接尺寸。
5. 带括号的公称压力数值不推荐使用。
① 适用于灰铸铁法兰和法兰管件。
② 适用于铸铁法兰、法兰管件和螺纹管件。
③ 适用于承插焊和螺纹连接的阀门。
④ 适用于锻钢制的螺纹管件。
⑤ 适用于锻钢制的承插焊和螺纹管件。
⑥ 适用于对焊连接的阀门。
⑦ 适用于锻钢制的承插焊管件。

1.4.3 结构长度

对于给定材料、类型、规格、压力等级和连接形式的阀门，为确保其安装的互换性，对特性尺寸——阀门结构长度的规范化是非常必要的。因而各国在制定各类阀门的产品标准时,都各自对结构长度做了明确规定,系统地制定了有关阀门结构长度的综合性标准。从目前各国的标准内容来看,由于公称压力存在两个体系,一种是以 Class 公称压力系列为基准的美洲系列标准,如 Class150/300/600/900/1500/2500 磅级,另一种以 PN 公称压力系列为基准的欧洲系列标准,如 PN16/25/40/63/110/160/250/320 等,相应的结构长度标准形式和内容也可以分成两个体系。

1) 中国标准。中国 GB/T 12221—2005 标准按照直通型、角型等结构形式,法兰、焊接、螺纹、对夹等连接形式明确给出了结构长度基本系列表。

2) 美国标准。美国 ASME B16.10—2017 标准包括直通式阀门(面-面和端-端)结构长度和角阀(中心-面和中心-端)结构长度。

美国 ASME B16.10—2017 标准适用于法兰端和对焊端阀门,但不适用于承插焊端阀门。

3) 英国标准。英国 BS EN 558-1:1996 标准规定了法兰连接管道系统用金属阀门的米制系列面对面(FTF)结构长度和中心-面(CTF)结构长度。其结构长度基本系列的编号与 ISO/DIS 5752:1993 保持一致。

1.4.4 额定流量系数和额定容量

流量系数是控制阀在规定条件的规定行程下流过阀的特定体积流量(容量)。流量系数有国际单位制的 K_V(m^3/h)和英美单位制的 C_V(US gal/min,美国加仑/分)之分。

流量系数 K_V 是在阀两端静压损失($\Delta p \cdot K_V$)为 1bar(10^5Pa)、流体为 278~313K(5~40℃)温度范围内的水的情况下,在规定的行程流过阀的特定体积流量(m^3/h)。

流量系数 C_V 是在压力下降($\Delta p \cdot C_V$)1psi 的情况下,温度范围为 40~100℉(4~38℃)的水在 1min 流过的美国加仑数(US gal/min)。

流量系数的换算关系为

$$K_V/C_V = 0.865$$

$$C_V = 1.156 K_V$$

有关流量系数（流通能力）的计算公式在国际、国内现行的相关标准中已一致，都是基于 IEC 60534-2-1—1998《工业过程控制阀 第2-1 部分：流通能力 安装条件下流体流量的计算公式》。例如，美国国际自动化学会（原美国仪表学会）的 ANSI/ISA 75.01.01—2012；我国的 GB/T 17213.2—2017 IDT（等同）IEC 60534-2-1—2011；GB/T 4213—2008 中则特别说明流量系数"应按 GB/T 17213.2 规定的方法计算"。

额定流量系数是额定行程下的流量系数值，依单位制为 K_V 或 C_V。对于特定的某台控制阀来说，就是制造厂按照设计操作条件计算选型后定制供货的、在额定行程下的控制阀流量系数 K_V 或 C_V。

阀额定容量是指在规定试验条件和额定行程下，试验流体（气体或液体）流经控制阀时的流量。阀额定容量和流量系数有关，但也有区别。流量系数是指在规定的标准条件下，控制阀前后压差在 1bar（10^5Pa）下流过的水的体积流量；而阀额定容量是指在规定的泄漏量试验条件下，控制阀压差并不一定是 1bar（10^5Pa）时的流量标准值，即在实际操作（试验）条件下的流通能力，是需要按操作条件进行计算和修正的。

1.4.5 流量特性

控制阀的流量特性是指控制阀的行程在 0~100% 的范围内与对应的流经控制阀的流量之间的关系。

一般来说，改变控制阀的阀芯与阀座之间的流通截面积，便可以控制流量。但实际上，由于多种因素的影响，如在节流面积变化的同时，还会发生阀前、阀后压差的变化，而压差的变化又将引起流量的变化。为了便于分析，先假定阀前、阀后的压差不变，然后再引申到真实情况进行研究。前者称为固有流量特性或者理想流量特性，后者称为工作流量特性。

固有流量特性是指经过控制阀的压差恒定时的流量特性，主要有线性、等百分比（对数）及快开三种。

线性流量特性的特点：阀门行程与阀门流量的变化成正比。线性流量特性控制阀通常指定用于液位控制和一些需要恒定增益的流量控制场合。

等百分比流量特性的特点：相等的行程增量产生相等百分比的流量的变化。例如，阀芯行程变化10%，流量相应地变化10%。具有等百分比流量特性的控制阀一般用于压力控制场合，以及大部分压差通常被系统本身所吸收而只有小部分被控制阀所吸收的其他场合。在预期有较大压差的情况下，也可以考虑使用具有等百分比特性的阀门。

快开流量特性的特点：较小的阀门行程可获得较大的流量变化。阀门开度增大到一定程度时（如40%~60%），流量增量趋减；阀门开度接近最大时（如80%~100%），流量增量趋于零。

工作流量特性是指在压差随着流量和系统中其他参数变化而变化的工况下获得的流量特性。

控制阀的流量特性是为了在系统运行条件的预期范围内提供相对均匀一致的控制回路稳定性。要建立与系统相匹配的流量特性，需要对控制回路做动态分析。

1.4.6 可调比

由IEC 60534-2-4—2009《工业过程控制阀 第2-4部分：流通能力 固有流量特性和可调比》的定义可知，控制阀的固有可调比是指在阀门进出口压差恒定条件下，最大流量系数与最小流量系数的比值。

对于直行程控制阀，其固有可调比一般不超过50，若要进一步增大可调比，设计制造难度将加大。可调比过大，对于单座控制阀，阀芯型线在90%~100%开度范围内会产生根切现象，对于滑动套筒阀，在90%~100%开度范围内，因节流窗口尺寸过宽而无法设计制造。对于角行程控制阀，如偏心旋转阀、V形开口球阀、旋塞阀等，其固有可调比一般不超过300。

在流程控制工业中，高可调比是高性能控制阀的一项关键性能指标参数。目前，国内合肥通用机械研究院有限公司开发了一种新型高可调比的旋塞阀，得益于其独特的旋塞节流窗口设计，可以实现很高的可调比，固有可调比可达 350～1000，非常适合于精细化工中高可调比应用工况，实现了优化工艺流程、精确控制工艺指标的目标。

控制阀在生产过程中，阀门两端的压差并不是恒定不变的，因此，运行时控制阀的可调比会降低。安装可调比是指控制阀在实际工作状态下，可调节的最大流量与最小流量的比值。阀阻比小是控制阀安装可调比降低的主要原因，因此可以采取以下措施，如降低控制阀所在串联管路阻力，工艺配管尽可能减少不必要的弯头、截止阀、缩径管和扩径管等附加管件。

1.4.7 泄漏量

泄漏量是指在一定的压差、温度条件下，阀门全关时介质流过阀门的流量，是衡量阀门内漏的指标。泄漏量一般由试验测得，试验介质为常温下的液体（水）或气体（清洁的空气或氮气）。试验条件包括执行机构调整到符合规定的工作条件并施加所需的关阀推力或扭矩、试验介质施加在阀体的正常或规定入口、阀体出口通大气或连接低压损且出口通大气的测量装置等。

控制阀阀座泄漏量与泄漏等级、试验介质和试验程序、阀额定流量系数和额定容量有关。

控制阀阀座泄漏量是一项重要的出厂检验、型式检验的规定项目，也是控制阀安装前的试验重点和保障在线功能安全的基础，制造厂、设计方和用户对此都格外关注。国际标准和国家标准对控制阀阀座泄漏有明确的规定，明确规定了泄漏等级、试验介质、试验程序和阀座最大泄漏量。

有关控制阀阀座泄漏的现行国家和国际标准有：

1) GB/T 17213.4—2005《工业过程控制阀 第4部分：检验和例行试验》，2006年4月1日起实施。

该国标的条目7为"液体静压和阀座泄漏量试验"、条目7.3为"阀座泄漏"，制定了阀座泄漏等级、规定了试验程序和各泄漏等级的阀座最大泄漏量、定义和计算，附录 A 给出了阀座泄漏量计算示例。

2）GB/T 4213—2008《气动调节阀》，2009 年 2 月 1 日起实施。

该国标替代已作废的 GB/T 4213—1992，适用产品仍为采用气动执行机构的控制阀（调节阀），并说明该国标的规范性引用文件包含 GB/T 17213《工业过程控制阀》系列所有部分（GB/T 17213 系列目前有 16 个现行标准）并作为依据进行了标准修正。

GB/T 4213—2008 的条目 5.6 为技术要求中的"泄漏量"，规定了泄漏等级与最大阀座泄漏量；条目 5.6.5 强调了"在计算确定泄漏量的允许值时，阀的额定容量应按 GB/T 17213.2 规定的方法计算"；将 92 版标准的"压力降条件判定"修订为"阻塞流公式条件判定"；阀额定容量的计算公式是按规定试验条件对系数取值并圆整后的，使用起来较简便。在条目 6.9 中规定了泄漏量的试验程序。

3）EN 1349—2009《工业过程控制阀》。

EN 1349—2009 是欧洲标准，欧盟各国也有等同的标准，如德国的 DIN EN 1349—2010、英国的 BS EN 1349—2009 等。

1.4.8 推力及扭矩

不论执行机构是哪种类型，它的输出力都是用于克服负荷的有效力。负荷主要是指不平衡力和不平衡力矩，以及摩擦力、密封力、重量等有关的作用力。

为了使控制阀能正常工作，配用的执行机构要能产生足够的输出力来克服各种阻力，保证控制阀严密的密封性能或灵敏地开启。

对于双作用的气动、液动、电动执行机构，一般都没有复位弹簧。作用力的大小与它的运动方向无关。因此，选择执行机构的关键在于清楚最大的输出力或电动机的转动力矩。

对于单作用气动执行机构，输出力与阀门的开度有关，控制阀上出现的力，也将影响运动特性。因此，要求在整个控制阀的开度范围内建立力平衡。

1.4.9 控制精度

由 GB/T 4213—2008《气动调节阀》标准内容可知，常用控制阀的控制精度按 ±1.5% 执行。但在一些特殊阀门控制中，控制精度要求必须达到用户指定数值。如压缩机防喘振阀，由于阀门与压缩机配套使用，对阀门的控制精度要求一般在 ±1.0% 以内，对阀门的跟随性和快速动作要求很高，主要精确控制阀门的输出流量，以避免压缩机输出流量减小，因为一旦压缩机流量减小到喘振区以外会造成压缩机喘振，容易造成压缩机损坏和停机事故，从而造成巨额经济损失。

对于一些化工合成品的原料配比控制阀，控制精度要求一般在 ±0.5% 左右，主要精确控制原料的进料量，以达到更高效率的合成反应和更高品质的成品，从而获得更高的经济效益。

对于一些自动控制阀，如液位控制阀，阀门输出流量的大小直接影响液位的稳定，并且控制阀的开度随液位的变化自动控制，一旦阀门控制精度较差，很容易造成液位报警而使得装置停车，造成生产经济损失。

对于一些经济价值高的管道介质，也需要比较高的控制精度，如天然气，正常下游需求 $10000m^3/h$ 的流量，如果阀门控制精度高，则可以稳定控制这一流量，从而避免多余的流量过去造成安全阀切断后的放空浪费。

阀门控制精度对化工工艺的影响，主要集中在节能降耗和装置安全性方面。

具体案例：

1）气化炉点火烧嘴 LPG（液化石油气）流量控制阀。气化炉点火烧嘴，如果阀门小开度瞬时供气量过大，将导致点火烧嘴熄灭，无法点火开车。

2）气化炉主烧嘴氧气控制阀。点火成功后，主要的气化剂氧气通过氧气控制阀经主烧嘴进入炉内，如果氧气量过大，会导致炉内温度急剧升高，有爆炸的风险；如果氧气量过低，将导致煤燃烧不充分，粗合成气一氧化碳（CO）含量高，产品气品质不好，给洗涤净化等后工段造成困难，装置需要降负荷，从而降低生产效率。不合格的粗合成气排放，也将造成碳排放量加大。

3）合成气放空阀。如果合成气排放量过大或泄放量不稳定，将拉低炉内及工艺系统压力，进而导致气化炉跳车。

1.4.10 响应时间

对于许多过程的优化控制，重要的是阀门如何快速地到达一个指定位置。对于小信号改变（1%或更小），能否做出快速响应是影响优化过程控制的一个最重要因素。在自动、调节式控制场合，从控制器接收的大量小信号改变都是为了取得小的阀门改变。如果一个控制阀组件能够对这些小信号的改变快速做出响应，过程偏差将会得到改善。

关于控制阀响应时间，首先要清楚什么是控制阀响应时间，了解什么影响了控制阀响应时间。要想缩短阀门的响应时间，解决方案应该是把执行机构容积减至最小，并把定位器的动态动力增益提高至最大，但是事实并非如此简单。从稳定性角度看，这可能是多个因素的危险组合。因为定位器/执行机构组合组成了它自己的反馈回路，对于正在使用的执行机构形式，定位器/执行机构回路的增益太高可能会引导阀门组件进入一个不稳定的振荡状态。另外，减小执行机构容积对于推力/摩擦力比例有负面影响，这会增加阀门组件的死区，从而导致时滞时间的增加。

对于一个给定的应用场合，如果没有足够高的推力/摩擦力比例，则可以通过使用下一个较大尺寸的执行机构来增加推动力或增加执行机构的压力。较高的推力/摩擦力比例会减小死区，有助于减少阀门组件的时滞时间。然而，这两个选择都意味着需要为执行机构提供较大的压缩空气量，从而增加了动态时间，对阀门响应时间会产生一个可能的破坏性影响。

减小执行机构气室容积的一个方法是使用活塞式执行机构而非弹簧膜片式执行机构，但这不是灵丹妙药。活塞式执行机构通常比弹簧膜片式执行机构有更大的推力，但是它们也有更高的摩擦力，这可能会引起与阀门响应时间有关的问题。为了获得需要的活塞式执行机构的推力，通常有必要使用比膜片式执行机构更高的气源压力，因为典型的活塞有更小的受压面积，这意味着需要供应更多的空气，所以随之会产生对动态时间的负面影响。另外，活塞式执行机构有更多的导向表面。它们由于配合方面的内在困难以及与 O 形圈的摩擦，趋向于有更高的摩擦力，且摩擦力会随着时间的增加而增加。不管最初这些 O 形圈是多么好，由于磨损或其他环境条件，这些弹性材料的性能会随时间而降低。类似地，导向表面的磨损会增加摩擦力，润滑程度也会降低。这些摩擦力问题会产生更大的活塞式执行机构死区，导致时滞时间增加，从而增加阀门的响应时间。

固定增益定位器通常已经在某一特殊供气压力下进行了优化。然而，这个增益可能会在供气压力的很小变化范围内成两倍或更多倍数地变化。

供气压力也会影响供应给执行机构的空气量。空气量则决定了动作速度，与耗气量直接相关。高增益滑阀定位器需要消耗的空气量是在动力放大阶段使用放大器的高性能二级定位器的 5 倍。最小化阀门组件的时滞时间需要最小化阀门组件的死区，不管这个死区是由于阀门密封结构的摩擦力引起的，还是由于填料的摩擦力、阀轴的扭转、执行机构或者定位器的结构引起的，摩擦力都是控制阀死区的主要原因。对于旋转式阀门，阀轴扭转也是影响死区的重要因素。执行机构的类型对阀门组件的摩擦力也有重要影响。因此，在很长一段时间内，活塞式执行机构将产生比弹簧膜片式执行机构更大的摩擦力给控制阀组件，这是由于活塞 O 形圈、配合不佳，以及润滑失效引起的不断增加的摩擦力导致的。

第2章 控制阀相关标准、规范和认证

标准和规范是技术性文件，部分标准具有一定的法律效力。控制阀的工业标准和规范不仅可以提供有用的信息，还为用户和供应商之间的沟通和交流提供了依据和良好的基础。而对于设计者来讲，按照已发布的控制阀的工业标准和规范设计和制造的控制阀成本会更低，且更易满足用户的需求。

为了方便相关工程技术人员和管理人员查找和使用控制阀相关标准，促进控制阀相关标准的贯彻和实施，中国标准出版社根据相关行业生产的实际需要，对现行的控制阀相关标准进行了分类汇总整理。

控制阀相关认证与标准直接相关，因此，本章也汇总了相关控制阀的各种认证。

2.1 国家标准及行业标准

2.1.1 国家标准

中华人民共和国国家标准简称国标，由国家标准化管理委员会发布。

强制性国家标准的代号为"GB"，推荐性国家标准的代号为"GB/T"。控制阀国家标准见表2-1。

表2-1 控制阀国家标准

序号	标准编号	标准名称
1	GB/T 4213—2008	气动调节阀
2	GB/T 10868—2018	电站减温减压阀
3	GB/T 10869—2008	电站调节阀

第2章 控制阀相关标准、规范和认证

（续）

序号	标准编号	标准名称
4	GB/T 12220—2015	工业阀门标志
5	GB/T 12221—2005	金属阀门结构长度
6	GB/T 12222—2005	多回转阀门驱动装置的连接
7	GB/T 12223—2005	部分回转阀门驱动装置的连接
8	GB/T 12224—2015	钢制阀门一般要求
9	GB/T 12225—2018	通用阀门铜合金铸件技术条件
10	GB/T 12226—2005	通用阀门灰铸铁件技术条件
11	GB/T 12227—2005	通用阀门球墨铸铁件技术条件
12	GB/T 12228—2006	通用阀门碳素钢锻件技术条件
13	GB/T 12229—2005	通用阀门碳素钢铸件技术条件
14	GB/T 12230—2005	通用阀门不锈钢铸件技术条件
15	GB/T 12237—2021	石油、石化及相关工业用的钢制球阀
16	GB/T 12238—2008	法兰和对夹连接弹性密封蝶阀
17	GB/T 12251—2005	蒸汽疏水阀试验方法
18	GB/T 13384—2008	机电产品包装通用技术条件
19	GB/T 13402—2019	大直径钢制管法兰
20	GB/T 13927—2008	工业阀门压力试验
21	GB/T 17213.1—2015	工业过程控制阀 第1部分：控制阀术语和总则
22	GB/T 17213.2—2017	工业过程控制阀 第2-1部分：流通能力 安装条件下流体流量的计算公式
23	GB/T 17213.3—2005	工业过程控制阀 第3-1部分：尺寸两通球形直通 控制阀法兰端面距和两通球形角形 控制阀法兰中心至法兰端面的间距
24	GB/T 17213.4—2015	工业过程控制阀 第4部分：检验和例行试验
25	GB/T 17213.5—2008	工业过程控制阀 第5部分：标志
26	GB/T 17213.6—2005	工业过程控制阀 第6-1部分：定位器与控制阀执行机构连接的安装细节 定位器在直行程执行机构上的安装
27	GB/T 17213.7—2017	工业过程控制阀 第7部分：控制阀数据单
28	GB/T 17213.8—2015	工业过程控制阀 第8-1部分：噪声的考虑实验室内测量空气动力流流经控制阀产生的噪声
29	GB/T 17213.9—2005	工业过程控制阀 第2-3部分：流通能力 试验程序
30	GB/T 17213.10—2015	工业过程控制阀 第2-4部分：流通能力 固有流量特性和可调比
31	GB/T 17213.11—2005	工业过程控制阀 第3-2部分：尺寸角行程控制阀（蝶阀除外）的端面距

2.1.2 行业标准

行业标准是对没有国家标准而又需要在全国某个行业范围内统一的技术要求所制定的标准。行业标准不得与有关国家标准相抵触。有关行业标准之间应保持协调、统一，不得重复。行业标准在相应的国家标准实施后，即行废止。行业标准由行业标准归口部门统一管理。

强制性行业标准代号为 HG、JB、NB 等，推荐性行业标准的代号是在强制性行业标准代号后面加"/T"，如 HG/T、JB/T、NB/T 等。

控制阀行业标准代号见表 2-2。

表 2-2　控制阀行业标准代号

序号	标准类别	标准代号	批准发布部门	标准组织制定部门	出版单位
1	国家军用标准	GJB	—	—	—
2	化工	HG	国家发改委	中国石油和化学工业协会	化学工业出版社
3	机械	JB	国家发改委	中国机械工业联合会	机械工业出版社
4	石油天然气	SY	国家发改委	中国石油和化学工业协会 10000 号以后，中国海洋石油总公司	石油工业出版社
5	黑色冶金	YB	国家发改委	中国钢铁工业协会	冶金工业出版社
6	有色金属	YS	国家发改委	中国有色金属工业协会	中国标准出版社
7	能源	NB	国家发改委	国家能源局	中国标准出版社
8	石油化工	SH	国家发改委	中国石油和化学工业协会	中国石化出版社
9	出入境检验检疫	SN	国家质量监督检验检疫总局	国家认证认可监督管理委员会	中国标准出版社
10	特种设备安全技术规范	TSG	国家质量监督检验检疫总局	国家认证认可监督管理委员会	中国标准出版社

控制阀相关行业标准见表 2-3。

表 2-3　控制阀相关行业标准

序号	标准编号	标准名称
1	HG/T 20592—2009	钢制管法兰（PN 系列）
2	HG/T 20615—2009	钢制管法兰（Class 系列）

第2章 控制阀相关标准、规范和认证

(续)

序号	标准编号	标准名称
3	JB/T 93—2008	阀门零部件 扳手、手柄和手轮
4	JB/T 106—2004	阀门的标志和涂漆
5	JB/T 450—2008	锻造角式高压阀门 技术条件
6	JB/T 3595—2014	电站阀门
7	JB/T 5223—2015	工业过程控制系统用气动长行程执行机构
8	JB/T 5263—2005	电站阀门铸钢件技术条件
9	JB/T 5299—2013	液控止回蝶阀
10	JB/T 5300—2008	工业用阀门材料选用导则
11	JB/T 6439—2008	阀门受压件磁粉探伤检验
12	JB/T 6440—2008	阀门受压铸钢件射线照相检验
13	JB/T 6899—1993	阀门的耐火试验
14	JB/T 6902—2008	阀门液体渗透检测
15	JB/T 6903—2008	阀门锻钢件超声波检查方法
16	JB/T 7248—2008	阀门用低温钢铸件技术条件
17	JB/T 7387—2014	工业过程控制系统用电动控制阀
18	JB/T 7927—2014	阀门铸钢件外观质量要求
19	JB/T 7928—2014	通用阀门供货要求
20	JB/T 8219—2016	工业过程控制系统用普通型及智能型电动执行机构
21	JB/T 8527—2015	金属密封蝶阀
22	JB/T 8861—2017	球阀 静压寿命试验规程
23	JB/T 8863—2017	蝶阀 静压寿命试验规程
24	NB/T 20010.1—2010	压水堆核电厂阀门 第1部分：设计制造通则
25	NB/T 20010.2—2010	压水堆核电厂阀门 第2部分：碳素钢铸件技术条件
26	NB/T 20010.3—2010	压水堆核电厂阀门 第3部分：不锈钢铸件技术条件
27	NB/T 20010.4—2010	压水堆核电厂阀门 第4部分：碳素钢锻件技术条件
28	NB/T 20010.5—2010	压水堆核电厂阀门 第5部分：奥氏体不锈钢锻件技术条件
29	NB/T 20010.6—2010	压水堆核电厂阀门 第6部分：紧固件技术条件
30	NB/T 20010.7—2010	压水堆核电厂阀门 第7部分：包装、运输和贮存
31	NB/T 20010.8—2010	压水堆核电厂阀门 第8部分：安装和维修技术条件
32	NB/T 20010.9—2010	压水堆核电厂阀门 第9部分：产品出厂检查与试验
33	NB/T 20010.10—2010	压水堆核电厂阀门 第10部分：应力分析与抗震分析
34	NB/T 20010.11—2010	压水堆核电厂阀门 第11部分：电动装置
36	NB/T 20010.12—2010	压水堆核电厂阀门 第12部分：气动装置
37	NB/T 20010.13—2010	压水堆核电厂阀门 第13部分：核用非核级阀门技术条件
38	NB/T 20010.14—2010	压水堆核电厂阀门 第14部分：柔性石墨填料技术条件

(续)

序号	标准编号	标 准 名 称
39	NB/T 20010.15—2010	压水堆核电厂阀门 第15部分：柔性石墨金属缠绕垫片技术条件
40	SH/T 3064—2003	石油化工钢制通用阀门选用、检验及验收
42	SN/T 1455—2012	进出口阀门检验规程通用要求
43	TSG D7002—2006	压力管道元件型式试验规则
44	NB/T 47014—2011	承压设备焊接工艺评定

2.2 控制阀国际标准

国际标准是指国际标准化组织（ISO）、国际电工委员会（IEC）和国际电信联盟（ITU）制定的标准，以及国际标准化组织确认并公布的其他国际组织制定的标准。国际标准在世界范围内统一使用。控制阀相关国际标准化组织见表2-4，控制阀相关国际标准见表2-5。

表2-4 控制阀相关国际标准化组织

序号	缩写	国际标准化组织
1	ISO	国际标准化组织
2	ANSI	美国国家标准学会
3	API	美国石油学会
4	ASME	美国机械工程师协会
5	ASTM	美国材料试验协会
6	IEC	国际电工委员会
7	FCI	美国流体控制学会
8	ISA	美国仪表学会
9	EN	欧洲标准
10	BSI	英国标准学会
11	CSA	加拿大标准协会
12	NF	法国标准
13	DIN	德国工业标准
14	GOST	俄罗斯国家标准
15	JSA	日本规格协会
16	GB	中华人民共和国国家标准

第2章 控制阀相关标准、规范和认证

表2-5 控制阀相关国际标准

序号	标准编号	标 准 名 称
1	ISO 5208—2015	工业阀门金属阀门的压力试验
2	ISO 10497—2010	阀门试验 阀门耐火试验要求
3	ISO 15848-1—2006	工业阀门.漏气的测量、试验和鉴定程序第1部分：阀门的分类体系和型式试验鉴定程序
4	ISO 15848-2—2006	工业阀门微泄漏之测量、试验和鉴定程序第2部分：阀门产品验收试验
5	IEC 60534-2-1—2011	工业过程控制阀.第2-1部分：流通能力.安装条件下不可压缩流体流量的校准方程式
6	IEC 60534-2-3—2015	工业过程控制阀.第2-3部分：流通能力.试验规程
7	IEC 60534-2-4—2009	工业过程控制阀.第2-4部分：流通能力.固有流动性和变化范围
8	IEC 60534-3-1—2019	工业过程控制阀.第3-1部分：双通球形直通控制阀法兰端面距尺寸和角形控制阀法兰中心至法兰端面距离
9	IEC 60534-3-2—2015	工业过程控制阀第3-2部分：旋转控制阀蝶阀除外的端面距
10	IEC 60534-3-3—1998	工业过程控制阀第3-3部分：对焊式双通球形直通控制阀的端面距
11	IEC 60534-4—2006	工业过程控制阀第4部分：检验和常规测试
12	IEC 60534-6-1—1997	工业过程控制阀第6-1部分：定位器在直行程机构上的安装
13	IEC 60534-6-2—2000	工业过程控制阀第6-2部分：定位器在角行程机构上的安装
14	IEC 60534-8-2—2011	工业过程控制阀第8部分：噪声
15	IEC 60534-8-3—2010	工业过程控制阀第8部分：噪声预测
16	IEC 60534-8-4—2015	工业过程控制阀第8部分：液体动力流产生的噪声预测
17	ASME B16.10—2017	铁类阀门的结构长度
18	ASME B16.34—2017	阀门法兰 螺纹和焊接端
19	ASME B16.47—2017	大口径阀门法兰距
20	ANSI/FCI 70-2—2013	控制阀阀座泄漏
21	ISA 75.02.01—2008	控制阀容量测试规程
22	ISA 75.05.01—2016	工业过程控制阀 控制阀
23	ISA 75.08.01—2016	整体式带凸缘的球形控制阀阀体的端面尺寸
24	ISA 75.11.01—2013	控制阀固有流量特性和可调比
25	ISA 75.17—1989	控制阀气体动力学噪声预估
26	MSS SP 25—2008	阀门、管件、法兰和管接头的标准标记系统
27	MSS SP 61—2013	钢阀静压试验
28	API SPEC 6D—2014	管线和管道阀门规范
29	API SPEC 6DSS—2009	海底管线阀门规范
30	API STD 6DX—2012	管道阀门用制动器及安装配件尺寸
31	API STD 527—2014	油压阀的阀座密封度

(续)

序号	标准编号	标 准 名 称
32	API STD 598—2016	阀门的检验与试验
33	API STD 607—2016	软阀座转1/4周阀门耐火试验
34	API STD 608—2012	金属球阀.法兰连接、螺纹连接和焊接端
35	API STD 609—2016	蝶阀:双法兰突缘对夹式
36	API SPEC 6FA—1999	阀门耐火试验规范
37	JIS B2302—2013	螺旋式钢管配件
38	ISO 4383—2012	滑动轴承.薄壁滑动轴承用金属多层材料
39	EN 14382—2009	气压调压站和装置用安全设备运行压力在100巴以下的安全关闭装置
40	DIN EN 1092-1—2018	法兰及其连接.按PN标注的管道,阀门,配件及附件用圆形法兰.第1部分:钢法兰
41	EN 13445-1—2014	非受火压力容器.第1部分:总则
42	EN 61326-1—2013	测量、控制和实验室用电气设备.电磁兼容性(EMC)要求.第1部分
43	EN 61326-2-1—2013	测量、控制和实验室用电气设备.电磁兼容性要求.第2-1部分
44	EN 61326-2-2—2013	测量、控制和实验室用电气设备.电磁兼容性要求.第2-2部分
45	EN 61326-2-3—2013	测量、控制和实验室用电气设备.电磁兼容性要求.第2-3部分
46	EN 61326-2-4—2013	测量、控制和实验室用电气设备.电磁兼容性要求.第2-4部分
47	EN 61326-2-5—2013	测量、控制和实验室用电气设备.电磁兼容性要求.第2-5部分
48	EN 61326-2-6—2013	测量、控制和实验室用电气设备.电磁兼容性要求.第2-6部分
49	EN 61326-3-1—2017	测量、控制和实验室用电气设备.电磁兼容性要求.第3-1部分
50	EN 61326-3-2—2008	测量、控制和实验室用电气设备.电磁兼容性要求.第3-2部分

2.3 控制阀相关控制部件标准

控制阀是由阀体组件、执行机构、定位器、电磁阀、气控阀等组合的一个整体。其中执行机构、定位器、电磁阀、气控阀等统称为控制部件,下面将这些控制部件产品的标准分类汇总。

2.3.1 定位器产品相关标准

定位器是气动控制阀的核心部件。表2-6汇总了相关定位器的国家标准、行业标准、国际标准等。

第2章 控制阀相关标准、规范和认证

表 2-6 定位器产品相关标准

序号	标准编号	标准名称
1	BS 4151—1967	输入信号为 3~15lbf/in^2（压力计）的气动阀定位器的评定方法
2	BS 4151—1967（R2017）	输入信号为 3~15lbf/in^2（压力计）的气动阀定位器的评定方法
3	BS EN 60534-6-2—2001	工业过程控制阀 第6-2部分：定位器连接到控制阀的安装细则 旋转传动装置上安装的定位器
4	BS EN 61514—2002	工业过程控制系统气动输出阀门定位器性能评价方法
5	ICE EN 60534-6-1—1997	工业过程控制阀 第6部分：定位器与控制阀连接的安装细则 第1节：线性制动器上的定位器安装
6	ICE EN 60534-6-2—2000	工业过程控制阀 第6-2部分：定位器与控制阀连接的安装细则 安装在旋转制动器上的定位器
7	ICE 61514-2—2013	工业过程控制系统 第2部分：带气动输出的智能阀门定位器性能的评估方法
8	EN 61514—2002	工业过程控制系统 带气动输出的阀门定位器性能评估方法
9	EN 60534-6-1—1997	工业过程控制阀 第6部分：定位器连接到控制阀执行机构的安装细则 第1节：线性执行机构上定位器的安装
10	DIN EN 60534-6-1—1998	工业过程控制阀 第6部分：定位器与控制驱动器连接的安装细则 第1节：定位器安装在线传动装置
11	DIN EN 61514-2—2014	工业过程控制系统 第2部分：气动输出智能阀门定位器性能评定方法
12	DIN EN 61514—2002	工业过程控制系统气动输出阀门定位器性能评定方法
13	GB/T 17213.6—2005	工业过程控制阀 第6-1部分：定位器与控制阀执行机构连接的安装细节 定位器在直行程执行机构上的安装
14	GB/T 17213.13—2005	工业过程控制阀 第6-2部分：定位器与控制阀执行机构连接的安装细节 定位器在角行程执行机构上的安装
15	GB/T 22137.1—2008	工业过程控制系统用阀门定位器 第1部分：气动输出阀门定位器性能评定方法
16	GB/T 22137.2—2018	工业过程控制系统用阀门定位器 第2部分：智能阀门定位器性能评定方法
17	GB/T 29816—2013	基于HART协议的阀门定位器通用技术条件
18	GB/T 38845—2020	智能仪器仪表的数据描述定位器
19	IEC 60534-6-1—1997	工业过程控制阀 第6部分：定位器连接到控制阀执行机构的安装细则 第1节：线性执行机构上定位器的安装

(续)

序号	标准编号	标准名称
20	IEC 60534-6-2—2000	工业过程控制阀 第6-2部分：定位器连接到控制阀执行机构的安装细则旋转执行机构上定位器的安装
21	IEC 61514-2—2013	工业过程控制系统 第2部分：气动输出智能阀门定位器的性能评定方法
22	IEC 61514—2000	工业过程控制系统气动输出阀门定位器的性能评定方法
23	ISA 75.13.01—2013	用模拟输入信号和气动输出评价定位器性能的方法
24	JB/T 7368—2015	工业过程控制系统用阀门定位器
25	JIS B2005-6-2—2005	工业过程控制阀 第6部分：定位器联接到控制阀的安装细则 安装在环形执行机构上的定位器
26	JJG（化工）24—1989	电气阀门定位器检定规程
27	IEC 60534-6-1—1997	工业过程控制阀 第6部分：定位器装到控制驱动器的安装细则第1节：线型制动器上定位器的安装
28	IEC 60534-6-2—2000	工业过程控制阀 第6-2部分：定位器装到控制阀上的安装细则 旋转传动装置上安装的定位器

2.3.2 电磁阀产品相关标准

电磁阀是气动控制阀的关键部件。表2-7汇总了相关电磁阀的国家标准、行业标准、国际标准等。

表2-7 电磁阀产品相关标准

序号	标准号	标准名称
1	GB 30439.6—2014	工业自动化产品安全要求 第6部分：电磁阀的安全要求
2	GB/T 32337—2015	气动二位三通电磁阀安装面
3	ISO 15218—2003	气压传动3/2电磁阀 安装界面表面
4	JB/T 7352—2010	工业过程控制系统用电磁阀
5	JB/T 8053—2011	小型制冷系统用双稳态电磁阀
6	JB/T 11815—2014	机械压力机用安全双联电磁阀技术要求
7	JB/T 13000—2017	机械压力机用安全双联电磁阀可靠性评定方法
8	JIS B8374—1993	气动三通电磁阀
9	JIS B8473—2007	燃料油管道线电磁阀
10	JIS B8373—2015	气动系统电磁操纵阀
11	NB/T 20206—2013	核电厂安全级阀门驱动装置用电磁阀鉴定规程
12	QJ 1141—1987	气动电磁阀通用技术条件

2.3.3 电动执行机构相关标准

电动执行机构是电动控制阀的驱动装置。表2-8汇总了相关电动执行机构的国家标准、行业标准、国际标准等。

表2-8 电动执行机构产品相关标准

序号	标准号	名 称
1	GB/T 24923—2010	普通型阀门电动装置技术条件
2	GB/T 26155.1—2010	工业过程测量和控制系统用智能电动执行机构 第1部分：通用技术条件
3	GB/T 26155.2—2012	工业过程测量和控制系统用智能电动执行机构 第2部分：性能评定方法
4	JB/T 7387—2014	工业过程控制系统用电动控制阀
5	JB/T 8862—2014	阀门电动装置寿命试验规程
6	JB/T 8219—2016	工业过程控制系统用普通型及智能型电动执行机构
7	DL/T 641—2015	电站阀门电动执行机构

2.3.4 空气过滤减压阀及其他气控元件产品相关标准

空气过滤减压阀及其他气控元件产品相关标准见表2-9。

表2-9 空气过滤减压阀及其他气控元件产品相关标准

序号	标准号	名 称
1	JB/T 9254—1999	QFH型空气过滤减压器
2	GB/T 20081.1—2021	气动减压阀和过滤减压阀 第1部分：商务文件中应包含的主要特性和产品标识要求
3	GB/T 20081.2—2021	气动减压阀和过滤减压阀 第2部分：商务评定文件中应包含的主要特性的测试方法
4	JBT 6378—2008	气动换向阀技术条件
5	JB/T 5553—2017	行程开关
6	JB/T 4258—1999	防爆型接线盒

2.4 控制阀相关防爆标准

控制阀相关防爆标准见表2-10。

表 2-10 控制阀相关防爆标准

序号	标准号	标 准 名 称
1	GB/T 3836.1—2021	爆炸性环境 第1部分：设备 通用要求
2	GB/T 3836.2—2021	爆炸性环境 第2部分：由隔爆外壳"d"保护的设备
3	GB/T 3836.3—2021	爆炸性环境 第3部分：由增安型"e"保护的设备
4	GB/T 3836.4—2021	爆炸性环境 第4部分：由本质安全型"i"保护的设备
5	GB/T 3836.9—2021	爆炸性环境 第9部分：由浇封型"m"保护的设备
6	GB/T 3836.13—2021	爆炸性环境 第13部分：设备的修理、检修、修复和改造
7	GB/T 3836.14—2014	爆炸性环境 第14部分：场所分类 爆炸性气体环境
8	GB/T 3836.15—2017	爆炸性环境 第15部分：电气装置的设计、选型和安装
9	GB/T 4208—2017	外壳防护等级（IP代码）
10	GB/T 15479—1995	工业自动化仪表绝缘电阻、绝缘强度技术要求和试验方法
11	GB 50058—2014	爆炸危险环境电力装置设计规范
12	DL/T 642—2016	隔爆型电动执行机构
13	IEC 60079-0—2017	爆炸性环境 第0部分：一般要求
14	IEC 60079-1—2014	易爆环境 第1部分：用隔爆外壳"d"的设备保护
15	IEC 60079-20-1—2010	易爆环境 第20-1部分：气体和蒸汽分类用材料特性 试验方法和试验数据
16	IEC 60079-19—2010	爆炸性环境 第19部分：设备修理、大修和回收
17	IEC 60079-7—2015	爆炸性环境 第7部分：增加安全性的"e"型防护电气设备
18	IEC 60079-11—2011	爆炸性环境 第11部分：实质安全性的"i"型防护电气设备
19	IEC 60079-18—2014	爆炸性环境 第18部分：密封"m"型设备保护
20	IEC 60079-10-1—2015	爆炸性环境 第10-1部分：区域的分类 爆炸气体环境
21	IEC 60079-14—2013	爆炸性环境 第14部分：危险区域（矿井除外）中的电气设备

2.5 其他相关标准及规范

其他相关标准及规范见表2-11。

表 2-11 其他相关标准及规范

序号	现行执行标准	标 准 名 称
1	TSG 07—2019	特种设备生产和充装单位许可规则
2	TSG Z6001—2019	特种设备作业人员考核规则

第2章 控制阀相关标准、规范和认证

(续)

序号	现行执行标准	标准名称
3	TSG Z8001—2019	特种设备无损检测人员考核规则
4		特种作业人员安全技术培训考核管理办法
5		特种设备作业人员监督管理办法
6		特种作业人员安全技术培训考核管理办法

2.6 控制阀相关认证

控制阀相关认证是由可以充分信任的第三方证实控制阀企业的产品或服务符合特定标准或规范性文件的活动。认证分为管理体系、产品及服务认证。基本的体系认证包括：以 GB/T 19001—ISO 9001 标准为依据开展的质量管理体系认证，以 GB/T 24001—ISO 14001 标准为依据开展的环境管理体系认证，以 GB/T 28001 标准为依据开展的职业健康安全管理体系认证；基本的产品认证包括 CCC 认证、TS 认证等。

为方便设计人员完整考虑相关认证对控制阀设计的要求，将认证组织及标准归类列于表 2-12 中。

表 2-12 认证组织及标准

序号	标准编号	标准名称
美国石油学会（API）		
1	API SPEC 6D—2014	管道和管道阀门规范
2	API STD 598—2016	阀门的检验与试验（第 10 版）
3	API STD 607—2016	软阀座转 1/4 周阀门耐火试验（第 7 版）
4	API STD 609—2021	蝶阀：双法兰式、凸耳式和对夹式（第 9 版）
美国机械工程师学会（ASME）		
5	ANSI/ASME B16.1—2015	125 和 250 级铸铁管法兰和法兰管件
6	ANSI/ASME B16.4—2016	灰铸铁螺纹管件 CL125 和 CL150
7	ANSI/ASME B16.5—2017	NPS 1/2 至 NPS 24 公制/英制标准的管法兰及法兰管件
8	ANSI/ASME B16.10—2017	阀门的面对面及端对端尺寸
9	ANSI/ASME B16.24—2016	铸铜合金管法兰连接管
10	ANSI/ASME B16.25—2017	对焊端

(续)

序号	标准编号	标准名称
11	ANSI/ASME B16.34—2017	阀门法兰、螺纹和焊接端
12	ANSI/ASME B16.42—2016	球墨铸铁管法兰接管配件
13	ANSI/ASME B16.47—2017	大口径阀门法兰距
欧洲标准化委员会（CEN）		
14	BS EN 558—2017	工业阀门 法兰管道系统用金属阀门的面对面和中心对面尺寸 PN和Class等级阀门
15	BS EN 593—2017	工业阀门 通用金属蝶阀
16	BS EN 736-1—2018	阀门术语 第1部分：阀门类型定义
17	BS EN 736-2—2016	阀门术语 第2部分：阀门部件定义
18	BS EN 736-3—2008	阀门术语 第3部分：术语定义
19	BS EN 1349—2009	工业过程控制阀
20	BS EN 1503-1—2000	阀门 阀体、阀盖和盖板材料 欧洲标准规定的钢材
21	BS EN 1503-2—2000	阀门 阀体、阀盖和盖的材料 欧洲标准规定以外的钢材
22	BS EN 1503-3—2000	阀门 阀体、阀盖和盖板材料 欧洲标准规定的铸铁
23	BS EN 1503-4—2016	阀门 阀体、阀盖和盖板材料 欧洲标准规定的铜合金
24	EN 12266-1—2012	工业阀门 金属阀门的试验 压力试验、试验程序和验收标准，强制性要求
25	BS EN 12516-1—2018	工业阀门 外壳设计强度 钢制阀门外壳的列表法
26	BS EN 12516-2—2014	工业阀门 外壳设计强度 钢制阀门外壳的计算方法
27	BS EN 12516-3—2002	工业阀门 外壳设计强度 试验方法
28	BS EN 12627—2017	工业阀门 钢制阀门的对焊端
29	BS EN 12760—2016	工业阀门 钢制阀门的承插焊接端
30	BS EN 12982—2009	工业阀门 对焊端阀的端到端和中心到端尺寸
31	BS EN 60534-1—2005	工业过程控制阀 控制阀术语和一般注意事项
32	BS EN 60534-2-1—2011	工业过程控制阀 流量能力 在安装条件下流体流量的尺寸计算公式
33	BS EN 60534-2-3—2016	工业过程控制阀 流量测试程序
34	BS EN 60534-8-2—2011	工业过程控制阀 噪声考虑 通过控制阀的流体动力流产生的噪声的实验室测量
35	BS EN 60534-8-3—2011	工业过程控制阀 噪声考虑 控制阀气动噪声预测方法
36	BS EN 60534-8-4—2015	工业过程控制阀 噪声考虑 液体动力流噪声的预测
37	BS EN 10213—2007 + A1：2016	压力用铸钢件
38	BS EN 10222-1—2017	用于压力场合的钢锻件的交货技术条件 第1部分：自由锻一般要求

第2章 控制阀相关标准、规范和认证

（续）

序号	标准编号	标准名称
39	BS EN 10222-2—2017	用于压力场合的钢锻件的交货技术条件 第2部分：用于高温下的铁素体和马氏体钢
40	BS EN 10222-3—2017	用于压力场合的钢锻件的交货技术条件 第3部分：用于低温下的镍钢
41	BS EN 10222-4—2017	压力用钢锻件 具有高屈服强度的可焊接细晶粒钢
42	BS EN 10222-5—2017	用于压力场合的钢锻件的交货技术条件 第5部分：奥氏体、马氏体和奥氏-铁素体不锈钢
43	BS EN 1092-1—2018	法兰及其接头 用于管道、阀门、管件和附件的圆形法兰 PN等级 钢制法兰
44	BS EN 1759-1—2004	法兰及其接头 用于管道、阀门、配件和附件的圆形法兰，NPS 1/2至24 钢制法兰

美国流体控制学会（FCI）

序号	标准编号	标准名称
45	ANSI/FCI 70—2—2013	控制阀阀座泄漏量

美国仪表学会（ISA）

序号	标准编号	标准名称
46	ISA 51.1—1979（R1993）	过程仪表术语
47	ANSI/ISA 75.01.01—2012	工业过程控制阀 第2-1部分：流通能力 安装条件下流体流动的尺寸方程
48	ISA TR75.04.01—1998（R2006）	控制阀位置稳定性
49	ANSI/ISA 75.05.01—2016	控制阀术语
50	ISA 75.07—1997	控制阀产生的空气动力噪声的实验室测量
51	ANSI/ISA 75.11.01—2013	控制阀的固有流量特性和可调范围
52	ISA 75.17—1989	控制阀气体动力学噪声的预估
53	ANSI/ISA 75.19.01—2013	控制阀的液体静态测试
54	ISA RP75.23—1995	关于评估控制阀气蚀的考虑

国际电工委员会（IEC）有15个针对控制阀的国际电工委员会（IEC）标准，其中的几个是以ISA标准为基础的。IEC鼓励国家级委员会采用这些标准并放弃任何相应的国家标准。下面是一系列IEC工业过程控制阀标准（60534系列）。

序号	标准编号	标准名称
55	IEC 60534—1—2005	工业过程控制阀 第1部分：控制阀术语和一般性的考虑
56	IEC 60534—2-1—2011	工业过程控制阀 第2-1部分：流通能力在安装条件下流体流动方程
57	IEC 60534—2-3—2015	工业过程控制阀 第2-3部分：流通能力测试步骤
58	IEC 60534—2-4—2009	工业过程控制阀 第2-4部分：流通能力固有流量特性和可调比
59	IEC 60534—3-1—2001	工业过程控制阀 第3-1部分：尺寸 法兰、二通、球型、直型的面对面尺寸和法兰、二通、球形的中心到面尺寸，角型控制阀

（续）

序号	标准编号	标准名称
60	IEC 60534—7—2010	工业过程控制阀 第7部分：控制阀数据表
61	IEC 60534—8-2—2011	工业过程控制阀 第8-2部分：关于噪声的考虑 由通过控制阀的液相流量产生的噪声的实验室测量
62	IEC 60534—8-3—2010	工业过程控制阀 第8-3部分：关于噪声的考虑的第3节：控制阀的气体动力学噪声预估方法
63	IEC 60534—8-4—2015	工业过程控制阀 第8-4部分：关于噪声的考虑的第4节：由流体动力学流量产生的噪声的预估方法
64	IEC 60079—20-1—2010	爆炸性环境 第20-1部分：气体和蒸汽分类的材料特性 测试方法和数据
65	IEC 60529—1989	外壳提供的防护程度（IP代号）
国际标准组织（ISO）		
66	ISO 5752—1982	用于法兰管道系统的金属阀门 面对面和中心对面尺寸
67	ISO 7005—1—2011	管道法兰的第1部分：工业和一般服务管道系统用钢法兰
68	ISO 7005—2—1988	金属法兰的第2部分：铸铁法兰
69	ISO 7005—3—1988	金属法兰的第3部分：铜合金和复合法兰
美国阀门及配件工业制造商标准化学会（MSS）		
70	MSS SP—6—2017	管道法兰以及阀门和管件连接端法兰的接触面的标准光洁度
71	MSS SP—25—2013	阀门、管件、法兰和连接件的标准标记系统
72	MSS SP—44—2016	钢管道法兰
73	MSS SP—67—2017	蝶阀
74	MSS SP—68—2017	偏置设计的高压蝶阀
美国腐蚀工程师学会（NACE）		
75	NACE MR0175/ISO 15156—2015	标准材料要求——用于油田设备的抗硫化应力裂解多属材料
日本工业标准调查会（JISC）		
76	JIS B2302—2013	螺旋式钢管配件
德国标准化学会（DIN）		
77	DIN EN 14382—2009	气压调压站和装置用安全设备运行压力在100Pa以下的安全关闭装置
78	DIN EN 1092-1—2018	法兰和接缝管道阀装置和附件圆形法兰
美国电气制造商协会（NEMA）		
79	NEMA 250—2014	电气设备的外壳（最大1000V）

第2章 控制阀相关标准、规范和认证

对于控制阀设计，大家更关注的是相关控制阀产品认证，以下是部分控制阀相关产品安全认证，供大家设计参考。

1. 北美认证

美国国家电气规范（NEC）标准和加拿大电气规范（CEC）标准要求用于危险场所的电气设备必须具有受到承认的认证机构提供的相应的认证。

在北美的三个主要的认证机构是美国工厂互保研究中心（FM）、美国保险商实验室（UL）和加拿大标准协会（CSA）。

在北美通常用于设备的保护类型有：

（1）防止粉尘点燃 排除可燃或可能会影响性能等级的粉尘，以及按照最初的设计意图安装和保护时，不允许有电弧、火花或热量在设备内产生或释放，以防止点燃粉尘的外部积聚物或大气悬浮物。

（2）隔爆 利用外壳保护，这种外壳能够把气体或蒸气的爆炸控制在其内部，能够防止包围在它周围的爆炸性气体或蒸气点燃，且能够在不会引起周围的爆炸性气体或蒸气点燃的外部温度下工作。

（3）本安 电气设备在正常或非正常条件下无法通过释放足够的电或热能使得特定的危险性大气混合物在达到其最易点燃的浓度时点燃。

（4）无火花 设备在正常条件下无法因为电弧或热效应而点燃规定的可燃气体或蒸气与空气的混合物。

北美的认证机构对用于危险场所的设备进行了分类，把危险场所分为：级别，一级、二级等；分区，1区、2区；组别，A、B、C、D、E、F组；以及温度代号T1~T6。这些名称在NEC和CEC以及下面的段落里有定义。认证包括保护类型以及级别、分区、组别和温度，如一级，1区，A、B、C、D组，T6。

1）一般场所。

3型（尘封、雨封或阻止结冰、室外用外壳）：计划用于室外，主要是为了提供一

定程度的保护，以防止雨水、积雪、飞扬粉尘以及由于外部结冰引起的破坏。

3R型（防雨、阻止结冰、室外用外壳）：计划用于室外，主要是为了提供一定程度的保护，以防止雨水、积雪以及由于外部结冰引起的破坏。

3S型（尘封、雨封、防冰、室外用外壳）：计划用于室外，主要是为了提供一定程度的保护，以防止雨水、积雪和飞扬粉尘，且在大量结冰时提供外部机构的操作。

4型（水封、尘封、阻止结冰、室内或室外用外壳）：计划用于室内或室外，主要是为了提供一定程度的保护，以防止飞扬粉尘和雨水、溅水、软管引出水以及由于外部结冰引起的破坏。

4X型（水封、尘封、阻止结冰、室内或室外用外壳）：计划用于室内或室外，主要是为了提供一定程度的保护，以防止腐蚀、飞扬粉尘和雨水、溅水、软管引出水以及由于外部结冰引起的破坏。

2）危险场所。有四种针对危险场所的外壳等级，其中两种在NEMA250里是如下描述的：

7型（一级，1区，A、B、C或D组，室内危险场所，外壳）：用于NEC里定义的分类为一级，1区，A、B、C或D组的室内场所，并应有标记以表明级别、分区和组别。7型外壳应该能够承受由于指定气体的内部爆炸而产生的压力，并能包容这种不会引起存在于外壳周围大气环境里的爆炸性气体与空气的混合物点燃的爆炸。

9型（二级，1区，E、F或G组，室内危险场所，外壳）：用于NEC里定义的分类为二级，1区，E、F或G组的室内场所。9型外壳应该能够防止粉尘进入。

上面的两种NEMA等级经常被误解。例如，7型的外壳定义本质上是与隔爆的定义一样的。因此，当认证机构把设备批准为隔爆且适合于一级、1区时，该设备自动满足7型的要求；然而，认证机构不要求该设备被标有7型。相反，该设备会标记为适合于一级、1区。类似地，9型的外壳会被标记为适合于二级、1区。

3）CSA外壳等级。CSA外壳等级在CSAC22.2标准中给出了定义，类似于NEMA等级且被表示为类型号码，如4型。

第2章 控制阀相关标准、规范和认证

本安装置必须与限制电能进入设备的安全栅一起安装。有两个方法可以决定本安装置与未进行过联合测试的连接关联设备(如安全栅)之间的组合是否可以被接受:整体概念和系统参数概念。

整体概念规定了四个参数:电压、电流、电容、电感。连接本安设备的关联设备的电缆长度可能会受到限制,因为电缆有储存能量的特性。

整体参数为:

V_{max} 为可以安全用于本安装置的最大电压。

I_{max} 为可以安全用于本安装置的接线柱上的最大电流。

C_i 为在故障情况下出现在本安装置接线柱上的内部不保护电容。

L_i 为在故障情况下出现在本安装置接线柱上的内部不保护电感。

与本安装置一起使用的安全栅必须满足下面这些标注在回路示意图(控制图)上的条件:

V_{max} 必须大于 V_{oc} 或 V_t。

I_{max} 必须大于 I_{sc} 或 I_t。

C_a 必须小于 ($C_i + C_{电缆}$)。

L_a 必须小于 ($L_i + L_{电缆}$)。

其中:

V_{oc} 或 V_t 为在故障情况下,关联设备(安全栅)的最大开环电压。对于多个关联设备,FM 使用最大组合电压 V_t 代替 V_{oc}。

I_{sc} 或 I_t 为在故障情况下,关联设备提供的最大短路电流。对于多个关联设备,FM 使用组合电流 I_t 代替 I_{sc}。

C_a 为能够安全连接到关联设备上的最大电容。

L_a 为能够安全连接到关联设备上的最大电感。

$C_{电缆}$ 为连接电缆的电容。

$L_{电缆}$ 为连接电缆的电感整体参数,在回路示意图(控制图)上列出。整体概念为

FM 和 UL 所采用，而且如果要求，也会被 CSA 采用。

4）CSA 系统参数概念。对于本安装置，这些参数是：

① 可以连接到装置上的最大的危险场所电压。

② 可以连接到装置上的最小的安全栅电阻（以欧姆为单位）。

③ CSA 也会测试那些与参数等级一起被列在回路示意图上的特定的安全栅。

5）回路示意图（控制图）。NEC 条款要求：本安装置和关联设备应有详细描述它们之间的允许相互连接的控制图。这个图也可以称为回路示意图。图的号码标注在装置的铭牌上，用户可以找到它，且必须包括下面的信息。

接线图：该图应包括表明所有本安接线连接的装置图。对于本安装置，所有关联设备必须通过特定的设备辨认或整体参数来定义。

整体参数：整体参数（在 CSA 里为系统参数）应在表明各适用级别和组别的允许值的表格里提供。

危险场所辨认：应在该图上提供一条分界线以分开危险场所和非危险场所里的设备。危险场所的级别、分区和组别应该区分开来。

设备辨认：设备应该通过型号、零件号等来区分，以方便辨认。

2 区：经过 FM 认证的设备的 2 区安装要求应表示出来。

(1) 危险场所分类

在北美，危险场所是通过级别、分区和组别来分类的。

1）级别：级别定义了周围大气环境里的危险物质的总体性质。

一级——空气中存在或可能存在浓度上足以产生爆炸性或可燃性混合物的易燃气体或蒸气的场所。

二级——由于易燃粉尘的存在而变得危险的场所。

三级——易燃纤维或飞扬物可能存在，但是不可能以悬浮物的形式在浓度上产生可燃混合物的场所。

2）分区：分区定义了周围大气环境中存在达到可燃浓度的危险物质的可能性。

第2章　控制阀相关标准、规范和认证

1区——由于可燃物质连续、间歇或定期的存在，大气变得危险的可能性很高的场所。

2区——只有在非正常情况下，假设为危险的场所。

3）组别：组别定义了周围大气环境里的危险物质，每一组别里的特定危险物质及其自动点燃温度可以在 NEC 条款 500 和 NFPA 标准 497M 里找到。A、B、C 和 D 组适用于一级的场所，E、F 和 G 组适用于二级的场所。下面的定义摘自 NEC。

A 组——包含乙炔的大气环境。

B 组——包含氢气、燃料和体积含量超过 30% 的易燃过程气体，或者如丁二烯、氧化乙烯、氧化丙烯和丙烯醛之类的具有同等危险性的气体或蒸气的大气环境。

C 组——包含乙醚、乙烯或具有同等危险性的气体或蒸气的大气环境。

D 组——包含丙酮、氨、苯、丁烷、环丙烷、乙醇、汽油、己烷、甲醇、甲烷、天然气、石脑油、丙烷或具有同等危险性的气体或蒸气的大气环境。

E 组——包含易燃金属粉尘的大气环境。这些金属粉尘包括铝、镁以及它们的合金粉尘，或在使用电气设备时，它们的颗粒大小、粗糙度和导电性展示出同等危险性的其他易燃粉尘。

F 组——包括易燃、含碳粉尘的大气环境。这些含碳粉尘包括炭黑、木炭、煤或受到其他材料的感光而展示出爆炸性危险的粉尘。

G 组——包含除 E 或 F 组之外的易燃粉尘的大气环境。这些粉尘包括面粉、谷物、木材、塑料和化学品粉尘。

（2）温度代号

危险性气体和空气的混合物可能会由于与一个热表面接触而点燃。热表面使气体点燃的条件取决于表面面积、温度和气体的浓度。认证机构对申请认证的设备进行测试并建立最高的温度等级。经过测试的设备会有一个温度代号，这个温度代号表示该设备达到的最高表面温度。

NEC 认为最高表面温度不超过 100℃，基于 40℃ 的环境温度的任何设备不要求标

有温度代号。因此，当经过认证的装置上未标记温度代号时，可假定为T5。

NEMA外壳等级：外壳可以通过测试以决定其防止液体和气体进入的能力。在美国，设备根据NEMA250标准进行测试。定义在NEMA250里的一些比较常用的外壳等级见表2-13和表2-14。

表 2-13 NEMA250 常用的外壳等级

一级	1 区	A、B、C、D 组	T4
危险类型	区域分类	气体或粉尘组别	温度代号

表 2-14 NEMA250 常用的外壳等级北美温度代号

温度代号	最大表面温度 ℃/℉
T1	450/842
T2	300/572
T2A	280/536
T2B	260/500
T2C	230/446
T2D	215/419
T3	200/392
T3A	180/356
T3B	165/329
T3C	160/320
T4	135/275
T4A	120/248
T5	100/212
T6	85/185

(3) 保护技术比较

1) 隔爆技术。这种技术是通过把所有的电路封闭在壳体和导向管里来进行的。这些壳体和导向管的强度足以包容可能会在装置内部产生的任何爆炸或火焰。

该技术的优点：

- 用户熟悉这种技术并理解它的原理和应用。
- 坚实的壳体结构为装置的内部部件提供保护，允许它们在危险的环境里使用。

第2章 控制阀相关标准、规范和认证

- 隔爆壳体通常也是防气候变化的。

该技术的缺点：

- 在拆卸壳体盖子前必须断开电路电源或使应用场所成为非危险场所。

- 打开危险区域的壳体会使得所有保护变成无效。

- 这种技术通常需要使用重负载螺栓或螺丝连接的外壳。

安装要求：

- 用户有责任遵循正确的安装步骤（参考当地和所在国家的电气规范）。

- 安装需求列于 NEC 条款 501 或 CEC 条款 18-106。

- 进入现场仪表的所有电气接线必须使用硬质金属螺纹导向管、钢质中间金属螺纹导向管或 MI 型电缆。

- 在距离现场仪表 18in（1in = 0.0254m）的范围内可能需要导向管密封，以维护隔爆等级并减少压力增加对于壳体的影响。

2）本安技术。该技术通过把电路和设备里的电能限制到较低的水平，从而不会使得危险区域里的最易燃的混合物点燃。

该技术的优点：

- 成本较低。仪表的现场接线不需要硬质金属导向管或保护电缆。

- 具有较大的灵活性，因为这种技术允许使用简单部件，如开关、接触终端、热电偶、热电阻（RTD）和其他非储能仪表，不需要认证但需要相应的安全栅。

- 现场维护和维修简单。在对现场仪表进行调整或校验前，不需要断开电源。由于能量水平太低，不会使得最易燃的混合物点燃，所以即使仪表损坏，系统仍然是安全的。诊断和校验仪表必须有相应的针对危险区域的认证。

该技术的缺点：

- 该技术要求使用本安栅以限制危险区域与安全区域之间的电流和电压，以避免在故障情况下，仪表电路里形成火花或热点。

- 该技术不适用于高能量消耗场所，因为能量在源头（或安全栅）处受到限制。

这种技术局限于低能量场所,如直流电路、电气转换器等。

3) 防止粉尘点燃技术。该技术要求设备应有一个外壳,外壳会排除易燃的粉尘,且不允许壳体里产生电弧、火花或热量,防止引起壳体上或周围粉尘的外部积聚物或大气悬浮物点燃。

4) 无火花技术。该技术允许把电路放入正常工作条件下无法引起特定的可燃气体或蒸气与空气的混合物点燃的仪表里。

该技术的优点:

● 该技术使用在正常工作情况下不会形成很高的温度或产生足以使危险环境可燃气体等点燃的强烈火花的电子设备。

● 由于不需要隔爆壳体或能量限制安全栅,所以成本比其他危险环境保护技术低。

● 对于无火花电路,NEC 允许采用任何适用于普通场所的接线方法。

该技术的缺点:

● 仅限于 2 区应用场所。

● 该技术把约束放在控制室里以限制现场接线的能量,所以在正常操作条件下的电弧或火花不会有足够的能量引起燃烧。

● 现场仪表和控制室装置可能需要标上比较严格的标记。

2. 欧洲和亚太地区认证

在欧洲和亚太地区的认证机构主要是 CENELEC 认证。

CENELEC 是欧洲电工标准化委员会的第一个字母的缩写。CENELEC 标准适用于所有欧洲国家以及其他选择使用这些标准的国家。成功地通过相应的 CENELEC 标准测试的设备会取得 CENELEC 认证。测试可由任何在欧洲获得承认的测试实验室进行。认证可以以国家标准为基础,但是 CENELEC 认证更受欢迎。

(1) 保护类型

1) 隔爆。外壳能够承受爆炸性的混合物在内部爆炸过程中产生的压力,防止爆炸

第2章 控制阀相关标准、规范和认证

向外壳周围的爆炸性气体环境转移，且能够在不会引起周围的爆炸性气体或蒸气点燃的外部温度下工作。这种技术类似于北美的隔爆，IEC 把它称为 Ex d。

2）增安。各种各样的措施被用来减少在正常工况条件下产生的超高温度，以及电弧或火花在电气装置内外部件里出现的可能性。增安可以与隔爆型保护技术一起使用。IEC 把这种保护称为 Ex e。

3）本安。电气设备在正常或非正常情况下无法通过释放足够的电能或热能以使得特定的危险性气体混合物在达到其最易燃的浓度时点燃。IEC 把这种保护称为 Ex i。

4）无火花。设备在正常情况下无法由于电弧或热效应而引起规定的易燃气体或蒸气与空气的混合物点燃。IEC 把这种保护称为 Exn。

(2) 命名方法

使用 IEC 命名方法（如 BASEEFA、LCIE、PTB 和 SAA）的认证机构通过如下的方法规定了保护类型、气体组别和温度代号，进而对用于危险场所的设备进行分类。对于 CENELEC，铭牌也必须包括下面的符号以表示防爆，这个标记表示符合 CENELEC 要求，且受到所有欧盟成员国的认可。

(3) 危险场所分类

在北美之外，危险场所是通过气体组别和区域来分类。

1）组别。电气设备分成二组，一组包括用于矿井的电气设备，而二组包括所有其他电气设备。组别二进一步分成三个子组别：A、B 和 C。每一组别里的特定的危险物质可以在 CENELEC 标准 EN50014 里找到，其中的一些物质的自燃温度可以在 IEC 标准 60079-4 里找到。

一组（采矿）——包含甲烷或具有同等危险性的气体或蒸气的气体环境。

二 A 组——包含丙烷或具有同等危险性的气体或蒸气的气体环境。

二 B 组——包含乙烯或具有同等危险性的气体或蒸气的气体环境。

二 C 组——包含乙炔、氢气或具有同等危险性的气体或蒸气的气体环境。

2）区域。区域定义了危险物在周围气体环境里展示出易燃浓度的可能性。

0区——易燃气体或蒸气混合物的爆炸浓度连续地出现或出现了很长一段时间的场所。划分为0区的区域尽管没有特别定义,但是包含在美国和加拿大的1区场所分类里,并成为可燃混合物存在的可能性最高的区域。

1区——易燃或爆炸性气体或蒸气混合物的爆炸浓度有可能在正常情况下出现的场所。划分为1区的区域包含在美国和加拿大的1区场所分类里。

2区——易燃或爆炸性气体或蒸气混合物的爆炸浓度不可能在正常工作情况出现,且即使出现,也只是存在很短时间的场所。2区基本等同于美国和加拿大的2区场所。

(4) 温度代号

危险性气体与空气的混合物可能会由于与一个热表面接触而点燃。热表面使气体点燃的条件取决于表面积、温度和气体的浓度。

认证机构对申请认证的设备进行测试并建立最高的温度等级。经过测试的二组设备会有一个温度代号。该温度代号表示设备达到的最高表面温度。通常,这是基于40℃的环境温度,除非标出一个更高的环境温度。

(5) IEC 外壳等级

根据IEC 60529,由一个外壳提供的防护程度是由IP代号来表示的。该代号包括字母IP(防止进入)以及紧随其后的表示符合防护程度要求的两个特性数字,如IP54。第一个数字表示对于如下情况的防护程度:人接触或接近活动零件,人接触外壳内的移动零件,以及固体异物的进入。第二个数字表示由该外壳提供的对于水的进入的防护程度。

1)防爆技术。该技术是通过把所有的电路封闭在壳体和导向管里来进行的。这些壳体和导向管的强度足以包容可能会在装置内部产生的爆炸或火焰。

该技术的优点:

- 用户熟悉这种技术并理解它的原理和应用。
- 坚实的壳体结构为闲置的内部部件提供保护,允许它们在危险的环境里使用。
- 隔爆壳体通常也是防气候变化的。

第2章 控制阀相关标准、规范和认证

该技术的缺点：

- 在拆卸壳体盖子前必须断开电路电源或使应用场所成为非危险场所。
- 打开危险区域的壳体会使得所有保护变成无效。
- 这种技术通常需要使用重负载螺栓或螺丝连接的外壳。

2）增安技术。该技术融入特殊的措施以减少在正常工况条件下超高温度形成的可能性以及电弧或火花的出现。

该技术的优点：

- 增安的壳体提供至少 IP54 的外壳防护。
- 安装和维护比隔爆外壳更简单。
- 与隔爆安装相比，该技术能够节约大量的接线成本。

该技术的缺点：

仅局限于可以使用它的装置，如正常地用于接线盒和分隔器之类的装置。

3）本安技术。该技术要求使用本安栅以限制危险区域与安全区域之间的电流和电压，以避免在 IEC 故障情况下火花或热点在仪表电路里形成。

该技术的优点：

- 成本较低，因为装置的现场接线不需要遵循严格的规则。
- 具有较大的灵活性，因为该技术允许使用简单部件，如开关、接触终端、热电偶、热电阻（RTD）和其他非储能装置，不需要特殊的认证，但需要相应的安全栅。
- 现场维护和维修简单。在对现场仪表进行调整或校验前，不需要断开电源。由于能量水平太低而不会使最易燃的混合物点燃，所以仪表即使损坏，系统仍然是安全的。诊断和校验仪表必须有相应的针对危险区域的认证。

该技术的缺点：

不适用于高能量消耗场所，因为能量在源头（或安全栅）处受到限制。这种技术局限于低能量的场所，如直流电路、电气转换器等。

4）无火花技术。该技术允许把电路放入正常工作条件下无法引起特定的易燃气体

或蒸气与空气的混合物点燃的仪表里。CENELEC 不提供此类保护。

该技术的优点：

● 该技术使用在正常工况下不会形成很高的温度或产生足以使危险环境可燃气体等点燃的强烈火花的电子设备。

● 由于不需要隔爆壳体或能量限制安全栅，所以成本比其他危险环境保护技术低。

● 该技术提供 IP54 的防护等级。

该技术的缺点：

● 仅可用于 2 区场所。

● 该技术把约束放在控制室里以限制现场接线的能量，所以在正常工作条件下的电弧或火花不会有足够的能量以引起燃烧。

第3章 流体介质物性基础数据

3.1 常用液体性质

常用液体性质见表3-1。

表3-1 常用液体性质

名称	分子式	分子量	密度ρ/(kg/m³)(在20℃时)	沸点T_b/℃(在760mmHg时)	临界点 温度t_c/℃	临界点 压力p_c/(kgf/cm²)	临界点 密度ρ_c/(kg/m³)	体积膨胀系数μ/($\times 10^{-5}$/℃)
水	H_2O	18.02	998.2	100.00	374.15	255.65	307	18
硫酸	H_2SO_4	98.1	1834	340 分解				57
硝酸	HNO_3	63.0	1512	86.0				124
盐酸(30%)	HCl	36.47	1149.3					
丙酮	CH_3COCH_3	58.08	791	79.6	260	39.5		
甲基乙基酮	$CH_2COC_2H_6$	72.11	803	181.8	419	62.6		
酚	C_6H_5OH	94.11	1050(50℃)					
二硫化碳	CS_2	76.14	1262	46.3	277.7	75.5	440	119
乙醇胺	$NH_2CH_2CH_2OH$	61.08		170.5				
甲醇	CH_3OH	32.04	791.3	64.7	240	81.3	272	119
乙醇	C_2H_5OH	46.07	789.2	78.3	243.1	64.4	275.5	11.0
乙二醇	$C_2H_4(OH)_2$	62.07	1113	197.6	645.0	74.32	191.0	
正丙醇	$CH_3CH_2CH_2OH$	60.10	804.4	97.2	265.8	51.8	273	98
异丙醇	$CH_3CHOHCH_3$	60.10	785.1	82.3	273.5	54.9	274	
正丁醇	$CH_3CH_2CH_2CH_2OH$	74.12	809.6	117.8	287.1	50.2		
乙氰	CH_3CN	41	783	81.6	274.7	49.3	240	88
正戊醇	$CH_3CH_2CH_2CH_2CH_2OH$	88.15	813.0	138.0	315.0			
乙醛	CH_3CHO	44.05	783	20.2	188.0	54.8	157.0	
丙醛	CH_3CH_2CHO	58.08	808	48.9	223	46.0	210.0	

(续)

名称	分子式	分子量	密度 ρ /(kg/m³)（在20℃时）	沸点 T_b/℃（在760mmHg时）	临界点 温度 t_c /℃	临界点 压力 p_c /(kgf/cm²)	临界点 密度 ρ_c /(kg/m³)	体积膨胀系数 μ /($\times 10^{-5}$/℃)
环己酮	$C_6H_{10}O$	98.15	946.6	155.7	356	38.0	312	
二乙醚	$(C_2H_5)_2O$	71.12	711	34,6	194.7	37.5	264	162
甘油	$C_3H_5(OH)_3$	92.09	1261.3	290 分解	260.0	39.5	264	50
邻甲酚	$C_6H_4OHCH_3$	108.14	1020（50℃）	191.0	422.3	51.1		
间甲酚	$C_6H_4OHCH_3$	108.14	1034.1	202.2	432.0	46.5		
对甲酚	$C_6H_4OHCH_3$	108.14	1011（50℃）	202.0	426.0	52.6		
甲酸甲酯	CH_3OOCH	60.05	975	31.8	212.0	61.1	349	121
醋酸甲酯	CH_3OOCCH_3	74.08	934	57.1	235.8	47.9		
丙酸甲酯	$CH_3CH_2COOCH_3$	88.11	915	79.7	261.0	40.8		
甲酸	$HCOOH$	46.03	1220	100.7				102
乙酸	CH_3COOH	60.05	1049	118.1	312.5	59		
丙酸	C_2H_5COOH	74.08	993	141.3	339.5	54.1	320	109
苯胺	$C_6H_5NH_2$	93.13	1021.7	184.4	425.7	54.1	340	85
丙腈	C_3H_5N	55.08	781.8	97.2	291.2	42.8		
丁腈	C_4H_7N	69.11	790	117.6	309.1	38.6		
噻吩	$(CH)_2S(CH)_2$	84.14	1065	84.1	317.3	49.3		
二氯甲烷	CH_2Cl_2	84.93	1325.5	40.1	237.5	62.9		
氯仿	$CHCl_3$	119.38	1490	61.2	260.0	55.6	496	128
四氯化碳	CCl_4	153.82	1594	76.8	283.2	46.5	558	122
邻二甲苯	C_8H_{10}	106.17	880	144	358.1	38.1		97
间二甲苯	C_8H_{10}	106.17	864	139.2	346	37.2		99
对二甲苯	C_8H_{10}	106.17	861	138.1	345	36.1		102
甲苯	C_7H_8	92.14	866	110.7	320.6	43.0	290	108
邻氯甲苯	C_7H_7Cl	126.6	1081	159				89

3.2 常用气体性质

常用气体性质见表3-2。

第3章 流体介质物性基础数据

表 3-2 常用气体性质

名称	分子式	分子量	气体常数 R/(J/(mol·K))	密度 ρ_v/(kg/mm³) 在 0℃, 760mmHg 下	在 20℃, 760mmHg 下	相对密度 0℃, 760mmHg 下	沸点 T_b/K (在 760mmHg 下)	比热比 X (在 20℃, 760mmHg 下)	临界点 温度 T_c/K	压力 p_c/(kgf/cm²)	密度 ρ_c/(kg/m³)
空气(干)		28.95	29.28	1.2928	1.205	1.00	78.8	1.4①	132.42~132.52	38.4	310.5~322.5
氮气	N₂	28.01	30.27	1.2506	1.165	0.9673	77.35	1.4①	126.20	34.6	312
氧气	O₂	32.00	26.5	1.4289	1.331	1.1053	90.17	1.397①	154.58	51.7	4265
氩	Ar	39.95	21.23	1.7840		1.38	87.291	1.68	150.86	49.6	535
氢气	H₂	2.02	420.63	0.08988	0.084	0.06952	20.38	1.412	33.27	13.2	31.45
甲烷	CH₄	16.04	52.86	0.7167	0.668	0.5544	111.7	1.315①	190.63	47.3	162
乙烷	C₂H₆	30.07	28.20	1.3567	1.263	1.0494	184.52	1.18①	305.45	8	203
丙烷	C₂H₈	44.097	19.23	2.005	1.867	1.5509	231.05	1.18①	369.95	43.4	220
正丁烷	C₄H₁₀	58.12	14.59	2.703		2.091	272.65	1.10①	425.16	38.71	228
异丁烷	C₄H₁₀	58.12	14.59	2.67.5		2.0692	261.	1.11①	408.13	37.2	222
正戊烷	C₅H₁₂	72.15	11.75	3.215		2.4869	309.25	1.07①	469.66	34.37	244
乙烯	C₂H₄	28.05	30.23	1.2604	1.174	0.975	169.45	1.22①	282.41	51.6	227
丙烯	C₃H₆	42.08	20.15	1.914	1.784	1.48	225.45	1.15①	364.76	47.1	
1-丁烯	C₄H₈	56.11	15.11	2.500		1.9338①	266.85	1.11①	419.60	10.99	233
顺-2-丁烯	C₄H₈	56.11	15.11	2,500		1.9338①	276.85	1.1214①	435.58	42.89	238
反-2-丁烯	C₄H₈	56.11	15.11	2.500		1.9338①	274.05	1.1073①	428.63	41.83	238
异丁烯	C₄H₈	56.11	15.11	2.500		1.9338	266.25	1.1058①	417.90	40.77	234
乙炔	C₂H₂	26.04	32.57	1.1717	1.091	0.9063	189.13(升华)	1.24	308.30	63.7	231
苯	C₆H₆	78.11	10.86	3.3		2.553	353.25	1.101	562.16	50.19	304
一氧化碳	CO	28.01	30.27	1.2584	1.165	0.9672	81.65	1.395	132.95	35.6	301
二氧化碳	CO₂	44.01	19.27	1.977	1.842	1.5391	(194.75 升华)	1.295	304.20	75.28	468
一氧化氮	NO	30.01	28.26	1.3401		1.0366	121.45	1.4	180.15	66.1	52
二氧化氮	NO₂	46.01	18.43	2.055		1.59	294.35	1.31	431.35	103.3	570
一氧化二氮	N₂O	44.01	19.27	1.9781		1.530	184.66	1.274	309.57	74.1	457
硫化氢	H₂S	34.08	24.88	1.539	1.434	1.1904	212.85	1.32	373.55	91.8	373
氢氰酸	HCN	27.0258	31.38	1.9246		0.947(3℃)	298.85	1.31(65℃)	456.65	54.8	200
氧硫化碳	COS	60.0746	14.12	2.712		2.105	228.95		378.15	63	
臭氧	O₃	48.00	17.67	2.144		1.658	161.25		261.00	69.2	537
二氧化硫	SO₂	64.06	13.24	2.727	2.726	2.264	263.15	1.25	430.75	80.4	524
氟气	F₂	38.00	22.32	1.695		1.31	85.03	1.358	144.30	56.8	473

（续）

名称	分子式	分子量	气体常数 R/(J/(mol·K))	密度 ρ_v/(kg/mm³) 在0℃, 760mmHg下	在20℃, 760mmHg下	相对密度 0℃, 760mmHg下	沸点 T_b/K (在760mmHg下)	比热比 X (在20℃, 760mmHg下)	临界点 温度 T_c/K	压力 p_c/(kgf/cm²)	密度 ρ_c/(kg/m³)
氯气	Cl_2	70.91	11.96	3.214	3.00	2.486	238.55	1.35	417.17	78.6	573
氯甲烷	CH_3Cl	50.488	16.8	2.3644		1.782	249.39	1.281.19	416.28	68.1	353
氯乙烷	C_2H_5Cl	64.51	13.14	2.870		2.22	285.45	(16℃, 0.3~5atm)	460.39	53.7	330
氨气	NH_3	17.031	49.79	0.771	0.719	0.5964	239.75	1.32	405.65	115.0	235
氟利昂-11	CCl_3F	137.37	6.17	6.20		4.8	296.95	1.135	471.20	44.6	554
氟利昂-12	CCl_2F_2	120.91	7.01	5.39		4.17	248.35	1.138	385.00	40.0	558
氟利昂-13	$CClF_3$	104.46	8.12	4.654		3.6	191.75	1.150 (10℃)	302.00	39.4	578
氟利昂-113	$Cl_2FC_2ClF_2$	87.3765	4.53	8.274		6.4	320.75		487.25	34.80	576

注：1mmHg≈133Pa，1atm≈10⁵Pa。
① 代表15.6℃时的值。

3.3 典型工业气体的热物理性质

3.3.1 空气

空气（Air）的摩尔质量为28.970kg/kmol，由78.03% N_2、20.99% O_2、0.94% Ar、0.03% CO_2、0.01% H_2 组成。其常压沸点 T_b 为 (78.67±0.01)K，临界温度 T_c 为 (132.5±0.1)K，临界压力 p_c 为 (3.766±0.020)MPa，临界密度 ρ_c 为 (316.5±6.0)kg/m³。干空气的热物理性质见表3-3，空气在不同温度下的热容及比热容比见表3-4。

表3-3 干空气的热物理性质

t/℃	ρ/(kg/m³)	c_p/(kJ/(kg·℃))	$\lambda \times 10^2$/(W/(m·℃))	$\alpha \times 10^6$/(m²/s)	$\mu \times 10^6$/(kg/(m·s))	$\nu \times 10^6$/(m²/s)	P_r
-50	1.584	1.013	2.04	12.7	14.6	9.24	0.728
-40	1.515	1.013	2.12	13.8	15.2	10.04	0.728
-30	1.453	1.013	2.20	14.9	15.7	10.80	0.723

第3章 流体介质物性基础数据

（续）

t /℃	ρ /(kg/m³)	c_p /(kJ/(kg·℃))	$\lambda \times 10^2$ /(W/(m·℃))	$\alpha \times 10^6$ /(m²/s)	$\mu \times 10^6$ /(kg/(m·s))	$\nu \times 10^6$ /(m²/s)	P_r
-20	1.395	1.009	2.28	16.2	16.2	1161	0.716
-10	1.342	1.009	2.36	17.4	16.7	12.43	0.712
0	1.293	1.005	2.44	18.8	17.2	13.28	0.707
10	1.247	1.005	2.51	20.0	17.6	14.16	0.705
20	1.205	1.005	2.50	21.4	18.1	15.06	0.703
30	1.165	1.005	2.67	22.9	18.6	16.00	0.701
40	1.128	1.005	2.76	24.3	19.1	16.00	0.699
50	1.003	1.005	2.83	23.7	19.6	17.95	0.69
60	1.060	1.005	2.90	26.2	20.1	18.97	0.696
70	1.029	1.009	2.96	28.6	20.6	20.02	0.694
80	1.000	1.009	3.05	30.2	21.1	21.09	0.692
90	0.972	1.009	3.13	31.9	21.5	22.10	0.690
100	0.946	1.009	3.21	33.6	21.9	23.13	0.688
120	0.898	1.009	3.34	36.8	22.3	25.45	0.686
140	0.854	1.013	3.49	40.3	23.7	27.80	0.684
160	0.815	1.017	3.64	43.9	24.5	30.09	0.682
180	0.779	1.022	3.78	47.5	25.3	32.49	0.681
200	0.746	1.026	3.93	51.4	26.0	34.85	0.680
250	0.674	1.038	4.27	61.0	27.4	40.61	0.677
300	0.615	1.047	4.60	71.6	29.7	48.33	0.674
350	0.566	1.059	4.91	81.9	31.4	55.46	0.676
400	0.524	1.068	5.21	93.1	33.0	63.09	0.678
500	0.456	1.093	5.74	115.3	36.2	79.38	0.687
600	0.404	1.114	5.82	138.3	39.1	96.89	0.699
700	0.362	1.135	6.71	163.4	41.1	115.4	0.700
800	0.329	1.156	7.18	188.8	44.3	134.8	0.713
900	0.301	1.172	7.63	216.2	46.7	155.1	0.717
1000	0.277	1.185	8.07	245.9	49.0	177.1	0.719
1100	0.257	1.197	8.50	276.2	51.2	199.3	0.722
1200	0.239	1.210	9.15	316.5	53.5	233.7	0.724

注：t—温度，℃；P_r—普朗特（Prandrl）准数；μ—动力黏度，kg/(m·s)；ν—运动黏度，m²/s；c_p—比热容，kJ/(kg·℃)；λ—导热系数，W/(m·℃)；ρ—密度，kg/m³；α—热扩散率，m²/s。

表 3-4 空气在不同温度下的热容及比热容比

$t/℃$	T/K	c_p /(kJ/(kg·K))	M_{cp} /(kJ/(kmol·K))	c_v /(kJ/(kg·K))	M_{cv} /(kJ/(kmol·K))	$k=c_p/c_v$
-50	223.15	1.0020	29.026	0.7150	20.712	1.401
-25	248.15	1.0023	29.036	0.7153	20.722	1.401
0	273.15	1.0028	29.050	0.7158	20.736	1.401
25	298.15	1.0038	29.079	0.7168	20.765	1.400
50	323.15	1.0053	29.123	0.7183	20.809	1.400
75	348.15	1.0073	29.181	0.7203	20.867	1.398
100	373.15	1.0098	29.255	0.7228	20.941	1.397
125	398.15	1.0128	29.342	0.7259	21.028	1.395
150	423.15	1.0163	29.442	0.7293	21.128	1.394
175	448.15	1.0202	29.554	0.7332	21.240	1.391
200	473.15	1.0244	29.677	0.7374	21.363	1.389
250	523.15	1.0339	29.952	0.7469	21.638	1.384
300	573.15	1.0445	30.260	0.7575	21.946	1.379
350	623.15	1.0559	30.589	0.7689	22.275	1.373
400	673.15	1.0678	30.933	0.7808	22.619	1.368
450	723.15	1.0798	31.282	0.7928	22.968	1.362
500	773.15	1.0918	31.630	0.8048	23.316	1.357
600	873.15	1.1150	32.301	0.8280	23.987	1.347
700	973.15	1.1361	32.912	0.8491	24.598	1.338
800	1073.15	1.1546	33.449	0.8676	25.135	1.331
900	1173.15	1.1707	33.914	0.8837	25.600	1.325
1000	1273.15	1.1846	34.318	0.8976	26.004	1.320

注：t—温度，℃；T—温度，K；c_p—恒压比热容，kJ/(kg·K)；c_v—恒体积比热容，kJ/(kg·K)；k—比热容比；M_{cp}—恒压摩尔热容，kJ/(kmol)；M_{cv}—恒体积摩尔热容，kJ/(kmol·K)。

3.3.2 氮气

氮气在不同温度下的热容及比热容比见表 3-5。

第3章 流体介质物性基础数据

表 3-5 氮气在不同温度下的热容及比热容比

$t/℃$	T/K	c_p /(kJ/(kg·K))	M_{cp} /(kJ/(kmol·K))	c_v /(kJ/(kg·K))	M_{cv} /(kJ/(kmol·K))	$k=c_p/c_v$
-50	223.15	1.0388	29.103	0.7420	20.789	1.400
-25	248.15	1.0388	29.103	0.7420	20.789	1.400
0	273.15	1.0388	29.103	0.7420	20.789	1.400
25	298.15	1.0390	29.109	0.7422	20.795	1.400
50	323.15	1.0396	29.124	0.7428	20.810	1.400
75	348.15	1.0405	29.150	0.7437	20.835	1.399
100	373.15	1.0419	29.189	0.7451	20.875	1.398
125	398.15	1.0437	29.240	0.7469	20.925	1.397
150	423.15	1.0460	29.304	0.7492	20.990	1.396
175	448.15	1.0488	29.382	0.7520	21.068	1.395
200	473.15	1.0520	29.473	0.7552	21.159	1.393
250	523.15	1.0598	29.692	0.7631	21.378	1.389
300	573.15	1.0691	29.953	0.7724	21.639	1.384
350	623.15	1.0797	30.249	0.7830	21.935	1.379
400	673.15	1.0912	30.570	0.7944	22.256	1.374
450	723.15	1.1032	30.907	0.8064	22.593	1.368
500	773.15	1.1154	31.250	0.8187	22.936	1.362
600	873.15	1.1396	31.928	0.8429	23.614	1.352
700	973.15	1.1622	32.559	0.8654	24.245	1.343
800	1073.15	1.1823	33.123	0.8855	24.809	1.335
900	1173.15	1.1999	33.617	0.9032	25.303	1.328
1000	1273.15	1.2154	34.051	0.9112	25.737	1.323

3.3.3 氧气

氧气在不同温度下的热容及比热容比见表 3-6。

表 3-6 氧气在不同温度下的热容及比热容比

$t/℃$	T/K	c_p /(kJ/(kg·K))	M_{cp} /(kJ/(kmol·K))	c_v /(kJ/(kg·K))	M_{cv} /(kJ/(kmol·K))	$k=c_p/c_v$
-50	223.15	0.9107	29.142	0.6509	20.828	1.399
-25	248.15	0.9112	29.157	0.6513	20.843	1.399

（续）

$t/℃$	T/K	c_p /(kJ/(kg·K))	$M c_p$ /(kJ/(kmol·K))	c_v /(kJ/(kg·K))	$M c_v$ /(kJ/(kmol·K))	$k = c_p/c_v$
0	273.15	0.9132	29.224	0.6543	20.910	1.398
25	298.15	0.9167	29.334	0.6569	21.020	1.396
50	323.15	0.9213	29.482	0.6616	21.168	1.393
75	348.15	0.9268	29.659	0.6670	21.345	1.390
100	373.15	0.9331	29.860	0.6733	21.546	1.386
125	398.15	0.9400	30.081	0.6802	21.767	1.382
150	423.15	0.9473	30.315	0.6875	22.001	1.378
175	448.15	0.9550	30.555	0.6952	22.245	1.374
200	473.15	0.9628	30.810	0.7030	22.496	1.370
250	523.15	0.9787	31.318	0.7189	23.004	1.361
300	573.15	0.9944	31.820	0.7346	23.506	1.354
350	623.15	1.0094	32.202	0.7469	23.988	1.347
400	673.15	1.0236	32.754	0.7638	24.440	1.340
450	723.15	1.0366	33.172	0.7768	24.858	1.334
500	773.15	1.0485	33.553	0.7887	25.239	1.329
600	873.15	1.0691	34.210	0.8092	25.896	1.321
700	973.15	1.0858	34.747	0.8260	26.433	1.314
800	1073.15	1.0998	35.192	0.8399	26.878	1.309
900	1173.15	1.1118	35.576	0.8519	27.262	1.305
1000	1273.15	1.1224	35.916	0.8626	27.602	1.301

3.3.4 一氧化碳

一氧化碳在不同温度下的热容及比热容比见表3-7。

表3-7 一氧化碳在不同温度下的热容及比热容比

$t/℃$	T/K	c_p /(kJ/(kg·K))	$M c_p$ /(kJ/(kmol·K))	c_v /(kJ/(kg·K))	$M c_v$ /(kJ/(kmol·K))	$k = c_p/c_v$
-50	223.15	1.038	29.090	0.7417	20.776	1.401
-25	248.15	1.0389	29.099	0.7420	20.785	1.400
0	273.15	1.0389	29.099	0.7421	20.785	1.400
25	298.15	1.0394	29.114	0.7426	20.800	1.400

(续)

$t/℃$	T/K	c_p /(kJ/(kg·K))	M_{cp} /(kJ/(kmol·K))	c_v /(kJ/(kg·K))	M_{cv} /(kJ/(kmol·K))	$k=c_p/c_v$
50	323.15	1.0405	29.145	0.7437	20.831	1.399
75	348.15	1.0422	29.191	0.7453	20.877	1.398
100	373.15	1.0444	29.234	0.7476	20.940	1.397
125	398.15	1.0472	29.333	0.7504	21.019	1.396
150	423.15	1.0506	29.428	0.7538	21.114	1.394
175	448.15	1.0545	29.537	0.7577	21.223	1.392
200	473.15	1.0589	29.659	0.7620	21.345	1.390
250	523.15	1.0689	29.940	0.7721	21.626	1.384
300	573.15	1.0803	30.260	0.7835	21.946	1.379
350	623.15	1.0928	30.608	0.7959	22.294	1.373
400	673.15	1.1057	30.971	0.8089	22.657	1.367
450	723.15	1.1190	31.342	0.8221	23.028	1.361
500	773.15	1.1321	31.710	0.8353	23.396	1.355
600	873.15	1.1572	32.412	0.8603	24.098	1.345
700	973.15	1.1797	33.043	0.8829	24.729	1.336
800	1073.15	1.1992	33.591	0.9024	25.770	1.329
900	1173.15	1.2161	34.062	0.9192	25.748	1.323
1000	1273.15	1.2307	34.471	0.9338	26.157	1.310

3.3.5 二氧化碳

二氧化碳在不同温度下的热容及比热容比见表3-8。

表3-8 二氧化碳在不同温度下的热容及比热容比

$t/℃$	T/K	c_p /(kJ/(kg·K))	M_{cp} /(kJ/(kmol·K))	c_v /(kJ/(kg·K))	M_{cv} /(kJ/(kmol·K))	$k=c_p/c_v$
-50	223.15	0.7605	33.470	0.5716	25.156	1.330
-25	248.15	0.7899	34.765	0.6010	26.451	1.314
0	273.15	0.8178	35.989	0.6288	27.675	1.301
25	298.15	0.8441	37.148	0.6552	28.834	1.288
50	323.15	0.8690	38.246	0.6801	29.932	1.278
75	348.15	0.8927	39.288	0.7038	30.974	1.268

(续)

$t/℃$	T/K	c_p /(kJ/(kg·K))	M_{cp} /(kJ/(kmol·K))	c_v /(kJ/(kg·K))	M_{cv} /(kJ/(kmol·K))	$k=c_p/c_v$
100	373.15	0.9152	40.278	0.7263	31.964	1.260
125	398.15	0.9366	41.218	0.7476	32.904	1.253
150	423.15	0.9569	42.113	0.7680	33.799	1.246
175	448.15	0.9762	42.965	0.7873	34.651	1.240
200	473.15	0.9947	43.776	0.8058	35.462	1.234
250	523.15	1.0290	45.285	0.8401	36.971	1.225
300	573.15	1.0602	46.657	0.8712	38.343	1.217
350	623.15	1.0885	47.906	0.8996	39.592	1.210
400	673.15	1.1143	49.042	0.9254	40.728	1.204
450	723.15	1.1379	50.078	0.9490	41.764	1.199
500	773.15	1.1593	51.022	0.9704	42.708	1.195
600	873.15	1.1967	52.667	1.0078	44.353	1.187
700	973.15	1.2279	54.040	1.0390	45.726	1.182
800	1073.15	1.2542	55.197	1.0653	46.883	1.177
900	1173.15	1.2766	56.181	1.0876	47.867	1.174
1000	1273.15	1.2958	57.028	1.1069	48.714	1.171

3.3.6 氢气

氢气在不同温度下的热容及比热容比见表 3-9。

表 3-9 氢气在不同温度下的热容及比热容比

$t/℃$	T/K	c_p /(kJ/(kg·K))	M_{cp} /(kJ/(kmol·K))	c_v /(kJ/(kg·K))	M_{cv} /(kJ/(kmol·K))	$k=c_p/c_v$
-50	223.15	13.826	27.873	9.702	19.559	1.425
-25	248.15	14.032	28.289	9.908	19.975	1.416
0	273.15	14.179	28.584	10.055	20.270	1.410
25	298.15	14.282	28.793	10.158	20.479	1.406
50	323.15	14.355	28.940	10.231	20.626	1.403
75	348.15	14.406	29.042	10.282	20.728	1.401
100	373.15	14.441	29.114	10.318	20.800	1.400
125	398.15	14.466	29.163	10.342	20.849	1.399

(续)

t/℃	T/K	c_p /(kJ/(kg·K))	M_{cp} /(kJ/(kmol·K))	c_v /(kJ/(kg·K))	M_{cv} /(kJ/(kmol·K))	$k=c_p/c_v$
150	423.15	14.482	29.196	10.358	20.882	1.398
175	448.15	14.494	29.219	10.370	20.905	1.398
200	473.15	14.502	29.236	10.378	20.922	1.397
250	523.15	14.514	29.261	10.390	20.947	1.397
300	573.15	14.528	29.288	10.404	20.974	1.396
350	623.15	14.547	29.327	10.423	21.013	1.396
400	673.15	14.575	29.383	10.451	21.069	1.395
450	723.15	14.613	29.459	10.489	21.145	1.393
500	773.15	14.660	29.554	10.536	21.240	1.391
600	873.15	14.783	29.803	10.733	21.489	1.387
700	973.15	14.938	30.116	10.815	21.802	1.381
800	1073.15	15.119	30.480	10.995	22.166	1.375
900	1173.15	15.316	30.877	11.192	22.563	1.368
1000	1273.15	15.524	31.296	11.400	22.982	1.362

3.3.7 水

未饱和水（1atm）与饱和水的热物理性质见表3-10，未饱和水蒸气的热物理性质见表3-11，水蒸气在不同温度下的热容及比热容比见表3-12。

表3-10 未饱和水（1atm）与饱和水的热物理性质

t/℃	P/bar	ρ /(kg/m³)	c_p /(kJ/(kg·K))	$\lambda \times 10^2$ /(W/(m·K))	$\alpha \times 10^7$ /(m²/s)	$\mu \times 10^4$ /(kg/(m·s))	$\nu \times 10^6$ /(m²/s)	$\beta \times 10^4$ /(1/K)	P_r
0	1.013	999.9	4.212	55.1	1.31	17.89	1.789	0.63	13.67
10	1.013	999.7	4.191	57.5	1.37	13.06	1.036	0.70	9.52
20	1.013	998.2	4.183	59.5	1.43	10.04	1.006	1.82	7.02
30	1.013	995.7	4.174	61.8	1.49	8.02	0.805	3.21	5.42
40	1.013	992.2	4.174	63.4	1.53	6.54	0.659	3.87	4.31
50	1.013	988.1	4.174	64.8	1.57	5.49	0.556	4.49	3.54
60	1.013	983.2	4.179	65.9	1.61	4.70	0.478	5.11	2.98
70	1.013	977.3	4.187	66.8	1.63	4.06	0.415	5.70	2.55

（续）

$t/℃$	P/bar	ρ /(kg/m³)	c_p /(kJ/(kg·K))	$\lambda \times 10^2$ /(W/(m·K))	$\alpha \times 10^7$ /(m²/s)	$\mu \times 10^4$ /(kg/(m·s))	$\nu \times 10^6$ /(m²/s)	$\beta \times 10^4$ /(1/K)	P_r
80	1.013	971.8	4.195	67.5	1.66	3.55	0.363	6.32	2.21
90	1.013	965.3	4.208	68.0	1.68	3.15	0.326	6.95	1.95
100	1.013	958.4	4.220	68.3	1.69	2.83	0.295	7.52	1.75
110	1.43	951.0	4.233	68.5	1.70	2.59	0.272	8.08	1.60
120	1.99	943.1	4.250	68.6	1.71	2.38	0.252	8.64	1.47
130	2.70	934.8	4.267	68.6	1.72	2.18	0.233	9.19	1.36
140	3.62	926.1	4.287	68.5	1.73	2.01	0.217	9.72	1.26
150	4.76	917.0	4.313	68.4	1.73	1.86	0.203	10.3	1.17
160	6.18	907.4	4.346	68.3	1.73	1.73	0.191	10.7	1.10
170	7.92	897.3	4.380	67.9	1.73	1.62	0.181	11.3	1.05
180	10.03	886.9	4.417	67.5	1.72	1.53	0.173	11.9	1.00
190	12.55	876.0	4.439	67.0	1.71	1.45	0.165	12.6	0.96
200	15.55	863.0	4.505	66.3	1.71	1.36	0.158	13.3	0.93
210	19.08	852.8	4.550	65.5	1.69	1.30	0.153	14.1	0.91
220	23.20	840.3	4.614	64.5	1.66	1.24	0.148	14.8	0.89
230	27.98	827.3	4.681	63.7	1.64	1.20	0.145	15.9	0.88
240	33.48	813.6	4.756	62.8	1.62	1.15	0.141	16.8	0.87
250	39.78	799.0	4.844	61.8	1.59	1.09	0.137	18.1	0.86
260	46.95	784.0	4.949	60.5	1.56	1.06	0.135	19.1	0.87
270	55.06	767.9	5.070	59.0	1.51	1.02	0.133	21.6	0.88
280	64.20	730.7	5.230	57.5	1.46	0.983	0.131	23.7	0.90
290	74.45	732.3	5.485	55.8	1.39	0.945	0.129	26.2	0.93
300	85.92	712.5	5.736	54.0	1.32	0.912	0.128	29.2	0.97
310	98.70	691.1	6.071	52.3	1.25	0.885	0.128	32.9	1.03
320	110.94	667.1	6.574	50.6	1.15	0.854	0.128	38.2	1.11
330	128.65	640.2	7.244	48.4	1.04	0.813	0.127	43.3	1.22
340	146.09	610.1	8.165	45.7	0.917	0.775	0.127	53.4	1.39
350	165.38	574.4	9.504	43.0	0.789	0.724	0.126	66.8	1.60
360	186.74	528.0	13.98	39.5	0.536	0.665	0.126	109	2.35
370	210.54	450.5	40.32	33.7	0.186	0.568	0.120	264	6.79

注：t—温度，℃；P_r—普朗特（Prandrl）准数；μ—动力黏度，kg/(m·s)；β—体积膨胀系数，1/K；ν—运动黏度，m²/s；c_p—比热容，kJ/(kg·K)；λ—导热系数，W/(m·K)；ρ—密度，kg/m³；α—热扩散率，m²/s；P—压强，bar。

表 3-11 未饱和水蒸气的热物理性质

$t/℃$	P/bar	ρ /(kg/m³)	c_p /(kJ/(kg·K))	$\lambda \times 10^2$ /(W/(m·K))	$\alpha \times 10^3$ /(m²/s)	$\mu \times 10^3$ /(kg/(m·s))	$\nu \times 10^3$ /(m²/s)	P_r
100	1.013	0.598	2.14	2.37	18.6	11.97	20.02	1.08
110	1.43	0.826	2.18	2.49	13.8	12.45	15.07	1.09
120	1.99	1.121	2.21	2.59	10.5	12.85	11.46	1.09
130	2.70	1.496	2.26	2.69	7.970	13.20	8.85	1.11
140	3.62	1.966	2.32	2.79	6.130	13.50	6.89	1.12
150	4.76	2.547	2.39	2.88	4.728	13.90	5.47	1.16
160	6.18	3.238	2.48	3.01	3.722	14.30	4.39	1.18
170	7.92	4.122	2.58	3.13	2.939	14.70	3.57	1.21
180	10.03	5.157	2.71	3.27	2.340	15.10	2.93	1.25
190	12.55	6.394	2.86	3.42	1.870	15.60	2.44	1.30
200	13.55	7.862	3.02	3.55	1.490	16.00	2.03	1.36
210	19.08	9.583	3.20	3.72	1.210	16.40	1.71	1.41
220	23.20	11.62	3.41	3.90	0.983	16.80	1.45	1.47
230	27.98	13.99	3.63	4.10	0.806	17.30	1.24	1.54
240	33.48	16.76	3.88	4.30	0.658	17.80	1.06	1.61
250	39.48	19.78	4.16	4.51	0.544	18.20	0.913	1.68
260	46.95	23.72	4.47	4.80	0.453	18.80	0.794	1.75
270	55.06	28.09	4.82	5.11	0.373	19.30	0.688	1.82
280	64.20	33.19	5.23	5.49	0.317	19.90	0.600	1.90
290	74.45	39.15	5.69	5.83	0.261	20.60	0.526	2.01
300	85.92	46.21	6.28	6.27	0.216	21.30	0.461	2.13
310	98.70	54.58	7.12	6.84	0.176	22.00	0.403	2.29
320	110.94	64.72	8.21	7.51	0.141	22.80	0.353	2.50
330	128.65	77.10	9.88	8.26	0.108	23.90	0.310	2.86
340	146.09	92.76	12.35	9.30	0.0811	25.20	0.272	3.35
350	165.38	113.6	16.25	10.7	0.0580	26.60	0.234	4.03
360	186.74	144.0	23.03	12.8	0.0386	29.10	0.202	5.23
370	210.54	203.0	56.52	17.1	0.0150	33.70	0.166	11.10

注：表中变量符号意义与表 3-10 相同。

表 3-12　水蒸气在不同温度下的热容及比热容比

$t/℃$	T/K	c_p /(kJ/(kg·K))	Mc_p /(kJ/(kmol·K))	c_v /(kJ/(kg·K))	Mc_v /(kJ/(kmol·K))	$k=c_p/c_v$
0	273.15	1.8597	33.504	1.3982	25.190	1.330
25	298.15	1.8644	33.590	1.4030	25.276	1.329
50	323.15	1.8714	33.715	1.4099	25.401	1.327
75	348.15	1.8800	33.870	1.4185	25.556	1.325
100	373.15	1.8900	34.051	1.4286	25.737	1.323
125	398.15	1.9012	34.252	1.4397	25.938	1.321
150	423.15	1.9134	34.471	1.4519	26.157	1.318
175	448.15	1.9263	34.704	1.4648	26.390	1.315
200	473.15	1.9399	34.949	1.4784	26.635	1.312
250	523.15	1.9688	35.470	1.5073	27.156	1.306
300	573.15	1.9994	36.022	1.5380	27.708	1.300
350	623.15	2.0315	36.599	1.5700	28.285	1.294
400	673.15	2.0646	37.195	1.6031	28.881	1.288
450	723.15	2.0984	37.805	1.6369	29.491	1.282
500	773.15	2.1329	38.426	1.6714	30.112	1.276
600	873.15	2.2030	39.689	1.7415	31.375	1.265
700	973.15	2.2738	40.964	1.8123	32.650	1.255
800	1073.15	2.3441	42.232	1.8827	33.918	1.245
900	1173.15	2.4130	43.472	1.9515	35.158	1.236
1000	1273.15	2.4793	44.667	2.0178	36.353	1.229

3.4　常见有机、无机和单质气体比热容比

常见气体在 1atm 下比热容比见表 3-13。

表 3-13　常见气体在 1atm 下比热容比（$k=c_p/c_v$）

名称	分子式	温度/℃										
		0	100	200	300	400	500	600	700	800	900	1000
氩	Ar	1.67	1.67	1.67	1.67	1.67	1.67	1.67				
氦	He	1.67	1.67	1.67	1.67	1.67	1.67	1.67				

第3章 流体介质物性基础数据

(续)

名称	分子式	温度/℃										
		0	100	200	300	400	500	600	700	800	900	1000
氖	Ne	1.67	1.67	1.67	1.67	1.67	1.67	1.67				
氪	Kr	1.67	1.67	1.67	1.67	1.67	1.67	1.67				
氙	Xe	1.67	1.67	1.67	1.67	1.67	1.67	1.67				
甲烷	CH_4	1.314	1.268	1.225	1.193	1.171	1.155	1.141				
乙烷	C_2H_6	1.202	1.154	1.124	1.105	1.095	1.085	1.077				
丙烷	C_3H_8	1.138	1.102	1.083	1.070	1.062	1.057	1.053				
丁烷	C_4H_{10}	1.097	1.075	1.061	1.052	1.046	1.043	1.040				
戊烷	C_5H_{12}	1.077	1.060	1.049	1.042	1.037	1.035	1.031				
己烷	C_6H_{14}	1.063	1.050	1.040	1.035	1.031	1.029	1.027				
庚烷	C_7H_{16}	1.053	1.042	1.035	1.030	1.027	1.025	1.023				
辛烷	C_8H_{18}	1.046	1.037	1.030	1.026	1.023	1.022	1.020				
氯甲烷	CH_3Cl	1.27	1.22	1.18	1.16	1.15	1.13	1.12				
三氯甲烷	$CHCl_3$	1.15	1.13	1.12	1.11	1.10	1.10					
乙酸乙酯	$C_4H_8O_2$	1.088	1.069	1.056	1.049	1.048	1.038	1.035				
氮气	N_2	1.402	1.400	1.394	1.385	1.375	1.364	1.355	1.345	1.337	1.331	1.323
氢气	H_2	1.410	1.398	1.396	1.395	1.394	1.390	1.387	1.381	1.375	1.369	1.361
空气		1.400	1.397	1.390	1.378	1.366	1.357	1.345	1.337	1.330	1.325	1.320
氧气	O_2	1.397	1.385	1.370	1.353	1.340	1.324	1.321	1.314	1.307	1.304	1.300
一氧化碳	CO	1.400	1.397	1.380	1.379	1.367	1.354	1.341	1.335	1.329	1.321	1.317
二氧化碳	CO_2	1.301	1.260	1.235	1.217	1.204	1.195	1.188	1.180	1.177	1.174	1.171
水蒸气			1.323	1.30	1.29	1.28	1.27	1.26	1.25	1.25	1.24	1.23
二氧化硫	SO_2	1.272	1.243	1.223	1.207	1.198	1.191	1.187	1.184	1.179	1.177	1.175
氨气	NH_3	1.31	1.28	1.26	1.24	1.22	1.20	1.19	1.18	1.17	1.16	1.15
甲基溴	CH_3Br	1.27	1.2	1.17	1.15	1.14	1.13	1.13				

3.5 纯物质物性数据

纯物质物性数据见表3-14。

表 3-14 纯物质物性数据

序号	名称	英文名称	化学式	分子量	临界温度 T_c/K	临界压力 p_c/atm	临界体积 V_c/(cm³/mol)
1	氢气	Hydrogen	H_2	2.02	33.27	12.79	65.00
2	甲烷	Methane	CH_4	16.04	190.63	45.40	99.42
3	乙烷	Ethane	C_2H_6	30.07	305.45	48.20	146.70
4	丙烷	Propane	C_3H_8	44.09	369.82	41.94	200.83
5	异丁烷	I-Butane	C_4H_{10}	58.12	408.13	36.00	263.00
6	正丁烷	N-Butane	C_4H_{10}	58.12	425.16	37.50	254.58
7	异戊烷	I-Pentane	C_5H_{12}	72.15	460.39	33.37	304.85
8	正戊烷	N-Pentane	C_5H_{12}	72.15	469.66	33.25	312.44
9	新戊烷	Neo-Pentane	C_5H_{12}	72.15	433.76	31.57	303.00
10	正己烷	N-Hexane	C_6H_{14}	86.17	507.30	29.30	371.23
11	正庚烷	N-Heptane	C_7H_{16}	100.21	540.14	27.05	427.29
12	正辛烷	N-Octane	C_8H_{18}	114.22	568.69	24.54	492.00
13	正壬烷	N-Nonane	C_9H_{20}	128.25	594.56	22.58	548.00
14	正癸烷	N-Decane	$C_{10}H_{22}$	142.29	617.55	20.70	602.00
15	正十一烷	N-Undecane	$C_{11}H_{24}$	156.30	638.75	19.40	660.00
16	正十二烷	N-Dodecane	$C_{12}H_{26}$	170.33	658.25	17.90	718.00
17	正十三烷	N-Tridecane	$C_{13}H_{28}$	184.37	675.75	17.00	780.00
18	正十四烷	N-Tetradecane	$C_{14}H_{30}$	198.39	691.85	16.00	830.00
19	正十五烷	N-Pentadecane	$C_{15}H_{32}$	212.42	706.76	15.00	890.00
20	正十六烷	N-Hexadecane	$C_{16}H_{34}$	226.45	725.00	14.00	930.00
21	正十七烷	N-Heptadecane	$C_{17}H_{36}$	240.48	735.00	13.00	980.00
22	乙烯	Ethylene	C_2H_4	28.05	282.41	49.66	129.07
23	丙烯	Propylene	C_3H_6	42.08	364.76	45.52	181.00
24	1-丁烯	1-Butene	C_4H_8	56.11	419.60	39.67	239.93
25	顺-2-丁烯	Cs-2-Butene	C_4H_8	56.11	435.58	41.50	233.98
26	反-2-丁烯	Ts-2-Butene	C_4H_8	56.11	428.63	39.30	238.18
27	异丁烯	I-Butene	C_4H_8	56.11	417.90	39.47	238.88
28	1,3-丁二烯	1,3-Butadiene	C_4H_6	54.09	425.37	42.70	220.84
29	1-戊烯	1-Pentene	C_5H_{10}	70.13	464.78	34.80	296.00
30	顺-2-戊烯	Cs-2-Pentene	C_5H_{10}	70.13	475.93	36.30	302.10
31	反-2-戊烯	Ts-2-Pentene	C_5H_{10}	70.13	471.15	34.70	302.10
32	2-甲基-1-丁烯	2-Mth-1-Butene	C_5H_{10}	70.13	470.16	38.00	301.00

第3章 流体介质物性基础数据

（续）

序号	名称	英文名称	化学式	分子量	临界温度 T_c/K	临界压力 p_c/atm	临界体积 V_c/(cm³/mol)
33	3-甲基-1-丁烯	3-Mth-1-Butene	C_5H_{10}	70.13	453.15	35.00	291.00
34	2-甲基-2-丁烯	2-Mth-2-Butene	C_5H_{10}	70.13	477.16	35.90	294.00
35	1-己烯	1-Hexene	C_6H_{12}	84.16	503.99	30.70	354.00
36	环戊烷	Cyclopentane	C_5H_{10}	70.13	511.76	44.49	260.00
37	甲基环戊烷	Methyl-Cyclo-C5	C_6H_{12}	84.16	532.77	37.35	319.00
38	环己烷	Cyclohexane	C_6H_{12}	84.16	553.54	40.20	307.88
39	甲基环己烷	Methyl-Cyclo-C6	C_7H_{14}	98.18	572.65	34.26	367.88
40	苯	Benzene	C_6H_6	78.11	562.16	48.34	258.94
41	甲苯	Toluene	C_7H_8	92.14	591.79	40.55	315.60
42	间二甲苯	O-Xylene	C_8H_{10}	106.17	630.37	36.85	369.17
43	邻二甲苯	M-Xylene	C_8H_{10}	106.17	617.05	34.95	375.80
44	对二甲苯	P-Xylene	C_8H_{10}	106.17	616.26	34.65	379.11
45	乙苯	Ethyl-Benzene	C_8H_{10}	106.17	617.17	35.62	373.81
46	氮气	Nitrogen	N_2	28.01	126.20	33.50	88.60
47	氧气	Oxygen	O_2	32.00	154.58	50.10	49.77
48	一氧化碳	Carbon Monoxide	CO	28.01	132.95	34.53	93.10
49	二氧化碳	Carbon Dioxide	CO_2	44.01	304.20	72.85	92.86
50	硫化氢	Hydrogen Sulfide	H_2S	34.08	373.55	88.90	98.49
51	二氧化硫	Sulfur Dioxide	SO_2	64.06	430.75	77.81	122.00
52	2-甲基戊烷	2-Mth-Pentane	C_6H_{14}	86.18	497.46	29.71	367.00
53	3-甲基戊烷	3-Mth-Pentane	C_6H_{14}	86.18	504.35	30.83	367.00
54	2,2-二甲基丁烷	2,2-DiMth-Butane	C_6H_{14}	86.18	488.73	30.40	359.00
55	2,3-二甲基丁烷	2,3-DiMth-Butane	C_6H_{14}	86.18	500.28	30.86	358.00
56	1-庚烯	1-Heptene	C_7H_{14}	98.19	537.29	27.93	413.00
57	丙二烯	Propadiene	C_3H_4	40.07	393.85	51.80	162.00
58	1,2-丁二烯	1,2-Butadiene	C_4H_6	54.09	444.00	44.40	219.00
59	乙基环戊烷	Ethyl-Cyc-Pentan	C_7H_{14}	98.19	569.44	33.53	375.00
60	乙基环己烷	Ethyl-Cyc-Hexane	C_8H_{16}	112.22	609.15	30.00	419.00
61	2-甲基丁二烯	Isoprene	C_5H_8	68.12	483.16	36.90	266.00
62	水	Water	H_2O	18.02	647.35	218.29	63.49
63	氨气	Ammonia	NH_3	17.03	405.65	111.31	72.47
64	乙炔	Acetylene	C_2H_2	26.04	308.30	60.59	112.96

(续)

序号	名称	英文名称	化学式	分子量	临界温度 T_c/K	临界压力 p_c/atm	临界体积 V_c/(cm³/mol)
65	丙炔	Propyne	C_3H_4	40.06	402.38	55.54	169.80
66	1-丁炔	1-Butyne	C_4H_6	54.09	463.65	46.50	237.20
67	2-甲基丙烯	2-Mth-Propene	C_4H_8	56.11	417.90	39.47	238.88
68	环戊烯	Cyclopentene	C_5H_8	68.12	506.06	44.90	258.32
69	丙基苯	N-Propyl-Benzene	C_9H_{12}	120.19	638.38	31.58	440.00
70	异丙苯	I-Propyl-Benzene	C_9H_{12}	120.19	631.15	31.67	427.70
71	1-乙基-2-甲基苯	1-Ethyl-2-Mth-Bz	C_9H_{12}	120.19	651.15	32.00	460.00
72	1-甲基-3-乙基苯	1-Methyl-3-Ethylnenzene	C_9H_{12}	120.19	637.15	31.05	490.00
73	1-甲基-4-乙基苯	1-Methyl-4-Ethylnenzene	C_9H_{12}	120.19	640.15	30.50	470.00
74	1,2,3-三甲基苯	1,2,3-Mesitylene	C_9H_{12}	120.19	664.50	34.09	415.00
75	1,2,4-三甲基苯	1,2,4-Mesitylene	C_9H_{12}	120.19	649.10	31.89	437.30
76	1,3,5-三甲基苯	1,3,5-Mesitylene	C_9H_{12}	120.19	637.30	30.86	423.00
77	丁苯	N-Butyl-Benzene	$C_{10}H_{14}$	134.21	660.38	28.49	497.00
78	2-甲基己烷	2-Mth-Hexane	C_7H_{16}	100.20	530.31	26.98	421.00
79	3-甲基己烷	3-Mth-Hexane	C_7H_{16}	100.20	535.19	27.77	404.00
80	2-甲基庚烷	2-Mth-Heptane	C_8H_{18}	114.22	559.55	24.52	488.00
81	2,2,4-三甲基戊烷	2,2,4-TriMth-C5	C_8H_{18}	114.22	543.89	25.34	425.60
82	1-辛烯	1-Octene	C_8H_{16}	112.21	566.60	25.90	472.00
83	1,3-二氯顺环己烷	Tr-1,3-DiCl-CyC6	C_8H_{16}	112.21	598.16	29.00	446.20
84	1,4-二氯顺环己烷	Cs-1,4-DiCl-CyC6	C_8H_{16}	112.21	598.15	29.00	448.10
85	1,4-二氯反环己烷	Ts-1,4-DiCl-CyC6	C_8H_{16}	112.21	590.20	29.00	450.90
86	1,1-二甲基环己烷	1,1-DiMth-Cyc-C6	C_8H_{16}	112.21	591.15	29.00	446.90
87	1,2-二氯顺环己烷	Cs-1,2-DiCl-CyC6	C_8H_{16}	112.21	606.15	29.00	433.30
88	1,3-二氯顺环己烷	Cs-1,3-DiCl-CyC6	C_8H_{16}	112.21	591.15	29.00	462.30
89	正十八烷	N-Octadecane	$C_{18}H_{38}$	254.48	745.25	12.00	1000.00
90	正十九烷	N-Nonadecane	$C_{19}H_{40}$	268.51	756.16	11.02	1100.00
91	正二十烷	N-Eicosane	$C_{20}H_{42}$	282.54	767.15	11.00	1100.00
92	1,1-二甲基环戊烷	1,1-DiMth-Cyc-C5	C_7H_{14}	98.18	547.16	34.00	344.70
93	1,2-二氯顺环戊烷	Cs-1,2-DiCl-CyC5	C_7H_{14}	98.18	565.10	34.02	363.40
94	1,2-二氯反环戊烷	Ts-1,2-DiCl-CyC5	C_7H_{14}	98.18	553.15	34.00	358.40
95	1,3-二氯顺环戊烷	Cs-1,3-DiCl-CyC5	C_7H_{14}	98.18	551.15	34.00	348.20
96	1,3-二氯反环戊烷	Ts-1,3-DiCl-CyC5	C_7H_{14}	98.18	553.15	34.01	360.00

第3章 流体介质物性基础数据

（续）

序号	名称	英文名称	化学式	分子量	临界温度 T_c/K	临界压力 p_c/atm	临界体积 V_c/(cm³/mol)
97	氩	Argon	Ar	39.95	150.86	48.34	74.59
98	溴	Bromine	Br_2	159.81	584.17	102.00	135.00
99	四氯化碳	Carbon Tetra-Cl	CCl_4	153.82	556.39	45.00	276.00
100	光气	phosgene	$COCl_2$	98.92	455.00	56.00	190.22
101	二硫化碳	Carbon Disulfide	CS_2	76.14	552.00	78.00	160.00
102	三氯乙酰氯	Tri-Cl-Acetyl-Cl	C_2Cl_4O	181.83	589.67	40.46	329.00
103	氯化氢	Hydrogen Chlorid	HCl	36.46	324.65	82.00	81.02
104	氯气	Chlorine	Cl_2	70.91	417.17	76.10	123.75
105	碘化氢	Hydrogen Iodide	HI	127.91	423.85	82.01	121.94
106	氖气	Neon	Ne	20.18	44.50	26.90	41.83
107	一氧化氮	Nitric Oxide	NO	30.01	180.15	64.00	58.00
108	二氧化氮	Nitrogen Dioxide	NO_2	46.01	431.35	100.00	82.49
109	一氧化二氮（笑气）	Nitrous Oxide	N_2O	44.01	309.57	71.50	97.37
110	三氧化硫	Sulfur Trioxide	SO_3	80.06	490.89	81.00	127.00
111	三氯甲烷，氯仿	Chloroform	$CHCl_3$	119.38	536.40	54.00	239.00
112	氰化氢	Hydrogen Cyanide	HCN	27.03	456.67	53.20	138.59
113	甲醛（福尔马林）	Formaldehyde	HCHO	30.03	408.00	65.00	105.00
114	氯甲烷	Methyl-Chloride	CH_3Cl	50.49	416.28	65.92	139.00
115	一碘甲烷	Methyl-Iodide	CH_3I	141.94	528.00	54.58	185.00
116	甲醇	Methanol	CH_3OH	32.04	512.58	79.90	117.80
117	甲胺	Methyl-Amine	CH_3NH_2	31.06	430.05	73.60	154.00
118	三氯乙烯	Tri-Cl-Ethylene	C_2HCl_3	131.39	571.00	48.46	256.00
119	二氯乙酰氯	Di-Cl Acetyl-Cl	C_2HCl_3O	147.39	579.00	45.49	282.17
120	氯乙酰氯	Cl-Acetyl-Chlori	$C_2H_2Cl_2O$	112.94	581.00	50.43	245.00
121	氯乙烯	Vinyl-Chloride	C_2H_3Cl	62.50	432.00	55.96	179.00
122	乙酰氯	Acetyl-Chloride	CH_3CClO	78.50	508.00	56.66	196.00
123	1,1,2-三氯乙烷	1,1,2-3Cl-Ethane	$C_2H_3Cl_3$	133.40	612.17	47.71	281.05
124	乙腈	Acetonitrile	C_2H_3N	41.05	547.86	47.70	173.00
125	1,1-二氯乙烷	1,1-Dichloroethane	$C_2H_4Cl_2$	98.96	523.17	50.00	235.23
126	1,2-二氯乙烷	1,2-Dichloroethane	$C_2H_4Cl_2$	98.96	561.00	53.00	220.00
127	乙醛	Acetaldehyde	C_2H_4O	44.05	461.00	54.80	157.00
128	环氧乙烷	Ethylene-Oxide	C_2H_4O	44.05	469.15	71.00	140.30

(续)

序号	名称	英文名称	化学式	分子量	临界温度 T_c/K	临界压力 p_c/atm	临界体积 $V_c/(cm^3/mol)$
129	乙酸	Acetic Acid	$C_2H_4O_2$	60.05	592.70	57.10	171.00
130	甲酸甲酯	Methyl-Formate	$C_2H_4O_2$	60.05	487.17	59.20	172.00
131	氯乙烷	Ethyl-Chloride	C_2H_5Cl	64.51	460.39	52.00	194.65
132	乙醚	Di-Methyl Ether	C_2H_6O	46.07	400.05	53.00	170.00
133	乙醇	Ethanol	C_2H_6O	46.07	516.25	63.00	166.92
134	甘醇,乙二醇	Ethylene-Glycol	$C_2H_6O_2$	62.07	645.00	74.32	191.00
135	二甲基硫	Di-Methyl Sulfid	C_2H_6S	62.14	503.04	54.60	200.91
136	乙基硫醇	Ethyl-Mercaptan	C_2H_6S	62.13	499.17	54.20	204.76
137	乙胺	Ethyl-Amine	C_2H_7N	45.09	456.17	55.50	182.00
138	丙烯腈	Acrylonitrile	C_3H_3N	53.06	535.00	44.20	212.00
139	丙酮	Acetone	C_3H_6O	58.08	508.20	46.40	209.00
140	甲酯乙酯	Ethyl-Formate	$C_3H_6O_2$	74.08	508.40	46.80	229.00
141	乙酸甲酯	Methyl-Acetate	$C_3H_6O_2$	74.08	506.80	46.30	228.00
142	丙酸	Propionic Acid	$C_3H_6O_2$	74.08	612.00	53.00	230.00
143	二甲基甲酰胺	Di-Methyl Formam	C_3H_7NO	73.09	647.00	43.62	267.00
144	异丙醇	Isopropanol	C_3H_8O	60.10	508.33	47.02	220.10
145	丙醇	N-Propanol	C_3H_8O	60.10	536.70	51.02	218.53
146	三甲基胺	Tri-Mth Amine	C_3H_9N	59.11	433.28	40.20	254.00
147	乙烯基乙炔	Vinyl-Acetylene	C_4H_4	52.08	455.15	48.30	206.07
148	噻吩,硫茂	Thiophene	C_4H_4S	84.14	590.17	48.00	248.15
149	甲基丙烯腈	Methacrylonitril	C_4H_5N	67.09	554.56	38.33	270.63
150	二甲基乙酰	Di-Methyl Acetyl	C_3H_2O	54.09	488.72	50.18	215.75
151	异丁醛	Isobutyl Aldehyd	C_4H_8O	72.11	507.00	40.46	263.00
152	丁酮,甲基乙基酮	Methyl-Eth-Keton	C_4H_8O	72.11	535.50	41.00	267.00
153	正丁酸	N-Butyric Acid	$C_4H_8O_2$	88.11	628.00	43.62	283.00
154	乙酸乙酯,醋酸乙酯	Ethyl-Acetate	$C_4H_8O_2$	88.11	523.28	37.80	286.00
155	丙酸甲酯	Methyl-Propionat	$C_4H_8O_2$	88.11	530.61	39.52	282.00
156	甲酸丙酯	Propyl-Formate	$C_4H_8O_2$	88.11	538.00	40.10	285.00
157	二甲基乙酰胺	Di-Methyl Acetam	C_4H_9NO	87.12	658.00	39.72	312.02
158	异丁醇	Isobutanol	$C_4H_{10}O$	74.12	547.72	42.39	272.00
159	正丁醇	N-Butanol	$C_4H_{10}O$	74.12	562.89	43.55	274.53
160	叔丁基乙醇	Tert-Butyl-Alco	$C_6H_{14}O$	74.12	506.20	39.20	275.00

第3章 流体介质物性基础数据

（续）

序号	名称	英文名称	化学式	分子量	临界温度 T_c/K	临界压力 p_c/atm	临界体积 V_c/(cm³/mol)
161	乙醚	Di-Ethyl Ether	$C_4H_{10}O$	74.12	466.70	35.90	280.00
162	二乙基乙二醇	Di-Ethylene Glyc	$C_6H_{14}O$	106.12	680.00	45.40	312.00
163	糠醛	Furfural	$C_5H_4O_2$	96.09	657.11	54.40	252.00
164	二乙酮	Di-Ethyl Ketone	$C_5H_{10}O$	86.13	560.94	36.90	336.00
165	乙酸丙酯	N-Propyl-Acetate	$C_5H_{10}O_2$	102.13	549.39	33.20	345.00
166	1，2，4-三氯苯	1，2，4-Tri-Cl-Bze	$C_6H_3Cl_3$	181.45	725.00	39.34	401.54
167	邻二氯苯	M-Di-Cl Benzene	$C_6H_4Cl_2$	147.00	683.95	38.73	365.08
168	间二氯苯	O-Di-Cl-Benzene	$C_6H_4Cl_2$	147.00	684.78	38.55	368.76
169	对二氯苯	P-Di-Cl-Benzene	$C_6H_4Cl_2$	147.00	684.78	38.55	368.76
170	溴苯	Bromo-Benzene	C_6H_5Br	157.01	670.17	44.60	302.09
171	氯苯	Chloro Benzene	C_6H_5Cl	112.56	632.39	44.60	308.00
172	碘苯	Iodobenzene	C_6H_5I	204.01	721.17	44.62	352.72
173	酚	Phenol	C_6H_6O	94.11	694.25	60.50	229.00
174	苯胺	Aniline	C_6H_7N	93.13	699.00	52.40	270.00
175	三乙基乙二醇	Tri-C2H4-Glycol		150.17	700.00	32.77	443.00
176	间甲酚	O-Cresol	C_7H_8O	108.14	697.55	49.40	282.00
177	苯乙烯	Styrene	C_8H_8	104.15	647.16	39.50	369.00
178	正丙基环戊烷	N-Propyl-Cy-C5	C_8H_{16}	112.22	603.15	29.60	442.99
179	特乙基乙二醇	Tetr-C2H4-Glycol		194.23	722.00	25.90	646.19
180	茚	Indene	C_9H_8	116.16	691.94	37.67	376.75
181	阴丹酮，靛蒽醌	Indan		118.18	681.06	35.83	391.42
182	甲基苯乙烯	Methyl-Styrene	C_9H_{10}	118.18	662.56	34.02	407.40
183	正丙基环己烷	N-Propyl-Cy-C6	C_9H_{18}	126.24	639.15	27.70	501.48
184	萘	Naphthalene	$C_{10}H_8$	128.17	748.33	39.98	413.00
185	1-甲基茚	1-Mth-Indene	$C_{10}H_{10}$	130.19	703.44	34.15	440.00
186	2-甲基茚	2-Mth-Indene	$C_{10}H_{10}$	130.19	684.00	34.15	430.00
187	双环戊二烯	Di-Cy-pentadiene	$C_{10}H_{12}$	132.21	660.00	30.20	445.00
188	1，2-二氯-3-乙基苯	1，2-DiCl-3-C2-Bz	$C_8H_8Cl_2$	134.22	660.00	29.31	492.00
189	正丁基环己烷	N-Butyl-Cy-Hexan	$C_{10}H_{20}$	140.27	667.00	31.10	528.50
190	1-甲基萘	1-Mth-Napthalene	$C_{11}H_{10}$	142.20	772.10	35.22	445.00
191	2-甲基萘	2-Mth-Napthalene	$C_{11}H_{10}$	142.20	761.89	34.57	445.00
192	苊	Acenapthalene		152.20	796.94	31.79	487.44

（续）

序号	名称	英文名称	化学式	分子量	临界温度 T_c/K	临界压力 p_c/atm	临界体积 V_c/(cm³/mol)
193	联苯	Di-Phenyl	$C_{12}H_{10}$	154.21	789.20	37.96	501.50
194	2,7-二甲基萘	2,7-Di-Mth-Naptha	$C_{12}H_{12}$	156.23	778.17	31.80	515.91
195	1,2,3-三甲基茚	1,2,3-TrMth-Inde	$C_{12}H_{14}$	158.24	727.00	31.05	483.00
196	芴	Fluorene	$C_{13}H_{10}$	166.22	870.00	46.39	400.00
197	1-甲基乙基萘	1-Mth-Eth-Naptha	$C_{13}H_{14}$	170.26	774.11	27.80	532.26
198	2,3,5-三甲基萘	2,3,5-TriMth-Nap	$C_{13}H_{14}$	170.26	788.28	27.80	539.69
199	菲	Phenanthrene	$C_{14}H_{10}$	178.23	879.30	28.61	634.00
200	1-苯基茚	1-Phenyl-Indene		192.26	843.67	26.61	598.37
201	2-乙基芴	2-Ethyl-Fluorene		194.28	811.05	24.33	629.15
202	荧蒽	Fluoranthene		202.26	905.00	25.76	693.10
203	芘，嵌二萘	Pyrene		202.26	936.00	26.25	694.00
204	1-苯基萘	1-Phenyl-Naphtal		204.27	849.10	25.96	656.00
205	䓛	Chrysene		228.29	979.00	23.59	690.00
206	氯化亚硝酰	NitrosylChloride	NOCl	65.46	440.00	90.00	139.00
207	氟气	Fluorine	F_2	38.00	144.30	51.50	66.20
208	溴化氢	Hydrogen Bromide	HBr	80.91	363.20	84.40	100.26
209	氟化氢	Hydrogen Fluorid	HF	20.01	461.00	64.00	69.00
210	联胺（肼）	Hydrazine	H_4N_2	32.05	653.00	145.00	96.10
211	氦（同位素4）	Helium-4	He	4.00	5.19	2.24	57.30
212	臭氧	Ozone	O_3	48.00	261.00	55.00	88.90
213	一氯三氟甲烷	Cl-3F-Methane	$CClF_3$	104.46	302.00	38.70	180.00
214	二氯二氟甲烷	2Cl-2F-Methane	CCl_2F_2	120.91	385.00	40.70	217.00
215	三氯一氟甲烷	3Cl-F-Methane	CCl_3F	137.37	471.20	43.50	248.00
216	四氟化碳	Carbon Tetra-F	CCl_4	88.01	227.60	36.90	140.00
217	羰基硫	Carbonyl-Sulfide	COS	60.07	375.00	58.00	140.00
218	一氯二氟甲烷	Cl-2F-Methane	$CHClF_2$	86.47	369.20	49.10	165.00
219	二溴甲烷	Di-Bromo Methane	CH_2Br_2	173.84	611.00	71.00	235.00
220	二氯甲烷	Di-Cl Methane	CH_2Cl_2	84.93	510.00	60.00	185.00
221	甲酸	Formic Acid	CH_2O_2	46.03	580.00	72.90	125.00
222	溴甲烷	Methyl-Bromide	CH_3Br	94.94	467.00	51.60	156.00
223	一氟甲烷	Methyl-Fluoride	CH_3F	34.03	317.80	58.00	124.00
224	硝基甲烷	Nitro-Methane	CH_3NO_2	61.04	588.00	62.30	173.00

第3章 流体介质物性基础数据

（续）

序号	名称	英文名称	化学式	分子量	临界温度 T_c/K	临界压力 p_c/atm	临界体积 V_c/(cm^3/mol)
225	甲硫醇	Methyl-Mercaptan	CH_4S	48.11	470.00	71.40	45.00
226	甲基联氨（肼）	Methyl-Hydrazine	CH_6N	46.07	567.00	79.30	271.00
227	一氯五氟乙烷	Cl-5F-Ethane	C_2ClF_5	154.47	353.20	31.20	252.00
228	1,1-二氯-1,2,2,2-四氟乙烷	11-2Cl-1222-4FC2	$C_2Cl_2F_4$	170.92	418.60	32.60	294.00
229	1,2-二氯-1,1,2,2-四氟乙烷	12-2Cl-1122-4FC2	$C_2Cl_2F_4$	170.92	418.90	32.20	293.00
230	1,2,2-三氯-1,1,2-三氟乙烷	122-3Cl-112-3FC2	$C_2Cl_3F_3$	187.38	487.20	33.70	304.00
231	四氯乙烷	4Cl-Ethylene	$C_2H_2Cl_4$	165.83	620.00	44.00	248.00
232	1,1,2,2-四氯-1,2-二氟乙烷	1122-4Cl-12-FC2	$C_2Cl_4F_2$	203.83	551.00	32.90	314.00
233	全氟乙烯	Perfluoroethene	C_2F_4	100.02	306.40	38.90	175.00
234	全氟乙烷	Perfluoroethane	C_2F_6	138.01	292.80	31.30	224.00
235	氰	Cyanogen	C_2N_2	52.04	400.00	59.00	200.00
236	三氟乙酸	3F-Acetic Acid	$C_2HO_2F_3$	114.02	491.30	32.20	215.00
237	1,2-二氟乙烯	1,1-2F-Ethylene	$C_2H_2F_2$	64.04	302.80	44.00	154.00
238	乙烯酮	Ketene	C_2H_2O	42.04	370.00	57.34	144.00
239	1-氯-1,1-二氟乙烷	1-Cl-1,1-2FC2	$C_2H_3ClF_2$	100.50	410.20	40.70	231.00
240	氟乙烯	Vinyl-Fluoride	C_2H_3F	46.04	327.80	51.70	144.00
241	1,1,1-三氟乙烷	1,1,1-3F-Ethane	$C_2H_3F_3$	84.04	346.20	37.10	221.00
242	异氰酸甲酯	Methyl-Isocyanat	C_2H_3NO	57.05	491.00	55.00	193.00
243	1,1-二氟乙烷	1,1-2F-Ethane	$C_2H_4F_2$	66.05	386.60	44.40	181.00
244	溴乙烷	Ethyl-Bromide	C_2H_5Br	108.97	503.80	61.50	215.00
245	氟乙烷	Ethyl-Fluoride	C_2H_5F	48.06	375.30	49.60	169.00
246	乙烯亚胺	Ethylene-Imine	C_2H_5N	43.07	537.00	67.60	177.00
247	二甲胺	Di-Methyl Amine	C_2H_7N	45.08	437.60	52.40	187.00
248	一乙醇胺	Monoethanolamine	C_2H_7NO	61.08	638.00	67.80	225.00
249	乙烯二胺	Ethylene-DiAmine	$C_2H_6N_2$	60.10	593.00	62.00	206.00
250	丙烯醛	Acrolein	C_3H_4O	56.06	506.00	51.00	203.00
251	丙烯酸	Acrylic Acid	$C_3H_4O_2$	72.06	615.00	56.00	208.00
252	甲酸乙烯酯	Vinyl-Formate	$C_3H_4O_2$	72.06	498.00	49.54	210.00

(续)

序号	名称	英文名称	化学式	分子量	临界温度 T_c/K	临界压力 p_c/atm	临界体积 V_c/(cm^3/mol)
253	氯丙烯	Allyl-Chloride	C_3H_5Cl	76.53	514.00	47.00	234.00
254	1，2，3-三氯丙烷	1，2，3-3Cl-Propan	$C_3H_5Cl_3$	147.43	651.00	39.00	348.00
255	丙腈	Propionitrile	C_3H_5N	55.08	564.40	41.30	230.00
256	环丙烷	Cyclopropane	C_3H_6	42.08	397.80	54.20	170.00
257	1，2-二氯丙烷	1，2-2Cl-Propane	$C_3H_6Cl_2$	112.99	572.00	41.84	226.00
258	炔丙醇	Allyl-Alcohol	C_3H_6O	58.08	545.00	56.40	203.00
259	丙醛	Propionaldehyde	C_3H_6O	58.08	496.00	46.00	210.00
260	乙烯基甲基醚	Vinyl-MethylEthe	C_3H_6O	58.08	436.00	47.00	205.00
261	一氯丙烷	Propyl-Chloride	C_3H_7Cl	78.54	503.00	45.20	254.00
262	2-氯丙烷	Isopropyl Chlori	C_3H_7Cl	78.54	489.00	46.60	230.00
263	二甲氧基甲烷	Methylal	$C_3H_8O_2$	76.10	480.60	38.99	213.00
264	1，2-丙二醇	1，2-Prpylne-Gylc	$C_3H_8O_2$	76.10	626.00	60.00	239.00
265	1，3-丙二醇	1，3-Prpylne Glyc	$C_3H_8O_2$	76.10	658.00	59.00	217.00
266	甘油，丙三醇	Glycerol	$C_3H_8O_3$	92.09	723.00	39.50	264.00
267	甲基乙基硫醚	Methyl-Eth-Sulfi	C_3H_8S	76.16	533.00	42.00	260.00
268	正丙胺	N-Propyl-Amine	C_3H_9N	59.11	497.00	46.80	260.00
269	异丙胺	Isopropyl Amine	C_3H_9N	59.11	471.85	44.80	221.00
270	马来酐，顺式丁烯二酐	Maleic Anhydride	$C_4H_2O_3$	98.06	710.00	62.20	219.00
271	呋喃	Furan	C_4H_4O	68.08	490.20	54.30	218.00
272	烯丙基腈	Allyl-Cyanide	C_4H_5N	67.09	585.00	39.00	265.00
273	吡咯	Pyrrole	C_4H_5N	67.09	639.75	61.29	230.00
274	草酰乙酸二甲酯	Di-Methyl Oxalat	$C_4H_6O_4$	118.09	628.00	39.30	266.00
275	琥珀酸，丁二酸	Succinic Acid	$C_4H_6O_4$	118.09	693.00	46.48	310.00
276	丁腈	Butyronitrile	C_4H_7N	69.11	582.20	37.40	285.00
277	丙烯酸甲酯	Methyl-Acrylate	$C_4H_6O_2$	86.09	536.00	42.00	270.00
278	乙烯基乙基醚	Vinyl-Ethyl-Ethe	C_4H_8O	72.11	475.00	40.20	260.00
279	叔糠醛胺	Tetr-Hydrofuran	C_4H_8O	72.11	540.20	51.20	224.00
280	1，4-二恶烷	1，4-Dioxane	$C_4H_8O_2$	88.11	587.00	51.40	238.00
281	异丁酸	IsoButyric Acid	$C_4H_8O_2$	88.11	609.00	40.00	292.00
282	1-氯丁烷	1-Cl-Butane	C_4H_9Cl	92.57	537.00	37.70	312.00
283	2-氯丁烷	2-Chlorobutane	C_4H_9Cl	92.57	520.60	39.00	305.00
284	叔丁基氯	Tert-But-Chlorid	C_4H_9Cl	92.57	507.00	39.00	295.00

第3章 流体介质物性基础数据

（续）

序号	名称	英文名称	化学式	分子量	临界温度 T_c/K	临界压力 p_c/atm	临界体积 V_c/(cm^3/mol)
285	吡咯烷（四氢吡咯）	Pyrrolidine	C_4H_9N	71.12	568.60	55.40	249.00
286	吗啉	Morpholine	C_4H_9NO	87.12	618.00	52.70	253.00
287	二甲氧基乙烷	1,2-DimethoxyC2	$C_4H_{10}O_2$	90.12	536.00	38.20	271.00
288	二乙基硫醚	Di-Ethyl Sulfide	$C_4H_{10}S$	90.18	557.00	39.10	318.00
289	二乙基二硫醚	Di-Ethyl Di-Sulf	$C_4H_{10}S_2$	122.24	642.00	38.24	370.00
290	正丁基胺	N-Butyl-Amine	$C_4H_{11}N$	73.14	524.00	41.00	288.00
291	异丁基胺	IsoButyl-Amine	$C_4H_{11}N$	73.14	513.73	41.60	312.00
292	二乙基胺	Di-Ethyl Amine	$C_4H_{11}N$	73.14	496.60	36.60	301.00
293	吡啶	Pyridine	C_5H_5N	79.10	620.00	55.60	254.00
294	1,2-戊二烯	1,2-Pentadiene	C_5H_8	68.12	503.00	40.20	276.00
295	1,3-顺戊二烯	1-Ts-3-Pentadiene	C_5H_8	68.12	500.00	39.40	275.00
296	1,4-戊二烯	1,4-Pentadiene	C_5H_8	68.12	478.00	37.40	276.00
297	戊炔	1-Pentyne	C_5H_8	68.12	493.40	40.00	278.00
298	3-甲基-1,2-丁二烯	3-Mth-12Butadien	C_5H_8	68.12	496.00	40.60	267.00
299	环戊酮	Cyclopentanone	C_5H_8O	84.12	626.00	57.74	258.00
300	丙烯酸乙酯	Ethyl-Acrylate	$C_5H_8O_2$	100.12	553.00	36.30	323.00
301	戊醛	Valeraldehyde	$C_5H_{10}O$	86.13	554.00	35.00	333.00
302	甲基正丙酮	Methyl-nC3-Keton	$C_5H_{10}O$	86.13	561.08	36.46	301.00
303	甲基异丙酮	Methyl-iC3-Keton	$C_5H_{10}O$	86.13	553.00	38.00	310.00
304	正戊酸	N-Valeric Acid	$C_5H_{10}O_2$	102.13	651.00	38.00	340.00
305	异甲酸丁酯	IsoButyl-Formate	$C_5H_{10}O_2$	102.13	551.00	38.30	350.00
306	正乙酸丙酯	N-Propyl-Acetate	$C_5H_{10}O_2$	102.13	549.40	32.90	345.00
307	丙酸乙酯	Ethyl-Propionate	$C_5H_{10}O_2$	102.13	546.00	33.20	345.00
308	丁酸甲酯	Methyl-Butyrate	$C_5H_{10}O_2$	102.13	554.40	34.30	340.00
309	异丁酸甲酯	Methyl-IsoButyra	$C_5H_{10}O_2$	102.13	540.80	33.90	339.00
310	哌啶	Piperidine	C_4H_7NO	85.15	594.00	45.90	308.00
311	1-戊醇	1-Pentanol	$C_5H_{12}O$	88.15	586.00	38.00	326.00
312	2-甲基-1-丁醇	2-Mth-1-Butanol	$C_5H_{12}O$	88.15	565.00	38.29	327.00
313	3-甲基-1-丁醇	3-Mth-1-Butanol	$C_5H_{12}O$	88.15	579.45	38.29	329.00
314	2-甲基-2-丁醇	2-Mth-2-Butanol	$C_5H_{12}O$	88.15	545.15	38.29	319.00
315	2,2-二甲基-1-丙炔醛	2,2-DiMth-1Prpnl	$C_5H_{12}O$	88.15	550.00	38.29	327.00

（续）

序号	名称	英文名称	化学式	分子量	临界温度 T_c/K	临界压力 p_c/atm	临界体积 $V_c/(cm^3/mol)$
316	乙基丙基醚，乙氧基丙烷	Ethyl-Prop-Ether	$C_5H_{12}O$	88.15	500.23	33.26	339.00
317	全氟苯	Perfluorobenzene	C_6F_6	186.06	516.73	32.30	335.00
318	全氟环己烷	PerfluoroCycC6	C_6F_{12}	300.05	457.20	24.00	442.00
319	全氟正己烷	Perfluoro-nC6	C_6F_{14}	338.04	451.70	18.80	442.00
320	氟（代）苯	Fluorobenzene	C_6H_5F	96.10	560.10	44.91	269.00
321	4-甲基吡啶	4-Mth-Pyridine	C_6H_7N	93.13	646.15	46.00	325.00
322	1，5-己二烯	1，5-Hexadiene	C_6H_{10}	82.15	507.00	34.00	328.00
323	环己烯	Cyclohexene	C_6H_{10}	82.15	560.40	42.90	292.00
324	全氟正庚烷	Perfluoro-nC7	C_7F_{14}	388.05	474.80	16.00	664.00
325	环己酮	Cyclohexanone	$C_6H_{10}O$	98.15	629.00	38.00	312.00
326	环己醇	Cyclohexanol	$C_6H_{12}O$	100.16	625.00	37.00	327.00
327	甲基异丁基酮	MibKetone	$C_6H_{12}O$	100.16	571.40	32.30	371.00
328	乙酸正丁酯	N-Butyl-Acetate	$C_6H_{12}O_2$	116.16	579.00	31.00	400.00
329	乙酸异丁酯	IsoButyl-Acetate	$C_6H_{12}O_2$	116.16	561.00	30.00	414.00
330	丁酸乙酯	Ethyl-Butyrate	$C_6H_{12}O_2$	116.16	571.00	30.20	421.00
331	异丁酸乙酯	Ethyl-Isobutyrat	$C_6H_{12}O_2$	116.16	553.00	30.00	410.00
332	丙酸丙脂	N-Propyl-Propion	$C_6H_{12}O_2$	116.16	578.00	30.70	395.00
333	1-己醇	1-Hexanol	$C_6H_{14}O$	102.18	611.35	34.64	381.00
334	乙基丁基醚	Ethyl-Butyl-Ethe	$C_6H_{14}O$	102.18	531.00	29.51	382.00
335	二异丙基醚	Di-Isopropyl-Eth	$C_6H_{14}O$	102.18	500.05	28.40	386.00
336	二丙基胺	Di-Propyl Amine	$C_6H_{15}N$	101.19	555.80	35.83	418.00
337	三乙基胺	Tri-Ethyl Amine	$C_6H_{15}N$	101.19	535.00	30.00	390.00
338	1，4-氟-甲基环己烷	1，4F-Mth-Cyc-C6		350.06	486.80	23.00	519.00
339	苄腈，苄基腈	Benzonitrile	C_7H_5N	103.12	699.40	41.60	339.00
340	苯甲醛	Benzaldehyde	C_7H_6O	106.12	695.00	46.00	335.00
341	苯甲酸	Benzoic Acid	$C_7H_6O_2$	122.12	752.00	45.00	341.00
342	甲基苯基醚，茴香脑	Methyl-Phnl-Ethe	C_7H_8O	108.14	641.00	41.20	336.00
343	苄醇，苯甲醇	Benzyl-Alcohol	C_7H_8O	108.14	677.00	44.90	334.00
344	邻甲酚	M-Cresol	C_7H_8O	108.14	705.80	45.00	310.00
345	对甲酚	P-Cresol	C_7H_8O	108.14	704.60	50.80	318.00
346	2，3-二甲基吡啶	2，3-DiMth-Pyridi	C_7H_9N	107.16	655.40	37.34	365.00

第3章 流体介质物性基础数据

(续)

序号	名称	英文名称	化学式	分子量	临界温度 T_c/K	临界压力 p_c/atm	临界体积 V_c/(cm³/mol)
347	2,5-二甲基吡啶	2,5-DiMth-Pyridi	C_7H_9N	107.16	644.20	37.34	365.00
348	3,4-二甲基吡啶	3,4-DiMth-Pyridi	C_7H_9N	107.16	683.80	37.34	365.00
349	3,5-二甲基吡啶	3,5-DiMth-Pyridi	C_7H_9N	107.16	667.20	37.34	365.00
350	甲基苯甲胺	Methyl-Phnl-Amin	C_7H_9N	107.16	701.55	51.30	373.00
351	间-甲苯胺	O-Toluidine	C_7H_9N	107.16	694.00	37.00	343.00
352	邻-甲苯胺	M-Toluidine	C_7H_9N	107.16	709.00	41.00	373.00
353	对-甲苯胺	P-Toluidine	C_7H_9N	107.16	693.15	39.48	373.00
354	环庚烷,软木烷	Cycloheptane	C_7H_{14}	98.19	604.30	37.90	390.00
355	1-庚醇	1-Heptanol	$C_7H_{16}O$	116.20	631.90	31.09	435.00
356	邻苯二甲酸酐	Phthalic Anhydri	$C_8H_4O_3$	148.12	791.00	47.00	368.00
357	苯甲酮	Methyl-Phnl-Keto	C_8H_8O	120.15	701.00	37.90	376.00
358	1-辛醇	1-Octanol	$C_8H_{18}O$	130.23	652.50	28.23	490.00
359	2-辛醇	2-Octanol	$C_8H_{18}O$	130.23	637.15	26.94	494.00
360	2-己醇	2-Ethyl-Hexanol	$C_6H_{14}O$	130.23	640.25	26.94	485.00
361	丁醚	Butyl-Ether	$C_8H_{18}O$	130.23	580.00	25.00	500.00
362	二丁基胺	Di-Butyl Amine	$C_8H_{17}N$	129.25	607.50	30.69	524.00
363	苯甲酸乙酯	Ethyl-Benzoate	$C_9H_{10}O_2$	150.18	698.00	31.38	489.00
364	异丙基环己烷	IsoPropyl-Cyc-C6	C_9H_{18}	126.24	640.00	28.00	469.50
365	1-壬烯	1-Nonene	C_9H_{18}	126.24	593.25	23.00	528.00
366	2,2,3-三氯己烷	2,2,3-3Cl-Hexane	$C_6H_{11}Cl_3$	128.26	588.00	24.60	517.00
367	2,2,4-三甲基己烷	2,2,4-3Mth-Hexan	C_9H_{20}	128.26	573.70	23.50	517.00
368	2,2,5-三甲基己烷	2,2,5-3Mth-Hexan	C_9H_{20}	128.26	568.00	23.00	519.00
369	3,3-二乙基戊烷	3,3-2Eth-Pentane	C_9H_{20}	128.26	610.00	26.40	473.00
370	2,2,3,3-四氯戊烷	2,2,3,3-4Cl-C5	$C_5H_8Cl_4$	128.26	610.85	27.00	478.00
371	2,2,3,4-四氯戊烷	2,2,3,4-4Cl-C5	$C_5H_8Cl_4$	128.26	592.70	25.30	490.00
372	2,2,4,4-四甲基戊烷	2,2,4,4-4Mth-C5	C_9H_{20}	128.26	571.35	23.30	504.00
373	2,2,3,4-四甲基戊烷	2,3,4,4-4Mth-C5	C_9H_{20}	128.26	607.60	26.80	481.00
374	1,2,3,4-四氢化萘	Tetralin	$C_{10}H_{12}$	132.21	720.15	35.73	441.00
375	异丁苯	IsoButyl-Benzene	$C_{10}H_{14}$	134.22	650.15	30.00	456.00
376	仲丁苯	Sec-Butylbenzen	$C_{10}H_{14}$	134.22	664.54	29.12	497.00
377	叔丁苯	Tert-Butylbenzen	$C_{10}H_{14}$	134.22	660.00	29.31	492.00
378	1-甲基-2-异丙基苯	1-Mth-2-iC3-Benz	$C_{10}H_{14}$	134.22	662.00	28.92	489.00

(续)

序号	名称	英文名称	化学式	分子量	临界温度 T_c/K	临界压力 p_c/atm	临界体积 V_c/(cm^3/mol)
379	1-甲基-3-异丙基苯	1-Mth-3-iC3-Benz	$C_{10}H_{14}$	134.22	657.00	28.92	485.00
380	1-甲基-4-异丙基苯	1-Mth-4-iC3-Benz	$C_{10}H_{14}$	134.22	653.15	28.00	492.00
381	1,4-二乙基苯	1,4-Diethylbenze	$C_{10}H_{14}$	134.22	657.90	27.66	497.00
382	1,2,4,5-四甲基苯	1,2,4,5-4Mth-Ben	$C_{10}H_{14}$	134.22	675.00	29.00	482.00
383	正丁基苯胺	N-Butyl-Aniline	$C_{10}H_{15}N$	149.24	721.00	28.00	518.00
384	顺十氢化萘,顺萘烷	Cs-Decalin	$C_{10}H_{18}$	138.25	702.20	32.00	480.00
385	反十氢化萘,反萘烷	Ts-Decalin	$C_{10}H_{18}$	138.25	687.05	28.00	480.00
386	辛酰基腈	Caprylonitrile		153.27	622.00	32.10	615.00
387	异丁基环己烷	IsoButyl-Cyc-C6	$C_{10}H_{20}$	140.27	659.00	30.80	514.50
388	仲丁基环己烷	Sec-Butyl-Cyc-C6	$C_{10}H_{20}$	140.27	669.00	26.40	528.50
389	叔丁基环己烷	Tert-Butyl-Cy-C6	$C_{10}H_{20}$	140.27	659.00	26.30	514.50
390	1-癸烯	1-Decene	$C_{10}H_{20}$	140.27	617.05	21.40	570.50
391	3,3,5-三氯庚烷	3,3,5-3Cl-C7	$C_7H_{13}Cl_3$	142.29	609.60	22.90	537.40
392	2,2,3,3-四氯己烷	2,2,3,3-4Cl-C6	$C_6H_{10}Cl_4$	142.29	623.10	24.80	562.00
393	2,2,5,5-四甲基己烷	2,2,5,5-4Mth-C6	$C_{10}H_{22}$	142.29	581.50	21.60	562.00
394	1-癸醇	1-Decanol	$C_{10}H_{22}O$	158.29	690.00	23.39	599.00
395	苯甲酸丁酯	Butyl-Benzoate	$C_{11}H_{14}O_2$	178.23	723.00	26.00	561.00
396	正己基环戊烷	N-C6-Cyc-Pentane	$C_{11}H_{22}$	154.30	660.10	21.10	594.00
397	1-十一碳烯	1-Undecene	$C_{11}H_{22}$	154.30	638.00	20.03	642.00
398	二苯醚	Di-Phenyl Ether	$C_{12}H_{10}O$	170.21	763.00	30.89	502.00
399	正庚基环戊烷	N-C7-Cyc-Pentane	$C_{12}H_{24}$	168.32	679.00	19.20	649.00
400	1-十二碳烯	1-Dodecene	$C_{12}H_{24}$	168.32	657.00	18.65	700.00
401	己醚,二己基醚	Di-Hexyl Ether	$C_{12}H_{26}O$	186.34	658.00	18.00	698.00
402	十二烷醇	Dodecanol	$C_{12}H_{26}O$	186.34	721.00	19.04	696.00
403	三丁基胺	Tri-Butyl-Amine	$C_{12}H_{27}N$	185.35	644.00	17.76	735.00
404	二苯甲烷	Di-Phenyl Methan	$C_{13}H_{12}$	168.24	768.00	28.82	547.00
405	正辛基环戊烷	N-C8-Cyc-Pentane	$C_{13}H_{26}$	182.35	694.00	17.70	704.00
406	十三碳烯	1-Tridecene	$C_{13}H_{26}$	182.35	675.00	17.47	756.00
407	蒽	Anthracene	$C_{14}H_{10}$	178.23	881.00	28.62	554.00
408	正壬基环戊烷	N-C9-Cyc-Pentane	$C_{14}H_{28}$	196.38	710.50	16.30	759.00
409	十四碳烯	1-Tetra-Decene	$C_{14}H_{28}$	196.38	692.00	16.38	817.00
410	正癸基环戊烷	N-C10-Cyc-Pentan	$C_{15}H_{30}$	210.41	723.80	15.00	814.00

第3章 流体介质物性基础数据

(续)

序号	名称	英文名称	化学式	分子量	临界温度 T_c/K	临界压力 p_c/atm	临界体积 V_c/(cm³/mol)
411	1-十五碳烯	1-Pentadecene	$C_{15}H_{30}$	210.41	704.00	15.48	845.00
412	正癸基环己烷	N-C10-Cyc-Hexane	$C_{16}H_{32}$	224.43	750.00	13.40	858.50
413	1-十六碳烯	1-Hexadecene	$C_{16}H_{32}$	224.43	722.00	14.61	933.00
414	正十二烷基环戊烷	N-C12-Cyc-Pentan	$C_{17}H_{34}$	238.46	750.00	12.80	924.00
415	十七烷醇	Heptadecanol	$C_{17}H_{36}O$	256.47	770.00	14.11	960.00
416	间三联苯	M-Terphenyl	$C_{18}H_{14}$	230.30	890.95	38.50	752.64
417	邻三联苯	O-Terphenyl	$C_{18}H_{14}$	230.30	924.80	34.60	784.00
418	十八碳烯	1-Octadecene	$C_{18}H_{36}$	252.48	748.00	13.23	1010.00
419	正十三烷基环戊烷	N-C13-Cyc-Pentan	$C_{18}H_{36}$	252.49	761.00	14.07	979.00
420	十八碳醇	1-Octadecanol	$C_{18}H_{38}O$	270.50	777.00	13.42	1048.00
421	正十四烷基环戊烷	N-C14-Cyc-Pentan	$C_{19}H_{38}$	266.51	772.00	13.38	1034.00
422	正十五烷基环戊烷	N-C15-Cyc-Pentan	$C_{20}H_{40}$	280.54	780.00	12.75	1089.00
423	1-二十烷醇	1-Eicosanol	$C_{20}H_{42}O$	298.55	792.00	12.24	1158.00
424	正十六烷基环戊烷	N-C16-Cyc-Pentan	$C_{21}H_{42}$	294.57	791.00	12.18	1144.00
425	乙烯基乙酸酯	Vinyl-Acetate	$C_4H_6O_2$	86.09	524.00	41.94	270.00
426	二乙醇胺	Di-Ethanol-Amine	$C_4H_{11}NO_2$	105.14	715.00	32.27	349.00
427	2,2-二甲基戊烷	2,2-DiMth-Pentan	C_7H_{16}	100.21	520.40	27.40	416.00
428	2,3-二甲基戊烷	2,3-DiMth-Pentan	C_7H_{16}	100.21	537.30	28.70	393.00
429	2,4-二甲基戊烷	2,4-DiMth-Pentan	C_7H_{16}	100.21	519.70	27.00	418.00
430	3,3-二甲基戊烷	3,3-DiMth-Pentan	C_7H_{16}	100.21	536.30	29.10	414.00
431	3-乙基环戊烷	3-Ethyl-Pentane	C_7H_{16}	100.21	540.60	28.50	416.00
432	2,2,3-三氯丁烷	2,2,3-TriCl-C4	$C_4H_7Cl_3$	100.20	531.17	29.15	398.00
433	尿素	Urea	CH_4N_2O	60.06	725.00	66.61	218.00
434	氯乙酸	Chloro Acetic Acid	$C_2H_3ClO_2$	94.50	686.00	57.04	221.00
435	1,2-二溴乙烷	1,2-DiBrom-Ethan	$C_2H_4Br_2$	187.86	650.15	54.05	261.57
436	乙二醇乙酸	Glycolic Acid	$C_2H_4O_3$	76.05	519.00	72.14	196.00
437	乙基碘,碘乙烷	Ethyl-Iodide	C_2H_5I	155.97	561.00	59.11	238.00
438	Alp-氯-1,2-环氧丙烷	Alp-EpiCl-Hydrin	C_3H_5ClO	92.53	610.00	48.36	233.00
439	氧化丙烷,1,2-环氧丙烷	1,2-Propylene Ox	C_3H_6O	58.08	482.25	48.60	186.00
440	马来酸,顺式丁烯二酸	Maleic Acid	$C_4H_4O_4$	116.07	563.00	49.25	297.00
441	异丁烯酸,甲基丙烯酸	Methyl-Acrylic A	$C_4H_6O_2$	86.09	643.00	46.38	270.00

(续)

序号	名称	英文名称	化学式	分子量	临界温度 T_c/K	临界压力 p_c/atm	临界体积 V_c/(cm³/mol)
442	乙（酸）酐	Acetic Anhydride	$C_4H_6O_3$	102.09	569.15	46.20	290.00
443	丁醛	N-Butyraldehyde	C_4H_8O	72.11	525.00	39.48	263.00
444	四氢噻吩砜,环丁砜	Sulfolane	$C_4H_8O_2S$	120.17	849.00	49.64	300.00
445	仲丁醇	Sec-Butanol	$C_4H_{10}O$	74.12	536.01	41.39	268.00
446	1,4-丁二醇	1,4-Butanediol	$C_4H_{10}O_2$	90.12	667.00	48.16	297.00
447	环戊二烯	Cyclopentadiene	C_5H_6	66.10	507.00	50.82	225.00
448	甲基丙烯酸甲酯	Methyl-Methacryl	$C_5H_8O_2$	100.12	564.00	36.32	323.00
449	丙酸乙烯酯	Vinyl-Propionate	$C_5H_8O_2$	100.12	546.00	36.32	323.00
450	甲酸正丁酯	N-Butyl-Formate	$C_5H_{10}O_2$	102.13	559.00	34.64	336.00
451	甲基叔丁基醚	MTBE	$C_5H_{12}O$	88.15	497.10	33.85	329.00
452	硝基苯	Nitro-Benzene	$C_6H_5NO_2$	123.11	719.00	42.83	349.00
453	己二酸	Adipic Acid	$C_6H_{10}O_4$	146.14	809.00	34.84	400.00
454	ε-己内酰胺	Epsilon-Caprolac	$C_6H_{11}NO$	113.16	806.00	47.07	402.00
455	二异丙基乙烷	Di-Isopropyl-Eth	$C_6H_{14}O$	102.18	500.05	28.40	386.00
456	山梨酸	Sorbitol	$C_6H_{14}O_6$	182.17	959.00	45.79	483.00
457	三乙醇胺	Tri-Ethanol-Amin	$C_6H_{15}NO_3$	149.19	787.00	24.18	472.00
458	己基甲基二胺	Hexa-Mth-Di-Amin		116.21	663.00	32.47	475.00
459	水杨酸,邻羟基苯甲酸	Salicylic Acid	$C_7H_6O_3$	138.12	729.00	51.12	364.00
460	甲苯二胺	Toluene-Di-Amine	$C_7H_{10}N_2$	122.17	804.00	43.23	430.00
461	丙烯酸正丁酯	N-Butyl-Acrylate	$C_7H_{12}O_2$	128.17	598.00	25.96	428.00
462	间苯二酸	IsoPhthalic Acid	$C_8H_6O_4$	166.13	1392.00	38.98	424.00
463	对苯二酸	TerePhthalic Aci	$C_8H_6O_4$	166.13	1390.00	38.98	424.00
464	对苯二甲酸二甲酯	Di-Methyl Tereph	$C_{10}H_{10}O_4$	194.19	772.00	27.44	529.00
465	十二烷基苯	N-Dodecylbenzene	$C_{18}H_{30}$	246.43	774.26	15.58	999.99
466	邻苯二甲酸二甲酯	Di-Octyl Phthala	$C_{10}H_{10}O_4$	194.19	806.00	11.65	1270.00
467	酞酸二异癸酯	Di-Isodecyl-Phta	$C_{28}H_{46}O_4$	446.67	887.00	9.87	1460.00
468	空气	Air		28.95	132.45	37.25	92.49
469	甲酰胺	Formamide	HCO-NH	45.04	771.00	76.98	163.00
470	六氯乙烷	Hexa-Cl-Ethane	C_2Cl_6	236.74	698.00	32.96	412.00
471	1,1,2,2-四氯乙烷	1,1,2,2-4Cl-Etha	$C_2H_2Cl_4$	167.85	645.00	40.36	325.00
472	1,1,1-三氯乙烷	1,1,1-3Cl-Ethane	$C_2H_3Cl_3$	133.40	545.00	42.40	281.00

第3章 流体介质物性基础数据

（续）

序号	名称	英文名称	化学式	分子量	临界温度 T_c/K	临界压力 p_c/atm	临界体积 $V_c/(cm^3/mol)$
473	过乙酸	PerAcetic Acid	$C_2H_4O_3$	76.05	559.00	63.16	198.00
474	乙酰胺	Acetamide	C_2H_5NO	59.07	761.00	65.13	215.00
475	N-甲基甲酰胺	N-Methyl-Formami	C_2H_5NO	59.07	721.00	55.46	215.00
476	二甲基亚砜	Di-Methyl Sulfox	C_2H_6OS	78.14	726.00	55.76	227.00
477	1,3-环氧丙烷,氧化乙烯	1,3-Propylene Ox	C_3H_6O	58.08	520.00	56.75	188.00
478	三氧杂环己烷	Tri-Oxane	$C_3H_6O_3$	90.08	604.00	57.44	206.00
479	甲乙醚	Methyl-Eth-Ether	C_3H_8O	60.10	437.80	43.40	221.00
480	六氯-1,3-丁二烯	HexaCl-1,3-Btdie	C_4Cl_6	260.76	741.00	28.03	491.00
481	琥珀腈,丁二腈	Succinonitrile	$C_4H_4N_2$	80.09	770.00	34.94	300.00
482	氯丁二烯	Chloroprene	C_4H_5Cl	88.54	525.00	42.04	273.00
483	2-甲基丙烯醛,异丁烯醛	Methaacrolein	C_4H_6O	70.09	530.00	41.94	250.00
484	巴豆酸,丁烯酸	Ts-Crotonic Acid	$C_4H_6O_2$	86.09	666.00	46.38	270.00
485	异丁腈	IsoButyroNitrile	C_4H_7N	69.11	565.00	37.11	278.00
486	2-吡咯烷酮	2-Pyrrolidone	C_4H_5NO	85.11	792.00	60.89	264.00
487	1,3-丁二醇	1,3-Butanediol	$C_4H_{10}O_2$	90.12	643.00	49.34	292.00
488	六氯代环戊二烯	HexaCl-Cy-Pntdie	C_5Cl_6	272.77	746.00	29.71	526.00
489	戊腈,丁基腈	Valeronitrile	C_5H_9N	83.13	603.00	32.17	331.00
490	正β-甲基吡咯啉	N-Methyl-2-Pyrro	C_5H_9NO	99.13	724.00	47.17	316.00
491	3-甲基-1-丁醇	3-Mth-1-Butanol	$C_5H_{12}O$	88.15	574.00	39.08	327.00
492	2-戊醇	2-Pentanol	$C_5H_{12}O$	88.15	552.00	38.29	327.00
493	3-戊醇	3-Pentanol	$C_5H_{12}O$	88.15	547.00	38.29	327.00
494	1,5-戊二醇	1,5-Pentanediol	$C_5H_{12}O_2$	104.15	673.00	40.96	345.00
495	正戊胺	N-Pentylamine	$C_5H_{13}N$	87.16	555.00	35.33	365.00
496	六氯代苯	6Cl-Benzene	C_6Cl_6	284.78	825.00	28.13	526.00
497	己二腈	Adiponitrile	$C_6H_8N_2$	108.14	781.00	27.93	406.00
498	异亚丙基丙酮	Mesityl-Oxide	$C_6H_{10}O$	98.14	600.00	33.65	355.00
499	异丁烯酸乙酯	Ethyl-Methylacry	$C_6H_{10}O_2$	114.14	577.00	32.07	375.00
500	丙酸酐	Propionic Anhydr	$C_6H_{10}O_3$	130.14	618.00	32.96	396.00
501	己腈	Hexane-Nitrile	$C_6H_{11}N$	97.16	622.05	28.82	384.00
502	双丙酮醇	Di-Acetone Alco	$C_6H_{12}O_2$	116.16	606.00	35.53	387.00

(续)

序号	名称	英文名称	化学式	分子量	临界温度 T_c/K	临界压力 p_c/atm	临界体积 $V_c/(cm^3/mol)$
503	正己酸	N-Hexanoic Acid	$C_6H_{12}O_2$	116.16	667.00	33.06	389.00
504	仲（乙）醛，副醛	Paraldehyde	$C_6H_{12}O_3$	132.16	579.00	34.54	365.00
505	六亚甲基亚胺	HexaMethylenImin	$C_6H_{13}N$	99.18	615.00	42.14	361.00
506	2-甲基-1-戊醇	2-Mth-1-Pentanol	$C_6H_{14}O$	102.18	582.00	33.55	380.00
507	4-甲基-2-戊醇	4-Mth-2-Pentanol	$C_6H_{14}O$	102.18	574.40	34.24	380.00
508	1,6-己二醇	1,6-Hexaediol	$C_6H_{14}O_2$	118.18	670.00	35.63	398.00
509	己二醇	Hexylene-Glycol	$C_6H_{14}O_2$	118.18	621.00	39.57	398.00
510	三羟甲基丙烷	Tri-Methylol-C3	$C_6H_{14}O_3$	134.18	709.00	38.59	416.00
511	2,4-二氯三氟甲苯	2,4-2Cl-Benzo-3F	$C_7H_3Cl_2F_3$	215.00	646.00	27.73	443.00
512	对-氯三氟甲苯	P-Cl-Benzo-Trifl	$C_7H_4ClF_3$	180.56	601.00	29.71	399.00
513	邻-氯苯甲酰氯	M-Cl-Benzoyl-Chl	$C_7H_4Cl_2O$	175.01	724.00	36.32	406.00
514	苯甲酰氯	Benzoyl-Chloride	C_7H_5ClO	140.57	697.00	40.07	367.00
515	间-氯苯甲酸	O-Cl-Benzoic Aci	$C_7H_5ClO_2$	156.57	792.00	39.77	383.00
516	三氯甲苯	BenzoTrichloride	$C_7H_5Cl_3$	195.48	737.00	32.96	447.00
517	三氟甲苯	BenzoTrifluoride	$C_7H_5F_3$	146.11	565.00	33.46	356.00
518	2,4-二氯甲苯	2,4-2Cl-Toluene	$C_7H_6Cl_2$	161.03	705.00	35.43	404.00
519	间-氯甲苯	O-Cl-Toluene	C_7H_7Cl	126.58	656.00	38.59	354.00
520	对-氯甲苯	P-Cl-Toluene	C_7H_7Cl	126.58	660.00	38.59	360.00
521	异丁烯酸正丙酯	N-Propyl-Methacr	$C_7H_{12}O_2$	128.17	599.00	28.72	428.00
522	丙酸正丁酯	N-Butyl-Propiona	$C_7H_{14}O_2$	130.19	594.00	27.63	442.00
523	正丁酸正丙酯	N-Propyl-NButyra	$C_7H_{14}O_2$	130.19	594.00	27.63	442.00
524	2-甲基己烷	2-Mth-Hexane	C_7H_{16}	100.20	530.37	26.98	421.00
525	苯二甲酸	Phthalic Acid	$C_8H_6O_4$	166.13	1390.00	38.98	424.00
526	乙酰苯，苯乙酮	Acetophenone	C_8H_8O	120.15	701.00	37.90	376.00
527	对-甲苯甲醛	P-Tolualdehyde	C_8H_8O	120.15	698.00	36.22	416.00
528	间-甲苯甲酸	O-Toluic Acid	$C_8H_8O_2$	136.15	751.00	38.09	397.00
529	邻-甲苯甲酸	P-Toluic Acid	$C_8H_8O_2$	136.15	773.00	38.09	397.00
530	异丁烯酸正丁酯	N-Butyl-Methacry	$C_8H_{14}O_2$	142.20	616.00	25.96	481.00
531	丁酸酐	Butyric-Anhhydri	$C_8H_{14}O_3$	158.20	639.00	26.55	501.00
532	正丁酸正丁酯	N-Butyl-NButyrat	$C_8H_{16}O_2$	144.21	616.00	25.07	494.00
533	辛酸	N-Octanoic Acid	$C_8H_{16}O_2$	144.21	692.00	26.55	494.00
534	2,2,3-三甲基戊烷	2,2,3-TriMth-C5	C_8H_{18}	114.23	563.50	26.94	436.00

第3章 流体介质物性基础数据

（续）

序号	名称	英文名称	化学式	分子量	临界温度 T_c/K	临界压力 p_c/atm	临界体积 $V_c/(\text{cm}^3/\text{mol})$
535	1，2，4-苯三酸酐	Tri-Melitic Anhy	$C_9H_4O_5$	192.13	890.00	40.26	462.00
536	甲苯二异氰酸酯	Toluene-Diisocya	$C_9H_6N_2O_2$	174.16	737.00	30.00	525.00
537	正壬酸	N-Nonanoic Acid	$C_9H_{18}O_2$	158.24	703.00	24.18	547.00
538	正癸酸	N-Decanoic Acid	$C_{10}H_{20}O_2$	172.27	713.00	22.21	600.00
539	二苯乙炔	Di-Phenyl Acetyl	$C_{14}H_{10}$	178.23	832.00	28.62	611.00
540	对-三联苯	P-Terphenyl	$C_{18}H_{14}$	230.31	925.95	32.80	762.61
541	亚油酸	Linoleic Acid	$C_{18}H_{32}O_2$	280.45	775.00	13.92	990.00
542	油酸	Oleic Acid	$C_{18}H_{34}O_2$	282.46	781.00	13.72	1000.00
543	硬脂酸，硬脂酸	Stearic Acid	$C_{18}H_{36}O_2$	284.48	799.00	13.42	1020.00
544	顺-2-己烯	Cs-2-Hexene	C_6H_{12}	84.16	513.00	31.28	359.00
545	反-2-己烯	Ts-2-Hexene	C_6H_{12}	84.16	513.00	31.19	360.00
546	顺-3-己烯	Cs-3-Hexene	C_6H_{12}	84.16	517.00	32.37	350.00
547	反-3-己烯	Ts-3-Hexene	C_6H_{12}	84.16	519.90	32.07	350.00
548	2-甲基-2-戊烯	2-Mth-2-Pentene	C_6H_{12}	84.16	514.00	31.19	363.00
549	顺-3-甲基-2-戊烯	Cs-3-Mth-2Penten	C_6H_{12}	84.16	518.00	32.37	351.00
550	反-3-甲基-2-戊烯	Ts-3-Mth-2Penten	C_6H_{12}	84.16	521.00	32.47	350.00
551	顺-4-甲基-2-戊烯	Cs-4-Mth-2Penten	C_6H_{12}	84.16	499.00	30.00	360.00
552	反-4-甲基-2-戊烯	Ts-4-Mth-2Penten	C_6H_{12}	84.16	501.00	31.78	346.00
553	2，3-二甲基-1-丁炔	2，3-DiMth-1Butyn	C_6H_{12}	84.16	500.00	31.78	349.00
554	2，3-二甲基-2-丁炔	2，3-DiMth-2Butyn	C_6H_{12}	84.16	524.00	33.16	351.00
555	3，3-二甲基-1-丁炔	3，3-DiMth-1Butyn	C_6H_{12}	84.16	490.00	32.07	340.00
556	间-乙基苯酚	O-Ethyl-Phenol	$C_8H_{10}O$	122.17	703.00	42.30	387.00
557	邻-乙基苯酚	Meta-Ethy-Phenol	$C_8H_{10}O$	122.17	718.80	—	—
558	对-乙基苯酚	P-Ethyl-Phenol	$C_8H_{10}O$	122.17	716.40	42.30	387.00
559	乙基苯基醚	Ethyl-Phenyl-Eth	$C_8H_{10}O$	122.17	647.00	33.75	—
560	2，3-二甲苯酚	2，3-Xylenol	$C_8H_{10}O$	122.17	722.95	48.36	360.00
561	2，4-二甲苯酚	2，4-Xylenol	$C_8H_{10}O$	122.17	707.60	43.42	390.00
562	2，5-二甲苯酚	2，5-Xylenol	$C_8H_{10}O$	122.17	707.05	48.36	350.00
563	2，6-二甲苯酚	2，6-Xylenol	$C_8H_{10}O$	122.17	701.00	42.44	390.00
564	3，4-二甲苯酚	3，4-Xylenol	$C_8H_{10}O$	122.17	729.95	49.35	350.00
565	3，5-二甲苯酚	3，5-Xylenol	$C_8H_{10}O$	122.17	715.60	36.00	480.00
566	N，N-二甲基苯胺	N，N-DiMth-Anilin	$C_8H_{11}N$	121.18	687.00	35.80	465.00

(续)

序号	名称	英文名称	化学式	分子量	临界温度 T_c/K	临界压力 p_c/atm	临界体积 V_c/(cm³/mol)
567	N-乙基苯胺	N-Ethyl-Aniline	$C_8H_{11}N$	121.18	698.00	—	—
568	丁二酸二乙酯	Di-Ethyl Succina	$C_8H_{14}O_4$	174.20	660.00	24.97	522.00
569	反-1,2-二甲基环戊烷	Ts-1,2-DiMeth	C_8H_{16}	112.21	596.15	29.00	460.00
570	1,1,2-三甲基环戊烷	1,1,2-TrMthCycC5	C_8H_{16}	112.22	579.50	29.01	—
571	1,1,3-三甲基环戊烷	1,1,3-TrMthCycC5	C_8H_{16}	112.22	569.50	27.93	—
572	1,2,4-三甲基环戊烷	1,2,4-TrMthCycC5	C_8H_{16}	112.22	579.00	28.62	—
573	1,2,4 三甲基环戊烷	1,2,4-TrMthCycC5	C_8H_{16}	112.22	571.00	27.63	—
574	1-甲基-1-乙基-环戊烷	1-Mth-1-EthCycC5	C_8H_{16}	112.22	592.00	29.61	—
575	异丙基环戊烷	IsoPropyl-Cyclop	C_8H_{16}	112.22	601.00	29.61	—
576	环辛烷	Cyclooctane	C_8H_{16}	112.22	647.20	35.13	410.00
577	反-2-辛烯	Ts-2-Octene	C_8H_{16}	112.21	577.00	25.46	484.00
578	丙酸异戊酯	IsoAmyl-Propiona	$C_8H_{16}O_2$	144.21	611.00	24.50	—
579	丁酸异丁酯	IsoButyl-Butyrat	$C_8H_{16}O_2$	144.21	602.00	25.76	494.00
580	异丁酸异丁酯	IsoButyl-IsoButy	$C_8H_{16}O_2$	144.21	602.00	25.76	494.00
581	异戊酸正丙酯	N-Propyl-Isovale	$C_8H_{16}O_2$	144.21	609.00	24.50	—
582	3-甲基-庚烷	3-Mth-Heptane	C_8H_{18}	114.23	563.67	25.13	464.00
583	4-甲基-庚烷	4-Mth-Heptane	C_8H_{18}	114.23	561.74	25.09	476.00
584	2,2-二甲基己烷	2,2-DiMth-Hexane	C_8H_{18}	114.23	549.80	24.97	478.00
585	2,3-二甲基己烷	2,3-DiMth-Hexane	C_8H_{18}	114.23	563.40	25.96	468.20
586	2,4-二甲基己烷	2,4-DiMth-Hexane	C_8H_{18}	114.23	553.50	25.26	472.00
587	2,5-二甲基己烷	2,5-DiMth-Hexane	C_8H_{18}	114.23	550.00	24.57	482.00
588	3,3-二甲基己烷	3,3-DiMth-Hexane	C_8H_{18}	114.23	562.00	26.15	443.00
589	3,4-二甲基己烷	3,4-DiMth-Hexane	C_8H_{18}	114.23	568.80	26.55	466.20
590	3-乙基己烷	3-Ethyl-Hexane	C_8H_{18}	114.23	565.40	25.76	455.10
591	2,3,3-三甲基己烷	2,3,3-TriMth-C5	C_8H_{18}	114.23	573.50	27.83	455.10
592	2,3,4-三甲基己烷	2,3,4-TriMth-C5	C_8H_{18}	114.23	566.30	26.94	460.60
593	2-甲基-3-乙基己烷	2-Mth-3-Eth-C5	C_8H_{18}	114.23	567.00	26.65	442.80
594	3-甲基-3-乙基己烷	3-Mth-3-Eth-C5	C_8H_{18}	114.23	576.60	27.73	455.00
595	2,2,3,3-四甲基丁烷	2,2,3,3-TetMthC4	C_8H_{18}	114.23	567.80	28.32	461.00
596	4-甲基-3-庚醇	4-Mth-3-Heptanol	$C_8H_{18}O$	130.23	623.50	28.50	—
597	5-甲基-3-庚醇	5-Mth-3-Heptanol	$C_8H_{18}O$	130.23	621.20	28.50	—
598	二叔丁基醚	Di-Ter-Buty-Ethe	$C_8H_{18}O$	130.23	550.00	23.88	—

第3章 流体介质物性基础数据

（续）

序号	名称	英文名称	化学式	分子量	临界温度 T_c/K	临界压力 p_c/atm	临界体积 V_c/(cm^3/mol)
599	二丁基胺	Di-Butyl Amine	$C_8H_{17}N$	129.25	607.50	26.05	—
600	二异丁基胺	Di-Isobutyl-Amin	$C_8H_{17}N$	129.25	584.40	26.84	—
601	1,3,5-三甲基环己烷	1,3,5-TrMthCycC6	C_9H_{18}	126.24	602.20	28.00	—
602	二丁酮	Di-Butyl Ketone	$C_9H_{18}O$	142.24	640.00	23.00	—
603	2-甲基辛烷	2-Mth-Octane	C_9H_{20}	128.26	586.75	22.60	541.00
604	2,2-二甲基庚烷	2,2-DiMth-Heptan	C_9H_{20}	128.26	576.80	23.19	—
605	1-壬醇	1-Nonanol	$C_9H_{20}O$	144.26	673.00	25.66	546.00
606	1,2,3,5-四甲基苯	1,2,3,5-TetraMet	$C_{10}H_{14}$	134.22	679.00	29.00	—
607	1,2,4,5-四甲基苯	1,2,4,5-TetMthBz	$C_{10}H_{14}$	134.22	675.15	29.00	482.00
608	5-甲基-2-异丙基苯酚	Thymol	$C_{10}H_{14}O$	150.22	698.00	29.00	—
609	1,3-癸二烯，癸间二烯	1,3-Decadiene	$C_{10}H_{18}$	138.25	615.00	28.00	—
610	薄荷醇	Menthol	$C_{10}H_{20}O$	156.27	646.00	24.92	558.50
611	五甲基苯	PentamethylBenze	$C_{11}H_{16}$	148.25	719.00	25.00	—
612	六甲苯	Hexa-Mth-Benzene	$C_{12}H_{18}$	162.28	758.00	24.00	—
613	异戊酸	Isovaleric Acid	$C_5H_{10}O_2$	102.13	634.00	38.39	336.00
614	2-甲基吡啶	2-Mth-Pyridine	C_6H_7N	93.13	621.00	43.23	320.00
615	3-甲基吡啶	3-Mth-Pyridine	C_6H_7N	93.13	645.00	43.23	320.00
616	1-环戊基丁烷	1-Cyc-Pentyl-Tet		266.51	772.00	11.05	—
617	1-环戊基戊烷	1-Cyc-Pentyl-C5		280.54	780.00	10.07	—
618	甲基戊基醚，甲氧基烷	Methyl-Amyl-Ethe	$C_6H_{14}O$	102.18	546.50	30.00	392.00
619	苯甲酸甲酯	Methyl-Benzoate	$C_8H_8O_2$	136.15	693.00	35.43	436.00
620	水杨酸甲酯	Methyl-Salicylat	$C_8H_8O_3$	152.15	701.00	40.37	410.00
621	三氯化硼	Boron Trichlorid	BCl_3	117.17	451.95	38.20	148.34
622	三氟化硼	Boron Trifluorid	BF_3	67.81	260.90	49.20	123.61
623	乙硼烷	Di-Borane	B_2H_6	27.67	289.80	40.00	173.10
624	氟利昂12B1	Freon 12B1		165.37	426.15	41.98	246.00
625	三氯溴甲烷	Bromo-TriCl-C1	$CBrCl_3$	198.27	606.00	49.05	284.00
626	氟利昂13B1	Freon 13B1		148.91	340.15	39.20	200.00
627	氟利昂12B2	Freon 12B2		209.82	478.00	52.60	249.00
628	氯化氰	Cyanogen Chloride	$CNCl$	61.47	449.00	59.12	163.00
629	碳酰氟（氟光气）	Carbonyl-Fluorid	COF_2	66.01	297.00	56.85	141.00
630	溴仿，三溴甲烷	Tribromomethane	$CHBr_3$	252.73	696.00	60.10	286.00

(续)

序号	名称	英文名称	化学式	分子量	临界温度 T_c/K	临界压力 p_c/atm	临界体积 $V_c/(cm^3/mol)$
631	二氯氟甲烷	Di-Cl-F Methane	$CHFCl_2$	102.92	451.58	51.16	196.00
632	三氟甲烷	Tri-Fluoro Metha	CHF_3	70.01	298.89	47.73	133.30
633	溴氯甲烷	Bromo-Chrometh	CH_2BrCl	129.38	557.00	67.21	188.00
634	二氟甲烷	Di-Fluoromethane	CH_2F_2	52.02	351.60	57.54	121.00
635	二碘甲烷	Di-Iodomethane	CH_2I_2	267.84	747.00	53.99	272.00
636	溴三氟乙烷	Bromo-TriF-C2	$C_2H_2BrF_3$	160.92	432.00	44.21	239.00
637	四氟二溴乙烷，氟利昂	Freon 114B2	$C_2F_4Br_2$	259.82	487.80	33.49	341.00
638	氟利昂 123B1	Freon 123B1		197.38	521.00	38.69	296.00
639	氯二氟乙烯	Cl-DiF-Ethylene	C_2HF_2Cl	98.48	400.55	44.00	197.00
640	五氯乙烷	Pentachloroethan	C_2HCl_5	202.29	665.00	36.32	369.00
641	四溴乙烷	Tetr-Bromoethane	$C_2H_2Br_4$	345.65	824.00	45.40	401.00
642	二氯乙烯	Vinyl-Idene DiCl	$C_2H_2Cl_2$	96.94	482.00	51.22	224.00
643	二氯乙炔	Acetylene Dichlo	$C_2H_2Cl_2$	96.94	527.00	51.22	224.00
644	反-1,2-二氯乙炔	Ts-1, 2-Dichlo	$C_2H_2Cl_2$	96.94	508.00	51.22	224.00
645	1,2-二乙基二酮	1, 2-Ethanedione	C_3H_6O	58.04	495.00	58.03	164.00
646	乙烯基溴，溴代乙烯	Vinyl-Bromide	C_2H_3Br	106.95	473.00	70.86	200.00
647	二溴化乙烯	Ethylene-Dibromi	$C_2H_4Br_2$	187.86	650.15	54.05	261.57
648	2-氯乙醇	2-Chloroethanol	C_2H_5ClO	80.51	585.00	58.43	212.00
649	硝基乙烷	Nitro-Ethane	$C_2H_5NO_2$	75.07	593.00	50.93	236.00
650	二甲基二硫	Di-Methyl Disulf	$C_2H_6S_2$	94.20	606.00	52.90	252.00
651	全氟化丙烯	Perfluoropropyle	C_3F_6	150.02	368.00	28.62	268.00
652	六氟代丙酮	HexaFluoroAceton	C_3F_6O	166.02	357.14	28.00	329.00
653	全氟化丙烷	Perfluoropropane	C_6F_6	188.02	345.05	26.45	299.00
654	恶唑	Oxazole	C_3H_3NO	69.06	554.00	62.37	237.00
655	炔丙醇	Propargyl Alcohol	C_3H_4O	56.06	580.00	64.45	176.00
656	β-丙醇酸内酯	B-Propiolactone	$C_3H_4O_2$	72.06	686.00	68.20	195.00
657	2-氯丙烯	2-Chloropropene	C_3H_5Cl	76.53	478.00	46.48	234.00
658	氯乙酸甲酯	Methyl-Chloroace	$C_3H_5ClO_2$	108.52	613.00	70.17	270.00
659	丙烯酰胺	Acrylamide	C_3H_5NO	71.08	710.00	56.55	260.00
660	β-丙内酰胺	Hydracrylonitril	C_3H_5NO	71.08	690.00	48.26	243.00
661	2-羟基丙酮	2-Hydroxypropano	$C_3H_6O_3$	90.08	616.00	58.87	216.89
662	1-溴丙烷	1-Bromopropane	C_2H_5Br	122.99	544.00	53.20	266.00

第3章 流体介质物性基础数据

(续)

序号	名称	英文名称	化学式	分子量	临界温度 T_c/K	临界压力 p_c/atm	临界体积 V_c/(cm³/mol)
663	2-溴丙烷	2-Bromo propane	C_2H_5Br	122.99	532.00	54.38	266.00
664	2-碘丙烷	Isopropyl Iodide	C_3H_7I	169.99	578.00	50.53	290.00
665	碘丙烷	Propyl-Iodide	C_3H_7I	169.99	593.00	49.64	290.00
666	炔丙胺	Allyl-Amine	C_3H_7N	57.10	505.00	51.02	247.00
667	1-硝基丙烷	1-Nitropropane	$C_3H_7NO_2$	89.09	605.00	42.93	288.00
668	2-硝基丙烷	2-Nitropropane	$C_3H_7NO_2$	89.09	594.00	43.92	288.00
669	甲氧基乙醇	2-Methoxyethanol	$C_3H_8O_2$	76.10	564.00	49.45	242.00
670	1-氨基-2-丙醇	1-Amino-2-Propan	C_3H_9NO	75.11	614.00	55.96	278.00
671	3-氨基-1-丙醇	3-Amino-1-C3OH	C_3H_9NO	75.11	649.00	54.28	278.00
672	全氟 2-丁烯	Perfluoro-2-Bute	C_4F_8	200.03	392.00	23.00	347.00
673	全氟环丁烷	Perfluoro-Cyc-C4	C_4F_8	200.03	388.37	27.41	324.80
674	全氟丁烷	Perfluorobutane	C_4F_{10}	238.03	386.35	22.93	397.00
675	琥珀酐,丁二(酸)酐	Succinic Anhydri	$C_4H_4O_3$	100.07	811.00	66.42	223.00
676	富马酸,反(式)丁烯二酸	Fumaric Acid	$C_4H_4O_4$	116.07	771.00	49.15	297.00
677	氰基乙酸甲酯	Methyl-Cyanoace	$C_4H_5NO_2$	99.09	687.00	37.60	305.00
678	1,4-二氯-2-丁烯	1,4-Dichloro-2-Butene	$C_4H_6Cl_2$	125.00	646.00	37.31	330.00
679	反-2-丁烯醛,反-巴豆醛	Ts-2-Butenal	C_4H_6O	70.09	571.00	41.94	250.00
680	二乙烯基醚	Di-Vinyl Ether	C_4H_6O	70.09	463.00	41.94	250.00
681	1,4-丁二醇	2-Butyn-1,4-Diol	$C_4H_6O_2$	86.09	695.00	57.83	256.00
682	γ-丁内酰胺	Gamma-Butyrolact	C_4H_8NO	86.09	739.00	58.62	256.00
683	顺-巴豆酸,顺-丁烯酸	Cs-Crotonic Aci	$C_4H_6O_2$	86.09	647.00	46.39	270.00
684	乙二醇酸,羟基乙二酸	Di-Glycollic Acid		134.09	725.00	43.62	331.00
685	酒石酸	Tartaric Acid	$C_4H_6O_6$	150.09	975.00	51.09	305.32
686	环丁烷	Cyclobutane	C_4H_8	56.11	459.93	49.20	210.16
687	1,4-二氯丁烷	1,4-DiCl-Butane	$C_4H_8Cl_2$	127.01	641.00	35.63	343.00
688	1,2-环氧丁烷	1,2-Epoxybutane	C_4H_8O	72.11	526.00	43.33	258.00
689	顺-丁烯二醇	Cs-Butenediol	$C_4H_8O_2$	88.11	677.88	51.32	279.00
690	反-丁烯二醇	Ts-2-Butene-1	$C_4H_8O_2$	88.11	681.00	51.32	279.00
691	硫代环戊烷	Thiacyclopentane	C_4H_8S	88.17	631.95	50.93	249.00
692	1-溴丁烷	1-Bromobutane	C_4H_9Br	137.02	577.00	44.81	319.00

(续)

序号	名称	英文名称	化学式	分子量	临界温度 T_c/K	临界压力 p_c/atm	临界体积 V_c/(cm^3/mol)
693	2-溴丁烷	2-Bromo butane	C_4H_9Br	137.02	567.00	45.70	320.00
694	哌嗪	Piperazine	$C_4H_{10}N_2$	86.14	638.00	54.58	310.00
695	2-乙氧基乙醇	2-Ethoxyethanol	$C_4H_{10}O_2$	90.12	569.00	41.85	294.00
696	丁二醇	Butanethiol	$C_4H_{10}O_2$	90.19	569.00	39.18	307.00
697	特丁二醇	Tert-Butanethiol	$C_4H_{10}O_2$	90.19	530.00	40.07	307.00
698	仲丁基胺	Sec-Butyl-Amine	$C_4H_{11}N$	73.14	514.30	39.48	310.00
699	叔丁基胺	Tert-Butylamine	$C_4H_{11}N$	73.14	483.90	37.90	293.00
700	氨基乙基醚	1-Amino-Eth Ethe	$C_4H_{12}N_2O$	104.15	698.00	44.02	387.00
701	二亚乙基三胺	Di-Etylne Triami	$C_4H_{13}N_3$	103.17	676.00	41.65	342.00
702	糠醇	Furfuryl Alcohol	$C_5H_6O_2$	98.10	632.00	52.80	263.00
703	戊二（酸）酐	Glutaric Anhydri	$C_5H_6O_3$	114.10	838.00	57.24	275.00
704	氰基乙酸乙酯	Ethyl-Cyanaceta	$C_5H_7NO_2$	113.12	679.00	32.96	358.00
705	顺-1,3-戊二烯	Cs-1,3-Pentadien	C_5H_8	68.12	499.00	36.91	276.00
706	2,4-戊二酮	2,4-Pentanedione	$C_5H_8O_2$	100.12	602.00	39.08	323.00
707	乙酸烯丙酯	Allyl-Acetate	$C_5H_8O_2$	100.12	559.00	36.32	323.00
708	4-氧代戊酸	4-Oxopentanoic A	$C_5H_8O_3$	116.12	723.00	39.67	343.00
709	乙酰乙酸甲酯	Methyl-Acetoacet	$C_5H_8O_3$	116.12	642.00	36.62	343.00
710	戊二酸	Glutaric Acid	$C_5H_8O_4$	132.12	774.00	39.87	363.00
711	1-丁基异氰	1-Butyl Isocyana	C_5H_9NO	99.13	568.00	33.95	360.00
712	谷氨酸	Glutamic Acid	$C_5H_9NO_4$	147.13	886.00	40.80	383.26
713	1,5-二氯戊烷	1,5-Dichloropent	$C_5H_{10}Cl_2$	141.04	663.00	31.48	422.00
714	乙酸异丙酯	Isopropyl Acetat	$C_5H_{10}O_2$	102.13	538.00	35.33	336.00
715	四氢糠醛	Tetr-Hyd-Furfura	$C_5H_{10}O_2$	102.13	639.00	45.99	290.00
716	3-甲基环丁砜	3-Mth-Sulfolane	$C_5H_{10}O_2S$	134.20	817.00	41.85	353.00
717	乳酸乙酯	Ethyl-Lactate	$C_5H_{10}O_3$	118.13	588.00	38.10	354.00
718	1-氯戊烷	1-Chloropentane	$C_5H_{11}Cl$	106.60	568.00	33.06	352.00
719	正甲基吡咯烷	N-Methylpyrrolid	C_4H_7NO	85.15	550.00	41.45	298.00
720	新戊基乙二醇	Neo-Pentyl Glyco	$C_5H_{12}O_2$	104.15	643.00	41.85	345.00
721	甲基卡必醇	Methyl-Carbitol	C_8H_8O	120.15	630.00	34.94	367.00
722	季戊四醇	Pentaerythritol	$C_8H_8O_2$	136.15	780.00	47.18	381.00
723	1-戊硫醇	1-Pentanethiol	$C_5H_{12}S$	104.22	598.00	34.25	359.00
724	甲基二乙基胺	Methyl-DiEth-Ami		119.16	678.00	38.29	401.00

第3章 流体介质物性基础数据

（续）

序号	名称	英文名称	化学式	分子量	临界温度 T_c/K	临界压力 p_c/atm	临界体积 V_c/(cm^3/mol)
725	邻-氯硝基苯	M-Chloronitroben	$C_6H_5ClNO_2$	157.56	742.00	39.28	432.00
726	间-氯硝基苯	O-Chloronitroben	$C_6H_5ClNO_2$	157.56	757.00	39.28	432.00
727	对-氯硝基苯	P-Chloronitroben	$C_6H_5ClNO_2$	157.56	751.00	39.28	432.00
728	邻-氯苯胺	M-Chloroaniline	C_6H_6NCl	127.57	751.00	45.30	364.00
729	间-氯苯胺	O-Chloroaniline	C_6H_6NCl	127.57	722.00	45.30	364.00
730	邻-硝基苯胺	M-Nitroaniline	$C_6H_6N_2O_2$	138.13	815.00	43.62	406.00
731	间-硝基苯胺	O-Nitroaniline	$C_6H_6N_2O_2$	138.13	784.00	43.62	406.00
732	对-硝基苯胺	P-Nitroaniline	$C_6H_6N_2O_2$	138.13	851.00	43.62	406.00
733	对-苯二酚	P-Hydroquinone	$C_6H_6O_2$	110.11	822.00	73.53	300.00
734	1,2,3-苯三甲酸	1,2,3-Benzenetri	$C_9H_6O_6$	210.14	830.00	86.95	318.00
735	苯硫酚	Phenylthiol	C_6H_6S	110.18	689.00	46.78	315.00
736	邻-苯二胺	M-Phenylenediami	$C_6H_8N_2$	108.14	824.00	51.12	377.00
737	间-苯二胺	O-Phenylenediami	$C_6H_8N_2$	108.14	781.00	51.12	315.00
738	对-苯二胺	P-Phenylenediami	$C_6H_8N_2$	108.14	796.00	51.12	317.00
739	苯肼	Phenyl Hydrazine	$C_6H_8N_2$	108.14	761.00	48.46	418.00
740	柠檬酸	Citric Acid	$C_6H_8O_7$	192.13	1109.00	37.48	419.68
741	己内酯,羟基己酸内酯	Caprolactone	$C_6H_{10}O_2$	114.14	732.00	45.70	331.00
742	丙烯酸 1-丙酯	1-Propyl-Acrylat	$C_6H_{10}O_2$	114.14	569.00	32.08	376.00
743	乙酰乙酸乙酯	Ethylacetoacetat	$C_6H_{10}O_3$	130.14	643.00	32.27	391.00
744	二乙基草酸	Di-Ethyl Oxalate	$C_6H_{10}O_4$	146.14	646.00	30.50	416.00
745	乙二醇二乙酸酯	Ethylene-Acetate	$C_6H_{10}O_4$	146.14	653.00	30.50	416.00
746	2-乙基-1-丁烯	2-Ethyl-1-Butene	C_6H_{12}	84.16	512.00	31.19	364.00
747	2-甲基-1-戊烯	2-Mth-1-Pentene	C_6H_{12}	84.16	507.00	31.19	359.00
748	4-甲基-1-戊烯	4-Mth-1-Pentene	C_6H_{12}	84.16	496.00	31.78	345.00
749	丁基乙烯基醚	Butyl-VinylEther	$C_6H_{12}O$	100.16	536.00	30.79	364.00
750	1-己醛	1-Hexanal	$C_6H_{12}O$	100.16	579.00	30.69	369.00
751	2-己酮	2-Hexanone	$C_6H_{12}O$	100.16	587.05	32.80	369.00
752	乙酸仲丁酯	Sec-Butyl Acetat	$C_6H_{12}O_2$	116.16	561.00	31.29	389.00
753	环己烯化过氧氢	Cyc-Hex-Hydroper	$C_6H_{12}O_2$	116.16	685.00	41.55	342.00
754	乙酸 2-乙基丁酯	2-Ethyl-Butyr Ac	$C_6H_{12}O_2$	116.16	655.00	33.65	389.00
755	乙酸乙氧基酯	Ethoxy Acetate	$C_6H_{12}O_3$	132.16	597.00	24.30	409.00
756	α-右型葡萄糖	Alpha-D-Glucose		180.16	—	—	—

（续）

序号	名称	英文名称	化学式	分子量	临界温度 T_c/K	临界压力 p_c/atm	临界体积 $V_c/(cm^3/mol)$
757	环己胺	Cyclohexylamine	$C_6H_{13}N$	99.18	615.00	41.45	360.00
758	二丙基醚	Di-Propyl Ether	$C_6H_{14}O$	102.18	530.60	29.88	382.00
759	2-乙基-1-丁醇	2-Ethyl-1-Butano	$C_6H_{14}O$	102.18	580.00	33.56	380.00
760	1,1-二乙氧基乙烷	1,1-Diethoxyetha	$C_6H_{14}O_2$	118.18	541.00	29.41	402.00
761	2-丁氧基乙醇	2-Butoxyethanol	$C_6H_{14}O_2$	118.18	600.00	31.98	400.00
762	二甲基卡必醇	Di-Mth Carbitol	$C_6H_{14}O_3$	134.18	604.00	28.23	422.00
763	二丙烯基乙二醇	Di-Propylene Gly	$C_6H_{14}O_3$	134.18	654.00	35.33	415.00
764	卡必醇,乙氧乙氧基乙醇	Carbitol	$C_6H_{14}O_3$	134.18	632.00	30.99	420.00
765	三乙基铝	Tri-Ethyl Alumin	$C_6H_{15}Al$	114.17	720.15	134.00	230.00
766	二异丙基胺	Di-Isoprop-Amine	$C_6H_{15}N$	101.19	523.10	31.58	418.00
767	己胺	Hexylamine	$C_6H_{15}N$	101.19	583.00	31.38	418.00
768	1-氯-2-氨基-四氟苯	Benz,1Cl-2N-4TrF		225.55	686.00	27.04	490.00
769	3,4-二氯酚	3,4-Dichlorophen	$C_6H_4Cl_2O$	163.00	733.00	32.86	456.00
770	异氰酸苯酯	Phenyl Isocyanat	C_7H_5NO	119.12	648.00	40.07	341.00
771	水杨醛,邻羟基苯醛	Salicylaldehyde	$C_7H_6O_2$	122.12	680.00	49.25	342.00
772	对-溴甲苯	P-Bromotoluene	C_7H_7Br	171.04	699.00	43.13	379.00
773	苄基氯	Benzyl-Chloride	C_7H_7Cl	126.58	686.00	38.59	360.00
774	N-甲酰基苯胺	N-Phenylformamid	C_7H_7NO	121.14	787.00	40.56	382.00
775	邻-硝基甲苯	M-Nitrotoluene	$C_7H_7NO_2$	137.14	734.00	37.50	441.00
776	间-硝基甲苯	O-Nitrotoluene	$C_7H_7NO_2$	137.14	720.00	37.50	441.00
777	对-硝基甲苯	P-Nitrotoluene	$C_7H_7NO_2$	137.14	736.00	37.50	441.00
778	间-硝基茴香脑	O-Nitroanisole		153.14	782.00	37.11	422.00
779	对-甲氧基苯酚	P-Methoxyphenol	$C_7H_8O_2$	124.14	758.00	49.05	342.00
780	苄胺	Benzyl-Amine	C_7H_9N	107.15	683.50	42.64	373.00
781	2,6-二甲吡啶	2,6-DiMth-Pyridi	C_7H_9N	107.15	623.75	37.31	316.00
782	异氰酸环己酯	Cyc-Hex-Isocyana		125.17	633.00	34.25	408.00
783	丙烯酸异丁酯	Isobutyl Acrylat	$C_7H_{12}O_2$	128.17	580.00	29.11	428.00
784	丙二酸二乙酯	Di-Ethyl Malonat	$C_7H_{12}O_4$	160.17	653.00	27.44	469.00
785	顺-2-庚烯	Cs-2-Heptene	C_7H_{14}	98.19	549.00	28.03	424.00
786	顺-3-庚烯	Cs-3-Heptene	C_7H_{14}	98.19	545.00	28.03	421.00
787	1-庚醛	1-Heptanal	$C_7H_{14}O$	114.19	603.00	27.63	421.00
788	2-庚酮	2-Heptanone	$C_7H_{14}O$	114.19	611.55	28.82	421.00

第3章 流体介质物性基础数据

(续)

序号	名称	英文名称	化学式	分子量	临界温度 T_c/K	临界压力 p_c/atm	临界体积 V_c/(cm^3/mol)
789	1-甲基环己烷	1-Mth-Cyc-Hexane	$C_7H_{14}O$	114.19	603.00	37.40	414.00
790	顺-2-甲基环己醇	Cs-2-Mth-CycC6OH	$C_7H_{14}O$	114.19	614.00	37.40	414.00
791	反-2-甲基环己醇	Ts-2-Methylcy	$C_7H_{14}O$	114.19	616.00	37.40	414.00
792	顺-4-甲基环己醇	Cs-4-Mth-CycC6OH	$C_7H_{14}O$	114.19	618.00	37.40	414.00
793	反-4-甲基环己醇	Ts-4-Methylcy	$C_7H_{14}O$	114.19	617.00	37.40	413.99
794	正-4-甲基环己醇	Cs-4-Mth-CycC6OH	$C_7H_{14}O$	114.19	622.00	37.40	414.00
795	反-4-甲基环己醇	Ts-4-Methylcy	$C_7H_{14}O$	114.19	622.00	37.40	414.00
796	5-甲基-2-己酮	5-Mth-2-Hexanone	$C_7H_{14}O$	114.19	601.00	29.31	421.00
797	异戊酸乙醇	Ethyl-Isovalerat	$C_7H_{14}O_2$	130.19	587.95	28.03	442.00
798	庚酸	Heptanoic Acid	$C_7H_{14}O_2$	130.19	680.00	29.51	442.00
799	乙酸异戊酯	Isopentyl Acetat	$C_7H_{14}O_2$	130.19	599.00	28.03	442.00
800	乙酸戊酯	Pentyl Acetate	$C_7H_{14}O_2$	130.19	598.00	27.63	442.00
801	2-庚醇	2-Heptanol	$C_7H_{16}O$	116.20	588.00	29.90	432.00
802	1-氨基庚烷	1-Amino-Heptane	$C_7H_{17}N$	115.22	607.00	28.13	471.00
803	吲哚	Indole	C_8H_7N	117.15	790.00	42.44	431.00
804	乙酰氨基苯	Acetylaminobenze		135.17	825.00	36.81	430.00
805	苯乙醚,乙氧基苯	Phenetole	$C_8H_{10}O$	122.17	647.15	33.80	390.00
806	2-苯基乙醇	2-Phenyl Ethanol	$C_8H_{10}O$	122.17	684.00	38.69	387.00
807	乙烯基环己烯	Vinyl-Cyc-Hexene	C_8H_{12}	108.18	599.00	33.85	379.00
808	2-乙基-1-己烯	2-Ethyl-1-Hexene	C_8H_{16}	112.21	574.00	30.30	399.00
809	反-3-辛烯	Ts-3-Octene	C_8H_{16}	112.21	574.00	25.46	480.00
810	反-4-辛烯	Ts-4-Octene	C_8H_{16}	112.21	573.00	25.46	480.00
811	1-二异丁烯	1-Diisobutylene	C_8H_{16}	112.21	553.00	25.96	465.00
812	2-二异丁烯	2-Diisobutylene	C_8H_{16}	112.21	558.00	25.96	470.00
813	2-乙基己醇	2-Ethyl-Hexanal	$C_8H_{16}O$	128.21	607.00	25.46	474.00
814	乙酸卡比醇酯	Carbitol Acetate	$C_8H_{16}O_4$	176.21	660.00	23.88	565.00
815	二正丁醚	Di-n-Butyl Ether	$C_8H_{18}O$	130.23	581.00	24.28	487.00
816	丁氧基环丁烷	Butoxydiethylene	$C_8H_{16}O$	162.23	654.00	25.27	526.00
817	叔辛基硫醇	Tert-Octyl Merca	$C_8H_{18}S$	146.30	627.00	25.56	529.00
818	1-辛基胺	1-Octylamine	$C_8H_{17}N$	129.25	627.00	25.46	524.00
819	特乙基胺	Tetr-Ethyln-5Ami		189.30	774.00	24.97	636.00
820	异喹啉	Isoquinoline	C_9H_7N	129.16	803.15	49.15	403.00

(续)

序号	名称	英文名称	化学式	分子量	临界温度 T_c/K	临界压力 p_c/atm	临界体积 $V_c/(cm^3/mol)$
821	喹啉	Quinoline	C_9H_7N	129.16	782.15	45.99	469.00
822	α-甲基苯乙烯	Alpha-Methylstyr	C_9H_{10}	118.18	654.00	33.16	423.00
823	乙酸苄酯	Benzyl-Acetate	$C_9H_{10}O_2$	150.18	699.00	31.38	449.00
824	苄基甲醚	Benzyl-Ethyl-Eth	$C_9H_{12}O$	136.19	662.00	30.69	442.00
825	异佛尔酮	Isophorone	$C_9H_{14}O$	138.21	715.00	32.87	456.00
826	三醋酸甘油酯	Triacetin	$C_9H_{14}O_6$	218.21	704.00	22.80	625.00
827	壬二酸	Azelaic Acid	$C_9H_{16}O_4$	188.22	806.00	25.27	570.00
828	1-壬醛	1-Nonanal	$C_9H_{18}O$	142.24	640.00	23.00	527.00
829	3-甲基辛烷	3-Mth-Octane	C_9H_{20}	128.26	590.15	23.10	529.00
830	4-甲基辛烷	4-Mth-Octane	C_9H_{20}	128.26	587.65	23.10	523.00
831	2,6-二甲基-4-庚醇	2,6-DiMth-4-C7OH	$C_9H_{20}O$	144.26	603.00	25.17	538.00
832	1-壬基胺	1-Nonylamine	$C_9H_{21}N$	143.27	648.00	23.29	577.00
833	三丙基胺	Tri-Propyl Amine	$C_9H_{21}N$	143.27	577.50	22.01	576.00
834	1-溴萘	1-Bromonaphthale	$C_{10}H_7Br$	207.07	824.00	36.52	453.00
835	1-氯萘	1-Chloronaphthal	$C_{10}H_7Cl$	162.62	785.00	33.56	434.00
836	喹哪啶,2-甲基喹啉	Quinaldine	$C_{10}H_9N$	143.19	773.00	29.21	490.00
837	邻-二乙烯基苯	M-Divinyl Benzen	$C_{10}H_{10}$	130.19	692.00	30.79	440.00
838	苯二甲酸二甲酯	Di-Methyl Phthal	$C_{10}H_{10}O_4$	194.19	766.00	27.44	530.00
839	顺丁烯二烯丙基二酯	Di-Allyl Maleate		196.20	693.00	23.00	606.00
840	邻-二乙基苯	M-Diethylbenzene	$C_{10}H_{14}$	134.22	663.00	28.42	488.00
841	间-二乙基苯	O-Diethylbenzene	$C_{10}H_{14}$	134.22	668.00	28.42	502.00
842	对-叔丁苯酚	P-Tert-Butylphen	$C_{10}H_{14}O$	150.22	734.00	32.96	493.00
843	对-叔丁基邻苯二酚	P-Tert-Butylcate	$C_{10}H_{14}O_2$	166.22	776.00	37.21	511.00
844	α-蒎烯	Alpha-Pinene	$C_{10}H_{16}$	136.24	632.00	27.24	504.00
845	β-蒎烯	Beta-Pinene	$C_{10}H_{16}$	136.24	643.00	27.24	506.00
846	樟脑,2-茨酮	Camphor	$C_{10}H_{16}O$	152.24	709.00	29.51	460.00
847	癸二酸	Sebacic Acid	$C_{10}H_{18}O_2$	202.25	793.00	23.19	630.00
848	癸醛	1-Decanal	$C_{10}H_{20}O$	156.27	657.00	21.22	580.00
849	乙酸2-乙基-己酯	2-Eth-Hex-Acetat	$C_{10}H_{20}O_2$	172.27	639.00	21.42	600.00
850	异戊基异戊醛	Isopentyl Isoval	$C10H_{20}O_2$	172.27	637.00	21.71	600.00
851	8-甲基-1-壬醇	8-Mth-1-Nonanol	$C_{10}H_{22}O$	158.28	644.00	22.50	591.00
852	1-癸酰胺	1-Decylamine	$C_{10}H_{21}NO$	157.30	663.00	21.52	629.00

第3章 流体介质物性基础数据

(续)

序号	名称	英文名称	化学式	分子量	临界温度 T_c/K	临界压力 p_c/atm	临界体积 V_c/(cm^3/mol)
853	对-叔戊基苯酚	P-Tert-Amylpheno	$C_{11}H_{16}O$	164.25	751.00	29.41	546.00
854	2-乙基-己基-丙烯醛	2-Eth-Hex-Acryla		184.28	655.00	20.43	639.00
855	1-十一烷醇	1-Undecanol	$C_{11}H_{24}O$	172.31	704.00	20.53	643.00
856	2-苯甲酰基吡咯	Di-Benzopyrrole	$C_{11}H_9NO$	171.20	899.00	32.17	482.00
857	二氢苊	Acenaphthene	$C_{12}H_{10}$	154.21	803.15	30.59	553.00
858	二苯胺	Di-Phenyl Amine	$C_{12}H_{11}N$	169.23	817.00	31.38	539.00
859	对-氨基二苯胺	P-Amino-diph-ami	$C_{12}H_{12}N_2$	184.24	867.00	31.48	596.00
860	1,2-亚肼基苯,二苯肼	Hydrazobenzene	$C_{12}H_{12}N_2$	184.24	792.00	30.50	556.00
861	邻苯二甲酸二乙酯	Di-Ethyl Phthala	$C_{12}H_{14}O_4$	222.24	757.00	23.00	635.00
862	环己基苯	Cyclohexylbenzen	$C_{12}H_{16}$	160.26	744.00	28.42	555.10
863	邻-二异丙基苯	M-Diisopropylben	$C_{12}H_{18}$	162.27	684.00	24.18	600.00
864	对-二异丙基苯	P-Diisopropylben	$C_{12}H_{18}$	162.27	689.00	24.18	598.00
865	己基苯	Hexylbenzene	$C_{12}H_{18}$	162.27	698.00	23.49	618.00
866	顺丁烯二酸二丁酯	Di-Butyl Maleate	$C_{12}H_{20}O_4$	228.29	716.00	18.75	719.00
867	1,2-二丁基环己烷	1,2-By-Cyc-Hexyl		166.31	727.00	25.27	598.00
868	十二(烷)醛	Dodecanal	$C_{12}H_{24}O$	184.32	685.00	18.36	685.00
869	十二(烷)酸	Dodecanoic Acid	$C_{12}H_{24}O_2$	200.32	734.00	19.15	705.00
870	十二烷硫醇	Dodecylthiol	$C_{12}H_{26}S$	202.40	724.00	18.16	729.00
871	十二烷胺	Dodecylamine	$C_{12}H_{27}N$	185.35	696.00	18.55	735.00
872	二苯(甲)酮,苯酮	Benzophenone		182.22	816.00	29.71	591.00
873	月桂酸甲酯	Methyl-Dodecanoa	$C_{13}H_{26}O_2$	214.35	712.00	17.17	758.00
874	1-十三烷醇	1-Tridecanol	$C_{13}H_{28}O$	200.37	731.00	17.86	749.00
875	Z-1,2-二苯醚	Z-1,2-DiPh-Ethen	$C_{12}H_{10}O$	180.25	757.00	27.04	584.00
876	E-1,2-二苯醚	E-1,2-DiPh-Ether	$C_{12}H_{10}O$	180.25	820.00	27.04	578.00
877	苯甲酸苄酯	Benzyl-Benzoate	$C_{14}H_{12}O_2$	212.25	820.00	25.46	694.00
878	1,1-二苯基乙烷	1,1-Diphenyletha	$C_{14}H_{14}$	182.26	775.00	26.45	604.00
879	1,2-二苯基乙烷	1,2-Diphenyletha	$C_{14}H_{14}$	182.26	780.00	26.15	606.00
880	二苄醚,二苯甲基醚	Di-Benzyl Ether	$C_{14}H_{14}O$	198.26	777.00	25.27	608.00
881	十四烯二酸	Tetr-Decanoic Ac		228.38	756.00	16.78	811.00
882	1-十四烷醇	1-Tetradecanol	$C_{14}H_{30}O$	214.39	741.00	16.78	802.00
883	十四(烷)胺	Tetr-Decylamine	$C_{14}H_{31}N$	213.41	722.30	16.38	887.00
884	对-枯基苯酚	P-Cumylphenol	$C_{15}H_{16}O$	212.29	834.00	26.45	659.00

（续）

序号	名称	英文名称	化学式	分子量	临界温度 T_c/K	临界压力 p_c/atm	临界体积 V_c/(cm³/mol)
885	双酚A22-双对羟苯基丙烷	Bisphenol A	$C_{15}H_{16}O_2$	228.29	849.00	28.92	677.00
886	2,6-二氯特丁烷	2,6-Di-Tert-Buty		220.35	720.00	20.82	757.00
887	壬基苯酚	Nonylphenol	$C_{15}H_{24}O$	220.35	757.00	20.43	747.00
888	十五烷酸	Pentadecanoic Ac	$C_{15}H_{30}O_2$	242.40	766.00	15.79	864.00
889	邻苯二甲酸二丁酯	Dibuty Phthalate	$C_{16}H_{22}O_4$	278.35	781.00	17.27	846.00
890	癸基苯	Decylbenzene	$C_{16}H_{26}$	218.38	753.00	17.47	881.00
891	棕榈酸	HexaDecanoic Aci	$C_{16}H_{34}O$	256.43	776.00	14.90	917.00
892	1-十六（烷）醇	1-Hexadecanol	$C_{16}H_{34}O$	242.45	761.00	14.90	907.00
893	癸二酸二丁酯	Di-Butyl Sebacat	$C_{18}H_{34}O_4$	314.47	768.00	13.03	1050.00
894	己二酸二正己酯	Di-Hexyl Adipate	$C_{18}H_{34}O_4$	314.47	767.00	13.03	1030.00
895	二壬基醚	Di-Nonyl Ether	$C_{18}H_{38}O$	270.50	736.00	12.83	1020.00
896	1-壬基萘	1-Nonylnaphthale		254.41	849.00	16.58	1000.00
897	十三烷基苯	Tri-Decylbenzene		260.46	783.00	14.80	1060.00
898	油酸甲酯	Methyl-Oleate	$C_{19}H_{36}O_2$	296.49	764.00	12.63	1060.00
899	十九（烷）酸	Nonadecanoic Aci	$C_{19}H_{38}O_2$	298.51	810.00	12.83	1080.00
900	三苯乙烯	Tri-Phnl-Ethylen	$C_{20}H_{16}$	256.35	908.00	20.73	860.00
901	1-癸基萘	1-Decylnaphthale		268.44	859.00	15.59	1070.00
902	枞酸，松香酸	Abietic Acid	$C_{20}H_{30}O_2$	302.46	832.00	16.58	930.00
903	硬脂酸丁酯	Butyl-Stearate	$C_{22}H_{44}O_2$	340.59	764.00	10.96	1230.00
904	二壬基苯酚	Di-Nonyl Phenol	$C_{24}H_{42}O$	346.60	886.00	12.24	1220.00
905	四苯乙烯	Tetr-Phnl-Ethyle	$C_{26}H_{20}$	332.45	996.00	16.88	1020.00
906	二氯硅烷	Di-Chloro Silane	H_2SiCl_2	101.01	449.00	43.72	228.00
907	亚硫酰氯	Thionyl Chloride	$SOCl_2$	118.97	567.00	—	203.00
908	磺酰氯	Sulfuryl Chlorid	SO_2Cl_2	134.97	545.00	45.50	224.00
909	三氯硅烷	Tri-Chloro Silan	$SiHCl_3$	135.45	479.00	41.16	268.00
910	三氯化磷	Phosphoru Tri-Cl	PCl_3	137.33	563.15	55.96	260.00
911	三氯化锑	Antimony Trichlo	$SbCl_3$	228.11	794.00	47.57	270.00
912	四氯化硅	Silicon Tetrachl	$SiCl_4$	169.90	507.00	35.46	326.00
913	五氯化磷	Phosphoric Chlor	PCl_5	208.24	646.15	—	—

第3章 流体介质物性基础数据

（续）

序号	名称	英文名称	化学式	分子量	临界温度 T_c/K	临界压力 p_c/atm	临界体积 V_c/(cm^3/mol)
914	氢气（氘）	Deuterium	H_2（De）	4.03	38.35	16.42	60.26
915	重水	Deuterium Oxide	H_2O（Weight）	20.03	643.89	216.54	56.30
916	三氟化氮	Nitrogen Trifluo	NF_3	71.00	233.85	44.71	118.75
917	四氟化硅	Silicon Tetraflu	SiF_4	104.08	259.00	36.70	165.00
918	六氟化硫	Sulfur Hexafluor	SF_6	146.06	318.69	37.11	198.52
919	过氧化氢	Hydrogen Peroxid	H_2O_2	34.02	730.15	214.00	77.70
920	磷化氢	Phosphine	H_3P	34.00	324.75	64.50	113.32
921	硅烷	Silane	H_4Si	32.12	269.70	47.80	132.70
922	氪	Krypton	Ke	83.80	209.35	54.30	91.20
923	四氧化二氮	Nitrogen Tetr-Ox	N_2O_4	92.01	431.15	100.00	82.49
924	甲基异戊基醚	TAME	$C_6H_{14}O$	102.18	534.00	30.00	382.00

第4章 控制阀材料及耐蚀性

控制阀广泛应用于石油、化工、冶金、电力等领域,是控制流体通断、节流和改变压力的主要装置。在控制阀开发设计时,由于零件材料直接影响控制阀使用的安全可靠性和使用寿命,因此需要根据不同的工况条件进行合理选用。控制阀零件材料的选择需要考虑材料力学性能的适应性和材料与环境的相容性。控制阀材料选择时主要涉及承压件材料、控压件材料、紧固件材料、密封材料和控制阀表面硬化材料。

4.1 承压件材料

4.1.1 承压件材料的种类

(1) 按适用工况条件分类

承压件材料按工况条件的不同主要分为六大类,即碳钢(牌号为WCB、WCC等)、普通低温钢(牌号为LCB、LC2、LC3等)、高温钢(牌号为WC6、WC9、ZG15Cr1MoG等)、不锈钢(牌号为CF8、CF8M、304、316等)和钛及钛合金(牌号为TA1、TA2)。

(2) 按材料成型工艺形式分类

承压件材料按成型工艺的不同分为铸件、锻件、管材和板材,一般情况下采用铸件,若工况条件要求不允许采用铸件或其他类毛坯时,应根据具体情况选用锻件、锻焊或板焊等结构,材质采用变形合金。变形合金与铸件的性能要求一般相同,在保证性能的前提下,铸件需要有较好的铸造性能,变形合金材料应具有较好的塑性以便加工,化学成分可略有差别。

4.1.2 承压件材料的力学性能

阀门属于承压装置，承压件需要有良好的力学性能，因此承压材料不仅要求有足够的强度和硬度，同时还应具有良好的塑性和韧性。

1）强度。材料的强度主要是指材料的抗拉强度 R_m 和屈服强度 R_{eL}。抗拉强度 R_m 代表金属材料能承受最大均匀塑性变形的应力；屈服强度 R_{eL} 代表金属材料抵抗微量塑性变形的应力，是屈服极限，是阀门设计及所有机械设计力学性能的临界点。

2）塑性。金属材料在破断前的塑性变形能力的大小称为塑性材料的塑性，用材料的延伸率（A_e）和断面收缩率（Z）两个指标来表示。

3）硬度。材料的硬度代表了金属材料对塑性变形抵抗力的大小。一般情况下，硬度的大小和抗拉强度 R_m 成正比，是材料克服最大塑性变形的一个指标，对阀门的密封性起至关重要的作用。生产上常用的硬度有布氏硬度（HBW）和洛氏硬度（HRC），阀门承压件材料一般采用布氏硬度。

4）韧性。韧性是表示材料抵抗冲击力的指标，代表了材料在破断前单位体积内所能吸收的能量的大小。同时，冲击载荷不仅是力的作用，还有作用时的速度问题，所以冲击载荷是一个能量载荷，采用冲击值或 V 形缺口冲击功、用 αK（J/cm^2）或 AKV（J）表示。

4.1.3 碳钢

碳钢的价格低廉，在许多场合下，其各项性能指标可以满足工况条件的要求（碳钢可以适用温度为 -29~425℃ 的无腐蚀或弱腐蚀介质的工况条件），因此被广泛采用。

1）铸件。国际上常用的有 ASTM A216/A216M 中的 WCA、WCB、WCC。其牌号的基本含义是：W 表示可焊接的；C 表示为铸件；A、B、C 则表示碳素铸钢的强度等级，其中 A 为较低强度，B 为中等强度，C 为较高强度。最常用的可焊接的碳素铸钢为中等强度的 WCB，当强度要求较高时，则采用 WCC。

我国 GB/T 12229—2005 中的 WCA、WCB、WCC 与美国 ASTM A216/A216M 中的 WCA、WCB、WCC 的主要化学成分和力学性能要求相同，残留元素中的 Cu、Cr 和 Mo 等略有不同。

2）锻件。ASTM A105 为适用于阀门承压件材料的碳钢锻件标准。标准中对材料的化学成分和力学性能进行了规定，同时还对钢材的冶炼方法、制造要求、热处理方式和化学成分及力学性能的执行标准做出了规定。我国根据需要也制定了适用于阀门承压件材料要求的碳钢锻件标准，常用的有 GB 12228—2006 和 NB/T 47008—2017。

4.1.4　普通低温钢

在低温状态下，钢的力学性能与常温不同，其强度指标会有所增加，而塑性减小，韧性将显著降低。低温钢的质量在很大程度上取决于使用温度下冲击韧性的大小。当温度降至某一临界值（即冷脆性转变温度）以下时，钢材因完全失去韧性而发生脆性断裂，这种低温脆断将使处于低温状态下的钢结构件、容器和管路装置等发生突然断裂的重大事故。降低材料的"冷脆性转变温度"可以有效地改善其低温韧性，因此可以认为，低温钢就是冷脆性转变温度比较低的一种钢。用于 -29℃以下工况条件下的阀门承压件材料应根据需要选择不同类型的低温钢。

1）铸件。ASTM A352/A352M 标准中规定了适用于低温工况条件下阀门承压件材料的马氏体和铁素体钢的铸件。该标准有 LCA、LCB、LCC、LC1、LC2、LC2-1、LC3、LC4、LC9 和 CA6NM 等低温钢铸件牌号，其适用的低温等级为 -32（LCA）~ -196℃（LC9）。钢号中，L 表示低温用钢；C 表示材料的类型为铸件；A、B、C 表示属于碳钢类系列，是按钢适用温度的高低排列的，越靠后，其力学性能、低温性能越好，冲击试验的温度越低，分别为 LCA（-32℃）＞LCB 和 LCC（-46℃）。虽然 LCB 与 LCC 的冲击试验温度都是 -46℃，但 3 个试样的平均值和 3 个试样中的最小值，LCC 都大于 LCB。钢号中第 3 位用阿拉伯数字表示的，表明其属于合金钢类，数字越大，表明其低温性能越好，低温冲击试验的温度越低，分别为 LC1（-59℃）＞LC2 和 LC2 - 1

（-73℃）> LC3（-101℃）> LC4（-115℃）> LC9（-196℃）。常用的 LCA、LCB、LCC、LC1、LC2、LC3、LC4、和 LC9 已被转化为我国的阀门用低温钢铸件标准 JB/T 7248—2008，按其主要化学元素依次被称为低温碳钢 LCA、LCB，低温碳锰钢 LCC，低温碳钼钢 LC1。化学成分和力学性能等指标与 ASTM A352/A352M 相同。

普通低温钢的最低适用温度为 -101℃（LC3），即 315Ni 钢，对于更低的温度，阀门承压件材料一般采用奥氏体不锈钢，即 ASTM A352/A352M 和 GB 12230—2005 中的 CF8 和 CF8M 等，其中的 CF8 可用于 -196℃，CF8M 可用于 -254℃。在 GB/T 16253—2019（修改采用 ISO 4991—2015）《承压铸钢件》中有 10 种牌号的铸钢件适用于低温工况条件，其适用温度范围为 -35 ~ -195℃，可根据具体情况选用。

2）锻件。阀门承压件材料使用低温锻钢，在 ASTM A350/A350M 标准中做出了具体的规定。该标准共列出了 7 种牌号的碳钢和低合金钢低温材料，分别为 LF1、LF2、LF3、LF5、LF6、LF9 和 LF787。钢号中，L 表示为低温用钢，F 表示为锻造类型，后边的数字表示为低温用钢的序号，但不是按冲击试验温度有序排列。其中的 LF1、LF2、LF3 为阀门承压件材料常用的低温锻钢牌号。

JB 4727—2000 为我国低温压力容器用碳素钢和低合金钢锻件标准，阀门承压件材料可以选用。在该标准中列出了 20D、16MnD、16MnMoD、09Mn2VD、09MnNiD、20MnMoD、08MnNiCrMoVD 和 10Ni3MoVD 共 8 种钢号。锻件的形状有筒形锻件、环形锻件、饼形锻件、碗形锻件、长颈法兰锻件及条形锻件（截面为圆形和矩形 2 种），钢号后的 D 表示适用于低温。

4.1.5 高温钢

金属材料在高温情况下的力学性能与常温下的力学性能存在很大差异，其总的特点是温度越高，强度越低。在一定的应力作用下，金属材料的变形量随着时间的增加而增大，这种现象就是金属的蠕变现象，温度越高，蠕变现象越严重。钢的高温强度不能简单地用应力-应变关系进行校核，需要加入时间和温度两个因素。目前常用蠕变强度、持久强度和瞬时强度等指标衡量材料的高温强度。蠕变的速度主要取决于材料的成分和结构，因而高温钢中需要含有大量的合金元素。

金属材料在高温工况条件下易于氧化，因此需要具有抗氧化性。然而碳钢不能满足这种要求，可通过加入适当合金元素以提高其抗氧化能力。

1）铸件。ASTM A217/A217M 标准中的高温承压用马氏体不锈钢和合金钢铸件适用于高温工况条件下的阀门承压件材料。在该标准中，共包括 1 个牌号的马氏体不锈钢和 9 个牌号的铁素体合金钢，按钢种可分为碳钼钢（WC1）、镍铬钼钢（WC4、WC5）、铬钼钢（WC6、WC9、WC11、C5、C12）和铬钼钒钢（CA12、CA15）。钢号中的 W 表示为可焊接性；C 表示为铸钢；后面的数值表示高温钢按适用工作温度高低的排列顺序，数值越大，表示其适用温度越高。几种高温钢的最高使用温度分别为 WC1（≤450℃）＜WC4（≤540℃）＜WC5（≤565℃）≤WC6（≤595℃）＜WC9（≤600℃）。在 ASMEB16.34 标准中规定，当连接形式采用法兰连接时，使用温度的最高限为 540℃，当超过 540℃时，适用的最高温度只适用于对焊连接的阀门。在这些钢种及钢的牌号中，使用最广泛的高温钢为铬钼钢中的 WC6、WC9 和 C5。WC6 和 WC9 广泛应用于电力和热力等介质为水和蒸气的高温高压状态的系统中。在 JB/T 3595—2002 电站阀门一般要求中，WC6 和 WC9 已列入其选用的材料，并对其压力-温度等级做出了具体规定。C5 适用于含 S 热态石油介质，同时还具有抗氢腐蚀能力，因此广泛应用于石油炼制及乙烯生产含硫介质的高温环境中。用于介质为蒸汽和油品的阀门，应有足够的安全可靠性，通常规定的工作温度为 WC6≤540℃，WC9≤570℃，C5≤550℃。

高温高压工况条件下的阀门承压件材料在采用国产材料时，可选用 GB/T 16253—2019《承压钢铸件》标准中的材料。该标准共包括 38 种承压铸钢件，有 14 种适用于不同高温工况条件选用，其中碳钢 3 种，铁素体和马氏体合金钢 9 种，奥氏体不锈钢 2 种，且在铁素体和马氏体高温合金钢的 9 种材料中，其中 3 种（ZG15CrMoG、ZG12Cr2Mo1G 和 ZG16Cr5MoG）的化学成分和力学性能要求等与 WC6、WC9 和 C5 基本相似。JB/T 5263—2005《电站阀门铸钢件技术条件》对应于标准 ASTM A217/A217M，可选择性地采用 WC1、WC6、WC9 和 C12A 4 个材料级别。

2) 锻件。应用于阀门承压件材料的高温铬钼钢锻件标准中最具有代表性的钢为 ASTM A182/A182M 中的低合金钢，其中的 F11.2 级和 F11.3 级、F22.1 级和 F22.3 级、F5 和 F5a 分别为常用铸件 WC6、WC9 和 C5 的变形合金。WC6 的变形合金 F11.2 级和 F11.3 级的化学成分相同，其 UNS（金属和合金统一数字编号）牌号也相同（即 K11572），但其力学性能却不同，主要是由于采用不同的热处理条件导致的。WC9 的变形合金 F22.1 级和 F22.3 级也是一样的，在选用时需要注意。当采用锻焊结构时，标准中列出了焊后的最低热处理温度，也规定了各种材料焊接用的焊条牌号，推荐了零件预热和层间温度，供制定焊接工艺时选用。

国内普通高温阀门主体用材料可在 JB 4726—2016 中选用。其中的 15CrMo、12Cr2Mo1 和 1Cr5Mo 与 GB/T 16253—2019 中的 ZG15Cr/MoG、ZG12Cr2Mo1G 和 ZG16Cr5Mo 的化学成分、力学性能和高温性能等具有对应关系。

4.1.6 不锈钢

不锈钢通常分为奥氏体不锈钢、马氏体不锈钢、铁素体不锈钢、双相不锈钢和沉淀硬化不锈钢。马氏体、铁素体和沉淀硬化不锈钢较少用作阀体材料。

奥氏体不锈钢具有韧性好、耐腐蚀、耐高温氧化和耐低温等特点，其中 ASTM A351CF8/CF8M（304/316）以及 ASTM A351CF3/CF3M（近似 304L/316L）是常用不锈钢阀体材料，其温度范围为 -254~816℃。ASTM A351CF3/CF3M 承压性能与 304/316 相同，耐蚀性与 304L/316L 相同。

双相不锈钢同时具有奥氏体和铁素体不锈钢的优点，即韧性好、强度高、耐腐蚀，通常用于氧气或氯离子含量高的工况（如海水）。其常用的材料有 ASTM A995CD3MN 和 ASTM A995CD3MWCuN，前者的使用温度不能超过 315℃。

1) 铸件。国际上推荐使用的不锈钢阀门承压件材料较多，ASTM A351/A351M 中就有20余种，其中大多数为奥氏体不锈钢，最常用的有CF3、CF8、CF3M、CF8M和CF8C等。其基型为18Cr-8Ni奥氏体不锈钢。牌号中的C表示为使用温度在650℃以下的不锈钢铸件；第2个字母表示不锈钢中的含Ni量，其英文字母越靠后，含Ni量越高，F的含Ni量为8.0%~12.0%；数字代表含C量的最大值（以万分之几表示），后面的M和C等表示在铬镍含量分别为18%和8%的基础上添加了其他的不同合金元素，M表示Mo，C表示Nb等。加Mo是为了提高再结晶温度，增加了高温下抗蠕变的性能，进而改善其耐热性；加Nb是使Cr的碳化物减少，增加晶间含钼量，提高抗晶间腐蚀的性能。

我国GB/T 12230—2005中规定了14种牌号的奥氏体不锈钢，其中9种为我国牌号标准，5种为ASTM A351/A351M标准中的CF3、CF8、CF3M、CF8M和CF8C，其化学成分和力学性能与ASTM A351/A351M基本相同。在国内实际使用过程中，常将我国标准中的部分国内牌号与ASTM A351/A351M中的牌号相互对照使用。如CF3对照ZG00Cr18Ni10、CF8对照ZG0Cr18Ni9等。

2）锻件。在ASTM A182/A182M标准中列出的34种奥氏体不锈钢锻件中，与前面提到的常用5种铸件相对应的变形合金牌号为F304、F316、F304L、F316L和F347。牌号中的F表示制造工艺为锻造或轧制；3表示为奥氏体不锈耐酸钢系列，304为常用的含碳较低的18Cr-8Ni类奥氏体不锈钢（通用型为302），316在304的基础上加了Mo，用以改善钢的耐热性；后面加L表示为低碳的304或316，用来改善其耐蚀性。F347是在F304的基础上加了Nb而增加奥氏体化，进一步减小晶间腐蚀倾向。标准中对补焊要求做出了具体规定，如焊条牌号，焊后最低热处理温度等。

在我国的JB 4728—2000《压力容器用不锈钢锻件》标准中，有6种为奥氏体不锈钢，其中铸件变形合金有4种，分别为0Cr18Ni9、00Cr19Ni10、0Cr17Ni12Mo2和00Cr17Ni14Mo2，还有一种0Cr18Ni10Ti则与ASTM A182/A182M中的F321相当，F321是在F304的基础上加Ti而改善晶间腐蚀倾向，其作用与Nb相同。

4.1.7 镍基合金

镍基合金主要用在强氧化、强腐蚀、高温腐蚀等恶劣工况中。常用的镍基合金包括镍铜合金（Monel）、镍铬铁合金（Inconel、Alloy20）、镍钼合金（哈氏合金 B 系列，HastelloyB）、镍铬钼合金（哈氏合金 C 系列，HastelloyC-276）等。

1）Monel 适用于纯氧气、强碱、盐溶液和氢氟酸等介质，不适用于强氧化性酸溶液。

2）Inconel 高温抗氧化性能好。适用于氧化和还原环境的腐蚀性介质。

3）Alloy20 用于各种温度和浓度的硫酸、磷酸和醋酸等介质。

4）HastelloyB 适用于盐酸溶液和硫酸溶液等介质。

5）HastelloyC 适用于强氧化性或还原性介质。

4.1.8 钛及钛合金

钛及钛合金具有密度低、强度高、无磁性、耐腐蚀和耐压性好等突出优点，已广泛应用于航空航天、石油化工、冶金电力、医药卫生等行业的阀门上。

常用钛及钛合金包括工业纯钛、α 型钛合金、β 型钛合金和 $\alpha+\beta$ 型钛合金。工业纯钛是指几种具有不同的 Fe、C、N、O 等杂质含量的非合金钛，工业纯钛不能进行热处理强化，成型性能优良，易于熔焊和钎焊。工业纯钛的实际应用广泛，典型的变形工业纯钛牌号有 TA1、TA2 和 TA3 等；典型的铸造牌号有 ZTA1、ZTA2 和 ZTA3。α 型钛合金以钛为基体，加入了 Al、Sn、Cr、Mo、Mn 等元素，典型的 α 型变形钛合金牌号有 TA5、TA7、TA9 等。β 型钛合金为 Ti 中加入 Cr、Mo、V 等元素的合金，这类合金经淬火处理后得到 β 型固溶体组织，具有较高的强度和冲击韧性，压力加工性能和焊接性能良好，但是 β 型钛合金的组织和性能不稳定，熔炼工艺复杂，应用较少。$\alpha+\beta$ 型钛合金的室温组织为 $\alpha+\beta$ 型组织，是在稳定状态下含 5%～25% 的 β 相以及从 β 区急剧冷却形成 α 型马氏体相的 $\alpha+\beta$ 钛合金，它可通过热处理淬火加时效处理强化，$\alpha+\beta$ 型钛合金力学性能范围较宽，在宽广的温度范围内有较好的综合性能，可适合各种不同的用途,典型的 α + β 型铸造钛合金牌号有 ZTC3、ZTC4 和 ZTC5。

钛及钛合金具有许多优良特性,主要体现在如下几个方面:钛合金具有很高的强度,其抗拉强度为 686~1176MPa,而密度仅为钢的 60% 左右,所以比强度很高;钛合金(退火态)的硬度高,HRC 为 32~38;退火态的弹性模量为 $1.078 \times 10 \sim 1.176 \times 10$MPa,约为钢和不锈钢的一半;在高温下,钛合金仍能保持良好的力学性能,其耐热性远高于铝合金,且工作温度范围较宽,目前新型耐热钛合金的工作温度可达 550~600℃;在低温下,钛合金的强度反而比在常温时增加,且具有良好的韧性,低温钛合金在 -253℃ 时还能保持良好的韧性;钛的耐蚀性强,在 550℃ 以下的空气中,表面会迅速形成薄而致密的氧化钛膜,在大气、海水、硝酸和硫酸等氧化性介质及强碱中,其耐蚀性优于大多数不锈钢。

4.1.9 控制阀承压件常用材料

控制阀承压件常用材料见表 4-1、表 4-2。

表 4-1 Class 系列钢制阀门承压件常用材料(GB/T 12224—2015)

材料组号	材料类别	铸件		锻件	
		钢号	标准号	钢号	标准号
1.0	C-Si	WCA	GB/T 12229—2005	—	—
		—	—	20	NB/T 47008—2017
1.1	C-Si	WCB	GB/T 12229—2005	A105	GB/T 12228—2006
	C-Si	WCB	ASTM216	A105	ASTM105
1.2	C-Mn-Si	WCC	GB/T 12229—2005	—	—
		LCC	JB/T 7248—2008		
	2 1/2Ni	LC2	JB/T 7248—2008		
	3 1/2Ni	LC3	JB/T 7248—2008		
1.3	C-Mn-Si	—	—	16Mn	NB/T 47008—2017
		—	—	16MnD	NB/T 47009—2017
	C-1/2 Mo	W	JB/T 5263—2005		
		LC1	JB/T 7248—2008		
	C-Si	LCB	JB/T 7248—2008		

第4章 控制阀材料及耐蚀性

（续）

材料组号	材料类别	铸件 钢号	铸件 标准号	锻件 钢号	锻件 标准号
1.4	Mn-Ni	—	—	09MnNiD	NB/T 47009—2017
1.7	1/4Cr-1/2Mo	—	—	F2	ASTM A182
	Ni-1/2Cr-1/2Mo	WC4	ASTM A217	—	—
	3/4Ni-Mo-3/4Cr	WC5	ASTM A217	—	—
1.9	1 1/4Cr-1/2Mo	—	—	14Cr1Mo	NB/T 47008—2017
		WC6	JB/T 5263—2005	F11	ASTM A182
1.10	2 1/4Cr-1Mo	ZG12Cr2Mo1G	GB/T 16253—2019	12Cr2Mo1	NB/T 47008—2017
		WC9	JB/T 5263—2005	F22	ASTM A182
1.13	5Cr-1/2Mo	—	—	1Cr5Mo	NB/T 47008—2017
		C5	ASTM A217	F5a	ASTM A182
1.11	9Cr-1Mo	C12	ASTM A217	F9	ASTM A182
		ZG14Cr9Mo1G	GB/T 16253—2019	—	—
1.15	9Cr-1Mo-V	C12A	JB/T 5263—2005	F91	ASTM A182
1.17	1Cr-1/2Mo	ZG15Cr1MoG	GB/T 16253—2019	15CrMo	NB/T 47008—2017
		—	—	F12	ASTM A182
	5Cr1/2Mo	—	—	F5	ASTM A182
1.18	9Cr-2W-V	—	—	F92	ASTM A182
2.1	18Cr-8Ni	CF3	GB/T 12230—2005	—	—
		CF8	GB/T 12230—2005	06Cr19Ni10	NB/T 47010—2017
		CF10	ASTM A351	F304、F304H	ASTM A182
2.2	16Cr-12Ni-2Mo	CF3M	GB/T 12230—2005	—	—
		CF8M	GB/T 12230—2005	06Cr17Ni12Mo2	NB/T 47010—2017
		CF10M	ASTM A351	F316、F316H	ASTM A182
	18Cr-13Ni-3Mo	—	—	06Cr19Ni13Mo3	GB/T 1220—2007
		CF8A	ASTM A351	F317、F317H	ASTM A182
	18Cr-8Ni	CF3A	ASTM A351	—	—
	19Cr-10Ni-3Mo	—	ASTM A351	—	—
2.3	18Cr-8Ni	—	—	022Cr19Ni10	NB/T 47010—2017
		—	—	F304L	ASTM A182
2.3	16Cr-12Ni-2Mo	—	—	022Cr17Ni12Mo2	NB/T 47010—2017
		—	—	F316L	ASTM A182
	18Cr-13Ni-3Mo	—	—	022Cr19Ni13Mo3	GB/T 1220—2007
		—	—	F317L	ASTM A182

(续)

材料组号	材料类别	铸件 钢号	铸件 标准号	锻件 钢号	锻件 标准号
2.4	18Cr-10Ni-Ti	ZG08Cr18Ni9Ti	GB/T 12230—2005	06Cr18Ni11Ti	NB/T 47010—2017
		ZG12Cr18Ni9Ti	—	F32KF321H	ASTM A182
2.5	18Cr-10Ni-Cb	—	—	06Cr18Ni11Nb	GB/T 1220—2007
		—	—	F347、F347H	ASTM A182
2.6	23Cr-12Ni	—	—	—	—
2.7	25Cr-20Ni	—	—	06Cr25Ni20	NB/T 47010—2017
		—	—	F310H	ASTM A182
2.8	20Cr-18Ni-6Mo	CK3MCuN	ASTM A351	F44	ASTM A182
	22Cr-5Ni-3Mo-N	—	—	022Cr23Ni5Mo3N	NB/T 47010—2017
		CD3MN	ASTM A351	F51	ASTM A182
	24Cr-10Ni-4Mo-V	CE8MN	ASTM A351	—	—
	25Cr-7Ni-4Mo-N	—	—	F53	ASTM A182
	25Cr-7.5Ni-3.5Mo-N-Cu-W	—	—	03Cr25Ni6Mo3Cu2N	GB/T 1220—2007
		—	—	F55	ASTM A182
2.9	23Cr-12Ni	—	—	—	—
	25Cr-20Ni	—	—	—	—
2.10	25Cr-12Ni	CH8	ASTM A351	—	—
		CH20	ASTM A351	—	—
2.11	18Cr-10Ni-Cb	CF8C	ASTM A351	—	—
		CF8C	GB/T 12230—2005	—	—
2.12	25Cr-20Ni	CK20	ASTM A351	—	—
3.4	67Ni-30Cu	—	—	Nu30	JB 4744—2000
	67Ni-30Cu8-S	M-35-1	ASTM A494	—	—
3.12	16Fe-21Ni-21Cr6Mo-Cu-N	CN3MN	ASTM A351	—	—
3.15	Ni-Mo	N-12MV	ASTM A494	—	—
	Ni-Mo-Cr	CW-12MV	ASTM A494	—	—
3.17	29Ni-201/2Cr 31/2Cu-21/2Mo	CN7M	ASTM A351	—	—

表 4-2　PN 系列钢制阀门承压件常用材料（GB/T 12224—2015）

材料组号	铸件 钢号	铸件 标准号	锻件 钢号	锻件 标准号
1C1	WCB	ASTM A216	LF2	ASTM A350
1C2	WCC	ASTM A216	LF3	ASTM A350
1C2	LCC	ASTM A352	—	—
1C2	LC2	ASTM A352	—	—
1C2	LC3	ASTM A352	—	—
1C3	LCB	ASTM A352	—	—
1C4	—	—	LF1	ASTM A350
1C5	WC1	ASTM A217	F1	ASTM A182
1C5	LC1	ASTM A352	—	—
1C6	—	—	—	—
1C7	WC4	ASTM A217	F2	ASTM A182
1C7	WC5	ASTM A217	—	—
1C8	—	—	—	—
1C9	—	—	F11、C12	ASTM A182
1C9	WC6	ASTM A217	F11、C12	ASTM A182
1C10	WC9	ASTM A217	F22、C13	ASTM A182
1C11	—	—	F21	ASTM A182
1C12	—	—	—	—
1C13	C5	ASTM A217	F5、F5a	ASTM A182
1C14	C12	ASTM A217	F9	ASTM A182
1C15	C12A	ASTM A217	F91	ASTM A182
2C1	CF8	ASTM A351	—	—
2C1	CF3	ASTM A351	—	—
2C2	—	—	F304、F304H	ASTM A182
2C2	CF3A	ASTM A351	F316、F316H	ASTM A182
2C2	CF8M、CF3M	ASTM A351	—	—
2C2	CF8A	ASTM A351	F317、F317H	ASTM A182
2C2	CG8M	ASTM A351	—	—
2C3	—	—	F304L	ASTM A182
2C3	—	—	F316L	ASTM A182
2C4	—	—	F321	ASTM A182

(续)

材料组号	铸件 钢号	铸件 标准号	锻件 钢号	锻件 标准号
2C5	—	—	F347、F347H	ASTM A182
	—	—	F348、F348H	ASTM A182
2C6	CH20 CH8	ASTM A351	—	—
2C7	CK20	ASTM A351	F310H	ASTM A182
2C8	CK3MCuN	ASTM A351	F44	ASTM A182
	CD3MWCuN	ASTM A351	F51	ASTM A182
	CD4MCu	ASTM A351	F53	ASTM A182
	CE8MN	ASTM A351	F55	ASTM A182
1E0	—	—	—	—
2E0	WCA	GB/T 12229—2005	20	NB/T 47008—2017
	LCA	JB/T 7248—2008	09MnNiD	NB/T 47009—2017
3E0	WCB	GB/T 12229—2005	16Mn、15MnV	NB/T 47008—2017
	—	—	A105	GB/T 12228—2006
	LCB	JB/T 7248—2004	16MnD	NB/T 47009—2017
3E1	WCC	GB/T 12229—2005	—	—
4E0	WC1	JB/T 5263—2005	20MnMo	NB/T 47008—2017
	ZG19MoG	GB/T 16253—2019		
	—	—	20MnMoD	NB/T 47009—2017
5E0	ZG15Cr1MoG	GB/T 16253—2019	15CrMo	NB/T 47008—2017
	WC6	JB/T 5263—2005		
6E0	ZG12Cr2Mo1G	GB/T 16253—2019	12Cr2Mo1	NB/T 47008—2017
	WC9	JB/T 5263—2005	—	—
6E1	ZG16Cr5MoG	GB/T 16253—2019	1Cr5Mo	NB/T 47008—2017
7E0	LCC	JB/T 7248—2008	—	—
7E2	ZG24Ni2MoD	GB/T 16253—2019	08MnNiCrMoVD	NB/T 47009—2017
	LC2	JB/T 7248—2008	—	—
7E3	LC3、LC4、LC9	JB/T 7248—2008	—	—
9E1	C12A	JB/T 5263—2005	—	—
	ZG14Cr9Mo1G	GB/T 16253—2019	—	—
10E0	CF3	GB/T 12230—2005	00Cr19Ni10	NB/T 47010—2017
10E1	—	—	—	—
11E0	CF8	GB/T 12230—2005	0Cr18Ni9	NB/T 47010—2017

(续)

材料组号	铸件		锻件	
	钢号	标准号	钢号	标准号
12E0	ZG0Cr18Ni9Ti	GB/T 12230—2005	0Cr18Ni10Ti	NB/T 47010—2017
	ZG08Cr20Ni10Nb	GB/T 16253—2019	—	—
13E0	CF3M	GB/T 12230—2005	00Cr17Ni14Mo2	NB/T 47010—2017
	ZG03Cr19Ni11Mo2	GB/T 16253—2019	—	—
	ZG03Cr19Ni11Mo3	GB/T 16253—2019	—	—
13E1	—	—	—	—
14E0	CF8M	GB/T 12230—2005	0Cr17Ni12Mo2	NB/T 47010—2017
	ZG07Cr19Ni11Mo2	GB/T 16253—2019		
	ZG07Cr19Ni11Mo3	GB/T 16253—2019		
15E0	ZG08Cr18Ni12Mo2Ti	GB/T 12230—2005	0Cr18Ni12Mo2Ti	NB/T 47010—2017
16E0	—	—	—	—

注：1E0 组材料、2E0 组材料、7E0 组材料和 7E2 组材料的压力-温度额定值按 GB/T 9124—2010 的规定。

4.1.10 承压件常用材料的标准及牌号对照

1）常用铸钢标准及牌号对照见表 4-3。

表 4-3 常用铸钢标准及牌号对照

种类	GB		ASTM		JIS		DIN	
	标准	牌号	标准	牌号	标准	牌号	标准	材料号
碳素铸钢	GB/T 12229—2005	WCA	A216	WCA	G5151—1991	SCPH1	17245	1.0619
		WCB	A216	WCB	G5151—1991	SCPH2	—	—
		WCC	A216	WCC	—	—	—	—
高温合金铸钢	JB/T 5263—2005	WC1	A217	WC1	G5151—1991	SCPH-11	—	—
		WC6	A217	WC6	—	—	—	—
		WC9	A217	WC9	G5151—1991	SPH-32	—	—
		C12A	A217	C12A	—	—	VDEh SPW595	1.7389
奥氏体铸钢	GB/T 12230—2005	CF3	A351	CF3	G5121—2003	SCS19A	—	—
		CF8	A351	CF8	G5121—2003	SCS134	17445	1.4308
		CF3M	A351	F3M	G5121—2003	SCS16A	—	—
		CF8M	A351	F8M	G5121—2003	SCS14A	17445	1.4408
		CF8C	A351	CF8C	G5121—2003	SCC21	17445	1.4552

(续)

种类	GB		ASTM		JIS		DIN	
	标准	牌号	标准	牌号	标准	牌号	标准	材料号
低温铸钢	JB/T 7248—2008	LCA	A352	LCA	—	—	—	—
		LCB	A352	LCB	G5152—1991	SPL1	VDEh SPW685	1.1156
		LCC	A352	LCC	—	—	—	—
		LC1	A352	LC1	G5152—1991	SPL11	1504	—
		LC2	A352	LC2	G5152—1991	SPL21	—	—
		LC3	A352	LC3	G5152—1991	SPL31	VDEh SPW685	1.5638
		LC4	A352	LC4	—	—	—	—
		LC9	A352	LC9	—	—	—	—

2) 锻钢标准及牌号对照见表4-4。

表4-4 锻钢标准及牌号对照

种类	GB		ASTM		JIS		DIN	
	标准	牌号	标准	牌号	标准	牌号	标准	材料号
碳钢	GB/T 699—2015	25	A105	A105	G3201—2008	SF50A	17100	1.0050
高温合金钢	GB/T 3077—2007	16Mo	A182	F1	G3213—2004	SFHV12B	VdTuV201	1.5423
	GB/T 1221—2007	1Cr5Mo	A182	F5	—	SFHV25	VdTuV1207	1.7366
	GB/T 1221—2007	1CrSMo	A182	F5a	—	—	—	—
	GB/T 1221—2007	1Cr9Mo	A182	F9	—	SFHV26B	—	—
	GB/T 1221—2007	20CrMo	A182	F11	—	SFHV23B	—	—
	GB/T 3077—2007	12Cr3MoVSiTiB	A182	F21	—	—	10083	—
不锈钢	GB/T 1220—2007	06Cr18Ni9	A182	F304	G3214—2009	SUSF304	17440	1.4301
	GB/T 1220—2007	022Cr19Ni11	A182	F304L	—	SUSF304L	—	1.4306
	GB/T 1220—2007	06Cr18Ni10N	A182	F304N	—	—	—	—
	GB/T 1220—2007	06Cr18Ni10N	A182	F304LN	—	—	—	1.4311
	GB/T 1220—2007	06Cr25Ni20	A182	F310	G3214—2009	SUSF310	17440	—
	GB/T 1220—2007	06Cr17Ni12Mo2	A182	F316	—	SUSF316	—	1.4401
	GB/T 1220—2007	022Cr17Ni14Mo2	A182	F316L	—	SUSF316L	—	1.4404
	GB/T 1220—2007	06Cr17Ni12Mo2N	A182	F316N	—	—	—	—
	GB/T 1220—2007	022Cr17Ni13Mo2N	A182	F316LN	—	—	—	1.4406
	GB/T 1220—2007	10Cr18Ni9Ti	A182	F321	—	—	—	1.4541
	GB/T 1220—2007	022Cr18Ni11Nb	A182	F347	—	—	—	1.4550
	GB/T 1220—2007	10Cr17	A182	F430	—	—	—	1.4016
	GB/T 1220—2007	12Cr13	A182	F6a1.1	—	—	—	1.4006
	GB/T 1220—2007	20Cr13	A182	F6a1.2	—	—	—	1.4006

第4章 控制阀材料及耐蚀性

4.1.11 材料的压力-温度额定值

(1) 中国标准数据（GB/T 12224—2015《钢制阀门 一般要求》）

压力-温度额定值（见表 4-5 ~ 表 4-64）是材料为 25、ZG230-450、15CrMo、ZG20CrMo、12Cr5Mo、ZG1Cr5Mo、12Cr1MoV、ZG20CrMoV、15Cr1Mo1V、ZG15Cr1Mo1V 等所示温度下的最大允许工作压力。PN 系列阀门的压力级别所对应额定压力的温度就是该承压壳体的额定温度，与阀门内部介质的温度相同，表中所指压力均为表压。

Class 系列阀门的压力-温度额定值是材料为 A105、WCB、WC、F36、WB36、W1、F11、WC6、F22、WC9、F5a、C5、F91、C12A、F92、F304、CF8、F304H、F310、F316、CF8M、F316H、CF10M、F321H、F347H、F310H、CH20、CK20、N06022、N06625、N08825 等所示温度下的最大允许工作压力。Class 系列阀门的压力级别所对应额定压力的温度就是该承压壳体的额定温度，与阀门内部介质的温度相同，表中所指压力均为表压。

对选用 ASTM 材料的 PN 系列阀门，其压力-温度额定值应根据阀门的工作压力和工作温度按表 4-5 中的材料进行转换计算，对特殊压力级别转换的 PN 系列阀门仅适用于焊接连接和螺纹连接端的钢制阀门和镍基合金阀门，法兰端连接的阀门应按标准压力级别转换计算。

压力-温度额定值由阀体材料确定，选材时应按标准规定，应考虑阀门使用的介质温度、压力、耐蚀性等因素。

表 4-5 第 1C1 组材料

（铸件 WCB，锻件 A105、LF2，板材 70，管材 B70、C70，使用温度不大于 425℃）

温度 /℃	PN 系列阀门标准压力级压力-温度额定值							
	公称压力							
	PN2.5	PN6	PN10	PN16	PN25	PN40	PN63	PN100
	工作压力/MPa							
-10 ~ 50	0.252	0.605	1.008	1.61	2.52	4.03	6.35	10.08
50	0.247	0.593	0.988	1.58	2.47	3.95	6.22	9.88

(续)

PN系列阀门标准压力级压力-温度额定值

温度/℃	公称压力							
	PN2.5	PN6	PN10	PN16	PN25	PN40	PN63	PN100
	工作压力/MPa							
100	0.229	0.549	0.915	1.46	2.29	3.66	5.77	9.15
150	0.223	0.535	0.892	1.43	2.23	3.57	5.62	8.92
200	0.216	0.519	0.865	1.38	2.16	3.46	5.45	8.65
250	0.206	0.494	0.823	1.32	2.06	3.29	5.19	8.23
300	0.191	0.459	0.764	1.22	1.91	3.06	4.81	7.64
350	0.182	0.438	0.729	1.17	1.82	2.92	4.59	7.29
375	0.180	0.432	0.720	1.15	1.80	2.88	4.53	7.20
400	0.170	0.408	0.681	1.09	1.70	2.72	4.29	6.81
425	0.142	0.340	0.567	0.91	1.42	2.27	3.57	5.67
450	0.099	0.237	0.395	0.63	0.99	1.58	2.49	3.95
475	0.067	0.160	0.267	0.43	0.67	1.07	1.68	2.67
500	0.043	0.104	0.174	0.28	0.43	0.69	1.09	1.74
525	0.026	0.061	0.102	0.16	0.26	0.41	0.64	1.02
540	0.016	0.039	0.064	0.10	0.16	0.26	0.41	0.64

PN系列阀门特殊压力级压力-温度额定值

温度/℃	公称压力							
	PN2.5	PN6	PN10	PN16	PN25	PN40	PN63	PN100
	工作压力/MPa							
-10~50	0.255	0.612	1.021	1.633	2.55	4.08	6.43	10.21
50	0.255	0.612	1.021	1.633	2.55	4.08	6.43	10.21
100	0.255	0.612	1.021	1.633	2.55	4.08	6.43	10.21
150	0.255	0.612	1.021	1.633	2.55	4.08	6.43	10.21
200	0.255	0.612	1.021	1.633	2.55	4.08	6.43	10.21
250	0.255	0.612	1.021	1.633	2.55	4.08	6.43	10.21
300	0.246	0.590	0.984	1.574	2.46	3.94	6.20	9.84
350	0.237	0.570	0.950	1.519	2.37	3.80	5.98	9.50
375	0.233	0.559	0.932	1.491	2.33	3.73	5.87	9.32
400	0.213	0.511	0.851	1.362	2.13	3.40	5.36	8.51

(续)

温度 /℃	PN系列阀门特殊压力级压力-温度额定值							
	公 称 压 力							
	PN2.5	PN6	PN10	PN16	PN25	PN40	PN63	PN100
	工作压力/MPa							
425	0.177	0.426	0.709	1.135	1.77	2.84	4.47	7.09
450	0.124	0.296	0.494	0.791	1.24	1.98	3.11	4.94
475	0.084	0.200	0.334	0.534	0.84	1.34	2.10	3.34
500	0.054	0.130	0.217	0.347	0.54	0.87	1.37	2.17
525	0.032	0.077	0.128	0.204	0.32	0.51	0.80	1.28
540	0.020	0.048	0.080	0.129	0.20	0.32	0.51	0.80

表4-6 第1C2组材料

（铸件WCC，使用温度不大于425℃。铸件LCC、LC2、LC3，锻件LF3，使用温度不大于345℃）

温度 /℃	PN系列阀门标准压力级压力-温度额定值							
	公 称 压 力							
	PN2.5	PN6	PN10	PN16	PN25	PN40	PN63	PN100
	工作压力/MPa							
−10~50	0.255	0.612	1.021	1.63	2.55	4.08	6.43	10.21
50	0.255	0.612	1.021	1.63	2.55	4.08	6.43	10.21
100	0.254	0.610	1.017	1.63	2.54	4.07	6.41	10.17
150	0.248	0.594	0.990	1.58	2.48	3.96	6.24	9.90
200	0.241	0.578	0.963	1.54	2.41	3.85	6.06	9.63
250	0.229	0.549	0.914	1.46	2.29	3.66	5.76	9.14
300	0.211	0.507	0.846	1.35	2.11	3.38	5.33	8.46
350	0.198	0.476	0.794	1.27	1.98	3.18	5.00	7.94
375	0.190	0.456	0.760	1.22	1.90	3.04	4.79	7.60
400	0.170	0.408	0.681	1.09	1.70	2.72	4.29	6.81
425	0.142	0.340	0.567	0.91	1.42	2.27	3.57	5.67
450	0.099	0.237	0.395	0.63	0.99	1.58	2.49	3.95
475	0.067	0.160	0.267	0.43	0.67	1.07	1.68	2.67
500	0.043	0.104	0.174	0.28	0.43	0.69	1.09	1.74
525	0.026	0.061	0.102	0.16	0.26	0.41	0.64	1.02
540	0.016	0.039	0.064	0.10	0.16	0.26	0.41	0.64

(续)

PN 系列阀门特殊压力级压力-温度额定值

温度 /℃	公称压力							
	PN2.5	PN6	PN10	PN16	PN25	PN40	PN63	PN100
	工作压力/MPa							
-10~50	0.255	0.612	1.021	1.633	2.55	4.08	6.43	10.21
50	0.255	0.612	1.021	1.633	2.55	4.08	6.43	10.21
100	0.255	0.612	1.021	1.633	2.55	4.08	6.43	10.21
150	0.255	0.612	1.021	1.633	2.55	4.08	6.43	10.21
200	0.255	0.612	1.021	1.633	2.55	4.08	6.43	10.21
250	0.255	0.612	1.021	1.633	2.55	4.08	6.43	10.21
300	0.255	0.612	1.021	1.633	2.55	4.08	6.43	10.21
350	0.252	0.605	1.008	1.613	2.52	4.03	6.35	10.08
375	0.238	0.572	0.953	1.524	2.38	3.81	6.00	9.53
400	0.213	0.511	0.851	1.362	2.13	3.40	5.36	8.51
425	0.177	0.426	0.709	1.135	1.77	2.84	4.47	7.09
450	0.124	0.296	0.494	0.791	1.24	1.98	3.11	4.94
475	0.084	0.200	0.334	0.534	0.84	1.34	2.10	3.34
500	0.054	0.130	0.217	0.347	0.54	0.87	1.37	2.17
525	0.032	0.077	0.128	0.204	0.32	0.51	0.80	1.28
540	0.020	0.048	0.080	0.129	0.20	0.32	0.51	0.80

表 4-7 第 1C3 组材料

（铸件 LB，使用温度不大于 345℃。板材 65，管材 B65、C65，使用温度不大于 425℃）

PN 系列阀门标准压力级压力-温度额定值

温度 /℃	公称压力							
	PN2.5	PN6	PN10	PN16	PN25	PN40	PN63	PN100
	工作压力/MPa							
-10~50	0.236	0.567	0.945	1.51	2.36	3.78	5.95	9.45
50	0.233	0.560	0.933	1.49	2.33	3.73	5.88	9.33
100	0.222	0.534	0.890	1.42	2.22	3.56	5.61	8.90
150	0.217	0.520	0.867	1.39	2.17	3.47	5.46	8.67
200	0.211	0.505	0.842	1.35	2.11	3.37	5.30	8.42
250	0.200	0.480	0.801	1.28	2.00	3.20	5.04	8.01
300	0.186	0.446	0.744	1.19	1.86	2.98	4.69	7.44

第4章 控制阀材料及耐蚀性

（续）

PN系列阀门标准压力级压力-温度额定值

温度/℃	公称压力							
	PN2.5	PN6	PN10	PN16	PN25	PN40	PN63	PN100
	工作压力/MPa							
350	0.177	0.426	0.710	1.14	1.77	2.84	4.47	7.10
375	0.174	0.418	0.697	1.11	1.74	2.79	4.39	6.97
400	0.160	0.384	0.639	1.02	1.60	2.56	4.03	6.39
425	0.135	0.323	0.539	0.86	1.35	2.15	3.39	5.39
450	0.098	0.234	0.391	0.63	0.98	1.56	2.46	3.91
475	0.067	0.160	0.267	0.43	0.67	1.07	1.68	2.67
500	0.043	0.104	0.174	0.28	0.43	0.69	1.09	1.74
525	0.026	0.061	0.102	0.16	0.26	0.41	0.64	1.02
540	0.016	0.039	0.064	0.10	0.16	0.26	0.41	0.64

PN系列阀门特殊压力级压力-温度额定值

温度/℃	公称压力							
	PN2.5	PN6	PN10	PN16	PN25	PN40	PN63	PN100
	工作压力/MPa							
−10~50	0.236	0.567	0.945	1.512	2.36	3.78	5.95	9.45
50	0.236	0.567	0.945	1.512	2.36	3.78	5.95	9.45
100	0.236	0.567	0.945	1.512	2.36	3.78	5.95	9.45
150	0.236	0.567	0.945	1.512	2.36	3.78	5.95	9.45
200	0.236	0.567	0.945	1.512	2.36	3.78	5.95	9.45
250	0.236	0.567	0.945	1.512	2.36	3.78	5.95	9.45
300	0.236	0.567	0.944	1.511	2.36	3.78	5.95	9.44
350	0.230	0.552	0.921	1.473	2.30	3.68	5.80	9.21
375	0.223	0.534	0.890	1.424	2.23	3.56	5.61	8.90
400	0.200	0.480	0.799	1.279	2.00	3.20	5.04	7.99
425	0.168	0.404	0.673	1.077	1.68	2.69	4.24	6.73
450	0.122	0.293	0.488	0.782	1.22	1.95	3.08	4.88
475	0.084	0.200	0.334	0.534	0.84	1.34	2.10	3.34
500	0.054	0.130	0.217	0.347	0.54	0.87	1.37	2.17
525	0.032	0.077	0.128	0.204	0.32	0.51	0.80	1.28
540	0.020	0.048	0.080	0.129	0.20	0.32	0.51	0.80

表 4-8　第 1C4 组材料

（锻件 LF1，板材 60，管材 B60、C60，使用温度不大于 425℃）

温度/℃	公称压力							
	PN2.5	PN6	PN10	PN16	PN25	PN40	PN63	PN100
	工作压力/MPa							

PN 系列阀门标准压力级压力-温度额定值

温度/℃	PN2.5	PN6	PN10	PN16	PN25	PN40	PN63	PN100
-10~50	0.210	0.504	0.840	1.34	2.10	3.36	5.29	8.40
50	0.206	0.494	0.823	1.32	2.06	3.29	5.19	8.23
100	0.190	0.457	0.762	1.22	1.90	3.05	4.80	7.62
150	0.186	0.446	0.744	1.19	1.86	2.98	4.69	7.44
200	0.180	0.433	0.721	1.15	1.80	2.89	4.55	7.21
250	0.171	0.411	0.685	1.10	1.71	2.74	4.32	6.85
300	0.159	0.382	0.637	1.02	1.59	2.55	4.01	6.37
350	0.153	0.366	0.610	0.98	1.53	2.44	3.84	6.10
375	0.152	0.365	0.609	0.97	1.52	2.44	3.84	6.09
400	0.149	0.359	0.598	0.96	1.49	2.39	3.77	5.98
425	0.127	0.306	0.510	0.82	1.27	2.04	3.21	5.10
450	0.097	0.232	0.386	0.62	0.97	1.55	2.43	3.86
475	0.067	0.160	0.267	0.43	0.67	1.07	1.68	2.67
500	0.043	0.104	0.174	0.28	0.43	0.69	1.09	1.74
525	0.026	0.061	0.102	0.16	0.26	0.41	0.64	1.02
540	0.016	0.039	0.064	0.10	0.16	0.26	0.41	0.64

PN 系列阀门特殊压力级压力-温度额定值

温度/℃	PN2.5	PN6	PN10	PN16	PN25	PN40	PN63	PN100
-10~50	0.219	0.525	0.875	1.400	2.19	3.50	5.51	8.75
50	0.219	0.525	0.875	1.400	2.19	3.50	5.51	8.75
100	0.219	0.525	0.875	1.400	2.19	3.50	5.51	8.75
150	0.219	0.525	0.875	1.400	2.19	3.50	5.51	8.75
200	0.219	0.525	0.875	1.400	2.19	3.50	5.51	8.75
250	0.219	0.525	0.875	1.400	2.19	3.50	5.51	8.75
300	0.207	0.497	0.828	1.324	2.07	3.31	5.21	8.28
350	0.198	0.476	0.793	1.269	1.98	3.17	4.99	7.93
375	0.196	0.469	0.782	1.252	1.96	3.13	4.93	7.82

(续)

温度/℃	PN系列阀门特殊压力级压力-温度额定值							
	公称压力							
	PN2.5	PN6	PN10	PN16	PN25	PN40	PN63	PN100
	工作压力/MPa							
400	0.187	0.448	0.747	1.196	1.87	2.99	4.71	7.47
425	0.159	0.382	0.637	1.020	1.59	2.55	4.01	6.37
450	0.121	0.290	0.483	0.773	1.21	1.93	3.04	4.83
475	0.084	0.200	0.334	0.534	0.84	1.34	2.10	3.34
500	0.054	0.130	0.217	0.347	0.54	0.87	1.37	2.17
525	0.032	0.077	0.128	0.204	0.32	0.51	0.80	1.28
540	0.020	0.048	0.080	0.129	0.20	0.32	0.51	0.80

表 4-9 第 1C5 组材料

（铸件 WC1，锻件 F1，管材 CM-70，使用温度不大于 470℃。铸件 LC1，使用温度不大于 345℃）

温度/℃	PN系列阀门标准压力级压力-温度额定值							
	公称压力							
	PN2.5	PN6	PN10	PN16	PN25	PN40	PN63	PN100
	工作压力/MPa							
−10~50	0.236	0.567	0.945	1.51	2.36	3.78	5.95	9.45
50	0.235	0.564	0.940	1.50	2.35	3.76	5.92	9.40
100	0.230	0.552	0.919	1.47	2.30	3.68	5.79	9.19
150	0.222	0.532	0.887	1.42	2.22	3.55	5.59	8.87
200	0.218	0.523	0.872	1.40	2.18	3.49	5.49	8.72
250	0.212	0.510	0.850	1.36	2.12	3.40	5.35	8.50
300	0.207	0.498	0.829	1.33	2.07	3.32	5.22	8.29
350	0.198	0.476	0.794	1.27	1.98	3.18	5.00	7.94
375	0.191	0.459	0.766	1.23	1.91	3.06	4.82	7.66
400	0.180	0.433	0.722	1.15	1.80	2.89	4.55	7.22
425	0.173	0.415	0.692	1.11	1.73	2.77	4.36	6.92
450	0.167	0.400	0.667	1.07	1.67	2.67	4.20	6.67
475	0.156	0.375	0.625	1.00	1.56	2.50	3.94	6.25
500	0.116	0.279	0.465	0.74	1.16	1.86	2.93	4.65
525	0.074	0.178	0.297	0.48	0.74	1.19	1.87	2.97
540	0.053	0.127	0.211	0.34	0.53	0.85	1.33	2.11

（续）

温度/℃	公称压力 PN 系列阀门特殊压力级压力-温度额定值							
	PN2.5	PN6	PN10	PN16	PN25	PN40	PN63	PN100
	工作压力/MPa							
−10~50	0.236	0.567	0.945	1.512	2.36	3.78	5.95	9.45
50	0.236	0.567	0.945	1.512	2.36	3.78	5.95	9.45
100	0.236	0.567	0.945	1.512	2.36	3.78	5.95	9.45
150	0.236	0.567	0.945	1.512	2.36	3.78	5.95	9.45
200	0.236	0.567	0.945	1.512	2.36	3.78	5.95	9.45
250	0.236	0.567	0.945	1.512	2.36	3.78	5.95	9.45
300	0.236	0.567	0.945	1.512	2.36	3.78	5.95	9.45
350	0.236	0.567	0.945	1.512	2.36	3.78	5.95	9.45
375	0.236	0.567	0.945	1.512	2.36	3.78	5.95	9.45
400	0.236	0.567	0.945	1.512	2.36	3.78	5.95	9.45
425	0.236	0.567	0.945	1.512	2.36	3.78	5.95	9.45
450	0.231	0.555	0.925	1.481	2.31	3.70	5.83	9.25
475	0.208	0.499	0.831	1.329	2.08	3.32	5.23	8.31
500	0.148	0.356	0.594	0.950	1.48	2.37	3.74	5.94
525	0.093	0.223	0.371	0.594	0.93	1.48	2.34	3.71
540	0.066	0.158	0.264	0.423	0.66	1.06	1.66	2.64

表 4-10 第 1C6 组材料

（板材 2C1.1、2C1.2，管材 1/2CCR，使用温度不大于 540℃）

温度/℃	公称压力 PN 系列阀门标准压力级压力-温度额定值							
	PN2.5	PN6	PN10	PN16	PN25	PN40	PN63	PN100
	工作压力/MPa							
−10~50	0.201	0.483	0.805	1.29	2.01	3.22	5.07	8.05
50	0.201	0.483	0.805	1.29	2.01	3.22	5.07	8.05
100	0.201	0.483	0.805	1.29	2.01	3.22	5.07	8.05
150	0.201	0.483	0.804	1.29	2.01	3.22	5.07	8.04
200	0.195	0.468	0.780	1.25	1.95	3.12	4.92	7.80
250	0.189	0.453	0.755	1.21	1.89	3.02	4.76	7.55
300	0.183	0.439	0.732	1.17	1.83	2.93	4.61	7.32
350	0.177	0.425	0.708	1.13	1.77	2.83	4.46	7.08

第4章 控制阀材料及耐蚀性

(续)

温度 /℃	公称压力							
	PN2.5	PN6	PN10	PN16	PN25	PN40	PN63	PN100
	工作压力/MPa							

PN 系列阀门标准压力级压力-温度额定值

温度/℃	PN2.5	PN6	PN10	PN16	PN25	PN40	PN63	PN100
375	0.172	0.414	0.690	1.10	1.72	2.76	4.34	6.90
400	0.161	0.386	0.644	1.03	1.61	2.58	4.06	6.44
425	0.161	0.386	0.644	1.03	1.61	2.58	4.06	6.44
450	0.157	0.377	0.628	1.01	1.57	2.51	3.96	6.28
475	0.152	0.365	0.608	0.97	1.52	2.43	3.83	6.08
500	0.123	0.295	0.491	0.79	1.23	1.97	3.10	4.91
525	0.087	0.208	0.346	0.55	0.87	1.38	2.18	3.46
550	0.062	0.148	0.247	0.39	0.62	0.99	1.55	2.47
575	0.046	0.110	0.183	0.29	0.46	0.73	1.15	1.83
600	0.030	0.072	0.119	0.19	0.30	0.48	0.75	1.19

PN 系列阀门特殊压力级压力-温度额定值

温度/℃	公称压力							
	PN2.5	PN6	PN10	PN16	PN25	PN40	PN63	PN100
	工作压力/MPa							
−10~50	0.201	0.483	0.805	1.288	2.01	3.22	5.07	8.05
50	0.201	0.483	0.805	1.288	2.01	3.22	5.07	8.05
100	0.201	0.483	0.805	1.288	2.01	3.22	5.07	8.05
150	0.201	0.483	0.805	1.288	2.01	3.22	5.07	8.05
200	0.201	0.483	0.805	1.288	2.01	3.22	5.07	8.05
250	0.201	0.483	0.805	1.288	2.01	3.22	5.07	8.05
300	0.201	0.483	0.805	1.288	2.01	3.22	5.07	8.05
350	0.201	0.483	0.805	1.288	2.01	3.22	5.07	8.05
375	0.201	0.483	0.805	1.288	2.01	3.22	5.07	8.05
400	0.201	0.483	0.805	1.288	2.01	3.22	5.07	8.05
425	0.201	0.483	0.805	1.288	2.01	3.22	5.07	8.05
450	0.196	0.471	0.785	1.256	1.96	3.14	4.95	7.85
475	0.190	0.456	0.760	1.216	1.90	3.04	4.79	7.60
500	0.154	0.369	0.614	0.983	1.54	2.46	3.87	6.14
525	0.108	0.260	0.433	0.692	1.08	1.73	2.73	4.33
550	0.077	0.185	0.308	0.493	0.77	1.23	1.94	3.08
575	0.057	0.137	0.229	0.366	0.57	0.91	1.44	2.29
600	0.037	0.090	0.149	0.239	0.37	0.60	0.94	1.49

表 4-11　第 1C7 组材料

(铸件 WC4，锻件 F2，使用温度不大于 540℃。铸件 WC5，使用温度大于 540℃ 时，只能使用含碳量不低于 0.04% 的材料)

PN 系列阀门标准压力级压力-温度额定值

温度 /℃	公称压力							
	PN2.5	PN6	PN10	PN16	PN25	PN40	PN63	PN100
	工作压力/MPa							
−10~50	0.255	0.612	1.021	1.63	2.55	4.08	6.43	10.21
50	0.255	0.612	1.021	1.63	2.55	4.08	6.43	10.21
100	0.254	0.610	1.016	1.63	2.54	4.06	6.40	10.16
150	0.245	0.589	0.982	1.57	2.45	3.93	6.19	9.82
200	0.237	0.568	0.947	1.51	2.37	3.79	5.96	9.47
250	0.228	0.547	0.911	1.46	2.28	3.64	5.74	9.11
300	0.211	0.507	0.846	1.35	2.11	3.38	5.33	8.46
350	0.198	0.476	0.794	1.27	1.98	3.18	5.00	7.94
375	0.191	0.459	0.766	1.23	1.91	3.06	4.82	7.66
400	0.180	0.433	0.722	1.15	1.80	2.89	4.55	7.22
425	0.173	0.415	0.692	1.11	1.73	2.77	4.36	6.92
450	0.167	0.400	0.667	1.07	1.67	2.67	4.20	6.67
475	0.156	0.375	0.625	1.00	1.56	2.50	3.94	6.25
500	0.124	0.297	0.495	0.79	1.24	1.98	3.12	4.95
525	0.087	0.208	0.346	0.55	0.87	1.38	2.18	3.46
550	0.062	0.149	0.249	0.40	0.62	0.99	1.57	2.49
575	0.035	0.085	0.142	0.23	0.35	0.57	0.89	1.42
600								

PN 系列阀门特殊压力级压力-温度额定值

温度 /℃	公称压力							
	PN2.5	PN6	PN10	PN16	PN25	PN40	PN63	PN100
	工作压力/MPa							
−10~50	0.255	0.612	1.021	1.633	2.55	4.08	6.43	10.21
50	0.255	0.612	1.021	1.633	2.55	4.08	6.43	10.21
100	0.255	0.612	1.021	1.633	2.55	4.08	6.43	10.21
150	0.255	0.612	1.021	1.633	2.55	4.08	6.43	10.21
200	0.255	0.612	1.021	1.633	2.55	4.08	6.43	10.21
250	0.255	0.612	1.021	1.633	2.55	4.08	6.43	10.21

第4章 控制阀材料及耐蚀性

（续）

温度 /℃	PN系列阀门特殊压力级压力-温度额定值							
	公 称 压 力							
	PN2.5	PN6	PN10	PN16	PN25	PN40	PN63	PN100
	工作压力/MPa							
300	0.255	0.612	1.021	1.633	2.55	4.08	6.43	10.21
350	0.254	0.609	1.015	1.624	2.54	4.06	6.39	10.15
375	0.249	0.598	0.996	1.594	2.49	3.99	6.28	9.96
400	0.248	0.595	0.991	1.586	2.48	3.96	6.24	9.91
425	0.245	0.588	0.980	1.569	2.45	3.92	6.18	9.80
450	0.233	0.559	0.931	1.490	2.33	3.72	5.87	9.31
475	0.211	0.506	0.844	1.350	2.11	3.38	5.32	8.44
500	0.159	0.382	0.637	1.020	1.59	2.55	4.02	6.37
525	0.108	0.260	0.433	0.692	1.08	1.73	2.73	4.33
550	0.078	0.186	0.311	0.497	0.78	1.24	1.96	3.11
575	0.044	0.106	0.177	0.283	0.44	0.71	1.12	1.77
600	—	—	—	—	—	—	—	—

表4-12　第1C8组材料

（板材11C1.1、12C1.2、22C1.1，管材P11、P12、FP11、FP12、P22、FP22，使用温度不大于595℃）

温度 /℃	PN系列阀门标准压力级压力-温度额定值							
	公 称 压 力							
	PN2.5	PN6	PN10	PN16	PN25	PN40	PN63	PN100
	工作压力/MPa							
-10~50	0.210	0.504	0.840	1.34	2.10	3.36	5.29	8.40
50	0.207	0.496	0.826	1.32	2.07	3.31	5.21	8.26
100	0.194	0.466	0.776	1.24	1.94	3.10	4.89	7.76
150	0.190	0.455	0.759	1.21	1.90	3.03	4.78	7.59
200	0.188	0.452	0.753	1.21	1.88	3.01	4.75	7.53
250	0.188	0.452	0.753	1.20	1.88	3.01	4.74	7.53
300	0.188	0.452	0.753	1.20	1.88	3.01	4.74	7.53
350	0.187	0.450	0.750	1.20	1.87	3.00	4.72	7.50
375	0.183	0.440	0.734	1.17	1.83	2.93	4.62	7.34
400	0.175	0.420	0.699	1.12	1.75	2.80	4.41	6.99
425	0.173	0.415	0.691	1.11	1.73	2.76	4.35	6.91

(续)

温度 /℃	PN系列阀门标准压力级压力-温度额定值							
	公称压力							
	PN2.5	PN6	PN10	PN16	PN25	PN40	PN63	PN100
	工作压力/MPa							
450	0.167	0.400	0.667	1.07	1.67	2.67	4.20	6.67
475	0.156	0.375	0.625	1.00	1.56	2.50	3.94	6.25
500	0.124	0.299	0.498	0.80	1.24	1.99	3.14	4.98
525	0.090	0.215	0.358	0.57	0.90	1.43	2.26	3.58
550	0.063	0.150	0.251	0.40	0.63	1.00	1.58	2.51
575	0.043	0.104	0.174	0.28	0.43	0.69	1.09	1.74
600	0.030	0.072	0.119	0.19	0.30	0.48	0.75	1.19

温度 /℃	PN系列阀门特殊压力级压力-温度额定值							
	公称压力							
	PN2.5	PN6	PN10	PN16	PN25	PN40	PN63	PN100
	工作压力/MPa							
−10~50	0.219	0.525	0.875	1.400	2.19	3.50	5.51	8.75
50	0.219	0.525	0.875	1.400	2.19	3.50	5.51	8.75
100	0.219	0.525	0.875	1.400	2.19	3.50	5.51	8.75
150	0.219	0.525	0.875	1.400	2.19	3.50	5.51	8.75
200	0.219	0.525	0.875	1.400	2.19	3.50	5.51	8.75
250	0.219	0.525	0.875	1.400	2.19	3.50	5.51	8.75
300	0.219	0.525	0.875	1.400	2.19	3.50	5.51	8.75
350	0.219	0.525	0.875	1.400	2.19	3.50	5.51	8.75
375	0.219	0.525	0.875	1.400	2.19	3.50	5.51	8.75
400	0.219	0.525	0.875	1.400	2.19	3.50	5.51	8.75
425	0.219	0.525	0.875	1.400	2.19	3.50	5.51	8.75
450	0.211	0.507	0.845	1.353	2.11	3.38	5.33	8.45
475	0.201	0.483	0.805	1.288	2.01	3.22	5.07	8.05
500	0.158	0.380	0.633	1.012	1.58	2.53	3.99	6.33
525	0.112	0.269	0.448	0.717	1.12	1.79	2.82	4.48
550	0.078	0.188	0.314	0.502	0.78	1.25	1.98	3.14
575	0.054	0.130	0.217	0.347	0.54	0.87	1.37	2.17
600	0.037	0.090	0.149	0.239	0.37	0.60	0.94	1.49

第4章 控制阀材料及耐蚀性

表4-13 第1C9组材料

（铸件WC6，锻件F11、C12、F12，板材11C12，使用温度不大于595℃）

温度/℃	PN系列阀门标准压力级压力-温度额定值							
	公称压力							
	PN2.5	PN6	PN10	PN16	PN25	PN40	PN63	PN100
	工作压力/MPa							
-10~50	0.255	0.612	1.021	1.63	2.55	4.08	6.43	10.21
50	0.255	0.612	1.021	1.63	2.55	4.08	6.43	10.21
100	0.254	0.610	1.016	1.63	2.54	4.06	6.40	10.16
150	0.245	0.589	0.982	1.57	2.45	3.93	6.19	9.82
200	0.237	0.568	0.947	1.51	2.37	3.79	5.96	9.47
250	0.228	0.547	0.911	1.46	2.28	3.64	5.74	9.11
300	0.211	0.507	0.846	1.35	2.11	3.38	5.33	8.46
350	0.198	0.476	0.794	1.27	1.98	3.18	5.00	7.94
375	0.191	0.459	0.766	1.23	1.91	3.06	4.82	7.66
400	0.180	0.433	0.722	1.15	1.80	2.89	4.55	7.22
425	0.173	0.415	0.692	1.11	1.73	2.77	4.36	6.92
450	0.167	0.400	0.667	1.07	1.67	2.67	4.20	6.67
475	0.156	0.375	0.625	1.00	1.56	2.50	3.94	6.25
500	0.124	0.299	0.498	0.80	1.24	1.99	3.14	4.98
525	0.090	0.215	0.358	0.57	0.90	1.43	2.26	3.58
550	0.063	0.150	0.251	0.40	0.63	1.00	1.58	2.51
575	0.043	0.104	0.174	0.28	0.43	0.69	1.09	1.74
600	0.030	0.072	0.119	0.19	0.30	0.48	0.75	1.19

温度/℃	PN系列阀门特殊压力级压力-温度额定值							
	公称压力							
	PN2.5	PN6	PN10	PN16	PN25	PN40	PN63	PN100
	工作压力/MPa							
-10~50	0.255	0.612	1.021	1.633	2.55	4.08	6.43	10.21
50	0.255	0.612	1.021	1.633	2.55	4.08	6.43	10.21
100	0.255	0.612	1.021	1.633	2.55	4.08	6.43	10.21
150	0.255	0.612	1.021	1.633	2.55	4.08	6.43	10.21
200	0.255	0.612	1.021	1.633	2.55	4.08	6.43	10.21
250	0.255	0.612	1.021	1.633	2.55	4.08	6.43	10.21
300	0.255	0.612	1.021	1.633	2.55	4.08	6.43	10.21

(续)

温度/℃	PN系列阀门特殊压力级压力-温度额定值							
	公称压力							
	PN2.5	PN6	PN10	PN16	PN25	PN40	PN63	PN100
	工作压力/MPa							
350	0.254	0.609	1.015	1.624	2.54	4.06	6.39	10.15
375	0.249	0.598	0.996	1.594	2.49	3.99	6.28	9.96
400	0.248	0.595	0.991	1.586	2.48	3.96	6.24	9.91
425	0.245	0.588	0.980	1.569	2.45	3.92	6.18	9.80
450	0.233	0.559	0.931	1.490	2.33	3.72	5.87	9.31
475	0.208	0.499	0.831	1.329	2.08	3.32	5.23	8.31
500	0.159	0.381	0.635	1.016	1.59	2.54	4.00	6.35
525	0.112	0.269	0.448	0.717	1.12	1.79	2.82	4.48
550	0.078	0.188	0.314	0.502	0.78	1.25	1.98	3.14
575	0.054	0.130	0.217	0.347	0.54	0.87	1.37	2.17
600	0.037	0.090	0.149	0.239	0.37	0.60	0.94	1.49

表 4-14　第 1C10 组材料

（铸件 WC9、锻件 F22C12、板材 22C12，使用温度不大于 595℃）

温度/℃	PN系列阀门标准压力级压力-温度额定值							
	公称压力							
	PN2.5	PN6	PN10	PN16	PN25	PN40	PN63	PN100
	工作压力/MPa							
-10~50	0.255	0.612	1.021	1.63	2.55	4.08	6.43	10.21
50	0.255	0.612	1.021	1.63	2.55	4.08	6.43	10.21
100	0.254	0.610	1.017	1.63	2.54	4.07	6.41	10.17
150	0.248	0.594	0.990	1.58	2.48	3.96	6.24	9.90
200	0.241	0.578	0.963	1.54	2.41	3.85	6.06	9.63
250	0.229	0.549	0.914	1.46	2.29	3.66	5.76	9.14
300	0.211	0.507	0.846	1.35	2.11	3.38	5.33	8.46
350	0.198	0.476	0.794	1.27	1.98	3.18	5.00	7.94
375	0.191	0.459	0.766	1.23	1.91	3.06	4.82	7.66
400	0.180	0.433	0.722	1.15	1.80	2.89	4.55	7.22
425	0.173	0.415	0.692	1.11	1.73	2.77	4.36	6.92
450	0.167	0.400	0.667	1.07	1.67	2.67	4.20	6.67

第4章 控制阀材料及耐蚀性

(续)

PN系列阀门标准压力级压力-温度额定值

温度 /℃	公称压力							
	PN2.5	PN6	PN10	PN16	PN25	PN40	PN63	PN100
	工作压力/MPa							
475	0.156	0.375	0.625	1.00	1.56	2.50	3.94	6.25
500	0.137	0.329	0.549	0.88	1.37	2.19	3.46	5.49
525	0.107	0.257	0.428	0.68	1.07	1.71	2.69	4.28
550	0.076	0.182	0.303	0.49	0.76	1.21	1.91	3.03
575	0.052	0.125	0.208	0.33	0.52	0.83	1.31	2.08
600	0.034	0.082	0.136	0.22	0.34	0.54	0.86	1.36

PN系列阀门特殊压力级压力-温度额定值

温度 /℃	公称压力							
	PN2.5	PN6	PN10	PN16	PN25	PN40	PN63	PN100
	工作压力/MPa							
-10~50	0.255	0.612	1.021	1.633	2.55	4.08	6.43	10.21
50	0.255	0.612	1.021	1.633	2.55	4.08	6.43	10.21
100	0.255	0.612	1.019	1.631	2.55	4.08	6.42	10.19
150	0.252	0.605	1.008	1.614	2.52	4.03	6.35	10.08
200	0.247	0.592	0.987	1.580	2.47	3.95	6.22	9.87
250	0.245	0.588	0.981	1.569	2.45	3.92	6.18	9.81
300	0.245	0.588	0.980	1.568	2.45	3.92	6.17	9.80
350	0.243	0.584	0.973	1.556	2.43	3.89	6.13	9.73
375	0.241	0.578	0.964	1.542	2.41	3.86	6.07	9.64
400	0.235	0.563	0.938	1.501	2.35	3.75	5.91	9.38
425	0.229	0.550	0.917	1.467	2.29	3.67	5.78	9.17
450	0.220	0.529	0.881	1.410	2.20	3.53	5.55	8.81
475	0.208	0.499	0.832	1.331	2.08	3.33	5.24	8.32
500	0.176	0.423	0.704	1.127	1.76	2.82	4.44	7.04
525	0.134	0.321	0.534	0.855	1.34	2.14	3.37	5.34
550	0.095	0.227	0.379	0.607	0.95	1.52	2.39	3.79
575	0.065	0.156	0.260	0.416	0.65	1.04	1.64	2.60
600	0.042	0.102	0.170	0.272	0.42	0.68	1.07	1.70

表 4-15 第 1C11 组材料

(锻件 F21、板材 21 C1.2，使用温度不大于 595℃。板材 C1.2，使用温度不大于 370℃)

PN 系列阀门标准压力级压力-温度额定值

温度 /℃	公称压力							
	PN2.5	PN6	PN10	PN16	PN25	PN40	PN63	PN100
	工作压力/MPa							
−10~50	0.255	0.612	1.021	1.63	2.55	4.08	6.43	10.21
50	0.255	0.612	1.021	1.63	2.55	4.08	6.43	10.21
100	0.254	0.610	1.017	1.63	2.54	4.07	6.41	10.17
150	0.248	0.594	0.990	1.58	2.48	3.96	6.24	9.90
200	0.241	0.578	0.963	1.54	2.41	3.85	6.06	9.63
250	0.229	0.549	0.914	1.46	2.29	3.66	5.76	9.14
300	0.211	0.507	0.846	1.35	2.11	3.38	5.33	8.46
350	0.198	0.476	0.794	1.27	1.98	3.18	5.00	7.94
375	0.191	0.459	0.766	1.23	1.91	3.06	4.82	7.66
400	0.180	0.433	0.722	1.15	1.80	2.89	4.55	7.22
425	0.173	0.415	0.692	1.11	1.73	2.77	4.36	6.92
450	0.167	0.400	0.667	1.07	1.67	2.67	4.20	6.67
475	0.156	0.375	0.625	1.00	1.56	2.50	3.93	6.25
500	0.116	0.279	0.465	0.74	1.16	1.86	2.93	4.65
525	0.074	0.178	0.297	0.48	0.74	1.19	1.87	2.97
550	0.056	0.134	0.224	0.36	0.56	0.90	1.41	2.24
575	0.050	0.119	0.199	0.32	0.50	0.79	1.25	1.99
600	0.035	0.084	0.140	0.22	0.35	0.56	0.88	1.40

PN 系列阀门特殊压力级压力-温度额定值

温度 /℃	公称压力							
	PN2.5	PN6	PN10	PN16	PN25	PN40	PN63	PN100
	工作压力/MPa							
−10~50	0.255	0.612	1.021	1.633	2.55	4.08	6.43	10.21
50	0.255	0.612	1.021	1.633	2.55	4.08	6.43	10.21
100	0.255	0.612	1.021	1.633	2.55	4.08	6.43	10.21
150	0.255	0.612	1.020	1.633	2.55	4.08	6.43	10.20
200	0.254	0.609	1.015	1.624	2.54	4.06	6.40	10.15
250	0.254	0.609	1.015	1.624	2.54	4.06	6.39	10.15
300	0.254	0.609	1.015	1.624	2.54	4.06	6.39	10.15

(续)

温度 /℃	PN系列阀门特殊压力级压力-温度额定值							
	公 称 压 力							
	PN2.5	PN6	PN10	PN16	PN25	PN40	PN63	PN100
	工作压力/MPa							
350	0.250	0.600	1.000	1.600	2.50	4.00	6.30	10.00
375	0.248	0.595	0.991	1.586	2.48	3.97	6.25	9.91
400	0.248	0.595	0.991	1.586	2.48	3.96	6.24	9.91
425	0.245	0.588	0.980	1.569	2.45	3.92	6.18	9.83
450	0.233	0.559	0.931	1.490	2.33	3.72	5.87	9.31
475	0.201	0.483	0.805	1.288	2.01	3.22	5.07	8.05
500	0.145	0.349	0.581	0.930	1.45	2.32	3.66	5.81
525	0.093	0.223	0.371	0.594	0.93	1.48	2.34	3.71
550	0.070	0.168	0.280	0.448	0.70	1.12	1.76	2.80
575	0.062	0.149	0.248	0.397	0.62	0.99	1.56	2.48
600	0.044	0.105	0.175	0.281	0.44	0.70	1.11	1.75

表4-16 第1C12组材料

（板材5C1.1、5C1.2，管材5CR）

温度 /℃	PN系列阀门标准压力级压力-温度额定值							
	公 称 压 力							
	PN2.5	PN6	PN10	PN16	PN25	PN40	PN63	PN100
	工作压力/MPa							
-10~50	0.210	0.504	0.840	1.34	2.10	3.36	5.29	8.40
50	0.205	0.493	0.822	1.32	2.05	3.29	5.18	8.22
100	0.189	0.453	0.755	1.21	1.89	3.02	4.76	7.55
150	0.183	0.438	0.730	1.17	1.83	2.92	4.60	7.30
200	0.181	0.434	0.723	1.16	1.81	2.89	4.55	7.23
250	0.179	0.431	0.718	1.15	1.79	2.87	4.52	7.18
300	0.177	0.425	0.709	1.13	1.77	2.83	4.46	7.09
350	0.174	0.417	0.694	1.11	1.74	2.78	4.37	6.94
375	0.169	0.406	0.676	1.08	1.69	2.70	4.26	6.76
400	0.154	0.369	0.615	0.98	1.54	2.46	3.88	6.15
425	0.150	0.359	0.598	0.96	1.50	2.39	3.77	5.98
450	0.142	0.342	0.570	0.91	1.42	2.28	3.59	5.70

(续)

PN系列阀门标准压力级压力-温度额定值

温度 /℃	公称压力							
	PN2.5	PN6	PN10	PN16	PN25	PN40	PN63	PN100
	工作压力/MPa							
475	0.131	0.314	0.523	0.84	1.31	2.09	3.30	5.23
500	0.105	0.253	0.422	0.68	1.05	1.69	2.66	4.22
525	0.079	0.191	0.318	0.51	0.79	1.24	2.00	3.18
550	0.059	0.143	0.238	0.38	0.59	0.95	1.50	2.38
575	0.044	0.105	0.175	0.28	0.44	0.70	1.10	1.75
600	0.031	0.074	0.123	0.20	0.31	0.49	0.77	1.23

PN系列阀门特殊压力级压力-温度额定值

温度 /℃	公称压力							
	PN2.5	PN6	PN10	PN16	PN25	PN40	PN63	PN100
	工作压力/MPa							
-10~50	0.219	0.525	0.875	1.400	2.19	3.50	5.51	8.75
50	0.219	0.525	0.875	1.400	2.19	3.50	5.51	8.75
100	0.218	0.523	0.871	1.394	2.18	3.49	5.49	8.71
150	0.211	0.507	0.846	1.353	2.11	3.38	5.33	8.46
200	0.210	0.504	0.840	1.344	2.10	3.36	5.29	8.40
250	0.210	0.504	0.840	1.344	2.10	3.36	5.29	8.40
300	0.208	0.499	0.831	1.330	2.08	3.33	5.24	8.31
350	0.202	0.485	0.808	1.293	2.02	3.23	5.09	8.08
375	0.199	0.477	0.795	1.272	1.99	3.18	5.01	7.95
400	0.192	0.461	0.769	1.230	1.92	3.08	4.84	7.69
425	0.187	0.449	0.748	1.197	1.87	2.99	4.71	7.48
450	0.178	0.427	0.712	1.140	1.78	2.85	4.49	7.12
475	0.163	0.392	0.654	1.046	1.63	2.62	4.12	6.54
500	0.132	0.316	0.527	0.844	1.32	2.11	3.32	5.27
525	0.099	0.238	0.397	0.636	0.99	1.59	2.50	3.97
550	0.074	0.178	0.297	0.476	0.74	1.19	1.87	2.97
575	0.055	0.131	0.219	0.351	0.55	0.88	1.38	2.19
600	0.038	0.092	0.154	0.246	0.38	0.61	0.97	1.54

第4章 控制阀材料及耐蚀性

表 4-17 第 1C13 组材料

（铸件 C5，锻件 F5、F5a）

PN 系列阀门标准压力级压力-温度额定值

温度 /℃	公称压力							
	PN2.5	PN6	PN10	PN16	PN25	PN40	PN63	PN100
	工作压力/MPa							
-10~50	0.255	0.612	1.021	1.63	2.55	4.08	6.43	10.21
50	0.255	0.611	1.019	1.63	2.55	4.08	6.42	10.19
100	0.252	0.605	1.009	1.61	2.52	4.03	6.35	10.09
150	0.243	0.584	0.974	1.56	2.43	3.90	6.14	9.74
200	0.240	0.577	0.961	1.54	2.40	3.85	6.06	9.61
250	0.229	0.549	0.914	1.46	2.29	3.66	5.76	9.14
300	0.211	0.507	0.846	1.35	2.11	3.38	5.33	8.46
350	0.198	0.476	0.794	1.27	1.98	3.18	5.00	7.94
375	0.191	0.459	0.765	1.22	1.91	3.06	4.82	7.65
400	0.179	0.430	0.717	1.15	1.79	2.87	4.52	7.17
425	0.173	0.415	0.692	1.11	1.73	2.77	4.36	6.92
450	0.166	0.398	0.663	1.06	1.66	2.65	4.18	6.63
475	0.136	0.326	0.544	0.87	1.36	2.18	3.43	5.44
500	0.105	0.252	0.420	0.67	1.05	1.68	2.65	4.20
525	0.079	0.191	0.318	0.51	0.79	1.27	2.00	3.18
550	0.059	0.143	0.238	0.38	0.59	0.95	1.50	2.38
575	0.044	0.105	0.175	0.28	0.44	0.70	1.10	1.75
600	0.031	0.074	0.123	0.20	0.31	0.49	0.77	1.23

PN 系列阀门特殊压力级压力-温度额定值

温度 /℃	公称压力							
	PN2.5	PN6	PN10	PN16	PN25	PN40	PN63	PN100
	工作压力/MPa							
-10~50	0.255	0.612	1.021	1.633	2.55	4.08	6.43	10.21
50	0.255	0.612	1.021	1.633	2.55	4.08	6.43	10.21
100	0.254	0.610	1.017	1.627	2.54	4.07	6.41	10.17
150	0.248	0.595	0.991	1.586	2.48	3.96	6.24	9.91
200	0.245	0.588	0.981	1.569	2.45	3.92	6.18	9.81
250	0.245	0.588	0.980	1.568	2.45	3.92	6.17	9.80
300	0.242	0.580	0.967	1.547	2.42	3.87	6.09	9.67

(续)

温度 /℃	公称压力							
	PN2.5	PN6	PN10	PN16	PN25	PN40	PN63	PN100
	工作压力/MPa							
350	0.237	0.568	0.946	1.514	2.37	3.79	5.96	9.46
375	0.232	0.557	0.928	1.485	2.32	3.71	5.85	9.28
400	0.224	0.538	0.897	1.435	2.24	3.59	5.65	8.97
425	0.218	0.522	0.871	1.393	2.18	3.48	5.49	8.71
450	0.207	0.498	0.830	1.328	2.07	3.32	5.23	8.30
475	0.170	0.408	0.680	1.088	1.70	2.72	4.28	6.80
500	0.131	0.315	0.525	0.841	1.31	2.10	3.31	5.25
525	0.099	0.238	0.397	0.636	0.99	1.59	2.50	3.97
550	0.074	0.178	0.297	0.476	0.74	1.19	1.87	2.97
575	0.055	0.131	0.219	0.351	0.55	0.88	1.38	2.19
600	0.038	0.092	0.154	0.246	0.38	0.61	0.97	1.54

表4-18 第1C14组材料

（铸件C12，锻件F9）

温度 /℃	公称压力							
	PN2.5	PN6	PN10	PN16	PN25	PN40	PN63	PN100
	工作压力/MPa							
-10~50	0.255	0.612	1.021	1.63	2.55	4.08	6.43	10.21
50	0.255	0.612	1.021	1.63	2.55	4.08	6.43	10.21
100	0.254	0.610	1.017	1.63	2.54	4.07	6.41	10.17
150	0.248	0.594	0.990	1.58	2.48	3.96	6.24	9.90
200	0.241	0.578	0.963	1.54	2.41	3.85	6.06	9.63
250	0.229	0.549	0.914	1.46	2.29	3.66	5.76	9.14
300	0.211	0.507	0.846	1.35	2.11	3.38	5.33	8.46
350	0.198	0.476	0.794	1.27	1.98	3.18	5.00	7.94
375	0.191	0.459	0.766	1.23	1.91	3.06	4.82	7.66
400	0.180	0.433	0.722	1.15	1.80	2.89	4.55	7.22
425	0.173	0.415	0.692	1.11	1.73	2.77	4.36	6.92
450	0.167	0.400	0.667	1.07	1.67	2.67	4.20	6.67

第4章 控制阀材料及耐蚀性

（续）

PN系列阀门标准压力级压力-温度额定值

温度/℃	公称压力							
	PN2.5	PN6	PN10	PN16	PN25	PN40	PN63	PN100
	工作压力/MPa							
475	0.156	0.375	0.625	1.00	1.56	2.50	3.94	6.25
500	0.137	0.329	0.549	0.88	1.37	2.19	3.46	5.49
525	0.106	0.254	0.423	0.68	1.06	1.69	2.66	4.23
550	0.074	0.178	0.296	0.47	0.74	1.18	1.86	2.96
575	0.052	0.124	0.206	0.33	0.52	0.83	1.30	2.06
600	0.035	0.085	0.142	0.23	0.35	0.57	0.89	1.42

PN系列阀门特殊压力级压力-温度额定值

温度/℃	公称压力							
	PN2.5	PN6	PN10	PN16	PN25	PN40	PN63	PN100
	工作压力/MPa							
-10~50	0.255	0.612	1.021	1.633	2.55	4.08	6.43	10.21
50	0.255	0.612	1.021	1.633	2.55	4.08	6.43	10.21
100	0.255	0.612	1.021	1.633	2.55	4.08	6.43	10.21
150	0.255	0.612	1.021	1.633	2.55	4.08	6.43	10.21
200	0.255	0.612	1.021	1.633	2.55	4.08	6.43	10.21
250	0.255	0.612	1.021	1.633	2.55	4.08	6.43	10.21
300	0.255	0.612	1.021	1.633	2.55	4.08	6.43	10.21
350	0.254	0.609	1.015	1.624	2.54	4.06	6.39	10.15
375	0.249	0.598	0.996	1.594	2.49	3.99	6.28	9.96
400	0.248	0.595	0.991	1.586	2.48	3.96	6.24	9.91
425	0.245	0.588	0.980	1.569	2.45	3.92	6.18	9.80
450	0.233	0.559	0.931	1.490	2.33	3.72	5.87	9.31
475	0.211	0.506	0.844	1.350	2.11	3.38	5.32	8.44
500	0.176	0.423	0.704	1.127	1.76	2.82	4.44	7.04
525	0.132	0.317	0.528	0.845	1.32	2.11	3.33	5.28
550	0.092	0.222	0.370	0.592	0.92	1.48	2.33	3.70
575	0.064	0.155	0.258	0.413	0.64	1.03	1.62	2.58
600	0.044	0.106	0.177	0.283	0.44	0.71	1.12	1.77

表4-19 第1C15组材料

（铸件C12A，锻件F91，板材91C1.2，管材P91）

温度/℃	公称压力 PN系列阀门标准压力级压力-温度额定值							
	PN2.5	PN6	PN10	PN16	PN25	PN40	PN63	PN100
	工作压力/MPa							
-10~50	0.255	0.612	1.021	1.63	2.55	4.08	6.43	10.21
50	0.255	0.612	1.021	1.63	2.55	4.08	6.43	10.21
100	0.254	0.610	1.017	1.63	2.54	4.07	6.41	10.17
150	0.248	0.594	0.990	1.58	2.48	3.96	6.24	9.90
200	0.241	0.578	0.963	1.54	2.41	3.85	6.06	9.63
250	0.229	0.549	0.914	1.46	2.29	3.66	5.76	9.14
300	0.211	0.507	0.846	1.35	2.11	3.38	5.33	8.46
350	0.198	0.476	0.794	1.27	1.98	3.18	5.00	7.94
375	0.191	0.459	0.766	1.23	1.91	3.06	4.82	7.66
400	0.180	0.433	0.722	1.15	1.80	2.89	4.55	7.22
425	0.173	0.415	0.692	1.11	1.73	2.77	4.36	6.92
450	0.167	0.400	0.667	1.07	1.67	2.67	4.20	6.67
475	0.156	0.375	0.625	1.00	1.56	2.50	3.94	6.25
500	0.139	0.334	0.557	0.89	1.39	2.23	3.51	5.57
525	0.127	0.305	0.509	0.81	1.27	2.04	3.21	5.09
550	0.123	0.295	0.492	0.79	1.23	1.97	3.10	4.92
575	0.116	0.278	0.463	0.74	1.16	1.85	2.92	4.63
600	0.096	0.231	0.385	0.62	0.96	1.54	2.42	3.85

温度/℃	公称压力 PN系列阀门特殊压力级压力-温度额定值							
	PN2.5	PN6	PN10	PN16	PN25	PN40	PN63	PN100
	工作压力/MPa							
-10~50	0.255	0.612	1.021	1.633	2.55	4.08	6.43	10.21
50	0.255	0.612	1.021	1.633	2.55	4.08	6.43	10.21
100	0.255	0.612	1.021	1.633	2.55	4.08	6.43	10.21
150	0.255	0.612	1.021	1.633	2.55	4.08	6.43	10.21
200	0.255	0.612	1.021	1.633	2.55	4.08	6.43	10.21
250	0.255	0.612	1.021	1.633	2.55	4.08	6.43	10.21
300	0.255	0.612	1.021	1.633	2.55	4.08	6.43	10.21

(续)

温度 /℃	PN系列阀门特殊压力级压力-温度额定值							
	公 称 压 力							
	PN2.5	PN6	PN10	PN16	PN25	PN40	PN63	PN100
	工作压力/MPa							
350	0.254	0.609	1.015	1.624	2.54	4.06	6.39	10.15
375	0.249	0.598	0.996	1.594	2.49	3.99	6.28	9.96
400	0.248	0.595	0.991	1.586	2.48	3.96	6.24	9.91
425	0.245	0.588	0.980	1.569	2.45	3.92	6.18	9.80
450	0.233	0.559	0.931	1.490	2.33	3.72	5.87	9.31
475	0.211	0.506	0.844	1.350	2.11	3.38	5.32	8.44
500	0.176	0.423	0.704	1.127	1.76	2.82	4.44	7.04
525	0.151	0.363	0.604	0.967	1.51	2.42	3.81	6.04
550	0.143	0.343	0.572	0.916	1.43	2.29	3.61	5.72
575	0.138	0.331	0.552	0.884	1.38	2.21	3.48	5.52
600	0.120	0.289	0.481	0.770	1.20	1.92	3.03	4.81

表 4-20　第 2C1 组材料

（铸件 CF8，锻件 F304，板材 304，管材 TP304、FP304。锻件 F304H，板材 304H，管材 TP304H、FP304H。铸件 CF3，使用温度不大于 425℃）

温度 /℃	PN系列阀门标准压力级压力-温度额定值							
	公 称 压 力							
	PN2.5	PN6	PN10	PN16	PN25	PN40	PN63	PN100
	工作压力/MPa							
-10~50	0.245	0.588	0.980	1.57	2.45	3.92	6.17	9.80
50	0.236	0.566	0.944	1.51	2.36	3.78	5.95	9.44
100	0.202	0.484	0.807	1.29	2.02	3.23	5.08	8.07
150	0.183	0.440	0.734	1.17	1.83	2.93	4.62	7.34
200	0.170	0.408	0.681	1.09	1.70	2.72	4.29	6.81
250	0.160	0.385	0.641	1.03	1.60	2.56	4.04	6.41
300	0.151	0.363	0.605	0.97	1.51	2.42	3.81	6.05
350	0.146	0.350	0.583	0.93	1.46	2.33	3.67	5.83
375	0.144	0.346	0.576	0.92	1.44	2.30	3.63	5.76
400	0.141	0.339	0.564	0.90	1.41	2.26	3.56	5.64
425	0.137	0.330	0.550	0.88	1.37	2.20	3.46	5.50

(续)

PN系列阀门标准压力级压力-温度额定值

温度/℃	公称压力							
	PN2.5	PN6	PN10	PN16	PN25	PN40	PN63	PN100
	工作压力/MPa							
450	0.135	0.324	0.540	0.86	1.35	2.16	3.40	5.40
475	0.133	0.319	0.532	0.85	1.33	2.13	3.35	5.32
500	0.131	0.314	0.523	0.84	1.31	2.09	3.29	5.23
525	0.119	0.285	0.475	0.76	1.19	1.90	2.99	4.75
550	0.107	0.258	0.429	0.69	1.07	1.72	2.70	4.29
575	0.099	0.238	0.396	0.63	0.99	1.58	2.50	3.96
600	0.083	0.199	0.331	0.53	0.83	1.32	2.08	3.31

PN系列阀门特殊压力级压力-温度额定值

温度/℃	公称压力							
	PN2.5	PN6	PN10	PN16	PN25	PN40	PN63	PN100
	工作压力/MPa							
−10～50	0.255	0.612	1.021	1.633	2.55	4.08	6.43	10.21
50	0.249	0.598	0.996	1.594	2.49	3.98	6.28	9.96
100	0.225	0.539	0.899	1.438	2.25	3.59	5.66	8.99
150	0.204	0.489	0.815	1.304	2.04	3.26	5.14	8.15
200	0.189	0.454	0.757	1.212	1.89	3.03	4.77	7.57
250	0.179	0.428	0.714	1.143	1.79	2.86	4.50	7.14
300	0.169	0.405	0.675	1.080	1.69	2.70	4.25	6.75
350	0.162	0.390	0.650	1.040	1.62	2.60	4.09	6.50
375	0.160	0.384	0.640	1.024	1.60	2.56	4.03	6.40
400	0.157	0.377	0.629	1.007	1.57	2.52	3.96	6.29
425	0.153	0.368	0.613	0.981	1.53	2.45	3.86	6.13
450	0.151	0.362	0.603	0.964	1.51	2.41	3.80	6.03
475	0.148	0.355	0.592	0.947	1.48	2.37	3.73	5.92
500	0.145	0.349	0.582	0.930	1.45	2.33	3.66	5.82
525	0.141	0.339	0.565	0.904	1.41	2.26	3.56	5.65
550	0.135	0.325	0.541	0.866	1.35	2.16	3.41	5.41
575	0.124	0.297	0.495	0.792	1.24	1.98	3.12	4.95
600	0.103	0.248	0.414	0.662	1.03	1.65	2.61	4.14

第4章　控制阀材料及耐蚀性

表 4-21　第 2C2 组材料

（铸件 CF3A、CF8A，使用温度不大于 345℃。铸件 CF3M，使用温度不大于 455℃。铸件 CG8M，使用温度不大于 540℃。锻件 F316、F317，板材 316、317，管材 TP316、FP316。锻件 F316H、F317H，板材 316H，管材 TP316H、FP316H）

温度/℃	PN 系列阀门标准压力级压力-温度额定值							
	公称压力							
	PN2.5	PN6	PN10	PN16	PN25	PN40	PN63	PN100
	工作压力/MPa							
-10~50	0.245	0.588	0.980	1.57	2.45	3.92	6.17	9.80
50	0.237	0.570	0.950	1.52	2.37	3.80	5.98	9.50
100	0.208	0.500	0.833	1.33	2.08	3.33	5.25	8.33
150	0.190	0.456	0.760	1.22	1.90	3.04	4.79	7.60
200	0.176	0.422	0.704	1.13	1.76	2.82	4.43	7.04
250	0.165	0.395	0.659	1.05	1.65	2.63	4.15	6.59
300	0.156	0.374	0.624	1.00	1.56	2.50	3.93	6.24
350	0.150	0.361	0.601	0.96	1.50	2.40	3.79	6.01
375	0.147	0.354	0.590	0.94	1.47	2.36	3.72	5.90
400	0.145	0.349	0.581	0.93	1.45	2.32	3.66	5.81
425	0.144	0.345	0.575	0.92	1.44	2.30	3.62	5.75
450	0.142	0.342	0.569	0.91	1.42	2.28	3.59	5.69
475	0.141	0.340	0.566	0.91	1.41	2.26	3.56	5.66
500	0.135	0.324	0.540	0.86	1.35	2.16	3.40	5.40
525	0.125	0.299	0.499	0.80	1.25	2.00	3.14	4.99
550	0.118	0.283	0.472	0.76	1.18	1.89	2.97	4.72
575	0.112	0.270	0.450	0.72	1.12	1.80	2.83	4.50
600	0.098	0.236	0.393	0.63	0.98	1.57	2.47	3.93

温度/℃	PN 系列阀门特殊压力级压力-温度额定值							
	公称压力							
	PN2.5	PN6	PN10	PN16	PN25	PN40	PN63	PN100
	工作压力/MPa							
-10~50	0.255	0.612	1.021	1.633	2.55	4.08	6.43	10.21
50	0.251	0.602	1.003	1.604	2.51	4.01	6.32	10.03
100	0.232	0.557	0.928	1.485	2.32	3.71	5.85	9.28
150	0.212	0.509	0.848	1.356	2.12	3.39	5.34	8.48
200	0.195	0.469	0.782	1.250	1.95	3.13	4.92	7.82

PN系列阀门特殊压力级压力-温度额定值

温度 /℃	公称压力							
	PN2.5	PN6	PN10	PN16	PN25	PN40	PN63	PN100
	工作压力/MPa							
250	0.183	0.440	0.733	1.172	1.83	2.93	4.62	7.33
300	0.174	0.418	0.696	1.113	1.74	2.78	4.38	6.96
350	0.167	0.401	0.668	1.069	1.67	2.67	4.21	6.68
375	0.164	0.394	0.657	1.052	1.64	2.63	4.14	6.57
400	0.162	0.388	0.647	1.035	1.62	2.59	4.08	6.47
425	0.160	0.385	0.642	1.027	1.60	2.57	4.04	6.42
450	0.159	0.381	0.635	1.017	1.59	2.54	4.00	6.35
475	0.158	0.379	0.631	1.010	1.58	2.52	3.98	6.31
500	0.156	0.375	0.626	1.001	1.56	2.50	3.94	6.26
525	0.149	0.357	0.596	0.953	1.49	2.38	3.75	5.96
550	0.143	0.343	0.572	0.916	1.43	2.29	3.61	5.72
575	0.139	0.333	0.554	0.887	1.39	2.22	3.49	5.54
600	0.123	0.295	0.491	0.786	1.23	1.96	3.09	4.91

表 4-22　第 2C3 组材料

（锻件 F304L，板材 304L，管材 TP304L，使用温度不大于 425℃。锻件 F316L，板材 316L，管材 TP316L）

温度 /℃	公称压力							
	PN2.5	PN6	PN10	PN16	PN25	PN40	PN63	PN100
	工作压力/MPa							
-10~50	0.204	0.490	0.816	1.31	2.04	3.27	5.14	8.16
50	0.197	0.473	0.788	1.26	1.97	3.15	4.97	7.88
100	0.170	0.408	0.680	1.09	1.70	2.72	4.29	6.80
150	0.154	0.370	0.616	0.99	1.54	2.46	3.88	6.16
200	0.142	0.340	0.566	0.91	1.42	2.26	3.57	5.66
250	0.132	0.316	0.527	0.84	1.32	2.11	3.32	5.27
300	0.125	0.299	0.498	0.80	1.25	1.99	3.14	4.98
350	0.119	0.285	0.474	0.76	1.19	1.90	2.99	4.74
375	0.116	0.279	0.466	0.75	1.16	1.86	2.93	4.66

(续)

温度 /℃	公称压力							
	PN2.5	PN6	PN10	PN16	PN25	PN40	PN63	PN100
	工作压力/MPa							

PN 系列阀门标准压力级压力-温度额定值

温度/℃	PN2.5	PN6	PN10	PN16	PN25	PN40	PN63	PN100
400	0.114	0.274	0.457	0.73	1.14	1.83	2.88	4.57
425	0.112	0.269	0.448	0.72	1.12	1.79	2.82	4.48
450	0.110	0.264	0.439	0.70	1.10	1.76	2.77	4.39

PN 系列阀门特殊压力级压力-温度额定值

温度/℃	PN2.5	PN6	PN10	PN16	PN25	PN40	PN63	PN100
−10~50	0.227	0.546	0.910	1.456	2.27	3.64	5.73	9.10
50	0.220	0.527	0.879	1.406	2.20	3.52	5.54	8.79
100	0.190	0.456	0.759	1.215	1.90	3.04	4.78	7.59
150	0.172	0.412	0.687	1.099	1.72	2.75	4.33	6.87
200	0.158	0.379	0.632	1.011	1.58	2.53	3.98	6.32
250	0.147	0.353	0.588	0.941	1.47	2.35	3.70	5.88
300	0.139	0.334	0.556	0.889	1.39	2.22	3.50	5.56
350	0.132	0.317	0.528	0.845	1.32	2.11	3.33	5.28
375	0.129	0.310	0.517	0.828	1.29	2.07	3.26	5.17
400	0.127	0.304	0.507	0.811	1.27	2.03	3.19	5.07
425	0.125	0.300	0.500	0.800	1.25	2.00	3.15	5.00
450	0.123	0.294	0.490	0.784	1.23	1.96	3.09	4.90

表 4-23 第 2C4 组材料

（锻件 F321，板材 321，管材 TP321、FP321，使用温度不大于 540℃。
板材 321H，管材 TP321H、FP321H）

PN 系列阀门标准压力级压力-温度额定值

温度/℃	PN2.5	PN6	PN10	PN16	PN25	PN40	PN63	PN100
−10~50	0.245	0.588	0.980	1.57	2.45	3.92	6.17	9.80
50	0.239	0.574	0.957	1.53	2.39	3.83	6.03	9.57
100	0.218	0.522	0.870	1.39	2.18	3.48	5.48	8.70

(续)

PN 系列阀门标准压力级压力-温度额定值

温度/℃	公称压力							
	PN2.5	PN6	PN10	PN16	PN25	PN40	PN63	PN100
	工作压力/MPa							
150	0.202	0.485	0.809	1.29	2.02	3.24	5.10	8.09
200	0.189	0.454	0.756	1.21	1.89	3.02	4.76	7.56
250	0.177	0.425	0.709	1.13	1.77	2.84	4.47	7.09
300	0.168	0.404	0.673	1.08	1.68	2.69	4.24	6.73
350	0.161	0.388	0.646	1.03	1.61	2.58	4.07	6.46
375	0.158	0.379	0.632	1.01	1.58	2.53	3.98	6.32
400	0.156	0.374	0.623	1.00	1.56	2.49	3.93	6.23
425	0.154	0.369	0.615	0.98	1.54	2.46	3.87	6.15
450	0.152	0.365	0.609	0.97	1.52	2.43	3.83	6.09
475	0.151	0.362	0.603	0.96	1.51	2.41	3.80	6.03
500	0.138	0.332	0.553	0.88	1.38	2.21	3.48	5.53
525	0.126	0.302	0.504	0.81	1.26	2.02	3.17	5.04
550	0.115	0.275	0.459	0.73	1.15	1.84	2.89	4.59
575	0.102	0.244	0.406	0.65	1.02	1.63	2.56	4.06
600	0.090	0.215	0.358	0.57	0.90	1.43	2.26	3.58

PN 系列阀门特殊压力级压力-温度额定值

温度/℃	公称压力							
	PN2.5	PN6	PN10	PN16	PN25	PN40	PN63	PN100
	工作压力/MPa							
−10~50	0.255	0.612	1.021	1.633	2.55	4.08	6.43	10.21
50	0.250	0.600	1.000	1.600	2.50	4.00	6.30	10.00
100	0.229	0.549	0.915	1.465	2.29	3.66	5.77	9.15
150	0.207	0.496	0.827	1.323	2.07	3.31	5.21	8.27
200	0.190	0.455	0.758	1.213	1.90	3.03	4.78	7.58
250	0.177	0.426	0.709	1.135	1.77	2.84	4.47	7.09
300	0.169	0.405	0.675	1.079	1.69	2.70	4.25	6.75
350	0.163	0.390	0.650	1.041	1.63	2.60	4.10	6.50
375	0.160	0.384	0.641	1.025	1.60	2.56	4.04	6.41
400	0.159	0.381	0.635	1.017	1.59	2.54	4.00	6.35
425	0.158	0.378	0.630	1.008	1.58	2.52	3.97	6.30

(续)

温度/℃	PN系列阀门特殊压力级压力-温度额定值							
	公称压力							
	PN2.5	PN6	PN10	PN16	PN25	PN40	PN63	PN100
	工作压力/MPa							
450	0.156	0.375	0.625	1.000	1.56	2.50	3.94	6.25
475	0.155	0.372	0.620	0.992	1.55	2.48	3.90	6.20
500	0.155	0.371	0.618	0.989	1.55	2.47	3.89	6.18
525	0.148	0.356	0.593	0.950	1.48	2.37	3.74	5.93
550	0.141	0.339	0.564	0.903	1.41	2.26	3.56	5.64
575	0.132	0.318	0.529	0.847	1.32	2.12	3.33	5.29
600	0.116	0.277	0.462	0.740	1.16	1.85	2.91	4.62

表 4-24　第 2C5 组材料

（铸件 CF8，锻件 F347，板材 347、348，管材 TP347、TP348、FP347，使用温度不大于 540℃。锻件 F347H，板材 347H、348H，管材 TP347H、TP348H、FP347H）

温度/℃	PN系列阀门标准压力级压力-温度额定值							
	公称压力							
	PN2.5	PN6	PN10	PN16	PN25	PN40	PN63	PN100
	工作压力/MPa							
-10~50	0.245	0.588	0.980	1.57	2.45	3.92	6.17	9.80
50	0.240	0.577	0.962	1.54	2.40	3.85	6.06	9.62
100	0.223	0.534	0.891	1.43	2.23	3.56	5.61	8.91
150	0.209	0.501	0.835	1.34	2.09	3.34	5.26	8.35
200	0.196	0.471	0.785	1.26	1.96	3.14	4.95	7.85
250	0.186	0.446	0.743	1.19	1.86	2.97	4.68	7.43
300	0.177	0.425	0.709	1.13	1.77	2.84	4.47	7.09
350	0.171	0.410	0.683	1.09	1.71	2.73	4.30	6.83
375	0.168	0.403	0.672	1.08	1.68	2.69	4.24	6.72
400	0.167	0.402	0.669	1.07	1.67	2.68	4.22	6.69
425	0.166	0.398	0.663	1.06	1.66	2.65	4.18	6.63
450	0.165	0.396	0.660	1.06	1.65	2.64	4.16	6.60
475	0.156	0.374	0.624	1.00	1.56	2.50	3.93	6.24

(续)

温度 /℃	PN系列阀门标准压力级压力-温度额定值							
	公 称 压 力							
	PN2.5	PN6	PN10	PN16	PN25	PN40	PN63	PN100
	工作压力/MPa							
500	0.139	0.334	0.557	0.89	1.39	2.23	3.51	5.57
525	0.127	0.305	0.509	0.81	1.27	2.04	3.21	5.09
550	0.123	0.295	0.492	0.79	1.23	1.97	3.10	4.92
575	0.118	0.283	0.472	0.76	1.18	1.89	2.98	4.72
600	0.106	0.254	0.423	0.68	1.06	1.69	2.66	4.23

温度 /℃	PN系列阀门特殊压力级压力-温度额定值							
	公 称 压 力							
	PN2.5	PN6	PN10	PN16	PN25	PN40	PN63	PN100
	工作压力/MPa							
-10~50	0.255	0.612	1.021	1.633	2.55	4.08	6.43	10.21
50	0.253	0.606	1.010	1.617	2.53	4.04	6.37	10.10
100	0.241	0.578	0.964	1.543	2.41	3.86	6.07	9.64
150	0.223	0.535	0.891	1.426	2.23	3.56	5.61	8.91
200	0.211	0.506	0.844	1.350	2.11	3.38	5.32	8.44
250	0.204	0.490	0.816	1.305	2.04	3.26	5.14	8.16
300	0.197	0.473	0.789	1.262	1.97	3.15	4.97	7.89
350	0.190	0.457	0.762	1.219	1.90	3.05	4.80	7.62
375	0.188	0.450	0.750	1.200	1.88	3.00	4.73	7.50
400	0.187	0.448	0.746	1.194	1.87	2.98	4.70	7.46
425	0.185	0.444	0.740	1.185	1.85	2.96	4.66	7.40
450	0.184	0.442	0.737	1.179	1.84	2.95	4.64	7.37
475	0.183	0.440	0.734	1.174	1.83	2.93	4.62	7.34
500	0.169	0.405	0.674	1.079	1.69	2.70	4.25	6.74
525	0.151	0.363	0.604	0.967	1.51	2.42	3.81	6.04
550	0.143	0.343	0.572	0.916	1.43	2.29	3.61	5.72
575	0.141	0.339	0.564	0.903	1.41	2.26	3.55	5.64
600	0.132	0.317	0.529	0.846	1.32	2.11	3.33	5.29

第4章 控制阀材料及耐蚀性

表4-25 第2C6组材料

（铸件 CH20、CH8，板材 309H、309S，管材 TP309H、309H）

PN系列阀门标准压力级压力-温度额定值

温度 /℃	公称压力							
	PN2.5	PN6	PN10	PN16	PN25	PN40	PN63	PN100
	工作压力/MPa							
-10~50	0.229	0.549	0.914	1.46	2.29	3.66	5.76	9.14
50	0.224	0.537	0.894	1.43	2.24	3.58	5.63	8.94
100	0.204	0.490	0.817	1.31	2.04	3.27	5.15	8.17
150	0.193	0.464	0.773	1.24	1.93	3.09	4.87	7.73
200	0.182	0.437	0.729	1.17	1.82	2.92	4.59	7.29
250	0.173	0.416	0.693	1.11	1.73	2.77	4.37	6.93
300	0.165	0.396	0.660	1.06	1.65	2.64	4.16	6.60
350	0.158	0.378	0.630	1.01	1.58	2.52	3.97	6.30
375	0.155	0.371	0.619	0.99	1.55	2.47	3.90	6.19
400	0.152	0.364	0.607	0.97	1.52	2.43	3.82	6.07
425	0.148	0.355	0.592	0.95	1.48	2.37	3.73	5.92
450	0.145	0.348	0.580	0.93	1.45	2.32	3.65	5.80
475	0.142	0.341	0.568	0.91	1.42	2.27	3.58	5.68
500	0.135	0.324	0.540	0.86	1.35	2.16	3.40	5.40
525	0.122	0.293	0.489	0.78	1.22	1.96	3.08	4.89
550	0.108	0.258	0.431	0.69	1.08	1.72	2.71	4.31
575	0.091	0.219	0.365	0.58	0.91	1.46	2.30	3.65
600	0.072	0.172	0.286	0.46	0.72	1.15	1.80	2.86

PN系列阀门特殊压力级压力-温度额定值

温度 /℃	公称压力							
	PN2.5	PN6	PN10	PN16	PN25	PN40	PN63	PN100
	工作压力/MPa							
-10~50	0.236	0.567	0.945	1.512	2.36	3.78	5.95	9.45
50	0.232	0.557	0.928	1.485	2.32	3.71	5.85	9.28
100	0.216	0.518	0.864	1.382	2.16	3.46	5.44	8.64
150	0.207	0.497	0.828	1.324	2.07	3.31	5.21	8.28
200	0.200	0.481	0.801	1.282	2.00	3.21	5.05	8.01
250	0.193	0.462	0.770	1.232	1.93	3.08	4.85	7.70
300	0.184	0.442	0.736	1.178	1.84	2.94	4.64	7.36

（续）

温度 /℃	PN 系列阀门特殊压力级压力-温度额定值							
	公称压力							
	PN2.5	PN6	PN10	PN16	PN25	PN40	PN63	PN100
	工作压力/MPa							
350	0.176	0.422	0.703	1.124	1.76	2.81	4.43	7.03
375	0.172	0.412	0.687	1.099	1.72	2.75	4.33	6.87
400	0.169	0.406	0.677	1.084	1.69	2.71	4.27	6.77
425	0.165	0.396	0.660	1.056	1.65	2.64	4.16	6.60
450	0.162	0.388	0.647	1.036	1.62	2.59	4.08	6.47
475	0.158	0.380	0.634	1.014	1.58	2.54	3.99	6.34
500	0.155	0.371	0.619	0.990	1.55	2.47	3.90	6.19
525	0.148	0.354	0.590	0.944	1.48	2.36	3.72	5.90
550	0.135	0.323	0.538	0.861	1.35	2.15	3.39	5.38
575	0.114	0.274	0.456	0.730	1.14	1.82	2.87	4.56
600	0.090	0.215	0.358	0.573	0.90	1.43	2.26	3.58

表 4-26 第 2C7 组材料

（铸件 CK20，板材 310H、310S，管材 TP310H、310H）

温度 /℃	PN 系列阀门标准压力级压力-温度额定值							
	公称压力							
	PN2.5	PN6	PN10	PN16	PN25	PN40	PN63	PN100
	工作压力/MPa							
−10 ~ 50	0.229	0.549	0.914	1.46	2.29	3.66	5.76	9.14
50	0.224	0.537	0.895	1.43	2.24	3.58	5.64	8.95
100	0.205	0.492	0.820	1.31	2.05	3.28	5.17	8.20
150	0.193	0.464	0.773	1.24	1.93	3.09	4.87	7.73
200	0.183	0.439	0.732	1.17	1.83	2.93	4.61	7.32
250	0.174	0.418	0.696	1.11	1.74	2.78	4.39	6.96
300	0.166	0.398	0.663	1.06	1.66	2.65	4.18	6.63
350	0.158	0.380	0.633	1.01	1.58	2.53	3.99	6.33
375	0.155	0.371	0.619	0.99	1.55	2.48	3.90	6.19
400	0.153	0.366	0.610	0.98	1.53	2.44	3.84	6.10
425	0.149	0.357	0.595	0.95	1.49	2.38	3.75	5.95
450	0.146	0.350	0.583	0.93	1.46	2.33	3.68	5.83

第4章 控制阀材料及耐蚀性

(续)

PN 系列阀门标准压力级压力-温度额定值

温度/℃	公称压力							
	PN2.5	PN6	PN10	PN16	PN25	PN40	PN63	PN100
	工作压力/MPa							
475	0.143	0.343	0.572	0.91	1.43	2.29	3.60	5.72
500	0.135	0.325	0.541	0.87	1.35	2.16	3.41	5.41
525	0.124	0.297	0.494	0.79	1.24	1.98	3.11	4.94
550	0.116	0.278	0.463	0.74	1.16	1.85	2.92	4.63
575	0.106	0.253	0.422	0.68	1.06	1.69	2.66	4.22
600	0.083	0.199	0.331	0.53	0.83	1.32	2.09	3.31

PN 系列阀门特殊压力级压力-温度额定值

温度/℃	公称压力							
	PN2.5	PN6	PN10	PN16	PN25	PN40	PN63	PN100
	工作压力/MPa							
-10~50	0.238	0.570	0.951	1.521	2.38	3.80	5.99	9.51
50	0.233	0.560	0.933	1.492	2.33	3.73	5.88	9.33
100	0.216	0.518	0.864	1.382	2.16	3.46	5.44	8.64
150	0.207	0.497	0.828	1.324	2.07	3.31	5.21	8.28
200	0.202	0.484	0.807	1.291	2.02	3.23	5.08	8.07
250	0.194	0.465	0.776	1.241	1.94	3.10	4.89	7.76
300	0.185	0.444	0.740	1.184	1.85	2.96	4.66	7.40
350	0.177	0.424	0.706	1.130	1.77	2.83	4.45	7.06
375	0.173	0.415	0.691	1.106	1.73	2.76	4.35	6.91
400	0.170	0.409	0.681	1.089	1.70	2.72	4.29	6.81
425	0.166	0.399	0.664	1.063	1.66	2.66	4.19	6.64
450	0.162	0.390	0.650	1.040	1.62	2.60	4.09	6.50
475	0.159	0.383	0.638	1.020	1.59	2.55	4.02	6.38
500	0.156	0.374	0.624	0.998	1.56	2.50	3.93	6.24
525	0.148	0.356	0.593	0.950	1.48	2.37	3.74	5.93
550	0.143	0.343	0.572	0.915	1.43	2.29	3.60	5.72
575	0.132	0.317	0.528	0.845	1.32	2.11	3.33	5.28
600	0.103	0.248	0.414	0.662	1.03	1.66	2.61	4.14

表 4-27　第 2C8 组材料

（铸件 CK3MuN，锻件 F44，板材 S31254，管材 S31254；铸件 CD3MWuN、CD4Mu、CE8MN；锻件 F51、F53、F55；使用温度不大于 315℃。板材 S31803、S32750、S32760，使用温度不大于 315℃。管材 S31803、S32750、S32760，使用温度不大于 315℃）

温度 /℃	PN系列阀门标准压力级压力-温度额定值							
	公称压力							
	PN2.5	PN6	PN10	PN16	PN25	PN40	PN63	PN100
	工作压力/MPa							
-10~50	0.255	0.612	1.021	1.63	2.55	4.08	6.43	10.21
50	0.253	0.607	1.012	1.62	2.53	4.05	6.37	10.12
100	0.243	0.582	0.971	1.55	2.43	3.88	6.12	9.71
150	0.226	0.542	0.903	1.45	2.26	3.61	5.69	9.03
200	0.210	0.505	0.842	1.35	2.10	3.37	5.30	8.42
250	0.198	0.476	0.793	1.27	1.98	3.17	5.00	7.93
300	0.191	0.459	0.765	1.22	1.91	3.06	4.82	7.65
350	0.186	0.447	0.746	1.19	1.86	2.98	4.70	7.46
375	0.184	0.442	0.736	1.18	1.84	2.94	4.64	7.36
400	0.181	0.434	0.723	1.16	1.81	2.89	4.55	7.23

温度 /℃	PN系列阀门特殊压力级压力-温度额定值							
	公称压力							
	PN2.5	PN6	PN10	PN16	PN25	PN40	PN63	PN100
	工作压力/MPa							
-10~50	0.255	0.612	1.021	1.633	2.55	4.08	6.43	10.21
50	0.255	0.612	1.021	1.633	2.55	4.08	6.43	10.21
100	0.255	0.612	1.019	1.631	2.55	4.08	6.42	10.19
150	0.252	0.605	1.008	1.613	2.52	4.03	6.35	10.08
200	0.235	0.564	0.939	1.503	2.35	3.76	5.92	9.39
250	0.221	0.531	0.885	1.416	2.21	3.54	5.58	8.85
300	0.213	0.512	0.854	1.366	2.13	3.42	5.38	8.54
350	0.208	0.499	0.832	1.331	2.08	3.33	5.24	8.32
375	0.206	0.493	0.822	1.316	2.06	3.29	5.18	8.22
400	0.203	0.487	0.812	1.300	2.03	3.25	5.12	8.12

第4章 控制阀材料及耐蚀性

表 4-28 第 1E0 组材料

（板材 Q235A、Q235B）

温度 /℃	PN 系列阀门标准压力级压力-温度额定值							
	公 称 压 力							
	PN2.5	PN6	PN10	PN16	PN25	PN40	PN63	PN100
	工作压力/MPa							
-10~50	0.228	0.548	0.914	1.46	2.28	3.65	5.76	9.14

温度 /℃	PN 系列阀门特殊压力级压力-温度额定值							
	公 称 压 力							
	PN2.5	PN6	PN10	PN16	PN25	PN40	PN63	PN100
	工作压力/MPa							
-10~50	0.240	0.575	0.959	1.534	2.40	3.83	6.04	9.59

表 4-29 第 2E0 组材料

（铸件 WCA、LCA，锻件 20、09MnNiD，板材 Q245CR、20、09MnNiDCR）

温度 /℃	PN 系列阀门标准压力级压力-温度额定值							
	公 称 压 力							
	PN2.5	PN6	PN10	PN16	PN25	PN40	PN63	PN100
	工作压力/MPa							
-10~50	0.244	0.585	0.974	1.56	2.44	3.90	6.14	9.74

温度 /℃	PN 系列阀门特殊压力级压力-温度额定值							
	公 称 压 力							
	PN2.5	PN6	PN10	PN16	PN25	PN40	PN63	PN100
	工作压力/MPa							
-10~50	0.255	0.612	1.021	1.633	2.55	4.08	6.43	10.21

表 4-30 第 3E0 组材料

（铸件 WCB、LCB，锻件 A105、16MnD、16Mn、15MnV，板材 Q345CR、16MnDCR）

温度 /℃	PN 系列阀门标准压力级压力-温度额定值							
	公 称 压 力							
	PN2.5	PN6	PN10	PN16	PN25	PN40	PN63	PN100
	工作压力/MPa							
-10~50	0.244	0.585	0.974	1.56	2.44	3.90	6.14	9.74
50	0.232	0.558	0.930	1.49	2.32	3.72	5.86	9.30
100	0.213	0.512	0.853	1.36	2.13	3.41	5.37	8.53

(续)

温度 /℃	PN系列阀门标准压力级压力-温度额定值							
	公称压力							
	PN2.5	PN6	PN10	PN16	PN25	PN40	PN63	PN100
	工作压力/MPa							
150	0.198	0.475	0.792	1.27	1.98	3.17	4.99	7.92
200	0.178	0.426	0.711	1.14	1.78	2.84	4.48	7.11
250	0.162	0.390	0.650	1.04	1.62	2.60	4.09	6.50
300	0.147	0.353	0.589	0.94	1.47	2.35	3.71	5.89
350	0.137	0.329	0.548	0.88	1.37	2.19	3.45	5.48
375	0.135	0.324	0.540	0.86	1.35	2.16	3.40	5.40
400	0.132	0.317	0.528	0.84	1.32	2.11	3.33	5.28

温度 /℃	PN系列阀门特殊压力级压力-温度额定值							
	公称压力							
	PN2.5	PN6	PN10	PN16	PN25	PN40	PN63	PN100
	工作压力/MPa							
−10~50	0.255	0.612	1.021	1.633	2.55	4.08	6.43	10.21
50	0.255	0.612	1.021	1.633	2.55	4.08	6.43	10.21
100	0.255	0.612	1.021	1.633	2.55	4.08	6.43	10.21
150	0.255	0.612	1.021	1.633	2.55	4.08	6.43	10.21
200	0.231	0.555	0.925	1.480	2.31	3.70	5.83	9.25
250	0.211	0.508	0.846	1.353	2.11	3.38	5.33	8.46
300	0.192	0.460	0.767	1.226	1.92	3.07	4.83	7.67
350	0.178	0.428	0.714	1.142	1.78	2.85	4.50	7.14
375	0.176	0.422	0.703	1.125	1.76	2.81	4.43	7.03
400	0.172	0.412	0.687	1.100	1.72	2.75	4.33	6.87

表 4-31 第 3E1 组材料

（铸件 WCC）

温度 /℃	PN系列阀门标准压力级压力-温度额定值							
	公称压力							
	PN2.5	PN6	PN10	PN16	PN25	PN40	PN63	PN100
	工作压力/MPa							
−10~50	0.255	0.612	1.021	1.63	2.55	4.08	6.43	10.21
50	0.255	0.612	1.021	1.63	2.55	4.08	6.43	10.21

(续)

温度 /℃	公称压力 PN系列阀门标准压力级压力-温度额定值							
	PN2.5	PN6	PN10	PN16	PN25	PN40	PN63	PN100
	工作压力/MPa							
100	0.254	0.609	1.015	1.62	2.54	4.06	6.39	10.15
150	0.239	0.572	0.954	1.53	2.39	3.82	6.01	9.54
200	0.228	0.548	0.914	1.46	2.28	3.65	5.76	9.14
250	0.208	0.499	0.832	1.33	2.08	3.33	5.24	8.32
300	0.188	0.451	0.751	1.20	1.88	3.00	4.73	7.51
350	0.173	0.414	0.690	1.10	1.73	2.76	4.35	6.90
375	0.165	0.397	0.662	1.06	1.65	2.65	4.17	6.62
400	0.157	0.378	0.629	1.01	1.57	2.52	3.96	6.29

温度 /℃	公称压力 PN系列阀门特殊压力级压力-温度额定值							
	PN2.5	PN6	PN10	PN16	PN25	PN40	PN63	PN100
	工作压力/MPa							
-10~50	0.255	0.612	1.021	1.633	2.55	4.08	6.43	10.21
50	0.255	0.612	1.021	1.633	2.55	4.08	6.43	10.21
100	0.255	0.612	1.021	1.633	2.55	4.08	6.43	10.21
150	0.255	0.612	1.021	1.633	2.55	4.08	6.43	10.21
200	0.255	0.612	1.021	1.633	2.55	4.08	6.43	10.21
250	0.255	0.612	1.021	1.633	2.55	4.08	6.43	10.21
300	0.245	0.587	0.978	1.565	2.45	3.91	6.16	9.78
350	0.225	0.539	0.899	1.438	2.25	3.59	5.66	8.99
375	0.215	0.517	0.862	1.379	2.15	3.45	5.43	8.62
400	0.205	0.492	0.819	1.311	2.05	3.28	5.16	8.19

表 4-32 第 4E0 组材料

(铸件 WC1、LC1、ZG19MnG，锻件 20MnMo、20MnMoD)

温度 /℃	公称压力 PN系列阀门标准压力级压力-温度额定值							
	PN2.5	PN6	PN10	PN16	PN25	PN40	PN63	PN100
	工作压力/MPa							
-10~50	0.255	0.612	1.021	1.63	2.55	4.08	6.43	10.21
50	0.255	0.612	1.021	1.63	2.55	4.08	6.43	10.21

(续)

PN 系列阀门标准压力级压力-温度额定值

温度 /℃	公称压力							
	PN2.5	PN6	PN10	PN16	PN25	PN40	PN63	PN100
	工作压力/MPa							
100	0.250	0.599	0.999	1.60	2.50	4.00	6.29	9.99
150	0.237	0.568	0.946	1.51	2.37	3.78	5.96	9.46
200	0.218	0.524	0.873	1.40	2.18	3.49	5.50	8.73
250	0.203	0.487	0.812	1.30	2.03	3.25	5.12	8.12
300	0.173	0.414	0.690	1.10	1.73	2.76	4.35	6.90
350	0.162	0.390	0.650	1.04	1.62	2.60	4.09	6.50
375	0.157	0.378	0.629	1.01	1.57	2.52	3.96	6.29
400	0.152	0.365	0.609	0.97	1.52	2.44	3.84	6.09
425	0.150	0.361	0.601	0.96	1.50	2.40	3.79	6.01
450	0.147	0.353	0.589	0.94	1.47	2.35	3.71	5.89
475	0.145	0.348	0.581	0.93	1.45	2.32	3.66	5.81
500	0.114	0.273	0.456	0.73	1.14	1.82	2.87	4.56

PN 系列阀门特殊压力级压力-温度额定值

温度 /℃	公称压力							
	PN2.5	PN6	PN10	PN16	PN25	PN40	PN63	PN100
	工作压力/MPa							
-10~50	0.255	0.612	1.021	1.633	2.55	4.08	6.43	10.21
50	0.255	0.612	1.021	1.633	2.55	4.08	6.43	10.21
100	0.255	0.612	1.021	1.633	2.55	4.08	6.43	10.21
150	0.255	0.612	1.021	1.633	2.55	4.08	6.43	10.21
200	0.255	0.612	1.021	1.633	2.55	4.08	6.43	10.21
250	0.255	0.612	1.021	1.633	2.55	4.08	6.43	10.21
300	0.225	0.539	0.899	1.438	2.25	3.59	5.66	8.99
350	0.211	0.508	0.846	1.353	2.11	3.38	5.33	8.46
375	0.205	0.492	0.819	1.311	2.05	3.28	5.16	8.19
400	0.198	0.476	0.793	1.269	1.98	3.17	5.00	7.93
425	0.196	0.469	0.782	1.252	1.96	3.13	4.93	7.82
450	0.192	0.460	0.767	1.226	1.92	3.07	4.83	7.67
475	0.189	0.454	0.756	1.210	1.89	3.02	4.76	7.56
500	0.142	0.342	0.570	0.911	1.42	2.28	3.59	5.70

第4章 控制阀材料及耐蚀性

表 4-33 第 5E0 组材料

（铸件 WC6、ZG15Cr1MoG，锻件 15CrMo，板材 15CrMoCR）

温度 /℃	PN 系列阀门标准压力级压力-温度额定值							
	公称压力							
	PN2.5	PN6	PN10	PN16	PN25	PN40	PN63	PN100
	工作压力/MPa							
-10~50	0.255	0.612	1.021	1.63	2.55	4.08	6.43	10.21
50	0.255	0.612	1.021	1.63	2.55	4.08	6.43	10.21
100	0.254	0.610	1.017	1.63	2.54	4.07	6.41	10.17
150	0.248	0.594	0.990	1.58	2.48	3.96	6.24	9.90
200	0.233	0.560	0.934	1.49	2.33	3.74	5.88	9.34
250	0.223	0.536	0.893	1.43	2.23	3.57	5.63	8.93
300	0.208	0.499	0.832	1.33	2.08	3.33	5.24	8.32
350	0.193	0.463	0.771	1.23	1.93	3.09	4.86	7.71
375	0.188	0.451	0.751	1.20	1.88	3.00	4.73	7.51
400	0.180	0.433	0.722	1.15	1.80	2.89	4.55	7.22
425	0.173	0.415	0.692	1.11	1.73	2.77	4.36	6.92
450	0.167	0.400	0.667	1.07	1.67	2.67	4.20	6.67
475	0.156	0.375	0.625	1.00	1.56	2.50	3.94	6.25
500	0.139	0.334	0.557	0.89	1.39	2.23	3.51	5.57
510	0.131	0.314	0.523	0.84	1.31	2.09	3.30	5.23
520	0.106	0.254	0.424	0.68	1.06	1.70	2.67	4.24
530	0.088	0.211	0.352	0.56	0.88	1.41	2.22	3.52
550	0.055	0.133	0.221	0.35	0.55	0.88	1.39	2.21
	PN 系列阀门特殊压力级压力-温度额定值							
温度 /℃	公称压力							
	PN2.5	PN6	PN10	PN16	PN25	PN40	PN63	PN100
	工作压力/MPa							
-10~50	0.255	0.612	1.021	1.633	2.55	4.08	6.43	10.21
50	0.255	0.612	1.021	1.633	2.55	4.08	6.43	10.21
100	0.255	0.612	1.021	1.633	2.55	4.08	6.43	10.21
150	0.255	0.612	1.021	1.633	2.55	4.08	6.43	10.21
200	0.255	0.612	1.021	1.633	2.55	4.08	6.43	10.21
250	0.255	0.612	1.021	1.633	2.55	4.08	6.43	10.21
300	0.255	0.612	1.021	1.633	2.55	4.08	6.43	10.21

(续)

温度 /℃	PN 系列阀门特殊压力级压力-温度额定值							
	公称压力							
	PN2.5	PN6	PN10	PN16	PN25	PN40	PN63	PN100
	工作压力/MPa							
350	0.251	0.603	1.004	1.607	2.51	4.02	6.33	10.04
375	0.245	0.587	0.978	1.565	2.45	3.91	6.16	9.78
400	0.238	0.571	0.952	1.523	2.38	3.81	5.99	9.52
425	0.231	0.555	0.925	1.480	2.31	3.70	5.83	9.25
450	0.225	0.539	0.899	1.438	2.25	3.59	5.66	8.99
475	0.211	0.506	0.844	1.350	2.11	3.38	5.32	8.44
500	0.176	0.423	0.705	1.127	1.76	2.82	4.44	7.05
510	0.160	0.385	0.641	1.026	1.60	2.57	4.04	6.41
520	0.133	0.318	0.530	0.848	1.33	2.12	3.34	5.30
530	0.110	0.264	0.440	0.704	1.10	1.76	2.77	4.40
550	0.069	0.166	0.276	0.442	0.69	1.11	1.74	2.76

表 4-34 第 6E0 组材料

(铸件 WC9、ZG12Cr2Mo1G, 锻件 12Cr2Mo1, 板材 12CCr2Mo1Cr)

温度 /℃	PN 系列阀门标准压力级压力-温度额定值							
	公称压力							
	PN2.5	PN6	PN10	PN16	PN25	PN40	PN63	PN100
	工作压力/MPa							
−10~50	0.255	0.612	1.021	1.63	2.55	4.08	6.43	10.21
50	0.255	0.612	1.021	1.63	2.55	4.08	6.43	10.21
100	0.254	0.610	1.017	1.63	2.54	4.07	6.41	10.17
150	0.248	0.594	0.990	1.58	2.48	3.96	6.24	9.90
200	0.241	0.578	0.963	1.54	2.41	3.85	6.06	9.63
250	0.229	0.549	0.914	1.46	2.29	3.66	5.76	9.14
300	0.211	0.507	0.846	1.35	2.11	3.38	5.33	8.46
350	0.198	0.476	0.794	1.27	1.98	3.18	5.00	7.94
375	0.191	0.459	0.766	1.23	1.91	3.06	4.82	7.66
400	0.180	0.433	0.722	1.15	1.80	2.89	4.55	7.22
425	0.173	0.415	0.692	1.11	1.73	2.77	4.36	6.92
450	0.167	0.400	0.667	1.07	1.67	2.67	4.20	6.67

第4章 控制阀材料及耐蚀性

（续）

PN 系列阀门标准压力级压力-温度额定值

温度 /℃	公称压力							
	PN2.5	PN6	PN10	PN16	PN25	PN40	PN63	PN100
	工作压力/MPa							
475	0.156	0.375	0.625	1.00	1.56	2.50	3.94	6.25
500	0.139	0.334	0.557	0.89	1.39	2.23	3.51	5.57
510	0.131	0.315	0.526	0.84	1.31	2.10	3.31	5.26
520	0.116	0.279	0.465	0.74	1.16	1.86	2.93	4.65
530	0.102	0.244	0.406	0.65	1.02	1.62	2.56	4.06
550	0.077	0.184	0.307	0.49	0.77	1.23	1.93	3.07
575	0.054	0.129	0.214	0.34	0.54	0.86	1.35	2.14

PN 系列阀门特殊压力级压力-温度额定值

温度 /℃	公称压力							
	PN2.5	PN6	PN10	PN16	PN25	PN40	PN63	PN100
	工作压力/MPa							
-10~50	0.255	0.612	1.021	1.633	2.55	4.08	6.43	10.21
50	0.255	0.612	1.021	1.633	2.55	4.08	6.43	10.21
100	0.255	0.612	1.021	1.633	2.55	4.08	6.43	10.21
150	0.255	0.612	1.021	1.633	2.55	4.08	6.43	10.21
200	0.255	0.612	1.021	1.633	2.55	4.08	6.43	10.21
250	0.255	0.612	1.021	1.633	2.55	4.08	6.43	10.21
300	0.255	0.612	1.021	1.633	2.55	4.08	6.43	10.21
350	0.254	0.609	1.015	1.624	2.54	4.06	6.39	10.15
375	0.249	0.598	0.996	1.594	2.49	3.99	6.28	9.96
400	0.248	0.595	0.991	1.585	2.48	3.96	6.24	9.91
425	0.245	0.588	0.980	1.569	2.45	3.92	6.18	9.80
450	0.233	0.559	0.931	1.490	2.33	3.72	5.87	9.31
475	0.211	0.506	0.844	1.350	2.11	3.38	5.32	8.44
500	0.176	0.423	0.705	1.127	1.76	2.82	4.44	7.05
510	0.160	0.385	0.641	1.026	1.60	2.57	4.04	6.41
520	0.145	0.349	0.581	0.929	1.45	2.32	3.66	5.81
530	0.127	0.305	0.508	0.812	1.27	2.03	3.20	5.08
550	0.096	0.230	0.383	0.613	0.96	1.53	2.42	3.83
575	0.067	0.161	0.268	0.429	0.67	1.07	1.69	2.68

表 4-35 第 6E1 组材料
（铸件 ZG16Cr5MoG，板材 1Cr5Mo）

PN 系列阀门标准压力级压力-温度额定值

温度 /℃	公称压力							
	PN2.5	PN6	PN10	PN16	PN25	PN40	PN63	PN100
	工作压力/MPa							
-10~50	0.255	0.612	1.021	1.63	2.55	4.08	6.43	10.21
50	0.255	0.612	1.021	1.63	2.55	4.08	6.43	10.21
100	0.254	0.610	1.017	1.63	2.54	4.07	6.41	10.17
150	0.248	0.594	0.990	1.58	2.48	3.96	6.24	9.90
200	0.241	0.578	0.963	1.54	2.41	3.85	6.06	9.63
250	0.229	0.549	0.914	1.46	2.29	3.66	5.76	9.14
300	0.211	0.507	0.846	1.35	2.11	3.38	5.33	8.46
350	0.198	0.476	0.794	1.27	1.98	3.18	5.00	7.94
375	0.191	0.459	0.766	1.23	1.91	3.06	4.82	7.66
400	0.180	0.433	0.722	1.15	1.80	2.89	4.55	7.22
425	0.173	0.415	0.692	1.11	1.73	2.77	4.36	6.92
450	0.167	0.400	0.667	1.07	1.67	2.67	4.20	6.67
475	0.156	0.375	0.625	1.00	1.56	2.50	3.94	6.25
500	0.127	0.306	0.510	0.82	1.27	2.04	3.21	5.10

PN 系列阀门特殊压力级压力-温度额定值

温度 /℃	公称压力							
	PN2.5	PN6	PN10	PN16	PN25	PN40	PN63	PN100
	工作压力/MPa							
-10~50	0.255	0.612	1.021	1.633	2.55	4.08	6.43	10.21
50	0.255	0.612	1.021	1.633	2.55	4.08	6.43	10.21
100	0.255	0.612	1.021	1.633	2.55	4.08	6.43	10.21
150	0.255	0.612	1.021	1.633	2.55	4.08	6.43	10.21
200	0.255	0.612	1.021	1.633	2.55	4.08	6.43	10.21
250	0.255	0.612	1.021	1.633	2.55	4.08	6.43	10.21
300	0.255	0.612	1.021	1.633	2.55	4.08	6.43	10.21
350	0.254	0.609	1.015	1.624	2.54	4.06	6.39	10.15
375	0.249	0.598	0.996	1.594	2.49	3.99	6.28	9.96
400	0.248	0.595	0.991	1.585	2.48	3.96	6.24	9.91
425	0.245	0.588	0.980	1.569	2.45	3.92	6.18	9.80

(续)

温度 /℃	PN系列阀门特殊压力级压力-温度额定值							
	公称压力							
	PN2.5	PN6	PN10	PN16	PN25	PN40	PN63	PN100
	工作压力/MPa							
450	0.233	0.559	0.931	1.490	2.33	3.72	5.87	9.31
475	0.211	0.506	0.844	1.350	2.11	3.38	5.32	8.44
500	0.159	0.382	0.637	1.019	1.59	2.55	4.01	6.37

表4-36 第7E0组材料

（铸件LCC）

温度 /℃	PN系列阀门标准压力级压力-温度额定值							
	公称压力							
	PN2.5	PN6	PN10	PN16	PN25	PN40	PN63	PN100
	工作压力/MPa							
-10~50	0.255	0.612	1.021	1.63	2.55	4.08	6.43	10.21

温度 /℃	PN系列阀门特殊压力级压力-温度额定值							
	公称压力							
	PN2.5	PN6	PN10	PN16	PN25	PN40	PN63	PN100
	工作压力/MPa							
-10~50	0.255	0.612	1.021	1.633	2.55	4.08	6.43	10.21

表4-37 第7E2组材料

（铸件LC2、ZG24Cr2MoD，锻件08MnNiCrMoVD）

温度 /℃	PN系列阀门标准压力级压力-温度额定值							
	公称压力							
	PN2.5	PN6	PN10	PN16	PN25	PN40	PN63	PN100
	工作压力/MPa							
-10~50	0.255	0.612	1.021	1.63	2.55	4.08	6.43	10.21

温度 /℃	PN系列阀门特殊压力级压力-温度额定值							
	公称压力							
	PN2.5	PN6	PN10	PN16	PN25	PN40	PN63	PN100
	工作压力/MPa							
-10~50	0.255	0.612	1.021	1.633	2.55	4.08	6.43	10.21

表 4-38　第 7E3 组材料

（铸件 LC3、LC4、LC9）

PN 系列阀门标准压力级压力-温度额定值

温度 /℃	公称压力							
	PN2.5	PN6	PN10	PN16	PN25	PN40	PN63	PN100
	工作压力/MPa							
−10~50	0.255	0.612	1.021	1.63	2.55	4.08	6.43	10.21
50	0.255	0.611	1.019	1.63	2.55	4.08	6.42	10.19
100	0.213	0.512	0.853	1.36	2.13	3.41	5.37	8.53
150	0.193	0.463	0.771	1.23	1.93	3.09	4.86	7.71
200	0.173	0.414	0.690	1.10	1.73	2.76	4.35	6.90
250	0.157	0.378	0.629	1.01	1.57	2.52	3.96	6.29
300	0.142	0.341	0.568	0.91	1.42	2.27	3.58	5.68

PN 系列阀门特殊压力级压力-温度额定值

温度 /℃	公称压力							
	PN2.5	PN6	PN10	PN16	PN25	PN40	PN63	PN100
	工作压力/MPa							
−10~50	0.255	0.612	1.021	1.633	2.55	4.08	6.43	10.21
50	0.255	0.612	1.021	1.633	2.55	4.08	6.43	10.21
100	0.255	0.612	1.021	1.633	2.55	4.08	6.43	10.21
150	0.251	0.603	1.004	1.607	2.51	4.02	6.33	10.04
200	0.225	0.539	0.899	1.438	2.25	3.59	5.66	8.99
250	0.205	0.492	0.819	1.311	2.05	3.28	5.16	8.19
300	0.185	0.444	0.740	1.184	1.85	2.96	4.66	7.40

表 4-39　第 10E0 组材料

（铸件 CF3，锻件 00Cr19Ni10，板材 022Cr19Ni10，管材 00Cr19Ni10）

PN 系列阀门标准压力级压力-温度额定值

温度 /℃	公称压力							
	PN2.5	PN6	PN10	PN16	PN25	PN40	PN63	PN100
	工作压力/MPa							
−10~50	0.249	0.597	0.995	1.59	2.49	3.98	6.27	9.95
50	0.207	0.497	0.829	1.33	2.07	3.32	5.22	8.29
100	0.184	0.441	0.734	1.17	1.84	2.94	4.63	7.34
150	0.166	0.398	0.663	1.06	1.66	2.65	4.18	6.63

第4章 控制阀材料及耐蚀性

（续）

PN系列阀门标准压力级压力-温度额定值

温度 /℃	公称压力							
	PN2.5	PN6	PN10	PN16	PN25	PN40	PN63	PN100
	工作压力/MPa							
200	0.150	0.361	0.602	0.96	1.50	2.41	3.79	6.02
250	0.140	0.335	0.559	0.89	1.40	2.24	3.52	5.59
300	0.130	0.313	0.521	0.83	1.30	2.08	3.28	5.21
350	0.123	0.296	0.493	0.79	1.23	1.97	3.10	4.93
375	0.120	0.287	0.478	0.77	1.20	1.91	3.01	4.78
400	0.116	0.279	0.464	0.74	1.16	1.86	2.92	4.64
425	0.115	0.276	0.459	0.74	1.15	1.84	2.89	4.59
450	0.113	0.270	0.450	0.72	1.13	1.80	2.84	4.50
475	0.111	0.267	0.445	0.71	1.11	1.78	2.81	4.45
500	0.109	0.261	0.436	0.70	1.09	1.74	2.75	4.36

PN系列阀门特殊压力级压力-温度额定值

温度 /℃	公称压力							
	PN2.5	PN6	PN10	PN16	PN25	PN40	PN63	PN100
	工作压力/MPa							
−10~50	0.255	0.612	1.021	1.633	2.55	4.08	6.43	10.21
50	0.231	0.555	0.925	1.480	2.31	3.70	5.83	9.25
100	0.205	0.492	0.819	1.311	2.05	3.28	5.16	8.19
150	0.185	0.444	0.740	1.184	1.85	2.96	4.66	7.40
200	0.168	0.403	0.671	1.074	1.68	2.69	4.23	6.71
250	0.156	0.374	0.624	0.998	1.56	2.50	3.93	6.24
300	0.145	0.349	0.582	0.930	1.45	2.33	3.66	5.82
350	0.137	0.330	0.550	0.880	1.37	2.20	3.46	5.50
375	0.133	0.320	0.534	0.854	1.33	2.14	3.36	5.34
400	0.130	0.311	0.518	0.829	1.30	2.07	3.26	5.18
425	0.128	0.308	0.513	0.820	1.28	2.05	3.23	5.13
450	0.126	0.301	0.502	0.804	1.26	2.01	3.16	5.02
475	0.124	0.298	0.497	0.795	1.24	1.99	3.13	4.97
500	0.122	0.292	0.486	0.778	1.22	1.95	3.06	4.86

表 4-40　第 10E1 组材料

（板材 022Cr19Ni10N，管材 00Cr18Ni10N）

温度/℃	PN系列阀门标准压力级压力-温度额定值 公 称 压 力							
	PN2.5	PN6	PN10	PN16	PN25	PN40	PN63	PN100
	工作压力/MPa							
-10~50	0.255	0.612	1.021	1.63	2.55	4.08	6.43	10.21
50	0.255	0.612	1.021	1.63	2.55	4.08	6.43	10.21
100	0.243	0.583	0.971	1.55	2.43	3.88	6.12	9.71
150	0.207	0.497	0.829	1.33	2.07	3.32	5.22	8.29
200	0.186	0.446	0.744	1.19	1.86	2.97	4.69	7.44
250	0.172	0.412	0.687	1.10	1.72	2.75	4.33	6.87
300	0.161	0.387	0.644	1.03	1.61	2.58	4.06	6.44
350	0.154	0.369	0.616	0.99	1.54	2.46	3.88	6.16
375	0.152	0.364	0.606	0.97	1.52	2.43	3.82	6.06
400	0.148	0.355	0.592	0.95	1.48	2.37	3.73	5.92
425	0.147	0.352	0.587	0.94	1.47	2.35	3.70	5.87
450	0.144	0.347	0.578	0.92	1.44	2.31	3.64	5.78
475	0.143	0.344	0.573	0.92	1.43	2.29	3.61	5.73
500	0.139	0.334	0.557	0.89	1.39	2.23	3.51	5.57
525	0.119	0.285	0.475	0.76	1.19	1.90	2.99	4.75
550	0.117	0.280	0.467	0.75	1.17	1.87	2.94	4.67
575	0.114	0.273	0.455	0.73	1.14	1.82	2.86	4.55
600	0.100	0.241	0.401	0.64	1.00	1.61	2.53	4.01

温度/℃	PN系列阀门特殊压力级压力-温度额定值 公 称 压 力							
	PN2.5	PN6	PN10	PN16	PN25	PN40	PN63	PN100
	工作压力/MPa							
-10~50	0.255	0.612	1.021	1.633	2.55	4.08	6.43	10.21
50	0.255	0.612	1.021	1.633	2.55	4.08	6.43	10.21
100	0.255	0.612	1.021	1.633	2.55	4.08	6.43	10.21
150	0.231	0.555	0.925	1.480	2.31	3.70	5.83	9.25
200	0.207	0.498	0.830	1.328	2.07	3.32	5.23	8.30
250	0.192	0.460	0.767	1.226	1.92	3.07	4.83	7.67
300	0.180	0.431	0.719	1.150	1.80	2.88	4.53	7.19

第4章 控制阀材料及耐蚀性

（续）

温度/℃	PN系列阀门特殊压力级压力-温度额定值							
	公 称 压 力							
	PN2.5	PN6	PN10	PN16	PN25	PN40	PN63	PN100
	工作压力/MPa							
350	0.172	0.412	0.687	1.100	1.72	2.75	4.33	6.87
375	0.169	0.406	0.677	1.083	1.69	2.71	4.26	6.77
400	0.165	0.396	0.661	1.057	1.65	2.64	4.16	6.61
425	0.164	0.393	0.656	1.049	1.64	2.62	4.13	6.56
450	0.161	0.387	0.645	1.032	1.61	2.58	4.06	6.45
475	0.160	0.384	0.640	1.023	1.60	2.56	4.03	6.40
500	0.157	0.377	0.629	1.007	1.57	2.52	3.96	6.29
525	0.151	0.363	0.604	0.967	1.51	2.42	3.81	6.04
550	0.143	0.343	0.572	0.916	1.43	2.29	3.61	5.72
575	0.141	0.339	0.564	0.903	1.41	2.26	3.55	5.64
600	0.125	0.301	0.502	0.803	1.25	2.01	3.16	5.02

表4-41 第11E0组材料

（铸件CF8，锻件0Cr18Ni9，板材06Cr19Ni10，管材0Cr18Ni9）

温度/℃	PN系列阀门标准压力级压力-温度额定值							
	公 称 压 力							
	PN2.5	PN6	PN10	PN16	PN25	PN40	PN63	PN100
	工作压力/MPa							
-10~50	0.237	0.568	0.947	1.52	2.37	3.79	5.97	9.47
50	0.207	0.497	0.829	1.33	2.07	3.32	5.22	8.29
100	0.184	0.441	0.734	1.17	1.84	2.94	4.63	7.34
150	0.166	0.398	0.663	1.06	1.66	2.65	4.18	6.63
200	0.150	0.361	0.602	0.96	1.50	2.41	3.79	6.02
250	0.140	0.335	0.559	0.89	1.40	2.24	3.52	5.59
300	0.130	0.313	0.521	0.83	1.30	2.08	3.28	5.21
350	0.123	0.296	0.493	0.79	1.23	1.97	3.10	4.93
375	0.120	0.287	0.478	0.77	1.20	1.91	3.01	4.78
400	0.116	0.279	0.464	0.74	1.16	1.86	2.92	4.64
425	0.115	0.276	0.459	0.74	1.15	1.84	2.89	4.59
450	0.113	0.270	0.450	0.72	1.13	1.80	2.84	4.50

(续)

温度 /℃	PN系列阀门标准压力级压力-温度额定值							
	公称压力							
	PN2.5	PN6	PN10	PN16	PN25	PN40	PN63	PN100
	工作压力/MPa							
475	0.111	0.267	0.445	0.71	1.11	1.78	2.81	4.45
500	0.109	0.261	0.436	0.70	1.09	1.74	2.75	4.36

温度 /℃	PN系列阀门特殊压力级压力-温度额定值							
	公称压力							
	PN2.5	PN6	PN10	PN16	PN25	PN40	PN63	PN100
	工作压力/MPa							
-10~50	0.255	0.612	1.021	1.633	2.55	4.08	6.43	10.21
50	0.231	0.555	0.925	1.480	2.31	3.70	5.83	9.25
100	0.205	0.492	0.819	1.311	2.05	3.28	5.16	8.19
150	0.185	0.444	0.740	1.184	1.85	2.96	4.66	7.40
200	0.168	0.403	0.671	1.074	1.68	2.69	4.23	6.71
250	0.156	0.374	0.624	0.998	1.56	2.50	3.93	6.24
300	0.145	0.349	0.582	0.930	1.45	2.33	3.66	5.82
350	0.137	0.330	0.550	0.880	1.37	2.20	3.46	5.50
375	0.133	0.320	0.534	0.854	1.33	2.14	3.36	5.34
400	0.130	0.311	0.518	0.829	1.30	2.07	3.26	5.18
425	0.128	0.308	0.513	0.820	1.28	2.05	3.23	5.13
450	0.126	0.301	0.502	0.804	1.26	2.01	3.16	5.02
475	0.124	0.298	0.497	0.795	1.24	1.99	3.13	4.97
500	0.122	0.292	0.486	0.778	1.22	1.95	3.06	4.86

表 4-42 第 12E0 组材料

（铸件 ZG08Cr20Ni10Nb、ZG0Cr18Ni9Ti，锻件 0Cr18Ni10Ti，板材 06Cr18Ni11Ti、06Cr18Ni11Nb，管材 06Cr18Ni11Ti、06Cr18Ni11Nb）

温度 /℃	PN系列阀门标准压力级压力-温度额定值							
	公称压力							
	PN2.5	PN6	PN10	PN16	PN25	PN40	PN63	PN100
	工作压力/MPa							
-10~50	0.237	0.568	0.947	1.52	2.37	3.79	5.97	9.47
50	0.225	0.540	0.900	1.44	2.25	3.60	5.67	9.00

第4章 控制阀材料及耐蚀性

（续）

PN 系列阀门标准压力级压力-温度额定值

温度/℃	公称压力							
	PN2.5	PN6	PN10	PN16	PN25	PN40	PN63	PN100
	工作压力/MPa							
100	0.208	0.500	0.834	1.33	2.08	3.33	5.25	8.34
150	0.195	0.469	0.782	1.25	1.95	3.13	4.92	7.82
200	0.184	0.441	0.734	1.17	1.84	2.94	4.63	7.34
250	0.172	0.412	0.687	1.10	1.72	2.75	4.33	6.87
300	0.161	0.387	0.644	1.03	1.61	2.58	4.06	6.44
350	0.154	0.369	0.616	0.99	1.54	2.46	3.88	6.16
375	0.152	0.364	0.606	0.97	1.52	2.43	3.82	6.06
400	0.148	0.355	0.592	0.95	1.48	2.37	3.73	5.92
425	0.147	0.352	0.587	0.94	1.47	2.35	3.70	5.87
450	0.144	0.347	0.578	0.92	1.44	2.31	3.64	5.78
475	0.143	0.344	0.573	0.92	1.43	2.29	3.61	5.73
500	0.139	0.334	0.557	0.89	1.39	2.23	3.51	5.57
525	0.119	0.285	0.475	0.76	1.19	1.90	2.99	4.75
550	0.117	0.280	0.467	0.75	1.17	1.87	2.94	4.67
575	0.115	0.275	0.459	0.73	1.15	1.84	2.89	4.59
600	0.097	0.233	0.388	0.62	0.97	1.55	2.44	3.88

PN 系列阀门特殊压力级压力-温度额定值

温度/℃	公称压力							
	PN2.5	PN6	PN10	PN16	PN25	PN40	PN63	PN100
	工作压力/MPa							
-10~50	0.255	0.612	1.021	1.633	2.55	4.08	6.43	10.21
50	0.251	0.603	1.004	1.607	2.51	4.02	6.33	10.04
100	0.233	0.558	0.930	1.489	2.33	3.72	5.86	9.30
150	0.218	0.523	0.872	1.396	2.18	3.49	5.50	8.72
200	0.205	0.492	0.819	1.311	2.05	3.28	5.16	8.19
250	0.192	0.460	0.767	1.226	1.92	3.07	4.83	7.67
300	0.180	0.431	0.719	1.150	1.80	2.88	4.53	7.19
350	0.172	0.412	0.687	1.100	1.72	2.75	4.33	6.87
375	0.169	0.406	0.677	1.083	1.69	2.71	4.26	6.77
400	0.165	0.396	0.661	1.057	1.65	2.64	4.16	6.61

(续)

温度 /℃	PN系列阀门特殊压力级压力-温度额定值							
	公 称 压 力							
	PN2.5	PN6	PN10	PN16	PN25	PN40	PN63	PN100
	工作压力/MPa							
425	0.164	0.393	0.656	1.049	1.64	2.62	4.13	6.56
450	0.161	0.387	0.645	1.032	1.61	2.58	4.06	6.45
475	0.160	0.384	0.640	1.023	1.60	2.56	4.03	6.40
500	0.157	0.377	0.629	1.007	1.57	2.52	3.96	6.29
525	0.151	0.363	0.604	0.967	1.51	2.42	3.81	6.04
550	0.143	0.343	0.572	0.916	1.43	2.29	3.61	5.72
575	0.141	0.339	0.564	0.903	1.41	2.26	3.55	5.64
600	0.121	0.291	0.485	0.776	1.21	1.94	3.05	4.85

表 4-43　第 13E0 组材料

（铸件 CF3M、ZG03Cr19Ni11Mo2、ZG03Cr19Ni11Mo3，锻件 00Cr17Ni14Mo2，板材 022Cr17Ni12Mo2、022Cr19Ni13Mo3、015Cr21Ni26Mo5u2，管材 00Cr17Ni14Mo2、00Cr19Ni13Mo3）

温度 /℃	PN系列阀门标准压力级压力-温度额定值							
	公 称 压 力							
	PN2.5	PN6	PN10	PN16	PN25	PN40	PN63	PN100
	工作压力/MPa							
−10~50	0.225	0.540	0.900	1.44	2.25	3.60	5.67	9.00
50	0.219	0.526	0.876	1.40	2.19	3.51	5.52	8.76
100	0.195	0.469	0.782	1.25	1.95	3.13	4.92	7.82
150	0.178	0.426	0.711	1.14	1.78	2.84	4.48	7.11
200	0.162	0.389	0.649	1.04	1.62	2.60	4.09	6.49
250	0.150	0.361	0.602	0.96	1.50	2.41	3.79	6.02
300	0.141	0.338	0.564	0.90	1.41	2.25	3.55	5.64
350	0.134	0.321	0.535	0.86	1.34	2.14	3.37	5.35
375	0.131	0.315	0.526	0.84	1.31	2.10	3.31	5.26
400	0.128	0.307	0.512	0.82	1.28	2.05	3.22	5.12
425	0.126	0.301	0.502	0.80	1.26	2.01	3.16	5.02
450	0.123	0.296	0.493	0.79	1.23	1.97	3.10	4.93
475	0.121	0.290	0.483	0.77	1.21	1.93	3.04	4.83
500	0.118	0.284	0.474	0.76	1.18	1.89	2.98	4.74

(续)

温度 /℃	公称压力 PN系列阀门特殊压力级压力-温度额定值							
	PN2.5	PN6	PN10	PN16	PN25	PN40	PN63	PN100
	工作压力/MPa							
-10~50	0.251	0.603	1.004	1.607	2.51	4.02	6.33	10.04
50	0.243	0.584	0.973	1.556	2.43	3.89	6.13	9.73
100	0.218	0.523	0.872	1.396	2.18	3.49	5.50	8.72
150	0.198	0.476	0.793	1.269	1.98	3.17	5.00	7.93
200	0.181	0.435	0.724	1.159	1.81	2.90	4.56	7.24
250	0.168	0.403	0.671	1.074	1.68	2.69	4.23	6.71
300	0.157	0.377	0.629	1.007	1.57	2.52	3.96	6.29
350	0.149	0.358	0.597	0.956	1.49	2.39	3.76	5.97
375	0.147	0.352	0.587	0.939	1.47	2.35	3.70	5.87
400	0.143	0.343	0.571	0.914	1.43	2.28	3.60	5.71
425	0.140	0.336	0.560	0.897	1.40	2.24	3.53	5.60
450	0.137	0.330	0.550	0.880	1.37	2.20	3.46	5.50
475	0.135	0.324	0.539	0.863	1.35	2.16	3.40	5.39
500	0.132	0.317	0.529	0.846	1.32	2.11	3.33	5.29

表 4-44　第 13E1 组材料

（板材 022Cr17Ni12Mo5N、022Cr19Ni16Mo2N，管材 00Cr17Ni13Mo2N）

温度 /℃	公称压力 PN系列阀门标准压力级压力-温度额定值							
	PN2.5	PN6	PN10	PN16	PN25	PN40	PN63	PN100
	工作压力/MPa							
-10~50	0.255	0.612	1.021	1.63	2.55	4.08	6.43	10.21
50	0.255	0.612	1.021	1.63	2.55	4.08	6.43	10.21
100	0.254	0.610	1.017	1.63	2.54	4.07	6.41	10.17
150	0.231	0.554	0.924	1.48	2.31	3.69	5.82	9.24
200	0.207	0.497	0.829	1.33	2.07	3.32	5.22	8.29
250	0.195	0.469	0.782	1.25	1.95	3.13	4.92	7.82
300	0.184	0.441	0.734	1.17	1.84	2.94	4.63	7.34
350	0.178	0.426	0.711	1.14	1.78	2.84	4.48	7.11
375	0.175	0.421	0.701	1.12	1.75	2.80	4.42	7.01
400	0.172	0.412	0.687	1.10	1.72	2.75	4.33	6.87
425	0.171	0.409	0.682	1.09	1.71	2.73	4.30	6.82

（续）

温度 /℃	PN系列阀门标准压力级压力-温度额定值							
	公称压力							
	PN2.5	PN6	PN10	PN16	PN25	PN40	PN63	PN100
	工作压力/MPa							
450	0.167	0.400	0.667	1.07	1.67	2.67	4.20	6.67
475	0.156	0.375	0.625	1.00	1.56	2.50	3.94	6.25
500	0.139	0.334	0.557	0.89	1.39	2.23	3.51	5.57

温度 /℃	PN系列阀门特殊压力级压力-温度额定值							
	公称压力							
	PN2.5	PN6	PN10	PN16	PN25	PN40	PN63	PN100
	工作压力/MPa							
-10~50	0.255	0.612	1.021	1.633	2.55	4.08	6.43	10.21
50	0.255	0.612	1.021	1.633	2.55	4.08	6.43	10.21
100	0.255	0.612	1.021	1.633	2.55	4.08	6.43	10.21
150	0.255	0.612	1.021	1.633	2.55	4.08	6.43	10.21
200	0.231	0.555	0.925	1.480	2.31	3.70	5.83	9.25
250	0.218	0.523	0.872	1.396	2.18	3.49	5.50	8.72
300	0.205	0.492	0.819	1.311	2.05	3.28	5.16	8.19
350	0.198	0.476	0.793	1.269	1.98	3.17	5.00	7.93
375	0.196	0.469	0.782	1.252	1.96	3.13	4.93	7.82
400	0.192	0.460	0.767	1.226	1.92	3.07	4.83	7.67
425	0.190	0.457	0.761	1.218	1.90	3.05	4.80	7.61
450	0.188	0.450	0.751	1.201	1.88	3.00	4.73	7.51
475	0.185	0.444	0.740	1.184	1.85	2.96	4.66	7.40
500	0.176	0.423	0.705	1.127	1.76	2.82	4.44	7.05

表4-45　第14E0组材料

（铸件CF8M、ZG07Cr19Ni11Mo2、ZG07Cr19Ni11Mo3，锻件0Cr17Ni12Mo2，板材06Cr17Ni12Mo2、06Cr19Ni13Mo3，管材0Cr17Ni12Mo2、0Cr19Ni13Mo3）

温度 /℃	PN系列阀门标准压力级压力-温度额定值							
	公称压力							
	PN2.5	PN6	PN10	PN16	PN25	PN40	PN63	PN100
	工作压力/MPa							
-10~50	0.243	0.583	0.971	1.55	2.43	3.88	6.12	9.71
50	0.231	0.554	0.924	1.48	2.31	3.69	5.82	9.24

第4章 控制阀材料及耐蚀性

（续）

PN系列阀门标准压力级压力-温度额定值

温度 /℃	公称压力							
	PN2.5	PN6	PN10	PN16	PN25	PN40	PN63	PN100
	工作压力/MPa							
100	0.207	0.497	0.829	1.33	2.07	3.32	5.22	8.29
150	0.187	0.449	0.748	1.20	1.87	2.99	4.72	7.48
200	0.172	0.412	0.687	1.10	1.72	2.75	4.33	6.87
250	0.160	0.384	0.639	1.02	1.60	2.56	4.03	6.39
300	0.150	0.361	0.602	0.96	1.50	2.41	3.79	6.02
350	0.142	0.341	0.568	0.91	1.42	2.27	3.58	5.68
375	0.140	0.335	0.559	0.89	1.40	2.24	3.52	5.59
400	0.136	0.327	0.545	0.87	1.36	2.18	3.43	5.45
425	0.135	0.324	0.540	0.86	1.35	2.16	3.40	5.40
450	0.134	0.321	0.535	0.86	1.34	2.14	3.37	5.35
475	0.133	0.318	0.531	0.85	1.33	2.12	3.34	5.31
500	0.130	0.313	0.521	0.83	1.30	2.08	3.28	5.21
525	0.110	0.263	0.438	0.70	1.10	1.75	2.76	4.38
550	0.107	0.256	0.426	0.68	1.07	1.71	2.69	4.26
575	0.105	0.251	0.418	0.67	1.05	1.67	2.63	4.18
600	0.102	0.244	0.406	0.65	1.02	1.62	2.56	4.06

PN系列阀门特殊压力级压力-温度额定值

温度 /℃	公称压力							
	PN2.5	PN6	PN10	PN16	PN25	PN40	PN63	PN100
	工作压力/MPa							
-10~50	0.255	0.612	1.021	1.633	2.55	4.08	6.43	10.21
50	0.255	0.612	1.021	1.633	2.55	4.08	6.43	10.21
100	0.231	0.555	0.925	1.480	2.31	3.70	5.83	9.25
150	0.209	0.501	0.835	1.336	2.09	3.34	5.26	8.35
200	0.192	0.460	0.767	1.226	1.92	3.07	4.83	7.67
250	0.178	0.428	0.714	1.142	1.78	2.85	4.50	7.14
300	0.168	0.403	0.671	1.074	1.68	2.69	4.23	6.71
350	0.159	0.381	0.634	1.015	1.59	2.54	4.00	6.34
375	0.156	0.374	0.624	0.998	1.56	2.50	3.93	6.24

(续)

温度 /℃	公称压力 PN系列阀门特殊压力级压力-温度额定值							
	PN2.5	PN6	PN10	PN16	PN25	PN40	PN63	PN100
	工作压力/MPa							
400	0.152	0.365	0.608	0.973	1.52	2.43	3.83	6.08
425	0.151	0.362	0.603	0.964	1.51	2.41	3.80	6.03
450	0.149	0.358	0.597	0.956	1.49	2.39	3.76	5.97
475	0.148	0.355	0.592	0.947	1.48	2.37	3.73	5.92
500	0.145	0.349	0.582	0.930	1.45	2.33	3.66	5.82
525	0.143	0.343	0.571	0.914	1.43	2.28	3.60	5.71
550	0.139	0.333	0.555	0.888	1.39	2.22	3.50	5.55
575	0.136	0.327	0.545	0.871	1.36	2.18	3.43	5.45
600	0.132	0.317	0.529	0.846	1.32	2.11	3.33	5.29

表 4-46 第 15E0 组材料

（铸件 ZG08Cr18Ni12Mo2Ti，锻件 08Cr18Ni12Mo2Ti，板材 06Cr17Ni12Mo2Ti、06Cr17Ni12Mo2Nb，管材 08Cr18Ni12Mo2Ti）

温度 /℃	公称压力 PN系列阀门标准压力级压力-温度额定值							
	PN2.5	PN6	PN10	PN16	PN25	PN40	PN63	PN100
	工作压力/MPa							
−10~50	0.249	0.597	0.995	1.59	2.49	3.98	6.27	9.95
50	0.243	0.583	0.971	1.55	2.43	3.88	6.12	9.71
100	0.225	0.540	0.900	1.44	2.25	3.60	5.67	9.00
150	0.208	0.500	0.834	1.33	2.08	3.33	5.25	8.34
200	0.195	0.469	0.782	1.25	1.95	3.13	4.92	7.82
250	0.184	0.441	0.734	1.17	1.84	2.94	4.63	7.34
300	0.172	0.412	0.687	1.10	1.72	2.75	4.33	6.87
350	0.166	0.398	0.663	1.06	1.66	2.65	4.18	6.63
375	0.163	0.392	0.654	1.05	1.63	2.61	4.12	6.54
400	0.160	0.384	0.639	1.02	1.60	2.56	4.03	6.39
425	0.159	0.381	0.635	1.02	1.59	2.54	4.00	6.35
450	0.158	0.378	0.630	1.01	1.58	2.52	3.97	6.30
475	0.156	0.375	0.625	1.00	1.56	2.50	3.94	6.25

第4章 控制阀材料及耐蚀性

（续）

PN 系列阀门标准压力级压力-温度额定值

温度 /℃	公称压力							
	PN2.5	PN6	PN10	PN16	PN25	PN40	PN63	PN100
	工作压力/MPa							
500	0.139	0.334	0.557	0.89	1.39	2.23	3.51	5.57
525	0.127	0.305	0.509	0.81	1.27	2.04	3.21	5.09
550	0.123	0.295	0.492	0.79	1.23	1.97	3.10	4.92
575	0.118	0.283	0.472	0.76	1.18	1.89	2.98	4.72
600	0.106	0.254	0.423	0.68	1.06	1.69	2.66	4.23

PN 系列阀门特殊压力级压力-温度额定值

温度 /℃	公称压力							
	PN2.5	PN6	PN10	PN16	PN25	PN40	PN63	PN100
	工作压力/MPa							
−10~50	0.255	0.612	1.021	1.633	2.55	4.08	6.43	10.21
50	0.255	0.612	1.021	1.633	2.55	4.08	6.43	10.21
100	0.248	0.596	0.994	1.590	2.48	3.98	6.26	9.94
150	0.233	0.558	0.930	1.489	2.33	3.72	5.86	9.30
200	0.218	0.523	0.872	1.396	2.18	3.49	5.50	8.72
250	0.205	0.492	0.819	1.311	2.05	3.28	5.16	8.19
300	0.192	0.460	0.767	1.226	1.92	3.07	4.83	7.67
350	0.185	0.444	0.740	1.184	1.85	2.96	4.66	7.40
375	0.182	0.438	0.730	1.167	1.82	2.92	4.60	7.30
400	0.178	0.428	0.714	1.142	1.78	2.85	4.50	7.14
425	0.177	0.425	0.708	1.133	1.77	2.83	4.46	7.08
450	0.176	0.422	0.703	1.125	1.76	2.81	4.43	7.03
475	0.174	0.419	0.698	1.117	1.74	2.79	4.40	6.98
500	0.172	0.412	0.687	1.100	1.72	2.75	4.33	6.87
525	0.151	0.363	0.604	0.967	1.51	2.42	3.81	6.04
550	0.143	0.343	0.572	0.916	1.43	2.29	3.61	5.72
575	0.141	0.339	0.564	0.903	1.41	2.26	3.55	5.64
600	0.132	0.317	0.529	0.846	1.32	2.11	3.33	5.29

表 4-47 第 16E0 组材料
（板材 022Cr22Ni5Mo3N、022Cr23Ni5Mo3N）

温度 /℃	公称压力							
	PN2.5	PN6	PN10	PN16	PN25	PN40	PN63	PN100
	工作压力/MPa							

PN 系列阀门标准压力级压力-温度额定值

温度 /℃	PN2.5	PN6	PN10	PN16	PN25	PN40	PN63	PN100
−10~50	0.255	0.612	1.021	1.63	2.55	4.08	6.43	10.21
50	0.255	0.612	1.021	1.63	2.55	4.08	6.43	10.21
100	0.254	0.610	1.017	1.63	2.54	4.07	6.41	10.17
150	0.248	0.594	0.990	1.58	2.48	3.96	6.24	9.90
200	0.241	0.578	0.963	1.54	2.41	3.85	6.06	9.63

PN 系列阀门特殊压力级压力-温度额定值

温度 /℃	公称压力							
	PN2.5	PN6	PN10	PN16	PN25	PN40	PN63	PN100
	工作压力/MPa							
−10~50	0.255	0.612	1.021	1.633	2.55	4.08	6.43	10.21
50	0.255	0.612	1.021	1.633	2.55	4.08	6.43	10.21
100	0.255	0.612	1.021	1.633	2.55	4.08	6.43	10.21
150	0.255	0.612	1.021	1.633	2.55	4.08	6.43	10.21
200	0.255	0.612	1.021	1.633	2.55	4.08	6.43	10.21

表 4-48 第 1 组材料为 A105、WCB 的压力-温度额定值

温度 /℃	Class 系列压力级别（标准压力级别）						
	Class 150	Class 300	Class 600	Class 900	Class 1500	Class 2500	Class 4500
	最大允许工作压力 p/MPa						
−29~38	1.96	5.11	10.21	15.32	25.53	42.55	76.59
50	1.92	5.01	10.02	15.04	25.06	41.77	75.19
100	1.77	4.66	9.32	13.98	23.30	38.83	69.90
150	1.58	4.51	9.02	13.52	22.54	37.56	67.61
200	1.38	4.38	8.76	13.14	21.90	36.50	65.70
250	1.21	4.19	8.39	12.58	20.97	34.95	62.91
300	1.02	3.98	7.96	11.95	19.91	33.18	59.73
325	0.93	3.87	7.74	11.61	19.36	32.26	58.07
350	0.84	3.76	7.51	11.27	18.78	31.30	56.35
375	0.74	3.64	7.27	10.91	18.18	30.31	54.55
400	0.65	3.47	6.94	10.42	17.36	28.93	52.08
425	0.55	2.88	5.75	8.63	14.38	23.97	43.15

（续）

温度 /℃	Class 系列压力级别（标准压力级别）						
	Class 150	Class 300	Class 600	Class 900	Class 1500	Class 2500	Class 4500
	最大允许工作压力 p/MPa						
450	0.46	2.30	4.60	6.90	11.50	19.17	34.51
P_s/MPa	3.0	7.7	15.4	23	38.3	63.9	*110

温度 /℃	Class 系列压力级别（特殊压力级别）						
	Class 150	Class 300	Class 600	Class 900	Class 1500	Class 2500	Class 4500
	最大允许工作压力 p/MPa						
-29~38	1.98	5.17	10.34	15.51	25.86	43.09	77.57
50	1.98	5.17	10.34	15.51	25.86	43.09	77.57
100	1.98	5.16	10.34	15.49	25.82	43.03	77.45
150	1.96	5.10	10.21	15.31	25.52	42.53	76.55
200	1.94	5.06	10.11	15.17	25.29	42.14	75.86
250	1.94	5.05	10.11	15.16	25.26	42.11	75.79
300	1.94	5.05	10.11	15.16	25.26	42.11	75.79
325	1.92	5.01	10.02	15.03	25.06	41.76	75.17
350	1.87	4.89	9.78	14.67	24.46	40.76	73.37
375	1.81	4.71	9.42	14.13	23.55	39.25	70.65
400	1.66	4.34	8.68	13.02	21.70	36.17	65.10
425	1.38	3.60	7.19	10.79	17.98	29.96	53.93
450	1.10	2.88	5.75	8.63	14.38	23.96	43.14
P_s/MPa	3	7.8	15.6	23.3	38.8	64.7	*110

注：1. A105、WCB 材料长期处在高于 425℃ 的工况，应考虑钢中碳化物相的石墨化倾向。允许，但不推荐长期使用。A105 在高于 455℃ 的工况时只使用完全镇静钢。

2. 带符号 * 的强度试验 P_s 值可按使用单位和制造单位的合同和技术协议要求取设计压力的 1.5 倍。

表 4-49　第 1 组材料为 WCC 的压力-温度额定值

温度 /℃	Class 系列压力级别（标准压力级别）						
	Class 150	Class 300	Class 600	Class 900	Class 1500	Class 2500	Class 4500
	最大允许工作压力 p/MPa						
-29~38	1.98	5.17	10.34	15.51	25.86	43.09	77.57
50	1.95	5.17	10.34	15.51	25.86	43.09	77.57
100	1.77	5.15	10.30	15.46	25.76	42.94	77.30
150	1.58	5.02	10.03	15.05	25.08	41.81	75.26
200	1.38	4.86	9.72	14.58	24.32	40.54	72.97

（续）

温度 /℃	Class 系列压力级别（标准压力级别）						
	Class 150	Class 300	Class 600	Class 900	Class 1500	Class 2500	Class 4500
	最大允许工作压力 p/MPa						
250	1.21	4.63	9.27	13.90	23.18	38.62	69.48
300	1.02	4.29	8.57	12.86	21.44	35.71	64.26
325	0.93	4.14	8.26	12.40	20.66	34.43	61.96
350	0.84	4.0	8.0	12.01	20.01	33.35	60.03
375	0.74	3.78	7.57	11.35	18.92	31.53	56.75
400	0.65	3.47	6.94	10.42	17.36	28.93	52.08
425	0.55	2.88	5.75	8.63	14.38	23.97	43.15
450	0.46	2.30	4.60	6.90	11.50	19.17	34.51
475	0.37	1.71	3.42	5.13	8.54	14.24	25.63
500	0.28	1.16	2.32	3.47	5.79	9.65	17.37
P_s/MPa	3	7.8	15.6	23.3	38.8	64.7	*110
温度 /℃	Class 系列压力级别（特殊压力级别）						
	Class 150	Class 300	Class 600	Class 900	Class 1500	Class 2500	Class 4500
	最大允许工作压力 p/MPa						
-29~38	2.0	5.17	10.34	15.51	25.86	43.09	77.57
50	2.0	5.17	10.34	15.51	25.86	43.09	77.57
100	2.0	5.17	10.34	15.51	25.86	43.09	77.57
150	2.0	5.17	10.34	15.51	25.86	43.09	77.57
200	2.0	5.17	10.34	15.51	25.86	43.09	77.57
250	2.0	5.17	10.34	15.51	25.86	43.09	77.57
300	2.0	5.17	10.34	15.51	25.86	43.09	77.57
325	2.0	5.17	10.34	15.51	25.86	43.09	77.57
350	1.98	5.11	10.22	15.33	25.55	42.58	76.64
375	1.93	4.84	9.67	14.51	24.19	40.31	72.56
400	1.93	4.34	8.68	13.02	21.70	36.17	65.10
425	1.80	3.60	7.19	10.79	17.98	29.96	53.93
450	1.44	2.88	5.75	8.63	14.38	23.96	43.14
475	1.07	2.14	4.27	6.41	10.68	17.80	32.04
500	0.72	1.45	2.90	4.34	7.24	12.07	21.72
P_s/MPa	3	7.8	15.6	23.3	38.8	64.7	*110

注：1. WCC 材料长期处在高于 425℃ 的工况，应考虑钢中碳化物相的石墨化倾向。允许，但不推荐长期使用。

2. 带符号 * 的强度试验 P_s 值可按使用单位和制造单位的合同和技术协议要求取设计压力的 1.5 倍。

第4章 控制阀材料及耐蚀性

表4-50 第1组材料为 F36 Cl.2、WB36 的压力-温度额定值

温度 /℃	Class系列压力级别（标准压力级别）						
	Class 150	Class 300	Class 600	Class 900	Class 1500	Class 2500	Class 4500
	最大允许工作压力 p/MPa						
-29~38	2.0	5.0	10.0	15.0	25.0	42.0	76.0
50	1.95	5.0	10.0	15.0	25.0	42.0	76.0
100	1.77	4.80	9.59	14.39	23.98	40.28	72.89
150	1.58	4.68	9.36	14.05	23.41	39.33	71.16
200	1.38	4.57	9.14	13.70	22.84	38.37	69.44
250	1.21	4.45	8.91	13.36	22.27	37.42	67.71
300	1.02	4.29	8.58	12.86	21.44	35.71	64.26
325	0.93	4.14	8.27	12.40	20.66	34.43	61.96
350	0.84	4.03	8.05	12.07	20.11	33.53	60.33
375	0.74	3.89	7.77	11.65	19.41	32.32	58.18
400	0.65	3.65	7.32	10.98	18.31	30.49	54.85
425	0.55	3.52	7.02	10.51	17.51	29.16	52.47
450	0.46	3.37	6.76	10.14	16.90	28.18	50.70
475	0.37	3.22	6.50	9.77	16.29	27.20	48.93
500	0.28	3.07	6.24	9.40	15.68	26.22	47.16
P_s/MPa	3	7.5	15	22.5	37.5	63	*105
温度 /℃	Class系列压力级别（特殊压力级别）						
	Class 150	Class 300	Class 600	Class 900	Class 1500	Class 2500	Class 4500
	最大允许工作压力 p/MPa						
-29~38	2.0	5.0	10.0	15.0	25.0	42.0	76.0
50	2.0	5.0	10.0	15.0	25.0	42.0	76.0
100	2.0	5.0	10.0	15.0	25.0	42.0	76.0
150	2.0	5.0	10.0	15.0	25.0	42.0	76.0
200	2.0	5.0	10.0	15.0	25.0	42.0	76.0
250	2.0	5.0	10.0	15.0	25.0	42.0	76.0
300	2.0	5.0	10.0	15.0	25.0	42.0	76.0
325	2.0	5.0	10.0	15.0	25.0	42.0	76.0
350	1.98	4.79	9.57	14.36	23.93	41.83	75.74
375	1.93	4.79	9.57	14.36	23.93	41.83	75.74
400	1.93	4.79	9.57	14.36	23.93	41.83	75.32
425	1.90	4.79	9.57	14.36	23.93	40.21	72.76

(续)

温度 /℃	Class 系列压力级别（特殊压力级别）						
	Class 150	Class 300	Class 600	Class 900	Class 1500	Class 2500	Class 4500
	最大允许工作压力 p/MPa						
450	1.80	4.50	9.00	13.49	22.49	37.78	68.37
475	1.70	4.21	8.43	12.62	21.05	35.35	63.98
500	1.60	3.92	7.86	11.75	19.61	32.92	59.59
P_s/MPa	3	7.5	15	22.5	37.5	63	*105

注：带符号 * 的强度试验 P_s 值可按使用单位和制造单位的合同和技术协议要求取设计压力的 1.5 倍。

表 4-51 第 1 组材料为 WC1 的压力-温度额定值

温度 /℃	Class 系列压力级别（标准压力级别）						
	Class 150	Class 300	Class 600	Class 900	Class 1500	Class 2500	Class 4500
	最大允许工作压力 p/MPa						
−29~38	1.84	4.80	9.60	14.41	24.01	40.01	72.03
50	1.82	4.75	9.49	14.24	23.73	39.56	71.20
100	1.74	4.53	9.07	13.60	22.67	37.78	68.01
150	1.58	4.39	8.79	13.18	21.97	36.61	65.91
200	1.38	4.25	8.51	12.76	21.27	35.44	63.80
250	1.21	4.08	8.16	12.23	20.39	33.98	61.17
300	1.02	3.87	7.74	11.61	19.34	32.24	58.03
325	0.93	3.76	7.52	11.27	18.79	31.31	56.37
350	0.84	3.64	7.28	10.92	18.20	30.33	54.59
375	0.74	3.50	6.99	10.49	17.49	29.14	52.46
400	0.65	3.26	6.52	9.79	16.31	27.19	48.93
425	0.55	2.73	5.46	8.19	13.65	22.75	40.95
450	0.46	2.16	4.32	6.48	10.79	17.99	32.38
475	0.37	1.57	3.13	4.70	7.83	13.06	23.50
500	0.28	1.11	2.21	3.32	5.54	9.23	16.61
P_s/MPa	3	7.2	14.4	21.7	36.1	60.1	*100
温度 /℃	Class 系列压力级别（特殊压力级别）						
	Class 150	Class 300	Class 600	Class 900	Class 1500	Class 2500	Class 4500
	最大允许工作压力 p/MPa						
−29~38	2.0	4.80	9.60	14.41	24.01	40.01	72.03
50	2.0	4.80	9.60	14.41	24.01	40.01	72.03
100	2.0	4.80	9.60	14.41	24.01	40.01	72.03

第4章 控制阀材料及耐蚀性

（续）

温度 /℃	Class 系列压力级别（特殊压力级别）						
	Class 150	Class 300	Class 600	Class 900	Class 1500	Class 2500	Class 4500
	最大允许工作压力 p/MPa						
150	2.0	4.80	9.60	14.41	24.01	40.01	72.03
200	2.0	4.80	9.60	14.41	24.01	40.01	72.03
250	2.0	4.80	9.60	14.41	24.01	40.01	72.03
300	2.0	4.80	9.60	14.41	24.01	40.01	72.03
325	2.0	4.80	9.59	14.39	23.98	39.96	71.93
350	1.98	4.73	9.46	14.19	23.65	39.41	70.94
375	1.93	4.49	8.99	13.48	22.47	37.46	67.42
400	1.93	4.08	8.16	12.23	20.39	33.98	61.17
425	1.71	3.41	6.83	10.24	17.06	28.44	51.19
450	1.35	2.70	5.40	8.10	13.49	22.49	40.48
475	0.98	1.96	3.92	5.88	9.79	16.32	29.38
500	0.69	1.38	2.77	4.15	6.92	11.33	20.76
P_s/MPa	3	7.2	14.4	21.7	36.1	60.1	*100

注：1. WC1 材料长期处在高于470℃的工况，应考虑钢中碳化物相的石墨化倾向。允许，但不推荐长期使用。
2. WC1 材料应进行正火+回火处理。
3. 除可以添加脱氧的钙和镁元素以外，不可随意添加其他任何元素。
4. 带符号 * 的强度试验 P_s 值可按使用单位和制造单位的合同和技术协议要求取设计压力的1.5倍。

表 4-52　第 1 组材料为 F11、C1.2、WC6 的压力-温度额定值

温度 /℃	Class 系列压力级别（标准压力级别）						
	Class 150	Class 300	Class 600	Class 900	Class 1500	Class 2500	Class 4500
	最大允许工作压力 p/MPa						
-29~38	1.98	5.17	10.34	15.51	25.86	43.09	77.57
50	1.95	5.17	10.34	15.51	25.86	43.09	77.57
100	1.77	5.15	10.30	15.44	25.74	42.90	77.22
150	1.58	4.97	9.95	14.92	24.87	41.45	74.62
200	1.38	4.80	9.59	14.39	23.98	39.96	71.94
250	1.21	4.63	9.27	13.90	23.18	38.62	69.48
300	1.02	4.29	8.57	12.86	21.44	35.71	64.26
325	0.93	4.14	8.26	12.40	20.66	34.43	61.96
350	0.84	4.03	8.04	12.07	20.11	33.53	60.33
375	0.74	3.89	7.76	11.65	19.41	32.32	58.18

(续)

温度 /℃	Class 系列压力级别（标准压力级别）						
	Class 150	Class 300	Class 600	Class 900	Class 1500	Class 2500	Class 4500
	最大允许工作压力 p/MPa						
400	0.65	3.65	7.33	10.98	18.31	30.49	54.85
425	0.55	3.52	7.0	10.51	17.51	29.16	52.47
450	0.46	3.37	6.77	10.14	16.90	28.18	50.70
475	0.37	3.17	6.34	9.51	15.82	26.39	47.48
500	0.28	2.57	5.15	7.72	12.86	21.44	38.59
538	0.14	1.49	2.98	4.47	7.45	12.41	22.34
550	▲0.14	1.27	2.54	3.81	6.35	10.59	19.06
575	▲0.14	0.88	1.76	2.64	4.40	7.34	13.20
600	▲0.14	0.61	1.22	1.83	3.05	5.09	9.16
P_s/MPa	3	7.8	15.6	23.3	38.8	64.7	*110

注：1. F11、C1.2、WC6 材料应进行正火＋回火处理。
2. F11、C1.2 材料允许但不推荐长期用于高于 596℃ 的工况。WC6 超过 596℃ 不能使用。
3. WC6 材料除可以添加脱氧的钙和镁元素以外，禁止添加其他任何元素。
4. 带符号 ▲ 的法兰端阀门的额定值不应超过 538℃。
5. 带符号 * 的强度试验 P_s 值可按使用单位和制造单位的合同和技术协议要求取设计压力的 1.5 倍。

表 4-53 第 1 组材料为 F22、C1.3、WC9 的压力-温度额定值

温度 /℃	Class 系列压力级别（标准压力级别）						
	Class 150	Class 300	Class 600	Class 900	Class 1500	Class 2500	Class 4500
	最大允许工作压力 p/MPa						
-29~38	1.98	5.17	10.34	15.51	25.86	43.09	77.57
50	1.95	5.17	10.34	15.51	25.86	43.09	77.57
100	1.77	5.15	10.30	15.46	25.76	42.94	77.30
150	1.58	5.03	10.03	15.06	25.08	41.82	75.28
200	1.38	4.86	9.72	14.58	24.34	40.54	72.98
250	1.21	4.63	9.27	13.90	23.18	38.62	69.48
300	1.02	4.29	8.57	12.86	21.44	35.71	64.26
325	0.93	4.14	8.26	12.40	20.66	34.43	61.96
350	0.84	4.03	8.04	12.07	20.11	33.53	60.33
375	0.74	3.89	7.76	11.65	19.41	32.32	58.18
400	0.65	3.65	7.33	10.98	18.31	30.49	54.85
425	0.55	3.52	7.00	10.51	17.51	29.16	52.47

第4章 控制阀材料及耐蚀性

（续）

温度/℃	Class系列压力级别（标准压力级别）						
	Class 150	Class 300	Class 600	Class 900	Class 1500	Class 2500	Class 4500
	最大允许工作压力 p/MPa						
450	0.46	3.37	6.77	10.14	16.90	28.18	50.70
475	0.37	3.17	6.34	9.51	15.82	26.39	47.48
500	0.28	2.82	5.65	8.47	14.09	23.50	42.30
538	0.14	1.84	3.69	5.53	9.22	15.37	27.66
550	▲0.14	1.56	3.13	4.69	7.82	13.03	23.45
575	▲0.14	1.05	2.11	3.16	5.26	8.77	15.79
600	▲0.14	0.69	1.38	2.07	3.44	5.74	10.33
625	▲0.14	0.45	0.89	1.34	2.23	3.72	6.69
650	▲0.11	0.28	0.57	0.85	1.42	2.36	4.26
P_s/MPa	3	7.8	15.6	23.3	38.8	64.7	*110

温度/℃	Class系列压力级别（特殊压力级别）						
	Class 150	Class 300	Class 600	Class 900	Class 1500	Class 2500	Class 4500
	最大允许工作压力 p/MPa						
−29~38	1.98	5.17	10.34	15.51	25.86	43.09	77.57
50	1.98	5.17	10.34	15.51	25.86	43.09	77.57
100	1.98	5.16	10.32	15.49	25.81	43.02	77.43
150	1.95	5.10	10.19	15.29	25.48	42.46	76.43
200	1.93	5.02	10.04	15.07	25.11	41.85	75.34
250	1.92	5.00	10.0	14.99	24.99	41.65	74.97
300	1.91	4.98	9.96	14.93	24.89	41.48	74.67
325	1.90	4.96	9.92	14.88	24.80	41.33	74.39
350	1.89	4.92	9.84	14.76	24.60	41.0	73.81
375	1.87	4.88	9.75	14.63	24.38	40.63	73.13
400	1.87	4.88	9.75	14.63	24.38	40.63	73.13
425	1.87	4.88	9.75	14.63	24.38	40.63	73.13
450	1.81	4.73	9.44	14.14	23.58	39.31	70.76
475	1.64	4.28	8.55	12.82	21.37	35.63	64.13
500	1.37	3.56	7.15	10.71	17.86	29.75	53.54
538	0.88	2.30	4.61	6.91	11.52	19.21	34.57
550	0.75	1.95	3.91	5.86	9.77	16.28	29.31
575	0.50	1.32	2.63	3.95	6.58	10.97	19.74

（续）

温度 /℃	Class 系列压力级别（特殊压力级别）						
	Class 150	Class 300	Class 600	Class 900	Class 1500	Class 2500	Class 4500
	最大允许工作压力 p/MPa						
600	0.33	0.86	1.72	2.58	4.30	7.17	12.91
625	0.21	0.56	1.12	1.67	2.79	4.65	8.37
650	0.14	0.35	0.71	1.06	1.77	2.95	5.32
P_s/MPa	3	7.8	15.6	23.3	38.8	64.7	*110

注：1. WC9 材料应进行正火 + 回火处理。
2. F22、C1.3 材料允许但不推荐长期用于高于 596℃ 的工况。WC9 超过 596℃ 不能使用。
3. WC9 材料除可以添加脱氧的钙和镁元素以外，禁止添加其他任何元素。
4. 带符号▲的法兰端阀门的额定值不应超过 538℃。
5. 带符号 * 的强度试验 P_s 值可按使用单位和制造单位的合同和技术协议要求取设计压力的 1.5 倍。

表 4-54 第 1 组材料为 F5a、C5 的压力-温度额定值

温度 /℃	Class 系列压力级别（标准压力级别）						
	Class 150	Class 300	Class 600	Class 900	Class 1500	Class 2500	Class 4500
	最大允许工作压力 p/MPa						
-29～38	2.0	5.17	10.34	15.51	25.86	43.09	77.57
50	1.95	5.17	10.34	15.51	25.86	43.09	77.57
100	1.77	5.15	10.30	15.46	25.76	42.94	77.30
150	1.58	5.03	10.03	15.06	25.08	41.82	75.28
200	1.38	4.86	9.72	14.58	24.34	40.54	72.98
250	1.21	4.63	9.27	13.90	23.18	38.62	69.48
300	1.02	4.29	8.57	12.86	21.44	35.71	64.26
325	0.93	4.14	8.26	12.40	20.66	34.43	61.96
350	0.84	4.03	8.04	12.07	20.11	33.53	60.33
375	0.74	3.89	7.76	11.65	19.41	32.32	58.18
400	0.65	3.65	7.33	10.98	18.31	30.49	54.85
425	0.55	3.52	7.0	10.51	17.51	29.16	52.47
450	0.46	3.37	6.77	10.14	16.90	28.18	50.70
475	0.37	2.79	5.57	8.34	13.93	23.21	41.78
500	0.28	2.14	4.28	6.41	10.69	17.82	32.07
538	0.14	1.37	2.74	4.11	6.86	11.43	20.57
550	▲0.14	1.20	2.41	3.61	6.02	10.04	18.07
575	▲0.14	0.89	1.78	2.67	4.44	7.40	13.33

第4章　控制阀材料及耐蚀性

（续）

温度/℃	Class 系列压力级别（标准压力级别）						
	Class 150	Class 300	Class 600	Class 900	Class 1500	Class 2500	Class 4500
	最大允许工作压力 p/MPa						
600	▲0.14	0.62	1.25	1.87	3.12	5.19	9.35
625	▲0.14	0.40	0.80	1.20	2.00	3.33	5.99
650	▲0.09	0.24	0.47	0.71	1.18	1.97	3.55
P_s/MPa	3	7.8	15.6	23.3	38.8	64.7	*110

温度/℃	Class 系列压力级别（特殊压力级别）						
	Class 150	Class 300	Class 600	Class 900	Class 1500	Class 2500	Class 4500
	最大允许工作压力 p/MPa						
−29~38	2.0	5.17	10.43	15.51	25.86	43.09	77.57
50	2.0	5.17	10.43	15.51	25.86	43.09	77.57
100	2.0	5.17	10.43	15.51	25.86	43.09	77.57
150	2.0	5.17	10.43	15.51	25.86	43.09	77.57
200	2.0	5.17	10.43	15.51	25.86	43.09	77.57
250	2.0	5.17	10.43	15.51	25.86	43.09	77.57
300	2.0	5.17	10.43	15.51	25.86	43.09	77.57
325	2.0	5.17	10.43	15.51	25.86	42.86	77.57
350	1.98	5.15	10.28	15.43	25.25	42.09	75.74
375	1.93	5.06	10.10	15.15	25.71	42.86	77.14
400	1.93	5.03	10.06	15.06	25.12	41.83	75.32
425	1.90	4.96	9.93	14.89	24.82	41.37	74.46
450	1.81	4.52	9.03	13.55	22.59	37.65	67.76
475	1.64	3.48	6.96	10.43	17.41	29.02	52.23
500	1.34	2.67	5.34	8.02	13.36	22.27	40.09
538	0.86	1.71	3.43	5.14	8.57	14.28	25.71
550	0.75	1.51	3.01	4.52	7.53	12.55	22.59
575	0.56	1.11	2.22	3.33	5.55	9.25	16.66
600	0.39	0.78	1.56	2.34	3.89	6.49	11.68
625	0.25	0.50	1.0	1.50	2.49	4.16	7.48
650	0.15	0.30	0.59	0.89	1.48	2.46	4.43
P_s/MPa	3	7.8	15.6	23.3	38.8	64.7	*110

注：1. C5 材料应进行正火 + 回火处理。
2. C5 材料除可以添加脱氧的钙和镁元素以外，禁止添加其他任何元素。
3. 带符号▲的法兰端阀门的额定值不应超过538℃。
4. 带符号*的强度试验 P_s 值可按使用单位和制造单位的合同和技术协议要求取设计压力的1.5倍。

表 4-55 第 1 组材料为 F91、C12A 的压力-温度额定值

温度 /℃	Class 系列压力级别（标准压力级别）					
	Class 150	Class 300	Class 600	Class 900	Class 1500	Class 2500	Class 4500
	最大允许工作压力 p/MPa						
−29~38	2.0	5.17	10.34	15.51	25.86	43.09	77.57
50	1.95	5.17	10.34	15.51	25.86	43.09	77.57
100	1.77	5.15	10.30	15.46	25.76	42.94	77.30
150	1.58	5.03	10.03	15.06	25.08	41.82	75.28
200	1.38	4.86	9.72	14.58	24.34	40.54	72.98
250	1.21	4.63	9.27	13.90	23.18	38.62	69.48
300	1.02	4.29	8.57	12.86	21.44	35.71	64.26
325	0.93	4.14	8.26	12.40	20.66	34.43	61.96
350	0.84	4.03	8.04	12.07	20.11	33.53	60.33
375	0.74	3.89	7.76	11.65	19.41	32.32	58.18
400	0.65	3.65	7.33	10.98	18.31	30.49	54.85
425	0.55	3.52	7.0	10.51	17.51	29.16	52.47
450	0.46	3.37	6.77	10.14	16.90	28.18	50.70
475	0.37	3.17	6.34	9.51	15.82	26.39	47.48
500	0.28	2.82	5.65	8.47	14.09	23.50	42.30
538	0.14	2.52	*5.0	7.52	12.55	20.89	37.58
550	▲0.14	2.50	4.98	7.48	12.49	20.80	37.42
575	▲0.14	2.40	4.79	7.18	11.97	19.95	35.91
600	▲0.14	1.95	3.90	5.85	9.75	16.25	29.25
625	▲0.14	1.46	2.92	4.38	7.30	12.17	21.91
650	▲0.14	0.99	1.99	2.98	4.96	8.27	14.89
P_s/MPa	3	7.8	15.6	23.3	38.8	64.7	*110

温度 /℃	Class 系列压力级别（特殊压力级别）					
	Class 150	Class 300	Class 600	Class 900	Class 1500	Class 2500	Class 4500
	最大允许工作压力 p/MPa						
−29~38	2.0	5.17	10.34	15.51	25.86	43.09	77.57
50	2.0	5.17	10.34	15.51	25.86	43.09	77.57
100	2.0	5.17	10.34	15.51	25.86	43.09	77.57
150	2.0	5.17	10.34	15.51	25.86	43.09	77.57
200	2.0	5.17	10.34	15.51	25.86	43.09	77.57
250	2.0	5.17	10.34	15.51	25.86	43.09	77.57

第4章 控制阀材料及耐蚀性

（续）

温度 /℃	Class 系列压力级别（特殊压力级别）					
	Class 150	Class 300	Class 600	Class 900	Class 1500	Class 2500	Class 4500
	最大允许工作压力 p/MPa						
300	2.0	5.17	10.34	15.51	25.86	43.09	77.57
325	2.0	5.17	10.34	15.51	25.86	43.09	77.57
350	1.98	5.15	10.28	15.43	25.71	42.86	77.14
375	1.93	5.06	10.10	15.15	25.25	42.09	75.74
400	1.93	5.03	10.06	15.06	25.12	41.83	75.32
425	1.90	4.96	9.93	14.89	24.82	41.37	74.46
450	1.81	4.73	9.44	14.14	23.58	39.31	70.76
475	1.64	4.28	8.55	12.82	21.37	35.63	64.13
500	1.37	3.56	7.15	10.71	17.86	29.75	53.54
538	1.10	2.90	5.79	8.69	14.51	24.17	43.51
550	1.10	2.90	5.79	8.69	14.51	24.17	43.51
575	1.09	2.86	5.71	8.57	14.30	23.83	42.88
600	0.93	2.44	4.87	7.31	12.19	20.31	36.56
625	0.70	1.83	3.65	5.48	9.13	15.21	27.38
650	0.48	1.24	2.48	3.72	6.21	10.34	18.62
P_s/MPa	3	7.8	15.6	23.3	38.8	64.7	*110

注：1. C12A 材料除可以添加脱氧的钙和镁元素以外，禁止添加其他任何元素。
  2. 带符号▲的法兰端阀门的额定值应不超过538℃。
  3. 带符号*的强度试验 P_s 值可按使用单位和制造单位的合同和技术协议要求取设计压力的1.5倍。

表 4-56 第 1 组材料为 F92 的压力-温度额定值

温度 /℃	Class 系列压力级别（标准压力级别）					
	Class 150	Class 300	Class 600	Class 900	Class 1500	Class 2500	Class 4500
	最大允许工作压力 p/MPa						
-29~38	2.0	5.17	103.4	15.51	25.86	43.09	77.57
50	1.95	5.17	10.34	15.51	25.86	43.09	77.57
100	1.77	5.15	10.30	15.46	25.76	42.94	77.30
150	1.58	5.03	10.03	15.06	25.08	41.82	75.28
200	1.38	4.86	9.72	14.58	24.34	40.54	72.98
250	1.21	4.63	9.27	13.90	23.18	38.62	69.48
300	1.02	4.29	8.57	12.86	21.44	35.71	64.26
325	0.93	4.14	8.26	12.40	20.66	34.43	61.96

(续)

温度 /℃	Class系列压力级别（标准压力级别）						
	Class 150	Class 300	Class 600	Class 900	Class 1500	Class 2500	Class 4500
	最大允许工作压力 p/MPa						
350	0.84	4.03	8.04	12.07	20.11	33.53	60.33
375	0.74	3.89	7.76	11.65	19.41	32.32	58.18
400	0.65	3.65	7.33	10.98	18.31	30.49	54.85
425	0.55	3.52	7.00	10.51	17.51	29.16	52.47
450	0.46	3.37	6.77	10.14	16.90	28.18	50.70
475	0.37	3.17	6.34	9.51	15.82	26.39	47.48
500	0.28	2.82	5.65	8.47	14.09	23.50	42.30
538	0.14	2.52	5.00	7.52	12.55	20.89	37.58
550	▲0.14	2.50	4.98	7.48	12.49	20.80	37.42
575	▲0.14	2.40	4.79	7.18	11.97	19.95	35.91
600	▲0.14	2.16	4.29	6.42	10.70	17.85	32.14
625	▲0.14	1.83	3.66	5.49	9.12	15.20	27.38
650	▲0.14	1.32	2.65	3.97	6.62	11.03	19.86
P_s/MPa	3	7.8	15.6	23.3	38.8	64.7	*110

温度 /℃	Class系列压力级别（特殊压力级别）						
	Class 150	Class 300	Class 600	Class 900	Class 1500	Class 2500	Class 4500
	最大允许工作压力 p/MPa						
-29~38	2.0	5.17	103.4	15.51	25.86	43.09	77.57
50	2.0	5.17	103.4	15.51	25.86	43.09	77.57
100	2.0	5.17	103.4	15.51	25.86	43.09	77.57
150	2.0	5.17	103.4	15.51	25.86	43.09	77.57
200	2.0	5.17	103.4	15.51	25.86	43.09	77.57
250	2.0	5.17	103.4	15.51	25.86	43.09	77.57
300	2.0	5.17	103.4	15.51	25.86	43.09	77.57
325	2.0	5.17	103.4	15.51	25.86	43.09	77.57
350	1.98	5.15	10.28	15.43	25.71	42.86	77.14
375	1.93	5.06	10.10	15.15	25.25	42.09	75.74
400	1.93	5.03	10.06	15.06	25.12	41.83	75.32
425	1.90	4.96	9.93	14.89	24.82	41.37	74.46
450	1.81	4.73	9.44	14.14	23.58	39.31	70.76
475	1.64	4.28	8.55	12.82	21.37	35.63	64.13

（续）

温度 /℃	Class 系列压力级别（特殊压力级别）						
	Class 150	Class 300	Class 600	Class 900	Class 1500	Class 2500	Class 4500
	最大允许工作压力 p/MPa						
500	1.37	3.56	7.15	10.71	17.86	29.75	53.54
538	1.10	2.90	5.79	8.69	14.51	24.17	43.51
550	1.10	2.90	5.79	8.69	14.51	24.17	43.51
575	1.09	2.86	5.71	8.57	14.30	23.83	42.88
600	1.03	2.69	5.35	8.04	13.40	22.34	40.19
625	0.87	2.30	4.57	6.86	11.43	19.06	34.28
650	0.63	1.65	3.31	4.96	8.27	13.79	24.82
P_s/MPa	3	7.8	15.6	23.3	38.8	64.7	*110

注：1. 外径 $D_w \geq 88.9$mm 的管子，应限制超过 620℃ 的应用。
2. 带符号▲的法兰端阀门的额定值应不超过 538℃。
3. 带符号 * 的强度试验 P_s 值可按使用单位和制造单位的合同和技术协议要求取设计压力的 1.5 倍。

表 4-57 第 2 组材料为 F304、CF8、F304H、CF10 的压力-温度额定值

温度 /℃	Class 系列压力级别（标准压力级别）						
	Class 150	Class 300	Class 600	Class 900	Class 1500	Class 2500	Class 4500
	最大允许工作压力 p/MPa						
-29~38	1.90	4.96	9.93	14.89	24.82	41.37	74.46
50	1.83	4.78	9.56	14.35	23.91	39.85	71.73
100	1.57	4.09	8.17	12.26	20.43	34.04	61.28
150	1.42	3.70	7.40	11.10	18.50	30.84	55.51
200	1.32	3.45	6.90	10.34	17.24	28.73	51.72
250	1.21	3.25	6.50	9.75	16.24	27.07	48.73
300	1.02	3.09	6.18	9.27	15.46	25.76	46.37
325	0.93	3.02	6.04	9.07	15.11	25.19	45.33
350	0.84	2.96	5.93	8.89	14.81	24.69	44.44
375	0.74	2.90	5.81	8.71	14.52	24.19	43.55
400	0.65	2.84	5.69	8.53	14.22	23.70	42.66
425	0.55	2.80	5.60	8.40	14.00	23.33	41.99
450	0.46	2.74	5.48	8.22	13.70	22.84	41.11
475	0.37	2.69	5.39	8.08	13.47	22.45	40.40
500	0.28	2.65	5.30	7.95	13.24	22.07	39.73
538	0.14	2.44	4.89	7.33	12.21	20.36	36.64

(续)

温度 /℃	Class 系列压力级别（标准压力级别）						
	Class 150	Class 300	Class 600	Class 900	Class 1500	Class 2500	Class 4500
	最大允许工作压力 p/MPa						
550	▲0.14	2.36	4.71	7.07	11.78	19.63	35.34
575	▲0.14	2.08	4.17	6.25	10.42	17.37	31.27
600	▲0.14	1.69	3.38	5.06	8.44	14.07	25.32
625	▲0.14	1.38	2.76	4.14	6.89	11.49	20.68
650	▲0.14	1.13	2.25	3.38	5.63	9.38	16.89
675	▲0.14	0.93	1.87	2.80	4.67	7.79	14.02
700	▲0.14	0.80	1.61	2.41	4.01	6.69	12.04
725	▲0.14	0.68	1.35	2.03	3.38	5.63	10.13
750	▲0.14	0.58	1.16	1.73	2.89	4.81	8.67
775	▲0.14	0.46	0.90	1.37	2.28	3.80	6.84
800	▲0.12	0.35	0.70	1.05	1.74	2.92	5.26
P_s/MPa	2.9	7.5	14.9	22.4	37.3	62.1	*105
温度 /℃	Class 系列压力级别（特殊压力级别）						
	Class 150	Class 300	Class 600	Class 900	Class 1500	Class 2500	Class 4500
	最大允许工作压力 p/MPa						
-29~38	1.98	5.17	10.34	15.51	25.86	43.09	77.57
50	1.94	5.05	10.10	15.15	25.25	42.08	75.74
100	1.75	4.56	9.12	13.68	22.80	38.00	68.39
150	1.58	4.13	8.26	12.39	20.65	34.42	61.96
200	1.48	3.85	7.70	11.54	19.24	32.07	57.72
250	1.39	3.63	7.25	10.88	18.13	30.22	54.39
300	1.32	3.45	6.90	10.35	17.25	28.75	51.75
325	1.29	3.37	6.75	10.12	16.87	28.11	50.60
350	1.27	3.31	6.61	9.92	16.53	27.55	49.60
375	1.24	3.24	6.48	9.72	16.20	27.00	48.60
400	1.22	3.17	6.35	9.52	15.87	26.45	47.61
425	1.20	3.12	6.25	9.37	15.62	26.04	46.87
450	1.17	3.06	6.12	9.18	15.30	25.49	45.89
475	1.15	3.01	6.01	9.02	15.03	25.05	45.09
500	1.13	2.96	5.91	8.87	14.78	24.64	44.35
538	1.10	2.86	5.73	8.59	14.31	23.85	42.94

(续)

温度 /℃	Class 系列压力级别(特殊压力级别)						
	Class 150	Class 300	Class 600	Class 900	Class 1500	Class 2500	Class 4500
	最大允许工作压力 p/MPa						
550	1.09	2.84	5.68	8.51	14.19	23.65	42.57
575	1.0	2.61	5.21	7.82	13.03	21.72	39.09
600	0.81	2.11	4.22	6.33	10.55	17.58	31.65
625	0.66	1.72	3.45	5.17	8.62	14.36	25.85
650	0.54	1.41	2.82	4.22	7.04	11.73	21.12
675	0.45	1.17	2.34	3.51	5.84	9.74	17.53
700	0.41	1.07	2.13	3.20	5.33	8.89	16.00
725	0.35	0.92	1.85	2.77	4.62	7.70	13.86
750	0.28	0.74	1.48	2.21	3.67	6.12	11.03
775	0.22	0.58	1.14	1.72	2.85	4.76	8.56
800	0.18	0.44	0.88	1.32	2.20	3.66	6.56
P_s/MPa	3	7.8	15.6	23.3	38.8	64.7	*110

注:1. 只有当 F304、CF8 材料含碳量≥0.04% 时,才可以用于538℃以上的温度。
2. 带符号▲的法兰端阀门的额定值应不超过538℃。
3. 带符号*的强度试验 P_s 值可按使用单位和制造单位的合同和技术协议要求取设计压力的1.5倍。

表4-58 第2组材料为 **F316、CF8M、F316H、CF10M** 的压力-温度额定值

温度 /℃	Class 系列压力级别(标准压力级别)						
	Class 150	Class 300	Class 600	Class 900	Class 1500	Class 2500	Class 4500
	最大允许工作压力 p/MPa						
-29~38	1.90	4.96	9.93	14.89	24.82	41.37	74.46
50	1.84	4.81	9.62	14.43	24.06	40.09	72.17
100	1.62	4.22	8.44	12.66	21.10	35.16	63.29
150	1.48	3.85	7.70	11.55	19.25	32.08	57.74
200	1.37	3.57	7.13	10.70	17.83	29.72	53.49
250	1.21	3.34	6.68	10.01	16.69	27.81	50.06
300	1.02	3.16	6.32	9.49	15.81	26.35	47.43
325	0.93	3.09	6.18	9.27	15.44	25.74	46.33
350	0.84	3.03	6.07	9.10	15.16	25.27	45.49
375	0.74	2.99	5.98	8.96	14.94	24.90	44.82
400	0.65	2.94	5.89	8.83	14.72	24.53	44.16
425	0.55	2.91	5.83	8.74	14.57	24.29	43.71

(续)

温度 /℃	Class 系列压力级别（标准压力级别）						
	Class 150	Class 300	Class 600	Class 900	Class 1500	Class 2500	Class 4500
	最大允许工作压力 p/MPa						
450	0.46	2.88	5.77	8.65	14.42	24.04	43.27
475	0.37	2.87	5.73	8.60	14.34	23.89	43.01
500	0.28	2.82	5.65	8.47	14.09	23.50	42.30
538	0.14	2.52	5.0	7.52	12.55	20.89	37.58
550	▲0.14	2.50	4.98	7.48	12.49	20.80	37.42
575	▲0.14	2.40	4.79	7.18	11.97	19.95	35.91
600	▲0.14	1.99	3.98	5.97	9.95	16.59	29.86
625	▲0.14	1.58	3.16	4.74	7.91	13.18	23.72
650	▲0.14	1.27	2.53	3.80	6.33	10.55	18.99
675	▲0.14	1.03	2.06	3.10	5.16	8.60	15.48
700	▲0.14	0.84	1.68	2.51	4.19	6.98	12.57
725	▲0.14	0.70	1.40	2.10	3.49	5.82	10.48
750	▲0.14	0.59	1.17	1.76	2.93	4.89	8.79
775	▲0.14	0.46	0.90	1.37	2.28	3.80	6.84
800	▲0.12	0.35	0.70	1.05	1.74	2.92	5.26
P_s/MPa	2.9	7.5	14.9	22.4	37.3	62.1	*110

温度 /℃	Class 系列压力级别（特殊压力级别）						
	Class 150	Class 300	Class 600	Class 900	Class 1500	Class 2500	Class 4500
	最大允许工作压力 p/MPa						
-29~38	1.98	5.17	10.34	15.51	25.86	43.09	77.57
50	1.95	5.08	10.16	15.25	25.41	42.35	76.23
100	1.81	4.71	9.42	14.13	23.55	39.24	70.64
150	1.65	4.30	8.59	12.89	21.48	35.80	64.44
200	1.53	3.98	7.96	11.94	19.90	33.17	59.70
250	1.43	3.73	7.45	11.18	18.63	31.04	55.88
300	1.35	3.53	7.06	10.59	17.64	29.41	52.93
325	1.32	3.45	6.89	10.34	17.23	28.72	51.70
350	1.30	3.38	6.77	10.15	16.92	28.21	50.77
375	1.28	3.33	6.67	10.0	16.67	27.79	50.02
400	1.26	3.29	6.57	9.86	16.43	27.38	49.29
425	1.25	3.25	6.51	9.76	16.26	27.11	48.79

（续）

温度 /℃	Class 系列压力级别（特殊压力级别）						
	Class 150	Class 300	Class 600	Class 900	Class 1500	Class 2500	Class 4500
	最大允许工作压力 p/MPa						
450	1.23	3.22	6.44	9.66	16.10	26.83	48.29
475	1.23	3.20	6.40	9.60	16.00	26.66	48.00
500	1.22	3.17	6.34	9.51	15.86	26.43	47.57
538	1.10	2.90	5.79	8.69	14.51	24.17	43.51
550	1.10	2.90	5.79	8.69	14.51	24.17	43.51
575	1.09	2.86	5.71	8.57	14.30	23.83	42.88
600	0.95	2.49	4.98	7.46	12.44	20.73	37.32
625	0.76	1.98	3.95	5.93	9.88	16.47	29.65
650	0.61	1.58	3.17	4.75	7.91	13.19	23.74
675	0.49	1.29	2.58	3.87	6.45	10.75	19.35
700	0.44	1.14	2.28	3.43	5.71	9.52	17.13
725	0.37	0.95	1.91	2.86	4.77	7.95	14.30
750	0.28	0.74	1.48	2.21	3.67	6.12	11.03
775	0.22	0.58	1.14	1.72	2.85	4.76	8.56
800	0.18	0.44	0.88	1.32	2.20	3.66	6.56
P_s/MPa	3	7.8	15.6	23.3	38.8	64.7	*110

注：1. 只有当 F316、CF8M 材料含碳量≥0.04% 时，才可以用于 538℃以上的温度。

2. 带符号▲的法兰端阀门的额定值应不超过 538℃。

3. 带符号 * 的强度试验 P_s 值可按使用单位和制造单位的合同和技术协议要求取设计压力的 1.5 倍。

表 4-59　第 2 组材料为 F321H 的压力-温度额定值

温度 /℃	Class 系列压力级别（标准压力级别）						
	Class 150	Class 300	Class 600	Class 900	Class 1500	Class 2500	Class 4500
	最大允许工作压力 p/MPa						
-29~38	1.90	4.96	9.93	14.89	24.82	41.37	74.46
50	1.86	4.86	9.71	14.57	24.28	40.46	72.83
100	1.70	4.42	8.85	13.27	22.12	36.84	66.36
150	1.57	4.10	8.20	12.29	20.49	34.15	61.47
200	1.38	3.83	7.66	11.49	19.15	31.91	57.45
250	1.21	3.60	7.20	10.81	18.01	30.02	54.04
300	1.02	3.41	6.83	10.24	17.07	28.46	51.22
325	0.93	3.33	6.66	9.99	16.65	27.76	49.96

(续)

温度 /℃	Class 系列压力级别（标准压力级别）						
	Class 150	Class 300	Class 600	Class 900	Class 1500	Class 2500	Class 4500
	最大允许工作压力 p/MPa						
350	0.84	3.26	6.52	9.78	16.30	27.17	48.91
375	0.74	3.20	6.41	9.61	16.02	26.69	48.05
400	0.65	3.16	6.32	9.48	15.79	26.32	47.38
425	0.55	3.11	6.23	9.34	15.57	25.95	46.71
450	0.46	3.08	6.17	9.25	15.42	25.69	46.25
475	0.37	3.05	6.11	9.16	15.27	25.44	45.80
500	0.28	2.82	5.65	8.47	14.09	23.50	42.30
538	0.14	2.52	5.0	7.52	12.55	20.89	37.58
550	▲0.14	2.50	4.98	7.48	12.49	20.80	37.42
575	▲0.14	2.40	4.79	7.18	11.97	19.95	35.91
600	▲0.14	2.03	4.05	6.08	10.13	16.89	30.40
625	▲0.14	1.58	3.16	4.74	7.91	13.18	23.72
650	▲0.14	1.26	2.53	3.79	6.32	10.54	18.96
675	▲0.14	0.99	1.98	2.96	4.94	8.23	14.81
700	▲0.14	0.79	1.58	2.37	3.95	6.59	11.86
725	▲0.14	0.63	1.27	1.90	3.17	5.28	9.51
750	▲0.14	0.50	1.00	1.50	2.50	4.17	7.50
775	▲0.14	0.40	0.80	1.19	1.99	3.32	5.97
800	▲0.12	0.31	0.63	0.94	1.56	2.61	4.69
P_s/MPa	2.9	7.5	14.9	22.4	37.3	62.1	*105
温度 /℃	Class 系列压力级别（特殊压力级别）						
	Class 150	Class 300	Class 600	Class 900	Class 1500	Class 2500	Class 4500
	最大允许工作压力 p/MPa						
−29~38	1.98	5.17	10.34	15.51	25.86	43.09	77.57
50	1.96	5.11	10.23	15.34	25.56	42.60	76.69
100	1.89	4.87	9.73	14.60	24.33	40.55	72.99
150	1.75	4.57	9.15	13.72	22.87	38.11	68.60
200	1.64	4.27	8.55	12.82	21.37	35.62	64.11
250	1.54	4.02	8.04	12.06	20.10	33.50	60.31
300	1.46	3.81	7.62	11.43	19.06	31.76	57.17
325	1.43	3.72	7.44	11.15	18.59	30.98	55.76

第4章 控制阀材料及耐蚀性

(续)

温度 /℃	Class 系列压力级别（特殊压力级别）						
	Class 150	Class 300	Class 600	Class 900	Class 1500	Class 2500	Class 4500
	最大允许工作压力 p/MPa						
350	1.39	3.64	7.28	10.92	18.19	30.32	54.58
375	1.37	3.58	7.15	10.73	17.88	29.79	53.63
400	1.35	3.53	7.05	10.58	17.63	29.38	52.88
425	1.33	3.48	6.95	10.43	17.38	28.96	52.13
450	1.32	3.44	6.88	10.32	17.20	28.67	51.61
475	1.31	3.41	6.82	10.22	17.04	28.40	51.12
500	1.29	3.37	6.75	10.12	16.87	28.12	50.62
538	1.10	2.90	5.79	8.69	14.51	24.17	43.51
550	1.10	2.90	5.79	8.69	14.51	24.17	43.51
575	1.09	2.86	5.71	8.57	14.30	23.83	42.88
600	0.97	2.53	5.07	7.60	12.66	21.11	37.99
625	0.76	1.98	3.95	5.93	9.88	16.48	29.65
650	0.61	1.58	3.16	4.74	7.90	13.17	23.70
675	0.47	1.23	2.47	3.70	6.17	10.29	18.52
700	0.42	1.08	2.17	3.25	5.42	9.03	16.25
725	0.34	0.89	1.77	2.66	4.43	7.38	13.29
750	0.26	0.67	1.34	2.0	3.34	5.57	10.02
775	0.19	0.50	1.0	1.50	2.51	4.18	7.52
800	0.17	0.44	0.88	1.32	2.20	3.66	6.56
P_s/MPa	3	7.8	15.6	23.3	38.8	64.7	*110

注：1. F321H 材料在超过538℃工况时，应进行固溶处理后才可以使用。
2. 带符号▲的法兰端阀门的额定值应不超过538℃。
3. 带符号*的强度试验 P_s 值可按使用单位和制造单位的合同和技术协议要求取设计压力的1.5倍。

表4-60 第2组材料为 F347H 的压力-温度额定值

温度 /℃	Class 系列压力级别（标准压力级别）						
	Class 150	Class 300	Class 600	Class 900	Class 1500	Class 2500	Class 4500
	最大允许工作压力 p/MPa						
-29~38	1.90	4.96	9.93	14.89	24.82	41.37	74.46
50	1.87	4.88	9.75	14.63	24.38	40.64	73.15
100	1.74	4.53	9.06	13.59	22.65	37.74	67.94
150	1.58	4.25	8.49	12.74	21.24	35.39	63.71

(续)

温度 /℃	Class 系列压力级别（标准压力级别）						
	Class 150	Class 300	Class 600	Class 900	Class 1500	Class 2500	Class 4500
	最大允许工作压力 p/MPa						
200	1.38	3.99	7.99	11.98	19.97	33.28	59.91
250	1.21	3.78	7.56	11.34	18.91	31.51	56.72
300	1.02	3.61	7.22	10.83	18.04	30.07	54.13
325	0.93	3.54	7.07	10.61	17.68	29.46	53.03
350	0.84	3.48	6.95	10.43	17.38	28.96	52.13
375	0.74	3.42	6.84	10.26	17.10	28.51	51.31
400	0.65	3.39	6.78	10.17	16.95	28.26	50.86
425	0.55	3.36	6.72	10.08	16.81	28.01	50.42
450	0.46	3.35	6.69	10.04	16.73	27.88	50.18
475	0.37	3.17	6.34	9.51	15.82	26.39	47.48
500	0.28	2.82	5.65	8.47	14.09	23.50	42.30
538	0.14	2.52	5.0	7.52	12.55	20.89	37.58
550	▲0.14	2.50	4.98	7.48	12.49	20.80	37.42
575	▲0.14	2.40	4.79	7.18	11.97	19.95	35.91
600	▲0.14	2.16	4.29	6.42	10.70	17.85	32.14
625	▲0.14	1.83	3.66	5.49	9.12	15.20	27.38
650	▲0.14	1.41	2.81	4.25	7.07	11.77	21.17
675	▲0.14	1.24	2.52	3.76	6.27	10.45	18.79
700	▲0.14	1.01	2.0	2.98	4.97	8.30	14.94
725	▲0.14	0.79	1.54	2.32	3.86	6.44	11.58
750	▲0.14	0.59	1.17	1.76	2.96	4.91	8.82
775	▲0.14	0.46	0.90	1.37	2.28	3.80	6.84
800	▲0.12	0.35	0.70	1.05	1.74	2.92	5.26
P_s/MPa	2.9	7.5	14.9	22.4	37.3	62.1	*105
温度 /℃	Class 系列压力级别（特殊压力级别）						
	Class 150	Class 300	Class 600	Class 900	Class 1500	Class 2500	Class 4500
	最大允许工作压力 p/MPa						
-29~38	2.0	5.17	10.34	15.51	25.86	43.09	77.57
50	2.0	5.17	10.34	15.51	25.56	43.09	77.57
100	1.94	5.06	10.11	15.17	24.33	42.13	75.83
150	1.82	4.74	9.48	14.22	22.87	39.50	71.10

第4章 控制阀材料及耐蚀性

(续)

温度/℃	Class 系列压力级别（特殊压力级别）						
	Class 150	Class 300	Class 600	Class 900	Class 1500	Class 2500	Class 4500
	最大允许工作压力 p/MPa						
200	1.71	4.46	8.91	13.37	21.37	37.15	66.86
250	1.62	4.22	8.44	12.66	20.10	35.17	63.30
300	1.54	4.03	8.06	12.08	19.06	33.56	60.41
325	1.51	3.95	7.89	11.84	18.59	32.88	59.18
350	1.49	3.88	7.76	11.64	18.19	32.33	58.19
375	1.46	3.82	7.64	11.45	17.88	31.81	57.27
400	1.45	3.78	7.57	11.35	17.63	31.54	56.77
425	1.44	3.75	7.50	11.25	17.38	31.26	56.27
450	1.43	3.73	7.47	11.20	17.20	31.11	56.00
475	1.43	3.73	7.46	11.19	17.04	31.09	55.96
500	1.37	3.56	7.15	10.71	16.87	29.75	53.54
538	1.10	2.90	5.79	8.69	14.51	24.17	43.51
550	1.10	2.90	5.79	8.69	14.51	24.17	43.51
575	1.09	2.86	5.71	8.57	14.30	23.83	42.88
600	1.03	2.69	5.35	8.04	12.66	22.34	40.19
625	0.87	2.30	4.57	6.86	9.88	19.06	34.28
650	0.69	1.79	3.55	5.31	7.90	14.79	26.61
675	0.62	1.60	3.16	4.73	6.17	13.17	23.70
700	0.48	1.24	2.50	3.73	5.42	10.37	18.65
725	0.37	0.97	1.95	2.89	4.43	8.02	14.45
750	0.28	0.74	1.48	2.21	3.34	6.12	11.03
775	0.22	0.58	1.14	1.72	2.51	4.79	8.56
800	0.18	0.44	0.88	1.32	2.20	3.66	6.56
P_s/MPa	3	7.8	15.6	23.3	38.8	64.7	*110

注：1. F347H 材料在超过538℃工况时，应进行固溶处理后才可以使用。
  2. 带符号▲的法兰端阀门的额矩值应不超过538℃。
  3. 带符号*的强度试验 P_s 值可按使用单位和制造单位的合同和技术协议要求取设计压力的1.5倍。

表 4-61 第 2 组材料为 F310H 的压力-温度额定值

温度/℃	Class 系列压力级别（标准压力级别）						
	Class 150	Class 300	Class 600	Class 900	Class 1500	Class 2500	Class 4500
	最大允许工作压力 p/MPa						
-29~38	1.90	4.96	9.93	14.89	24.82	41.37	74.46
50	1.85	4.84	9.60	14.51	24.18	40.31	72.55

(续)

温度 /℃	Class 系列压力级别（标准压力级别）						
	Class 150	Class 300	Class 600	Class 900	Class 1500	Class 2500	Class 4500
	最大允许工作压力 p/MPa						
100	1.66	4.34	8.68	13.02	21.70	36.16	65.09
150	1.53	4.0	8.0	12.0	20.0	33.33	59.99
200	1.38	3.76	7.52	11.28	18.80	31.34	56.41
250	1.21	3.58	7.15	10.73	17.88	29.81	53.65
300	1.02	3.45	6.89	10.34	17.23	28.72	51.69
325	0.93	3.39	6.77	10.16	16.93	28.22	50.79
350	0.84	3.33	6.66	9.99	16.65	27.76	49.96
375	0.74	3.29	6.57	9.86	16.43	27.38	49.29
400	0.65	3.24	6.48	9.73	16.21	27.02	48.63
425	0.55	3.21	6.42	9.64	16.06	26.77	48.18
450	0.46	3.17	6.34	9.51	15.84	26.40	47.53
475	0.37	3.12	6.25	9.37	15.62	26.03	46.86
500	0.28	2.82	5.65	8.47	14.09	23.50	42.30
538	0.14	2.52	5.0	7.52	12.55	20.89	37.58
550	▲0.14	2.50	4.98	7.48	12.49	20.80	37.42
575	▲0.14	2.22	4.44	6.65	11.09	18.48	33.27
600	▲0.14	1.68	3.35	5.03	8.39	13.98	25.16
625	▲0.14	1.25	2.50	3.75	6.25	10.42	18.76
650	▲0.14	0.94	1.87	2.81	4.68	7.80	14.04
675	▲0.14	0.72	1.45	2.17	3.62	6.03	10.85
700	▲0.14	0.55	1.10	1.65	2.75	4.59	8.25
725	▲0.14	0.43	0.87	1.30	2.16	3.60	6.49
750	▲0.13	0.34	0.68	1.02	1.71	2.84	5.12
775	▲0.10	0.27	0.53	0.80	1.33	2.21	3.98
800	▲0.08	0.21	0.41	0.62	1.03	1.72	3.10
P_s/MPa	2.9	7.5	14.9	22.4	37.3	62.1	*105

温度 /℃	Class 系列压力级别（特殊压力级别）						
	Class 150	Class 300	Class 600	Class 900	Class 1500	Class 2500	Class 4500
	最大允许工作压力 p/MPa						
−29~38	2.0	5.17	10.34	15.51	25.86	43.09	77.57
50	2.0	5.17	10.34	15.51	25.86	43.09	77.57

第4章 控制阀材料及耐蚀性

（续）

温度/℃	Class 系列压力级别（特殊压力级别）						
	Class 150	Class 300	Class 600	Class 900	Class 1500	Class 2500	Class 4500
	最大允许工作压力 p/MPa						
100	1.86	4.84	9.69	14.53	24.22	40.36	72.65
150	1.71	4.46	8.93	13.39	22.32	37.19	66.95
200	1.61	4.20	8.39	12.59	20.99	34.98	62.96
250	1.53	3.99	7.98	11.98	19.96	33.27	59.88
300	1.47	3.85	7.69	11.54	13.23	32.05	57.69
325	1.45	3.78	7.56	11.34	18.90	31.49	56.69
350	1.42	3.72	7.43	11.15	18.59	30.98	55.76
375	1.41	3.67	7.33	11.0	18.34	30.56	55.01
400	1.39	3.62	7.24	10.85	18.09	30.15	54.27
425	1.37	3.59	7.17	10.76	17.93	29.88	53.78
450	1.36	3.54	7.07	10.61	17.68	29.47	53.04
475	1.34	3.49	6.97	10.46	17.43	29.05	52.30
500	1.32	3.44	6.87	10.31	17.18	28.64	51.55
538	1.10	2.90	5.79	8.69	14.51	24.17	43.51
550	1.10	2.90	5.79	8.69	14.51	24.17	43.51
575	1.06	2.77	5.54	8.32	13.86	23.10	41.58
600	0.80	2.10	4.19	6.29	10.48	17.47	31.45
625	0.60	1.56	3.13	4.69	7.82	13.03	23.45
650	0.45	1.17	2.34	3.51	5.85	9.75	17.55
675	0.35	0.90	1.81	2.71	4.52	7.53	13.56
700	0.30	0.77	1.54	2.32	3.86	6.44	11.59
725	0.23	0.61	1.21	1.82	3.04	5.06	9.11
750	0.17	0.46	0.91	1.37	2.28	3.79	6.83
775	0.13	0.33	0.67	1.00	1.67	2.79	5.01
800	0.11	0.29	0.58	0.86	1.44	2.40	4.32
P_s/MPa	3	7.8	15.6	23.3	38.8	64.7	*110

注：1. 带符号▲的法兰端阀门的额定值应不超过538℃。

2. 带符号*的强度试验 P_s 值可按使用单位和制造单位的合同和技术协议要求取设计压力的1.5倍。

表 4-62 第 2 组材料为 CH20 的压力-温度额定值

温度/℃	Class 系列压力级别（标准压力级别）						
	Class 150	Class 300	Class 600	Class 900	Class 1500	Class 2500	Class 4500
	最大允许工作压力 p/MPa						
−29~38	1.78	4.63	9.27	13.90	23.17	38.61	69.50
50	1.70	4.45	8.90	13.34	22.24	37.06	66.71
100	1.44	3.75	7.51	11.26	18.77	31.28	56.3
150	1.34	3.49	6.98	10.47	17.44	29.07	52.33
200	1.29	3.35	6.71	10.06	16.77	27.95	50.32
250	1.21	3.26	6.52	9.78	16.31	27.18	48.92
300	1.02	3.17	6.34	9.52	15.86	26.43	47.58
325	0.93	3.12	6.24	9.36	15.61	26.01	46.82
350	0.84	3.06	6.12	9.17	15.29	25.48	45.87
375	0.74	2.98	5.97	8.95	14.92	24.86	44.75
400	0.65	2.91	5.82	8.73	14.55	24.24	43.64
425	0.55	2.83	5.67	8.50	14.17	23.62	42.52
450	0.46	2.76	5.52	8.28	13.80	23.0	41.40
475	0.37	2.67	5.35	8.02	13.37	22.28	40.10
500	0.28	2.58	5.17	7.75	12.92	21.53	38.76
538	0.14	2.33	4.66	7.0	11.66	19.44	34.99
550	▲0.14	2.19	4.38	6.57	10.95	18.25	32.85
575	▲0.14	1.85	3.70	5.55	9.24	15.40	27.73
600	▲0.14	1.45	2.90	4.35	7.28	12.10	21.77
625	▲0.14	1.14	2.28	3.43	5.71	9.52	17.13
650	▲0.14	0.89	1.78	2.67	4.45	7.41	13.35
675	▲0.14	0.70	1.40	2.09	3.49	5.82	10.47
700	▲0.14	0.57	1.13	1.70	2.83	4.72	8.50
725	▲0.14	0.46	0.91	1.37	2.28	3.80	6.84
750	▲0.13	0.35	0.70	1.05	1.75	2.92	5.25
775	▲0.10	0.26	0.51	0.77	1.28	2.14	3.84
800	▲0.08	0.20	0.40	0.61	1.01	1.69	3.04
P_s/MPa	2.7	7	14.0	20.9	34.8	58	*98.0
温度/℃	Class 系列压力级别（特殊压力级别）						
	Class 150	Class 300	Class 600	Class 900	Class 1500	Class 2500	Class 4500
	最大允许工作压力 p/MPa						
−29~38	1.84	4.80	9.60	14.41	24.01	40.01	72.03
50	1.79	4.68	9.35	14.03	23.38	38.98	70.14

第4章 控制阀材料及耐蚀性

（续）

温度 /℃	Class 系列压力级别（特殊压力级别）						
	Class 150	Class 300	Class 600	Class 900	Class 1500	Class 2500	Class 4500
	最大允许工作压力 p/MPa						
100	1.61	4.19	8.38	12.57	20.95	34.91	62.84
150	1.49	3.89	7.79	11.68	19.47	32.45	58.4
200	1.44	3.74	7.49	11.23	18.72	31.20	56.16
250	1.40	3.64	7.28	10.92	18.20	30.33	54.60
300	1.36	3.54	7.08	10.62	17.70	29.50	53.10
325	1.34	3.48	6.97	10.45	17.42	29.03	52.26
350	1.31	3.41	6.83	10.24	17.06	28.44	51.19
375	1.28	3.33	6.66	9.99	16.65	27.75	49.95
400	1.24	3.25	6.49	9.74	16.23	27.06	48.70
425	1.21	3.16	6.33	9.49	15.82	26.36	47.45
450	1.18	3.08	6.16	9.24	15.40	25.67	46.21
475	1.14	2.98	5.97	8.95	14.92	24.86	44.76
500	1.11	2.88	5.77	8.65	14.42	24.03	43.26
538	1.05	2.73	5.47	8.20	13.67	22.78	41.0
550	1.01	2.64	5.27	7.91	13.18	21.96	38.54
575	0.89	2.31	4.62	6.93	11.55	19.26	34.66
600	0.70	1.81	3.63	5.44	9.07	15.12	27.21
625	0.55	1.43	2.86	4.28	7.14	11.90	21.42
650	0.43	1.11	2.22	3.34	5.56	9.27	16.68
675	0.33	0.87	1.75	2.62	4.36	7.27	13.09
700	0.30	0.77	1.54	2.31	3.86	6.43	11.57
725	0.24	0.64	1.27	1.91	3.18	5.31	9.55
750	0.18	0.47	0.95	1.42	2.36	3.94	7.09
775	0.12	0.32	0.65	0.97	1.62	2.70	4.86
800	0.10	0.27	0.53	0.80	1.33	2.22	4.00
P_s/MPa	2.8	7.2	14.4	21.7	36	60	*100

注：1. 只有当CH20材料含碳量≥0.04%时，才可以用于538℃以上的温度。

2. 带符号▲的法兰端阀门的额定值应不超过538℃。

3. 带符号*的强度试验P_s值可按使用单位和制造单位的合同和技术协议要求取设计压力的1.5倍。

表 4-63 第 2 组材料为 CK20 的压力-温度额定值

温度 /℃	Class 系列压力级别（标准压力级别）						
	Class 150	Class 300	Class 600	Class 900	Class 1500	Class 2500	Class 4500
	最大允许工作压力 p/MPa						
−29~38	1.78	4.63	9.27	13.90	23.17	38.61	69.50
50	1.70	4.45	8.90	13.34	22.24	37.06	66.71
100	1.44	3.75	7.51	11.26	18.77	31.28	56.3
150	1.34	3.49	5.98	10.47	17.44	29.07	52.33
200	1.29	3.35	5.71	10.06	16.77	27.95	50.32
250	1.21	3.26	6.52	9.78	16.31	27.18	48.92
300	1.02	3.17	6.34	9.52	15.86	26.43	47.58
325	0.93	3.12	6.24	9.36	15.61	26.01	46.82
350	0.84	3.06	6.12	9.17	15.29	25.48	45.87
375	0.74	2.98	5.97	8.95	14.92	24.86	44.75
400	0.65	2.91	5.82	8.73	14.55	24.24	43.64
425	0.55	2.83	5.67	8.50	14.17	23.62	42.52
450	0.46	2.76	5.52	8.28	13.80	23.00	41.40
475	0.37	2.67	5.35	8.02	13.37	22.28	40.10
500	0.28	2.58	5.17	7.75	12.92	21.53	38.76
538	0.14	2.33	4.66	7.00	11.66	19.44	34.99
550	▲0.14	2.29	4.59	6.88	11.47	19.12	34.41
575	▲0.14	2.17	4.33	6.50	10.83	18.04	32.48
600	▲0.14	1.94	3.88	5.82	9.71	16.18	29.12
625	▲0.14	1.68	3.37	5.05	8.41	14.02	25.24
650	▲0.14	1.41	2.81	4.22	7.04	11.73	21.11
675	▲0.14	1.15	2.30	3.46	5.76	9.60	17.28
700	▲0.14	0.88	1.75	2.63	5.38	7.30	13.15
725	▲0.14	0.63	1.27	1.90	3.17	5.29	9.52
750	▲0.14	0.45	0.89	1.34	2.23	3.72	6.69
775	▲0.12	0.31	0.63	0.94	1.57	2.62	4.72
800	▲0.09	0.23	0.46	0.69	1.14	1.91	3.43
P_s/MPa	2.7	7	14	20.9	34.8	58	*98
温度 /℃	Class 系列压力级别（特殊压力级别）						
	Class 150	Class 300	Class 600	Class 900	Class 1500	Class 2500	Class 4500
	最大允许工作压力 p/MPa						
−29~38	1.84	4.80	9.60	14.41	24.01	40.01	72.03
50	1.79	4.68	9.35	14.03	23.38	38.96	70.14

第4章 控制阀材料及耐蚀性

（续）

温度 /℃	Class 系列压力级别（特殊压力级别）					
	Class 150	Class 300	Class 600	Class 900	Class 1500	Class 2500	Class 4500
	最大允许工作压力 p/MPa						
100	1.61	4.19	8.38	12.57	20.95	34.91	62.84
150	1.49	3.89	7.79	11.68	19.47	32.45	58.4
200	1.44	3.74	7.49	11.23	18.72	31.20	56.16
250	1.40	3.64	7.28	10.92	18.20	30.33	54.60
300	1.36	3.54	7.08	10.62	17.70	29.50	53.10
325	1.34	3.48	6.97	10.45	17.42	29.03	52.26
350	1.31	3.41	6.83	10.24	17.06	28.44	51.19
375	1.28	3.33	6.66	9.99	16.65	27.75	49.95
400	1.24	3.25	6.49	9.74	16.23	27.06	48.70
425	1.21	3.16	6.33	9.49	15.82	26.36	47.45
450	1.18	3.08	6.16	9.24	15.40	26.67	46.21
475	1.14	2.98	5.97	8.95	14.92	24.86	44.76
500	1.11	2.88	5.77	8.65	14.42	24.03	43.26
538	1.05	2.73	5.47	8.20	13.67	22.78	41.00
550	1.05	2.73	5.47	8.20	13.67	22.78	41.00
575	1.04	2.71	5.41	8.12	13.53	22.56	40.60
600	0.93	2.43	4.85	7.28	12.13	20.22	36.40
625	0.81	2.10	4.21	6.31	10.52	17.53	31.55
650	0.67	1.76	3.52	5.28	8.79	14.66	26.38
675	0.55	1.44	2.88	4.32	7.20	12.00	21.59
700	0.47	1.23	2.47	3.70	6.16	10.27	18.49
725	0.36	0.94	1.88	2.82	4.70	7.84	14.10
750	0.24	0.61	1.23	1.84	3.07	5.12	9.22
775	0.15	0.40	0.79	1.19	1.99	3.31	5.96
800	0.13	0.33	0.65	0.98	1.63	2.72	4.90
P_s/MPa	2.8	7.2	14.4	21.7	36	60	*110

注：1. 只有当 CK20 材料含碳量≥0.04% 时，才可以用于 538℃ 以上的温度。

2. 带符号▲的法兰连接阀门，超过 538℃ 不能使用。

3. 带符号*的强度试验 P_s 值可按使用单位和制造单位的合同和技术协议要求取设计压力的 1.5 倍。

表 4-64　第 3 组材料为 N06022、N06625、N08825 的压力-温度额定值

温度 /℃	Class 系列压力级别（标准压力级别）						
	Class 150	Class 300	Class 600	Class 900	Class 1500	Class 2500	Class 4500
	最大允许工作压力 p/MPa						
−29~38	2.0	5.17	10.34	15.51	25.86	43.09	77.57
50	1.95	5.17	10.34	15.51	25.86	43.09	77.57
100	1.77	5.15	10.30	15.46	25.76	42.94	77.3
150	1.58	5.03	10.03	15.06	25.08	41.82	75.28
200	1.38	4.83	9.67	14.50	24.17	40.28	72.51
250	1.21	4.63	9.27	13.90	23.18	38.62	69.48
300	1.02	4.29	8.57	12.86	21.44	35.71	64.26
325	0.93	4.14	8.26	12.40	20.66	34.43	61.96
350	0.84	4.03	8.04	12.07	20.11	33.53	60.33
375	0.74	3.89	7.76	11.65	19.41	32.32	58.18
400	0.65	3.65	7.33	10.98	18.31	30.49	54.85
425	0.55	3.52	7.0	10.51	17.51	29.16	52.47
450	0.46	3.37	6.77	10.14	16.90	28.18	50.70
475	0.37	3.17	6.34	9.51	15.82	26.39	47.48
500	0.28	2.82	5.65	8.47	14.09	23.50	42.30
538	0.14	2.52	5.0	7.52	12.55	20.89	37.58
550	▲0.14	2.50	4.98	7.48	12.49	20.80	37.42
575	▲0.14	2.40	4.79	7.18	11.97	19.95	35.91
600	▲0.14	2.16	4.29	6.42	10.70	17.85	32.14
625	▲0.14	1.83	3.66	5.49	9.12	15.20	27.38
650	▲0.14	1.41	2.81	4.22	7.04	11.73	21.11
675	▲0.14	1.15	2.30	3.46	5.76	9.60	17.28
700	▲0.14	0.88	1.75	2.63	4.38	7.30	13.15
P_s/MPa	3	7.8	15.6	23.3	38.8	64.7	*110
温度 /℃	Class 系列压力级别（特殊压力级别）						
	Class 150	Class 300	Class 600	Class 900	Class 1500	Class 2500	Class 4500
	最大允许工作压力 p/MPa						
−29~38	2.0	5.17	10.34	15.51	25.86	43.09	77.57
50	2.0	5.17	10.34	15.51	25.86	43.09	77.57

第4章 控制阀材料及耐蚀性

（续）

温度/℃	Class 系列压力级别（特殊压力级别）						
	Class 150	Class 300	Class 600	Class 900	Class 1500	Class 2500	Class 4500
	最大允许工作压力 p/MPa						
100	2.0	5.17	10.34	15.51	25.86	43.09	77.57
150	2.0	5.17	10.34	15.51	25.86	43.09	77.57
200	2.0	5.17	10.34	15.51	25.86	43.09	77.57
250	1.98	5.17	10.34	15.51	25.86	43.09	77.57
300	1.91	4.99	10.34	15.51	24.94	32.05	74.82
325	1.88	4.91	9.98	14.96	24.53	31.49	73.59
350	1.86	4.84	9.81	14.72	24.22	30.98	72.66
375	1.84	4.79	9.69	14.53	23.97	30.56	71.91
400	1.82	4.75	9.59	14.38	23.73	30.15	71.18
425	1.81	4.73	9.49	14.24	23.64	29.88	70.93
450	1.79	4.68	9.49	14.19	23.41	29.47	70.22
475	1.64	4.28	9.36	14.04	21.37	29.05	64.13
500	1.37	3.56	8.55	10.71	17.86	28.64	53.54
538	1.10	2.90	7.15	8.69	14.51	24.17	43.51
550	1.10	2.90	5.79	8.69	14.51	24.17	43.51
575	1.09	2.86	5.79	8.57	14.30	23.10	42.88
600	1.03	2.69	5.71	8.04	13.40	17.47	40.19
625	0.87	2.30	5.35	6.86	11.43	13.03	32.28
650	0.67	1.76	3.52	5.28	8.79	9.75	26.38
675	0.55	1.44	2.88	4.32	7.20	7.53	21.59
700	0.42	1.10	2.19	3.29	5.48	6.44	16.44
P_s/MPa	3	7.8	15.6	23.3	38.8	64.7	*110

注：1. N06022 材料应进行固溶退火处理，不得用于 675℃ 以上温度。
  2. N06625 材料应进行退火处理，不得用于 645℃ 以上温度。当暴露在 538~645℃ 时，其室温冲击强度将急剧下降，受到严重的损害，应特别注意。
  3. N08825 材料应进行退火处理，不应在 538℃ 以上使用。
  4. 带符号▲的法兰端阀门的额定值不超过 538℃。
  5. 带符号 * 的强度试验 P_s 值可按使用单位和制造单位的合同和技术协议要求取设计压力的 1.5 倍。

(2) 美国标准数据 (ASME B16.34) (见表4-65~表4-113)

表4-65 第1.1组材料的额定值

A105①②	A350Gr. LF3⑥	A516Gr. 70①④	A672Gr. B70①
A216Gr. WCB①	A350Gr. LF6Cl. 1⑤	A537Cl. 1③	A672Gr. C70①
A350Gr. LF2①	A515Gr. 70①	A696Gr. C③	

A—标准磅级

温度/℃	各磅级工作压力/bar							
	150	300	600	900	1500	2500	4500
-29~38	19.6	51.1	102.1	153.2	255.3	425.5	765.9
50	19.2	50.1	100.2	150.4	250.6	417.7	751.9
100	17.7	46.6	93.2	139.8	233.0	388.3	699.0
150	15.8	45.1	90.2	135.2	225.4	375.6	676.1
200	13.8	43.8	87.6	131.4	219.0	365.0	657.0
250	12.1	41.9	83.9	125.8	209.7	349.5	629.1
300	10.2	39.8	79.6	119.5	199.1	331.8	597.3
325	9.3	38.7	77.4	116.1	193.6	322.6	580.7
350	8.4	37.8	75.1	112.7	187.8	313.0	563.5
375	7.4	36.4	72.7	109.1	181.8	303.1	545.5
400	6.5	34.7	69.4	104.2	173.6	289.3	520.8
425	5.5	28.8	57.5	86.3	143.8	239.7	431.5
450	4.6	23.0	46.0	69.0	115.0	191.7	345.1
475	3.7	17.4	34.9	52.3	87.2	145.3	261.5
500	2.8	11.8	23.5	35.3	58.8	97.9	176.3
538	1.4	5.9	11.8	17.7	29.5	49.2	88.6

B—特殊磅级

温度/℃	各磅级工作压力/bar							
	150	300	600	900	1500	2500	4500
-29~38	19.8	51.7	103.4	155.1	258.6	430.9	775.7
50	19.8	51.7	103.4	155.1	258.6	430.9	775.7
100	19.8	51.6	103.3	154.9	258.2	430.3	774.5
150	19.6	51.0	102.1	153.1	255.2	425.3	765.5
200	19.4	50.6	101.1	151.7	252.9	421.4	758.6
250	19.4	50.5	101.1	151.6	252.6	421.1	757.9
300	19.4	50.5	101.1	151.6	252.6	421.1	757.9
325	19.2	50.1	100.2	150.3	250.6	417.6	751.7

第4章 控制阀材料及耐蚀性

（续）

温度/℃	B—特殊磅级 各磅级工作压力/bar						
	150	300	600	900	1500	2500	4500
350	18.7	48.9	97.8	146.7	244.6	407.6	733.7
375	18.1	47.1	94.2	141.3	235.5	392.5	706.5
400	16.6	43.4	86.8	130.2	217.0	361.7	651.0
425	13.8	36.0	71.9	107.9	179.8	299.6	539.3
450	11.0	28.8	57.5	86.3	143.8	239.6	431.4
475	8.4	21.8	43.6	65.4	109.0	181.6	326.9
500	5.6	14.7	29.4	44.1	73.5	122.4	220.4
538	2.8	7.4	14.8	22.2	36.9	61.6	110.8

① 长时间暴露在425℃以上的温度下，碳化物相可能转化为石墨。允许，但不建议在425℃以上长期使用。
② 只有镇静钢可用于455℃以上工况。
③ 不得用于370℃以上工况。
④ 不得用于455℃以上工况。
⑤ 不得用于260℃以上工况。
⑥ 不得用于345℃以上工况。

表4-66 第1.2组材料的额定值

A106Gr. C①	A203Gr. E②	A350Gr. LF6C②③	A352Gr. LC3④
A203Gr. B②	A216Gr. WCC②	A352Gr. LC2④	A352Gr. LCC④

温度/℃	A—标准磅级 各磅级工作压力/bar						
	150	300	600	900	1500	2500	4500
-29~38	19.8	51.7	103.4	155.1	258.6	430.9	775.7
50	19.5	51.7	103.4	155.1	258.6	430.9	775.7
100	17.7	51.5	103.0	154.6	257.6	429.4	773.0
150	15.8	50.2	100.3	150.5	250.8	418.1	752.6
200	13.8	48.6	97.2	145.8	243.2	405.4	729.7
250	12.1	46.3	92.7	139.0	231.8	386.2	694.8
300	10.2	42.9	85.7	128.6	214.4	357.1	642.6
325	9.3	41.4	82.6	124.0	206.6	344.3	619.6
350	8.4	40.0	80.0	120.1	200.1	333.5	600.3
375	7.4	37.8	75.7	113.5	189.2	315.3	567.5
400	6.5	34.7	69.4	104.2	173.6	289.3	520.8

（续）

温度 /℃	A—标准磅级							
^	各磅级工作压力/bar						
^	150	300	600	900	1500	2500	4500
425	5.5	28.8	57.5	86.3	143.8	239.7	431.5
450	4.6	23.0	46.0	69.0	115.0	191.7	345.1
475	3.7	17.1	34.2	51.3	85.4	142.4	256.3
500	2.8	11.6	23.2	34.7	57.9	96.5	173.7
538	1.4	5.9	11.8	17.7	29.5	49.2	88.6

温度 /℃	B—特殊磅级							
^	各磅级工作压力/bar						
^	150	300	600	900	1500	2500	4500
-29~38	20.0	51.7	103.4	155.1	258.6	430.9	775.7
50	20.0	51.7	103.4	155.1	258.6	430.9	775.7
100	20.0	51.7	103.4	155.1	258.6	430.9	775.7
150	20.0	51.7	103.4	155.1	258.6	430.9	775.7
200	20.0	51.7	103.4	155.1	258.6	430.9	775.7
250	20.0	51.7	103.4	155.1	258.6	430.9	775.7
300	20.0	51.7	103.4	155.1	258.6	430.9	775.7
325	20.0	51.7	103.4	155.1	258.6	430.9	775.7
350	19.8	51.1	102.2	153.3	255.5	425.8	766.4
375	19.3	48.4	96.7	145.1	241.9	403.1	725.6
400	19.3	43.4	86.8	130.2	217.0	361.7	651.0
425	18.0	36.0	71.9	107.9	179.8	299.6	539.3
450	14.4	28.8	57.5	86.3	143.8	239.6	431.4
475	10.7	21.4	42.7	64.1	106.8	178.0	320.4
500	7.2	14.5	29.0	43.4	72.4	120.7	217.2
538	3.7	7.4	14.8	22.2	36.9	61.6	110.8

① 不得用于425℃以上工况。

② 长时间暴露在425℃以上的温度下，钢的碳化物相可能转化为石墨。允许，但不建议在425℃以上长期使用。

③ 不得用于260℃以上工况。

④ 不得用于345℃以上工况。

第4章　控制阀材料及耐蚀性

表 4-67　第 1.3 组材料的额定值

A203Gr. A[①]	A352Gr. LCB[②]	A516Gr. 65[①③]	A672Gr. C65[①]
A203Gr. D[①]	A352Gr. LC1[②]	A672Gr. B65[①]	A675Gr. 70[①④⑤]
A217Gr. WC1[⑥⑦⑧]	A515Gr. 65[①]		

温度/℃	各磅级工作压力/bar						
	150	300	600	900	1500	2500	4500

A—标准磅级

温度/℃	150	300	600	900	1500	2500	4500
-29~38	18.4	48.0	96.0	144.1	240.1	400.1	720.3
50	18.2	47.5	94.9	142.4	237.3	395.6	712.0
100	17.4	45.3	90.7	136.0	226.7	377.8	680.1
150	15.8	43.9	87.9	131.8	219.7	366.1	659.1
200	13.8	42.5	85.1	127.6	212.7	354.4	638.0
250	12.1	40.8	81.6	122.3	203.9	339.8	611.7
300	10.2	38.7	77.4	116.1	193.4	322.4	580.3
325	9.3	37.6	75.2	112.7	187.9	313.1	563.7
350	8.4	36.4	72.8	109.2	182.0	303.3	545.9
375	7.4	35.0	69.9	104.9	174.9	291.4	524.6
400	6.5	32.6	65.2	97.9	163.1	271.9	489.3
425	5.5	27.3	54.6	81.9	136.5	227.5	409.5
450	4.6	21.6	43.2	64.8	107.9	179.9	323.8
475	3.7	15.7	31.3	47.0	78.3	130.6	235.0
500	2.8	11.1	22.1	33.2	55.4	92.3	166.1
538	1.4	5.9	11.8	17.7	29.5	49.2	88.6

B—特殊磅级

温度/℃	150	300	600	900	1500	2500	4500
-29~38	20.0	48.0	96.0	144.1	240.1	400.1	720.3
50	20.0	48.0	96.0	144.1	240.1	400.1	720.3
100	20.0	48.0	96.0	144.1	240.1	400.1	720.3
150	20.0	48.0	96.0	144.1	240.1	400.1	720.3
200	20.0	48.0	96.0	144.1	240.1	400.1	720.3
250	20.0	48.0	96.0	144.1	240.1	400.1	720.3
300	20.0	48.0	96.0	144.1	240.1	400.1	720.3
325	20.0	48.0	95.9	143.9	239.8	399.6	719.3
350	19.8	47.3	94.6	141.9	236.5	394.1	709.4

(续)

温度 /℃	B—特殊磅级 各磅级工作压力/bar						
	150	300	600	900	1500	2500	4500
375	19.3	44.9	89.9	134.8	224.7	374.6	674.2
400	19.3	40.8	81.6	122.3	203.9	339.8	611.7
425	17.1	34.1	68.3	102.4	170.6	284.4	511.9
450	13.5	27.0	54.0	81.0	134.9	224.9	404.8
475	9.8	19.6	39.2	58.8	97.9	163.2	293.8
500	6.9	13.8	27.7	41.5	69.2	115.3	207.6
538	3.7	7.4	14.8	22.2	36.9	61.6	110.8

① 长时间暴露在425℃以上的温度下，钢的碳化物相可能转化为石墨。允许，但不建议在425℃以上长期使用。
② 不得用于345℃以上工况。
③ 不得用于455℃以上工况。
④ 含铅牌号不能在焊接或高于260℃工况使用。用于620℃以上的最大管道外径尺寸为88.9mm。
⑤ 高于455℃工况，建议使用残余硅含量不低于0.10%的镇静钢。
⑥ 长时间暴露在470℃以上的温度下，钢的碳化物相可能转化为石墨。允许，但不建议在470℃以上长期使用。
⑦ 仅使用正火加回火材料。
⑧ 除用于脱氧的 Ca 和 Mn 外，禁止添加在 ASTM A217 中没有列出的元素。

表4-68 第1.4组材料的额定值

A106Gr. B①	A515Gr. 60①②	A672Gr. C60①	A675Gr. 65①③④
A350Gr. LF1Cl. 1①	A516Gr. 60①②	A675Gr. 60①②③	A696Gr. B⑤
	A672Gr. B60①		

温度 /℃	A—标准磅级 各磅级工作压力/bar						
	150	300	600	900	1500	2500	4500
−29~38	16.3	42.6	85.1	127.7	212.8	354.6	638.3
50	16.0	41.8	83.5	125.3	208.9	348.1	626.6
100	14.9	38.8	77.7	116.5	194.2	323.6	582.5
150	14.4	37.6	75.1	112.7	187.8	313.0	563.4
200	13.8	36.4	72.8	109.2	182.1	303.4	546.2
250	12.1	34.9	69.8	104.7	174.6	291.0	523.7
300	10.2	33.2	66.4	99.5	165.9	276.5	497.7
325	9.3	32.2	64.5	96.7	161.2	268.6	483.5

第4章 控制阀材料及耐蚀性

(续)

温度 /℃	A—标准磅级 各磅级工作压力/bar						
	150	300	600	900	1500	2500	4500
350	8.4	31.2	62.5	93.7	156.2	260.4	468.7
375	7.4	30.4	60.7	91.1	151.8	253.0	455.3
400	6.5	29.3	58.7	88.0	146.7	244.5	440.1
425	5.5	25.8	51.5	77.3	128.8	214.7	386.5
450	4.6	21.4	42.7	64.1	106.8	178.0	320.4
475	3.7	14.1	28.2	42.3	70.5	117.4	211.4
500	2.8	10.3	20.6	30.9	51.5	85.9	154.6
538	1.4	5.9	11.8	17.7	29.5	49.2	88.6

温度 /℃	B—特殊磅级 各磅级工作压力/bar						
	150	300	600	900	1500	2500	4500
-29~38	17.0	44.3	88.6	133.0	221.6	369.4	664.9
50	17.0	44.3	88.6	133.0	221.6	369.4	664.9
100	17.0	44.3	88.6	133.0	221.6	369.4	664.9
150	17.0	44.3	88.6	133.0	221.6	369.4	664.9
200	17.0	44.3	88.6	133.0	221.6	369.4	664.9
250	17.0	44.3	88.6	133.0	221.6	369.4	664.9
300	16.5	43.0	86.0	129.0	215.0	358.3	644.9
325	16.1	42.0	83.9	125.9	209.9	349.8	629.6
350	15.6	40.7	81.4	122.1	203.4	339.1	610.3
375	15.2	39.5	79.1	118.6	197.6	329.4	592.9
400	14.6	38.2	76.3	114.5	190.8	317.9	572.3
425	12.4	32.3	64.6	96.9	161.5	269.2	484.5
450	10.2	26.7	53.4	80.1	133.5	222.5	400.5
475	6.8	17.6	35.2	52.9	88.1	146.8	264.3
500	4.9	12.9	25.8	38.7	64.4	107.4	193.3
538	2.8	7.4	14.8	22.2	36.9	61.6	110.8

① 长时间暴露在425℃以上的温度下,钢的碳化物相可能转化为石墨。允许,但不建议在425℃以上长期使用。
② 不得用于455℃以上工况。
③ 含铅牌号不能在焊接或高于260℃工况使用。
④ 高于455℃工况,建议使用残余硅含量不低于0.10%的镇静钢。
⑤ 不得用于370℃以上工况。

表 4-69 第 1.5 组材料的额定值

A182Gr.F1		A204Gr.B		A691Gr.CM-70		A204Gr.A	
A—标准磅级							
温度/℃	各磅级工作压力/bar						
	150	300	600	900	1500	2500	4500
-29~38	18.4	48.0	96.0	144.1	240.1	400.1	720.3
50	18.4	48.0	96.0	144.1	240.1	400.1	720.3
100	17.7	47.9	95.9	143.8	239.7	399.5	719.1
150	15.8	47.3	94.7	142.0	236.7	394.5	710.1
200	13.8	45.8	91.6	137.4	229.0	381.7	687.1
250	12.1	44.5	89.0	133.5	222.5	370.9	667.6
300	10.2	42.9	85.7	128.6	214.4	357.1	642.6
325	9.3	41.4	82.6	124.0	206.6	344.3	619.6
350	8.4	40.3	80.4	120.7	201.1	335.3	603.3
375	7.4	38.9	77.6	116.5	194.1	323.2	581.8
400	6.5	36.5	73.3	109.8	183.1	304.9	548.5
425	5.5	35.2	70.0	105.1	175.1	291.6	524.7
450	4.6	33.7	67.7	101.4	169.0	281.8	507.0
475	3.7	31.7	63.4	95.1	158.2	263.9	474.8
500	2.8	24.1	48.1	72.2	120.3	200.5	361.0
538	1.4	11.3	22.7	34.0	56.7	94.6	170.2
B—特殊磅级							
温度/℃	各磅级工作压力/bar						
	150	300	600	900	1500	2500	4500
-29~38	18.4	48.0	96.0	144.1	240.1	400.1	720.3
50	18.4	48.0	96.0	144.1	240.1	400.1	720.3
100	18.4	48.0	96.0	144.1	240.1	400.1	720.3
150	18.4	48.0	96.0	144.1	240.1	400.1	720.3
200	18.4	48.0	96.0	144.1	240.1	400.1	720.3
250	18.4	48.0	96.0	144.1	240.1	400.1	720.3
300	18.4	48.0	96.0	144.1	240.1	400.1	720.3
325	18.4	48.0	96.0	144.1	240.1	400.1	720.3
350	18.4	48.0	96.0	144.1	240.1	400.1	720.3
375	18.4	48.0	96.0	144.1	240.1	400.1	720.3
400	18.4	48.0	96.0	144.1	240.1	400.1	720.3

(续)

温度 /℃	B—特殊磅级 各磅级工作压力/bar						
	150	300	600	900	1500	2500	4500
425	18.4	48.0	96.0	144.1	240.1	400.1	720.3
450	18.1	47.3	94.4	141.4	235.8	393.1	707.6
475	16.4	42.8	85.5	128.2	213.7	356.3	641.3
500	11.5	30.1	60.2	90.2	150.4	250.7	451.2
538	5.4	14.2	28.4	42.6	70.9	118.2	212.8

注：长时间暴露在470℃以上的温度下，钢的碳化物相可能转化为石墨。允许，但不建议在470℃以上长期使用。

表4-70 第1.6组材料的额定值

A387Gr.2Cl.1				A387Gr.2Cl.2 A691Gr.1/2CR			
A—标准磅级							
温度 /℃	各磅级工作压力/bar						
	150	300	600	900	1500	2500	4500
-29~38	15.6	40.6	81.3	121.9	203.1	338.6	609.4
50	15.6	40.6	81.3	121.9	203.1	338.6	609.4
100	15.6	40.6	81.3	121.9	203.1	338.6	609.4
150	15.6	40.6	81.3	121.9	203.1	338.6	609.4
200	13.8	40.6	81.3	121.9	203.1	338.6	609.4
250	12.1	39.8	79.5	119.3	198.8	331.4	596.4
300	10.2	38.7	77.3	116.0	193.3	322.1	579.8
325	9.3	38.1	76.1	114.2	190.3	317.1	570.8
350	8.4	37.4	74.8	112.2	187.1	311.8	561.2
375	7.4	36.8	73.5	110.3	183.8	306.3	551.4
400	6.5	36.0	72.0	108.0	179.9	299.9	539.8
425	5.5	35.1	70.0	105.1	175.1	291.6	524.7
450	4.6	33.7	67.7	101.4	169.0	281.8	507.0
475	3.7	31.7	63.4	95.1	158.2	263.9	474.8
500	2.8	25.7	51.3	77.0	128.3	213.9	384.9
538	1.4	13.9	27.9	41.8	69.7	116.2	209.2

温度 /℃	B—特殊磅级 各磅级工作压力/bar						
	150	300	600	900	1500	2500	4500
-29~38	15.6	40.6	81.3	121.9	203.1	338.6	609.4
50	15.6	40.6	81.3	121.9	203.1	338.6	609.4

(续)

温度 /℃	B—特殊磅级 各磅级工作压力/bar						
	150	300	600	900	1500	2500	4500
100	15.6	40.6	81.3	121.9	203.1	338.6	609.4
150	15.6	40.6	81.3	121.9	203.1	338.6	609.4
200	15.6	40.6	81.3	121.9	203.1	338.6	609.4
250	15.6	40.6	81.3	121.9	203.1	338.6	609.4
300	15.6	40.6	81.3	121.9	203.1	338.6	609.4
325	15.6	40.6	81.3	121.9	203.1	338.6	609.4
350	15.6	40.6	81.3	121.9	203.1	338.6	609.4
375	15.6	40.6	81.3	121.9	203.1	338.6	609.4
400	15.6	40.6	81.3	121.9	203.1	338.6	609.4
425	15.6	40.6	81.3	121.9	203.1	338.6	609.4
450	15.6	40.6	81.3	121.9	203.1	338.6	609.4
475	15.6	40.6	81.3	121.9	203.1	338.6	609.4
500	12.3	32.0	64.1	96.1	160.1	266.9	480.4
538	6.7	17.4	34.9	52.3	87.2	145.3	261.5

表 4-71　第 1.7 组材料的额定值

A182Gr. F2[①]	A217Gr. WC4[①②③]	A217Gr. WC5[②]	A691Gr. CM-75

温度 /℃	A—标准磅级 各磅级工作压力/bar						
	150	300	600	900	1500	2500	4500
−29~38	19.8	51.7	103.4	155.1	258.6	430.9	775.7
50	19.5	51.7	103.4	155.1	258.6	430.9	775.7
100	17.7	51.5	103.0	154.6	257.6	429.4	773.0
150	15.8	50.3	100.3	150.6	250.8	418.2	752.8
200	13.8	48.6	97.2	145.8	243.4	405.4	729.8
250	12.1	46.3	92.7	139.0	231.8	386.2	694.8
300	10.2	42.9	85.7	128.6	214.4	357.1	642.6
325	9.3	41.4	82.6	124.0	206.6	344.3	619.6
350	8.4	40.3	80.4	120.7	201.1	335.3	603.3
375	7.4	38.9	77.6	116.5	194.1	323.2	581.8

第4章 控制阀材料及耐蚀性

（续）

温度 /℃	A—标准磅级 各磅级工作压力/bar						
	150	300	600	900	1500	2500	4500
400	6.5	36.5	73.3	109.8	183.1	304.9	548.5
425	5.5	35.2	70.0	105.1	175.1	291.6	524.7
450	4.6	33.7	67.7	101.4	169.0	281.8	507.0
475	3.7	31.7	63.4	95.1	158.2	263.9	474.8
500	2.8	26.7	53.4	80.1	133.4	222.4	400.3
538	1.4	13.9	27.9	41.8	69.7	116.2	209.2
550	1.4[④]	12.6	25.2	37.8	63.0	105.0	188.9
575	1.4[④]	7.2	14.4	21.5	35.9	59.8	107.7

温度 /℃	B—特殊磅级 各磅级工作压力/bar						
	150	300	600	900	1500	2500	4500
−29~38	19.8	51.7	103.4	155.1	258.6	430.9	775.7
50	19.8	51.7	103.4	155.1	258.6	430.9	775.7
100	19.8	51.7	103.4	155.1	258.6	430.9	775.7
150	19.8	51.7	103.4	155.1	258.6	430.9	775.7
200	19.8	51.7	103.4	155.1	258.6	430.9	775.7
250	19.8	51.7	103.4	155.1	258.6	430.9	775.7
300	19.8	51.7	103.4	155.1	258.6	430.9	775.7
325	19.8	51.7	103.4	155.1	258.6	430.9	775.7
350	19.8	51.5	102.8	154.3	257.1	428.6	771.4
375	19.3	50.6	101.0	151.5	252.5	420.9	757.4
400	19.3	50.3	100.6	150.6	251.2	418.3	753.2
425	19.0	49.6	99.3	148.9	248.2	413.7	744.6
450	18.1	47.3	94.4	141.4	235.8	393.1	707.6
475	16.4	42.8	85.5	128.2	213.7	356.3	641.3
500	12.8	33.4	66.7	100.1	166.8	278.0	500.3
538	6.7	17.4	34.9	52.3	87.2	145.3	261.5
550	6.0	15.7	31.5	47.2	78.7	131.2	236.2
575	3.4	9.0	17.9	26.9	44.9	74.8	134.6

① 不得用于538℃以上工况。
② 只能使用正火加回火材料。
③ 除用于脱氧的Ca和Mn外，禁止添加在ASTM A217中没有列出的元素。
④ 只能用于焊接端阀门150磅级法兰端阀门，最高使用温度538℃。

表 4-72 第 1.8 组材料的额定值

A335Gr. P22[①]	A387Gr. 11Cl. 1[①]	A387Gr. 22Cl. 1[①]	A691Gr. 2 1/4CR[①]
A369Gr. FP22[①]	A387Gr. 12Cl. 2[①]	A691Gr. 1 1/4CR[①]	

A—标准磅级

温度/℃	各磅级工作压力/bar						
	150	300	600	900	1500	2500	4500
−29~38	16.3	42.6	85.1	127.7	212.8	354.6	638.3
50	16.1	41.9	83.9	125.8	209.6	349.4	628.9
100	15.2	39.6	79.2	118.7	197.9	329.8	593.7
150	14.8	38.6	77.1	115.7	192.9	321.4	578.6
200	13.8	38.2	76.4	114.6	190.9	318.2	572.8
250	12.1	38.2	76.3	114.5	190.8	317.9	572.3
300	10.2	38.2	76.3	114.5	190.8	317.9	572.3
325	9.3	38.2	76.3	114.5	190.8	317.9	572.3
350	8.4	38.0	76.0	114.0	189.9	316.5	569.8
375	7.4	37.3	74.7	112.0	186.7	311.2	560.2
400	6.5	36.5	73.3	109.8	183.1	304.9	548.5
425	5.5	35.2	70.0	105.1	175.1	291.6	524.7
450	4.6	33.7	67.7	101.4	169.0	281.8	507.0
475	3.7	31.7	63.4	95.1	158.2	263.9	474.8
500	2.8	25.6	51.3	76.9	128.2	213.7	384.7
538	1.4	14.9	29.8	44.7	74.5	124.1	223.4
550	1.4[②]	12.7	25.4	38.1	63.5	105.9	190.6
575	1.4[②]	8.8	17.6	26.4	44.0	73.4	132.0
600	1.4[②]	6.1	12.1	18.2	30.3	50.4	90.8
625	1.4[②]	4.0	8.0	12.1	20.1	33.5	60.4
650	1.0[②]	2.6	5.2	7.8	13.0	21.7	39.0

B—特殊磅级

温度/℃	各磅级工作压力/bar						
	150	300	600	900	1500	2500	4500
−29~38	17.0	44.3	88.6	133.0	221.6	369.4	664.9
50	17.0	44.3	88.6	132.9	221.5	369.2	664.6
100	16.9	44.1	88.2	132.3	220.5	367.5	661.5
150	16.5	43.0	86.0	129.0	215.0	358.3	644.9
200	16.5	43.0	86.0	129.0	215.0	358.3	644.9

第4章 控制阀材料及耐蚀性

(续)

温度 /℃	B—特殊磅级 各磅级工作压力/bar						
	150	300	600	900	1500	2500	4500
250	16.5	43.0	86.0	129.0	215.0	358.3	644.9
300	16.5	43.0	86.0	129.0	215.0	358.3	644.9
325	16.5	43.0	86.0	129.0	215.0	358.3	644.9
350	16.5	43.0	86.0	129.0	215.0	358.3	644.9
375	16.5	43.0	86.0	129.0	215.0	358.3	644.9
400	16.5	43.0	86.0	129.0	215.0	358.3	644.9
425	16.5	43.0	86.0	129.0	215.0	358.3	644.9
450	16.5	43.0	86.0	129.0	215.0	358.3	644.9
475	15.7	40.9	81.8	122.7	204.6	341.0	613.7
500	12.3	32.1	64.1	96.2	160.3	267.1	480.8
538	7.1	18.6	37.2	55.8	93.1	155.1	279.2
550	6.1	15.9	31.8	47.7	79.4	132.4	238.3
575	4.2	11.0	22.0	33.0	55.0	91.7	165.1
600	2.9	7.6	15.1	22.7	37.8	63.0	113.5
625	1.9	5.0	10.1	15.1	25.1	41.9	75.4
650	1.2	3.3	6.5	9.8	16.3	27.1	48.8

① 允许,但不推荐长期用于高于595℃工况。
② 法兰连接阀门额定值最高为538℃。

表 4-73 第1.9组材料的额定值

A182Gr.F11Cl.2①②	A217Gr.WC6①③④	A387Gr.11Cl.2②	A739Gr.B11②

温度 /℃	A—标准磅级 各磅级工作压力/bar						
	150	300	600	900	1500	2500	4500
-29~38	19.8	51.7	103.4	155.1	258.6	430.9	775.7
50	19.5	51.7	103.4	155.1	258.6	430.9	775.7
100	17.7	51.5	103.0	154.4	257.4	429.0	772.2
150	15.8	49.7	99.5	149.2	248.7	414.5	746.2
200	13.8	48.0	95.9	143.9	239.8	399.6	719.4
250	12.1	46.3	92.7	139.0	231.8	386.2	694.8
300	10.2	42.9	85.7	128.6	214.4	357.1	642.6
325	9.3	41.4	82.6	124.0	206.6	344.3	619.6

（续）

A—标准磅级

温度/℃	各磅级工作压力/bar						
	150	300	600	900	1500	2500	4500
350	8.4	40.3	80.4	120.7	201.1	335.3	603.3
375	7.4	38.9	77.6	116.5	194.1	323.2	581.8
400	6.5	36.5	73.3	109.8	183.1	304.9	548.5
425	5.5	35.2	70.0	105.1	175.1	291.6	524.7
450	4.6	33.7	67.7	101.4	169.0	281.8	507.0
475	3.7	31.7	63.4	95.1	158.2	263.9	474.8
500	2.8	25.7	51.5	77.2	128.6	214.4	385.9
538	1.4	14.9	29.8	44.7	74.5	124.1	223.4
550	1.4[5]	12.7	25.4	38.1	63.5	105.9	190.6
575	1.4[5]	8.8	17.6	26.4	44.0	73.4	132.0
600	1.4[5]	6.1	12.2	18.3	30.5	50.9	91.6
625	1.4[5]	4.3	8.5	12.8	21.3	35.5	63.9
650	1.1[5]	2.8	5.7	8.5	14.2	23.6	42.6

B—特殊磅级

温度/℃	各磅级工作压力/bar						
	150	300	600	900	1500	2500	4500
−29~38	19.8	51.7	103.4	155.1	258.6	430.9	775.7
50	19.8	51.7	103.4	155.1	258.6	430.9	775.7
100	19.8	51.7	103.4	155.1	258.6	430.9	775.7
150	19.8	51.7	103.4	155.1	258.6	430.9	775.7
200	19.8	51.7	103.4	155.1	258.6	430.9	775.7
250	19.8	51.7	103.4	155.1	258.6	430.9	775.7
300	19.8	51.7	103.4	155.1	258.6	430.9	775.7
325	19.8	51.7	103.4	155.1	258.6	430.9	775.7
350	19.8	51.5	102.8	154.3	257.1	428.6	771.4
375	19.3	50.6	101.0	151.5	252.5	420.9	757.4
400	19.3	50.3	100.6	150.6	251.2	418.3	753.2
425	19.0	49.6	99.3	148.9	248.2	413.7	744.6
450	18.1	47.3	94.4	141.4	235.8	393.1	707.6
475	16.4	42.8	85.5	128.2	213.7	356.3	641.3
500	12.3	32.2	64.3	96.5	160.8	268.0	482.4
538	7.1	18.6	37.2	55.8	93.1	155.1	279.2

第4章 控制阀材料及耐蚀性

(续)

温度/℃	B—特殊磅级 各磅级工作压力/bar						
	150	300	600	900	1500	2500	4500
550	6.1	15.9	31.8	47.7	79.4	132.4	238.3
575	4.2	11.0	22.0	33.0	55.0	91.7	165.1
600	2.9	7.6	15.3	22.9	38.2	63.6	114.5
625	2.0	5.3	10.6	16.0	26.6	44.4	79.9
650	1.4	3.5	7.1	10.6	17.7	29.5	53.2

① 只能使用正火加回火材料。
② 允许，但不推荐长期用于高于595℃工况。
③ 不得用于595℃以上工况。
④ 除用于脱氧的Ca和Mn外，禁止添加在ASTM A217中没有列出的元素。
⑤ 法兰连接阀门额定值最高为538℃。

表4-74 第1.10组材料的额定值

A182Gr.F22Cl.3①	A217Gr.WC9②③④	A387Gr.22Cl.2①	A739Gr.B22②

温度/℃	A—标准磅级 各磅级工作压力/bar						
	150	300	600	900	1500	2500	4500
−29~38	19.8	51.7	103.4	155.1	258.6	430.9	775.7
50	19.5	51.7	103.4	155.1	258.6	430.9	775.7
100	17.7	51.5	103.0	154.6	257.6	429.4	773.0
150	15.8	50.3	100.3	150.6	250.8	418.2	752.8
200	13.8	48.6	97.2	145.8	243.4	405.4	729.8
250	12.1	46.3	92.7	139.0	231.8	386.2	694.8
300	10.2	42.9	85.7	128.6	214.4	357.1	642.6
325	9.3	41.4	82.6	124.0	206.6	344.3	619.6
350	8.4	40.3	80.4	120.7	201.1	335.3	603.3
375	7.4	38.9	77.6	116.5	194.1	323.2	581.8
400	6.5	36.5	73.3	109.8	183.1	304.9	548.5
425	5.5	35.2	70.0	105.1	175.1	291.6	524.7
450	4.6	33.7	67.7	101.4	169.0	281.8	507.0
475	3.7	31.7	63.4	95.1	158.2	263.9	474.8
500	2.8	28.2	56.5	84.7	140.9	235.0	423.0
538	1.4	18.4	36.9	55.3	92.2	153.7	276.6

(续)

温度 /℃	A—标准磅级 各磅级工作压力/bar						
	150	300	600	900	1500	2500	4500
550	1.4[⑤]	15.6	31.3	46.9	78.2	130.3	234.5
575	1.4[⑤]	10.5	21.1	31.6	52.6	87.7	157.9
600	1.4[⑤]	6.9	13.8	20.7	34.4	57.4	103.3
625	1.4[⑤]	4.5	8.9	13.4	22.3	37.2	66.9
650	1.1[⑤]	2.8	5.7	8.5	14.2	23.6	42.6

温度 /℃	B—特殊磅级 各磅级工作压力/bar						
	150	300	600	900	1500	2500	4500
−29~38	19.8	51.7	103.4	155.1	258.6	430.9	775.7
50	19.8	51.7	103.4	155.1	258.6	430.9	775.7
100	19.8	51.6	103.2	154.9	258.1	430.2	774.3
150	19.5	51.0	101.9	152.9	254.8	424.6	764.3
200	19.3	50.2	100.4	150.7	251.1	418.5	753.4
250	19.2	50.0	100.0	149.9	249.9	416.5	749.7
300	19.1	49.8	99.6	149.3	248.9	414.8	746.7
325	19.0	49.6	99.2	148.8	248.0	413.3	743.9
350	18.9	49.2	98.4	147.6	246.0	410.0	738.1
375	18.7	48.8	97.5	146.3	243.8	406.3	731.3
400	18.7	48.8	97.5	146.3	243.8	406.3	731.3
425	18.7	48.8	97.5	146.3	243.8	406.3	731.3
450	18.1	47.3	94.4	141.4	235.8	393.1	707.6
475	16.4	42.8	85.5	128.2	213.7	356.3	641.3
500	13.7	35.6	71.5	107.1	178.6	297.5	535.4
538	8.8	23.0	46.1	69.1	115.2	192.1	345.7
550	7.5	19.5	39.1	58.6	97.7	162.8	293.1
575	5.0	13.2	26.3	39.5	65.8	109.7	197.4
600	3.3	8.6	17.2	25.8	43.0	71.7	129.1
625	2.1	5.6	11.2	16.7	27.9	46.5	83.7
650	1.4	3.5	7.1	10.6	17.7	29.5	53.2

① 允许，但不推荐长期用于高于595℃工况。
② 仅使用正火加回火材料。
③ 不得用于595℃以上工况。
④ 除用于脱氧的 Ca 和 Mn 外，禁止添加在 ASTM A217 中没有列出的元素。
⑤ 法兰连接阀门额定值最高为538℃。

第4章 控制阀材料及耐蚀性

表4-75 第1.11组材料的额定值

A182Gr. F21①	A302Gr. B②	A302Gr. D②	A537Cl. 2③
A204Gr. C④	A302Gr. C②	A387Gr. 21Cl. 2①	
A302Gr. A②			

A—标准磅级

温度/℃	各磅级工作压力/bar						
	150	300	600	900	1500	2500	4500
-29~38	20.0	51.7	103.4	155.1	258.6	430.9	775.7
50	19.5	51.7	103.4	155.1	258.6	430.9	775.7
100	17.7	51.5	103.0	154.6	257.6	429.4	773.0
150	15.8	50.3	100.3	150.6	250.8	418.2	752.8
200	13.8	48.6	97.2	145.8	243.4	405.4	729.8
250	12.1	46.3	92.7	139.0	231.8	386.2	694.8
300	10.2	42.9	85.7	128.6	214.4	357.1	642.6
325	9.3	41.4	82.6	124.0	206.6	344.3	619.6
350	8.4	40.3	80.4	120.7	201.1	335.3	603.3
375	7.4	38.9	77.6	116.5	194.1	323.2	581.8
400	6.5	36.5	73.3	109.8	183.1	304.9	548.5
425	5.5	35.2	70.0	105.1	175.1	291.6	524.7
450	4.6	33.7	67.7	101.4	169.0	281.8	507.0
475	3.7	31.7	63.4	95.1	158.2	263.9	474.8
500	2.8	23.6	47.1	70.7	117.8	196.3	353.3
538	1.4	11.3	22.7	34.0	56.7	94.6	170.2
550	1.4⑤	11.3	22.7	34.0	56.7	94.6	170.2
575	1.4⑤	10.1	20.1	30.2	50.3	83.8	150.9
600	1.4⑤	7.1	14.2	21.3	35.6	59.3	106.7
625	1.4⑤	5.3	10.6	15.9	26.5	44.2	79.6
650	1.2⑤	3.1	6.1	9.2	15.4	25.6	46.1

B—特殊磅级

温度/℃	各磅级工作压力/bar						
	150	300	600	900	1500	2500	4500
-29~38	20.0	51.7	103.4	155.1	258.6	430.9	775.7
50	20.0	51.7	103.4	155.1	258.6	430.9	775.7
100	20.0	51.7	103.4	155.1	258.6	430.9	775.7
150	20.0	51.7	103.4	155.1	258.6	430.9	775.7

(续)

温度 /℃	B—特殊磅级 各磅级工作压力/bar						
	150	300	600	900	1500	2500	4500
200	20.0	51.7	103.4	155.1	258.6	430.9	775.7
250	20.0	51.7	103.4	155.1	258.6	430.9	775.7
300	20.0	51.7	103.4	155.1	258.6	430.9	775.7
325	20.0	51.7	103.4	155.1	258.6	430.9	775.7
350	19.8	51.5	102.8	154.3	257.1	428.6	771.4
375	19.3	50.6	101.0	151.5	252.5	420.9	757.4
400	19.3	50.3	100.6	150.6	251.2	418.3	753.2
425	19.0	49.6	99.3	148.9	248.2	413.7	744.6
450	18.1	47.3	94.4	141.4	235.8	393.1	707.6
475	16.1	42.1	84.2	126.3	210.5	350.9	631.6
500	11.3	29.4	58.9	88.3	147.2	245.4	441.6
538	5.4	14.2	28.4	42.6	70.9	118.2	212.8
550	5.4	14.2	28.4	42.6	70.9	118.2	212.8
575	4.9	12.8	25.5	38.3	63.9	106.4	191.6
600	3.4	8.9	17.8	26.7	44.4	74.1	133.3
625	2.5	6.6	13.3	19.9	33.2	55.3	99.6
650	1.5	3.8	7.7	11.5	19.2	32.0	57.6

① 允许，但不推荐长期用于高于595℃工况。
② 长时间暴露在470℃以上的温度下，钢的碳化物相可能转化为石墨。允许，但不推荐长期用于高于470℃工况。
③ 不得用于370℃以上。
④ 长时间暴露在470℃以上的温度下，钢的碳化物相可能转化为石墨。允许，但不建议在470℃以上长期使用。
⑤ 法兰连接阀门额定值最高为538℃。

表4-76 第1.12组材料的额定值

A335Gr. P5	A369Gr. FP5	A387Gr. 5Cl.2	A691Gr. 5CR
A335Gr. P5b	A387Gr. 5Cl.1		

温度 /℃	A—标准磅级 各磅级工作压力/bar						
	150	300	600	900	1500	2500	4500
−29~38	16.3	42.6	85.1	127.7	212.8	354.6	638.3
50	16.0	41.6	83.3	124.9	208.2	347.0	624.7

第4章 控制阀材料及耐蚀性

（续）

温度 /℃	A—标准磅级 各磅级工作压力/bar						
	150	300	600	900	1500	2500	4500
100	14.7	38.3	76.5	114.8	191.3	318.9	574.0
150	14.2	37.0	74.0	111.0	185.1	308.4	555.2
200	13.8	36.6	73.3	109.9	183.1	305.2	549.4
250	12.1	36.4	72.7	109.1	181.8	303.0	545.4
300	10.2	35.9	71.8	107.7	179.5	299.2	538.5
325	9.3	35.6	71.2	106.8	178.0	296.6	534.0
350	8.4	35.2	70.4	105.5	175.9	293.2	527.7
375	7.4	34.6	69.3	103.9	173.2	288.6	519.5
400	6.5	33.9	67.7	101.6	169.3	282.1	507.8
425	5.5	32.8	65.7	98.5	164.2	273.6	492.5
450	4.6	31.7	63.4	95.1	158.5	264.1	475.4
475	3.7	27.3	54.5	81.8	136.3	227.1	408.8
500	2.8	21.4	42.8	64.1	106.9	178.2	320.7
538	1.4	13.7	27.4	41.1	68.6	114.3	205.7
550	1.4①	12.0	24.1	36.1	60.2	100.4	180.7
575	1.4①	8.8	17.8	26.7	44.4	74.0	133.3
600	1.4①	6.2	12.5	18.7	31.2	51.9	93.5
625	1.4①	4.0	8.0	12.0	20.0	33.3	59.9
650	0.9①	2.4	4.7	7.1	11.8	19.7	35.5

温度 /℃	B—特殊磅级 各磅级工作压力/bar						
	150	300	600	900	1500	2500	4500
−29~38	17.0	44.3	88.6	133.0	221.6	369.4	664.9
50	17.0	44.3	88.6	132.9	221.5	369.2	664.6
100	16.9	44.1	88.2	132.3	220.5	367.4	661.4
150	16.5	42.9	85.8	128.7	214.6	357.6	643.7
200	16.3	42.6	85.3	127.9	213.2	355.4	639.7
250	16.3	42.5	85.0	127.5	212.5	354.2	637.5
300	16.1	42.1	84.1	126.2	210.3	350.4	630.8
325	16.0	41.7	83.3	125.0	208.3	347.2	624.9

(续)

温度 /℃	B—特殊磅级 各磅级工作压力/bar						
	150	300	600	900	1500	2500	4500
350	15.7	41.0	82.0	123.0	205.0	341.7	615.1
375	15.5	40.3	80.7	121.0	201.7	336.1	605.0
400	15.5	40.3	80.7	121.0	201.7	336.1	605.0
425	15.5	40.3	80.7	121.0	201.7	336.1	605.0
450	15.5	40.3	80.7	121.0	201.7	336.1	605.0
475	13.2	34.3	68.6	103.0	171.6	286.0	514.8
500	10.2	26.7	53.4	80.2	133.6	222.7	400.9
538	6.6	17.1	34.3	51.4	85.7	142.8	257.1
550	5.8	15.1	30.1	45.2	75.3	125.5	225.9
575	4.3	11.1	22.2	33.3	55.5	92.5	166.6
600	3.0	7.8	15.6	23.4	38.9	64.9	116.8
625	1.9	5.0	10.0	15.0	24.9	41.6	74.8
650	1.1	3.0	5.9	8.9	14.8	24.6	44.3

① 法兰连接阀门额定值最高为538℃。

表4-77 第1.13组材料的额定值

A182Gr.F9				A217Gr.C12[①②]			
A—标准磅级							
温度 /℃	各磅级工作压力/bar						
	150	300	600	900	1500	2500	4500
-29~38	20.0	51.7	103.4	155.1	258.6	430.9	775.7
50	19.5	51.7	103.4	155.1	258.6	430.9	775.7
100	17.7	51.5	103.0	154.6	257.6	429.4	773.0
150	15.8	50.3	100.3	150.6	250.8	418.2	752.8
200	13.8	48.6	97.2	145.8	243.4	405.4	729.8
250	12.1	46.3	92.7	139.0	231.8	386.2	694.8
300	10.2	42.9	85.7	128.6	214.4	357.1	642.6
325	9.3	41.4	82.6	124.0	206.6	344.3	619.6
350	8.4	40.3	80.4	120.7	201.1	335.3	603.3
375	7.4	38.9	77.6	116.5	194.1	323.2	581.8
400	6.5	36.5	73.3	109.8	183.1	304.9	548.5

第4章 控制阀材料及耐蚀性

（续）

A—标准磅级							
温度/℃	各磅级工作压力/bar						
	150	300	600	900	1500	2500	4500
425	5.5	35.2	70.0	105.1	175.1	291.6	524.7
450	4.6	33.7	67.7	101.4	169.0	281.8	507.0
475	3.7	31.7	63.4	95.1	158.2	263.9	474.8
500	2.8	28.2	56.5	84.7	140.9	235.0	423.0
538	1.4	17.5	35.0	52.5	87.5	145.8	262.4
550	1.4[③]	15.0	30.0	45.0	75.0	125.0	225.0
575	1.4[③]	10.5	20.9	31.4	52.3	87.1	156.8
600	1.4[③]	7.2	14.4	21.5	35.9	59.8	107.7
625	1.4[③]	5.0	9.9	14.9	24.8	41.4	74.5
650	1.4[③]	3.5	7.1	10.6	17.7	29.5	53.2

B—特殊磅级							
温度/℃	各磅级工作压力/bar						
	150	300	600	900	1500	2500	4500
−29~38	20.0	51.7	103.4	155.1	258.6	430.9	775.7
50	20.0	51.7	103.4	155.1	258.6	430.9	775.7
100	20.0	51.7	103.4	155.1	258.6	430.9	775.7
150	20.0	51.7	103.4	155.1	258.6	430.9	775.7
200	20.0	51.7	103.4	155.1	258.6	430.9	775.7
250	20.0	51.7	103.4	155.1	258.6	430.9	775.7
300	20.0	51.7	103.4	155.1	258.6	430.9	775.7
325	20.0	51.7	103.4	155.1	258.6	430.9	775.7
350	19.8	51.5	102.8	154.3	257.1	428.6	771.4
375	19.3	50.6	101.0	151.5	252.5	420.9	757.4
400	19.3	50.3	100.6	150.6	251.2	418.3	753.2
425	19.0	49.6	99.3	148.9	248.2	413.7	744.6
450	18.1	47.3	94.4	141.4	235.8	393.1	707.6
475	16.4	42.8	85.5	128.2	213.7	356.3	641.3
500	13.7	35.6	71.5	107.1	178.6	297.5	535.4
538	8.4	21.9	43.7	65.6	109.3	182.2	328.0
550	7.2	18.7	37.5	56.2	93.7	156.2	281.2
575	5.0	13.1	26.1	39.2	65.3	108.9	196.0

(续)

温度 /℃	B—特殊磅级 各磅级工作压力/bar						
	150	300	600	900	1500	2500	4500
600	3.4	9.0	17.9	26.9	44.9	74.8	134.6
625	2.4	6.2	12.4	18.6	31.1	51.8	93.2
650	1.7	4.4	8.9	13.3	22.2	36.9	66.5

① 仅使用正火加回火材料。
② 除用于脱氧的 Ca 和 Mn 外，禁止添加在 ASTM A217 中没有列出的元素。
③ 法兰连接阀门额定值最高为538℃。

表4-78　第1.14组材料的额定值

A182Gr. F9			A217Gr. C12①②			
温度 /℃	A—标准磅级 各磅级工作压力/bar					
	150	300	600	900	1500	2500	4500
-29~38	20.0	51.7	103.4	155.1	258.6	430.9	775.7
50	19.5	51.7	103.4	155.1	258.6	430.9	775.7
100	17.7	51.5	103.0	154.6	257.6	429.4	773.0
150	15.8	50.3	100.3	150.6	250.8	418.2	752.8
200	13.8	48.6	97.2	145.8	243.4	405.4	729.8
250	12.1	46.3	92.7	139.0	231.8	386.2	694.8
300	10.2	42.9	85.7	128.6	214.4	357.1	642.6
325	9.3	41.4	82.6	124.0	206.6	344.3	619.6
350	8.4	40.3	80.4	120.7	201.1	335.3	603.3
375	7.4	38.9	77.6	116.5	194.1	323.2	581.8
400	6.5	36.5	73.3	109.8	183.1	304.9	548.5
425	5.5	35.2	70.0	105.1	175.1	291.6	524.7
450	4.6	33.7	67.7	101.4	169.0	281.8	507.0
475	3.7	31.7	63.4	95.1	158.2	263.9	474.8
500	2.8	28.2	56.5	84.7	140.9	235.0	423.0
538	1.4	17.5	35.0	52.5	87.5	145.8	262.4
550	1.4③	15.0	30.0	45.0	75.0	125.0	225.0
575	1.4③	10.5	20.9	31.4	52.3	87.1	156.8

第4章 控制阀材料及耐蚀性

（续）

温度 /℃	A—标准磅级 各磅级工作压力/bar						
	150	300	600	900	1500	2500	4500
600	1.4[③]	7.2	14.4	21.5	35.9	59.8	107.7
625	1.4[③]	5.0	9.9	14.9	24.8	41.4	74.5
650	1.4[③]	3.5	7.1	10.6	17.7	29.5	53.2
温度 /℃	B—特殊磅级 各磅级工作压力/bar						
	150	300	600	900	1500	2500	4500
−29~38	20.0	51.7	103.4	155.1	258.6	430.9	775.7
50	20.0	51.7	103.4	155.1	258.6	430.9	775.7
100	20.0	51.7	103.4	155.1	258.6	430.9	775.7
150	20.0	51.7	103.4	155.1	258.6	430.9	775.7
200	20.0	51.7	103.4	155.1	258.6	430.9	775.7
250	20.0	51.7	103.4	155.1	258.6	430.9	775.7
300	20.0	51.7	103.4	155.1	258.6	430.9	775.7
325	20.0	51.7	103.4	155.1	258.6	430.9	775.7
350	19.8	51.5	102.8	154.3	257.1	428.6	771.4
375	19.3	50.6	101.0	151.5	252.5	420.9	757.4
400	19.3	50.3	100.6	150.6	251.2	418.3	753.2
425	19.0	49.6	99.3	148.9	248.2	413.7	744.6
450	18.1	47.3	94.4	141.4	235.8	393.1	707.6
475	16.4	42.8	85.5	128.2	213.7	356.3	641.3
500	13.7	35.6	71.5	107.1	178.6	297.5	535.4
538	8.4	21.9	43.7	65.6	109.3	182.2	328.0
550	7.2	18.7	37.5	56.2	93.7	156.2	281.2
575	5.0	13.1	26.1	39.2	65.3	108.9	196.0
600	3.4	9.0	17.9	26.9	44.9	74.8	134.6
625	2.4	6.2	12.4	18.6	31.1	51.8	93.2
650	1.7	4.4	8.9	13.3	22.2	36.9	66.5

① 仅使用正火加回火材料。
② 除用于脱氧的 Ca 和 Mn 外，禁止添加在 ASTM A217 中没有列出的元素。
③ 法兰连接阀门额定值最高为538℃。

表 4-79 第 1.15 组材料的额定值

A182Gr. F91		A217Gr. C12A[①]		A335Gr. P91		A387Gr. 91C1.2	
A—标准磅级							
温度 /℃	各磅级工作压力/bar						
	150	300	600	900	1500	2500	4500
-29~38	20.0	51.7	103.4	155.1	258.6	430.9	775.7
50	19.5	51.7	103.4	155.1	258.6	430.9	775.7
100	17.7	51.5	103.0	154.6	257.6	429.4	773.0
150	15.8	50.3	100.3	150.6	250.8	418.2	752.8
200	13.8	48.6	97.2	145.8	243.4	405.4	729.8
250	12.1	46.3	92.7	139.0	231.8	386.2	694.8
300	10.2	42.9	85.7	128.6	214.4	357.1	642.6
325	9.3	41.4	82.6	124.0	206.6	344.3	619.6
350	8.4	40.3	80.4	120.7	201.1	335.3	603.3
375	7.4	38.9	77.6	116.5	194.1	323.2	581.8
400	6.5	36.5	73.3	109.8	183.1	304.9	548.5
425	5.5	35.2	70.0	105.1	175.1	291.6	524.7
450	4.6	33.7	67.7	101.4	169.0	281.8	507.0
475	3.7	31.7	63.4	95.1	158.2	263.9	474.8
500	2.8	28.2	56.5	84.7	140.9	235.0	423.0
538	1.4	25.2	50.0	75.2	125.5	208.9	375.8
550	1.4[②]	25.0	49.8	74.8	124.9	208.0	374.2
575	1.4[②]	24.0	47.9	71.8	119.7	199.5	359.1
600	1.4[②]	19.5	39.0	58.5	97.5	162.5	292.5
625	1.4[②]	14.6	29.2	43.8	73.0	121.7	219.1
650	1.4[②]	9.9	19.9	29.8	49.6	82.7	148.9
B—特殊磅级							
温度 /℃	各磅级工作压力/bar						
	150	300	600	900	1500	2500	4500
-29~38	20.0	51.7	103.4	155.1	258.6	430.9	775.7
50	20.0	51.7	103.4	155.1	258.6	430.9	775.7
100	20.0	51.7	103.4	155.1	258.6	430.9	775.7
150	20.0	51.7	103.4	155.1	258.6	430.9	775.7
200	20.0	51.7	103.4	155.1	258.6	430.9	775.7
250	20.0	51.7	103.4	155.1	258.6	430.9	775.7

第4章 控制阀材料及耐蚀性

（续）

温度 /℃	B—特殊磅级 各磅级工作压力/bar						
	150	300	600	900	1500	2500	4500
300	20.0	51.7	103.4	155.1	258.6	430.9	775.7
325	20.0	51.7	103.4	155.1	258.6	430.9	775.7
350	19.8	51.5	102.8	154.3	257.1	428.6	771.4
375	19.3	50.6	101.0	151.5	252.5	420.9	757.4
400	19.3	50.3	100.6	150.6	251.2	418.3	753.2
425	19.0	49.6	99.3	148.9	248.2	413.7	744.6
450	18.1	47.3	94.4	141.4	235.8	393.1	707.6
475	16.4	42.8	85.5	128.2	213.7	356.3	641.3
500	13.7	35.6	71.5	107.1	178.6	297.5	535.4
538	11.0	29.0	57.9	86.9	145.1	241.7	435.1
550	11.0	29.0	57.9	86.9	145.1	241.7	435.1
575	10.9	28.6	57.1	85.7	143.0	238.3	428.8
600	9.3	24.4	48.7	73.1	121.9	203.1	365.6
625	7.0	18.3	36.5	54.8	91.3	152.1	273.8
650	4.8	12.4	24.8	37.2	62.1	103.4	186.2

① 除用于脱氧的 Ca 和 Mn 外，禁止添加在 ASTM A217 中没有列出的元素。
② 法兰连接阀门额定值最高为538℃。

表 4-80 第 1.16 组材料的额定值

A335Gr. P1①②	A335Gr. P12③	A369Gr. FP11③	A387Gr. 12C1.1③
A335Gr. P11③	A369Gr. FP1①②	A369Gr. FP12③	A691Gr. ICR③④

温度 /℃	A—标准磅级 各磅级工作压力/bar						
	150	300	600	900	1500	2500	4500
-29~38	15.6	40.6	81.3	121.9	203.1	338.6	609.4
50	15.5	40.3	80.7	121.0	201.7	336.1	605.0
100	15.0	39.1	78.1	117.2	195.3	325.4	585.8
150	14.3	37.3	74.5	111.8	186.4	310.6	559.1
200	13.8	36.0	72.0	108.0	180.0	300.0	540.0
250	12.1	34.8	69.7	104.5	174.2	290.3	522.6
300	10.2	33.7	67.4	101.1	168.4	280.7	505.3
325	9.3	33.1	66.3	99.4	165.7	276.2	497.1

(续)

A—标准磅级							
温度/℃	各磅级工作压力/bar						
	150	300	600	900	1500	2500	4500
350	8.4	32.6	65.2	97.8	163.0	271.6	488.9
375	7.4	32.0	64.0	95.9	159.9	266.5	479.6
400	6.5	31.5	62.9	94.4	157.3	262.1	471.8
425	5.5	30.7	61.4	92.1	153.4	255.7	460.3
450	4.6	29.9	59.8	89.8	149.6	249.3	448.8
475	3.7	29.2	58.3	87.5	145.8	243.0	437.3
500	2.8	22.8	45.6	68.5	114.1	190.2	342.3
538	1.4	11.3	22.7	34.0	56.7	94.6	170.2
550	1.4[5]	10.7	21.4	32.2	53.6	89.4	160.8
575	1.4[5]	8.8	17.6	26.4	44.0	73.4	132.0
600	1.4[5]	6.1	12.1	18.2	30.3	50.4	90.8
625	1.4[5]	4.0	8.0	12.1	20.1	33.5	60.4
650	1.0[5]	2.6	5.2	7.8	13.0	21.7	39.0
B—特殊磅级							
温度/℃	各磅级工作压力/bar						
	150	300	600	900	1500	2500	4500
−29~38	15.6	40.6	81.3	121.9	203.1	338.6	609.4
50	15.5	40.5	80.9	121.4	202.3	337.2	607.0
100	15.3	39.8	79.6	119.4	199.0	331.6	596.9
150	15.0	39.1	78.2	117.2	195.4	325.7	586.2
200	15.0	39.1	78.2	117.2	195.4	325.7	586.2
250	15.0	39.1	78.2	117.2	195.4	325.7	586.2
300	15.0	39.1	78.2	117.2	195.4	325.7	586.2
325	15.0	39.1	78.2	117.2	195.4	325.7	586.2
350	15.0	39.1	78.2	117.2	195.4	325.7	586.2
375	15.0	39.1	78.2	117.2	195.4	325.7	586.2
400	15.0	39.1	78.2	117.2	195.4	325.7	586.2
425	15.0	39.1	78.2	117.2	195.4	325.7	586.2
450	15.0	39.1	78.2	117.2	195.4	325.7	586.2
475	14.8	38.7	77.4	116.2	193.6	322.7	580.8
500	11.3	29.4	58.8	88.2	147.0	245.0	441.0

（续）

温度 /℃	B—特殊磅级 各磅级工作压力/bar						
	150	300	600	900	1500	2500	4500
538	5.4	14.2	28.4	42.6	70.9	118.2	212.8
550	5.3	13.8	27.6	41.4	69.0	114.9	206.9
575	4.4	11.6	23.2	34.8	57.9	96.6	173.8
600	2.9	7.6	15.1	22.7	37.8	63.0	113.5
625	1.9	5.0	10.1	15.1	25.1	41.9	75.4
650	1.2	3.3	6.5	9.8	16.3	27.1	48.8

① 长时间暴露在470℃以上的温度下，钢的碳化物相可能转化为石墨。允许，但不推荐长期用于高于470℃工况。
② 不得用于538℃以上工况。
③ 允许，但不推荐长期用于超过595℃工况。
④ 仅使用正火加回火材料。
⑤ 法兰连接阀门额定值最高为538℃。

表4-81 第1.17组材料的额定值

A182Gr.F12Cl.2 [①②]				A182Gr.F5			
A—标准磅级							
温度 /℃	各磅级工作压力/bar						
	150	300	600	900	1500	2500	4500
−29~38	19.8	51.7	103.4	155.1	258.6	430.9	775.7
50	19.5	51.5	103.0	154.5	257.5	429.2	772.5
100	17.7	50.4	100.9	151.3	252.2	420.4	756.7
150	15.8	48.2	96.4	144.5	240.9	401.5	722.7
200	13.8	46.3	92.5	138.8	231.3	385.6	694.0
250	12.1	44.8	89.6	134.5	224.1	373.5	672.3
300	10.2	42.9	85.7	128.6	214.4	357.1	642.6
325	9.3	41.4	82.6	124.0	206.6	344.3	619.6
350	8.4	40.3	80.4	120.7	201.1	335.3	603.3
375	7.4	38.9	77.6	116.5	194.1	323.2	581.8
400	6.5	36.5	73.3	109.8	183.1	304.9	548.5
425	5.5	35.2	70.0	105.1	175.1	291.6	524.7
450	4.6	33.7	67.7	101.4	169.0	281.8	507.0
475	3.7	27.9	55.7	83.6	139.3	232.1	417.8
500	2.8	21.4	42.8	64.1	106.9	178.2	320.7

（续）

A—标准磅级							
温度/℃	各磅级工作压力/bar						
	150	300	600	900	1500	2500	4500
538	1.4	13.7	27.4	41.1	68.6	114.3	205.7
550	1.4③	12.0	24.1	36.1	60.2	100.4	180.7
575	1.4③	8.8	17.6	26.4	44.0	73.4	132.0
600	1.4③	6.1	12.1	18.2	30.3	50.4	90.8
625	1.4③	4.0	8.0	12.0	20.0	33.3	59.9
650	0.9③	2.4	4.7	7.1	11.8	19.7	35.5

B—特殊磅级							
温度/℃	各磅级工作压力/bar						
	150	300	600	900	1500	2500	4500
-29~38	19.8	51.7	103.4	155.1	258.6	430.9	775.7
50	19.7	51.5	103.0	154.5	257.5	429.2	772.5
100	19.4	50.6	101.3	151.9	253.1	421.9	759.4
150	19.1	49.7	99.4	149.1	248.6	414.3	745.7
200	19.1	49.7	99.4	149.1	248.6	414.3	745.7
250	19.0	49.6	99.2	148.8	248.0	413.3	743.9
300	18.8	49.0	98.1	147.1	245.2	408.6	735.5
325	18.6	48.6	97.2	145.7	242.9	404.8	728.7
350	18.3	47.8	95.7	143.5	239.2	398.7	717.6
375	18.0	47.1	94.1	141.2	235.3	392.1	705.9
400	18.0	47.1	94.1	141.2	235.3	392.1	705.9
425	18.0	47.1	94.1	141.2	235.3	392.1	705.9
450	16.5	43.0	86.0	129.1	215.1	358.5	645.3
475	13.3	34.8	69.6	104.5	174.1	290.2	522.3
500	10.2	26.7	53.4	80.2	133.6	222.7	400.9
538	6.6	17.1	34.3	51.4	85.7	142.8	257.1
550	5.8	15.1	30.1	45.2	75.3	125.5	225.9
575	4.2	11.0	22.0	33.0	55.0	91.7	165.1
600	2.9	7.6	15.1	22.7	37.8	63.0	113.5
625	1.9	5.0	10.0	15.0	24.9	41.6	74.8
650	1.1	3.0	5.9	8.9	14.8	24.6	44.3

① 仅使用正火加回火材料。
② 允许，但不推荐长期用于高于595℃工况。
③ 法兰连接阀门额定值最高为538℃。

第4章 控制阀材料及耐蚀性

表4-82 第1.18组材料的额定值

A182Gr. F92[①]		A335Gr. P92[①]		A369Gr. FP92[①]		
A—标准磅级						
温度/℃	各磅级工作压力/bar					
	150	300	600	900	1500	2500	4500
-29~38	20.0	51.7	103.4	155.1	258.6	430.9	775.7
50	19.5	51.7	103.4	155.1	258.6	430.9	775.7
100	17.7	51.5	103.0	154.6	257.6	429.4	773.0
150	15.8	50.3	100.3	150.6	250.8	418.2	752.8
200	13.8	48.6	97.2	145.8	243.4	405.4	729.8
250	12.1	46.3	92.7	139.0	231.8	386.2	694.8
300	10.2	42.9	85.7	128.6	214.4	357.1	642.6
325	9.3	41.4	82.6	124.0	206.6	344.3	619.6
350	8.4	40.3	80.4	120.7	201.1	335.3	603.3
375	7.4	38.9	77.6	116.5	194.1	323.2	581.8
400	6.5	36.5	73.3	109.8	183.1	304.9	548.5
425	5.5	35.2	70.0	105.1	175.1	291.6	524.7
450	4.6	33.7	67.7	101.4	169.0	281.8	507.0
475	3.7	31.7	63.4	95.1	158.2	263.9	474.8
500	2.8	28.2	56.5	84.7	140.9	235.0	423.0
538	1.4	25.2	50.0	75.2	125.5	208.9	375.8
550	1.4[②]	25.0	49.8	74.8	124.9	208.0	374.2
575	1.4[②]	24.0	47.9	71.8	119.7	199.5	359.1
600	1.4[②]	21.6	42.9	64.2	107.0	178.5	321.4
625	1.4[②]	18.3	36.6	54.9	91.2	152.0	273.8
650	1.4[②]	13.2	26.5	39.7	66.2	110.3	198.6
B—特殊磅级							
温度/℃	各磅级工作压力/bar						
	150	300	600	900	1500	2500	4500
-29~38	20.0	51.7	103.4	155.1	258.6	430.9	775.7
50	20.0	51.7	103.4	155.1	258.6	430.9	775.7
100	20.0	51.7	103.4	155.1	258.6	430.9	775.7
150	20.0	51.7	103.4	155.1	258.6	430.9	775.7
200	20.0	51.7	103.4	155.1	258.6	430.9	775.7
250	20.0	51.7	103.4	155.1	258.6	430.9	775.7

(续)

温度 /℃	B—特殊磅级 各磅级工作压力/bar						
	150	300	600	900	1500	2500	4500
300	20.0	51.7	103.4	155.1	258.6	430.9	775.7
325	20.0	51.7	103.4	155.1	258.6	430.9	775.7
350	19.8	51.5	102.8	154.3	257.1	428.6	771.4
375	19.3	50.6	101.0	151.5	252.5	420.9	757.4
400	19.3	50.3	100.6	150.6	251.2	418.3	753.2
425	19.0	49.6	99.3	148.9	248.2	413.7	744.6
450	18.1	47.3	94.4	141.4	235.8	393.1	707.6
475	16.4	42.8	85.5	128.2	213.7	356.3	641.3
500	13.7	35.6	71.5	107.1	178.6	297.5	535.4
538	11.0	29.0	57.9	86.9	145.1	241.7	435.1
550	11.0	29.0	57.9	86.9	145.1	241.7	435.1
575	10.9	28.6	57.1	85.7	143.0	238.3	428.8
600	10.3	26.9	53.5	80.4	134.0	223.4	401.9
625	8.7	23.0	45.7	68.6	114.3	190.6	342.8
650	6.3	16.5	33.1	49.6	82.7	137.9	248.2

① 用于620℃以上的最大管道外径尺寸为88.9mm。
② 只能用于焊接端阀门。法兰连接阀门额定值最高为538℃。

表 4-83 第 2.1 组材料的额定值

A182Gr. F304①	A312Gr. TP304①	A351Gr. CF8①	A430Gr. FP304①
A182Gr. F304H	A312Gr. TP304H	A358Gr. 304①	A430Gr. FP304H
A240Gr. 304①	A351Gr. CF10	A376Gr. TP304①	A479Gr. 304①
A240Gr. 304H	A351Gr. CF3②	A376Gr. TP304H	A479Gr. 304H

温度 /℃	A—标准磅级 各磅级工作压力/bar						
	150	300	600	900	1500	2500	4500
-29~38	19.0	49.6	99.3	148.9	248.2	413.7	744.6
50	18.3	47.8	95.6	143.5	239.1	398.5	717.3
100	15.7	40.9	81.7	122.6	204.3	340.4	612.8
150	14.2	37.0	74.0	111.0	185.0	308.4	555.1
200	13.2	34.5	69.0	103.4	172.4	287.3	517.2
250	12.1	32.5	65.0	97.5	162.4	270.7	487.3

第4章 控制阀材料及耐蚀性

(续)

温度 /℃	A—标准磅级 各磅级工作压力/bar						
	150	300	600	900	1500	2500	4500
300	10.2	30.9	61.8	92.7	154.6	257.6	463.7
325	9.3	30.2	60.4	90.7	151.1	251.9	453.3
350	8.4	29.6	59.3	88.9	148.1	246.9	444.4
375	7.4	29.0	58.1	87.1	145.2	241.9	435.5
400	6.5	28.4	56.9	85.3	142.2	237.0	426.6
425	5.5	28.0	56.0	84.0	140.0	233.3	419.9
450	4.6	27.4	54.8	82.2	137.0	228.4	411.1
475	3.7	26.9	53.9	80.8	134.7	224.5	404.0
500	2.8	26.5	53.0	79.5	132.4	220.7	397.3
538	1.4	24.4	48.9	73.3	122.1	203.6	366.4
550	1.4[③]	23.6	47.1	70.7	117.8	196.3	353.4
575	1.4[③]	20.8	41.7	62.5	104.2	173.7	312.7
600	1.4[③]	16.9	33.8	50.6	84.4	140.7	253.2
625	1.4[③]	13.8	27.6	41.4	68.9	114.9	206.8
650	1.4[③]	11.3	22.5	33.8	56.3	93.8	168.9
675	1.4[③]	9.3	18.7	28.0	46.7	77.9	140.2
700	1.4[③]	8.0	16.1	24.1	40.1	66.9	120.4
725	1.4[③]	6.8	13.5	20.3	33.8	56.3	101.3
750	1.4[③]	5.8	11.6	17.3	28.9	48.1	86.7
775	1.4[③]	4.6	9.0	13.7	22.8	38.0	68.4
800	1.2[③]	3.5	7.0	10.5	17.4	29.2	52.6
816	1.0[③]	2.8	5.9	8.6	14.1	23.8	42.7
温度 /℃	B—特殊磅级 各磅级工作压力/bar						
	150	300	600	900	1500	2500	4500
-29~38	19.8	51.7	103.4	155.1	258.6	430.9	775.7
50	19.4	50.5	101.0	151.5	252.5	420.8	757.4
100	17.5	45.6	91.2	136.8	228.0	380.0	683.9
150	15.8	41.3	82.6	123.9	206.5	344.2	619.6
200	14.8	38.5	77.0	115.4	192.4	320.7	577.2
250	13.9	36.3	72.5	108.8	181.3	302.2	543.9

（续）

温度 /℃	B—特殊磅级 各磅级工作压力/bar						
	150	300	600	900	1500	2500	4500
300	13.2	34.5	69.0	103.5	172.5	287.5	517.5
325	12.9	33.7	67.5	101.2	168.7	281.1	506.0
350	12.7	33.1	66.1	99.2	165.3	275.5	496.0
375	12.4	32.4	64.8	97.2	162.0	270.0	486.0
400	12.2	31.7	63.5	95.2	158.7	264.5	476.1
425	12.0	31.2	62.5	93.7	156.2	260.4	468.7
450	11.7	30.6	61.2	91.8	153.0	254.9	458.9
475	11.5	30.1	60.1	90.2	150.3	250.5	450.9
500	11.3	29.6	59.1	88.7	147.8	246.4	443.5
538	11.0	28.6	57.3	85.9	143.1	238.5	429.4
550	10.9	28.4	56.8	85.1	141.9	236.5	425.7
575	10.0	26.1	52.1	78.2	130.3	217.2	390.9
600	8.1	21.1	42.2	63.3	105.5	175.8	316.5
625	6.6	17.2	34.5	51.7	86.2	143.6	258.5
650	5.4	14.1	28.2	42.2	70.4	117.3	211.2
675	4.5	11.7	23.4	35.1	58.4	97.4	175.3
700	4.1	10.7	21.3	32.0	53.3	88.9	160.0
725	3.5	9.2	18.5	27.7	46.2	77.0	138.6
750	2.8	7.4	14.8	22.1	36.7	61.2	110.3
775	2.2	5.8	11.4	17.2	28.5	47.6	85.6
800	1.8	4.4	8.8	13.2	22.0	36.6	65.6
816	1.4	3.4	7.2	10.7	17.9	29.6	53.1

① 在温度超过538℃时，仅当碳含量≥0.04%时才使用。
② 不得用于425℃以上工况。
③ 法兰连接阀门额定值最高为538℃。

表4-84 第2.2组材料的额定值

A182Gr. F316①	A312Gr. TP316①	A351Gr. CF8M①	A376Gr. TP316H
A182Gr. F316H	A312Gr. TP316H	A351Gr. CF10M	A430Gr. FP316①
A182Gr. F317①	A312Gr. TP317①	A351Gr. CG3M③	A430Gr. FP316H
A240Gr. 316①	A351Gr. CF3A②	A351Gr. CG8M④	A479Gr. 316①
A240Gr. 316H	A351Gr. CF3M③	A358Gr. 316①	A479Gr. 316H
A240Gr. 317①	A351Gr. CF8A②	A376Gr. TP316①	

第4章 控制阀材料及耐蚀性

（续）

温度/℃	A—标准磅级 各磅级工作压力/bar						
	150	300	600	900	1500	2500	4500
-29~38	19.0	49.6	99.3	148.9	248.2	413.7	744.6
50	18.4	48.1	96.2	144.3	240.6	400.9	721.7
100	16.2	42.2	84.4	126.6	211.0	351.6	632.9
150	14.8	38.5	77.0	115.5	192.5	320.8	577.4
200	13.7	35.7	71.3	107.0	178.3	297.2	534.9
250	12.1	33.4	66.8	100.1	166.9	278.1	500.6
300	10.2	31.6	63.2	94.9	158.1	263.5	474.3
325	9.3	30.9	61.8	92.7	154.4	257.4	463.3
350	8.4	30.3	60.7	91.0	151.6	252.7	454.9
375	7.4	29.9	59.8	89.6	149.4	249.0	448.2
400	6.5	29.4	58.9	88.3	147.2	245.3	441.6
425	5.5	29.1	58.3	87.4	145.7	242.9	437.1
450	4.6	28.8	57.7	86.5	144.2	240.4	432.7
475	3.7	28.7	57.3	86.0	143.4	238.9	430.1
500	2.8	28.2	56.5	84.7	140.9	235.0	423.0
538	1.4	25.2	50.0	75.2	125.5	208.9	375.8
550	1.4[⑤]	25.0	49.8	74.8	124.9	208.0	374.2
575	1.4[⑤]	24.0	47.9	71.8	119.7	199.5	359.1
600	1.4[⑤]	19.9	39.8	59.7	99.5	165.9	298.6
625	1.4[⑤]	15.8	31.6	47.4	79.1	131.8	237.2
650	1.4[⑤]	12.7	25.3	38.0	63.3	105.5	189.9
675	1.4[⑤]	10.3	20.6	31.0	51.6	86.0	154.8
700	1.4[⑤]	8.4	16.8	25.1	41.9	69.8	125.7
725	1.4[⑤]	7.0	14.0	21.0	34.9	58.2	104.8
750	1.4[⑤]	5.9	11.7	17.6	29.3	48.9	87.9
775	1.4[⑤]	4.6	9.0	13.7	22.8	38.0	68.4
800	1.2[⑤]	3.5	7.0	10.5	17.4	29.2	52.6
816	1.0[⑤]	2.8	5.9	8.6	14.1	23.8	42.7

（续）

温度 /℃	B—特殊磅级						
	各磅级工作压力/bar						
	150	300	600	900	1500	2500	4500
-29~38	19.8	51.7	103.4	155.1	258.6	430.9	775.7
50	19.5	50.8	101.6	152.5	254.1	423.5	762.3
100	18.1	47.1	94.2	141.3	235.5	392.4	706.4
150	16.5	43.0	85.9	128.9	214.8	358.0	644.4
200	15.3	39.8	79.6	119.4	199.0	331.7	597.0
250	14.3	37.3	74.5	111.8	186.3	310.4	558.8
300	13.5	35.3	70.6	105.9	176.4	294.1	529.3
325	13.2	34.5	68.9	103.4	172.3	287.2	517.0
350	13.0	33.8	67.7	101.5	169.2	282.1	507.7
375	12.8	33.3	66.7	100.0	166.7	277.9	500.2
400	12.6	32.9	65.7	98.6	164.3	273.8	492.9
425	12.5	32.5	65.1	97.6	162.6	271.1	487.9
450	12.3	32.2	64.4	96.6	161.0	268.3	482.9
475	12.3	32.0	64.0	96.0	160.0	266.6	480.0
500	12.2	31.7	63.4	95.1	158.6	264.3	475.7
538	11.0	29.0	57.9	86.9	145.1	241.7	435.1
550	11.0	29.0	57.9	86.9	145.1	241.7	435.1
575	10.9	28.6	57.1	85.7	143.0	238.3	428.8
600	9.5	24.9	49.8	74.6	124.4	207.3	373.2
625	7.6	19.8	39.5	59.3	98.8	164.7	296.5
650	6.1	15.8	31.7	47.5	79.1	131.9	237.4
675	4.9	12.9	25.8	38.7	64.5	107.5	193.5
700	4.4	11.4	22.8	34.3	57.1	95.2	171.3
725	3.7	9.5	19.1	28.6	47.7	79.5	143.0
750	2.8	7.4	14.8	22.1	36.7	61.2	110.3
775	2.2	5.8	11.4	17.2	28.5	47.6	85.6
800	1.8	4.4	8.6	13.2	22.0	36.6	65.6
816	1.4	3.4	7.2	10.7	17.9	29.6	53.1

① 在温度超过538℃时，仅当碳含量≥0.04%时才使用。
② 不得用于345℃以上工况。
③ 不得用于455℃以上工况。
④ 不得用于538℃以上工况。
⑤ 法兰连接阀门额定值最高为538℃。

第4章 控制阀材料及耐蚀性

表 4-85 第 2.3 组材料的额定值

A182Gr. F304L[①]	A240Gr. 304L[①]	A312Gr. TP316L
A182Gr. F316L	A240Gr. 316L	A479Gr. 304L[①]
A182Gr. F317L	A312Gr. TP304L[①]	A479Gr. 316L

A—标准磅级

温度/℃	各磅级工作压力/bar						
	150	300	600	900	1500	2500	4500
-29~38	15.9	41.4	82.7	124.1	206.8	344.7	620.5
50	15.3	40.0	80.0	120.1	200.1	333.5	600.3
100	13.3	34.8	69.6	104.4	173.9	289.9	521.8
150	12.0	31.4	62.8	94.2	157.0	261.6	470.9
200	11.2	29.2	58.3	87.5	145.8	243.0	437.3
250	10.5	27.5	54.9	82.4	137.3	228.9	412.0
300	10.0	26.1	52.1	78.2	130.3	217.2	391.0
325	9.3	25.5	51.0	76.4	127.4	212.3	382.2
350	8.4	25.1	50.1	75.2	125.4	208.9	376.1
375	7.4	24.8	49.5	74.3	123.8	206.3	371.3
400	6.5	24.3	48.6	72.9	121.5	202.5	364.6
425	5.5	23.9	47.7	71.6	119.3	198.8	357.9
450	4.6	23.4	46.8	70.2	117.1	195.1	351.2

B—特殊磅级

温度/℃	各磅级工作压力/bar						
	150	300	600	900	1500	2500	4500
-29~38	17.7	46.2	92.3	138.5	230.9	384.8	692.6
50	17.1	44.7	89.3	134.0	223.3	372.2	670.0
100	14.9	38.8	77.7	116.5	194.1	323.6	582.4
150	13.4	35.0	70.1	105.1	175.2	291.9	525.5
200	12.5	32.5	65.1	97.6	162.7	271.2	488.1
250	11.8	30.7	61.3	92.0	153.3	255.4	459.8
300	11.2	29.1	58.2	87.3	145.5	242.4	436.4
325	10.9	28.4	56.9	85.3	142.2	237.0	426.6
350	10.7	28.0	56.0	83.9	139.9	233.2	419.7
375	10.6	27.6	55.2	82.9	138.1	230.2	414.4
400	10.4	27.1	54.3	81.4	135.6	226.0	406.9
425	10.2	26.6	53.3	79.9	133.1	221.9	399.4
450	10.0	26.1	52.3	78.4	130.6	217.7	391.9

① 不能用于高于425℃工况。

表 4-86　第 2.4 组材料的额定值

A182Gr. F321①	A312Gr. TP321①	A376Gr. TP321①	A430Gr. FP321H
A182Gr. F321H②	A312Gr. TP321H	A376Gr. TP321H	A479Gr. 321①
A240Gr. 321①	A358Gr. 321①	A430Gr. FP321	A479Gr. 321H
A240Gr. 321H②			

温度/℃	A—标准磅级　各磅级工作压力/bar						
	150	300	600	900	1500	2500	4500
-29~38	19.0	49.6	99.3	148.9	248.2	413.7	744.6
50	18.6	48.6	97.1	145.7	242.8	404.6	728.3
100	17.0	44.2	88.5	132.7	221.2	368.7	663.6
150	15.7	41.0	82.0	122.9	204.9	341.5	614.7
200	13.8	38.3	76.6	114.9	191.5	319.1	574.5
250	12.1	36.0	72.0	108.1	180.1	300.2	540.4
300	10.2	34.1	68.3	102.4	170.7	284.6	512.2
325	9.3	33.3	66.6	99.9	166.5	277.6	499.6
350	8.4	32.6	65.2	97.8	163.0	271.7	489.1
375	7.4	32.0	64.1	96.1	160.2	266.9	480.5
400	6.5	31.6	63.2	94.8	157.9	263.2	473.8
425	5.5	31.1	62.3	93.4	155.7	259.5	467.1
450	4.6	30.8	61.7	92.5	154.2	256.9	462.5
475	3.7	30.5	61.1	91.6	152.7	254.4	458.0
500	2.8	28.2	56.5	84.7	140.9	235.0	423.0
538	1.4	25.2	50.0	75.2	125.5	208.9	375.8
550	1.4③	25.0	49.8	74.8	124.9	208.0	374.2
575	1.4③	24.0	47.9	71.8	119.7	199.5	359.1
600	1.4③	20.3	40.5	60.8	101.3	168.9	304.0
625	1.4③	15.8	31.6	47.4	79.1	131.8	237.2
650	1.4③	12.6	25.3	37.9	63.2	105.4	189.6
675	1.4③	9.9	19.8	29.6	49.4	82.3	148.1
700	1.4③	7.9	15.8	23.7	39.5	65.9	118.6
725	1.4③	6.3	12.7	19.0	31.7	52.8	95.1
750	1.4③	5.0	10.0	15.0	25.0	41.7	75.0
775	1.4③	4.0	8.0	11.9	19.9	33.2	59.7
800	1.2③	3.1	6.3	9.4	15.6	26.1	46.9
816	1.0③	2.6	5.2	7.8	13.0	21.7	39.0

第4章 控制阀材料及耐蚀性

(续)

温度 /℃	B—特殊磅级 各磅级工作压力/bar						
	150	300	600	900	1500	2500	4500
−29~38	19.8	51.7	103.4	155.1	258.6	430.9	775.7
50	19.6	51.1	102.3	153.4	255.6	426.0	766.9
100	18.7	48.7	97.3	146.0	243.3	405.5	729.9
150	17.5	45.7	91.5	137.2	228.7	381.1	686.0
200	16.4	42.7	85.5	128.2	213.7	356.2	641.1
250	15.4	40.2	80.4	120.6	201.0	335.0	603.1
300	14.6	38.1	76.2	114.3	190.6	317.6	571.7
325	14.3	37.2	74.4	111.5	185.9	309.8	557.6
350	13.9	36.4	72.8	109.2	181.9	303.2	545.8
375	13.7	35.8	71.5	107.3	178.8	297.9	536.3
400	13.5	35.3	70.5	105.8	176.3	293.8	528.8
425	13.3	34.8	69.5	104.3	173.8	289.6	521.3
450	13.2	34.4	68.8	103.2	172.0	286.7	516.1
475	13.1	34.1	68.2	102.2	170.4	284.0	511.2
500	12.9	33.7	67.5	101.2	168.7	281.2	506.2
538	11.0	29.0	57.9	86.9	145.1	241.7	435.1
550	11.0	29.0	57.9	86.9	145.1	241.7	435.1
575	10.9	28.6	57.1	85.7	143.0	238.3	428.8
600	9.7	25.3	50.7	76.0	126.6	211.1	379.9
625	7.6	19.8	39.5	59.3	98.8	164.7	296.5
650	6.1	15.8	31.6	47.4	79.0	131.7	237.0
675	4.7	12.3	24.7	37.0	61.7	102.9	185.2
700	4.2	10.8	21.7	32.5	54.2	90.3	162.5
725	3.4	8.9	17.7	26.6	44.3	73.8	132.9
750	2.6	6.7	13.4	20.0	33.4	55.7	100.2
775	1.9	5.0	10.0	15.0	25.1	41.8	75.2
800	1.7	4.4	8.8	13.2	22.0	36.6	65.6
816	1.2	3.3	6.5	9.8	16.3	27.1	48.8

① 不能用于高于538℃工况。
② 仅当材料热处理最低加热温度为1095℃时,才能在超过538℃工况使用。
③ 法兰连接阀门额定值最高为538℃。

表 4-87 第 2.5 组材料的额定值

A182Gr. F347[1]	A240Gr. 348[1]	A358Gr. 347[1]	A430Gr. FP347H
A182Gr. F347H[2]	A240Gr. 348H[2]	A376Gr. TP347[1]	A479Gr. 347[1]
A182Gr. F348[1]	A312Gr. TP347[1]	A376Gr. TP347H	A479Gr. 347H
A182Gr. F348H[2]	A312Gr. TP347H	A376Gr. TP348[1]	A479Gr. 348[1]
A240Gr. 347[1]	A312Gr. TP348[1]	A376Gr. TP348H[1]	A479Gr. 348H
A240Gr. 347H[2]	A312Gr. TP348H	A430Gr. FP347[1]	

温度 /℃	各磅级工作压力/bar						
	150	300	600	900	1500	2500	4500
-29~38	19.0	49.6	99.3	148.9	248.2	413.7	744.6
50	18.7	48.8	97.5	146.3	243.8	406.4	731.5
100	17.4	45.3	90.6	135.9	226.5	377.4	679.4
150	15.8	42.5	84.9	127.4	212.4	353.9	637.1
200	13.8	39.9	79.9	119.8	199.7	332.8	599.1
250	12.1	37.8	75.6	113.4	189.1	315.1	567.2
300	10.2	36.1	72.2	108.3	180.4	300.7	541.3
325	9.3	35.4	70.7	106.1	176.8	294.6	530.3
350	8.4	34.8	69.5	104.3	173.8	289.6	521.3
375	7.4	34.2	68.4	102.6	171.0	285.1	513.1
400	6.5	33.9	67.8	101.7	169.5	282.6	508.6
425	5.5	33.6	67.2	100.8	168.1	280.1	504.2
450	4.6	33.5	66.9	100.4	167.3	278.8	501.8
475	3.7	31.7	63.4	95.1	158.2	263.9	474.8
500	2.8	28.2	56.5	84.7	140.9	235.0	423.0
538	1.4	25.2	50.0	75.2	125.5	208.9	375.8
550	1.4[3]	25.0	49.8	74.8	124.9	208.0	374.2
575	1.4[3]	24.0	47.9	71.8	119.7	199.5	359.1
600	1.4[3]	21.6	42.9	64.2	107.0	178.5	321.4
625	1.4[3]	18.3	36.6	54.9	91.2	152.0	273.8
650	1.4[3]	14.1	28.1	42.5	70.7	117.7	211.7
675	1.4[3]	12.4	25.2	37.6	62.7	104.5	187.9
700	1.4[3]	10.1	20.0	29.8	49.7	83.0	149.4
725	1.4[3]	7.9	15.4	23.2	38.6	64.4	115.8
750	1.4[3]	5.9	11.7	17.6	29.6	49.1	88.2

第4章 控制阀材料及耐蚀性

(续)

温度/℃	A—标准磅级 各磅级工作压力/bar						
	150	300	600	900	1500	2500	4500
775	1.4[③]	4.6	9.0	13.7	22.8	38.0	68.4
800	1.2[③]	3.5	7.0	10.5	17.4	29.2	52.6
816	1.0[③]	2.8	5.9	8.6	14.1	23.8	42.7
温度/℃	B—特殊磅级 各磅级工作压力/bar						
	150	300	600	900	1500	2500	4500
−29~38	20.0	51.7	103.4	155.1	258.6	430.9	775.7
50	20.0	51.7	103.4	155.1	258.6	430.9	775.7
100	19.4	50.6	101.1	151.7	252.8	421.3	758.3
150	18.2	47.4	94.8	142.2	237.0	395.0	711.0
200	17.1	44.6	89.1	133.7	222.9	371.5	668.6
250	16.2	42.2	84.4	126.6	211.0	351.7	633.0
300	15.4	40.3	80.6	120.8	201.4	335.6	604.1
325	15.1	39.5	78.9	118.4	197.3	328.8	591.8
350	14.9	38.8	77.6	116.4	194.0	323.3	581.9
375	14.6	38.2	76.4	114.5	190.9	318.1	572.7
400	14.5	37.8	75.7	113.5	189.2	315.4	567.7
425	14.4	37.5	75.0	112.5	187.6	312.6	562.7
450	14.3	37.3	74.7	112.0	186.7	311.1	560.0
475	14.3	37.3	74.6	111.9	186.5	310.9	559.6
500	13.7	35.6	71.5	107.1	178.6	297.5	535.4
538	11.0	29.0	57.9	86.9	145.1	241.7	435.1
550	11.0	29.0	57.9	86.9	145.1	241.7	435.1
575	10.9	28.6	57.1	85.7	143.0	238.3	428.8
600	10.3	26.9	53.5	80.4	134.0	223.4	401.9
625	8.7	23.0	45.7	68.6	114.3	190.6	342.8
650	6.9	17.9	35.5	53.1	88.6	147.9	266.1
675	6.2	16.0	31.6	47.3	78.9	131.7	237.0
700	4.8	12.4	25.0	37.3	62.3	103.7	186.5
725	3.7	9.7	19.5	28.9	48.3	80.2	144.5
750	2.8	7.4	14.8	22.1	36.7	61.2	110.3

(续)

温度 /℃	B—特殊磅级 各磅级工作压力/bar						
	150	300	600	900	1500	2500	4500
775	2.2	5.8	11.4	17.2	28.5	47.6	85.6
800	1.8	4.4	8.8	13.2	22.0	36.6	65.6
816	1.4	3.4	7.2	10.7	17.9	29.6	53.1

① 不能用于高于538℃工况。
② 仅当材料热处理最低加热温度为1095℃时,才能在超过538℃工况使用。
③ 法兰连接阀门额定值最高为538℃。

表4-88 第2.6组材料的额定值

温度 /℃	A240Gr.309H A312Gr.TP309H A358Gr.309H A—标准磅级 各磅级工作压力/bar						
	150	300	600	900	1500	2500	4500
-29~38	19.0	49.6	99.3	148.9	248.2	413.7	744.6
50	18.5	48.3	96.6	144.9	241.5	402.5	724.4
100	16.5	43.1	86.2	129.3	215.5	359.2	646.5
150	15.3	40.0	80.0	120.0	200.0	333.3	599.9
200	13.8	37.8	75.5	113.3	188.8	314.7	566.4
250	12.1	36.1	72.1	108.2	180.4	300.6	541.1
300	10.2	34.8	69.6	104.4	173.9	289.9	521.8
325	9.3	34.2	68.5	102.7	171.2	285.4	513.7
350	8.4	33.8	67.6	101.4	169.0	281.7	507.0
375	7.4	33.4	66.8	100.1	166.9	278.2	500.7
400	6.5	33.1	66.1	99.2	165.4	275.6	496.1
425	5.5	32.6	65.3	97.9	163.1	271.9	489.4
450	4.6	32.2	64.4	96.5	160.9	268.2	482.7
475	3.7	31.7	63.4	95.1	158.2	263.9	474.8
500	2.8	28.2	56.5	84.7	140.9	235.0	423.0
538	1.4	25.2	50.0	75.2	125.5	208.9	375.8
550	1.4①	25.0	49.8	74.8	124.9	208.0	374.2
575	1.4①	22.2	44.4	66.5	110.9	184.8	332.7
600	1.4①	16.8	33.5	50.3	83.9	139.8	251.6
625	1.4①	12.5	25.0	37.5	62.5	104.2	187.6

第4章 控制阀材料及耐蚀性

（续）

温度 /℃	A—标准磅级 各磅级工作压力/bar						
	150	300	600	900	1500	2500	4500
650	1.4[①]	9.4	18.7	28.1	46.8	78.0	140.4
675	1.4[①]	7.2	14.5	21.7	36.2	60.3	108.5
700	1.4[①]	5.5	11.0	16.5	27.5	45.9	82.5
725	1.4[①]	4.3	8.7	13.0	21.6	36.0	64.9
750	1.3[①]	3.4	6.8	10.2	17.1	28.4	51.2
775	1.0[①]	2.7	5.4	8.1	13.5	22.4	40.4
800	0.8[①]	2.1	4.2	6.3	10.5	17.5	31.6
816	0.7[①]	1.8	3.5	5.3	8.9	14.8	26.6

温度 /℃	B—特殊磅级 各磅级工作压力/bar						
	150	300	600	900	1500	2500	4500
−29~38	20.0	51.7	103.4	155.1	258.6	430.9	775.7
50	20.0	51.7	103.4	155.1	258.6	430.9	775.7
100	18.4	48.1	96.2	144.3	240.5	400.9	721.6
150	17.1	44.6	89.3	133.9	223.2	372.0	669.6
200	16.2	42.1	84.3	126.4	210.7	351.2	632.2
250	15.4	40.3	80.5	120.8	201.3	335.5	603.9
300	14.9	38.8	77.7	116.5	194.1	323.6	582.4
325	14.7	38.2	76.5	114.7	191.1	318.5	573.4
350	14.5	37.7	75.5	113.2	188.6	314.4	565.9
375	14.3	37.3	74.5	111.8	186.3	310.4	558.8
400	14.2	36.9	73.8	110.7	184.6	307.6	553.7
425	14.0	36.4	72.8	109.2	182.1	303.5	546.2
450	13.8	35.9	71.8	107.8	179.6	299.3	538.8
475	13.6	35.4	70.8	106.3	177.1	295.2	531.3
500	13.4	34.9	69.8	104.8	174.6	291.0	523.8
538	11.0	29.0	57.9	86.9	145.1	241.7	435.1
550	11.0	29.0	57.9	86.9	145.1	241.7	435.1
575	10.6	27.7	55.4	83.2	138.6	231.0	415.8
600	8.0	21.0	41.9	62.9	104.8	174.7	314.5
625	6.0	15.6	31.3	46.9	78.2	130.3	234.5

（续）

温度 /℃	B—特殊磅级 各磅级工作压力/bar						
	150	300	600	900	1500	2500	4500
650	4.5	11.7	23.4	35.1	58.5	97.5	175.5
675	3.5	9.0	18.1	27.1	45.2	75.3	135.6
700	3.0	7.7	15.4	23.2	38.6	64.4	115.9
725	2.3	6.1	12.1	18.2	30.4	50.6	91.1
750	1.7	4.6	9.1	13.7	22.8	37.9	68.3
775	1.3	3.4	6.8	10.2	16.9	28.2	50.8
800	1.1	3.0	5.9	8.9	14.8	24.7	44.5
816	0.8	2.2	4.4	6.6	11.1	18.5	33.2

① 法兰连接阀门额定值最高为538℃。

表 4-89 第 2.7 组材料的额定值

A182Gr. F310	A312Gr. TP310H	A479Gr. 310H	
A240Gr. 310H	A358Gr. 310H		

温度 /℃	A—标准磅级 各磅级工作压力/bar						
	150	300	600	900	1500	2500	4500
-29~38	19.0	49.6	99.3	148.9	248.2	413.7	744.6
50	18.5	48.4	96.7	145.1	241.8	403.1	725.5
100	16.6	43.4	86.8	130.2	217.0	361.6	650.9
150	15.3	40.0	80.0	120.0	200.0	333.3	599.9
200	13.8	37.6	75.2	112.8	188.0	313.4	564.1
250	12.1	35.8	71.5	107.3	178.8	298.1	536.5
300	10.2	34.5	68.9	103.4	172.3	287.2	516.9
325	9.3	33.9	67.7	101.6	169.3	282.2	507.9
350	8.4	33.3	66.6	99.9	166.5	277.6	499.6
375	7.4	32.9	65.7	98.6	164.3	273.8	492.9
400	6.5	32.4	64.8	97.3	162.1	270.2	486.3
425	5.5	32.1	64.2	96.4	160.6	267.7	481.8
450	4.6	31.7	63.4	95.1	158.4	264.0	475.3
475	3.7	31.2	62.5	93.7	156.2	260.3	468.6
500	2.8	28.2	56.5	84.7	140.9	235.0	423.0
538	1.4	25.2	50.0	75.2	125.5	208.9	375.8

第4章 控制阀材料及耐蚀性

（续）

A—标准磅级							
温度 /℃	各磅级工作压力/bar						
	150	300	600	900	1500	2500	4500
550	1.4[①]	25.0	49.8	74.8	124.9	208.0	374.2
575	1.4[①]	22.2	44.4	66.5	110.9	184.8	332.7
600	1.4[①]	16.8	33.5	50.3	83.9	139.8	251.6
625	1.4[①]	12.5	25.0	37.5	62.5	104.2	187.6
650	1.4[①]	9.4	18.7	28.1	46.8	78.0	140.4
675	1.4[①]	7.2	14.5	21.7	36.2	60.3	108.5
700	1.4[①]	5.5	11.0	16.5	27.5	45.9	82.5
725	1.4[①]	4.3	8.7	13.0	21.6	36.0	64.9
750	1.3[①]	3.4	6.8	10.2	17.1	28.4	51.2
775	1.0[①]	2.7	5.3	8.0	13.3	22.1	39.8
800	0.8[①]	2.1	4.1	6.2	10.3	17.2	31.0
816	0.7[①]	1.8	3.5	5.3	8.9	14.8	26.6

B—特殊磅级							
温度 /℃	各磅级工作压力/bar						
	150	300	600	900	1500	2500	4500
-29~38	20.0	51.7	103.4	155.1	258.6	430.9	775.7
50	20.0	51.7	103.4	155.1	258.6	430.9	775.7
100	18.6	48.4	96.9	145.3	242.2	403.6	726.5
150	17.1	44.6	89.3	133.9	223.2	371.9	669.5
200	16.1	42.0	83.9	125.9	209.9	349.8	629.6
250	15.3	39.9	79.8	119.8	199.6	332.7	598.8
300	14.7	38.5	76.9	115.4	192.3	320.5	576.9
325	14.5	37.8	75.6	113.4	189.0	314.9	566.9
350	14.2	37.2	74.3	111.5	185.9	309.8	557.6
375	14.1	36.7	73.3	110.0	183.4	305.6	550.1
400	13.9	36.2	72.4	108.5	180.9	301.5	542.7
425	13.7	35.9	71.7	107.6	179.3	298.8	537.8
450	13.6	35.4	70.7	106.1	176.8	294.7	530.4
475	13.4	34.9	69.7	104.6	174.3	290.5	523.0
500	13.2	34.4	68.7	103.1	171.8	286.4	515.5
538	11.0	29.0	57.9	86.9	145.1	241.7	435.1

(续)

温度 /℃	B—特殊磅级 各磅级工作压力/bar						
	150	300	600	900	1500	2500	4500
550	11.0	29.0	57.9	86.9	145.1	241.7	435.1
575	10.6	27.7	55.4	83.2	138.6	231.0	415.8
600	8.0	21.0	41.9	62.9	104.8	174.7	314.5
625	6.0	15.6	31.3	46.9	78.2	130.3	234.5
650	4.5	11.7	23.4	35.1	58.5	97.5	175.5
675	3.5	9.0	18.1	27.1	45.2	75.3	135.6
700	3.0	7.7	15.4	23.2	38.6	64.4	115.9
725	2.3	6.1	12.1	18.2	30.4	50.6	91.1
750	1.7	4.6	9.1	13.7	22.8	37.9	68.3
775	1.3	3.3	6.7	10.0	16.7	27.9	50.1
800	1.1	2.9	5.8	8.8	14.4	24.0	43.2
816	0.8	2.2	4.4	6.6	11.1	18.5	33.2

① 法兰连接阀门额定值最高为538℃。

表4-90 第2.8组材料的额定值

A182Gr. F44	A240Gr. S32760①	A479Gr. S32750①	A790Gr. S32750①
A182Gr. F51①	A312Gr. S31254	A479Gr. S32760①	A790Gr. S32760①
A182Gr. F53①	A351Gr. CK3MCuN	A789Gr. S31803①	A995Gr. CD3MN
A182Gr. F55	A358Gr. S31254	A789Gr. S32750①	A995Gr. CD3MWCuN
A240Gr. S31254	A479Gr. S31254	A789Gr. S32760①	A995Gr. CD4MCuN①
A240Gr. S31803①	A479Gr. S31803①	A790Gr. S31803①	A995Gr. CE8MN①
A240Gr. S32750①			

温度 /℃	A—标准磅级 各磅级工作压力/bar						
	150	300	600	900	1500	2500	4500
−29~38	20.0	51.7	103.4	155.1	258.6	430.9	775.7
50	19.5	51.7	103.4	155.1	258.6	430.9	775.7
100	17.7	50.7	101.3	152.0	253.3	422.2	759.9
150	15.8	45.9	91.9	137.8	229.6	382.7	688.9
200	13.8	42.7	85.3	128.0	213.3	355.4	639.8
250	12.1	40.5	80.9	121.4	202.3	337.2	606.9
300	10.2	38.9	77.7	116.6	194.3	323.8	582.8

第4章　控制阀材料及耐蚀性

（续）

A—标准磅级

温度 /℃	各磅级工作压力/bar						
	150	300	600	900	1500	2500	4500
325	9.3	38.2	76.3	114.5	190.8	318.0	572.5
350	8.4	37.6	75.3	112.9	188.2	313.7	564.7
375	7.4	37.4	74.7	112.1	186.8	311.3	560.3
400	6.5	36.5	73.3	109.8	183.1	304.9	548.5

B—特殊磅级

温度 /℃	各磅级工作压力/bar						
	150	300	600	900	1500	2500	4500
-29~38	20.0	51.7	103.4	155.1	258.6	430.9	775.7
50	20.0	51.7	103.4	155.1	258.6	430.9	775.7
100	20.0	51.7	103.4	155.1	258.6	430.9	775.7
150	19.6	51.3	102.5	153.8	256.3	427.2	768.9
200	18.2	47.6	95.2	142.8	238.0	396.7	714.1
250	17.3	45.2	90.3	135.5	225.8	376.3	677.4
300	16.6	43.4	86.7	130.1	216.8	361.4	650.4
325	16.3	42.6	85.2	127.8	213.0	355.0	638.9
350	16.1	42.0	84.0	126.1	210.1	350.2	630.3
375	16.0	41.7	83.4	125.1	208.4	347.4	625.3
400	15.2	39.7	79.4	119.1	198.6	330.9	595.7

① 这种钢在适度高温下使用后会变脆，不能用于高于315℃工况。

表4-91　第2.9组材料的额定值

A240Gr.309S[①②③]	A240Gr.310S[①②③]	A479Gr.310S[①②③]

A—标准磅级

温度 /℃	各磅级工作压力/bar						
	150	300	600	900	1500	2500	4500
-29~38	19.0	49.6	99.3	148.9	248.2	413.7	744.6
50	18.5	48.3	96.6	144.9	241.5	402.5	724.4
100	16.5	43.1	86.2	129.3	215.5	359.2	646.5
150	15.3	40.0	80.0	120.0	200.0	333.3	599.9
200	13.8	37.6	75.2	112.8	188.0	313.4	564.1

(续)

温度 /℃	A—标准磅级 各磅级工作压力/bar						
	150	300	600	900	1500	2500	4500
250	12.1	35.8	71.5	107.3	178.8	298.1	536.5
300	10.2	34.5	68.9	103.4	172.3	287.2	516.9
325	9.3	33.9	67.7	101.6	169.3	282.2	507.9
350	8.4	33.3	66.6	99.9	166.5	277.6	499.6
375	7.4	32.9	65.7	98.6	164.3	273.8	492.9
400	6.5	32.4	64.8	97.3	162.1	270.2	486.3
425	5.5	32.1	64.2	96.4	160.6	267.7	481.8
450	4.6	31.7	63.4	95.1	158.4	264.0	475.3
475	3.7	31.2	62.5	93.7	156.2	260.3	468.6
500	2.8	28.2	56.5	84.7	140.9	235.0	423.0
538	1.4	23.4	46.8	70.2	117.0	195.0	351.0
550	1.4[④]	20.5	41.0	61.5	102.5	170.8	307.4
575	1.4[④]	15.1	30.2	45.3	75.5	125.8	226.4
600	1.4[④]	11.0	22.1	33.1	55.1	91.9	165.4
625	1.4[④]	8.1	16.3	24.4	40.7	67.9	122.2
650	1.4[④]	5.8	11.6	17.4	29.1	48.5	87.2
675	1.4[④]	3.7	7.4	11.1	18.4	30.7	55.3
700	0.8[④]	2.2	4.3	6.5	10.8	18.0	32.3
725	0.5[④]	1.4	2.7	4.1	6.8	11.4	20.5
750	0.4[④]	1.0	2.1	3.1	5.2	8.6	15.5
775	0.3[④]	0.8	1.6	2.5	4.1	6.8	12.3
800	0.2[④]	0.6	1.2	1.8	3.0	5.0	9.1
816	0.2[④]	0.5	0.9	1.4	2.4	3.9	7.1
温度 /℃	B—特殊磅级 各磅级工作压力/bar						
	150	300	600	900	1500	2500	4500
−29~38	20.0	51.7	103.4	155.1	258.6	430.9	775.7
50	20.0	51.7	103.4	155.1	258.6	430.9	775.7
100	18.4	48.1	96.2	144.3	240.5	400.9	721.6

第4章 控制阀材料及耐蚀性

（续）

温度 /℃	B—特殊磅级 各磅级工作压力/bar						
	150	300	600	900	1500	2500	4500
150	17.1	44.6	89.3	133.9	223.2	371.9	669.5
200	16.1	42.0	83.9	125.9	209.9	349.8	629.6
250	15.3	39.9	79.8	119.8	199.6	332.7	598.8
300	14.7	38.5	76.9	115.4	192.3	320.5	576.9
325	14.5	37.8	75.6	113.4	189.0	314.9	566.9
350	14.2	37.2	74.3	111.5	185.9	309.8	557.6
375	14.1	36.7	73.3	110.0	183.4	305.6	550.1
400	13.9	36.2	72.4	108.5	180.9	301.5	542.7
425	13.7	35.9	71.7	107.6	179.3	298.8	537.8
450	13.6	35.4	70.7	106.1	176.8	294.7	530.4
475	13.4	34.9	69.7	104.6	174.3	290.5	523.0
500	13.2	34.4	68.7	103.1	171.8	286.4	515.5
538	11.0	29.0	57.9	86.9	145.1	241.7	435.1
550	9.8	25.6	51.2	76.8	128.1	213.4	384.2
575	7.2	18.9	37.7	56.6	94.3	157.2	283.0
600	5.3	13.8	27.6	41.3	68.9	114.8	206.7
625	3.9	10.2	20.4	30.5	50.9	84.9	152.7
650	2.8	7.3	14.5	21.8	36.3	60.6	109.0
675	1.8	4.6	9.2	13.8	23.0	38.4	69.1
700	1.3	3.4	6.9	10.3	17.2	28.6	51.5
725	0.8	2.1	4.2	6.3	10.5	17.6	31.6
750	0.5	1.4	2.7	4.1	6.8	11.3	20.4
775	0.4	1.0	2.1	3.1	5.2	8.6	15.5
800	0.3	0.9	1.8	2.7	4.5	7.4	13.4
816	0.2	0.6	1.2	1.8	3.0	4.9	8.9

① 在温度超过538℃工况，仅当碳含量≥0.04%时才能使用。
② 在温度超过538℃工况，仅当材料按材料规范规定的最低温度固溶处理且不低于1040℃，用水或其他方式快速冷却后才能使用。
③ 这种材料，仅当确保其晶粒度不细于 ASTM 6 的规定时，才能在≥515℃使用。
④ 法兰连接阀门额定值最高为538℃。

表 4-92 第 2.10 组材料的额定值

温度/℃	A351Gr. CH8[①]						A351Gr. CH20[①]
	A—标准磅级						
	各磅级工作压力/bar						
	150	300	600	900	1500	2500	4500
-29~38	17.8	46.3	92.7	139.0	231.7	386.1	695.0
50	17.0	44.5	89.0	133.4	222.4	370.6	667.1
100	14.4	37.5	75.1	112.6	187.7	312.8	563.0
150	13.4	34.9	69.8	104.7	174.4	290.7	523.3
200	12.9	33.5	67.1	100.6	167.7	279.5	503.2
250	12.1	32.6	65.2	97.8	163.1	271.8	489.2
300	10.2	31.7	63.4	95.2	158.6	264.3	475.8
325	9.3	31.2	62.4	93.6	156.1	260.1	468.2
350	8.4	30.6	61.2	91.7	152.9	254.8	458.7
375	7.4	29.8	59.7	89.5	149.2	248.6	447.5
400	6.5	29.1	58.2	87.3	145.5	242.4	436.4
425	5.5	28.3	56.7	85.0	141.7	236.2	425.2
450	4.6	27.6	55.2	82.8	138.0	230.0	414.0
475	3.7	26.7	53.5	80.2	133.7	222.8	401.0
500	2.8	25.8	51.7	77.5	129.2	215.3	387.6
538	1.4	23.3	46.6	70.0	116.6	194.4	349.9
550	1.4[②]	21.9	43.8	65.7	109.5	182.5	328.5
575	1.4[②]	18.5	37.0	55.5	92.4	154.0	277.3
600	1.4[②]	14.5	29.0	43.5	72.6	121.0	217.7
625	1.4[②]	11.4	22.8	34.3	57.1	95.2	171.3
650	1.4[②]	8.8	17.8	26.7	44.5	74.1	133.5
675	1.4[②]	7.0	14.0	20.9	34.9	58.2	104.7
700	1.4[②]	5.7	11.3	17.0	28.3	47.2	85.0
725	1.4[②]	4.6	9.1	13.7	22.8	38.0	68.4
750	1.3[②]	3.5	7.0	10.5	17.5	29.2	52.5
775	1.0[②]	2.6	5.1	7.7	12.8	21.4	38.4
800	0.8[②]	2.0	4.0	6.1	10.1	16.9	30.4
816	0.7[②]	1.9	3.8	5.7	9.5	15.8	28.4

第4章 控制阀材料及耐蚀性

（续）

温度 /℃	B—特殊磅级 各磅级工作压力/bar						
	150	300	600	900	1500	2500	4500
-29~38	18.4	48.0	96.0	144.1	240.1	400.1	720.3
50	17.9	46.8	93.5	140.3	233.8	389.6	701.4
100	16.1	41.9	83.8	125.7	209.5	349.1	628.4
150	14.9	38.9	77.9	116.8	194.7	324.5	584.0
200	14.4	37.4	74.9	112.3	187.2	312.0	561.6
250	14.0	36.4	72.8	109.2	182.0	303.3	546.0
300	13.6	35.4	70.8	106.2	177.0	295.0	531.0
325	13.4	34.8	69.7	104.5	174.2	290.3	522.6
350	13.1	34.1	68.3	102.4	170.6	284.4	511.9
375	12.8	33.3	66.6	99.9	166.5	277.5	499.5
400	12.4	32.5	64.9	97.4	162.3	270.6	487.0
425	12.1	31.6	63.3	94.9	158.2	263.6	474.5
450	11.8	30.8	61.6	92.4	154.0	256.7	462.1
475	11.4	29.8	59.7	89.5	149.2	248.6	447.6
500	11.1	28.8	57.7	86.5	144.2	240.3	432.6
538	10.5	27.3	54.7	82.0	136.7	227.8	410.0
550	10.1	26.4	52.7	79.1	131.8	219.6	395.4
575	8.9	23.1	46.2	69.3	115.5	192.6	346.6
600	7.0	18.1	36.3	54.4	90.7	151.2	272.1
625	5.5	14.3	28.6	42.8	71.4	119.0	214.2
650	4.3	11.1	22.2	33.4	55.6	92.7	166.8
675	3.3	8.7	17.5	26.2	43.6	72.7	130.9
700	3.0	7.7	15.4	23.1	38.6	64.3	115.7
725	2.4	6.4	12.7	19.1	31.8	53.1	95.5
750	1.8	4.7	9.5	14.2	23.6	39.4	70.9
775	1.2	3.2	6.5	9.7	16.2	27.0	48.6
800	1.0	2.7	5.3	8.0	13.3	22.2	40.0
816	0.9	2.4	4.7	7.1	11.8	19.7	35.5

① 在温度超过538℃工况，仅当碳含量≥0.04%时才能使用。
② 法兰连接阀门额定值最高为538℃。

表 4-93 第 2.11 组材料的额定值

A351Gr. CF8C[①]

A—标准磅级

温度/℃	各磅级工作压力/bar						
	150	300	600	900	1500	2500	4500
−29~38	19.0	49.6	99.3	148.9	248.2	413.7	744.6
50	18.7	48.8	97.5	146.3	243.8	406.4	731.5
100	17.4	45.3	90.6	135.9	226.5	377.4	679.4
150	15.8	42.5	84.9	127.4	212.4	353.9	637.1
200	13.8	39.9	79.9	119.8	199.7	332.8	599.1
250	12.1	37.8	75.6	113.4	189.1	315.1	567.2
300	10.2	36.1	72.2	108.3	180.4	300.7	541.3
325	9.3	35.4	70.7	106.1	176.8	294.6	530.3
350	8.4	34.8	69.5	104.3	173.8	289.6	521.3
375	7.4	34.2	68.4	102.6	171.0	285.1	513.1
400	6.5	33.9	67.8	101.7	169.5	282.6	508.6
425	5.5	33.6	67.2	100.8	168.1	280.1	504.2
450	4.6	33.5	66.9	100.4	167.3	278.8	501.8
475	3.7	31.7	63.4	95.1	158.2	263.9	474.8
500	2.8	28.2	56.5	84.7	140.9	235.0	423.0
538	1.4	25.2	50.0	75.2	125.5	208.9	375.8
550	1.4[②]	25.0	49.8	74.8	124.9	208.0	374.2
575	1.4[②]	24.0	47.9	71.8	119.7	199.5	359.1
600	1.4[②]	19.8	39.6	59.4	99.0	165.1	297.1
625	1.4[②]	13.9	27.7	41.6	69.3	115.5	207.9
650	1.4[②]	10.3	20.6	30.9	51.5	85.8	154.5
675	1.4[②]	8.0	15.9	23.9	39.8	66.3	119.4
700	1.4[②]	5.6	11.2	16.8	28.1	46.8	84.2
725	1.4[②]	4.0	8.0	11.9	19.9	33.1	59.6
750	1.2[②]	3.1	6.2	9.3	15.5	25.8	46.4
775	0.9[②]	2.5	4.9	7.4	12.3	20.4	36.8
800	0.8[②]	2.0	4.0	6.1	10.1	16.9	30.4
816	0.7[②]	1.9	3.8	5.7	9.5	15.8	28.4

第4章 控制阀材料及耐蚀性

(续)

温度 /℃	B—特殊磅级 各磅级工作压力/bar						
	150	300	600	900	1500	2500	4500
-29~38	19.8	51.7	103.4	155.1	258.6	430.9	775.7
50	19.6	51.2	102.4	153.6	256.0	426.7	768.1
100	18.8	48.9	97.9	146.8	244.7	407.8	734.1
150	17.4	45.4	90.8	136.1	226.9	378.2	680.7
200	16.5	43.1	86.1	129.2	215.3	358.8	645.8
250	16.0	41.6	83.3	124.9	208.2	347.0	624.5
300	15.4	40.2	80.3	120.5	200.9	334.8	602.6
325	15.1	39.5	78.9	118.4	197.3	328.8	591.8
350	14.9	38.8	77.6	116.4	194.0	323.3	581.9
375	14.6	38.2	76.4	114.5	190.9	318.1	572.7
400	14.5	37.8	75.7	113.5	189.2	315.4	567.7
425	14.4	37.5	75.0	112.5	187.6	312.6	562.7
450	14.3	37.3	74.7	112.0	186.7	311.1	560.0
475	14.3	37.3	74.6	111.9	186.5	310.9	559.6
500	13.7	35.6	71.5	107.1	178.6	297.5	535.4
538	11.0	29.0	57.9	86.9	145.1	241.7	435.1
550	11.0	29.0	57.9	86.9	145.1	241.7	435.1
575	10.9	28.6	57.1	85.7	143.0	238.3	428.8
600	9.5	24.8	49.5	74.3	123.8	206.4	371.4
625	6.6	17.3	34.6	52.0	86.6	144.3	259.8
650	4.9	12.9	25.7	38.6	64.4	107.3	193.1
675	3.8	9.9	19.9	29.8	49.7	82.9	149.2
700	3.1	8.2	16.4	24.5	40.9	68.2	122.7
725	2.3	5.9	11.8	17.7	29.5	49.2	88.5
750	1.6	4.1	8.2	12.2	20.4	34.0	61.2
775	1.2	3.1	6.2	9.3	15.5	25.8	46.4
800	1.0	2.7	5.3	8.0	13.3	22.2	40.0
816	0.9	2.4	4.7	7.1	11.8	19.7	35.5

① 在温度超过538℃工况，仅当碳含量≥0.04%时才能使用。
② 法兰连接阀门额定值最高为538℃。

表 4-94 第 2.12 组材料的额定值

温度/℃	A351Gr. CK20[①]					
	A—标准磅级					
	各磅级工作压力/bar					
	150	300	600	900	1500	2500	4500
-29~38	17.8	46.3	92.7	139.0	231.7	386.1	695.0
50	17.0	44.5	89.0	133.4	222.4	370.6	667.1
100	14.4	37.5	75.1	112.6	187.7	312.8	563.0
150	13.4	34.9	69.8	104.7	174.4	290.7	523.3
200	12.9	33.5	67.1	100.6	167.7	279.5	503.2
250	12.1	32.6	65.2	97.8	163.1	271.8	489.2
300	10.2	31.7	63.4	95.2	158.6	264.3	475.8
325	9.3	31.2	62.4	93.6	156.1	260.1	468.2
350	8.4	30.6	61.2	91.7	152.9	254.8	458.7
375	7.4	29.8	59.7	89.5	149.2	248.6	447.5
400	6.5	29.1	58.2	87.3	145.5	242.4	436.4
425	5.5	28.3	56.7	85.0	141.7	236.2	425.2
450	4.6	27.6	55.2	82.8	138.0	230.0	414.0
475	3.7	26.7	53.5	80.2	133.7	222.8	401.0
500	2.8	25.8	51.7	77.5	129.2	215.3	387.6
538	1.4	23.3	46.6	70.0	116.6	194.4	349.9
550	1.4[②]	22.9	45.9	68.8	114.7	191.2	344.1
575	1.4[②]	21.7	43.3	65.0	108.3	180.4	324.8
600	1.4[②]	19.4	38.8	58.2	97.1	161.8	291.2
625	1.4[②]	16.8	33.7	50.5	84.1	140.2	252.4
650	1.4[②]	14.1	28.1	42.2	70.4	117.3	211.1
675	1.4[②]	11.5	23.0	34.6	57.6	96.0	172.8
700	1.4[②]	8.8	17.5	26.3	43.8	73.0	131.5
725	1.4[②]	6.3	12.7	19.0	31.7	52.9	95.2
750	1.4[②]	4.5	8.9	13.4	22.3	37.2	66.9
775	1.2[②]	3.1	6.3	9.4	15.7	26.2	47.2
800	0.9[②]	2.3	4.6	6.9	11.4	19.1	34.3
816	0.7[②]	1.9	3.8	5.7	9.5	15.8	28.4

第4章 控制阀材料及耐蚀性

（续）

温度/℃	B—特殊磅级 各磅级工作压力/bar						
	150	300	600	900	1500	2500	4500
-29~38	18.4	48.0	96.0	144.1	240.1	400.1	720.3
50	17.9	46.8	93.5	140.3	233.8	389.6	701.4
100	16.1	41.9	83.8	125.7	209.5	349.1	628.4
150	14.9	38.9	77.9	116.8	194.7	324.5	584.0
200	14.4	37.4	74.9	112.3	187.2	312.0	561.6
250	14.0	36.4	72.8	109.2	182.0	303.3	546.0
300	13.6	35.4	70.8	106.2	177.0	295.0	531.0
325	13.4	34.8	69.7	104.5	174.2	290.3	522.6
350	13.1	34.1	68.3	102.4	170.6	284.4	511.9
375	12.8	33.3	66.6	99.9	166.5	277.5	499.5
400	12.4	32.5	64.9	97.4	162.3	270.6	487.0
425	12.1	31.6	63.3	94.9	158.2	263.6	474.5
450	11.8	30.8	61.6	92.4	154.0	256.7	462.1
475	11.4	29.8	59.7	89.5	149.2	248.6	447.6
500	11.1	28.8	57.7	86.5	144.2	240.3	432.6
538	10.5	27.3	54.7	82.0	136.7	227.8	410.0
550	10.5	27.3	54.7	82.0	136.7	227.8	410.0
575	10.4	27.1	54.1	81.2	135.3	225.6	406.0
600	9.3	24.3	48.5	72.8	121.3	202.2	364.0
625	8.1	21.0	42.1	63.1	105.2	175.3	315.5
650	6.7	17.6	35.2	52.8	87.9	146.6	263.8
675	5.5	14.4	28.8	43.2	72.0	120.0	215.9
700	4.7	12.3	24.7	37.0	61.6	102.7	184.9
725	3.6	9.4	18.8	28.2	47.0	78.4	141.0
750	2.4	6.1	12.3	18.4	30.7	51.2	92.2
775	1.5	4.0	7.9	11.9	19.9	33.1	59.6
800	1.3	3.3	6.5	9.8	16.3	27.2	49.0
816	0.9	2.4	4.7	7.1	11.8	19.7	35.5

① 在温度超过538℃工况，仅当碳含量≥0.04%时才能使用。
② 法兰连接阀门额定值最高为538℃。

表 4-95　第 3.1 组材料的额定值

B462 Gr. N08020		B464 Gr. N08020		B473 Gr. N08020		
B463 Gr. N08020		B468 Gr. N08020				
A—标准磅级						
温度 /℃	各磅级工作压力/bar					
	150	300	600	900	1500	2500	4500
−29~38	20.0	51.7	103.4	155.1	258.6	430.9	775.7
50	19.5	51.7	103.4	155.1	258.6	430.9	775.7
100	17.7	50.9	101.7	152.6	254.4	423.9	763.1
150	15.8	48.9	97.9	146.8	244.7	407.8	734.1
200	13.8	47.2	94.3	141.5	235.8	392.9	707.3
250	12.1	45.5	91.0	136.5	227.5	379.2	682.5
300	10.2	42.9	85.7	128.6	214.4	357.1	642.6
325	9.3	41.4	82.6	124.0	206.6	344.3	619.6
350	8.4	40.3	80.4	120.7	201.1	335.3	603.3
375	7.4	38.9	77.6	116.5	194.1	323.2	581.8
400	6.5	36.5	73.3	109.8	183.1	304.9	548.5
425	5.5	35.2	70.0	105.1	175.1	291.6	524.7
B—特殊磅级						
温度 /℃	各磅级工作压力/bar					
	150	300	600	900	1500	2500	4500
−29~38	20.0	51.7	103.4	155.1	258.6	430.9	775.7
50	20.0	51.7	103.4	155.1	258.6	430.9	775.7
100	20.0	51.7	103.4	155.1	258.6	430.9	775.7
150	20.0	51.7	103.4	155.1	258.6	430.9	775.7
200	20.0	51.7	103.4	155.1	258.6	430.9	775.7
250	19.5	50.8	101.6	152.4	253.9	423.2	761.8
300	18.9	49.4	98.7	148.1	246.8	411.3	740.3
325	18.7	48.8	97.5	146.3	243.8	406.3	731.3
350	18.5	48.3	96.6	144.9	241.5	402.5	724.5
375	18.4	48.0	95.9	143.9	239.8	399.7	719.5
400	18.2	47.6	95.2	142.8	238.0	396.7	714.1
425	17.9	46.6	93.2	139.8	233.0	388.4	699.1

注：只使用退火材料。

第4章 控制阀材料及耐蚀性

表 4-96 第 3.2 组材料的额定值

B160Gr. N02200		B162Gr. N02200		B564Gr. N02200		
B161Gr. N02200		B163Gr. N02200				
A—标准磅级						
温度 /℃	各磅级工作压力/bar					
	150	300	600	900	1500	2500	4500
−29~38	12.7	33.1	66.2	99.3	165.5	275.8	496.4
50	12.7	33.1	66.2	99.3	165.5	275.8	496.4
100	12.7	33.1	66.2	99.3	165.5	275.8	496.4
150	12.7	33.1	66.2	99.3	165.5	275.8	496.4
200	12.7	33.1	66.2	99.3	165.5	275.8	496.4
250	12.1	31.6	63.2	94.8	158.0	263.4	474.0
300	10.2	29.2	58.5	87.7	146.2	243.7	438.7
325	7.2	18.8	37.6	56.4	93.9	156.5	281.8
B—特殊磅级							
温度 /℃	各磅级工作压力/bar						
	150	300	600	900	1500	2500	4500
−29~38	14.2	36.9	73.9	110.8	184.7	307.8	554.0
50	14.2	36.9	73.9	110.8	184.7	307.8	554.0
100	14.2	36.9	73.9	110.8	184.7	307.8	554.0
150	14.2	36.9	73.9	110.8	184.7	307.8	554.0
200	14.2	36.9	73.9	110.8	184.7	307.8	554.0
250	13.5	35.3	70.5	105.8	176.4	293.9	529.1
300	12.5	32.6	65.3	97.9	163.2	272.0	489.7
325	8.0	21.0	41.9	62.9	104.8	174.7	314.5

注：只使用退火材料。

表 4-97 第 3.3 组材料的额定值

B160Gr. N02201[①]		B162Gr. N02201[①]				
A—标准磅级						
温度 /℃	各磅级工作压力/bar					
	150	300	600	900	1500	2500	4500
−29~38	6.3	16.5	33.1	49.6	82.7	137.9	248.2
50	6.3	16.4	32.8	49.2	82.0	136.7	246.0
100	6.1	15.8	31.7	47.5	79.2	132.0	237.7
150	6.0	15.6	31.1	46.7	77.8	129.6	233.3

(续)

A—标准磅级							
温度/℃	各磅级工作压力/bar						
	150	300	600	900	1500	2500	4500
200	6.0	15.6	31.1	46.7	77.8	129.6	233.3
250	6.0	15.6	31.1	46.7	77.8	129.6	233.3
300	6.0	15.6	31.1	46.7	77.8	129.6	233.3
325	5.9	15.5	31.0	46.5	77.5	129.2	232.5
350	5.9	15.4	30.8	46.2	76.9	128.2	230.8
375	5.9	15.4	30.7	46.1	76.8	128.0	230.5
400	5.8	15.2	30.4	45.6	76.1	126.8	228.2
425	5.5	14.9	29.8	44.7	74.6	124.3	223.7
450	4.6	14.6	29.2	43.8	73.1	121.8	219.2
475	3.7	14.3	28.6	43.0	71.6	119.3	214.8
500	2.8	13.8	27.6	41.4	69.0	115.1	207.1
538	1.4	13.1	26.1	39.2	65.4	108.9	196.1
550	1.4[②]	9.8	19.6	29.5	49.1	81.8	147.3
575	1.4[②]	5.4	10.7	16.1	26.8	44.6	80.3
600	1.4[②]	4.4	8.9	13.3	22.2	37.0	66.7
625	1.3[②]	3.4	6.9	10.3	17.2	28.7	51.7
650	1.1[②]	2.8	5.7	8.5	14.2	23.6	42.6
B—特殊磅级							
温度/℃	各磅级工作压力/bar						
	150	300	600	900	1500	2500	4500
−29~38	7.1	18.5	36.9	55.4	92.3	153.9	277.0
50	7.0	18.3	36.6	54.9	91.5	152.5	274.6
100	6.8	17.7	35.4	53.1	88.4	147.4	265.3
150	6.7	17.4	34.7	52.1	86.8	144.7	260.4
200	6.7	17.4	34.7	52.1	86.8	144.7	260.4
250	6.7	17.4	34.7	52.1	86.8	144.7	260.4
300	6.7	17.4	34.7	52.1	86.8	144.7	260.4
325	6.6	17.3	34.6	51.9	86.5	144.1	259.5
350	6.6	17.2	34.4	51.5	85.9	143.1	257.6
375	6.6	17.1	34.3	51.4	85.7	142.9	257.2
400	6.5	17.0	34.0	50.9	84.9	141.5	254.6

第4章 控制阀材料及耐蚀性

（续）

温度 /℃	B—特殊磅级 各磅级工作压力/bar						
	150	300	600	900	1500	2500	4500
425	6.4	16.6	33.3	49.9	83.2	138.7	249.7
450	6.3	16.3	32.6	48.9	81.6	135.9	244.7
475	6.1	16.0	32.0	47.9	79.9	133.2	239.7
500	5.9	15.4	30.8	46.2	77.0	128.4	231.1
538	5.6	14.6	29.2	43.8	72.9	121.6	218.8
550	4.3	11.3	22.6	33.9	56.5	94.1	169.4
575	2.6	6.7	13.4	20.1	33.4	55.7	100.3
600	2.1	5.6	11.1	16.7	27.8	46.3	83.3
625	1.7	4.3	8.6	12.9	21.5	35.9	64.6
650	1.4	3.5	7.1	10.6	17.7	29.5	53.2

① 只使用退火材料。
② 法兰连接阀门额定值最高为538℃。

表4-98 第3.4组材料的额定值

A494Gr. M35-1	B127Gr. N04400	B164Gr. N04400	B165Gr. N04400
A494Gr. M35-2	B163Gr. N04400	B164Gr. N04405	B564Gr. N04400

温度 /℃	A—标准磅级 各磅级工作压力/bar						
	150	300	600	900	1500	2500	4500
-29~38	15.9	41.4	82.7	124.1	206.8	344.7	620.5
50	15.4	40.2	80.5	120.7	201.2	335.3	603.6
100	13.8	35.9	71.9	107.8	179.7	299.5	539.1
150	12.9	33.7	67.5	101.2	168.7	281.1	506.0
200	12.5	32.7	65.4	98.1	163.5	272.4	490.4
250	12.1	32.6	65.2	97.8	163.0	271.7	489.0
300	10.2	32.6	65.2	97.8	163.0	271.7	489.0
325	9.3	32.6	65.2	97.8	163.0	271.7	489.0
350	8.4	32.6	65.1	97.7	162.8	271.3	488.4
375	7.4	32.4	64.8	97.2	161.9	269.9	485.8
400	6.5	32.1	64.2	96.2	160.4	267.4	481.2
425	5.5	31.6	63.3	94.9	158.2	263.6	474.5
450	4.6	26.9	53.8	80.7	134.5	224.2	403.5
475	3.7	20.8	41.5	62.3	103.8	173.0	311.3

(续)

温度/℃	B—特殊磅级 各磅级工作压力/bar						
	150	300	600	900	1500	2500	4500
-29~38	17.7	46.2	92.3	138.5	230.9	384.8	692.6
50	17.2	44.9	89.8	134.7	224.6	374.3	673.7
100	15.4	40.1	80.2	120.3	200.6	334.3	601.7
150	14.4	37.6	75.3	112.9	188.2	313.7	564.7
200	14.0	36.5	73.0	109.5	182.4	304.0	547.3
250	13.9	36.4	72.8	109.1	181.9	303.2	545.7
300	13.9	36.4	72.8	109.1	181.9	303.2	545.7
325	13.9	36.4	72.8	109.1	181.9	303.2	545.7
350	13.9	36.3	72.7	109.0	181.7	302.8	545.1
375	13.9	36.1	72.3	108.4	180.7	301.2	542.2
400	13.7	35.8	71.6	107.4	179.0	298.4	537.1
425	13.5	35.3	70.6	105.9	176.5	294.2	529.6
450	12.6	32.9	65.9	98.8	164.7	274.6	494.2
475	9.9	25.9	51.9	77.8	129.7	216.2	389.2

注：只使用退火材料。

表4-99 第3.5组材料的额定值

B163Gr. N06600①	B166Gr. N06600①	B168Gr. N06600①	B564Gr. N06600①

温度/℃	A—标准磅级 各磅级工作压力/bar						
	150	300	600	900	1500	2500	4500
-29~38	20.0	51.7	103.4	155.1	258.6	430.9	775.7
50	19.5	51.7	103.4	155.1	258.6	430.9	775.7
100	17.7	51.5	103.0	154.6	257.6	429.4	773.0
150	15.8	50.3	100.3	150.6	250.8	418.2	752.8
200	13.8	48.6	97.2	145.8	243.4	405.4	729.8
250	12.1	46.3	92.7	139.0	231.8	386.2	694.8
300	10.2	42.9	85.7	128.6	214.4	357.1	642.6
325	9.3	41.4	82.6	124.0	206.6	344.3	619.6
350	8.4	40.3	80.4	120.7	201.1	335.3	603.3
375	7.4	38.9	77.6	116.5	194.1	323.2	581.8
400	6.5	36.5	73.3	109.8	183.1	304.9	548.5

第4章 控制阀材料及耐蚀性

(续)

A—标准磅级							
温度/℃	各磅级工作压力/bar						
	150	300	600	900	1500	2500	4500
425	5.5	35.2	70.0	105.1	175.1	291.6	524.7
450	4.6	33.7	67.7	101.4	169.0	281.8	507.0
475	3.7	31.7	63.4	95.1	158.2	263.9	474.8
500	2.8	28.2	56.5	84.7	140.9	235.0	423.0
538	1.4	16.5	33.1	49.6	82.7	137.9	248.2
550	1.4②	13.9	27.9	41.8	69.7	116.2	209.2
575	1.4②	9.4	18.9	28.3	47.2	78.6	141.5
600	1.4②	6.6	13.3	19.9	33.2	55.3	99.6
625	1.4②	5.1	10.3	15.4	25.7	42.8	77.0
650	1.4②	4.7	9.5	14.2	23.6	39.4	70.9

B—特殊磅级							
温度/℃	各磅级工作压力/bar						
	150	300	600	900	1500	2500	4500
−29~38	20.0	51.7	103.4	155.1	258.6	430.9	775.7
50	20.0	51.7	103.4	155.1	258.6	430.9	775.7
100	20.0	51.7	103.4	155.1	258.6	430.9	775.7
150	20.0	51.7	103.4	155.1	258.6	430.9	775.7
200	20.0	51.7	103.4	155.1	258.6	430.9	775.7
250	20.0	51.7	103.4	155.1	258.6	430.9	775.7
300	20.0	51.7	103.4	155.1	258.6	430.9	775.7
325	20.0	51.7	103.4	155.1	258.6	430.9	775.7
350	19.8	51.5	102.8	154.3	257.1	428.6	771.4
375	19.3	50.6	101.0	151.5	252.5	420.9	757.4
400	19.3	50.3	100.6	150.6	251.2	418.3	753.2
425	19.0	49.6	99.3	148.9	248.2	413.7	744.6
450	18.1	47.3	94.4	141.4	235.8	393.1	707.6
475	16.4	42.8	85.5	128.2	213.7	356.3	641.3
500	13.7	35.6	71.5	107.1	178.6	297.5	535.4
538	7.9	20.7	41.4	62.1	103.4	172.4	310.3
550	6.7	17.4	34.9	52.3	87.2	145.3	261.5
575	4.5	11.8	23.6	35.4	59.0	98.3	176.9

(续)

温度 /℃	B—特殊磅级 各磅级工作压力/bar						
	150	300	600	900	1500	2500	4500
600	3.2	8.3	16.6	24.9	41.5	69.1	124.5
625	2.5	6.4	12.8	19.3	32.1	53.5	96.3
650	2.3	5.9	11.8	17.7	29.5	49.2	88.6

① 只使用退火材料。
② 法兰连接阀门额定值最高为538℃。

表 4-100 第 3.6 组材料的额定值

B163Gr. N08800①	B408Gr. N08800①	B409Gr. N08800①	B564Gr. N08800①			
A—标准磅级						
温度 /℃	各磅级工作压力/bar					
	150	300	600	900	1500	2500	4500
-29~38	19.0	49.6	99.3	148.9	248.2	413.7	744.6
50	18.7	48.8	97.6	146.4	244.0	406.7	732.1
100	17.5	45.6	91.2	136.9	228.1	380.1	684.3
150	15.8	44.0	88.0	132.0	219.9	366.6	659.8
200	13.8	42.8	85.6	128.4	214.0	356.7	642.0
250	12.1	41.7	83.5	125.2	208.7	347.9	626.1
300	10.2	40.8	81.6	122.5	204.1	340.2	612.3
325	9.3	40.3	80.6	120.9	201.6	336.0	604.7
350	8.4	39.8	79.5	119.3	198.8	331.3	596.4
375	7.4	38.9	77.6	116.5	194.1	323.2	581.8
400	6.5	36.5	73.3	109.8	183.1	304.9	548.5
425	5.5	35.2	70.0	105.1	175.1	291.6	524.7
450	4.6	33.7	67.7	101.4	169.0	281.8	507.0
475	3.7	31.7	63.4	95.1	158.2	263.9	474.8
500	2.8	28.2	56.5	84.7	140.9	235.0	423.0
538	1.4	25.2	50.0	75.2	125.5	208.9	375.8
550	1.4②	25.0	49.8	74.8	124.9	208.0	374.2
575	1.4②	24.0	47.9	71.8	119.7	199.5	359.1
600	1.4②	21.6	42.9	64.2	107.0	178.5	321.4
625	1.4②	18.3	36.6	54.9	91.2	152.0	273.8
650	1.4②	14.1	28.1	42.5	70.7	117.7	211.7

第4章 控制阀材料及耐蚀性

（续）

温度 /℃	A—标准磅级 各磅级工作压力/bar						
	150	300	600	900	1500	2500	4500
675	1.4[②]	10.3	20.5	30.8	51.3	85.6	154.0
700	1.4[②]	5.6	11.1	16.7	27.8	46.3	83.4
725	1.4[②]	4.0	8.1	12.1	20.1	33.6	60.4
750	1.2[②]	3.0	6.1	9.1	15.1	25.2	45.4
775	0.9[②]	2.5	4.9	7.4	12.4	20.6	37.1
800	0.8[②]	2.2	4.3	6.5	10.8	18.0	32.3
816	0.7[②]	1.9	3.8	5.7	9.5	15.8	28.4

温度 /℃	B—特殊磅级 各磅级工作压力/bar						
	150	300	600	900	1500	2500	4500
−29～38	20.0	51.7	103.4	155.1	258.6	430.9	775.7
50	20.0	51.7	103.4	155.1	258.6	430.9	775.7
100	19.5	50.9	101.8	152.7	254.6	424.3	763.7
150	18.8	49.1	98.2	147.3	245.5	409.1	736.4
200	18.3	47.8	95.5	143.3	238.8	398.0	716.5
250	17.9	46.6	93.2	139.8	232.9	388.2	698.8
300	17.5	45.6	91.1	136.7	227.8	379.6	683.4
325	17.2	45.0	90.0	135.0	225.0	375.0	674.9
350	17.0	44.4	88.8	133.1	221.9	369.8	665.6
375	16.8	43.9	87.8	131.6	219.4	365.6	658.1
400	16.6	43.4	86.8	130.1	216.9	361.5	650.7
425	16.4	42.9	85.8	128.6	214.4	357.3	643.2
450	16.2	42.4	84.8	127.1	211.9	353.2	635.7
475	16.1	42.0	84.0	126.1	210.1	350.2	630.3
500	13.7	35.6	71.5	107.1	178.6	297.5	535.4
538	11.0	29.0	57.9	86.9	145.1	241.7	435.1
550	11.0	29.0	57.9	86.9	145.1	241.7	435.1
575	10.9	28.6	57.1	85.7	143.0	238.3	428.8
600	10.3	26.9	53.5	80.4	134.0	223.4	401.9
625	8.7	23.0	45.7	68.6	114.3	190.6	342.8
650	6.9	17.9	35.5	53.1	88.6	147.9	266.1

（续）

温度 /℃	B—特殊磅级 各磅级工作压力/bar						
	150	300	600	900	1500	2500	4500
675	4.9	12.8	25.7	38.5	64.2	107.0	192.5
700	2.7	6.9	13.9	20.8	34.7	57.9	104.2
725	1.9	5.0	10.1	15.1	25.2	42.0	75.5
750	1.4	3.8	7.6	11.3	18.9	31.5	56.7
775	1.2	3.1	6.2	9.3	15.5	25.8	46.4
800	1.0	2.7	5.4	8.1	13.5	22.5	40.4
816	0.9	2.4	4.7	7.1	11.8	19.7	35.5

① 只使用退火材料。
② 法兰连接阀门额定值最高为538℃。

表4-101　第3.7组材料的额定值

B333Gr. N10665	B335Gr. N10675	B564Gr. N10665	B622Gr. N10675
B333Gr. N10675	B462Gr. N10665	B564Gr. N10675	
B335Gr. N10665	B462Gr. N10675	B622Gr. N10665	

温度 /℃	A—标准磅级 各磅级工作压力/bar						
	150	300	600	900	1500	2500	4500
-29~38	20.0	51.7	103.4	155.1	258.6	430.9	775.7
50	19.5	51.7	103.4	155.1	258.6	430.9	775.7
100	17.7	51.5	103.0	154.6	257.6	429.4	773.0
150	15.8	50.3	100.3	150.6	250.8	418.2	752.8
200	13.8	48.6	97.2	145.8	243.4	405.4	729.8
250	12.1	46.3	92.7	139.0	231.8	386.2	694.8
300	10.2	42.9	85.7	128.6	214.4	357.1	642.6
325	9.3	41.4	82.6	124.0	206.6	344.3	619.6
350	8.4	40.3	80.4	120.7	201.1	335.3	603.3
375	7.4	38.9	77.6	116.5	194.1	323.2	581.8
400	6.5	36.5	73.3	109.8	183.1	304.9	548.5
425	5.5	35.2	70.0	105.1	175.1	291.6	524.7

第4章 控制阀材料及耐蚀性

(续)

温度/℃	B—特殊磅级 各磅级工作压力/bar						
	150	300	600	900	1500	2500	4500
−29~38	20.0	51.7	103.4	155.1	258.6	430.9	775.7
50	20.0	51.7	103.4	155.1	258.6	430.9	775.7
100	20.0	51.7	103.4	155.1	258.6	430.9	775.7
150	20.0	51.7	103.4	155.1	258.6	430.9	775.7
200	20.0	51.7	103.4	155.1	258.6	430.9	775.7
250	20.0	51.7	103.4	155.1	258.6	430.9	775.7
300	20.0	51.7	103.4	155.1	258.6	430.9	775.7
325	20.0	51.7	103.4	155.1	258.6	430.9	775.7
350	19.8	51.5	102.8	154.3	257.1	428.6	771.4
375	19.3	50.6	101.0	151.5	252.5	420.9	757.4
400	19.3	50.3	100.6	150.6	251.2	418.3	753.2
425	19.0	49.6	99.3	148.9	248.2	413.7	744.6

注：只使用固溶退火材料。

表 4-102 第 3.8 组材料的额定值

B333Gr. N10001①②	B446Gr. N06625③④	B564Gr. N10276①⑤	B575Gr. N06455①②
B335Gr. N10001①②	B462Gr. N06022①⑤	B573Gr. N10003③	B575Gr. N10276C①⑤
B423Gr. N08825③⑥	B462Gr. N06200①②	B574Gr. N06022①⑤	B622Gr. N06022①⑤
B424Gr. N08825③⑥	B462Gr. N10276①⑤	B574Gr. N06200①②	B622Gr. N06200①②
B425Gr. N08825③⑥	B564Gr. N06022①⑤	B574Gr. N06455①②	B622Gr. N06455C1C②
B434Gr. N10003③	B564Gr. N06200①②	B574Gr. N10276①⑤	B622Gr. N10001②③
B443Gr. N06625③④	B564Gr. N06625③④	B575Gr. N06022①⑤	B622Gr. N10276C①⑤
	B564Gr. N08825③⑥	B575Gr. N06200①②	

温度/℃	A—标准磅级 各磅级工作压力/bar						
	150	300	600	900	1500	2500	4500
−29~38	20.0	51.7	103.4	155.1	258.6	430.9	775.7
50	19.5	51.7	103.4	155.1	258.6	430.9	775.7
100	17.7	51.5	103.0	154.6	257.6	429.4	773.0
150	15.8	50.3	100.3	150.6	250.8	418.2	752.8
200	13.8	48.3	96.7	145.0	241.7	402.8	725.1
250	12.1	46.3	92.7	139.0	231.8	386.2	694.8

(续)

温度 /℃	A—标准磅级 各磅级工作压力/bar							
	150	300	600	900	1500	2500	4500
300	10.2	42.9	85.7	128.6	214.4	357.1	642.6
325	9.3	41.4	82.6	124.0	206.6	344.3	619.6
350	8.4	40.3	80.4	120.7	201.1	335.3	603.3
375	7.4	38.9	77.6	116.5	194.1	323.2	581.8
400	6.5	36.5	73.3	109.8	183.1	304.9	548.5
425	5.5	35.2	70.0	105.1	175.1	291.6	524.7
450	4.6	33.7	67.7	101.4	169.0	281.8	507.0
475	3.7	31.7	63.4	95.1	158.2	263.9	474.8
500	2.8	28.2	56.5	84.7	140.9	235.0	423.0
538	1.4	25.2	50.0	75.2	125.5	208.9	375.8
550	1.4[⑦]	25.0	49.8	74.8	124.9	208.0	374.2
575	1.4[⑦]	24.0	47.9	71.8	119.7	199.5	359.1
600	1.4[⑦]	21.6	42.9	64.2	107.0	178.5	321.4
625	1.4[⑦]	18.3	36.6	54.9	91.2	152.0	273.8
650	1.4[⑦]	14.1	28.1	42.2	70.4	117.3	211.1
675	1.4[⑦]	11.5	23.0	34.6	57.6	96.0	172.8
700	1.4[⑦]	8.8	17.5	26.3	43.8	73.0	131.5

温度 /℃	B—特殊磅级 各磅级工作压力/bar							
	150	300	600	900	1500	2500	4500
-29~38	20.0	51.7	103.4	155.1	258.6	430.9	775.7
50	20.0	51.7	103.4	155.1	258.6	430.9	775.7
100	20.0	51.7	103.4	155.1	258.6	430.9	775.7
150	20.0	51.7	103.4	155.1	258.6	430.9	775.7
200	20.0	51.7	103.4	155.1	258.6	430.9	775.7
250	19.8	51.7	103.4	155.1	258.6	430.9	775.7
300	19.1	49.9	99.8	149.6	249.4	415.7	748.2
325	18.8	49.1	98.1	147.2	245.3	408.8	735.9
350	18.6	48.4	96.9	145.3	242.2	403.7	726.6
375	18.4	47.9	95.9	143.8	239.7	399.5	719.1
400	18.2	47.5	94.9	142.4	237.3	395.5	711.8

第4章 控制阀材料及耐蚀性

(续)

温度 /℃	B—特殊磅级 各磅级工作压力/bar						
	150	300	600	900	1500	2500	4500
425	18.1	47.3	94.6	141.9	236.4	394.1	709.3
450	17.9	46.8	93.6	140.4	234.1	390.1	702.2
475	16.4	42.8	85.5	128.2	213.7	356.3	641.3
500	13.7	35.6	71.5	107.1	178.6	297.5	535.4
538	11.0	29.0	57.9	86.9	145.1	241.7	435.1
550	11.0	29.0	57.9	86.9	145.1	241.7	435.1
575	10.9	28.6	57.1	85.7	143.0	238.3	428.8
600	10.3	26.9	53.5	80.4	134.0	223.4	401.9
625	8.7	23.0	45.7	68.6	114.3	190.6	342.8
650	6.7	17.6	35.2	52.8	87.9	146.6	263.8
675	5.5	14.4	28.8	43.2	72.0	120.0	215.9
700	4.2	11.0	21.9	32.9	54.8	91.3	164.4

① 只使用固溶退火材料。
② 不能用于高于425℃工况。
③ 只使用退火材料。
④ 不能用于高于645℃工况，退火状态下的 N06625 合金在 538~760℃ 的温度范围内暴露后，室温下的冲击强度会严重降低。
⑤ 不能用于高于675℃工况。
⑥ 不能用于高于538℃工况。
⑦ 法兰连接阀门额定值最高为538℃。

表 4-103 第 3.9 组材料的额定值

B435 Gr. N06002①	B572 Gr. N06002①	B622 Gr. N06002①	B622 Gr. R30556①
B435 Gr. R30556①	B572 Gr. R30556①		

温度 /℃	A—标准磅级 各磅级工作压力/bar						
	150	300	600	900	1500	2500	4500
−29~38	20.0	51.7	103.4	155.1	258.6	430.9	775.7
50	19.5	51.7	103.4	155.1	258.6	430.9	775.7
100	17.7	51.5	103.0	154.6	257.6	429.4	773.0
150	15.8	47.6	95.2	142.8	237.9	396.5	713.8
200	13.8	44.3	88.6	132.9	221.5	369.2	664.6

(续)

A—标准磅级							
温度 /℃	各磅级工作压力/bar						
	150	300	600	900	1500	2500	4500
250	12.1	41.6	83.1	124.7	207.9	346.4	623.6
300	10.2	39.5	79.0	118.5	197.4	329.1	592.3
325	9.3	38.6	77.2	115.8	193.0	321.7	579.1
350	8.4	37.9	75.8	113.7	189.5	315.8	568.5
375	7.4	37.3	74.7	112.0	186.6	311.1	559.9
400	6.5	36.5	73.3	109.8	183.1	304.9	548.5
425	5.5	35.2	70.0	105.1	175.1	291.6	524.7
450	4.6	33.7	67.7	101.4	169.0	281.8	507.0
475	3.7	31.7	63.4	95.1	158.2	263.9	474.8
500	2.8	28.2	56.5	84.7	140.9	235.0	423.0
538	1.4	25.2	50.0	75.2	125.5	208.9	375.8
550	1.4[②]	25.0	49.8	74.8	124.9	208.0	374.2
575	1.4[②]	24.0	47.9	71.8	119.7	199.5	359.1
600	1.4[②]	21.6	42.9	64.2	107.0	178.5	321.4
625	1.4[②]	18.3	36.6	54.9	91.2	152.0	273.8
650	1.4[②]	14.1	28.1	42.5	70.7	117.7	211.7
675	1.4[②]	12.4	25.2	37.6	62.7	104.5	187.9
700	1.4[②]	10.1	20.0	29.8	49.7	83.0	149.4
725	1.4[②]	7.9	15.4	23.2	38.6	64.4	115.8
750	1.4[②]	5.9	11.7	17.6	29.6	49.1	88.2
775	1.4[②]	4.6	9.0	13.7	22.8	38.0	68.4
800	1.2[②]	3.5	7.0	10.5	17.4	29.2	52.6
816	1.0[②]	2.8	5.9	8.6	14.1	23.8	42.7
B—特殊磅级							
温度 /℃	各磅级工作压力/bar						
	150	300	600	900	1500	2500	4500
-29~38	20.0	51.7	103.4	155.1	258.6	430.9	775.7
50	20.0	51.7	103.4	155.1	258.6	430.9	775.7
100	20.0	51.7	103.4	155.1	258.6	430.9	775.7
150	20.0	51.7	103.4	155.1	258.6	430.9	775.7
200	19.0	49.5	98.9	148.4	247.3	412.1	741.8

（续）

B—特殊磅级							
温度/℃	各磅级工作压力/bar						
	150	300	600	900	1500	2500	4500
250	17.8	46.4	92.8	139.2	232.0	386.7	696.0
300	16.9	44.1	88.1	132.2	220.4	367.3	661.1
325	16.5	43.1	86.2	129.3	215.4	359.1	646.3
350	16.2	42.3	84.6	126.9	211.5	352.5	634.5
375	16.0	41.7	83.3	125.0	208.3	347.2	624.9
400	15.8	41.2	82.3	123.5	205.8	343.1	617.5
425	15.7	40.8	81.7	122.5	204.2	340.3	612.5
450	15.5	40.5	81.0	121.5	202.5	337.5	607.6
475	15.4	40.2	80.3	120.5	200.9	334.8	602.6
500	13.7	35.6	71.5	107.1	178.6	297.5	535.4
538	11.0	29.0	57.9	86.9	145.1	241.7	435.1
550	11.0	29.0	57.9	86.9	145.1	241.7	435.1
575	10.9	28.6	57.1	85.7	143.0	238.3	428.8
600	10.3	26.9	53.5	80.4	134.0	223.4	401.9
625	8.7	23.0	45.7	68.6	114.3	190.6	342.8
650	6.9	17.9	35.5	53.1	88.6	147.9	266.1
675	6.2	16.0	31.6	47.3	78.9	131.7	237.0
700	4.8	12.4	25.0	37.3	62.3	103.7	186.5
725	3.7	9.7	19.5	28.9	48.3	80.2	144.5
750	2.8	7.4	14.8	22.1	36.7	61.2	110.3
775	2.2	5.8	11.4	17.2	28.5	47.6	85.6
800	1.8	4.4	8.8	13.2	22.0	36.6	65.6
816	1.4	3.4	7.2	10.7	17.9	29.6	53.1

① 只使用固溶退火材料。
② 法兰连接阀门额定值最高为538℃。

表4-104 第3.10组材料的额定值

B599Gr.N08700				B672Gr.N08700			
A—标准磅级							
温度/℃	各磅级工作压力/bar						
	150	300	600	900	1500	2500	4500
−29~38	20.0	51.7	103.4	155.1	258.6	430.9	775.7
50	19.5	51.7	103.4	155.1	258.6	430.9	775.7

(续)

温度 /℃	A—标准磅级 各磅级工作压力/bar						
	150	300	600	900	1500	2500	4500
100	17.7	51.5	103.0	154.6	257.6	429.4	772.9
150	15.8	47.1	94.2	141.3	235.5	392.5	706.5
200	13.8	44.3	88.5	132.8	221.3	368.9	664.0
250	12.1	42.8	85.6	128.4	214.0	356.6	641.9
300	10.2	41.3	82.7	124.0	206.7	344.5	620.0
325	9.3	40.4	80.7	121.1	201.8	336.4	605.5
350	8.4	38.9	77.8	116.7	194.5	324.2	583.6

温度 /℃	B—特殊磅级 各磅级工作压力/bar						
	150	300	600	900	1500	2500	4500
−29~38	20.0	51.7	103.4	155.1	258.6	430.9	775.7
50	20.0	51.7	103.4	155.1	258.6	430.9	775.7
100	20.0	51.7	103.4	155.1	258.6	430.9	775.7
150	20.0	51.7	103.4	155.1	258.6	430.9	775.7
200	18.9	49.4	98.8	148.2	247.0	411.7	741.1
250	18.3	47.8	95.5	143.3	238.8	398.0	716.4
300	17.7	46.1	92.3	138.4	230.7	384.4	692.0
325	17.3	45.1	90.1	135.2	225.3	375.4	675.8
350	16.6	43.4	86.9	130.3	217.1	361.9	651.4

注：只使用退火材料。

表4-105 第3.11组材料的额定值

B625Gr. N08904		B649Gr. N08904		B677Gr. N08904	
A—标准磅级						

温度 /℃	各磅级工作压力/bar						
	150	300	600	900	1500	2500	4500
−29~38	19.7	51.3	102.6	153.9	256.5	427.5	769.5
50	18.8	49.1	98.3	147.4	245.7	409.6	737.2
100	15.7	41.1	82.1	123.2	205.3	342.1	615.9
150	14.4	37.5	75.0	112.5	187.5	312.5	562.5
200	13.3	34.7	69.3	104.0	173.4	288.9	520.1
250	12.1	32.0	64.0	95.9	159.9	266.5	479.6

(续)

A—标准磅级							
温度 /℃	各磅级工作压力/bar						
	150	300	600	900	1500	2500	4500
300	10.2	30.0	60.0	90.0	150.1	250.1	450.2
325	9.3	29.2	58.5	87.7	146.1	243.6	438.4
350	8.4	28.7	57.3	86.0	143.4	238.9	430.1
375	7.4	28.2	56.5	84.7	141.2	235.4	423.7

B—特殊磅级							
温度 /℃	各磅级工作压力/bar						
	150	300	600	900	1500	2500	4500
-29~38	20.0	51.7	103.4	155.1	258.6	430.9	775.7
50	19.6	51.1	102.2	153.3	255.5	425.9	766.6
100	17.6	45.8	91.6	137.5	229.1	381.9	687.3
150	16.0	41.9	83.7	125.6	209.3	348.8	627.8
200	14.8	38.7	77.4	116.1	193.5	322.5	580.4
250	13.7	35.7	71.4	107.1	178.4	297.4	535.3
300	12.8	33.5	67.0	100.5	167.5	279.1	502.4
325	12.5	32.6	65.2	97.9	163.1	271.9	489.3
350	12.3	32.0	64.0	96.0	160.0	266.7	480.0
375	12.1	31.5	63.1	94.6	157.6	262.7	472.9

注：只使用固溶退火材料。

表4-106 第3.12组材料的额定值

A351Gr.CN3MN[①]	B574Gr.N06035[①②]	B620Gr.N08320[①]	B622Gr.N08320[①]
B462Gr.N06035[①②]	B575Gr.N06035[①②]	B621Gr.N08320[①]	B688Gr.N08367[①]
B462Gr.N08367[①]	B581Gr.N06985[①]	B622Gr.N06035[①②]	B691Gr.N08367[①②]
B564Gr.N06035[①②]	B582Gr.N06985[①]	B622Gr.N06985[①]	

A—标准磅级							
温度 /℃	各磅级工作压力/bar						
	150	300	600	900	1500	2500	4500
-29~38	17.8	46.3	92.7	139.0	231.7	386.1	695.0
50	17.5	45.6	91.1	136.7	227.8	379.7	683.5
100	16.3	42.5	85.1	127.6	212.7	354.5	638.1
150	15.4	40.1	80.3	120.4	200.7	334.6	602.2
200	13.8	37.3	74.6	112.0	186.6	311.0	559.8

（续）

A—标准磅级

温度 /℃	各磅级工作压力/bar						
	150	300	600	900	1500	2500	4500
250	12.1	34.9	69.8	104.7	174.5	290.8	523.4
300	10.2	33.1	66.2	99.3	165.5	275.9	496.6
325	9.3	32.3	64.6	97.0	161.6	269.3	484.8
350	8.4	31.6	63.2	94.8	158.1	263.4	474.2
375	7.4	31.0	62.0	93.0	155.1	258.5	465.2
400	6.5	30.4	60.8	91.3	152.1	253.5	456.3
425	5.5	29.8	59.7	89.5	149.1	248.5	447.4

B—特殊磅级

温度 /℃	各磅级工作压力/bar						
	150	300	600	900	1500	2500	4500
−29~38	19.8	51.7	103.4	155.1	258.6	430.9	775.7
50	19.5	50.9	101.7	152.6	254.3	423.8	762.9
100	18.2	47.5	95.0	142.4	237.4	395.6	712.2
150	17.2	44.8	89.6	134.4	224.0	373.4	672.1
200	16.0	41.6	83.3	124.9	208.2	347.1	624.7
250	14.9	38.9	77.9	116.8	194.7	324.5	584.2
300	14.2	37.0	73.9	110.9	184.8	307.9	554.3
325	13.8	36.1	72.1	108.2	180.3	300.6	541.0
350	13.5	35.3	70.6	105.8	176.4	294.0	529.2
375	13.3	34.6	69.2	103.8	173.1	288.5	519.2
400	13.0	34.0	67.9	101.9	169.8	282.9	509.3
425	12.8	33.3	66.6	99.9	166.4	277.4	499.3

① 只使用固溶退火材料。
② 不能用于高于425℃工况。

表4-107 第3.13组材料的额定值

B564Gr. N08031①	B582Gr. N06975②	B622Gr. N08031①	B649Gr. N08031①
B581Gr. N06975②	B622Gr. N06975②	B625Gr. N08031①	

A—标准磅级

温度 /℃	各磅级工作压力/bar						
	150	300	600	900	1500	2500	4500
−29~38	20.0	51.7	103.4	155.1	258.6	430.9	775.7
50	19.5	51.7	103.4	155.1	258.6	430.9	775.7

第4章 控制阀材料及耐蚀性

(续)

A—标准磅级

温度 /℃	各磅级工作压力/bar						
	150	300	600	900	1500	2500	4500
100	17.7	48.2	96.3	144.5	240.8	401.4	722.5
150	15.8	45.8	91.6	137.4	228.9	381.6	686.8
200	13.8	43.6	87.1	130.7	217.8	362.9	653.3
250	12.1	41.5	82.9	124.4	207.3	345.5	621.8
300	10.2	39.4	78.7	118.1	196.8	328.1	590.5
325	9.3	38.4	76.9	115.3	192.2	320.3	576.6
350	8.4	37.7	75.5	113.2	188.7	314.5	566.0
375	7.4	37.2	74.3	111.5	185.8	309.7	557.4
400	6.5	36.5	73.3	109.8	183.1	304.9	548.5
425	5.5	35.2	70.0	105.1	175.1	291.6	524.7

B—特殊磅级

温度 /℃	各磅级工作压力/bar						
	150	300	600	900	1500	2500	4500
-29~38	20.0	51.7	103.4	155.1	258.6	430.9	775.7
50	20.0	51.7	103.4	155.1	258.6	430.9	775.7
100	20.0	51.7	103.4	155.1	258.6	430.9	775.7
150	19.6	51.1	102.2	153.3	255.5	425.8	766.5
200	18.6	48.6	97.2	145.8	243.0	405.1	729.1
250	17.7	46.3	92.5	138.8	231.3	385.6	694.0
300	16.8	43.9	87.9	131.8	219.7	366.2	659.1
325	16.4	42.9	85.8	128.7	214.5	357.5	643.5
350	16.1	42.1	84.2	126.3	210.6	351.0	631.7
375	15.9	41.5	83.0	124.4	207.4	345.6	622.1
400	15.7	41.0	82.0	123.0	204.9	341.5	614.8
425	15.6	40.7	81.3	122.0	203.3	338.8	609.8

① 只使用退火材料。
② 只使用固溶退火材料。

表 4-108 第 3.14 组材料的额定值

| B462Gr. N06030①② | B581Gr. N06030①② | B582Gr. N06030①② | B622Gr. N06030①② |
| B581Gr. N06007① | B582Gr. N06007① | B622Gr. N06007① | |

A—标准磅级

温度/℃	各磅级工作压力/bar						
	150	300	600	900	1500	2500	4500
−29~38	19.0	49.6	99.3	148.9	248.2	413.7	744.6
50	18.6	48.6	97.1	145.7	242.8	404.6	728.3
100	17.0	44.3	88.6	132.8	221.4	369.0	664.2
150	15.8	41.3	82.6	124.0	206.6	344.3	619.8
200	13.8	39.1	78.2	117.3	195.4	325.7	586.3
250	12.1	37.4	74.8	112.2	187.0	311.6	560.9
300	10.2	36.1	72.2	108.3	180.6	300.9	541.7
325	9.3	35.6	71.1	106.7	177.9	296.4	533.6
350	8.4	35.2	70.3	105.5	175.8	293.1	527.5
375	7.4	34.9	69.7	104.6	174.3	290.6	523.0
400	6.5	34.6	69.2	103.7	172.9	288.1	518.7
425	5.5	34.4	68.9	103.3	172.1	286.9	516.4
450	4.6	33.7	67.7	101.4	169.0	281.8	507.0
475	3.7	31.7	63.4	95.1	158.2	263.9	474.8
500	2.8	28.2	56.5	84.7	140.9	235.0	423.0
538	1.4	25.2	50.0	75.2	125.5	208.9	375.8

B—特殊磅级

温度/℃	各磅级工作压力/bar						
	150	300	600	900	1500	2500	4500
−29~38	20.0	51.7	103.4	155.1	258.6	430.9	775.7
50	20.0	51.7	103.4	155.1	258.6	430.9	775.7
100	18.9	49.4	98.8	148.3	247.1	411.8	741.3
150	17.7	46.1	92.2	138.3	230.6	384.3	691.7
200	16.7	43.6	87.2	130.9	218.1	363.5	654.3
250	16.0	41.7	83.5	125.2	208.7	347.8	626.0
300	15.5	40.3	80.6	120.9	201.5	335.9	604.6
325	15.2	39.7	79.4	119.1	198.5	330.9	595.5
350	15.0	39.2	78.5	117.7	196.2	327.1	588.7
375	14.9	38.9	77.8	116.7	194.6	324.3	583.7

(续)

温度/℃	B—特殊磅级						
	各磅级工作压力/bar						
	150	300	600	900	1500	2500	4500
400	14.8	38.6	77.2	115.8	193.0	321.6	578.9
425	14.7	38.4	76.8	115.3	192.1	320.2	576.4
450	14.7	38.3	76.5	114.8	191.3	318.8	573.9
475	14.6	38.1	76.2	114.3	190.5	317.4	571.4
500	13.7	35.6	71.5	107.1	178.6	297.5	535.4
538	11.0	29.0	57.9	86.9	145.1	241.7	435.1

① 只使用固溶退火材料。
② 不能用于高于425℃工况。

表4-109　第3.15组材料的额定值

A494Gr. N-12MV①②	B407Gr. N08810①	B409Gr. N08810①	B564Gr. N08810①
A494Gr. CW-12MW①②	B408Gr. N08810①		

温度/℃	A—标准磅级						
	各磅级工作压力/bar						
	150	300	600	900	1500	2500	4500
-29~38	15.9	41.4	82.7	124.1	206.8	344.7	620.5
50	15.6	40.6	81.3	121.9	203.2	338.7	609.6
100	14.5	37.8	75.6	113.4	189.0	315.0	567.0
150	13.7	35.9	71.7	107.6	179.3	298.9	538.0
200	13.0	33.9	67.9	101.8	169.6	282.7	508.9
250	12.1	32.3	64.5	96.8	161.3	268.9	484.0
300	10.2	30.7	61.5	92.2	153.7	256.2	461.2
325	9.3	30.1	60.1	90.2	150.3	250.5	450.9
350	8.4	29.4	58.8	88.3	147.1	245.2	441.3
375	7.4	28.7	57.4	86.2	143.6	239.4	430.8
400	6.5	28.3	56.5	84.8	141.3	235.6	424.0
425	5.5	27.7	55.3	83.0	138.4	230.6	415.1
450	4.6	27.2	54.4	81.7	136.1	226.8	408.3
475	3.7	26.8	53.5	80.3	133.9	223.1	401.6
500	2.8	26.3	52.6	79.0	131.6	219.4	394.9
538	1.4	25.2	50.0	75.2	125.5	208.9	375.8
550	1.4③	25.0	49.8	74.8	124.9	208.0	374.2

(续)

温度 /℃	A—标准磅级 各磅级工作压力/bar						
	150	300	600	900	1500	2500	4500
575	1.4[3]	24.0	47.9	71.8	119.7	199.5	359.1
600	1.4[3]	21.6	42.9	64.2	107.0	178.5	321.4
625	1.4[3]	18.3	36.6	54.9	91.2	152.0	273.8
650	1.4[3]	14.1	28.1	42.5	70.7	117.7	211.7
675	1.4[3]	12.4	25.2	37.6	62.7	104.5	187.9
700	1.4[3]	10.1	20.0	29.8	49.7	83.0	149.4
725	1.4[3]	7.9	15.4	23.2	38.6	64.4	115.8
750	1.4[3]	5.9	11.7	17.6	29.6	49.1	88.2
775	1.4[3]	4.6	9.0	13.7	22.8	38.0	68.4
800	1.2[3]	3.5	7.0	10.5	17.4	29.2	52.6
816	1.0[3]	2.8	5.9	8.6	14.1	23.8	42.7

温度 /℃	B—特殊磅级 各磅级工作压力/bar						
	150	300	600	900	1500	2500	4500
−29~38	17.7	46.2	92.3	138.5	230.9	384.8	692.6
50	17.4	45.4	90.7	136.1	226.8	378.0	680.4
100	16.2	42.2	84.4	126.6	210.9	351.6	632.8
150	15.3	40.0	80.1	120.1	200.1	333.6	600.4
200	14.5	37.9	75.7	113.6	189.3	315.6	568.0
250	13.8	36.0	72.0	108.0	180.0	300.1	540.1
300	13.2	34.3	68.6	102.9	171.6	285.9	514.7
325	12.9	33.5	67.1	100.6	167.7	279.5	503.2
350	12.6	32.8	65.7	98.5	164.2	273.6	492.5
375	12.3	32.1	64.1	96.2	160.3	267.1	480.9
400	12.1	31.6	63.1	94.7	157.8	262.9	473.3
425	11.8	30.9	61.8	92.7	154.4	257.4	463.3
450	11.6	30.4	60.8	91.1	151.9	253.1	455.6
475	11.5	29.9	59.8	89.6	149.4	249.0	448.2
500	11.3	29.4	58.8	88.1	146.9	244.8	440.7
538	11.0	28.6	57.3	85.9	143.1	238.5	429.4
550	11.0	28.6	57.3	85.9	143.1	238.5	429.4

(续)

温度 /℃	B—特殊磅级 各磅级工作压力/bar						
	150	300	600	900	1500	2500	4500
575	10.9	28.6	57.1	85.7	143.0	238.3	428.8
600	10.3	26.9	53.5	80.4	134.0	223.4	401.9
625	8.7	23.0	45.7	68.6	114.3	190.6	342.8
650	6.9	17.9	35.5	53.1	88.6	147.9	266.1
675	6.2	16.0	31.6	47.3	78.9	131.7	237.0
700	4.8	12.4	25.0	37.3	62.3	103.7	186.5
725	3.7	9.7	19.5	28.9	48.3	80.2	144.5
750	2.8	7.4	14.8	22.1	36.7	61.2	110.3
775	2.2	5.8	11.4	17.2	28.5	47.6	85.6
800	1.8	4.4	8.8	13.2	22.0	36.6	65.6
816	1.4	3.4	7.2	10.7	17.9	29.6	53.1

① 只使用固溶退火材料。
② 不能用于高于538℃工况。
③ 法兰连接阀门额定值最高为538℃。

表4-110 第3.16组材料的额定值

B511Gr. N08330①		B535Gr. N08330①		B536Gr. N08330①		
温度 /℃	A—标准磅级 各磅级工作压力/bar					
	150	300	600	900	1500	2500	4500
-29~38	19.0	49.6	99.3	148.9	248.2	413.7	744.6
50	18.5	48.4	96.7	145.1	241.8	403.1	725.5
100	16.7	43.5	87.0	130.5	217.5	362.4	652.4
150	15.6	40.8	81.6	122.5	204.1	340.2	612.3
200	13.8	38.6	77.2	115.8	192.9	321.6	578.8
250	12.1	36.8	73.5	110.3	183.8	306.3	551.4
300	10.2	35.2	70.4	105.6	176.1	293.4	528.2
325	9.3	34.5	69.0	103.6	172.6	287.7	517.9
350	8.4	33.9	67.8	101.7	169.4	282.4	508.3
375	7.4	33.2	66.3	99.5	165.8	276.4	497.5
400	6.5	32.6	65.1	97.7	162.9	271.4	488.6
425	5.5	32.0	64.0	95.9	159.9	266.5	479.6

（续）

温度 /℃	A—标准磅级 各磅级工作压力/bar						
	150	300	600	900	1500	2500	4500
450	4.6	31.4	62.8	94.1	156.9	261.5	470.7
475	3.7	30.8	61.6	92.4	153.9	256.5	461.8
500	2.8	28.2	56.5	84.7	140.9	235.0	423.0
538	1.4	25.2	50.0	75.2	125.5	208.9	375.8
550	1.4[②]	25.0	49.8	74.8	124.9	208.0	374.2
575	1.4[②]	21.9	43.7	65.6	109.4	182.3	328.1
600	1.4[②]	17.4	34.8	52.3	87.1	145.1	261.3
625	1.4[②]	13.8	27.5	41.3	68.8	114.6	206.3
650	1.4[②]	11.0	22.1	33.1	55.1	91.9	165.4
675	1.4[②]	9.1	18.2	27.3	45.6	75.9	136.7
700	1.4[②]	7.6	15.2	22.8	38.0	63.3	113.9
725	1.4[②]	6.1	12.2	18.3	30.5	50.9	91.6
750	1.4[②]	4.8	9.5	14.3	23.8	39.7	71.5
775	1.4[②]	3.9	7.7	11.6	19.4	32.3	58.1
800	1.2[②]	3.1	6.3	9.4	15.6	26.1	46.9
816	1.0[②]	2.6	5.2	7.8	13.0	21.7	39.0

温度 /℃	B—特殊磅级 各磅级工作压力/bar						
	150	300	600	900	1500	2500	4500
-29~38	19.8	51.7	103.4	155.1	258.6	430.9	775.7
50	19.6	51.1	102.2	153.3	255.5	425.8	766.5
100	18.6	48.5	97.1	145.6	242.7	404.5	728.1
150	17.5	45.6	91.1	136.7	227.8	379.7	683.4
200	16.5	43.1	86.1	129.2	215.3	358.9	646.0
250	15.7	41.0	82.1	123.1	205.1	341.9	615.4
300	15.1	39.3	78.6	117.9	196.5	327.5	589.5
325	14.8	38.5	77.1	115.6	192.7	321.1	578.0
350	14.5	37.8	75.6	113.5	189.1	315.2	567.3
375	14.2	37.0	74.0	111.1	185.1	308.5	555.3
400	13.9	36.4	72.7	109.1	181.8	302.9	545.3
425	13.7	35.7	71.4	107.1	178.4	297.4	535.3

(续)

温度 /℃	B—特殊磅级 各磅级工作压力/bar						
	150	300	600	900	1500	2500	4500
450	13.4	35.0	70.0	105.1	175.1	291.9	525.3
475	13.2	34.4	68.7	103.1	171.8	286.3	515.4
500	13.0	33.8	67.6	101.4	169.1	281.8	507.2
538	11.0	29.0	57.9	86.9	145.1	241.7	435.1
550	11.0	29.0	57.9	86.9	145.1	241.7	435.1
575	10.5	27.3	54.7	82.0	136.7	227.8	410.1
600	8.3	21.8	43.5	65.3	108.9	181.4	326.6
625	6.6	17.2	34.4	51.6	86.0	143.3	257.9
650	5.3	13.8	27.6	41.3	68.9	114.8	206.7
675	4.4	11.4	22.8	34.2	56.9	94.9	170.8
700	3.6	9.5	19.0	28.5	47.5	79.1	142.4
725	2.9	7.6	15.3	22.9	38.1	63.6	114.4
750	2.3	6.0	11.9	17.9	29.8	49.6	89.4
775	1.9	4.8	9.7	14.5	24.2	40.3	72.6
800	1.5	3.9	7.8	11.7	19.6	32.6	58.7
816	1.2	3.3	6.5	9.8	16.3	27.1	48.8

① 只使用固溶退火材料。
② 法兰连接阀门额定值最高为538℃。

表4-111　第3.17组材料的额定值

温度 /℃	A351Gr.CN7M A—标准磅级 各磅级工作压力/bar						
	150	300	600	900	1500	2500	4500
-29~38	15.9	41.4	82.7	124.1	206.8	344.7	620.5
50	15.4	40.1	80.3	120.4	200.7	334.4	602.0
100	13.5	35.3	70.6	105.9	176.5	294.2	529.6
150	12.3	32.0	64.1	96.1	160.2	267.0	480.6
200	11.3	29.4	58.7	88.1	146.8	244.7	440.4
250	10.4	27.2	54.4	81.7	136.1	226.9	408.4
300	9.7	25.4	50.8	76.1	126.9	211.5	380.7
325	9.3	24.4	48.8	73.3	122.1	203.5	366.4

(续)

温度/℃	B—特殊磅级 各磅级工作压力/bar						
	150	300	600	900	1500	2500	4500
-29~38	17.6	45.8	91.6	137.4	229.0	381.7	687.0
50	17.0	44.2	88.5	132.7	221.2	368.7	663.6
100	14.7	38.3	76.6	114.9	191.5	319.1	574.4
150	13.5	35.2	70.4	105.5	175.9	293.2	527.7
200	12.5	32.7	65.4	98.2	163.6	272.7	490.8
250	11.6	30.4	60.8	91.2	151.9	253.2	455.8
300	10.9	28.3	56.6	85.0	141.6	236.0	424.8
325	10.5	27.3	54.5	81.8	136.3	227.2	408.9

注：只使用固溶退火材料。

表4-112 第3.18组材料的额定值

B167Gr. N06600[①]

温度/℃	A—标准磅级 各磅级工作压力/bar						
	150	300	600	900	1500	2500	4500
-29~38	19.0	49.6	99.3	148.9	248.2	413.7	744.6
50	18.8	49.1	98.3	147.4	245.7	409.4	737.0
100	17.7	47.1	94.2	141.3	235.4	392.4	706.3
150	15.8	45.3	90.6	135.9	226.5	377.5	679.5
200	14.0	43.5	87.0	130.5	217.6	362.6	652.7
250	12.1	42.0	84.0	126.0	210.0	350.0	630.0
300	10.2	40.6	81.3	121.9	203.1	338.6	609.4
325	9.1	40.0	80.0	120.0	199.9	333.2	599.8
350	8.4	39.4	78.8	118.2	196.9	328.2	590.8
375	7.4	38.8	77.6	116.4	194.0	323.4	582.1
400	6.5	36.6	73.2	109.8	182.9	304.9	548.8
425	5.6	35.1	70.2	105.3	175.5	292.5	526.4
450	4.7	33.8	67.6	101.4	169.0	281.7	507.1
475	3.7	31.7	63.3	95.0	158.3	263.8	474.8
500	2.8	28.2	56.4	84.6	141.0	235.1	423.1
538	1.4	16.5	33.1	49.6	82.7	137.9	248.2
550	1.4[②]	13.9	27.9	41.8	69.7	116.2	209.2

第4章 控制阀材料及耐蚀性

(续)

温度/℃	A—标准磅级 各磅级工作压力/bar						
	150	300	600	900	1500	2500	4500
575	1.4②	9.4	18.9	28.3	47.2	78.6	141.5
600	1.4②	6.6	13.3	19.9	33.2	55.3	99.6
625	1.4②	5.1	10.3	15.4	25.7	42.8	77.0
650	1.4②	4.7	9.5	14.2	23.6	39.4	70.9

温度/℃	B—特殊磅级 各磅级工作压力/bar						
	150	300	600	900	1500	2500	4500
-29~38	20.0	51.7	103.5	155.2	258.6	431.1	775.9
50	20.0	51.7	103.5	155.2	258.6	431.1	775.9
100	20.0	51.7	103.5	155.2	258.6	431.1	775.9
150	19.4	50.6	101.1	151.7	252.8	421.3	758.4
200	18.6	48.6	97.1	145.7	242.8	404.7	728.5
250	18.0	46.9	93.7	140.6	234.4	390.6	703.1
300	17.4	45.3	90.7	136.0	226.7	377.9	680.1
325	17.1	44.6	89.3	133.9	223.1	371.9	669.4
350	16.9	44.0	87.9	131.9	201.2	366.3	659.4
375	16.6	43.3	86.6	130.0	194.0	361.0	649.8
400	16.4	42.8	85.6	128.5	182.9	356.9	642.4
425	16.2	42.3	84.7	127.0	175.5	352.7	634.9
450	16.0	41.8	83.7	125.5	169.0	348.6	627.4
475	15.8	41.3	82.7	124.0	158.3	344.4	619.9
500	13.4	34.9	69.7	104.6	141.0	290.6	523.1
538	7.9	20.7	41.4	62.1	103.4	172.4	310.3
550	6.7	17.4	34.9	52.3	87.2	145.3	261.5
575	4.5	11.8	23.6	35.4	59.0	98.3	176.9
600	3.2	8.3	16.6	24.9	41.5	69.1	124.5
625	2.5	6.4	12.8	19.3	32.1	53.5	96.3
650	2.3	5.9	11.8	17.7	29.5	49.2	88.6

① 只使用退火材料。
② 法兰连接阀门额定值最高为538℃。

表 4-113　第 3.19 组材料的额定值

B435Gr. N06230[①]		B564Gr. N06230[①]		B572Gr. N06230[①]		B622Gr. N06230[①]	
A—标准磅级							
温度 /℃	各磅级工作压力/bar						
	150	300	600	900	1500	2500	4500
−29~38	20.0	51.7	103.4	155.1	258.6	430.9	775.7
50	19.5	51.7	103.4	155.1	258.6	430.9	775.7
100	17.7	51.5	103.0	154.6	257.6	429.4	773.0
150	15.8	50.3	100.3	150.6	250.8	418.2	752.8
200	13.8	48.6	97.2	145.8	243.4	405.4	729.8
250	12.1	46.3	92.7	139.0	231.8	386.2	694.8
300	10.2	42.9	85.7	128.6	214.4	357.1	642.6
325	9.3	41.4	82.6	124.0	206.6	344.3	619.6
350	8.4	40.3	80.4	120.7	201.1	335.3	603.3
375	7.4	38.9	77.6	116.5	194.1	323.2	581.8
400	6.5	36.5	73.3	109.8	183.1	304.9	548.5
425	5.5	35.2	70.0	105.1	175.1	291.6	524.7
450	4.6	33.7	67.7	101.4	169.0	281.8	507.0
475	3.7	31.7	63.4	95.1	158.2	263.9	474.8
500	2.8	28.2	56.5	84.7	140.9	235.0	423.0
538	1.4	25.2	50.0	75.2	125.5	208.9	375.8
550	1.4[②]	25.0	49.8	74.8	124.9	208.0	374.2
575	1.4[②]	24.0	47.9	71.8	119.7	199.5	359.1
600	1.4[②]	21.6	42.9	64.2	107.0	178.5	321.4
625	1.4[②]	18.3	36.6	54.9	91.2	152.0	273.8
650	1.4[②]	14.1	28.1	42.5	70.7	117.7	211.7
675	1.4[②]	12.4	25.2	37.6	62.7	104.5	187.9
700	1.4[②]	10.1	20.0	29.8	49.7	83.0	149.4
725	1.4[②]	7.9	15.4	23.2	38.6	64.4	115.8
750	1.4[②]	5.9	11.7	17.6	29.6	49.1	88.2
775	1.4[②]	4.6	9.0	13.7	22.8	38.0	68.4
800	1.2[②]	3.5	7.0	10.5	17.4	29.2	52.6
816	1.0[②]	2.8	5.9	8.6	14.1	23.8	42.7

第4章 控制阀材料及耐蚀性

（续）

温度 /℃	B—特殊磅级 各磅级工作压力/bar						
	150	300	600	900	1500	2500	4500
-29~38	20.0	51.7	103.4	155.1	258.6	430.9	775.7
50	20.0	51.7	103.4	155.1	258.6	430.9	775.7
100	20.0	51.7	103.4	155.1	258.6	430.9	775.7
150	20.0	51.7	103.4	155.1	258.6	430.9	775.7
200	20.0	51.7	103.4	155.1	258.6	430.9	775.7
250	20.0	51.7	103.4	155.1	258.6	430.9	775.7
300	20.0	51.7	103.4	155.1	258.6	430.9	775.7
325	20.0	51.7	103.4	155.1	258.6	430.9	775.7
350	19.8	51.5	102.8	154.3	257.1	428.6	771.4
375	19.3	50.6	101.0	151.5	252.5	420.9	757.4
400	19.3	50.3	100.6	150.6	251.2	418.3	753.2
425	19.0	49.6	99.3	148.9	248.2	413.7	744.6
450	18.1	47.3	94.4	141.4	235.8	393.1	707.6
475	16.4	42.8	85.5	128.2	213.7	356.3	641.3
500	13.7	35.6	71.5	107.1	178.6	297.5	535.4
538	11.0	29.0	57.9	86.9	145.1	241.7	435.1
550	11.0	29.0	57.9	86.9	145.1	241.7	435.1
575	10.9	28.6	57.1	85.7	143.0	238.3	428.8
600	10.3	26.9	53.5	80.4	134.0	223.4	401.9
625	8.7	23.0	45.7	68.6	114.3	190.6	342.8
650	6.9	17.9	35.5	53.1	88.6	147.9	266.1
675	6.2	16.0	31.6	47.3	78.9	131.7	237.0
700	4.8	12.4	25.0	37.3	62.3	103.7	186.5
725	3.7	9.7	19.5	28.9	48.3	80.2	144.5
750	2.8	7.4	14.8	22.1	36.7	61.2	110.3
775	2.2	5.8	11.4	17.2	28.5	47.6	85.6
800	1.8	4.4	8.8	13.2	22.0	36.6	65.6
816	1.4	3.4	7.2	10.7	17.9	29.6	53.1

① 只使用退火材料。
② 只能用于焊接端阀门。法兰连接阀门额定值最高为538℃。

4.1.12 承压件常用材料的使用温度范围

（1）锻件材料温度极限（见表4-114）

表4-114 锻件材料的温度极限

材料牌号	标准	最高使用温度/℃
20	NB/T 47008—2017	450
A105	GB/T 12228—2006 ASTM A105	425
F11 Cl.2	ASTM A182	550
15NiCuMoNb、F36、Cl.2	NB/T 47008—2017 ASTM A182	480
F22、Cl.3	ASTM A182	593
F5a	ASTM A182	649
F91	ASTM A182	649
F92	ASTM A182	649
15CrMo	NB/T 47008—2017	550
12Cr2Mo1	NB/T 47008—2017	565
20Cr13	GB/T 1220—2007	500
12Cr1MoV	NB/T 47008—2017	565
15Cr1Mo1V	—	570
12Cr5Mo（1Cr5Mo）	NB/T 47008—2017	700
12Cr18Ni9	GB/T 1220—2007	816
06Cr19Ni10（F304）	NB/T 47010—2017 ASTM A182	816
F304H	NB/T 47010—2017 ASTM A182	816
06Cr17Ni12Mo2（F316）	GB/T 1220—2007 ASTM A182	816
F316H	NB/T 47010—2017 ASTM A182	816
06Cr18Ni11Ti	GB/T 1220—2007	816
F321H	NB/T 47010—2017 ASTM A182	816
F347H	NB/T 47010—2017 ASTM A182	816
F347H	ASTM A182	816

(续)

材料牌号	标准	最高使用温度/℃
06Cr25Ni20	NB/T 47010—2017 GB/T 1220—2007	816
F310H	ASTM A182	1 035
NS3308 N06022	NB/T 47028—2012 ASTM B564	675
NS3306 N06625	NB/T 47028—2012 ASTM B564	645
NS1402 N08825	NB/T 47028—2012 ASTM B564	538

（2）铸钢件材料的温度极限（见表4-115）

表4-115 铸钢件材料的温度极限

材料牌号	标准	最高使用温度/℃
ZG230-450	JB/T 9625—1999	430
WCB	GB/T 12229—2005 ASTM A216	425
WCC	GB/T 12229—2005 ASTM A216	425
WC1	JB/T 5263—2005 ASTM A217	480
ZG20CrMo	JB/T 9625—1999	510
ZG20CrMoV	JB/T 9625—1999	540
ZG15CrMoG	GB/T 16253—2019	550
ZG15Cr1Mo1V	JB/T 9625—1999	570
WC6	JB/T 5263—2005 ASTM A217	593
WC9	JB/T 5263—2005 ASTM A217	649
C5	ASTM A217	649
ZG1Cr5Mo	JB/T 9625—1999 GB/T 16253—2019	700
C12A	JB/T 5263—2005 ASTM A217	649
ZG20Cr13	GB/T 2100—2017	350
ZG12Cr18Ni9	GB/T 12230—2005	816
CF8	GB/T 12230—2005	816
CF10	ASTM A351	816
CF8M	GB/T 12230—2005 ASTM A351	816

（续）

材料牌号	标准	最高使用温度/℃
CFIOM	ASTM A351	816
CF8C	ASTM A351	816
CK20	ASTM A351	816
CH20	ASTM A351	816

4.1.13 钛及钛合金的温度范围

变形钛及钛合金的许用温度上限为300℃，铸钛为250℃。钛及钛合金阀门承压件在各温度下的许用应力应按照表4-116、表4-117执行。

表4-116 钛合金阀门承压用铸件各温度下的许用应力（JB/T 13603—2018）

牌号	状态	抗拉强度 R_m/MPa	条件屈服强度 $R_{p0.2}$/MPa	下列温度（℃）下的许用应力/MPa								
				−29~20	40	75	100	125	150	175	200	225	250
ZTi1	铸态	≥345	≥275	92	92	84	74	69	62	58	53	50	46
ZTi2	铸态	≥440	≥370	118	118	106	97	89	80	74	66	62	56

注：1. 中间温度的最大许用拉伸应力值用插入法计算。
  2. 铸件的最大许用拉伸应力值已乘铸件质量系数0.8。

表4-117 钛合金阀门承压壳体用锻件各温度下的许用应力（JB/T 13603—2018）

牌号	状态	截面积/cm²	抗拉强度 R_m/MPa	条件屈服强度 $R_{p0.2}$/MPa	下列温度（℃）下的许用应力/MPa									
					−29~20	40	75	100	125	150	175	200	225	250	275	300
TA1	退火	≤100	≥240	≥140	93	93	81	75	69	62	55	48	43	38	35	31
TA2	退火		≥400	≥275	123	123	113	105	97	89	83	77	70	62	55	51
TA3	退火		≥500	≥380	147	147	132	121	111	100	92	83	76	69	65	60
TA4	退火		≥580	≥485	180	180	161	148	135	122	112	102	94	85	80	74
TA9	退火		≥370	≥250	123	123	113	105	97	89	83	77	70	62	55	51
TA10	退火		≥485	≥345	162	162	151	144	135	126	117	108	106	104	102	100

注：中间温度的最大许用拉伸应力值用插入法计算。

4.1.14 承压件常用材料的化学成分和力学性能

(1) 碳钢及合金钢铸件

碳钢及合金钢铸件的化学成分及力学性能见表4-118~表4-121。

第4章 控制阀材料及耐蚀性

表4-118 碳钢铸件的化学成分（GB/T 12229—2005）

化学元素		牌号					
		ZG205-415	WCA	ZG250-485	WCB	ZG275-485	WCC
主要化学元素（%）	C	0.25		0.30		0.25	
	Mn	0.70		1.00		1.20	
	P	0.04		0.04		0.04	
	S	0.045		0.045		0.045	
	Si	0.60		0.60		0.60	
残余元素（%）	Cu	0.30		0.30		0.30	
	Ni	0.50		0.50		0.50	
	Cr	0.50		0.50		0.50	
	Mo	0.25		0.25		0.25	
	V	0.03		0.03		0.03	
	总和	1.00		1.00		1.00	

注：1. ZG205-415、WCA允许的最大含碳量每下降0.01%，最大含锰量可增加0.04%，直至最大含量达1.10%时止。
2. ZG250-485、WCB允许的最大含碳量每下降0.01%，最大含锰量可增加0.04%，直至最大含量达1.28%时止。
3. ZG275-485、WCC允许的最大含碳量每下降0.01%，最大含锰量可增加0.04%，直至最大含量达1.40%时止。
4. 钢中不可避免地含有一些杂质元素，为了获得良好的焊接质量，必须遵守表中的限制。关于这些杂质元素的分析报告，只有在订货合同中明确规定时才提供。
5. 引用标准：GB/T 5613—2014 和 ASTM A216/A216M：1999。
6. 如订单中要求碳当量时，碳当量按 $CE = C\% + Mn\%/6 + (Cr + Mo + V)/5 + (Ni + Cu)/15$ 计算，最大碳当量应是：

牌号	ZG205-415/WCA	ZG250-485/WCB	ZG275-485/WCC
最大碳当量	0.50	0.50	0.55

表4-119 碳钢铸件的力学性能（GB/T 12229—2005）

力学性能		ZG205-415	WCA	ZG250-485	WCB	ZG275-485	WCC
抗拉强度 R_m/MPa	≥	415		485		485	
屈服强度 R_{eL}/MPa		205		250		275	
伸长率 A（%）		24		22		22	
断面收缩率 Z（%）		35		35		35	

注：1. 在确切的 R_{eL} 不能测出时，允许用条件屈服强度（$R_{p0.2}$）代替，但需注明。
2. 引用标准：GB/T 5613—2014、ASTM A216/A216M：1999。

表 4-120 低温钢铸件（JB/T 7248—2008）的化学成分（质量分数）及力学性能

名称	材料牌号	主要化学元素① （%）									
		C	Si	Mn	P	S	Ni	Cr	Mo	Cu	V
低温钢铸件	LCA	≤0.25②	≤0.60	≤0.70②	0.040	<0.045	≤0.50③	≤0.50③	≤0.20	≤0.30③	≤0.03③
	LCB	≤0.30②		≤1.00②					≤0.20③		
	LCC	≤0.25②		≤1.20②							
	LC1	≤0.25		0.50~0.80			—	—	0.45~0.65		
	LC2						2.00~3.00	—			
	LC2-1	≤0.22	≤0.50	0.55~0.75			2.50~3.50	1.35~1.85	0.30~0.60		
	LC3	≤0.15	≤0.60	0.50~0.80			3.00~4.00				
	LC4						4.00~5.00				
	LC9	0.13	0.45	0.90	—	—	8.50~10.00	0.50	0.20	0.30	0.03

力学性能

钢种	材料牌号	抗拉强度 R_m/MPa	下屈服强度 R_{eL}/MPa	断后伸长率 A（%）	断面收缩率 Z（%）	夏氏V形缺口冲击试验		供货状态		
						试验温度/℃	单个试样的最小值/J	两个试样的最小值和三个试样最小平均值/J	正火/℃	淬火（水冷）/℃	回火/℃
碳钢	LCA	415~585	205	≥24	≥35	-32	14	18	940~600	—	590~630
	LCB	450~620	240	≥24	≥35	-46	14	18			
碳锰钢	LCC	485~655	275	≥22	≥35	-46	16	20			
碳钼钢	LC1	450~620	240	≥24	≥35	-59	14	18	840±10		
2.5%镍钢	LC2	485~655	275	≥24	≥35	-73	16	20	840±10		590~630
镍铬钼钢	LC2-1	725~895	550	≥18	≥30	-73	34	41			
3.5%镍钢	LC3	485~655	275	24	35	-101	16	20	860~900		600~640
4.5%镍钢	LC4	485~655	275	24	35	-115	16	20		855~880	≥565
9%镍钢	LC9	≥585	515	20	30	-196	20	27	(790±10)~(840±10)	—	565~635

注：1. 伸长率可根据0.2%变形法或载荷下0.5%伸长法确定。
  2. 断面收缩率标距与断面收缩直径之比应为4∶1。
  3. 当 R_{eL} 不能准确测出时，允许用条件屈服强度 $R_{p0.2}$ 代替，但须注明"条件屈服强度"。

① 除给出范围外均为最大值。
② 在规定的碳含量最大值内，每降低0.01%，将允许锰含量的最大值增加0.04%，LCA的最大值含锰量为1.10%，LCB的最大值含锰量为1.28%，LCC的最大值含锰量为1.40%。
③ 规定的微量元素，这些元素的总含量为1.00%（最大值）。

（2）碳钢及合金钢锻件

碳钢及合金钢锻件的化学成分及力学性能见表4-122~表4-125。

第4章 控制阀材料及耐蚀性

表4-121 ASTM A217规定的高温用合金钢铸件的化学成分（质量分数）及力学性能

代号	主要化学元素（%）						残留元素（%）					力学性能		
	C	Mn	Si	P	S	Ni	Cr	Mo	Cu	Ni	Cr	W	合计	R_m（最小）/(N/mm^2)(lbf/in^2)	R_{eL}（最小）/(N/mm^2)(lbf/in^2)	A(%)（最小）	Z(%)（最小）
WC1	0.25	0.50~0.80	0.60	0.05	0.06	—	—	0.45~0.65	0.50	0.30	0.35	0.10	1.00	414(6000)	241(35000)	24	35
WC4	0.20	0.50~0.80	0.60	0.05	0.06	0.70~1.10	0.50~0.80	0.45~0.65	0.50	—	—	0.10	0.60	483(70000)	276(40000)	20	35
WC5	0.20	0.40~0.70	0.60	0.05	0.06	0.60~1.00	0.50~0.90	0.90~1.20	0.50	—	—	0.10	0.60	483(70000)	276(40000)	20	35
WC6	0.20	0.50~0.80	0.60	0.05	0.06	—	1.00~1.50	0.45~0.65	0.50	0.50	—	0.10	1.00	483(70000)	276(40000)	20	35
WC9	0.18	0.40~0.70	0.60	0.05	0.06	—	2.00~2.75	0.90~1.20	0.50	0.50	—	0.10	1.00	483(70000)	276(40000)	20	35
C5	0.20	0.40~0.70	0.75	0.05	0.06	—	4.00~6.50	0.45~0.65	0.50	0.50	—	0.10	1.00	621(90000)	414(60000)	18	35
C12	0.20	0.35~0.65	1.00	0.05	0.06	—	8.00~10.00	0.90~1.20	0.50	0.50	—	0.10	1.00	621(90000)	414(60000)	18	35

注：表中数据除给出范围和特殊说明外均为最大值。

表 4-122 锻件的牌号和化学成分（熔炼分析）

钢类	材料牌号	化学元素 [质量分数（%），除给出范围外，含量均为最大值]															
		C	Si	Mn	Cr	Mo	Ni	Cu	V	Nb	Ti	Al	N	B	W	Sb	P	S
碳钢	20[①]	0.17~0.23	0.15~0.40	0.60~1.00	—												0.025	0.010
	35[①]	0.32~0.38	0.15~0.40	0.50~0.80	—												0.030	0.020
	A105	0.35	0.10~0.35	0.60~1.05	0.30	0.12	0.40	0.4	0.08	—							0.035	0.04
合金钢	16Mn[②]	0.13~0.20	0.20~0.60	1.20~1.60	—												0.025	0.010
	08Cr2AlMo	0.05~0.10	0.15~0.40	0.2~0.5	2.00~2.50	0.30~0.40	0.30	0.30	—	—	—	0.30~0.70	—	—	—	—	0.025	0.015
	09CrCuSb	0.12	0.20~0.40	0.35~0.65	0.70~1.10	—	—	0.25~0.45	—	—	—	—	—	—	—	0.04~0.10	0.030	0.020
	20MnMo	0.17~0.23	0.15~0.40	1.10~1.40	0.30	0.20~0.35	0.30	0.20	—	—							0.025	0.010
	20MnMoNb	0.17~0.23	0.15~0.40	1.30~1.60	0.30	0.45~0.65	0.40~1.00	0.20	0.050	0.025~0.050							0.025	0.010
	20MnNiMo	0.17~0.23	0.15~0.40	1.20~1.50	0.30	0.45~0.60	1.00~1.30	0.20	—	—							0.015	0.008
	15NiCuMoNb	0.11~0.17	0.25~0.50	0.80~1.20	0.30	0.25~0.50	1.00~1.30	0.50~0.80	0.020	0.015~0.045	—	0.050	0.020	—	—	—	0.025	0.015
	12CrMo	0.08~0.15	0.15~0.40	0.4~0.7	0.40~0.70	0.40~0.55	0.30	0.20	—	—							0.025	0.015
	15CrMo	0.12~0.18	0.10~0.60	0.30~0.80	0.80~1.25	0.45~0.65	0.30	0.20	—	—							0.025	0.010
	12Cr1MoV	0.09~0.15	0.15~0.40	0.40~0.70	0.90~1.20	0.25~0.35	0.30	0.20	0.15~0.30	—							0.025	0.015

第4章 控制阀材料及耐蚀性

类别	牌号	C	Si	Mn	Cr	Mo	Ni	Cu	V	Nb	Ti、Zr	N	B	W	其他	P	S
合金钢	14Cr1Mo	0.11~0.17	0.50~0.80	0.30~0.80	1.15~1.50	0.45~0.65	0.30	0.20	—	—	—	—	—	—	—	0.020	0.010
	12Cr2Mo1	0.15	0.50	0.30~0.60	2.00~2.50	0.90~1.10	0.30	0.20	—	—	—	—	—	—	—	0.020	0.010
	12Cr2Mo1V	0.15	0.10	0.30~0.60	2.00~2.50	0.90~1.10	0.30	0.20	0.25~0.35	0.070	0.030	—	0.0020	—	—	0.010	0.005
	12Cr3Mo1V	0.15	0.10	0.30~0.60	2.70~3.30	0.90~1.10	0.30	0.20	0.20~0.30	—	0.015~0.035	—	0.0010~0.0030	—	—	0.012	0.005
	12Cr5Mo	0.15	0.50	0.30~0.60	4.00~6.00	0.45~0.65	0.50	0.20	—	—	—	—	—	—	—	0.025	0.015
	10Cr9Mo1VNbN	0.08~0.12	0.20~0.50	0.30~0.60	8.00~9.50	0.85~1.05	0.40	0.20	0.18~0.25	0.06~0.10	Ti≤0.010, Zr≤0.010	0.030~0.070	—	—	—	0.020	0.010
	10Cr9MoW2VNbBN	0.07~0.13	0.50	0.30~0.60	8.50~9.50	0.30~0.60	0.40	0.20	0.15~0.25	0.04~0.09	Ti≤0.010, Zr≤0.010	0.030~0.070	0.0010~0.0060	1.50~2.00	—	0.020	0.010
	30CrMo③	0.27~0.33	0.15~0.40	0.40~0.70	0.80~1.10	0.15~0.25	0.30	0.20	—	—	—	—	—	—	—	0.025	0.015
	35CrMo③	0.32~0.38	0.15~0.40	0.40~0.70	0.80~1.10	0.15~0.25	0.30	0.20	—	—	—	—	—	—	—	0.025	0.015
	35CrNi3MoV	0.30~0.40	0.10~0.35	0.20~0.80	0.50~1.20	0.40~0.70	2.50~3.30	0.20	0.10~0.25	—	—	—	—	—	—	0.012	0.005
	36CrNi3MoV	0.32~0.42	0.37	0.20~0.80	1.20~1.50	0.35~0.45	3.00~3.50	0.20	0.10~0.25	—	—	—	—	—	—	0.012	0.005

① 残余元素含量：Cr≤0.25%，Ni≤0.30%，Cu≤0%。
② 残余元素含量：Cr≤0.30%，Ni≤0.30%，Cu≤0.20%。
③ 双方协商，30CrMo、35CrMo 的镍含量上限可以达到 0.50%。

表 4-123 锻件力学性能

材料牌号	公称厚度/mm	热处理状态④	回火温度/℃	拉伸性能 R_m/MPa	拉伸性能 R_{eL}/MPa	A (%)	冲击吸收能量 试验温度/℃	冲击吸收能量 K_{v2}/J	布氏硬度 HBW
20	≤100	N		410~560	≥235	≥24			
	>100~200	N+T	≥620	400~550	≥225		0	≥34	110~160①
	>200~300			380~530	≥205				
35	≤100	N	≥590	510~670	≥265	≥18	20	≥41	136~192
	>100~300	N+T		490~640	≥245				
A105	>100~300	N+T	≥593	≥485	≥250	≥22	20	≥41	≤187
16Mn	≤100	N		480~630	305	≥20	0	≥41	128~180①
	>100~200	N+T	≥620	470~620	≥295				
	>200~300	Q+T		450~600	≥275				
08Cr2AlMo	≤200	N+T	≥680	400~540	≥250	≥25	20	≥47	—
09CrCuSb	≤200	N	—	390~550	≥245	≥25	20	≥34	—
20MnMo	≤300	Q+T	≥620	530~700	≥370	≥18	0	≥47	—
	>300~500			510~680	≥350				
	>500~850			490~660	≥330				
20MnMoNb	≤300	Q+T	≥630	620~790	≥470	≥16	0	≥47	—
	>300~500			610~780	≥460				
20MnNiMo	≤500	Q+T	≥620	620~790	≥450	≥16	-20	≥47	—
15NiCuMoNb	≤500	N+T	≥640	610~780	≥440	≥17	20	≥47	185~255②
12CrMo	≤100	N+T	≥620	410~570	≥255	≥21	20	≥47	121~174②
15CrMo	≤300	N+T	≥620	480~640	≥280	≥20	20	≥47	118~180②
	>300~500	Q+T		470~630	≥270				115~178②

第4章 控制阀材料及耐蚀性

材料	厚度/mm	热处理状态	热处理温度/°C	抗拉强度 R_m/MPa	屈服强度 $R_{p0.2}$/MPa	伸长率 A (%)	冲击试验温度/°C	冲击吸收能量 KV_2/J	硬度 HBW
12Cr1MoV	≤300	N+T	≥680	470~630	≥280	≥20	20	≥47	118~195[②]
12Cr1MoV	>300~500	Q+T	≥680	460~620	≥270	≥19	20	≥47	115~195[②]
14Cr1Mo	≤300	N+T	≥620	490~660	≥290	≥18	20	≥47	—
14Cr1Mo	>300~500	Q+T	≥620	480~650	≥280	≥18	20	≥47	—
12Cr2Mo1	≤300	N+T	≥680	510~680	≥310	≥17	-20	≥60	125~180[②]
12Cr2Mo1	>300~500	Q+T	≥680	500~670	≥300	≥17	-20	≥60	—
12Cr2Mo1V	≤300	N+T	≥680	590~760	≥420	—	20	≥47	—
12Cr2Mo1V	>300~500	Q+T	≥680	580~750	≥410	≥17	20	≥47	—
12Cr3Mo1V	≤300	Q+T	≥680	590~760	≥420	≥18	20	≥47	—
12Cr5Mo	≤500	Q+T	≥680	580~750	≥410	≥18	20	≥41	185~250[②]
10Cr9Mo1VNbN	≤300	N+T	≥740	590~760	≥390	≥18	20	≥41	185~250[②]
10Cr9MoW2VNbBN	≤300	Q+T	≥740	585~755	—	≥18	0	≥41	—
30CrMo	≤300	Q+T	≥580	620~790	≥440	—	-20	≥47	—
30CrMo	>300~500	Q+T	≥580	620~790	≥440	—	-20	≥47	—
35CrMo	≤300	Q+T	≥580	620~790	≥440	≥16	-20	≥47	—
35CrMo	>300~500	Q+T	≥580	610~780	≥430	≥16	-20	≥47	—
35CrNi3MoV[③]	≤300	N+Q+T	≥540	1070~1230	≥960	≥16	-20	≥47	—
36CrNi3MoV[③]	≤300	N+Q+T	≥540	1000~1150	≥895	≥16	-20	≥47	—

注：如屈服现象不明显，屈服强度取 $R_{p0.2}$。

① 锅炉受压元件用 20 和 16Mn 各级别锻件硬度值（HBW，逐件检验）应符合上述规定。

② 锅炉受压元件用各级别锻件硬度值（HBW）应符合上述规定。

③ 侧向膨胀量（LE）≥0.53mm；考虑环境温度时，冲击试验温度可为 -40°C。

④ 热处理状态符号：N—正火；T—回火；Q—淬火。

表 4-124 ASTM A182/A182M 规定的高温用合金钢锻件的化学成分（质量分数）[1]

通用名称	牌号	UNS号	化学元素（%）										其他元素
			C	Mn	P	S	Si	Ni	Cr	Mo	Nb	Ti	
C-Mo	F1	K12822	0.28	0.60~0.90	0.045	0.045	0.15~0.35	—	—	0.44~0.65	—	—	—
0.5Cr-0.5Mo	F2[2]	K12122	0.05~0.21	0.30~0.80	0.04	0.04	0.10~0.60	—	0.50~0.81	0.44~0.65	—	—	—
4-6Cr	F5[3]	K41545	0.15	0.30~0.60	0.03	0.03	0.5	0.5	4.0~6.0	0.44~0.65	—	—	—
4-6Cr	F5a[3]	K42544	0.25	0.6	0.04	0.03	0.5	0.5	4.0~6.0	0.44~0.65	—	—	—
9Cr	F9	K90941	0.15	0.30~0.60	0.03	0.03	0.50~1.00	—	8.0~10.0	0.90~1.10	—	—	—
20Ni8Cr	F10	S33100	0.10~0.20	0.50~0.80	0.04	0.03	1.00~1.40	19.0~22.0	7.0~9.0	—	—	—	—
9Cr1Mo0.2V-Nb-N	F91	K90901	0.08~0.12	0.30~0.60	0.02	0.01	0.20~0.50	0.40	8.0~9.5	0.85~1.05	0.06~0.10	0.014	N0.03~0.07、Al0.02[4]、Zr0.01[4]
9Cr1.8Mo0.2V-Nb	F92	K92460	0.07~0.13	0.30~0.60	0.02	0.01	0.5	0.40	8.5~9.5	0.30~0.60	0.04~0.09	0.014	V0.15~0.25、N0.03~0.07、Al0.02[4]、Zr0.01[4]
11Cr2Mo-2V-Nb-Cu-Ni-N-B	F122	K91271	0.07~0.14	0.70	0.02	0.01	0.5	0.50	10.0~11.5	0.25~0.60	0.04~0.1	0.014	V0.15~0.30、N0.04~0.1、Al0.02[4]、W1.5~2.0、B0.001~0.006、Zr0.01[4]、Cu0.3~1.7
9Cr-1Mo-0.2V-Nb-N	F911	K91061	0.09~0.13	0.30~0.60	0.02	0.01	0.10~0.50	0.40	8.5~9.5	0.90~1.10	0.06~0.1	0.01[4]	V0.18~0.25、N0.04~0.09、Al0.02[4]、W0.9~1.1、B0.0003~0.006、Zr0.011
1.25Cr-0.5Mo	F11-1	K11597	0.05~0.15	0.30~0.60	0.03	0.03	0.50~1.00	—	1.0~1.5	0.44~0.65	—	—	—
1.25Cr-0.5Mo	F11-2	K11572	0.10~0.20	0.30~0.80	0.04	0.04	0.50~1.00	—	1.0~1.5	0.44~0.65	—	—	—
1.25Cr-0.5Mo	F11-3	K11572	0.10~0.20	0.30~0.80	0.04	0.04	0.50~1.00	—	1.0~1.5	0.44~0.65	—	—	—
1Cr-0.5Mo	F12-1	K11562	0.05~0.15	0.30~0.60	0.045	0.045	0.50	—	0.8~1.25	0.44~0.65	—	—	—

第4章 控制阀材料及耐蚀性

钢种	代号	UNS	C	Mn	P	S	Si	Ni	Cr	Mo	Nb	其他
1Cr-0.5Mo	K12-2	K11564	0.10~0.20	0.30~0.80	0.04	0.04	0.10~0.60	—	0.8~1.25	0.44~0.65	—	—
Cr-Mo	F21	K31545	0.05~0.15	0.30~0.60	0.04	0.04	0.50	—	2.1~3.3	0.80~1.06	—	—
3Cr-1Mo-0.25V-B-Ti	F3V	101830	0.05~0.18	0.30~0.60	0.04	0.02	0.10	—	2.8~3.2	0.90~1.10	0.015~0.035	V0.20~0.30, B0.001~0.003
3Cr-1Mo-0.25V-B-Nb-Ti	F3VCb	K31390	0.10~0.15	0.30~0.60	0.02	0.01	0.10	0.25	2.7~3.3	0.90~1.10	0.015~0.07	V0.20~0.30, Cu0.25, Ca0.0005~0.015
Cr-Mo	F22-1	K21590	0.05~0.15	0.30~0.60	0.04	0.04	0.50	—	2.0~2.5	0.87~1.13	—	—
Cr-Mo	F22-3	K21590	0.05~0.15	0.30~0.60	0.04	0.04	0.50	0.25	2.0~2.5	0.87~1.13	—	—
2.25Cr-1Mo-0.25V	F22V	K31835	0.11~0.15	0.30~0.60	0.015	0.01	0.10	0.25	2.0~2.5	0.90~1.10	0.03	Cu0.20, V0.25~0.35, B0.002, Ca0.015⑤
2.25Cr-1.6W-0.25V-Mo-Nb-B	F23	K41650	0.04~0.10	0.10~0.60	0.03	0.01	0.50	—	1.9~2.6	0.05~0.30	0.02~0.08	V0.20~0.30, B0.0005~0.006, N0.030, Al0.030, W1.45~1.75
2.25Cr-1Mo-0.25V-Ti-B	F24	K30736	0.05~0.10	0.30~0.70	0.02	0.01	0.15~0.45	—	2.2~2.6	0.90~1.10	0.06~0.10	V0.20~0.30, N0.12, Al0.02, B0.0015~0.007
2Ni-1Cu	FR	K22035	0.20	0.4~1.06	0.045	0.050	—	1.6~2.24	—	—	—	Cu0.75~1.25
1.15Ni-0.65Cu-Mo-Nb	F36	K21001	0.10~0.17	0.80~1.20	0.03	0.025	0.25~0.50	1.0~1.3	0.30	0.25~0.50	0.015~0.045	Nb0.02, Al0.05, Cu0.50~0.80, V0.02

① 除非有特别说明，所有的数值均为最大值。

② F2钢原定为含1% Cr，0.5% Mo，该含量现在在F12钢。

③ 现F5a钢（最大含C量0.25%）按1955年以前的规定为F5钢，1955年，F5规定最高含C量为0.15%，符合管子、管道、螺栓、焊接管件等这类产品的ASTM标准。

④ 使用于熔炉和产品分析。

⑤ 对于F22V钢，可加入稀土族金属（REM）以替代Ca，需经制造商和买方商定，在这种情况下应确定REM的总量并提出报告。

表 4-125　ASTM A182/A182M 规定的高温合金钢锻件的力学性能

牌号	最小抗拉强度 /MPa	最小屈服强度 /MPa	50mm 或 4D 的最小伸长率（%）	最小断面收缩（%）	布氏硬度 HBW
F1	485	275	20	30	143~192
F2	485	275	20	30	143~192
F5	485	275	20	35	143~217
F5a	620	450	22	50	187~248
F9	585	380	20	40	179~217
F10	550	205	30	50	—
F91	585	415	20	40	248（最大）
F92	620	440	20	45	269（最大）
F122	620	400	20	40	250（最大）
F911	620	440	18	40	187~248
F11，1 级	415	205	20	45	121~174
F11，2 级	485	275	20	30	143~207
F11，3 级	515	310	20	30	156~207
F12，1 级	415	220	20	45	121~174
F12，2 级	485	275	20	30	143~207
F21	515	310	20	30	156~207
F3V，F3VCb	585~760	415	18	45	174~237
F22，1 级	415	205	20	35	170（最大）
F22，3 级	515	310	20	30	156~207
F22V	585~780	415	18	45	174~237
F23	510	400	20	40	220（最大）
F24	585	415	20	40	248（最大）
FR	435	315	25	38	197（最大）
F36，1 级	620	440	15	—	252（最大）
F36，2 级	660	460	15	—	252（最大）

（3）不锈钢铸件

不锈钢铸件化学成分及力学性能见表 4-126~表 4-128。

（4）不锈钢锻件

ASTM A182/A182M 规定的不锈钢锻件的化学成分及力学性能见表 4-129 和表 4-130。

第4章 控制阀材料及耐蚀性

表4-126 不锈钢铸件化学成分（GB/T 12230—2005）

牌号	化学元素（%，除给出范围外的为最大值）										引用标准
	C	Si	Mn	Cr	Ni	Mo	Cu	Ti	S	P	N	
ZG03Cr18Ni10	0.03			17.0~20.0	8.0~12.0	—	—	—	0.030	0.040	—	GB/T 2100—2017
ZG08Cr18Ni9	0.08		0.8~2.0	17.0~20.0	8.0~11.0	—	—	—	0.030	0.045	—	
ZG12Cr18Ni9	0.12	1.5				—	—	—	0.030	<0.040	—	
ZG08Cr18Ni9Ti	0.08					—	—	5(C-0.02)~0.7	0.030	<0.045	—	GB/T 5613—2014
ZG12Cr18Ni9Ti	0.12					—	—		0.030	<0.045	—	
ZG08Cr18Ni12Mo2Ti	0.08			16.0~19.0	11.0~13.0	2.0~3.0	—		0.030	<0.040	—	
ZG12Cr18Ni12Mo2Ti							—			<0.045	—	
ZG12Cr17Mn9Ni4Mo3Cu2N	0.12		8.0~10.0	17.0~20.0	3.0~5.0	2.9~3.5	2.0~2.5	—	<0.035	<0.060	0.16~0.26	
ZG12Cr18Mn13Mo2CuN			12.0~14.0		—	1.5~2.0	1.0~1.5	—			0.19~0.26	
CF3	0.03	2.00	1.50	17.0~21.0	8.0~12.0	0.50	—	—	0.04	0.04	—	ASTM A351/A351M:2000
CF8	0.08	2.00	1.50	18.0~21.0	8.0~11.0	0.50	—	—	0.04	0.04	—	
CF3M	0.03	1.50	1.50	17.0~21.0	9.0~13.0	2.0~3.0	—	—	0.04	0.04	—	
CF8M	0.08	1.50	1.50	18.0~21.0	9.0~12.0		—	—	0.04	0.04	—	
CF8C	0.08	2.00	1.50			0.50	—	—	0.04	0.04	—	

表4-127 不锈钢铸件力学性能（GB/T 12230—2005）

牌号	热处理规范			力学性能≥				引用标准
	类型	加热温度/℃	冷却介质	抗拉强度 R_m/MPa	屈服强度 R_{eL}/MPa	伸长率 A（%）	断面收缩率 Z（%）	
ZG03Cr18Ni10	淬火	1050~1100	水	392	177			GB/T 2100—2017 GB/T 5613—2014
ZG08Cr18Ni9	淬火	1080~1130	水					
ZG12Cr18Ni9	淬火	1050~1100	水	441	196	25	32	
ZG08Cr18Ni9Ti	淬火	950~1050	水					
ZG12Cr18Ni9Ti	淬火	950~1050	水					
ZG08Cr18Ni12Mo2Ti	淬火	1100~1150	水	490	216	30	30	
ZG12Cr18Ni12Mo2Ti	淬火	1100~1150	水					
ZG12Cr17Mn9Ni4Mo3Cu2N	淬火	1150~1180	水	588	392	25	35	
ZG12Cr18Mn13Mo2CuN	淬火	1100~1150	水			30	40	
CF3	淬火	>1040	水	485	205	35	—	ASTM A351/ A351M：2000
CF8	淬火	>1040	水				—	
CF3M	淬火	>1040	水			30	—	
CF8M	淬火	>1040	水					
CF8C	淬火	>1065	水				—	

第4章 控制阀材料及耐蚀性

表 4-128 ASTM A351/A351M 规定的奥氏体不锈钢铸件的化学成分（质量分数）及力学性能

牌号	UNS 号	化学元素 (%)											力学性能			
		C	Mn	Si	S	P	Cr	Ni	Mo	Nb	V	N	Cu	抗拉强度 (R_m) /MPa	屈服强度 (R_{eL})③ /MPa	伸长率④ $A(\%)$	收缩率 $Z(\%)$
CF3	J92700	0.03	1.50	2.00	0.04	0.04	17.0~21.0	8.0~12.0	0.50	—	—	—	—	485	205	35	—
CF3A														530	240	35	
CF8	J92600	0.08	1.50	2.00	0.04	0.04	18.0~21.0	8.0~11.0	0.50	—	—	—	—	485	205	35	—
CF8A														530	240	35	
CF3M	J92800	0.03	1.50	1.50	0.04	0.04	17.0~21.0	9.0~13.0	2.0~3.0	—	—	—	—	485	205	30	—
CF3MA														550	255	30	
CF8M	J92900	0.08	1.50	1.50	0.04	0.04	18.0~21.0	9.0~12.0	2.0~3.0	—	—	—	—	485	205	30	—
CF3MN	J92804	0.03	1.50	1.50	0.04	0.04	17.0~21.0	9.0~13.0	2.0~3.0	—	—	0.1~0.2	—	515	255	35	—
CF8C	J92710	0.08	1.50	2.0	0.04	0.04	18.0~21.0	9.0~12.0	0.5	①	—	—	—	485	205	30	—
CF10	J92950	0.04~0.1	1.50	2.0	0.04	0.04	18.0~21.0	8.0~11.0	0.5	—	—	—	—	485	205	35	—
CF10M	J92901	0.04~0.1	1.50	1.50	0.04	0.04	18.0~21.0	9.0~12.0	2.0~3.0	—	—	—	—	485	205	30	—
CH8	J93400	0.08	1.50	1.50	0.04	0.04	22.0~26.0	12.0~15.0	0.50	—	—	—	—	450	195	30	—

(续)

牌号	UNS号	化学元素（%）												力学性能		
		C	Mn	Si	S	P	Cr	Ni	Mo	Nb	V	N	Cu	抗拉强度 (R_m) /MPa	屈服强度 (R_{eL})[3] /MPa	伸长率[4] $A(\%)$	收缩率 $Z(\%)$
CH10	J93401	0.04~0.1	1.50	2.00	0.04	0.04	22.0~26.0	12.0~15.0	0.50	—	—	—	—	485	205	30	—
CH20	J93402	0.04~0.2	1.50	2.00	0.04	0.04	22.0~26.0	12.0~15.0	0.50	—	—	—	—	485	205	30	—
CK20	J94202	0.04~0.2	1.50	1.75	0.04	0.04	23.0~27.0	19.0~22.0	0.50	—	—	—	—	450	195	30	—
HK30	J94203	0.25~0.35	1.50	1.75	0.04	0.04	23.0~27.0	19.0~22.0	0.50	—	—	—	—	450	240	10	—
HK40	J94204	0.35~0.45	1.50	1.75	0.04	0.04	23.0~27.0	19.0~22.0	0.50	—	—	—	—	425	240	10	—
HT30	N08030	0.25~0.35	2.00	2.50	0.04	0.04	13.0~17.0	33.0~37.0	0.50	—	—	—	—	450	195	15	—
CF10MC	—	0.10	1.50	1.50	0.04	0.04	15.0~18.0	13.0~16.0	1.75~2.25	[2]	—	—	—	485	205	20	—
CN7M	N08007	0.07	1.50	1.50	0.04	0.04	19.0~22.0	27.5~30.5	2.0~3.0	—	—	—	3.0~4.0	425	170	35	—
CN3MN	J94651	0.03	2.00	1.00	0.01	0.01	20.0~22.0	23.5~25.5	6.0~7.0	—	—	0.18~0.26	0.75	550	260	35	—
CE8MN		0.08	1.00	1.50	0.04	0.04	22.5~25.5	8.0~10.0	3.0~4.5	—	—	0.10~0.30	—	655	450	25	—

第4章 控制阀材料及耐蚀性

牌号	UNS号	C	Si	Mn	P	S	Cr	Ni	Mo	N	Cu	其他	R_m	$R_{p0.2}$	A/%	Z/%
CG6MMN	J93790	0.06	4.0~6.0	1.00	0.03	0.04	20.5~23.5	11.5~13.5	1.5~3.0	0.10~0.30	0.1~0.3	0.2~0.4	—	585	295	30	—
CG8M	J93000	0.08	1.50	1.50	0.04	0.04	18.0~21.0	9.0~13.0	3.0~4.0	—	—	—	—	515	240	25	—
CF10SMnN	J92972	0.10	7.0~9.0	3.5~4.5	0.06	0.06	16.0~18.0	8.0~9.0	—	—	—	0.08~0.18	—	585	295	30	—
CT15C	N08151	0.15	0.15~1.50	0.5~1.50	0.03	0.03	19.0~21.0	31.0~34.0	—	0.50~1.50	—	—	—	435	170	20	—
CK3MCuN	J93254	0.025	1.20	1.00	0.01	0.045	19.5~20.5	17.5~19.5	6.0~7.0	—	—	0.18~0.24	0.5~1.0	550	260	35	—
CE20N	J92802	0.20	1.50	1.50	0.04	0.04	23.0~26.0	8.0~11.0	0.50	—	—	0.08~0.20	—	550	275	30	—
CG3M	J92999	0.03	1.50	1.50	0.04	0.04	18.0~21.0	9.0~13.0	3.0~4.0	—	—	—	—	515	240	25	—

① 牌号CF8C应含有不少于8×C%（质量分数）的铌，但不得超过1.00%。
② 牌号CF10MC应含有不少于10×C%（质量分数）的铌，但不得超过1.20%。
③ 采用0.2%残余变形法测定。
④ 当ICI试棒标按照ASTM A985/A98M标准中提供的ICI试棒方法进行拉伸试验时，其标长内收缩断面直径的比为4:1。

表 4-129 ASTM A182/A182M 规定的不锈钢锻件的化学成分（质量分数，%）[①]

通用名称	牌号	UNS号	化学元素（%）									
			C	Mn	P	S	Si	Ni	Cr	Mo	Nb	Ti	其他元素
13Cr	F6a	S41000	0.15	1.00	0.04	0.03	1.00	0.50	11.5~13.5	—	—	—	—
13Cr-0.5Mo	F6b	S41026	0.15	1.00	0.02	0.02	1.00	1.0~2.0	11.5~13.5	0.4~0.6	—	—	—
13Cr-4Ni	F6NM	S41500	0.05	0.50~1.00	0.03	0.03	0.60	3.5~5.5	11.5~14.0	0.5~1.0	—	—	Cu0.5
27Cr-1Mo	FXM-27Cb[②]	S44627	0.01	0.40	0.02	0.02	0.40	0.50	25.0~27.5	0.75~1.50	0.05~0.20	—	N0.015, Cu0.20
15Cr	F429	S42900	0.12	1.00	0.04	0.03	0.75	0.50	14.0~16.0	—	—	—	—
17Cr	F430	S43000	0.12	1.00	0.04	0.03	0.75	0.50	16.0~18.0	—	—	—	—
18Cr-8Ni	F304[③]	S30400	0.08	2.00	0.045	0.03	1.00	8.0~11.0	18.0~20.0	—	—	—	—
	F304H	S30409	0.04~0.10	2.00	0.045	0.03	1.00	8.0~11.0	18.0~20.0	—	—	—	—
	F304L[③]	S30403	0.03	2.00	0.045	0.03	1.00	8.0~13.0	18.0~20.0	—	—	—	—
18Cr-8Ni-N	F304N[④]	S30451	0.08	2.00	0.015	0.03	1.00	8.0~10.5	18.0~20.0	—	—	—	—
	F304LN[④]	S30453	0.03	2.00	0.045	0.03	1.00	8.0~10.5	18.0~20.0	—	—	—	—

第4章　控制阀材料及耐蚀性

类别	牌号	UNS	C	Mn	P	S	Si	Ni	Cr	Mo	—	—	其他
23Cr-13.5Ni	F309H	S30909	0.04~0.10	2.00	0.045	0.03	1.00	12.0~15.0	22.0~24.0	—	—	—	—
25Cr-20Ni	F310	S31000	0.25	2.00	0.045	0.03	1.00	19.0~22.0	24.0~26.0	—	—	—	—
25Cr-20Ni	F310H	S31009	0.04~0.10	2.00	0.045	0.03	1.00	19.0~22.0	24.0~26.0	—	—	—	—
25Cr-20Ni-Mo-N	F310MoLN	S31050	0.03	2.00	0.03	0.015	0.40	21.0~23.0	24.0~26.0	2.0~3.0	—	—	N0.10~0.16
18Cr-8Ni-Mo	F316③	S31600	0.08	2.00	0.045	0.03	1.00	10.0~14.0	16.0~18.0	2.0~3.0	—	—	—
18Cr-8Ni-Mo	F316H	S31609	0.04~0.10	2.00	0.045	0.03	1.00	10.0~14.0	16.0~18.0	2.0~3.0	—	—	—
18Cr-8Ni-Mo	F316L③	S31603	0.03	2.00	0.045	0.03	1.00	10.0~15.0	16.0~18.0	2.0~3.0	—	—	—
18Cr-8Ni-Mo-N	F316N④	S31651	0.08	2.00	0.045	0.03	1.00	11.0~14.0	16.0~18.0	2.0~3.0	—	—	—
18Cr-8Ni-Mo-N	F316LN④	S31653	0.03	2.00	0.045	0.03	1.00	11.0~14.0	16.0~18.0	2.0~3.0	—	—	—
	F316Ti	S31635	0.08	2.00	0.045	0.03	1.00	10.0~14.0	16.0~18.0	2.0~3.0	—	⑤	N0.10（最大）
19Cr-13Ni-3.5Mo	F317	S31700	0.08	2.00	0.045	0.03	1.00	11.0~15.0	18.0~20.0	3.0~4.0	—	—	—

(续)

通用名称	牌号	UNS号	化学元素（%）									
			C	Mn	P	S	Si	Ni	Cr	Mo	Nb	Ti	其他元素
19Cr-13Ni-3.5Mo	F317L	S31703	0.03	2.00	0.045	0.03	1.00	11.0~15.0	18.0~20.0	3.0~4.0	—	—	—
18Cr-15Ni4.5Mo-3.5Cu/N		S31727	0.03	1.00	0.03	0.03	1.00	14.5~16.5	17.5~19.0	3.8~4.5	—	—	Cu2.8~4.0, N0.15~0.21
23Cr-25Ni-5.5Mo-N		S32053	0.03	1.00	0.03	0.01	1.00	24.0~28.0	22.0~24.0	5.0~6.0	—	—	N0.17~0.22
18Cr-8Ni-Ti	F321	S32100	0.08	2.00	0.045	0.03	1.00	9.0~12.0	17.0~19.0	—	—	⑥	—
18Cr-8Ni-Ti	F321H	S32109	0.04~0.10	2.00	0.045	0.03	1.00	9.0~12.0	17.0~19.0	—	—	⑦	—
18Cr-8Ni-Nb	F347	S34700	0.08	2.00	0.045	0.03	1.00	9.0~13.0	17.0~20.0	—	⑧	—	—
	F347H	S34709	0.04~0.10	2.00	0.045	0.03	1.00	9.0~13.0	17.0~20.0	—	⑨	—	—
	F348	S34800	0.08	2.00	0.045	0.03	1.00	9.0~13.0	17.0~20.0	—	⑧	—	Co0.20、Ta0.10
	F348H	S34809	0.04~0.10	2.00	0.045	0.03	1.00	9.0~13.0	17.0~20.0	—	⑨	—	Co0.20、Ta0.10
20Cr-6Ni-9Mn	FXM-11	S21904	0.04	8.0~10.0	0.06	0.03	1.00	5.5~7.5	19.0~21.5	—	—	—	N0.15~0.40
22Cr-13Ni-5Mn	FXM-19	S20910	0.06	4.0~6.0	0.04	0.03	1.00	11.5~13.5	20.5~23.5	1.5~3.0	0.10~0.30	—	N0.20~0.40, V0.10~0.30

第4章 控制阀材料及耐蚀性

牌号	代号	C	Si	Mn	P	S	Cr	Ni	Mo	N	Cu等其他
35Ni-20Cr-3.5Cu-2.5Mo	F20	0.07	2.00	2.00	0.045	0.035	1.00	32.0~38.0	19.0~21.0	2.0~3.0	—	Cu3.0~4.0
20Cr-18Ni-6Mo	F44	0.02	1.00	1.00	0.03	0.01	0.80	17.5~18.5	19.5~20.5	6.0~6.5	—	Cu0.5~1.0、N0.18~0.22
21Cr-11Ni-N-Ce	F45	0.05~0.10	0.80	0.80	0.04	0.03	1.40~2.00	10.0~12.0	20.0~22.0	—	—	N0.14~0.20、Ce0.03~0.08
18Cr-15Ni-4Si	F46	0.018	2.00	2.00	0.02	0.02	3.7~4.3	14.0~15.5	17.0~18.5	0.20	—	Cu0.5
19Cr-15Ni-4Mo	F47	0.03	2.00	2.00	0.045	0.03	0.75	13.0~17.5	18.0~20.0	4.0~5.0	—	N0.10
	F48	0.03	2.00	2.00	0.045	0.03	0.75	13.5~17.5	17.0~20.0	4.0~5.0	—	N0.10~0.20
24Cr-17Ni-6Mn-5Mo	F49	0.03	5.0~7.0	1.00	0.03	0.01	1.00	16.0~18.0	23.0~25.0	4.0~5.0	0.1	N0.40~0.60
32Ni-27Cr-Nb	F56	0.04~0.08	1.00	1.00	0.02	0.015	0.30	31.0~33.0	26.0~28.0		0.6~1.0	Cu0.05~0.10、Al0.025
24Cr-20Ni-Mo-2W-N	F58	0.03	2.0~4.0	1.00	0.035	0.020	1.00	21.0~24.0	23.0~25.0	5.2~6.2	—	N0.35~0.60、Cu1.0~2.5、W1.5~2.5
21Cr-25Ni-6.5Mo	F62	0.03	2.00	2.00	0.04	0.03	1.00	23.5~25.5	20.0~22.0	6.0~7.0	—	N0.18~0.25、Cu0.75

(续)

| 通用名称 | 牌号 | UNS号 | 化学元素（%） |||||||||||
			C	Mn	P	S	Si	Ni	Cr	Mo	Nb	Ti	其他元素
18Cr-20Ni-5.5Si	F63	S32615	0.07	2.00	0.045	0.03	4.8~6.0	19.0~22.0	16.5~19.5	0.3~1.5	—	—	Cu1.5~2.5
17.5Cr-17.5Ni-5.3Si	F64	S30601	0.015	0.5~0.8	0.030	0.013	5.0~5.6	17.0~18.0	17.0~18.0	0.2	—	—	Cu0.35、N0.05
21Cr-26Ni-4.5Mo	F904L	N08904	0.02	2.00	0.04	0.03	1.00	23.0~28.0	19.0~23.0	4.0~5.0	—	—	Cu1.00~2.00、N0.10
25Cr-6Ni-N	F50	S31200	0.03	2.00	0.045	0.03	1.00	5.5~6.5	24.0~26.0	1.2~2.0	—	—	N0.14~0.20
22Cr-5.5N-N	F51	S31803	0.03	2.00	0.03	0.02	1.00	4.5~6.5	21.0~23.0	2.5~3.5	—	—	N0.08~0.20
28Cr-3.5Ni-1Mo	F52	S32950	0.03	2.00	0.035	0.01	0.60	3.5~5.2	26.0~29.0	1.0~2.5	—	—	N0.15~0.35
25Cr-7Ni4Mo-N	F53	S32750	0.03	1.20	0.035	0.02	0.80	6.0~8.0	24.0~26.0	3.0~5.0	—	—	N0.24~0.32、Cu0.5
25Cr-7Ni-N-W	F54	S39274	0.03	1.00	0.03	0.02	0.80	6.0~8.0	24.0~26.0	2.5~3.5	—	—	N0.24~0.32、Cu0.2~0.8、W1.50~2.50
25Cr-7Ni-3.5Mo-N-W	F55	S32760	0.03	1.00	0.03	0.01	1.00	6.0~8.0	24.0~26.0	3.0~4.0	—	—	N0.20~0.30、Cu0.50~1.00、W0.50~1.00
26Cr-7Ni-3.7Mo	F57	S39277	0.025	0.80	0.025	0.02	0.80	6.5~8.0	24.0~26.0	3.0~4.0	—	—	N0.23~0.33、Cu1.2~2.0、W0.8~1.2

第4章 控制阀材料及耐蚀性

名称	牌号	UNS	C	Mn	P	S	Si	Ni	Cr	Mo	Cu	其他
25Cr-6.5Ni-4Mo-N	F59	S32520	0.03	1.50	0.035	0.02	0.80	5.5~8.0	24.0~26.0	3.0~5.0	—	N0.2~0.35, Cu0.5~3.0
22Cr-5.5Ni-3Mo-N	F60	S32205	0.03	2.00	0.03	0.02	1.00	4.5~6.5	22.0~23.0	3.0~3.5	—	N0.14~0.20
26Cr-6Ni-35Mo-N-Cu	F61	S32550	0.04	1.50	0.04	0.03	1.00	4.5~6.5	24.0~27.0	2.9~3.9	—	N0.1~0.25, Cu1.5~2.5
29Cr-6.5Ni-2Mo-N	F65	S32906	0.03	0.80~1.50	0.03	0.03	0.80	5.8~7.5	28.0~30.0	1.5~2.6	—	N0.3~0.4, Cu0.80
22Cr-2Ni-0.25Mo-N	F66	S32202	0.03	2.00	0.04	0.01	1.00	1.0~2.8	21.5~24.0	0.45	—	N0.18~0.26
25Cr-6Ni-3Mo-W-N	F67	S32506	0.03	1.00	0.04	0.015	0.90	5.5~7.2	24.0~26.0	3.0~3.5	—	N0.08~0.20, W0.05~0.30

① 除区间或特别说明外，所有数值为最大值。
② FXM-27Cb 钢含（Ni+Cu）≤0.50%，产品分析中含 C 和 N 在最大规定值的上偏差应为 0.002%。
③ F304、F304L、F316 和 F316L 应具有最大 N 含量为 0.10%。
④ F304N、K316N、F304LN、F316LN 钢含 N 量应为 0.10%~0.16%。
⑤ F316Ti 钢的含 Ti 量应不小于含 C+N 量的 5 倍，但不大于 0.70%。
⑥ F321 钢的含 Ti 量应不小于含 C 量的 5 倍，但不大于 0.70%。
⑦ F321H 钢的含 Ti 量应不小于含 C 量的 4 倍，但不大于 0.70%。
⑧ F347 和 F348 钢的含 Nb 量应不小于含 C 量的 10 倍，但不大于 1.10%。
⑨ F347H 和 H348H 钢的含 Nb 量应不小于含 C 量的 8 倍，但不大于 1.10%。

表 4-130　ASTM A182/A182M 规定的不锈钢锻件的力学性能[1]

牌号	最小抗拉强度 /MPa	最小屈服强度[2] /MPa	50mm 或 4D 的 最小伸长率（%）	最小断面收缩率 （%）	布氏硬度 HBW
F122	620	400	20	40	250（最大）
F6a, 1 级	485	275	18	35	143~207
F6a, 2 级	585	380	18	35	167~229
F6a, 3 级	760	585	15	35	235~302
F6a, 4 级	895	760	12	35	263~321
F6b	760~930	620	16	45	235~285
F6NM	790	620	15	45	295（最大）
FXM-27Cb	415	240	20	45	190（最大）
F429	415	240	20	45	190（最大）
F430	415	240	20	45	190（最大）
F304	515[3]	205	30	50	—
F304H	515[2]	205	30	50	—
F304L	485[4]	170	30	50	—
F304N	550	240	30[5]	50[6]	—
F304LN	515[3]	205	30	50	—
F309H	515[3]	205	30	50	—
F310	515[3]	205	30	50	—
F310MoLN	540	255	25	50	—
F310H	515[3]	205	30	50	—
F316	515[3]	205	30	50	—
F316H	515[3]	205	30	50	—
F316L	485[4]	170	30	50	—
F316N	550	240	30[5]	50[6]	—
F316LN	515[3]	205	30	50	—
F316Ti	515	205	30	40	—
F317	515[3]	205	30	50	—
F317L	485[4]	170	30	50	—
S31727	550	245	35	50	217
S320S3	640	295	40	50	217
F347	515[3]	205	30	50	—
F347H	515[3]	205	30	50	—
F348	515[3]	205	30	50	—
F348H	515[3]	205	30	50	—
F321	515[3]	205	30	50	—
F321H	515[3]	205	30	50	—
FXM-11	620	345	45	60	—
KXM-19	690	380	35	55	—
F10	550	205	30	50	—

（续）

牌号	最小抗拉强度/MPa	最小屈服强度[2]/MPa	50mm 或 4D 的最小伸长率（%）	最小断面收缩率（%）	布氏硬度 HBW
F20	550	240	30	50	—
F44	650	300	35	50	—
K45	600	310	40	50	—
F46	540	240	40	50	—
K47	525	205	40	50	—
F48	550	240	40	50	—
F49	795	415	35	40	—
F56	500	185	30	35	—
F58	750	420	35	50	—
F62	655	310	30	50	—
F63	550	220	25	—	192（最大）
F64	620	275	35	50	217（最大）
K904L	490	215	35	—	—
F50	690~900	450	25	50	—
F51	620	450	25	45	—
K52	690	485	15	—	—
F53	800[7]	550[7]	15	—	310（最大）
F54	800	550	15	30	310（最大）
F55	750~895	550	25	45	—
F57	820	585	25	50	—
K59	770	550	25	40	—
F60	655	485	25	45	—
F61	750	550	25	50	—
F65	750	550	25	—	—
K66	650	450	30	—	290（最大）
F67	620	450	18	—	302

注：① 没有要求。
② 通过 0.2% 残余变形法确定。仅对铁素体钢，也可使用载荷下的 0.5% 伸长率。
③ 截面厚度超过 130mm 的，其最小抗拉强度应为 485MPa。
④ 截面厚度超过 130mm 的，其最小抗拉强度应为 450MPa。
⑤ 纵向的。50mm 标距横向最小伸长率为 25%。
⑥ 纵向的。横向最小断面收缩率应为 45%。
⑦ 截面厚度超过 50mm 的，其最小抗拉强度应为 730MPa，最小屈服强度应是 515MPa。

（5）镍基合金

ASTM A494/A494M 规定的铸造镍和镍合金的化学元素的质量分数及力学性能见表 4-131 和表 4-132。

表 4-131 ASTM A494/A494M 规定的铸造镍和镍合金的化学元素的质量分数

化学元素（%）

序号	牌号	C	Mn	Si	V	S	Cu	Mo	Fe	Ni	Cr	Cb(Nb)	W	V	Bi	Sn
1	CZ-100	1.00	1.50	2.00	0.03	0.03	1.25	—	3.00	95.0（最小）	—	—	—	—	—	—
2	M-35-1	0.35	1.50	1.25	0.03	0.03	26.0~33.0	—	3.50	余量	—	0.5	—	—	—	—
3	M-35-2	0.35	1.50	2.00	0.03	0.03	26.0~33.0	—	3.50	余量	—	0.5	—	—	—	—
4	M-30H	0.30	1.50	2.7~3.7	0.03	0.03	27.0~33.0	—	3.50	余量	—	—	—	—	—	—
5	M-25S	0.25	1.50	3.5~4.5	0.03	0.03	27.0~33.0	—	3.50	余量	—	—	—	—	—	—
6	M-30C	0.30	1.50	1.0~2.0	0.03	0.03	26.0~33.0	—	3.50	余量	—	1.0~3.0	—	—	—	—
7	N-12MV	0.12	1.00	1.00	0.04	0.03	—	26.0~30.0	4.0~6.0	余量	1.00	—	—	0.20~0.60	—	—
8	N-7M	0.07	1.00	1.00	0.04	0.03	—	30.0~33.0	3.00	余量	1.00	—	—	—	—	—

第4章　控制阀材料及耐蚀性

序号	牌号	C	Mn	Si	P	S	(6)	(7)	(8)	(9)	(10)	(11)	(12)	(13)	(14)	(15)
9	CY40	0.40	1.50	3.00	0.03	0.03	—	—	11.0	余量	14.0~17.0	—	—	—	—	—
10	CW-12MW	0.12	1.00	1.00	0.04	0.03	—	16.0~18.0	4.5~7.5	余量	15.5~17.5	—	3.75~5.25	0.20~0.40	—	—
11	CW-6M	0.07	1.00	1.00	0.04	0.03	—	17.0~20.0	3.0	余量	17.0~20.0	—	—	—	—	—
12	CW-2M	0-02	1.00	0.80	0.03	0.03	—	15.0~17.5	2.0	余量	15.0~17.5	—	1.0	—	—	—
13	CW-6MC	0.06	1.00	1.00	0.015	0.015	—	8.0~10.0	5.0	余量	20.0~23.0	3.15~4.50	—	—	—	—
14	CY5SnBiM	0.05	1.5	0.5	0.03	0.03	—	2.0~3.5	2.0	余量	11.0~14.0	—	—	—	3.0~5.0	3.0~5.0
15	CX2MW（N26022）	0.02	1.00	0.80	0.025	0.025	1.5~3.5	12.5~14.5	2.0~6.0	余量	20.0~22.5	—	2.5~3.5	3.5	3.0~5.0	—
16	C5MCuC（N08826）	0.05	1.00	1.00	0.03	0.03	2.5~3.5	余量	38.0~44.0	19.5~23.5	0.60~1.20	—	—	—	—	—

注：表中数值除给出范围或特殊说明外，均为最大值。

表 4-132　ASTM A494/A494M 规定的铸造镍和镍基合金力学性能

序号	牌号	抗拉强度 /(N/mm²)(lbf/in²)	屈服强度 /(N/mm²)(lbf/in²)	伸长率 (%)	断面收缩率 (%)	布氏硬度 HBW
1	CZ-100	345（50000）	125（18000）	10	—	—
2	M-35-1	450（65000）	170（25000）	25	—	—
3	M-35-2	450（65000）	205（30000）	25	—	—
4	M-30H	690（100000）	415（60000）	10	—	—
5	M-25S	—	—	—	—	300（最小）
6	M-30C	450（65000）	225（32500）	25	—	—
7	N-12MV	525（76000）	275（40000）	6.0	—	—
8	N-7M	525（76000）	275（40000）	20	—	—
9	CY-40	485（70000）	195（28000）	30	—	—
10	CW-12MW	495（72000）	275（40000）	4.0	—	—
11	CW-6M	495（72000）	275（40000）	25	—	—
12	CW-2M	495（72000）	275（40000）	20	—	—
13	CW-6MC	485（70000）	275（40000）	25	—	—
14	CY5SnBiM	—	—	—	—	—
15	CX2MW（N26022）	550（80000）	310（45000）	30	—	—
16	CU5MCuC（N08826）	520（75000）	240（35000）	20	—	—

（6）钛及钛合金

温度为 -30~316℃ 的海水、氯化物、氧化性酸、有机酸、碱类等介质常选用钛合金制阀门，主要钛及钛合金零件见表 4-133。

表 4-133　钛合金制阀门主要零件

零件名称	材料名称	牌号	标准号
阀体、阀盖	铸钛及钛合金	ZTA1、ZTA2、ZTA7	GB/T 6614—2014
	钛	TA0、TA1、TA2、TA3	—
阀芯、阀座、阀杆、销	钛合金	TC4、TC6、TC9	GB/T 2965—2007
螺栓	钛合金	TC4、TC6、TC9	GB/T 2965—2007
螺母	钛合金	TC4、TC6、TC9	GB/T 2965—2007

钛合金铸件常见供应状态有铸态（C）、退火态（M）、热等静压态（HIP）等，化学成分按照 GB/T 15073—2014 执行。

4.2 控压件材料

控制阀控压件包括阀芯、阀座、阀杆、衬套、密封环和填料函等。控压件材料应根据工况（温度、压力、压差、流速）、流体特性（腐蚀、磨蚀、磨损、冲刷）及闪蒸、空化和泄漏等级等因素综合选择。

（1）阀芯和阀座

阀芯和阀座常用的金属材料包括奥氏体不锈钢、马氏体不锈钢、沉淀硬化不锈钢和镍基合金等。常用的奥氏体不锈钢有 304、304L、316、316L 等。常用的马氏体不锈钢有 410、420 和 440C，其强度高，耐磨性好，硬度最高可达 58HRC。常用的沉淀硬化不锈钢有 17-4PH、17-7PH，其具有强度高、抗腐蚀好等特性，经热处理后硬度可达 40HRC，但使用温度不应高于 427℃。

根据流体工况，阀芯和阀座要进行硬化处理，硬化处理有以下几种方法：

1）热处理。经过热处理后，17-4PH、410、440C 等材料的硬度会有所提高，如 17-4PH 热处理后的硬度可达 40HRC。

2）堆焊硬化层（STELLITE 合金）。在 304 和 316 等不锈钢零件表面上部分或全部堆焊 STELLITE 合金。

3）表面硬化处理。表面硬化处理包括喷涂硬质合金和渗氮处理，将硬质合金喷涂到基体上，表面硬度可达 65HRC，渗氮处理后的表面硬度可达 1000HV。

常用的软阀座材料包括塑料和橡胶。塑料包括聚四氟乙烯（PTFE）、增强型聚四氟乙烯（RTFE）、聚全氟乙烯（F46）和聚醚醚酮（PEEK）等。橡胶包括氯丁橡胶（CR）、丁腈橡胶（NBR）、三元乙丙橡胶（EPDM）和氟橡胶（FKM）等。

(2) 阀杆

在阀门开启和关闭过程中,阀杆承受拉、压和扭转作用力,并与介质直接接触,同时和填料之间还有相对的摩擦运动,因此阀杆材料在规定温度下应有足够的强度、冲击韧性、耐蚀性和抗擦伤性。

阀杆常用的材料有 410、440C、17-4PH、Nitronic50 与 Inconel 660 等。

4.2.1 控压件材料特性

由于控压件材料选择时应考虑腐蚀、冲刷（磨蚀）、温度、磨损及擦伤等因素,因此应了解这些因素的特性。

(1) 耐腐蚀

一般将腐蚀分为化学腐蚀和电化学腐蚀。化学腐蚀是指金属与周围介质直接起化学作用,没有电流产生,并且腐蚀产物是沉积在金属表面上的,当形成的腐蚀产物是具有保护性的薄膜时,金属与腐蚀性介质被隔离,腐蚀受到阻滞,从而达到防止金属腐蚀的目的。电化学腐蚀是指金属与酸、碱、盐等电解质溶液接触时发生作用而引起的腐蚀,腐蚀过程中有微电池作用。两种不同的金属在电解质溶液中相互接触会形成微电流,其中较活泼的金属容易失去电子而起负极作用,而另一金属起正极作用,这时起负极作用的较活泼金属会不断被溶解,从而产生电化学腐蚀。同一金属或合金中存在的不均匀夹杂物或杂质的不均匀性以及其他化学或物理因素均可以引起电化学腐蚀。在大多数情况下,金属腐蚀的主要过程是电化学腐蚀。常见的电化学腐蚀方式有晶间腐蚀、点腐蚀、应力腐蚀和疲劳腐蚀等。

1）晶间腐蚀是沿着晶界进行的,使晶粒间的连续性破坏,是一种严重的腐蚀。奥氏体不锈钢的晶间腐蚀原因公认的解释为"贫铬原理",即由于晶间贫铬所致。

2）点腐蚀发生在金属的局部,在金属表面出现了微电池现象,作为负极的部位将受到严重腐蚀。

3）应力腐蚀是金属受到外部或内部的应力作用时而发生的腐蚀。

第4章 控制阀材料及耐蚀性

4）疲劳腐蚀是指金属在腐蚀性介质中时，同时受交变的应力作用所造成的腐蚀。

不锈钢的耐腐蚀是由于在钢的表面形成了一层非常薄的氧化薄膜，称为金属的"钝化"。这种钢的表面在很强的氧化环境中具有很好的耐蚀性，但是在非氧化环境中，它的耐蚀性较差。例如，奥氏体不锈钢304对硝酸的氧化作用有极好的耐蚀性，但对硫酸的耐蚀性不好，若要增强其对硫酸的耐蚀性，则要增加Mo、Cu和Si。20钢是典型的抗硫酸腐蚀的不锈钢，Ti、Zr、Ta会在不锈钢的表面形成一层抗腐蚀的薄膜，尤其是对高温和浓硝酸、湿氨、氯水、漂白剂等具有很高的耐蚀性，这是由于钛的钝化薄膜对氯离子有非常好的抵抗能力；Zr对氧化环境和非氧化环境都具有很好的耐蚀性；Ta对许多化学反应，除氢氟酸、发烟硝酸和强碱等以外，都具有优良的耐蚀性。表4-134列出了几种典型不锈钢耐蚀性；在不同环境中各种金属的耐蚀性见表4-135。

表4-134 几种典型不锈钢耐蚀性

钢号	耐腐蚀特性	用　　途
304	304是18Cr-8Ni钢的基本钢种，具有很好的耐蚀性和抗热性	使用最普遍，用于炊具和其他家庭用食具、化学用具冷冻箱和纺织工业
304L	304L是抗晶间腐蚀的钢种	
321 347	这种钢由于增加了钛和铌具有很好的抗晶间腐蚀性，在接近600℃的高温情况下碳的析出将不出现现象	排气管、热绝缘板、高温化学反应器、合成氨工厂和石油精炼工业
309S 310S	由于增加了Cr、Ni，204钢有更好的耐热和耐蚀性，尤其是在高温情况下，具有很高的抗氧化性	锅炉零件，炉子零件，热交换器和气体涡轮机零件
316 316L 317 317L	这些钢对非氧化酸和盐溶液比304钢具有更好的耐蚀性（由于增加了Mo），316L和317L的低碳钢具有很好的抗晶间腐蚀性	一般用于化工、石油和染料工业及造纸、纺织和化肥工业
410	13Cr钢由于增加铝可以获得更好的焊接性能和可加工性	石油的精炼工业、热处理设备零件和其他的高温设备零件
430	典型的铬钢	炊具和其他的家庭用具、食具和民用工程，以及建筑工业

表 4-135 在不同环境中各种金属的耐蚀性

材料	沥青	丙酮		乙炔		乙醛	苯胺	二氧化硫		二氧化硫		酒精（乙烷基）	酒精（甲基）	苯甲酸
	浓度（%）													
	—	100		100		—	100	干		湿		全浓缩	全浓缩	全浓缩
	温度/℃													
	—	RT	100	RT	100	RT	RT	RT	100	RT	100	RT	RT	RT
碳钢	A	A	A	A	A	A	A	A	A	C	C	A-B	A-B	C
铸铁	A	A	A	A	A	A	A	A	A	C	C	A-B	A-B	C
304	A	A	A	A	A	A	A	A	A	A	B	A	A	A-B
316	A	A	A	A	A	A	A	A	A	A	B	A	A	A-B
410	A	A	A	A	A	A-B	A	A	A	A	C	A	A	A-B
440B	A	A	A	A	A	A-B	A	A	A	A	C	A	A	A-B
630	A	A	A	A	A	A-B	A	A	A	—	—	A	A	A-B
20	A	A	A	A	A	A	A	A	A	A	A	A	A	A-B
青铜	A	A	A	A	—	A	C	—	—	—	—	B	A	A-B
镍	A	A	A	—	A	A-B	—	—	C	C	—	A	A	A-B
蒙乃尔合金	A	A	A	A	—	A	A-B	—	—	—	—	C	A	A-B
哈氏合金 B	A	A	A	A	A	—	A	—	A	A	A	A	A	A
哈氏合金 C	A	A	A	A	A	A	A	A	A	A	A	A	A	A
因科镍合金	A	A	A	A	—	A	A	A	A	B	C	A	A	A
钛	—	A	A	A	—	A	A	A	A	B	C	A	A	A
锆	—	A	A	A	—	A	A	A	A	—	—	—	A	A
钽	A	A	A	A	A	A	A	A	A	A	A	A	A	A

材料	盐酸				氯		海水	过氧化氢	苛性苏打				
	浓度（%）												
	10~20		>20		干	湿	<30	<10	10~30				
	温度/℃												
	<70	BP	<30	<80	BP	<30	<30	RT	RT	<30	<90	BP	<30	<100
碳钢	C	C	C	C	C	A	C	C	—	A	A-B	—	A	A
铸铁	C	C	C	C	C	A	C	C	—	A	A-B	—	A	A
304	C	C	C	C	C	A	C	A	A	A	A	A	A	A

第4章 控制阀材料及耐蚀性

（续）

材料	介质												
	盐酸					氯		海水	过氧化氢	苛性苏打			
	浓度（%）												
	10~20		>20			干	湿		<30	<10		10~30	
	温度/℃												
	<70	BP	<30	<80	BP	<30	<30	RT	RT	<30	<90	BP	<30	<100
316	C	C	C	C	C	A	C	A	A	A	A	A	A	A
410	C	C	C	C	C	A	C	B	A-B	A	A	A	A	A
440B	C	C	C	C	C	A	C	B	A-B	A	A	A	A	A
630	C	C	C	C	C	A	C	A	A-B	A	A	A	A	A
20	C	C	C	C	C	A	—	A	A	A	A	A	A	A
青铜	C	C	C	C	C	A	A	A	C	B	B	B	B	C
镍	C	C	C	C	C	A	—	—	A	A	A	A	A	A
蒙乃尔合金	C	C	C	C	C	A	—	A	A	A	A	A	A	A
哈氏合金B	A	B	A	A	B	A	—	A	A	A	A	A	A	A
哈氏合金C	B50	C	C	C	C	—	—	A	A	A	A	A	A	A
因科镍合金	C	C	C	C	C	A	—	—	A	A	A	A	A	A
钛	C	C	C	C	C	C	A	A	A	A	A	A	A	A
锆	A	B	A	A	B	A	—	A	A	A	A	A	A	A
钽	A	A	A	A	A	A	A	A	A	A	A	A	A	A
备注				当超过沸点30%，钽变成B或C				不锈钢是耐锈斑的						

材料	介质											
	苛性苏打						甲酸		柠檬酸		杂酚油	铬酸
	浓度（%）											
	10~30	30~50		50~70		70~100	100	<10	5	15	浓缩	5
	温度/℃											
	BP	<30	<100	BP	<30	<80	BP	≤260	≤480	RT	<70	RT	BP	BP	<66
碳钢	—	A	B	—	C	C	C	—	—	C	C	C	C	A	C
铸铁	—	A	B	—	C	C	C	—	—	C	C	C	C	A	C

(续)

材料	介 质												
	苛性苏打							甲酸	柠檬酸		杂酚油	铬酸
	浓度（%）											
	10~30	30~50		50~70		70~100	100	<10	5	15	浓缩	5
	温度/℃											
	BP	<30	<100	BP	<30	<80	BP	≤260	≤480	RT	<70	RT	BP	BP	<66
304	B	A	A	—	B	—	—	B	C	A	A-B	A-B	A-B	C	A	B
316	B	A	A	B	B	—	B	B	C	A	A	A	A	B	A	B
416	—	A	—	—	—	—	—	—	—	C	A	A-B	B	—	A	C
440B	—	A	—	—	—	—	—	—	—	C	A	B	B	—	A	C
630	—	A	B	—	—	—	—	—	—	—	B	A	A-B	—	A	—
20	A	A	A	—	B	—	—	B	C	A	A	A	A	A	A	A-B
青铜	C	C	C	C	C	C	C	—	—	C	C	C	C	C	C	C
镍	A	A	A	A	A	A	A	A	A	—	A-B	A-B	A-B	—	A	C
蒙乃尔合金	A	A	A	A	A	A	A	B	B	A-B	A-B	A-B	A-B	—	A	C
哈氏合金B	A	A	A	A	A	A	A	B	B	A	A	A	A	A	A	—
哈氏合金C	A	A	A	A	A	A	A	B	B	A	A	A	A	A	A	A-B
因科镍合金	A	A	A	A	A	A	A	B	B	A-B	A	A	A	—	A	A-B
钛	—	—	—	—	—	—	—	—	—	—	A	A	A	—	—	A
锆	—	—	—	—	—	—	—	—	—	—	A	A	A-B	—	—	A
钽	—	—	—	—	—	—	—	—	—	A	A	A	A	A	A	A
备注																

材料	介 质									
	铬酸	铬酸钠	醋酸						醋酸钠	次氯酸钠	四氯化碳
	浓度（%）									
	10	浓缩	<10		10~20		20~50		50~99.5	无水醋酸		<20	
	温度/℃									
	BP	BP	≤30	BP	<60	BP	<60	BP	<60	BP	RT		RT	
碳钢	C	C	—	C	C	C	C	C	C	C	C	A-B	C	B
铸铁	C	C	—	C	C	C	C	C	C	C	C	A-B	C	B

第4章 控制阀材料及耐蚀性

（续）

材料	铬酸	铬酸钠	醋酸								醋酸钠	次氯酸钠	四氯化碳
	| 浓度（%） |												
	10	浓缩	<10		10~20		20~50		50~99.5	无水醋酸		<20	
	| 温度/℃ |												
	BP	BP	≤30	BP	<60	BP	<60	BP	<60	BP	RT	RT	
304	C	C	A	A	A	A	A	A	A	A	A-B	A-B	C	A
316	C	C	A	A	A	A	A	A	A	A	A	A-B	B	A
416	C	C	—	A-B	—	—	—	—	—	—	—	A-B	C	B
440B	C	C	—	A-B	—	—	—	—	—	—	—	A-B	C	B
630	—	—	A	A	—	—	—	—	—	—	—	A-B	—	—
20	—	—	—	A	A	A	A	A	A	A	A	A-B	B	A
青铜	C	C	A	B-C	B-C	—	—	—	—	—	—	A-B	C	A
镍	C	C	A	A	—	A	—	A	—	—	—	A-B	—	A
蒙乃尔合金	C	C	A	A	A-B	—	—	A	—	—	—	A-B	C	A
哈氏合金 B	—	—	A	A	—	A	—	A	—	A	—	A-B	—	A
哈氏合金 C	A-B	—	A	A	A	A	A	A	A	A	A	A-B	A	A
因科镍合金	B	—	A	A	A	—	—	—	—	—	—	A-B	C	A
钛	A	A	—	A	A	A	A	A	A	A	A	A	A	A
锆	A	A	—	A	A	A	A	A	A	A	A	A	A	A
钽	A	A	—	A	A	A	A	A	A	A	A	A	A	A
备注														

材料	草酸		硝酸											
	| 浓度（%） |													
	5	10	≤0.5		0.5~20		20~40		40~70		70~80			
	| 温度/℃ |													
	RT	RT	BP	≤30	≤60	BP	≤30	≤60	BP	≤30	≤60	BP	≤30	≤60	BP
碳钢	C	C	C	C	C	C	C	C	C	C	C	C	C	C	C
铸铁	C	C	C	C	C	C	C	C	C	C	C	C	C	C	C
304	A-B	A-B	C	A	A	A	A	A	A	A	A	A	A	B	A

控制阀设计制造技术

（续）

材料	介 质														
	草酸		硝酸												
	浓度（%）														
	5	10	≤0.5			0.5~20			20~40			40~70			70~80
	温度/℃														
	RT	RT	BP	≤30	≤60	BP	≤30	≤60	BP	≤30	≤60	BP	≤30	≤60	BP	≤30
316	A-B	A-B	A-B	A	A	A	A	A	A	A	A	A	A	A	B	A
416	A-B	A-B	C	A	A	A	A	A	—	A	A	—	A	A	—	A-B
440B	A-B	A-B	C	A	A	A	A	A	—	A	—	—	A	—	—	A-B
630	A-B	A-B	C	A	A	A	A	A	A	A	A	A	A	A	A	A-B
20	A	A	A	A	A	A	A	A	A	A	A	A	A	A	B	A
青铜	—	—	—	C	C	C	C	C	C	C	C	C	C	C	C	C
镍	C	C	C	C	C	C	C	C	C	C	C	C	C	C	C	C
蒙乃尔合金	A-B	A-B	A-B	C	C	C	C	C	C	C	C	C	C	C	C	C
哈氏合金 B	A	A	B	C	C	C	C	C	C	C	C	C	C	C	C	C
哈氏合金 C	A	A	A	A	A	A	A	A	A	A	A	A	—	—	—	—
因科镍合金	A	A	A	A	A	A	A	—	—	A	—	—	—	—	—	—
钛	A-B	C	C	A	A	A	A	A	A	A	A	C	A	A	C	A
锆	A	A	A	A	A	A	A	A	A	A	A	A	A	A	A	A
钽	A	A	A	A	A	A	A	A	A	A	A	A	A	A	A	A
备注																

材料	介 质											
	硝酸					硝酸银	氢氧化钾			氢	汞	硬脂酸	焦油	碳酸钠
	浓度（%）													
	70~80		80~95		>95	5	27	50	浓缩			浓缩		全浓缩
	温度/℃													
	≤60	BP	≤30	≤60	BP	<30	RT	BP	BP	RT			50		RT
碳钢	C	C	C	C	C	A	C	A-B	A-B	—	A	A	A	—	A	A
铸铁	C	C	C	C	C	—	C	A-B	A-B	—	A	A	A	C	A	A
304	A	C	A	A	C	A	A	A	A	B	A	A	A	A	A	A
316	A	C	A	A	C	A	A	A	A	A	A	A	A	A	A	A
416	—	—	—	—	—	A	A-B	A-B	A-B	—	A	A	A	A-B	A	A
440B	—	—	—	—	—	—	A-B	A-B	A-B	—	A	A	A	A-B	A	A

第4章 控制阀材料及耐蚀性

（续）

材料	介质												
	硝酸			硝酸银	氢氧化钾			氢	汞	硬脂酸	焦油	碳酸钠
	浓度（%）											
	70~80	80~95	>95		5	27	50	浓缩			浓缩	全浓缩
	温度/℃											
	≤60	BP	≤30	≤60	BP	<30	RT	BP	BP	RT		50	RT
630	—	—	—	—	—	A-B	A	—	A	A	A	A-B	A	A
20	B	C	A	B	C	A	A	A	A-B	A-B	A	A	A	A
青铜	C	C	C	C	C	—	C	B	B	—	A	A	C	A
镍	C	C	C	C	C	—	C	A	A	A	A	A-B	A-B	A
蒙乃尔合金	C	C	C	C	C	—	C	A	A	A	A	A-B	A-B	A
哈氏合金 B	C	C	C	C	C	—	A-B	A-B	A-B	A	A	A	A	A
哈氏合金 C	—	—	—	—	—	—	A-B	A	A-B	A-B	A	A	A	A
因科镍合金	—	—	—	—	—	—	A-B	A	A-B	A-B	A	A-B	A	A
钛	A	C	A	A	—	A	A	A	C	C	A	A	—	A	A
锆	A	A	A	A	A	—	A	A	A	A	A	A	—	A	A
钽	A	A	A	A	A	A	A	C	C	A	A	A	A	A
备注													

材料	介质												
	硫代硫酸钠	松节油	二氯乙烯	二氧化碳		二硫化碳	苦味酸	氢氟酸		氟利昂	丙烷	丁烷	苯	硼酸
	浓度（%）												
	20			干	湿			干	湿					
	温度/℃												
	RT			RT										
碳钢	C	B	A-B	A	C	A	C	C	C	A-B	B	A	A	C
铸铁	C	B	A-B	A	C	A	C	C	C	A-B	B	A	A	C
304	A-B	A	A	A	A	A	A-B	C	C	A	B	A	A	A
316	A-B	A	A	A	A	A	A-B	C	C	A	A	A	A	A
416	—	—	A	A	A	A	B	A-B	C	C	A	—	A	A	B
440B	—	—	A	A	A	A	B	A-B	C	C	A	—	A	A	B
630	—	—	A	A	A	A	—	A-B	C	C	A	—	A	A	B
20	A	A	A	A	A	A	A	C	C	A	A	A	A	A

控制阀设计制造技术

（续）

材料	介质												
	硫代硫酸钠	松节油	二氯乙烯	二氧化碳		二硫化碳	苦味酸	氢氟酸		氟利昂	丙烷	丁烷	苯	硼酸
	浓度（%）												
	20			干	湿			干	湿					
	温度/℃												
	RT			RT										
青铜	—	A	A	A	B	C	C	C	C	A	A	A	A	A-B
镍	—	—	A	A	—	—	C	C	C	—	—	A	A	A-B
蒙乃尔合金	—	B	A	A	—	B	C	A-B	A	A	A	A	A	A-B
哈氏合金 B	A	A	A	A	—	A	C	A	A	A	A	A	A	A
哈氏合金 C	A	A	A	A	A	A	B	A-B	A	A	A	A	A	A
因科镍合金	—	A	A	A	A	A	A-B	C	C	—	—	A	A	A-B
钛	—	A	A	A	A	A	—	C	C	A	A	A	A	A
锆	—	A	A	A	A	A	—	C	C	A	A	A	A	A
钽	A	A	A	A	A	A	A	C	C	A	A	A	A	A
备注								混有空气	不混有空气					

材料	介质										
	甲醇	牛奶	无水氨	甲醇	甲基异丙基甲酮	硫化氢	硫酸				
	浓度（%）										
						湿	≤0.25			0.5~5			5~25		
	温度/℃										
							≤30	≤60	BP	≤30	≤60	BP	≤30	≤60	BP
碳钢	B	—	A	A	A	B-C	C	C	C	C	C	C	C	C	C
铸铁	B	—	A	A	A	C	C	C	B	C	C	C	C	C	C
304	A	A	A	A	A	A-B	A	A	—	B	C	C	C	C	C
316	A	A	A	A	A	A-B	A	A	—	B	B	C	B-C	C	C
416	A	—	A	A	A	—	C	C	B	C	C	C	C	C	C
440B	A	—	A	A	A	—	C	C	C	C	C	C	C	C	C
630	A	—	A	A	A	A-B	A-B	—	—	C	C	C	C	C	C
20	A	A	A	A	A	B	A	A	A	A	A	A	A	A	≥80℃ B

第4章 控制阀材料及耐蚀性

（续）

材料	介 质													
	甲醇	牛奶	无水氨	甲醇	甲基异丙基甲酮	硫化氢	硫酸							
							浓度（%）							
						湿	≤0.25			0.5~5			5~25		
							温度/℃							
							≤30	≤60	BP	≤30	≤60	BP	≤30	≤60	BP
青铜	A	—	C	A-B	A	C	A-B	A-B	C	C	C	C	C	C	C
镍	A	—	A	A	A	C	C	C	C	C	C	C	C	C	C
蒙乃尔合金	A	—	B	A	A	—	A	A	A	C	C	C	C	C	C
哈氏合金B	A	A	A	A	A	—	A	A	A	A	A	A	A	A	A
哈氏合金C	A	A	A	A	A	A	A	A	A	A	A	A	A	A	B
因科镍合金	A	—	A	A	A	B	—	—	—	C	C	C	C	C	C
钛	A	—	A	A	A	A	—	—	—	C	C	C	C	C	C
锆	A	—	—	A	A	—	A	A	A	A	A	A	A	A	A
钽	A	A	A	A	A	A	A	A	A	A	A	A	A	A	A
备注															

材料	介 质														
	硫酸														
	浓度（%）														
	29~50			50~60			60~75			75~95			95~100		
	温度/℃														
	≤30	≤50	BP	≤30	≤60	BP	≤30	≤60	BP	≤30	≤50	BP	≤30	≤50	BP
碳钢	C	C	C	C	C	C	C	C	C	B	C	C	>98%A	>98%B	—
铸铁	C	C	C	C	C	C	C	C	C	—	—	—	—	—	—
304	C	C	C	C	C	C	C	C	C	B	C	C	>98%A	>98%B	—
316	C	C	C	C	C	C	C	C	C	B	B	C	>98%A	>98%B	—
416	C	C	C	C	C	C	C	C	C	C	C	C	—	C	—
440B	C	C	C	C	C	C	C	C	C	C	C	C	—	C	—
630	C	C	C	C	C	C	C	C	C	C	C	C	—	C	—
20	A	A	C	A	B	C	A	B	C	A	B	C	A	A-B	C
青铜	C	C	C	C	C	C	C	C	C	C	C	C	—	—	—
镍	C	C	C	C	C	C	C	C	C	C	C	C	C	C	C

（续）

材料	介 质														
	硫酸														
	浓度（%）														
	29~50			50~60			60~75			75~95			95~100		
	温度/℃														
	≤30	≤50	BP	≤30	≤60	BP	≤30	≤60	BP	≤30	≤50	BP	≤30	≤50	BP
蒙乃尔合金	C	C	C	C	C	C	C	C	C	C	C	C	C	C	C
哈氏合金B	A	A	B	A	A	B	A	A	B	A	A	—	A	A	C
哈氏合金C	A	A	C	A	B	C	A	B	C	—	—	—	A	B-C	C
因科镍合金	C	C	C	C	C	C	C	C	C	—	—	—	—	—	—
钛	C	C	C	C	C	C	C	C	C	—	—	—	—	—	—
锆	A	A	—	A	A	A-B	A-B	A-B	C	A	A	—	—	—	—
钽	A	A	A	A	A	A	A	A	A	A	A	A	A	A	C
备注															

材料	介 质										
	硫酸锌		硫酸铵	硫酸铜	磷酸						
	浓度（%）										
	5	饱和	<25	1~5	25	≤65			65~85	
	温度/℃										
	RT	BP	RT	<100	≤30	≤70	BP	≤30	≤90	BP
碳钢	—	—	—	—	C	C	C	C	C	C
铸铁					C	C	C	C	C	C
304	A	A	A	A	—	<5% A	A	A-B	C	C	C
316	A	A	—	A	A	A	A	A	A	A	C
416										
440B										
630										
20	A	A	A	A	A	A	A	A	A	A	A
青铜	A	A	B	—	—						
镍	A-B	—	—	A	—						
蒙乃尔合金	A-B	—	—	A	—	A	—	B	B	C
哈氏合金B	A	A	A	A	A	A	A	A	A	A-B
哈氏合金C	A	A	A	A	A	A	A	A	—	—
因科镍合金	A-B	A-B	—	A	—	<5% A	—	—	—	—

第4章 控制阀材料及耐蚀性

（续）

材料	介质									
	硫酸锌		硫酸铵	硫酸铜	磷酸					
	浓度（%）									
	5	饱和	<25	1~5	25	≤65		65~85		
	温度/℃									
	RT	BP	RT	<100	≤30	≤70	BP	≤30	≤90	BP
钛	—	—	—	A	A	—	25% A	—	—	—
锆	—	—	—	A	A	A	50% A	—	—	—
钽	A	A	A	A	A	A	50% A	A	A	A
备注							不混空气的蒙乃尔合金			

注：1. 有水存在时乙炔与铜或铜合金混合爆炸。
2. RT 为室温；BP 为沸点；A 为推荐使用；B 为小心使用；C 为不能使用；—为暂无资料。

（2）耐冲刷（磨蚀）

冲刷（磨蚀）是指金属表面受运动的液体或气体作用时而产生的损坏，通常在液体中含有固体颗粒时冲刷会显著加剧。控制阀控制着流体的流量，影响流量的部件有阀座、阀芯和阀体。阀芯和阀座的损坏形式随着流体流速的变化而不同，当流体在低流速时，主要承受流体的腐蚀；当流体在中流速时，同时承受流体腐蚀和机械损坏；当流体在高流速时，主要承受机械损坏、流体腐蚀、磨损腐蚀和气蚀腐蚀。

不同材料的耐冲刷能力从弱到强的顺序为：青铜、铝青铜、镍、20、蒙乃尔合金、哈氏合金 B 及 C、316、304、K 型蒙乃尔合金、40HRC 17-4PH、40HRC 416、因科镍合金、304 及 316 合金表面熔敷 stellit 6 号、60HRC 440、碳化钨、陶瓷。

（3）温度要求

使用温度也是阀门内组件材料选择时需要考虑的一个因素。表 4-136 列举了典型控压件金属材料适用温度范围；表 4-137 列举了典型控压件非金属材料工作温度范围。

表 4-136 典型控压件金属材料适用温度范围

材料（中文或其他名称）	温度范围/℃	应用
CF8	-268~316	无涂层阀芯、阀座
CF8M	-268~316	无涂层阀芯、阀座
CG8M	-268~316	无涂层阀芯、阀座
蒙乃尔合金 K-500	-198~427	无涂层阀芯、阀座
蒙乃尔合金	-198~427	无涂层阀芯、阀座
哈氏合金 B	-198~427	无涂层阀芯、阀座
哈氏合金 C276	-198~427	无涂层阀芯、阀座
ZTA1、ZTA2、ZTA3	-59~316	无涂层阀芯、阀座
N02200	-198~316	无涂层阀芯、阀座
Auoy20 CN7M（N08020）	-198~316	无涂层阀芯、阀座
416（S414004）	-29~427	阀芯、阀座、套筒
440（S414004）	-29~427	阀芯、阀座、轴套
CB7Cu-1（S17400）	-62~427	阀芯、阀座、套筒
CoCr-A（R3006）	-198~816	阀芯、阀座
镀硬铬	-198~316	控压件涂层
非电镀镍涂层	-198~400	控压件涂层
S20910，XM19	-198~593	阀杆、阀轴、销钉
丁腈橡胶	-29~93	阀座
氟橡胶	-18~204	阀座、O 形密封环
聚四氟乙烯	-268~232	阀座、填料
尼龙	-51~93	阀座
聚乙烯	-54~85	阀座
氯丁橡胶	-40~82	阀座

表 4-137 典型控压件非金属材料工作温度范围

ASTM 代号和商品名称	基本描述	温度范围
CR	氯丁橡胶	-40~180℉，-40~821℃
EPDM	乙烯丙烯三元共聚物	-40~275℉，-40~1351℃
FFKM	全氟醚橡胶	0~500℉，-18~260℃
FKM	氟橡胶	0~40℉，-18~204℃
FVMQ	氟硅橡胶	-100~30℉，-73~149℃
NBR	丁腈橡胶	-65~180℉，-54~82℃
NR	天然橡胶	-20~200℉，-29~93℃
PUR	聚氨酯橡胶	-20~200℉，-29~93℃

第4章 控制阀材料及耐蚀性

(续)

ASTM 代号和商品名称	基本描述	温度范围
VMQ	硅树脂橡胶	$-80 \sim 450\,°F$，$-62 \sim 232\,°C$
PEEK	聚乙醚甲酮	$-10 \sim 480\,°F$，$-73 \sim 250\,°C$
PTFE	聚四氟乙烯	$-100 \sim 400\,°F$，$-73 \sim 204\,°C$
PTFE，填充碳	聚四氟乙烯，充填碳	$-100 \sim 450\,°F$，$-73 \sim 232\,°C$
PTFE，填充玻璃	聚四氟乙烯，充填玻璃	$-100 \sim 450\,°F$，$-73 \sim 232\,°C$

(4) 耐磨损及擦伤

在质量流量大的地方，经常会发生阀芯及衬套有磨损和擦伤，导致该磨损的一个可能因素是由于振动而引起的阀芯不稳定，流动介质的温度及润滑性质和材料的选择是影响擦伤的因素。

耐磨损与耐擦伤的材料选择一般属于同一范畴。在接触面之间使用两种不同的材料，可以得到较长的使用寿命。如果必须使用类似的材料，则应采用不同的硬度。

表4-138 列出了耐磨损、耐擦伤材料的各种不同组合和性能，除这些材料外，当操作条件允许使用时，塑料衬里的衬套也是有效的。流动介质的润滑性质也会影响磨损及擦伤，像干的过热蒸汽和某些热交换液体等介质具有形成这种损坏的明显趋势，而润滑油类的这种趋向最小。

表4-138 耐磨损、耐擦伤材料的组合和性能

材料	304	316	青铜	因科镍合金	蒙乃尔合金	哈氏合金B	哈氏合金C	钛75A	镍	20号合金	416(硬)	440(硬)	17-4PH	合金6号(Co-Cr)	化学镀镍	镀铬	铝青铜
304			F				F				F	F	F	F	F	F	F
316			F				F				F	F	F	F	F	F	F
青铜	F	F								F	F	F	F	F	F	F	
因科镍合金			S			F		F	F		F	F	F	F	F	F	S
蒙乃尔合金			S			F	F	F			F	F	F	F	F	F	
哈氏合金B			S				F	F	S		F	F	F	S	F	S	S
哈氏合金C	F	F	S	F	F	F		F			F	F	F	F	F	S	S
钛75A			S														
镍				F	F	S	F			F	F	F		F	F	F	S

(续)

材料	304	316	青铜	因科镍合金	蒙乃尔合金	哈氏合金B	哈氏合金C	钛75A	镍	20号合金	416（硬）	440（硬）	17-4PH	合金6号（Co-Cr）	化学镀镍	镀铬	铝青铜
20号合金			S	F	F	F	F	F		F	F	F.	S	F	S	S
416（硬）	F	F	F	F	F	F	F	F	F	F		F	F	S	S	S	S
440（硬）	F	F	F	F	F	F	F	F	F	S	F		S	S	S	S	S
17-4PH	F	F	F	F	F	F	F	F	F	F	F	F		S	S	S	S
合金6（Co-Cr）	F	F	F	F	S	S	S	S	S	S	S	S	S		F	S	S
化学镀镍	F	F	F	F	F	F	F	F	F	F	F	F	F	S			S
镀铬	F	F	F	F	F	F	F	F	F	F	F	F	F	S	S		
铝青铜	F	F	F	S	S	S	S	S	S	S	S	S	S	S	S	S	

注：S表示满意；F表示尚好；无记号表示不良。

4.2.2 一些特殊介质的材料禁忌

一些特殊介质对一些材料具有严重的腐蚀作用或强烈的化学反应，在选用控制阀控压件材料和生产过程中应特别注意，已知的一些特殊介质的材料禁忌见表4-139。

表4-139 特殊介质的材料禁忌

介质名称	介质状态	特殊要求					备注
		禁油	禁水	禁铜	禁石墨	禁橡胶	
氧气		Y		Y			
氢气		Y					
氯气			Y				湿气禁铜
硝酸	1. 浓度>30% 2. 浓度<30%，温度>25℃ 3. 浓度<20%，温度>50℃ 4. 浓度<10%，温度>80℃			Y	Y	Y	1. 材质选用304L或CF3 2. 浓度低于70%时可用氟橡胶
	其余						
	发烟硝酸				Y	Y	
亚硝酸							丁腈橡胶不可用
硫酸					Y		1. 浓度低于10%、温度低于40℃时可用丁腈橡胶；氟橡胶可用于各种浓度 2. 浓度90%以上禁石墨

第4章 控制阀材料及耐蚀性

（续）

介质名称	介质状态	特殊要求					备注
		禁油	禁水	禁铜	禁石墨	禁橡胶	
亚硫酸							丁腈橡胶不可用
氢氟酸							丁腈橡胶不可用，浓度大于75%可用氟橡胶
磷酸							
氯气	干气			Y	Y		1. 湿气温度高于80℃时石墨不可用 2. 丁腈橡胶不可用 3. 湿气腐蚀性很大，注意选材
	湿气			Y			
醋酸（乙酸）							浓度低于20%时可用丁腈橡胶，浓度低于60%时可用氟橡胶
氢氧化钠溶液						Y	浓度低于20%、温度低于66℃时和浓度低于50%、温度低于25℃时可用丁腈橡胶，浓度低于60%、温度低于25℃时可用氟橡胶
氨气				Y			氟橡胶不可用
氨水				Y			
硫							1. 含水时禁铜 2. 乙丙橡胶、氟橡胶可用，其余禁用
硫化铵				Y			
硫化氢				Y			
硝酸铵		Y		Y	Y		
硫酸铵				Y			
乙炔				Y			
苯胺				Y			
环氧乙烷							湿气禁铜
溴					Y		
氯化硫					Y		
溴化硫					Y		
过氧化氢					Y		
丙烯、三乙基铝			Y				禁水，易结晶，遇水易爆炸
PVC浆料							大多含催化剂颗粒，发生自聚、板结现象

（续）

介质名称	介质状态	特殊要求					备注
		禁油	禁水	禁铜	禁石墨	禁橡胶	
氯硅烷		Y					禁油
双氧水				Y	Y		禁铜、禁石墨、禁17-4PH
丙烯酸				Y			有毒，酸性强禁铜
苯，甲苯，二甲苯，乙苯	苯类介质球芯用+Ni60，腐蚀比较厉害					Y	禁橡胶
氟化氢					Y		
三氯氢硅			Y				

注：1. 大部分铵盐需要禁铜。
2. 介质为氯化铵溶液时，304不适用，316可能产生空蚀，建议采用钛材。
3. 氢氧化钠溶液浓度>30%时，奥氏体钢（304、316）会产生应力腐蚀，建议内件选用蒙乃尔合金。
4. 介质为氧气时，耐压件不能选用碳钢，内件建议选用蒙乃尔合金，高压状态密封件硬化不能采用渗氮处理。
5. 介质为氢气时，高压状态密封件硬化不能采用渗氮处理。
6. 介质为磷酸时，304只适用于浓度低于10%的酸，浓度85%以下沸点酸建议选用316或20号合金。
7. 介质为氯气含水时不能用304、316。
8. 蒙乃尔合金耐非氧化性酸，如氢氟酸；对热浓碱液有优良的耐蚀性。
9. 哈氏合金B对非氧化性酸、碱和非氧化性盐液有良好的耐蚀性，如硫酸、磷酸、氢氟酸、有机酸等，对沸点以下所有浓度的盐酸有良好的耐蚀性；哈氏合金C对氧化性酸或其他氧化剂有良好的耐蚀性，如硝酸、混酸（硝酸+硫酸）或铬酸与硫酸混合物。
10. Y为禁止使用。

4.2.3 软密封材料

表4-140给出了API 608规定的PTFE和R-PTFE球阀阀座温度-压力额定值。

表4-140 API 608规定的PTFE和R-PTFE球阀阀座温度-压力额定值 （单位：bar）

温度/℃	PTFE和改良PTFE阀座				R-PTFE和改良R-PTFE阀座			
	浮动式			固定式	浮动式			固定式
	DN≤50	50<DN≤150	>150	DN>50	DN≤50	50<DN≤150	>150	DN>50
-29~38	69.0	51.0	19.7	51.0	75.9	51.0	19.7	51.0
66	56.9	42.1	16.2	42.1	63.8	43.1	16.6	43.1
93	45.5	33.4	13.1	33.4	52.4	35.5	13.8	35.5
122	34.5	24.5	9.7	24.5	39.7	27.6	10.7	27.6
149	22.4	15.9	6.2	15.9	29.0	19.0	7.6	19.0
177	11.7	6.9	2.8	6.9	17.2	8.6	3.5	8.6
205	—	—	—	—	5.5	3.4	1.4	3.4

注：1bar = 10^5Pa。

第4章 控制阀材料及耐蚀性

4.3 紧固件材料

4.3.1 紧固件材料的标准

紧固件材料的标准见表4-141。

表4-141 常用紧固件材料的国家标准

标准	材料	标准	材料
GB/T 700—2006	Q235-A	GB/T 3077—2015	25Cr2MoV
GB/T 699—1999	25	GB/T 1221—2007	20Cr1Mo1V
GB/T 699—1999	35	GB/T 1221—2007	20Cr1Mo1V1
GB/T 699—1999	40	GB/T 1221—2007	20Cr1Mo1VTiB
GB/T 699—1999	45	GB/T 1221—2007	20VCr1Mo1VNbB
GB/T 3077—1999	40MnB	GB/T 1220—2007	12Cr13
GB/T 3077—1999	40MnVB	GB/T 1220—2007	14Cr17Ni2
GB/T 3077—1999	40Cr	GB/T 1220—2007	06Cr19Ni10
GB/T 3077—1999	35CrMo	GB/T 1220—2007	06Cr18Ni11Nb
GB/T 3077—1999	35CrMoA	GB/T 1220—2007	12Cr18Ni9
GB/T 1221—2007	15Cr1Mo1V	GB/T 1220—2007	06Cr17Ni12Mo
GB/T 3077—1999	20CrMo	GB/T 1220—2007	06Cr17Ni12Mo2Ti
GB/T 1221—2007	1Cr5Mo		

4.3.2 紧固件材料的选用

标准螺栓材料和使用温度范围见表4-142,螺栓、螺母材料的组合见表4-143。

表4-142 标准螺栓材料和使用温度

螺栓材料		温度/℃
ASTM	GB/T	
A193 B7	35CrMo	−29~425
A320 L7	42CrMo	−46~345
A193 B7	35CrMo	−29~455
A193 B7	35CrMo	−29~427
A193 B7	35CrMo	427~538
A193 B7	35CrMo	−29~427
A193 B7	35CrMo	427~538
A193 B7	35CrMo	−29~427

(续)

螺栓材料		温度/℃
ASTM	GB/T	
A193 B7	35CrMo	427~538
A193 B7	35CrMo	-29~427
A193 B7	35CrMo	427~538
A193 B16	35CrMo	538~593
A320-B8	14Cr17Ni2	-254~538
A193 B8-CL2	06Cr19Ni10	538~800
A320-B8	06Cr19Ni10	-196~538
A193 B8M-CL2	06Cr17Ni12Mo2	538~816
A320-L7	42CrMo	-59~-45.6
A320-L7	42CrMo	-45.6~343
A320-L7	42CrMo	-73~-45.6
A320-L7	42CrMo	-45.6~343
A320-L7	42CrMo	-101~-45.6
A320-L7	42CrMoA	-45.6~343

表4-143 螺栓、螺母材料的组合

螺母用钢	螺母	钢材标准
35	Q235-A	GB/T 700—2006
	15	GB/T 699—1999
40MnB、40MnVB、40Cr	35, 40Mn, 45	GB/T 699—2015
30CrMoA	30CrMoA	GB/T 3077—2015
35CrMo	40Mn, 45	GB/T 699—2015
	30CrMoA, 35CrMo	GB/T 3077—2015
35CrMoV	35CrMoA, 35CrMoV	GB/T 3077—2015
25Cr2MoVA	30CrMo	GB/T 3077—2015
	25Cr2MoVA	GB/T 3077—2015
12Cr5Mo	12Cr5Mo	GB/T 1221—2007
12013	12Cr13, 20Cr13	GB/T 1220—2007
06Cr19Ni10	25Cr2MoVA	GB/T 3077—2007
	06Cr19Ni10	GB/T 1220—2007
06Cr17Ni12Mo2	06Cr17Ni12Mo2	GB/T 1220—2007

4.3.3 常用紧固件的力学性能

螺栓、螺钉和螺柱的力学和物理性能见表4-144。

第4章 控制阀材料及耐蚀性

表 4-144 螺栓、螺钉和螺柱的力学和物理性能

序号	力学和物理性能		性能等级								
			4.6	4.8	5.6	5.8	6.8	8.8 ($d \leq 16mm$)[①]	8.8 ($D > 16mm$)[②]	9.8 ($d \leq 16mm$)	10.9	12.9/12.9
1	抗拉强度 R_m/MPa	公称	400	400	500	500	600	800	830	900	1000	1200
		最小	400	420	500	520	600	800	830	900	1040	1220
2	下屈服强度 R_{eL}[④]/MPa	公称	240	—	300	—	—	—	—	—	—	—
		最小	240	—	300	—	—	—	—	—	—	—
3	规定非比例延伸 0.2% 的应力 $R_{p0.2}$/MPa	公称	—	—	—	—	—	640	640	720	900	1080
		最小	—	—	—	—	—	640	660	720	940	1100
4	紧固件实物的规定非比例延伸 0.0048d 的应力 R_{pf}/MPa	公称	—	320	—	400	480	—	—	—	—	—
		最小	—	340[⑤]	—	420[⑤]	480[⑤]	—	—	—	—	—
5	保证应力 S_p[⑥]/MPa	公称	225	310	280	330	440	580	600	650	830	970
	保证应力比 $S_{p,公称}/R_{eL}$, 最小或 $S_{p,公称}/R_{p0.2}$, 最小或 $S_{p,公称}/R_{pf}$, 最小		0.94	0.91	0.93	0.90	0.92	0.91	0.91	0.90	0.88	0.88
6	机械加工试件的断后伸长率 A (%)	最小	22	—	20	—	—	12	12	10	9	8
7	机械加工试件的断面收缩率 Z (%)	最小	—	—	—	—	—	52	52	48	48	44
8	紧固件实物的断后伸长率 A_f	最小	—	0.24	—	0.22	0.20	—	—	—	—	—
9	头部坚固性		不得断裂或出现裂缝									
10	维氏硬度 HV, $F \geq 98N$	最小	120	130	155	160	190	250	255	290	320	385
		最大	220[⑦]	220[⑦]	220[⑦]	220[⑦]	250	320	335	360	380	435
11	布氏硬度 HBW, $F = 30D^2$	最小	114	124	147	152	181	245	250	286	316	380
		最大	209[⑦]	209[⑦]	209[⑦]	209[⑦]	238	316	331	355	375	429
12	洛氏硬度 HRB	最小	67	71	79	82	89					
		最大	95.0[⑦]	95.0[⑦]	95.0[⑦]	95.0[⑦]	99.5					

353

(续)

序号	力学和物理性能		性能等级								
			4.6	4.8	5.6	5.8	6.8	8.8		9.8	10.9	12.9/12.9
								$d\leq16mm$[①]	$D>16mm$[②]	$d\leq16mm$		
12	洛氏硬度 HRC	最小	—	—	—	—	—	22	23	2%	32	39
		最大	—	—	—	—	—	32	34	37	39	44
13	表面硬度 HV0.3	最大	—	—	—	—	—	⑧	⑧		⑧,⑨	⑧,⑩
14	螺纹未脱碳层的高度 E/mm	最小							$1/2H_1$		$2/3H_1$	$3/4H_1$
15	螺纹全脱碳层的深度 G/mm	最大								0.015		
16	再回火后硬度的降低值 HV	最大								20		
17	破坏扭矩 M_B/Nm	最小				27		27		27	27	⑬
18	表面缺陷		GB/T 5779.1[⑭]					按 GB/T 3098.13 的规定				GB/T 5779.3

① 数值不适用于栓接结构。
② 对于栓接结构，$d\geq M12$。
③ 规定公称值，仅为性能等级标记制度的需要。
④ 在不能测量下屈服强度 R_{eL} 的情况下，允许测量规定非比例延伸0.2%的应力 $R_{p0.2}$。
⑤ 对性能等级4.8、5.8和6.8的 $R_{pf,min}$，数值尚在调查研究中，表中数值是按保证载荷比计算给出的，而不是实测值。
⑥ 标准中规定了保证载荷值。
⑦ 在紧固件的末端测定硬度时，应分别为250HV、238HBW或HRB$_{max}$99.5。
⑧ 当采用HV0.3测定表面硬度及芯部硬度时，紧固件的表面硬度不应比芯部硬度高出30HV单位。
⑨ 表面硬度不应超出390HV。
⑩ 表面硬度不应超出435HV。
⑪ 试验温度在-20℃下测定。
⑫ 适用于 $d\geq16mm$。
⑬ K_v 数值尚在调查研究中。
⑭ 由供需双方协议，可用GB/T 5779.3代替GB/T 5779.1。

4.4 密封材料

密封材料主要用于执行机构的膜片、密封填料、垫片、O 形环和衬里等的密封。

1）填料用于防止介质在阀杆和填料函间隙泄漏，目前主要有 V 形聚四氟乙烯填料、柔性石墨和盘根等。聚四氟乙烯摩擦系数小、密封性好、耐蚀性优良；其缺点是耐磨性差，温度不能过高。聚四氟乙烯填料的使用温度范围为 -40~232℃。石墨的密封性好、化学惰性强、耐腐蚀，适用于大部分的难处理流体，多应用于高温场合；其缺点是对阀杆的摩擦力较大。石墨填料的使用温度范围为 -198~649℃。

2）垫片、O 形环主要用于提高阀门内件的密封性能，一般使用非金属材料，如氟橡胶、石墨、碳纤维、聚四氟乙烯等。当因工况温度较高或介质原因不能使用橡胶或塑料时，可选择金属材料与非金属材料的组合。

4.4.1 常用密封材料

选择用于控制阀中的密封材料时，需要了解该材料将要使用的工况条件及材料本身的基本特性，应该全面了解介质温度、压力、流体流量、阀门动作类型（调节或开关）和流体的化学成分。表 4-145 的适用等级（优、很好、好、一般、差、很差）仅可作为一个参考，存在于某种材料中的特殊成分如有改变，就可能会改变材料的适用等级。表 4-146 为常用密封材料对典型介质的适应性。

4.4.2 常用的填料种类

（1）盘根填料

1）高温高压阀门专用盘根。这种盘根以柔性石墨为结构线，在每根结构线的内部使用五根耐高温合金丝进行增强，外部再编织耐高温合金丝，结构为方形交叉内锁编织。其工作温度：非氧化气氛为 -250~850℃，氧化气氛为 -250~550℃；工作压力为

表 4-145 常用密封材料的适用等级

适用等级性能		丙烯酸酯橡胶①	聚氨酯②	氯醇橡胶	氯丁橡胶	乙丙橡胶	氟橡胶	全氟橡胶	丁基合成橡胶	硅橡胶	丁腈橡胶	天然橡胶	丁苯橡胶	四氟乙烯丙烯共聚物
拉伸强度 P_{si}/MPa	纯橡胶	100 (0.7)	—	2000 (14)	3500 (24)	—	—	—	—	200~450 (1.4~3)	600 (4)	3000 (21)	400 (3)	—
	加强型	1800 (12)	6500 (45)	2500 (17)	3500 (24)	2500 (17)	2300 (16)	3200 (22)	3000 (21)	1100 (8)	4000 (28)	4500 (31)	3000 (21)	2800 (19)
抗撕裂		一般	优	好	好	差	好	—	好	差	一般	优	差	好
抗磨蚀		好	优	一般	优	好	很好	优	一般	好	好	优	好	好
老化	太阳光下	优	优	好	优	优	优	—	优	很好	差	差	差	—
	氧化环境下	优	好	好	好	好	好	优	好	—	一般	好	一般	优
耐热（最高温度）		350°F (177°C)	200°F (93°C)	275°F (135°C)	200°F (93°C)	350°F (177°C)	400°F (204°C)	550°F (288°C)	200°F (93°C)	450°F (232°C)	250°F (121°C)	200°F (93°C)	200°F (93°C)	400°F (204°C)
抗弯曲开裂		好	优	一般	优	一般	差	—	优	一般	好	优	好	—
抗压缩定型		好	好	优	一般	差	很好	优	一般	好	很好	好	好	好
抗溶剂	脂肪烃	好	很好	好	差	一般	优	优	很差	很差	一般	很差	很差	一般
	芳烃	差	一般	—	差	—	好	优	差	差	好	很差	很差	差
	氧化溶剂	差	差	—	一般	差	—	优	很差	很差	差	很差	很差	很差
	卤化溶剂	差	—	—	很差	差	优	优	很差	差	优	很差	很差	优
耐油性	低苯胺矿物油	优	优	优	好	差	优	优	很差	差	优	很差	很差	优
	高苯胺矿物油	优	—	—	很差	差	优	优	很差	差	优	很差	很差	一般
	人造润滑剂	一般	—	优	很差	差	—	优	差	一般	一般	很差	很差	优
	有机磷酸盐	差	差	优	很差	很好	差	优	好	差	很差	很差	很差	好

第4章 控制阀材料及耐蚀性

耐汽油性 芳香族化合物	耐汽油性 非芳香族化合物	耐酸性 稀释(≤10%)	耐酸性 浓缩	低温弹性(最大值)	对气体的渗透性	耐水性	耐碱性 稀释(≤10%)	耐碱性 浓缩	回弹性	延展性(最大)
差	一般	优	好	0°F(-18°C)	—	优	优	好	—	400%
很差	很差	好	差	-50°F(-46°C)	一般	很好	好	一般	一般	500%
很差	很差	好	一般	-65°F(-54°C)	一般	好	好	一般	很好	700%
好	优	好	差	-40°F(-40°C)	一般	很好	好	一般	一般	500%
差	好	一般	差	-100°F(-73°C)	一般	一般	一般	差	好	300%
很差	很差	好	一般	-40°F(-40°C)	很好	很好	很好	很好	很好	700%
优	优	优	优	0°F(-18°C)	一般	优	优	优	—	142%
好	很好	优	很好	-30°F(-34°C)	好	优	优	很好	好	425%
一般	差	很好	好	-50°F(-46°C)	好	很好	优	好	很好	500%
差	好	一般	一般	-40°F(-40°C)	很好	一般	好	好	很好	500%
优	优	好	好	-40°F(-40°C)	优	一般	优	一般	一般	400%
一般	好	一般	差	-40°F(-40°C)	好	一般	一般	差	一般	625%
一般	差	差	差	-10°F(-23°C)	好	一般	差	差	很差	200%

① 不可用于蒸汽场合。
② 不可用于氨场合。

表 4-146 密封材料的流体适应性等级

流体		丙烯酸酯橡胶	聚氨酯	氯醇橡胶	氯丁橡胶	乙丙橡胶	氟橡胶	全氟橡胶	丁基合成橡胶	硅橡胶	丁腈橡胶	天然橡胶	四氟乙烯丙烯共聚物
醋酸（30%）		C	C	C	C	C	C	A+	A	A	B	B	C
丙酮		C	C	C	C	A	C	A	A	C	C	C	C
空气	常温	A	A	—	A	A+	A	A	A	A	A	B	A
	热（200℉，93℃）	B	B	—	C	A	A	A	A	A	A	B	A
	热（400℉，204℃）	C	C	—	C	A	A	A	C	A	C	C	A
醇，乙基		C	C	—	A	A	C	A	A	A	A	A	A
乙醇，甲基		C	C	B	A+	A	C	A	A	B	A	C	A
氨	无水液体	C	C	—	A+	A	C	A	A	A	B	C	A
	气体（热）	C	C	A	A	A	A	A	B	A	C	C	A+
啤酒（饮料）		C	C	C	C	C	A	A	C	C	A	C	A
苯		C	C	A	C	C	A+	A	C	C	C	C	C
高炉气体		A	A	A	A	A	A+	A	C	A	A	C	A
盐水（氯化钙）		A	C	C	C	C	A+	A	C	C	A+	C	B
丁二烯气体		A	A	A	A	C	A+	A	C	C	A	C	C
丁烷气体		A	C	A	B	C	A+	A	C	C	C	C	C
丁烷，液体		C	C	B	C	C	A+	A	C	B	C	C	C
四氯化碳		C	C	B	C	C	A+	A	C	C	C	C	B
氯	干	C	C	—	C	C	A+	A	C	C	C	B	C
	湿	C	C	C	C	C	A+	A	C	C	C	C	A
焦炉气体		C	C	C	C	C	A	A	C	C	C	C	B
道氏热载剂 A		C	C	C	C	C	A+	A	C	C	C	C	B

第4章　控制阀材料及耐蚀性

介质	M1	M2	M3	M4	M5	M6	M7	M8	M9	M10	M11
乙酸乙烷	C	C	C	C	B	C	B	B	C	C	C
乙二醇	C	B	A	C	A+	A	A	A	A	A	A
11号氟利昂	A	C	—	C	C	B+	B	C	B	C	C
12号氟利昂	B	A	A	A+	B	B	B	A	C	B	C
22号氟利昂	B	C	A	A+	A	A	A	C	C	A	C
汽油	C	B	A	C	C	A	A	C	A	A+	A
氢气	B	A	—	A	A	A	A	A	B	A	A
硫化氢（干）	C	B	B	A	A+	C	A	A	C	A	A
硫化氢（湿）	C	C	B	A	A+	C	A	A	C	A	A
喷气发动机燃料(JP-4)	B	B	A	C	C	A	A	B	C	B	B
亚甲氯	C	C	—	C	B+	A	A	C	A+	A	B
牛奶	C	C	—	A	A	A+	A	A	C	A	A
萘	—	B	—	C	C	A+	A	C	A+	A	B
天然气	B	B	A	A	A	C	A	A	A+	B	A
天然气+H₂S（酸性气体）	C	B	A	A+	C	C	A	A	B	C	A
天然气，酸+氨	C	C	—	B+	B	C	A	A	B	B	A+
硝酸(10%)	C	C	C	C	C	A+	A	A	C	C	A
硝酸(50%~100%)	C	C	A	A	A	A	A	B	B	C	B
氨	A	A	A	B	A	A	B	A	A	A	A
硝酸蒸汽	B	C	A	B	A	A	A	C	A	A+	C
油（燃料）	B	A	A	B	A	A	A	A	C	C	A
臭氧	B	A	A	B	A	B	B	A	A	C	A

359

(续)

流体		丙烯酸酯橡胶	聚氨酯	氯醇橡胶	氯丁橡胶	乙丙橡胶	氟橡胶	全氟橡胶	丁基合成橡胶	硅橡胶	丁腈橡胶	天然橡胶	四氟乙烯丙烯共聚物
纸浆		—	C	—	B	B	A	A	B	C	B	C	—
丙烷		A	B	A	A	C	A	A	C	C	A+	C	A
海水		C	B	—	B	A	A	A	A	A	A	B	A
海水+硫酸		C	B	—	B	B	A	A	B	C	C	C	A
肥皂溶液		C	C	A	A	A	A	A	A	A	A	B	A
二氧化硫（干）		C	—	—	C	A+	—	—	B	B	C	B	—
二氧化硫（湿）		C	B	—	B	A+	C	A	A	B	C	C	B
硫酸（至50%）		B	C	B	C	B	A+	A	C	C	C	C	A
硫酸（50%~100%）		C	C	C	A	C	A+	A	C	C	C	C	A
水	常温	C	C	B	A	A	A	A	A	A	A	A	A
	200℉（93℃）	C	C	B	C	A+	B	A	B	A	C	A	—
	300℉（149℃）	C	C	—	C	B+	C	A	B	C	C	C	—
	去离子	C	A	—	A	A	A	A	B	A	A	C	A

注：1. 该表格材料对于特定流体的适应性进行了评定和比较，这些信息仅作为参考来使用。适应于某一流体的某一种材料，也许不适用于它的整个温度范围。通常化学适应性会随工作温度的增加而减弱。
2. 代号：A+表示最佳的可能选择；A表示通常是适应的；B表示勉强适应；C表示不推荐；—表示无数据。
3. 表格中的建议可仅作为参考使用。在选择某一材料时，必须考虑关于压力、温度、化学因素和工作模式的详细情况。

45.0MPa；pH 值（除强氧化剂外）为 0~14；适用介质为酸、原油、合成石油、溶剂、蒸汽、水等；截面尺寸为 3mm×3mm~25mm×25mm。

2）石墨填充 PTFE（聚四氟乙烯）纤维盘根。这种盘根填充了石墨粉，克服了纯 PTFE 的缺点，使产品具有优良的导热性、耐高速性、低膨胀性以及广泛的耐化学腐蚀性。其采用 100% 的高性能改性 PTFE 纤维，以方形交叉内锁编织，工作温度为 -200~280℃；适用压力为旋转 3.0MPa、往复 10.0MPa、阀杆 20.0MPa；轴线速度为 22m/s；除强氧化剂外，pH 值为 0~14；截面尺寸为 3mm×3mm~25mm×25mm。

3）高温、高压经济型泵阀盘根。这种盘根是由经高温碳化处理的耐焰纤维浸渍准纳米级石墨粉后制成，可以阻止气体/液体的渗漏，同时加入特殊的润滑剂，自润滑性良好，减少了摩擦热。其采用方形交叉内锁编织，工作温度为 -50~600℃；适用压力为 20.5MPa；轴线速度为 18m/s；除强氧化剂外，pH 值为 0~13；适用介质为中强度酸碱、热油、溶剂、锅炉给水、蒸汽等；截面尺寸为 3mm×3m~25mm×25mm。

4）强耐磨损专用盘根。这种盘根以有机交联聚合纤维为基体材料，采用特殊工艺处理，由高速精密盘根编织机加工而成。其绝热性能优异，在瞬间 2500℃ 火焰中不熔化、不燃烧，具有耐蚀、耐磨损、强度高等优异性能；工作温度为 -100~280℃；工作压力为旋转 8.0MPa、往复 20.0MPa、阀杆 25.0MPa；轴线速度为 22m/s；除强氧化剂外，pH 值为 0~14；适用介质为有磨粒场合，含砂介质；截面尺寸为 3mm×3mm~25mm×25mm。

5）耐磨损专用盘根。这种盘根以短切芳纶纤维为原料，采用方形交叉内锁工艺编织而成，具有双倍的润滑剂含量，确保了对轴的高润滑和低磨损，具有强度高、密度小、弹性好、耐热性和耐磨性好的性能。其工作温度为 -100~260℃；工作压力为旋转 8.0MPa、往复 20.0MPa、阀杆 25.0MPa；轴线速度为 18m/s；除强氧化剂外，pH 值为 2~12；适用介质为有磨粒场合，含砂介质；截面尺寸为 3mm×3mm~25mm×25mm。

6）通用型合成纤维盘根。这种盘根以复合纤维为原料，采用方形交叉内锁编织，具有高强度、耐磨损、抗冲刷和防渗漏等性能。其工作温度为 -100~250℃；工作压力为旋转 5.0MPa、往复 10.0MPa、阀杆 20.0MPa；轴线速度为 12m/s；除强氧化剂外，pH 值为 2~12；适用于各种泵、阀、往复杆、活塞、柱塞；截面尺寸为 3mm×3mm~25mm×25mm。

7）纯 PTFE 盘根。这种盘根采用 100% 纯 PTFE 纤维，交叉锁工艺编织而成，不含可挤出润滑剂，耐化学腐蚀性强。其工作温度为 -200~260℃；工作压力为旋转 5.0MPa、往复 15.0MPa、阀杆 25.0MPa；轴线速度为 20m/s；pH 值为 0~14；适用介质为各种腐蚀性介质；截面尺寸为 3mm×3mm~25mm×25mm。

8）洁净型特种盘根。这种盘根选用优质的高强度、高模量美塔丝纤维作为原料，采用方形交叉内锁工艺编织而成，具有双倍的润滑剂含量，确保了对轴的高润滑和低磨损，不污染介质。其工作温度为 -100~280℃；工作压力为旋转 5.0MP、往复 20.0MPa、阀杆 25.0MPa；轴线速度为 20m/s；除强氧化剂外，pH 值为 1~13；适用于各种泵、阀和往复设备；截面尺寸为 3mm×3mm~25mm×25mm。

（2）成形填料

1）尼龙。

2）橡胶。

3）聚四氟乙烯。填充聚四氟乙烯（即增强聚四氟乙烯）的增强材料为玻璃纤维（一般含 8%~15% 的玻璃纤维）。JB/T 1712—2008《阀门零部件填料和填料垫》规定，填充聚四氟乙烯成分为聚四氟乙烯 +20% 玻璃纤维 +5% MoS_2 或聚四氟乙烯 +20% 玻璃纤维 +5% 石墨。

4）柔性石墨环。阀杆专用高效密封组合环由若干个低密度的纯石墨中央环和两个高密度的端环组合而成，每个环的外形均呈杯锥状，且都起密封作用，并可改善压缩载荷的分布状况，以有选择性地压缩和控制填料的径向流动，使填料的径向变形远远超过平环填料的径向变形，从而能在填料内径和外径处获得更有效的密封效果。其工作温度为蒸汽中 -200~650℃，空气中 -200~455℃；工作压力为 60.0MPa；除强氧化剂外，pH 值为 0~14；适用于化学和石化行业的阀门，以及碳氢化合物、炼油、蒸汽、发电厂、核电厂控制阀。

(3) 泥状填料

1) 白色泥状填料。由白色 PTFE 混合经 FDA 认证的润滑剂制成。其无污染、无毒，符合食品级别；工作温度为 -40~260℃；pH 值为 0~14；最大轴线速度为 7.5m/s；工作压力为旋转/离心 2.0MPa；适用介质为工业化学品、食品、饮用水、药剂等。

2) 黑色泥状填料。由黑色柔性石墨混合高温润滑剂制成，广泛应用于高温等恶劣工况下的泵和阀门中。其工作温度为 -40~650℃；pH 值为 0~14；最大轴线速度为 20m/s；工作压力为旋转/离心 1.7MPa；适用介质为水、工业化学品、蒸汽、石油燃料、碳氢化合物等。

4.4.3 垫片

(1) 石棉橡胶垫片

石棉橡胶垫片适用于光滑法兰密封面、凹凸式法兰密封面和榫槽式法兰密封面。其优点是耐蚀性和热稳定性较好，塑性好，用较小压紧力即可保证密封；缺点是强度较低，易粘在法兰密封面上。石棉橡胶垫片有石棉板、耐酸石棉板、耐油石棉板、夹金属丝石棉板等多种材料，适用于较高温的中压阀门。

(2) 聚四氟乙烯垫片

聚四氟乙烯垫片一般用于榫槽式密封面，主要有聚四氟乙烯和夹玻璃纤维聚四氟乙烯两种材料。其适用于较低温度各种压力的强腐蚀性介质。

(3) 缠绕式垫片

缠绕式垫片由波形金属带和密封材料带混合缠绕而成，有钢带-石棉、钢带-聚四氟乙烯、钢带-柔性石墨等多种，一般用于凹凸式法兰密封面。其适用于较高温度的中压阀门。

金属缠绕式垫片的材料见表 4-147。

表 4-147 金属缠绕式垫片

阀门承压件材料	垫片材料		
	内环	金属带	填充带材料
碳钢	304、蒙乃尔合金	304 或蒙乃尔合金	石棉纸
Cr-Mo 合金钢	304	304	膨胀石墨带
18-8 不锈钢	304、304L、316、316L、321	304、304L、316、316L、321Ti	PTFE

（4）金属包石墨垫片

金属包石墨垫片由薄金属包覆环形石棉垫片而成，一般用在凹凸式法兰密封面，适用于较高温度和压力的阀门。

（5）金属垫片

金属垫片主要有三种形式：

1）八角形和椭圆网形垫片适用于梯形槽式法兰密封面。

2）齿形垫片是在金属平垫片密封面上加工出锥齿形波纹，适用于凸式法兰密封面。

3）透镜垫片适用于透镜式法兰密封面。

金属垫片有纯铁、极软钢、不锈钢、铝等多种材料（见表 4-148），金属垫片对密封面的加工精度和表面粗糙度的要求很高，螺栓压紧力很大，适用于高温高压阀门。

表 4-148 金属垫片的材料

材料	硬度 HBW
DT5	≤90
08	≤120
12Cr13	≤170
06Cr19Ni10	≤160
06Cr17Ni12Mo2Ti	≤160
022Cr19Ni10	≤160
022Cr17Ni14Mo2	≤160
15CrMo	≤170
蒙乃尔合金	

(6) 石墨垫片

石墨垫片是由柔性石墨制成的平垫片,适用于高温、强腐蚀介质。

4.5 控制阀表面硬化材料

在阀门的使用过程中,其密封面长期处于介质之中,受到介质的腐蚀和冲刷,同时还存在着保持密封比压的密封副之间的摩擦磨损,工况条件严酷苛刻。

在管路和设备中,阀门广泛用于调节介质的压力、流量以及改变介质的流向和切断介质的流通,还必须起到应有的节流作用,其密封面应能承受介质的高速冲蚀;当阀门处于关闭状态时,阀门的密封面还必须起到应有的密封作用,即密封面之间不得发生超过标准的泄漏量,因此阀门密封性是产生内漏与否的主要因素,直接影响阀门的使用寿命。

阀门密封面通常采用堆焊、熔覆、喷涂等方法来改善密封面的性能。堆焊的目的是使堆焊层合金在阀门使用中发挥作用,堆焊合金成分是决定密封面使用效果的主要因素,因此必须根据阀门的工作条件,合理选择堆焊材料,这样才能使堆焊后的阀门密封面具有较高的使用寿命。堆焊金属与基体的合金成分往往相差悬殊,为防止堆焊时及焊后使用过程中,堆焊部位产生过大的热应力和组织应力而导致堆焊层裂纹,要求堆焊金属与基体有相近的线膨胀系数。

密封面是阀门最重要的工作面,密封面的堆焊质量直接影响阀门的使用寿命。阀门密封面堆焊的基本要求是:在阀门规定的工作条件下(主要指介质、工作压力、工作温度、安装位置等)保证密封安全可靠;在制造过程中,密封面材料和结构的焊接、加工、装配和研磨的工艺性要好;在使用过程中,密封面要便于维修;具体要求还包括:抗腐蚀、抗擦伤、抗冲蚀和气蚀、具有一定的强度和硬度、密封面和本体材料的线膨胀系数接近、良好的加工性能。

堆焊材料包括焊丝、粉末、焊条等,按合金类型分为钴基合金、镍基合金、铁基合金和铜基合金。钴基合金耐腐蚀、耐磨损、耐冲蚀和高温抗蠕变性能优良，能满足阀门密封面的使用性能需要，一直被用于核级阀门和一些高参数阀门密封面堆焊。

4.5.1 钴基合金堆焊焊丝的选用

钴基合金（Stellite）也称作钴铬钨合金，按其化学成分不同可分为不同牌号（见表4-149），其典型堆焊硬度值见表4-150。我国的钴基合金焊丝有HS111～HS117等7种牌号，其中HS111、HS112相当于RCC-M 2007：S8000中的6级和12级，对应AWS标准的RCoCr-A和RCoCr-B，均未列入国家标准和行业标准，仍执行的是企业标准。若将国产钴基合金焊丝用于核级阀门，应按照NB/T 20002.7—2013要求执行。

表4-149 堆焊用焊丝的化学成分（AWS A5.21）（质量分数%）

AWS类别	C	Cr	W	Ni	Mo	Mn	Si	Fe	Co
RCoCr-A	0.9~1.4	26.0~32.0	3.0~6.0	<3.0	<1.0	<1.0	<2.0	<3.0	余量
RCoCr-B	1.2~1.7	26.0~32.0	7.0~9.5	<3.0	<1.0	<1.0	<2.0	<3.0	余量
RCoCr-C	2.0~3.0	26.0~32.0	11.0~14.0	<3.0	<1.0	<1.0	<2.0	<3.0	余量

表4-150 钴基合金熔敷金属的一般硬度70℉（21℃）（AWS A5.21）

焊接方法	硬度 HRC		
	CoCr-A	CoCr-B	CoCr-C
氧-乙炔焊接	38~47	45~49	48~58
电弧焊接	23~47	34~47	43~58

4.5.2 等离子弧堆焊用合金粉末

表4-151为JB/T 7744—2011规定的适用于等离子堆焊的三种类型的合金粉末化学成分及焊层硬度和使用条件。

第4章 控制阀材料及耐蚀性

表 4-151 合金粉末化学成分及焊层硬度和使用条件（JB/T 7744—2011）

序号	合金类型	牌号	化学成分（质量分数，%）												焊层硬度 HRC	使用条件
			C	Cr	Ni	B	Si	Mo	Mn	V	W	Nb	Co	Fe		
1	镍基	PT1101	0.9~1.2	21~24	余量	—	2.5~4.0	—	—	—	4.5~8.5	—	—	≤3.0	40~45	①
2		PT1102	1.2~1.6	22~26	余量	—	2.5~4.0	—	—	—	5.0~7.0	—	—	≤3.0	44~50	①
3	钴基	PT2101	0.5~1.0	24~28	—	0.5~1.0	1.0~3.0	—	—	—	4.0~6.0	—	余量	≤5.0	40~45	①
4		PT2102	0.7~1.4	26~32	≤3.0	1.2~1.8	1.0~2.0	—	—	—	4.0~6.0	—	余量	≤3.0	40~50	①
5		PT2103	0.5~1.0	19.0~30.0	—	1.5~2.0	1.0~3.0	—	—	—	7.0~9.0	—	余量	≤3.0	45~50	①
6		PT2104	0.9~1.4	26.5~30.0	≤3.0	—	0.7~1.5	≤1.0	≤1.0	—	3.5~5.5	—	余量	≤3.0	34~42	①
7		PT2105	1.25~1.55	28.0~31.0	≤3.0	—	1.2~1.7	≤1.0	≤1.0	—	7.25~9.25	—	余量	≤3.0	38~46	①
8	铁基	PT3101	0.10~0.20	17~19	7.0~9.0	2.0~2.5	2.5~3.5	0.8~1.2	1.0~1.5	0.4~0.6	—	—	—	余量	41~46	③
9		PT3102	0.10~0.20	17~19	10~12	2.0~2.5	2.5~3.5	0.8~1.2	1.0~1.5	0.4~0.6	—	—	—	余量	35~40	③
10		PT3103	≤0.1	19~21	12~14	1~2	2.5~3.5	—	—	—	—	—	—	余量	29~35	③
11		PT3104	≤0.1	17~19	8~10	1.5~2.5	1.5~2.5	1~1.5	—	—	0.5~1.5	—	—	余量	36~41	③
12		PT3105	≤0.06	18~20	23~25	1~2	2~3	18~21	—	—	—	—	—	余量	36~42	①

(续)

序号	合金类型	牌号	化学成分（质量分数，%）												焊层硬度HRC	使用条件
			C	Cr	Ni	B	Si	Mo	Mn	V	W	Nb	Co	Fe		
13	铁基	PT3106	≤0.2	17~19	—	1.5~2.0	2.0~3.0	1.5~2.5	12~14	—	—	—		余量	38~45	③
14		PT3107	0.1~0.2	18~21	10~13	1.3~2.5	3.5~4.5	3.5~4.5	1~2	0.5~1.0	0.6~2	0.2~0.7		余量	37~45	②
15		PT3108	≤0.15	12.5~14.5	—	1.3~1.8	0.5~1.5	0.5~1.0	—	—	—	—		余量	40~50	③
16		PT3109	≤0.15	21~25	12~15	1.5~2.0	4.0~5.0	2.0~3.0			2.0~3.0			余量	36~45	③

注：选择 PT3101、PT3102 用于闸阀时，推荐 PT3101 用于闸板堆焊，PT3102 用于阀座堆焊；选择 PT3103、PT3104 用于闸阀时，推荐 PT3103 用于堆焊阀座、PT3104 用于堆焊闸板；选择 PT3108、PT3109 用于闸阀时，推荐 PT3108 用于堆焊闸板，PT3109 用于堆焊阀座。

① 用于低于 700℃ 的高温高压蒸汽低合金钢、不锈钢阀门密封面堆焊，也适用于某些腐蚀介质的阀门密封面堆焊。

② 用于低于 600℃ 的高温高压蒸汽低合金钢阀门密封面堆焊。

③ 用于低于 450℃ 的水、汽、油等弱腐蚀介质的碳钢阀门密封面堆焊。

4.5.3 手工电弧焊堆焊用焊条

表 4-152 为 GB/T 984—2001《堆焊焊条》中适用于控制阀密封面和耐磨面堆焊用钴基和镍基焊条熔敷金属化学成分及硬度。

4.5.4 镍基合金熔覆粉末

Ni-Cr-B-Si 系自熔合金粉按化学成分和性能分为 FZNCr-25、FZNCr-35、FZNCr-45、FZNCr-55、FZNCr-60 五个牌号，见表 4-153；Ni-Cr-B-Si 系自熔合金粉化学成分见表 4-154。

第4章 控制阀材料及耐蚀性

表4-152 常用阀门堆焊焊条熔敷金属化学成分及硬度

焊条型号	熔敷金属化学成分														熔敷金属硬度HRC
	C	Mn	Si	Cr	Ni	Mo	W	V	Nb	Co	Fe	B	S	P	其他元素总量	
EDCoCr-A-XX	0.70~1.40	2.00	2.00	25.00~32.00	—	—	3.00~6.00			余量	5.00		—	—	4.00	40
EDCoCr-B-XX	1.00~1.70						7.00~10.00									44
EDCoCr-C-XX	1.70~3.00			25.00~33.00			11.00~19.00									53
EDCoCr-D-XX	0.20~0.50			23.00~32.00	2.00~4.00	4.50~6.50	9.50									28~35
EDCoCr-E-XX	0.15~0.40	1.50		24.00~29.00		—	0.50			1.00	3.50~5.50	2.50~4.50	0.03	0.03	7.00	—
EDNiCr-C	0.50~1.00	—	3.50~5.50	12.00~18.00	余量	7.00~10.00	—		—				0.03	0.03	1.00	—
EDNiCrFeCo	2.20~3.00	1.00	0.60~1.50	25.00~30.00	10.00~33.00		2.00~4.00			10.00~15.00	20.00~25.00	—			1.00	—

369

表 4-153　Ni-Cr-B-Si 系自熔合金粉性能牌号

牌号和规格	熔融温度/℃	喷焊沉积层硬度 HRC	备注（喷焊沉积层特性）
FZNCr-25A	1050~1120	20~30	易于切割，韧性很好，耐强冲击、耐蚀、耐热性好
FZNCr-25B			
FZNCr-35A	1010~1080	30~40	可用硬质合金和高速钢刀具切割，韧性好，耐强冲击、耐蚀、耐热性好
FZNCr-35B			
FZNCr-45A	980~1050	40~50	可用硬质合金工具切削，但磨削为宜。韧性好，耐强冲击、耐蚀、耐热性好
FZNCr-45B			
FZNCr-55A	970~1070	50~60	切削困难，适于湿式磨削，适用于耐磨、耐蚀、耐热的部件
FZNCr-55B			
FZNCr-60A	970~1040	55~65	难以切削，适于湿式磨削，耐磨性好，耐蚀和耐滑动磨损性好
FZNCr-60B			

表 4-154　Ni-Cr-B-Si 系自熔合金粉化学成分

牌号和规格	化学成分（%）								
	C	Si	B	Cr	Ni	Cu	Mo	Fe	O
FZNCr-25A	≤0.2	2.0~3.5	1.0~2.0	5~10	余量	—	—	≤4	≤0.08
FZNCr-25B	≤0.2	2.0~3.5	1.0~2.0	5~10	余量	—	—	≤10	≤0.08
FZNCr-35A	≤0.4	2.0~3.5	1.5~2.5	7~10	余量	—	—	≤4	≤0.08
FZNCr-35B	≤0.4	2.0~3.5	1.5~2.5	7~10	余量	—	—	≤10	≤0.08
FZNCr-45A	0.3~0.6	2.0~3.5	2.0~3.0	11~15	余量	—	—	≤5	≤0.08
FZNCr-45B	0.3~0.6	2.0~3.5	2.0~3.0	11~15	余量	—	—	≤17	≤0.08
FZNCr-55A	0.4~0.9	3.5~5.0	2.5~4.0	14~17	余量	2~4	2~4	≤5	≤0.08
FZNCr-55B	0.4~0.9	3.5~5.0	2.5~4.0	14~17	余量	2~4	2~4	≤17	<0.08
FZNCr-60A	0.5~1.1	3.5~5.5	3.0~4.5	15~20	余量	—	—	≤5	≤0.08
FZNCr-60B	0.5~1.1	3.5~5.0	3.0~4.5	15~20	余量	—	—	≤17	≤0.08

注：B 级的 Fe 是根据需方要求，采用硼铁合金生产允许的含量。

4.5.5　非晶态合金堆焊材料

自然界的各种物质的微观结构可以按其组成原子的排列状态分为两大类：有序结构和无序结构。晶体是典型的有序结构，而气体、液体和非晶态固体属于无序结构。非晶态固体材料又包括非晶态无机材料（如玻璃）、非晶态聚合物和非晶态合金（又称金属玻璃）等类型。最早的非晶态合金是 Ni-P 合金，由 Brener 和 Riddle 于 1947 年用电化学沉积法制备而得。此后几十年间，非晶态合金引起了材料科学家的广泛兴趣。20 世纪 60 年代，Duwcz 等人发现了由快速冷却法从熔体制备非晶态薄带材料的方法，推动了非晶态合金的工业化生产和应用。早期发现的 Fe、Co、Ni 系非晶态合金临界冷却速度在 105K/s 以上，因而限制了其应用。20 世纪 90 年代以来，Lnous 等学者相继发现了 Mg、Zr、Pd、Co、Fe、Ti 等多种系列的临界冷却速度极低的新型非晶态合金，最低的临界冷却速度已达到 0.1K/s，从而使得大块非晶态合金材料的制备成为可能。目前，大块非晶材料的厚度已达到 80mm，新型低临界冷却速度大块非晶态合金的研究和制备以及对其结构和电学、磁学、力学、化学性能的研究仍然是材料科学研究的前沿与热点领域之一。

不论是快速冷却法还是表面沉积法制备的非晶态合金，其化学稳定性都比相同或相近成分的晶态合金高得多，特别是 Fe-Cr 类金属系列非晶态合金具有相当高的耐蚀性。例如，Fe-8Cr-13P-7C 合金在室温下 2mol/L HCl 中仍然能够自发钝化。非晶态合金高耐蚀性的特点引起了研究者的广泛关注，并对其进行了大量研究。其原因可归结为：钝化膜中富集高钝化能力的合金元素阳离子，在含 Cr 的非晶态合金中，钝化元素 Cr 在钝化膜中高度富集，从而大大提高了钝化膜的耐蚀性。例如 Fe-10Cr-13P-7C 合金在 1mol/L HCl 中能够自发钝化，其钝化膜结构为其中的阳离子，几乎全部是 Cr^{31}。

非晶态合金的均匀性体现在以下两方面：

1）化学均匀性，在快速冷却过程中，原子来不及发生长程迁移，保持了其在液态下均匀混合的状态。无化学偏析，不同区域之间不易产生电位差效应。

2）结构均匀性，快速冷却产生均一的单相非晶态结构，无第二相析出，也无晶界存在。因此非晶态合金表面高度均匀，基本上不存在容易诱发腐蚀的夹杂物、位错等表面活性点。

第5章 控制阀选型与计算

5.1 控制阀尺寸

1. 法兰连接直通式控制阀的端面至端面尺寸

法兰连接直通式控制阀磅级的选择见表 5-1 和表 5-2。

表 5-1 125、150、250、300 和 600 磅级（符合 ANSI/ISA 75.08.01—2016 标准）

阀门口径		压力等级和连接端形式					
		Class125FF（Cl）Class150RF（STL）		Class150RTJ（STL）		Class250RF（Cl）Class300RF（STL）	
DN	NPS	mm	in	mm	in	mm	in
15	1/2	184	7.25	197	7.75	190	7.50
20	3/4	184	7.25	197	7.75	194	7.62
25	1	184	7.25	197	7.75	197	7.75
40	1~1/2	222	8.75	235	9.25	235	9.25
50	2	254	10.00	267	10.50	267	10.50
65	2~1/2	276	10.88	289	11.38	292	11.50
80	3	298	11.75	311	12.25	318	12.50
100	4	352	13.88	365	14.38	368	14.50
150	6	451	17.75	464	18.25	473	18.62
200	8	543	21.38	556	21.88	568	22.38
250	10	673	26.50	686	27.00	708	27.88
300	12	737	29.00	749	29.50	775	30.50
350	14	889	35.00	902	35.50	927	36.50
400	16	1016	40.00	1029	40.50	1057	41.62

第5章 控制阀选型与计算

（续）

阀门口径		压力等级和连接端形式					
		Class300RTJ（STL）		Class600RF（STL）		Class600RTJ（STL）	
DN	NPS	mm	in	mm	in	mm	in
15	1/2	202	7.94	203	8.00	203	8.00
20	3/4	206	8.12	206	8.12	206	8.12
25	1	210	8.25	210	8.25	210	8.25
40	1~1/2	248	9.75	251	9.88	251	9.88
50	2	282	11.12	286	11.25	284	11.37
65	2~1/2	308	12.12	311	12.25	314	12.37
80	3	333	13.12	337	13.25	340	13.37
100	4	384	15.12	394	15.50	397	15.62
150	6	489	19.24	508	20.00	511	20.12
200	8	584	23.00	610	24.00	613	24.12
250	10	724	28.50	752	29.62	755	29.74
300	12	790	31.12	819	32.25	822	32.37
350	14	943	37.12	972	38.25	975	38.37
400	16	1073	42.24	1108	43.62	1111	43.74

注：FF—平面；RF—凸面；RTJ—环形连接；Cl—铸铁；STL—钢。

表 5-2　900、1500、和 2500 磅级（符合 ANSI/ISA 75.08.06—2002 标准）

阀门口径		Class900				Class1500	
		mm		in		mm	
DN	NPS	短	长	短	长	短	长
15	1/2	273	292	10.75	11.50	273	292
20	3/4	273	292	10.75	11.50	273	292
25	1	273	292	10.75	11.50	273	292
40	1~1/2	311	333	12.25	13.12	311	333
50	2	340	375	13.38	14.75	340	375
65	2~1/2	—	410	—	16.12	—	410
80	3	387	441	15.25	17.38	406	460
100	4	464	511	18.25	20.12	483	530
150	6	600	714	21.87	28.12	692	768
200	8	781	914	30.75	36.00	838	972
250	10	864	991	34.00	39.00	991	1067
300	12	1016	1130	40.00	44.50	1130	1219

（续）

阀门口径		Class900				Class1500	
		mm		in		mm	
DN	NPS	短	长	短	长	短	长
350	14	—	1257	—	49.50	—	1257
400	16	—	1422	—	56.00	—	1422
450	18	—	1727	—	68.00	—	1727

阀门口径		Class1500				Class2500	
		in		mm		in	
DN	NPS	短	长	短	长	短	长
15	1/2	10.75	11.50	308	318	12.12	12.50
20	3/4	10.75	11.50	308	318	12.12	12.50
25	1	10.75	11.50	308	318	12.12	12.50
40	1~1/2	12.25	13.12	359	381	14.12	15.00
50	2	13.38	14.75	—	400	—	16.25
65	2~1/2	—	16.12	—	441	—	17.38
80	3	16.00	18.12	498	660	19.62	26.00
100	4	19.00	20.87	575	737	22.62	29.00
150	6	24.00	30.25	819	864	32.25	34.00
200	8	33.00	38.25	—	1022	—	40.25
250	10	39.00	42.00	1270	1372	50.00	54.00
300	12	44.50	48.00	1321	1575	52.00	62.00
350	14	—	49.50	—	—	—	—
400	16	—	56.00	—	—	—	—
450	18	—	68.00	—	—	—	—

2. 对焊连接直通式控制阀的端面至端面尺寸

对焊连接直通式控制阀磅级的选择见表5-3。

表5-3 150、300、600、900、1500、和2500磅级（符合 ANSI/ISA 75.08.05—2016 标准）

阀门口径		Class150、300 和 600				Class900 和 1500	
		mm		in		mm	
DN	NPS	短	长	短	长	短	长
15	1/2	187	203	7.38	8.00	194	279
20	3/4	187	206	7.38	8.25	194	279

第5章 控制阀选型与计算

（续）

阀门口径		Class150、300 和 600				Class900 和 1500	
		mm		in		mm	
DN	NPS	短	长	短	长	短	长
25	1	187	210	7.38	8.25	197	279
40	1~1/2	222	251	8.75	9.88	235	330
50	2	254	286	10.00	11.25	292	375
65	2~1/2	292	311	11.50	12.25	292	375
80	3	318	337	12.50	13.25	318	460
100	4	368	394	14.50	15.50	368	530
150	6	451	508	17.75	20.00	508	768
200	8	543	610	21.38	24.00	610	832
250	10	673	752	26.50	29.62	762	991
300	12	737	819	29.00	32.35	914	1130
350	14	851	1029	33.50	40.50	—	1257
400	16	1016	1108	40.00	43.62	—	1422
450	18	1143	—	45.00	—	—	1727

阀门口径		Class900 和 1500		Class2500			
		in		mm		in	
DN	NPS	短	长	短	长	短	长
15	1/2	7.62	11.00	216	318	8.50	12.50
20	3/4	7.62	11.00	216	318	8.50	12.50
25	1	7.75	11.00	216	318	8.50	12.50
40	1~1/2	9.25	13.00	260	359	10.25	14.12
50	2	11.50	14.75	318	400	12.50	15.75
65	2~1/2	11.50	14.75	318	400	12.50	15.75
80	3	12.50	18.12	381	498	15.00	19.62
100	4	14.50	20.88	406	575	16.00	22.62
150	6	24.00	30.25	610	819	24.00	32.25
200	8	24.00	32.75	762	1029	30.00	40.25
250	10	30.00	39.00	1016	1270	40.00	50.00
300	12	36.00	44.50	1118	1422	44.00	56.00
350	14	—	49.50	—	1803	—	71.00
400	16	—	56.00	—	—	—	—
450	18	—	68.00	—	—	—	—

375

3. 插焊连接直通式控制阀的端面至端面尺寸

插焊连接直通式控制阀磅级的选择见表5-4。

表5-4 150、300、600、900、1500和2500磅级（符合 ANSI/ISA 75.08.03—2001 标准）

阀门口径		Class150、300 和 600				Class900 和 1500	
		mm		in		mm	
DN	NPS	短	长	短	长	短	长
15	1/2	170	206	6.69	8.12	178	279
20	3/4	170	210	6.69	8.25	178	279
25	1	197	210	7.75	8.25	178	279
40	1~1/2	235	251	9.25	9.88	235	330
50	2	267	286	10.50	11.25	292	375
65	2~1/2	292	311	11.50	12.25	292	—
80	3	318	337	12.50	13.25	318	533
100	4	368	394	14.50	15.50	368	530

阀门口径		Class900 和 1500		Class2500			
		in		mm		in	
DN	NPS	短	长	短	长	短	长
15	1/2	7.00	11.00	216	318	8.50	12.50
20	3/4	7.00	11.00	216	318	8.50	12.50
25	1	7.00	11.00	216	318	8.50	12.50
40	1~1/2	9.25	13.00	260	381	10.25	15.00
50	2	11.50	14.75	324	400	12.75	15.75
65	2~1/2	11.50	—	324	—	12.75	—
80	3	12.50	21.00	381	660	15.00	26.00
100	4	14.50	20.88	406	737	16.00	29.00

4. 螺纹连接直通式控制阀的端面至端面尺寸

螺纹连接直通式控制阀磅级的选择见表5-5。

表5-5 150、300 和 600 磅级（符合 ANSI/ISA 75.08.03—2001 标准）

阀门口径		Class150、300 和 600			
		mm		in	
DN	NPS	短	长	短	长
15	1/2	165	206	6.50	8.12
20	3/4	165	210	6.50	8.25

(续)

阀门口径		Class150、300 和 600			
		mm		in	
DN	NPS	短	长	短	长
25	1	197	210	7.75	8.25
40	1~1/2	235	251	9.25	9.88
50	2	267	286	10.50	11.25
65	2~1/2	292	311	11.50	12.26

5. 凸面法兰连接直通式角形阀的端面至中心线尺寸

凸面法兰连接直通式角形阀磅级的选择见表5-6。

表5-6　150、300 和 600 磅级（符合 ANSI/ISA 75.08.08—2015 标准）

阀门口径		Class150		Class300		Class600	
DN	NPS	mm	in	mm	in	mm	in
25	1	92	3.62	99	3.88	105	4.12
40	1~1/2	111	4.37	117	4.62	125	4.94
50	2	127	5.00	133	5.25	143	5.62
80	3	149	5.88	159	6.25	168	6.62
100	4	176	6.94	184	7.25	197	7.75
150	6	226	8.88	236	9.31	254	10.00
200	8	272	10.69	284	11.19	305	12.00

6. 可拆卸法兰直通阀的端面至端面尺寸

可拆卸法兰直通阀磅级的选择见表5-7。

表5-7　150、300 和 600 磅级（符合 ANSI/ISA 75.08.07—2001 标准）

阀门口径		Class150、300 和 600	
DN	NPS	mm	in
25	1	216	8.50
40	1~1/2	241	9.50
50	2	292	11.50
80	3	356	14.00
100	4	432	17.00

7. 法兰连接和无法兰旋转阀（不含蝶阀）的端面至端面尺寸

法兰连接和无法兰旋转阀磅级的选择见表 5-8。

表 5-8　150、300 和 600 磅级（符合 ANSI/ISA 75.08.02—2003 标准）

阀门口径		Class150、300 和 600	
DN	NPS	mm	in
20	3/4	76	3.00
25	1	102	4.00
40	1~1/2	114	4.50
50	2	124	4.88
80	3	165	6.50
100	4	194	7.62
150	6	229	9.00
200	8	243	9.56
250	10	297	11.69
300	12	338	13.31
350	14	400	15.75
400	16	400	15.75
450	18	457	18.00
500	20	508	20.00
600	24	610	24.00

8. 单法兰（凸缘）和无法兰（对夹式）蝶阀的端面至端面尺寸

单法兰（凸缘）和无法兰（对夹式）蝶阀使用标准见表 5-9。

表 5-9　符合 MSS SP-67—2017 标准

阀门口径		适用于已安装窄阀门的尺寸[①]	
DN	NPS	in	mm
40	1~1/2	1.31	33.3
50	2	1.69	42.9
65	2~1/2	1.81	46.0
80	3	1.81	46.0
100	4	2.06	52.3
150	6	2.19	55.6
200	8	2.38	60.5

(续)

阀门口径		适用于已安装窄阀门的尺寸[①]	
DN	NPS	in	mm
250	10	2.69	68.3
300	12	3.06	77.7
350	14	3.06	77.7
400	16	3.12	79.2
450	18	4.00	101.6
500	20	4.38	111.2

① 与125铸钢法兰或150钢法兰兼容的阀体。这是阀门安装在管道中后端面至端面的尺寸，如果使用单独的垫圈，则不包括垫圈的厚度，由于垫圈或者密封件是阀门的组成部分，因此确实包含了两者的厚度；并且，这个尺寸是垫圈或密封件在压缩状态下算出的。

9. 偏心高压蝶阀的端面至端面尺寸

偏心高压蝶阀磅级选择见表5-10。

表5-10　150、300和600磅级（符合 MSS SP-68—2017 标准）

闭门口径		Class150		Class300		Class600	
DN	NPS	in	mm	in	mm	in	mm
80	3	1.88	48	1.88	48	2.12	54
100	4	2.12	54	2.12	54	2.50	64
150	6	2.25	57	2.31	59	3.06	78
200	8	2.50	63	2.88	73	4.00	102
250	10	2.81	71	3.25	83	4.62	117
300	12	3.19	81	3.62	92	5.50	140
350	14	3.62	92	4.62	117	6.12	155
400	16	4.00	101	5.25	133	7.00	178
450	18	4.50	114	5.88	149	7.88	200
500	20	5.00	127	6.25	159	8.50	216
600	24	6.06	154	7.12	181	9.13	232

5.2　控制阀基本流量公式的修正

在确定控制阀的公称尺寸时，最主要的依据和工作是计算流量系数，而计算流量系数的基础公式是以牛顿不可压缩流体的伯努利方程为基础的，流经控制阀的介质应该属于牛顿型流体。

如果已知控制阀的压力损失和介质及其密度,就可以求出控制阀的流量系数,即流过控制阀的质量流量 q_m(t/h)。

下面讨论的流体计算公式适用于介质是牛顿型不可压缩流体、可压缩流体或上述两者的均相流体,对于泥浆、胶状液体等非牛顿型流体是不适用的。

5.2.1 阻塞流修正与低雷诺数修正

在安装条件下,为了使流量系数计算公式 $C = \dfrac{q_v}{N}\sqrt{\dfrac{\rho}{\Delta p}}$ 能适用于各种单位,并考虑到黏度、管道等因素的影响,可把公式演变为如下的形式:

$$C = \frac{q_v}{N_1 F_p F_R}\sqrt{\frac{\rho}{\Delta p}} \tag{5-1}$$

式中　q_v——体积流量(m³/h);

F_p——管道的几何形状系数,量纲为1,当没有附接管件时,$F_p = 1$;

F_R——雷诺数系数,量纲为1,在紊流状态时,$F_R = 1$;

ρ——介质密度,在15.5℃时,$\rho = 1.0 \text{kg/m}^3$;

Δp——控制阀前后的压差,$\Delta p = p_1 - p_2$;其中,p_1 为阀前压力,p_2 为阀后压力(MPa);

N_1——数字常数,见表5-11。

表5-11　数字常数 N_1

流量系数 C			公式中量的单位		
A_v	K_v	C_v	q_v	Δp	ρ
3.6×10^3	1×10^{-1}	8.65×10^{-3}	m³/h	kPa	kg/m³
3.6×10^4	1	8.65×10^{-1}	m³/h	bar	kg/m³

注:使用本表提供的数字常数和规定的公制单位就能得出现定单位的流量系数。

在采用不同单位时,流量系数的代表符号各不相同,数字常数 N_1 值也不相同。目前,流量系数除用 K_v、C_v 外,还用符号 A_v 表示。

第5章 控制阀选型与计算

根据计算理论，在计算液体流量系数时，按三种情况，即非阻塞流、阻塞流、低雷诺数分别进行计算，在用判别式判定之后，用不同的公式进行计算。

(1) 非阻塞流

在 $\Delta p < F_L^2 (p_1 - F_v p_v)$ 的情况下，是非阻塞流，这时流量系数的计算公式为

$$K_v = \frac{q_{vL} \sqrt{\rho_L}}{\sqrt{10 \Delta p}} \tag{5-2}$$

或

$$K_v = \frac{10^{-3} q_{mL}}{\sqrt{10 \Delta p \rho_L}} \tag{5-3}$$

式中 　F_L——压力恢复系数，$F_L = \sqrt{\dfrac{p_1 - p_2}{p_1 - p_{vc}}}$；其中，$p_1$ 为阀前的压力（MPa），p_2 为阀后的压力（MPa）；

　　　　p_{vc}——产生阻塞流时缩流断面的压力（MPa）；

　　　　p_v——液体蒸汽的绝对压力（MPa）；

　　　　q_{vL}——流过控制阀的体积流量（m³/h）；

　　　　q_{mL}——流过控制阀的质量流量（kg/h）；

　　　　ρ_L——液体的密度，（kg/m³）。

(2) 阻塞流

当 $\Delta p \geq F_L^2 (p_1 - F_v p_v)$ 时为阻塞流情况，这时，应把产生阻塞流的压差值 $F_L^2 (p_1 - F_v p_v)$ 代入式(5-2)、式(5-3) 中进行计算，即

$$K_v = \frac{q_{vL} \sqrt{\rho_L}}{\sqrt{10 F_L^2 (p_1 - F_v p_v)}} \tag{5-4}$$

$$K_v = \frac{10^{-3} q_{mL}}{\sqrt{10 \rho_L (p_1 - F_v p_v)}} \tag{5-5}$$

(3) 低雷诺数

液体的雷诺数 Re 是表示介质在管道内流动状态的量纲为 1 的数。管内介质流动的

特性取决于四种参数(管径、黏度、密度和流速)的综合作用。由雷诺数的大小可以判断介质的流动状态是层流还是紊流。

流量系数 K_v 是在适当的雷诺数、紊流情况下测定的。随着雷诺数的增大,K_v 值变化不大。然而当雷诺数减小时,有效的 K_v 值会变小。在极端的情况下,雷诺数很低,如对于黏性很大的介质,其流动已经成为层流状态,流量与阀门的压力损失成正比,而不是与阀门压力损失的平方成正比。这时如果还按式(5-2)~式(5-6)计算 K_v 值,误差一定很大。因此,对于雷诺数偏低的介质,需要对 K_v 值的计算公式进行修正。

修正后的流量系数为 K'_v,即

$$K'_v = K_v / F_R \tag{5-6}$$

式中 K'_v——修正后的流量系数;

K_v——在紊流条件下,按式(5-2)~式(5-6)计算的流量系数;

F_R——雷诺数修正系数,可以按雷诺数 Re 的大小从图 5-1 查得。

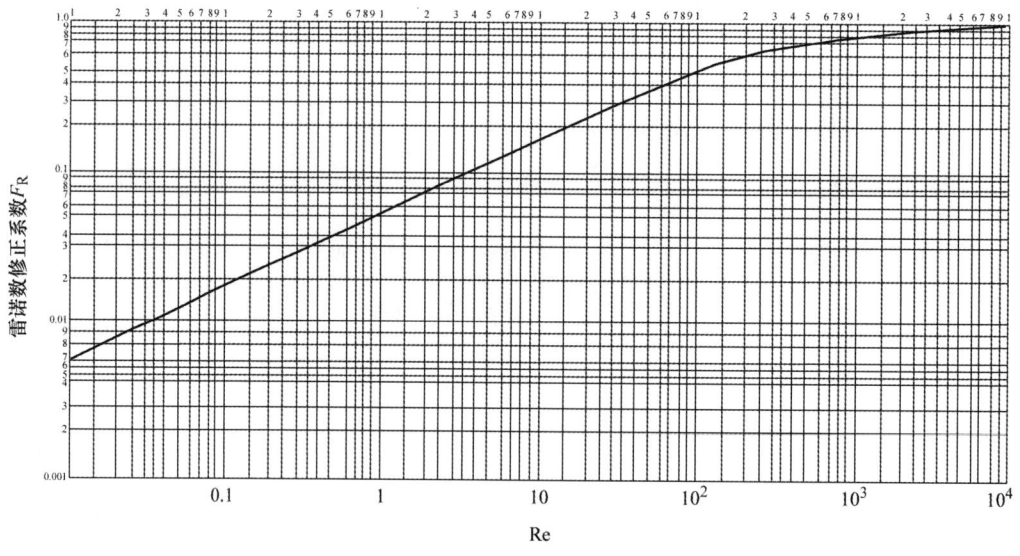

图 5-1 雷诺数修正系数 F_R

雷诺数 Re 可以根据阀的结构和黏度等因素，由下列公式求得。

对于只有两个平行流路的控制阀，如直通双座阀、蝶阀、偏心旋转阀，雷诺数为

$$\mathrm{Re}_D = 49490 \frac{q_{vL}}{\sqrt{K_v v}} \tag{5-7}$$

对于只有一个流路的控制阀，如直通单座阀、套筒阀、球阀、角阀、隔膜阀等，雷诺数为

$$\mathrm{Re}_D = 70700 \frac{q_{vL}}{\sqrt{K_v v}} \tag{5-8}$$

式中　v——液体在流动温度下的运动黏度（cSt）。

从图 5-1 的曲线中可以看出，当雷诺数 Re_D 大于 3500 以后，修正量已经不大了，所以雷诺数大于 3500 后无须进行低雷诺数修正。

5.2.2　可压缩性流体修正

可压缩介质的流动有非阻塞流和阻塞流两种情况，在这两种情况下所用的流量系数计算公式是不同的。当 $X < F_K X_T$ 时，不会产生阻塞流；当 $X > F_K X_T$ 时，则会产生阻塞流。其中，F_K 为比热比系数，空气的 $F_K = 1$，对于非空气介质，$F_K = \dfrac{k}{1.4}$（k 为气体等熵指数）；X 为压差比、X_T 为临界压差比。压力恢复系数 F_L 和临界压差比 X_T 见表 5-12。

表 5-12　压力恢复系数 F_L 和临界压差比 X_T

控制阀类型	阀芯形式	介质流动方向	F_L	X_T
单座控制阀	柱塞型	流开	0.90	0.72
	柱塞型	流关	0.80	0.55
	窗口型	任意	0.90	0.75
	套筒型	流开	0.90	0.75
	套筒型	流关	0.80	0.70
双座控制阀	柱塞型	任意	0.85	0.70
	窗口型	任意	0.90	0.75

（续）

控制阀类型	阀芯形式	介质流动方向	F_L	X_T
角式控制阀	柱塞型	流开	0.90	0.72
	柱塞型	流关	0.80	0.65
	套筒型	流开	0.85	0.65
	套筒型	流关	0.80	0.60
球阀	O型球阀（孔径为0.8d）	任意	0.55	0.15
	V型球阀	任意	0.57	0.25
偏旋阀	柱塞型	任意	0.85	0.61
蝶阀	60°全开	任意	0.68	0.38
	90°全开	任意	0.55	0.28

根据国际电工委员会标准（IEC 534-2-2），在安装条件下，可压缩介质流量系数的计算公式为

$$C = \frac{q_m}{N_6 F_p y \sqrt{X p_1 \rho_1}} \tag{5-9}$$

或

$$C = \frac{q_m}{N_8 F_p p_1 y} \sqrt{\frac{T_1 Z}{XM}} \tag{5-10}$$

或

$$C = \frac{q_m}{N_9 F_p p_1 y} \sqrt{\frac{M T_1 Z}{X}} \tag{5-11}$$

式中　　C——流量系数（包括 A_v、K_v、C_v），单位各不相同；

q_m——质量流量（kg/h）；

F_p——管件几何形状系数，量纲为1；

y——膨胀系数，量纲为1；

X——压差比（压差与入口绝对压力之比），$X = \Delta p/p_1$，量纲为1；

p_1——阀前压力 [kPa 或 bar（10^5Pa = 1bar）]；

ρ_1——介质在 p_1 和 T_1 时的密度（kg/m³）；

T_1——阀入口的热力学温度 [K（为摄氏度 +273）]；

M——介质相对分子质量；

Z——压缩系数，量纲为1；

N_6、N_8、N_9——数字常数，其值见表5-13。

表5-13 数字常数 N

流量系数 C				公式单位				
	A_v	K_v	C_v	q_m	q_v	p_1，Δp	ρ_1	T_1
N_5	1.23×10^{-12}	160×10^{-5}	2.14×10^{-3}	—	—	—	—	—
N_5	1.39×10^{-12}	1.80×10^{-3}	2.41×10^{-3}	—	—	—	—	—
N_6	1.14×10^5	3.16	2.73	kg/h	—	kPa	kg/m³	—
	1.14×10^6	3.60×10^2	2.73×10^2	kg/h	—	bar	kg/m³	—
N_6	3.95×10^4	1.10	9.48×10^{-2}	kg/h	—	kPa	—	K
	3.95×10^4	1.10×10^2	9.48×10^3	kg/h	—	bar	—	K
N_9 ($T_5=273K$)	8.85×10^3	2.46×10^3	2.12×10^3	—	m³/h	kPa	—	K
	8.85×10^3	2.46×10^3	2.12×10^4	—	m³/h	bar	—	K
N_9 ($T_5=288.5K$)	9.35×10^5	160×10^3	2.25×10^2	—	m³/h	kPa	—	K
	9.35×10^5	2.60×10^3	2.25×10^3	—	m³/h	bar	—	K

（1）气体

1）非阻塞流。当 $X < F_K X_T$ 时是非阻塞流情况，如果采用法定计量单位制，则计算公式为

$$K_v = \frac{q_{vN}}{5.19 p_1 y} \sqrt{\frac{T_1 \rho_N Z}{X}} \qquad (5-12)$$

或

$$K_v = \frac{q_{vN}}{24.6 p_1 y} \sqrt{\frac{T_1 M Z}{X}} \qquad (5-13)$$

或

$$K_v = \frac{q_{vN}}{4.57 p_1 y} \sqrt{\frac{T_1 G Z}{X}} \qquad (5-14)$$

式中 q_{vN}——气体标准体积流量（m³/h）；

ρ_N——气体标准状态下密度（273K，1.013×10²kPa）（kg/m³）；

p_1——入口绝对压力（kPa）；

X——压差比，$X = \dfrac{\Delta p}{p_1}$；

y——膨胀系数；

T_1——入口热力学温度（K）；

M——气体分子量；

G——气体的相对密度（空气为1）；

Z——压缩系数。

由于式(5-9)、式(5-10)及另一些计算公式都不包含上游条件时介质的实际密度这一项，而密度是根据理想气体定律由入口压力和温度导出的。在某些条件下，真空气体的性质与理想气体的偏差很大，在这些情况下，需要引入压缩系数Z来补偿这个偏差。

膨胀系数y用来校正从阀门的入口到阀后缩流处气体密度的变化，理论上，y值和节流口面积与入口面积之比、流路形状、压差比X、雷诺数、比热比系数F_K等因素有关。

由于气体介质流速较高，在可压缩流情况下，由于紊流几乎始终存在，所以雷诺数的影响极小，可以忽略。其他因素与y的关系可以表示如下：

$$y = 1 - \dfrac{X}{3F_K X_T} \tag{5-15}$$

式中 X_T——临界压差比，可查表5-12；

X——压差比；

F_K——比热比系数。

2）阻塞流。当$X \geqslant F_K X_T$时，即出现阻塞流情况。

如果阀前压力 p_1 保持不变，阀后压力逐步降低，气流就会慢慢形成阻塞流。即使这时阀后压力再降低，流量也不会增加。在压差比 X 达到 $F_K X_T$ 值时就达到极限值。使用公式时，X 值要保持在这一极限内。因此，y 值只能在 0.667（$X = F_K X_T$ 时）到 1.0 的范围内。

在阻塞流情况下，流量系数的计算公式可简化为

$$K_v = \frac{q_{vN}}{2.9 p_1} \sqrt{\frac{T_1 \rho_N Z}{X_T}} \tag{5-16}$$

或

$$K_v = \frac{q_{vN}}{13.9 p_1} \sqrt{\frac{T_1 M Z}{X_T}} \tag{5-17}$$

或

$$K_v = \frac{q_{vN}}{2.58 p_1} \sqrt{\frac{T_1 G Z}{X_T}} \tag{5-18}$$

(2) 蒸汽

根据膨胀系数法，以质量流量为单位，可推导出下面的计算公式。

1）当 $X < F_K X_T$ 时（非阻塞流）：

$$K_v = \frac{q_{ms}}{3.16 y} \sqrt{\frac{1}{X p_1 \rho_s}} \tag{5-19}$$

$$K_v = \frac{q_{ms}}{1.1 p_1 y} \sqrt{\frac{T_1 Z}{XM}} \tag{5-20}$$

2）当 $X \geq F_K X_T$ 时（阻塞流）：

$$K_v = \frac{q_{ms}}{1.78} \sqrt{\frac{1}{k X_T p_1 \rho_s}} \tag{5-21}$$

$$K_v = \frac{q_{ms}}{0.6 p_1} \sqrt{\frac{T_1 Z}{k X_T M}} \tag{5-22}$$

式中　q_{ms}——蒸汽的质量流量（kg/h）；

ρ_s——阀前入口蒸汽的密度（kg/m³）；

k——蒸汽的等熵指数。

如果是过热蒸汽，应代入过热条件下的实际密度。

5.2.3 配管集合形状修正

当控制阀阀体的上游和（或）下游装有附接管件时，必须考虑管件几何形状的影响，即管件几何形状系数 F_p 的影响。F_p 是流过装有附接管件控制阀的流量与不装附接管件时的流量之比。两种安装情况如图 5-2 所示，流量均在不产生阻塞流的同一试验条件下测得。为了保证 ±5% 的最大允许偏差，可以通过试验确定 F_p，其压差值以不出现阻塞流为限。

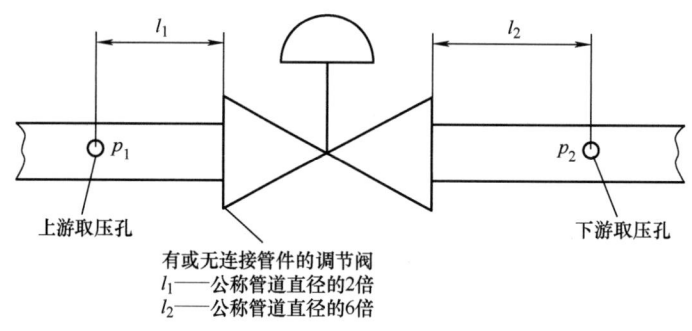

有或无连接管件的调节阀
l_1——公称管道直径的2倍
l_2——公称管道直径的6倍

图 5-2 取压孔位置

如果允许采用估算值，可用下列公式：

$$F_p = \frac{1}{\sqrt{1 + \frac{\sum \zeta}{N_2}\left(\frac{C_{100}}{d^2}\right)^2}} \tag{5-23}$$

式中 F_p——管件几何形状系数，无量纲；

C_{100}——额定流量系数；

d——控制阀公称尺寸（mm）；

N_2——数字常数，查表 5-17，当采用国际单位制时，$N_2 = 0.0016$；

第5章 控制阀选型与计算

$\Sigma\zeta$——控制阀上全部管件的全部有效速度头系数的代数和,调节阀本身的速度头系数不包括在内。

$$\Sigma\zeta = \zeta_1 + \zeta_2 + \zeta_{B1} - \zeta_{B2} \tag{5-24}$$

式中 ζ_1——阀前阻力系数;

ζ_2——阀后阻力系数;

ζ_{B1}——入口处伯努利系数;

ζ_{B2}——出口处伯努利系数。

当入口和出口的管道直径相同时,$\zeta_{B1} = \zeta_{B2}$,在式(5-27)中相互抵消;当控制阀管道直径不相等时,系数ζ_{B1}和ζ_{B2}可按式(5-25)、式(5-26)计算:

$$\zeta_{B1} = 1 - \left(\frac{d}{D_1}\right)^4 \tag{5-25}$$

$$\zeta_{B2} = 1 - \left(\frac{d}{D_2}\right)^4 \tag{5-26}$$

式中 D_1——控制阀进口管道内径(mm);

D_2——控制阀出口管道内径(mm)。

如果入口和出口管件是较短的同轴渐缩管,系数ζ_1和ζ_2可按下式计算(近似值)。

入口渐缩管:

$$\zeta_1 = 0.5\left[1 - \left(\frac{d}{D_1}\right)^2\right]^2 \tag{5-27}$$

出口渐缩管:

$$\zeta_2 = 1.0\left[1 - \left(\frac{d}{D_2}\right)^2\right]^2 \tag{5-28}$$

如果入口渐缩管和出口渐缩管尺寸相同,则有

$$\Sigma\zeta = \zeta_1 + \zeta_2 = 1.5\left[1 - \left(\frac{d}{D}\right)^2\right]^2 \tag{5-29}$$

式中 D——管道的内径。

如果入口和出口管件不符合上述管件情况,则ζ_1和ζ_2无法计算,必须通过试验获得。

(1) 液体介质时管件形状修正公式

在非阻塞流时，修正后的流量系数 K'_v 可按式(5-30) 计算：

$$K'_v = \frac{K_v}{F_p} \tag{5-30}$$

式中 K_v——未修正前计算出来的流量系数；

F_p——管件几何形状系数，按式(5-23) 计算。

在阻塞流时，控制阀上的临界压差 Δp_T 由于受到管件的影响而改变为

$$\Delta p_T = (F'_L)^2 (p_1 - F_F p_v) \tag{5-31}$$

式中 F'_L——附接管件之后控制阀的压力恢复系数；

F_F——液体临界压力比系数。

$$F'_L = \frac{F_L}{F_p} \frac{1}{\sqrt{1 + F_L^2 \dfrac{\zeta_1 + \zeta_{B1}}{0.0016} \left(\dfrac{C_{100}}{d^2}\right)^2}} \tag{5-32}$$

式中 F_L——控制阀的液体压力恢复系数。

修正后的流量系数 K'_v 为

$$K'_v = \left(\frac{10 \, q_{vL}}{F'_L} \sqrt{\frac{\rho_L}{p_1 - F_F p_v}}\right) \frac{1}{F_p} \tag{5-33}$$

为了方便计算，令 $F_p F'_L = F_{Lp}$，F_{Lp} 称为附接管件压力恢复与管件形状组合修正系数：

$$F_{Lp} = \frac{F_L}{\sqrt{1 + F_L^2 \dfrac{\zeta_1 + \zeta_{B1}}{0.0016} \left(\dfrac{C_{100}}{d^2}\right)^2}} \tag{5-34}$$

把式(5-34) 代入式(5-31) 后得

$$\Delta p_T = \left(\frac{F_{Lp}}{F_p}\right)^2 (p_1 - F_F p_v) \tag{5-35}$$

修正后的流量系数 K'_v 为

$$K_v' = \frac{K_v}{F_{Lp}} \tag{5-36}$$

(2) 气体介质时管件形状修正公式

在附接管件的影响下,气体流经控制阀时,临界压差比和膨胀系数都发生变化,在这种情况下,分别以 X_{Tp} 和 y_p 来表示。其计算公式为

$$X_{Tp} = \frac{X_T}{F_p^2}\left[\frac{1}{\sqrt{1 + \frac{X_T}{0.0018}(\zeta_1 + \zeta_{B1})\left(\frac{C_{100}}{d^2}\right)^2}}\right] \tag{5-37}$$

$$y_p = 1 - \frac{X}{3F_K X_{Tp}} \tag{5-38}$$

在非阻塞流时 ($X < F_K X_T$),修正后的流量系数 K_v' 为

$$K_v' = \frac{q_{vg}}{5.19 p_1 y_p F_p}\sqrt{\frac{T_1 \rho_s Z}{X}} \tag{5-39}$$

式中,q_{vg}——质量流量。

或

$$K_v' = \frac{q_{vg}}{24.6 p_1 y_p F_p}\sqrt{\frac{T_1 M Z}{X}} \tag{5-40}$$

或

$$K_v' = \frac{q_{vg}}{4.57 p_1 y_p F_p}\sqrt{\frac{T_1 G Z}{X}} \tag{5-41}$$

在阻塞流时 ($X \geq F_K X_T$),修正后的流量系数 K_v' 为

$$K_v' = \frac{q_{vg}}{2.9 p_1 F_p}\sqrt{\frac{T_1 \rho_N Z}{k X_{Tp}}} \tag{5-42}$$

或

$$K_v' = \frac{q_{vg}}{13.9 p_1 F_p}\sqrt{\frac{T_1 M Z}{k X_{Tp}}} \tag{5-43}$$

或

$$K_{\rm v}' = \frac{q_{\rm vg}}{2.58 p_1 F_{\rm p}} \sqrt{\frac{T_1 G Z}{k X_{\rm Tp}}} \qquad (5\text{-}44)$$

由上述可见，管件形状修正是比较复杂的，有时必须进行反复计算。为了简化设计过程，对修正量较小者（如小于 10%）可以考虑不进行修正。从以往的实践和收集到的资料来分析，对于工艺管道内径 D 与调节阀的公称尺寸 d 之比（即 D/d），若比值在 1.25~2.0 的范围内，各种控制阀的管件形状修正系数 $F_{\rm p}$ 多数大于 0.90，而 $F_{\rm Lp}$ 都小于 0.90。因此，除了在阻塞流条件下需要进行管件形状修正外，在非阻塞流时，只有球阀、90°全开蝶阀等少数控制阀在 $D/d \geqslant 1.5$ 时才需进行修正。

5.2.4 气液两相流计算

当控制阀的介质为气液两相的混合流时，一般采用分别计算液体和气体（蒸汽）的 C 值，然后相加作为控制阀的总流量系数值。这种分别计算液体及气体的流量系数、然后相加的方法是基于两种介质单独流动的观点，并没有考虑它们之间的相互影响。实际上，当气相多于液相时，液相成为雾状，具有近似于气相的性质；当液相多于气相时，气相成为气泡而夹杂在液相中间，这时具有液相性质，此时用上面的方法计算时误差较大（前者偏大而后者偏小）。因此，两相流体流量系数的计算必须考虑两相流动之间的相互影响，寻找有效而准确的计算方法。

按照新的膨胀系数理论，目前对两相流的流量系数计算多采用有效密度法或两相密度法。当液体和气体（或蒸汽）均匀混合流过控制阀时，液体的密度保持不变，而气体或蒸汽由于膨胀而使密度下降，因此，要使用膨胀系数加以修正。从式(5-39) 可知，质量流量与 $y\sqrt{X\rho_{\rm s}}$ 成正比，如果这时气体的有效密度为 $\rho_{\rm e}$，则

$$\sqrt{X\rho_{\rm e}} = y\sqrt{X\rho_{\rm s}} \qquad (5\text{-}45)$$

即

$$\rho_{\rm e} = y^2 \rho_{\rm s} \qquad (5\text{-}46)$$

在其他条件相同的情况下，密度为 $\rho_{\rm s}$ 的可压缩介质的质量流量与密度为 $\rho_{\rm e}$ 的不可压

缩介质的质量流量是一样的,因此,对于均匀混合的气(汽)、液两相介质可按混合介质的有效密度ρ_e进行计算。当两相流中为液体和蒸汽,而液体占绝大部分时,可以用阀入口(p_1和T_1条件下)的两相流密度ρ_m来计算。

总之,计算的前提条件是:气(汽)、液两相介质必须均匀混合,而且其中每一单相介质均未达到阻塞流条件,计算公式如下。

1) 液体与非液化性气体先决条件:液体 $\Delta p = F_L^2(p_1 - p_2)$,气体 $X < F_K X_T$,若两个条件都能满足,则有

$$K_v = \frac{q_{mg} + q_{mL}}{3.16\sqrt{p\rho_e}} \tag{5-47}$$

式中 q_{mg}——气(汽)体的质量流量(kg/h);

q_{mL}——液体的质量流量(kg/h);

ρ_e——混合介质的有效密度(g/m³);

$$\rho_e = \frac{q_{mg} + q_{mL}}{\dfrac{q_{mg}}{\rho_g y^2} + \dfrac{q_{mL}}{10^3 \rho_L}} \tag{5-48}$$

或

$$\rho_e = \frac{q_{mg} + q_{mL}}{\dfrac{T_1 q_{mg}}{2.64 y^2 p_1 \rho_N Z} + \dfrac{q_{mL}}{10^3 \rho_L}} \tag{5-49}$$

或

$$\rho_e = \frac{q_{mg} + q_{mL}}{\dfrac{T_1 q_{mg}}{M p_1 y^2 Z} + \dfrac{q_{mL}}{10^3 \rho_L}} \tag{5-50}$$

式中 ρ_g——气体密度;

ρ_L——液体密度。

2) 对于液体与蒸汽混合且蒸汽占绝大部分的两相混合介质,用式(5-47)进行计算;对于液体占绝大部分的两相混合介质,计算公式为

$$K_v = \frac{q_{mg} + q_{mL}}{3.16 F_L \sqrt{\rho_m p_1 (1 - F_F)}} \tag{5-51}$$

式中 ρ_m——两相流介质密度（kg/m³）。

$$\rho_m = \frac{q_{mg} + q_{mL}}{\dfrac{q_{mg}}{\rho_g} + \dfrac{q_{mL}}{10^3 \rho_L}} \tag{5-52}$$

或

$$\rho_m = \frac{q_{mg} + q_{mL}}{\dfrac{T q_{mg}}{2.64 p_1 \rho_N Z} + \dfrac{q_{mL}}{10^3 \rho_L}} \tag{5-53}$$

式中 T——介质温度（℃）。

或

$$\rho_m = \frac{q_{mg} + q_{mL}}{\dfrac{8.5 T_1 q_{mg}}{M p_1} + \dfrac{q_{mL}}{10^3 \rho_L}} \tag{5-54}$$

5.3 阀座泄漏量计算及试验程序

1) 试验介质。试验介质应符合 GB/T 17213.4—2015 中 5.2 的要求。

2) 执行机构的调整。执行机构应调整到符合规定的工作条件，然后施加由空气压力、弹簧或其他装置提供的所需关闭推力或扭矩。当试验压差小于阀的最大工作压差时，不允许修正或调整施加在阀座上的负载。对于不带执行机构的阀体组件，试验时应利用一个装置施加一个阀座负载，该负载不超过制造商规定的最大使用条件下的正常预计负载。

3) 试验程序。试验介质应施加在阀体的正常或规定入口。阀体出口可通大气或连接一个低压头损失流量测量装置，测量装置的出口通大气。应采取措施避免由于被测试控制阀无意中打开而导致测量装置承受的压力高于安全工作压力。

第5章 控制阀选型与计算

在使用液体介质时,控制阀应打开,阀体组件(包括出口)和下游连接管道均应充满介质,然后将阀关闭。应注意消除阀体和管道内的气穴。

当泄漏量稳定后,应在足够的时间周期内测取泄漏量值以获得 GB/T 17213.4—2015 中 5.1.3 规定的精确度。使用规定的试验程序,各等级规定的阀座允许最大泄漏量应不超过表5-14 中的值。

(1) 试验程序 1

试验介质的压力应在 300 ~ 400kPa (3 ~ 4bar) 表压之间,如果买方规定的最大工作压差低于 350kPa (3.5bar),则试验压差应在规定工作压差 ±5% 以内。

(2) 试验程序 2

试验压差应在买方规定的控制阀前后最大工作压差 ±5% 以内。

(3) 泄漏规范

泄漏等级、试验介质、试验程序和阀座最大泄漏量应符合表5-14 的规定。

表 5-14 各泄漏等级的阀座最大泄漏量

泄漏等级	试验介质	试验程序	阀座最大泄漏量
Ⅰ	由买方和制造商商定		
Ⅱ	L 或 G	1	$5 \times 10^{-3} \times$ 阀额定容量①
Ⅲ	L 或 G	1	$10^{-3} \times$ 阀额定容量
Ⅳ	L	1 或 2	$10^{-4} \times$ 阀额定容量
	G	1	$10^{-4} \times$ 阀额定容量
Ⅳ-S1	L	1 或 2	$5 \times 10^{-6} \times$ 阀额定容量
	G	1	$5 \times 10^{-6} \times$ 阀额定容量
Ⅴ	L	2	$1.8 \times 10^{-7} \times \Delta p^* \times D$, 1/h $(1.8 \times 10^{-5} \times \Delta p^{**} \times D)$, 1/h
	G	1	$10.8 \times 10^{-6} \times D$, Nm³/h $(11.1 \times 10^{-6} \times D$, stdm³/h)
Ⅵ②	G	1	$3 \times 10^{-3} \times \Delta p^* \times$ 泄漏率系数② $(0.3 \times \Delta p^{**} \times$ 泄漏率系数)

注:Δp^* 单位为 kPa;Δp^{**} 单位为 bar;D 为阀座直径,单位为 mm;$L=$ 液体;$G=$ 气体。
① 对于可压缩流体体积流量,是在绝对压力为 101.325kPa (1013.25mbar) 和 15.6℃的标准状态或绝对压力为 101.325kPa (1013.25mbar) 和 0℃的正常状态下的测定值。
② Ⅵ级的泄漏量系数如下。

（续）

阀座直径 mm	允许泄漏率系数	
	mL/min	气泡数/min
25	0.15	1
40	0.30	2
50	0.45	3
65	0.60	4
80	0.90	6
100	1.70	11
150	4.00	27
200	6.75	45
250	11.1	—
300	16.0	—
350	21.6	—
400	28.4	—

注：1. 表中列出的每分钟气泡数是根据一台经校验的合适的测量装置提出的替代方案，这里使用一根外径 6mm、壁厚 1mm 的管子（管端表面应平整光滑，无斜口和毛刺，管子轴线应与水平面垂直）浸入水中 5~10mm 深度。

2. 如果阀座直径与表列值相差 2mm 以上，则可在假定泄漏率系数与阀座直径的平方成正比的情况下，通过插值法（内推法）取得泄漏率系数。

3. 入口压力为 3.5bar。如果需要不同的试验压力，例如，在试验程序 2 中，如果制造商和买方双方同意，那么在试验介质为空气或氮气的情况下，最大允许泄漏率系数（单位为 Nm^3/h）为 $10.8 \times 10^{-6} \times [(p_1-101)/350] \times (p_1/552 + 0.2) \times D$，其中 p_1 为入口压力（单位为 kPa）；或 $10.8 \times 10^{-6} \times [(p_1-1.01)/3.5] \times (p_1/5.52 + 0.2) \times D$，其中 p_1 为入口压力（单位为 bar）。

这种换算假定为层流情况，且仅适用于大气入口压力以及试验温度在 10~30℃ 之间。此换算不可用于实际工作条件下的流量预测。

5.4 基本流量计算

5.4.1 不可压缩流体的计算

（1）紊流

紊流条件下不可压缩流体的流量基本公式如下：

$$q = CN_1 F_p \sqrt{\frac{\Delta p_{sizing}}{\rho_1/\rho_0}} \tag{5-55}$$

式中 N_1——数字常数,取决于一般计算公式中使用的单位和流量系数的类型 K_v 或 C_v;

ρ_1——在 p_1 和 T_1 时的流体密度;

ρ_0——15℃水的密度;

Δp_{sizing}——计算压差。

当控制阀和附接管件的尺寸一致时,管件几何形状系数 F_p 可简化为1。式(5-58)确定了流经控制阀的不可压缩流体的流量、流量系数、流体特性、相关安装系数和相应工作条件的关系。若已知流量系数、流量或压差中任意两个量,可用式(5-55)求出另一个量。此公式仅适用于成分单一的单相流体(不适用于多相或多种成分的混合流体)。但对于液相多成分混合流体,可在一定条件下谨慎地使用此公式。假定流体模式为液-液流体混合物,并满足以下条件:

1)该混合流体是同系的。

2)该混合流体化学态与热力学态平衡。

3)整个节流过程良好且无多相层。

当满足上述条件时,混合流体密度可代替式(5-55)中的流体密度 ρ_1。

(2)压差

1)计算压差 Δp_{sizing}。式(5-55)中用于预测流量或计算流量系数的压差值取实际压差与阻塞压差两者中较小的值。

$$\Delta p_{sizing} = \begin{cases} \Delta p & \Delta p < \Delta p_{choked} \\ \Delta p_{choked} & \Delta p \geqslant \Delta p_{choked} \end{cases} \tag{5-56}$$

式中 Δp_{choked}——不可压缩流体压差极限值(阻塞压差)。

2)阻塞压差 Δp_{choked}。流经控制阀的流体流量不再随压差增大而增加的情况叫作"阻塞流"。在这种情况下的压降叫作阻塞压差。计算公式如下:

$$\Delta p_{\text{choked}} = \left(\frac{F_{\text{Lp}}}{F_{\text{p}}}\right)^2 (p_1 - F_F p_v) \tag{5-57}$$

当控制阀和附接管件的尺寸一致时，$(F_{\text{Lp}}/F_{\text{p}})^2$ 简化为 F_{L}^2。

3）液体临界压力比系数 F_F。F_F 即液体临界压力比系数。该系数是阻塞流条件下明显的"缩流断面"压力与入口温度下液体的蒸汽压力之比。蒸汽压力接近零时这个系数为 0.96。对成分单一的流体，可根据图 5-3 曲线或下式确定其近似值。

$$F_F = 0.96 - 0.28 \sqrt{\frac{p_v}{p_c}} \tag{5-58}$$

用式(5-58)来描述多种成分混合流体的节流效应时，其适用性受到闪蒸状态参数的影响。

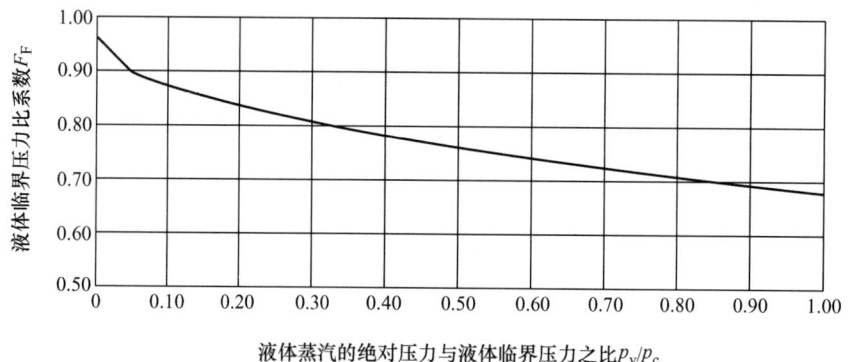

图 5-3 液体临界压力比系数 F_F

(3) 非紊流（层流和过渡流）

式(5-55)仅限于完全紊流条件。在非紊流条件下，特别是当流量很低或流体黏度很高时，为确保式(5-55)的适用性，应计算控制阀的雷诺数。当 $\text{Re}_v \geqslant 10000$ 时，式(5-55)适用。

5.4.2 可压缩流体的计算

紊流条件下可压缩流体的流量基本公式如下：

$$w = CN_6 F_p y \sqrt{X_{\text{sizing}} p_1 \rho_1} \tag{5-59}$$

式中 X_{sizing} ——计算压差比。

式(5-59)可确定流经控制阀的可压缩流体的流量、流量系数、流体特性、相关安装系数和相关工作条件的关系。

以下两个公式与式(5-59)等效,用于给出惯用的可用数据形式。

$$w = CN_8 F_p p_1 y \sqrt{\frac{X_{\text{sizing}} M}{T_1 Z_1}} \tag{5-60}$$

$$q_s = CN_9 F_p p_1 y \sqrt{\frac{X_{\text{sizing}}}{M T_1 Z_1}} \tag{5-61}$$

式中,M 的值可参见表 5-16;q_s 为质量流量的另一种符号表示。

(1) 压差比

1) 计算压差比 X_{sizing}。式(5-59)~式(5-61)中用于预测流量或计算流量系数的压差比的值取实际压差比 X 与阻塞压差比 X_{choked} 两者中较小的值。

$$X_{\text{sizing}} = \begin{cases} X & X < X_{\text{choked}} \\ X_{\text{choked}} & X \geqslant X_{\text{choked}} \end{cases} \tag{5-62}$$

其中

$$X = \frac{\Delta p}{p_1} \tag{5-63}$$

2) 阻塞压差比 X_{choked}。阻塞压差比是指当压差比值增加但流体流量不再增加时的压差比。计算公式如下:

$$X_{\text{choked}} = F_\gamma X_{\text{Tp}} \tag{5-64}$$

当控制阀和附接管件的尺寸一致时,X_{Tp} 简化成 X_{T}。X_{T} 的值参见表 5-17。

(2) 比热比系数 F_γ

系数 X_{T} 是以接近大气压、比热比为 1.40 的空气流体为基础的。如果流体比热比不是 1.40,可用系数 F_γ 调整 X_{T}。比热比系数用下列公式计算:

$$F_\gamma = \frac{\gamma}{1.4} \tag{5-65}$$

式(5-65)的推论是假设理想气体的性质和基于控制阀空气、蒸汽试验孔板模型引申而来的。在 $1.08 < \gamma < 1.65$ 范围内分析模型时可采用流体线性模型并使用式(5-65)。原始的节流孔模型或其他理论上的模型和式(5-65)在这个范围内的差别不大,但在这个范围以外相差甚远。为了达到最大程度的精确度,基于这种模型的计算应只限于具有在此范围内比热比和理想气体性质的流体。

(3) 膨胀系数 y

膨胀系数 y 表示流体从阀体入口流到"缩流断面"(其位置在节流孔的下游,该处的射流面积最小)时的密度变化。它还表示压差变化时"缩流断面"面积的变化。

理论上,y 受以下几个因素的影响:

1) 节流孔面积与阀体入口面积之比。

2) 流路的形状。

3) 压差比 X。

4) 雷诺数。

5) 比热比 γ。

以上几项的影响可用压差比系数 X_T 表示。X_T 通过空气试验确定。

雷诺数是控制阀节流孔处惯性力与黏性力之比。在可压缩流体情况下,由于紊流几乎始终存在,因此其值不受影响。

流体比热比会影响压差比系数 X_T。

y 可用式(5-66)计算:

$$y = 1 - \frac{X_{sizing}}{3 X_{choked}} \tag{5-66}$$

式中膨胀系数 y 在阻塞流条件下的极限值为 2/3。

(4) 压缩系数 Z

许多计算公式都不包含上游条件下流体的实际密度这一项,而密度则是根据理想气体定律由入口压力和温度导出的。在某些条件下，真实气体性质与理想气体偏差很大，在这种情况下，应引入压缩系数 Z 来补偿这个偏差。Z 是对比压力和对比温度两者的函数。

（5）非紊流（层流和过渡流）

式(5-59)~式(5-61)仅限于完全紊流条件。在非紊流条件下，特别是当流量很低或流体黏度很高时，为确保公式的适用性，应计算控制阀的雷诺数。当 $Re_v \geqslant 10000$ 时，公式适用。

5.4.3 不可压缩流体与可压缩流体计算通用修正系数

（1）管件几何形状修正系数

控制阀阀体上、下游装有附接管件时，必须考虑管件几何形状系数（F_p、F_{Lp}、X_{Tp}）。

为满足确定的流量精确度为 ±5% 的要求，所有管道几何形状系数的试验应按照 GB/T 17213.9—2005 的规定进行。

在允许估算管件几何形状系数时，同轴渐缩管和渐扩管直接连接控制阀的模型应采用式(5-67)和式(5-73)。这些公式由附接管件引入的静压头和动压头间的相互交换和额外的阻力分析数据导出。

此方法的有效性在于通过保持控制阀及其附接管件在液压或空气动力学上的相互独立性来维持其累计效应。上述条件满足大部分实际运用需求。但对于某些特定阀门，如蝶阀和球阀，压力恢复主要发生在下游管道而不是阀体内，用任意管道管件代替下游管道部分将改变压力恢复区。在这种条件下，简单的流阻修正方案不一定能说明这些影响。

（2）估算管件几何形状系数 F_p

F_p 是流经带有附接管件控制阀的流量与无附接管件的流量之比。两种安装情况的流量均在不产生阻塞流的同一试验条件下测得。在允许估算时，应采用下列公式计算：

$$F_p = \frac{1}{\sqrt{1 + (\sum \zeta / N_2)(C/d^2)^2}} \tag{5-67}$$

在此公式中，$\sum \zeta$ 是控制阀上所有附接管件的全部有效速度头损失系数的代数和。控制阀自身的速度头损失系数不包括在内。

$$\sum \zeta = \zeta_1 + \zeta_2 + \zeta_{B1} - \zeta_{B2} \tag{5-68}$$

当控制阀的出入口处管道直径不同时，系数 ζ_B 以下列公式计算：

$$\zeta_B = 1 - \left(\frac{d}{D}\right)^4 \tag{5-69}$$

如果入口与出口的管件是市场上供应的较短的同轴渐缩管，系数 ζ_1 和 ζ_2 用下列公式估算。

入口渐缩管：

$$\zeta_1 = 0.5 \left[1 - \left(\frac{d}{D_1}\right)^2\right]^2 \tag{5-70}$$

出口渐缩管（渐扩管）：

$$\zeta_2 = 1.0 \left[1 - \left(\frac{d}{D_2}\right)^2\right]^2 \tag{5-71}$$

入口和出口尺寸相同的渐缩管：

$$\zeta_1 + \zeta_2 = 1.5 \left[1 - \left(\frac{d}{D}\right)^2\right]^2 \tag{5-72}$$

用上述 ζ 系数计算出的 F_p 值，一般将导致选出的控制阀容量比所需要的稍大一些。

(3) 估算带附接管件的液体压力恢复系数与管件几何形状系数的复合系数 F_{Lp}

F_L 是无附接管件的液体压力恢复系数。该系数表示阻塞流条件下阀体内几何形状对阀容量的影响。它定义为阻塞流条件下的实际最大流量与理论上非阻塞流条件下的流量之比。如果压差是阻塞流条件下的阀入口压力与明显的"缩流断面"压力之差，就要算出理论非阻塞流条件下的流量。系数 F_L 可以由符合 GB/T 17213.9—2005 的试验来确定。

第5章 控制阀选型与计算

F_{Lp} 是带附接管件的控制阀的液体压力恢复系数和管件几何形状系数的复合系数。它可以用与 F_L 相同的方式获得。

为满足 F_{Lp} 的偏差为 ±5% 的要求，F_{Lp} 应由试验来确定。在允许估算时，应使用式(5-73)计算。

$$F_{Lp} = \frac{F_L}{\sqrt{1 + (F_L^2/N_2)(\sum \zeta_1)(C/d^2)^2}} \tag{5-73}$$

其中，$\sum \zeta_1$ 是上游取压口与控制阀阀体入口之间测得的控制阀上游附接管件的速度头损失系数 $\zeta_1 + \zeta_{B1}$。

(4) 估算带附接管件的压差比系数 X_{Tp}

X_T 是无渐缩管或其他管件的控制阀的压差比系数。如果入口压力 p_1 保持恒定且出口压力 p_2 逐渐降低，则流经控制阀的质量流量会增大至最大极限值，进一步降低 p_2 到流量不再增加时，这种情况称作阻塞流。

当压差比 X 达到 $F_\gamma X_T$ 值时就达到极限值，此极限值定义为临界压差比。即使实际压差比更大，用于任何一个计算公式和 y 的关系式（式5-69）中的 X 值也应保持在这个极限之内。

X_T 值可通过空气试验来确定。试验程序见 GB/T 17213.9—2005。

如果控制阀带有附接管件，X_T 值将会受到影响。

X_{Tp} 是控制阀带有附接管件且在阻塞流条件下的压差比系数。为满足 X_{Tp} 的偏差为 ±5% 的要求，控制阀和附接管件应作为一个整体进行试验。当允许采用估算时，可采用式(5-74)。

$$X_{Tp} = \frac{X_T/F_p^2}{1 + (X_T \zeta_i/N_5)(C/d^2)^2} \tag{5-74}$$

式中，N_5 的值见表5-15。

在上述关系中，X_T 为无渐缩管或附接管件控制阀的压差比系数；ζ_i 是附接在控制阀入口面上的渐缩管或其他管件入口的速度头损失系数（$\zeta_1 + \zeta_{B1}$）之和。

如果入口管件是市场上供应的短尺寸同心渐缩管，则 ζ_1 的值可用式（5-70）估算。

5.4.4 控制阀雷诺数 Re_v

以上出现的不可压缩和可压缩流体的公式均针对完全紊流条件。当形成非紊流条件时，由于通过控制阀的介质压差低、黏度高、流量系数小或是这几个条件的组合，因此需要建立一个不同的模型。

控制阀的雷诺数 Re_v 用来确定流体是否处在紊流条件下。实验证明，当 $\mathrm{Re}_\mathrm{v} \geqslant 10000$ 时为紊流，阀门的雷诺数可用式（5-75）计算：

$$\mathrm{Re}_\mathrm{v} = \frac{N_4 F_\mathrm{d} q}{\nu \sqrt{C F_\mathrm{L}}} \left(\frac{F_\mathrm{L}^2 C^2}{N_2 d^4} + 1 \right)^{1/4} \tag{5-75}$$

式（5-75）中的流量以不可压缩流体和可压缩流体的实际体积流量为单位。运动黏度 ν 应根据流体环境进行估算。

控制阀的雷诺数是流体流量和控制阀流量系数的函数。因此，在处理这两个变量中任意一变量时，必须寻得一个可以确保每个变量的所有情况都包含在内的计算公式。

流体流量和阀门流量系数的雷诺数需要通过迭代的方法来计算。控制阀类型修正系数 F_d 把节流孔的几何形状转换成等效圆形的单流路。为满足 F_d 的偏差为 ±5% 的要求，F_d 应由 GB/T 17213.9—2005 规定的试验来确定。另外，含有 F_d 的式（5-75）不再适用。

基本流量计算公式中的常数 N 可在表 5-15 中查询。

表 5-15 数字常数 N

常数	流量系数 C		公式的单位						
	K_v	C_v	W	Q	p、Δp	ρ	T	d、D	ν
N_1	1×10^{-1}	8.65×10^{-2}	—	m^3/h	kPa	$\mathrm{kg/m}^3$	—	—	—
	1	8.65×10^{-1}	—	m^3/h	bar	$\mathrm{kg/m}^3$	—	—	—
N_2	1.60×10^{-3}	2.14×10^{-3}	—	—	—	—	—	mm	—

(续)

常数	流量系数 C		公式的单位						
	K_v	C_v	W	Q	p、Δp	ρ	T	d、D	v
N_4	7.07×10^{-2}	7.60×10^{-2}	—	m³/h	—	—	—	—	m²/s
N_5	1.80×10^{-3}	2.41×10^{-3}	—	—	—	—	—	mm	—
N_6	3.16	2.73	kg/h	—	kPa	kg/m³	—	—	—
	3.16×10^1	2.73×10^1	kg/h	—	bar	kg/m³	—	—	—
N_8	1.10	9.48×10^{-1}	kg/h	—	kPa	—	K	—	—
	1.10×10^2	9.48×10^1	kg/h	—	bar	—	K	—	—
N_9 ($t_S = 0$℃)	2.46×10^1	2.12×10^1	—	m³/h	kPa	—	K	—	—
	2.46×10^3	2.12×10^3	—	m³/h	bar	—	K	—	—
N_9 ($t_S = 15$℃)	2.60×10^1	2.25×10^1	—	m³/h	kPa	—	K	—	—
	2.60×10^3	2.25×10^3	—	m³/h	bar	—	K	—	—
N_{17}	1.05×10^{-3}	1.21×10^{-3}	—	—	—	—	—	mm	—
N_{18}	8.65×10^{-1}	1.00	—	—	—	—	—	mm	—
N_{19}	2.50	2.30	—	—	—	—	—	mm	—
N_{22} ($t_S = 0$℃)	1.73×10^1	1.50×10^1	—	m³/h	kPa	—	K	—	—
	1.73×10^3	1.50×10^3	—	m³/h	bar	—	K	—	—
N_{22} ($t_S = 15$℃)	1.84×10^1	1.59×10^1	—	m³/h	kPa	—	K	—	—
	1.84×10^3	1.59×10^3	—	m³/h	bar	—	K	—	—
N_{27}	7.75×10^{-1}	6.70×10^{-1}	kg/h	—	kPa	—	K	—	—
	7.75×10^1	6.70×10^1	kg/h	—	bar	—	K	—	—
N_{32}	1.40×10^2	1.27×10^2	—	—	—	—	—	mm	—

注：使用表中提供的数字常数和表中规定的实际公制单位就能得出规定单位的流量系数。

表 5-16 气体与蒸汽的物理常数

气体和蒸汽	符号	M	γ	p_c/kPa	T_c/K
乙炔	C_2H_2	26.04	1.30	6140	309
空气	—	28.97	1.40	3771	133
氨	NH_3	17.03	1.32	11400	406
氩	Ar	39.948	1.67	4870	151
苯	C_6H_6	78.11	1.12	4924	562
异丁烷	C_4H_{10}	58.12	1.10	3638	408
丁烷	C_4H_{10}	58.12	1.11	3800	425

（续）

气体和蒸汽	符号	M	γ	p_c/kPa	T_c/K
异丁烯	C_4H_8	56.11	1.11	4000	418
二氧化碳	CO_2	44.01	1.30	7387	304
一氧化碳	CO	28.01	1.40	3496	133
氯气	Cl_2	70.906	1.31	7980	417
乙烷	C_2H_6	30.07	1.22	4884	305
乙烯	C_2H_4	28.05	1.22	5040	283
氟	F_2	18.998	1.36	5215	144
氟利昂-11（三氯一氟甲烷）	CCl_3F	137.37	1.14	4409	471
氟利昂-12（二氯二氟甲烷）	CCl_2F_2	120.91	1.13	4114	385
氟利昂-13（一氯三氟甲烷）	$CClF_3$	104.46	1.14	3869	302
氟利昂-22（一氯二氟甲烷）	$CHClF_2$	80.47	1.18	4977	369
氦	He	4.003	1.66	229	5.25
庚烷	C_7H_{16}	100.20	1.05	2736	540
氢气	H_2	2.016	1.41	1297	33.25
氯化氢	HCl	36.46	1.41	8319	325
氟化氢	HF	20.01	0.97	6485	461
甲烷	CH_4	16.04	1.32	4600	191
一氯甲烷	CH_3Cl	50.49	1.24	6677	417
天然气	—	17.74	1.27	4634	203
氖	Ne	20.179	1.64	2726	44.45
一氧化氮	NO	63.01	1.40	6485	180
氮气	N_2	28.013	1.40	3394	126
辛烷	C_8H_{18}	114.23	1.66	2513	569
氧气	O_2	32.000	1.40	5040	155
戊烷	C_5H_{12}	72.15	1.06	3374	470
丙烷	C_3H_8	44.10	1.15	4256	370
丙二醇	$C_3H_8O_2$	42.08	1.14	4600	365
饱和蒸汽	—	18.016	1.25~1.32	22119	647
二氧化硫	SO_2	64.06	1.26	7822	430
过热蒸汽	—	18.016	1.315	22119	647

表 5-17　控制阀类型修正系数 F_d、液体压力恢复系数 F_L 和额定行程下的压差比系数 X_T 的典型值

控制阀类型	阀内件类型	流向	F_L	X_T	F_d
球形阀，单座	3V 口阀芯	流开或流关	0.9	0.70	0.48
	4V 口阀芯	流开或流关	0.9	0.70	0.41
	6V 口阀芯	流开或流关	0.9	0.70	0.30
	柱塞型阀芯（线性和等百分比）	流开	0.9	0.72	0.46
		流关	0.8	0.55	1.00
	60 个等径孔的套筒	向外或向内	0.9	0.68	0.13
	120 个等径孔的套筒	向外或向内	0.9	0.68	0.09
	特性套筒，4 孔	向外	0.9	0.75	0.41
		向内	0.85	0.70	0.41
球形阀，双座	开口阀芯	阀座间流入	0.9	0.75	0.28
	柱塞型阀芯	任意流向	0.85	0.70	0.32
球形阀，角阀	柱塞型阀芯（线性和等百分比）	流开	0.9	0.72	0.46
		流关	0.8	0.65	1.00
	特殊套筒，4 孔	向外	0.9	0.65	0.41
		向内	0.85	0.60	0.41
	文丘里阀	流关	0.5	0.20	1.00
球形阀，小流量阀内件	V 形切口	流开	0.98	0.84	0.70
	平面阀座（短行程）	流关	0.85	0.70	0.30
	锥形针状	流开	0.95	0.84	$\dfrac{N_{19}\sqrt{C \times F_L}}{D_O}$
角行程阀	偏心球形阀芯	流开	0.85	0.60	0.42
		流关	0.68	0.40	0.42
	偏心锥形阀芯	流开	0.77	0.54	0.44
		流关	0.79	0.55	0.44
蝶阀（中心轴式）	70°转角	任意	0.62	0.35	0.57
	60°转角	任意	0.70	0.42	0.50
	带凹槽蝶板（70°）	任意	0.67	0.38	0.30
蝶阀（偏心轴式）	偏心阀座（70°）	任意	0.67	0.35	0.57
球阀	全球体（70°）	任意	0.74	0.42	0.99
	截球体	任意	0.60	0.30	0.98

（续）

控制阀类型	阀内件类型		流向	F_L	X_T	F_d
球形阀和角阀	多级多通	2	任意	0.97	0.812	
		3		0.99	0.888	
		4		0.99	0.925	
		5		0.99	0.950	
	多级单通	2	任意	0.97	0.896	
		3		0.99	0.935	
		4		0.99	0.960	

注：1. 这些数值仅为典型值，实际值应由制造商规定。
2. 趋于流开或流关的流体流向，即将截流件推离或推向阀座。
3. 向外的意思是流体从套筒中央向外流，向内的意思是流体从套筒外向中央流。
4. D_0 为节流孔直径。

5.4.5 控制阀流量系数典型计算实例

例 5-1 不可压缩流体——非阻塞流紊流，无附接管件，求流量系数 K_v。

（1）过程数据

流体：水。

入口温度：$T_1 = 363K$。

密度：$\rho_1 = 965.4 kg/m^3$。

液体蒸汽的绝对压力：$p_v = 70.1 kPa$。

热力学临界压力：$p_c = 22120 kPa$。

运动黏度：$\nu = 3.26 \times 10^{-7} m^2/s$。

入口绝对压力：$p_1 = 680 kPa$。

出口绝对压力：$p_2 = 220 kPa$。

流量：$q = 360 m^3/h$。

管道管径：$D_1 = D_2 = 150 mm$。

（2）阀门数据

阀门类型：球形阀。

阀内件：抛物线阀芯。

流向：流开。

阀门通径：$d = 150\text{mm}$。

流体压力恢复系数：$F_L = 0.90$（由表 5-17 得）。

阀门类型修正系数：$F_d = 0.46$（由表 5-17 得）。

（3）计算

紊流条件下不可压缩流体的基本模型已在式(5-55)中给出：

$$q = C N_1 F_p \sqrt{\frac{\Delta p_{\text{sizing}}}{\rho_1/\rho_0}}$$

从表 5-15 中可以得到需要的数字常数：

$N_1 = 1 \times 10^{-1}$，$N_2 = 1.60 \times 10^{-3}$，$N_4 = 7.07 \times 10^{-2}$，$N_{18} = 8.65 \times 10^{-1}$。

液体临界压力比系数 F_F 可由式(5-58)确定：

$$F_F = 0.96 - 0.28\sqrt{\frac{p_v}{p_c}} = 0.944$$

因为阀通径与管径尺寸相同，所以 $F_p = 1$，$F_{Lp} = F_L$。

阻塞压差 Δp_{choked} 由式(5-57)确定：

$$\Delta p_{\text{choked}} = \left(\frac{F_{Lp}}{F_p}\right)^2 (p_1 - F_F p_v) = 497\text{kPa}$$

压差 Δp_{sizing} 由式(5-56)计算：

$$\Delta p = p_1 - p_2 = 460\text{kPa}$$

$$\Delta p_{\text{sizing}} = \begin{cases} \Delta p & \Delta p < \Delta p_{\text{choked}} \\ \Delta p_{\text{choked}} & \Delta p \geq \Delta p_{\text{choked}} \end{cases}$$

$$\Delta p_{\text{sizing}} = 460\text{kPa}$$

通过对式(5-55)变形可以得到 K_v：

$$C = K_v = \frac{q}{N_1 F_p}\sqrt{\frac{\rho_1/\rho_0}{\Delta p_{\text{sizing}}}}$$

其中，ρ_0 为水在15℃时的密度。

$$K_v = 165 \text{m}^3/\text{h}$$

下面通过式(5-75) 计算雷诺数来验证液体是紊流：

$$\text{Re}_v = \frac{N_4 F_d q}{\nu \sqrt{CF_L}} \left(\frac{F_L^2 C^2}{N_2 d^4} + 1 \right)^{1/4} = 2.967 \times 10^6$$

由于雷诺数大于10000，所以流体是紊流。

验证结果是在标准的可接受范围之内：

$$\frac{C}{N_{18} d^2} = 0.0085 < 0.047$$

例 5-2 不可压缩流体——阻塞流，无附接管件，求流量系数 K_v。

（1）过程数据

流体：水。

入口温度：$T_1 = 363\text{K}$。

密度：$\rho_1 = 965.4\text{kg/m}^3$。

蒸汽压力：$p_v = 70.1\text{kPa}$。

热力学临界压力：$p_c = 22120\text{kPa}$。

运动黏度：$\nu = 3.26 \times 10^{-7} \text{m}^2/\text{s}$。

入口绝对压力：$p_1 = 680\text{kPa}$。

出口绝对压力：$p_2 = 220\text{kPa}$。

流量：$q = 360\text{m}^3/\text{h}$。

管道管径：$D_1 = D_2 = 100\text{mm}$。

（2）阀门数据

阀门类型：球阀。

阀内件：截球体。

流向：流开。

阀门通径：$d = 100\text{mm}$。

流体压力恢复系数：$F_L = 0.60$（由表5-17得）。

阀门类型修正系数：$F_d = 0.98$（由表5-17得）。

（3）计算

紊流条件下不可压缩流体的基本模型已在式(5-55)中给出：

$$Q = CN_1 F_p \sqrt{\frac{\Delta p_{\text{sizing}}}{\rho_1/\rho_0}}$$

从表5-15中可以得到需要的数字常数：

$N_1 = 1 \times 10^{-1}$，$N_2 = 1.60 \times 10^{-3}$，$N_4 = 7.07 \times 10^{-2}$，$N_{18} = 8.65 \times 10^{-1}$。

液体临界压力比系数 F_F 可由式(5-58)确定：

$$F_F = 0.96 - 0.28\sqrt{\frac{p_v}{p_c}} = 0.944$$

因为阀通径与管径尺寸相同，所以 $F_p = 1$，$F_{Lp} = F_L$。

阻塞压差 Δp_{choked} 由式(5-57)确定：

$$\Delta p_{\text{choked}} = \left(\frac{F_{Lp}}{F_p}\right)^2 (p_1 - F_F p_v) = 221\text{kPa}$$

压差 Δp_{sizing} 由式(5-56)计算：

$$\Delta p = p_1 - p_2 = 460\text{kPa}$$

$$\Delta p_{\text{sizing}} = \begin{cases} \Delta p & \Delta p < \Delta p_{\text{choked}} \\ \Delta p_{\text{choked}} & \Delta p \geqslant \Delta p_{\text{choked}} \end{cases}$$

$$\Delta p_{\text{sizing}} = 221\text{kPa}$$

通过对式(5-55)变形可以得到 K_v：

$$C = K_v = \frac{q}{N_1 F_p} \sqrt{\frac{\rho_1/\rho_0}{\Delta p_{\text{sizing}}}}$$

其中，ρ_0 为水在15℃时的密度。

$$K_v = 238 \text{m}^3/\text{h}$$

下面通过式(5-75)计算雷诺数来验证液体是紊流：

$$\text{Re}_v = \frac{N_4 F_d q}{\nu \sqrt{CF_L}} \left(\frac{F_L^2 C^2}{N_2 d^4} + 1\right)^{1/4} = 6.60 \times 10^6$$

由于雷诺数大于10000，所以流体是紊流。

验证结果是在标准的可接受范围之内：

$$\frac{C}{N_{18} d^2} = 0.028 < 0.047$$

例 5-3 可压缩流体——非阻塞流，求流量系数 K_v。

(1) 过程数据

流体：二氧化碳。

入口温度：$T_1 = 433\text{K}$。

入口绝对压力：$p_1 = 680\text{kPa}$。

出口绝对压力：$p_2 = 450\text{kPa}$。

运动黏度：$\nu = 2.526 \times 10^{-6} \text{m}^2/\text{s}$（在压力为680kPa，温度为433K时）。

流量：$q_s = 3800 \text{m}^3/\text{h}$（在标准状况101.325kPa，温度为273K时）。

密度：$\rho_1 = 8.389 \text{kg/m}^3$（在压力为680kPa，温度为433K时）。

压缩系数：$Z_1 = 0.991$（在压力为680kPa，温度为433K时）。

标准压缩系数：$Z_s = 0.994$（在标准状况101.325kPa，温度为273K时）。

摩尔量：$M = 44.01$。

比热比：$\gamma = 1.30$。

管道管径：$D_1 = D_2 = 100\text{mm}$。

(2) 阀门数据

阀门类型：角行程阀。

阀内件：偏芯角行程阀。

第5章 控制阀选型与计算

流向：流开。

阀门通径：$d = 100\text{mm}$。

压差比系数：$X_T = 0.60$（由表 5-17 得）。

流体压力恢复系数：$F_L = 0.85$（由表 5-17 得）。

阀门类型修正系数：$F_d = 0.42$（由表 5-17 得）。

(3) 计算

紊流条件下可压缩流体的基本模型已在式（5-61）中给出：

$$q_s = CN_9 F_p p_1 y \sqrt{\frac{X_{\text{sizing}}}{MT_1 Z_1}}$$

从表 5-15 中可以得到需要的数字常数：

$N_2 = 1.60 \times 10^{-3}$，$N_4 = 7.07 \times 10^{-2}$，$N_9 = 2.46 \times 10^{1}$，$N_{18} = 8.65 \times 10^{-1}$。

因为阀通径与管径尺寸相同，所以 $F_p = 1$，$X_{Tp} = X_T$

比热比系数 F_γ 由式（5-65）计算：

$$F_\gamma = \frac{\gamma}{1.40} = 0.929$$

阻塞压差比 X_{choked} 由式（5-64）计算：

$$X_{\text{choked}} = F_\gamma X_{Tp} = 0.557$$

压差比 X_{sizing} 由式（5-62）和式（5-63）计算：

$$X = \frac{p_1 - p_2}{p_1} = 0.338$$

$$X_{\text{sizing}} = \begin{cases} X & X < X_{\text{choked}} \\ X_{\text{choked}} & X \geq X_{\text{choked}} \end{cases}$$

$$X_{\text{sizing}} = 0.338$$

膨胀系数 y 由式（5-66）计算：

$$y = 1 - \frac{X_{\text{sizing}}}{3X_{\text{choked}}} = 0.798$$

通过对式(5-55)变形可以得到 K_v：

$$C = K_v = \frac{q_s}{N_9 F_p p_1 y} \sqrt{\frac{MT_1 Z_1}{X_{sizing}}}$$

$$K_v = 67.2 \text{m}^3/\text{h}$$

实际体积流量可求得：

$$q = q_s \frac{p_s}{Z_s} \frac{Z_1 T_1}{p_1} = 895.4 \text{m}^3/\text{h}$$

下面通过式(5-75)计算雷诺数来验证流体是紊流：

$$\text{Re}_v = \frac{N_4 F_d q}{\nu \sqrt{CF_L}} \left(\frac{F_L^2 C^2}{N_2 d^4} + 1\right)^{1/4} = 1.40 \times 10^6$$

由于雷诺数大于10000，所以流体是紊流。

验证结果是在标准的可接受范围之内：

$$\frac{C}{N_{18} d^2} = 0.0078 < 0.047$$

例 5-4 可压缩流体——阻塞流，求流量系数 K_v。

(1) 过程数据

流体：二氧化碳。

入口温度：$T_1 = 433$K。

入口绝对压力：$p_1 = 680$kPa。

出口绝对压力：$p_2 = 250$kPa。

运动黏度：$\nu = 2.526 \times 10^{-6} \text{m}^2/\text{s}$（在压力为680kPa，温度为433K时）。

流量：$q_s = 3800 \text{m}^3/\text{h}$（在标准状况101.325kPa，温度为273K时）。

密度：$\rho_1 = 8.389 \text{kg/m}^3$（在压力为680kPa，温度为433K时）。

标准状况下的密度：$\rho_s = 1.978 \text{kg/m}^3$（在压力为101.325kPa，温度为273K时）。

压缩系数：$Z_1 = 0.991$（在压力为680kPa，温度为433K时）。

标准压缩系数：$Z_s = 0.994$（在标准状况101.325kPa，温度为273K时）。

第5章 控制阀选型与计算

摩尔量：$M = 44.01$。

比热比：$\gamma = 1.30$。

管道管径：$D_1 = D_2 = 100\text{mm}$。

（2）阀门数据

阀门类型：角行程阀。

阀内件：偏芯角行程阀。

流向：流开。

阀门通径：$d = 100\text{mm}$。

压差比系数：$X_T = 0.60$（由表 5-17 得）。

流体压力恢复系数：$F_L = 0.85$（由表 5-17 得）。

阀门类型修正系数：$F_d = 0.42$（由表 5-17 得）。

（3）计算

紊流条件下可压缩流体的基本模型已在式（5-64）中给出：

$$q_s = C N_9 F_p p_1 y \sqrt{\frac{X_{\text{sizing}}}{M T_1 Z_1}}$$

从表 5-15 中可以得到需要的数字常数：

$N_2 = 1.60 \times 10^{-3}$，$N_4 = 7.07 \times 10^{-2}$，$N_9 = 2.46 \times 10^{1}$，$N_{18} = 8.65 \times 10^{-1}$。

因为阀通径与管径尺寸相同，所以 $F_p = 1$，$X_{Tp} = X_T$

比热比系数 F_γ 由式（5-65）计算：

$$F_\gamma = \frac{\gamma}{1.40} = 0.929$$

阻塞压差比 X_{choked} 由式（5-64）计算：

$$X_{\text{choked}} = F_\gamma X_{Tp} = 0.557$$

压差比 X_{sizing} 由式（5-62）和式（5-63）计算：

$$X = \frac{p_1 - p_2}{p_1} = 0.632$$

$$X_{\text{sizing}} = \begin{cases} X & X < X_{\text{choked}} \\ X_{\text{choked}} & X \geqslant X_{\text{choked}} \end{cases}$$

$$X_{\text{sizing}} = 0.557$$

膨胀系数 y 由式(5-66)计算：

$$y = 1 - \frac{X_{\text{sizing}}}{3 X_{\text{choked}}} = 0.667$$

通过对式(5-55)变形可以得到 K_v：

$$C = K_v = \frac{q_s}{N_9 F_p p_1 y} \sqrt{\frac{M T_1 Z_1}{X_{\text{sizing}}}}$$

$$K_v = 62.6 \text{m}^3/\text{h}$$

实际体积流量可求得：

$$q = q_s \frac{p_s Z_1 T_1}{Z_s p_1} = 895.4 \text{m}^3/\text{h}$$

下面通过式(5-75)计算雷诺数来验证液体是紊流：

$$\text{Re}_v = \frac{N_4 F_d q}{\nu \sqrt{C F_L}} \left(\frac{F_L^2 C^2}{N_2 d^4} + 1 \right)^{1/4} = 1.45 \times 10^6$$

由于阀门的雷诺数大于10000，所以流体是紊流。

验证结果是在标准的可接受范围之内：

$$\frac{C}{N_{18} d^2} = 0.0073 < 0.047$$

5.5 流量特性及选择

5.5.1 控制阀固有流量特性

控制阀的流量特性是指介质流过阀门的相对流量与相对位移（阀门的相对开度）之间的关系。数字表达式如下：

第5章 控制阀选型与计算

$$\frac{q_v}{q_{v\max}} = f\left(\frac{l}{L}\right) \tag{5-76}$$

式中 $\dfrac{q_v}{q_{v\max}}$ ——相对流量,控制阀在某一开度时,流量 q_v 与全开流量 $q_{v\max}$ 之比;

$\dfrac{l}{L}$ ——相对位移,控制阀在某一开度时,阀芯位移 l 与全开位移 L 之比。

一般来说,改变控制阀的阀芯与阀座之间的节流面积,便可以控制流量。但实际上,由于多种因素的影响,如在节流面积变化的同时,还会发生阀前、阀后压差的变化,而压差的变化又将引起流量的变化。为了便于分析,先假定阀前、阀后的压差不变,然后再引申到真实情况进行研究。前者称为理想流量特性,后者称为工作流量特性。

理想流量特性又称固有流量特性,它不同于阀的结构特性。阀的结构特性是指阀芯位移与介质通过的节流面积之间的关系,不考虑压差的影响,完全由阀芯大小和几何形状决定;而理想流量特性则是阀前、阀后压差保持不变的特性。

理想流量特性主要有线性、等百分比(对数)、抛物线及快开四种。

(1) 线性流量特性

线性流量特性是指控制阀的相对流量与相对位移成线性关系,即单位位移变化所引起的流量变化是常数,用数学表达式表示如下:

$$\frac{\mathrm{d}\left(\dfrac{q_v}{q_{v\max}}\right)}{\mathrm{d}\left(\dfrac{l}{L}\right)} = K \tag{5-77}$$

式中 K ——常数,即控制阀的放大系数。

将式(5-82)积分,得

$$\frac{q_v}{q_{v\max}} = K\frac{l}{L} + C \tag{5-78}$$

式中 C ——积分常数。

已知边界条件是：$l=0$ 时，$q_v = q_{vmin}$；$l=L$ 时，$q_v = q_{vmax}$。把边界条件代入式(5-83)，求得各常数项如下：

$$C = \frac{q_{vmin}}{q_{vmax}} = \frac{1}{R} \quad K = 1 - C = \frac{1}{R}$$

式中 R——可调比。

最后得

$$\frac{q_v}{q_{vmax}} = \frac{1}{R}\left[1 + (R-1)\frac{l}{L}\right] = \frac{1}{R} + \left(1 - \frac{1}{R}\right)\frac{l}{L} \tag{5-79}$$

式(5-79)表明 $\frac{q_v}{q_{vmax}}$ 与 $\frac{l}{L}$ 之间呈线性关系。以不同的 $\frac{l}{L}$ 代入式(5-84)，求出 $\frac{q_v}{q_{vmax}}$ 的对应值。在直角坐标上得到一条直线，如图5-4所示。从图中可以看出，线性特性控制阀的曲线斜率是常数，即放大系数是一个常数。要注意的是，当可调比 R 不同时，特性曲线在坐标上的起点是不同的。当 $R=30$，$l/L=0$ 时，$\frac{q_v}{q_{vmax}} = 0.33$。为了便于分析和计算，假设 $R=\infty$，即可调比无穷大，则特性曲线从坐标原点为起点，这时位移变化10%所引起的流量变化总是10%，但相对流量的变化量是不同的。以行程的10%、50%及80%三点为例，若位移变化量都是10%，则有：

1）在10%时，流量的相对变化值为100%。

2）在50%时，流量的相对变化值为20%。

3）在80%时，流量的相对变化值为12.5%。

可见，线性流量特性的控制阀在小开度时，流量的相对变化值大、灵敏度高，但不易控制，甚至发生振荡；而在大开度时，流量的相对变化值小，但调节缓慢，不够及时。线性流量特性的阀芯形状如图5-5中的线条2。

(2) 等百分比（对数）流量特性

等百分比流量持性也称为对数流量特性，它是指单位相对位移变化所引起的相对流量变化，与此点的相对流量成正比关系。即调节阀的放大系数是变化的，它随相对

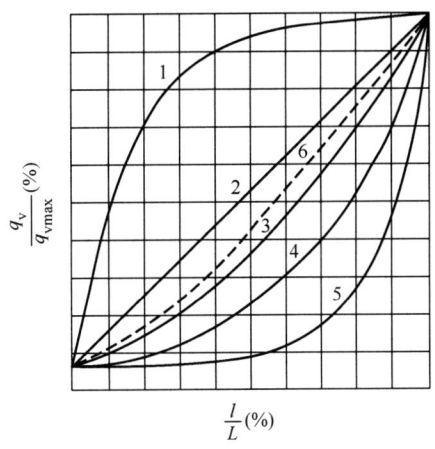

图 5-4 理想流量特性

1—快开 2—线性 3—抛物线 4—等百分比 5—双曲线 6—修正抛物线

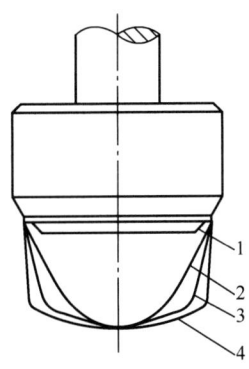

图 5-5 不同流量特性的阀芯现状

1—快开 2—线性 3—抛物线 4—等百分比

流量的增大而增大。用数学表达式表示如下：

$$\frac{\mathrm{d}\left(\frac{q_\mathrm{v}}{q_\mathrm{vmax}}\right)}{\mathrm{d}\left(\frac{l}{L}\right)} = K \frac{q_\mathrm{v}}{q_\mathrm{vmax}} \tag{5-80}$$

将式(5-80) 积分，得

$$\ln \frac{q_\mathrm{v}}{q_\mathrm{vmax}} = K \frac{l}{L} + C \tag{5-81}$$

将前述的边界条件代入,求得常数项为

$$C = \ln\frac{q_{vmin}}{q_{vmax}} = \ln\frac{1}{R} = -\ln R$$

最后得

$$\frac{q_{vmin}}{q_{vmax}} = e^{\left(\frac{l}{L}-1\right)\ln R} \tag{5-82}$$

或

$$\frac{q_{vmin}}{q_{vmax}} = R^{\left(\frac{l}{L}-1\right)} \tag{5-83}$$

从式(5-88)看出,相对位移与相对流量成对数关系,所以也称为对数流量特性。在半对数坐标上可以得到一条直线;而在直角坐标上,则得到一条对数曲线,如图5-4中的线条4。

为了和线性流量特性进行比较,同样以行程的10%、50%和80%三点进行研究。当行程变化10%、50%和80%时,流量变化分别为1.91%、7.3%和20.4%,而它们的流量相对变化值却都为40%。

等百分比流量特性在小开度时,调节阀放大系数小,调节平稳缓和;在大开度时,放大系数大,调节灵敏有效。从图5-4中还可以看出,等百分比特性在线性特性下方,因此在同一位移时,线性控制阀通过的流量要比等百分比大。

(3) 抛物线流量特性

抛物线流量特性是指单位相对位移的变化所引起的相对流量变化,与此点的相对流量值的平方根成正比关系。其数学表达式为

$$\frac{d\left(\frac{q_v}{q_{vmax}}\right)}{d\left(\frac{l}{L}\right)} = K\left(\frac{q_v}{q_{vmax}}\right)^2 \tag{5-84}$$

积分后,代入边界条件,再整理得

$$\frac{q_v}{q_{vmax}} = \frac{1}{R}\left[1 + (\sqrt{R}-1)\frac{l}{L}\right]^2 \tag{5-85}$$

式(5-90)表明相对流量与相对位移之间为抛物线关系。在直角坐标上为一条抛物线，如图 5-4 中的线条 3。它介于直线及对数曲线之间。

为了弥补线性流量特性在小开度时调节性能差的缺点，在抛物线基础上派生出一种修正抛物特性，如图 5-4 中的线条 6。它在相对位移 30% 及相对流量 20% 这段区间内为抛物线关系，而在此以上的范围是线性关系。

抛物线特性的阀芯形状如图 5-5 中的线条 3。

(4) 快开流量特性

快开流量特性在开度较小时就有较大的流量，且随着开度的增大，流量很快就达到最大；此后再增加开度，流量变化很小，故称为快开流量特性。其特性曲线如图 5-4 中的线条 1。

快开流量特性的数学表达式如下：

$$\frac{\mathrm{d}\left(\dfrac{q_\mathrm{v}}{q_\mathrm{vmax}}\right)}{\mathrm{d}\left(\dfrac{l}{L}\right)} = K\left(\dfrac{q_\mathrm{v}}{q_\mathrm{vmax}}\right)^{-1}$$

积分后得

$$\frac{q_\mathrm{v}}{q_\mathrm{vmax}} = \frac{1}{R}\left[1 + (R^2 - 1)\frac{l}{L}\right]^{\frac{1}{2}} \tag{5-86}$$

快开流量特性的阀芯形式是平板形的，如图 5-5 中的线条 1。它的有效位移一般为阀座直径的 1/4；当位移再增大时，控制阀的流通面积不再增大，失去调节作用。快开特性控制阀适用于快速启闭的切断阀或双位调节系统。

除上述流量特性外，还有一种双曲线流量特性，如图 5-4 中的线条 5，这种特性较少使用。

各种阀门都有自己特定的流量特性，如图 5-6 所示，隔膜阀的流量特性接近于快开特性，所以它的工作段应在位移的 60% 以下；蝶阀的流量特性接近于等百分比特性。选择阀门时应该注意各种阀门的流量特性。

对于隔膜阀和蝶阀，由于它的结构特点，不可能用改变阀芯的曲面形状来改变其特性，因此要改善其流量特性，只能通过改变阀门定位器反馈凸轮的外形来实现。

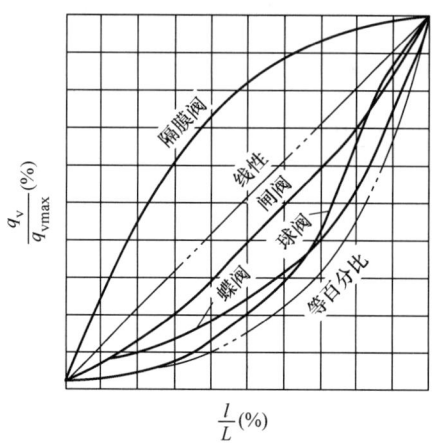

图 5-6　各种阀门的流量特性

5.5.2　工作流量特性

在实际生产过程中，控制阀的阀前、阀后压力总是变化的，这时的流量特性称为工作流量特性。因为在实际工作中，控制阀往往和工艺设备、管路等串联或并联使用，流量因阻力的变化而变化，阀门前后压力也会变化，这使得理想流量特性畸变成工作流量特性。

（1）串联管路的工作流量特性

现以图 5-7 所示的串联系统为例进行讨论。

从图 5-7 中可知：系统的总压差 Δp_s 等于管路系统（除控制阀外的全部设备和管道）的压差 Δp_Σ 与控制阀的压差 Δp_v 之和，即

$$\Delta p_s = \Delta p_v + \Delta p_\Sigma$$

从控制阀的流量公式可知，流过控制阀的流量 q_v 和流量系数 K_v 有关，而流量系数又随阀门的开度而改变。

第5章 控制阀选型与计算

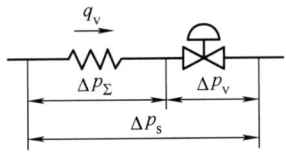

图 5-7 串联管路

如果控制阀压差恒定，即 Δp_v 不变，则有

$$\frac{q_v}{q_{vmax}} = \frac{K_v}{K_{vF}} \tag{5-87}$$

式中 q_{vmax}——流过控制阀的最大流量；

K_{vF}——阀全开时的流量系数。

由式(5-87)得

$$K_v = \frac{K_{vF}}{\dfrac{q_v}{q_{vmax}}} = K_{vF} f\left(\frac{l}{L}\right)$$

$$K_v = K_{vF} f\left(\frac{l}{L}\right)\sqrt{\frac{\Delta p_v}{\rho}}$$

如果流过管路、设备的流量为 q'_v，管路和设备的流量系数为 K_{vG}，由介质的连续性和能量守恒定律可知：$q'_v = q_v$。

故

$$K_{vF} f\left(\frac{l}{L}\right)\sqrt{\frac{\Delta p_v}{\rho}} = K_{vG}\sqrt{\frac{\Delta p_\Sigma}{\rho}}$$

整理后得

$$\Delta p_v = \frac{\Delta p_s}{\left(\dfrac{1}{M} - 1\right) f^2\left(\dfrac{l}{L}\right) + 1} \tag{5-88}$$

其中，$M = \dfrac{K_{vG}^2}{K_{vG}^2 + K_{vF}^2}$。

当控制阀全开时，$f^2\left(\dfrac{l}{L}\right)=1$，则阀上压差 Δp_M 为 $\Delta p_{vM}=s\Delta p_s$，则有：

$$s=\frac{\Delta p_{vM}}{\Delta p_s}$$

式中　s——控制阀全开时压差与系统总压差的比值。

控制阀压差 Δp_v 与相对位移（即相对行程 l/L）及 s 值之间的关系如下：

$$\Delta p_v=\frac{\Delta p_s}{\left(\dfrac{1}{s}-1\right)f^2\left(\dfrac{l}{L}\right)+1} \tag{5-89}$$

式（5-89）表明了控制阀压差的变化规律。利用它可以推算出相对流量与相对位移的关系式，即控制阀的工作流量特性。

若以 q_{vmax} 表示管道阻力等于零时控制阀全开流量，以 q_{v100} 表示存在管路阻力时控制阀的全开流量，则可得到下面公式：

$$\frac{q_v}{q_{vmax}}=f\left(\frac{l}{L}\right)\sqrt{\frac{\Delta p_v}{\Delta p_s}}$$

即

$$\frac{q_v}{q_{vmax}}=f\left(\frac{l}{L}\right)\sqrt{\frac{1}{\left(\dfrac{1}{s}-1\right)f^2\left(\dfrac{l}{L}\right)+1}} \tag{5-90}$$

$$\frac{q_v}{q_{v100}}=f\left(\frac{l}{L}\right)\sqrt{\frac{1}{(1-s)f^2\left(\dfrac{l}{L}\right)+s}} \tag{5-91}$$

式（5-90）和式（5-91）分别为串联管路时，以 q_{vmax} 及 q_{v100} 作为参比值的工作流量特性。这时，对于理想流量特性为线性及等百分比特性的控制阀，在不同的 s 值时，工作特性畸变情况如图 5-8 和图 5-9 所示。

（2）并联管路时的工作流量特性

有的控制阀装有旁路，便于手动操作和维护。当生产能力提高，或其他原因引起控制阀的最大流量满足不了工艺生产的要求时，可以把旁路打开一些。这时控制阀的

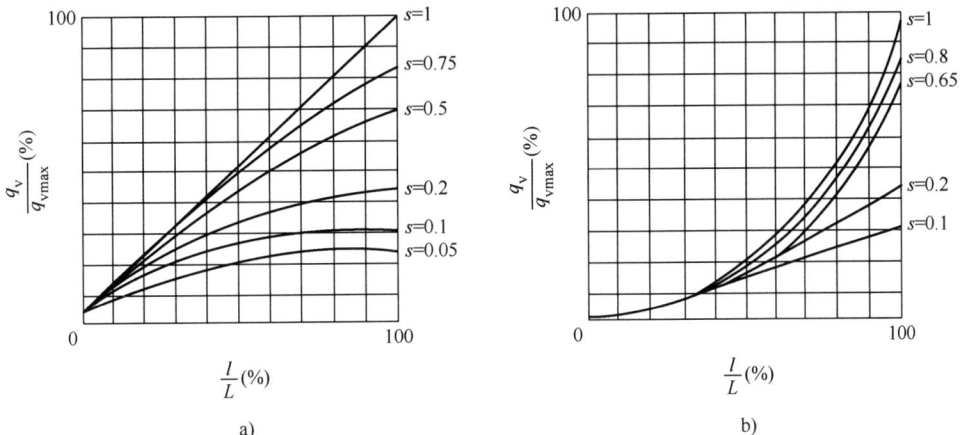

图 5-8 串联管路时控制阀的工作特性（以 q_{vmax} 为参比值）

a）线性 b）等百分比

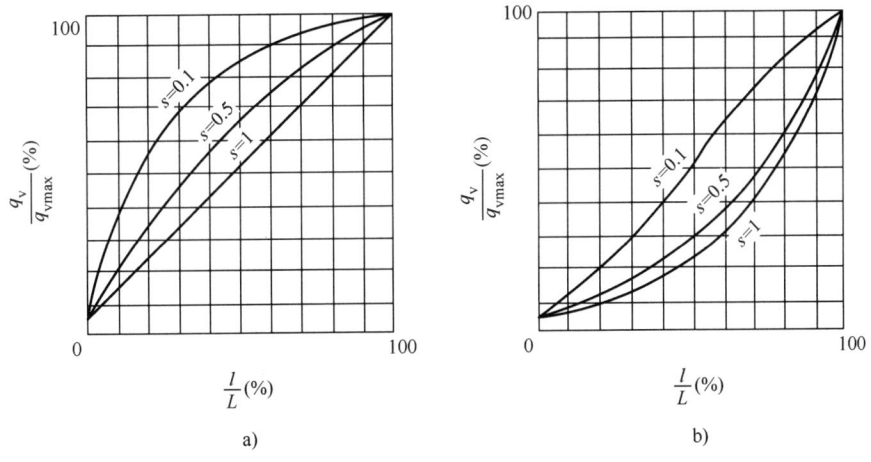

图 5-9 串联管路时控制阀的工作特性

a）线性 b）等百分比

理想流量特性就成为工作流量特性。显然，管路的总流量是控制阀流量与旁路流量之和。

从图 5-10 所示的并联管路可知：

$$q_v = q_{v1} + q_{v2} = K_{vF} f\left(\frac{l}{L}\right)\sqrt{\frac{\Delta p}{\rho}} + K_{vB}\sqrt{\frac{\Delta p}{\rho}} \tag{5-92}$$

式中 K_{vB}——旁路的流量系数。

如果控制阀全开时,$f = \dfrac{l}{L} = 1$,则通过控制阀的最大流量为

$$q_{v1\max} = K_{vF}\sqrt{\dfrac{\Delta p}{\rho}}$$

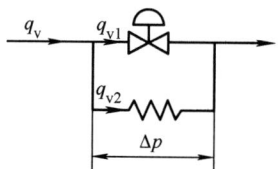

图 5-10 并联管路

此时,管路的总流量也达到最大值,应为

$$q_{v\max} = (K_{vF} + K_{vB})\sqrt{\dfrac{\Delta p}{\rho}} \tag{5-93}$$

管路的相对流量为

$$\dfrac{q_v}{q_{v\max}} = \dfrac{K_{vF}f\left(\dfrac{l}{L}\right) + K_{vB}}{K_{vF} + K_{vB}} \tag{5-94}$$

令 X 代表控制阀全开时最大流量和总管最大流量之比,则

$$X = \dfrac{q_{v1\max}}{q_{v\max}} = \dfrac{K_{vF}}{K_{vF} + K_{vB}}$$

将 X 值代入式(5-94),得

$$\dfrac{q_v}{q_{v\max}} = Xf\left(\dfrac{l}{L}\right) + (1 - X) \tag{5-95}$$

式(5-95)表示并联管路的工作流量特性。理想流量特性为线性及等百分比的调节阀,在不同的 X 值时,工作流量特性如图 5-11 所示。

由图 5-11 可以看出,打开旁路的调节方法是不好的,虽然控制阀本身的流量特性变化不大,但可调比大大降低了;同时,系统中总有并联管路阻力的影响,控制阀上

第5章 控制阀选型与计算

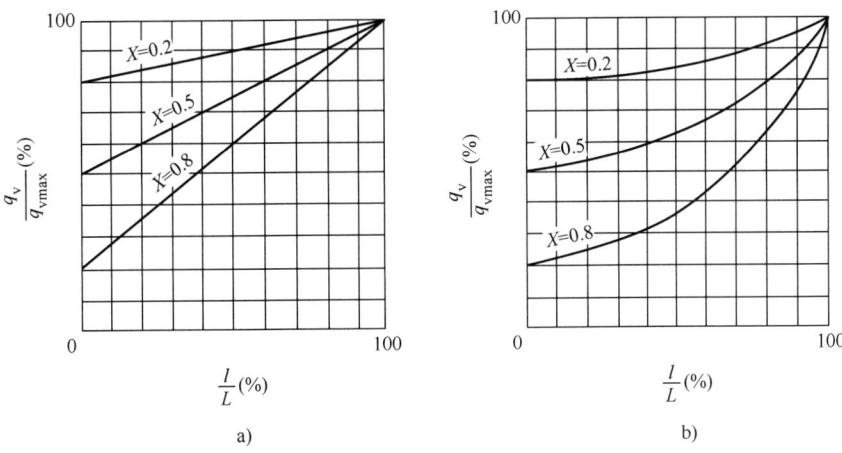

图 5-11 并联管路时控制阀的工作特性

a) 线性　b) 等百分比

的压差会随流量的增加而降低,从而使系统的可调比下降得更多。这将使控制阀在整个行程内变化时所能控制的流量变化很小,甚至几乎不起作用。

根据实践经验,一般认为旁路流量只能为总流量的百分之十几,即 X 值不能低于 0.8。

综合上述串、并联管路的情况,可得出四点结论:

1) 串、并联管路都会使理想流量特性发生畸变,串联管路的影响尤为严重。

2) 串、并联管路都会使控制阀可调比降低,并联管路更为严重。

3) 串联管路使系统总流量减少,并联管路使系统总流量增加。

4) 串联管路控制阀在开度小时放大系数增加,开度大时则减少;并联管路控制阀的放大系数在任何开度下总比原来的少。

(3) 流量特性的选择原则

生产过程中,控制阀常用的理想流量特性有线性、等百分比和快开三种。抛物线流量特性介于线性与等百分比特性之间,一般可用等百分比特性来替代。快开特性主要用于二位调节及程序控制中。因此,调节阀的特性选择,实际上是指如何选择线性和等百分比流量特性。

控制阀流量特性的选择，可以通过理论计算，但所用的方法和方程都很复杂，而且由于干扰的不同，高阶响应方程计算就更复杂了。因此，目前对控制阀流量特性的选择，多采用经验准则。可从以下几个方面来考虑。

1）从调节系统的调节质量分析。例如图 5-12 所示的换热器的自动调节系统，它是由对象、变送器、控制仪表及控制阀等组成的。

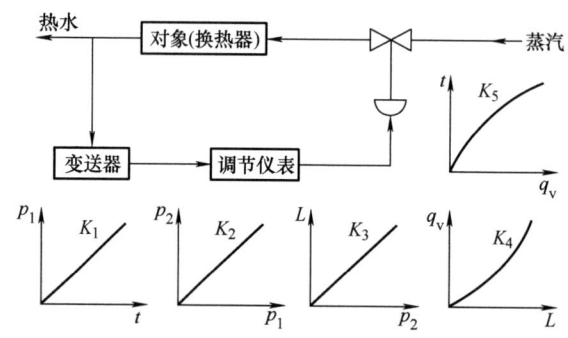

图 5-12 换热器调节系统

K_1—变送器的放大系数　K_2—调节仪表的放大系数　K_3—执行机构的放大系数

K_4—控制阀的放大系数　K_5—调节对象的放大系数

很明显，系统总的放大系数 K 为

$$K = K_1 K_2 K_3 K_4 K_5 \tag{5-96}$$

在负荷变动的情况下，为使调节系统仍能保持预定的品质指标，希望总的放大系数在调节系统的整个操作范围内保持不变。通常，变送器、调节仪表（已经整定）和执行机构的放大系数总是随着操作条件、载荷的变化而变化，所以对象的特性往往是非线性的。因此，要适当选择控制阀的特性，通过控制阀的放大系数的变化来补偿对象放大系数的变化，使系统总的放大系数保持不变，或近似不变，从而提高调节系统的质量。因此，控制阀流量特性的选择原则应为

$$K_4 K_5 = 常数 \tag{5-97}$$

对于放大系数随载荷的增大而变小的对象，如果选择放大系数随载荷增大而变大

的等百分比特性控制阀，便能使两者抵消，合成的结果使总放大系数保持不变，近似于线性。当调节对象的放大系数为线性时，则应采用线性流量特性的控制阀，使系统总的放大系数保持不变。对于与传热有关的温度对象，当载荷增大而放大系数变小时，选用等百分比特性控制阀比较恰当。

2）从工艺配管情况考虑。选择控制阀总是与管路、设备等连在一起使用。由于系统配管情况的不同，配管阻力的存在，控制阀的压力损失会发生变化。因此，控制阀的工作特性与理想特性也不同，必须根据系统的特点来选择所希望的工作特性，然后再考虑工艺配管情况，选择相应的理想特性。可参照表5-18选定。

表5-18 考虑工艺配管状况

配管状况	$s = 0.6 \sim 1$		$s = 0.3 \sim 0.6$		$s < 0.3$
控制阀的工作特性	线性	等百分比	线性	等百分比	使用低 s 值调节阀
控制阀的理想特性	线性	等百分比	等百分比	等百分比	

从表5-8可以看出：当 $s = 0.6 \sim 1$ 时，所选的理想特性与工作特性一致。当 $s = 0.3 \sim 0.6$ 时，若要求工作特性是线性，理想特性应选等百分比。这是因为理想特性为等百分比的阀，当 $s = 0.3 \sim 0.6$ 时，已经畸变的工作特性接近于线性；当要求的工作特性为等百分比时，其理想曲线应比它更凹一些，此时可通过阀门定位器凸轮外廓曲线来补偿，或采用双曲线特性来解决。当 $s < 0.3$ 时，线性特性已严重畸变为快开特性，不利于调节；即使是等百分比理想特性，工作特性也已经严重偏离理想特性，接近于线性特性。虽然仍能调节，但它的调节范围已大大减小，所以一般不希望 s 值小于 0.3。确定阀阻比 s 的大小，应从两方面考虑。

首先应考虑调节性能，s 值越大，工作特性畸变越小，对调节有利；但 s 值越大，说明控制阀上的压力损失越大，会造成不必要的动力消耗，从节省能源的角度考虑，极不合算。一般设计时取 $s = 0.3 \sim 0.5$；对于高压系统，考虑到节约动力，允许 s 值为 0.15；对于气体介质，因阻力损失小，s 值一般都大于 0.5。

其次为了节能并改善控制质量，应生产低 s 值控制阀，也称低压降比控制阀。它利用特殊的阀芯轮廓曲线和套筒窗口形状，使控制阀在 $s=0.1$ 时，其安装流量特性（即工作流量特性）为线性或等百分比，以补偿对象的非线性特性，或非等百分比特性。

3）从负荷变化情况分析。选择线性特性控制阀，其在小开度时流量相对变化值大，过于灵敏，容易产生振荡，阀芯、阀座也易于被破坏，在 s 值小、载荷变化幅度大的场合不宜采用。等百分比特性控制阀的放大系数会随阀门行程的增加而增加，流量相对变化值是恒定不变的。因此，它对载荷波动有较强的适应性，无论在全载荷或半载荷生产时，都能很好地调节；从制造的角度看也不困难。所以在生产过程中，等百分比特性控制阀是用得最多的一种。

根据调节系统的特点，选择工作流量特性时可参考表 5-19。

如果由于缺乏某些条件，无法按照表 5-19 选择工作流量特性，则可按下述原则选择理想（固有）流量特性：

如果控制阀流量特性对系统的影响很小，可以任意选择。

如果 s 值很小，或由于设计依据不足，控制阀公称尺寸选择偏大，则应选择等百分比流量特性。

表 5-19 工作流量特性选择

系统及被调参数	干扰	流量特性	说　明
流量控制系统 (p_1 — p_2)	给定值	线性	变送器带开方器
	p_1、p_2	等百分比	
	给定值	快开	变送器不带开方器
	p_1、p_2	等百分比	
温度控制系统 (p_1、T_2；$T_1 \to T_2, q_{v1}$；T_4, q_{v2})	给定值 T_1	线性	
	p_1、p_2、T_2、T_4、q_{v1}	等百分比	
压力控制系统 (p_1 — p_2 — C_0 — p_3)	给定值 p_1、p_3、C_0	线性	液体
	给定值 p_1、C_0	等百分比	气体
	p_3	快开	

(续)

系统及被调参数	干扰	流量特性	说 明
液位控制系统 (阀在入口，C_0, h)	给定值	线性	
	q_v	线性	
液位控制系统 (阀在出口, q_v, h)	给定值	等百分比	
	q_v	线性	

5.5.3 流量特性的选择

图 5-13 所示为换热器温度调节系统，是由温度变送器、调节器、调节阀和调节对象（换热器）等组成的，可以用图 5-14 所示的框图表示。这是一个闭环系统，当有干扰产生时，原来的平衡状态被破坏，被调参数会发生变化。通过温度变送器的检测、调节器的调节、控制阀的动作，可以克服干扰的影响。

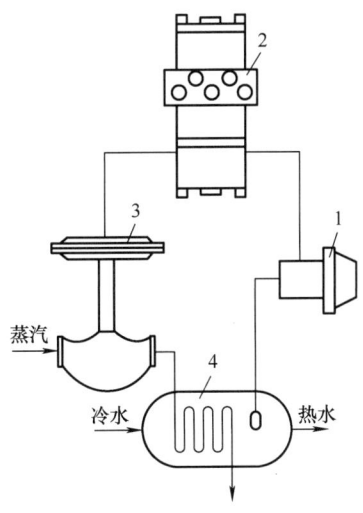

图 5-13　换热器温度调节系统

1—温度变送器　2—调节器　3—控制阀　4—调节对象（换热器）

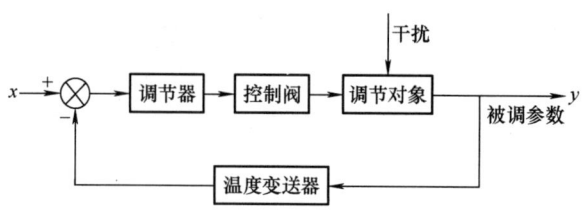

图 5-14 调节系统框图

判断一个自动调节系统质量好坏的依据,就是阶跃干扰作用后被调参数的过渡过程,也就是被调参数随时间而变化的过程。质量指标主要有最大极限偏差 A、余差 C、衰减 B/B'(见图 5-15)。这些质量指标主要取决于自动调节系统的特性,而自动调节系统的特性又是每个环节的综合。各个环节的特性有静态和动态两种。所谓静态特性,是指每个环节的输入与输出的关系,与时间无关。所谓动态特性,是指干扰发生后,各环节随时间而变化的状态。在自动控制系统中,选择控制阀要考虑这些特性。

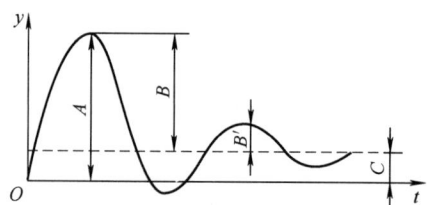

图 5-15 被调参数的过渡过程

图 5-14 中的各环节可使用传递函数表示,如图 5-16 所示。此时系统的传递函数可表示为

$$W(s) = \frac{Y(s)}{X(s)} = \frac{W_1(s)W_2(s)W_3(s)}{1 + W_1(s)W_2(s)W_3(s)W_4(s)} \tag{5-98}$$

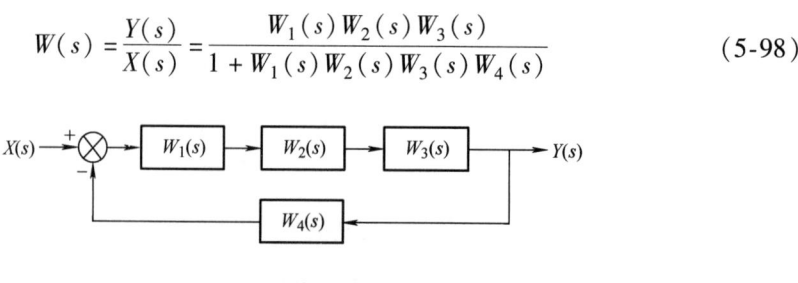

图 5-16 传递函数

第5章 控制阀选型与计算

这样，根据系统的传递函数，就可以合理地设计自动调节系统，正确确定自动调节系统的参数，保证系统的运行条件最佳。

控制阀是由执行机构和阀组成的。执行机构部分的静态特性和动态特性又与控制阀的静态特性和动态特性不尽相同，下面分别叙述。

(1) 静态特性

1) 执行机构的静态特性如图 5-17 所示。它表示静态平衡时，信号压力与阀杆位移的关系。对于一个确定的执行机构，其具有一个固有的特性。若设 A_p 为执行机构输入的变化量，Δl 为 Δp 所引起的执行机构的位移量，则 Δl 与 Δp 之间的关系是不变的。对于任何气动薄膜执行机构，其静态特性基本是由薄膜的大小及弹簧的刚度所决定的一个静态常数。

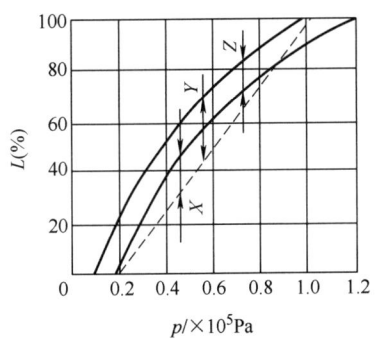

图 5-17 执行机构的静态特性

弹簧刚度的变化、薄膜有效面积的变化，以及阀杆与填料之间的摩擦，都会使执行机构产生非线性极限偏差和正、反行程变差。这可以由执行机构的静态特性曲线来表示。图 5-17 中的虚线表示执行机构的理想线性特性，而实线分别代表正行程和反行程。X 和 Y 分别表示正行程和反行程的非线性极限偏差，Z 表示正、反行程变差。通常一个气动执行机构的非线性极限偏差小于 $\pm 4\%$；正、反行程变差小于 $\pm 2.5\%$；若配上阀门定位器，都可以小于 1%。所以安装阀门定位器能改善执行机构的静态特性。

2）控制阀的静态特性是指输入的压力信号和介质输出流量在静态平衡状态下的关系。

对执行机构来说，信号与行程的关系既是静态特性，也是位移关系。气动薄膜执行机构的位移关系式为

$$l = \frac{A_e p_r}{C_s}$$

这里的 p_r 也就是信号压力 p，把上式代入式(5-79)、式(5-83)、式(5-85)、式(5-86)，就可以得到不同流量特性时气动薄膜控制阀的静态特性方程。

线性流量特性时

$$\frac{q_v}{q_{vmax}} = \frac{1}{R}\left[(R-1)\frac{A_e}{C_s lp} + 1\right] \tag{5-99}$$

等百分比流量特性时

$$\frac{q_v}{q_{vmax}} = R^{\left(\frac{A_e}{C_s lp} - 1\right)} \tag{5-100}$$

抛物线流量特性时

$$\frac{q_v}{q_{vmax}} = \frac{1}{R}\left[(\sqrt{R}-1)\frac{A_e}{C_s lp} + 1\right]^2 \tag{5-101}$$

快开流量特性时

$$\frac{q_v}{q_{vmax}} = \frac{1}{R}\sqrt{(R^2-1)\frac{A_e}{C_s lp} + 1} \tag{5-102}$$

式中 $\dfrac{q_v}{q_{vmax}}$ ——相对流量（%）；

R——可调比；

A_e——薄膜有效面积（m^2）；

C_s——弹簧刚度（N/m）；

p——薄膜室的信号压力（kPa）；

l——推杆全行程（m）。

(2) 动态特性

执行机构的动态特性表示动态平衡时,信号压力与阀杆位移的关系。以气动薄膜执行机构为例,从调节器到执行机构膜头间的引压管路,均可以当成膜头的一部分。引压管路可以近似地认为是单容环节,而膜头空间也是一个气容,将两个气容合并考虑,可用图 5-18 来表示。根据流量平衡关系,其公式为

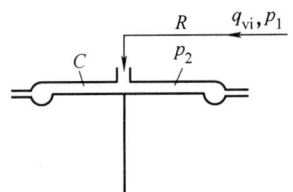

图 5-18　膜头气容环节

$$q_{vi} = C \frac{dp_2}{dt} \tag{5-103}$$

式中　C——包括膜头及引压管路在内的容量系数;

　　　q_{vi}——气体的输入力。

q_{vi} 与压力的关系可以近似表示为

$$q_{vi} = \frac{p_1 - p_2}{R} \tag{5-104}$$

式中　p_1——来自调节器的气压信号;

　　　p_2——膜头内的气体压力;

　　　R——从调节器到执行机构间的导管阻力系数。

将式(5-109)代入式(5-108),并写成增量公式为

$$RC \frac{d(\Delta p_2)}{dt} + \Delta p_2 = \Delta p_1$$

或

$$T \frac{d(\Delta p_2)}{dt} + \Delta p_2 = \Delta p_1 \tag{5-105}$$

式中 Δp_1——调节器气压的变化量;

Δp_2——膜头内气压的变化量;

T——时间常数,$T = RC$。

式(5-105)是来自调节器的气压信号 p_1 与膜头内的气体压力 p_2 之间的微分方程式。

再看薄膜的运动,假设惯性力及摩擦力都可以忽略,当作用于薄膜上的力与弹簧的反作用力处于平衡状态时,则有

$$\Delta p_2 A_e = C_s \Delta l$$

或

$$\Delta p_2 = \frac{C_s}{A_e} \Delta l \tag{5-106}$$

式中 A_e——薄膜有效面积;

C_s——弹簧刚度;

Δl——阀杆位移量,即弹簧的位移量。

将式(5-106)代入式(5-105),整理后得

$$W(s) = \frac{\Delta l}{\Delta p_1} = \frac{A_e}{(T+1)C_s} = \frac{K}{T+1} \tag{5-107}$$

式中 K——放大系数,$K = A_e/C_s$。

由此可知,气动执行机构的动态特性为一阶滞后环节。时间常数 T 因膜头的大小及引压管路的长短粗细而不同,从数秒到数十秒之间。

气动执行机构的研究方法包括阶跃法、脉冲法、频率法。所谓阶跃法,就是让输入作阶跃变化,测出推杆的输出位移随时间的变化;再求出放大倍数和时间常数。所谓脉冲法,是输入一个矩形脉冲波,将输出曲线通过数据处理后绘出反应曲线;再根据反应曲线,求出放大倍数和时间常数。频率法则是输入一个周期性的正弦波信号,然后测出输出波形;把输出波形与输入波形进行比较,求出辐值差和相位差;再画出

对数幅、相频率特性;最后求出时间常数和放大倍数。

根据多年的研究,已得到如下的结论:

1) 各种薄膜气动执行机构在连接长管路后,不仅时间常数 T 增加,而且会产生纯滞后(时间为 τ)。将最大号的薄膜执行机构连接 $60\sim300$mm 的长管路后,τ 为 $3.3\sim9.5$s,T 为 $56.3\sim119$s。

各种薄膜气动执行机构连接长管路后,是一个纯滞后环节加一个非周期环节,其传递函数可用 $\dfrac{K}{1+T}\mathrm{e}^{-\tau s}$ 来描述。虽然各种管路是一个气阻,但由于它的容积较大,例如,内径为 6mm 而长为 $60\sim300$mm 的长管路,其相应容积为 $1696\sim8482\mathrm{cm}^3$,往往是膜头容积的若干倍,是不能忽略的。因此,有长管路的薄膜执行机构,可以用两个容积来考虑,即为二阶环节。也就是说,近似用一个纯滞后环节和一个非周期环节来描述。

2) 各种薄膜气动执行机构连接长管路后,若配上阀门定位器,则其纯滞后和时间常数都能显著减小。如最大号的膜头(薄膜执行机构)仍接 $60\sim300$mm 的长管路,但配有阀门定位器,则纯滞后 τ 为 $1.8\sim3.7$s,时间常数 T 为 $19.6\sim20.1$s。可见已经改善了许多。

气动薄膜控制阀的动态特性式(5-107)分别代入四个计算流量特性式,即式(5-79)、式(5-83)、式(5-85)、式(5-86)中,可以得到具有不同流量特性的各种气动薄膜控制阀的动态特性方程。

线性流量特性时

$$\frac{q_\mathrm{v}}{q_\mathrm{vmax}} = \frac{1}{R}\left[(R-1)\frac{A_\mathrm{e}}{C_\mathrm{s}lp_1}(1-\mathrm{e}^{-\frac{t}{T}})+1\right] \qquad (5\text{-}108)$$

等百分比流量特性时

$$\frac{q_\mathrm{v}}{q_\mathrm{vmax}} = R\left[\frac{A_\mathrm{e}}{C_\mathrm{s}lp_1}(1-\mathrm{e}^{-\frac{t}{T}})-1\right] \qquad (5\text{-}109)$$

抛物线流量特性时

控制阀设计制造技术

$$\frac{q_v}{q_{vmax}} = \frac{1}{R}\left[(\sqrt{R}-1)\frac{A_e}{C_s l p_1}(1-e^{-\frac{t}{T}})+1\right]^2 \quad (5\text{-}110)$$

快开流量特性时

$$\frac{q_v}{q_{vmax}} = \frac{1}{R}\sqrt{(R^2-1)\frac{A_e}{C_s l p_1}(1-e^{-\frac{t}{T}})+1} \quad (5\text{-}111)$$

把 0.02~0.1MPa 的阶跃信号压力代入式(5-108)~式(5-111)，就可以求出不同流量特性的各种尺寸的控制阀的流量随时间变化的曲线。也可以用作图法，先测出执行机构行程与时间关系曲线，再作出流量与时间的关系曲线。图 5-19 表示一个中等尺寸气动薄膜控制阀的流量随时间变化的曲线。

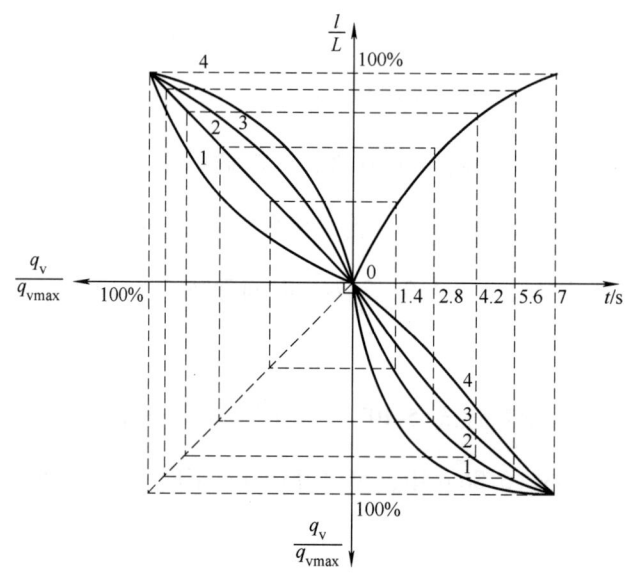

图 5-19 流量随时间变化的曲线

1—快开流量特性　2—线性流量特性　3—抛物线流量特性　4—等百分比流量特性

注意：气动执行机构的放大系数为 K，表示信号压力与阀行程的关系。如果要表示控制阀信号压力与流量的关系，则 K 值要乘上一个修正系数 α。对于气动薄膜控制阀，传递函数为

无长管路

$$\frac{\alpha K}{1+T} \tag{5-112}$$

有长管路

$$\frac{\alpha K}{1+T}\mathrm{e}^{-\tau s} \tag{5-113}$$

将各种流量特性的计算公式微分后，得到 α 值：

线性流量特性时

$$\alpha = \frac{\mathrm{d}\left(\dfrac{q_\mathrm{v}}{q_\mathrm{vmax}}\right)}{\mathrm{d}\left(\dfrac{l}{L}\right)} = 0.97 \tag{5-114}$$

等百分比流量特性时

$$\alpha = \frac{\mathrm{d}\left(\dfrac{q_\mathrm{v}}{q_\mathrm{vmax}}\right)}{\mathrm{d}\left(\dfrac{l}{L}\right)} = 30\left(\dfrac{l}{L}-1\right)\ln 30 \tag{5-115}$$

抛物线流量特性时

$$\alpha = \frac{\mathrm{d}\left(\dfrac{q_\mathrm{v}}{q_\mathrm{vmax}}\right)}{\mathrm{d}\left(\dfrac{l}{L}\right)} = 0.299\left(1+4.48\dfrac{l}{L}\right) \tag{5-116}$$

快开流量特性时

$$\alpha = \frac{\mathrm{d}\left(\dfrac{q_\mathrm{v}}{q_\mathrm{vmax}}\right)}{\mathrm{d}\left(\dfrac{l}{L}\right)} = \frac{14.98}{\sqrt{1+899\dfrac{l}{L}}} \tag{5-117}$$

将相对行程（l/L）的值代入式(5-114)~式(5-117)，即可求得修正系数 α 的值。

5.6　控制阀选型计算

控制阀是自控系统中的执行器，它的应用质量直接反映在系统的调节品质上。作为

控制阀设计制造技术

过程控制中的终端元件,人们对它的重要性较过去有了更新的认识。控制阀应用的好坏,除产品自身质量、用户是否正确安装、使用、维护外,正确地计算、选型也十分重要。由于计算选型的失误,造成系统开开停停,有的甚至无法投入使用,所以用户及系统设计人员应该认识控制阀在现场的重要性,必须对控制阀的选型引起足够的重视。

5.6.1 控制阀的选型原则

1. 控制阀阀体组件的选型原则

1)根据工艺条件,选择合适的结构形式和材料。

2)根据工艺对象的特点,选择控制阀的流量特性。

3)根据工艺操作参数,选择合适的控制阀口径尺寸。

4)根据工艺过程的要求,选择所需要的辅助装置。

5)合理选择执行机构。执行机构的响应速度应能满足工艺要求。

对控制行程时间的要求:所选用的控制阀执行机构应能满足阀门行程和工艺对泄露量等级的要求。在某些场合,如选用压力控制阀(包括放空阀),应考虑实际可能的压差并进行适当的放大,即要求执行机构能提供较大的作用力。否则,当工艺出现异常情况时,控制阀前后的实际压差较大,会发生关不上或打不开的情况。

2. 控制阀的附件选型原则

在生产过程中,控制系统对阀门提出各式各样的特殊要求,因此,控制阀必须配合使用各种附属装置(简称附件)来满足生产过程的需要。控制阀的附件包括:

1)阀门定位器,用于改善控制阀调节性能的工作特性,实现正确定位。

2)阀位开关,显示阀门的上下限行程的工作位置。

3)气动保位阀,当控制阀的气源发生故障时,保持阀门处于气源发生故障前的开度位置。

4)电磁阀,实现气路的电磁切换,保证阀门在电源故障时仍处于所希望的安全开度位置。

5）手轮机构，当控制系统的控制器发生故障时，可切换到手动方式操作阀门。

6）气动继动器，使执行机构的动作加速，减少传输时间。

7）空气过滤减压器，用于净化气源、调节气压。

8）储气罐，保证当气源故障时，使无弹簧的气缸活塞执行机构能够将控制阀动作到故障安全位置。其大小取决于气缸的大小、阀门动作时间的要求及阀门的工作条件等。

3. 其他恶劣条件下控制阀的选择原则

（1）高温条件

采用具有高温强度的壳体材料和内件材料，所用材料不能因高温作用而黏结、塑变，温度极高时，适用的阀型有节流阀、蝶阀。

阀体材料可考虑带有散热片、阀内件采用热硬性材料。对于工作温度高于450℉（232℃）的控制阀，使用半金属或弹性层压石墨填料缠绕不锈钢和弹性石墨的垫片；对于工作温度高于1000℉（538℃）的工况，阀体通常用铬-钼钢铸造；对于工作温度高于1500℉（816℃）的工况，选用ASTM A351等级CF8M、316不锈钢，其含碳量必须控制在0.04%~0.08%这个范围的上限。

（2）低温条件

在结构上设置泄压孔或者排气孔，在阀门上设置引出管或安全阀，以排除异常高压；冰霜会造成阀杆填料的撕裂，破坏密封，可使用伸长型阀盖；针对低温场合的阀门材料选择，通常是阀体和上阀盖用CF8M，阀内件用300系列不锈钢。

（3）大流通能力

采用笼式结构的阀体型式，超长的阀芯行程以及扩展式出口管路连接口能降低大口径阀门的噪声输出；执行机构可选用长行程、双作用气缸式。

（4）小流量控制

在球形调节阀的阀芯上铣出小槽和V形槽，可以得到很小的流量系数；可以采用长锥形结构；可以根据需要挑选行程短、功率大、压差大的小流量阀。

(5) 腐蚀和磨损条件

选择的阀体流道要光滑，流线型的阀体结构能防止颗粒的直接撞击，可避免涡流并减少磨损；在腐蚀介质条件下，选择结构简单可以增加衬里的控制阀，可选用奥氏体不锈钢或者双相不锈钢、特殊合金（蒙乃尔合金）的单座、双座控制阀，或选用隔膜控制阀、加衬蝶阀、球阀等类型；如果介质是极强的有机酸或无机酸，则可以用全钛控制阀。

(6) 黏性介质

对于黏性高的液体，控制阀的流路越简单越好，适用于黏性介质的控制阀有球阀、V形球阀、隔膜阀、带导流孔的平板闸阀及偏转阀。管夹阀的应用虽然很有限，但用于黏度很大的泥浆液时性能却很好。黏性介质会有凝固、快速结晶、结冰等危险情况发生，在操作黏性介质时，可以利用有保温夹套的控制阀。

5.6.2 液体控制阀选型

(1) 液体控制阀选型的过程步骤

以下是按照 ISA 和 IEC 标准对用于处理液体流体的控制阀进行分步选型的过程。严格来说，这种口径计算方法仅适用于单组分流体，但也可以谨慎地用于多组分混合物工况。

以下每一步都很重要，并且所有阀门的选型过程都会涉及这些步骤。值得注意的是，C_v 值和 F_L 值是相匹配的。如果使用不同的 C_v，则必须从产品资料中获得该阀门和阀门行程的相应 F_L。

1) 阀门选型所需变量如下：

① 特定阀门类型；

② 过程流体（水、油等）；

③ 对应的工况条件：q 或 w、p_1、p_2 或 Δp、T_1、ρ_1/ρ_0、p_v、p_c。

第5章 控制阀选型与计算

只有通过不同的阀门选型计算问题的实际经验，才能具有辨别以上哪些条件适用于某一特定的计算步骤的能力。如果对以上任何一项很生疏或不熟悉，可参照 GB/T 17213 标准中相关缩写和术语表以了解其详细的定义。

2) 确定公式常数 N_1 和 N_2。N_1 和 N_2 是每个流量公式中都含有的数值常数，用于提供一种使用不同单位制的方法。常数的值及其相应的单位见表 5-15。

3) 确定为连接管件调整的管件几何形状系数 F_p 和液体压力恢复系数 F_L。F_p 表示因管件（如变径管、弯管或三通管等）直接连接到所选控制阀的入口和出口端接头造成的压力损失的修正系数。如果将这种管件连接到阀门上，则必须考虑这些情况。标准选型计算程序提供了一种计算同心缩径和扩径的 F_p 的方法。如果阀门未连接任何管件，F_p 的值为 1.0 且可以从选型计算公式中去除。

4) 确定用于选型计算的压差 Δp_{sizing}。当上游和下游压力之间的差异足够高时，液体可能开始汽化，从而导致阻塞流。如果阀门实际压差 Δp 高于导致阻塞流的压差时，则必须使用阻塞压差 Δp_{choked} 来代替实际压差。因此，用于选型计算的压差 Δp_{sizing} 为 Δp 和 Δp_{choked} 中的较小者。

5) 计算 C_v。如果此 C_v 值与步骤 3 中使用的估计值差异较大，则使用此新 C_v 值和产品信息中的相应 F_L 进行迭代。

(2) 液体控制阀选型时各变量的计算

1) 确定为管件连接调整的管件几何形状系数 F_p 和液体压力恢复系数 F_{Lp}。若有任何管件（如变径管、弯管或三通管等）直接连接到待选型计算的控制阀的入口和出口端接头，则需确定 F_p 系数。如有可能，建议按照实际测试所得的特定值，用试验方法确定 F_p 和 F_{Lp} 系数。

$$F_p = \left[1 + \frac{\sum K}{N_2} \left(\frac{C_v}{d^2} \right)^2 \right]^{-1/2}$$

式中　$\sum K$——与控制阀相连接的所有管件的流速损失系数的代数和。

使用以下方法，可以计算出连接同心变径管的系数的合理近似值。

$$\sum K = K_1 + K_2 + K_{B1} - K_{B2} \tag{5-118}$$

式中 K_1——上游管件的阻力系数；

K_2——下游管件的阻力系数；

K_{B1}——入口伯努利系数，$K_{B1} = 1 - \left(\dfrac{d}{D_1}\right)^4$；

K_{B2}——出口伯努利系数，$K_{B2} = 1 - \left(\dfrac{d}{D_2}\right)^4$。

如果上游管件和下游管件尺寸相等，那么伯努利系数也相等（即 $K_{B1} = K_{B2}$），因此，两者可以在式(5-118)中去除。控制阀装置中最常用的管件为短型同心变径管。适用于该管件的公式如下：

对于入口变径：$K_1 = 0.5\left(1 - \dfrac{d^2}{D_1^2}\right)^2$

对于出口变径：$K_2 = 1.0\left(1 - \dfrac{d^2}{D_2^2}\right)^2$

对于安装在相同变径管件之间的阀门：$K_1 + K_2 = 1.5\left(1 - \dfrac{d^2}{D^2}\right)^2$

使用对应于所选阀门的 C_v 值的 F_L 值时：

$$F_{Lp} = \left[\dfrac{K_1 + K_2}{N_1}\left(\dfrac{C_v}{d^2}\right)^2 + \dfrac{1}{F_L^2}\right]^{-1/2} \tag{5-119}$$

2）确定用于选型计算的压差 Δp_{sizing}。计算液体临界压力比系数：

$$F_F = 0.96 - 0.28\sqrt{\dfrac{p_v}{p_c}} \tag{5-120}$$

然后，确定由于流体阻塞导致的极限压差：

$$\Delta p_{choked} = \left(\dfrac{F_{Lp}}{F_p}\right)^2 (p_1 - F_F p_v) \tag{5-121}$$

用于计算所需流量系数的压差 Δp_{sizing} 为实际系统压差 Δp 和阻塞压差 Δp_{choked} 中的较小者。注意：如果 $\Delta p_{choked} < \Delta p$，则流量会出现气蚀或闪蒸。如果出口压力大于流体

第5章 控制阀选型与计算

的蒸汽压力,则气蚀导致阻塞流。如果出口压力小于流体的蒸汽压力,则流体会出现闪蒸。如需了解详情,请参阅本章后面有关气蚀和闪蒸的部分。

3)计算所需的流量系数 C_v。通过给定流量所需的阀门流量系数计算如下:

$$C_v = \frac{q}{N_1 F_p \sqrt{\frac{\Delta p_{sizing}}{\rho_1/\rho_0}}} \tag{5-122}$$

(3) 液体工况选型计算

假定有一个装置,它在工厂的初始开车阶段不会以最大的设计能力运行。管道口径根据最大的系统能力而选用,但希望安装一台仅为目前的预期要求而选型的控制阀,管径为8in,并需用一台300磅级带有等百分比阀笼的直通阀。安装阀门时可用标准的同心变径管,请确定合适的阀门尺寸。

1)确定阀门选型所必需的变量。

要求的阀门形式:300磅级带等百分比阀笼的直通阀,假定阀门口径为3in,则此阀门处于100%开度时,C_v 为121,F_L 为0.89。

过程流体:液态丙烷。

工况条件:

$q = 800 \text{gpm}$

$p_1 = 300 \text{psig} = 314.7 \text{psia}$

$p_2 = 275 \text{psig} = 289.7 \text{psia}$

$\Delta p = 25 \text{psi}$

$T_1 = 21°C（70°F）$

$\rho_1/\rho_0 = 0.5$

$p_v = 124.3 \text{psia}$

$p_c = 616.3 \text{psia}$

2)确定公式常数 N_1 和 N_2。由表5-15确定 $N_1 = 1.0$,$N_2 = 890$。

3) 确定为连接管件调整的管件几何形状系数 F_p 和液体压力恢复系数 F_{Lp}。

首先，找到上游和下游管件尺寸相同时所需的阻力系数：

$$K_1 = 0.5\left(1 - \frac{d^2}{D_1^2}\right)^2 = 0.37$$

$$K_{B1} = 1 - \left(\frac{d}{D_1}\right)^4 = 0.98$$

$$\sum K = 1.5\left(1 - \frac{d^2}{D^2}\right)^2 = 1.11$$

计算 F_p：

$$F_p = \left[1 + \frac{\sum K}{N_2}\left(\frac{C_v}{d^2}\right)^2\right]^{-1/2} = \left[1 + \frac{1.11}{890}\left(\frac{121}{3^2}\right)^2\right]^{-1/2} = 0.9$$

最后，计算 F_{Lp}：

$$F_{Lp} = \left[\frac{K_1 + K_2}{N_1}\left(\frac{C_v}{d^2}\right)^2 + \frac{1}{F_L^2}\right]^{-1/2} = \left[\frac{0.37 + 0.98}{1.0}\left(\frac{121}{3^2}\right)^2 + \frac{1}{0.89^2}\right]^{-1/2} = 0.81$$

4) 确定用于选型计算的压差 Δp_{sizing}。

首先，计算液体临界压力比系数：

$$F_F = 0.96 - 0.28\sqrt{\frac{p_v}{p_c}} = 0.96 - 0.28\sqrt{\frac{124.3}{616.3}} = 0.83$$

然后，计算阻塞压差 Δp_{sizing}：

$$\Delta p_{choked} = \left(\frac{F_{Lp}}{F_p}\right)^2 (p_1 - F_F p_v) = \left(\frac{0.81}{0.90}\right)^2 (314.7 - 0.83 \times 124.3) \text{psi} = 173 \text{psi}$$

由于实际压差小于阻塞压差：

$$\Delta p_{sizing} = \Delta p = 25 \text{psi}$$

5) 计算所需的 C_v 值。

$$C_v = \frac{q}{N_1 F_p \sqrt{\dfrac{\Delta p_{sizing}}{\rho_1/\rho_0}}} = \frac{800}{1.0 \times 0.9 \sqrt{\dfrac{25}{0.5}}} = 125.7$$

第5章 控制阀选型与计算

所需的 C_v 值（125.7）大于设定阀门的 C_v 值（121）。以此为例，尽管很显然下一个大口径 [NPS4（DN100）] 可能就是正确的阀门口径，但情况并不总是如此，因此应重复执行上述过程。

现在，假设 NPS4（DN100）阀门的 $C_v = 203$，$F_L = 0.91$。这些值是根据配有等百分比阀笼的 300 磅级、NPS4（DN100）费希尔 ES 直通阀的流量系数表确定的。在 F_p 计算过程中，利用设定的 C_v 值（203）重新计算所需的 C_v。计算如下：

$$\sum K = 1.5\left(1 - \frac{d^2}{D^2}\right)^2 = 1.5\left(1 - \frac{4^2}{7.98^2}\right)^2 = 0.84$$

$$F_p = \left[1 + \frac{\sum K}{N_2}\left(\frac{C_v}{d^2}\right)^2\right]^{-1/2} = \left[1 + \frac{0.84}{890}\left(\frac{203}{4^2}\right)^2\right]^{-1/2} = 0.93$$

$$C_v = \frac{q}{N_1 F_p \sqrt{\frac{\Delta p_{\text{sizing}}}{\rho_1/\rho_0}}} = \frac{800}{1.0 \times 0.93 \sqrt{\frac{25}{0.5}}} = 121.7$$

该结果仅表明 NPS4（DN100）阀门的口径大小足以满足给定的工况条件，但是，也可能存在要求更精确地预测 C_v 值的情况。在这些情况下，所需的 C_v 值还应根据以上所得的 C_v 值计算得出的新的 F_p 值来确定。在此例中，$C_v = 121.7$，由此可得出以下结果：

$$F_p = \left[1 + \frac{\sum K}{N_2}\left(\frac{C_v}{d^2}\right)^2\right]^{-\frac{1}{2}} = \left[1 + \frac{0.84}{890}\left(\frac{121.7}{4^2}\right)^2\right]^{-\frac{1}{2}} = 0.97$$

$$C_v = \frac{q}{N_1 F_p \sqrt{\frac{\Delta p_{\text{sizing}}}{\rho_1/\rho_0}}} = \frac{800}{1.0 \times 0.97 \sqrt{\frac{25}{0.5}}} = 116.2$$

由于该新确定的 C_v 值接近最初用于此重新计算过程的 C_v 值（116.2 与 121.7），因此阀门口径计算过程结束且可得出如下结论：开度约为总行程的 75% 的 NPS4（DN100）阀门完全符合需要的规格。请注意，在本例中，无须更新 F_L 和 F_{Lp} 值。如果在各迭代之间 F_L 值发生了变化，则需要更新这些值，并重新计算 C_v。

5.6.3 可压缩流体阀门选型计算

(1) 可压缩流体阀门选型的过程步骤

以下是按照 ISA 标准的方法对用于可压缩流体的控制阀进行选型计算的六个步骤。这些步骤中的每一步都是重要的，在任何阀门选型计算过程中都必须考虑。

1) 阀门选型计算所需的变量如下：

① 要求的阀门类型（如带线性阀笼的平衡式直通阀）。

② 过程流体（空气、天然气、蒸汽等）。

③ 对应的工况条件：q 或 w、p_1、p_2 或 Δp、T_1、M、γ，以及 Z_1 或 ρ_1。

只有通过不同的阀门选型计算问题的实际经验，才能具有辨别以上哪些项适用于某一特定的计算步骤的能力。

2) 确定公式常数 N_2、N_5 和 N_6、N_8 或 N_9，具体取决于可用的过程数据和使用的单位。

N 是每个流量公式中都含有的数值常数，用于提供一种使用不同单位制的方法。上述各个常量的值及其相应的单位见表 5-15。当流速以质量流量为单位给出并且已知密度 ρ_1，请使用 N_6。如果已知的是压缩率而不是密度，则 N_8 用于质量流量单位，N_9 用于标准体积流量单位。

3) 确定为连接管件调整的管件几何形状系数 F_p 和压差比系数 X_{Tp}。对于这些计算，使用估计的 C_v 值和对应的 X_{Tp}。

F_p 即表示因管件（如变径管、弯管或三通管等）直接连接到所选控制阀的入口和出口端接头造成的压力损失的修正系数。如果将这种管件连接到阀门上，则必须考虑这些情况。标准选型计算程序提供了一种计算同心缩径和扩径的 F_p 的方法。如果阀门未连接任何管件，F_p 的值为 1.0 且可从选型计算公式中去除，并且 $X_{Tp} = X_T$。如需了解计算 F_p 的公式，请参阅 5.6.2 节。

4) 确定用于选型计算的压差比 X_{sizing} 和膨胀系数 y。当上游和下游压力之间的差异足够高时,可能产生阻塞流。如果阀门上的实际压差比 X 高于导致阻塞流的压差,则必须使用阻塞压差比 X_{choked} 来代替实际压差。如果发生了阻塞流,则膨胀系数将等于 2/3。

5) 计算 C_v。如果此 C_v 值与步骤 3 中使用的估计值差异较大,则使用此新 C_v 值和产品信息中的相应 X_T 进行迭代。

(2) 可压缩流体阀门选型时各变量的计算

1) 确定带有连接管件的阻塞流时的管件几何形状系数 F_p 和压降比系数 X_{Tp}。用于可压缩流体阀选型计算的 F_p 的值以与液体阀选型计算相同的方式获得。如需了解公式 F_p 相关的阻力系数,请参见 5.6.2 节计算的部分。

使用与所选阀门的 C_v 对应的 X_T 值,使用以下公式计算 X_{Tp}:

$$X_{\text{Tp}} = \frac{\dfrac{X_T}{F_p^2}}{1 + \dfrac{X_T(K_1 + K_{\text{B1}})}{N_5}\left(\dfrac{C_v}{d^2}\right)^2} \tag{5-123}$$

2) 确定用于选型计算的压差比 X_{sizing} 和膨胀系数 y。

首先,确定比热容比系数 F_γ:

$$F_\gamma = \frac{\gamma}{1.4}$$

然后,确定阻塞压差比:

$$X_{\text{choked}} = F_\gamma X_{\text{Tp}}$$

用于计算所需流量系数的压差比 X_{sizing} 是实际系统压差比 X 和阻塞压差比 X_{choked} 中的较小者。

使用 X_{sizing} 和 X_{choked} 可计算膨胀系数:

$$y = 1 - \frac{X_{\text{sizing}}}{3X_{\text{choked}}}$$

3) 计算流量系数 C_v。以下三个公式都可用于计算 C_v,具体取决于过程数据的形式。

对于质量流量和密度：$C_v = \dfrac{w}{N_6 F_p Y \sqrt{X_{sizing} p_1 \rho_1}}$

对于质量流量和可压缩性：$C_v = \dfrac{w}{N_8 F_p p_1 Y} \sqrt{\dfrac{T_1 Z_1}{X_{sizing} M}}$

对于标准体积流量和可压缩性：$C_v = \dfrac{w}{N_9 F_p p_1 Y} \sqrt{\dfrac{M T_1 Z_1}{X_{sizing}}}$

（3）可压缩流体选型计算 1

确定在下列工况条件下工作的费希尔 V250 型球阀的口径和开度。假定阀门与管路的口径相同。

1）指明阀门选型计算必需的变量。

要求的阀门形式：费希尔 V250 阀门。

过程流体：天然气。

工况条件：

$p_1 = 200\,\text{psig} = 214.7\,\text{psia}$

$p_2 = 50\,\text{psig} = 64.7\,\text{psia}$

$\Delta p = 150\,\text{psi}$

$X = \Delta p / p_1 = 150/214.7 = 0.70$

$T_1 = 60\,\text{℃} = 520\,\text{℉}$

$M = 17.38$

$Z_1 = 1$

$\gamma = 1.31$

$q = 6.0 \times 10^6\,\text{scfh}$

2）确定公式常数 N_2、N_5 和 N_6、N_8 或 N_9。对于这些常数，由表 5-15 可知，$N_2 = 890$，$N_5 = 1000$。对于具有标准体积流量（单位为 scfh）和可压缩性的工况，请使用 $N_9 = 7320$。

第5章 控制阀选型与计算

3) 确定为连接管件调整的管件几何形状系数 F_p 和压差比系数 X_{Tp}。由于阀门属于管路等径且没有连接管件,因此 $F_p = 1$, $X_{Tp} = X_T$。对于处于100%行程的 NPS8(DN200) V250 阀门, $X_T = 0.14$。

4) 确定用于选型计算的压差比 X_{sizing} 和膨胀系数 y。

首先,计算比热容比系数 F_γ:

$$F_\gamma = \frac{\gamma}{1.4} = \frac{1.31}{1.4} = 0.94$$

然后,使用此值确定阻塞压差比:

$$X_{choked} = F_\gamma X_{Tp} = 0.94 \times 0.14 = 0.131$$

由于阻塞流压差比小于实际压差比,因此:

$$X_{sizing} = X_{choked} = 0.131$$

膨胀系数 y 为

$$y = 1 - \frac{X_{sizing}}{3 X_{choked}} = 0.667$$

5) 计算 C_v。

$$C_v = \frac{w}{N_9 F_p p_1 y} \sqrt{\frac{M T_1 Z_1}{X_{sizing}}} = \frac{6.0 \times 10^6}{7320 \times 1.0 \times 214.7 \times 0.667} \sqrt{\frac{17.38 \times 520 \times 1.0}{0.131}} = 1504$$

该结果表明阀门的口径可满足流体通过(额定 $C_v = 2190$)。要确定阀门开度百分比,需使用所选阀门开度为83°时的 C_v 值。注意,在83°开度时, X_T 值为0.219,这与计算中最初使用的0.137的额定值存在较大差异,因此需要使用行程为83°时 X_T 值重新求解问题。

重新计算 X_{choked}:

$$X_{choked} = F_\gamma X_{Tp} = 0.94 \times 0.219 = 0.205$$

由于仍然处于阻塞流,因此所需的 C_v 为

$$C_v = \frac{w}{N_9 F_p p_1 y} \sqrt{\frac{M T_1 Z_1}{X_{sizing}}} = \frac{6.0 \times 10^6}{7320 \times 1.0 \times 214.7 \times 0.667} \sqrt{\frac{17.38 \times 520 \times 1.0}{0.219}} = 1203$$

所需C_v急剧下降的原因仅在于额定行程和83°行程时的X_T值存在差异。继续该过程直到获得最终所需的C_v，得到结果为$C_v=923$，$X_T=0.372$。

（4）可压缩流体选型计算2

假定蒸汽被供应给在250psig（17.2bar）压力下操作的工艺流程。蒸汽源保持在500psig（34.5bar）和260℃（500℉）。计划从主蒸汽连接一根NPS6（DN150）的标准壁厚管路到工艺流程。同时，假定所需阀门的口径小于NPS6（DN150），它将使用同心变径管来安装。试确定相应的带线性阀笼的费希尔ED阀门的型号。

1）指明阀门选型计算必需的变量。

要求的阀门形式：带线性阀笼的300磅级费希尔ED阀门。假定阀门口径为NPS4（DN100）。

过程流体：过热蒸汽。

6in标准壁厚管道的$D=6.1$in。

工况条件：

$w=125000$lb/h

$p_1=500$psig$=514.7$psia

$p_2=250$psig$=264.7$psia

$\Delta p=250$psi

$X=\Delta p/p_1=250/514.7=0.49$

$T_1=260$℃（500℉）

$\rho_1=1.042$lb/ft^3

$\gamma=1.33$

首先尝试计算处于100%行程的、带线性阀内件的NPS4（DN100）ED型阀门：

$C_v=236$

$X_T=0.690$

2）确定公式常数N_2、N_5和N_6、N_8或N_9。对于这些常数，由表5-15可知，$N_2=$

890，$N_5 = 1000$。对于提供质量流量（单位为 lb/h）和密度（单位为 lb/ft^3）的工况，请使用 $N_6 = 63.3$。

3）确定为连接管件调整的管件几何形状系数 F_p 和压差比系数 X_{Tp}。由于上游管件和下游管件的尺寸相同，因此所需的阻力系数是：

$$K_1 = 0.5\left(1 - \frac{d^2}{D_1^2}\right)^2 = 0.5\left(1 - \frac{4^2}{6.1^2}\right)^2 = 0.16$$

$$K_{B1} = 1 - \left(\frac{d}{D_1}\right)^4 = 1 - \left(\frac{4}{6.1}\right)^4 = 0.82$$

$$\Sigma K = 1.5\left(1 - \frac{d^2}{D^2}\right)^2 = 1.5\left(1 - \frac{4^2}{6.1^2}\right)^2 = 0.49$$

计算 F_p：$F_p = \left[1 + \frac{\Sigma K}{N_2}\left(\frac{C_v}{d^2}\right)^2\right]^{-1/2} = \left[1 + \frac{0.49}{890}\left(\frac{236}{4^2}\right)^2\right]^{-1/2} = 0.945$

4）确定用于选型计算的压差比 X_{sizing} 和膨胀系数 y。

首先，计算比热容比系数 F_γ：$F_\gamma = \frac{\gamma}{1.4} = \frac{1.33}{1.4} = 0.95$

然后，使用此值确定阻塞压差比：$X_{choked} = F_\gamma X_{Tp} = 0.95 \times 0.67 = 0.64$

由于阻塞压差比大于实际压差比，因此：$X_{sizing} = X = 0.49$

膨胀系数 y 为 $y = 1 - \frac{X_{sizing}}{3X_{choked}} = 0.75$

5）计算 C_v。

$$C_v = \frac{w}{N_6 F_p y \sqrt{X_{sizing} p_1 \rho_1}} = \frac{125000}{63.3 \times 0.945 \times 0.75 \sqrt{0.49 \times 514.7 \times 1.042}} = 173$$

使用产品目录中的 X_T 值进行计算的迭代会得到所需的 $C_v = 169$，$X_T = 0.754$。这种情况发生于阀门处于 66% 开度时，因此带有线性阀内件的 NPS4（DN100）ED 型阀门在流通能力方面可满足需求。由于口径较小的同款 ED 型阀门的额定 C_v 仅有 148，因此不适于此工况。

5.7 力矩计算及执行机构选型

5.7.1 直通阀

不论执行机构是哪种类型，它的输出力都是用于克服负荷的有效力。负荷主要是指不平衡力和不平衡力矩，以及摩擦力、密封力、重量等有关的力作用。

为了使控制阀能正常工作，配用的执行机构应能产生足够的输出力来克服各种阻力，从而保证严密的密封性能或灵敏的开启。

对于双作用的气动、电液、电动执行机构，一般都没有复位弹簧，作用力的大小与它的运动方向无关。因此，选择执行机构的关键在于了解最大的输出力或电动机的转动力矩。

对于单作用气动执行机构，输出力与阀门的开度有关，控制阀上出现的力也将影响运动特性。因此，要求在整个控制阀的开度范围建立力平衡。如果执行机构的输出力为 F，则力平衡公式为

$$F = F_t + F_0 + F_f + F_w \tag{5-124}$$

式中 F_t——作用在阀芯上的不平衡力；

F_0——控制阀全闭时，阀芯对阀座的密封所附加的压紧力；

F_f——阀杆所受的摩擦力；

F_w——阀芯等各种活动部件的重量。

采用波纹管控制阀时，还应该考虑波纹管随阀门开度而变化的阻力。

式(5-129) 中各种力的大小和方向会根据执行机构类型的不同而变化。

1. 不平衡力

不平衡力是指阀门关闭时由流体压力引起的力，在通常情况下可表示为：不平衡

力=净压差×净不平衡面积,通常的做法是把最大上游表压作为净压差。净不平衡面积是指流向向上的非平衡式单座阀的阀口面积。其取决于阀杆的形式,不平衡面积可能需要考虑阀杆的面积。对于平衡式阀门,仍然存在一个小的不平衡面积,这个数据可以从制造商那里获得。向上流动的平衡式阀门和向下流动的不平衡式阀门的典型不平衡面积见表5-20。

表 5-20 阀门的典型不平衡面积

阀口直径/in	单座不平衡式阀门的不平衡面积/in^2	平衡式阀门的不平衡面积/in^2
1/4	0.028	—
3/8	0.110	—
1/2	0.196	—
3/4	0.441	—
1	0.785	—
$1\frac{5}{16}$	1.35	0.04
$1\frac{7}{8}$	2.76	0.062
$2\frac{5}{16}$	4.20	0.27
$3\frac{7}{16}$	9.28	0.118
$4\frac{3}{8}$	15.03	0.154
7	38.48	0.81
8	50.24	0.86

2. 阀座关闭力

阀座关闭力通常表示为每线性英寸阀口周长的磅力,由关闭等级要求确定。使用下面的指导可确定满足针对 ANSI/FCI70-2 和 IEC60534-4 泄漏等级Ⅱ~Ⅵ的工厂质检试验所需的阀座关闭力。图 5-20 和表 5-21 为建议的阀座关闭力。因为工况条件的恶劣程度有差别,所以不要把这些泄漏等级及相应的泄漏量作为现场性能的指标。为了延长阀座的寿命和关闭能力,可以使用一个比推荐值大的阀座关闭力。如果紧密关闭不是主要的考虑因素，可使用较低的泄漏等级。

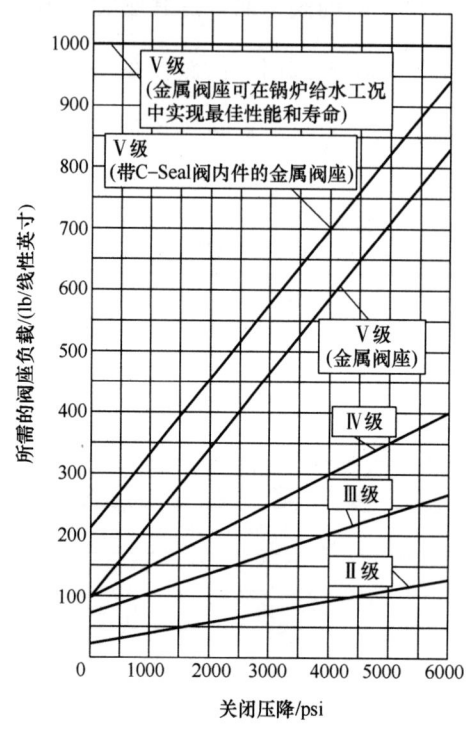

图 5-20　在Ⅱ～Ⅴ级金属阀座阀门上提高阀座寿命所需的最小阀座关闭力

表 5-21　泄漏等级与阀座关闭力

泄漏等级	阀座关闭力
Ⅰ级	符合用户规格（不需要工厂泄漏测试）
Ⅱ级	20lb/线性英寸阀口周长
Ⅲ级	40lb/线性英寸阀口周长
Ⅳ级	仅标准（下）阀座——40lb/线性英寸阀口周长 （阀口直径小于 3/8～4in）仅标准（下）阀座——80lb/线性英寸阀口周长 （阀口直径大于 3/8～4in）
Ⅴ级	金属阀座，根据图 5-20 确定为多少 lb/线性英寸阀口周长
Ⅵ级	金属阀座，300lb/线性英寸阀口周长

3. 填料摩擦力

填料摩擦力的大小是由阀杆尺寸、填料形式以及由介质或螺栓作用在填料上的压缩载荷决定的。在摩擦特性上,填料摩擦力不是100%可重复的。活动加载填料形式有很大的摩擦力,尤其是使用石墨填料时。表5-22列出了典型的填料摩擦力值。

表 5-22 典型的填料摩擦力值

阀杆尺寸/in	压力等级	PTFE 填料摩擦力/N		石墨带/石墨丝填料摩擦力/N
		单层	双层	
5/16	所有	20	30	—
3/8	125	38	56	—
	150			125
	250			—
	300			190
	600			250
	900			320
	1500			380
1/2	125	50	75	—
	150			180
	250			—
	300			230
	600			320
	900			410
	1500			500
	2500			590
5/8	125	63	95	—
	150			218
	250			—
	300			290
	600			400
3/4	125	75	112.5	—
	150			350
	250			—
	300			440
	600			660
	900			880
	1500			1100
	2500			1320

（续）

阀杆尺寸/in	压力等级	PTFE 填料摩擦力/N		石墨带/石墨丝填料摩擦力/N
		单层	双层	
1	300	100	150	610
	600			850
	900			1060
	1500			1300
	2500			1540
$1\frac{1}{4}$	300	120	180	800
	600			1100
	900			1400
	1500			1700
	2500			2040
2	300	200	300	1225
	600			1725
	900			2250
	1500			2750
	2500			3245

注：表中值为采用标准填料法兰螺栓旋紧步骤时通常会遇到的摩擦力。

4. 附加力

附加力是指在驱动阀门时可能需要附加的力，如波纹管刚度、密封导致的异常摩擦力或软金属密封需要的特殊密封力。制造商应该提供这方面的信息或在执行机构选型时考虑这些因素。

5. 执行机构输出力的计算

（1）气动薄膜式执行机构的输出力

对于有弹簧的气动薄膜式执行机构，由于薄膜室信号压力所产生的推力大部分被弹簧反力所平衡，因此，其有效输出力比无弹簧型要小。

根据调节阀不平衡力的方向性，执行机构的输出力有如图 5-21 所示的两种不同的方向：$+F$ 表示执行机构向下的推力；$-F$ 表示执行机构向上的输出力。

第5章 控制阀选型与计算

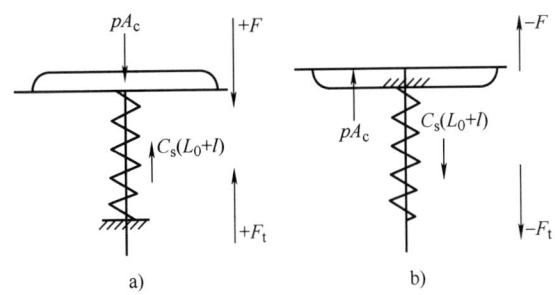

图 5-21 气动薄膜式执行机构的输出力
a) 正作用 b) 反作用

无论是正作用或反作用的气动薄膜式执行机构,它们的正向或反向输出力 $\pm F$ 均为信号压力 p 作用在薄膜有效面积 A_c 上的推力 pA_c 与弹簧的反作用力 $C_s(L_0+l)$ 之差,即

$$\pm F = pA_c - C_s(L_0 + l) \tag{5-125}$$

式中 A_c——薄膜有效面积(m^2);

l——推杆位移量(m);

L_0——弹簧预紧量(m);

C_s——弹簧刚度。

$$C_s = \frac{A_c p_r}{L_0} \tag{5-126}$$

式中 p_r——弹簧范围,相当于使弹簧产生全行程变形量(%)所需加在薄膜上的压力变化范围。

$$L_0 = \frac{p_i A_c}{C_s} \tag{5-127}$$

式中 p_i——弹簧的启动压力,相当于使弹簧产生预紧变形量 L_0 所需加在薄膜上的压力。

弹簧在自由状态时,$p_i = 0$,p_i 可根据需要在一定范围内调节。

将式(5-126)和式(5-127)代入式(5-125)可得

控制阀设计制造技术

$$\pm F = A_c \left(p - p_i - p_r \frac{l}{L} \right) = A_c p_F \tag{5-128}$$

式中 p_F——有效的输出压力,用来克服负荷的有效压力。

增大 p_F 或增大有效面积 A_c,都可以提高执行机构的输出力 F。

目前控制阀使用的弹簧,其作用力的范围有 0.02~0.1MPa、0.04~0.2MPa、0.06~0.1MPa、0.06~0.18MPa 等多种,分别调整各种弹簧范围的启动压力,可使执行机构具有不同的输出力。不同的弹簧压力范围与不同的有效面积的薄膜相匹配之后,可得到不同的输出力,见表 5-23。表中给出的输出力为近似值。

表 5-23 气动薄膜式执行机构的输出力 (单位:N)

弹簧范围 $p_r/10^5$Pa	膜片有效面积 A_c/cm^2					
	200	280	400	630	1000	1600
0.8 (0.2~1)	400	560	800	1260	2000	3200
1.6 (0.4~2)	800	1120	1600	2520	4000	6400
0.4 (0.2~0.6)	1200	1680	2400	3780	6000	9600
0.4 (0.6~1)	1200	1680	2400	3780	6000	9600

(2) 活塞式执行机构的输出力

常见的活塞式执行机构有单向和双向两种作用方式。双向活塞式执行机构在结构上是没有弹簧的。由于没有弹簧反作用力,因此它的输出力比薄膜式执行机构大,常用来作为大口径、高压差控制阀的执行机构。图 5-22 所示为双向活塞式执行机构的受力情况。

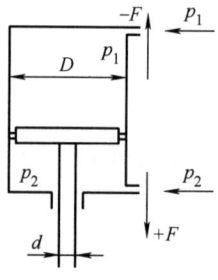

图 5-22 双向活塞式执行机构的输出力

第5章 控制阀选型与计算

当活塞向下动作时，输出力为 $+F$，因此有

$$\pm F = \left[\frac{\pi}{4}D^2 p_1 \left(\frac{\pi}{4}D^2 p_2 - \frac{\pi}{4}d^2 p_2\right)\right]\eta = \frac{\pi}{4}\eta(D^2 \Delta p + d^2 p_2)$$

式中　F——执行机构输出力（N）；

　　　D——活塞直径（mm）；

　　　d——活塞杆直径（mm）；

　　p_1，p_2——上下缸工作压力（MPa）；

　　　Δp——压差（MPa）；

　　　η——气缸效率，考虑到摩擦消耗，常取 $\eta = 0.9$。

因为活塞杆处于极端位置时，有 $p_2 = 0$，$p_1 = p_0$，p_0 为最大工作压力，即阀门定位器的气源压力，因此有

$$\pm F = \frac{\pi}{4}\eta D^2 p_0 \tag{5-129}$$

当活塞向上动作时，输出力为 $-F$，则有

$$-F = \left(\frac{\pi}{4}D^2 p_2 - \frac{\pi}{4}d^2 p_2 - \frac{\pi}{4}D^2 p_1\right)\eta = \frac{\pi}{4}\eta(D^2 \Delta p + d^2 p_2)$$

同样，当活塞杆处于另一极端位置时，有 $p_1 = 0$，$p_2 = p_0$，则有

$$-F = \frac{\pi}{4}\eta p_0 (D^2 - d^2)$$

又由于活塞的直径比活塞杆直径大很多，即 $D \gg d$，因此有

$$-F \approx \frac{\pi}{4}\eta D p_0 \tag{5-130}$$

综上所述可知，活塞执行机构可用下式表示：

$$\pm F = \frac{\pi}{4}\eta D p_0 \tag{5-131}$$

式(5-131)说明活塞执行机构的输出力与活塞直径 D、最大的工作压力 p_0 和气缸效率 η 有关。一般，p_0 和 η 都是定值（$p_0 = 0.5\text{MPa}$，$\eta = 0.9$），因此，输出力的大小主

要取决于活塞直径，见表 5-24。

表 5-24　活塞执行机构的输出力

活塞直径/mm	100	150	200	250	300	350
最大输出力/N	3530	7950	14140	22100	31800	43300

（3）不平衡力和不平衡力矩

介质通过控制阀时，阀芯受到静压和动压的作用，产生使阀芯上下移动的轴向力和使阀芯旋转的切向力。对于直线位移的控制阀来说，轴向力直接影响阀芯位移。对于角位移的控制阀，如蝶阀、V 形开口球阀、偏心旋转阀等，影响其角位移的是阀板轴受到的切向合力矩，称为不平衡力矩。

影响不平衡力和不平衡力矩的因素很多，如阀的结构形式、公称直径、介质物理状态等。如果工艺介质及控制阀都已确定，不平衡力或不平衡力矩主要与阀前压力和控制阀前后的压差有关，也与介质和阀芯的相对流向有关。阀芯所受到的轴向合力，称为不平衡力，介质流向不同时，阀芯所受的不平衡力就不一样。图 5-23 所示为较大口径的单座阀正装阀芯，在两种不同流向下的压差不变时，不平衡力与位移行程之间的关系曲线。图中假定使阀杆受压的不平衡力为"＋"，使阀杆受拉伸的不平衡力为"－"。图 5-23 中，上面表示在介质流动时使阀芯打开，称为流开状态；下面表示在介质流动时使阀芯关闭，称为流闭状态。

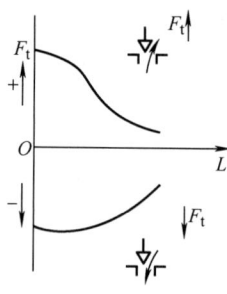

图 5-23　单座阀不平衡力与位移的关系

第5章 控制阀选型与计算

图 5-23 的曲线表明：阀芯在全关位置时，不平衡力 F_t 最大，并随着阀芯开启而逐渐变小。由于中间位置动压难以用公式表示，因此，在选择执行机构计算作用力时，主要根据全关时来确定。

图 5-24 所示为单座阀阀芯。对于流开状态，即阀杆在介质流出端时（见图 5-24a），不平衡力 F_t 为

$$F_t = p_1 \frac{\pi}{4} d_g^2 - p_2 \frac{\pi}{4}(d_g^2 - d_s^2) = \frac{\pi}{4}(d_g^2 \Delta p + d_s^2 p_2) \tag{5-132}$$

式中 d_g、d_s——阀芯、阀杆的直径（mm）；

p_1、p_2——阀前、阀后的压力（MPa）；

Δp——压差（MPa），$\Delta p = p_1 - p_2$。

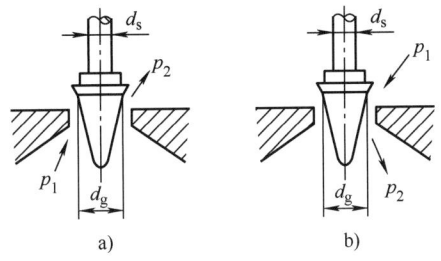

图 5-24　单座阀阀芯

a) 流开状态　b) 流闭状态

从式(5-132) 可以看出，F_t 值始终为正值，阀杆处于受压状态；且 d_g、Δp 和 p_2 越大，不平衡力 F_t 越大。因此，对于高压差、高静压、大口径的单座阀，不平衡力是较大的。

对流闭状态，即阀杆在介质流入端时的不平衡力（见图 5-24b）为

$$F_t = \frac{\pi}{4} d_g^2 p_2 - \frac{\pi}{4}(d_g^2 - d_s^2) p_1 = -\frac{\pi}{4}(d_g^2 \Delta p + d_s^2 p_1) \tag{5-133}$$

从式(5-133) 可以看出：对于小流量控制阀及小口径高压控制阀，由于 $d_s \geqslant d_g$，故 F_t 为正值，阀杆受压；对于 DN25 以上的单座控制阀，因 $d_s \ll d_g$，F_t 为负值，因此阀杆受拉；控制阀公称直径在此两者之间，即 $d_s < d_g$ 时，由式(5-138) 分析可知，F_t 可

能为正,也可能为负,说明对同一个控制阀,在全行程范围内,有时由于 p_1 和 p_2 的变化,可能使阀杆所受的不平衡力发生方向的变化。

对于双座阀、三通阀、隔膜阀等,都可按上述介绍的方法计算不平衡力。对蝶阀、偏心旋转阀、V 形开口球阀的不平衡力矩也有其计算公式。

(4) 允许压差的计算

从前面的计算公式可以看出:控制阀两端的压差 Δp 增大时,其不平衡力或不平衡力矩也随之增大。当执行机构的输出力小于不平衡力时,不能在全行程范围内实现输入信号和阀芯位移的准确关系。由于对确定的执行机构,其最大输出力是固定的,故控制阀应限制在一定的压差范围内工作,这个压差范围就称为允许压差,用 $[\Delta p]$ 表示。

控制阀一般均使用流开状态,所以允许压差也就是指控制阀处于流开状态时的允许压差。制造厂所列的允许压差,一般均为 $p_2=0$ 的数据,选用时需要注意。

执行机构的输出力 F 用于克服不平衡力、压紧力、摩擦力和各种活动部件的重量。在正常润滑的情况下,摩擦力 F_f 很小,各种活动部件的重量也不大,因此,在计算执行机构输出力时,一般可简化为

$$F = F_t - F_0 \tag{5-134}$$

也就是说,执行机构的输出力只用来克服不平衡力 F_t 和控制阀全闭时的压紧力 F_0。必须注意的是,调节阀摩擦力的大小由控制阀的结构、填料的材质、工作压力的大小来决定是否可以忽略。对于一些公称直径较大的控制阀,如 DN200 笼式控制阀,其摩擦力高达 1000N 以上,不能不考虑。

阀座压紧力 F_0 的大小取决于阀芯与阀座是金属密封接触,还是软密封接触。对于金属密封接触的控制阀,F_0 一般取相当于 $p_0=0.005$MPa 乘以薄膜有效面积 A_e 的力。然后将已确定的执行机构的输出力 F 以及各种具体结构和使用情况的控制阀的不平衡力 F_t 的计算公式代入,便能得到允许压差 $[\Delta p]$ 的计算公式。

对于图 5-24a 所示的单座控制阀,若 $p_2=0$,它的允许压差计算公式如下:

$$F_t = \frac{\pi}{4}(d_g^2 \Delta p + d_s p_2) \tag{5-135}$$

由于 $p_2 = 0$，$\Delta p = p_1$，则有

$$F - F_0 = F_t = \frac{\pi}{4} d_g^2 p_1$$

$$[\Delta p] = p_1 = \frac{F - F_0}{\frac{\pi}{4} d_g^2} \tag{5-136}$$

当执行机构和控制阀的大小选定后，就可以求出执行机构的输出力 F 和阀座压紧力 F_0，再代入式(5-136)，便能计算出控制阀两端的允许压差 $[\Delta p]$。反过来，如果知道 $[\Delta p]$，也可以计算出执行机构的输出力。

5.7.2 旋转式执行机构选型

在为旋转阀选择一个最经济的执行机构时，其决定因素是打开和关闭阀门时需要的力矩与执行机构的输出力矩。

假设阀门已经针对应用工况进行了正确计算，且应用工况不超过阀门的压力极限。旋转阀力矩的等于一系列力矩的分量之和。为了避免混淆，一部分分量已被合并起来，一部分计算已经事先完成。这样，每种阀门需要的力矩可用两个简单而实用的公式来表示，即开启力矩为 $T_B = A(\Delta p_{\text{shutoff}}) + B$；动态力矩为 $T_D = C(\Delta p_{\text{eff}})$。以下表格中包含了针对每种阀门形式的特定系数 A、B 和 C。

(1) 带复合密封的 V 形切口球阀的力矩系数（见表 5-25）

表 5-25 V 形切口球阀的力矩系数

阀门口径 (NPS)	阀轴直径 /in	A 复合轴承	B	C 60°	C 70°	最大 T_D/lb·in
2	1/2	0.15	80	0.11	0.60	515
3	3/4	0.10	280	0.15	3.80	2120
4	3/4	0.10	380	1.10	18.0	2120
6	1	1.80	500	1.10	36.0	4140

（续）

阀门口径（NPS）	阀轴直径/in	A 复合轴承	B	C 60°	C 70°	最大 T_D/lb·in
8	$1\frac{1}{4}$	1.80	750	3.80	60.0	9820
10	$1\frac{1}{4}$	1.80	1250	3.80	125	9820
12	$1\frac{1}{2}$	4.00	3000	11.0	143	12000
14	$1\frac{3}{4}$	42	2400	75	413	23525
16	2	60	2800	105	578	23525
18	$2\frac{1}{8}$	60	2800	105	578	55762
20	$2\frac{1}{2}$	97	5200	190	1044	55762

（2）带复合密封的高性能蝶阀的力矩系数（见表 5-26）

表 5-26　高性能蝶阀的力矩系数

阀门口径（NPS）	阀轴直径/in	A	B	C 60°	C 75°	C 90°	最大力矩/lb·in 开启力矩 T_B	最大力矩/lb·in 动态力矩 T_D
3	1/2	0.50	136	0.8	1.8	8	280	515
4	5/8	0.91	217	3.1	4.7	25	476	1225
6	3/4	1.97	403	30	24	70	965	2120
8	1	4.2	665	65	47	165	1860	4140
10	$1\frac{1}{4}$	7.3	1012	125	90	310	3095	9820
12	$1\frac{1}{2}$	11.4	1422	216	140	580	4670	12000

（3）最大转角

最大转角是指阀门在全开位置时阀板或球的角度。通常情况下，最大转角为 90°，即球或阀板从全关到全开位置转动 90°。某些气动弹簧复位气缸执行机构或气动弹簧薄膜执行机构被限止于 60°或 75°的转角。对于气动弹簧薄膜执行机构，限定最大转角将允许较高的初始弹簧压缩量，从而产生更大的执行机构开启力矩。另外，每个执行机构杠杆的有效长度会随着阀门的转动而改变。

第5章 控制阀选型与计算

5.8 闪蒸和气蚀

5.8.1 阻塞流引起的闪蒸和气蚀

通过 IEC 液体工况选型标准能够计算阻塞压差 Δp_{choked}。在特定系统工况下,如果阀门的实际压差大于 Δp_{choked},那么就会产生闪蒸或气蚀,也可能会造成阀门和相邻管路结构上的损坏。对阀门内部实际发生现象的了解有助于选择一个能够消除或减少闪蒸和气蚀影响的阀门。图 5-25 所示为缩流断面示意图。

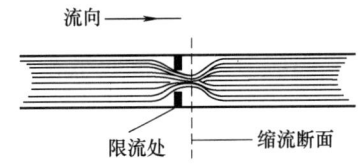

图 5-25 缩流断面示意图

流向限流处缩流断面的物理现象被用来描述闪蒸和气蚀,因为这些情况代表流体介质在相态上的实际变化。这种变化是从液态变为气态,它通常是由阀座口的最大流道缩径或其下游的流体速度的增加而引起的。随着液体通过缩径,流束会变细或收缩。流束的最小横断面出现在实际缩径的下游,称为缩流断面,如图 5-26 所示。

为维持流体稳定地流过阀门,在截面最小的缩流断面处,流速必须是最大的。流速(或动能)的增加伴随着缩流断面处压力(或势能)的大幅降低。再往下游,随着流束进入更大的区域,速度下降,压力增加;但下游压力不会完全恢复到与阀门上游相等的压力,阀门两侧的压差(Δp)可衡量阀门中消耗的能量。图 5-26 提供了一幅压力情形图,解释了一个流线型高恢复阀(如球阀)与一个流量较大的内部紊流和能量消耗引起的低恢复阀门的不同性能。

不管阀门的恢复特性如何,引人注意的是与闪蒸和气蚀有关的压差,即阀门进口

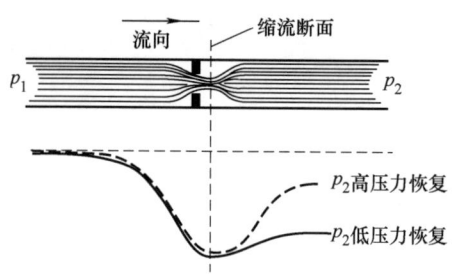

图 5-26　高和低恢复阀门的压力情况比较

与缩流断面之间的压差。如果缩流断面处的压力降到流体的蒸汽压力以下（由于该点处速度增加），气泡就会在流束中形成。随着缩流断面处的压力进一步降到液体的蒸汽压力以下，气泡会大量地形成。在此阶段，闪蒸和气蚀之间没有差别，但是对阀门结构损坏的可能性肯定存在。如果阀门出口的压力仍低于液体的蒸汽压力，气泡将保持在阀门的下游，这个过程便发生了"闪蒸"。闪蒸对阀门的阀内件会产生严重的冲蚀性破坏，其特点是受冲刷表面有平滑抛光的外形。

如图 5-26 所示，闪蒸最严重的地方一般是在流速最高处，通常位于阀芯和阀座的密封线上或附近。如果下游压力高于液体的蒸汽压力，气泡会破裂或向内爆炸，从而产生气蚀。蒸汽气泡破裂会释放能量，并产生一种类似于砂石流过阀门的噪声。如果气泡在接近阀门的固体表面处破裂，释放的能量会慢慢地撕裂材料，留下一个如图 5-27 所示的类似于煤渣的粗糙表面。气蚀造成的损坏可延伸至邻近的下游管路，如果在该处存在压力恢复和气泡破裂现象，很明显，高恢复特性的阀门比较容易发生气蚀，因为它的缩流断面压力较低，更有可能降至液体蒸汽压力之下。

5.8.2　闪蒸工况阀门选型

闪蒸破坏的特点是受冲刷表面有平滑抛光的外形。闪蒸的产生是因为 $p_2 < p_v$。其中，p_2 是阀门的下游压力，是下游工艺和管路的一个函数；p_v 是蒸汽压力，是流体和工作温度的一个函数。因此，闪蒸的变量不是由阀门直接控制的，这意味着，对任何

阀门来说都无法防止闪蒸的发生。既然闪蒸不能靠阀门来避免，最好的办法是选择具有合适的几何形状和材料的阀门来避免或尽量减小破坏。总之，闪蒸破坏可以通过下述方法减到最小：

1）防止或减少颗粒（此处指液滴）冲击阀门表面。

2）将这些表面尽可能硬化。

3）降低冲蚀性流体的速度。

选择流体方向改变尽可能少的阀门可以使颗粒冲击数量减到最小。直行程角阀是提供这种流道的典型方案。一些旋转阀，如偏心旋转球塞阀和半球阀也提供直通式流道。在调节点的下游扩展阀门的流通区域也是有效的，因为冲蚀速度会减小。对于那些肯定会受到流体冲蚀的阀内表面的区域，如阀座表面，选择尽可能硬的材料，通常来说，材料越硬，越耐冲蚀。既有闪蒸又有腐蚀性的液体是特别麻烦的事。钢质阀门中的闪蒸水是一个同时有腐蚀和冲刷的工况。水会引起钢材的腐蚀，而闪蒸会引起由腐蚀产生的软性氧化层的冲刷，这种综合作用比两种机理单独产生的破坏还大。在这种情况下，解决方案是至少选择一种低合金钢以防止腐蚀。

5.8.3 气蚀工况阀门选型

气蚀破坏的特点是受冲刷表面有粗糙的煤渣状的外形，如图5-27所示。

图5-27 气蚀破坏的典型外形

它明显不同于由闪蒸冲刷引起的平滑抛光外形。5.8.1节描述了当缩流断面处的压力小于p_v，且p_2大于p_v时气蚀是怎样产生的。气蚀可以通过以下几种方法来处理：

第一种方法是通过控制压差来消除气蚀，从而防止破坏。如果通过控制阀门的压差而使得局部压力不会低于蒸汽压力，那么蒸汽气泡就不会形成，没有蒸汽气泡的破裂，也就不会产生气蚀。为了消除气蚀，可使用多级降压内件，把通过阀门的压差分成数个较小的压差，并确保每一个较小压差在缩流断面处的压力均大于蒸汽压力，从而保证没有蒸汽气泡的产生。

第二种方法不是消除气蚀，而是像闪蒸的解决方法一样尽可能减小或隔离其破坏。这种方法是把气蚀与阀内表面隔离开来，并硬化那些会受到气蚀冲击的表面。

第三种方法是以某种方式改变工艺系统以防止气蚀产生。如果能将 p_2 升高到足以使缩流断面处的压力不会降到蒸汽压力以下，即阀门不再被阻塞，那么气蚀就可以避免了。将阀门移到有较高静压头的下游位置可以提高 p_2 的值；增加一个限流孔板或类似的背压装置也能提高阀门的 p_2 值，下游存在把气蚀从阀门转移到限流孔板处的潜在可能性。

5.8.4 气液两相流工况下控制阀的计算与选型

（1）气液混合物密度的计算

将两种介质的密度和速度进行**平均参数**计算之后，按照单相流的工况进行计算。计算出阀前两种介质混合之后的密度，在计算过程中，应该考虑气体膨胀，使用式（5-137）计算。

$$\rho = \left(\frac{\omega_g}{\omega \rho_g y^2} + \frac{\omega_L}{\omega \rho_L} \right)^{-1} \tag{5-137}$$

式中 ω_g ——气体质量流量（kg/h）；

ω_L ——液体质量流量（kg/h）；

ω ——混合物的总质量流量（kg/h）；

ρ_g ——阀前气体密度（kg/m³）；

ρ_L ——阀前液体密度（kg/m³）；

y ——气体膨胀系数。

(2) 流量系数的计算

非阻塞流两相流的流量系数可由式(5-138)计算得出。

$$C_v = \frac{\omega}{27.3 F_p \sqrt{\Delta p \rho}} \tag{5-138}$$

式中 F_p——管路几何系数。

对于阻塞流两相流,计算时采用纯净气体和纯净液体极限压差组合的办法来近似。当压差达到式(5-139)给出的数值时,纯净气体产生阻塞。

$$\Delta p = p_1 F_k X_{Tp} \tag{5-139}$$

相应的,纯净液体的压差由式(5-140)得出。

$$\Delta p = \left(\frac{F_{1p}}{F_p}\right)(p_1 - F_f p_2) \tag{5-140}$$

式中 F_{1p}——与组件和管路几何系数相关的阀门压力恢复系数;

F_f——液体临界压力系数;

F_k——比热系数;

X_{Tp}——压差比系数;

p_1——阀前压力(Pa);

p_2——阀后压力(Pa)。

当所有的流体为液相,且压差达到式(5-140)所给定的值时,开始阻塞,当有少量气体加入流体时,阻塞流的压差开始变化,但是非常接近式(5-140)的数值。继续增加气体的质量百分数将进一步改变引起阻塞流的极限压差。当所有的流体为气相,且压差达到式(5-138)所给定的值时,产生阻塞。对于绝对理想的喷嘴的极限压差已完成了理论计算,用这个结论可得出线性关系,即液相极限压差和用气体质量百分数函数描述的气相极限压差的关系。对于阻塞的两相流的压差,可由式(5-141)求出。

$$\Delta p = p_1 F_k X_{Tp} \frac{\omega_g}{\omega} + \left(\frac{F_{1p}}{F_p}\right)^2 (p_1 - F_f p_2) \frac{\omega_L}{\omega} \tag{5-141}$$

当实际压差超过式(5-141)时,两相流被认为是阻塞流,将式(5-141)的压差代入式(5-138)可计算出 C_v，并最终确定阀门口径。

(3) 控制阀的计算精度

由于气液两相流的自然特性，用单一的公式不可能恰当地描述流体的各种可能变化形式，上述计算方法的条件为：假定气体和液体的速度相同，且它们是完全相互混合的。这是个相当普遍的流体形式，所以这种计算方法也能用于许多两相流。但如果流体偏离上述形式，则计算精度会降低。

此外，质量比对口径计算精度的影响，在蒸汽质量比较小时特别明显。例如，当饱和的蒸汽和水的混合物，质量比从1%变化到2%时，会引起73%的比热容变化，这意味着所需的流量系数增加了30%。如果流量质量比从98%变化至99%，混合物的比热容变化1%，如果不确切知道单组分两相流的质量比，可以将整个质量流量假定为蒸汽流量来计算，这在所有情况下对保证阀的流量系数都是合适的。

(4) 控制阀的材质选择

由于气液两相流的特殊性，极大的可能会出现气泡联合状，这对控制阀的损坏是非常大的，最好选择采用合适的几何形状和阀门材料来避免或尽量减小破坏。如阀座表面，尽可能选择硬的材料，通常来说，材料越硬，控制阀所能抵抗这种破坏的时间就越久。

(5) 其他

气液两相流工况下控制阀的选型计算是技术性很强的工作，要想使控制阀选型的结果符合现场的实际需要，必须做许多深入细致的工作。特别强调的一点是：控制阀的设计选型不仅是自动化仪表专业的事，设计选型是否合理也与工艺专业关系极大。因此在设计选型时，要主动积极地取得工艺专业的配合，这样才能有更好的设计。

5.9 噪声

振动频率大约在20～20000Hz之间的波源，其在弹性媒介中因激起纵波而传播到我们的听觉器官时，可引起声的感觉，这就是我们所听到的声音。在这个频率内的振动称为声振动,由声振动激起的纵波就是声波。

频率低于20Hz的机械波称为次声波,高于20000Hz的机械波称为超声波,这两种波耳朵不能听到,只应用于工程技术。

从物理学上讲,噪声是指声强和频率均无规律、杂乱无章的声音,是一种紊乱、断续或统计学上随机的声音振荡。从心理学上讲,噪声是一种具有干扰、破坏作用的声音,是人们讨厌的声音。不管是什么声音,只要它对人们的生活、工作、学习和休息带来妨碍和影响,就可以称为噪声。噪声污染、水污染、大气污染已经成为人类环境的三大公害。

按照波源的不同,噪声可以分为机械噪声、流体噪声和电磁噪声。这三种噪声在控制阀上都会产生。按频谱的性质,噪声又可以分为有调噪声和无调噪声。有调噪声含有明显的基频并伴随着基频的谐波,这种噪声大部分是由旋转的机械产生的。无调噪声是没有明显基频和谐波的噪声,控制阀在排气放空时,或者在发生空化作用时,都会产生这种噪声。

1. 噪声的危害主要体现在如下几个方面

(1) 噪声影响听力

噪声对听力的影响与噪声的强度、频率及受影响时间长短等因素有关。强度越大,频率越高,作用时间越长,危害就越大。轻者是听力减弱,重者则听力丧失导致耳聋,甚至使耳鼓膜破裂。噪声的暂时性作用是使听觉疲劳,使皮质层器官细胞受到暂时性伤害,如果在安静的环境中休息一段时间,是能恢复过来的。如果受到强噪声的影响,例如,在85dB(A)的环境下长期工作,听力就会越来越差,不仅听觉疲劳不能恢复,而且可能会导致永久性的听力丧失——噪声性耳聋。分贝数高于130dB(A)的噪声能把耳膜击穿,应当避免。

(2) 噪声影响工作和思考

在较强的噪声环境中工作,人们会心情烦乱,工作效率低,容易疲劳,反应迟钝;

人与人的交谈会受到影响，听不清对方的要求和意图，容易出现差错。对于体力劳动者，噪声会分散人们的注意力，容易出现安全事故。脑力劳动者的工作要求精神高度集中，而噪声起到了破坏作用。

(3) 噪声对人体的其他伤害

长期的噪声会对人的神经系统产生不同程度的危害，主要表现为头痛、头晕、多梦、乏力、记忆力衰退，有时还会感到恶心和心跳加速。

噪声影响睡眠。如果噪声是连续的，可以加快由深睡到轻睡的回转，减少熟睡的时间。如果噪声很突然，会被惊醒。如果经常受到噪声干扰，就会因睡眠不足而无精打采，甚至造成神经衰弱等病症。

噪声还会影响人的中枢神经系统，导致胃肠机能阻滞，消化不良，胃液酸度降低，食欲不振。

2. 噪声的允许标准

人们不可能完全避免受到噪声的影响，为此，各国都制定了限制噪声的法令。

1967年，国际标准组织（ISO）提出用A声级作为噪声评价的标准。A声级和噪声评价数NR可以换算。对于多数噪声（航空噪声除外），NR比A声级低5dB，这种声压级是在接通声级计的"A"档（校正过的频率特性"A"）测定的，其单位是dB（A）。按dB（A）计量声压级这一规定，能使测量工作的范围大大缩小，而且使测量结果的处理简单化。许多声学工作者的研究证明，用A声级计量噪声与人的听力损失的对应性是良好的。

我国《工业企业噪声卫生标准》规定了允许的噪声标准，见表5-27和表5-28。

表5-27 新建、扩建、改建企业允许噪声标准

每个工作日接触噪声时间/h	允许噪声/dB（A）
8	85
4	88

(续)

每个工作日接触噪声时间/h	允许噪声/dB（A）
2	91
1	94
最高不得超过 115dB（A）	

表 5-28　现有企业暂时允许的噪声标准

每个工作日接触噪声时间/h	允许噪声/dB（A）
8	90
4	93
2	96
1	99
最高不得超过 115dB（A）	

控制阀在自动化系统中广泛被采用，如果选型不妥或者使用不当，会使噪声高达 110dB（A）以上，在许多工作场合，如果不选用低噪声控制阀，或者不采取有效的措施，噪声也常常超过 90dB（A）。因此，使用控制阀时必须严格遵守国家标准。这里所指的噪声标准是指在控制阀安装位置的下游 1m，或距离管道壁 1m 处的分贝数。

5.9.1　控制阀噪声

控制阀产生噪声的类型有三种：机械噪声、液体动力噪声和气体动力噪声。

1. 机械噪声

调节系统中，控制阀产生的机械噪声主要来自阀芯、阀杆和一些可以活动的零件。由于流体压力波动的影响，或者受到流体的冲击，或者由于套筒侧缘和阀体导向装置之间较大的间隙，都会导致零件的振动。例如，阀芯相对于导向面的横向运动，阀芯、阀座之间的碰撞。如果零件之间存在间隙，即使不传递力，振动作用也会产生摩擦和碰击。这些碰撞都是刚性碰撞，产生的声音是明显的金属响声和敲击声。碰撞所激发的噪声是连续声谱，有较宽的频率范围。噪声的幅值大小由碰撞的能量、振动体的质量、刚度、阻尼情况所决定。这种振动频率一般小于1500Hz。

如果振动的频率与结构的固有频率相接近或相同，则会产生共振。共振作用不仅产生很大的机械噪声，频率高达3000~7000Hz，而且会产生很大的破坏应力，导致振动的零部件的疲劳破坏。在固有频率下容易振动的阀门部件有柱塞式阀芯、圆筒形薄壁窗口形阀芯、柔性部件（如球阀的金属密封环）。

在机械噪声中，会产生一种干摩擦声。当相互作用的两个表面（如阀芯与阀座）产生相对运动时，一个表面对另一个表面所产生的阻滞作用就是摩擦作用。由于表面微凸体的互相嵌入和分子的凝聚，引起表面之间的黏附作用，既损耗能量，也使表面磨损，导致零件发热、塑变、振动和噪声。干摩擦产生振动所发出的噪声是高频率噪声，听起来尖锐刺耳，让人难受。如果在两个摩擦表面中有良好的润滑，提高表面光洁度及几何精度，则可以减小干摩擦。

机械部分所引起的噪声，目前还难以预估。但是，这种噪声一旦发生，可以用仪器在现场测定。减小机械噪声的主要方法是改进阀门本身结构，特别是阀芯、阀座结构和导向部分的结构，提高刚度，减小可动构件的质量。

2. 液体动力噪声

液体动力噪声是由于液体流过控制阀的节流孔而产生的。阀门结构多种多样，典型的节流形式如图5-28所示。尽管各种节流口的结构形式不同，但都对液体产生节流作用。当液体通过节流口时，由于节流口面积的急剧变化，流通面积缩小，流速升高，压力下降，因而容易产生阻塞流，产生闪蒸和空化作用，这些情况都是诱发噪声的原因。

当节流口的前后压差不大时，节流口的噪声是极小的，流动的声音不大，因此，不必考虑噪声的问题。如果压差较大，流经控制阀的流体开始出现了闪蒸情况，流动的流体变成了有气泡存在的气、液两相的混合体，两相流体的减速和膨胀作用自然形

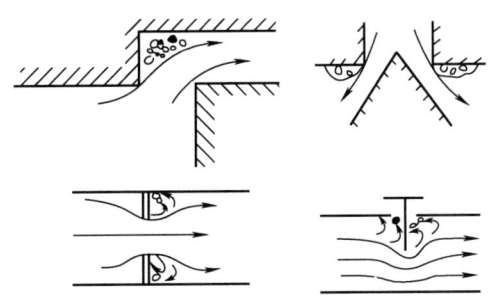

图 5-28　各种节流形式

成了噪声。而且，由于阀口附近截流断面的急剧变化，在高速喷流状态下会引起流动速度的不均匀，从而产生一种旋涡脱离声。

当空化作用产生时，气泡破裂，强大的能量除产生破坏力外，还发出噪声，这种噪声的频率有时高达 10000Hz。气泡越多、越大，噪声越严重。

在选择控制阀时，为了避免产生液体动力噪声，关键在于找到开始产生空化作用时的阀门压差 Δp_c，确保阀门压差小于 Δp_c，为此，引入一个起始空化系数 K_c：

$$K_c = \frac{\Delta p_c}{p_1 - p_v} \tag{5-142}$$

K_c 的数值由实验得到，它也可以根据液体的压力系数 F_L 来确定，图 5-29 给出了 F_L 和 K_c 的关系。

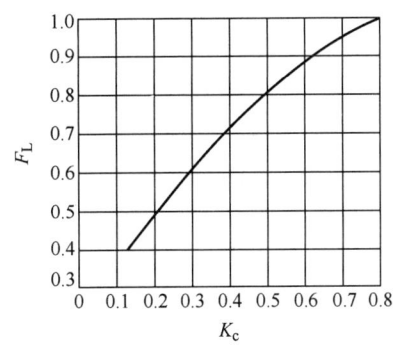

图 5-29　F_L 和 K_c 的关系

3. 气体动力噪声

工业上遇到的控制阀的噪声，大多数是气体动力噪声。气体动力噪声是气体或蒸汽流过节流孔时产生的。气体和蒸汽都是可压缩流体，一般来说，可压缩流体的流速都要高于不可压缩流体的流速。当气体流速比声音速度低时，噪声是因为强烈的扰流产生的；当气体流速大于声速时，流体中产生冲击波，所以噪声剧增。把各种噪声加以比较，可压缩流体流经控制阀产生的噪声是最严重的。

在各种噪声类型中，旋涡脱离声是可压缩流体在流过物体表面时极容易产生的一种噪声。当流体质点流到一个非流线型的圆柱体的前缘时，流体受阻，压力就从自由流动时的压力升高到另一种压力，这是因为流体动能的转换。流体绕过圆柱体，形成附面层后继续流动。当雷诺数 Re 不同时，流体流动的情况是不同的。从图 5-30 可以看出，当 $Re<5$ 时，流体并不脱离圆柱体（见图 5-30a）；当 $5 \leqslant Re<40$ 时，尾流中紧贴圆柱体后面形成一对稳定的旋涡（见图 5-30b）；当 $40 \leqslant Re<150$ 时，对称旋涡破裂，在尾流中出现稳定的、非对称的、排列规则的、旋转方向相反的旋涡列，这些旋涡周期性地脱离圆柱体（见图 5-30c）；当 $Re \geqslant 150$ 时，旋涡列已不再稳定；当 $Re \geqslant 300$ 时，整个尾流区已变成湍流状态（见图 5-30d）。

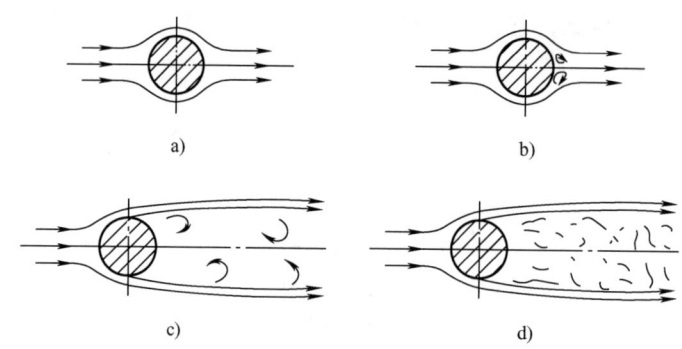

图 5-30 流体绕过圆柱的流动

a) $Re<5$ b) $5 \leqslant Re<40$ c) $40 \leqslant Re<150$ d) $Re \geqslant 300$

不可压缩流体的雷诺数 Re 一般都很大，在这种情况下，附面层不能包围住圆柱体的背面，而是从圆柱体表面的两侧脱开，形成两个在流动中向尾部延伸的剪切层。这两个剪切层形成尾流的边界，因为内层相对于最外层的移动慢得多，于是，这些自由剪切层就有卷成不连续打旋的旋涡的倾向，尾流中形成了旋涡流，旋涡流和圆柱体相互作用，诱发振动。当旋涡交替地从圆柱体两侧脱落时，也就激发了圆柱体周期性的脉动力。这种力使有弹性的圆柱体产生振动并发出风鸣音调。风吹过电线时，就可以听到了风鸣声，这就是旋涡脱离现象。而当旋涡脱离的频率与圆柱体的固有频率接近或相同时，振动加大，共振发生，噪声增大。当 $Re > 3 \times 10^5$ 时，旋涡的脱离是十分凌乱的，而且形成一个很宽的频带。

如果零件是非圆形截面，上述的现象和结论也同样适用。图 5-31 所示为流体流过管道或截流部分时的旋涡形成情况。在一些不规则的空间经常会出现不规则的回流旋涡。这些旋涡使零件受力不平衡，产生振动；此外，在旋涡中心由于压力较低而容易产生气穴，结果都能产生噪声。

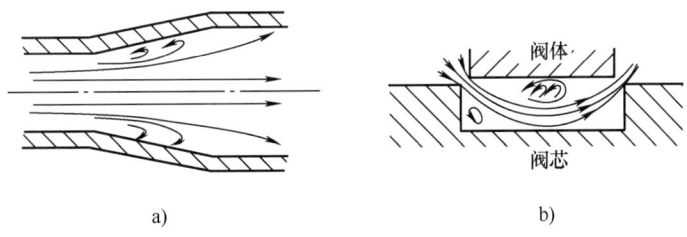

图 5-31 阀门元件中形成的旋涡

总之，可压缩流体流经控制阀时，在节流截面最小处，流速可能达到或超过声音速度，这就形成冲击波、喷射流、旋涡流等凌乱的流体，这种流体在节流孔的下游转换成热能，同时产生气体动力噪声，沿着下游管道传送到各处，严重时会因振动过大而破坏管道系统。

由于喷射流的冲击力与流速的平方成正比，要减低噪声的必要手段之一是限制流体的流动速度。根据相关文献，阀内流体的流速应低于下列数值：液体 6m/s、气体

20m/s、饱和蒸汽 50~80m/s、过热蒸汽 80~120m/s。

5.9.2 控制阀噪声预估

控制阀噪声的预估是一项很重要但比较复杂的问题,许多国家都积极地开展了研究工作。许多公司和工厂都曾在自己的生产实践和研究工作的基础上先后提出了各种理论和计算公式,包括用数值计算法或图表计算法来预估噪声。这些预估噪声的方法有共同点,但也有不同点,再加上所用的符号不同,单位不同,实验数据不同,因此给人一种眼花缭乱的感觉。在美国仪表学会《控制阀手册》中,编者汇集了四位作者的不同观点,让读者自己进行比较,进行选择;最新的 IEC 出版物中也给出了控制阀液体、气体动力噪声预估方法,该方法以流体力学和声学理论为依据;Masonneilan 公司所研究和提供的公式是比较方便的数值计算方法,而且这套公式和方法也是我们前些年各种主要的手册所推荐使用的方法。下面要介绍的就是这种方法。

1. 空气动力噪声

(1) 除水蒸气外的气体

$$\mathrm{SPL} = 10\lg\left(30K_\mathrm{v}F_\mathrm{L}p_1p_2D^2\eta\frac{T}{H^3}\right) + \mathrm{SL_g} \tag{5-143}$$

(2) 水蒸气

$$\mathrm{SPL} = 10\lg\left[6.6\times10^3 K_\mathrm{v}F_\mathrm{L}p_1p_2D^2\eta\frac{(1+0.00126T_\mathrm{sh})^6}{H^3}\right] \tag{5-144}$$

(3) 阀出口流速过高时产生噪声的估算公式

用流体流速的马赫数 M 来判别产生噪声的程度。当 $M<0.33$ 时,噪声小,可以忽略;当 $M>1$ 时,噪声过大,必须把调节阀的口径增大,把流速降低下来;当 $0.33<M<1$ 时,可以按下列公式估算其声压级。

1) 除水蒸气外的气体:

$$M = \frac{6.2 Q_N \sqrt{\rho T}}{p_2 d^2} \tag{5-145}$$

$$\mathrm{SPL}_0 = 10\lg\left(\frac{2.8 p_2^2 d^2 D^2 M^8 T}{10^4 H^3} + \mathrm{SL_g}\right) \tag{5-146}$$

2) 水蒸气：

$$M = \frac{138 W_s (1 + 0.00126 T_{sh})}{p_2 d^2} \tag{5-147}$$

$$\mathrm{SPL}_0 = 10\lg\left[\frac{0.0208 p_2^2 d^2 D^2 M^8 (1 + 0.00126 T_{sh})^6}{10^4 H^3}\right] \tag{5-148}$$

式中 SPL——流体动力噪声的声压级，以阀下游1m并离管道表面1m处计量 [dB (A)]；

SPL_0——阀出口噪声的声压级 [dB (A)]；

ρ——气体的相对密度，空气为1；

T——流体温度 (K)；

T_{sh}——蒸汽过热温度 (℃)；

H——管道壁厚 (mm)；

F_L——液体的压力恢复系数；

D——调节阀下游的管道直径 (mm)；

d——调节阀的出口直径 (mm)；

K_v——特定流量下的流量系数；

η——音响效率，可压缩流体流经调节阀或限流器之后，机械能转换为声能的比例，可查表5-29或图5-32；

Q_N——标准状况下气体的流量 (m³/h)；

W_s——水蒸气的质量流量 (kg/h)；

$\mathrm{SL_g}$——气体特性系数，可查表5-30；

表 5-29 音响效率 η ($p_1/p_2 \leq 1.5$)

p_1/p_2	η				
	$F_L=1$	$F_L=0.9$	$F_L=0.8$	$F_L=0.7$	$F_L=0.6$
1.50	7×10^{-5}	1.4×10^{-5}	2.1×10^{-4}	2.4×10^{-4}	3.8×10^{-4}
1.40	5.2×10^{-5}	9.2×10^{-5}	1.5×10^{-5}	2.2×10^{-4}	3.0×10^{-4}
1.30	2.8×10^{-5}	5.4×10^{-5}	9.2×10^{-5}	1.4×10^{-4}	2.1×10^{-4}
1.25	1.9×10^{-5}	3.8×10^{-5}	6.8×10^{-5}	1.1×10^{-4}	1.6×10^{-4}
1.20	1.2×10^{-5}	2.5×10^{-5}	4.7×10^{-5}	7.8×10^{-5}	1.2×10^{-4}
1.15	6.4×10^{-6}	1.4×10^{-5}	2.9×10^{-5}	5.0×10^{-5}	8.0×10^{-5}
1.10	2.6×10^{-6}	6.6×10^{-6}	1.4×10^{-5}	2.7×10^{-5}	4.6×10^{-5}
1.05	5.4×10^{-7}	1.7×10^{-6}	4.2×10^{-6}	9.1×10^{-6}	1.7×10^{-5}
1.01	1.4×10^{-8}	6.6×10^{-6}	2.4×10^{-7}	7.1×10^{-7}	1.7×10^{-6}

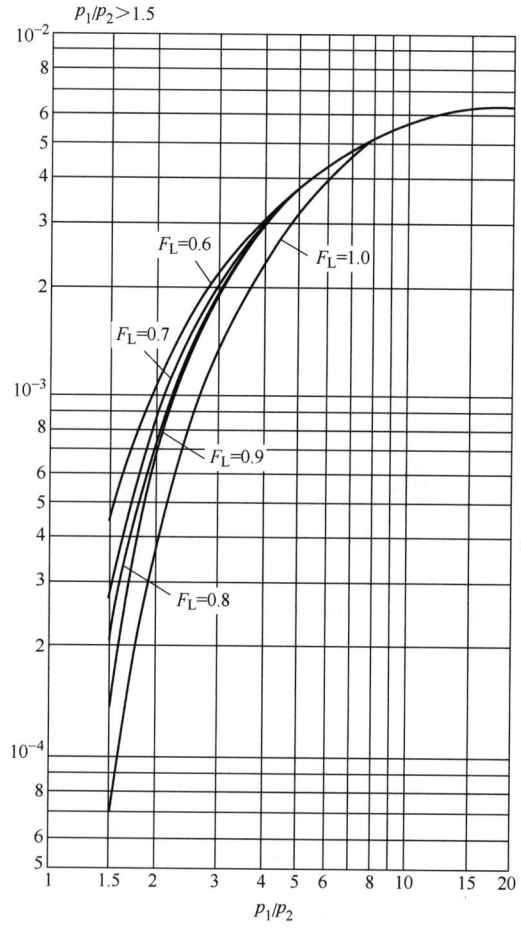

图 5-32 音响效率 η

表 5-30 气体特性系数 SL_g

气体名称	SL_g	气体名称	SL_g
乙炔	-0.5	氢气	-9.0
空气	0	氯化氢	-1.0
氨气	1.5	异丁烷	-6.0
氩气	1.0	甲烷	2.0
丁烷	-6.0	天然气	0.5
二氧化碳	-3.0	氮气	0
一氧化碳	0	氧气	-0.5
氯气	-2.5	戊烷	-7.5
乙烷	-2.0	丙烷	-4.5
乙烯	-1.5	丙烯	-4.5
氦气	-9.0	二氧化硫	-5.0

2. 液体动力噪声

(1) 液体流动噪声（当 $\Delta p \leqslant \Delta p_c$）

$$\text{SPL} = 10\lg(1.17K_v) + 20\lg(0.01\Delta p) - 30\lg H + 70 \tag{5-149}$$

(2) 初始空化噪声（当 $\Delta p_c < \Delta p < \Delta p_t$）

$$\text{SPL} = 10\lg(1.17K_v) + 20\lg(0.01\Delta p) + 5\left(\frac{\Delta p}{p_1 - p_v} - \frac{K_c}{F_L^2 - K_c}\right) +$$

$$\lg[0.145(p_2 - p_1)] - 30\lg H + 70 \tag{5-150}$$

(3) 完全空化噪声（当 $\Delta p > \Delta p_t$，且 $p_2 > p_v$）

$$\text{SPL} = 10\lg(1.17K_v) + 20\lg(0.01\Delta p) + 5\left(\frac{\Delta p}{p_1 - p_v} - \frac{K_c}{F_L^2 - K_c}\right) +$$

$$\lg[0.145(p_2 - p_v)] - 30\lg H - 5\lg[0.01(\Delta p - \Delta p_c)] + 64 \tag{5-151}$$

式中 p_v——液体饱和蒸汽压（kPa）；

Δp_c——开始空化时阀门压差（kPa）；

Δp_t——完全空化时阀门压差（kPa）。

5.9.3 控制阀的噪声控制

控制阀的噪声可以用声源处理法或声路处理法来进行控制。可单独使用一种方法，也可以同时采用两种方法。当然，同时采用两种方法的效果最好，但相对的费用也更高，必须结合具体情况来选用适当的方法。声源处理法就是设法防止或降低声源，即控制阀节流孔的声功率，可通过改进结构、采用各种低噪声阀实现。所谓声路处理法，就是把从声源到收听点的传播声路的噪声级降下来。

1. 声源处理法

流体流过控制阀所产生的噪声级和很多参数有关。从噪声预估计算公式中可以了解各种参数对噪声大小的影响，其中压差和速度的影响最大。速度越高，噪声越大；压差越大，噪声越大；当然，流量系数、直径、壁厚、温度等因素都会产生影响。许多低噪声控制阀就是抓住压差和速度这两个关键，设计了新颖的低噪声阀芯，在产生声音的节流处把速度和压差降下来，可采用如下的原理和方法。

（1）节流件有适当隔开的、细小的迂回通路

图 5-33 所示为利用这种方法的四种结构。图 5-33a 表示一种类似迷宫小道的迂回通路，它的直径小于 1mm，这种流路由于流体和边界层的湍流剪应力作用，形成黏性应力，使总压差的百分比最大。图 5-33b 采用套在一起的多层节流件，对每个节流件的 $\Delta p/p_1$ 比值加以限制，以达到最佳的操作，由于多层节流孔的分段降压达到所设计的总压差水平，使噪声明显下降。图 5-33c 利用许多狭窄的平行孔缝，这种设计使湍流强度最小，在膨胀区的速度分布理想，设计简单，能降低 15～20dB 的噪声，总的流通能力也不会降低或者降低很少。图 5-33d 表示在套筒上钻出很多小孔，这种方法加工方便，效果好，在多孔设计的低噪声阀芯中，所有的小孔位置都经过仔细的计算，适当地隔开和排列，声波在进入小孔之前就相互撞击，消耗能量。

根据上述四种结构原理，已经演变或派生出多种多样的阀芯结构，各个厂家的结

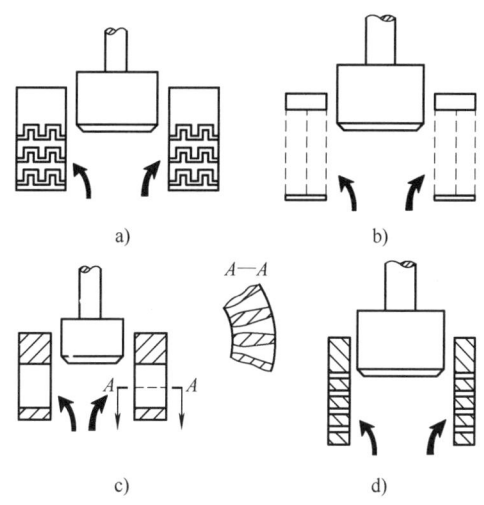

图 5-33 阀内件降低噪声的结构原理

构可能不同,但结果都是一样的,即把阀内件的流路分成多股的细流。套筒式的阀内件最容易组合上面的结构特点。套筒式阀内件可以用圆盘加工出一些弯曲的槽沟,把这些圆盘叠在一起,流体通过这些圆盘的流道时,必须通过许多直角转弯的流路(见图 5-34),消耗能量,分段降压,从而使压力降得最多。

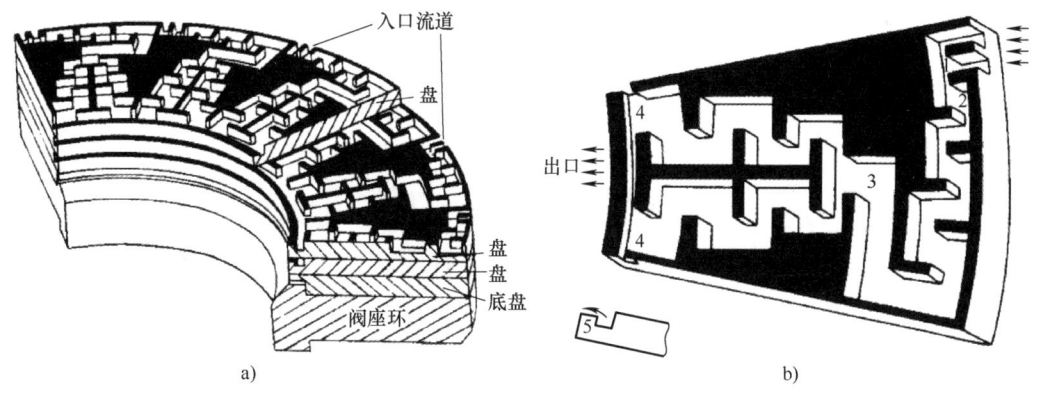

图 5-34 盘式流道结构

直行程的低噪声控制阀结构如图 5-35~图 5-38 所示,这些控制阀的结构就是根据上述结构原理设计的。

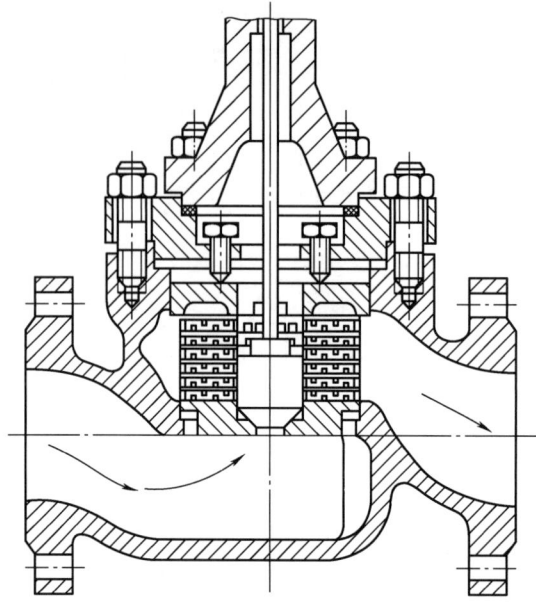

图 5-35 单座式低噪声

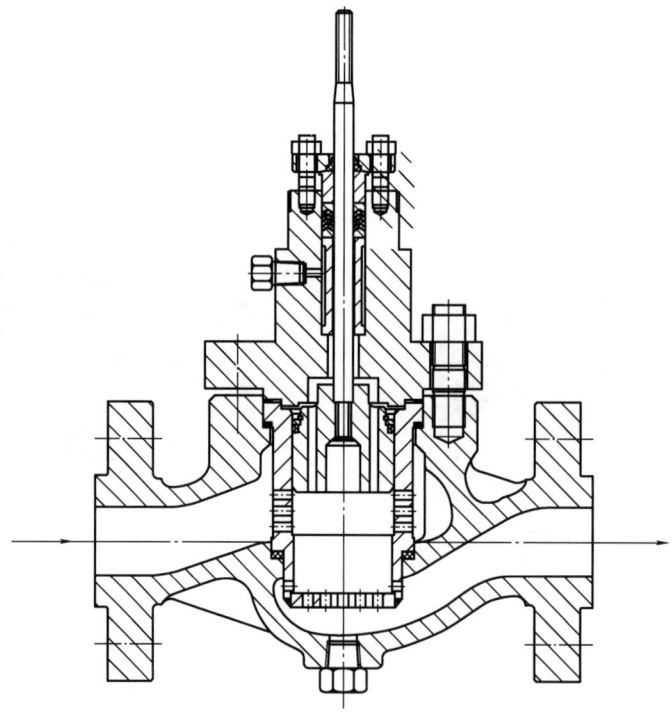

图 5-36 多孔套筒式低噪声

第5章 控制阀选型与计算

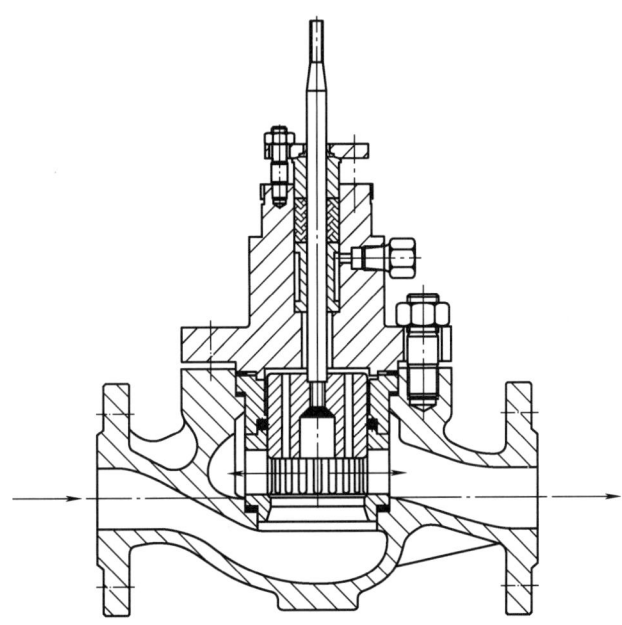

图 5-37 单级多声路低噪声

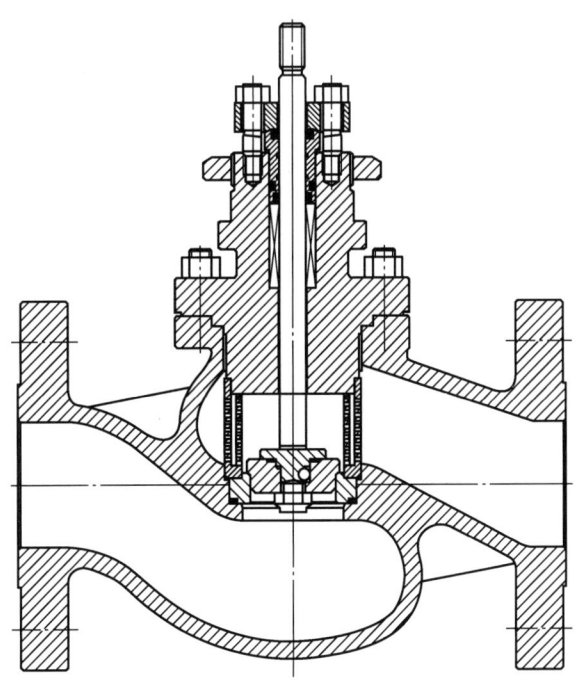

图 5-38 多级多声路低噪声

仔细观察这些结构可知，为了降低噪声，都把流路细分成很多分路，每个分路的截面都十分细小，如果流体中含有颗粒或纤维物质，就极容易堵塞，大多数低噪声阀门都有被堵塞的危险。因此，安装前一定要把管路清理干净；阀门的上游要装有过滤装置，因为可以及时对它进行清理。如果杂质积存在阀芯和套筒之间，造成堵塞和黏结，阀内件的流通能力就会降低。

如果堵塞问题明显，就要选用流路大一些的阀，如图 5-37 和图 5-39 的流路就相对大一些，但其减噪声的性能不如小孔结构好。

（2）利用摩擦原理，用阶梯式阀芯逐级降压，减小流速，降低噪声

这一类控制阀多数设计了多级阶梯的阀芯结构，由于路径弯曲，流体的流动并不顺畅，从图 5-39 可以看出，流体要流过特殊的阀芯和阀座，从入口到出口，流通面积扩大，使气体密度变化，压力降低，减缓了节流速度。该控制阀既有防空化的作用，也有防噪声的作用。所以，该控制特别适用于液体易于产生空化的场合。

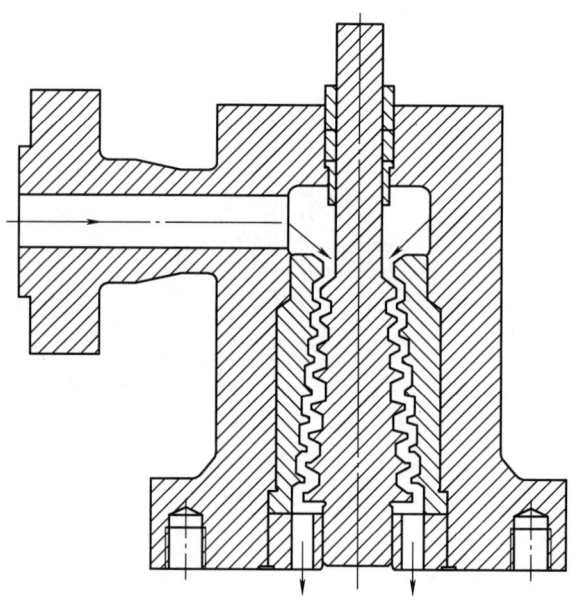

图 5-39　多级阶梯阀芯

第5章 控制阀选型与计算

对于角行程调节阀的旋转式结构,降噪声的性能没有直行程控制阀显著,其降低噪声的能力只局限在 10dB (A) 之内。由于轴承表面及导向装置的影响,这种类型的控制阀更易受振动的影响。图 5-40 表示开槽式的蝶阀阀板结构。图 5-41 表示低噪声整球球阀。

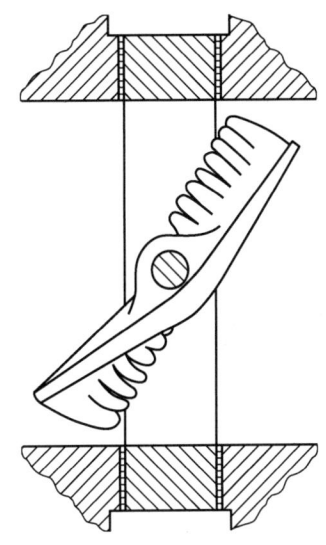

图 5-40 开槽式的蝶阀阀板结构

(3) 控制噪声源的要点

1) 分析噪声源控制阀的三种噪声中,气体动力噪声最为严重,也最难控制。气体动力噪声按声源特性分类,又可分为单极声源、偶(双)极声源和四极声源三类,其声源特性不一样。

单极声源是由于不稳定的流动产生的。其辐射声功率与有关参数间的关系为

$$W \propto \rho L^2 = \frac{u^4}{c} = \rho L^2 u^3 M \tag{5-152}$$

式中 W——辐射声功率(W);

c——气体的声速(m/s);

L——相关长度(m);

ρ——气体密度（kg/m³）；

u——流体速度（m/s）；

M——马赫数，$M = u/c$，无量纲。

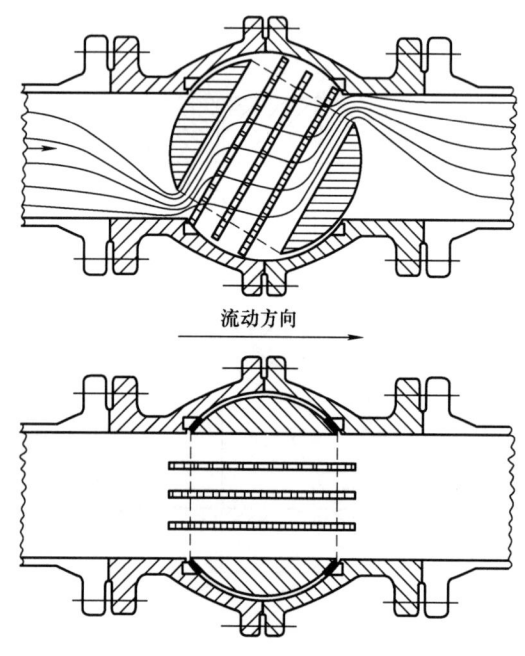

图 5-41 低噪声整球球阀

偶极声源是气流与物体相互作用而产生的。其辐射声功率与有关参数间的关系为

$$W \propto \rho L^2 \frac{u^6}{c^3} = \rho L^2 u^3 M^3 \tag{5-153}$$

四极声源是极高速度的气体喷射时产生的，其辐射声功率与有关参数的关系为

$$W \propto \rho L^2 \frac{u^9}{c^6} = \rho L^2 u^3 M^6 \tag{5-154}$$

这三种声源声功率计算公式的主要区别在于马赫数（M）的幂次不同，也不是成比例的关系。控制阀达到临界流量时所产生的噪声，主要来自偶极和四极声源，这样的声源流速高，M 值大，声功率大，所以噪声最强烈，也是控制的关键。

第5章 控制阀选型与计算

2）改善流场运动。流体所充满的空间称为流场。流场的性质可以用压力 p、流速 v、密度 ρ 等流场参数来描述。高速气流流经控制阀的流场时，情况很复杂。流场参数是随时间、空间位置而变化的，所以阀内流场是一个不恒定、不均匀的流场，要进行精确分析很困难。

对于气体动力噪声，可以用实验方法、光学法来研究并观察它的流动情况，再用宏观的流体力学理论分析它的流场和噪声的关系，并加以改善。

在流速相当的情况下，阀内流场的分布是和阀门结构相关的。流场分布随流路形状的变化而变化。单座阀、双座阀、套筒阀、低噪声阀等都有不同的结构，因此流路也不同，尽管其他的试验条件都一样，但流场分布图的差异却较大。

图5-42表示单座阀和套筒阀阀内的流体流动情况，图5-43表示各种套筒的流体流动情况。

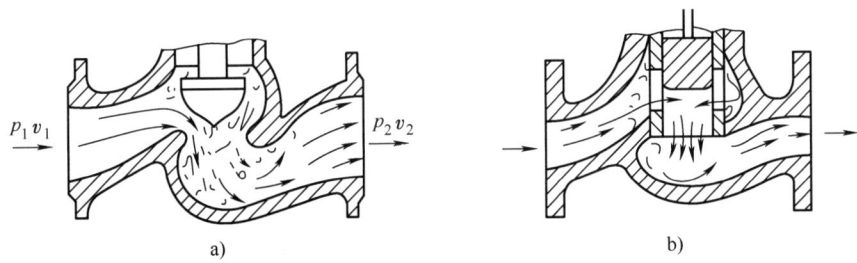

图 5-42　单座阀和套筒阀的流动情况

a）单座阀　b）套筒阀

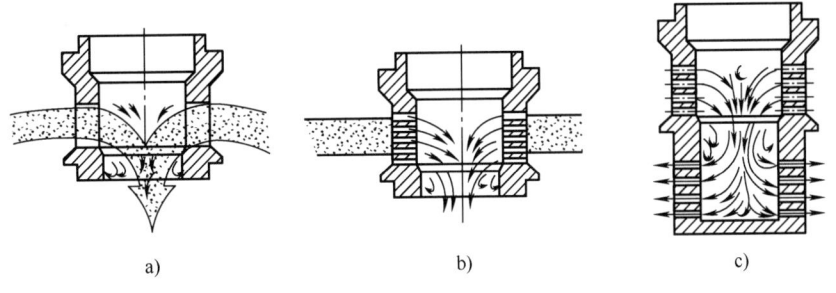

图 5-43　各种套筒的流体流动情况

a）普通套筒阀套筒　b）小孔套筒　c）小孔并加长的套筒

在图 5-42a 中，高速气流流经单座阀时，气流从阀芯、阀座四周流向阀后，在节流孔的附近会产生多种不稳定气流，如喷射流、附着流、附面层分离流、旋涡流、激波等，这些不稳定气流是产生强噪声的根源。在图 5-42b 中，高速气流流经套筒阀时，流体从套筒壁四周的窗口流入套筒中心，然后汇集流向阀后，在套筒间产生旋涡流、二次流等复杂气流，流场显然不同于单座阀。套筒阀是通过套筒上几个均匀分布的窗口来节流的。阀前气流首先分成几股从窗口涌进套筒，然后再合成一股，流向阀后（见图 5-43a），这种流动在套筒中心极容易产生大的旋涡流。由于突然的收缩和扩大，使流场极不均匀，极容易产生强大的噪声。

改善流场就能够降低噪声。图 5-43b、c 就是低噪声阀中所用的套筒。图 5-43b 表示一种小孔型套筒，由于套筒四周有许多小孔，流道分散，摩擦阻力增加，流场分布均匀，因此不会产生大的旋涡流，降低了噪声；各股细流从套筒壁四周小孔流入套筒之后，再汇集流向阀后。为了使流场更均匀，可把套筒加长，在套筒下部再延伸一节，而且在下部也均匀分布许多小孔（见图 5-43c），这样流出套筒的流体就更有层次地流向阀后管道。

3）分析噪声特性。噪声特性包括频谱特性和噪声与开度的关系特性。所谓频谱特性是指气体动力噪声频率（Hz）和噪声声压级 [dB（A）] 之间的关系。这些关系没有通用的公式计算，只能用试验方法取得。

频谱特性与阀门类型、阀门尺寸、气体速度等因素有关，所以，频谱特性都必须以一些不变条件为前提才能作出来。例如，图 5-44a 是用我国生产的 DN50 不同类型调节阀进行测试所得到的噪声频谱，如果用同一类型的阀门，但是规格不同，得到的噪声频谱也不相同，如图 5-44b 所示。

控制阀的气体动力噪声频率范围一般为 1000~8000Hz，由于频率较高，所以噪声是尖锐刺耳的。

有了频谱特性，就能准确地知道某种调节阀在某一噪声频率时的噪声级，判断它是否可以使用，这是选用低噪声阀的依据。

第5章 控制阀选型与计算

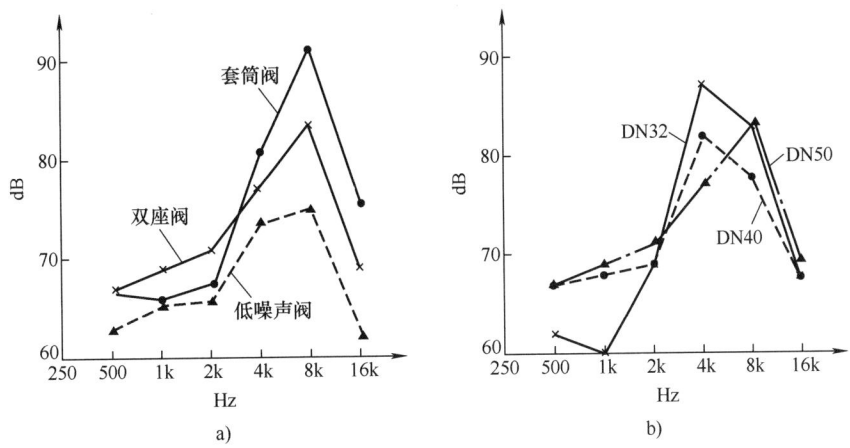

图 5-44　控制阀的空气动力噪声频谱

a) DN50 不同类型控制阀噪声频谱　b) 不同规格双座阀噪声频谱

在了解频谱特性之后，还要分析噪声与阀门开度的关系。不同控制阀在开度变化时，噪声变化的规律并不相同，噪声峰值发生的开度位置也不相同，如图 5-45 所示。

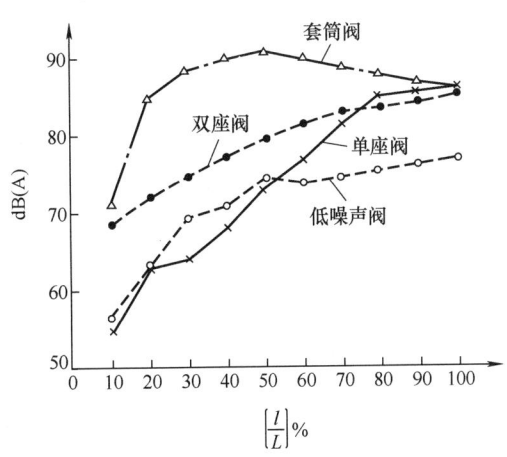

图 5-45　不同控制阀噪声随开度变化规律

从图中可见，单座阀、双座阀、低噪声阀的噪声值都随开度的增大而增大，噪声的峰值发生在全开位置，但曲线形状不相同。套筒阀与其他三种阀不同，它的噪声峰值发生在50%的开度位置，从使用角度讲，这是不理想的，因为控制阀的正常开度一般希望在中间位置，噪声最大值出现在100%开度是较理想的。

2. 声路处理法

在声路处理中，要考虑的因素有距离、传送损失、消耗和速度。距离声源的路程越远，噪声越小。一般可以认为声压级的减小与距离呈线性关系。声路的传送损失越大，噪声越弱。声音在碰到管壁、隔音材料、障碍物之后，有了声能损失，这种损失会削减部分噪声。所谓消耗，就是人为地利用一些消声器、扩散器之类的器件来减弱冲击波并消耗声能。降低流速会明显地降低噪声，流速越低，噪声越弱。因此，在声路中的流速要加以限制，阀体出口直径的流速要限制在 0.3 马赫数（M）左右，在一些出口速度高的声路中必须采用扩散式消声器。

声音传播的速度和效能取决于传播声音的介质特性和声路的阻抗力。也就是说，只要把声路的阻力增大，就可以减少传送到接收者的声音能量。基于这一原理，声路的处理可以采用多种方法，如外部处理或隔离，用低分贝板和消声器，用吸声的绝缘材料。

(1) 外部处理或隔离

外部处理或隔离包括管壁加厚、流体外部固体边界层的隔离、隔音箱，也可以用房子和建筑物把噪声源隔开。

只要增加管壁的厚度，就能降低噪声。例如，将控制阀下游的管道加厚，管壁号由 40 改为 80，能降低大约 4~8dB（A）噪声。声路中的噪声一旦产生，就不会因在管道中传送距离的远近而变弱，也就是说，下游的管道必须有同样的加厚量，才能降低这种噪声，如果管道厚度恢复原来的厚度，则噪声也恢复到原来的水平。

(2) 用低分贝板和消声器

低分贝板（见图 5-46）也就是低噪声板，它具有许多特殊的孔，能够起到减压和消音的作用。图 5-47 是这种低噪声板的安装图，其安装紧凑，而且安装费用低。在适当的场合下应用低分贝板，可以得到良好的消声效果，衰减的噪声达到 10dB（A）。这些低噪声板可以和放空以及节流的控制阀一起使用。

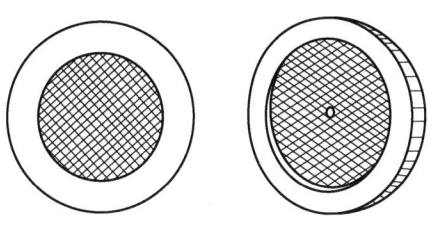

图 5-46　低噪声板

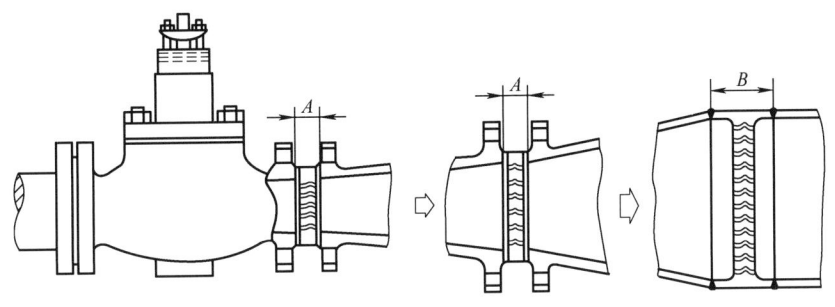

图 5-47　低噪声板的安装

图 5-48 所示为一个安装在出口的消声器，它起到扩散、减速、降压的作用，因此能有效地把噪声降下来。

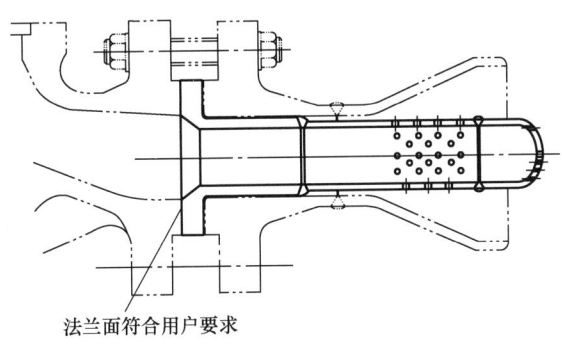

法兰面符合用户要求

图 5-48　出口消声器

(3) 利用吸声的绝缘材料

在管道上使用吸声绝缘材料，可把噪声降低 14dB（A）左右。绝缘厚度与噪声减少量的关系如图 5-49 所示。用吸声材料来抑制声能是一种很有效的声路处理方法。只要可能，必须把吸声材料装在噪声源或靠近噪声源下游的管道上。

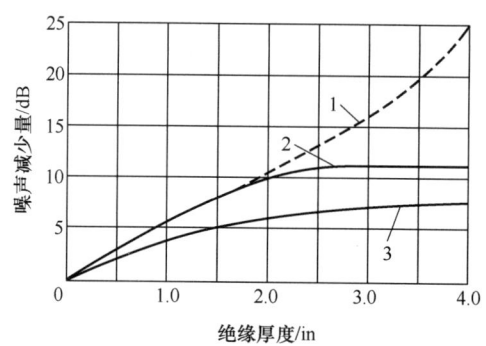

图 5-49　绝缘管道系统的噪声减少量（1in = 25.4mm）

但是，吸声绝缘材料的使用也受到一些限制。第一，必须对整个阀后系统都进行绝缘；第二，要特别注意吸声材料的"失效"，一旦失效，就失去吸声绝缘的作用；第三，管道系统常用的绝热装置也受到吸声效果的约束，一般适用的吸声材料却不适用于高温。

图 5-49 中 1 为矿棉或玻璃纤维；2 由于上阀盖和顶部"漏声"，管道绝缘系统实际噪声减弱最大极限；3 为硅酸钙。

温度升高会把黏结剂烧坏，会完全改变它的吸声特性和防热特性。此外，上阀盖和顶部构件也会漏声。因此，用吸声绝缘材料最多只能减少 11~14dB（A）的噪声量。

第6章 控制阀的设计

6.1 控制阀常用设计计算

6.1.1 阀体壁厚设计计算

阀门属于压力管道元件,阀体和阀盖会承受管道内的介质压力,因此,阀门设计时必须满足相关的标准要求,然后用强度理论壁厚的计算公式进行校验。

阀体壁厚的计算方法与它的形状有关,不同类型的阀体,形状亦有所不同。一个阀体往往由几种形状组成,即使是同一形状,尺寸也不一样,如低压闸阀的阀体,通道两端是圆形的;而中腔却是椭圆形的;中压和高压控制阀的阀体,虽然通道两端与中腔都是圆形,但圆的内径又不一样。通常,一个阀体壁厚的计算要根据它的形状和尺寸,一部分一部分地单独进行,但实际应用上不会需要这样计算,因为分开计算比较复杂,并且在一个阀体中,通常不会取几个不同的壁厚。另外需要注意的是,阀体壁厚的计算除了考虑强度之外,还要考虑刚度,否则可能会出现因受力变形而被破坏的现象。

薄壁圆筒形及腰鼓形阀体、球形壳体类型的阀体结构如图6-1所示。对于这类圆筒形阀体,通常都是按薄壁或厚壁容器来计算的,当外径与内径之比小于1.2时,按薄壁计算,大于1.2时按厚壁计算。实际上,对于低压和中压阀门,一般采用薄壁公式计算,而钢制高压阀门则采用厚壁公式进行计算。

1. 薄壁阀体的壁厚计算

(1) 脆性材料阀体

对于用灰铸铁及球墨铸铁制造的闸阀,首先在 GB/T 12232—2005《通用阀门法兰

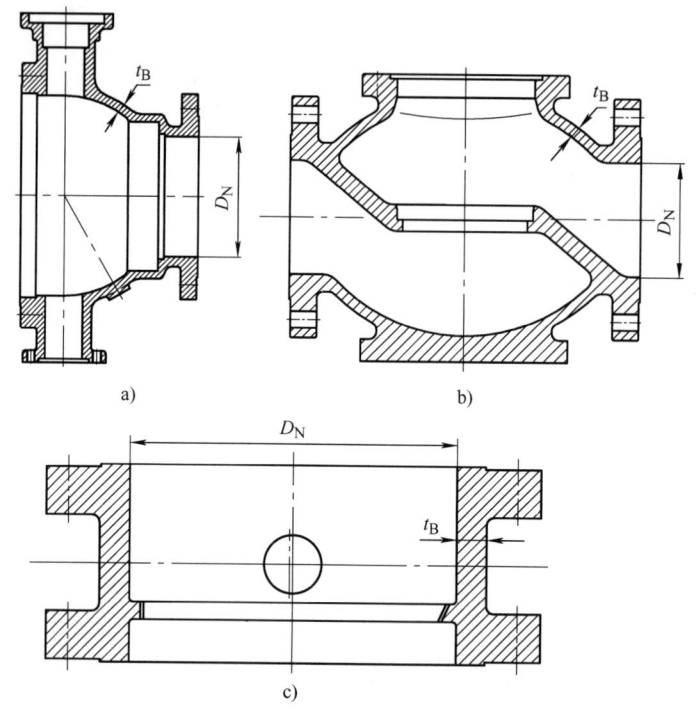

图 6-1 典型阀体结构

a）两体式球阀阀体（球形壳体） b）调节阀阀体（腰鼓形） c）蝶阀阀体（薄壁圆筒形）

连接铁制闸阀》标准中查出最小壁厚，然后按第一强度理论壁厚计算公式进行验算；对于用灰铸铁、可锻铸铁、球墨铸铁制造的螺纹连接和法兰连接的截止阀、节流阀、柱塞阀和升降式止回阀，首先在 GB/T 12233—2006《通用阀门铁制截止阀与升降式止回阀》标准中查出最小壁厚，然后按第一强度理论壁厚计算公式进行验算。

第一强度理论脆性材料壁厚计算公式为

$$t_B = \frac{pD_N}{2[\sigma_L] - p} \tag{6-1}$$

式中 D_N——阀体中腔最大内径（根据结构需要选定）（mm）；

p——设计压力，一般取公称压力（MPa）；

t_B——考虑附加裕量后阀体的壁厚（mm）；

$[\sigma_L]$——材料的许用拉应力（MPa）；

第6章 控制阀的设计

C——考虑铸造偏差、工艺性和介质腐蚀等因素而附加的裕量（mm），可参考表 6-1 选取。

表 6-1 附加裕量 C （单位：mm）

t_B	C	t_B	C
≤5	5	21~30	2
6~10	4	>30	1
11~20	3		

（2）塑性材料阀体

1) 国标钢制阀门按 GB/T 12224—2015《钢制阀门一般要求》中给出的公式计算，然后查该标准中的表 3 确定最小壁厚，再用第四强度理论壁厚计算公式校验。

壁厚计算公式为

$$t = \frac{1.5 p_c D}{2S - 1.2 p_c} \tag{6-2}$$

式中　t——计算壳体壁厚（mm）；

　　D——流道的最小直径（mm）；

　　S——基本应力系数，对于 Class 系列阀门，$S = 7000$；

　　p_c——压力等级额定指数。

注：此公式不适用于 $p_c > 4500\text{psi}$ 的场合。

2) 美标钢制阀门按 ASME B16.34—2020《法兰、螺纹和焊连接的阀门》中给出的公式计算，然后查该标准中的表 3 确定最小壁厚，再用第四强度理论壁厚计算公式校验。

壁厚（in）计算公式：

$$t_B = 1.5[6KPND/(290S - 7.2KPN)] + C_1 \tag{6-3}$$

式中　t_B——考虑内压的最小壁厚（mm）；

　　PN——公称压力；

　　D——管路的最小内径（mm）；管路的最小内径应为公称尺寸 DN 的 90%；

　　C_1——附加裕量（mm）；见表 6-3；

K——系数，见表6-2；

S——应力系数，取48.3MPa。

注：本计算公式不适用于 $p_c > 4500$ psi 的场合。

表6-2 K 系数表

公称压力 PN	16	20	25	40	50	63	100、110	150、160	250、260	420
K	1.25	1.25	1.0	1.0	1.0	0.91	0.91	1.0	0.97	1.0

表6-3 附加裕量 C_1 （单位：mm）

公称通径	公称压力 P/V									
	16	20	25	40	50	63	100、110	150、160	250、260	420
50	4.85	4.79	4.89	4.69	4.65	4.40	3.01	3.07	2.48	3.05
65	4.66	4.54	4.64	4.49	4.26	4.53	2.70	3.01	2.51	1.94
80	4.56	4.30	4.80	4.60	4.46	4.86	2.68	3.14	2.05	1.73
100	4.90	4.77	4.97	4.67	4.60	5.30	2.92	2.95	2.66	3.21
125	4.98	5.07	5.37	4.82	4.48	4.45	2.73	3.84	2.85	3.39
150	4.85	4.66	5.06	4.86	4.75	4.70	2.53	4.22	3.04	3.46
200	5.10	4.64	5.24	4.85	4.60	4.60	2.45	4.20	3.51	3.72
250	4.85	4.53	5.23	4.74	4.45	4.71	2.66	4.48	3.19	3.97
300	5.20	4.82	5.62	4.82	4.30	4.81	3.07	5.15	3.37	4.13
350	5.35	5.00	6.00	4.51	4.95	5.31	2.48	5.63	3.75	4.08
400	5.30	4.89	5.99	5.30	4.80	7.41	2.89	6.20	3.93	4.34
450	5.35	4.87	6.17	5.49	4.95	5.61	2.80	6.18	3.91	5.09
500	5.40	4.86	6.26	5.37	4.80	5.71	3.21	6.56	4.09	5.35
600	5.60	4.93	6.63	5.55	4.80	5.91	3.04	8.00	4.44	5.75
700	5.71	4.90	6.80	5.62	4.80	6.32	3.36	8.95	4.50	6.46
750	5.56	4.79	6.89	5.81	4.96	6.52	3.27	9.13	4.68	6.72
800	5.81	4.98	7.18	5.80	4.81	6.52	3.48	9.70	4.86	6.97
900	5.91	4.95	6.45	6.07	5.11	7.02	3.51	10.66	5.22	7.38

3）美标钢制阀门圆筒形壳体，可按美国机械工程师学会ASME《锅炉及压力容器规范》第Ⅲ卷关于壁厚的计算公式，再用第四强度理论壁厚计算公式校验。

$$t_B = \frac{pR}{S - 0.5p} \tag{6-4}$$

式中 t_B——壳体所需的最小厚度（in）；

p——设计压力，加上由介质静压头所产生的压力（psi）；

R——壳体的内半径（in）；

S——由 ASME 锅炉及压力容器规范第Ⅱ卷 D 篇 1 分篇设计应力强度值表上查得的薄膜应力强度极限，乘以表 AD-150.1 中的应力强度系数（psi）。

4）美标钢制阀门球形壳体，可按 ASME《锅炉及压力容器规范》第Ⅳ卷第二册关于壁厚的计算公式计算，再用第四强度理论壁厚计算公式校验。

$$t_B = \frac{0.5pR}{S - 0.25p} \tag{6-5}$$

5）美标钢制阀门锥形壳体，可按 ASME 锅炉及压力容器规范第Ⅷ卷第二册关于壁厚的计算公式计算，再用第四强度理论壁厚计算公式校验。

$$t_B = \frac{pR_L}{S - 0.5p} \tag{6-6}$$

式中 R_L——锥形壳体大端处的圆筒内半径（in）。

6）第四强度理论壁厚计算公式：

$$t_B = \frac{pD_N}{2.3[\sigma_L] - p} + C \tag{6-7}$$

式中 t_B——考虑附加裕量后的阀体壁厚（mm）；

D_N——阀体中腔最大内径（根据结构需要选定）（mm）；

p——设计压力，一般取公称压力（MPa）；

$[\sigma_L]$——材料的许用拉应力（MPa）；

C——考虑铸造偏差、工艺性和介质腐蚀等因素而附加的裕量（mm），可参考表 6-1 选取。

7）球形阀体第四强度理论计算公式：

$$t_B = \frac{pD_N}{2[\sigma_L]} + C \tag{6-8}$$

式中　R——球形体的内半径（按结构选定）（mm）；

　　　p——设计压力，一般取公称压力（MPa）；

　　$[\sigma_L]$——材料许用应力（MPa）；

　　　C——附加裕量（mm）。

8）由两个圆弧半径组成的球形阀体，如图6-2所示，第四强度理论计算公式：

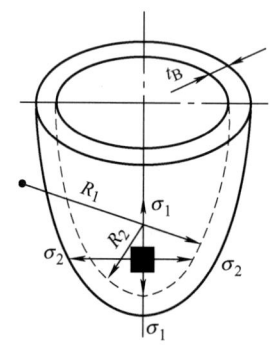

图6-2　两个圆弧半径组成的球形阀体

$$\sigma_1 = \frac{pR_2}{2(t_B - C)} \tag{6-9}$$

$$\sigma_2 = \frac{pR_2}{2(t_B - C)}\left(2 - \frac{R_2}{R_1}\right) \tag{6-10}$$

式中　p——设计压力，取公称压力（MPa）；

　　R_2——小圆弧内半径（mm）；

　　R_1——大圆弧内半径（mm）；

　　t_B——考虑了附加裕量的壁厚（mm）；

　　C——附加裕量（mm）；

　　σ_1——轴向合应力；

　　σ_2——径向合应力。

显然$\sigma_2 > \sigma_1$，而均应小于材料的许用拉应力$[\sigma_L]$。

第6章 控制阀的设计

2. 厚壁阀体的壁厚计算

1) 对于国标钢制高压阀门的阀体壁厚，可按式(6-11) 计算，按第四强度理论计算公式校验。

$$t_B = \frac{D_N}{2}(K_0 - 1) + C \tag{6-11}$$

式中 D_N——阀体中腔最大内径（根据结构需要选定）（mm）；

C——附加裕量（mm）；

K_0——阀体外径与内径的比，按下式计算：

$$K_0 = \sqrt{\frac{[\sigma]}{[\sigma] - \sqrt{3}p}} \tag{6-12}$$

式中 $[\sigma]$——材料的许用应力（MPa），取$\frac{\sigma_b}{n_b}$与$\frac{\sigma_s}{n_s}$两者中较小值；

σ_b，σ_s——常温下材料的强度极限和屈服极限（MPa）；

n_b，n_s——以 C 为强度指标的安全系数和以σ_s为强度指标的安全系数，取$n_b = 4.25$，$n_s = 2.3$。

2) 对于厚壁球形阀体，按第四强度理论计算公式校验：

$$t_B = \frac{2pr}{400[\sigma_L] - p} \tag{6-13}$$

式中 p——设计压力，取公称压力（MPa）；

r——球形体的内半径（mm）；

$[\sigma_L]$——材料的许用拉应力（MPa）。

6.1.2 中法兰的设计计算

阀体与阀盖的连接方式和特点可归纳为五类，见表6-4。这里重点介绍法兰连接的设计计算。

表 6-4 阀体与阀盖的连接方式和特点

连接方式	简 图	特 点	应用范围
螺纹连接		螺纹连接可分为内螺纹和外螺纹连接两种。其结构简单、紧凑,但螺纹易锈蚀,且锈蚀后拆卸很困难	用于低压,较小口径阀门
法兰连接		法兰通常是与壳体制成一体的。虽然法兰连接结构尺寸较大,但拆卸方便,密封可靠	用于各种压力、各种大小口径的阀门
夹箍连接		夹箍连接是一种不带法兰的连接。夹箍连接用的螺栓仅有两个,因此装卸方便,可以实现快速装卸,而且比法兰连接结构紧凑。但其结构较复杂,加工困难,因此这种形式很少采用	用于中、高压,中、大口径的阀门
焊接连接		焊接连接是一种不可拆卸的连接。连接密封可靠,但阀门内件损坏,导致内漏,无法拆卸进行维修	适用于对密封性要求严格,而不需经常拆卸的场合
自紧式密封结构的连接		自紧式密封结构的连接利用介质自身的压力来达到密封的目的,因此介质压力越高,密封效果越好	适用于高温,高压的阀门

阀体中法兰设计计算时,必须同时综合考虑如下问题:

1) 法兰的强度和刚度,直接影响着法兰连接的安全性和密封性。因此,法兰尺寸必须足以承受由于介质压力和其他载荷所引起的应力。

第6章 控制阀的设计

2）螺栓应力的确定及密封垫片比压值的选取。为保持垫片密封，必须拧紧螺栓，进而引起法兰中的应力。

3）由于调节阀使用过程中温度变化、振动、水击，以及由于管路传递载荷而引起的法兰中的应力。

4）材料的高温力学性能。

总之，在中法兰设计计算时，应将法兰、螺栓、垫片与管件视为一个整体——受压元件，同时加以统筹考虑。

中法兰设计的主要内容包括：

1）确定法兰型式和密封面型式。

2）选择垫片（材料、型式和尺寸）。

3）确定螺栓直径、数量和材料。

4）确定法兰颈部尺寸、法兰厚度尺寸等。

确定阀体中法兰尺寸的方法与阀体壁厚的确定方法相似，主要有标准法兰参照法（简称"参照法"）和计算法。

由于法兰计算的复杂性，对于一般的设计者来说，要想仅仅通过计算而迅速完成上述内容是十分困难的。同时，因为建立了 GB/T 9112～9124 钢制管法兰系列标准，所以中法兰设计采用标准法兰参照法是简便而可靠的。

1. 标准法兰参照法

在阀体结构设计过程中，根据调节阀的公称尺寸、介质流道设置，以及启闭件、导向件尺寸等，通过设计制图可以初步确定阀体中腔内径尺寸和中法兰密封面型式；然后根据中腔内径尺寸，参照对应的阀门公称压力和中法兰密封面型式相同的国家标准法兰系列，将公称尺寸与阀体中腔内径尺寸相等（或相近）的标准法兰尺寸作为阀体中法兰的设计尺寸。

由此可见，"参照法"实际上是建立在"等效采用"国家标准法兰基础上的。我国 GB/T 9112~9124 钢制管法兰系列标准为管道用法兰，而阀体中法兰属"容器法兰"，两者不完全相同，故称为"参照法"。只有两者在法兰结构与法兰密封面型式相同的情况下，才能参照采用。

钢制管法兰的尺寸标准是参照国际标准 ISO/DIS 7005-1 制定的。国际标准是由美国（美洲体系）和德国（欧洲体系）两个体系的法兰尺寸标准合并而成，即 PN6、PN10、PN25、PN40、PN63、PN100、PN160 为欧洲体系尺寸系列，PN20、PN50、PN110、PN150、PN260、PN420 为美洲体系尺寸系列。

在采用"参照法"时，应使中法兰标准与阀体连接法兰标准体系相同。

法兰标准中，同一种法兰结构形式(整体法兰)有多种密封面型式，如平面、凸面、凹凸面、榫槽面、环连接面等；同一种密封形式又有多种压力等级。因此，在参照对应标准法兰时，要注意使法兰型式、密封面型式和公称压力三要素符合中法兰结构设计的要求。

用"参照法"确定法兰尺寸后，有时为了追求中法兰尺寸紧凑，允许在保证法兰厚度、法兰颈部尺寸，以及螺栓数量、螺栓孔径不改变的前提下，适当缩小螺栓孔中心圆直径和法兰的外径。

根据经验，用"参照法"确定的中法兰尺寸，不应小于阀体连接法兰的尺寸。对于调节阀，通常取同一压力等级的高一个规格的尺寸。

2. 圆形中法兰的设计计算

圆形中法兰的设计计算可参照 GB 150—2011《压力容器》标准中的法兰设计计算方法。但该设计计算仅考虑了介质静压力及垫片压紧力的作用。

(1) 圆形中法兰的设计计算内容

1）确定垫片材料、型式及尺寸。

2）确定螺栓材料、规格及数量。

3）确定法兰材料、密封面型式及结构尺寸。

4）进行应力校核（计算中所有尺寸均不包括腐蚀裕量）。

（2）圆形中法兰计算的符号

A_a：预紧状态下，需要的最小螺栓总截面面积（mm^2），以螺纹小径计算，或以无螺纹部分的最小直径计算，取较小者；

A_b：实际使用的螺栓总截面面积（mm^2），以螺纹小径计算，或以无螺纹部分的最小直径计算，取最小者；

A_m：需要的螺栓总截面面积（mm^2），取A_p与A_a的较大值；

A_p：操作状态下，需要的最小螺栓总截面面积（mm^2），以螺纹小径计算，或以无螺纹部分的最小直径计算，取小者；

b：垫片有效密封宽度（mm）；

b_0：垫片基本密封宽度（mm）；

D_b：螺栓中心圆直径（mm）；

d_B：螺栓公称直径（mm）；

d_b：螺栓孔直径（mm）；

D_G：垫片压紧力作用中心圆直径（mm），如图6-3所示；

D_i：法兰内径（mm），当$D_i < 20\delta_1$时，法兰颈部轴向应力σ_H计算中以D_{il}代替D_i，对其余端部结构，D_i等于阀体端部内直径；

D_{il}：计算内径（mm），对于$f<1$的法兰，$D_{il} = D_i + \delta_1$；对于$f \geq 1$的法兰，$D_{il} = D_i + \delta_0$；

d_1：参数，按表6-8计算；

D_0：法兰外直径（mm）；

D_2：阀体端部密封面外径（mm）；

E：在设计温度下，法兰材料的弹性模量（MPa）；

e：参数，按表6-8计算；

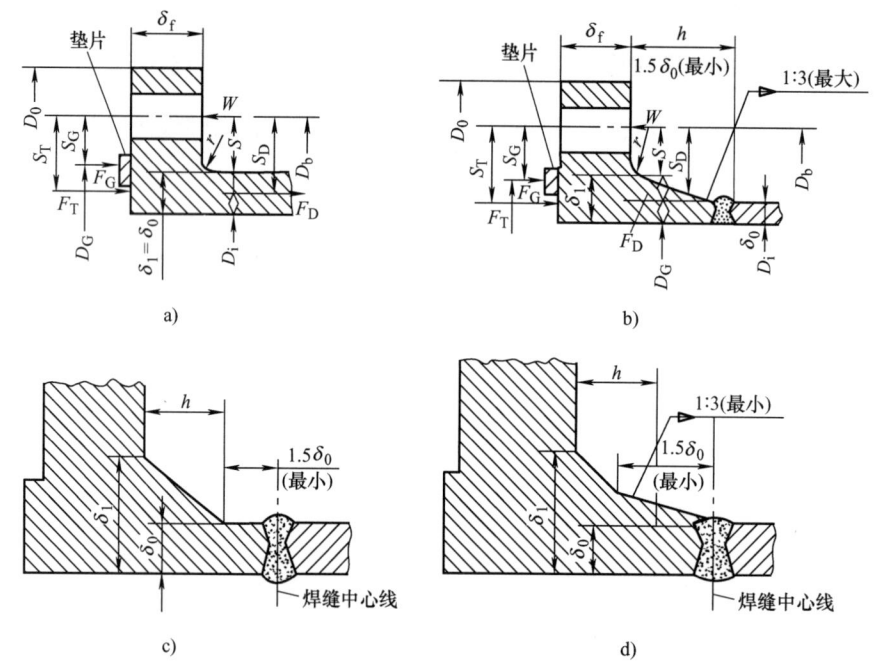

图 6-3 法兰型式

a）法兰背面无锥度　b）法兰背面有锥度　c）凸面法兰焊缝处无锥度　d）凸面法兰焊缝处有锥度

F：流体静压总轴向力（N），$F = 0.785 D_G^2 p$；

f：整体法兰颈部应力校正系数（法兰颈部小端应力与大端应力的比值），按表6-6计算或查图6-4，当 $f < 1$ 时，取 $f = 1$；

F_D：作用于法兰内径截面上的流体静压轴向力（N），$F_D = 0.785 D_i^2 p$；

F_G：法兰垫片压紧力（N），对于预紧状态，$F_G = W$；对于操作状态，$F_G = F_p$；

F_1：整体法兰系数，按表6-6计算，或按表6-7和图6-5查得；

F_p：操作状态下，需要的最小垫片压紧力（N），$F_p = 6.28 D_G b m p$；

F_T：流体静压总轴向力与作用于法兰内径截面上的流体静压轴向力之差（N），$F_T = F - F_D$；

h：法兰颈部高度（mm）；

h_0：参数（mm），$h_0 = \sqrt{D_i \delta_0}$；

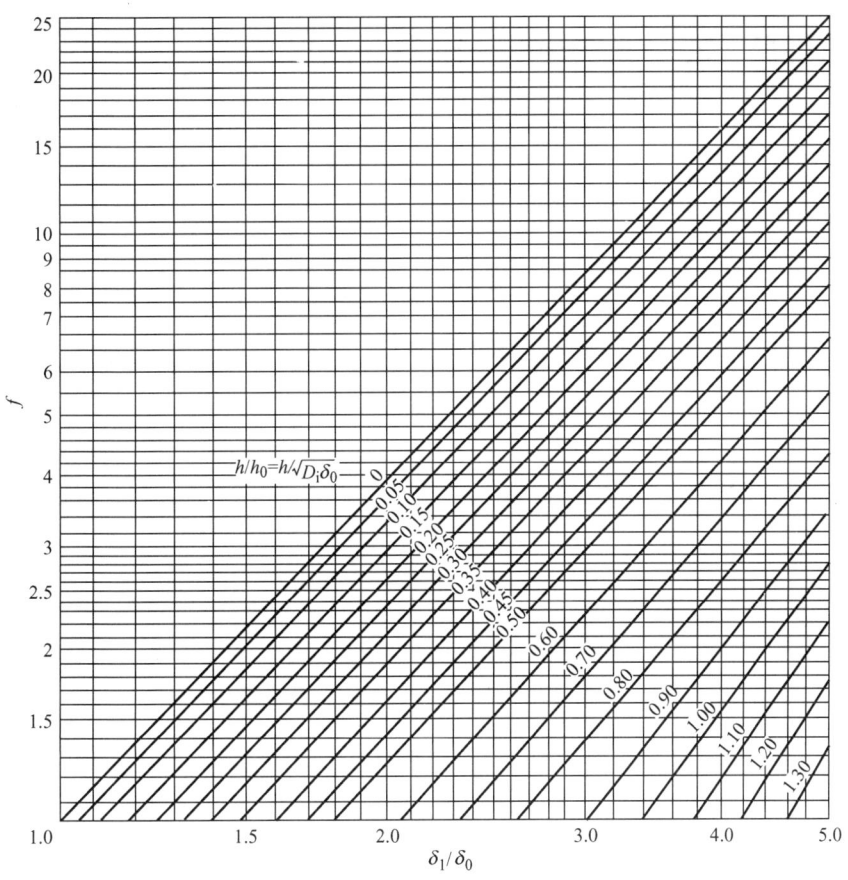

图 6-4 f 值图

K：法兰外径与法兰内径之比值，$K = \dfrac{D_0}{D_i}$；

M：作用于阀体端部纵向截面的力矩（N·mm）；

m：垫片系数，由表 6-9 查得；

M_a：法兰预紧力矩（N·mm）；

M_0：法兰设计力矩（N·mm），取 $M_a \dfrac{[\sigma_f^t]}{[\sigma_f]}$ 与 M_p 的较大值；

M_p：法兰操作力矩（N·mm）；

N：垫片接触宽度（mm），按表 6-10 确定；

n：螺栓数量；

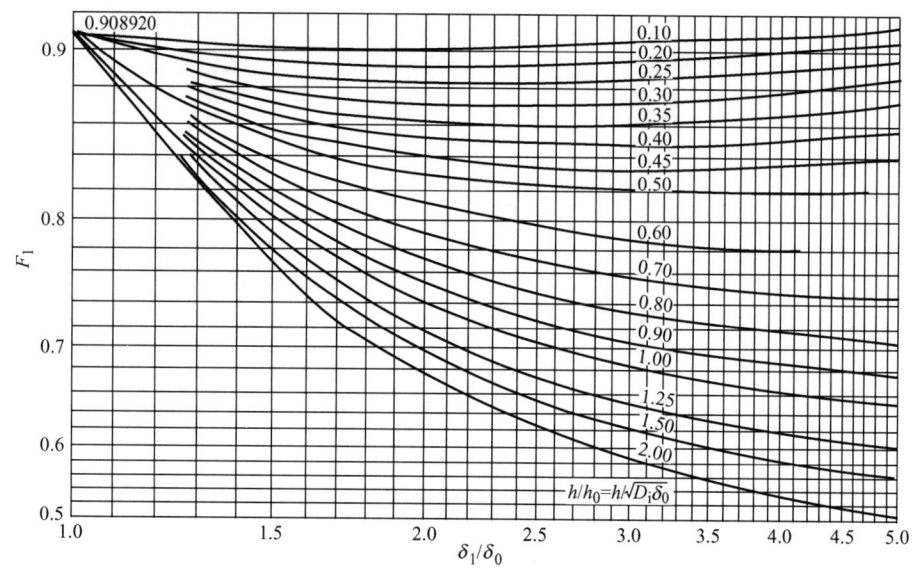

图 6-5 F_1 值图

N_{min}：最小垫片宽度（mm）；

p：设计压力（MPa）；

S：螺栓中心至法兰颈部与法兰背面交点的径向距离（mm）；

S_D：螺栓中心至 F_D 作用位置处的径向距离（mm）（见图 6-3）；

S_G：螺栓中心至 F_G 作用位置处的径向距离（mm）（见图 6-3）；

S_T：螺栓中心至 F_T 作用位置处的径向距离（mm）（见图 6-3）；

T：系数，由图 6-6 或表 6-5 查得；

U：系数，由图 6-6 或表 6-5 查得；

V_1：整体法兰系数，按表 6-6 计算，或按表 6-7 和图 6-7 查得；

W：螺栓设计载荷（N）；

W_a：预紧状态下，需要的最小螺栓载荷，即预紧状态下，需要的最小垫片压紧力（N）；

W_p：操作状态下，需要的最小螺栓载荷（N）；

Y：系数，由表 6-5 或图 6-6 查得；

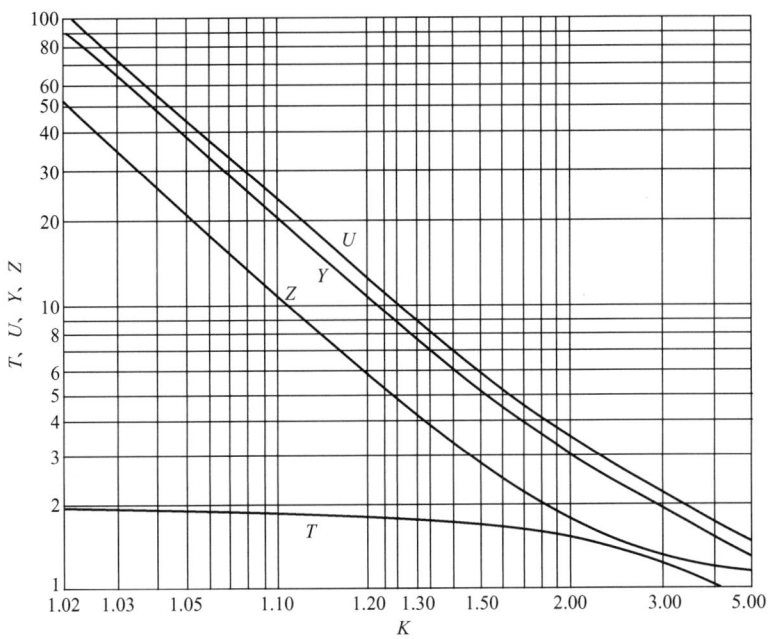

图 6-6 T、U、Y、Z 值图

注：$T = \dfrac{K^2(1 + 8.55246\log K) - 1}{(1.04720 + 1.9448K^2)(K-1)}$；$U = \dfrac{K^2(1 + 8.55246\log K) - 1}{1.36136(K^2 - 1)(K-1)}$

$Y = \dfrac{1}{K-1}\left(0.66845 + 5.71690\dfrac{K^2 \log K}{K^2 - 1}\right)$；$Z = \dfrac{K^2 + 1}{K^2 - 1}$；$K = \dfrac{D_0}{D_i}$

y：垫片比压（MPa），由表 6-9 查得；

Z：系数，由表 6-5 或图 6-6 查得；

δ_f：法兰有效厚度（mm）；

δ_1：法兰颈部大端有效厚度（mm）；

δ_0：法兰颈部小端有效厚度（mm）；

λ：参数，按表 6-8 计算；

σ_H：法兰颈部轴向应力（MPa）；

σ_R：法兰环的径向应力（MPa）；

σ_T：法兰环的切向应力（MPa）；

$[\sigma_b]$：常温下螺栓材料的许用应力（MPa）；

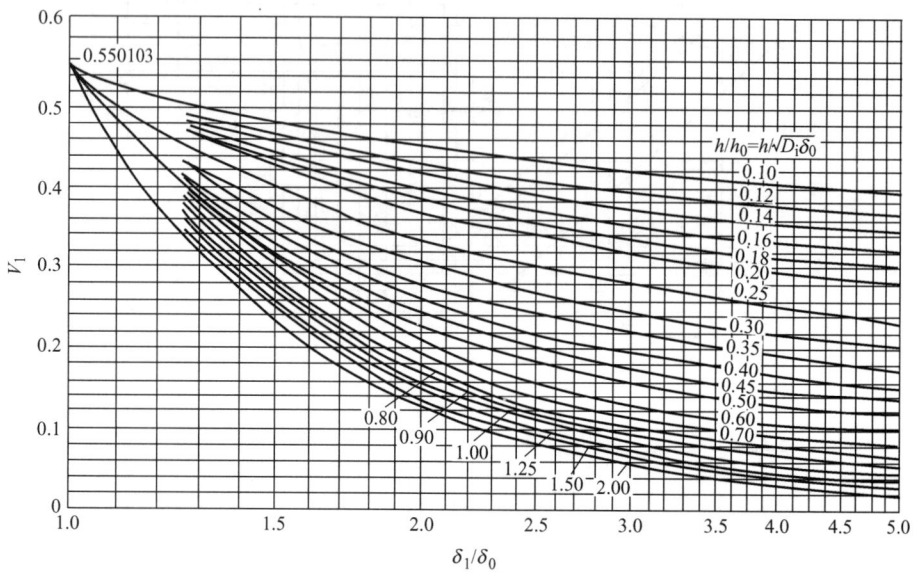

图6-7 V_1 值图

$[\sigma_b^t]$：设计温度下螺栓材料的许用应力（MPa）；

$[\sigma_f]$：常温下法兰材料的许用应力（MPa）；

$[\sigma_f^t]$：设计温度下法兰材料的许用应力（MPa）；

$[\sigma_n^t]$：设计温度下圆通材料的许用应力（MPa）。

3. 法兰垫片的设计计算

垫片材料、型式及尺寸的确定。典型的法兰型式及其载荷 F_G 作用位置如图6-3所示。

各种常用垫片的特性参数（m、y）按表6-9查取。

选定垫片尺寸后，确定垫片接触宽度 N 和基本密封宽度 b_0。然后按以下规定计算垫片有效密封宽度 b：

当 $b_0 \leqslant 6.4$mm 时，$b = b_0$。当 $b_0 > 6.4$mm 时，$b = 2.53\sqrt{b_0}$。

第6章 控制阀的设计

表 6-5 系数 K、T、Z、Y、U

K	T	Z	Y	U	K	T	Z	Y	U
1.001	1.91	1000.5	1899.43	2078.85	1.034	1.90	29.92	57.41	63.08
1.002	1.91	500.5	951.81	1052.80	1.035	1.90	29.08	55.8	61.32
1.003	1.91	333.83	637.56	700.80	1.036	1.90	28.29	54.29	59.66
1.004	1.91	250.5	478.04	525.45	1.037	1.90	27.54	52.85	58.08
1.005	1.91	200.5	383.67	421.72	1.038	1.90	26.83	51.50	56.59
1.006	1.91	167.17	319.71	351.42	1.039	1.90	26.15	50.21	55.17
1.007	1.91	143.36	274.11	301.30	1.040	1.90	25.51	48.97	53.82
1.008	1.91	125.5	239.95	263.75	1.041	1.90	24.90	47.81	53.10
1.009	1.91	111.61	213.40	234.42	1.042	1.90	24.32	46.71	51.33
1.01	1.91	100.5	192.19	211.19	1.043	1.90	23.77	45.64	50.15
1.011	1.91	91.41	174.83	192.13	1.044	1.90	23.23	44.64	49.05
1.012	1.91	83.84	160.38	176.25	1.045	1.90	22.74	43.69	48.02
1.013	1.91	77.43	148.06	162.81	1.046	1.90	22.05	42.75	46.99
1.014	1.91	71.93	137.69	151.30	1.047	1.90	21.79	41.87	46.03
1.015	1.91	67.17	128.61	141.33	1.048	1.90	21.35	41.02	45.09
1.016	1.90	63.00	120.56	132.49	1.049	1.90	20.92	40.21	44.21
1.010	1.90	59.33	111.98	124.81	1.050	1.89	20.51	39.43	43.34
1.018	1.90	56.06	107.36	118.00	1.051	1.89	20.12	38.68	42.51
1.019	1.90	53.14	101.72	111.78	1.052	1.89	19.74	37.96	41.73
1.020	1.90	50.51	96.73	106.30	1.053	1.89	19.38	37.27	40.69
1.021	1.90	48.12	92.21	101.33	1.054	1.89	19.03	36.60	40.23
1.022	1.90	45.96	88.04	96.75	1.055	1.89	18.69	35.96	39.64
1.023	1.90	43.98	84.30	92.64	1.056	1.89	18.38	35.34	38.84
1.024	1.90	42.17	80.81	88.81	1.057	1.89	18.06	34.74	38.19
1.025	1.90	40.51	77.61	85.29	1.058	1.89	17.76	34.17	37.56
1.026	1.90	38.97	74.70	82.09	1.059	1.89	17.47	33.92	36.95
1.027	1.90	37.54	77.97	79.08	1.060	1.89	17.18	33.64	36.34
1.028	1.90	36.22	69.43	76.30	1.061	1.89	16.91	32.55	35.78
1.029	1.90	34.99	67.11	73.75	1.062	1.89	16.64	32.04	35.21
1.030	1.90	33.84	64.91	71.33	1.063	1.89	16.40	31.55	34.68
1.031	1.90	32.76	62.85	69.06	1.064	1.89	16.15	31.08	34.17
1.032	1.90	31.76	60.92	66.94	1.065	1.89	15.90	30.61	33.65
1.033	1.90	30.81	59.11	63.95	1.066	1.89	15.67	30.17	33.17

(续)

K	T	Z	Y	U	K	T	Z	Y	U
1.067	1.89	15.45	29.74	32.69	1.100	1.88	10.52	20.31	22.18
1.068	1.89	15.22	29.32	32.22	1.101	1.88	10.43	20.15	22.12
1.069	1.89	15.02	28.91	31.79	1.102	1.88	10.33	19.94	21.92
1.070	1.89	14.80	28.51	31.34	1.103	1.88	10.23	19.76	21.72
1.071	1.89	14.61	28.13	30.92	1.104	1.88	10.14	19.58	21.52
1.072	1.89	14.41	27.76	30.51	1.105	1.88	10.05	19.38	21.30
1.073	1.88	14.22	27.39	30.11	1.106	1.88	9.96	19.33	21.14
1.074	1.88	14.04	27.04	29.72	1.107	1.87	9.87	19.07	20.96
1.075	1.88	13.85	26.69	29.34	1.108	1.87	9.78	18.90	20.77
1.076	1.88	13.68	26.36	28.96	1.109	1.87	9.70	8.74	20.59
1.077	1.88	13.56	26.03	28.69	1.110	1.87	9.62	18.55	20.38
1.078	1.88	13.35	25.72	28.27	1.111	1.87	9.54	18.42	20.25
1.079	1.88	13.18	25.40	27.92	1.112	1.87	9.46	18.27	20.08
1.080	1.88	13.02	25.10	27.59	1.113	1.87	9.38	18.13	19.91
1.081	1.88	12.87	24.81	27.27	1.114	1.87	9.30	17.97	19.75
1.082	1.88	12.72	24.52	26.95	1.115	1.87	9.22	17.81	19.55
1.083	1.88	12.57	24.24	26.65	1.116	1.87	9.15	17.68	19.43
1.084	1.88	12.43	24.00	26.34	1.117	1.87	9.07	17.54	19.27
1.085	1.88	12.29	23.69	26.05	1.118	1.87	9.00	17.40	19.12
1.086	1.88	12.15	23.44	25.57	1.119	1.87	8.94	17.27	18.98
1.087	1.88	12.02	23.18	25.48	1.120	1.87	8.86	17.13	18.80
1.088	1.88	11.89	22.93	25.02	1.121	1.87	8.79	17.00	18.68
1.089	1.88	11.76	22.68	24.93	1.122	1.87	8.72	16.87	18.54
1.090	1.88	11.63	22.44	24.66	1.123	1.87	8.66	16.74	18.40
1.091	1.88	11.52	22.22	24.41	1.124	1.87	8.59	16.62	18.26
1.092	1.88	11.40	21.99	24.16	1.125	1.87	8.53	16.49	18.11
1.093	1.88	11.28	21.76	23.91	1.126	1.87	8.47	16.37	17.99
1.094	1.88	11.16	21.54	23.67	1.127	1.87	8.40	16.25	17.86
1.095	1.88	11.05	21.32	23.44	1.128	1.87	8.34	16.14	17.73
1.096	1.88	10.94	21.11	23.20	1.129	1.87	8.28	16.02	17.60
1.097	1.88	10.83	20.91	22.97	1.130	1.87	8.22	15.91	17.48
1.098	1.88	10.73	20.71	22.75	1.131	1.87	8.16	15.79	17.35
1.099	1.88	10.62	20.51	22.39	1.132	1.87	8.11	15.68	17.24

（续）

K	T	Z	Y	U	K	T	Z	Y	U
1.133	1.86	8.05	15.57	17.11	1.166	1.85	6.56	12.71	13.97
1.134	1.86	7.99	15.46	16.99	1.167	1.85	6.53	12.64	13.89
1.135	1.86	7.94	15.36	16.90	1.168	1.85	6.49	12.58	13.82
1.136	1.86	7.88	15.26	16.77	1.169	1.85	6.46	12.51	13.74
1.137	1.86	7.83	15.15	16.65	1.170	1.85	6.42	12.43	13.66
1.138	1.86	7.78	15.05	16.54	1.171	1.85	6.39	12.38	13.60
1.139	1.86	7.73	14.95	16.43	1.172	1.85	6.35	12.31	13.53
1.140	1.86	7.68	14.86	16.35	1.173	1.85	6.32	12.25	13.46
1.141	1.86	7.62	14.76	16.22	1.174	1.85	6.29	12.18	13.39
1.142	1.86	7.57	14.66	16.11	1.175	1.85	6.25	12.10	13.30
1.143	1.86	7.53	14.57	16.01	1.176	1.85	6.22	12.06	13.25
1.144	1.86	7.48	14.48	15.91	1.177	1.85	6.19	12.00	13.18
1.145	1.86	7.43	14.39	15.83	1.178	1.85	6.16	11.93	13.11
1.146	1.86	7.38	14.29	15.71	1.179	1.85	6.13	11.87	13.05
1.147	1.86	7.34	14.20	15.61	1.180	1.85	6.10	11.79	12.96
1.148	1.86	7.29	14.12	15.51	1.181	1.85	6.07	11.76	12.92
1.149	1.86	7.25	14.03	15.42	1.182	1.85	6.04	11.70	12.86
1.150	1.86	7.20	13.95	15.34	1.183	1.85	6.01	11.64	12.79
1.151	1.86	7.16	13.86	15.23	1.184	1.85	5.98	11.58	12.73
1.152	1.86	7.11	13.77	15.14	1.185	1.85	5.95	11.50	12.64
1.153	1.86	7.07	13.69	15.05	1.186	1.85	5.92	11.47	12.61
1.154	1.86	7.03	13.61	14.96	1.187	1.85	5.89	11.42	12.54
1.155	1.86	6.99	13.54	14.87	1.188	1.85	5.86	11.36	12.49
1.156	1.86	6.95	13.45	14.78	1.189	1.85	5.83	11.31	12.43
1.157	1.86	6.91	13.37	14.70	1.190	1.84	5.81	11.26	12.37
1.158	1.86	6.87	13.30	14.61	1.191	1.84	5.78	11.20	12.31
1.159	1.86	6.83	13.22	14.53	1.192	1.84	5.75	11.15	12.25
1.160	1.86	6.79	13.15	14.45	1.193	1.84	5.73	11.10	12.20
1.161	1.85	6.75	13.07	14.36	1.194	1.84	5.70	11.05	12.14
1.162	1.85	6.71	13.00	14.28	1.195	1.84	5.67	11.00	12.08
1.163	1.85	6.67	12.92	14.20	1.196	1.84	5.65	10.95	12.03
1.164	1.85	6.64	12.85	14.12	1.197	1.84	5.62	10.90	11.97
1.165	1.85	6.60	12.78	14.04	1.198	1.84	5.60	10.85	11.92

(续)

K	T	Z	Y	U	K	T	Z	Y	U
1.199	1.84	5.57	10.80	11.87	1.232	1.83	4.86	9.43	10.36
1.200	1.84	5.55	10.75	11.81	1.233	1.83	4.84	9.39	10.32
1.201	1.84	5.52	10.70	11.76	1.234	1.83	4.83	9.36	10.28
1.202	1.84	5.50	10.65	11.71	1.235	1.83	4.81	9.32	10.24
1.203	1.84	5.47	10.61	11.66	1.236	1.82	4.79	9.29	10.20
1.204	1.84	5.45	10.56	11.61	1.237	1.82	4.77	9.25	10.17
1.205	1.84	5.42	10.52	11.56	1.238	1.82	4.76	9.22	10.13
1.206	1.84	5.40	10.47	11.51	1.239	1.82	4.74	9.18	10.09
1.207	1.84	5.38	10.43	11.46	1.240	1.82	4.72	9.15	10.05
1.208	1.84	5.35	10.33	11.41	1.241	1.82	4.70	9.12	10.02
1.209	1.84	5.33	10.34	11.36	1.242	1.82	4.69	9.08	9.98
1.210	1.84	5.31	10.30	11.32	1.243	1.82	4.67	9.05	9.95
1.211	1.83	5.29	10.25	11.27	1.244	1.82	4.65	9.02	9.91
1.212	1.83	5.27	10.21	11.22	1.245	1.82	4.64	8.99	9.87
1.213	1.83	5.24	10.16	11.17	1.246	1.82	4.62	8.95	9.84
1.214	1.83	5.22	10.12	11.12	1.247	1.82	4.60	8.92	9.81
1.215	1.83	5.20	10.09	11.09	1.248	1.82	4.59	8.89	9.77
1.216	1.83	5.18	10.04	11.03	1.249	1.82	4.57	8.86	9.74
1.217	1.83	5.16	10.00	10.99	1.250	1.82	4.56	8.83	9.70
1.218	1.83	5.14	9.96	10.94	1.251	1.82	4.54	8.80	9.67
1.219	1.83	5.12	9.92	10.90	1.252	1.82	4.52	8.77	9.64
1.220	1.83	5.10	9.89	10.87	1.253	1.82	4.51	8.74	9.60
1.221	1.83	5.07	9.84	10.81	1.254	1.82	4.49	8.71	9.57
1.222	1.83	5.05	9.80	10.77	1.255	1.82	4.48	8.68	9.54
1.223	1.83	5.03	9.76	10.73	1.256	1.82	4.46	8.65	9.51
1.224	1.83	5.01	9.72	10.68	1.257	1.82	4.45	8.62	9.47
1.225	1.83	5.00	9.69	10.65	1.258	1.81	4.43	8.59	9.44
1.226	1.83	4.98	9.65	10.60	1.259	1.81	4.42	8.56	9.41
1.227	1.83	4.96	9.61	10.56	1.260	1.81	4.40	8.53	9.38
1.228	1.83	4.94	9.57	10.52	1.261	1.81	4.39	8.51	9.35
1.229	1.83	4.92	9.53	10.48	1.262	1.81	4.37	8.49	9.32
1.230	1.83	4.90	9.50	10.44	1.263	1.81	4.36	8.45	9.28
1.231	1.83	4.88	9.46	10.40	1.264	1.81	4.35	8.42	9.25

第6章 控制阀的设计

（续）

K	T	Z	Y	U	K	T	Z	Y	U
1.265	1.81	4.33	8.39	9.23	1.298	1.80	3.92	7.59	8.33
1.266	1.81	4.32	8.37	9.19	1.299	1.80	3.91	7.57	8.31
1.267	1.81	4.30	8.34	9.16	1.300	1.80	3.90	7.55	8.29
1.268	1.81	4.29	8.31	9.14	1.301	1.80	3.89	7.53	8.27
1.269	1.81	4.28	8.29	9.11	1.302	1.80	3.88	7.50	8.24
1.270	1.81	4.26	8.26	9.08	1.303	1.80	3.87	7.48	8.22
1.271	1.81	4.25	8.23	9.05	1.304	1.80	3.86	7.46	8.20
1.272	1.81	4.24	8.21	9.02	1.305	1.80	3.84	7.44	8.18
1.273	1.81	4.22	8.18	8.99	1.306	1.80	3.83	7.42	8.16
1.274	1.81	4.21	8.15	8.96	1.307	1.80	3.82	7.40	8.13
1.275	1.81	4.20	8.13	8.93	1.308	1.79	3.81	7.38	8.11
1.276	1.81	4.18	8.11	8.91	1.309	1.79	3.80	7.36	8.09
1.277	1.81	4.17	8.08	8.88	1.310	1.79	3.79	7.34	8.07
1.278	1.81	4.16	8.05	8.85	1.311	1.79	3.78	7.32	8.05
1.279	1.81	4.15	8.03	8.82	1.312	1.79	3.77	7.30	8.02
1.280	1.81	4.13	8.01	8.79	1.313	1.79	3.76	7.28	8.00
1.281	1.81	4.12	7.98	8.77	1.314	1.79	3.75	7.26	7.98
1.282	1.81	4.11	7.96	8.74	1.315	1.79	3.74	7.24	7.96
1.283	1.80	4.10	7.93	8.71	1.316	1.79	3.73	7.22	7.94
1.284	1.80	4.08	7.91	8.69	1.317	1.79	3.72	7.20	7.92
1.285	1.80	4.07	7.89	8.66	1.318	1.79	3.71	7.18	7.89
1.286	1.80	4.06	7.86	8.64	1.319	1.79	3.70	7.16	7.87
1.287	1.80	4.05	7.84	8.61	1.320	1.79	3.69	7.14	7.85
1.288	1.80	4.04	7.81	8.59	1.321	1.79	3.68	7.12	7.83
1.289	1.80	4.02	7.79	8.56	1.322	1.79	3.67	7.10	7.81
1.290	1.80	4.01	7.77	8.53	1.323	1.79	3.67	7.09	7.79
1.291	1.80	4.00	7.75	8.51	1.324	1.79	3.66	7.07	7.77
1.292	1.80	3.99	7.72	8.48	1.325	1.79	3.65	7.05	7.75
1.293	1.80	3.98	7.70	8.46	1.326	1.79	3.64	7.03	7.73
1.294	1.80	3.97	7.68	8.43	1.327	1.79	3.63	7.01	7.71
1.295	1.80	3.95	7.66	8.41	1.328	1.78	3.62	7.00	7.69
1.296	1.80	3.94	7.63	8.39	1.329	1.78	3.61	6.98	7.67
1.297	1.80	3.93	7.61	8.36	1.330	1.78	3.60	6.96	7.65

(续)

K	T	Z	Y	U	K	T	Z	Y	U
1.331	1.78	3.59	6.94	7.63	1.364	1.77	3.32	6.41	7.04
1.332	1.78	3.58	6.92	7.61	1.365	1.77	3.32	6.39	7.03
1.333	1.78	3.57	6.91	7.59	1.366	1.77	3.31	6.38	7.01
1.334	1.78	3.57	6.89	7.57	1.367	1.77	3.30	6.37	7.00
1.335	1.78	3.56	6.87	7.55	1.368	1.77	3.30	6.35	6.98
1.336	1.78	3.55	6.85	7.53	1.369	1.77	3.29	6.34	6.97
1.337	1.78	3.54	6.84	7.51	1.370	1.77	3.28	6.32	6.95
1.338	1.78	3.53	6.82	7.50	1.371	1.77	3.27	6.31	6.93
1.339	1.78	3.52	6.81	7.48	1.372	1.77	3.27	6.30	6.91
1.340	1.78	3.51	6.79	7.46	1.373	1.77	3.26	6.28	6.90
1.341	1.78	3.51	6.77	7.44	1.374	1.77	3.25	6.27	6.89
1.342	1.78	3.50	6.76	7.42	1.375	1.77	3.25	6.25	6.87
1.343	1.78	3.49	6.74	7.41	1.376	1.77	3.24	6.24	6.86
1.344	1.78	3.48	6.72	7.39	1.377	1.77	3.23	6.22	6.84
1.345	1.78	3.47	6.71	7.37	1.378	1.76	3.22	6.21	6.82
1.346	1.78	3.46	6.69	7.35	1.379	1.76	3.22	6.19	6.81
1.347	1.78	3.46	6.68	7.33	1.380	1.76	3.21	6.18	6.80
1.348	1.78	3.45	6.66	7.32	1.381	1.76	3.20	6.17	6.79
1.349	1.78	3.44	6.65	7.30	1.382	1.76	3.20	6.16	6.77
1.350	1.78	3.43	6.63	2.28	1.383	1.76	3.19	6.14	6.75
1.351	1.78	3.42	6.61	7.27	1.384	1.76	3.18	6.13	6.74
1.352	1.78	3.42	6.60	7.25	1.385	1.76	3.18	6.12	6.73
1.353	1.77	3.41	6.58	7.23	1.386	1.76	3.17	6.11	6.72
1.354	1.77	3.40	6.57	7.21	1.387	1.76	3.16	6.10	6.70
1.355	1.77	3.39	6.55	7.19	1.388	1.76	3.16	6.08	6.68
1.356	1.77	3.38	6.53	7.17	1.389	1.76	3.15	6.07	6.67
1.357	1.77	3.38	6.52	7.16	1.390	1.76	3.15	6.06	6.66
1.358	1.77	3.37	6.50	7.14	1.391	1.76	3.14	6.05	6.64
1.359	1.77	3.36	6.49	7.12	1.392	1.76	3.13	6.04	6.63
1.360	1.77	3.35	6.47	7.11	1.393	1.76	3.13	6.02	6.61
1.361	1.77	3.35	6.45	7.09	1.394	1.76	3.12	6.01	6.60
1.362	1.77	3.34	6.44	7.08	1.395	1.76	3.11	6.00	6.59
1.363	1.77	3.33	6.42	7.06	1.396	1.76	3.11	5.99	6.58

第6章 控制阀的设计

（续）

K	T	Z	Y	U	K	T	Z	Y	U
1.397	1.76	3.10	5.98	6.56	1.430	1.74	2.91	5.60	6.15
1.398	1.75	3.10	5.96	6.55	1.431	1.74	2.91	5.59	6.14
1.399	1.75	3.09	5.95	6.53	1.432	1.74	2.90	5.58	6.13
1.400	1.75	3.08	5.94	6.52	1.433	1.74	2.90	5.57	6.11
1.401	1.75	3.08	5.93	6.50	1.434	1.74	2.89	5.56	6.10
1.402	1.75	3.07	5.92	6.49	1.435	1.74	2.89	5.55	6.09
1.403	1.75	3.07	5.90	6.47	1.436	1.74	2.88	5.54	6.08
1.404	1.75	3.06	5.89	6.46	1.437	1.74	2.88	5.53	6.07
1.405	1.75	3.05	5.88	6.45	1.438	1.74	2.87	5.52	6.05
1.406	1.75	3.05	5.87	6.44	1.439	1.74	2.87	5.51	6.04
1.407	1.75	3.04	5.86	6.43	1.440	1.74	2.86	5.50	6.03
1.408	1.75	3.04	5.84	6.41	1.441	1.74	2.86	5.49	6.02
1.409	1.75	3.03	5.83	6.40	1.442	1.74	2.85	5.48	6.01
1.410	1.75	3.02	5.82	6.39	1.443	1.74	2.85	5.47	6.00
1.411	1.75	3.02	5.81	6.38	1.444	1.74	2.84	5.46	5.99
1.412	1.75	3.01	5.80	6.37	1.445	1.74	2.84	5.45	5.98
1.413	1.75	3.01	5.78	6.35	1.446	1.74	2.83	5.44	5.97
1.414	1.75	3.00	5.77	6.34	1.447	1.73	2.83	5.43	5.96
1.415	1.75	3.00	5.76	6.33	1.448	1.73	2.82	5.42	5.95
1.416	1.75	2.99	5.75	6.32	1.449	1.73	2.82	5.41	5.94
1.417	1.75	2.98	5.74	6.31	1.450	1.73	2.81	5.40	5.93
1.418	1.75	2.98	5.72	6.29	1.451	1.73	2.81	5.39	5.92
1.419	1.75	2.97	5.71	6.28	1.452	1.73	2.80	5.38	5.91
1.420	1.75	2.97	5.70	6.27	1.453	1.73	2.80	5.37	5.90
1.421	1.75	2.96	5.69	6.26	1.454	1.73	2.80	5.36	5.89
1.422	1.75	2.96	5.68	6.25	1.455	1.73	2.79	5.35	5.88
1.423	1.75	2.95	5.67	6.23	1.456	1.73	2.79	5.34	5.87
1.424	1.74	2.95	5.66	6.22	1.457	1.73	2.78	5.33	5.86
1.425	1.74	2.94	5.65	6.21	1.458	1.73	2.78	5.32	5.85
1.426	1.74	2.94	5.64	6.20	1.459	1.73	2.77	5.31	5.84
1.427	1.74	2.93	5.63	6.19	1.460	1.73	2.77	5.30	5.83
1.428	1.74	2.92	5.62	6.17	1.461	1.73	2.76	5.29	5.82
1.429	1.74	2.92	5.61	6.16	1.462	1.73	2.76	5.28	5.80

（续）

K	T	Z	Y	U	K	T	Z	Y	U
1.463	1.73	2.75	5.27	5.79	1.492	1.72	2.63	5.02	5.50
1.464	1.73	2.75	5.26	5.78	1.493	1.71	2.63	5.02	5.51
1.465	1.73	2.74	5.25	5.77	1.494	1.71	2.62	5.01	5.50
1.466	1.73	2.74	5.24	5.76	1.495	1.71	2.62	5.00	5.49
1.467	1.73	2.74	5.23	5.74	1.496	1.71	2.62	4.99	5.48
1.468	1.72	2.73	5.22	5.73	1.497	1.71	2.61	4.98	5.47
1.469	1.72	2.73	5.21	5.72	1.498	1.71	2.61	4.98	5.47
1.470	1.72	2.72	5.20	5.71	1.499	1.71	2.60	4.97	5.46
1.471	1.72	2.72	5.19	5.70	1.500	1.71	2.60	4.96	5.45
1.472	1.72	2.71	5.18	5.69	1.501	1.71	2.60	4.95	5.44
1.473	1.72	2.71	5.18	5.68	1.502	1.71	2.59	4.94	5.43
1.474	1.72	2.71	5.17	5.67	1.503	1.71	2.59	4.94	5.43
1.475	1.72	2.70	5.16	5.66	1.504	1.71	2.58	4.93	5.42
1.476	1.72	2.70	5.15	5.65	1.505	1.71	2.58	4.92	5.41
1.477	1.72	2.69	5.14	5.64	1.506	1.71	2.58	4.91	5.40
1.478	1.72	2.69	5.14	5.63	1.507	1.71	2.57	4.90	5.39
1.479	1.72	2.68	5.13	5.62	1.508	1.71	2.57	4.90	5.39
1.480	1.72	2.68	5.12	5.61	1.509	1.71	2.57	4.89	5.38
1.481	1.72	2.68	5.11	5.60	1.510	1.71	2.56	4.88	5.37
1.482	1.72	2.67	5.10	5.59	1.511	1.71	2.56	4.87	5.36
1.483	1.72	2.67	5.10	5.59	1.512	1.71	2.56	4.86	5.35
1.484	1.72	2.66	5.09	5.58	1.513	1.71	2.55	4.86	5.35
1.485	1.72	2.66	5.08	5.57	1.514	1.71	2.55	4.85	5.34
1.486	1.72	2.66	5.07	5.56	1.515	1.71	2.54	4.84	5.33
1.487	1.72	2.65	5.06	5.55	1.516	1.71	2.54	4.83	5.32
1.488	1.72	2.65	5.06	5.55	1.517	1.71	2.54	4.82	5.31
1.489	1.72	2.64	5.05	5.54	1.518	1.71	2.53	4.82	5.31
1.490	1.72	2.64	5.04	5.53	1.519	1.70	2.53	4.81	5.30
1.491	1.72	2.64	5.03	5.52	1.520	1.70	2.53	4.80	5.29

第6章 控制阀的设计

（续）

K	T	Z	Y	U	K	T	Z	Y	U
1.521	1.70	2.52	4.79	5.28	1.551	1.69	2.42	4.60	5.05
1.522	1.70	2.52	4.79	5.27	1.552	1.69	2.42	4.59	5.04
1.523	1.70	2.52	4.78	5.27	1.553	1.69	2.42	4.58	5.03
1.524	1.70	2.51	4.78	5.26	1.554	1.69	2.41	4.58	5.03
1.525	1.70	2.51	4.77	5.25	1.555	1.69	2.41	4.57	5.02
1.526	1.70	2.51	4.77	5.24	1.556	1.69	2.41	4.57	5.02
1.527	1.70	2.50	4.76	5.23	1.557	1.69	2.40	4.56	5.01
1.528	1.70	2.50	4.76	5.23	1.558	1.69	2.40	4.56	5.00
1.529	1.70	2.49	4.75	5.22	1.559	1.69	2.40	4.55	4.99
1.530	1.70	2.49	4.74	5.21	1.560	1.69	2.40	4.54	4.99
1.531	1.70	2.49	4.73	5.2	1.561	1.69	2.39	4.54	4.98
1.532	1.70	2.48	4.72	5.19	1.562	1.69	2.39	4.53	4.97
1.533	1.70	2.48	4.72	5.19	1.563	1.68	2.39	4.52	4.97
1.534	1.70	2.48	4.71	5.17	1.564	1.68	2.38	4.51	4.96
1.535	1.70	2.47	4.70	5.17	1.565	1.68	2.38	4.51	4.95
1.536	1.70	2.47	4.69	5.16	1.566	1.68	2.38	4.50	4.95
1.537	1.70	2.47	4.68	5.15	1.567	1.68	2.37	4.50	4.94
1.538	1.69	2.46	4.68	5.15	1.568	1.68	2.37	4.49	4.93
1.539	1.69	2.46	4.67	5.14	1.569	1.68	2.37	4.48	4.92
1.540	1.69	2.46	4.66	5.13	1.570	1.68	2.37	4.48	4.92
1.541	1.69	2.45	4.66	5.12	1.571	1.68	2.36	4.47	4.90
1.542	1.69	2.45	4.65	5.11	1.572	1.68	2.36	4.47	4.91
1.543	1.69	2.45	4.64	5.11	1.573	1.68	2.36	4.46	4.90
1.544	1.69	2.45	4.64	5.10	1.574	1.68	2.35	4.46	4.89
1.545	1.69	2.45	4.63	5.09	1.575	1.68	2.35	4.45	4.89
1.546	1.69	2.44	4.63	5.08	1.576	1.68	2.35	4.44	4.88
1.547	1.69	2.44	4.62	5.07	1.577	1.68	2.35	4.44	4.88
1.548	1.69	2.43	4.62	5.07	1.578	1.68	2.34	4.43	4.87
1.549	1.69	2.43	4.61	5.06	1.579	1.68	2.34	4.42	4.86
1.550	1.69	2.43	4.60	5.05	1.580	1.68	2.34	4.42	4.86

表6-6 法兰系数 F_1、V_1、f 计算公式

$$F_1 = -\frac{E_6}{\left(\frac{C}{2.73}\right)^{\frac{1}{4}}\frac{(1+A)^3}{C}} \qquad V_1 = \frac{E_4}{\left(\frac{2.73}{C}\right)^{\frac{1}{4}}(1+A)^3} \qquad f = C_{36}/(1+A)$$

	其中系数：	$C_{10} = 29/3780 + 3A/704 - (1/2 + 33A/14 + 81A^2/28 + 13A^3/12)/C$
(1)		$A = (\delta_1/\delta_0) - 1$
(2)		$C = 43.68(h/h_0)^4$
(3)		$C_1 = 1/3 + A/12$
(4)		$C_2 = 5/42 + 17A/336$
(5)		$C_3 = 1/210 + A/360$
(6)		$C_4 = 11/360 + 59A/5040 + (1+3A)/C$
(7)		$C_5 = 1/90 + 5A/1008 - (1+A)^3/C$
(8)		$C_6 = 1/120 + 17A/5040 + 1/C$
(9)		$C_7 = 215/2772 + 51A/1232 + (60/7 + 225A/14 + 75A^2/7 + 5A^3/2)/C$
(10)		$C_8 = 31/6930 + 128A/45045 + (6/7 + 15A/7 + 12A^2/7 + 5A^3/11)/C$
(11)		$C_9 = 533/30240 + 653A/73920 + (1/2 + 23A/14 + 39A^2/28 + 25A^3/84)/C$
(12)		$C_{10} = 29/3780 + 3A/704 - (1/2 + 33A/14 + 81A^2/28 + 13A^3/12)/C$
(13)		$C_{11} = 31/6048 + 1763A/665280 + (1/2 + 6A/7 + 15A^2/28 + 5A^3/42)/C$
(14)		$C_{12} = 1/2925 + 71A/300300 + (8/35 + 18A/35 + 156A^2/385 + 6A^3/55)/C$
(15)		$C_{13} = 761/831600 + 937A/1663200 + (1/35 + 6A/35 + 11A^2/70 + 3A^3/70)/C$
(16)		$C_{14} = 197/415800 + 103A/332640 - (1/35 + 6A/35 + 17A^2/70 + A^3/10)/C$
(17)		$C_{15} = 233/831600 + 97A/554400 + (1/35 + 3A/35 + A^2/14 + 2A^3/105)/C$
(18)		$C_{16} = C_1 C_7 C_{12} + C_2 C_8 C_3 + C_3 C_8 C_2 - (C_3^2 C_7 + C_8^2 C_1 + C)$
(19)		$C_{17} = [C_4 C_7 C_{12} + C_2 C_8 C_{13} + C_3 C_8 C_9 - (C_{13} C_7 C_3 + C_8^2 C_5 + C_{12} C_2 C_9)]/C_{16}$
(20)		$C_{18} = [C_5 C_7 C_{12} + C_2 C_8 C_{14} + C_3 C_8 C_{10} - (C_{14} C_7 C_3 + C_8^2 C_5 + C_{12} C_2 C_{10})]/C_{16}$
(21)		$C_{19} = [C_6 C_7 C_{12} + C_2 C_8 C_{15} + C_3 C_8 C_{11} - (C_{15} C_7 C_3 + C_8^2 C_6 + C_{12} C_2 C_{11})]/C_{16}$
(22)		$C_{20} = [C_1 C_9 C_{12} + C_4 C_8 C_3 + C_3 C_{13} C_2 - (C_3^2 C_9 + C_{13} C_8 C_1 + C_{12} C_4 C_2)]/C_{16}$
(23)		$C_{21} = [C_1 C_{10} C_{12} + C_5 C_8 C_3 + C_3 C_{14} C_2 - (C_3^2 C_{10} + C_{14} C_8 C_1 + C_{12} C_5 C_2)]/C_{16}$
(24)		$C_{22} = [C_1 C_{11} C_{12} + C_6 C_8 C_3 + C_3 C_{15} C_2 - (C_3^3 C_{11} + C_{15} C_8 C_1 + C_{12} C_6 C_2)]/C_{16}$
(25)		$C_{23} = [C_1 C_7 C_{13} + C_2 C_9 C_3 + C_4 C_8 C_2 - (C_3 C_7 C_4 + C_8 C)]$
(26)		$C_{24} = [C_1 C_7 C_{14} + C_2 C_{10} C_3 + C_5 C_8 C_2 - (C_3 C_7 C_5 + C_8 C_{10} C_1 + C_2^2 C_{14})]/C_{16}$
(27)		$C_{25} = [C_1 C_7 C_{15} + C_2 C_{11} C_3 + C_6 C_8 C_2 - (C_3 C_7 C_5 + C_8 C_{11} C_1 + C_2^2 C_{15})]/C_{16}$
(28)		$C_{26} = -(C/4)^{1/4}$
(29)		$C_{27} = C_{20} - C_{17} - 5/12 - C_{17}(C/4)^{1/4}$
(30)		$C_{28} = C_{22} - C_{19} - 1/12 - C_{19}(C/4)^{1/4}$

第6章 控制阀的设计

(续)

$$F_1 = \frac{E_6}{\left(\frac{C}{2.73}\right)^{\frac{1}{4}} \frac{(1+A)^3}{C}} \qquad V_1 = \frac{E_4}{\left(\frac{2.73}{C}\right)^{\frac{1}{4}} (1+A)^3} \qquad f = C_{36}/(1+A)$$

其中系数：	$C_{10} = 29/3780 + 3A/704 - (1/2 + 33A/14 + 81A^2/28 + 13A^3/12)/C$
(31)	$C_{29} = -(C/4)^{1/2}$
(32)	$C_{30} = -(C/4)^{3/4}$
(33)	$C_{31} = 3A/2 + C_{17}(C/4)^{3/4}$
(34)	$C_{32} = 1/2 + C_{19}(C/4)^{3/4}$
(35)	$C_{33} = \frac{1}{2}C_{26}C_{32} + C_{28}C_{31}C_{29} - (\frac{1}{2}C_{30}C_{28} + C_{32}C_{27}C_{29})$
(36)	$C_{34} = 1/12 + C_{18} - C_{21} + C_{18}(C/4)^{1/4}$
(37)	$C_{35} = -C_{18}(C/4)^3$
(38)	$C_{36} = (C_{28}C_{35}C_{29} - C_{32}C_{34}C_{29})/C_{33}$
(39)	$C_{37} = [\frac{1}{2}C_{26}C_{35} + C_{34}C_{31}C_{29} - (\frac{1}{2}C_{30}C_{34} + C_{35}C_{27}C_{29})]/C_{33}$
(40)	$E_1 = C_{17}C_{36} + C_{18} + C_{19}C_{37}$
(41)	$E_2 = C_{20}C_{38} + C_{21} + C_{22}C_{37}$
(42)	$E_3 = C_{23}C_{36} + C_{24} + C_{25}C_{37}$
(43)	$E_4 = 1/4 + C_{37}/12 + C_{36}/4 - E_3/5 - 3E_2/2 - E_1$
(44)	$E_5 = E_1(1/2 + A/6) + E_2(1/4 + 11A/84) + E_3(1/70 + A/105)$
(45)	$E_6 = E_5 - C_{36}(7/120 + A/36 + 3A/C) - 1/40 - A/72 - C_{37}(1/60 + A/120 + 1/C)$

表6-7 F_1、V_1 系数

δ_1/δ_0	h/h_0	F_1	V_1	δ_1/δ_0	h/h_0	F_1	V_1
2.50	0.05	0.90792	0.48265	3.00	0.07	0.90767	0.45037
2.50	0.06	0.90745	0.47037	3.00	0.08	0.90717	0.43790
2.50	0.07	0.90688	0.45848	3.00	0.09	0.90658	0.42583
2.50	0.08	0.90620	0.44696	3.00	0.10	0.90588	0.41415
2.50	0.09	0.90543	0.43580	3.50	0.01	0.90894	0.53341
2.50	0.10	0.90455	0.42499	3.50	0.02	0.90897	0.51727
3.00	0.01	0.90891	0.53443	3.50	0.03	0.90899	0.50166
3.00	0.02	0.90886	0.51926	3.50	0.04	0.90898	0.48656
3.00	0.03	0.90877	0.50457	3.50	0.05	0.90892	0.47196
3.00	0.04	0.90861	0.49035	3.50	0.06	0.90880	0.45785
3.00	0.05	0.90838	0.47659	3.50	0.07	0.90860	0.44421
3.00	0.06	0.90807	0.46327	3.50	0.08	0.90832	0.43103

（续）

δ_1/δ_0	h/h_0	F_1	V_1	δ_1/δ_0	h/h_0	F_1	V_1
3.50	0.09	0.90794	0.41829	4.50	0.05	0.91009	0.46460
3.50	0.10	0.90745	0.40597	4.50	0.06	0.91038	0.44925
4.00	0.01	0.90897	0.53255	4.50	0.07	0.91062	0.43445
4.00	0.02	0.90908	0.51558	4.50	0.08	0.91079	0.42017
4.00	0.03	0.90922	0.49920	4.50	0.09	0.91087	0.40640
4.00	0.04	0.90937	0.48337	4.50	0.10	0.91084	0.39312
4.00	0.05	0.90950	0.46808	5.00	0.01	0.90903	0.53103
4.00	0.06	0.90958	0.45331	5.00	0.02	0.90931	0.51265
4.00	0.07	0.90960	0.43906	5.00	0.03	0.90971	0.49492
4.00	0.08	0.90954	0.42529	5.00	0.04	0.91019	0.47783
4.00	0.09	0.90939	0.41200	5.00	0.05	0.91069	0.46135
4.00	0.10	0.90914	0.39917	5.00	0.06	0.91119	0.44547
4.50	0.01	0.90900	0.53177	5.00	0.07	0.91164	0.43017
4.50	0.02	0.90919	0.51407	5.00	0.08	0.91204	0.41542
4.50	0.03	0.90947	0.49699	5.00	0.09	0.91234	0.40121
4.50	0.04	0.90978	0.48050	5.00	0.10	0.91254	0.38752

表 6-8　阀门圆形中法兰计算表

设计压力/MPa			当 $b_0 \leqslant 6.4$ mm 时 $b = b_0$	N
设计温度/℃				b_0
法兰材料			当 $b_0 > 6.4$ mm 时 $b = 2.53\sqrt{b_0}$	b
螺栓材料				y
腐蚀裕量/mm			$W_a = 3.14 b D_G y$ (N)	m
螺栓材料的许用应力 /MPa	设计温度	$[\sigma_b^t]$	$F_p = 6.28 D_G M_p$ (N)	
	常温	$[\sigma_b]$	$F = 0.785 D_2 G_p$ (N)	
法兰材料的许用应力 /MPa	设计温度	$[\sigma_f^t]$	$A_m = \dfrac{W_a}{[\sigma_b]}$ 或 $\dfrac{F_p + F}{[\sigma_b^t]}$（两者中最大）（mm²）	
	常温	$[\sigma_f]$	A_b （mm²）	
所有尺寸均不包括腐蚀裕量			垫片宽度校核 $W = 0.5(A_m + A_b)[\sigma_b]$ (N) $N_{\min} = \dfrac{A_b \times [\sigma_b]}{6.28 y D_G}$ (mm)	

第6章 控制阀的设计

(续)

操作情况		
$F_D = 0.785 D_i^2 p$ (N)	$S_D = S + 0.5\delta_1$ (mm)	$F_D S_D$ (N·mm)
$F_G = F_p$ (N)	$S_G = 0.5(D_b - D_G)$ (mm)	$F_G S_G$ (N·mm)
$F_T = F - F_D$ (N)	$S_T = 0.5(S + \delta_1 + S_G)$ (mm)	$F_T S_T$ (N·mm)
	$M_p = F_D S_D + F_G S_G + F_T S_T$ (N·mm)	
预紧螺栓情况		
$F_G = W$ (N)	$S_G = 0.5(D_b - D_G)$ (mm)	$M_a = F_G S_G$ (N·mm)
	$M_0 = M_p$ 或 $M_a \dfrac{[\sigma_f^t]}{[\sigma_f]}$ (两者中最大) (N·mm)	

	形状常数		
	$h_0 = \sqrt{D_i \delta_0}$		$\dfrac{h}{h_0}$
	$k = \dfrac{D_0}{D_i}$		$\dfrac{\delta_1}{\delta_0}$
查表 6–5	T	查图 6-5	F_1
	Z	查图 6-7	V_1
	Y	查图 6-4	f
	U		$e = \dfrac{F_1}{h_0}$
	$d_1 = \dfrac{U}{V_1} h_0 \delta_1^2$		
	δ_f（假设）		
	$\varphi = \delta_f e + 1$		
	$\beta = \dfrac{4}{3}\delta_f e + 1$		
	$\gamma = \dfrac{\varphi}{T}$		
	$\eta = \dfrac{\sigma_f^3}{d_1}$		
	$\lambda = \gamma + \eta$		

许用值	应力计算	
$1.5[\sigma_f^t]$	轴向应力	$\sigma_H = \dfrac{fM_0}{\lambda \delta_f^2 D_i}$ (MPa)
$[\sigma_f^t]$	径向应力	$\sigma_R = \dfrac{\sigma M_n}{\lambda \delta_f^2 D_i}$ (MPa)
$[\sigma_f^t]$	切向应力	$\sigma_T = \dfrac{M_0 Y}{\delta_f^2 D_i} - Z\sigma_R$ (MPa)
$[\sigma_f^t]$		$0.5(\sigma_H + \sigma_T)$ 或 $0.5(\sigma_H + \sigma_R)$ (两者中大者) (MPa)

表 6-9 垫片性能参数

尺寸 N_{min}/mm	垫片材料		垫片系数 m	垫片比压 y/MPa	简　图	压紧面形状（见表 6-10）	列号
10	自紧式垫片 O 形圈，金属、合成橡胶及其他自紧密封的垫片类型		0	0		1（a、b、c、d）、4、5	II
	无织品或无高含量石棉纤维的合成橡胶： 硬度＜75HS 硬度≥75HS		0.50 1.00	0 1.4			
	石棉，具有适当加固物（石棉橡胶板）厚度： 3mm 1.5mm 0.75mm		2.00 2.75 3.50	11 25.5 44.8			
	内有棉纤维的橡胶		1.25	2.8			
	内有石棉纤维的橡胶，具有金属加强丝或不具有金属加强丝： 3 层 2 层 1 层		2.25 2.50 2.75	15.2 20 25.5			
	植物纤维		1.75	7.6			
10	缠绕式金属垫片内填石棉	碳钢	2.50	69		1（a、b）	II
		不锈钢或蒙乃尔合金	3.00	69			

第6章 控制阀的设计

(续)

尺寸 N_{min}/mm	垫片材料		垫片系数 m	垫片比压 y/MPa	简 图	压紧面形状（见表6-10）	列号
10	波纹状金属内填石棉，或波纹状金属内填石棉	软铝、软铜	2.50	20		1 (a、b)	II
		黄铜、软钢	2.75	26			
		蒙乃尔合金	3.00	31			
		4%~6%铬钢	3.25	38			
		不锈钢	3.50	44.8			
	波纹状金属	软铝、软铜	2.75	25.5		1 (a、b、c、d)	
		黄铜、软钢	3.00	31			
		蒙乃尔合金	3.25	33			
		4%~6%铬钢	3.50	44.8			
		不锈钢	3.75	52.4			
	平金属夹壳填石棉垫片（金属包垫片）	软铝、软铜	3.25	38		1a、1b、1c[①]、1d[①]、2[①]	
		黄铜	3.50	44.8			
		软钢	3.75	52.4			
		蒙乃尔合金	3.50	55.2			
		4%~6%铬钢	3.75	62.1			
		不锈钢	3.75	62.1			
	槽形金属	软铝、软铜	3.25	38		1 (a、b、c、d)、2、3	
		黄铜或软钢	3.50	44.8			
		蒙乃尔合金	3.75	52.4			
		4%~6%铬钢	3.75	62.1			
		不锈钢	4.25	69.6			
6	实心金属垫片	软铝、软铜	4.00	60.7		1 (a、b、c、d)、2、3、4、5	I
		黄铜或软钢	4.75	89.6			
		蒙乃尔合金	5.50	124.1			
		4%~6%铬钢	6.00	150.3			
		不锈钢	6.50	179.3			
7	圆环	铁或软钢	5.50	124.1		6	
		蒙乃尔合金或4%~6%铬钢	6.00	150.3			
		不锈钢	6.50	179.3			

注：列号见表6-10。
① 垫片表面的折叠处不应放在法兰的密封面上。

表 6-10　垫片基本密封宽度

压紧面形状（简图）		垫片基本密封宽度 b_0	
		Ⅰ	Ⅱ
1a		$\dfrac{N}{2}$	$\dfrac{N}{2}$
1b			
1c		$\dfrac{\omega+\delta_g}{2}$ $\dfrac{\omega+N}{4}$（最大）	$\dfrac{\omega+\delta_g}{2}$ $\dfrac{\omega+N}{4}$（最大）
1d			
2	$\omega \leqslant N/2$	$\dfrac{\omega+N}{4}$	$\dfrac{\omega+3N}{8}$
3	$\omega \leqslant N/2$	$\dfrac{N}{4}$	$\dfrac{3N}{8}$

(续)

	压紧面形状（简图）	垫片基本密封宽度 b_0	
		I	II
4		$\dfrac{3N}{8}$	$\dfrac{7N}{16}$
5		$\dfrac{N}{4}$	$\dfrac{3N}{8}$
6		$\dfrac{3\omega}{8}$	

垫片压紧力的计算如下：

1）预紧状态下需要的最小垫片压紧力，按式(6-14) 计算：

$$F_G = 3.14 D_G by \tag{6-14}$$

2）操作状态下需要的最小垫片压紧力，按式(6-15) 计算：

$$F_p = 6.28 D_G bmp \tag{6-15}$$

3）垫片在预紧状态下受到最大螺栓载荷的作用，可能因压紧过度而失去密封性能，为此垫片须有足够的宽度 $N_{\min}$，其值按式(6-16) 校核：

$$N_{\min} = \dfrac{A_b [\sigma_b]}{628 D_G y} \tag{6-16}$$

4. 法兰螺栓的设计计算

（1）螺栓材料、规格及数量的确定

螺栓的最小间距应满足扳手操作空间的要求。推荐的螺栓最小间距 $S_{\min}$ 和法兰的径

向尺寸 S_r、S_e 由表 6-11 确定。

螺栓的最大间距计算：

$$S_{\max} = 2d_B + \frac{6\delta_f}{(m+0.5)} \qquad (6\text{-}17)$$

(2) 螺栓载荷计算

1) 预紧状态下需要的最小螺栓载荷计算：

$$W_a = 3.14 D_G b y \qquad (6\text{-}18)$$

2) 操作状态下需要的最小螺栓载荷计算：

$$W_p = F + F_p = 0.785 D_G^2 p + 6.28 D_G b m p \qquad (6\text{-}19)$$

(3) 螺栓总截面积计算

1) 预紧状态下需要的最小螺栓总截面面积计算：

$$A_a = \frac{W_a}{[\sigma_b]} \qquad (6\text{-}20)$$

表 6-11　螺栓的布置　　　　　　　　　　　　（单位：mm）

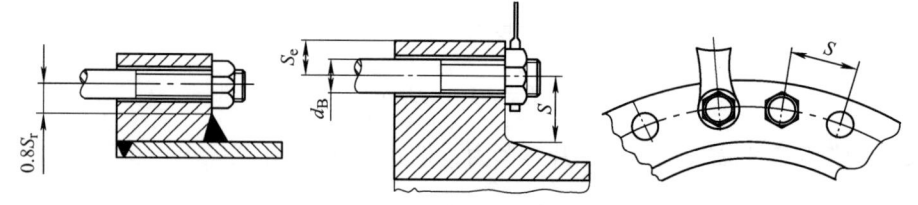

螺栓公称直径 d_B	S_r	S_e	螺栓最小间距 $S_{\min}$	螺栓公称直径 d_B	S_r	S_e	螺栓最小间距 $S_{\min}$
12	20	16	32	30	44	30	70
16	24	18	38	36	48	36	80
20	30	20	46	42	56	42	90
22	32	24	52	48	60	48	102
24	34	26	56	56	70	55	116
27	38	28	62				

2) 操作状态下需要的最小螺栓总截面面积计算：

第6章 控制阀的设计

$$A_{\mathrm{p}} = \frac{W_{\mathrm{p}}}{[\sigma_{\mathrm{b}}^{t}]} \tag{6-21}$$

需要的螺栓总截面面积 A_{m} 取 A_{a} 与 A_{p} 的较大值，实际使用的螺栓总截面面积 A_{b} 应不小于 A_{m}。

（4）螺栓设计载荷计算

1）预紧状态下螺栓的设计载荷计算：

$$W = \frac{A_{\mathrm{m}} + A_{\mathrm{b}}}{2}[\sigma_{\mathrm{b}}] \tag{6-22}$$

2）操作状态下螺栓的设计载荷计算：

$$W = W_{\mathrm{p}} \tag{6-23}$$

5. 法兰材料、密封面型式及结构尺寸确定

（1）法兰力矩计算

1）法兰预紧力矩计算：

$$M_{\mathrm{a}} = W S_{\mathrm{G}} \tag{6-24}$$

2）法兰操作力矩计算：

$$M_{\mathrm{p}} = F_{\mathrm{D}} S_{\mathrm{D}} + F_{\mathrm{T}} S_{\mathrm{T}} + F_{\mathrm{G}} S_{\mathrm{G}} \tag{6-25}$$

其中：

$$S_{\mathrm{D}} = S + 0.5\delta_{1}$$

$$S_{\mathrm{T}} = \frac{S + \delta_{1} + S_{\mathrm{G}}}{2}$$

$$S_{\mathrm{G}} = \frac{D_{\mathrm{b}} + D_{\mathrm{G}}}{2}$$

3）法兰设计力矩 M_0 取以下较大值：

$$M_0 = \max\left\{M_{\mathrm{a}}\frac{[\sigma_{\mathrm{f}}^{t}]}{[\sigma_{\mathrm{f}}]},\ M_{\mathrm{p}}\right\} \tag{6-26}$$

(2) 法兰应力计算

1) 轴向应力计算：

$$\sigma_H = \frac{YM_0}{\lambda \delta_1^2 D_i} \tag{6-27}$$

2) 切向应力计算：

$$\sigma_T = \frac{YM_0}{\delta_f^2} - Z\sigma_R \tag{6-28}$$

3) 径向应力计算：

$$\sigma_R = \frac{1.33\delta_f e + 1}{\lambda \delta_f^2 D_i} \tag{6-29}$$

6. 应力校核

(1) 轴向应力

1) 对图 6-3a 所示的法兰型式：

$$\sigma_H \leq 1.5[\sigma_f^t] \tag{6-30}$$

2) 对图 6-3a 以外的其他法兰型式：$\sigma_H \leq \min\{1.5[\sigma_f^t], 2.5[\sigma_n^t]\}$。

(2) 切向应力

$$\sigma_T \leq [\sigma_f^t] \tag{6-31}$$

(3) 径向应力

$$\sigma_R \leq [\sigma_f^t] \tag{6-32}$$

(4) 组合应力

$$\frac{\sigma_H + \sigma_T}{2} 及 \frac{\sigma_H + \sigma_R}{2} \leq [\sigma_f^t] \tag{6-33}$$

7. 法兰密封面的选择

根据法兰密封面形状的不同，可分为光滑式、凹凸式、榫槽式、梯形槽式等，分别采用平垫片、齿形垫片、椭圆形或八角形垫片等密封，见表 6-12。

表 6-12 法兰密封面形式

密封面形式	简图	常用垫片	应用范围
光滑式	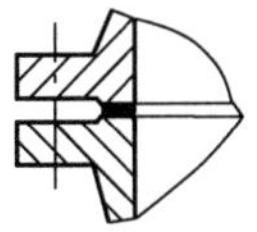	橡胶石棉板、聚四氟乙烯包嵌石棉板、铝板	适用于较低压力的阀门
凹凸式	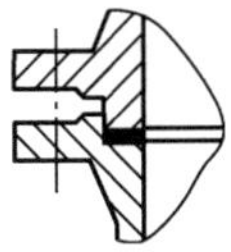	橡胶石棉板、缠绕式垫片	适用于各种压力的阀门
榫槽式	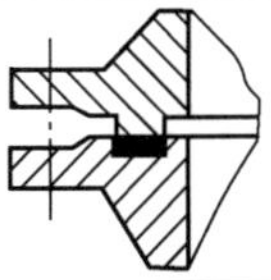	氟塑料板、缠绕式垫片、金属色石棉垫片、铜板	使用能够塑性变形的垫片和耐蚀性较强、密封性要求严格的阀门
梯形槽式	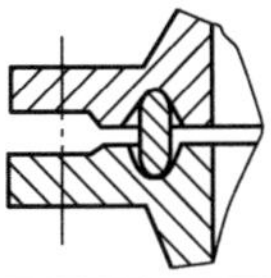	金属椭圆形垫片、金属八角形垫片	主要用于高温高压阀门

6.1.3 阀盖和支架的结构

在各种不同类型的调节阀中，通常由阀盖和阀体共同组成"承压壳体"。按照阀盖与阀体不同的连接形式分类，阀盖可以分为法兰式阀盖、自紧式阀盖、螺纹式阀盖等。自紧式阀盖结构见表 6-4。螺纹式阀盖除连接形式与法兰式阀盖不同外，其结构基本相同，故本节着重介绍法兰式阀盖。

阀盖通常又分为整体式阀盖和分离式阀盖。整体式阀盖不仅作为承压壳体的一部分，还与阀杆螺母或执行机构连接作为阀杆的支架。整体式阀盖通常用于中小口径的调节阀。大口径调节阀的阀盖通常分为两部分，与阀体连接的部分称为分离式阀盖，与阀杆螺母或执行机构连接的部分称为支架。

阀盖按承压部分的形状不同，可分为平板形、蝶形、球形、散（吸）热形、长颈形及波纹管密封形结构。阀盖常见的结构形式如图 6-8 所示。

根据阀杆螺母或执行机构与支架不同的安装方式，支架可分为阀杆螺母式支架、

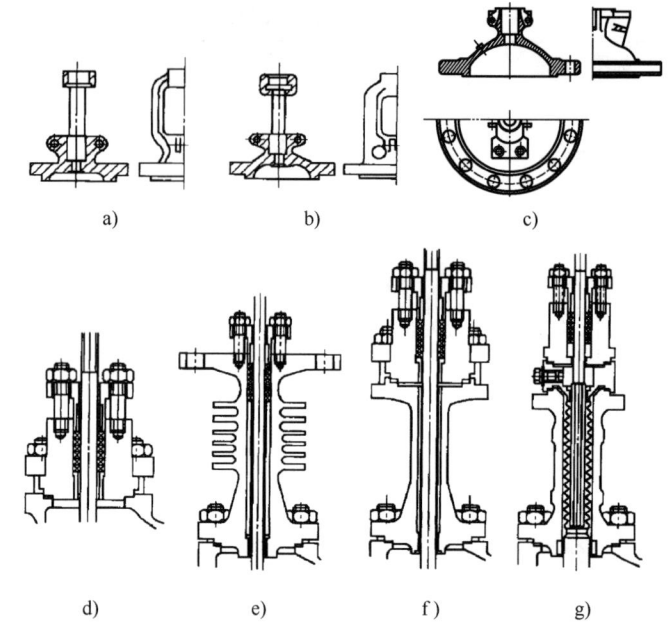

图 6-8 阀盖常见的结构形式

a）阀杆螺母下装整体式阀盖 b）阀杆螺母上装整体式阀盖 c）分离式阀盖 d）压板式阀盖

e）散（吸）热形阀盖 f）长颈形阀盖 g）波纹管密封形阀盖

立柱横梁式支架、法兰连接式支架。阀杆螺母式支架如图 6-9 所示，主要用于手轮操作的调节阀；立柱横梁式支架如图 6-10 所示，主要用于中、小口径调节阀或直流式调节阀；法兰连接式支架如图 6-11 所示，主要用于安装各种电动或气动执行机构的中、大口径调节阀。

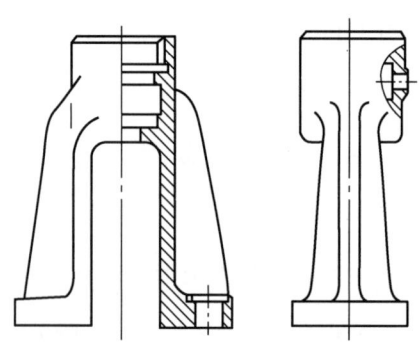

图 6-9 阀杆螺母式支架

第6章 控制阀的设计

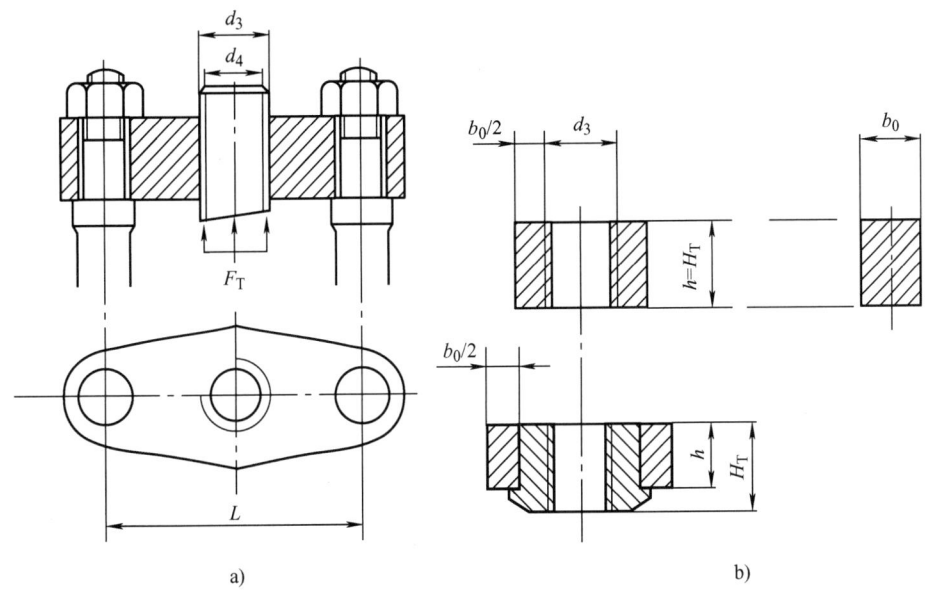

图 6-10 立柱横梁式支架

a) 横梁支架　b) 横梁的螺纹部分截面

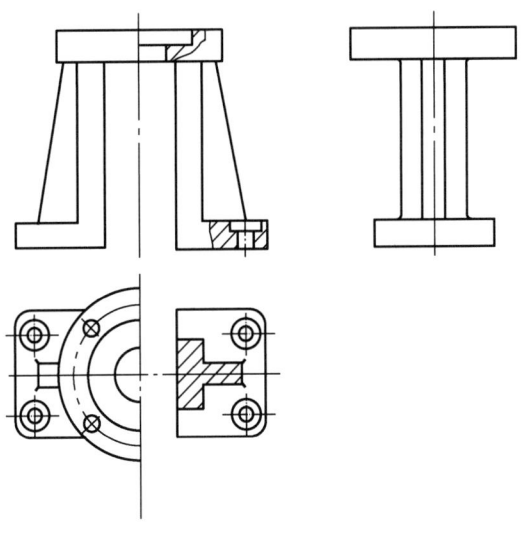

图 6-11 法兰连接式支架

6.1.4 阀盖的设计计算

由于阀盖和阀体共同组成"承压壳体",阀盖所承受的介质压力、温度等技术参数与阀体基本相同。因此,在设计计算方法上,两者也有共同之处,如阀盖壁厚、阀盖中法兰尺寸,都应和阀体的设计计算同步进行,并且材料、尺寸相同。因此,在阀体的设计计算中,关于壁厚的确定方法、法兰的计算,也适用于阀盖。在此不再重复,下面介绍阀盖其他的计算方法。

1. 平板阀盖

平板阀盖一般用于压力不高的单向阀上,可分圆形和非圆形两类。按其结构形式的不同,平板阀盖又可分为平面形、凸面形、凹凸形三类,如图6-12所示。

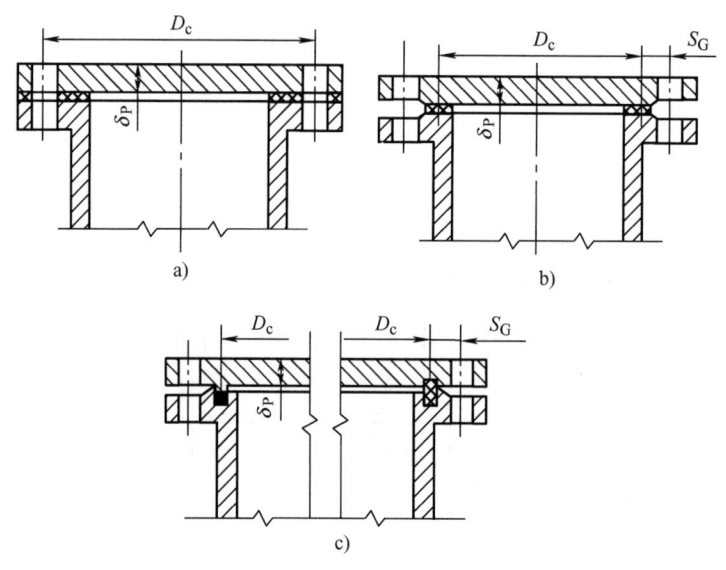

图6-12 圆形平板阀盖

a) 平面形平板阀盖 b) 凸面形平板阀盖 c) 凹凸形平板阀盖

1) 平面形平板形阀盖(见图6-12a)。其阀盖厚度计算:

$$\delta_P = D_c \sqrt{\frac{0.25p}{[\sigma_t]}} + C \tag{6-34}$$

式中 δ_P——阀盖厚度（mm）；

p——设计压力（MPa）；

D_c——阀盖计算直径（mm）；

$[\sigma_t]$——设计温度下材料的许用应力（MPa）；

C——附加裕量（mm）。

2）凸面形、凹凸形平板阀盖（见图6-12b、c）。其阀盖厚度按式(6-35)、式(6-36)分别计算，取较大值。

预紧状态：

$$\delta_P = D_c \sqrt{\frac{1.78 W S_G}{p D_c^3} \frac{p}{[\sigma]}} \tag{6-35}$$

式中 W——预紧状态时或操作状态时螺栓设计载荷（N）；

S_G——螺栓中心至垫片压紧力作用中心线的径向距离；

$[\sigma]$——材料的许用应力（MPa）。

操作状态：

$$\delta_P = D_c \sqrt{\left(0.3 + \frac{1.78 W S_G}{p D_c^3}\right) \frac{p}{[\sigma_t]}} + C \tag{6-36}$$

3）非圆形平板阀盖。其阀盖厚度计算：

$$\delta_P = D_c \sqrt{\frac{0.25 Z p}{[\sigma_t]}} + C \tag{6-37}$$

其中， $Z = 3.4 - 2.4 \frac{a}{b}$，且 $Z \leqslant 2.5$

式中 D_c——非圆形平板阀盖螺栓孔中心线周长（mm）；

a——非圆形平板阀盖的短轴长度（mm）；

b——非圆形平板阀盖的长轴长度（mm）。

2. 碟形阀盖

碟形阀盖的受力情况比平板形阀盖要好。碟形阀盖的结构如图6-13所示。

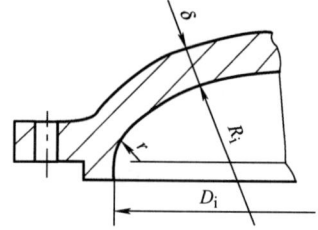

图6-13 碟形阀盖

1) 碟形阀盖的壁厚计算:

$$\delta = \frac{MpR_i}{2[\sigma_t] - 0.5p} + C \tag{6-38}$$

式中 δ——碟形阀盖的壁厚（mm）;

M——碟形阀盖形状系数，$M = \frac{1}{4}\left(3 + \sqrt{\frac{R_i}{r}}\right)$，可查表6-13;

R_i——碟形封头球面部分内半径（mm）;

D_i——阀盖内直径。

表6-13 系数 M 值

$\dfrac{R_i}{r}$	1.0	1.25	1.5	1.75	2.0	2.25	2.50	2.75
M	1.00	1.03	1.06	1.08	1.10	1.13	1.15	1.17
$\dfrac{R_i}{r}$	3.0	3.25	3.50	4.0	4.5	5.0	5.5	6.0
M	1.18	1.20	1.22	1.25	1.28	1.31	1.34	1.36
$\dfrac{R_i}{r}$	6.5	7.0	7.5	8.0	8.5	9.0	9.5	10.0
M	1.39	1.41	1.44	1.46	1.48	1.50	1.52	1.54

2) 碟形阀盖的许用压力计算:

$$[p] = \frac{2[\sigma_t]\delta_e}{MR_i + 0.5\delta_e} \tag{6-39}$$

式中　$[p]$——碟形阀盖的许用压力（MPa）；

　　　δ_e——碟形阀盖的有效厚度（mm）。

3. 无折边球面阀盖

无折边球面阀盖的结构如图 6-14 所示。无折边球面阀盖的壁厚计算：

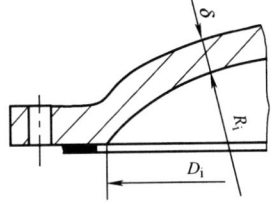

图 6-14　无折边球面阀盖

$$\delta = \frac{QpD_i}{2[\sigma_t]} + C \tag{6-40}$$

式中　δ——无折边阀盖的壁厚（mm）；

　　　Q——系数，由图 6-15 查取；

　　　D_i——阀盖内直径（mm），如图 6-14 所示；

　　　p——设计压力（MPa）；

　　　$[\sigma_t]$——设计温度下材料的许用应力（MPa）；

　　　C——附加裕量（mm）。

6.1.5　支架的设计计算

1. 立柱横梁式支架的计算

1）控制阀立柱横梁式支架的螺纹部分截面如图 6-10b 所示，其截面积计算：

$$A_c = \frac{F_T}{2[\sigma]} \tag{6-41}$$

式中　A_c——立柱顶端螺纹心部的截面面积（mm²）；

F_T——阀杆总轴向力（N）；

$[\sigma]$——材料的许用应力（MPa）。

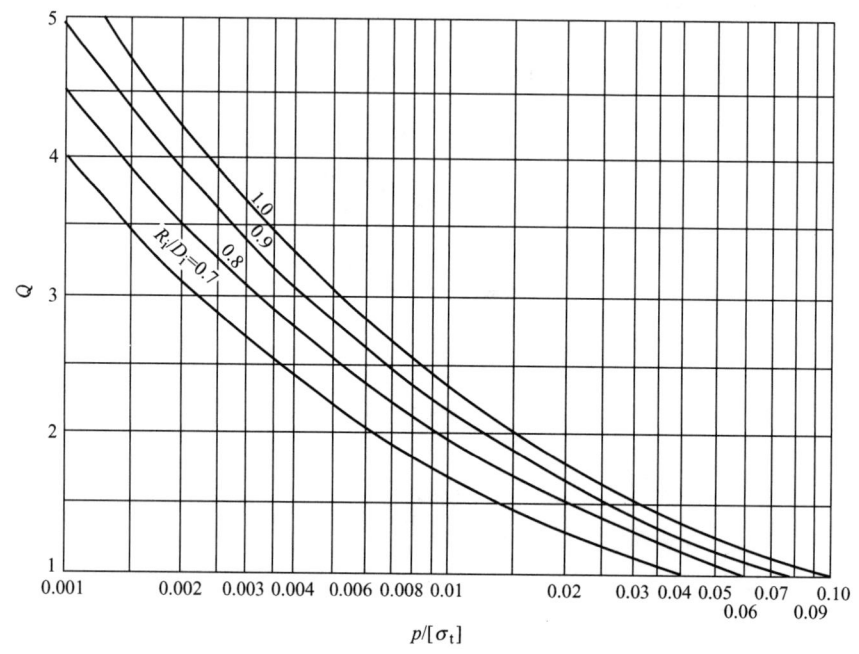

图 6-15　Q 与 $p/[\sigma_t]$ 的关系

阀门在关闭过程中，两立柱的顶端螺纹受拉，而在开启过程中，支柱横梁下面的平直部分受压。这部分直径大小可以不予计算，因为支柱中部的圆的直径比顶部螺纹部分要大得多，其强度足够。

横梁由两支柱支撑，在中心最大轴向力 F_T 的作用下，其受弯曲应力和切应力。确切地说，载荷并不通过"横梁"的几何中心，而是作用在驱动螺杆的外径 d_3 的圆周上，如图 6-10a 所示。如果横梁上的螺母是镶套的，甚至还要偏远些，如图 6-10b 所示。

横梁的有效宽度计算：

$$b_0 = \frac{6p_T L}{5[\sigma]h^2} \tag{6-42}$$

式中 b_0——横梁的有效宽度（mm）；

L——螺栓孔轴线之间的距离（mm）；

h——横梁的厚度（由所需的螺纹旋合长度确定）（mm）；

p_T——螺栓的预紧力（N）。

螺纹旋合长度 H_T（见图6-10）计算：

$$H_T = \frac{4F_T t_s}{\pi [p_b](d_3^2 - d_4^2)} \qquad (6-43)$$

式中 H_T——螺纹旋合长度（mm）；

t_s——螺纹的螺距（mm）；

$[p_b]$——螺纹螺旋旋合表面上的许用比压（MPa），推荐 $[p_b] = 7$ MPa；

d_3——螺纹大径（mm）；

d_4——螺纹根部直径（mm）。

无论螺纹是直接在横梁上，还是在镶套上，H_T 都是螺纹旋合长度。假如在镶套上，则横梁厚度 h 小于 H_T。考虑反复使用后的磨损，H_T 的最小值不能小于 $(d_3 + 6)$ mm。

2) 图6-16所示为控制阀常用的立柱横梁式支架。

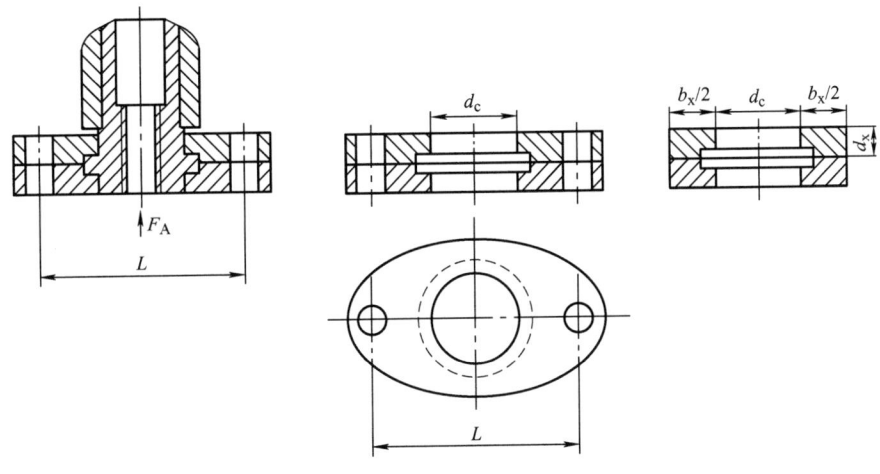

图6-16 控制阀的立柱横梁式支架

① 立柱上部根径按式(6-44) 计算：

$$d_c = \sqrt{\frac{4F_A}{\pi [\sigma] n_p}} \qquad (6-44)$$

式中　d_c——立柱上部根径（mm）；

F_A——阀杆总轴向力（N）；

n_p——立柱数量，一般为2根，在高压大口径阀门中，有时采用4根立柱；

$[\sigma]$——应用应力（MPa）。

② 横梁中心处的有效深度计算：

$$d_x = \sqrt{\frac{6F_A L}{5 b_x [\sigma]}} \qquad (6-45)$$

式中　d_x——横梁中心处的有效深度（mm）；

L——螺栓孔轴线之间的距离（mm）；

b_x——横梁中心处的有效宽度（mm）。

2. 整体支架的计算

整体支架包括阀杆螺母式支架及法兰连接式支架。其受力情况比较复杂，可将其看作超静定的固定桁架，通过其中间部分受到的阀杆轴向力 F_2' 的作用来计算。

控制阀支架的典型结构如图6-17所示。必须分别检验Ⅰ-Ⅰ、Ⅱ-Ⅱ、Ⅲ-Ⅲ截面处的应力。

1) Ⅰ-Ⅰ截面处的合成应力校核：

$$\sigma_{\Sigma I} = \sigma_{WI} + \sigma_{LI} + \sigma_W^N I \leq [\sigma_L] \qquad (6-46)$$

式中　$\sigma_{\Sigma I}$——Ⅰ-Ⅰ截面的合成应力（MPa）；

σ_{WI}——弯曲应力（MPa）；

σ_{LI}——拉应力（MPa）；

$\sigma_W^N I$——力矩引起的弯曲应力（MPa）；

$[\sigma_L]$——材料的许用拉应力（MPa）。

第6章 控制阀的设计

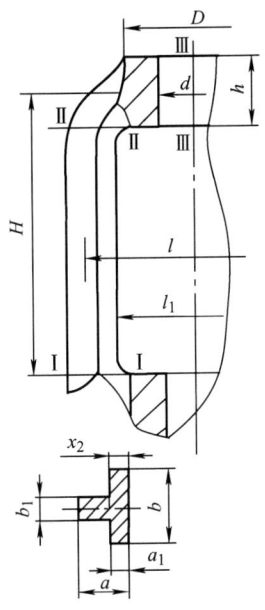

图 6-17 控制阀支架

① σ_{WI} 按下式计算：

$$\sigma_{WI} = \frac{M_I}{W_I^y} \tag{6-47}$$

式中 M_I——弯曲力矩（N·mm）；

W_I^y——Ⅰ-Ⅰ断面对 y 轴的截面系数（mm³），按表 6-14 计算。

M_I 按下式计算：

$$M_I = \frac{F_2' l}{8} \frac{1}{1 + \frac{1}{2} \frac{H}{l} \frac{I_{\mathrm{III}}^x}{I_{\mathrm{II}}^y}} \tag{6-48}$$

式中 l——框架两重心之间的距离（mm）；

I_{III}^x、I_{II}^y——分别为Ⅲ-Ⅲ截面对 x 轴和Ⅱ-Ⅱ截面对 y 轴的惯性矩（mm⁴）；

H——框架高度（mm）。

l 按下式计算：

$$l = l_1 + 2x_2 \tag{6-49}$$

式中 x_2——框架形心位置。

② σ_{LI} 按下式计算：

$$\sigma_{LI} = \frac{F'_2}{2A_I} \tag{6-50}$$

式中 A_I——Ⅰ-Ⅰ截面的面积（mm^2）。

③ $\sigma_W^N I$ 按下式计算：

$$\sigma_W^N I = \frac{M_{\text{III}}^N}{W_I^x} \tag{6-51}$$

式中 M_{III}^N——力矩（N·mm）；

W_I^x——Ⅰ-Ⅰ截面对 x 轴的截面系数（mm^3），按表6-14计算。

M_{III}^N 按下式计算：

$$M_{\text{III}}^N = \frac{M_{FJ}H}{l} \tag{6-52}$$

式中 M_{FJ}——阀杆螺母和支架间的摩擦力矩（N·mm）。

2）Ⅱ-Ⅱ截面的合成应力校核：

$$\sigma_{\Sigma\text{II}} = \sigma_{W\text{II}} + \sigma_{L\text{II}} \leq [\sigma_L] \tag{6-53}$$

计算方法与Ⅰ-Ⅰ截面相同。

3）Ⅲ-Ⅲ截面的弯曲应力校核：

$$\sigma_{W\text{II}} = \frac{M_{\text{III}}}{W_{\text{III}}^x} \leq [\sigma_W] \tag{6-54}$$

式中 M_{III}——Ⅲ-Ⅲ截面的弯曲力矩（N·mm）；

W_{III}^x——Ⅲ-Ⅲ截面对 x 轴的截面系数（mm^3），按表6-14计算。

M_{III} 按下式计算：

$$M_{\text{III}} = \frac{F'_2 l}{4} - M_I \tag{6-55}$$

表 6-14　断面的特性

符号		矩形	椭圆	T形
面积	A	ab	$\dfrac{\pi ab}{4}$	$b_1 a + a_1 b$
形心位置	x_1	$a/2$	$a/2$	$a - x_2$
	x_2	$a/2$	$a/2$	$\dfrac{1}{2}\left(\dfrac{b_1 a^2 + b_2 a_1^2}{b_1 a + b_2 a_1}\right)$
	y_1	$b/2$	$b/2$	$b/2$
惯性矩	I_x	$\dfrac{ab^3}{12}$	$\dfrac{\pi ab^3}{64}$	$\dfrac{a_1 b_1^3}{12} + \dfrac{ab^3}{12}$
	I_y	$\dfrac{ba^3}{12}$	$\dfrac{\pi ba^3}{64}$	$\dfrac{1}{3}(bx_2^3 - b_2 a_2^3 + b_1 x_1^3)$
截面系数	W_x	$\dfrac{ab^2}{6}$	$\dfrac{\pi ab^2}{32}$	I_x / x_1
	W_y	$\dfrac{ba^2}{6}$	$\dfrac{\pi ba^2}{32}$	I_y / y_1

6.2　调节阀设计计算

6.2.1　调节阀阀芯的流量特性曲线

为保证调节阀具有固定的流量特性曲线，对于连续调节的调节阀，需要采用复杂的异形阀芯。流量特性曲线取决于阀门的公称通过能力 q_y（或流量系数 K_v），以及阀芯开启高度 h。

阀芯的流量特性曲线有直线、抛物线及对数（等比）特性曲线。通常使用直线特性曲线，其次是对数特性曲线，而抛物线特性曲线则很少采用。

控制阀设计制造技术

1. 直线特性曲线

直线特性曲线能保证介质的质量流量 q_m 与阀芯的位移 h（除阀芯降至可调节行程范围内的极点位置外）成正比关系，如图 6-18 所示。一般这种关系可写成不通过坐标原点的直线方程：

$$q_m = Ch + q_{m,min} \tag{6-56}$$

式中　C——常数，它与阀的结构和尺寸，以及介质和压力差有关；

$q_{m,min}$——介质的最小流量（$h=0$ 时）。

$$C = \frac{q_m - q_{m,min}}{h} \tag{6-57}$$

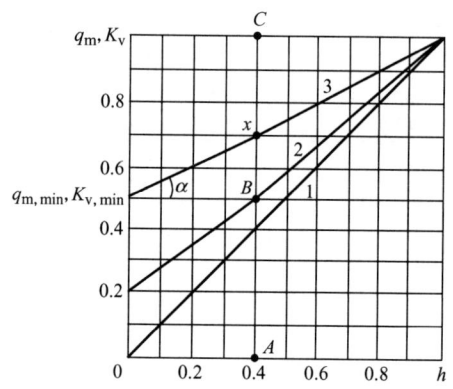

图 6-18　直线特性曲线

$1—q_{m,min}=0$　$2—q_{m,min}=0.2$　$3—q_{m,min}=0.5$

当阀芯关闭时，在 $q_{m,min}=0$ 的情况下，控制阀阀芯的行程与流量的关系可表示为通过坐标原点的 $q_m = Ch$ 的直线。

控制阀阀芯的行程与流量的关系以绝对值表示。若以相对值表示，则其公式应改为

$$\bar{q}_m = Ch + \bar{q}_{m,min} \text{ 和 } \bar{q}_m = \overline{Ch} \tag{6-58}$$

式中　$\bar{q}_m$——介质质量流量，在调解范围内，用与最大流量 $q_{m,max}$ 的比值（%）表示，

即 $\bar{q}_m = \dfrac{q_m}{q_{m,max}}$；

第6章 控制阀的设计

$\bar{q}_{m,min}$——介质的最小(不可调节的)质量流量,$\bar{q}_{m,min} = q_{m,min}/q_{m,max}$;

$\bar{h}$——对应于流量$\bar{q}_m$的阀芯位移,以比值$\bar{h} = h/h_n$表示(h_n为总调节行程或可调节行程);

$\bar{C}$——常数,其值为$\bar{C} = (\bar{q}_{m,max} - \bar{q}_{m,min})/h_n$,当$\bar{q}_{m,max} = 1$和$h_n = 1$时,$\bar{C} = 1 - \bar{q}_{m,min}$。

将$\bar{C} = 1 - \bar{q}_{m,min}$值带入式(6-58),可得相对值的直线特性曲线公式:

$$\bar{q}_m = (1 - \bar{q}_{m,min})\bar{h} + \bar{q}_{m,min} \tag{6-59}$$

当$\bar{q}_{m,min} = 0$时,式(6-59)变为

$$\bar{q}_m = \bar{h} \tag{6-60}$$

阀芯的直线特性曲线公式还可用图解法(见图6-18)求得,如点x的流量$\bar{q}_m$为

$$\bar{q}_m = Ax = AB + Bx = \bar{q}_{m,min} + \bar{h}\tan\alpha$$

$$\tan\alpha = \frac{\bar{q}_{m,max} - \bar{q}_{m,min}}{h_n} = 1 - \bar{q}_{m,min}$$

式(6-60)反映了介质流量与阀芯开启高度所对应的直线变化关系,即公式本身就表示阀芯的工作特性曲线。

介质的质量流量与介质的密度和流速有关,即与调节阀的结构要素无关。为了绘制阀芯的内特性曲线,必须避开这些因素。

当给定调节阀的工作参数条件(介质、压力损失、温度)时,阀的质量流量与公称通过能力q_{my}(或流量系数K_v)成正比,因此阀芯的特性曲线公式为

$$q_{my} = C_y h + q_{my,min} \tag{6-61}$$

且当$q_{my,min} = 0$时,则

$$q_{my} = C_y h$$

式中 q_{my}——当阀芯处于所研究位置时,阀门的公称通过能力;

C_y——常数。

采用相对值 $\bar{q}_{my} = q_{my}/q_{my,max}$ 以及相应的 $\bar{q}_{my,min} = q_{my,min}/q_{my,max}$，可得到前面类似的公式：

$$q_{my} = (1 - q_{my,min})\bar{h} + q_{my,min} \tag{6-62}$$

式(6-62)为阀芯的直线内特性曲线。当阀的压力损失恒定，并且系统的阻力（不包括阀门在内）不大时，能保证获得直线特性曲线。相对值 $\bar{q}_{my}$、$\bar{q}_{my,min}$ 和 $\bar{h}$ 可在 0～1 范围内变化。

2. 抛物线特性曲线

抛物线特性曲线如图 6-19 所示，它能保证以下关系：

$$q_m = Ch^2 + q_{m,min} \tag{6-63}$$

当 $q_{m,min} = 0$ 时，$q_m = Ch^2$。

阀门的流量与阀芯的开启高度以相对值表示。若以相对值表示，正如式(6-58)那样，可得

$$\bar{q}_m = \bar{C}\,\bar{h}^2 + \bar{q}_{m,min} \text{ 和 } \bar{q}_m = \bar{C}\,\bar{h}^2$$

当 $\bar{h} = 1$，$\bar{q}_m = \bar{q}_{m,max} = 1$ 时，则 $1 = \bar{C} + \bar{q}_{m,min}$，将 $\bar{C} = 1 - \bar{q}_{m,min}$ 代入上式可得：

$$\bar{q}_m = (1 - \bar{q}_{m,min})\bar{h}^2 + \bar{q}_{m,min} \tag{6-64}$$

当 $\bar{q}_{m,min} = 0$ 时，$\bar{q}_m = \bar{h}^2$。

式(6-64)表示阀芯的抛物线特性曲线。

公称通过能力 q_{my} 以相对值的关系式 $q_{my} = q_{my}h^2 + \bar{q}_{m,min}$ 表示，则

$$\bar{q}_m = (1 - \bar{q}_{m,min})\bar{h}^2 + \bar{q}_{m,min} \tag{6-65}$$

各种 $q_{m,min}$ 值的特性曲线如图 6-19 所示。

式(6-65)为阀芯的抛物线内特性曲线方程式。当阀门压力损失恒定，且系统阻力（不包括阀门在内）不大时，能保证阀芯的工作特性曲线为抛物线。

3. 对数特性曲线

对数特性曲线如图 6-20 所示，它能保证 $\dfrac{dq_m}{dh} = Cq_m$ 的关系。在对数特性曲线情况

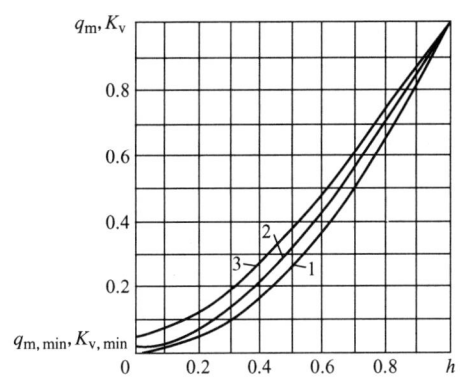

图 6-19 抛物线特性曲线

1—$q_{m,min}=0$ 2—$q_{m,min}=0.02$ 3—$q_{m,min}=0.04$

下,由于阀芯的行程与介质流量成正比,因此,阀芯升高,其流量按比例增加,于是特性曲线便由此而得名。

各种 $q_{m,min}$ 值的特性曲线如图 6-20 所示。

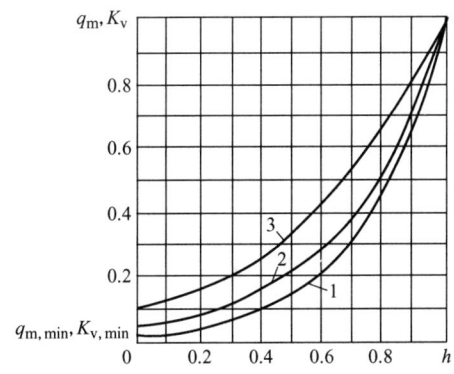

图 6-20 对数(等比)特性曲线

1—$q_{m,min}=0.02$ 2—$q_{m,min}=0.04$ 3—$q_{m,min}=0.1$

将 $\dfrac{\mathrm{d}q_m}{\mathrm{d}h}=Cq_m$ 移项,并将等式两边积分,得

$$q_m = q_{m,min}\mathrm{e}^{Ch} \tag{6-66}$$

若以相对值表示,则 $\overline{q}_m = \overline{q}_{m,min}\mathrm{e}^{\overline{Ch}}$。

式中 $\bar{q}_m$ ——当 $\bar{h}=0$ 时的介质流量;

$\bar{C}$——常数。

常数值可用下述方法求得:$\ln \bar{q}_m = \ln \bar{q}_{m,\min} + \bar{C}\bar{h}$,当 $\bar{q}_m = \bar{q}_{m,\max} = 1$ 及 $\bar{h}=1$ 时,得 $0 = \ln \bar{q}_{m,\min} + \bar{C}$,由此,$\bar{C} = -\ln \bar{q}_{m,\min}$。因此 $\bar{q}_m = \bar{q}_{m,\min} e^{-\bar{h}\ln \bar{q}_{m,\min}} = \bar{q}_{m,\min}(\bar{q}_{m,\min})^{-\bar{h}}$,最后得

$$\bar{q}_m = (\bar{q}_{m,\min})^{1-\bar{h}} \tag{6-67}$$

这就是对数(等比)特性曲线(见图 6-20)公式。

为了绘制阀芯的对数特性曲线,将式(6-67)中的公称通过能力用相对值表示,则

$$\bar{q}_{my} = (\bar{q}_{my,\min})^{1-\bar{h}} \tag{6-68}$$

按照相关的试验数据,对于双座式调节阀最小调节流量系数 $K_{v,\min}$,等于 0.04,而单座式控制阀的 $K_{v,\min}$ 等于 0.02。

当最小相对调节流量 $\bar{q}_{my,\min}=0.02$ 时,对数特性曲线调节阀的公称通过能力 $\bar{q}_{my}$ 值列于表 6-15;当 $\bar{q}_{my,\min}=0.04$ 时,$\bar{q}_{my}$ 值列于表 6-16。

表 6-15 当 $\bar{q}_{my,\min}=0.02$ 时,对数特性曲线调节阀的 $\bar{q}_{my}$ 值

h	0	0.1	0.2	0.3	0.4	0.5	0.6	0.7	0.8	0.9	1.0
$\bar{q}_{my}$	0.020	0.030	0.044	0.065	0.095	0.141	0.209	0.309	0.457	0.676	1.0

表 6-16 当 $\bar{q}_{my,\min}=0.04$ 时,对数特性曲线调节阀的 $\bar{q}_{my}$ 值

h	0	0.1	0.2	0.3	0.4	0.5	0.6	0.7	0.8	0.9	1.0
$\bar{q}_{my}$	0.040	0.055	0.076	0.105	0.145	0.200	0.276	0.381	0.524	0.725	1.0

如果以符号 K_v(流量系数)表示,则内特性曲线公式将变为以下形式:

(1) 直线特性曲线时

$$K_v = C_y h + K_{v,\min} \tag{6-69}$$

当 $K_{v,\min}=0$ 时,$K_v = C_y h$。

以相对值表示:$\bar{K}_v = \dfrac{K_v}{K_{v,\max}}$ 和 $\bar{h} = \dfrac{h}{h_{\max}}$;$\bar{K}_v = (1 - \bar{K}_{v,\min})\bar{h} + \bar{K}_{v,\min}$

式中 h_{max}——行程的最大值。

当 $\overline{K}_{v,min} = 0$ 时，$\overline{K}_v = \overline{h}$。

（2）抛物线特性曲线时

$$K_v = C_y h^2 + K_{v,min} \tag{6-70}$$

当 $K_{v,min} = 0$ 时，$K_v = C_y h^2$。

以相对值表示：$\overline{K}_v = (1 - \overline{K}_{v,min})\overline{h}^2 + \overline{K}_{v,min}$

当 $\overline{K}_{v,min} = 0$ 时，$\overline{K}_v = \overline{h}^2$。

（3）对数特性曲线时

$$\overline{K}_v = (\overline{K}_{v,min})^{1-\overline{h}} \tag{6-71}$$

利用所给定的特性曲线相对应的任一演变公式，便可确定阀芯在各种位置的介质流量。根据此流量，可求出阀芯在阀座中的开启截面尺寸，以及该阀芯的尺寸和形状。

通过上面所推导的公式，可以确定在调节阀的压力损失恒定情况下的内特性曲线。实际上，阀门的压力损失只是系统压力损失的一部分，而且阀门的压力损失是随调节阀的开启程度而改变的。这种情况会引起外特性曲线失真，即所得到的工作特性曲线与内特性曲线不相同。

现在来研究不可压缩液体中阀门的工作情况，假定管道中的阻力为常数，系统（不包括阀门）的阻力系数为 $\pounds_t$ = 常数，而阀门的压力损失 Δp_K 随介质的流量而改变。根据假定条件，可得

$$\Delta p_K = \Delta p_C - \Delta p_T \tag{6-72}$$

式中 Δp_C——整个系统（包括阀门）的压力损失；

Δp_T——不包括阀门的系统压力损失。

Δp_T 值与管路中介质流速的平方成正比，因而也与流经管路的介质流量的平方成正比，故

控制阀设计制造技术

$$\Delta p_T = \Delta p_{T\sigma}\left(\frac{q_m}{q_{m,\max}}\right)^2 = \Delta p_{T\sigma} \overline{q}_m^2 \tag{6-73}$$

式中 $\Delta p_{T\sigma}$——当介质为最大流量时，系统（不包括阀门）的压力损失。

将 Δp_T 代入式(6-72)中，得

$$\Delta p_K = \Delta p_C - \Delta p_{T\sigma} \overline{q}_m^2$$

前面已推导出：第一式 $q_m = q_{my}\sqrt{\Delta p_{Kp}}$ 和第二式 $q_{m,\max} = q_{my,\max}\sqrt{\Delta p_{K\sigma}}$，用第一式除以第二式，得 $\overline{q}_m = \overline{q}_{my}\sqrt{\dfrac{\Delta p_{Kp}}{\Delta p_{K\sigma}}}$，将 Δp_K 值代入，得

$$\overline{q}_m = \overline{q}_{my}\sqrt{\frac{\Delta p_C - \Delta p_{T\sigma}\overline{q}_m^2}{\Delta p_{K\sigma}}} \tag{6-74}$$

变形得 $\overline{q}_m = \overline{q}_{my}\sqrt{\dfrac{\overline{q}_m^2 \Delta p_C}{\Delta p_{K\sigma} + \overline{q}_m^2 \Delta p_{K\sigma}}}$，由于 $\Delta p_{T\sigma} = \Delta p_{C\sigma} - \Delta p_{K\sigma}$，故

$$\overline{q}_m = \sqrt{\frac{\overline{q}_{my}^2 \Delta p_C}{\Delta p_{K\sigma} + \overline{q}_{my}^2 \Delta p_{C\sigma} - \overline{q}_{my}^2 \Delta p_{K\sigma}}}$$

式中 $\Delta p_{K\sigma}$——在调节范围内，当介质为最大流量时调节阀的压力损失；

$\Delta p_{C\sigma}$——在调节范围内，当介质为最大流量时，整个系统（包括阀门）的压力损失。

将 $\dfrac{\Delta p_C}{\Delta p_{C\sigma}}$ 提出，并约去 $\overline{q}_{my}^2$，令 $s = \dfrac{\Delta p_{K\sigma}}{\Delta p_{C\sigma}}$，可得

$$\overline{q}_m = \sqrt{\frac{\dfrac{\Delta p_C}{\Delta p_{C\sigma}}}{\dfrac{s}{\overline{q}_{my}^2} + 1 - s}}$$

令 $\Delta p_C / \Delta p_{C\sigma} = n$，可得

$$\overline{q}_m = \sqrt{\frac{n}{1 + \left(\dfrac{1}{\overline{q}_{my}^2} - 1\right)s}}$$

在整个系统（见图 6-21）中，当压力损失 $\Delta p_C = \Delta p_{C\sigma}$ 恒定，以及 $n = 1$ 时，可得

$$\bar{q}_\mathrm{m} = \sqrt{\frac{1}{1 + \left(\dfrac{1}{\bar{q}_\mathrm{my}^2} - 1\right)s}}$$

在给定 s 值时，对于处在不同位置的阀芯，代入不同的 q_my 值，即得出所给定条件的工作特性曲线。

在 $\bar{q}_\mathrm{m} = \bar{h}$（当 $q_\mathrm{my,min} = 0$ 时）的直线内特性曲线上，如果系统压力损失恒定，则可绘出如图6-22所示各种 s 值的特性曲线。系统中压头恒定时的阀门工作示意图如图6-21所示，对于 $\bar{q}_\mathrm{m} = (\bar{q}_\mathrm{my,min})^{1-\bar{h}}$ 的对数特性曲线，当 $q_\mathrm{my,min} = 0$ 时，各种 s 值的特性曲线如图6-23所示。采用类似的方法，还可绘出各种 $\bar{q}_\mathrm{my,min}$ 值的特性曲线。

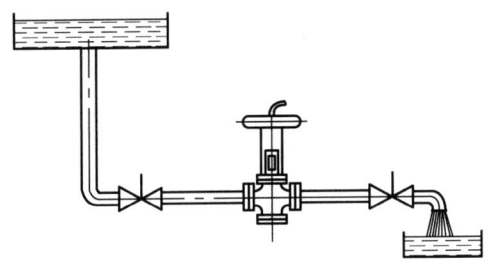

图6-21 系统中压头恒定时的阀门工作示意图

假如阀门是在带有泵的系统中工作，则系统中的压力损失会经常发生变化。这种情况使得计算更为复杂，因为要考虑泵的特性曲线，所以还必须确定 $n = f(q_\mathrm{m})$ 的关系。

图6-22和图6-23所示的内特性曲线表示，假如在阀门中产生的压头与系统总压头相比，阀门占的比例不大，则阀门的工作特性曲线与内特性曲线相比，差别很大。

当调节阀处于全开位置时，如果阀门的压头占系统总压头的绝大部分（0.8或更高），在阀芯为直线特性曲线时，则可近似地认为阀芯的位移使流量成比例变化。如果当调节阀处于全开位置时，阀门的压头低于0.8倍系统总压头，则仅阀芯为直线特性曲线，不能保持正比关系。

从对图6-23所示的对数内特性曲线分析得知，当 s 值很小时，具有对数内特性曲

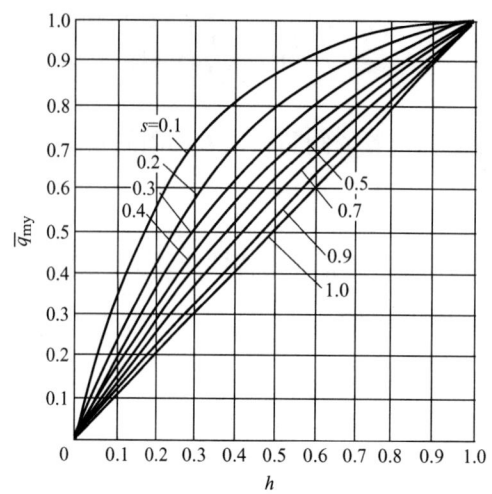

图 6-22 直线内特性曲线时，各种 s 值的特性曲线（系统中压力损失为常数）

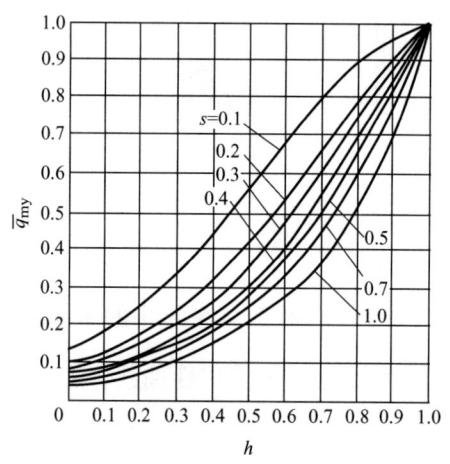

图 6-23 对数内特性曲线时，各种 s 值的特性曲线（系统中压力损失为常数）

线的阀门能保证其工作特性曲线接近于直线；同时，具有直线内特性曲线的阀门，当 s 值很小时，绘成的工作特性曲线远离直线。

在绝大多数情况下，必须保证调节阀为直线工作特性曲线。在选择阀芯时，必须考虑 s 值。当 s 值较大时，为保证控制阀在直线特性曲线下工作，可采用直线内特性曲线阀芯；当 s 值较小时（0.4 或更小），采用对数内特性曲线阀芯比较合理。当 $q_{\mathrm{my,min}} = 0.02 \sim 0.04$ 时，采用对数内特性曲线，可得到阀在接近直线的工作外特性曲线下工作。

当采用一般阀门厂生产的备用阀芯时,这种方法是可行的。

在设计调节阀阀芯时,当给定 s 值,以及系统压力损失变化的情况下,阀芯的内特性曲线可以调整,以确保得到所需的外特性曲线,如直线、对数曲线等。

对于系统压力损失恒定的情况,当 $n=1$ 时,有

$$\bar{q}_\mathrm{m} = \frac{1}{\sqrt{1+\left(\frac{1}{\bar{q}_\mathrm{my}^2}-1\right)s}} \tag{6-75}$$

在给定 s 值时,代入不同的 $\bar{q}_\mathrm{m}$ 值,就得到相应的 $\bar{q}_\mathrm{my}$ 值。在为直线外特性曲线时,$\bar{q}_\mathrm{m} = \bar{h}$(如果 $\bar{q}_\mathrm{m} = 0$);在为对数特性曲线时,$\bar{q}_\mathrm{m} = (\bar{q}_\mathrm{my,min})^{1-\bar{h}}$。因此,给定了外特性曲线,就可确定所需要的内特性曲线。

这样,在不同的 s 值时,为了获得所需要的直线特性曲线,可以近似地取相对于 $s=1$ 的直线(通过坐标原点与水平成 $45°$ 的直线)。该直线为平滑的反映工作情况的特性曲线。

对于可压缩介质(气体和蒸汽),是否可采用调整特性曲线的方法还尚未被证实。

6.2.2 阀芯形面的计算和绘制

控制阀的工作流量特性曲线,可用阀芯的位移与介质流量的关系确定。通常用下式表示:

$$q_\mathrm{m} = f(h) \tag{6-76}$$

已知这种关系,便可计算阀芯在与其开启高度 h 相应的各种位置下,阀门所要求的通过能力 q_mk。

按阀门的流量 q_mk,或公称通过能力 q_myk 的大小,确定阀芯在不同位置时阀座的开启截面面积 A_K。阀芯尺寸的计算和绘制,根据 A_K 值进行。下面介绍一些已采用的计算方法。

6.2.3 阀芯开启流通面积的计算

阀门的流量 q_{mk} 可以使用绝对值计算（t/h）。但流量往往不以绝对值表示，而以相对值 $\bar{q}_{mk}$（阀门的流量 q_{mk} 与在调节范围内的最大流量 $q_{m,max}$ 的比值）计算，并要求流量按一定的曲线变化。

在这种情况下，将阀芯在各种不同位置下阀座的开启截面面积 A_k 折算成阀门通道孔面积 A_y，计算起来会更方便些。阀芯全开时，其开启截面的最大面积为

$$A_k = mA_y \tag{6-77}$$

式中 m——全通过系数，$m \leqslant 1$。

系数 m 表示阀芯在全开启时，阀座开启截面面积与通道孔面积的比值。$m=1$ 的阀门通常称为"全通阀"。

A_k 值可用阻力系数 ζ_k、总流量系数 K_{vk}、阀座的流量系数 K_{vb}，以及公称通过能力 q_{myk}（或者流量系数 K_v）进行计算。这些数值是相互关联的，采用其中每一数值都各有其特点。在利用这些系数值的实验数据时，应将所依据的截面积和其相应的介质流速考虑在内。

当流量的绝对值为已知数时，阀座开启截面积借助阻力系数 ζ_k，用下列方法计算。

利用关系式 $q_{mk} = f(h_k)$，即流量值与阀芯开启高度的关系式，确定阀芯在不同开启位置下的 q_{mk}。q_{mk} 与相应的 ζ_k 关系如下：

$$\zeta_k = 5.04^2 \left(\frac{A_y}{q_{mk}}\right) \Delta p_P \tag{6-78}$$

式中的 Δp_P 值应给定，或者由 q_{mk} 的值确定。如缺乏必要的数据，为了近似计算，一般在一定条件下，取 $\Delta p_P = $ 常数。令 $\bar{A}_k = A_k / A_y$。$\bar{A}_k$ 为以相对值表示的阀门开启截面面积。当 $A_k = A_y$ 时，$\bar{A}_k = 1$。

研究证明，阀芯在给定开启位置时，阀门的阻力系数 ζ_k 基本上决定了阀的开启度。开启度决定于阀体形状，而阀芯形面的变化 A_k 则影响很少。因此，曲线图可用于计算

第6章 控制阀的设计

各种不同阀芯形面调节阀的阻力系数。按给定的阀体阻力系数选用曲线。

如果流量的绝对值为未知数，但可以用曲线图或公式形式绘出相对值 $\bar{q}_{mk}$，则阀座的开启截面面积按下列程序进行计算。

知道阀体的结构尺寸后，就给定了与（在调节行程范围内）阀的最大开启度相应的阻力系数值 ζ_M，确定 ζ_k 和 ζ_M 之间的关系式，并计算阀芯在不同位置下的 ζ_k 值。双座调节阀的曲线图参考图 6-24，确定与求出的 ζ_k 相应的 A_k 值。

计算开启截面面积为

$$A_k = \bar{A}_k A_y \tag{6-79}$$

6.2.4 流通面积计算实例

下面列举在恒定压力损失下，按流量值计算开启截面面积的例题。

例 6-1 在全开启时，阀门的阻力系数 $\zeta_M = 8.0$，试求 DN80 的直线特性曲线的双座式调节阀阀座的开启截面面积。

解：所考虑的阀门的阀芯为直线特性曲线。由此得出关系式

$$q_{mk} = q_{m,\max} \bar{h} \tag{6-80}$$

将阀芯的全行程 h_n 分成 n 个部分，并用字母 k 代表所研究的与阀芯开启高度 h_k 相应各截面的序号，阀芯的行程以相对值表示：

$$\bar{h}_k = \frac{h_k}{h_n} = \frac{k}{n} \tag{6-81}$$

因为 $q_{m,\max} = \dfrac{5.04 A_y}{\sqrt{\zeta_M}} \sqrt{\Delta p_P}$ 和 $q_{mk} = \dfrac{5.04 A_y}{\sqrt{\zeta_k}} \sqrt{\Delta p_P}$，故 $\dfrac{q_{m,\max}}{q_{mk}} = \sqrt{\dfrac{\zeta_k}{\zeta_M}}$ 或 $\zeta_k = \zeta_M \dfrac{q_{m,\max}^2}{q_{m,\min}^2}$，

但 $\dfrac{q_{m,\max}}{q_{m,\min}} = \dfrac{1}{\bar{h}} = \dfrac{n}{k}$，因而对于直线特性曲线，有

$$\zeta_k = \zeta_M \left(\frac{n}{k}\right)^2 \tag{6-82}$$

取 $n = 10$，并将 k 的不同值代入式(6-84)，可得出阀芯在每一开启位置下的 ζ_k 值。

利用图 6-24 的曲线图，可确定相应于 ζ_k 值的开启度 $\overline{A}_k$。

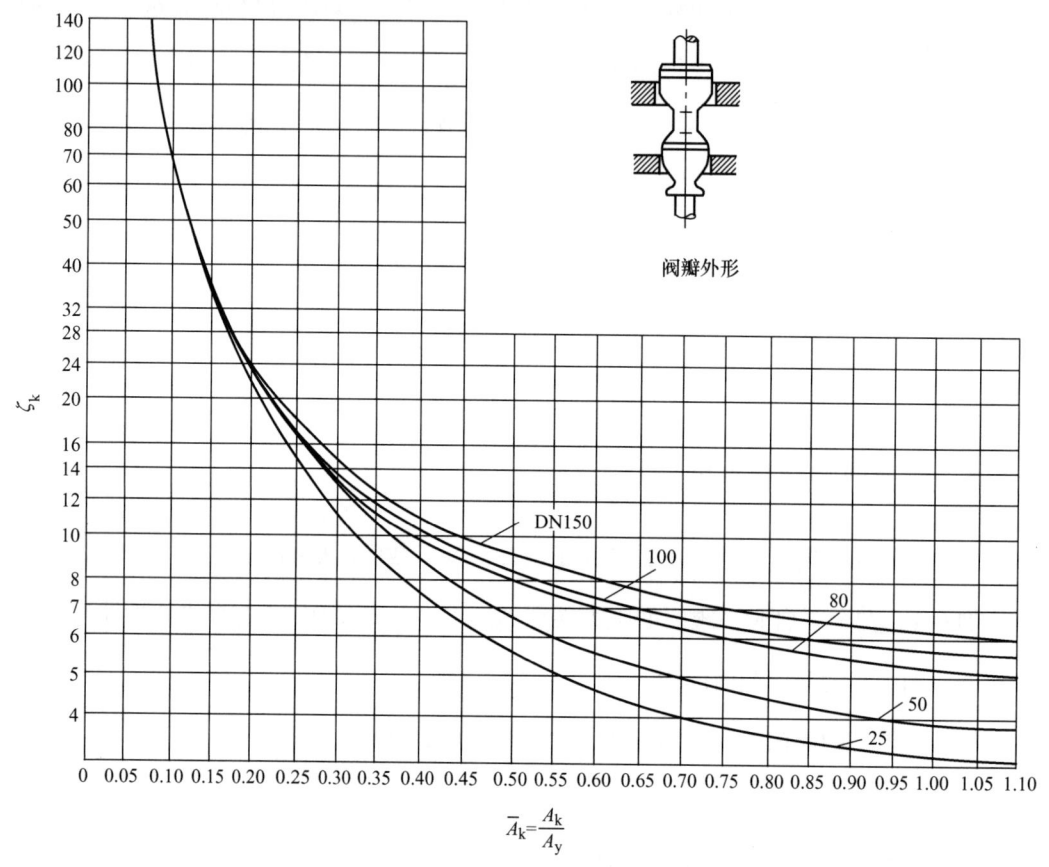

图 6-24　双座调节阀因开启高度而变化的流体阻力系数曲线图

计算阀座的开启截面面积。对于所研究的阀而言：

$$A_k = 0.785 \times 8^2 \mathrm{cm}^2 = 50.24 \mathrm{cm}^2$$

计算数据示于表 6-17。

表 6-17　数值 $\left(\dfrac{n}{k}\right)^2$，$\zeta_k$，$\overline{A}_k$，$A_k$ 和 A_k' 的计算值

截面 k 的序号	$\left(\dfrac{n}{k}\right)^2$	阻力系数 $\zeta_k = \zeta_M \left(\dfrac{n}{k}\right)^2$	$\overline{A}_k = \dfrac{A_k}{A_y}$	总开启截面面积/cm² $A_k = \overline{A}_k A_y$	每个阀芯的开启截面面积 A_k'
1	100	800.0	0.031	1.56	0.78
2	25	200.0	0.056	2.82	1.41
3	11.1	88.8	0.088	4.43	2.21

(续)

截面 k 的序号	$\left(\dfrac{n}{k}\right)^2$	阻力系数 $\zeta_k = \zeta_M \left(\dfrac{n}{k}\right)^2$	$\overline{A}_k = \dfrac{A_k}{A_y}$	总开启截面面积/cm² $A_k = \overline{A}_k A_y$	每个阀芯的开启截面面积 A'_k
4	6.25	50.0	0.12	6.04	3.02
5	4.00	32.0	0.16	8.05	4.02
6	2.78	22.21	0.21	10.45	5.22
7	2.04	16.32	0.26	13.10	6.55
8	1.56	12.50	0.32	16.10	8.05
9	1.23	9.85	0.40	20.10	10.05
10	1.00	8.00	0.51	25.64	12.82

用总流量系数 K_{vk} 确定阀座的开启截面面积 A_k，可按绝对值计算，也可按相对值计算。

在未研究计算方法之前，应明确什么是总流量系数 K_{vk}。

由水力学的定律得知，在无阻力的管子里，液体的理论流速 v_t（m/s）为

$$v_t = \sqrt{2gH} \tag{6-83}$$

由于存在阻力的缘故，实际流速 v_δ 值要小些，为

$$v_\delta = \frac{1}{\sqrt{1+\xi}} \sqrt{2gH} \tag{6-84}$$

式中 ξ——管子的阻力系数，这里指包括阀门在内的整个管路系统的阻力系数。

因此 $v_\delta = \varphi v_t$

式中 φ——流速系数，是实际流速与理论流速的比值，$\varphi = \dfrac{v_\delta}{v_t} = \dfrac{1}{\sqrt{1+\xi}}$。

φ 值仅与 ξ 值有关。为了求出实际流速（以及流量）和阀的开启截面面积之间的关系，可用经验数据或者由 ξ 值推导出如下关系式：

$$\varphi = K_{vb} \frac{A_k}{A_y} = K_{vb} \overline{A} \tag{6-85}$$

式中 K_{vb}——阀座的流量系数，即与管道中的介质流速有关的阀门的开启截面的流量系数。

故

$$K_{vb} = \frac{A_y}{A_k \sqrt{1+\xi_c}}$$

计算整个系统（包括阀在内）的阻力系数 ξ_c，其总和为

$$\xi_c = \xi_T + \xi_k \tag{6-86}$$

式中 ξ_T——没有阀门的系统阻力系数；

ξ_k——在给定开度下调节阀的阻力系数。

故

$$K_{vb} = \frac{A_y}{A_k \sqrt{1+\xi_T+\xi_k}}$$

假如系统的阻力与调节阀的阻力相比，小到可以忽略而不计，则取 $K_{vb} = K_{vbk}$，得（设 $\xi_T = 0$）

$$K_{vbk} = \frac{A_y}{A_k \sqrt{1+\xi_k}} \tag{6-87}$$

因此

$$K_{vb} = K_{vbk} \sqrt{\frac{1+\xi_k}{1+\xi_T+\xi_k}} \tag{6-88}$$

由此可见，流量系数 K_{vbk} 不仅取决于调节阀在其给定开度下的阻力，还取决于管路的阻力。

按流量 q_{mk} 的相对值计算阀座的开启截面面积 A_k 时，用总流量系数 K_{vk} 进行计算，计算程序与按流量的绝对值计算相同。由于按流量的相对值计算较常见，故把它推导成下面的较简便的形式。此形式适用于具有直线特性曲线的阀芯。

对于具有直线特性曲线的阀芯，设通过调节阀的最大流量为

$$q_{m,\max} = q_{mA} K_{vm} m A_y$$

式中 q_{mA}——当阀芯全开时，介质流经单位有效面积的流量 $q_{mA} = \dfrac{q_{m,\max}}{K_{vm} m A_y}$；

第6章 控制阀的设计

K_{vm}——阀芯全部开启时的总流量系数。

阀芯为直线特性曲线时，如果 $q_{m,min} = 0$，则

$$q_{mk} = q_{m,max} \frac{k}{n}$$

如果 $q_{m,min} \neq 0$，则

$$q_{mk} = (q_{m,max} - q_{m,min})\frac{k}{n} + q_{m,min}$$

代入 $q_{m,max}$ 值，得

$$q_{mk} = q_{mA} K_{vm} m A_y \frac{k}{n}$$

对于处于中间位置的阀芯为

$$q_{mk} = q_{mA} K_{vk} A_k$$

使上面 q_{mk} 两式值相等，得

$$K_{vk} A_k = K_{vm} m A_y \frac{k}{n} \tag{6-89}$$

$$K_{vk} = \varphi(K_{vk} A_k)$$

用试凑法或按曲线确定 A_k 值，然后根据 A_k 值，由 $K_{vk} A_k$ 乘积求出所要求的 K_{vk} 值。

例6-2 计算 DN50，阀芯为直线特性曲线的单座式调节阀，在全通系数 $m=1$ 时（即全通阀）阀座的开启截面积。阀芯行程 $h_n = 65\text{mm}$，最小流量 $q_{m,min} = 0$。

解：确定通道孔面积

$$A_y = 0.785 \times 5^2 \text{cm}^2 = 19.63 \text{cm}^2$$

因为未给出流量的绝对值，可利用图6-25的数据。本例应选用曲线3；按此曲线确定所需要的数值。

当 $\bar{A}_k = 1$ 时，$K_{vm} = 0.42$。用已知数据代入式（6-89），得 $K_{vk} A_k = 0.42 \times 19.63 \frac{k}{n} = 8.25 \frac{k}{n}(\text{cm}^2)$。

将 k 值依次代入上式，得出"有效面积"的 $K_{vk}A_k$ 值，由此以试凑法确定阀座的开启截面面积 A_k。选出 A_k 值，由 $K_{vm}A_k$ 乘积得出所要求的数值。通过一系列逐步渐近的方法进行计算，直至 K_{vm} 的最后两位数值不等为止。计算数据列于表6-18。

表6-18 利用总流量系数 K_v 的近似法计算单座式调节阀阀座开启截面积

截面 k 的序号	有效面积 $K_{vk}A_k$	原始数据 $\bar{A}_k = \frac{A_k}{A_y}$	原始数据 K_{vk}	第一近似值 K_{vk}	第一近似值 A_k	第一近似值 $\bar{A}_k$	第二近似值 K_{vk}	第二近似值 A_k	第二近似值 $\bar{A}_k$	第三近似值 K_{vk}	第三近似值 A_k	第三近似值 $\bar{A}_k$	第四近似值 K_{vk}	第四近似值 A_k	第四近似值 $\bar{A}_k$	第五近似值 K_{vk}	第五近似值 A_k	第五近似值 $\bar{A}_k$	选取值 K_{vk}	选取值 A_k/cm²
1	0.825	0.1	0.80	0.75	1.10	0.056	0.80	1.03	0.051	0.80									0.80	1.03
2	1.650	0.2	0.80	0.80	2.06	0.105	0.80												0.80	2.06
3	2.475	0.3	0.78	0.80	3.09	0.157	0.80												0.80	3.09
4	3.300	0.4	0.73	0.80	4.13	0.210	0.80												0.80	4.13
5	4.125	0.5	0.66	0.80	5.16	0.262	0.79	5.22	0.266	0.79									0.79	5.22
6	4.950	0.6	0.59	0.79	6.76	0.319	0.77	6.44	0.328	0.76									0.77	6.44
7	5.775	0.7	0.53	0.76	7.60	0.387	0.74	7.80	0.397	0.73	7.92	0.403							0.73	7.92
8	6.600	0.8	0.48	0.73	9.05	0.460	0.69	9.57	0.487	0.67	9.85	0.502	0.66	10.00	0.510	0.65	10.15	0.517	0.65	10.20
9	7.425	0.9	0.45	0.56	13.33	0.680	0.55	13.60	0.693	0.54	13.90	0.710	0.53	14.00	0.714	0.52	14.05	0.695	0.53	14.05
10	8.250	1.0	0.42	0.42	19.63														0.42	19.63

采用这种逐步渐近法是有必要的，因为当乘积 $K_{vm}A_k$ 为给定值时，其相乘数可能有几个数值，而且这些值之间与图6-25所示的关系有关联。

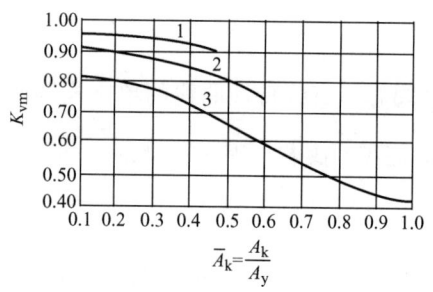

图6-25 一些底座调节阀选用的总流量系数值曲线图

对于不同的阀，由于阀芯和阀体的结构不同，在 $\frac{A_k}{A_y}$ 值相同时，总流量系数会稍有差异。

图6-26所示的双座柱塞式调节阀，在 $A_k = 0.1 \sim 0.7$ 的直线特性曲线情况下，其

K_{vk} 值可按下面近似公式求出：

$$K_{vm} \approx 1.2\left(1.1 - \frac{A_k}{A_y}\right) \text{ 或 } K_{vm} \approx 1.2(1.1 - \overline{A}_k)$$

如前所述，按 $K_{vm} = \varphi(\overline{A}_k)$ 曲线图，根据 $\frac{K_{vm}A_k}{A_y}$ 值，绘出 $K_{vk} = \varphi(K_{vk}\overline{A}_k)$，或 $K_v = \varphi\left(K_{vm}\frac{A_k}{A_y}\right)$ 曲线图。以此曲线图，用图解法可求出 K_{vk} 值。$K_{vm}A_k$ 值单位为 cm^2。为了得出 $K_{vm}A_k$ 值，对于不同的公称直径，可沿横坐标轴取 A_k 值的相对值 $\overline{A}_k = \frac{A_k}{A_y}$。

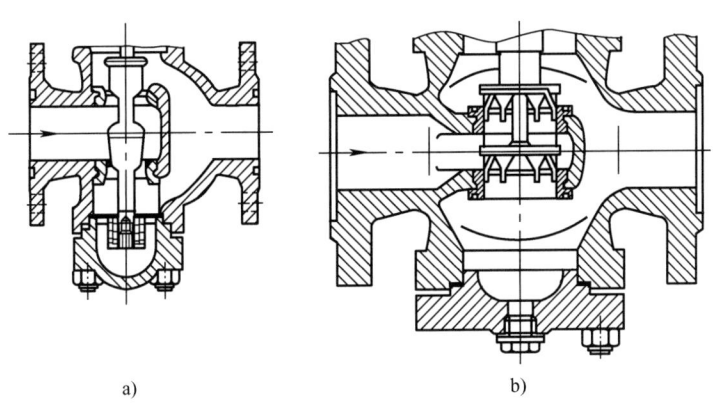

图 6-26 调节阀

图 6-27a 所示为 $K_{vm} - \overline{A}_k$ 曲线，根据 $K_{vm} = \varphi(\overline{A}_k)$ 数据，可绘出 $K_{vm} = \varphi(A_k/A_y)$ 曲线（见图 6-27b）。因此，在用图解法求 K_{vk} 时，绘制出的第二种曲线图，可代替编制近似表格。用曲线图根据 $\frac{K_{vk}A_k}{A_y} = K_{vk}\overline{A}_k$ 确定 K_{vk} 值。知道 K_{vk} 值就可求出 A_k 值。

由于积累了实验数据，用不同型式调节阀的公称通过能力的曲线图 $q_{myk} = \varphi(\overline{A}_k)$ 确定 A_k 值的方法在最近得到了应用。此时，可用以下方法确定 A_k 值。

首先确定与阀芯内特性曲线相对应的阀芯处于各种位置的 q_{mk} 值，然后确定公称通过能力：

$$q_{myk} = \frac{q_{mk}}{\sqrt{\Delta p_P}}$$

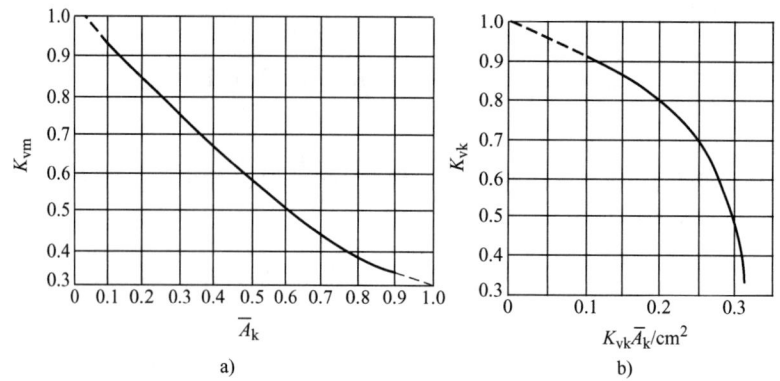

图 6-27 DN25 单座调节阀曲线图

a) $K_{vm} - \overline{A}_k$ 曲线   b) $K_{vk} - K_{vk}\overline{A}_k$ 曲线

利用与阀门结构相对应的每一个公称直径的 $q_{myk} = \varphi(\overline{A}_k)$ 曲线图,可得出每一个 q_{mk} 值的 $\overline{A}_k = \dfrac{A_k}{A_y}$ 值。阀芯的截面面积可用下式求得:

$$A_k = \overline{A}_k A_y \tag{6-90}$$

用阻力系数 ξ_k、总流量系数 K_{vm} 或公称通过能力 q_{myk} 可以计算调节阀的阀芯。阀芯应预先经过试验,并绘出与它相应的曲线图。

对于新型调节阀的阀芯,应参照与所设计的阀相近似的结构,并采用该结构的调节阀的曲线图来代替所设计的,然后近似地绘出其形面。

ξ_k、K_{vk} 和 q_{myk} 取决于阀体阻力与阀座缩口的阻力。这些数值的单个作用并不显著,因此可以按其总和计算,并把 ξ_k 和 K_{vk} 的变化看作是因 A_k 的改变所引起的。

调节阀的阻力在一定条件下(具有一定的近似性)可认为由三部分组成,如图 6-28 所示。截面 A-A、B-B 表示阀座前与阀座后的阀体阻力;截面 C-C 表示用阀芯调节阀座孔的阻力。

总阻力系数为

$$\xi_k = \xi_I + \xi_{II} + \xi_{III}$$

式中　ξ_I——A-A 处阻力系数;

ξ_{II}——B-B 处阻力系数；

ξ_{III}——C-C 处阻力系数。

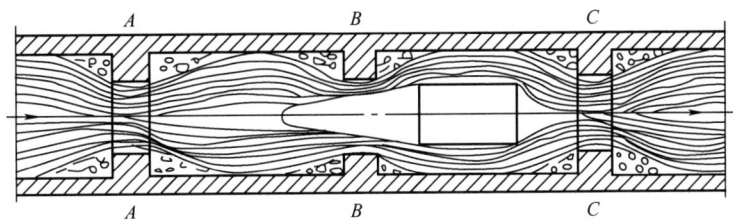

图 6-28　调节阀的阻力示意图

其中，$\xi_a = \xi_{\mathrm{I}} + \xi_{\mathrm{III}}$ 为阀体阻力系数；$\xi_b = \xi_{\mathrm{II}}$ 为阀芯的阻力系数。

$$\xi_k = \xi_a + \xi_b \tag{6-91}$$

阻力系数与截面 A_y 的介质流速有关。

借助阀座的流量系数 K_{vb}，利用下式可确定阀座的开启截面面积 A_k：

$$K_{vb} = \frac{A_y}{A_k \sqrt{\xi_b + 1}} \tag{6-92}$$

其中阀座流量系数 K_{vb} 仅与阀座阻力有关，即

$$\xi_b = \theta_b \left(\frac{A_k}{A_y}\right)$$

由式（6-92）得

$$\frac{A_k}{A_y} = \frac{1}{\theta_b \sqrt{\xi_b + 1}} \tag{6-93}$$

图 6-29 所示为双座调节阀和单座调节阀的阀座流量系数曲线图。

用这种方法计算，比按总流量系数 K_{vk} 的计算方法要简单些，因为 K_{vb} 值的变化范围比较小。

计算调节阀时应注意：为了使调节工作满意，必须使 $\dfrac{\xi_b}{\xi_a}$ 值不要太小。建议取 $\dfrac{\xi_b}{\xi_a} \geqslant \dfrac{1}{8}$。若此条件达不到，则阀芯对水流的作用将很小。

控制阀设计制造技术

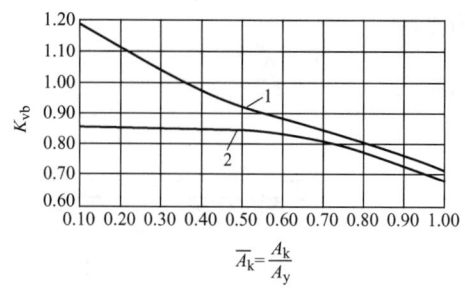

图 6-29 阀座流量系数曲线图

1—双座调节阀（$\xi_{b,min} = 0.8 \sim 1.0$）　2—DN50 和 DN70 单座调节阀（$\xi_{b,min} = 1.0$）

实际上当 $\xi_b = 0$ 时，阀芯的位移不会使调节阀的阻力增大，因而不能改变介质的流量。在设计调节阀阀体时，最好能保证阀体的阻力小些。为此，应尽可能使阀体内腔的通道截面尺寸相等，并接近 A_y 值。

以上给出了确定 A_k 值的几种方法。选用哪种方法，视已知数据而定。最简单的计算方法是采用 q_{myk} 法，其次是采用 K_{vk} 法。

6.2.5 柱塞式阀芯的形面计算和绘制

利用表格或曲线图所示的阀芯在不同开启位置下的开启面积 A_k 可绘制阀芯的形面。对于各种不同类型的阀芯，其形面绘制方法各异。

对于柱塞式阀芯，首先研究其用于调节流体时，介质的流动情况。

在不同时刻，相对于阀座而言，阀芯处于不同的开启位置，与开启截面面积有关的介质流量也就大小不同。在绘制阀芯形面时，其任务是根据所计算出的数值，来规定与阀芯各截面相应的开启截面积的尺寸。

如图 6-30 所示，在 A-A 平面上的阀芯与阀座之间的环形截面面积，似乎是起限制作用的面积。但此截面完全不是最窄的截面，而且它并不能限制介质通过。比较正确的理解是：起限制作用的面积 A_k，是截锥体 MNN_1M_1 的侧表面面积。此截锥体的母线 MN 是位于阀座上的靠近于阀芯的一点至阀芯侧面的垂直线。但这种说法也不能确切地说明此问题。

采用具有侧表面为等值面积的截锥体所形成的曲线来绘制阀芯形面的方法，所得出的结果最正确。为了简便起见,以后把这些曲线简称为等值面积曲线。

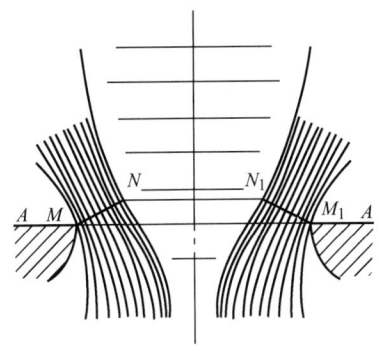

图 6-30　流体在阀芯与阀座之间流动示意图

如图 6-31 所示,当给定阀芯位置时,保证开启截面面积 A_k 就意味着要创造这样的条件,即介质通过最狭窄处的面积等于 A_k。

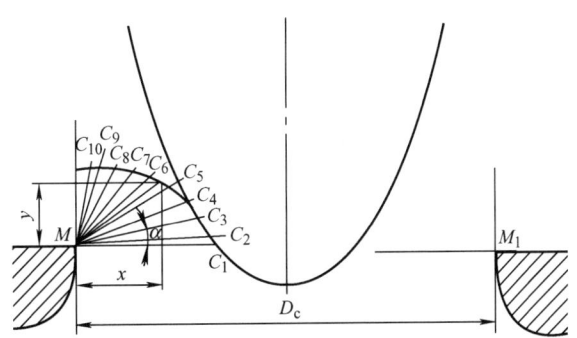

图 6-31　按 x 和 y 坐标系绘制等值面积曲线示意图

自 M 点以各种不同角度 α 引出若干射线,假如这些射线为锥体的母线,且锥体的侧表面面积等于 A_k,则在这些射线上,可得出截距 MC_1、MC_2、MC_3 等。

连接 C_1、C_2、C_3 等点,得出其值等于 A_k 的侧表面积的截锥体母线。流束在阀芯与阀座之间通过时,将绕过 M 点。因此在阀芯与阀座间,间隙最狭窄处向下的一段,所绘制的阀芯形面,应该与等值面积母线的曲线相交,母线上的一点(限制的)应与阀芯的形面重合,而且此形面在此点与等值面积的曲线相切。

等值面积母线曲线可按照下列数据绘制:截锥体侧表面面积应等于阀芯开启截面

面积，即

$$A_k = \frac{\pi l(D+d)}{2} \tag{6-94}$$

式中　l——母线长度，在所研究的场合，$l = MC$；

　　　D——阀座孔直径，在所研究的场合，$D = D_c$；

　　　d——阀芯节流截面直径，$d = D_c - 2l\cos\alpha$。

将这些数值代入，得

$$A_k = \pi l D_c - \pi l^2 \cos\alpha \tag{6-95}$$

为了绘制等值面积母线曲线，确定以 M 点为坐标原点，则

$$l = \sqrt{x^2 + y^2} \text{ 及 } \cos\alpha = \frac{x}{\sqrt{x^2 + y^2}} \tag{6-96}$$

因此

$$A_k = \pi \sqrt{x^2 + y^2}(D_c - x)$$

$$x^2 + y^2 = \frac{A_k^2}{\pi^2 (D_c - x)^2}$$

$$y^2 = \left(\frac{A_k}{\pi}\right)^2 \frac{1}{(D_c - x)^2} - x^2 \tag{6-97}$$

利用式(6-97)来绘制图 6-31 所示的等值面积曲线，用 x 和 R 坐标绘制等值面积曲线，x 为横坐标，R 为距离计算原点的距离，如图 6-32 所示。绘制时，在横坐标 x 上作垂线，并在原点上以 R 为半径，截取高度。

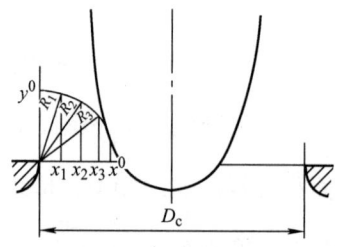

图 6-32　按 x 与 R 坐标绘制的等值面积曲线图

第6章 控制阀的设计

$$R = \frac{A_k}{\pi(D_c - x)} \tag{6-98}$$

由于流量系数随开启截面面积的改变而变化，所以等值面积母线可能这样分布，即其中有一根曲线越出公用包络线，也就是说不可能绘制出全部等值面积曲线的公用包络线。当阀芯的全行程 h_n 不够时将产生这种现象。

为了保证绘制公用包络线的可能，必须满足下列条件：

$$h_n \geq n\{y_{(i-1)}[x^0_{(i-2)}] - y_i[x^0_{(i-2)}]\}$$

式中 $y_{(i-1)}[x^0_{(i-2)}]$——当位于序号 $i-2$ 曲线上横坐标等于 x^0 时，在序号 $i-1$ 曲线上的纵坐标；

$y_i[x^0_{(i-2)}]$——当位于序号 $i-2$ 曲线上横坐标等于 x^0 时，在序号 i 曲线上的纵坐标。

在校验是否满足给定条件时，通常需要这些曲线中的最后几根曲线。如果是绘制阀芯形面曲线，通常取 10 个截面足够了（见图 6-33），则

$$h_n \geq \frac{10 \, x^0_8}{A_8} \left(\sqrt{A_{10}^2 - A_8^2} - \sqrt{A_9^2 - A_8^2} \right) = \frac{10}{A_8} \left(\frac{D_c}{2} - \sqrt{\frac{A_c - A_8}{\pi}} \right) \left(\sqrt{A_{10}^2 - A_8^2} - \sqrt{A_9^2 - A_8^2} \right)$$

$$\tag{6-99}$$

式中 A_c——阀座孔面积；

A_8、A_9、A_{10}——当 $\bar{h} = 0.8$、0.9、1.0 时，阀芯的开启截面面积。

以上述内容为基础，按以下步骤绘制阀芯的形面（见图 6-34）：

1）选定绘制阀芯形面的比例（通常为 10:1），并引出阀芯的纵坐标轴，在轴的两侧再以相当于 $D_c/2$ 的距离绘出两条线（按选定的比例）。

2）量取阀芯行程，并将它划分成 n 等份。

3）求出 1~10 截面每一截面的 A_k 值。

4）绘出每一截面的等值面积母线的曲线。

5）画出已绘出的曲线的包络线。

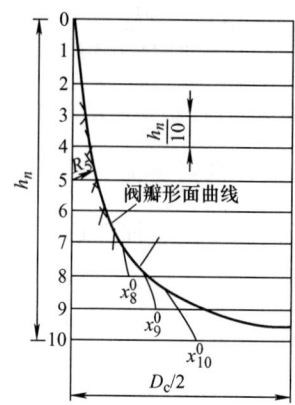

图 6-33　等值面积曲线与圆弧曲线的交界区分布

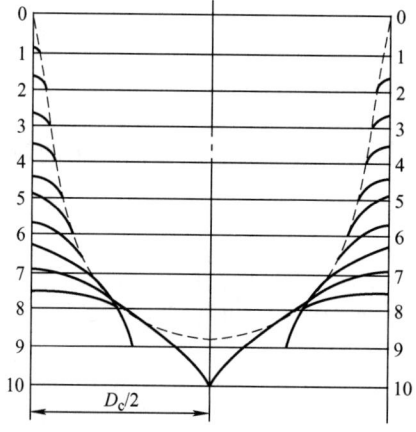

图 6-34　阀芯形面的形成示意图

阀芯最下面的外形轮廓可任意做出，但是阀芯形面的任何地方不应与以 $A_k = mA_y$ 绘出的等值面积母线的曲线相交。

为了简化计算程序，对于 $\dfrac{y^0}{x^0} \geqslant 0.9$（$y^0$ 为 $x=0$ 时的纵坐标；x^0 为 $y=0$ 时的横坐标）的情况，可用圆弧代替曲线。这对于实际应用，精确度已经足够了。

确定 $\dfrac{y^0}{x^0} \geqslant 0.9$ 的截面的初步数目后，可以不绘制这些曲线。因为

$$y = \left(\frac{A_k}{\pi}\right)\frac{1}{(D_c - x)^2} - x^2$$

当 $x = 0$ 时，则

$$y^0 = \frac{A_k}{\pi D_c}$$

当 $y = 0$ 时，则

$$x^0 = \frac{D_c}{2} \pm \sqrt{\frac{D_c^2}{4} - \frac{A_k}{\pi}}$$

利用型面的一侧：

$$x^0 = \frac{D_c}{2} - \sqrt{\frac{D_c^2}{4} - \frac{A_k}{\pi}}$$

根据求出的数据列出不等式：

$$\frac{A_k}{\pi D_c} \geqslant 0.09 \left(\frac{D_c}{2} - \sqrt{\frac{D_c^2}{4} - \frac{A_k}{\pi}} \right)$$

经适当整理后，得

$$A_k \leqslant 0.09 \pi D_c^2 \text{ 或 } A_k \leqslant 0.36 A_c$$

其中

$$A_c = 0.785 D_c^2$$

因此，对于 $\frac{A_k}{A_c} \leqslant 0.36$ 截面的（全通阀 $\frac{A_k}{A_c} \leqslant 0.36$）等值面积曲线中，可以用圆弧代替。

阀芯形面的绘制示于图 6-34。

6.2.6　柱塞式阀芯形面计算实例

例 6-3　绘制 DN50、调节行程 $h_n = 65\text{mm}$、具有直线特性的单座式调节阀阀芯的形面。阀的压力损失恒定。A_k 值参照表 6-19 的数据。

解：计算 10 个截面，得出每一个截面的等值面积曲线公式的计算值。方法是将与该截面相应的 A_k 值代入公式内。

用两种方法解这个问题。

（1）直角坐标系法

$$y^2 = \left(\frac{A_k}{\pi}\right)^2 \frac{1}{(D_c - x)^2} - x^2 \qquad (6\text{-}100)$$

通过式(6-100)计算每一截面 x^0 在 $y = 0$ 时的 x 值；截面 y^0 在 $x = 0$ 时的 y 值，计算结果见表6-20。

对于那些曲线形状接近于圆弧的截面，不绘制曲线，而是绘制半径为 $R = \dfrac{x^0 + y^0}{2}$ 的圆弧。这种做法适用于 $\dfrac{y^0}{x^0} \geqslant 0.9$ 的截面。此方案通常用于截面 $A_k \leqslant 0.36 A_c$ 的场合。

绘制曲线可以限制在曲线与阀芯形面预计切点附近的线段，见图6-35。

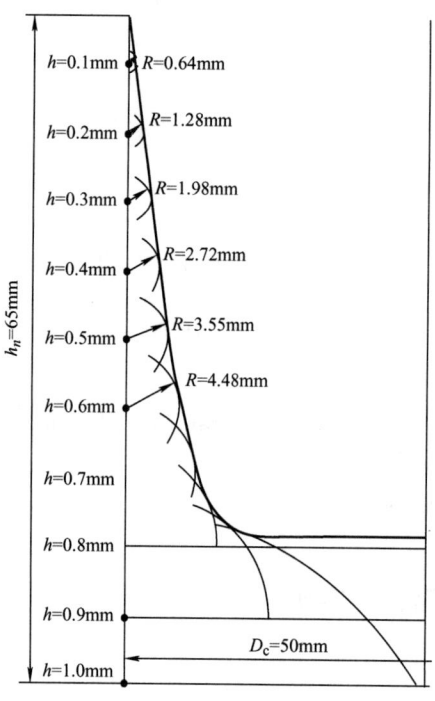

图6-35 柱塞式阀芯形面的绘制

（2）x 与 R 坐标系法

$$R = \frac{0.327 A_k}{D_c} \qquad (6\text{-}101)$$

计算结果列于表6-20。绘制曲线限于 x_{k-1}^0 到 x_k^0 的范围（x_k^0 为当 $y = 0$ 时的横坐标）。

第6章 控制阀的设计

表6-19 在 x 和 R 坐标系中用于绘制控制阀芯形面的计算数据

截面 k 的序号	相对开度 $\bar{h}=\dfrac{k}{n}$	开启截面 面积 A_k/mm^2	开启截面 的相对值 $\bar{A}_k=\dfrac{A_k}{A_y}$	等截面曲线公式	截面 k 的序号	相对开度 $\bar{h}=\dfrac{k}{n}$	开启截面 面积 A_k/mm^2	开启截面 的相对值 $\bar{A}_k=\dfrac{A_k}{A_y}$	等截面曲线公式
0	0	0	0	$k_0 = 0$	4	0.4	413	0.210	$R_4 = \dfrac{0.327 \times 413}{50} = 2.70$
1	0.1	103	0.051	$R_1 = \dfrac{0.327 \times 103}{50} = 0.67$	5	0.5	522	0.266	$R_5 = \dfrac{0.327 \times 522}{50} = 3.41$
2	0.2	206	0.105	$R_2 = \dfrac{0.327 \times 206}{50} = 1.34$	6	0.6	644	0.328	$R_6 = \dfrac{0.327 \times 644}{50} = 4.21$
3	0.3	309	0.157	$R_3 = \dfrac{0.327 \times 309}{50} = 2.02$					

截面 k 的序号	相对开度 $\bar{h}=\dfrac{k}{n}$	开启截面 面积 A_k/mm^2	开启截面 的相对值 $\bar{A}_k=\dfrac{A_k}{A_y}$	等截面曲线公式
7	0.7	792	0.403	$R_7 = \sqrt{\dfrac{792}{\pi(50-x)}}$ $x_k^0 = 25 - \sqrt{\dfrac{1963-792}{3.14}} = 5.7$
8	0.8	1020	0.502	$R_8 = \sqrt{\dfrac{1020}{\pi(50-x)}}$ $x_k^0 = 25 - \sqrt{\dfrac{1963-1020}{3.14}} = 7.7$
9	0.9	1405	0.710	$R_9 = \sqrt{\dfrac{1405}{\pi(50-x)}}$ $x_k^0 = 25$
10	1.0	1963	1.00	$R_{10} = \sqrt{\dfrac{1963}{\pi(50-x)}}$ $x_k^0 = 25$

半径 R 的计算值

x	0	2	3	4	5	—	—	—	—
R_7	5.04	5.25	5.36	5.48	5.60	—	—	—	—
x	0	3	4	5	6	7	—	—	—
R_8	6.50	6.92	7.07	7.22	7.39	7.56	—	—	—
x	0	6	7	8	9	10	11	—	—
R_9	8.95	10.1	10.4	10.6	10.9	11.2	11.5	—	—
x	0	8	9	10	11	12	13	—	25
R_{10}	12.5	14.8	15.2	15.6	16.0	16.4	16.9	—	—
x	14	15	16	17	18	19	20	25	
R_{10}	17.4	17.8	18.4	18.9	19.5	20.1	20.9		

表6-20 在直角坐标系中用于绘制阀芯形面的计算数据

截面的序号	阀芯的相对开度 $\bar{h}=\dfrac{k}{n}$	等截面曲线公式	坐标	坐标 x 和 y 的数值/mm																		坐标比 $\dfrac{y^0}{x^0}$	圆弧半径 R
0	0	$x=0 \quad y=0$																					
1	0.1	$y^2=\dfrac{978}{(50-x)^2}-x^2$	x	0																	0.65	0.972	0.64
			y	0.63																	0		
2	0.2	$y^2=\dfrac{4000}{(50-x)^2}-x^2$	x	0																	1.30	0.972	1.28
			y	1.26																	0		
3	0.3	$y^2=\dfrac{9250}{(50-x)^2}-x^2$	x	0																	2.0	0.971	1.98
			y	1.94																	0		
4	0.4	$y^2=\dfrac{17390}{(50-x)^2}-x^2$	x	0																	2.8	0.945	2.72
			y	2.65																	0		
5	0.5	$y^2=\dfrac{29000}{(50-x)^2}-x^2$	x	0																	3.7	0.920	3.55
			y	3.40																	0		
6	0.6	$y^2=\dfrac{45400}{(50-x)^2}-x^2$	x	0																	4.7	0.907	4.48
			y	4.26																	0		
7	0.7	$y^2=\dfrac{69100}{(50-x)^2}-x^2$	x	0	2	3	4	5	5.5												6.0	0.879	按坐标作出曲线
			y	5.26	5.11	4.73	4.06	3.21	2.16												0		
8	0.8	$y^2=\dfrac{106000}{(50-x)^2}-x^2$	x	0	3	4	5	6	7												7.7	0.845	
			y	6.51	6.25	5.84	5.24	4.32	2.88												0		
9	0.9	$y^2=\dfrac{177000}{(50-x)^2}-x^2$	x	0	6	7	8	9	10											—	10.7	0.785	
			y	8.41	7.45	6.84	6.05	4.92	3.28												0		
10	1.0	$y^2=\dfrac{390600}{(50-x)^2}-x^2$	x	0	8	9	10	11	12	13	14	15	16	17	18	19	20				25.0	0.500	
			y	12.5	12.53	12.20	12.0	11.66	11.22	10.82	10.25	9.69	9.06	8.40	7.58	6.78	5.83				0		

x_k^0 值按下式求得：

$$x_k^0 = \frac{D_c}{2} - \sqrt{\frac{A_c - A_k}{\pi}} \tag{6-102}$$

阀芯的形面是由绘制出的全部曲线和圆弧的包络线组成。包络线一般用图解法绘制，也可以用解析法计算。由于解析法比较复杂，在实际应用中一般不采用。

前面已指出，阀芯最下面部分的外形轮廓可以任意做出，然而阀芯形面的任何部位都不应与 A_{10} 的等值面积曲线相交。

阀芯形面绘出后，再计算标注在阀芯施工图上每一截面的直径。

首先确定阀芯上部（其母线为直线）的锥形段，然后确定锥形段下面的异形段。在图上标注多少截面数目，与所要求的形面精确度及曲率有关。

为了将异形段形面曲线修正圆滑，应当将等距截面前一段的阀芯直径增大，后一段减小。

阀芯的最终尺寸最好在实验室内，或者在阀的实际工作条件下用实验方法进行修正，以使其更为精确。

6.2.7 套筒调节窗口的设计计算

套筒调节阀的阀芯上下移动过程中，通过改变套筒壁面上的窗口截面面积的大小来调节的。套筒上的窗口可以是方形或异形的。异形窗口的形面按下列程序进行绘制，具体绘制方式如图 6-35 所示。

首先，作业以直线线段组成近似的形面；然后绘制出窗口的最终形面的曲线，如图 6-36 所示。

近似形面按下列公式进行绘制：

$$l_k = \frac{2(A_k - A_{k-1})}{zh} - l_{k-1} \tag{6-103}$$

式中　l_k——所要求截面内的窗口宽度（cm）；

l_{k-1}——前一截面内的窗口宽度（cm）；

A_k——所计算截面内阀芯窗口的开启面积（cm^2）；

A_{k-1}——前一截面内的窗口开启面积（cm^2）；

h——截面之间的距离（cm）；

z——窗口数目。

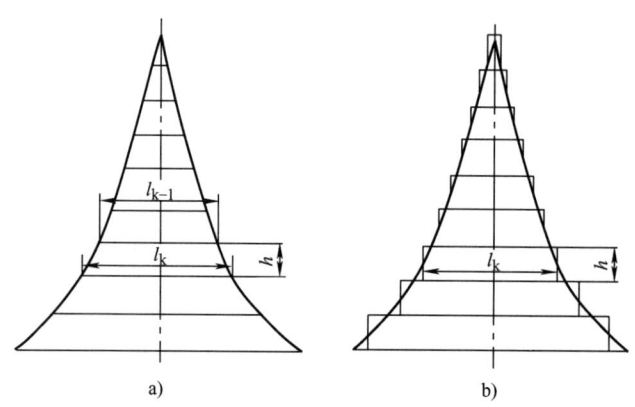

图 6-36 套筒调节阀阀芯形面的绘制

a) 梯形法　b) 矩形法

当流量系数变化平缓时，截面 $A_k - A_{k-1}$ 也逐渐增加，比较容易用平滑曲线直接绘制近似形面。当流量系数按复杂曲线变化时，截面 $A_k - A_{k-1}$ 的变化很大，所得到的形面与齿形相似。在这种情况下，必须增加复杂曲线段的截面数目，以减小 h 值。

初始形面可用矩形法绘制（见图 6-36b）。此时

$$l_k = \frac{A_k - A_{k-1}}{zh} \tag{6-104}$$

形面作图的精确度在很大程度上取决于计算截面的数目。因此建议计算截面尽可能选得多一些，且把形面的下部截面数目划分得多些尤为重要。

6.2.8　微小流量调节阀调节形面设计

在扇形阀芯内，介质所通过的开启截面在阀座与阀芯表面之间，为断面 A-A' 的垂

直面上的投影所形成的圆扇形孔，如图 6-37 所示。

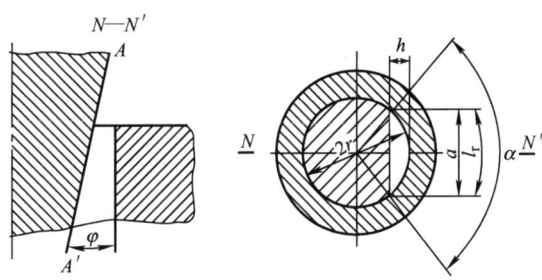

图 6-37 扇形阀芯形面的绘制

开启截面面积：

$$A_k = \frac{1}{2}[l_r - a(r-h)]\cos\varphi \qquad (6\text{-}105)$$

在阀芯上制作一个或几个切口的扇形阀芯，仅适用于通过能力很小的小规格的调节阀。本节所探讨的是压力损失在 2.5MPa 以下、适用于液体介质中的一般工业用调节阀的计算。在计算其他工作条件与上述条件区别很大的调节阀时，必须将上面计算中的附加因素考虑在内。

6.2.9 调节阀设计计算实例

1. 设计输入参数

设计输入基本参数见表 6-21，为两台不同要求的调节阀。

表 6-21 输入基本参数

序号	位号	型号	口径	公称压力	阀体材质	阀内件材质
1	1	ASB	DN80	CL300	A351-CF3	A276-316L
2	2	ATS	DN50	CL300	A216-WCB	A276-316

2. 阀体壁厚的设计与计算

计算公式（ASME B16.34 壁厚计算式）：

$$t_1 = 1.5\left(\frac{p_c d}{2S - 1.2p_c}\right) \tag{6-106}$$

式中 t_1——计算得出的壁厚（mm）；

p_c——压力等级额定指数（psi）；

d——流道的最小直径；

S——应力系数，取 7000psi。

壁厚数据计算结果见表 6-22，t 为阀体壁厚实际取值，单位为 mm。阀体壁厚如图 6-38 所示。

表 6-22 壁厚数据计算结果

位号	型号	d/mm	p_c/psi	t_1/mm	t_2/mm	t/mm	校核结果	结论
1	1	ASB	80	300	2.6	7.2	10	$t > t_2 > t_1$	设计合理
2	2	ATS	50	300	1.7	6.3	9	$t > t_2 > t_1$	设计合理

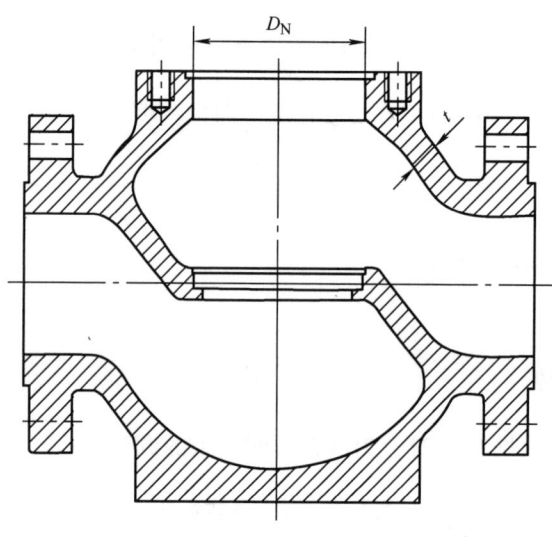

图 6-38 阀体壁厚

3. 阀体中法兰连接的设计计算

阀体中法兰的设计应满足 ASME B16.34《法兰、螺纹和焊接端连接的阀门》的要求。校核公式按式(6-107)，计算结果见表 6-23。

第6章 控制阀的设计

$$p_c \frac{A_g}{A_b} \leqslant 0.45 S_a \leqslant 9000 \tag{6-107}$$

式中 p_c——压力等级额定指数（psi）；

A_g——由垫片的有效外周边所限定的面积（mm²）；

A_b——螺栓的抗拉应力总有效面积（mm²）；

S_a——螺栓的许用应力（psi）；当大于 20000psi 时，使用 20000psi。

表 6-23 中法兰计算结果

序号	位号	型号	口径	公称压力	A_g/mm²	A_b/mm²	$p_c\frac{A_g}{A_b}$	校核结果	结论
1	1	ASB	DN80	CL300	14307	1958	2192	$p_c\frac{A_g}{A_b} \leqslant 9000$	设计合理
2	2	ATS	DN50	CL300	5672	337	5049	$p_c\frac{A_g}{A_b} \leqslant 9000$	设计合理

4. 上阀盖法兰厚度的设计计算

由 ASME《锅炉及压力容器规范》Ⅷ法兰厚度计算式整理可得式 6-108，计算结果见表 6-24，t 为上阀盖壁厚实际取值，单位为 mm。

$$t_B = \sqrt{\frac{1.9 F_{LZ} S_G}{D_{DP}[\sigma]}} \tag{6-108}$$

式中 t_B——上阀盖法兰计算厚度（mm）；

D_{DP}——垫片平均直径（mm）；

F_{LZ}——螺栓总计算载荷（N）；

S_G——螺栓中心到垫片压紧力作用中心线的径向距离（mm），如图 6-39 所示；

$[\sigma]$——材料许用应力（MPa），查《实用阀门设计手册》。

表 6-24 上阀盖法兰厚度

序号	位号	计算参数值						结果	
		S_G/mm	$[\sigma]$/MPa	F_{LZ}/N	D_{DP}/mm	t_B/mm	t/mm	校核结果	结论
1	1	21.2	120.7	193333	122.5	22.8	23	$t > t_B$	设计合理
2	2	12	120.7	71111	79	13	20	$t > t_B$	设计合理

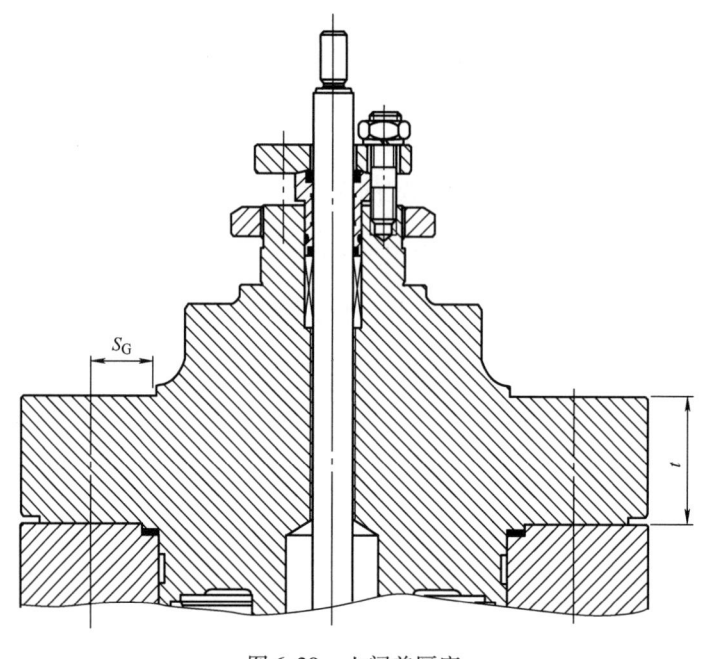

图 6-39 上阀盖厚度

5. 阀杆强度的设计计算

阀杆强度按式(6-109)校核，校核结果见表 6-25。

$$\sigma_L \leqslant [\sigma_L] \tag{6-109}$$

式中 σ_L——阀杆所受最大轴向应力（MPa），$\sigma_L = \dfrac{F}{A}$；

F——阀杆所受最大轴向力（N），取执行机构输出力；

A——阀杆最小截面面积（mm²）；

$[\sigma_L]$——材料的许用拉应力/推力（MPa），取拉应力、推力中较小者。

表 6-25 阀杆校核

序号	位号	计算参数值				结果	
		F/N	A/mm²	σ_L/MPa	$[\sigma_L]$/MPa	校核结果	结论
1	1	10000	95	105	112	$\sigma_L < [\sigma_L]$	设计合理
2	2	4800	69	69	129	$\sigma_L < [\sigma_L]$	设计合理

6. 阀门的开启、关闭力计算

阀门的开启、关闭力按式(6-110)和式(6-111)计算，计算参数见表 6-26，计算结果见表6-27。

$$F_\text{关} = F_Y + F_t + F_f - G \tag{6-110}$$

$$F_\text{开} = F_f - F_t + G \tag{6-111}$$

式中　$F_\text{关}$——阀门所需关闭力（N）；

　　　$F_\text{开}$——阀门所需开启力（N）；

　　　F_Y——阀座所需密封力（N）；

　　　F_t——不平衡力（N）；

　　　F_f——填料摩擦力（N）；

　　　G——阀芯或（阀芯+阀杆）的重力（N）。

表 6-26　计算参数

序号	位号	型号	d_{g1}/mm	d/mm	p_1/MPa	p_2/MPa	h/mm	z	f	ε
1	1	ASB	80	20	1.5	0.4	5	7		
2	2	ATS	19	14	1.94	0.6	5	7		

表 6-27　计算结果

序号	位号	型号	F_Y/N	F_t/N	F_f/N	G/N	$F_\text{关}$/N	$F_\text{开}$/N
1	1	ASB	4522	471	485	69	5409	83
2	2	ATS	1696	960	139	54	2741	-767

$$F_Y = \pi d_{g1} \varepsilon \tag{6-112}$$

当阀门型号为 ABM/APM 时

$$F_t = \frac{\pi}{4} d^2 p_2 \tag{6-113}$$

当阀门型号为 ASB 时

$$F_t = \frac{\pi}{4} d^2 p_1 \tag{6-114}$$

当阀门型号为 ATS，$d_{g1} \geqslant d$ 时

$$F_t = \frac{\pi}{4} d_{g1}^2 p_1 - \frac{\pi}{4}(d_{g1}^2 - d^2) p_1 \tag{6-115}$$

当阀门型号为 ATS，$d_{g1} < d$ 时

$$F_t = \frac{\pi}{4} d_{g1}^2 p_1 \tag{6-116}$$

当阀门型号为 ABM/APM 时

$$F_f = \pi dhzp_2 f \tag{6-117}$$

当阀门型号为 ASB/ATS 时

$$F_f = \pi dhzp_1 f \tag{6-118}$$

式中　d_{g1}——阀座直径（mm）；

d——阀杆直径（mm）；

p_1——最大关闭压差或最大阀前压力（MPa）；

p_2——调节阀最大阀后压力（MPa）；

h——单圈填料高度（mm）；

z——填料圈数；

f——摩擦系数，石墨填料 $f = 0.15$；

ε——密封系数，V 级泄漏 $\varepsilon = 18\text{N/mm}$。

7. 执行机构推力校核

执行机构型号数据见表 6-28，推力按式 (6-119) 校核。

$$S = F_{执} / F_{推} \tag{6-119}$$

式中　$F_{执}$——执行机构推力（N）；

$F_{推}$——阀门运行过程所需要的最大推力（$F_{推} = F_{关}$）（N）；

S——安全系数（$S \geqslant 1.25$）。

表 6-28　执行机构型号数据

序号	位号	型号	口径	公称压力	$F_{推}/\text{N}$	机构型号	$F_{执}/\text{N}$	S
1	1	ASB	DN80	CL300	5409	MF3R-36B	10000	1.85
2	2	ATS	DN50	CL300	2741	MF2R-76B	7200	2.63

上述阀门的执行机构推力安全系数 $S>1.25$，执行机构选配合理。

8. 手轮操作力计算

（1）MF2/MF3 执行机构

执行机构丝杠如图 6-40 所示。手轮参数见表 6-29。

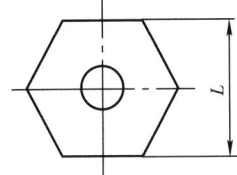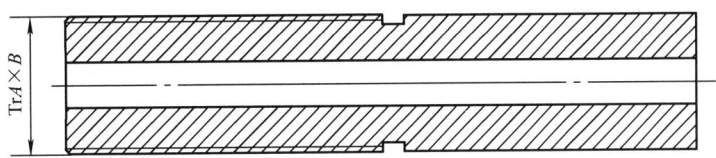

图 6-40　执行机构丝杠

表 6-29　手轮参数

MF2 参数							
$TrA \times B$	L/mm	α_L/(°)	f	d_{FP}/mm	ρ_V/(°)	f_T	R_{FM}/mm
Tr32×3	30	1.79	0.065	30.5	3.84	0.2	1.47
MF3 参数							
$TrA \times B$	L/mm	α_L/(°)	f	d_{FP}/mm	ρ_V/(°)	f_T	R_{FM}/mm
Tr32×3	30	1.79	0.065	30.5	3.84	0.2	1.47

注：$TrA \times B$—丝杠梯形螺纹（A 为螺纹直径，B 为螺距）；L—丝杠的防转直径（mm）；α_L—螺纹升角（°）；f—螺纹摩擦系数；d_{FP}—螺纹中径（mm）；ρ_V—当量摩擦角（°）；f_T—导向摩擦系数；R_{FM}—阀杆螺纹摩擦半径（mm）。

手轮操作力计算：

$$F_手 = 2T/1000 D_手 \tag{6-120}$$

式中　$F_手$——手轮操作力（N）；

T——丝杠承受的力矩（N·m）；

$D_手$——手轮直径（mm）。

丝杠承受的力矩计算：

$$T = F_t d/2000 \tag{6-121}$$

式中　F_t——螺纹承受的水平方向力（N）；

d——螺纹的中径（mm）。

螺纹承受的水平方向力计算：

$$F_t = Q\tan(\alpha_L + \rho_V) \tag{6-122}$$

式中　Q——丝杠承受最大轴向力（N）；

　　　α_L——螺纹升角（°）；

　　　ρ_V——当量摩擦角（°）；

丝杠承受最大轴向力计算（典型结构见图6-40）：

$$Q = F_Z + Q_J + F_{开} \quad （气开式阀门） \tag{6-123}$$

$$Q = F_Z + Q_J + F_{关} \quad （气关式阀门） \tag{6-124}$$

式中　F_Z——执行机构运行过程中最大输出力（N）；

　　　Q_J——导向摩擦力（N）；

　　　$F_{开}$——开启阀门所需最大力（N）；

　　　$F_{关}$——关闭阀门所需最大力（N）。

导向摩擦力计算：

$$Q_J = \frac{F_Z + F_{关}}{\dfrac{R_J}{f_T R_{FM}} - 1} \tag{6-125}$$

式中　R_J——摩擦半径，$R_J = L/2$。

（2）MF5 执行机构

执行机构参数见表6-30。

表6-30　执行机构参数

MF5 参数					
蜗轮/蜗杆					
Z_2	Z_1	i	$\lambda/(°)$	η_2	
40	2	20	9.462	0.96	
丝杠					
$TrA \times B$	L/mm	$\alpha_L/(°)$	f	d_{FP}/mm	$\rho_V/(°)$	f_T	R_{FM}/mm
Tr40×3	44	1.42	0.2	38.5	14.9	0.2	5.3

注：Z_2—蜗轮齿数；Z_1—蜗杆头数；λ—导程角（°）；i—传动比；η_2—轴承摩擦损耗效率；$TrA \times B$—丝杠梯形螺纹（A 为螺纹直径、B 为螺距）；L—丝杠的防转直径（mm）；α_L—螺纹升角（°）；f—螺纹摩擦系数；d_{FP}—螺纹中径（mm）；ρ_V—当量摩擦角（°）；f_T—导向摩擦系数；R_{FM}—阀杆螺纹摩擦半径（mm）。

第6章 控制阀的设计

手轮操作力计算：

$$F_{手} = 2T_1/(1000D_{手}) \tag{6-126}$$

式中　$F_{手}$——手轮操作力（N）；

　　　T_1——丝杠承受的力矩（等于蜗轮承受力矩）（N·m）；

　　　$D_{手}$——手轮直径（mm）。

丝杠承受的力矩计算：

$$T_1 = i\eta_1\eta_2 T_2 \tag{6-127}$$

式中　η_1——啮合摩擦损耗的效率；

　　　T_2——蜗杆的力矩（N·m）。

啮合摩擦损耗的效率计算：

$$\eta_1 = \frac{\tan\lambda}{\tan(\lambda+\rho_V)} \tag{6-128}$$

$$T_2 = F_t d/2000 \tag{6-129}$$

式中　F_t——螺纹承受的水平方向力（N）；

　　　d——螺纹的中径（mm）。

螺纹承受的水平方向力计算：

$$F_t = Q\tan(\alpha_L + \rho_V) \tag{6-130}$$

式中　Q——丝杠承受最大轴向力（N）；

　　　α_L——螺纹升角（°）；

　　　ρ_V——当量摩擦角（°）；

丝杠承受最大轴向力计算：

$$Q = F_Z + Q_J + F_{开}（气开式阀门） \tag{6-131}$$

$$Q = F_Z + Q_J + F_{关}（气关式阀门） \tag{6-132}$$

式中　F_Z——执行机构运行过程中最大输出力（N）；

　　　Q_J——导向摩擦力（N）；

$F_\text{开}$——开启阀门所需最大力（N）；

$F_\text{关}$——关闭阀门所需最大力（N）。

导向摩擦力计算：

$$Q_\text{J} = \frac{F_\text{Z} + F_\text{开}}{\dfrac{R_\text{J}}{f_\text{T} R_\text{FM}} - 1} \quad （气开式阀门） \tag{6-133}$$

$$Q_\text{J} = \frac{F_\text{Z} + F_\text{关}}{\dfrac{R_\text{J}}{f_\text{T} R_\text{FM}} - 1} \quad （气关式阀门） \tag{6-134}$$

式中　R_J——摩擦半径，$R_\text{J} = L/2$。

计算参数和计算结果分别见表6-31和表6-32。

表6-31　计算参数

序号	位号	型号	F_Z/N	$F_\text{关}$/N	$F_\text{开}$/N	作用形式	$D_\text{手}$/mm
1	1	ASB	21600	5409	83	反作用	270
2	2	ATS	9600	2741	-767	反作用	200

表6-32　计算结果

序号	位号	型号	机构型号	$F_\text{手}$/N
1	1	ASB	MF3R-36B	247
2	2	ATS	MF2R-76B	136

根据API 6D—2014《管道及管线阀门规范》规定，通过手轮或手柄施加断开扭矩或推力时所需的最大力不能超过360N。

9. 工况参数

工况参数见表6-33。

10. 阀门 C_v 值计算

液体、气体 C_v 计算公式见第五章5.4基本流量的计算。

各个工况下 C_v 值计算结果见表6-34。

第6章 控制阀的设计

表6-33 工况参数

工况参数1					
工况	介质	温度 T/℃	流量 Q/(kg/h)	阀前压力 p_1 /(kgf/cm² (A)[①])	阀后压力 p_2 /(kgf/cm² (A)[①])	压差 Δp /(kgf/cm² (A)[①])
工况1	其他液体	56	70020	15	4	11
工况2		56	70020	15	0.036	14.964
工况3		56	10008	15	4	11
工况4		56	10008	15	0.036	14.964

系数值						
进口管道通径 D_1/mm	出口管道通径 D_2/mm	进口管道壁厚 t_{p1}/mm	出口管道壁厚 t_{p2}/mm	临界压力 p_c/MPa	液体蒸汽的绝对压力 p_v/MPa	比热比 γ
102	102	6	6	—	0.022	—
运动黏度 ν	密度 ρ_1/(kg/m³)	压力恢复系数 F_L	空化系数 K_C	控制阀类型修正系数 F_d		
0.48	987	0.914	0.764	0.384		

工况参数2						
工况	介质	温度 T/℃	Q 流量 /(kg/h)	p_1 阀前压力 /(kgf/cm² (A)[①])	p_2 阀后压力 /(kgf/cm² (A)[①])	Δp 压差 /(kgf/cm² (A)[①])
工况1	水	110	47880	19.4	6	13.4

系数值						
进口管道通径 D_1/mm	出口管道通径 D_2/mm	进口管道壁厚 t_{p1}/mm	出口管道壁厚 t_{p2}/mm	临界压力 p_c/MPa	液体蒸汽的绝对压力 p_v/MPa	比热比 γ
79	79	5	5	22.118	0.157	—
运动黏度 ν	密度 ρ_1/(kg/m³)	压力恢复系数 F_L	空化系数 K_C	控制阀类型修正系数 F_d		
0.264	951	0.9	0.729	0.582		

① A 表示绝对压力。

表6-34 各个工况下 C_v 值计算结果

序号	位号	C_v 值			
		工况1	工况2	工况3	工况4
1	1	25.128	24.105	5.951	3.439
2	2	16.006			

11. 阀门各工况开度计算

等百分比流量特性的开度计算：

$$q = \left(\log_R \frac{C_v}{C_{v,\max}} + 1 \right) \times 100\% \qquad (6\text{-}135)$$

线性流量特性的开度计算：

$$q = \left[\left(\frac{C_v}{C_{v,\max}} - \frac{1}{R} \right) \times \frac{R}{R-1} \right] \times 100\% \qquad (6\text{-}136)$$

式中　q——控制阀的实际行程/额定行程（%）；

　　　C_v——控制阀实际行程下的流通能力；

　　　$C_{v,\max}$——控制阀在全开状态下的流通能力；

　　　R——控制阀可调比。

各个工况下开度计算结果见表6-35。

表6-35　各个工况下开度计算结果

序号	位号	$C_{v,\max}$	流量特性	可调比 R	开度 q（%）			
					工况1	工况2	工况3	工况4
1	1	73	等百分比	50	72.738	71.67	35.9	21.9
2	2	19	线性	50	83.921			

控制阀的各个工况在10%~90%开度内运行，调节性能好。

12. 阀门各工况噪声计算

液体噪声计算公式参考 IEC60534-8-4—2005 中液体噪声计算。

气体噪声计算公式参考 IEC60534-8-3—2010 中气体噪声计算。

噪声计算结果见表6-36。

表6-36　噪声计算结果

序号	位号	噪声/dB			
		工况1	工况2	工况3	工况4
1	1	80.284	71.031	38.890	54.116
2	2	78.25			

第6章 控制阀的设计

阀门噪声 < 85dB。

13. 阀门各工况流速计算

计算公式：

$$v = \frac{4Q}{\pi D_2^2 \rho} \tag{6-137}$$

其中气体 ρ 值计算公式：

$$\rho = \frac{273.15 P_2 M}{22.4(273.15 + T)0.1013} \tag{6-138}$$

各工况流速见表6-37。

表6-37 各工况流速

序号	位号	流速 v/(m/s)			
		工况1	工况2	工况3	工况4
1	1	3.92	3.92	0.56	0.56
2	2	7.192			

6.3 球阀设计计算

6.3.1 球阀通道截面直径的选择

1. 球体通道直径的确定

在设计计算球阀时，首先要确定球体的通道直径，以便作为其他部分的计算基础。球体通道的最小直径要符合相应标准的规定。设计国标球阀时全通径球阀的最小通径应符合 GB/T 19672—2021《管线阀门技术条件》或 GB/T 20173—2013《石油天然气工业管线输送系统管线阀门》标准规定。设计美标球阀时，全通径球阀的最小通径应符合 API 6D—2008/ISO 14313—2007《石油和天然气工业管道输送系统管道阀门》标准规定。根据缩径球阀标准规定，对于公称尺寸 DN300（NPS12）的阀门，阀门公称尺寸的孔径缩小一个规格，按标准规定的内径；对于公称尺寸 DN350（NPS14）~DN600（NPS24）的阀门，阀门公称尺寸的孔径缩小两个规格，按标准规定的内径；对于公称尺寸 >DN600（NPS24）的阀门，和用户商定。对于没有标准规定的球阀，通常球体通道的截面积应不小于管道额定截面积的 60%，设计成缩径形式可以减小阀门的结构，减轻重量，减小阀座密封面上的作用力和启、闭转矩。一般采用阀门公称尺寸 DN 与球体通道直径 d 之比等于 0.78。此时，球阀的阻力不会过大。

2. 球体半径的确定

设计球阀时，首先应根据球体通道直径和介质工作压力确定球体外圆半径 R，如图 6-41 所示。公称尺寸 DN 和球体长度 L 相等，即 DN = L。当球阀关闭时，A 点实际上仍在密封环的边缘，不能起到密封作用。因此，L 尺寸必须增大，从而使 L > DN，使 A 点移到密封环的面上起到密封作用。球阀在达到密封时，所需的密封面宽度如图 6-42 所示。

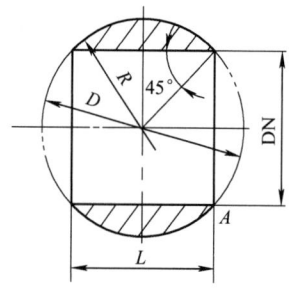

图 6-41 球芯最小直径

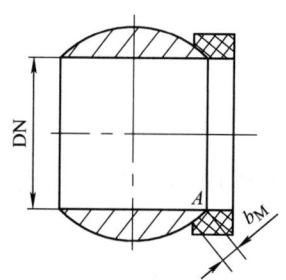

图 6-42 球阀所需密封面宽度

依据密封圈材料的许用比压，按密封面比压的公式初步算出密封圈的宽度 b_M(mm)：

$$q_{MF} = \frac{c + K}{\sqrt{\dfrac{b_M}{10}}} \tag{6-139}$$

式中　q_{MF}——密封面比压。

若阀座密封圈的材料为聚四氟乙烯,则许用比压为 $[q]=17.5\text{MPa}$;c 为与密封面材料有关的系数,对于聚四氟乙烯,$c=1.8$;K 为在给定密封面条件下,考虑介质压力对比压值的影响系数,对于聚四氟乙烯,$K=0.9$。当阀座密封圈用金属圈加固时,许用挤压应力可适当加大。

所以不管球阀处于开启状态还是关闭状态,密封面与球体接触面的宽度,都不应小于 b_M,L 应增加两倍密封面的投影宽度,球芯半径也应增大 a,如图 6-43 所示。

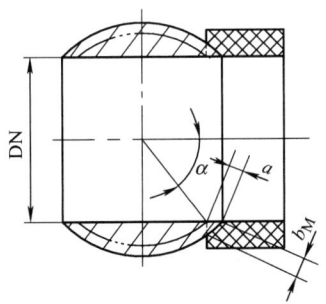

图 6-43 球芯半径增大量

$$R = \frac{\sqrt{2}}{2}\text{DN} + \frac{1}{2}b_\text{M} \qquad (6\text{-}140)$$

因为 $\tan\alpha = b_\text{M}/2a = 1$,所以 $2a = b_\text{M}$,因此球体的直径应增加 b_M,则球体直径为达到密封时的球体最小直径。若球体强度需加大,可适当加大球体直径。

6.3.2 浮动式球阀的设计计算

浮动式球阀的典型结构如图 6-44 所示。它是由阀体、阀座密封圈、球体和阀杆组成。当阀杆旋转 1/4 周时,球体通孔垂直于阀门通道,靠预紧力和介质压力将球体紧紧地压在出口端阀座密封件上,实现阀门完全密封。

此种球阀结构简单,密封可靠,关闭时,介质压力由球体传给阀座密封圈,因此阀座材料能否承受住工作介质全部载荷是设计时主要考虑的因素之一。公称尺寸 > DN150、公称压力 > PN4.0 的球阀不宜设计成浮动式球阀。

控制阀设计制造技术

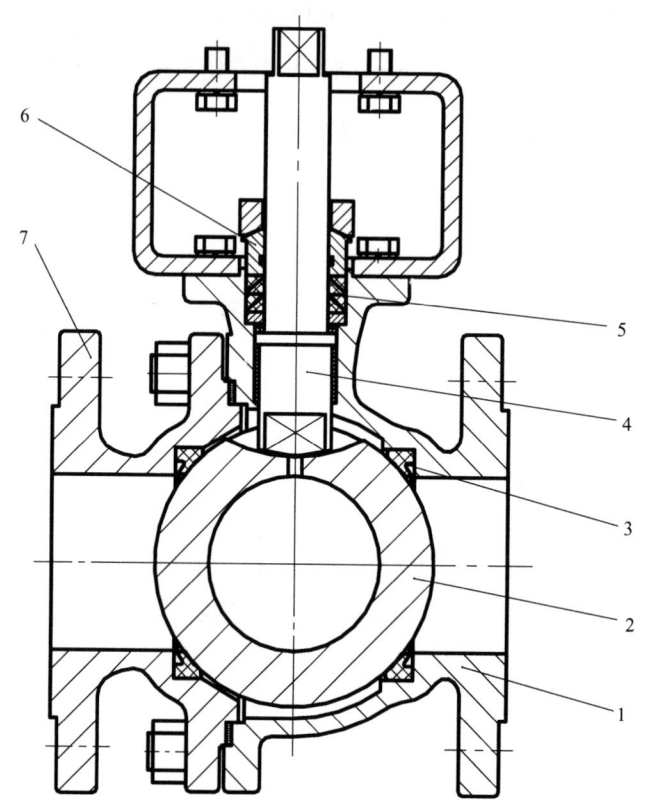

图 6-44 浮动式球阀的典型结构

1—主阀体 2—球芯 3—阀座 4—主轴 5—填料 6—填料压盖 7—副阀体

1. 阀座密封面力的计算

（1）出口端阀座关闭时力的计算

如图 6-45 所示为浮动式球阀出口端阀座密封圈的受力图，图中：

D_{MW}——阀座密封面外径（mm）；

D_{MN}——阀座密封面内径（mm）；

M_{FZ}——球阀开启所受到的转动力矩；

F_{TP}——球芯与阀座密封面处所受到的切向分力；

N——球芯与阀座密封面处所受到的径向分力。

第6章 控制阀的设计

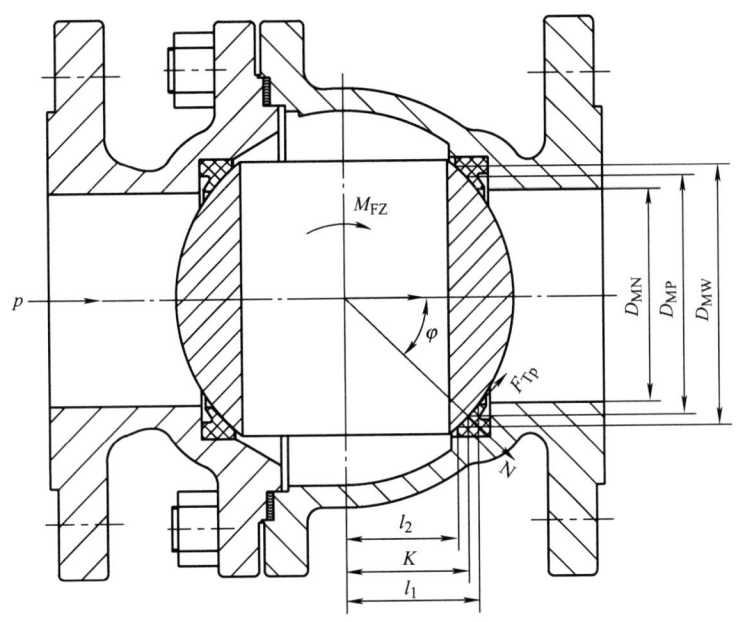

图 6-45 浮动式球阀出口端阀座密封圈受力图

阀座密封圈的总作用力：

$$F_{MZ} = F_{MY} + F_{MJ} \tag{6-141}$$

式中 F_{MY}——阀座密封圈的预紧力（MPa）；

F_{MJ}——介质经球体压在阀座密封面上的力（MPa）。

$$F_{MY} = \frac{\pi}{4}(D_{MW}^2 - D_{MN}^2)q_{MYmin} \tag{6-142}$$

式中 q_{MYmin}——阀座预紧的最小比压（MPa）。

$$F_{MJ} = \frac{\pi(D_{MW}^2 - D_{MN}^2)}{4}p \tag{6-143}$$

式中 p——介质压力（MPa），取 $p = p_N$。

球体对密封面的法向压力：

$$N = \frac{F_{MY} + F_{MJ}}{\cos\varphi} = \frac{\pi(D_{MW}^2 - D_{MN}^2)p + 0.4\pi(D_{MW}^2 - D_{MN}^2)}{4\cos\varphi} \tag{6-144}$$

因为 $\cos\varphi = \dfrac{l_1 + l_2}{2R}$，所以

$$N = \frac{2R(F_{MY} + F_{MJ})}{l_1 + l_2} = \frac{R[\pi(D_{MW}^2 - D_{MN}^2)p + 0.4\pi(D_{MW}^2 - D_{MN}^2)]}{2(l_1 + l_2)}$$

$$= \frac{\pi R(D_{MW}^2 - D_{MN}^2)(p + 0.4)}{2(l_1 + l_2)} \tag{6-145}$$

式中　R——球体半径（mm）；

　　　l_1——球体中心至密封面内径的距离（mm）；

　　　l_2——球体中心至密封面外径的距离（mm）；

　　　φ——流道中心线与密封面法向夹角（°）。

(2) 密封面环带面积（mm^2）

$$A_{MH} = 2\pi Rh = 2\pi R(l_1 - l_2) \tag{6-146}$$

(3) 密封面上的比压（MPa）

$$q = \frac{N}{A_{MH}} = \frac{(D_{MW}^2 - D_{MN}^2)(p + 0.4)}{2(l_1^2 - l_2^2)} \tag{6-147}$$

由图 6-45 得

$$l_1 = \sqrt{R^2 - \frac{D_{MN}^2}{4}} \tag{6-148}$$

$$l_2 = \sqrt{R^2 - \frac{D_{MW}^2}{4}} \tag{6-149}$$

故 $q = 2(p + 0.4)$ 时

$$q \leqslant [q]$$

当密封圈采用聚四氟乙烯时，许用比压 $[q] = 17.5$ MPa；当采用填充聚四氟乙烯时，$[q] = 22.5$ MPa；当采用 PEEK 时，$[q] = 30.0$ MPa。为了便于设计浮动式球阀，可制成浮动式球阀 $D_{MN} = f(DN, p)$ 关系曲线，即

$$D_{MN} = \frac{DN(4[q] - p)}{4[q] - p} \tag{6-150}$$

第6章 控制阀的设计

将各种 D_{MN} 和工作压力 p 值代入式(6-150)，可得出曲线图，利用这些曲线，通过已知的公称尺寸 DN 和工作压力 p 就可以确定密封面外径 D_{MW} 了。为了保证低压时的密封性，阀座密封圈和球体所必需的预紧比压不应小于 1.6MPa。预紧密封主要靠外力和阀座本身的弹性，所以密封面的宽度是受一定限制的。对于聚四氟乙烯制成的密封圈，DN20 时的最大工作压力 $p = 14.3$ MPa，而由尼龙制的密封圈，同样尺寸时的最大工作压力可达 $p = 2.6$ MPa，尼龙阀座的密封宽度可扩大两倍。尼龙的温度范围为 $-150 \sim 170$ ℃。此外，尼龙的化学稳定性远低于聚四氟乙烯，所以尼龙仅适用于非腐蚀性介质，如空气、水、碳氢化合物等。

浮动式球阀一般是靠出口端阀座来保证密封。这是由于介质工作压力不是沿着阀座密封平均直径 D_{MP}，而是沿着外径 D_{MW} 作用的，故使出口端阀座压力增大。在刚开启时，球体通道处于阀座密封面下方，使阀座的一部分失去支撑，于是在介质压力作用下产生弯曲变形。当继续转动球体时，它将被球体通道边缘所压坏而丧失其密封性能，如图 6-46 所示，为使介质从进口端流入中腔，进口端阀座可能被挤开间隙 C。

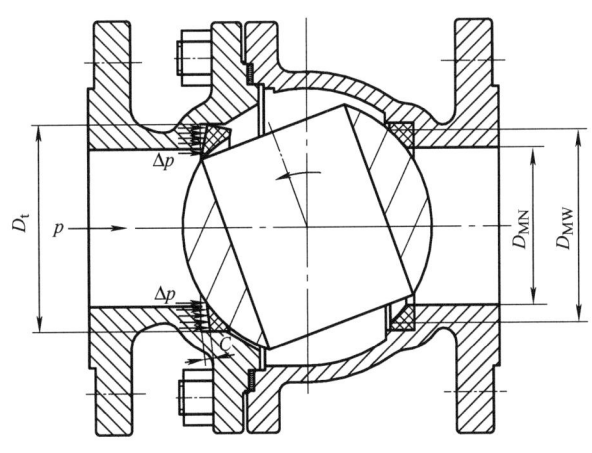

图 6-46　压差作用下阀座的变形

为防止进口端阀座被压坏，可以减少进口端和中腔的压差 Δp，或者用可靠的固定阀座来解决。

为减少阀座上的压差，可在阀座圆柱表面开几条卸压槽，以便使介质进入中腔，用聚四氟乙烯或尼龙制成的阀座可参考图6-47，这种开有卸压槽的阀座适用于不大于DN65的情况。

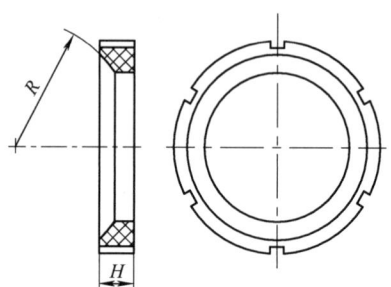

图6-47　浮动式球阀阀座参考

当大于DN65时，选择固定阀座的方法：对于DN50～DN100、公称压力≤PN2.5的浮动式球阀，可采用弹簧卡圈固定密封阀座；对于压力较高、尺寸较大的浮动式球阀，建议采用两个半环固定阀座，使之不受弯曲力，这种方法装配容易；对于不能开圆环的场合，用带螺纹的活套固定阀座。

2. 阀座预紧力的确定

1）当不带弹性元件时，浮动式球阀球体工作的可靠性和使用寿命在很大程度上取决于正确地选择阀座密封圈的预压缩量。当压力低时，在预压缩不足的情况下，将不能保证球阀的密封性。过量压缩会导致球体与阀座间的摩擦力矩增加，并可能引起阀座密封材料的塑性变形。

密封圈在阀体凹槽中的安装间隙为 δ_1，如图6-48a所示。这是保证它正常工作的基本条件。

① 阀座密封圈安装间隙 δ_1 的确定。在确定间隙 δ_1 时，要考虑预压缩阀座密封圈的均匀伸长应在总的弹性变形范围内。

安装间隙（mm）计算：

$$\delta_1 = \frac{D_{MP}[\sigma_{MJ}]}{2E} \tag{6-151}$$

式中 $[\sigma_{MJ}]$——在弹性变形范围内的密封圈横截面的许用应力（MPa）；

E——阀座密封圈材料的弹性模量（MPa）；

D_{MP}——阀座密封平均直径。

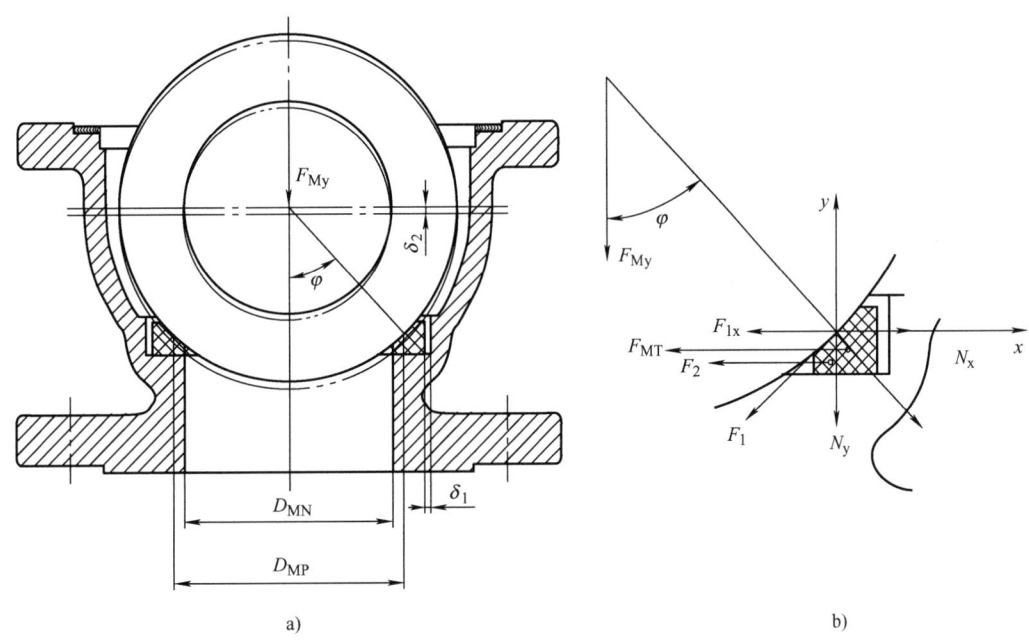

图 6-48 预紧时作用在阀座上的力

a）阀座安装结构 b）阀座预紧受力情况

对于聚四氟乙烯制密封圈，$[\sigma_{MJ}] = 8.2\text{MPa}$，$E = 480.0 \sim 816.0\text{MPa}$；对于尼龙制密封圈，$[\sigma_{MJ}] = 20.4\text{MPa}$，$E = 1530\text{MPa}$。

球体在一个调座方向上的压偏量 $\delta_2 = \delta_1 \tan\varphi$，实际结构中，一般 $\varphi = 45°$，所以可取 $\delta_2 = \delta_1$。

② 阀座预紧力的计算。当阀座密封圈被压缩时，预压缩所必须的作用力 F_{My} 及密封圈截面上的作用力如图 6-48b 所示。密封圈在法向压力 N 的水平分力 N_x 作用下发生变形。

作用在 x 轴上投影的总和为

$$\sum F_x = F_{MT} + F_{1x} + F_2 - N_x = 0 \qquad (6\text{-}152)$$

式中 F_{MT}——阀座密封圈的弹性力（N），$F_{MT}=\dfrac{2\delta_1 E A_{MJ}}{D_{MP}}$；

A_{MJ}——阀座密封圈横截面面积（mm²）；

F_{1x}——阀座和球体间摩擦力的水平分力（N）；计算公式如下：

$$F_{1x}=Nf_1\cos\varphi=F_{My}f_1 \tag{6-153}$$

f_1——阀座与球体之间的动摩擦系数，对于聚四氟乙烯，$f_1=0.05\sim0.08$；

F_2——阀座端面的摩擦力（N），计算公式如下：

$$F_2=F_{My}f_2f_1 \tag{6-154}$$

f_2——阀座与球体间的静摩擦系数，对于聚四氟乙烯，$f_2=0.08\sim0.12$；

N_x——阀座法向压力 N 的水平分力（N）。计算公式如下：

$$N_x=N\sin\varphi\tan\varphi \tag{6-155}$$

为简化计算，取 $f_1=f_2=f$。将 F_{MT}、F_{1x}、F_2 及 N_x 代入式（6-160）得

$$\dfrac{2\delta_1 E A_{MJ}}{D_{MP}}+2F_{My}f-F_{My}\tan\varphi=0 \tag{6-156}$$

整理后得阀座预紧力（N）：

$$F_{My}=\dfrac{2\delta_1 E A_{MJ}}{D_{MP}(\tan\varphi-2f)} \tag{6-157}$$

2) 当带有弹性元件时，其阀座预紧力由弹性元件产生。弹性元件所必须产生的作用力（N）按下式确定：

$$F_{ZT}=q_{My}F_{MH} \tag{6-158}$$

式中 q_{My}——预紧比压（MPa）；

F_{MH}——密封圈环带面积（mm²）。

不管介质工作压力如何，对于使用聚四氟乙烯、增强聚四氟乙烯、MOLON、DEVLON、PEEK、尼龙制造的阀座密封圈，其预紧比压均采用 $q_{My}=1.6$ MPa。

3. 阀杆与球体连接部分的设计计算

浮动式球阀的阀杆与球体的连接在很大程度上会影响球阀的正常工作。它除了要

能够传递较大力矩外，还要保证有足够的活动性。这是保证球阀可靠密封所不可缺少的条件。图 6-49 所示的连接方式可以满足这些要求。

阀杆加大头部铣扁连接有两个平面，如图 6-49 所示，能传递较大转矩，阀杆在安装时为下装，只能从阀体内装入。当填料压盖拆除后，阀杆不会受内压而冲出，适用于公称尺寸 DN50～DN150 的浮动式球阀。

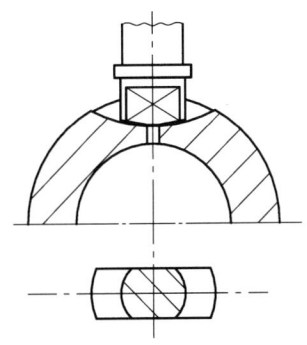

图 6-49　阀杆与球体的连接方式

阀杆与球槽接触按挤压强度计算，如图 6-50 所示。应注意接触面上的比压分布是不均匀的，靠近阀杆外边缘处的应力最大，应力 σ 呈三角形分布。当阀杆头部与球槽的配合没有间隙时，比压分布如图 6-50a 所示。当阀杆头部与球槽的配合存在配合间隙时，比压不是在全长 a 上，而仅在部分长度上分布，如图 6-50b 所示。计算时，采用挤压长度 $L_g = 0.3a$，而作用力偶的臂 $K = 0.8a$。

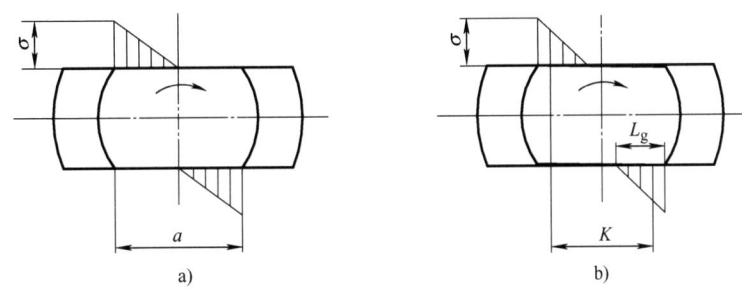

图 6-50　阀杆与球槽接触面上的挤压应力分布
a）无间隙状态　b）有间隙状态

6.3.3 固定式球阀的设计计算

根据 GB/T 19672—2021、GB/T 20173—2013 和美国石油学会标准 API 6D—2008、国际标准化组织标准 ISO 14313—2007 规定，固定式球阀为双阀座阀门，双阀座阀门可分为单向密封、双向密封、双阀座双向密封、双阀座一个阀座单向密封一个阀座双向密封、双截断-泄放阀。

单向密封阀门——设计在一个方向密封的阀门。

双向密封阀门——设计在两个方向都能密封的阀门。

双隔离-泄放阀 DIB-1（双阀座双向密封）——双阀座，每一个阀座均能达到双向密封。

双隔离-泄放阀 DIB-2（双阀座一个阀座单向密封一个阀座双向密封）——双阀座，一个为单方向密封阀座，一个为两个方向都能密封的阀座。

双截断-泄放阀 DBB——在关闭位置时，具有双密封副的阀门，当两密封副间的腔体通大气或排空时，阀门腔体两端的介质流动应被切断。

标准还要求密封试验时，应为进口端阀座密封。

1. 固定式球阀阀座密封比压的计算

（1）单向密封球阀密封比压的计算

如图 6-51 所示，球体安装在两个滑动轴承中，阀座安装于活动套筒内，活动套筒在阀体中靠 O 形圈与阀体孔密封，阀座借助弹簧组预压紧球体。介质进口端阀座，在球体关闭时，通过阀座密封圈内径 D_{MN} 和进口密封套筒外径 D_{MW} 所形成的环形面积上的介质作用力压紧球体，以达到球阀的密封。密封的可靠性在很大程度上取决于密封面平均直径 D_{MP} 与套筒外径 D_{JH} 之比。如果 D_{JH} 和 D_{MP} 的比值不够大时，球阀将不能保证可靠密封。另外，如果 D_{JH} 过大将造成阀座密封圈过载，从而使球阀的开关转矩加大，阀门磨损加快。

第6章 控制阀的设计

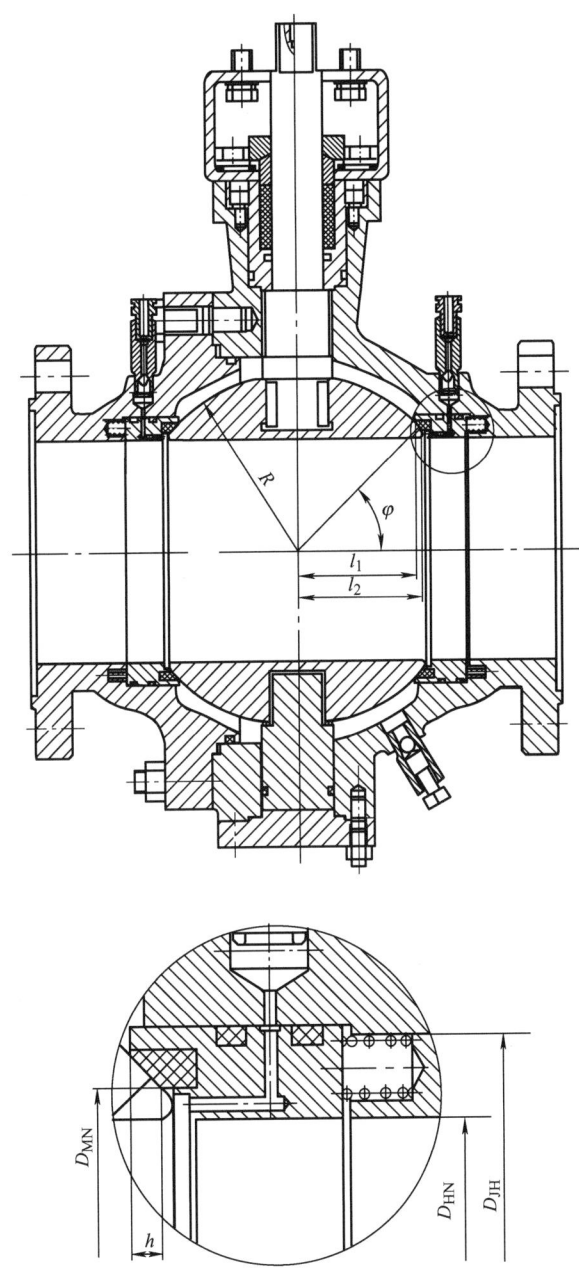

图 6-51 单向密封固定式球阀结构

进口端阀座对球体的压力（N）：

$$F_Q = F_{ZJ} + F_{TH} \tag{6-159}$$

式中 F_{ZJ}——介质经阀座压在球体上的力（N），按式(6-160)计算；

601

F_{TH}——弹簧组压紧力（N），按式(6-161) 计算。

$$F_{ZJ} = \frac{\pi p (D_{JH}^2 - D_{MN}^2)}{4} \quad (6-160)$$

式中 D_{JH}——活动套筒外径（mm）；

D_{MN}——阀座密封面内径（mm）；

p——设计压力（MPa），取公称压力。

$$F_{TH} = F_{MY} + F_{MM} \quad (6-161)$$

式中 F_{MY}——阀座密封圈对球体的预紧力（N），按式(6-162) 计算；

F_{MM}——阀座密封圈上的O形圈与阀体孔之间的摩擦力（N）。

$$F_{MY} = \frac{\pi}{4}(D_{MW}^2 - D_{MN}^2) q_{MYmin} \quad (6-162)$$

式中 D_{MW}——阀座密封面外径（mm）；

q_{MYmin}——阀座预紧密封的最小比压。

对于PTFE，$q_{MYmin} = 1.6$MPa，则式(6-162) 可改写为

$$F_{MY} = 0.4\pi (D_{MW}^2 + D_{MN}^2) \quad (6-163)$$

$$F_{MM} = \pi D_{JH} B_m Z q_{MF} \quad (6-164)$$

式中 D_{JH}——活动套筒外径（mm）；

B_m——O形圈与阀体内孔的接触宽度（mm），取O形圈的断面半径的1/3；

Z——O形圈的个数，取2个；

q_{MF}——密封比压（MPa），$q_{MF} = \dfrac{0.4 + 0.6P}{\sqrt{B_m/10}}$。

（2）阀座密封面上的实际工作比压

阀座密封面工作比压（MPa）：

$$q = \frac{N}{A_{MH}} \quad (6-165)$$

式中 N——阀座密封圈对球体的法向压力（N），$N = \dfrac{F_Q}{\cos\varphi}$；

第6章 控制阀的设计

A_{MH}——密封圈环带面积（mm^2），$A_{MH} = 2\pi R(l_1 - l_2)$，$l_1$、$l_2$ 为球体中心线至阀座密封线的距离。

则

$$q = \frac{N}{A_{MH}} = \frac{\frac{F_Q}{\cos\varphi}}{2\pi Rh} = \frac{F_Q}{2\pi Rh\cos\varphi}$$

$$= \frac{D_{JH}(0.785pD_{JH} + 3) + 1.256D_{MW}^2 - D_{MN}^2(0.785p + 1.256)}{2\pi Rh\cos\varphi}$$

$$= \frac{D_{JH}(pD_{JH} + 3.82) + 1.6D_{MW}^2 - D_{MN}^2(p + 1.6)}{8Rh\cos\varphi} \tag{6-166}$$

式中 F_Q——作用于阀座密封面上沿流体流动方向的合计（密封力）；

φ——密封面法向与流道中心线夹角。

(3) 双向密封球阀密封比压的计算

双向密封球阀在进口端和出口端使用同样的单向密封阀座，就得到双向密封固定式球阀。双向密封球阀的密封比压的计算，同单向密封球阀的计算。

双阀座双向密封球阀阀座密封比压的计算：

1) 进口端阀座密封比压的计算。其计算方法和计算公式同单向密封球阀的阀座。

2) 腔体内介质压力对阀座产生的比压的计算。出口端密封的固定式球阀的基本特点是：当阀门关闭后，密封力是由中腔介质压力产生的，用以保证球阀密封，这样就减少了球体支承轴的载荷。

其结构如图6-52所示，与进口密封相比，结构上的主要区别在于活动套筒阀座密封直径 D_{HW} 小于阀座密封面的平均直径 D_{MP}。

1) 阀座对球体的压力：

$$F_Q = F_{ZJ} + F_{TH} \tag{6-167}$$

式中 F_{ZJ}——介质经阀座压在球体上的力（N），按式(6-168)计算；

F_{TH}——弹簧组压紧力（N），按式(6-169)计算。

控制阀设计制造技术

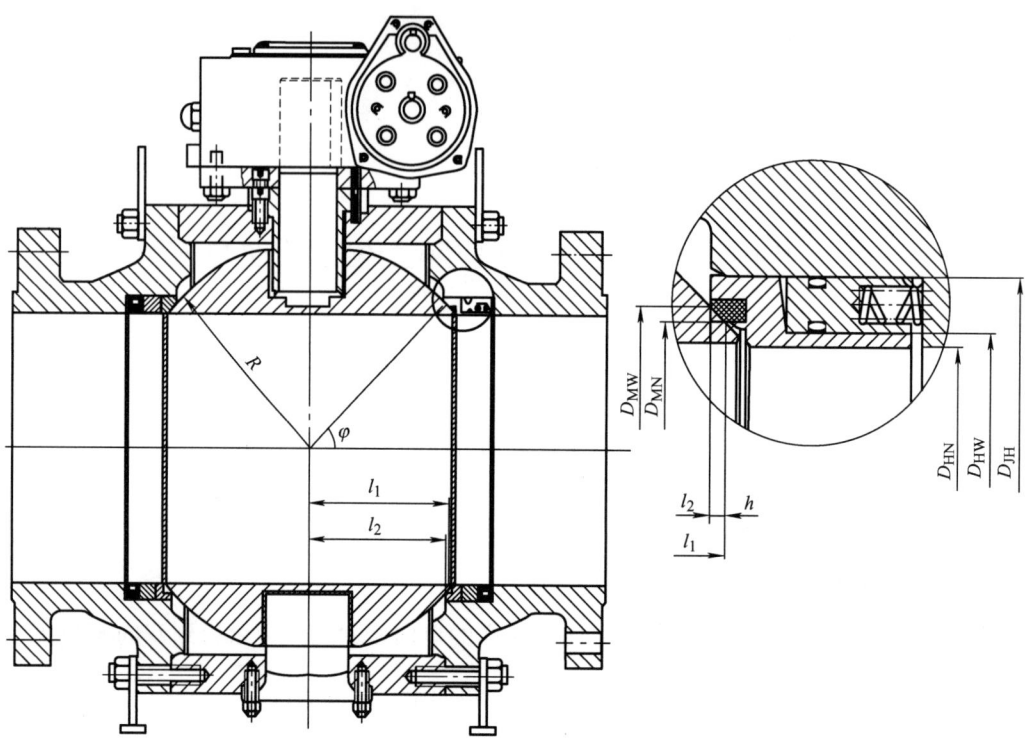

图 6-52 双阀座双向密封球阀结构

$$F_{ZJ} = \frac{\pi p(D_{JH}^2 - D_{HW}^2)}{4} - \frac{\pi p(D_{JH}^2 - D_{MW}^2)}{4} = \frac{\pi p(D_{MW}^2 - D_{HW}^2)}{4} \quad (6-168)$$

式中 D_{JH}——活动套筒外径（mm）；

D_{HW}——密封外径（mm）；

D_{MW}——密封面外径（mm）。

$$F_{TH} = F_{MY} + F_{MN} \quad (6-169)$$

式中 F_{MY}——阀座密封圈对球体的预紧力（N），$F_{MY} = \frac{\pi}{4}(D_{MW}^2 - D_{MN}^2)q_{MYmin}$；

F_{MM}——阀座支撑圈上的 O 形圈与活动套之间的摩擦力（N）。

$$F_{MM} = \pi D_{HW} B_m Z_{MF} q_{MF} f, \qquad q_{MF} = \frac{0.4 + 0.6p}{\sqrt{B_m/10}} \quad (6-170)$$

第6章 控制阀的设计

2) 阀座密封面的实际工作比压（MPa）：

$$q = \frac{N}{A_{MH}} \tag{6-171}$$

式中 N——密封圈对球体的法向压力（N），$N = \dfrac{F_Q}{\cos\varphi}$；

A_{MH}——密封圈环带面积（mm^2），$A_{MH} = 2\pi R(l_1 - l_2)$。

$$q = \frac{N}{A_{MH}} = \frac{D_{MN}^2(p+1.6) - D_{HW}(pD_{HW} - 1.91) - 1.6 D_{MN}^2}{8Rh\cos\varphi} \tag{6-172}$$

2. 阀座自动泄压的计算

根据国家标准 GB/T 19672—2021、GB/T 20173—2013 和美国石油学会标准 API 6D—2008 及国际标准化组织标准 ISO14313—2007 的要求，当输送的介质为烃类介质，在阀门关闭时可能把介质截留在阀体中腔，当温度升高时，压力会上升，当压力升高到额定压力的 1.33 倍时，中腔应有自动泄压装置。实现自动泄压的方法有三种：

1) 中腔安装安全（泄压）阀，安全阀的整定压力为额定压力的 1.33 倍。当中腔压力超过额定压力的 1.33 倍时，安全阀自动开启，排放多余介质；当中腔压力降到 1.33 倍额定压力后，安全阀自动关闭。

2) 在球体上安装一个止回阀，当中腔压力超过 1.33 倍额定压力时，止回阀自动开启，排放多余介质，当中腔压力降到 1.33 倍额定压力以下时，止回阀自动关闭。该止回阀开启压差较小，难以设计，且止回阀需安装在球体上，需在球体上铣出平面，若球面和平面相交处加工不圆滑，则在球阀启闭过程中会划伤密封面。

3) 按标准要求，将该球阀设计成一个阀座单向密封，一个阀座双向密封。当中腔介质压力上升到 1.33 倍额定压力时，单向密封阀座被自动推开，排放多余介质，当压力下降到 1.33 倍额定压力以下时，阀座自动复位，仍起到密封作用。又因为出口端阀座为双向密封阀座，所以介质肯定不会泄漏到出口端。中腔介质可按用户要求泄放到进口端或出口端,因为在阀体上有单向密封阀座和双向密封阀座的标牌,只要用户按标牌位置安装,一定能满足要求。腔体内介质压力超过1.33倍时,自动泄压阀座计算公式如下:

$$\frac{\pi 1.33 p (D_{JH}^2 - D_{MW}^2)}{4} > \frac{\pi p (D_{JH}^2 - D_{MN}^2)}{4} + \frac{\pi q_{MYmin}(D_{MW}^2 - D_{MN}^2)}{4}$$

$$1.33 p (D_{JH}^2 - D_{MW}^2) > p (D_{JH}^2 - D_{MN}^2) + q_{MYmin}(D_{MW}^2 - D_{MN}^2)$$

对于聚四氟乙烯密封圈,当设计 CL600 球阀时,$q_{MYmin} = 0.2p$,则

$$1.33(D_{JH}^2 - D_{MW}^2) > (D_{JH}^2 - D_{MN}^2) + 0.2(D_{MW}^2 - D_{MN}^2)$$

$$0.33 D_{JH}^2 > 1.53 D_{MW}^2 - 1.2 D_{MN}^2$$

$$D_{JH} > \sqrt{\frac{1.53 D_{MW}^2 - 1.2 D_{MN}^2}{0.33}}$$

3. 固定式球阀转矩的计算

(1) 单向密封阀座转矩计算

$$M = M_m + M_T + M_u + M_c \tag{6-173}$$

式中 M_m——阀座密封圈与球体间的摩擦力矩(N·mm);

M_T——阀杆与填料间的摩擦转矩(N·mm);

M_u——杆台肩与止推垫间的摩擦力矩(N·mm);

M_c——轴承的摩擦转矩(N·mm)。

(2) 阀座密封圈与球体间的摩擦转矩的计算

$$M_m = M_{mo} + M_{m1} \tag{6-174}$$

式中 M_{mo}——进口端阀座密封圈与球体间的摩擦力矩(N·mm),按式(6-175)计算;

M_{m1}——出口端阀座密封圈与球体间的摩擦力矩(N·mm),应考虑出口端阀座弹簧组的预紧比压,按式(6-176)计算。

$$M_{\mathrm{mo}} = \frac{F_{\mathrm{Q}} R (1+\cos\varphi)}{2\cos\varphi} \mu_{\mathrm{T}}$$

$$= \frac{\pi R [D_{\mathrm{JH}}(p D_{\mathrm{JH}} + 3.82) + 1.6 D_{\mathrm{MW}}^2 - D_{\mathrm{MN}}^2(p+1.6)](1+\cos\varphi)}{8\cos\varphi} \mu_{\mathrm{T}} \qquad (6\text{-}175)$$

式中 F_{Q} ——进口端阀座密封圈对球体的作用力（N）；

R——球体的半径（mm）；

μ_{T}——密封圈与球体间的摩擦系数。

$$M_{\mathrm{m1}} = \frac{(F_{\mathrm{MY}} + F_{\mathrm{MM}}) R (1+\cos\varphi)}{2\cos\varphi} \mu_{\mathrm{T}} \qquad (6\text{-}176)$$

式中 F_{MY}——阀座密封圈的预紧力（N）；

F_{MM}——活动套筒 O 形圈与阀体阀座孔间的摩擦力（N）；

R——球体半径（mm）；

φ——密封面对球体中心的倾角（°）；

μ_{T}——密封圈与球体之间的摩擦系数。

$$M_{\mathrm{m}} = M_{\mathrm{mo}} + M_{\mathrm{m1}}$$

$$= \frac{\pi R \mu_{\mathrm{T}} [p(D_{\mathrm{JH}}^2 - D_{\mathrm{MN}}^2) + 3.2(D_{\mathrm{MW}}^2 - D_{\mathrm{MN}}^2) + 7.66 D_{\mathrm{JH}}]}{8\cos\varphi} (1+\cos\varphi) \qquad (6\text{-}177)$$

6.3.4 球阀设计计算实例

1. 主阀体壁厚验算

主阀体壁厚计算与验算，见表 6-38 和表 6-39。

2. 副阀体壁厚验算

副阀体壁厚计算和验算见表 6-40 和表 6-41。

表 6-38 主阀体壁厚计算

型号	G2010
零件名称	主阀体
材料牌号	A351CF8
计算内容	主阀体壁厚验算
标准依据	ASME B16.34

序号	计算数据名称	符号	数据来源	数值	单位
1	主阀体大径处壁厚	S_{B1}	最终计算所得	见计算表 6-39	mm
2	主阀体薄弱点壁厚	S_{B2}	最终计算所得	见计算表 6-39	mm
3	计算压力	p_c	设计给定	取设计压力	
4	计算内径（薄弱点内径）	D_n	设计给定	见计算表 6-39	mm
5	阀体标准厚度	T_S	ASTM B16.34	见计算表 6-39	mm
6	阀座外径	D_H	设计给定	见计算表 6-39	mm
7	公称内径	DN	设计给定	见计算表 6-39	mm
8	阀体实际壁厚	t'	设计给定	见计算表 6-39	mm
9	比中间压力低一级的压力级数	p_{cI}	ASME B16.34	见计算表 6-39	
10	比中间压力高一级的压力级数	p_{cH}	ASME B16.34	见计算表 6-39	
11	比中间压力低一级的最小壁厚取值	t_{IL}	ASME B16.34	见计算表 6-39	mm
12	比中间压力高一级的最小壁厚取值	t_{IH}	ASME B16.34	见计算表 6-39	mm

各压力等级下最小壁厚确定方法。

1. 当压力级数为 Class150 时，按下式计算：

直径 d/mm	t_m/mm
$3 < d < 50$	$0.064d + 2.34$
$50 < d < 100$	$0.020d + 4.5$
$100 < d < 1300$	$0.0163d + 4.7$

2. 当压力级数为 Class300 时，按下式计算：

直径 d/mm	t_m/mm
$3 < d < 25$	$0.080d + 2.29$

第6章 控制阀的设计

(续)

2. 当压力级数为 Class300 时，按下式计算：

$25 < d < 50$	$0.070d + 2.54$
$50 < d < 1300$	$0.033d + 4.4$

3. 当压力级数为 Class600 时，按下式计算：

直径 d/mm	t_m/mm
$3 < d < 25$	$0.086d + 2.54$
$25 < d < 50$	$0.058d + 3.3$
$50 < d < 1300$	$0.0675d + 2.79$

注：1. d：计算处内径。
2. t_m：最小壁厚计算值。
3. 算法来源：美国机械工程师协会标准：ASME B16.34 强制性附录Ⅵ最小壁厚用的基本公式。
4. 说明：图示中尺寸 D_n 处为薄弱点，故应当计算此处。
5. 结论：对于 Class150 和 Class300，$t > S_{B1} > T_{S1}$，$t' > S_{B2} > T_{S2}$ 合格。

表 6-39　G2010Class150 主阀体壁厚计算

		DN	50	200
最大径处壁厚计算		σ_L/MPa	7000	7000
		PN	150	150
		D_H/mm	98	350
		S_{B1}/mm	6.5	10.4
薄弱点处壁厚计算		σ_L/MPa	7000	7000
		PN	150	150
		D_n	76	245
		S_{B2}/mm	6.0	8.7
ASMEB16.34		T_{S1}/mm	6.35	10.67
		T_{S2}/mm	5.59	8.64
设计给定		t/mm	8	20
设计给定		t'/mm	7.00	13.18
判别 1		$t - \text{Max}(S_{B1}, T_{S1})$	1.65	9.33
判别 2		$t' - \text{Max}(S_{B2}, T_{S2})$	1.41	4.54
结论			合格	合格

表 6-40 副阀体壁厚计算

型号	G2010
零件名称	副阀体
材料牌号	A351CF8
计算内容	副阀体壁厚验算
简图	(见图示)
标准依据	ASME B16.34

序号	计算数据名称	符号	数据来源	数值	单位
1	副阀体壁厚	S_{B1}	最终计算所得	见计算表 6-41	mm
3	计算压力	p_c	设计给定	取设计压力	
4	计算内径	D_n	阀座外径	DH	mm
5	阀体标准厚度	T_S	ASTM B16.34	见计算表 6-41	mm
6	阀座外径	D_H	设计给定	见计算表 6-41	mm
7	公称内径	DN	设计给定	见计算表 6-41	mm
8	阀体实际壁厚	t'	设计给定	见计算表 6-41	mm
9	比中间压力低一级的压力级数	p_{cI}	ASME B16.34	见计算表 6-41	
10	比中间压力高一级的压力级数	p_{cH}	ASME B16.34	见计算表 6-41	
11	比中间压力低一级的最小壁厚取值	t_{IL}	ASME B16.34	见计算表 6-41	mm
12	比中间压力高一级的最小壁厚取值	t_{IH}	ASME B16.34	见计算表 6-41	mm

各压力等级下最小壁厚确定方法。

1. 当压力级数为 Class150 时，按下式计算：

直径 d/mm	t_m/mm
$3 < d < 50$	$0.064d + 2.34$
$50 < d < 100$	$0.020d + 4.5$
$100 < d < 1300$	$0.0163d + 4.7$

第6章 控制阀的设计

（续）

2. 当压力级数为 Class300 时，按下式计算：

直径 d/mm	t_m/mm
$3 < d < 25$	$0.080d + 2.29$
$25 < d < 50$	$0.070d + 2.54$
$50 < d < 1300$	$0.033d + 4.4$

3. 当压力级数为 Class600 时，按下式计算：

直径 d/mm	t_m/mm
$3 < d < 25$	$0.086d + 2.54$
$25 < d < 50$	$0.058d + 3.3$
$50 < d < 1300$	$0.0675d + 2.79$

注：1. d：计算处内径。

2. t_m：最小壁厚计算值。

3. 算法来源：美国机械工程师协会标准：ASME B16.34—2013。

4. 结论：对于 Class150 和 Class300，$t > S_{B1} > T_{S1}$，$t' > S_{B2} > T_{S2}$ 合格。

表 6-41　Class150 副阀体壁厚计算

	DN	50	200
薄弱点处壁厚计算	σ_L/MPa	7000	7000
	PN	150	150
	D_n	76	245
	S_{B2}/mm	6.0	8.7
ASME B16.34	T_{S2}/mm	5.59	8.64
设计给定	t'/mm	7.00	13.18
判别 2	$t' - \text{Max}(S_{B2}, T_{S2})$	1.41	4.54
结论		合格	合格

3. 总摩擦力矩计算

总摩擦力矩计算见表 6-42。密封面产生的摩擦力矩计算见表 6-43。轴套、填料的摩擦力矩计算见表 6-44。止推垫片与轴的摩擦力矩及总力矩见表 6-45。

表 6-42　总摩擦力矩计算

型号	G2010	简图	
零件名称	主轴、球芯、阀座		
材料牌号	ASTM A564-630		
计算内容	扭矩计算		
根据	《阀门设计手册》		

序号	计算数据名称	符号	公式	数值	单位
1	力矩	M_F	$M_{QG}+M_{FT}+M_{ZC}$	见计算表 6-43	N·mm
2	密封副摩擦力矩	M_{QG}	$M_{QG}=M_{QG1}+M_{QG2}$	见计算表 6-43	N·mm
3	弹簧预紧力产生的摩擦力矩	M_{QG1}	$\pi\dfrac{q_M f_{MR}\left(D_{JH}^2-\dfrac{D_{MN}^2}{2}-\dfrac{D_{MW}^2}{2}\right)(1+\cos\varphi)}{8\cos\varphi}$	见计算表 6-43	N·mm
4	密封面外径	D_{MW}	设计给定	见计算表 6-43	mm
5	密封面内径	D_{MN}	设计给定	见计算表 6-43	mm
6	密封面中点与流道夹角	φ	设计选定	45	(°)
7	阀座预紧推力等效压力	q_M	$q_M=4\dfrac{F_{TZ}}{\pi(D_{JH}^2-D_{MN}^2)}$		MPa
8	球体与密封面间摩擦因数	f_M	对于聚四氟乙烯密封面为 0.05~0.150 对于卡普隆密封面为 0.1~0.15，堆焊金属密封面为 0.2	见计算表 6-43	
9	球体半径	R	设计给定	见计算表 6-43	mm
10	由介质工作压力产生的摩擦力矩	M_{QG2}	$\dfrac{\pi P f_M R\left(D_{JH}^2-\dfrac{D_{MN}^2}{2}-\dfrac{D_{MW}^2}{2}\right)(1+\cos\varphi)}{8\cos\varphi}$	见计算表 6-43	N·mm
11	阀座外径	D_{JH}	设计给定	见计算表 6-43	mm
12	设计压力	p	取设计压力	见计算表 6-45	MPa
13	填料、止推轴承与主轴摩擦力矩	M_{FT}	$M_{FT}=M_{FT1}+M_{FT2}$	见计算表 6-44	N·mm
14	填料与主轴摩擦力矩	M_{FT1}	$M_{FT1}=0.6\pi f_1 d_1^2 Z h_t p$	见计算表 6-44	N·mm

第6章 控制阀的设计

(续)

序号	计算数据名称	符号	公式	数值	单位
15	填料处主轴直径	d_1	设计给定	见计算表6-44	mm
16	主轴处填料的数量	Z	设计给定	见计算表6-44	
17	填料与主轴摩擦系数	f_1	聚四氟乙烯填料为0.05~0.150	0.05	
18	单个填料高度	h_t	设计给定	见计算表6-44	mm
19	止推垫片与主轴摩擦力矩	M_{FT2}	$M_{FT2}=0.5Q_{T2}(D_t+d_1)/2$	见计算表6-45	N·mm
20	止推垫片与主轴摩擦力	Q_{T2}	$Q_{T2}=\dfrac{1}{16}\pi\Psi(D_t+d_1)^2 p$	见计算表6-45	N
21	止推垫片外径	d_{zt}	设计给定	见计算表6-45	mm
22	止推垫片内径	d_1	同填料处主轴直径	见计算表6-45	mm
23	主轴台肩外径	d_{tj}	设计给定	见计算表6-45	mm
24	止推垫片受力面外径	D_t	取D_t和d_{tj}中较小值	见计算表6-45	mm
25	止推垫片与主轴摩擦系数	Ψ	设计给定	0.04	
26	轴承产生的摩擦力矩	M_{ZC}	$M_{ZC}=M_{ZC1}+M_{ZC2}$	见计算表6-44	N·mm
27	上轴承产生的摩擦力矩	M_{ZC1}	$M_{ZC1}=\pi D_{JH}^2 p f_Z D_{QJ1}/16$	见计算表6-44	N·mm
28	下轴承产生的摩擦力矩	M_{ZC2}	$M_{ZC2}=\pi D_{JH}^2 p f_Z D_{QJ2}/16$	见计算表6-44	N·mm
29	轴承摩擦因数	f_Z	用聚四氟乙烯制的滑动轴承为0.05~0.1,滚动轴承为0.002,SF-1轴承最小为0.03,取0.04	0.04	
30	上轴承配合处轴颈	D_{QJ1}	设计给定	见计算表6-44	mm
31	下轴承配合处轴颈	D_{QJ2}	设计给定	见计算表6-44	mm
32	计算力矩	M_F	计算值	见计算表6-44	N·m
33	实际选用力矩	M_B	计算值	见计算表6-43	N·m
34	单个弹簧推力	F_{th}	设计给定	见计算表6-43	N
35	弹簧数量	N	设计给定	见计算表6-43	
36	弹簧总推力	F_{tz}	$F_{th}N$	见计算表6-43	N
37	预紧弹簧等效推力	q_M	$q_M=\dfrac{F_{th}}{\dfrac{\pi}{4}\left[D_{JH}^2-\left(\dfrac{D_{MW}+D_{MN}}{2}\right)^2\right]}$	见计算表6-43	MPa

注：1. 表格中计算式来源于《阀门设计手册》，由研发小组推导预紧弹簧等效压力公式：$q_M=\dfrac{F_{th}}{\dfrac{\pi}{4}\left[D_{JH}^2-\left(\dfrac{D_{MW}+D_{MN}}{2}\right)^2\right]}$

2. 结论：$M_B>M_F$，合格。

控制阀设计制造技术

表 6-43 密封面产生的摩擦力矩计算

公称通径	DN	50	200
设计压力/MPa	p	2	2
密封阀座外径/mm	D_{JH}	76	245
阀座密封面内径/mm	D_{MN}	58	217
阀座密封面外径/mm	D_{MW}	62.1	232.5
球体半径/mm	R	42.5	160.0
球体与密封间摩擦因数	f_M	0.05	0.05
密封圈外径到轴心的距离/mm	l_2	29.02	109.94
密封圈内径到轴心的距离/mm	l_1	31.07	117.59
密封面轴向宽度/mm	h	2.05	7.66
密封面中点与流道夹角/(°)	$\cos\varphi$	0.71	0.71
弹簧数量/个	N	8	16
单个弹簧推力/N	F_{th}	41.80	458.00
弹簧总推力/N	F_{tz}	334.40	7328.00
弹簧预紧推力等效压力/MPa	q_M	0.18	0.72
弹簧预紧力产生的摩擦力矩/N·m	M_{QG1}	770	51542
由介质工作压力产生的摩擦力矩/N·m	M_{QG2}	8723	142847
密封副摩擦力矩/N·mm	M_{QG}	10264	245931

表 6-44 轴套、填料的摩擦力矩计算

公称通径	DN	50	200
摩擦系数	f_Z	0.04	0.04
上轴承配合处轴颈/mm	D_{QJ1}	28	60
下轴承配合处轴颈/mm	D_{QJ2}	16	40
阀前浮动支座外径/mm	D_{JH}	76	245
设计压力/MPa	p	2	2
上轴承的摩擦力矩/N·mm	M_{ZC1}	2540	56572
下轴承产生的摩擦力矩/N·mm	M_{ZC2}	1452	37715
轴承产生的摩擦力矩/N·mm	M_{ZC}	3992	94287
填料与阀杆摩擦系数	f_1	0.05	0.05
阀杆处填料的数量/个	Z	3	3
单个填料高度/mm	h_t	6	19
填料处阀杆直径/mm	d_1	22	48
填料与阀杆摩擦力矩/N·m	M_{FTl}	1641	24742

第6章 控制阀的设计

表 6-45 止推垫片与轴的摩擦力矩及总力矩

公称通径	DN	50	200
设计压力/MPa	p	2	2
止推垫片外径/mm	d_{zt}	28	60
止推垫片内径/mm	d_1	22	48
阀杆台肩外径/mm	d_{tj}	28	60
止推垫片与阀杆摩擦系数	Ψ	0.04	0.04
止推垫片受力面外径/mm	D_t	28	60
止推垫片与阀杆摩擦力/N	Q_{T2}	39	183
止推垫片与阀杆摩擦力矩/N·m	M_{FT2}	491	4944
总力矩/N·m	M_F	16388	369904

4. 固定式球阀主轴强度校核（见表6-46、表6-47）

表 6-46 固定式球阀主轴强度校核

型号	G2010
零件名称	主轴
材料牌号	17-4PH
计算内容	固定式球阀主轴强度校核

序号	计算数据名称	符号	公式	数值	单位
1	主轴端头扭转剪切应力	τ_{NI}	$M_F/\omega \leq [\tau_N]$	见计算表6-47	MPa
2	主轴端头所受力矩	M_F	取扭矩的2倍	见计算表6-47	N·m
3	L—L 断面抗转矩端面系数	ω	$b^3/4.8$	见计算表6-47	mm³
4	系数	β	查《阀门设计手册》表4-97	0.208	
5	主轴头方形端面边长	a	设计给定	见计算表6-47	mm
6	主轴头矩形端面厚度	b	设计给定	见计算表6-47	mm
7	材料许用扭切应力	$[\tau_N]$	查表ASME Ⅱ材料，D篇（0.6[σ]）	见计算表6-47	MPa
8	M—M 断面扭转剪切应力	τ	$M_F/(\pi d_1^3/32) \leq [\tau]$	见计算表6-47	MPa

控制阀设计制造技术

（续）

序号	计算数据名称	符号	公式	数值	单位
9	主轴直径	d_1	设计给定	见计算表6-47	mm
10	材料的许用剪切应力	$[\tau]$	查表ASME Ⅱ 材料，D篇（$0.6[\sigma]$）	见计算表6-47	MPa
11	N—N 断面处的扭转应力	$\tau_{N\text{Ⅲ}}$	$M_F/W_\text{Ⅱ} \leq [\tau_N]$	见计算表6-47	MPa
12	N—N 断面处的抗扭系数	$W_\text{Ⅱ}$	$\dfrac{\pi d_{jc}^3}{16} - \dfrac{b_1(d_{jc}-t)^2}{2 d_{jc}}$	见计算表6-47	mm³
13	主轴键槽的宽度	b_1	设计给定	见计算表6-47	mm
14	主轴键槽的深度	t	设计给定	见计算表6-47	mm
15	N—N 断面的主轴直径	d_{jc}	设计给定	见计算表6-47	mm
16	材料屈服强度	$[\sigma]$	查表ASME Ⅱ 材料，D篇	见计算表6-47	MPa

说明：

主轴 M—M 截面抗弯截面模量：

$$W_\text{Ⅲ} = \pi d_1^3 / 32$$

对于 DN300、DN350、DN400 三个口径的主轴，其 L—L 端面处为键连接，键的强度和数量均不小于 N—N 端面处选用的键，故对此三口径 N—N 断面合格后，不再对 L—L 端面核算。

关于轴材料选用的说明：本系列产品 Class150 轴材质有 ASMEA276-304、ASMEA276-316、ASMEA276-304L、ASMEA276-316L、ASMEA564-630 多种组配。

据强度校核要求：许用比压 $[p]$ 的计算值应当选择所有可选材料中最弱材料的许用强度，此主轴强度校核计算中，共有以下材质：

材料	抗拉强度	屈服强度	标距50mm 收缩率
ASMEA276-304	75kis/515MPa	30kis/205MPa	30%
ASMEA276-316	75kis/515MPa	30kis/205MPa	30%
ASMEA276-304L	70kis/485MPa	25kis/170MPa	40%
ASMEA276-316L	70kis/485MPa	25kis/170MPa	40%
ASMEA564-630	140kis/930MPa	115kis/725MPa	45%
ASMEA276-XM-19	100kis/690MPa	55kis/380MPa	35%

注：1. 所有组配材质中 ASMEA276-316L 的许用应力最小，故选择316L为计算材料。
2. 表格数据来源：美国机械工程师协会标准 ASMEA276/A564。
3. 据 API6D24版 5.20.1 要求，本表格强度校验中，"主轴端头所受力矩（M_F）"采用2倍计算扭矩。

结论	$\tau_{N1} \leq [\tau_N]$ $\tau \leq [\tau]$ 合格 $\tau_{N\text{Ⅲ}} \leq [\tau_N]$

第6章 控制阀的设计

表 6-47 CLASS150 主轴强度校核

公称通径	DN	50	200
设计压力/MPa	p	2.0	2.0
主轴直径/mm	d_1	22	48
主轴头方形端面边长/mm	a	17	36
主轴键槽的宽度/mm	b_1	6	16
主轴键槽的深度/mm	t	3.5	6
N—N 断面的主轴直径/mm	d_{jc}	22	50
主轴端头所受力矩/N·m	M_F	32776	739809
系数	β	0.208	0.208
材料的许用剪切应力/MPa	$[\tau]$	136	136
材料许用扭切应力/MPa	$[\tau_N]$	114	114
主轴头矩形端面厚度/mm	b	17	36
L—L 抗转矩端面系数	ω	1024	9720
主轴端头扭转剪切应力/MPa	$\tau_{N\,I}$	32	76
M—M 处扭转剪切应力/MPa	τ	31	68
N—N 处的抗扭系数	W_{II}	1927	22685
N—N 处的扭转应力/MPa	$\tau_{N\,III}$	17	33
主轴端头扭转剪切应力合格判定	$\tau_{N\,I} \leq [\tau_N]$	合格	合格
M—M 处扭转剪切应力合格判定	$\tau \leq [\tau]$	合格	合格
N—N 处的扭转应力合格判定	$\tau_{N\,III} \leq [\tau_N]$	合格	合格
最终设计判定		合格	合格

5. 键连接的强度验算（见表 6-48、表 6-49）

表 6-48 键连接的强度验算

型号	G2010	简图		
零件名称	平键			
材料牌号	ASTM A276-304			
计算内容	键连接的强度验算			
根据	《机械设计手册》			

序号	数据名称	符号	公式或索引	数据	单位
1	总转矩	T	见"主轴扭矩计算"，取计算扭矩值的2倍	见计算表 6-49	N·mm
2	键数	n	设计给定	见计算表 6-49	

（续）

序号	数据名称	符号	公式或索引	数据	单位
3	键的工作长度	L_{jc}	设计给定	见计算表6-49	MPa
4	键与轮廓的接触高度	K	设计给定（$h/2$）	见计算表6-49	mm
5	键的高度	h	设计给定	见计算表6-49	mm
6	主轴的直径	d_{jc}	设计给定	见计算表6-49	mm
7	平键剪应力计算	τ	$\dfrac{2T}{nd_{jc}bL_{jc}} \leq [\tau]$	见计算表6-49	MPa
8	键的宽度	b	设计给定	见计算表6-49	mm
9	许用剪应力	$[\tau]$	查表 ASME Ⅱ 材料，D 篇（$0.6[\sigma]$）	123	MPa

说明：

平键剪应力计算公式：$\tau = \dfrac{2T}{n\,d_{jc}\,b\,L_{jc}} \leq [\tau]$

式中，L_{jc} 为键的工作长度，A 型，L_{jc} = 键长 − 键宽；B 型，L_{jc} = 键长；C 型，L_{jc} = 键长 − 键宽/2。

来源：《机械设计手册》表 6.3-2 键连接的强度校核公式。

据键连接的强度校核要求：许用剪应力 $[\tau]$ 的计算值应当选择键、轴、轮毂三者中最弱材料屈服强度的 0.6 倍（依据：API 6D24 版 5.20.2 规定，在纯剪切载荷下，许用剪切应力应限制为 0.6 倍的屈服强度），此计算中，有以下材质：

材料	抗拉强度	屈服强度	标距50mm 收缩率
ASME A276-304	75kis/515MPa	30kis/205MPa	30%
ASME A276-316	75kis/515MPa	30kis/205MPa	30%

注：1. 所有组配材质中 ASME A276-316 的许用压强最小，故选择 316 为计算材料。
2. 表格数据来源：美国机械工程师协会标准 ASME A276。
3. 据 API 6D24 版 5.20.1 要求，本表格强度校验中，"主轴端头所受力矩（M_F）"采用 2 倍计算扭矩。

结论	$t \leq [\tau]$ 合格

表 6-49　Class150 键连接的强度验算

公称通径	DN	50	200
设计压力/MPa	p	2.0	2.0
N—N 断面的主轴直径/mm	d_{jc}	22	50
键的宽度/mm	b	6	16
键的高度/mm	h	6	10
键的工作长度/mm	L_{jc}	10	40
键与轮廓的接触高度/mm	K	2.8	4.3

第6章 控制阀的设计

（续）

公称通径	DN	50	200
键数/个	n	4	2
总转矩/N·m	T	32776	739809
许用剪应力/MPa	$[\tau]$	123	123
平键剪应力计算/MPa	τ	25	23
剪应力校核	$\tau \leqslant [\tau]$	合格	合格
最终设计评估		合格	合格

6. 螺栓连接的强度验算（见表6-50~表6-52）

表6-50 螺栓连接的强度验算

型号	G2010
零件名称	中法兰、下阀盖、主副阀体连接螺栓
材料牌号	ASTM A193B7 ASTM A193B8SH
计算内容	螺栓连接的强度验算
根据	ASME B16.34

序号	计算数据名称	符号	公式	数值	单位
1	计算公式		见说明	见计算表6-51	
2	螺栓抗拉应力总有效面积	A_b	$A_b = ZF_1$	见计算表6-51	mm²
3	螺栓数量	Z	设计给定	见计算表6-51	
4	单个螺栓的截面积	F_1	设计给定	见计算表6-51	mm²
5	螺栓直径	d_1	设计给定	见计算表6-51	mm
6	垫片的有效外周边面积	A_g	$A_g = \dfrac{\pi D_{DP}^2}{4}$	见计算表6-51	mm²
7	垫片的直径	D_{DP}	设计给定	见计算表6-51	mm
8	压力额定值	p_c	设计给定	见计算表6-51	
9	系数	K_1/K_2	查ASME B16.34	见说明	
10	螺栓38℃时的许用应力	S_a	查表	138	MPa

619

(续)

公式来源说明：

1. 对于主阀体与上阀盖、下阀盖连接用螺栓，应当参照下式计算螺栓强度：

$$p_c \frac{A_g}{A_b} \leq K_1 S_a \leq 9000$$

公式来源：美国机械工程师协会标准 ASME B16.34。

2. 对于主阀体与副阀体连接用螺栓，应当参照下式计算螺栓强度：

$$p_c \frac{A_g}{A_b} \leq K_2 S_a \leq 7000$$

公式来源：美国机械工程师协会标准 ASME B16.34。

系数取值说明：

K_1：当 S_a 以 MPa 为单位表示时，$K_1 = 65.25$ MPa（当 S_a 以 psi 为单位表示时，$K_1 = 0.45$ psi）。

K_2：当 S_a 以 MPa 为单位表示时，$K_2 = 50.76$ MPa（当 S_a 以 psi 为单位表示时，$K_2 = 0.45$ psi）。

S_a：螺栓在 38℃（100°F）温度时的许用应力，单位为 MPa（psi）；当大于 137.9MPa（2000psi）时，使用 137.9MPa（2000psi）。查表 ASME Ⅱ 材料，D 篇 384 页［对大于 138MPa（2000Psi）的许用应力，取 138MPa（2000Psi）］。

取值依据：美国机械工程师协会标准 ASME B16.34。

结论	主、副阀体连接螺栓：$p_c \frac{A_g}{A_b} \leq 65.2 S_a \leq 9000$，合格
	上、下阀盖连接螺栓：$p_c \frac{A_g}{A_b} \leq 50.75 S_a \leq 7000$，合格

表 6-51　主副阀体连接螺钉强度计算（Class150）

	DN	50	200
计算压力级数		150	150
计算常数	K_2	50.76	50.76
许用应力/MPa	S_a	137.9	137.9
缠绕垫片外径/mm	D_{DP}	112	370
垫片有效圆周面积/mm²	A_g	9847.04	107466.5
螺栓直径/mm	d_1	16	24
螺栓数量/个	Z	4	12
螺距/mm		2	3
螺栓应力截面积/mm²	F_1	156.67	352.50
螺栓总应力截面积/mm²	A_b	626.67	4230.05
判别 1	$p_c A_g / A_b \leq K_2 S_a$	合格	合格
判别 2	$K_2 S_a \leq 7000$ MPa	合格	合格
结论		合格	合格

注：1. 结论、判别式 1、判别式 2 中，数值"1"表示满足设计要求，"0"表示不满足设计要求。

2. 螺距数据摘自：GB/T 16823.1—1997《螺纹紧固件应力截面积和承载面积》。

第6章 控制阀的设计

表6-52 上阀盖连接螺钉强度计算（Class150）

	DN	50	200
计算压力级数		150	150
计算常数	K_1	65.25	65.25
许用应力/MPa	S_a	137.9	137.9
缠绕垫片外径/mm	D_{DP}	44	88
垫片有效圆周面积/mm²	A_g	1520	6080
螺栓直径/mm	d_1	8	10
螺栓数量/个	Z	4	6
螺距/mm		1.25	1.5
螺栓应力截面积/mm²	F_1	36.61	57.99
螺栓总应力截面积/mm²	A_b	146.4	347.9
判别1	$p_c A_g/A_b \leqslant K_1 S_a$	合格	合格
判别2	$K_1 S_a \leqslant 9000\text{MPa}$	合格	合格
结论		合格	合格

7. 下阀盖连接螺钉强度计算（Class150）（见表6-53）

表6-53 下阀盖连接螺钉强度计算

	DN	50	200
计算压力级数	p_c	150	150
计算常数	K_1	65.25	65.25
许用应力/MPa	S_a	137.9	137.9
缠绕垫片外径/mm	D_{DP}	34	88
垫片有效圆周面积/mm²	A_g	907.46	6079.04
螺栓直径/mm	d_1	8	16
螺栓数量/个	Z	4	6
螺距/mm		1.25	2
螺栓应力截面积/mm²	F_1	36.61	156.67
螺栓总应力截面积/mm²	A_b	146.43	940.01
判别1	$p_c A_g/A_b \leqslant K_1 S_a$	合格	合格
判别2	$K_1 S_a \leqslant 9000\text{MPa}$	合格	合格
结论		合格	合格

注：1. 结论、判别式1、判别式2中，数值"1"表示满足设计要求，"0"表示不满足设计要求。
2. 螺距数据摘自：GB/T 16823.1—1997《螺纹紧固件应力截面积和承载面积》。

8. 中腔泄压能力计算（见表6-54、表6-55）

表6-54 中腔泄压能力计算

型号	G2010
零件名称	阀座、弹簧
材料牌号	
计算内容	1.33倍中腔泄压能力计算
简图	
根据	中腔压力大于进口压力1.33倍时，阀座泄压

序号	计算数据名称	符号	公式	数值	单位
1	关闭时中腔泄压的压差	Δp	$1.33 p_{cmax}$	见计算表6-55	MPa
2	设计压力	p	取设计压力	见计算表6-55	MPa
3	密封阀座外径	D_{JH}	设计给定	见计算表6-55	mm
4	阀座密封面内径	D_{MN}	设计给定	见计算表6-55	mm
5	阀座密封面外径	D_{MW}	设计给定	见计算表6-55	mm
6	球体的半径	R	设计给定	见计算表6-55	mm
7	密封圈外径到轴心的距离	l_2	$[R_2 - D_{MW2}/4]/2$	见计算表6-55	mm
8	密封圈内径到轴心的距离	l_1	$[R_1 - D_{MN2}/4]/2$	见计算表6-55	mm
9	密封面带轴向宽度	h	$l_1 - l_2$	见计算表6-55	mm
10	密封面中点与流道夹角	$\cos\varphi$	$\dfrac{l_1 - l_2}{2R}$	见计算表6-55	
11	弹簧数量	N	设计给定	见计算表6-55	
12	单个弹簧推力	F_{th}	设计给定	见计算表6-55	N
13	弹簧总推力	F_{tz}	$F_{th}N$	见计算表6-55	N
14	弹簧预紧等效压力	p_{th}	$\dfrac{F_{th}}{\dfrac{\pi}{4}\left[D_{JH}^2 - \left(\dfrac{D_{MW}+D_{MN}}{2}\right)^2\right]}$	见计算表6-55	MPa
15	密封面上必需的比压	q_M	公式见说明	见计算表6-55	MPa

第6章 控制阀的设计

（续）

序号	计算数据名称	符号	公式	数值	单位
16	密封面计算比压	q	公式见说明	见计算表6-55	MPa
17	150℃时的最大允许工作压力	p_{cmax}	Class400取Class300值计算	见计算表6-55	MPa

注：1. 据《阀门设计手册》密封面上的必须比压应按下式计算：

$$q_M = (1.8 + 0.9\Delta p)/0.5[(D_{MW} - D_{MN})/20]$$

具体数值见计算表6-55。

2. q_M计算公式来源：《实用阀门设计手册》。

3. 固定式球阀密封面计算比压按下式计算：

$$q = \frac{p_J(D_{JH}^2 - 0.6D_{MN}^2 - 0.4D_{MW}^2)}{8Rh\cos\varphi}$$

式中，p_J为阀座弹簧预紧压力、介质压力、中腔压力综合作用的等效介质压力。

4. p_J计算公式来源《阀门设计手册》：

$$p_J = p + p_{th} - 1.33p$$

5. 为保证阀门具有1.33倍阀腔泄压功能，应当保证$q_M > q$。

6. 结论：$q_M > q$时，合格。

表6-55　阀腔1.33倍泄压能力计算（Class150）

公称通径	DN	50	200
设计压力/MPa	p	2	2
150℃时的最大允许工作压力/MPa	p_{cmax}	1.58	1.58
密封阀座外径/mm	D_{JH}	76	245
阀座密封面内径/mm	D_{MN}	58	217
阀座密封面外径/mm	D_{MW}	62.10	232.50
球体的半径/mm	R	42.50	160
密封圈外径到轴心的距离/mm	l_2	29.02	109.94
密封圈内径到轴心的距离/mm	l_1	31.07	117.59
密封面轴向宽度/mm	h	2.05	7.66
密封面中点与流道夹角/(°)	$\cos\varphi$	0.71	0.71
弹簧数量/个	N	8	16
单个弹簧推力/N	F_{th}	41.80	458.00
弹簧总推力/N	F_{tz}	334.40	7328.00
弹簧预紧等效压力/MPa	p_{th}	0.20	0.98
密封面上必需的比压/MPa	q_M	8.15	4.19
密封面计算比压/MPa	q	0.43	1.28
判别	$q_M > q$	合格	合格

6.4 蝶阀设计计算

6.4.1 蝶阀阀杆力矩的计算

1. 蝶阀计算中的伯努利方程

在蝶阀的水力计算中，不能忽略蝶阀的本身阻力。

H 作为水头高度，其能量一部分消耗在蝶阀和弯头等管件的局部损失上，另一部分为沿程损失，剩余部分转化为管道的流速水头，故在水头 H 下，其伯努利方程式如下：

$$H = \xi \frac{v^2}{2g} + \xi_i \frac{v_i^2}{2g} + \lambda \frac{v_j^2}{2g} + \frac{v^2}{2g} \qquad (6-178)$$

式中 $\xi \dfrac{v^2}{2g}$——蝶阀的局部阻力损失；

$\xi_i \dfrac{v_i^2}{2g}$——弯头等的局部阻力损失；

$\lambda \dfrac{v_j^2}{2g}$——沿程局部阻力损失；

$\dfrac{v^2}{2g}$——流速水头。

2. 静水力矩

当蝶阀阀杆处于水平安装时，由于介质重力的作用，上部所用的力及产生的力矩不一样，因此，作用在蝶阀上有一个不平衡的静水力矩。

1) 静水力在关闭时阀后没有压力时产生：

$$F_{js} = \frac{\pi}{4} D^2 \rho H \qquad (6-179)$$

式中 D——通道直径（mm）；

第6章 控制阀的设计

ρ——介质密度；

H——计算介质在内的最大静水压（MPa）。

2）静水力矩（N·m）仅在关闭时阀杆处于水平位置时才存在：

$$M_{js} = \frac{\pi}{64}D^4\rho \tag{6-180}$$

式中 D——通道直径（mm）；

ρ——介质密度。

3. 蝶板上的动水作用力和力矩

(1) 动水作用力（N）

$$F_d = \frac{2g\lambda_\varphi}{\xi_\varphi - \xi_0 + \frac{2gH}{v^2}} H D^2 \tag{6-181}$$

式中 ξ_φ——开度为 φ 角时的阻力系数，见表6-56；

ξ_0——全开时的阻力系数，见表6-56；

φ——蝶阀开度；

λ_φ——开度为 φ 角时的动水力系数，见表6-57；

g——重力加速度；

v——流速。

表6-56 阻力系数 λ_φ

b/D	开度 φ									
	0°	10°	20°	30°	40°	50°	60°	70°	80°	90°
0.05	0.031	0.22	1.15	3.18	9.00	27.0	74.0	332	3620	
0.10	0.044	0.25	1.09	3.02	8.25	24.0	68.6	332		
0.15	0.065	0.25	1.02	2.96	7.82	23.0	66.0	332		
0.20	0.096	0.28	1.00	2.96	7.82	22.4	65.8	332		
0.25	0.147	0.36	1.07	3.05	8.22	24.0	71.5	332		
0.30	0.222	0.45	1.18	3.25	9.27	26.8	79.2	332		

(2) 动水力矩中

线蝶阀在关闭位置时,两半蝶板所受介质压力和产生的力矩是平衡的,每半蝶板具有的面积为 $\pi D^2/8$,其重心距轴线的距离为 $2D/3\pi$,故两半蝶板上的静力矩等于 $\frac{1}{8}\pi D^2 \frac{2D}{3\pi}$。由于蝶板在开启时,各个不同的角度下呈现出对介质流动的不同影响,即先和流速相接触的半个蝶板上的力矩为 $M' = K\frac{D^3}{12}\Delta p$,比另外半个蝶板上的力矩 $M'' = K'''\frac{D^3}{12}\Delta p$ 大,其合力矩(N·mm)为

$$M_D = M' - M'' = K\frac{D^3}{12}\Delta p - K'''\frac{D^3}{12}\Delta p = m_\varphi \Delta p D^3 \qquad (6\text{-}182)$$

式中 m_φ——动水力矩系数,$m_\varphi = \frac{K - K'''}{12}$,见表 6-57。

表 6-57 动水力矩系数 m_φ

b/D	开度 φ									
	0°	10°	20°	30°	40°	50°	60°	70°	80°	90°
0.05	0	6.53	8.67	11.4	16.1	25.0	28.6	84.7	615	—
0.10	0	6.47	9.50	12.1	16.9	24.4	32.5	84.7	615	—
0.15	0	6.26	10.30	13.1	17.2	25.5	31.3	84.7	615	—
0.20	0	6.09	11.00	14.8	18.7	25.8	34.0	84.7	615	—
0.25	0	6.18	11.55	16.0	20.8	27.6	37.0	84.7	615	—
0.30	0	6.90	10.20	17.7	24.4	31.8	40.9	84.7	615	—

由此可见,动水力矩的方向总是使蝶板朝着蝶阀关闭的方向。

一般动水力矩系数 m_φ 不仅与蝶板的开度有关,而且与蝶板形状、蝶板厚度、结构及表面粗糙度有关,所以各类蝶阀都应以试验来确定。

6.4.2 密封面摩擦力矩的计算

蝶板与阀体密封面之间的摩擦力与密封面的结构及材料性质有关,当采用 O 形橡胶密封圈作密封面时,其摩擦力矩(N·mm)为

$$M_\mathrm{m} = F_\mathrm{M} R \tag{6-183}$$

式中 F_M——密封面摩擦力（N），$F_\mathrm{M} = \pi D b_\mathrm{M} q_\mathrm{MF} f$ [D 为蝶板最大外径（mm）；b_M 为密封接触宽度（mm），$b_\mathrm{M} = r/2$，r 为 O 形圈断面半径（mm）；f 为摩擦系数，取 $f = 0.4$；q_MF 为密封必须比压（MPa），$q_\mathrm{MF} = \dfrac{0.4 + 0.6p}{\sqrt{b_\mathrm{M}/10}}$，$p = \mathrm{PN} + \Delta p$]；

R——力臂（mm）；当蝶板和阀杆有偏心时，$R = \sqrt{(0.771 R_\mathrm{M})^2 + l^2}$，$R_\mathrm{M}$ 为蝶板半径（mm），l 为偏心距（mm）；当蝶板和阀杆无偏心时，$R = 0.7071 R_\mathrm{M}$。

6.4.3 阀杆轴承处的摩擦力矩

当蝶阀全闭时，蝶板上承受介质静压力，并通过阀杆作用在轴承上。在阀杆转动时将产生摩擦力矩。显然，在蝶阀全闭时轴承的摩擦力矩最大，随着蝶板开启，压差减少，轴承的摩擦力矩也随之减少。一般可按下式计算：

$$M_\mathrm{c} = \left(\frac{\pi}{4} D^2 p + F_\mathrm{G}\right) \frac{d_\mathrm{F}}{2} \mu_\mathrm{T} \tag{6-184}$$

式中 D——蝶板最大直径（mm）；

p——介质工作压力（MPa）；

F_G——蝶板机构的重量（N）；

μ_T——轴承摩擦系数；

d_F——阀杆直径（mm）。

6.4.4 阀杆与填料的摩擦力矩

阀杆与填料的摩擦力矩视填料的密封形式不同而有所不同，若填料为 V 形填料或圆形填料，其计算公式为

$$M_T = 0.6\pi\mu_T d_T Zhp \tag{6-185}$$

式中 μ_T——阀杆与填料间的摩擦系数；

d_T——阀杆与填料接触部分直径（mm）；

Z——填料圈数；

h——单圈填料高度；

p——设计压力（MPa）。

6.4.5 蝶阀启闭的总力矩

蝶板转动时的总力矩显然为以上各力矩的代数和，由于蝶板在各开度下的力矩大小是变化的，而且打开与关闭也不相同，因此，总力矩必须为同一开度和状态下力矩的代数和，即

$$M = M_m + M_{js} + M_c + M_T \tag{6-186}$$

实际上，对总力矩影响最大的是 M_c、M_m。一般来说，在蝶阀将开启的瞬间力矩较大，但值得注意的是动水力矩，如果将其忽视，则当蝶阀开到中途时往往会打不开，尤其是作为调节蝶阀使用时更应重视。

6.4.6 阀杆强度计算

阀杆的扭转应力为

$$\tau_N = \frac{1.3M}{W} \leqslant [\tau_N] \tag{6-187}$$

式中 W——截面系数（mm³），$W = \frac{\pi}{16}d_F^3$；

τ_N——材料的许用扭转应力（MPa）。

6.4.7 蝶板强度验算

如图 6-53 所示，应对蝶板的 A—A 断面和 B—B 断面进行强度校核。

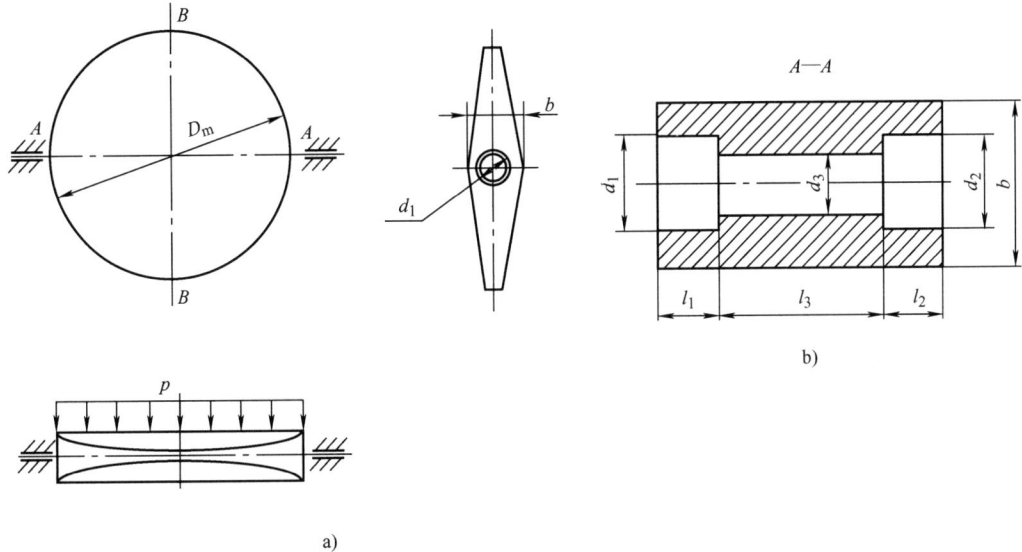

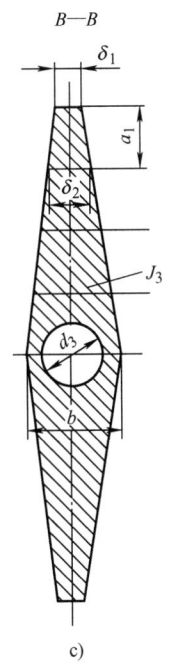

图 6-53 蝶阀蝶板尺寸

a) 蝶板三面投影图　b) 蝶板 A—A 剖视图　c) 蝶板 B—B 剖视图

(1) A—A 断面的强度校核

A—A 断面的弯曲应力按式(6-190) 计算：

$$\sigma_{WA} = \frac{M_A}{W_A} \leq [\sigma_W] \qquad (6\text{-}188)$$

式中 σ_{WA}——A—A 断面的弯曲应力（MPa）；

M_A——A—A 断面的扭矩（N·mm）；

W_A——A—A 断面的抗弯截面系数（mm³）；

$[\sigma_W]$——材料许用弯曲应力（MPa）。

M_A 按下式计算：

$$M_A = \frac{p}{12} D_m^3 \qquad (6\text{-}189)$$

式中 p——介质压力（MPa）；取公称压力 PN；

D_m——蝶板密封面直径（mm）；

W_A 按下式计算：

$$W_A = \frac{2J_A}{b} \qquad (6\text{-}190)$$

式中 b——蝶板中部最大厚度（mm）；

J_A——A—A 断面的惯性矩（mm⁴）；

(2) B—B 断面的强度校核

B—B 断面的弯曲应力按下式计算：

$$\sigma_{WB} = \frac{M_B}{W_B} \leq [\sigma_W] \qquad (6\text{-}191)$$

式中 σ_{WB}——B—B 断面的弯曲应力（MPa）；

M_B——B—B 断面的弯矩（N·mm），按式 $M_B = \frac{F_J}{2}\left(\frac{D_m}{2} - \frac{2D_m}{3\pi}\right) = 0.113 p D_m^3$ 计算；

W_B——B—B 断面的抗弯截面系数（mm³），按式 $W_B = \dfrac{2J_B}{b}$ 计算，J_B 为 B—B 断面的惯性矩（mm⁴）；

$[\sigma_W]$——许用弯曲应力（MPa）。

6.4.8 三偏心蝶阀设计计算实例

1. 阀体壁厚计算

（1）计算方法

按 GB/T 26640—2011《阀门壳体最小壁厚尺寸要求规范》、GB/T 12224—2015《钢制阀门一般要求》的最小壁厚和《阀门设计手册》中的阀体壁厚计算公式确定。计算时阀体材质考虑 A216-WCB、A216-WCC、A351-CF8、A351-CF8M。

（2）计算过程

按 GB/T 26640—2011《阀门壳体最小壁厚尺寸要求规范》表 1 查阀门壳体最小壁厚 t_m 的取值，计算公式：

$$t_m = \frac{1.5 p_c d}{nS - 1.2 p_c} + C \tag{6-192}$$

式中　t_m——计算阀体最小壁厚（mm）；注 $d \leqslant 1300$mm，查表得出数值；

p_c——数值为 0.1 倍的公称压力（MPa）；

d——阀体内径尺寸（mm）；

n——系数，当 $p_c \leqslant 2.5$MPa 时，$n = 3.8$；当 $p_c > 2.5$MPa 时，$n = 4.8$；

S——应力系数，$S = 48.3$；

C——考虑铸造偏差、工艺性和介质腐蚀等因素而附加的余量，取 $C = 10$mm。

具体计算实例见表 6-58。

控制阀设计制造技术

表 6-58 计算数据 I

序号	1	2
位号	1	2
产品型号	WB310	WB310
公称通径（任务书）	DN600	DN1300
公称通径（选型）	DN700	DN1500
压力等级	PN25	PN25
p_c/MPa	—	2.5
d/mm	700	1500
n	—	3.8
S	—	48.3
t_m/mm	18	41.2

按 GB/T 12224—2015《钢制阀门一般要求》表 3B 查阀门壳体最小壁厚 t_m 的取值，计算公式：

$$t_m = \frac{1.5 p_c d}{2S - 1.2 p_c} + C \tag{6-193}$$

式中 t_m——计算阀体最小壁厚（mm）；注 $d \leqslant 1150$mm，查表得出数值；

p_c——计算压力（MPa）；

S——应力系数，$S = 120.7$；

d——阀体内径尺寸（mm）；

C——考虑铸造偏差、工艺性和介质腐蚀等因素而附加的余量，取 $C = 10$mm。

具体计算实例见表 6-59。

表 6-59 计算数据 II

序号	1	2
位号	1	2
产品型号	WB310	WB310
公称通径（任务书）	DN600	DN1300
公称通径（选型）	DN700	DN1500
压力等级	PN25	PN25
p_c/MPa	—	3.02
d/mm	700	1500
t_m/mm	18.8	38.6

第6章 控制阀的设计

按《阀门设计手册》第四章薄壁阀体中计算阀体厚度的公式：

$$S_B = \frac{p\text{DN}}{2.3[\sigma_L] - p} + C \tag{6-194}$$

式中 S_B——计算阀体壁厚（mm）；

p——计算压力（MPa），取 1.5 倍的公称压力；

DN——公称通径；

$[\sigma_L]$——材料的许用拉应力（MPa）。查《阀门设计手册》，温度在 20℃时材料的 A216-WCB、WCC 的许用拉应力 $[\sigma_L]$ 为 80.36MPa，A351-CF8 的许用拉应力 $[\sigma_L]$ 为 90.16MPa，A351-CF8M 的许用拉应力 $[\sigma_L]$ 为 82.32MPa。取最小值 $[\sigma_L] = 80.36$MPa 代入公式中；

C——考虑铸造偏差、工艺性和介质腐蚀等因素而附加的余量，取 $C = 10$mm。

具体计算实例见表 6-60。

表 6-60 计算数据Ⅲ

序号	1	2
位号	1	2
产品型号	WB310	WB310
公称通径（任务书）	DN600	DN1300
公称通径（选型）	DN700	DN1500
压力等级	PN25	PN25
p/MPa	3.75	3.75
DN	700	1500
$[\sigma_L]$/MPa	80.36	80.36
C/mm	5	5
S_B/mm	24.5	41.1

(3) 设计取值

通过计算值并结合法兰标准来确定阀体设计壁厚，同时通过增加加强筋来增加阀体整体结构的稳定性。

具体设计取值见表 6-61。

633

表 6-61 设计取值

序号	1	2
位号	1	2
产品型号	WB310	WB310
公称通径（任务书）	DN600	DN1300
公称通径（选型）	DN700	DN1500
压力等级	PN25	PN25
GB/T 26640—2011：t_m/mm	18	41.2
GB/T 12224—2015：t_m/mm	18.8	38.6
《阀门设计手册》：S_B/mm	24.5	41.1
最大值/mm	24.5	41.2
设计取值/mm	28	50

2. 阀板强度计算

（1）计算方法

阀板采用冠状龟背式结构，按 GB 150.3—2011《压力容器》中球冠形封头的计算方法计算阀板的厚度。计算时阀板材质考虑 A216-WCB、A216-WCC、A351-CF8、A351-CF8M。

（2）计算过程

按 GB 150.3—2011 中 5.5 节球冠形封头的计算公式：

$$\delta = QD_i p_c / (2[\sigma_t]\varphi - p_c) \tag{6-195}$$

式中　δ——计算阀板厚度（mm）；

　　　Q——系数，根据 R_i/D_i 和 $p_c/[\sigma_t]$；

　　　R_i——球冠形封头球面内半径（mm）；

　　　D_i——封头直径（mm），取阀板直径；

　　　p_c——计算压力（MPa），取最大设计压力的 1.1 倍；

　　　$[\sigma_t]$——设计温度下的材料许用应力（MPa），查《阀门设计手册》，温度在 20℃时材料 A216-WCB、WCC 的许用弯曲应力 $[\sigma_W]$ 为 99.96MPa，A351-CF8

的许用拉应力 $[\sigma_\mathrm{L}]$ 为107.8MPa，A351-CF8M 的许用拉应力 $[\sigma_\mathrm{L}]$ 为 98MPa。取最小值 $[\sigma_\mathrm{t}]$ =98MPa 代入式(6-197)；

φ——焊接系数，取 $\varphi=1$。

阀板厚度根据设计取值，同时可通过增加加强筋来增加阀板结构的稳定性。具体计算实例见表6-62。

表6-62 阀板强度计算

序号	1	2
位号	1	2
产品型号	WB310	WB310
公称通径（任务书）	DN600	DN1300
公称通径（选型）	DN700	DN1500
压力等级	PN25	PN25
p_c/MPa	2.75	2.75
R_i/mm	800	2500
D_i/mm	684	1450
$[\sigma_\mathrm{t}]$/MPa	98	98
Q	1.8	1.8
δ/mm	17.5	38.4
设计取值/mm	25	42
序号	8	9
位号	13	14
产品型号	WB310	WB310
公称通径（任务书）	DN2000	DN2000
公称通径（选型）	DN2300	DN2300
压力等级	PN10	PN10
p_c/MPa	1.1	1.1
R_i/mm	3700	3700
D_i/mm	2216	2216
$[\sigma_\mathrm{t}]$/MPa	98	98
Q	2.8	2.8
δ/mm	36.3	36.3
设计取值/mm	48	48

3. 扭矩计算

(1) 计算方法

对于切断蝶阀，计算蝶阀开启时的扭矩作为阀门的计算扭矩。依据《阀门设计计算手册》表 3-127 中的计算方法。

(2) 计算过程

三偏心蝶阀开启力矩 M 由开启瞬间密封面间的摩擦力矩 M_m、阀杆两侧轴套的摩擦力矩 M_{ZT}、填料的摩擦力矩 M_T 和不平衡力矩 M_p 组成：

$$M = M_m + M_{ZT} + M_T + M_p \tag{6-196}$$

$$M_m = \pi D b_m q_{MF} f R / 1000$$

$$M_{ZT} = \frac{\pi}{4} \cdot D^2 p_1 \cdot \frac{d}{2} \cdot \mu / 1000$$

$$M_T = 0.6 \pi \mu_T d h_T p_1 / 1000$$

$$M_p = \pi D^2 p_1 \Delta h / (4 \times 0.001)$$

式中　D——密封面内径（mm），取阀板直径；

　　　b_m——密封面宽度（mm）；

　　　q_{MF}——密封比压（MPa），$q_{MF} = \dfrac{4 + 0.6 p_1}{\sqrt{b_m}}$；

　　　f——密封面摩擦系数，取 0.15；

　　　R——密封面摩擦半径（mm），$R = \sqrt{(0.707D/2)^2 + h^2}$；

　　　p_1——计算压力（MPa），取关闭压力。因关闭压力较小，为保证密封比压，对于 PN2.5，取 2.5MPa，对于 PN1.0，取 1.0MPa 计算；

　　　h——第一偏心矩（mm）；

　　　d——轴直径（mm）；

第6章 控制阀的设计

μ——轴套摩擦系数，取 0.1；

μ_T——阀杆与填料间的摩擦系数，取 0.15；

h_T——填料函深度（mm）；

Δh——第二偏心距（mm）。

具体计算实例见表 6-63。

表 6-63 扭矩计算

序号	1	2
位号	1	2
产品型号	WB310	WB310
公称通径（任务书）	DN600	DN1300
公称通径（选型）	DN700	DN1500
压力等级	PN25	PN25
D/mm	684	1450
b_m/mm	14	23
q_{MF}/MPa	1.47	1.15
f	0.15	0.15
R/mm	254.7	528.6
p_1/MPa	2.5	2.5
h/mm	80	129
d/mm	110	180
μ	0.1	0.1
μ_T	0.15	0.15
h_T/mm	90	112
Δh/mm	8.5	13.8
M_m	1689.4	9526.4
M_{ZT}	5052.5	37154.2
M_T	388	1292.8
M_p	7808.4	56920.3
M	14935	104894

考虑实际介质压力，阀门的执行机构选型扭矩表见表 6-64。

控制阀设计制造技术

表 6-64　阀门的执行机构选型扭矩表

序号	1	2
位号	1	2
产品型号	WB310	WB310
公称通径（任务书）	DN600	DN1300
公称通径（选型）	DN700	DN1500
压力等级	PN25	PN25
计算压力/MPa	2.5	2.5
阀门执行机构的选型扭矩/N·m	14935	104894
序号	8	9
位号	13	14
产品型号	WB310	WB310
公称通径（任务书）	DN2000	DN2000
公称通径（选型）	DN2300	DN2300
压力等级	PN10	PN10
计算压力/MPa	0.8	0.8
阀门执行机构的选型扭矩/N·m	104700	104700

4. 轴的强度计算

（1）计算方法

依据《阀门设计计算手册》表 3-128 中的蝶阀阀杆强度验算公式校核轴的强度，由于轴在销孔和键槽截面处强度最弱，因此需要在销孔截面和键槽截面处上进行强度校核。

（2）计算过程

1）轴的抗扭强度的校核。轴截面抗扭强度

$$\tau = \frac{M}{W_1} \leqslant [\tau_N] \qquad (6\text{-}197)$$

式中　τ——轴截面的计算抗扭强度（MPa）；

　　　M——计算扭矩（N·mm），取 1.5 倍的阀门开启扭矩；

　　　W_1——轴截面抗扭截面系数（mm³），$W_1 = \pi d^3/16$；

第6章 控制阀的设计

d——轴直径（mm）；

$[\tau_N]$——轴材料许用扭应力（MPa）。

具体计算实例见表6-65。

表6-65 轴的强度计算

序号	1	2
位号	1	2
产品型号	WB310	WB310
公称通径（任务书）	DN600	DN1300
公称通径（选型）	DN700	DN1500
压力等级	PN25	PN25
$M/\text{N}\cdot\text{mm}$	22403	157341
d/mm	110	180
W_1/mm^3	261209	1144530
τ/MPa	85.8	137.5
$[\tau_N]/\text{MPa}$	291.45	291.45
结论	合格	合格
序号	8	
位号	13	
产品型号	WB310	
公称通径（任务书）	DN2000	
公称通径（选型）	DN2300	
压力等级	PN10	
$M/\text{N}\cdot\text{mm}$	189895.5	
d/mm	230	
W_1/mm^3	2387774	
τ/MPa	79.5	
$[\tau_N]/\text{MPa}$	291.45	
结论	合格	

2）轴的销孔截面抗扭强度的校核。轴的销孔截面抗扭强度

$$\tau = \frac{M}{W_2} \leqslant [\tau_N] \qquad (6\text{-}198)$$

式中 τ——轴截面的计算抗扭强度（MPa）；

M——计算扭矩（N·mm），取 1.5 倍的阀门开启扭矩；

W_2——轴销孔截面抗扭截面系数（mm³），$W_2 = \dfrac{\pi d^3}{16}\left(1 - \dfrac{d_0}{d}\right)$；

d——轴直径（mm）；

d_0——销直径（mm）；

$[\tau_N]$——轴材料许用扭应力（MPa）。

具体计算实例见表 6-66。

表 6-66 轴的销孔截面抗扭强度的校核

序号	1	2
位号	1	2
产品型号	WB310	WB310
公称通径（任务书）	DN600	DN1300
公称通径（选型）	DN700	DN1500
压力等级	PN25	PN25
M/N·mm	22403	157341
d/mm	110	180
d_0/mm	30	50
W_2/mm³	189970	826605
τ/MPa	117.9	190.3
$[\tau_N]$/MPa	291.45	291.45
结论	合格	合格
序号	8	
位号	13	
产品型号	WB310	
公称通径（任务书）	DN2000	
公称通径（选型）	DN2300	
压力等级	PN10	
M/N·mm	189895.5	
d/mm	230	
d_0/mm	50	
W_2/mm³	1868693	
τ/MPa	101.6	
$[\tau_N]$/MPa	291.45	
结论	合格	

3) 轴的键槽截面抗扭强度的校核。轴的键槽截面处抗扭强度

$$\tau = \frac{M}{W_3} \leq [\tau_N] \tag{6-199}$$

式中 τ——轴截面的计算抗扭强度（MPa）；

M——计算扭矩（N·mm），取 1.5 倍的阀门开启扭矩；

W_3——轴键槽截面抗扭截面系数（mm³），$W_3 = \frac{\pi d^3}{16} - \frac{bt(d-t)^2}{d}$；

d——轴直径（mm）；

b——键槽宽度（mm）；

t——键槽深度（mm）；

$[\tau_N]$——轴材料许用扭应力（MPa）。

具体计算实例见表 6-67。

表 6-67 轴的键槽截面抗扭强度的校核

序号	1	2
位号	1	2
产品型号	WB310	WB310
公称通径（任务书）	DN600	DN1300
公称通径（选型）	DN700	DN1500
压力等级	PN25	PN25
$M/\text{N·mm}$	22403	157341
d/mm	110	180
b/mm	32	45
t/mm	11	15
W_3/mm^3	22985.6	1042436.3
τ/MPa	97.5	150.9
$[\tau_N]/\text{MPa}$	291.45	291.45
结论	合格	合格

5. 传动销的强度计算

计算方法按《机械设计手册》表 6.3-48 圆锥销的抗剪强度计算公式。圆锥销材料 17-4PH。

计算过程：圆锥销抗剪强度 $\tau \leq [\tau_N]$，其中：

$$\tau = \left(\frac{4M1000}{\pi d_0^2 d}\right)/n \tag{6-200}$$

式中 τ——销的计算抗剪强度（MPa）；

M——计算扭矩（N·mm），取1.5倍的阀门开启扭矩；

d——轴直径（mm）；

d_0——销直径（mm）；

n——圆锥销数量。

具体计算实例见表6-68。

表6-68 传动销的强度计算

序号	1	2
位号	1	2
产品型号	WB310	WB310
公称通径（任务书）	DN600	DN1300
公称通径（选型）	DN700	DN1500
压力等级	PN25	PN25
M/N·m	22403	157341
d/mm	110	180
d_0/mm	30	50
n/个	4	4
τ/MPa	72.1	111.4
$[\tau_N]$/MPa	291.45	291.45
结论	合格	合格

6. 底塞的厚度计算

（1）计算方法

依据《阀门设计手册》圆形平板阀盖计算的方法计算底塞的厚度。计算时底塞材质考虑：20、A276-316、A276-304。

（2）计算过程

计算底塞的厚度。

第6章 控制阀的设计

$$t = D_c \sqrt{\frac{0.25p}{[\sigma_W]}} + C \tag{6-201}$$

式中 t——底塞的计算厚度（mm）；

D_c——计算直径（mm），取密封垫片的外径；

p——计算压力（MPa），取 1.5 倍的公称压力；

$[\sigma_W]$——材料的许用弯曲应力（MPa），查《阀门设计手册》温度在 20℃ 时，材料 20 的许用弯曲应力 $[\sigma_W]$ 为 107.8MPa，A276-304 的许用拉应力 $[\sigma_L]$ 为 122.5MPa，A276-316 的许用拉应力 $[\sigma_L]$ 为 112.7MPa。取最小值 $[\sigma_W]$ = 107.8MPa 代入式(6-201)；

C——附加裕量（mm），取 10mm。

具体计算实例见表 6-69。

表 6-69 底塞的厚度计算

序号	1	2
位号	1	2
产品型号	WB310	WB310
公称通径（任务书）	DN600	DN1300
公称通径（选型）	DN700	DN1500
压力等级	PN25	PN25
D_c/mm	162	235
p/MPa	3.75	3.75
$[\sigma_W]$/MPa	107.8	107.8
C/mm	10	10
t/mm	25.1	31.9
设计取值/mm	32	65

7. 连接螺栓强度计算

（1）底塞的连接螺栓强度计算

1）计算方法：按 ASME B16.34—2013《法兰、螺纹和焊接端的阀门》中螺栓连接阀盖，计算螺栓强度。

2）按 ASME B16.34—2013 中 6.4.1.1 对螺栓面积的要求：

$$p_c \frac{A_g}{A_b} \leqslant K_1 S_a \leqslant 9000 \tag{6-202}$$

式中 p_c——压力额定值（对于 PN2.5，p_c 取 300Lb；对于 PN1.0，p_c 取 150）；

A_g——由垫片的有效周边所限定的面积（mm^2），$A_g = \pi D_p^2/4$；

D_p——垫片的外径（mm）；

A_b——螺栓总抗拉应力有效面积（mm^2），$A_b = Z F_1$；

Z——螺栓数量；

F_1——单个螺栓的有效面积（mm^2）；

K_1——计算常数，取 65.26MPa；

S_a——螺栓在 38℃温度时的许用应力，取 137.9MPa。

具体计算实例见表 6-70。

表 6-70 底塞的连接螺栓强度计算

序号	1	2
位号	1	2
产品型号	WB310	WB310
公称通径（任务书）	DN600	DN1300
公称通径（选型）	DN700	DN1500
压力等级	PN25	PN25
p_c/Lb	300	300
D_p/mm	162	235
A_g/mm^2	20601.5	43351.6
d	M20	M30
Z/个	8	12
F_1/mm^2	245	561
A_b/mm^2	1930	6732
K_1/MPa	65.26	65.26
S_a/MPa	137.9	137.9
$p_c A_g/A_b$	3153.3	1931.9
$K_1 S_a$	8999.4	8999.4
$p_c \frac{A_g}{A_b} \leqslant K_1 S_a$	符合	符合
$K_1 S_a \leqslant 9000$	符合	符合
结论	合格	合格

第6章 控制阀的设计

(2) 填料螺栓的强度计算

计算方法：填料螺栓的计算面积（mm^2）

$$A = F_t/[\sigma] \leqslant A_b \tag{6-203}$$

式中 F_t——填料螺栓受力（N），$F_t = \dfrac{\pi}{4}(D_0^2 - d^2)p$；

A_b——填料螺栓总抗拉应力有效面积（mm^2），$A_b = ZF_1$；

F_1——单个螺栓的有效面积（mm^2）；

Z——填料螺栓数量；

D_0——填料函直径（mm）；

d——轴直径（mm）；

p——计算压力（MPa），取填料应力38MPa；

$[\sigma]$——螺栓抗拉应力，按API609第8版5.10.2条，取173.3MPa。

具体计算实例见表6-71。

表6-71 填料螺栓的强度计算

序号	1	2
位号	1	2
产品型号	WB310	WB310
公称通径（任务书）	DN600	DN1300
公称通径（选型）	DN700	DN1500
压力等级	PN25	PN25
p/MPa	38	38
D_0/mm	130	210
d/mm	110	180
F_t/N	143184	349011
$[\sigma]$/MPa	173.3	173.3
A/mm^2	826.2	2013.9
设计填料螺栓直径	M24	M30
Z/个	4	6
F_1/mm^2	353	561
A_b/mm^2	1412	3366
$A \leqslant A_b$	符合	符合
结论	合格	合格

8. 蝶阀双向密封设计计算

为保证蝶阀的双向密封，主要考虑以下四个方面：

1）介质正流。通过介质压力和执行机构扭矩产生合理的密封比压，实现正向严密切断，满足 $q_m < q < [q]$，其中 q_m 为密封面上的必须密封比压，q 为密封面上的计算密封比压，$[q]$ 为材料的许用密封比压。按阀座密封面堆焊钴基合金的许用密封比压为80MPa、锻造不锈钢材料的许用密封比压为40MPa计算正向密封面实际密封比压时，三偏心蝶阀关闭扭矩取阀门选型开启扭矩的80%。

$$q_m = \frac{4 + 0.6 p_1}{\sqrt{b_m}} \quad (6-204)$$

计算正向密封面实际密封比压 $q = M'_m (1000/\pi) \, D b_m f R$。

三偏心蝶阀关闭力矩 M' 需要克服阀杆两侧轴套的摩擦力矩 M_{ZT}、填料的摩擦力矩 M_T；介质力产生的不平衡力矩 M'_p 有助于密封，关闭瞬间密封面间的摩擦力矩 M'_m 为

$$M'_m = M' - M_{ZT} + M_T + M'_p \quad (6-205)$$

$$M_{ZT} = \frac{\pi}{4} \cdot D^2 p_1 \cdot \frac{d}{2} \cdot \mu / 1000$$

$$M_T = 0.6 \pi \mu_T d \, h_T p_1 / 1000$$

$$M'_p = (\pi D^2 p_1 \Delta h / 4) 0.001$$

式中 D——密封面内径（mm），取阀板直径；

b_m——密封面宽度（mm）；

f——密封面摩擦系数，取0.15；

R——密封面摩擦半径（mm），$R = \sqrt{(0.707 D/2)^2 + h^2}$；

p_1——计算压力（MPa），取实际正向介质压力；

h——第一偏心矩（mm）；

d——轴直径（mm）；

μ——轴套摩擦系数，取0.1；

第6章 控制阀的设计

μ_T——阀杆与填料间的摩擦系数，取0.15；

h_T——填料函深度（mm）；

Δh——第二偏心距（mm）。

具体计算实例见表6-72。

表6-72 正向密封计算

序号	1	2
位号	1	2
产品型号	WB310	WB310
公称通径（任务书）	DN600	DN1300
公称通径（选型）	DN700	DN1500
压力等级	PN25	PN25
D/mm	684	1450
b_m/mm	14	23
q_m/MPa	1.42	1.11
f	0.15	0.15
R/mm	254.7	528.6
p_1/MPa	2.2	2.2
h/mm	80	129
d/mm	110	180
μ	0.1	0.1
μ_T	0.15	0.15
h_T/mm	90	112
Δh/mm	8.5	13.8
M'/N·m	11948	83915.2
M_{ZT}/N·m	4446.2	32695.7
M_T/N·m	341.4	1137.6
M'_p/N·m	7073.5	50089.9
M'_m/N·m	14916.7	101423
q/MPa	10.4	12.1
$[q]$/MPa	40	40
结论	符合	符合

2）介质逆流。通过执行机构扭矩克服介质压力扭矩，同时提供合理的密封比压，

满足$q_m < q < [q]$，其中q_m为密封面上的必须密封比压，q为密封面上的计算密封比压，$[q]$为材料的许用密封比压。按阀座密封面堆焊钴基合金的许用密封比压为80MPa、锻造不锈钢材料的许用密封比压为40MPa计算反向密封面实际密封比压时，三偏心蝶阀关闭扭矩取阀门选型开启扭矩的80%。

$$q_m = \frac{4 + 0.6p_1}{\sqrt{b_m}} \tag{6-206}$$

计算反向密封面实际密封比压 $q = M'_m(1000/\pi)Db_m fR$。

三偏心蝶阀关闭力矩M'需要克服阀杆两侧轴套的摩擦力矩M_{ZT}、填料的摩擦力矩M_T；介质力产生的不平衡力矩M'_p不利于密封，关闭瞬间密封面间的摩擦力矩M'_m为

$$M'_m = M' - M_{ZT} - M_T - M'_p \tag{6-207}$$

$$M_{ZT} = \frac{\pi}{4} \cdot D^2 p_1 \cdot \frac{d}{2} \cdot \mu / 1000$$

$$M_T = 0.6\pi \mu_T d\, h_T p_1 / 1000$$

$$M'_p = (\pi D^2 p_1 \Delta h/4)0.001$$

式中　　D——密封面内径（mm），取阀板直径；

b_m——密封面宽度（mm）；

f——密封面摩擦系数，取0.15；

R——密封面摩擦半径（mm），$R = \sqrt{(0.707D/2)^2 + h^2}$；

p_1——计算压力（MPa），取关闭压力；

h——第一偏心矩（mm）；

d——轴直径（mm）；

μ——轴套摩擦系数，取0.1；

μ_T——阀杆与填料间的摩擦系数，取0.15；

b_T——单圈填料深度（mm）；

h_T——填料函深度；

Δh——第二偏心距（mm）。

具体计算实例见表6-73。

表6-73 反向密封计算

序号	1	2
位号	1	2
产品型号	WB310	WB310
公称通径（任务书）	DN600	DN1300
公称通径（选型）	DN700	DN1500
压力等级	PN25	PN25
D/mm	684	1450
b_m/mm	14	23
q_m/MPa	1.09	0.85
f	0.15	0.15
R/mm	254.7	528.6
p_1/MPa	0.1	0.1
h/mm	80	129
d/mm	110	180
μ	0.1	0.1
μ_T	0.15	0.15
h_T/mm	90	112
Δh/mm	8.5	13.8
M'/N·m	11948	83915.2
M_{ZT}/N·m	202.1	1486.2
M_T/N·m	15.5	51.7
M'_P/N·m	312.3	2276.8
M'_m/N·m	12042.7	84654.1
q/MPa	9.9	9.6
$[q]$/MPa	40	40
结论	符合	符合

3）优化设计轴的强度，见轴强度的计算，选择17-4PH作为轴材料，设计合理轴径，留较大的裕量，增加轴的刚度，减小轴的变形，有利于正反向的密封；通过合理设计轴和轴套的间隙，防止介质压力对密封位置的影响。

4）通过先进的制造方法，提高关键尺寸加工精度，密封面形状和位置加工精度为 0.02mm，提高密封面的表面粗糙度 $Ra0.2\mu m$，形成连续完整的密封面。

9. 蝶阀流通面积计算

蝶阀流通面积计算见表 6-74。

表 6-74 蝶阀流通面积计算

序号	1	2
位号	1	2
产品型号	WB310	WB310
接管尺寸（任务书）	DN600	DN1300
管道流通面积/cm^2	282600	1326650
公称通径（选型）	DN700	DN1500
压力等级	PN25	PN25
阀门流通面积/cm^2	296181	1354361
结论	符合	符合
序号	3	
位号	13	
产品型号	WB310	
接管尺寸（任务书）	DN2000	
管道流通面积/cm^2	3140000	
公称通径（选型）	DN2300	
压力等级	PN10	
阀门流通面积/cm^2	3229101	
结论	符合	

第 7 章 控制阀制造技术

本章重点讲述的是控制阀制造技术，内容涵盖了控制阀制造过程中涉及的机械切削加工技术、表面硬化技术和材料成型技术，包含了焊接技术、堆焊技术、热喷涂技术、热处理、渗碳/氮技术、腐蚀与防护等特殊工艺及铸造、锻造等材料成型技术。

7.1 控制阀制造技术简介

虽然控制阀零件不多，但是控制阀的核心密封部位却要求特别高，密封部位的精度非常高才能达到气密试验的零泄漏要求，同时，控制阀涉及的材料种类非常多。所以其制造工艺比较复杂，部分制造技术难度大，与其他机械制造工艺相比，控制阀制造工艺有下面一些特点：

1）材料方面，由于控制阀的品种规格繁多，应用在国民经济的各个领域，其使用场合千差万别，如高温高压、低温深冷、易燃易爆、剧毒、强腐蚀介质等工况条件，对控制阀的材质提出了苛刻的要求。除铸铁、碳素钢、合金结构钢外，还大量采用 CrNi 不锈钢、CrMoAl 渗氮钢、CrMoV 耐热钢、CrMnN 耐酸钢、沉淀硬化钢、双相不锈钢、低温钢、钛合金、蒙乃尔合金、因科乃尔合金、哈氏合金和 G0CrW 硬质合金等。这些高合金材料的铸造、焊接、加工性能很差，给制造工艺带来很大的难度。加上这些材料大多是高合金、高强度、高硬度的贵重材料，从材料的选择、备料、采购方面都存在着很多困难。有些材料由于使用量小，难以采购供货。

2）从铸造毛坯的结构上讲，大部分的控制阀毛坯采用的是结构复杂的薄壳铸件，不仅要求有良好的外观质量，更要有致密的内在质量和良好的金相结构，不能有气孔、缩孔、夹砂、裂纹等缺陷。因此其铸造工艺复杂、热处理技术难度高。在机械行业里，控制阀的承压薄壳铸件毛坯的铸造远较其他机械构件的铸件复杂、困难得多。

3）从机械加工工艺上讲，由于大多数的高强、高硬、高耐腐蚀材料的切削性能都不好，如高合金的不锈钢、耐酸钢都具有韧性大、强度高、散热差、切屑黏性大和加工硬化倾向强等缺点，很难达到要求的尺寸精度和光洁度，给机加工的刀具、工艺和设备带来一定困难。另外，控制阀密封面的加工精度、配合角度、光洁度和配对密封副的要求也很高，给机械加工带来很大难度。

4）从控制阀零件的工艺安排上讲，控制阀的主要零件个数不多，结构相对简单，大部分尺寸的加工精度不高，外部比较粗糙，这就给人一种属于简单机械的印象。其实控制阀的阀芯密封部位是极其精密的，其密封面的平整度、光洁度、硬度要求很高，两个密封面组成的密封副的吻合度都要达到零对零，才能满足气密试验的零泄漏。这种以粗糙的基准来保证关键部位精密的零对零要求，就是控制阀加工的最大工艺难点。

5）从控制阀的试验和检验上讲，控制阀是压力管道重要的启闭、调节元件，而压力管道的使用工况是千差万别的，如高温高压、低温深冷、易燃易爆、剧毒、强腐蚀。可是控制阀制造的试验和检验条件不可能达到工况的同等要求，国内外各种控制阀试验标准规定都是在接近常温的条件下，用气体或水作为介质进行试验的。这存在一个最根本的隐患，就是正常出厂试验合格的控制阀产品，在苛刻的实际工况条件下可能会由于材料选用、铸件质量和密封破坏等问题而难以满足使用要求，还可能会发生重大的质量事故。

7.2 控制阀典型加工方法

7.2.1 控制阀的机加工工艺

控制阀的规格品种繁多，尺寸相差悬殊，零件材料的种类也较多，各厂的生产条

第7章 控制阀制造技术

件和工艺人员的经验和习惯不同,编制的零件加工过程也不尽一致。合理的工艺过程不仅能保证产品的质量,还能提高劳动生产率并降低产品成本。编制合理的工艺规程是一项较复杂的工作,因为除了要满足产品图样要求,确定毛坯种类、加工方法及选用设备和工装外,还要做多种工艺方案的对比分析。此外,编制工艺规程是否合理往往取决于工艺人员的技术水平和经验。

由于阀门零件的结构、形状及其工艺过程具有明显的相似性,阀门零件的数量也不多,这是实现阀门零件工艺规程典型化的有利条件。工艺规程的典型化是将阀门零件依其形状相似、尺寸相近、工艺相同,将零件的加工过程编制成典型的工艺规程。

典型工艺规程可以作为工艺人员编制具体零件工艺规程的依据,从而能够缩短生产技术准备工作的周期和保证工艺规程的合理性。此外,工艺规程的典型化还可为工艺装备的通用化、标准化以及组织同类型零件的加工流水线、采用专用高效设备创造有利的条件。

目前,我国阀门行业大多数的制造厂,在单件、小批生产时,都会采用典型工艺规程和成组加工技术,这种方法有助于简化生产组织,安排工艺流程,对于保证生产现场的实际需要和满足各种质量认证均起着重要的指导作用。典型的工艺流程图如图7-1所示。

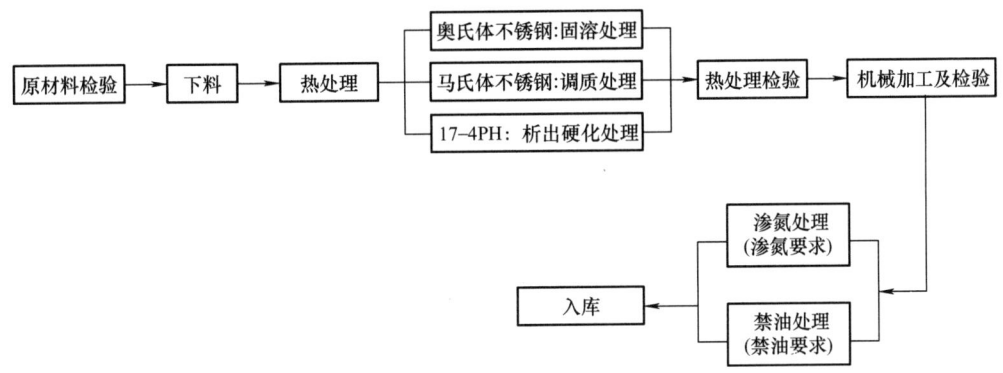

图7-1 控制阀制造典型工艺流程图

编制典型工艺规程必须事先对零件进行分类,任何机械零件的形体都是由若干个表面（平面、圆柱面、圆锥面、特形表面等）所构成。不同形状和不同部位的表面，组合成为各种零件的不同形状，各种同形状表面的加工方法一般是相同的。例如，外圆柱表面通常采用车削或磨削的方法来加工；内圆柱表面是通过钻、铰、镗和磨削等加工方法获得。因此，阀门零件就有一种按零件的主要加工表面的形状来进行分类的方法，如直通阀体、三通阀体、框架阀盖、盘形阀板等。同类零件具有相似的几何形状，往往具备相近的工艺路线和相似的加工过程，可以使用典型工艺规程和成组加工技术组织生产。

1. 直通阀体的加工工艺

阀体是阀门的主要零件，它直接和管路连接。具有一定压力和温度的介质在阀体内流动，并由关闭件对流动介质进行切断、减压、节流或改变流向。因此不同用途的阀门，其阀体具有不同的结构和形状。下面以图 7-2 所示阀体的结构为例介绍阀体车削加工工艺。

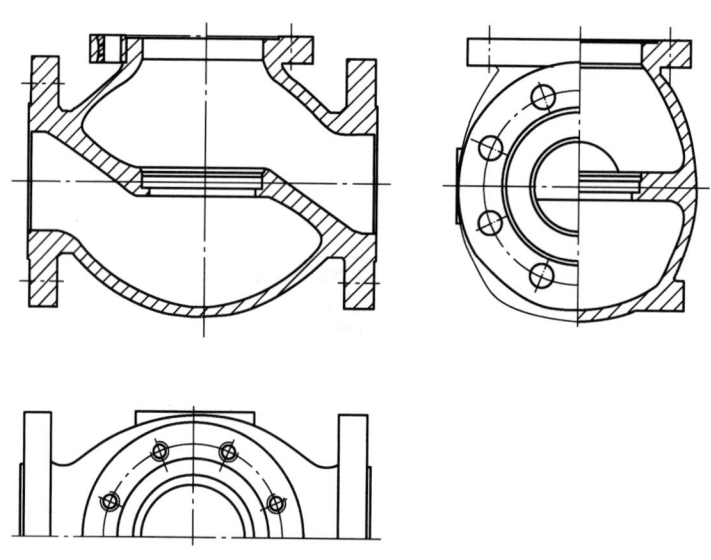

图 7-2 法兰直通式阀体

这种阀体的进口通道和出口通道同轴，两通道端部为圆形法兰，因此一般称为法兰直通式阀体。两端法兰上有若干均匀分布的螺栓孔，以便与管路连接。阀体上端亦有法兰（亦称中法兰），用以连接阀盖。镶阀座结构的阀体内腔有精度较高的圆柱孔或螺纹孔，堆焊或由本体车出密封面的阀体内腔有精度要求很高的密封面。

法兰直通式阀体的尺寸精度一般在 9 级以下。法兰端部的圆柱凹台及镶阀座孔的精度通常为 11 级。阀体结构长度、法兰外径等均为 M 级。

阀体密封面的表面粗糙度为 $Ra1.6 \sim 0.2\mu m$；阀座孔的表面粗糙度为 $Ra6.3 \sim 3.2\mu m$；其他加工部位的表面粗糙度为 $Ra25 \sim 6.3\mu m$。

阀体密封面的平面度或圆度要求很高，目的在于保证阀门的密封性能。

法兰直通式阀体的结构形状比较复杂，它的形体是由圆柱面、圆锥面、球面和特形表面组成的，其外部和内腔的表面大部分不需要加工，因此，零件毛坯一般都选用铸件。由于阀体是承压的薄壁壳体，故对毛坯的强度、韧性及内在质量的要求较高，但因铸件比较容易产生内部的缺陷，控制和检查内部缺陷的方法又比较复杂，因此，近年来出现了用板焊或锻焊毛坯代替铸件的趋势。法兰直通式阀体的主要工艺问题是如何能够保证尺寸精度要求较高的密封面的几何形状和表面粗糙度及三端法兰（或四端法兰）的相互位置精度。针对图 7-2 所示阀体结构，可采取以下两种加工工艺路线进行加工。

第一种方案：先依次车两端法兰，然后以一端法兰（或两端法兰）为精基准，分粗、精两道工序加工中法兰及密封面部位。若在阀体上直接车密封面，则不必分两道工序加工。

第二种方案：在一次安装下加工中法兰和密封面部位，密封面部位包括堆焊基面或镶密封圈槽等，然后以中法兰为定位基准，将阀体安装在回转夹具上车两端法兰。

以上两种方案各有优缺点。第一种方案使用的夹具比较简单，不受尺寸大小的限制，但是工序较分散，工件装卸频繁。第二种方案定位基准统一，无定位误差，工序较集中，加工效率高，但使用的夹具结构较复杂，并受阀体尺寸的限制，一般只适用于 DN50 以下阀体的加工。

（1）第一种方案：先加工两端法兰，再加工中法兰

加工第一端法兰时可以有以下三种装夹方式：

1）用三棱顶尖安装。阀体内腔是用一个砂芯铸造出来的，两侧通道孔的同轴度比较好，因此在加工第一端法兰时，常选择通道孔为粗基准，用三棱顶尖定位。图7-3所示为在卧式车床上利用三棱顶尖安装阀体的情况。先将阀体装在三棱顶尖上顶紧后，用单动卡盘夹住一端法兰，退出后顶尖，即可进行车削。

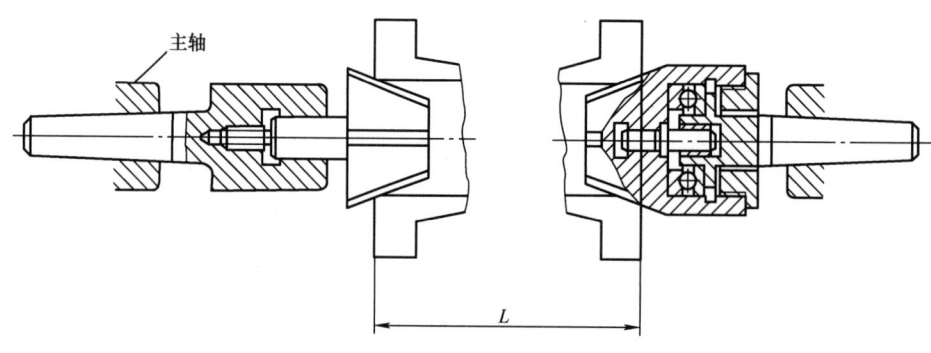

图7-3 用三棱顶尖安装阀体

采用定心夹具安装的主要优点是节省找正工时，缩短辅助时间，减轻工人的劳动强度，并可保证法兰外圆与通道的同轴度要求。

2）按工件直接找正安装。如果毛坯的尺寸精度、相互位置精度比较高，就可以按工件直接找正安装。通常先用单动卡盘把阀体夹于中心位置，然后按阀体的通道孔找正，按法兰背面找平，再将其装夹牢固。

采用这种比较原始的安装方式，工件定位的精度完全取决于工人的经验和技术水平。每次找正都要耗费较多的工时。因此，这种安装方式仅用于单件小批生产。

3）按划线安装。如果铸件质量比较差，各表面相互位置精度低，加工余量不均匀或阀体尺寸大，则可用划线的方法来重新确定各部位的正确位置。安装时用划针或铁丝按所划的线找正，然后夹紧。

这种安装方式的定位准确性和工作效率完全取决于划线和冲眼的精度、找正的方法以及工人的技术水平等因素。划线加工的精度一般只能保证0.2~0.5mm。所以这种安装方式通常用于单件小批生产。

加工另一端法兰，均以已加工的一端法兰为精基准，安装在定位盘上。根据尺寸的大小，分别在卧式车床或立式车床上加工。在以后的加工过程中，几乎都以两端法兰作为定位基准。为了减小定位误差，可以适当提高法兰外径的加工精度。另外，对于生产批量较大，用完全互换法装配的阀体，必须控制阀体全长尺寸，提高加工精度。

根据阀体尺寸的大小，中法兰可分别在立式车床或卧式车床上加工。尺寸较大的阀体，通常以两端法兰的外圆和一端法兰的端面为定位基准，在立式车床上加工。图7-4所示为车中法兰通用夹具。加工前根据欲加工阀体的尺寸，首先调整好两V形块的距离和选装相应的支座，并将定位螺杆调到要求的尺寸位置。然后把阀体装上，使

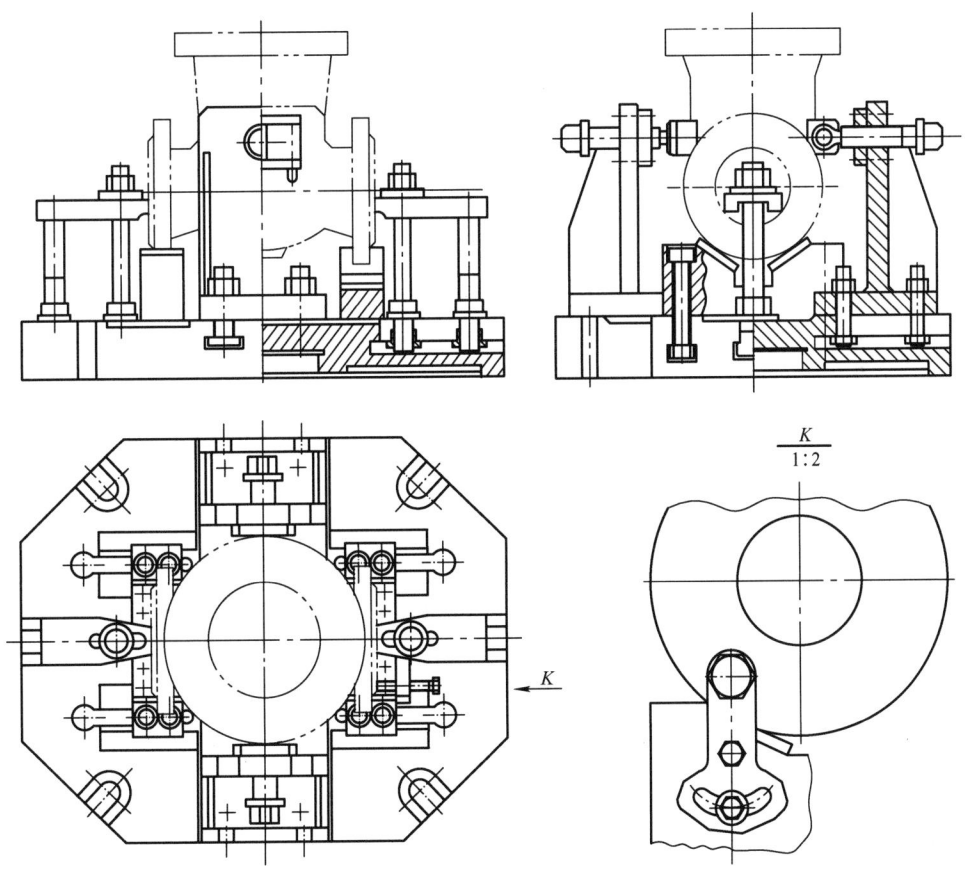

图7-4　车中法兰通用夹具

阀体的一端法兰端面紧贴定位螺杆端面，再把支座上的顶紧螺钉调到使中法兰背面与卡盘平面保持平行为止。把阀体顶紧压牢后，即可进行车削。卸工件时只需松开两块压板和一个顶紧螺钉。

这种夹具可用于几种尺寸不同的阀体的加工，工件装卸方便，刚性好，加工时能采用较大的切削用量。

（2）第二种方案：先加工中法兰，再加工两端法兰

因阀体外形都为毛坯面，根据阀体结构只能使用单动卡盘装夹工件（见图7-5），装夹时需要找正中法兰毛坯的内孔和端面后才能进行加工，找正比较费时，因此这种方法效率不高。

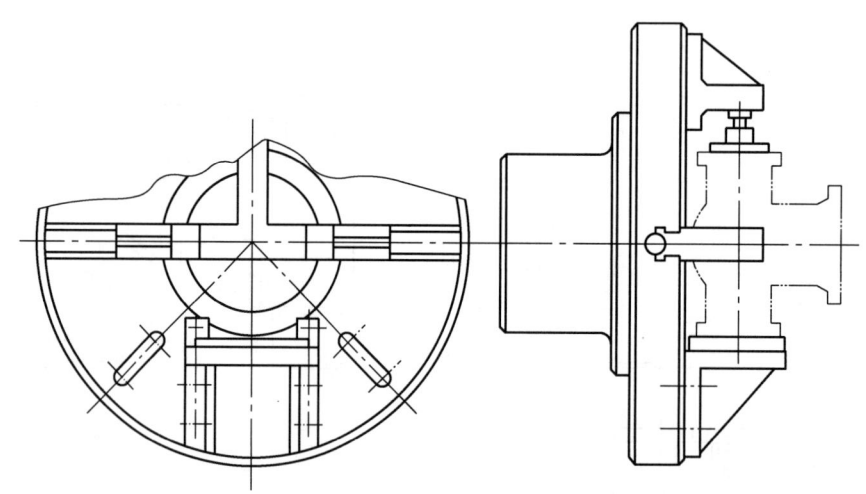

图7-5 单动卡盘装夹阀体加工中法兰

两端法兰的加工，都以中法兰止口和端面为基准，安装在图7-6所示的回转夹具上，在车床上进行。

为了提高加工效率，有效地控制阀体的全长，加工时往往在机床导轨上安装挡铁。这样只要在加工第一个阀体时，通过试切将刀具调整好，即可加工一批阀体。在刀具磨损需要更换时，才需重调。为了节省重调刀具所需的时间，可利用已加工好的阀体对刀。

第7章 控制阀制造技术

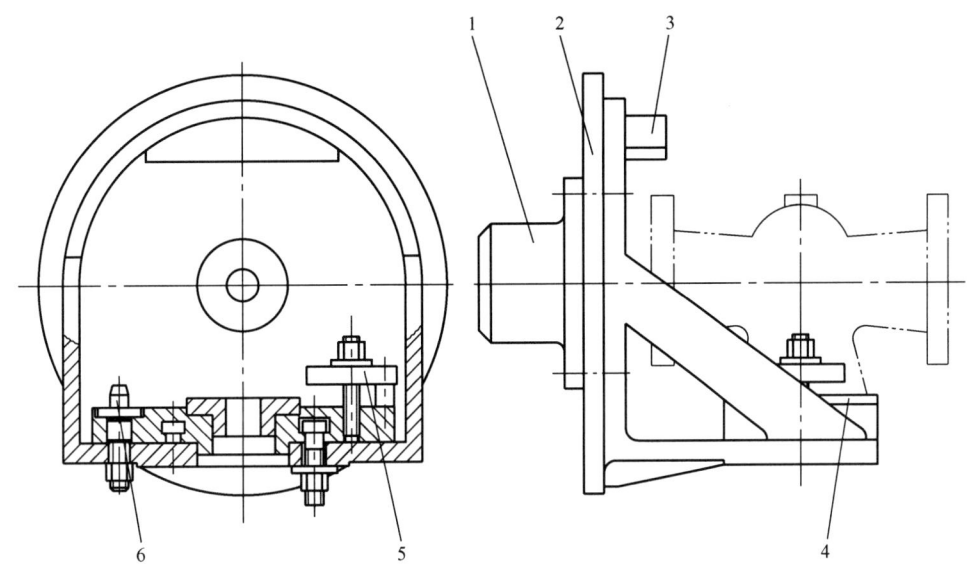

图 7-6 车端法兰回转夹具

1—过渡盘 2—盘体 3—平衡铁 4—定位盘 5—定位销 6—压板

2. 控制阀套筒的车削加工工艺

(1) 套筒的作用及结构特点

1) 套筒的作用：在控制阀中起支承、导向作用。

2) 结构特点：主要表面为同轴度要求较高的内、外圆表面，零件壁厚较薄，如图 7-7 所示。

(2) 技术要求

1) 孔的技术要求。套筒零件内孔与回转轴颈或移动活塞相配合，起支承或导向作用，孔的直径尺寸精度一般为 IT7，精密轴套尺寸精度为 IT6，表面粗糙度为 $Ra1.6 \sim 0.16 \mu m$。

2) 外圆表面要求。外圆一般以过盈或过渡配合与阀体上的孔相连接，它是套筒零件的支承表面。外圆的尺寸精度一般为 IT6~IT7，表面粗糙度为 $Ra3.2 \sim 0.8 \mu m$。

3) 孔与外圆的同轴度。当孔的终加工是在套筒装入阀体后加工的，要求较低，最终加工是在装配前完成的，一般同轴度误差为 $0.01 \sim 0.05 mm$。

控制阀设计制造技术

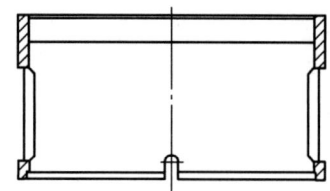

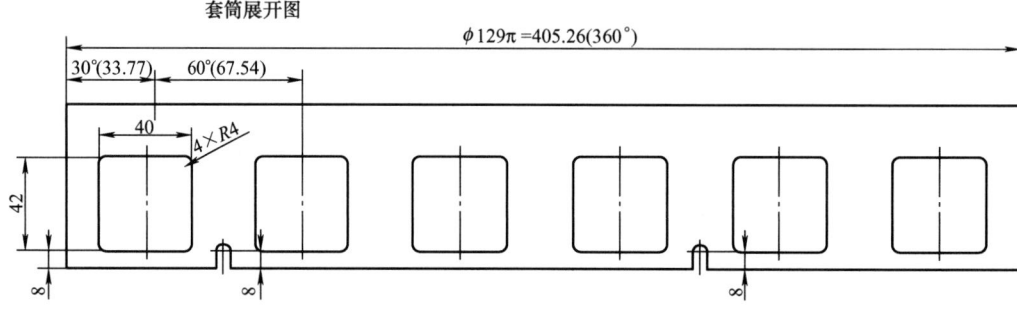

图 7-7 套筒结构图

4)轴线与端面的垂直度要求。端面是阀门装配的定位基准,装配完成后承受轴向力作用,其与轴线的垂直度误差为 0.01~0.05mm。

5)套筒上开有多个节流窗口,窗口的形状决定了调节阀的流量特性,窗口的面积大小影响调节阀的流量系数。

(3) 加工工艺

套筒类零件加工的主要工艺问题是如何保证其主要加工表面(内孔和外圆)之间的相互位置精度,以及内孔本身的加工精度和表面粗糙度要求。尤其是薄壁、深孔的套筒零件,由于受力后容易变形,加上深孔刀具的刚性及排屑与散热条件差,故其深孔加工经常成为套筒零件加工的技术关键。

套筒类零件的加工顺序一般有三种情况:

第一种情况为:粗加工外圆——粗、精加工内孔——切割窗口——最终精加工外圆。这种方案适用于外圆表面是最重要表面的套筒类零件加工。

第二种情况为:粗加工内孔——粗、精加工外圆——切割窗口——最终精加工内孔。这种方案适用于内孔表面是最重要表面的套筒类零件加工。

第三种情况为：粗加工内孔——粗、精加工外圆——精加工内孔——最终切割窗口。这种方案适用于内孔表面及窗口是最重要的套筒类零件加工。

套筒类零件的外圆表面加工方法，根据精度要求可选择车削和磨削。内表面加工方法的选择则需考虑零件的结构特点、孔径大小、长径比、材料、技术要求及生产类型等多种因素。套筒加工工艺过程见表 7-1。

表 7-1　套筒加工工艺过程

序号	工序内容	定位基准
1	车上端面及内孔定位孔留余量	端面及外圆
2	车下端面及外圆定位孔留余量	端面及内孔
3	钻窗口穿丝孔及下端面半圆槽	内孔及端面定位
4	线切割窗口	内孔及端面定位
5	车下端面及上部定位孔	上端面及内孔
6	车上端面及上部定位孔	下端面及内孔定位，窗口压紧

3. 球阀阀体的加工

一般工业用球阀大部分都采用侧装式结构，由二片或三片阀体组成阀腔。二片阀体一般称为右阀体（主阀体）（见图 7-8a）和左阀体（副阀体），三片阀体一般称为主阀体（见图 7-8b）和副阀体（副阀体也称左、右体，见图 7-8c），副阀体的结构比较简单，主阀体的结构比较复杂。

核电站及液化天然气接收站为减少管道压力对阀门的影响，大部分都采用上装式结构，上装式球阀的阀体是中空对称零件，如图 7-9 所示。

侧装式球阀阀体右（主）阀体内腔有精度较高的镶嵌阀座的孔，一端是与管道连接的端法兰（也可以是内螺纹、外螺纹、焊接等接口结构），另一端是与左阀体连接的侧法兰，侧法兰面上有密封垫安装孔，中法兰上面有止推密封垫安装孔、阀杆的支承孔及填料函。

右（主）阀体内腔的阀座孔、阀杆的支承孔及填料函孔的表面粗糙度一般为 $Ra1.6\mu m$，侧法兰面上密封垫安装孔的表面粗糙度一般为 $Ra3.2\mu m$，其他加工表面的

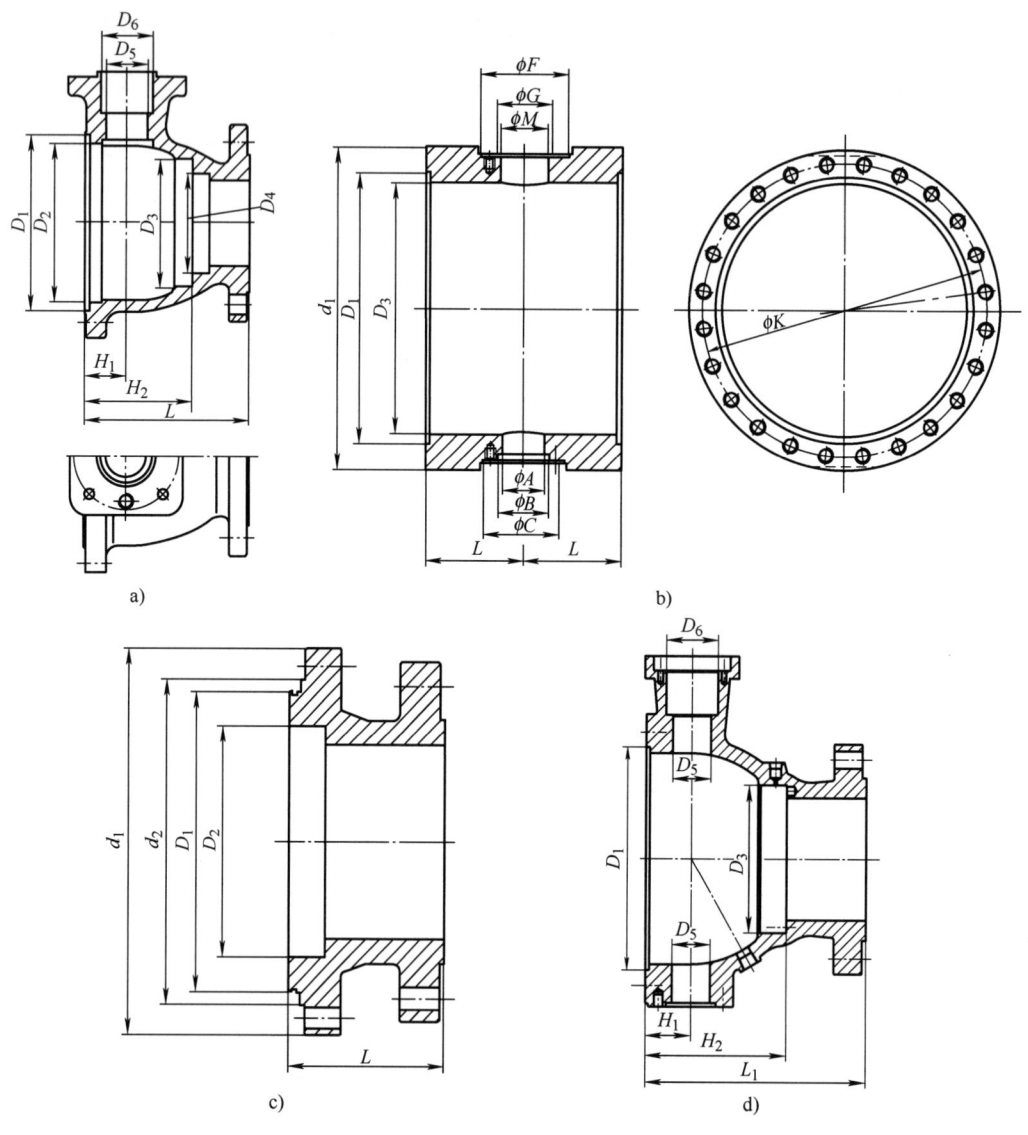

图 7-8 侧装式球阀阀体

a）二片式球阀主阀体 b）三片式球阀主阀体（锻件） c）三片式固定球阀副阀体（锻件） d）固定式球阀主阀体

表面粗糙度为 $Ra12.5\mu m$。

上装式球阀阀体内腔有精度较高的镶嵌阀座的孔，上面有与阀盖连接的定位结构及密封垫安装孔或台肩，阀体上有阀门与管道连接的法兰、内螺纹、外螺纹和焊接等接口结构。

第7章 控制阀制造技术

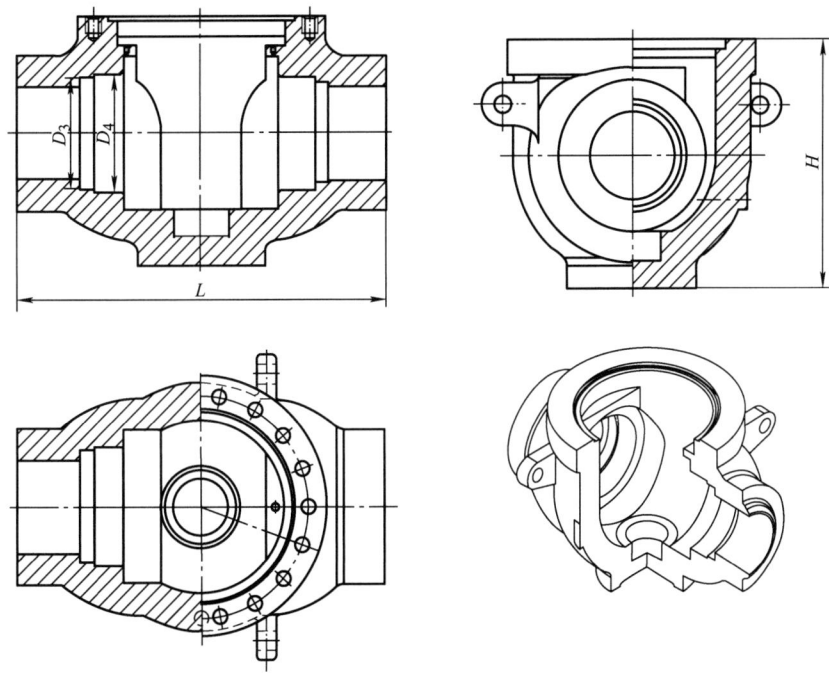

图7-9 上装式球阀阀体

上装式球阀阀体内腔的阀座孔及两阀座底平面的表面粗糙度一般为$Ra1.6\mu m$，上面与阀盖连接的定位孔的表面粗糙度一般为$Ra3.2\mu m$，其他加工表面的表面粗糙度为$Ra12.5\mu m$。

阀体中法兰面上密封垫安装孔与阀体内腔阀座孔轴线的垂直度公差等级为9级，中法兰端面与阀座孔底平面的垂直度公差等级为9级，阀杆的支承孔轴线与中法兰端面的垂直度公差等级为9级，阀杆的支承孔轴线与密封垫安装孔、阀体内腔的阀座孔中心线的位置度公差等级为9级。

上装式球阀阀体内腔两阀座底平面的对称度公差等级为9级，阀杆的支承孔轴线与上端面的垂直度公差等级为9级。

（1）侧装式阀体工艺分析及典型工艺过程

1）图7-8a所示阀体。图7-8a阀体的形体结构比较复杂，其外表面大部分不需要加工，零件毛坯一般都选用铸件。阀体的主要加工表面大多是旋转表面，一般用车削方法

663

加工，由于镶嵌阀座部位的孔及阀杆支承部位的孔的尺寸精度及表面质量要求很高，而铸件毛坯的加工余量又较大，所以右阀体可以分粗、精加工两个阶段（见表7-2）。

表7-2　图7-8a 所示阀体的典型工艺过程

序号	工序内容	定位基准	夹具特点
1	粗车中法兰端面、内孔和止口	端法兰外圆	自定心卡盘
2	粗车端法兰端面、外圆	中法兰端面及止口	自定心卡盘
3	划侧端轴孔中心线		
4	粗车侧端法兰端面、阀杆支承孔及填料函孔	中法兰端面及止口	专用工装
5	精车中法兰端面、内孔、止口及阀座孔	端法兰端面及外圆	自定心卡盘
6	精车端法兰端面、外圆、背面及倒角	中法兰端面及止口	专用工装
7	精车侧端法兰端面、阀杆支承孔及填料函孔	中法兰端面及止口	专用工装
8	钻中法兰孔、攻螺纹孔		钻夹具
9	钻端法兰孔		钻夹具
10	钻侧端法兰孔、攻螺纹孔		钻夹具

2）图7-8b 所示阀体。图7-8b 阀体的形体结构比较简单，主要加工表面大多是旋转表面，一般用车削方法加工，由于阀杆支承部位的孔的尺寸精度及表面质量要求很高，而毛坯的加工余量又较大，阀体可以分粗、精加工两个阶段（见表7-3）。

表7-3　图7-8b 所示阀体的典型工艺过程

序号	工序内容	定位基准	夹具特点
1	粗车左端面、内孔	右端面及外表面	单动卡盘
2	粗车右端面、内孔	左端面及内孔	单动卡盘
3	划上端轴孔中心线		
4	粗车上法兰端面、阀杆支承孔及填料函孔	左端面及内孔	专用工装
5	精车左端法兰端面、内孔	右法兰端面及内孔	单动卡盘
6	精车右端法兰端面、内孔	左法兰端面及内孔	专用工装
7	精车上法兰端面、阀杆支承孔及填料函孔	左法兰端面及内孔	专用工装
8	钻上法兰孔、攻螺纹孔		钻夹具
9	钻左端法兰孔、攻螺纹孔		钻夹具
10	钻右端法兰孔、攻螺纹孔		钻夹具

第7章 控制阀制造技术

3）图7-8d所示固定球阀的主阀体。固定球阀主阀体通常有两个轴孔,结构比较复杂,其外表面大部分不需要加工(锻件需要粗车,锻件毛坯粗车部分工序省略),主要加工表面大多是旋转表面,一般用车削方法加工,由于镶嵌阀座部位孔的尺寸精度及表面质量要求很高,而铸件毛坯的加工余量又较大,所以主阀体可以分粗、精加工两个阶段(见表7-4)。

表7-4 图7-8d所示固定球阀主阀体的典型工艺过程

序号	工序名称	工序内容	定位基准	装夹方法
1	车	车端法兰、内孔、倒角	中法兰外圆	卡盘
2	车	车中法兰端面、定位台阶孔、阀座孔、倒角	端法兰外圆及端面	卡盘
3	镗	钻上阀杆孔、填料函孔,车法兰外圆、端面各部尺寸,按夹具中心线划出通过阀杆孔中心并垂直于中法兰端面的中心线	中法兰端面及定位台阶孔	带回转盘弯板夹具
4	镗	回转盘旋转180°,钻阀杆孔,车法兰外圆、端面各部尺寸	中法兰端面及定位台阶孔	带回转盘弯板夹具
5	钻	钻中法兰螺纹孔	钻模对中心线	压板
6	攻螺纹	机攻中法兰螺纹孔螺纹	平放在工作台上	压板
7	钻	钻端法兰螺栓孔	钻模对中心线	压板
8	钻	钻上盖螺栓孔	钻模对中心线	压板
9	攻螺纹	机攻上盖螺栓孔螺纹	立放在工作台侧面	压板
10	钻	钻下端盖螺栓孔	钻模对中心线	压板
11	攻螺纹	机攻下端盖螺栓孔螺纹	倒立放在工作台侧面	压板
12	划线	以中法兰面、上下轴孔中心线为基准,划出阀体侧面安装排污阀、泄压阀以及阀座注脂螺纹孔中心,打样冲眼	端法兰,上下轴孔中心线	平台,分度盘
13	钻	钻阀体侧面安装排污阀、泄压阀以及阀座注脂阀螺纹孔	中法兰面	压板
14	铰	铰阀体侧面排污阀、泄压阀以及阀座注脂阀安装孔	中法兰面	压板
15	攻螺纹	攻阀体侧面安装排污阀、泄压阀以及阀座注脂阀螺纹	中法兰面	压板
16	钳	钳工去毛刺		

控制阀设计制造技术

表7-4一般适合于DN150（NPS6）以下规格阀体,大于或等于该规格的,建议轴孔尽可能采用镗床加工。同时,可以利用坐标镗床的坐标刻度和工作台的回转刻度,钻出阀体侧面排污阀、泄压阀以及阀座注脂阀螺纹孔。

从固定球阀的结构原理分析知道,球体与上下轴组成一个绕轴心旋转的启闭机构。为了保证阀门运行可靠,加工中必须保证上下轴孔的同轴度,以及上下轴孔中心线与阀座活塞孔中心的对称度和垂直度。对于口径规格较大的阀体,通常采用数控镗床或卧式加工中心加工,以保证加工精度。对于采用带回转盘的弯板夹具（见图7-10）加工的小规格阀体,必须保证夹具自身的精度能满足产品的精度要求,并具有足够的刚性和抗疲劳性能,夹具应定期检测,按时维护,发现精度不能满足产品设计要求时,要及时更换。

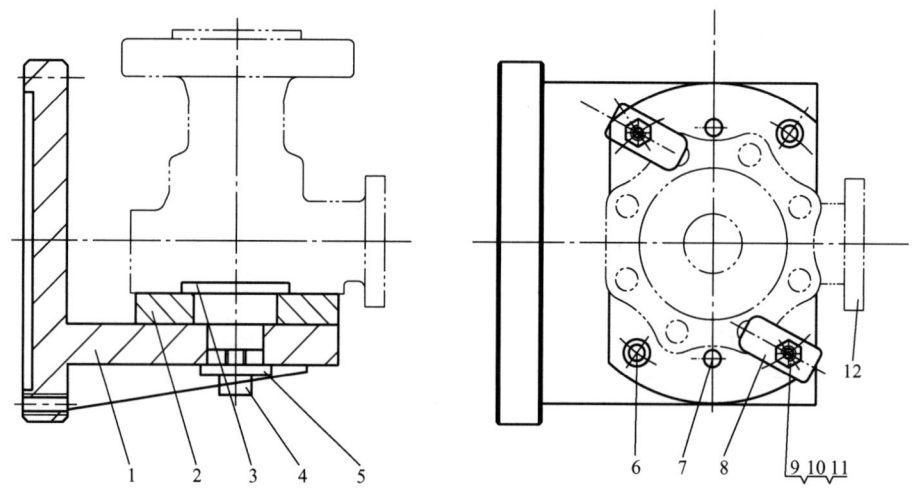

图7-10 带回转盘的弯板夹具

1—夹具体 2—回转盘 3—定位盘 4、6—内六角螺钉 5—垫片 7—圆锥销 8—压板
9—双头螺柱 10—平垫圈 11—六角螺母 12—工件（左阀体）

（2）上装式阀体工艺分析及典型工艺过程

上装式阀体是中空对称形零件,其外表面大部分不需要加工,因此零件毛坯均选

用铸件。阀体的主要加工表面也都是旋转表面,多用车削方法加工。由于镶嵌阀座部位的孔及两阀座底平面开裆宽度的尺寸精度及表面质量要求很高,而铸件毛坯的加工余量又较大,所以阀体也分粗、精加工两个阶段(见表7-5)。

表7-5 上装式阀体的典型工艺过程

序号	工序内容	定位基准	装夹方法
1	粗车上端面、内孔	下端面及外形	单动卡盘
2	粗车左右端面、内孔	上端面及内孔	专用工装
3	精车上端面、内孔、平面槽及倒角	左右端面及内孔	单动卡盘
4	精车左右端面、内孔、扩孔	上端面及内孔	专用工装
5	镗两阀座底平面开裆内腔底面圆弧	上端面及止口	圆弧卡板
6	钻上端面法兰孔、攻螺纹孔	上端面及止口	钻模板

(3) 主要表面或部位的加工方法

球阀主阀体的主要加工面是镶嵌阀座的孔,其基本的加工顺序是先按工艺要求车中法兰端面、内孔、止口及阀座孔,再以中法兰端面及止口为定位基准将阀体安装在专用夹具上,加工端法兰及侧法兰,确保中法兰与侧法兰及端法兰的加工精度及位置精度。阀体加工夹具如图7-11所示。中法兰钻孔夹具如图7-12所示。

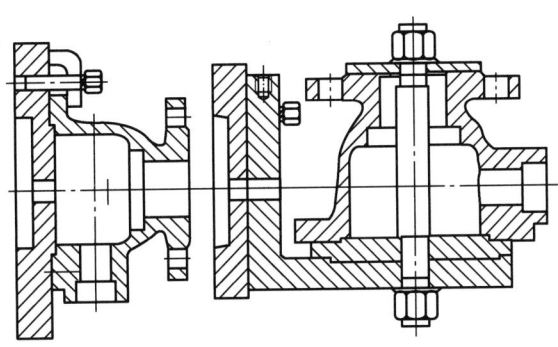

图7-11 右(主)阀体加工夹具

上装式阀体的主要加工面是镶嵌阀座的孔,其基本的加工顺序是先按工艺要求车上端面及内孔,再以上端面及内孔为定位基准将阀体安装在角式夹具上,加工左右两端阀座孔,确保两侧阀座孔的加工精度及位置精度,夹具如图7-13所示。

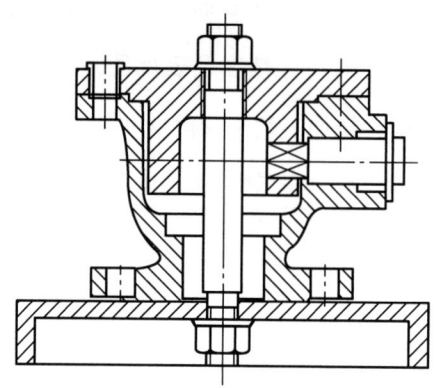

图 7-12　中法兰钻孔夹具

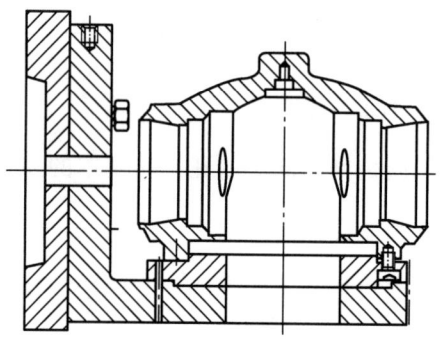

图 7-13　加工上装式阀体夹具

上装式球阀的阀体和阀盖的连接部位不承受管道的压力作用，因此被普遍采用，大口径上装式球阀已有许多应用案例。图 7-14 所示为在数控立式车床上加工大口径对焊连接上装式球阀阀体中法兰的夹具。该夹具以阀体毛坯两侧外圆、阀体底部凹槽的内径作为定位基准，由于所有定位面均为毛坯面，因此该基准为粗基准。阀体毛坯两支管以专用夹具 V 形座定位，通过左右螺纹联动机构找正，手动夹紧。该工装主要用于车削中法兰各部尺寸及阀体内腔下端的耳轴孔尺寸。中法兰加工好后，作为精基准定位，在卧式加工中心的专用夹具上车削阀体其余部位。

（4）卧式加工中心加工球阀阀体

卧式加工中心多配备 4 轴 3 联动，一般具有分度工作台或数控转换工作台，可加工工件的各个侧面；也可"多轴"联合运动，完成复杂空间曲面的数控加工。加工精

第7章 控制阀制造技术

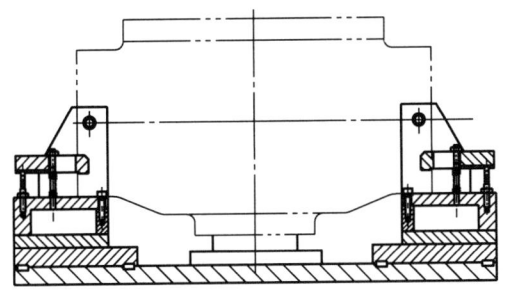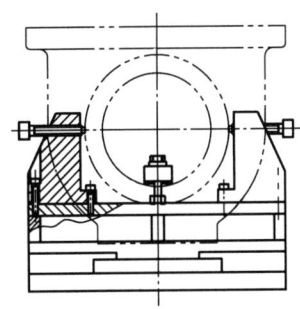

图 7-14 数控立式车床上加工阀体中法兰夹具

度、重复定位精度远高于普通卧式镗铣床。工件在一次安装后能够完成除安装面和顶面以外的其余各面的加工，适合加工箱体类零件。

卧式加工中心可配双交换工作台，在对位于工作位置的工作台上的工件进行加工的同时，可以对位于装卸位置的工作台上的工件进行装卸，从而大大缩短辅助时间，提高加工效率。对于多品种小批量生产的零件，其效率是普通设备的 5~10 倍。

国外阀门制造企业多采用卧式加工中心加工球阀的阀体，在卧式加工中心上加工球阀阀体，生产效率高，产品切换迅速。根据阀体规格大小，可一次装夹一个或多个阀体进行加工（见图 7-15），能够确保阀杆孔的同轴度及阀杆孔相对于阀座安装孔轴线

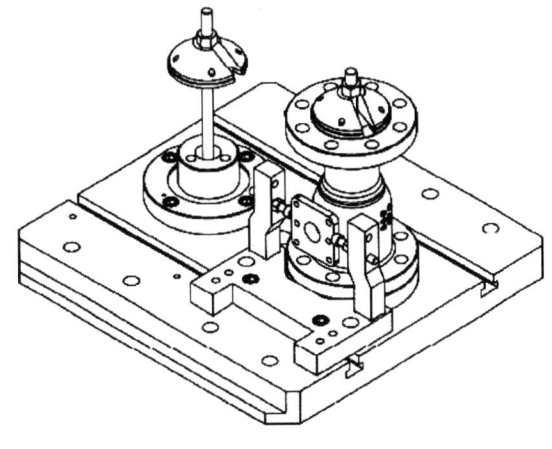

图 7-15 在卧式加工中心上加工阀体（一次两件）

669

的垂直度。对于批量生产的球阀阀体一般可采用专用夹具,实现快速装夹。

18in 以上大规格球阀阀体(包括其他种类阀体)可在数控刨台镗铣床或数控落地镗铣床上加工。

数控加工编程多采用 MASTERCAM 或者 UG 等编程软件。采用软件编程快速实用,并可在计算机上进行模拟切削,以验证工装夹具、刀具及加工程序,从而避免首件的报废。在计算机上模拟切削,对于大尺寸规格阀体的试加工来说可以一劳永逸,避免企业不必要的浪费。

图 7-16 所示为在卧式加工中心上加工二片式球阀右阀体中法兰端面、阀杆孔的专用夹具,该夹具以阀体端法兰面、止口等作为定位基准,端法兰圆周上的螺栓通孔或阀杆法兰外圈铸造面角限位,手动、气动或液压夹紧。该夹具适合于单件生产。

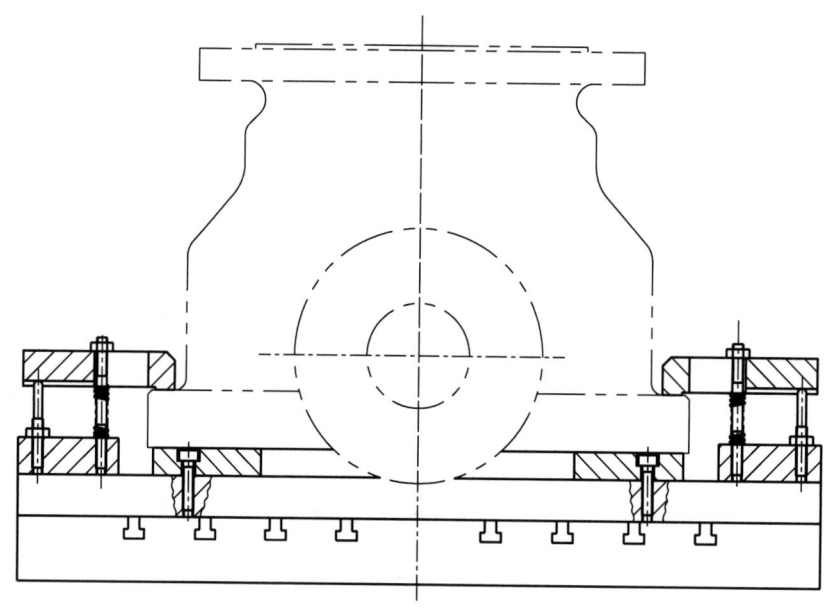

图 7-16 二片式球阀阀体卧式加工中心夹具(单件生产)

图 7-17 所示为在大型卧式加工中心或数控镗铣床上加工大口径对焊连接上装式球阀的夹具,该夹具以在立式车床上车好的中法兰端面、止口、工艺建位孔等精基准作为定位基准,手动夹紧。先加工阀体一侧的各部尺寸,然后将工作台旋转180°,加工

完成另一侧各部尺寸。一次装夹即可加工完成阀体内阀座安装孔、端面、焊接坡口的各部尺寸，可有效保证两侧阀座安装孔及焊接坡口的同轴度，及流道中心轴线与上法兰面的垂直度，既保证了阀体要求的加工精度，也大大提高了生产效率。

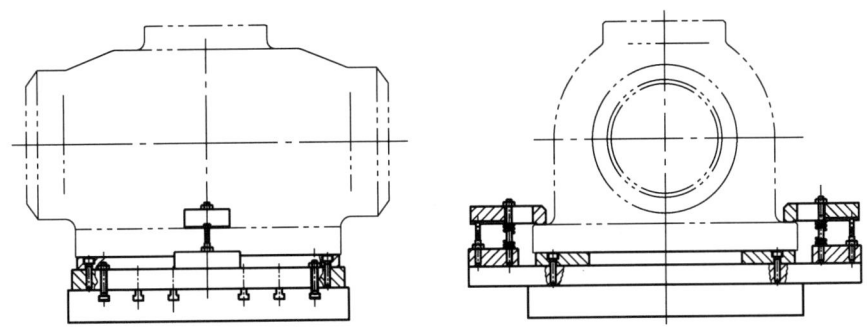

图 7-17　上装式球阀阀体卧式加工中心夹具

图 7-18 所示为在卧式加工中心上加工 T 形球阀右阀体阀杆法兰端面、阀杆孔的专用夹具，夹具定位基准面平行于工作台。该夹具以阀体中法兰端面、止口等精基准定位，以阀杆法兰外圆铸造表面粗基准作为角度限位，手动夹紧。一次装夹两件以减少辅助工作时间，提高生产效率。该夹具适合于多品种小批量生产，易于加工产品的频繁切换。该夹具适用于小型卧式加工中心。

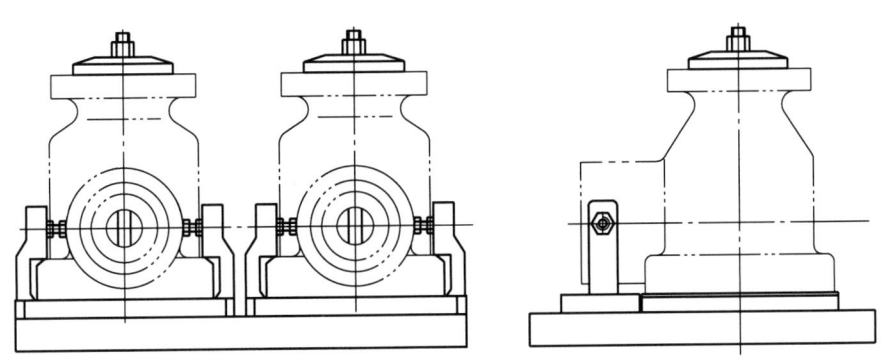

图 7-18　T 形球阀阀体卧式加工中心夹具（一次装夹两件）

图 7-19 所示为在卧式加工中心上加工二片式球阀右阀体中法兰及端法兰端面、阀杆孔等的专用夹具，夹具以 V 形块，通过中法兰外圆、端法兰外圆及阀杆法兰外圈铸

造面定位，手动夹紧。一次装夹两件，减少辅助工作时间，提高生产效率。使用该夹具可在卧式加工中心上一次装夹完成所有工序内容（水线除外），可省去车削工序，两端法兰孔、阀杆孔采用定尺寸镗刀加工，端面采用面铣刀插补铣加工。

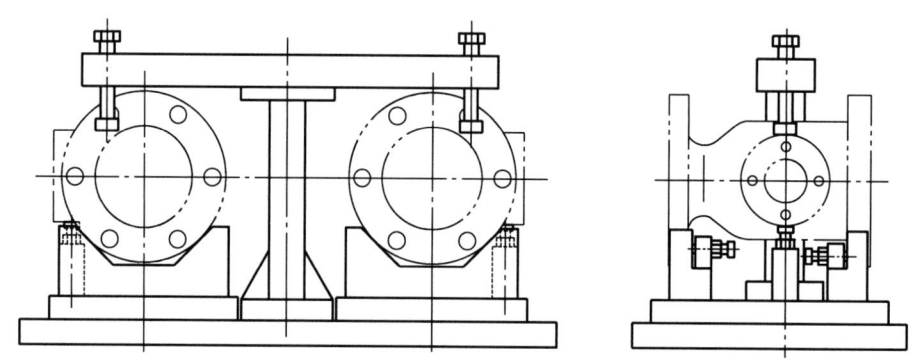

图 7-19　二片式球阀阀体卧式加工中心夹具（一次装夹两件）

但该夹具由于使用粗基准作为定位基准，故只适用于中小口径采用熔模精密铸造工艺浇注的阀体，缺点是无法加工端法兰面水线。

图 7-20 所示为在卧式加工中心上加工二片式球阀右阀体阀杆孔及法兰端面专用夹

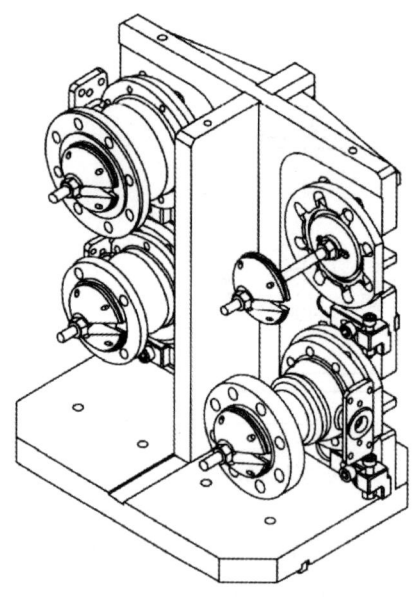

图 7-20　二片式球阀阀体卧式加工中心夹具（一次装夹四件）

具,该夹具采用立式基础座结构,夹具定位基准面垂直于工作台,以阀体中法兰端面、止口等精基准及阀杆法兰外圈铸造面粗基准作为定位基准,手动夹紧。一次装夹四件阀体,减少辅助工作时间,大大提高生产效率,适用于中、大批量生产。当大批量生产时,对该夹具加以改造,在立式基础座背部也设计和正面同样的定位凸台及装夹定位零件,可以一次装夹八台阀体,先加工一面的四件阀体,工作台旋转180°,再加工背面的四件阀体。同时可完成端法兰螺栓通孔的钻削工序。

该夹具适用于中型卧式加工中心。

4. 蝶阀阀体的加工

常见蝶阀阀体按照结构形式分为中线式、单偏心式、双偏心式和三偏心式。

(1) 蝶阀阀体的结构特点

中线型蝶阀阀体是中心对称的,双向密封效果一样,阀杆的中心位于阀体的中心线和阀座的密封截面上,阀座采用合成橡胶嵌在阀体槽内,阀体的结构比较复杂,如图7-21所示。

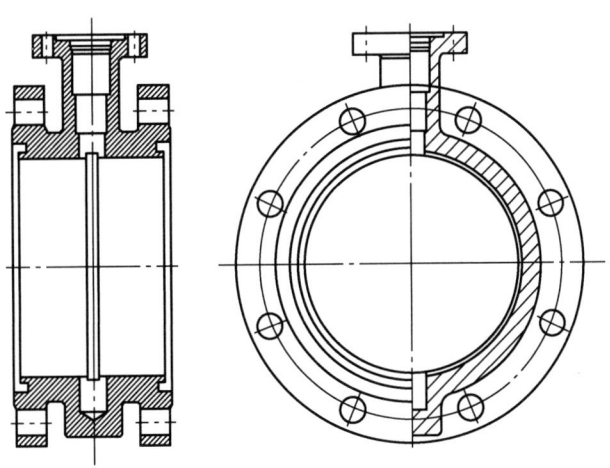

图7-21 中线型蝶阀阀体

单偏心型蝶阀阀体两个方向密封效果不一致,一般正向易于密封。阀杆的中心位于阀体的中心线上,且与阀座密封截面形成一个偏置尺寸,如图7-22所示。

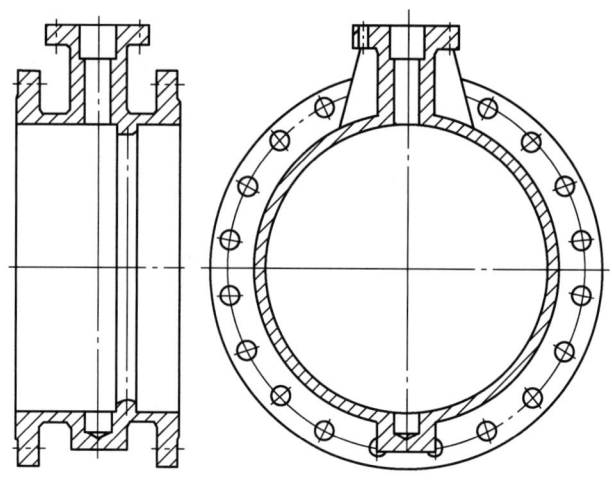

图 7-22 单偏心型蝶阀阀体

双偏心型蝶阀阀体在单偏心型蝶阀的基础上,将阀杆回转轴线与阀体通道轴线再偏置一个尺寸,如图 7-23 所示。

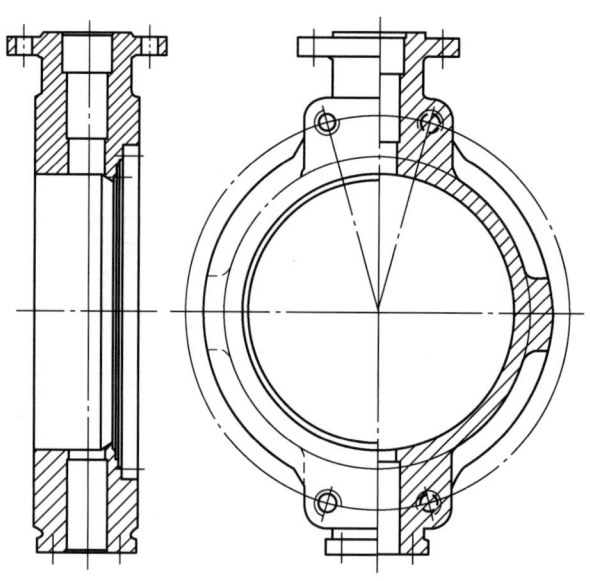

图 7-23 双偏心型蝶阀阀体

三偏心型蝶阀阀体在双偏心型蝶阀的基础上,将阀座回转轴线与阀体通道轴线形成一个角度,如图 7-24 所示。

第7章 控制阀制造技术

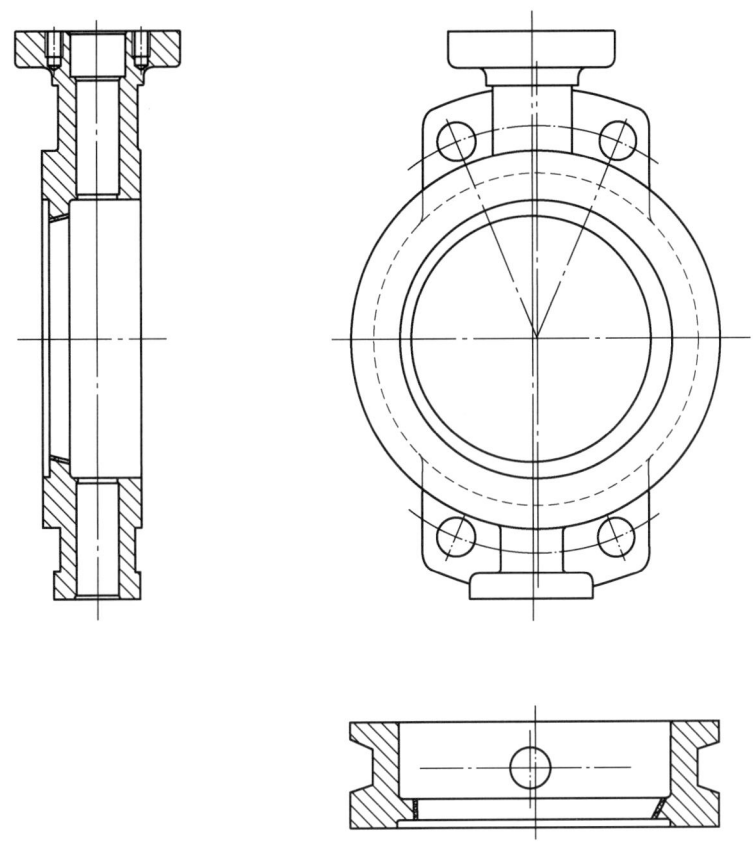

图 7-24 三偏心型蝶阀阀体

中线型蝶阀阀体中心对称,阀体上有精度较高的阀轴支承孔及填料函孔,阀体两端面有阀座槽。

中线型蝶阀阀体两端轴承孔的表面粗糙度一般为 $Ra1.6\mu m$,配合于填料函孔的表面粗糙度一般为 $Ra3.2\mu m$,阀座槽的表面粗糙度为 $Ra6.3\mu m$,其他加工表面的表面粗糙度为 $Ra12.5\mu m$。

中线型蝶阀阀体两轴孔同轴度公差等级为 9 级,阀体两法兰平面与轴孔中心的对称度公差等级为 9 级,轴孔对阀座配合孔中心线的位置度公差等级为 9 级。

单偏心型、双偏心型及三偏心型蝶阀阀体上、下法兰均有精度较高的阀轴支承孔及填料函孔,阀体上有精度较高的阀座密封面,阀体上法兰上有与支架及配合于填料函的连接孔,下法兰上有与端盖连接的螺纹孔,阀体上有与管道连接的法兰接口。

单偏心型、双偏心型及三偏心型蝶阀阀体两端轴承孔的表面粗糙度一般为 $Ra1.6\mu m$,配合于填料函孔的表面粗糙度一般为 $Ra3.2\mu m$,阀座密封面的表面粗糙度一般为 $Ra1.6\mu m$,其他加工表面的表面粗糙度为 $Ra12.5\mu m$。

单偏心型、双偏心型及三偏心型蝶阀阀体两轴孔同轴度公差等级为9级,轴孔对阀座密封面中心线的位置度公差等级为9级。

(2) 工艺分析及典型工艺过程

1)中线型蝶阀阀体。中线型蝶阀阀体的外表面大部分不需要加工,因此零件毛坯一般都选用铸件。阀体的主要加工面为内孔及切槽,一般用车削方法加工,上、下法兰端面及轴孔的尺寸精度、表面质量及同轴度要求较高,一般用镗削加工,首先用镗刀加工轴孔端面及止口,然后镗孔,一端轴孔镗完后可将工作台回转180°,再加工另一端,批量较大时应采用专用工装(见表7-6)。

表7-6 中线型蝶阀阀体的典型工艺过程

序号	工序内容	定位基准	夹具特点
1	车一端法兰端面、内孔、切槽	端法兰外圆及端面	自定心卡盘
2	车另一端法兰端面、切槽	内孔及端面	自定心卡盘
3	划两轴孔中心线		
4	镗上、下法兰端面、内孔、轴座孔	内孔及端面	自定心卡盘
5	划上、下法兰螺纹孔中心线		
6	钻底孔、攻螺纹孔		
7	钻连接法兰孔	内孔及端面	钻模板

2)单、双偏心型蝶阀阀体。单偏心型和双偏心型蝶阀阀体的主要加工面为外圆面及阀座密封面,一般用车削方法加工,上、下法兰端面及轴孔的尺寸精度、表面质量及同轴度要求较高,一般采用镗削加工,首先用镗刀盘加工轴孔端面及止口,然后以镗刀杆镗孔,一端轴孔镗完后可将工作台回转180°,再加工另一端(见表7-7)。

第7章 控制阀制造技术

表7-7 单偏心型和双偏心型蝶阀阀体的典型工艺过程

序号	工序内容	定位基准	夹具特点
1	车一端法兰端面、外圆	端法兰外圆及端面	自定心卡盘
2	车另一端法兰端面、外圆、密封面	端法兰外圆及端面	自定心卡盘
3	划两轴孔中心线		
4	镗上、下法兰端面、内孔、轴座孔	内孔及端面	自定心卡盘
5	划上、下法兰螺纹孔中心线		
6	钻底孔、攻螺纹孔		
7	钻连接法兰螺栓孔	外圆及端面	钻模板

3）三偏心型蝶阀阀体的典型工艺过程见表7-8。

表7-8 三偏心型蝶阀阀体工艺过程

序号	工序名称	工序内容	定位基准	装夹方法
1	车	粗车进口（左）端法兰、内孔，留精车余量。内孔车出一段定位孔	出口（右）端法兰外圆	单动卡盘
2	车	粗车出口（右）端法兰、内孔，留精车余量	进口（左）端定位孔	定位法兰盘，压板
3	划线	以上下轴孔为基准，划出两端法兰中心线		工作台
4	车	车阀座密封面堆焊基面	进口（左）端定位孔，车床小拖板按圆锥半角斜度偏转	β 偏转，过渡定位盘
5	焊	堆焊阀座密封面，保证最终焊层厚度		
6	车	精车出口（右）端法兰、内孔，保证阀座面宽度	进口（左）端定位孔	定位法兰盘，压板
7	车	精车进口（左）端法兰、内孔，保证阀座面宽度	出口（右）端内孔	定位法兰盘，压板
8	车	精车阀座面，留磨削余量0.3~0.5mm	进口（左）端定位孔，车床小拖板按圆锥半角0°偏转	斜度盘，过渡定位盘
9	磨	将自制磨头安装在车床上，精磨阀座密封面	进口（左）端定位孔，车床小拖板按圆锥半角0°偏转	斜度盘，过渡定位盘
10	镗	粗镗上下轴孔及法兰，留精镗余量，利用坐标镗床划出上下轴孔中心线	出口（右）端内孔	定位盘
11	镗	与蝶板配合精镗轴孔，上下法兰。利用坐标镗床划出上下轴孔中心线，两端法兰中心线	出口（右）端内孔	定位盘

控制阀设计制造技术

(续)

序号	工序名称	工序内容	定位基准	装夹方法
12	钻	钻两端法兰螺栓孔	钻模对中心线	压板
13	镗	镗平两端法兰螺栓孔背面	平放在工作台上	压板
14	钻	钻上轴向法兰螺栓孔	钻模对中心线	压板
15	攻螺纹	机攻上轴向法兰螺栓孔螺纹	立放在工作台上	压板
16	钻	钻下轴向法兰螺栓孔	钻模对中心线	压板
17	攻螺纹	机攻下轴向法兰螺栓孔螺纹	倒立放在工作台上	压板
18	钳	钳工去毛刺		

4) 主要表面或部位的加工方法。蝶阀阀体的主要加工表面大多是旋转表面。对大、中口径蝶阀的阀体除阀体轴座法兰端面和内孔在镗床上加工外，其余表面均采用车削加工。对于小口径蝶阀阀体的轴座法兰端面及内孔一般安装在弯板式夹具上进行车削加工（见图 7-25）。

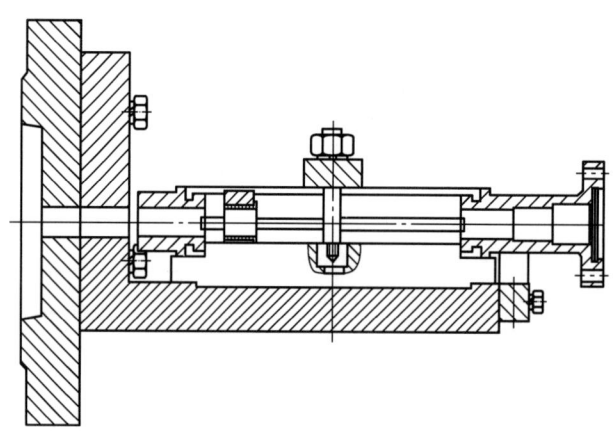

图 7-25 小口径蝶阀阀体加工

5) 三偏心蝶阀阀体的磨削加工。三偏心蝶阀的密封原理是：第一偏心是阀杆中心线与密封中心线偏离，使密封面为连续 360°；第二偏心是阀杆轴心偏离管路和阀门中心线，阀板转动产生凸轮效应，可消除 80% 转动范围内阀板与阀座的摩擦、接触；第三偏心是蝶阀圆锥形密封面中心线相对于阀门中心线偏转一个角度，也称角偏心，第三偏心消除剩余 20% 摩擦干涉。经过三个偏心后，蝶阀完全依靠阀座的接触面压力达到密封效果。因此三偏心蝶阀阀体密封面的表面粗糙度与偏心角度的加工是重点，为了保证密封面的表面粗糙度与偏心角度达到图样要求，阀体和阀板密封面的磨削加工采用定制工装在数控立式专用磨床上进行。

图 7-26 所示为数控立式专用磨床，该磨床主要用于小、中、大型三偏心蝶阀密封副内外锥面的加工，可实现斜截圆锥面的磨削，在同一台机床上通过更换专用夹具，可以适应阀座内锥面及蝶板外锥面的加工要求，主要能满足三偏心蝶阀的阀体及密封环的磨削加工。该磨床参数配置见表 7-9。

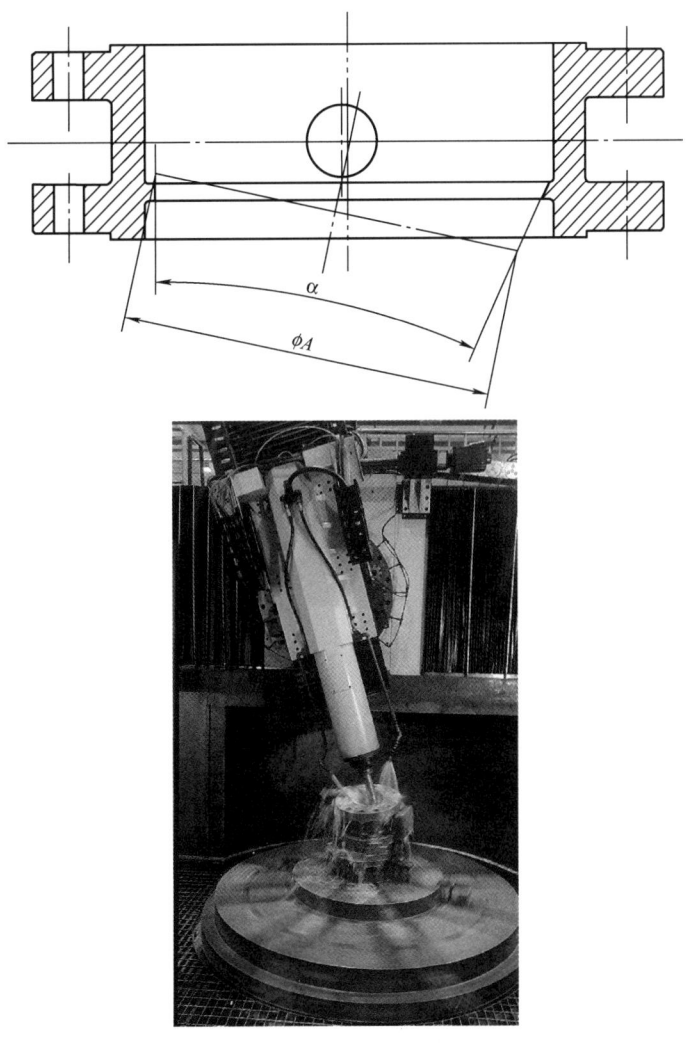

图 7-26　数控立式专用磨床

表7-9 三偏心蝶阀数控立式专用磨床参数

磨削三偏心蝶阀阀体通径范围	150～500mm
工作台直径	1000mm
工作台最大回转直径	1200mm
工作台最大承重	5000kg
工作台转速	0～120r/min
磨削最大高度	500mm
X轴有效行程	600mm
Z轴有效行程	550mm
B轴运动方向的调整角度	±20″
B轴分度精度	20″
B轴重复精度	6″
C轴的分辨率	0.001″
X轴、Z轴分辨率	0.001mm
X轴、Z轴最大移动速度	6m/min
磨头电动机功率及转速	20kW；6000r/min
砂轮的线速度	≥45m/s
工作台旋转电动机功率	11kW

① 机床采用龙门式双立柱结构，固定于回转工作台后方。立柱上方安装横梁。左右两磨头托板在横梁导轨上做水平移动，磨头在托板导轨上做垂直移动。回转工作台带动工件旋转。工作台上有工字形槽，方便装夹工件，配备标准夹具或专用夹具。

② 床身采用高强度、低应力铸铁，床身结构设计充分考虑到热变形及重载变形因素，并经合理的实效处理。

③ 工件回转采用主轴电动机通过减速装置实现工作台的回转，回转速度由调速系统无级变速。工作台径向支持采用国际先进的静压支承技术，回转精度及平稳性高。工作台轴向支承采用静压导轨。工作台回转分辨率为0.001″。

④ 磨头安装在机床的横梁上，整体刚性及精度高。磨头在施板上装有分度机构。

第7章 控制阀制造技术

磨头采用交流伺服电动机驱动,进口滚珠丝杠传动,进给导轨采用进口直线滚柱钢导轨。磨头可以回转±20″,重复定位精度6″,磨头主轴的径向圆跳动为0.005mm,轴向圆跳动为0.005mm,从而保证了产品的磨削质量。

⑤ 三偏心蝶阀阀体及密封环的磨削加工利用专用工装装夹,保证偏心角精度,磨头按密封面圆锥角由数控程序控制直线运动,达到磨削效果。

6)蝶阀阀体孔系加工。蝶阀阀体需要加工的孔主要有:连接法兰螺栓孔、主副轴孔端面螺栓孔。蝶阀阀体大体呈圆筒形,结构长度较短(见图7-27),因此连接法兰的螺栓孔适合在立式加工中心、龙门式数控钻铣床加工,小于或等于DN500的大多在立式加工中心加工,大于或等于DN600的可在龙门式数控钻铣床完成钻削加工;主副轴孔端面螺栓孔的加工适合在卧式加工中心、数控镗床加工,小于或等于DN300的大多在卧式加工中心加工,大于或等于DN350的可在数控镗床完成钻削加工,与主副轴孔的加工同步完成。蝶阀阀体钻孔工序如下:

图7-27 蝶阀阀体

① 立式加工中心、龙门数控钻铣床钻上端连接法兰螺栓孔:自定心卡盘夹下端连接法兰外圆,以下连接法兰端面定位,用百分表找平轴孔端面,卡盘夹紧,编制数控程序,钻孔,如图7-28所示。

图 7-28　蝶阀阀体钻上下端法兰螺栓孔

② 立式加工中心、龙门数控钻铣床钻下端连接法兰螺栓孔：自定心卡盘夹上端连接法兰外圆，以上连接法兰端面定位，用百分表找平轴孔端面，卡盘夹紧，编制数控程序，钻孔，如图 7-28 所示。

③ 卧式加工中心、数控镗床钻主、副轴孔及法兰端面螺纹孔：自定心卡盘夹连接法兰外圆，以连接法兰端面定位，用百分表找平主轴孔端面，卡盘夹紧；用百分表或寻边器找正精加工后的主轴孔，一般要求允许跳动为 0.01~0.02mm，换刀、编制数控程序后进行钻孔、攻螺纹；工作台旋转 180°，换刀、编制数控程序后进行副轴孔法兰端面的钻孔、攻螺纹。

5. 三偏心蝶阀堆焊阀板密封环的制造

三偏心蝶阀的关键部件为阀板组件（见图 7-29），阀板组件由阀板基体、压环、阀板密封环组成，阀板密封环、密封面为关键加工部位，其中阀板密封环分为两种型式，即碟片式阀板密封环和全金属式硬密封环。为提高密封面的耐磨性、耐腐蚀、防冲刷能力，目前主要是采用密封面堆焊钴基合金的阀板密封环。

根据零部件图样和产品性能要求，结合生产实践，制定阀板组件加工工艺为：分

第7章 控制阀制造技术

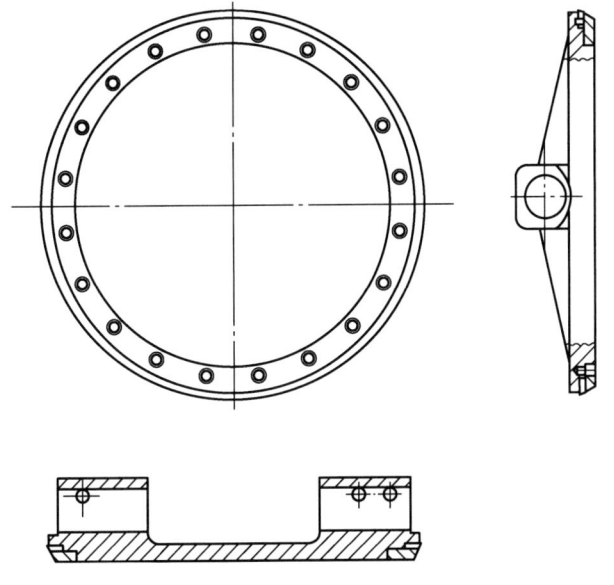

图 7-29　三偏心蝶阀阀板组件

别按图样加工阀板基体，堆焊阀板密封环、压环。其中堆焊阀板密封环加工工艺为：粗车阀板密封环（密封环端面及内孔留有余量）→车阀板密封环密封面至堆焊前尺寸→堆焊→粗车堆焊后密封面（检查堆焊量是否足够）→探伤（检测是否有裂纹、夹渣、气孔等缺陷，检测硬度）→消除应力→精车堆焊阀板密封环端面及内孔→与阀板加工组件其他零件组装起来，精车、磨堆焊阀板密封环密封面，如图 7-30 所示（图中 $BZ5$、$BZ6$ 为精加工余量）。

6. 阀盖类零件的加工

阀盖是支承阀杆和传动机构并与阀体组成密封承压腔的重要零件，与法兰直通式阀体配套的阀盖结构主要有框架式和球帽式等。

1）框架式阀盖的结构和典型工艺过程。框架式阀盖由于结构复杂，一般采用与阀体材料相同的铸件。其主要加工面为旋转面，多用车削方法加工。由于阀盖的法兰大，而小端外圆小，加工法兰时若以小端的外圆定位，则夹压点离加工表面比较远，刚性差，因而影响加工质量和效率。加工时可先粗车小端，然后以小端内孔和大法兰背面

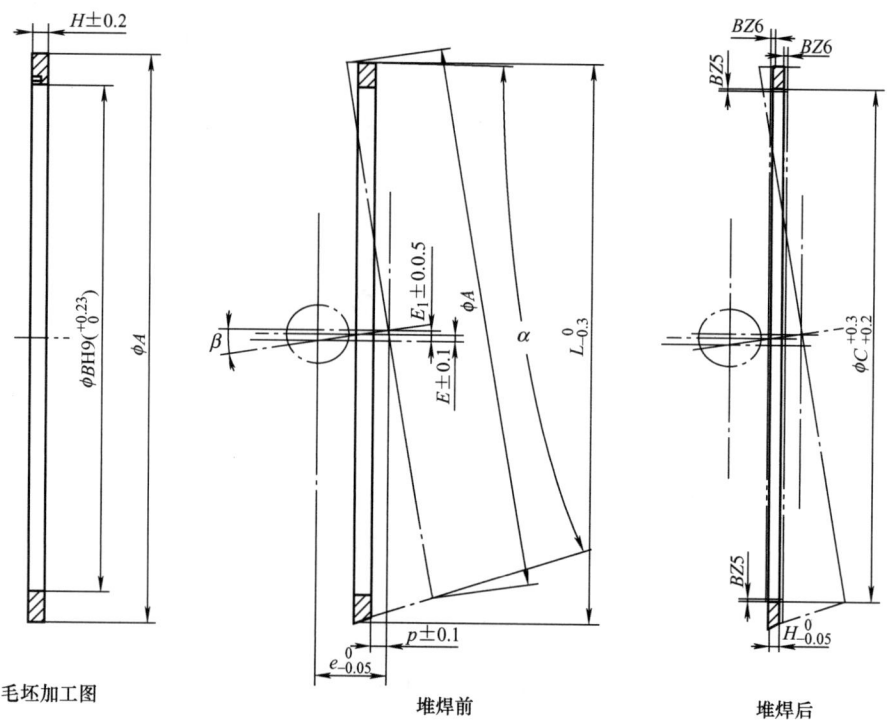

图 7-30 堆焊阀板密封环加工

定位，用套筒工装加工大端法兰外圆、端面和上密封部位。

采用通用设备进行批量生产时的典型工艺过程见表 7-10。

表 7-10 框架式阀盖的典型工艺过程

序号	工序内容	定位基准	夹具特点
1	粗车小端端面、内孔、法兰背面	大端法兰外圆、找正	单动卡盘
2	车大法兰外圆、端面、中孔	小端内孔、法兰背面	套筒胎具
3	精车小端端面、内孔各部	大法兰端面、止口	止口定位盘
4	划线确定铰链螺钉槽及销轴孔	大法兰端面及中心线	
5	铣铰链螺钉槽	大法兰端面、止口	止口定位盘
6	钻销轴孔	大法兰端面、止口	止口定位盘
7	钻大法兰孔	大法兰端面、止口	钻模板

2）球帽式阀盖的工艺分析和典型工艺过程。球帽式阀盖的上、下端均带法兰，分别与支架和阀体相连接。由于其结构复杂，毛坯均采用和阀体材料相同的铸件。

第7章 控制阀制造技术

其结构特点是各主要的加工面为旋转面,但大小法兰的尺寸差距较大,小法兰往往呈长方形,加工有一定的困难。

采用通用设备进行批量生产时的典型工艺过程见表7-11。

表7-11 球帽式阀盖的典型工艺过程

序号	工序内容	定位基准	夹具特点
1	粗车小端端面、内孔、法兰背面	大端法兰外圆、找正	单动卡盘
2	车大法兰外圆、端面、中孔	小端法兰、止口	止口定位盘
3	精车小端端面、内孔各部	大法兰端面、止口	止口定位盘
4	划线确定铰链螺钉槽及销轴孔	大法兰端面及中心线	
5	铣铰链螺钉槽	大法兰端面、止口	止口定位盘
6	钻销轴孔	大法兰端面、止口	止口定位盘
7	钻小法兰孔	小端法兰止口	钻模板
8	钻大法兰孔	大法兰端面止口	钻模板

7. 调节阀超细长阀杆的磨削加工工艺

在生产过程中,需要加工一种超细长阀杆,如图7-31所示。该杆直径为20mm,长径比为44:1,该零件的表面质量要求较高($Ra0.4\mu m$),同时全跳动精度要求高(0.03mm)。

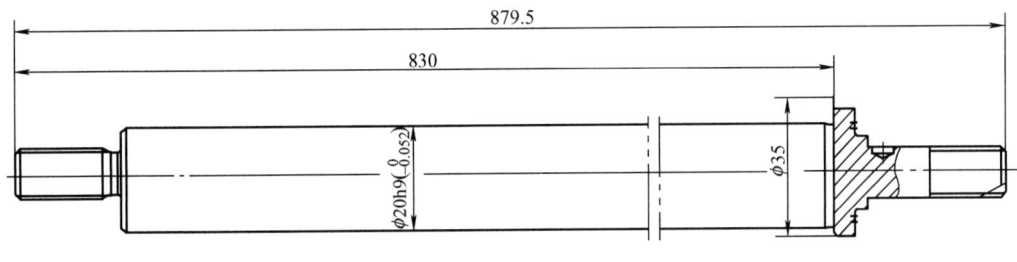

图7-31 调节阀阀杆

通常,在磨削细长轴时,采用两端用顶尖顶起,同时使用中心架的方式装夹。采用该方法可以保证一般细长轴的加工要求,但对于长径比较大的细长轴,磨削时在磨削力和轴向预紧力的作用下,工件易产生变形,出现腰鼓形、竹节形、多角形等缺陷。长径比越大,刚性越差,加工质量也越难保证,需要采取其他装夹方法来加工。

通过以上分析知道：磨削细长轴的关键是减小磨削力，防止工件受热伸长对加工精度的影响，提高工件的支承刚度以及选择装夹方法。由于细长杆无法采用顶尖定位，所以根据其容易变形和热伸展的特点，采用两端反拉夹持的装夹定位方法。装夹夹具如图 7-32 所示。

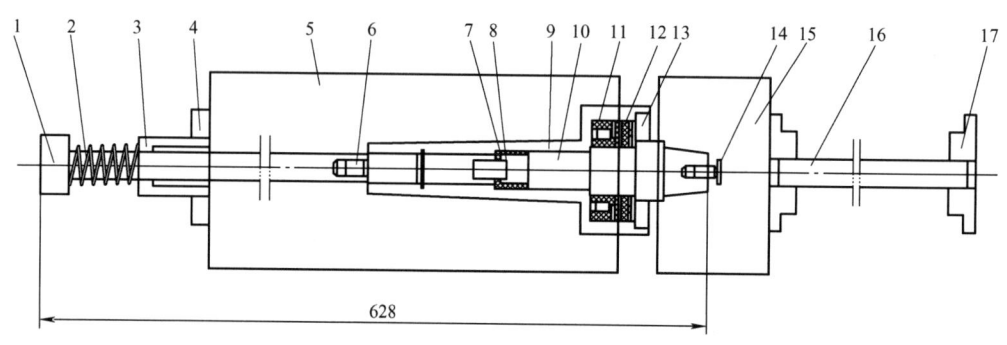

图 7-32　反拉夹具

1—拉杆　2—弹簧　3—垫块　4—尾座螺杆　5—尾座　6、14—螺钉　7—端盖　8—滚针轴承　9—外套
10—连接轴　11—圆锥滚子轴承　12—向心推力轴承　13—螺母　15—卡头　16—工件　17—磨床卡头

使用夹具时，以连接轴莫氏锥柄定位，夹具装入尾座套筒，夹具与头架、砂轮架中心高度保持一致，消除了由于夹具与头架、砂轮架中心高度不一致所产生的形位误差。去掉了尾座弹簧和机床液压系统作用于尾座的压力，使尾座处于无力状态，靠尾座螺杆和垫块长度对弹簧压缩量进行调节，以控制作用于工件的拉力。螺杆旋入，弹簧反拉力减小；螺杆旋出，弹簧反拉力加大，所以在加工时，可以直接对零件作用反向拉力，其最大的优点是可以提高工件的刚度，补偿磨削时工件材料因热塑性变形而产生的伸长和弯曲。

由于细长杆长度过长，受重力以及磨削力的影响，细长杆中心部位以及磨削部位都会产生变形，造成细长杆鼓肚。采用中心架可以解决部分问题，但是采用中心架会造成中心架两端尺寸不一致，无法满足细长杆直径公差要求。根据多年的磨削经验，无心外圆磨床在磨削细长杆零件时，可以很好地保持零件外径尺寸的一致性。无心外圆磨床的磨削原理如图 7-33 所示。工件由托板支承，被包围在砂轮 1、2 和托板之间，

第7章 控制阀制造技术

砂轮 1 向下的磨削力将工件牢牢地固定在托板和砂轮 2 上面,保证了工件尺寸的一致性。

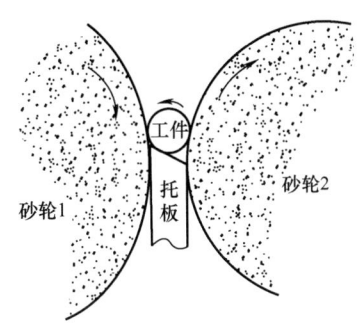

图 7-33 无心外圆磨床的磨削原理示意图

根据无心外圆磨床的磨削原理,认为可以将此原理应用到细长杆的磨削中。由于在普通外圆磨床上无法像无心外圆磨床一样安装两个砂轮,因此考虑将图 7-33 中两个砂轮替换为两个支承滚轮,而将托板替换为砂轮,这样,就可以保证在磨削过程中工件始终固定在支承滚轮上面而不会因为重力和磨削力产生变形。因此要解决的问题就是如何将滚轮加入到普通磨床上,同时对支承滚轮有两个要求:①滚轮在细长杆磨削过程中始终跟随砂轮移动;②当细长杆直径尺寸发生变化时,支承滚轮要保持与细长杆外圆接触,才能起到支承作用。

综合上面的分析,并根据磨削特点以及机床的结构特点,设计了一种磨床跟刀装置,如图 7-34 所示。

其工作原理:跟刀装置基座安装于磨床砂轮座上,装置跟随砂轮运动;跟刀装置与基座采用 V 形导轨连接,通过调节螺母来控制跟刀装置的前后移动量;跟刀装置上面两个支承轴承 1、2 与外圆砂轮形成了封闭区域,将细长杆牢牢固定在这个区域之间;磨削时,砂轮产生的径向推力由支承轴承提供反力抵消,这样,保证了磨削过程中细长杆不会因为砂轮的磨削力产生变形;当一次磨削完成后,细长杆直径变小,这时候需要调整砂轮与细长杆轴线的位置,砂轮座在细长杆直径方向移动一个量。

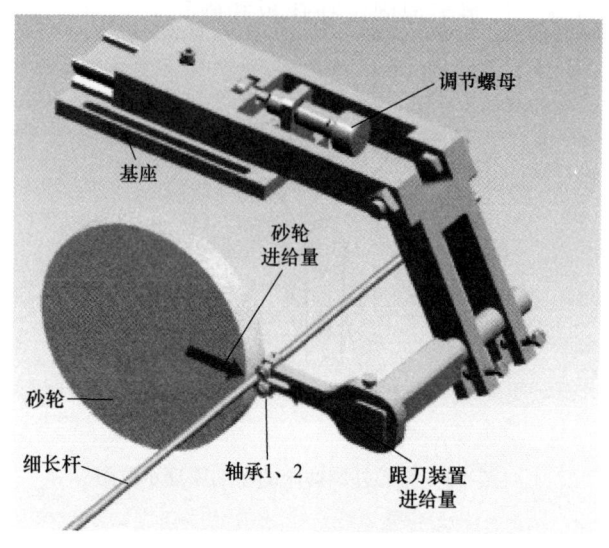

图 7-34 细长阀杆磨削装置

由于跟刀装置安装在砂轮座上面，跟刀装置也会同砂轮向外移动同一个量。这时调整跟刀装置上面的支承轴承，使之与砂轮进给量保持一致，使细长杆始终处于三点支承状态。

采用反拉夹持装置，解决了细长杆装夹以及细长杆热变形的问题；采用基于无心磨床原理的跟刀装置，解决了细长杆由于自重以及磨削力产生的变形问题，可成功地加工出合格的细长杆。该套装置以及加工原理还可应用到长径比更大的细长杆的磨削，同时还可以应用到其他相似的加工领域。

8. 球芯的加工

球体的球面是主要的加工表面，其基本的加工顺序是：先按工艺要求车出通道孔，再以通道孔为定位基准加工球面。带柄球体除球面外，还有精度较高的上、下轴的外圆柱面。这些圆柱面可采用顶尖孔为定位基准进行加工。由于这种球体的通孔垂直于两端轴颈，加工球面时有一定困难，所以在加工时须采取必要的措施，以保证球面质量。

（1）球面的加工方法

加工球面的方法通常有以下两种：

1) 铣削法。图 7-35 是铣削球面的示意图。这种方法是在铣头前端装一个带两把车刀的刀盘，刀盘由电动机带动旋转。两刀的刀尖应在同一旋转平面内。旋转平面必须垂直于铣头的轴线，并与工件的旋转轴线平行，刀盘轴线应通过球心，两刀尖之间的距离可根据被加工球体的直径来决定。铣球可以在卧式车床或立式铣床上进行。铣球时刀盘的转速一般为 900～1200r/min，工件的转速为 1～10r/min。

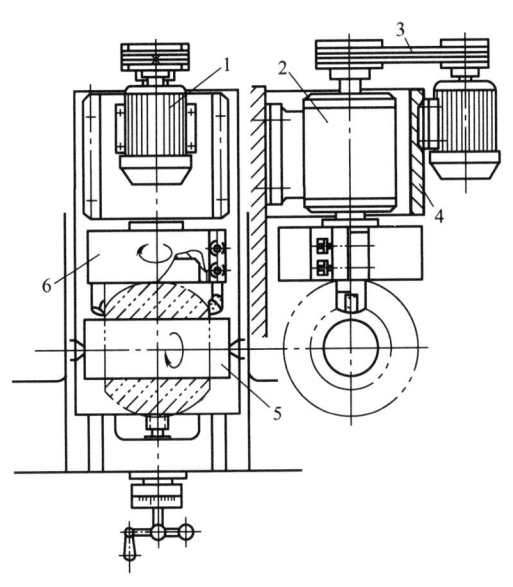

图 7-35　铣削球面示意图

1—电动机　2—铣头体　3—传动带　4—电动机架　5—心轴　6—铣刀盘

铣削法效率高，表面质量较好（一般达 $Ra3.2\mu m$），适用于各种球体直径。加工小的球体时，刀盘只需径向进给就可一次成形。如图 7-36 所示，铣大直径球体时，小的刀盘需要沿回转刀架做半回转运动，刀盘才能铣出大的球面。注意刀盘的轴线应垂直于球的回转轴线并通过球心。如果刀盘轴线高于或低于球的回转轴线，加工出来的球体会呈椭圆形。

2) 车削法。这是应用最广的一种球面加工方法，车球法是在卧式车床上安装车球装置或在专用机床上用普通车刀来加工球面。单件小批生产多在卧式车床上加工球面，图 7-37 所示为车球体装置。该装置直接安装在床身导轨上，使转盘做回转运动，安装

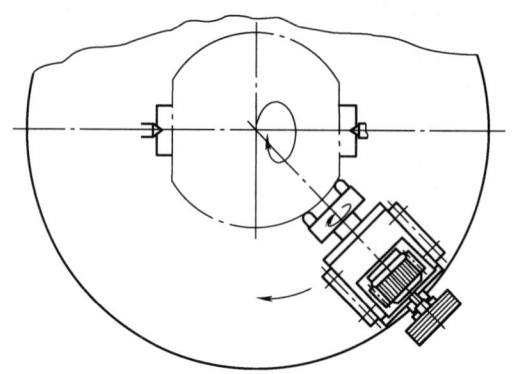

图 7-36　铣大球体示意图

在小刀夹上的车刀就可进行球面的车削。

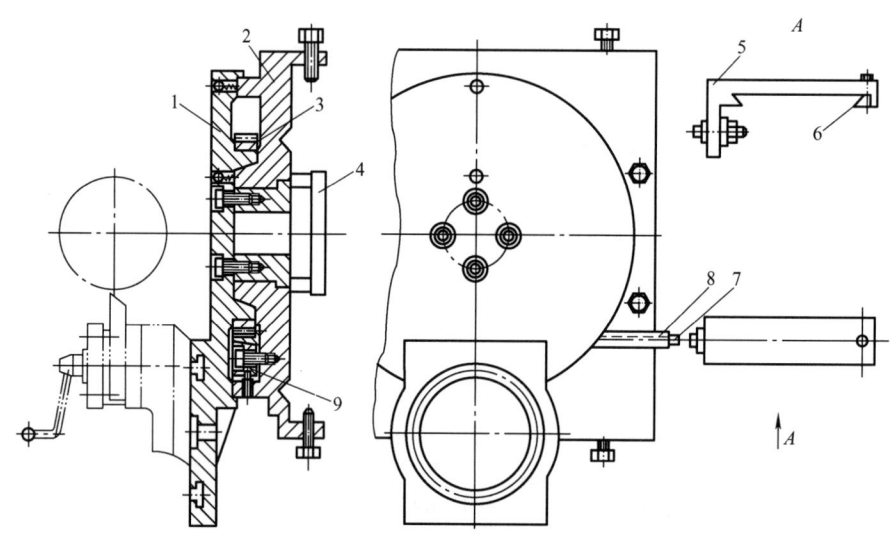

图 7-37　车球体装置

1—转盘　2—盘座　3—齿轮　4—夹紧板　5—固定块　6—镶条　7—齿条轴　8—齿条　9—斜块

这种车球装置的特点是结构简单、操作方便。它直接固定在机床的床身导轨上，故刚性较好，工作平稳、可靠，且齿条与齿轮的间隙可通过斜块进行调整，因而可避免切削过程中产生振动。

为减少工件安装次数，提高加工效率，可在转盘上安装两个刀架（见图7-37）。后刀架安装粗车刀，前刀架安装精车刀。

图 7-38 所示为加工球芯球面用的可涨心轴，使用时将球芯毛坯安装到心轴上，使其一端紧靠定位垫，拧动右端的螺母，把球体撑紧，然后松开另一端，取下定位垫。将心轴安装在机床顶尖之间，摇动大溜板，转盘中心与球心在垂直方向上重合，通过试切后可将大溜板的位置固定。

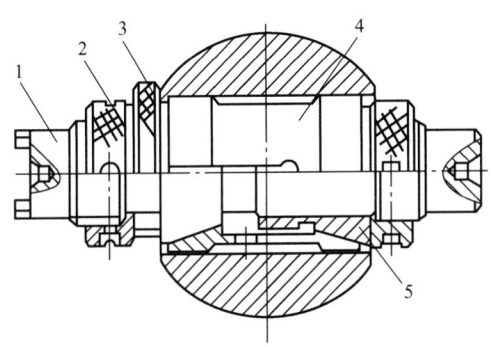

图 7-38 加工球芯球面用可涨心轴

1—心轴 2—螺母 3—定位垫 4—涨套 5—锥套

带支承轴的大尺寸球芯，其中部通孔是预制的，这就增加了加工的难度。为避免加工过程中的断续切削，在轴颈、球面粗加工之后便将通孔车好。然后用堵盖（其材料与阀体相同）把孔封堵后再进行球面的精加工。图 7-39 所示为球芯流道孔的堵盖。球面精车后可在该机床上进行砂带磨，磨好后再把堵盖拆除。

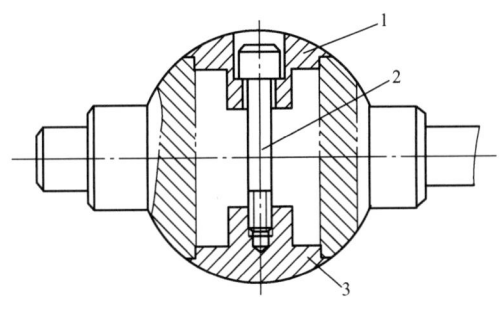

图 7-39 球芯流道孔堵盖

1、3—堵盖 2—连接螺栓

中大批量的球体生产时，球面加工多在专用机床上进行。

（2）球面的磨削

球面可在卧式车床或专用机床上用平形砂轮的外圆或碗形砂轮的内侧进行磨削。

1）在卧式车床上用平形砂轮外圆磨削，通常需将磨头安装在回转刀架上，砂轮外圆回转磨削形成球面。

2）用碗形砂轮内侧磨削球面适用于小直径的球面磨削，一般用于球径小于100mm的球面。磨削时可将磨头安装在卧式车床的中溜板上，或安装在专用机床上。磨削时，碗形砂轮的轴线必须通过球心。如果砂轮轴线不通过球心，磨出的球面将呈椭圆形。

利用砂轮内侧磨削时，砂轮与球面是环形接触。磨削不锈钢球体时，砂轮工作面很容易被切屑堵塞而失去磨削作用，并常常烧伤球面。为避免上述现象，除选用组织疏松的砂轮外，还在碗形砂轮的工作部分开几条沟槽或采用镶砂条的方法做砂轮。为了保证磨削球面质量，磨削时需大量乳化液作润滑冷却用，同时必须及时修整砂轮，每次修整后，要用刷子将砂轮表面残留的砂粒刷净，以免残砂划伤球面。

（3）主副轴式喷涂球芯的加工

球芯作为关键零件，球芯对圆度、表面质量和上下圆柱面的同轴度都有很高的要求。

经过对机械加工工艺的研究，结合其机械加工的整个过程，按以下技术路线对喷涂球芯实施加工：

1）对于小口径的球芯，球芯半成品→球芯热处理→球芯酸洗钝化→车球面至喷涂前尺寸→车球芯流道孔圆角及工艺槽→球面喷涂→球芯磨削球面→粗、精车球芯副轴→粗车球芯主轴及孔→数控车床精车球芯主轴及孔→铣削主轴孔内四个半圆槽→标记→清洁→完工检验。

2）对于大口径的球芯，球芯半成品→球芯热处理→球芯酸洗钝化→车球芯流道孔圆角及工艺槽→粗车球芯副轴→粗车球芯主轴及孔→车球面至喷涂前尺寸→球面喷涂→球芯磨削球面→精车球芯副轴→数控车床精车球芯主轴及孔→铣削主轴孔内四

第7章 控制阀制造技术

个半圆槽→标记→清洁→完工检验。

首先,球芯安装在可调涨胎心轴上,两端中心孔顶住,由磨床动力头一端带动球芯旋转,磨削动力头带动磨削盘高速旋转,对球芯进行磨削加工。要想保证球芯表面粗糙度、圆度,必须使得球芯转速和磨削盘转速匹配,还要保证球芯旋转中心和磨削盘中心处于同一平面。其次,球芯磨削工序的设置要考虑到不完全球芯磨削及后序工序对球芯圆度的影响。

球芯车削加工是喷涂球芯机械加工工艺研制工作的关键。每一工序都有胎具保证球芯主副轴端同轴度和位置度。

球芯主轴孔中的半圆槽是铣削完成的,小口径以下是在立式加工中心上完成,大口径在卧式加工中心上完成。这样的加工不但提高了加工的精度,还提高了生产效率,车床加工工装如图7-40所示。

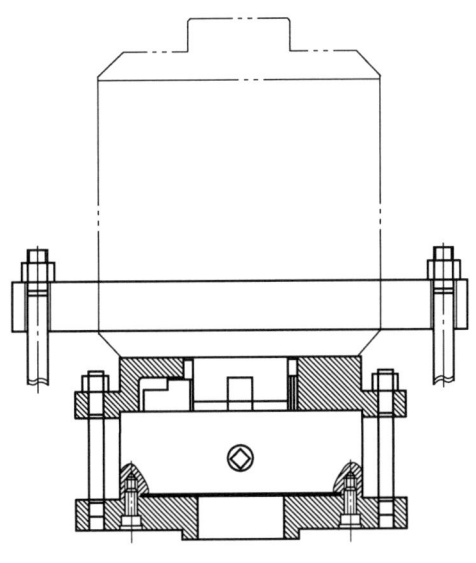

图7-40 车床加工工装

球芯在加工完成后要进行研磨,研磨又分为球面研磨和与阀座对研。球面研磨使用铸铁研磨盘,球芯表面涂上研磨膏,球芯随心轴旋转,铸铁研磨盘既做绕轴的旋转,又做自转,对球芯表面进行研磨,进一步提高球芯的圆度。与阀座对研是为了形成阀座的密封球面,实现阀座与球芯的密封性能。

(4) 球芯超微进给磨削技术

喷涂层硬度在 1000HV 以上,砂轮砂条的选择不但影响工件的加工精度和表面粗糙度,而且还影响砂条的损耗、使用寿命、生产效率和生产成本。

表 7-12 对三种砂条进行对比,可选择砂条 2 作为磨削砂条,图 7-41 所示为喷涂后待磨削的球芯。

表 7-12 实验砂条成分对比

砂条代号	厂商	磨料种类	粒度	浓度	磨料厚度/mm	硬度	结合剂	尺寸/mm
砂条 1	A	金刚石	120#	100%	15	中硬	陶瓷	20×20×60
砂条 2	A	金刚石	400#	100%	15	中硬	陶瓷	20×20×60
砂条 3	B	立方氮化硼	240#	100%	15	中硬	树脂	20×20×60

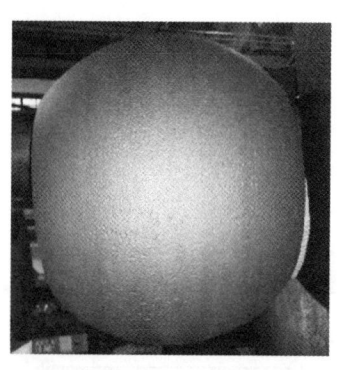

图 7-41 喷涂后待磨削的球芯

磨削时,磨削速度高,发热量大,容易引起工件表面烧伤。由于热应力的作用,会产生表面裂纹及引起零件变形,砂轮磨损钝化。磨削液可以将大量的磨削热带走,降低磨削区的温度,把砂条磨削面冲刷干净,提高磨削效率。

根据球芯大小,给定不同的磨削头转速,观察磨削头运行是否平稳,是否有跳动、杂音等情况;控制磨削头转速,调整主轴转速,观察球芯磨削质量及表面粗糙度是否符合要求;磨削进给量由试验中得到。经过试验,推荐进给量见表 7-13。

第7章 控制阀制造技术

表 7-13 球芯进给量

DN50 以下		DN65~DN150		DN150~DN250		DN250 以上	
步长/s	进给量/mm	步长/s	进给量/mm	步长/s	进给量/mm	步长/s	进给量/mm
4	0.002	5	0.0015	6	0.0015	8	0.001

由于喷涂材料为 WC-12Co，硬度为 1000HV，这使得在加工中无论是磨床砂条的选择，还是磨削头转速的匹配，都影响着球芯的磨削效率和加工精度。在保证磨削头转速的情况下，超微进给磨削即以 0.001mm/s 的微小进给量，对球芯进行磨削，可以有效提高球芯圆度和表面质量。图 7-42 所示为超微磨削的球芯。

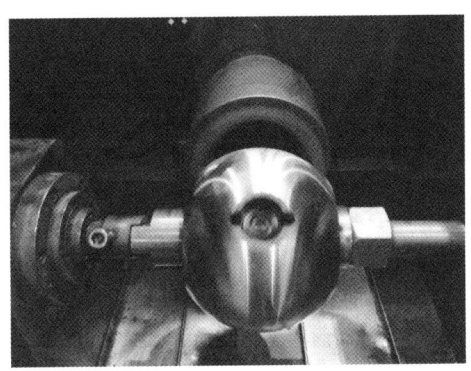

图 7-42 球芯磨削

9. 控制阀密封面的研磨

研磨是常用的光整加工方法，在阀门制造过程中研磨占有相当重要的地位，阀门的金属密封面大多是通过研磨来达到其光洁度和平整度要求的，它对阀门的密封质量起着决定性作用。

研磨时，研具与工件表面贴合在一起，研具沿贴合表面做复杂的研磨运动。研具与工件表面间注入研磨剂，研磨剂中的一部分磨粒在两表面间滑动或滚动，另一部分磨粒则嵌入或固着在研具的表面层，当研具与工件相对运动时，磨粒就在工件表面上切去很薄的一层金属。工件上的凸峰部分首先被磨去，然后被研磨表面渐渐达到要求的几何平整度。由于部分磨粒在研具与工件表面间滑动和滚动，研具表面也被磨料所磨耗,研具本身的几何形状精度直接影响到工件的几何形状精度。因此,除要求研具的材料耐磨和组织均匀外,研具的磨耗也应均匀,以使它尽可能长久地保持其平面准确性。研磨不仅是磨料对金属的机械加工过程,同时还有化学作用,研磨剂中的油脂能使被加工表面形成氧化膜,从而加速了研磨过程。

为使工件表面上各点磨削均匀和研具的磨耗均匀,研具与工件相对运动时,工件表面上每一点对研具的相对滑动路程都不应该相同。研具与工件相对运动的方向应不断变更,运动方向的不断变化使每一磨粒不会在工件表面上重复自己运动的轨迹,而应该是网纹状轨迹,以免造成明显的磨痕而降低工件的光洁度。研磨运动尽管复杂,运动方向尽管在变化,但研磨运动始终是沿着研具与工件的贴合表面进行的。研具运动时不能离开贴合表面,也不应再有别的强制性引导,工件的几何形状精度主要受研具的几何形状精度及研磨运动的影响。

研磨运动的速度越快,研磨的效率也越高。研磨的速度过快会引起工件发热现象,使其尺寸精度及几何形状精度降低。

研磨精度要求高时,研磨速度一般为 30m/min。阀门密封面研磨速度与密封面材料有关。铜及铸铁密封面的研磨速度为 10~45m/min,淬硬钢及硬质合金密封面为 25~80m/min,奥氏体不锈钢密封面为 10~25m/min。

研磨效率随研磨压力的增大而提高,通常使用配重、弹簧或液压装置来施加研磨压力。研磨压力一般为 $1 \sim 4 kg/cm^2$,研磨铸铁、铜及奥氏体不锈钢材料的密封面时,研磨压力为 $1 \sim 3 kg/cm^2$,淬硬钢和硬质合金密封面为 $1.5 \sim 4 kg/cm^2$,粗研时可取较大值,精研时取较小值。

研磨是光整加工,磨削量很小,研磨余量的大小取决于上道工序的加工精度和表面粗糙度。在保证去除上道工序加工痕迹和修正工件几何形状误差的前提下,研磨余量越小越好。精车后的密封面平面余量为 0.01~0.05mm。经磨削后的密封面可直接研磨,其最小研磨余量为 0.006~0.015mm。手工研磨或材料硬度较高时取小值,机械研磨或材料硬度较低时取大值。

第7章 控制阀制造技术

对研具材料的要求有两条：一是要容易嵌入磨粒，二是要能较长久地保持研具的几何形状精度。研具材料需具有较好的耐磨性，它的组织也应均匀。组织均匀的材料磨耗也较均匀，有利于保持研具的几何形状精度。

灰铸铁研具适合研磨各种金属材料的密封面，它能获得较好的研磨质量和较高的生产效率，常用的灰铸铁牌号为 HT250 及 HT300。研具的工作表面上开有浅槽，研磨时浅槽内可容纳较多的研磨剂。当研磨剂稀少时，沟槽内的研磨剂能自动添加在研磨面上，从而提高了研磨效率。由于使用时会产生几何形状误差，从而影响工件的几何形状精度，故研具应经常进行修整。

现在有些阀门厂家也有用硬质钢平面进行研磨或在研磨板上压、贴砂纸、砂布条进行光整加工的做法，使生产效率提高、生产条件改善，也取得了良好的使用效果。

研磨剂是由磨料和研磨液组成的一种混合剂，正确选用研磨剂可提高研磨的效率与质量。

常用磨料有氧化铝、碳化硅、氧化铬等。

氧化铝（Al_2O_3）：又称刚玉，有人造及天然两种。颜色有棕、白及浅紫色等。氧化铝硬度较高，价格便宜，使用很普遍。一般用来研磨铸铁、铜、钢及不锈钢等材料的工件。

碳化硅（SiC）：硬度比氧化铝高，有绿色及黑色两种。绿色碳化硅适用于研磨硬质合金，黑色碳化硅用于研磨脆性材料及软材料的工件，如铸铁、黄铜等。碳化硅的应用也很广泛。

氧化铬（Cr_2O_3）：深绿色，是一种硬度高和极细的磨料。淬硬钢精研时常常使用氧化铬，一般也用它来进行密封面的抛光。

磨料粒度的粗细对研磨效率及研后表面粗糙度有显著的影响。粗研时，工件表面质量要求不高，为提高研磨效率宜选用粗粒度的磨料。精研时研磨余量小，工件表面质量的要求高，可采用细粒度的磨料。密封面粗研时磨料的粒度一般为 120# ~ 240#；精研时为 W40 ~ 10。

控制阀设计制造技术

研磨液在研磨过程中起润滑和冷却的作用。有的研磨液（如氧化作用较强的硬脂酸、油酸、工业甘油等）还起化学作用，它附着于工件表面并使被加工表面很快形成一层氧化膜。研磨时，工件凸起处的氧化膜首先被磨去，而露出的金属表面又再次被氧化，形成的氧化膜极易再次被磨去，如此继续下去，凸峰就逐渐被磨平。工件表面凹处的氧化膜由于没有被磨掉而防止了凹处金属被继续氧化，研磨液的这种化学作用提高了研磨的效率。工厂可以使用外购的研磨膏，研磨时将少量研磨膏放在容器里，用稀释剂（水、甘油、煤油等）调和均匀后使用。

（1）阀门密封面的手工研磨

手工研磨时一般采用湿研磨。在湿研磨的过程中要经常添加稀薄的研磨剂，以便把磨钝了的磨粒从工作面上冲去，并不断地加入新的磨粒，从而得到较高的研磨效率。对于精度和光洁度要求特别高的密封面，有时也使用压砂布（纸）的平板进行干研磨。

1）阀体密封平面的研磨。阀体密封平面位于阀体内腔，研磨比较困难。通常使用带方孔的圆盘状研具，放在内腔的密封面上，再用带方头的长柄手把来带动研磨盘做研磨运动。研磨盘上有圆柱凸台或引导垫片，以防止在研磨过程中研具局部离开环状密封面而造成研磨不均匀的现象。

研磨的压力要均匀，粗研时压力可大些，精研时应较小。应注意不要因施加压力而使研具局部脱开密封平面。研磨一段时间后，要检查工件的不平度。当环状密封面上均匀地显出接触痕迹，而径向最小接触宽度与密封面宽度之比（即密封面与检验平盘的吻合度）达到工艺规定的数值时，不平度就可认为合格。

2）闸板密封平面的研磨。闸板和阀座的密封平面可使用研磨平板来手工研磨。工作前先在干净的平板上均匀地徐上一层研磨剂，将工件贴合在平板上后可用手一边旋转一边做直线运动或做8字形运动。由于研磨运动方向的不断变更使磨粒不断地在新的方向起磨削作用，故可提高研磨效率。

3）锥形密封面的研磨。锥形密封面的制造和修理比较困难，但因锥面形成的密封力较大，密封性能也较好，故在高压小口径的截止阀、旋塞阀及蝶阀上普遍采用锥面密封。

研磨锥形密封面需使用带有锥度的研杆或研套。研杆与研套的锥度应分别与阀体密封面或阀瓣密封面的锥度相一致。研磨旋塞体和塞子的研杆及研套的锥面上还要开有螺旋状的浅槽，以积存多余的研磨剂。研磨截止阀阀体时，由于密封锥面太短，稳定性差，故通常在阀体中法兰止口处增加导向盘，使研杆保持垂直、稳定。

研磨旋塞体的研杆与研磨塞子的研套锥度应该一致，否则研磨后锥形密封面间将容易发生渗漏。有的工厂在研磨旋塞时，先将旋塞体研磨好，然后直接将旋塞体与旋塞阀体配研。

4）球面的研磨。球面的研磨多采用铸铁的碗形研磨盘，盘面开有浅槽，涂上研磨膏，用手工在慢速旋转的球面上摆动推研。还有很多厂家用碗形金属盘上固定砂条的办法代替研磨盘进行球面研磨，也取得良好的效果。

（2）阀门密封面的机械研磨

多数阀门厂使用机械设备来研磨密封面，机械研磨的效率高、质量稳定。研磨机大多数是自制的专用设备，形式繁多，研磨效果也有很大的差异。在选用阀门研磨机时，首先要考虑研磨轨迹复杂、运动合理的问题，其次才是研磨效率。

1）摆轴式研磨机。摆轴式研磨机是为研磨阀体内部密封平面而设计的，多采用旧的立式钻床改装，也可用来研磨闸板、阀座、阀瓣的密封平面。它有研磨轨迹比较合理和适用范围广等优点，故特别适合中、小型阀门使用。

立钻的主轴带动偏心套的转动，使研盘做旋转运动的同时还做偏摆运动，故研盘上每一磨粒的轨迹均为网纹状。因此，工件的研磨和研具的磨耗都较均匀，效率也较高。

研磨压力是依靠立钻向下进给的手把上挂以重物来获得的，改变重物可调节研磨压力的大小。

2）行星式研磨机。行星式研磨机适用于研磨阀瓣、阀座和闸板等零件的外部密封平面。该研磨机的结构简单、使用方便,可同时研磨多个工件,因而效率较高,研磨后工件的几何形状精度及表面质量较好。

其工作原理是电动机通过蜗轮减速器带动研磨盘旋转。由于沿研磨盘直径方向各点的线速度不等,置于研磨盘上的带外齿圈的圆环受中心滚柱的带动被迫绕定点旋转,这样就得到了比较复杂的研磨轨迹。当圆环内同时放几个圆形工件时,由于工件间相互碰撞和干扰,研磨轨迹更为复杂。

研磨压力一般是靠工件的自重获得的。楔式闸阀闸板的重量在密封面圆周上分布不均,可使用配重工具。

3) 振动研磨机。振动研磨机适合研磨中、小型截止阀、止回阀阀瓣的密封平面。该设备的结构简单,工作可靠,可一次同时研磨几十个阀瓣零件,故具有较高的生产效率。由于研磨盘振动频率高、振幅小,工件与研磨盘之间相对运动的方向在不断变化,因而不仅工件研磨后的几何形状精度及光洁度好,研磨盘的磨损也比较均匀。

当固定在研磨盘上的电动机转动时,由于电动机轴上偏心轮的甩动作用,使安装在几组弹簧上的研磨盘产生振动。自由放置在研磨盘上的工件因其自身的惯性与振动的研磨盘之间产生了短促的相对滑动。工件在研磨盘上的相对滑动是没有规律的,加之工件间常常发生碰撞而使研磨运动更加复杂,故工件的研磨和研磨盘的磨耗都比较均匀。

(3) 研磨中常见质量问题及其修正办法

研磨是切削量极小的光整加工方法,一般很少出现研磨废品。常见的研磨质量问题是容易发生因研磨不均而造成被研磨面的几何形状误差,例如,在研磨阀体密封平面时,常常会出现密封面中间突起,而内、外边缘较低的现象。这时可以采用两个办法来修正:

1) 用一块特制的中间稍稍突起的研磨盘来精研,以增加对密封面中间突起部分的研磨切削作用,从而纠正密封面中心高、两边缘低的现象。

2) 将研具及密封面清洗干净后,在密封面的突起处局部涂敷研磨剂,再进行研磨，也是为了增加对密封面中间突起部分的研磨切削作用，同样可以起到纠正密封面中心高、两边缘低的现象。

在密封面精研后还应该用毛毡加氧化铬磨料进行抛光，以提高密封面的光洁度及去除个别嵌留在表面上的磨粒，否则，在做阀门性能试验时还是易于出现密封渗漏现象。

7.2.2 控制阀的装配工艺

阀门装配是制造过程中的最后阶段。阀门装配是根据规定的技术条件，将阀门的各个零、部件组合在一起，使其成为产品的过程。

零件是阀门装配最基本的单位，若干个零件组成阀门的部件（如阀盖、阀瓣部件等）。将若干个零件组成部件的装配过程称为部件装配，将若干个零件和部件组成阀门的装配过程称为总装配。

装配工作对产品质量有很大影响，即使设计正确，零件合格，如果装配不当，阀门也达不到规定的要求，甚至发生密封渗漏。因此，应该特别注意采用合理的装配方法，以保证阀门的最后成品质量。

在生产中以文件形式规定的装配工艺过程称为装配工艺规程。

1. 阀门常用的装配方法

阀门常用的装配方法有三种，即完全互换法、修配法及选配法。

1) 完全互换法。阀门采用完全互换法装配时，阀门的每个零件无须经过任何修整和选择就能进行装配，装配后的产品即能达到规定的技术要求。此时，阀门零件要完全按照设计要求加工，以满足尺寸精度和几何公差的要求。

完全互换法的优点是：装配工作简单、经济，工人不需要有很高的技术水平，装配过程的生产效率较高，易于组织装配流水线和组织专业化生产。但是相对来说，采用完全互换装配时，对于零件的加工精度要求较高，适用于截止阀、止回阀等结构相对简单的阀类以及中、小口径的阀门。

2）修配法。阀门采用修配法装配，零件可按经济精度加工，装配时再对某一个有调节、补偿功能的尺寸进行修配，以达到规定的装配目的，如楔式闸阀的闸板和阀体，由于实现互换要求的加工代价太高，多数生产厂家都采用修配法工艺，即在最后磨削闸板密封面控制开挡尺寸时要和阀体密封面的开挡尺寸进行照配的方法进行"配板"，以实现最终的密封要求。这种方法虽然增加了"配板"工序，但大大简化了前面加工工序的尺寸精度要求，"配板"工序配有专人操作，总体来说并不会影响生产效率。

3）选配法。阀门采用选配法装配，零件可按经济精度加工，装配时再对某一个有调节、补偿功能的尺寸进行选配，以达到规定的装配精度。选配法的原理与修配法相同，只是在改变补偿环尺寸的方法上有所不同。前者是用选择配件的方法来改变补偿环尺寸，后者是用修整配件的方法来改变补偿环尺寸。例如，双闸板楔式闸阀的顶芯和调整垫片、对开球阀两体之间的调整垫片等，就是在与装配精度有关的尺寸链中选择专用零件作为补偿件，通过调整垫片的厚度尺寸，来达到要求的装配精度。为保证在不同情况下都能以固定补偿件进行选配，故需预先制作一套不同厚度尺寸的垫圈、轴套补偿件，供装配时选用。

2. 阀门的装配过程

阀门一般采用固定式场地装配，阀门的零、部件装配和总装配是在装配车间进行的，所需要的零件和部件全部运到该装配工作地。通常部件装配和总装配分别由几组工人同时进行，这样既缩短了装配周期，又便于使用专用的装配工具，对工人技术等级的要求也比较低。国外有些厂家或高技术档次的阀门也有采用装配吊挂线或装配回转台的模式。

1）装配前的准备工作。阀门零件在装配前需要去除机械加工形成的毛刺和焊接残留的焊渣，清洗及切制填料和垫片。

① 阀门零件的清洗。作为流体管路控制装置的阀门，内腔必须清洁。特别是核电、

医药、食品工业用阀门,为保证介质的纯度和避免介质污染,对阀门内腔清洁度的要求更为严格。装配前应对阀门零件进行清洗,将零件上的切屑碎末、残留的润滑油、冷却液和毛刺、焊渣以及其他污物洗除干净。

阀门的清洗通常用加碱的清水或热水进行喷淋(也可用煤油进行刷洗)或在超声波清洗机里清洗。零件经研磨、抛光后需进行最后清洗,最后清洗通常是将密封面部位用汽油刷净,然后用压缩空气吹干并用布擦拭干净。

② 填料和垫片制备。石墨填料因具有耐蚀性、密封性好及摩擦系数小等优点,得到广泛的应用。填料和垫片用以防止介质经阀杆和阀盖以及法兰结合面间渗漏。这些配件都要在阀门装配前做好切制和领用的准备。

2) 阀门的装配。阀门通常是以阀体作为基准零件按工艺规定的顺序和方法进行装配。装配前要对零、部件进行检查,防止未去毛刺和没有清洗的零件进入总装。装配过程中,零件要轻拿轻放,避免磕碰、划伤已加工表面。对阀门的运动部位(如阀杆、轴承等)应涂以工业用黄油。

阀盖与阀体中法兰多采用螺栓连接,紧固螺栓时,应对称、交错、多次、均匀地拧紧,否则阀体、阀盖的结合面会因圆周受力不均而发生渗漏。紧固时使用的扳手不宜过长,避免预紧力过大而影响螺栓强度。对预紧力有严格要求的阀门,应该使用扭矩扳手,按规定的扭矩要求拧紧螺栓。

总装完成后,应旋转操纵机构,以便检查阀门启闭件的运动是否灵活,有无卡阻现象。阀盖、支架等零件的安装方向是否符合图样要求,各项检查都合格后的阀门才能进行试验。

7.2.3 控制阀的试验与检验

阀门的试验在总装完成后进行,是控制阀门质量的最重要也是最后的一道工序,以检验产品是否符合设计要求和达到质量标准。在试验过程中,阀门的材料、毛坯、热处理、机械加工和装配的缺陷一般都能暴露出来。

阀门性能试验的项目很多，除强度和密封试验外，还有流量特性、压力特性、模拟寿命、耐火、高温及低温、驱动装置、灵敏性等试验。

核电阀门还要按照 ANSI B16.41—1983 的要求，进行抗震试验、热冷态循环试验及端部加载试验等。

在阀门制造过程中，没有必要也不可能对逐台阀门进行所有项目的试验。

在研制新产品或有特殊要求时，全面的试验属于产品的型式试验。正常生产中只对阀门技术条件中所规定的项目进行逐台试验，如强度试验和密封试验，就是通常被称为阀门出厂的压力试验。

阀门的试验介质一般为水、空气或惰性气体。强度试验通常采用水作介质，故习惯称为"水压强度试验"。用气体进行强度试验时，如果阀门出现破裂，容易造成人员伤害，故必须加强安全防护措施。在阀门标准中通常规定"气密试验"的气体压力为 $0.4 \sim 0.7$ MPa。

阀门强度试验的压力一般规定为公称压力的 1.5 倍；阀门密封试验压力一般规定为公称压力的 1.1 倍。对于有特殊要求的阀门，在技术条件里会有专门的数值规定。

阀门试验时，压力应逐渐提高至规定的数值，不允许急剧地、突然地增加。在达到规定的压力后，应持续保压一定时间，此时系统中的压力应保持不变。在试验压力持续时间内，强度试验的阀门未出现渗漏，密封试验的阀门如未出现渗漏或渗漏率在允许的标准范围内，则可以认为其强度或密封试验合格。试验中如有怀疑，可以延长试验时间。一般工业用阀的试验压力持续时间按 GB/T 13927—2022 标准的规定。用户有特殊要求或真空、低温等特殊用途阀门的压力持续时间应按有关技术条件来执行。

渗漏率即阀门单位时间内的渗漏量。阀门强度试验时不得出现任何渗漏，密封试验一般亦不允许渗漏。密封试验允许渗漏的阀门或低压水用闸阀、旋启式止回阀的允许渗漏率稍大，在技术标准中均有允许渗漏率的数值。

用气体进行密封试验时，最简便的检漏方法是在阀门被检表面涂上一层肥皂液，如有漏隙即会出现肥皂气泡。这种方法能迅速检定阀门是否渗漏及渗漏的部位，并可根据气泡的数目来确定渗漏量。由于生成的气泡大小不一,故此法得出的渗漏量是不够精确的。

另一种检漏方法是浸水法。浸水法是将阀门浸入水内,如有泄漏即有气泡产生。这时可采用简单的装置把渗漏的气体收集起来,并度量出较精确的渗漏量。这种方法比较简单易行,而且容易判断渗漏部位,以便采取返修措施。现在很多阀门厂家使用的翻转式浸水试压台都可以实现这种功能。

用液体进行强度试验时,可直接用目视观察,如被检表面发现渗漏,就会出现水滴或水流。这样不仅能找到渗漏部位,也能根据水滴来确定渗漏量。强度试验时不但不允许出现水珠,甚至不得出现潮湿"冒汗"的现象。

用液体进行密封试验时,阀门密封面边缘上出现不滴落的水珠,经擦干后,在规定的压力持续时间内不再出现,即可视为未出现渗漏。反之,经擦干后在规定的试验压力持续时间内再出现水珠,则无论水珠的多少与大小,均认为该阀有渗漏。测量其渗漏量,就可以计算出渗漏率,对照标准可以验证阀门是否合格。

1. 阀门的试验方法

(1) 强度试验

阀门是受压容器,需要满足承受介质压力而不渗漏的要求。故阀体、阀盖及其连接件等不应存在影响强度的裂纹、缩松、气孔、夹渣等缺陷。阀门制造厂除对毛坯进行外表及内在质量的严格检验外,还应逐台进行强度试验,以保证阀门的使用性能。

试验通常在常温下以公称压力的 1.5 倍进行。试验时阀门关闭件处于开启状态,用盲板封闭阀门一端,从另一端注入介质并施加试验压力。检查阀体、阀盖和连接部位的外表面,在规定的试验持续时间内未发现渗漏就认为该阀门强度试验合格。

为保证试验的可靠性,强度试验应在阀门涂漆前进行,以水为介质时应将内腔的空气排净。

填料试验一般和强度试验同时进行,观察填料处是否有渗漏。上密封试验通常也在强度试验时一并进行。试验时将阀杆升高到极限位置,使阀杆上部锥面与阀盖的上密封面紧密接触,将填料放松后检查其密封性。

试验时如发现阀体铸件有渗漏的,在技术条件允许的范围内,可以按技术规范进行补焊,但补焊后必须重新进行强度试验。

(2) 密封试验

所有切断用阀均应具有关闭的密封性能,故阀门出厂前需逐台进行密封试验。带上密封的阀门还要进行上密封试验。

试验通常是在常温下以公称压力的1.1倍进行的。有的阀门密封试验压力有特殊要求的,按技术要求执行。

闸阀和球阀由于有两个密封副,故需进行双向密封试验。试验时,先将阀门开启,把法兰一端封堵,压力从另一端引入,待压力升高到规定数值时将阀门关闭,然后将封堵端的压力逐渐卸去,并进行检查。另一端也应重复上述试验(见图7-43)。闸阀的另一种试验方法是在腔体内保持试验压力,从通路两端同时检查阀门的双向密封性。不过有些国外标准不允许这种试验方法,因为当铸造闸板芯部有穿透性缺陷时,这种试验可能会难以发现。

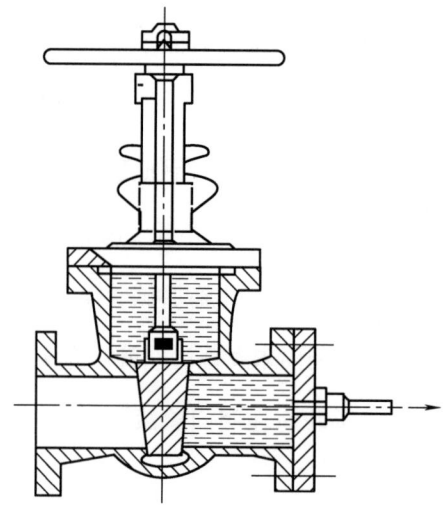

图7-43 闸阀密封试验

第7章 控制阀制造技术

截止阀试验时，阀瓣关闭后从入口端引入介质并施加试验压力，在出口端进行检查（见图7-44）。不过也有高压截止阀是采取上进下出的设计，试验时也要从入口端引入介质并施加试验压力。

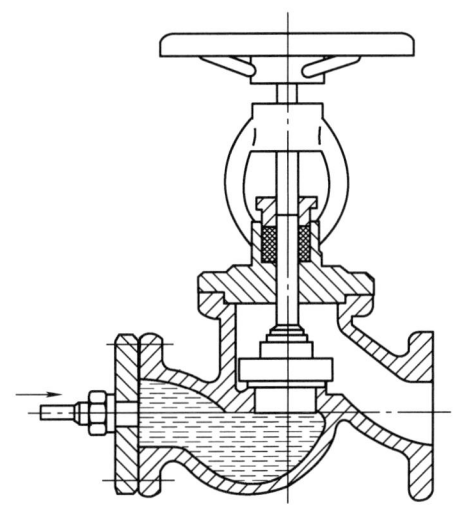

图7-44 截止阀密封试验

试验止回阀时，压力应从出口端引入，在入口端进行检查。密封试验时，手动阀门的关闭力由公称压力与公称通径决定，阀门通常只允许用正常体力关闭，而不得借助于其他辅助器械。有些标准规定手动阀门的关闭力不能大于360N。

有驱动装置的阀门，应在使用驱动装置的情况下进行试验，当附带有手动装置时，还应在手动情况下试验其密封性。

阀门的密封试验应在总装后进行，因为试验不仅要检验阀门关闭件的密封性能，还要检验填料及法兰垫片的密封性能。

另外在阀门密封试验合格后，要进行带压开启的动作试验，以考验阀门启闭件在工况带压情况下的开启性能。

(3) 低温密封试验

随着现代技术的发展，液氧、液氮、液氢以及液化天然气等得到了广泛的应用，从而对低温阀门的需求也越来越大。

低温阀门在常温强度试验和密封性试验合格后,再在低温状态下进行密封试验,以检验阀门在低温工况时的密封性能。

在日本阀门行业,低温阀门的密封试验常用的方法有两种:浸渍法和保冷法。

我国标准 GB/T 24925—2019《低温阀门技术条件》里推荐的试验方法就是浸渍法,所以这里重点介绍这种方法。

阀门进行低温密封试验的方法和装置如图 7-45 所示。试验温度为 -196℃,冷却剂为液氮,试验介质用氮气或氦气。

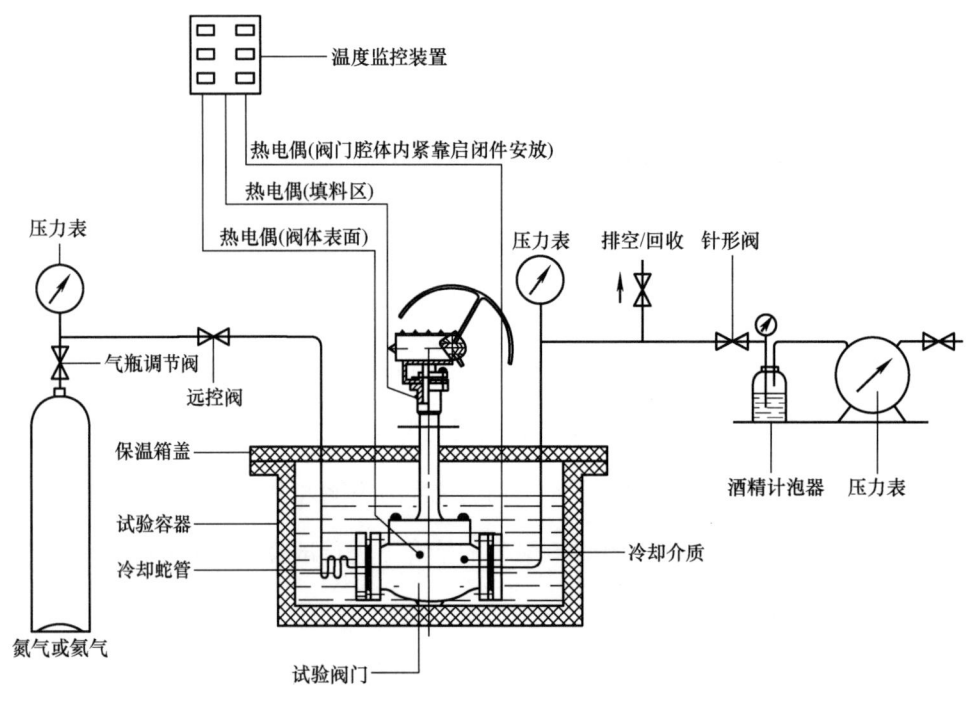

图 7-45　低温密封试验示意图

具体的试验操作在相应的技术规范里都有明确的规定。在规定的压力持续时间内,渗漏量不大于允许数值,即可认为该阀门合格。

试验温度是采用温度传感器来测定的。传感器贴在 4~6 个测温点上。阀门内腔各测温点的导线由阀门的填料处引出。

低温试验冷却介质可参照表 7-14 选用。

第7章 控制阀制造技术

表 7-14 低温试验冷却介质

试验温度/℃	-46	-101	-120	-160	-196
冷却介质	酒精+干冰	乙醚+液氮	酒精+液氮	异戊烷+液氮	液氮

(4) 真空密封试验

真空密封试验是一种灵敏度很高的密封试验方法。航天及核工业用阀及密封性要求极高的阀门一般均进行真空密封试验。真空试验通常在阀门常温强度、密封试验合格后进行。为了保证试验的准确性，被试阀门应具有很高的清洁度和加工精细的密封面。

试验时，先把被测阀门在开启状态下抽至规定的真空度，再关闭被测阀门并使真空泵停泵放气，开始检测，直至测出在规定时间内的增压 Δp 为止，然后计算阀门的漏气率。图 7-46 为真空密封试验的系统图。

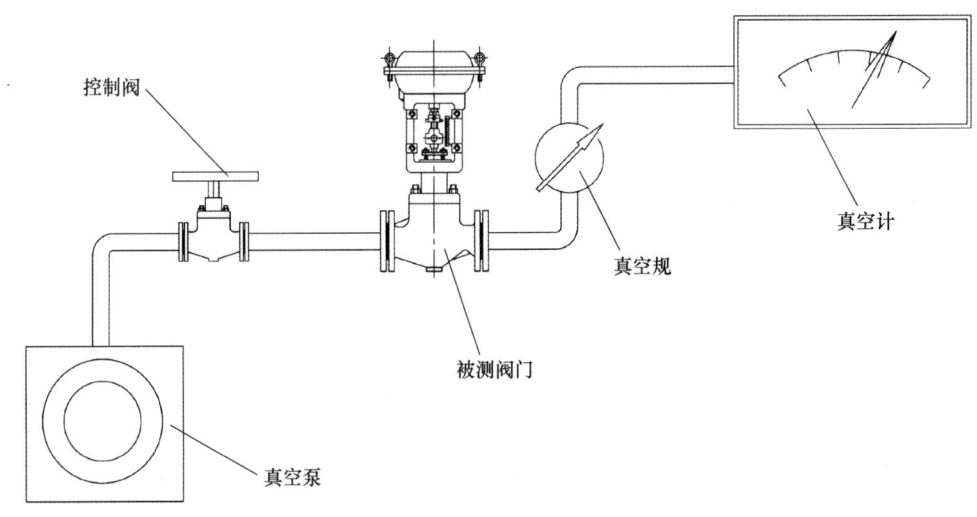

图 7-46 真空密封试验的系统图

众所周知，所有金属材料在真空中都有放气现象。试验中测得的漏气率是气体渗漏和材料放气两种因素的结果。因此，静态升压法的灵敏度往往受材料放气率和计算准确性的影响。

更精确的真空密封性试验方法是氦质谱检漏法。其方法是：将被测阀门用真空泵抽至规定的真空度后,在阀门被测部分外施加含氦的混合气体(氦罩或用氦气喷吹),如有漏隙,氦气便进入阀门的被测部分,系统中的氦质谱检漏仪就可显示出来,据此计算漏气率。

真空阀门漏气率的测试和计算可见 JB/T 6446—2004《真空阀门》标准,该标准适用于高真空度要求的阀门。

2. 阀门的试验设备

阀门试验时使用的压力源,主要是由高压和中压泵以及气体压缩机供给的,这些设备可以满足常温时强度和密封试验的需要。高温蒸汽试验时,则用试验锅炉来供给具有一定压力和温度要求的高温蒸汽。

随着阀门工业的发展和技术水平的提高,阀门行业的试验装备也有了很大的发展,各种机械、液压、机电一体化的试验设备不断得到推广应用,夹压式、翻转式、浸水式、内压平衡式的试验设备不断出现,使得阀门的试压工序从过去装卸盲板、紧固螺栓等繁杂的体力劳动转化为简单的机械操作,检漏的方法和精度也得到了明显的提高。

(1)数字、智能试压机在调节阀试验中的应用

在工业自动化过程控制中,调节阀是通过接受调节控制单元输出的控制信号,借助动力操作去改变介质流量、压力、温度、液位等工艺参数的最终控制元件。调节阀的整机性能耐压、泄漏检测目前行业普遍采用普通试压机进行,检测依据相关标准,通过压力表、水、气量具等方式采集检测。因测试仪表精度及人工操作所限,不可避免地会存在一定的检测误差和计算误差,也无法实时进行数据记录和显示整个测试过程的数据变化曲线,无法为检测提供精确的数据依据;同时大量的检测数据只能通过手工记录和传递,易出现字迹不清、读取错误和记录丢失等问题,带来质量隐患,无法追溯。随着信息化技术的广泛应用和快速发展,采用数字化技术进行数据统计和传输记录,保证信息准确和完整,已成为解决此类问题的最好方式。

智能试压机检测工艺过程与普通试压机一致,满足调节阀整机壳体耐压检测、泄漏检测的工艺要求；操作过程采用全智能方式，包括检测信息的条码自动读取、检测过程的自动识别执行、检测数据自动分析和检测数据自动上传存储等。

泄漏检测方式与范围的确定直接影响设备最终的使用性能和检测精度。检测仪器的测试精度必须控制在可靠的范围之内，避免检测范围过宽出现精度误差偏大现象，从而影响检测结果。

数字化信息内容包含字段名、字段类型、数据结构和存放位置等参数，由试压设备系统直接访问读写用户 ERP 系统的 SQL 数据库。系统将实时上传、保存检测数据至用户 ERP 系统存储，分析判定是否合格并输出曲线图，实现产品整机检测的全面数字化。

(2) 调节阀智能试压机的结构特点及工作原理

调节阀智能试压机整体功能包含调节阀整机阀体和上阀盖耐压检测、阀门整机气体和液体的泄漏量检测。其检测标准、工艺流程及功能如下：

1) 检测标准。调节阀智能试压机，检测方法符合以下相关标准：GB/T 4213—2008《气动调节阀》、GB/T 13927—2022《工业阀门 压力试验》、IEC 60534-4—2021《工业过程控制阀 第四部分：检验和常规试验》、SH 3518—2013《石油化工阀门检验与管理规程》、API Standard 598—2016《阀门检查与试验》、ANSI/FCI 70-2—2013《控制阀阀座泄漏率》。

2) 智能耐压检测工艺流程。试压机夹紧阀体执行机构，通气阀芯打开，低压泵注水排气，注水结束后关闭出水阀门，高压泵加压测试（压力为标准值 1.5 倍），检测阀体及上盖连接处是否有渗漏，压力降为标准值的 1.1 倍，阀芯开关三次（执行机构通气、排气），检测阀杆在动作时密封填料处有无渗漏。

3) 液体介质泄漏检测流程。阀芯进入关闭状态，注水加压至 0.35MPa，进入泄漏检测稳压期，稳压期结束后统计 60s 内泄漏值（检测方式依据泄漏等级不同，分为液滴检测、称重检测两种）。

4) 气体介质泄漏检测流程。阀芯进入关闭状态，注入 0.35MPa 稳定压缩空气，进入泄漏检测稳压期，稳压期结束后统计60s内泄漏值（检测方式依据泄漏等级不同，分为气泡检测、气体流量计检测两种）。

5）信息录入要求。产品在检测时先通过二维码扫描，将产品信息输入设备，见表7-15。设备执行系统依据数据自动调用对应的试压程序，依次按检测工艺进行自动测试，测试前人工进行相关确认。

表7-15　试验产品信息录入

序号	参　　数	设置方式
1	阀种	扫描订单号自动匹配
2	口径	扫描订单号自动匹配
3	压力等级	扫描订单号自动匹配
4	试验步骤	扫描订单号自动匹配
5	泵验压力	扫描订单号自动匹配
6	保压时间	扫描订单号自动匹配
7	泄漏量	扫描订单号自动匹配
8	特殊试验要求	扫描订单号自动匹配
9	执行器气源压力	扫描订单号自动匹配
10	增压时间	系统自动判断
11	稳压时间	系统自动判断
12	泄压时间	系统自动判断
13	试验人员	手工录入或扫描录入

6）比例调压功能。设备各分路气源采用比例调压阀控制大小，人工将气源接入后，系统依据检测参数，控制比例调压阀自动进行调压。调压气源包括执行机构气源、低压气体泄漏检测气源、低压水泄漏检测气动压力气源、高压泵气动增压气源等。其中调节高压泵压力输出，较传统的电磁阀控制相比不会出现压力无法调节、增压过高过快的现象，输出压力和流量达到最佳状态。

7）中压脉冲阻尼功能。系统的水压输出分为高中低三档，其中中压泵通常采用活塞式工作原理，它工作时输出的压力和流量都是波动的，波动过大的压力会对试验结果造成影响。脉冲阻尼器是用于消除管道内液体压力脉动或者流量脉动的压力容器，它可以吸收掉大部分的压力冲击波，使得中压泵输出的压力与流量更稳定。

8）气压水式稳定低压输出。水介质泄漏量试验，中压泵的额定输出压力最高为 10MPa，采用变频器快速调节压力时间过长且不稳定。如要调节到（0.35±0.01）MPa 的稳定水压源，其精度很难控制，通过在储存罐的顶部加一个稳定气压的方法，使得存储罐里的水从底部压出，从而获得一个快速又稳定的水压源。

9）工件夹紧力信息读取及自动控制。工件夹紧力的大小是依据阀门公称通径和公称压力参数自动计算出来的，在读取产品参数信息后，系统将自动计算出数值并填入执行，保证产品装夹受力在最佳范围内。

10）阀门壳体耐压试验流程。自动打开调节阀，启动低压水泵，排出调节阀和管路里的空气，排水传感器检测到排气完毕后，自动关闭放空阀，等到低压水泵增压到 1.3MPa 时，系统自动停止低压水泵，开启高压水泵；高压水泵增压到公称压力的 1.5 倍时，系统自动停止高压水泵；系统进入形变期（人工设定），然后进入保压时间；保压时间计量最后的 60s，以选择压降作为辅助判断。如果压降比较大时，加目视确认壳体是否有泄漏；判定后，系统自动泄压，单步试验结束。

11）填料密封检测及阀杆动作控制。试压设备自动打开调节阀，启动低压泵，排出调节阀和管路里的空气；排水传感器检测到排气完毕后，自动关闭放空阀；等到低压水泵增压到 1.3MPa 时，系统自动停止低压水泵，开启高压水泵；高压水泵增压到公称压力的 1.1 倍时，系统自动停止高压水泵；形变期过后开始保压，保压时间计量最后 60s，系统以压降作为辅助判断，同时阀门自动开关三次；如果有压降，同步目视确认填料处是否有泄漏；如合格，系统将自动泄压进入下一检测工序。

(3) 泄漏量检测方法

1）泄漏量液滴检测方法。水滴传感器用于泄漏等级为 Class V 级和 Class VI 级的调节阀。将泄漏液体从检测管引出，用水滴传感器检测、统计数值。通常水泵稳压到（0.35±0.01）MPa（可设）；等到水压稳定后进入形变期，形变期设定时间到达后自动进入检测时间；检测时间内计量总设定时间的最后 60s，系统根据泄漏量和标准值自动判断是否合格；如合格，系统自动泄压。检测所用管子管端表面光滑、无倒角和毛刺，管子外径8mm、壁厚1mm（符合相关标准），竖直向下检测泄漏液体数值，最小检测精度为一滴，水滴120滴/min以下测量较为准确，16滴约等于1mL。

2）泄漏量承重换算检测方法。试压设备依据检验参数自动打开调节阀，启动低压泵，排出调节阀和管路里的空气；排水传感器检测到排气完毕后，自动关闭放空阀，关闭调节阀并停止低压水泵；开起稳压水泵，稳压到（0.35±0.01）MPa（可设），水压稳定后进入形变期，形变期设定时间到达后自动进入检测时间；检测时间内计量总设定时间的最后60s，统计泄漏液体时间段内溢出重量并换算成体积，计算结果与标准值对比判断，检测精度为0.2g。

3）泄漏量气泡传感器检测方法。试压设备依据检验参数自动打开调节阀，启动低压进气阀，排出调节阀和管路里的水；排水传感器检测到排水完毕后，自动关闭放空阀及调节阀；使进气压力稳压到（0.35±0.01）MPa（可设），气压稳定后进入形变期，形变期设定时间到达后自动进入保压时间，保压时间内计量总设定时间的最后60s；气泡传感器检测、记录引导管排出气泡数量；引导管表面光滑、无倒角和毛刺，外径6mm、壁厚1mm，垂直浸入水下5~10mm深度测量（参照GB/T 4213—2008《气动调节阀》标准中的要求试验）；系统根据泄漏气泡数量与标准值对比判断是否合格，检测完成后系统自动泄压。

4）泄漏量气体流量计检测方法。试压设备依据检验参数自动打开调节阀，启动低压进气阀，排出调节阀和管路里的水；排水传感器检测到排水完毕后，自动关闭放空阀，关闭调节阀。使进气压力稳压到（0.35±0.01）MPa（可设），稳定后进入形变期，形变期设定时间到达后自动进入保压时间；保压设定时间最后60s计量从泄漏管中排出的气体，所用气体流量计按量程范围选用（分不同量程测量确保精确检测），系统根据每分钟泄漏体积与标准值对比判断是否合格，然后自动泄压到目标压力。

(4) 数字化、智能化应用

整个试压过程的检测数据会实时被系统记录并进行数据对比分析，自动判定检测结果是否合格并输出曲线图；同时实时上传、保存检测数据至用户 ERP 系统存储，试压设备系统可直接访问读写用户 ERP 系统的 SQL 数据库，用户只需定义字段名、字段类型、数据结构和存放位置等参数。

1）试验参数信息通过扫描二维码被设备读取，如图 7-47 所示。

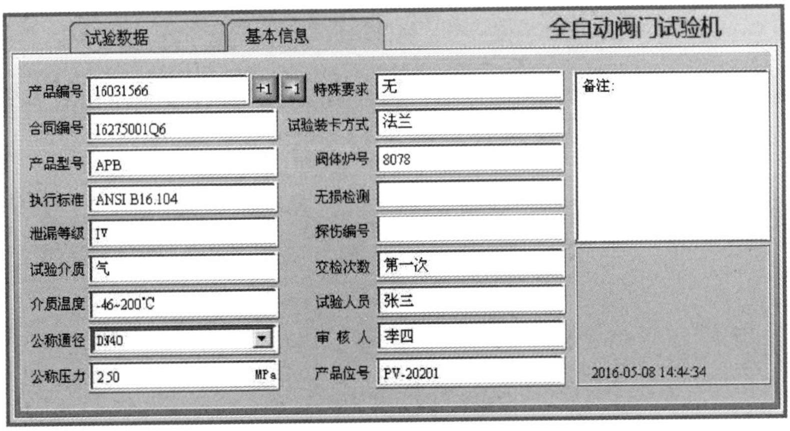

图 7-47　试验参数信息读取

2）智能试压机识别到检测参数后，自动调用对应的试压程序，按步骤逐项自动检测，如图 7-48 所示。

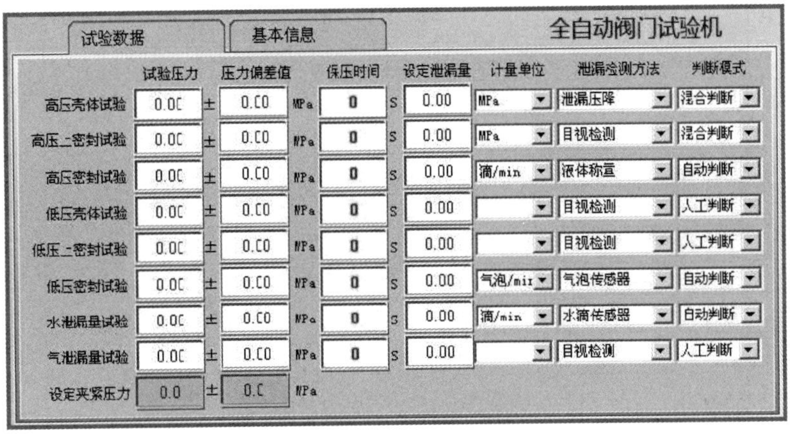

图 7-48　自动检测数据

3）试验项目依据测试参数，会自动按顺序选择，如图 7-49 所示。

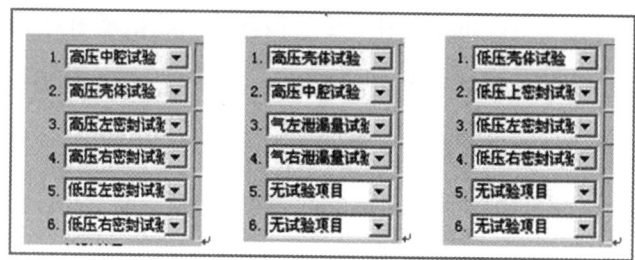

图 7-49 试验项目选择

4）所设程序中的辅助试验功能选项，可按试压标准选择调整，如图 7-50 所示。

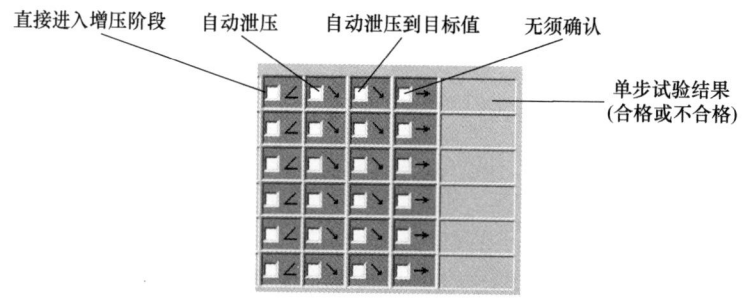

图 7-50 辅助试验功能选项

5）智能试压设备依据检测参数，自动完成水、气介质的壳体耐压及阀门泄漏综合检测，如图 7-51 所示。

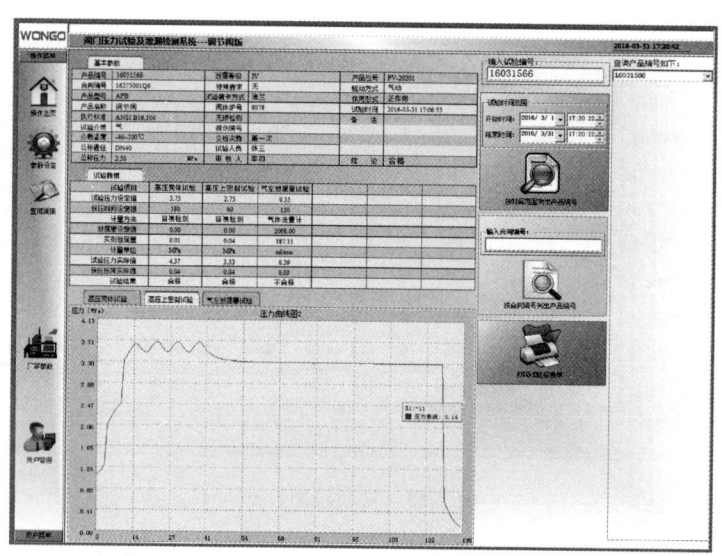

图 7-51 自动综合检测结果

6）检测数据与标准数值对比后生成检测报告，上传、存储至用户系统数据库，如图 7-52 所示。

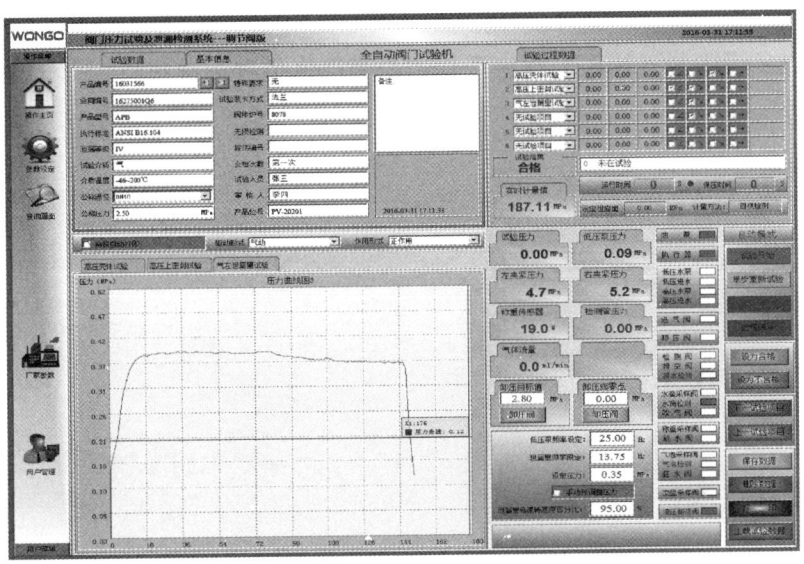

图 7-52　检测报告内容

7）系统参数设定如图 7-53 所示，可满足不同参数的测试程序，可灵活调整、保存。

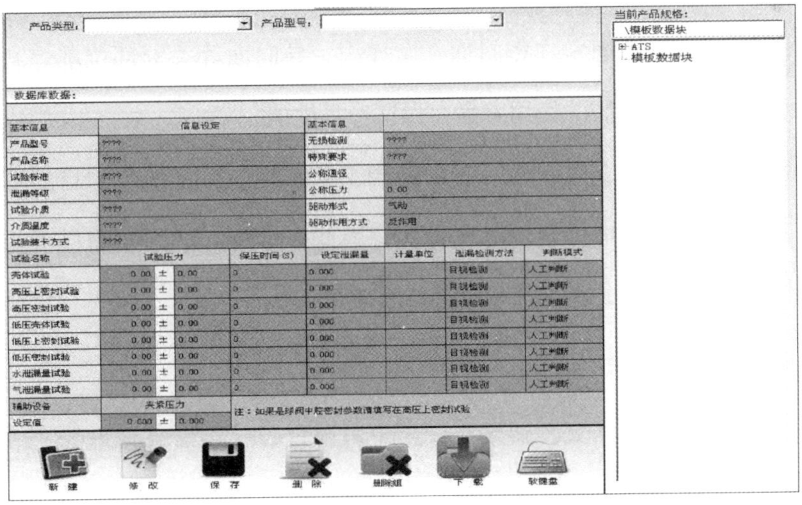

图 7-53　测试程序参数设定

智能试压机的应用实现了试压设备数字化、信息化集成，功能包括任务下达、数据传输、工艺过程自动识别执行、数据实时记录、检测结果打印和检测数据存储等；将耐压检测、水气泄漏检测等多项检测工序集中并自动调用执行，规范化质量管理与控制；设备数据读取、程序调用和检测严格依据标准执行、记录，使产品制造过程可追溯性更加科学、严谨；检测数据精确，检测结果不受人为因素影响，系统直接记录，可远程随时调取；数字化、智能化功能应用可一人多机操作，生产效率成倍提升。

7.3 表面强化工艺

7.3.1 堆焊技术

堆焊是在零件表面熔敷上一层耐磨、耐蚀、耐热等具有特殊性能合金层的工艺方法。根据所采用的工艺不同，堆焊层厚度不同，堆焊可用于修复零件或制造特殊表面性能的新零件。堆焊能够提高产品使用寿命、降低制造成本、合理使用材料、节约贵重金属。

控制阀设计和制造上通常在密封面、摩擦副、导向面等关键部位堆焊满足使用性能要求的材料，以提高产品的使用寿命，保证产品性能。

堆焊的物理本质和冶金过程与一般的熔焊工艺相同。只是堆焊的目的不是为了起连接作用，而是为了发挥堆焊层的优良性能。因此在堆焊时必须控制尽可能低的稀释率，有足够高的生产效率，并保证焊层的冶金质量。

1. 常用堆焊工艺方法

常用堆焊工艺方法包括氧乙炔堆焊、手工电弧堆焊、钨极氩弧堆焊、熔化极气体保护电弧堆焊、埋弧堆焊、等离子弧堆焊和电渣堆焊等。堆焊材料通常有焊丝、焊条、粉末等，焊丝又有卷装焊丝、直焊丝、药芯焊丝等。

第7章 控制阀制造技术

根据堆焊零件的尺寸大小、材质及堆焊性能的要求，选择合理的堆焊材料和堆焊工艺方法，以保证堆焊层符合性能要求，获得最好的经济效益。稀释率、熔敷速度和堆焊层厚度是代表堆焊方法特点的重要指标，可供选择堆焊工艺方法时参考。各种堆焊方法稀释率差别很大（见表7-16）。氧乙炔堆焊稀释率最低，甚至可低到1%；等离子弧堆焊稀释率可低到5%；而单丝埋弧堆焊的稀释率则高达60%，但如果采用多带极埋弧堆焊，稀释率可降到8%。随着稀释率的加大，堆焊层性能通常要下降。最大可允许的稀释率取决于使用要求，一般选择堆焊工艺方法时应控制稀释率低于20%。手工电弧堆焊与自动或半自动电弧堆焊比较，除了熔敷速度较低外，电弧燃烧时间占总的堆焊工作时间比例也低，因而实际堆焊生产率低得更多。一般随着熔敷速度的加大，稀释率也增高。理想的堆焊工艺方法应是在允许的稀释率水平下具有最高的熔敷速度。堆焊层厚度也是选择堆焊工艺方法的重要依据之一，最小堆焊厚度表明了能堆焊出最薄的、符合要求的表面保护层。

表 7-16 不同堆焊工艺方法比较

堆焊工艺方法		稀释率（%）	熔敷速度/(kg/h)	最小堆焊层厚度/mm	熔敷效率（%）
氧乙炔堆焊	手工送丝	1~10	0.5~1.8	0.8	100
	自动送丝	1~10	0.5~6.8	0.8	100
手工电弧堆焊		30~50	0.5~4.5	3.2	65
钨极氩弧堆焊		10~20	0.5~4.5	2.4	98~100
熔化极气体保护电弧堆焊		10~40	0.9~5.4	3.2	90~95
自保护电弧堆焊		15~40	2.3~11.3	3.2	80~85
埋弧堆焊	单丝	30~60	4.51~1.3	3.2	95
	多丝	15~25	11.3~27.2	4.8	95
	串夹电弧	10~25	11.3~15.9	4.8	95
	单带极	10~20	12~36	3.0	95
	多带极	8~15	22~68	4.0	95
等离子弧堆焊	手工送丝	5~15	0.5~3.6	2.4	98~100
	自动送丝	5~15	0.5~3.6	2.4	98~100
	双热丝	5~15	13~27	2.4	98~100
电渣堆焊		10~14	15~75	15	95~100

堆焊材料主要有铁基、镍基、钴基、铜基和碳化钨复合堆焊材料等几种类型。铁基堆焊合金性能变化范围广，韧性和耐磨性配合好，价格较低。镍基、钴基堆焊合金价格较高，由于高温性能好，耐腐蚀，主要在要求高温磨损、高温腐蚀的场合使用。铜基堆焊合金由于耐蚀性好，并能减少金属间的摩擦系数，也是常用的堆焊材料。而碳化钨复合堆焊材料，虽然价格较贵，但在耐严重磨料磨损和工具堆焊中占有重要地位。

堆焊材料的形状与其可加工性有关。实心焊丝限于拉拔性能好的材料，如低合金钢、不锈钢、铝青铜、锡青铜和镍基合金等都容易拔成丝。许多堆焊合金能廉价地制成粉末，能填充制成管状焊丝（带），使许多高合金的脆性堆焊材料能实现各种形式的自动或半自动堆焊。很多堆焊合金较容易小批量制成堆焊焊条，用于手工电弧堆焊。有些堆焊材料由于加工困难只能以铸棒形式使用，如耐磨合金中的镍基和钴基铸棒。

2. 钴基硬质合金的堆焊工艺

钴基合金是堆焊阀门密封面常用的材料之一。该合金具有良好的高温性能，优异的热强性、耐蚀性及耐热疲劳性能，特别是在热态下具有优越的耐擦伤性能。因而常用来堆焊临界或超临界参数的蒸汽阀门，以及使用条件比较恶劣，抗磨损、耐腐蚀性能要求较高的阀门密封面。钴基合金在航空、航天、核能、动力、石化、冶金、运输和机械等领域得到了极其广泛的应用。

在基体材料为低碳钢、中碳钢、低合金结构钢、铬镍型奥氏体不锈钢等上堆焊钴基硬质合金，通常采用氧乙炔堆焊、手工电弧堆焊、手工氩弧堆焊、自动等离子弧堆焊和自动氩弧堆焊等。对于DN100口径以下的阀件优先采用钨极氩弧焊堆焊和氧乙炔堆焊，口径大于DN100的阀件优先采用等离子弧堆焊，上述工艺方法不能满足要求的情况采用手工电弧堆焊。通常工件需按如下规定进行焊前准备、焊前预热和焊后缓冷措施。

(1) 焊前准备

工件表面粗糙度应在 $Ra6.3\mu m$ 以下,并严格清除表面铁锈、油、水等污物,不得有裂纹、孔穴、凹坑等缺陷,棱角处应倒圆。

(2) 焊前预热及焊后缓冷

为防止堆焊合金和基体金属产生裂纹和减少变形,零件在堆焊前需进行预热。堆焊过程中,工件温度不应低于预热温度,焊后应采取适当的热处理。

不同材料工件的堆焊前预热温度见表7-17,堆焊后热处理加热温度见表7-18。

表7-17 工件堆焊前预热温度

母材种类	预热温度/℃	
	氧乙炔堆焊	手工电弧堆焊
低碳钢	400~450	300~350
低合金耐热结构钢	450~500	300~400
奥氏体不锈钢	300~350	250~300
马氏体不锈钢	450~500	300~350

表7-18 堆焊后热处理加热温度

母材种类	加热温度/℃
低碳钢	620~650
低合金耐热结构钢	650~705
奥氏体不锈钢	≤450
马氏体不锈钢	不高于回火温度

注:保温时间按工件有效厚度每25mm加热1h计算。

(3) 堆焊材料的选用

钴基合金是以 Co 为基体成分,加入了 Cr、W(钨)等合金元素组成的合金,其化学成分及硬度见表7-19~表7-22。

表 7-19 钴基合金堆焊焊条熔敷金属化学成分及硬度

焊条型号	熔敷金属化学成分（质量分数,%）														熔敷金属硬度 HRC
	C	Mn	Si	Cr	Ni	Mo	W	V	Nb	Co	Fe	S	P	其他元素总量	
EDCoCr-A	0.70~1.40	2.00	2.00	25.00~32.00	—	—	3.00~6.00	—	—	余量	5.00	—	—	4.00	≥40
EDCoCr-B	1.00~1.70						7.00~10.00								≥44
EDCoCr-C	1.70~3.00			25.00~33.00			11.00~19.00								≥53
ETX′oCr-D	0.20~0.50			23.00~32.00			9.50							7.00	28~35
EDCoCr-E	0.15~0.40	1.50		24.00~29.00	2.00~4.00	4.50~6.50	0.50					0.03	0.03	1.00	—

表 7-20 钴基合金堆焊焊丝熔敷金属化学成分及硬度

焊丝牌号	熔敷金属化学成分（质量分数,%）												熔敷金属硬度 HRC
	C	Mn	Si	Cr	Ni	Mo	W	V	Nb	Co	Fe	其他元素总量	
HS111	0.90~1.40	≤1.0	≤2.0	26.00~32.00	≤3.0	≤1.0	3.00~6.00	—	—	余量	≤3.0	≤4.0	40~45
HS112	1.20~1.70			25.00~32.00			7.00~9.50						45~55
HS113	1.75~3.00						11.00~14.0						55~60

表 7-21 钴基合金等离子喷焊粉末熔敷金属化学成分和物理性能

类别	牌号	化学成分（质量分数,%）								氧含量（%）	硬度 HRC	熔点 /℃
		C	B	Si	Cr	Ni	Fe	Co	W			
钴基	F22-40	1.00~1.40	—	1.00~2.00	26.00~32.00	—	≤3.00	余量	4.00~6.00	0.10	38~42	1250~1290
	F22-42	0.80~1.00	1.20~1.50	0.30~1.00	27.00~29.00	10.00~12.00	≤3.00	余量	3.50~4.50	0.10	40~44	1100~1180
	F22-45	0.50~1.00	0.50~1.00	1.00~3.00	24.00~28.00	—	≤3.00	余量	4.00~6.00	0.10	42~47	1200
	F21-52	≤0.10	2.00~3.00	1.00~3.00	19.0~23.00	—	≤3.00	余量	4.00~6.00	0.10	48~55	1000~1150

第7章 控制阀制造技术

表 7-22　钴基合金氧乙炔喷焊粉末熔敷金属化学成分和物理性能

类别	牌号	化学成分（质量分数，%）								氧含量（%）	硬度 HRC	熔点 /℃
		C	B	Si	Cr	Ni	R	Co	W			
钴基	F21-46	1.00~1.40	0.50~1.20	1.00~2.00	26.00~32.00	—	<3.00	余量	4.00~6.00	0.10	40~48	1200~1280
	F21-52	0.30~0.50	1.50~2.50	1.00~3.00	19.0~23.00	—	<3.00	余量	4.00~6.00	0.10	48~55	1000~1150

（4）典型的堆焊工艺

1）等离子弧堆焊。合金粉末等离子弧堆焊在我国阀门制造行业应用较为广泛，是一项较重要的堆焊新工艺。

等离子弧堆焊通常选用能量较高的转移弧，也称为等离子转移弧（Plasma Transferred Arc，PTA）堆焊，与氩弧焊（TIG）的过程相似（见图 7-54）。等离子弧堆焊工作原理是利用不同方式引燃两种弧：一种是利用电极和喷嘴间产生的高频火花，进而引燃非转移弧；另一种是转移弧电源接通后，利用非转移弧在钨极和工件之间的导电通道引燃转移弧。最后主要借助于转移弧热量，在工件的表面产生熔池以及熔化合金粉末。按需要量连续供给合金粉末，借助送粉气流送入焊枪，而后吹入电弧中。粉末

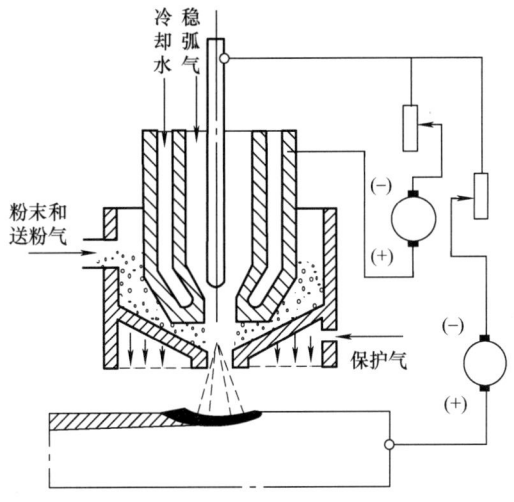

图 7-54　等离子弧堆焊过程

的熔化分为两步，首先在弧柱中预先加热，以熔化或半熔化状态进入熔池，而后在熔池里充分熔化，并排出气体和浮出熔渣。通过调节转移弧电流，控制合金粉末和工件熔化所需的热量，从而控制合金的稀释率。随着焊枪和工件的相对移动，合金熔池逐渐凝固，便在工件上获得所需要的合金堆焊层。

保护气用以保护焊接区域尽量少接触氧气，减少液态金属被氧化。另外，由于受到喷嘴和保护气的限制，产生的电弧是收缩柱状。

等离子的弧柱受到喷嘴直径的限制，在压缩孔道冷气壁作用下，使弧柱受到强行压缩，即压缩电弧，又称为等离子弧。电弧被压缩后，和自由电弧相比会产生很大的变化，弧柱直径变细，从而弧柱电流密度显著提高，可充分将气体进行电离，因而电弧具有温度高、能量集中、电弧稳定、可控性好等特点。具体的设备装配图如图 7-55 所示。

图 7-55　等离子弧堆焊设备装配图

等离子弧产生的热量，将粉末与基体表面快速同步熔化，并且伴随混合和扩散，等离子束热源离开后，液态金属冷却凝固，从而形成高性能的合金层，实现表面的强化与硬化。由于电弧温度高、传热率大、稳定性好，熔深可控性强，通过调节相关的堆焊参数，可对堆焊层的厚度、宽度、硬度在一定范围内自由调整。等离子粉末堆焊后，基体和堆焊材料形成冶金结合的熔合界面，故结合强度高；堆焊层组织致密、耐蚀及耐磨性好；基体与堆焊材料的稀释较少，材料特性变化小；利用粉末作为堆焊材料可提高合金设计的选择性,特别是能够顺利堆焊难熔材料,提高工件的耐磨、耐高温、耐蚀性。等离子粉末堆焊具有较高的生产率,成形美观,堆焊过程易于实现机械化及自动化。

PTA的一大优势在于其具有工艺可操作性,与TIG不同,PTA可以进行自动送粉、计算机编制,具有非常稳定的喷涂操控性能。

PTA技术具有以下特点:基体与堆焊层结合强度高(冶金结合);堆焊熔敷速度快,稀释率低;堆焊层组织致密,成形美观;堆焊过程易实现机械化、自动化;相比于其他的等离子喷焊工艺,设备节能易操作,且构造简单,维修维护容易。PTA堆焊在喷焊过程中也有一些缺点值得注意:粉末不能全部利用,造成少量浪费;随着喷焊时间延续,喷嘴容易堵塞;粉末质量对涂层质量影响明显,喷涂粉质量要求较高;大范围堆焊表面容易产生裂纹;熔池需要控制在上表面,喷涂三维结构复杂的工件困难。

PTA最高温度可达3000℃,不但可提高堆焊效率,并且可堆焊难熔的金属材料;PTA堆焊稀释率低、熔敷效率高,典型的PTA堆焊工艺性能参数和应用范围见表7-23。

表7-23 典型的PTA堆焊工艺性能参数和应用范围

涉及的母材类型(适用于钴基合金堆焊)						
奥氏体不锈钢	304	304L	316	316L	XM-19	321	347
双相不锈钢	F51	F53	F55			
马氏体不锈钢	410(12Cr13)	420(20Cr13)				
马氏体型耐热钢	F91	F22	F11			
碳钢	A105(WCB)					
其他耐蚀合金	800H	Inconel625				

PTA钴基合金堆焊粉末信息表						
粉末牌号	参照型号	标准参照	硬度HRC	粉末粒度	粉末特性	用途
Co112F	相当于ERCoCr-B	AWSA5.21	40~45	80~270目	属于钴基硬质合金粉末,以Co、Cr、W合金为主(W质量分数达8%以上),韧性、耐磨损、耐冲刷、耐蚀性以及耐热性的作用更强	使用温度在800℃及以下,主要用于阀内件,如阀芯、阀座、护圈以及阀门密封面的焊接

（续）

PTA 钴基合金堆焊粉末信息表						
粉末牌号	参照型号	标准参照	硬度 HRC	粉末粒度	粉末特性	用途
Co106F	相当于 ERCoCr-A	AWSA5.21	38～42	80～270 目	属于钴基硬质合金粉末，以钴铬钨（Co、Cr、W）合金为主，韧性较好。主要作用是耐磨、耐冲刷以及耐腐蚀	使用温度在 800℃ 以下，主要用于阀内件，如阀芯、阀座、护圈以及阀门密封面的焊接
备注	在 66℃的温度中，耐 50% 的磷酸和 5% 的硫酸的性能为优，65% 的硝酸为中					

PTA 钴基合金堆焊层要求			
粉末牌号	适用的堆焊层厚度		适用的结构形式
Co112F	适合局部堆焊，不建议大面积堆焊 焊两层，堆焊厚度≤5mm		阀芯、阀座的密封面堆焊
Co106F	可局部堆焊，也可大面积全堆焊		阀芯、阀座、三偏心阀体
	局部堆焊	≤5mm，焊两层	阀芯、阀座密封面堆焊
	大面积全堆焊	≤3mm，焊一层	阀芯的全堆焊、三偏心阀体的大面积堆焊
备注	由于等离子堆焊的熔深在（1±0.2）mm，也就是焊接熔合区和热影响区的区域，这部分区域有母材的稀释，所以堆焊层厚度应保证至少 2mm 以上才能达到硬度要求		

2）手工堆焊。阀门行业常用的钴基硬质合金焊条牌号有 D802、D812、D807、D817 等，其化学成分、焊接参数和焊后性能都有专门的规范表可以查询，阀门厂家可以根据零件的堆焊要求，按焊条的规范进行选用，典型的堆焊性能参数和应用范围见表 7-24。

表 7-24　典型的手工堆焊工艺性能参数和应用范围

手工氩弧堆焊						
母材种类						
不锈钢类	304	316	304L	316L	321	347
焊丝种类						
焊丝牌号	焊丝型号	规格	硬度 HRC	性能特点	用途	堆焊厚度
Stellite6	ERCoCr-A	$\phi 3.2/\phi 4.0$	38～42	都具有良好的耐磨损、耐蚀、耐高温性能	用于小型阀内件的焊接，如不大于 DN50 的阀芯、阀座密封面的堆焊	焊两层，厚度不超过 5mm
Stellite12	ERCoCr-B	$\phi 3.2/\phi 4.0$	40～45			
备注：DN50 以下零件焊后不做消除应力处理						

(续)

焊条电弧堆焊					
母材种类					
不锈钢类	304	316	304L	316L	321
碳钢类	A105	ZG25	WCB		
焊条种类					

焊条种类	焊条牌号	焊条型号	规格	硬度 HRC	性能特点	用途
硬质耐磨合金	Stellite6	ECoCr-A	φ3.2	38~42	都具有良好的耐磨损、耐蚀、耐高温性能	用于氩弧焊焊枪不能伸入的深孔内孔堆焊，如 DN50~DN80 的套筒或上阀盖以及球阀小口径阀体的内孔堆焊
	Stellite12	ECoCr-B	φ4.0	40~45		

工艺要点：热焊。焊前必须预热至少 150℃ 以上，焊后消除应力，焊接中必须要边焊边清渣，防止夹渣，电流不能太大或太小，防止产生气孔

7.3.2 热喷涂技术

1. 热喷涂的发展历程

热喷涂技术自 1910 年由瑞士的 M. U. Schoop 博士完成最初的金属熔液喷涂装置以来，已有超过 100 年的历史。

最初，热喷涂主要用于喷涂装饰涂层，以氧乙炔火焰或电弧喷涂铝线和锌线为主。20 世纪 30~40 年代，随着氧乙炔火焰和电弧喷涂线材设备的完善及火焰粉末喷枪的出现，热喷涂技术从最初的喷涂装饰涂层发展为用钢丝修复机械零件，喷涂铝或锌作为钢铁结构的防腐蚀涂层。

20 世纪 50 年代，爆炸喷涂技术及随后等离子喷涂技术开发成功，热喷涂技术在航天航空等领域获得了广泛的应用。同一时期研制成功了自熔合金粉末，使通过涂层重熔工艺消除涂层中的气孔，与基体实现冶金结合成为可能，扩大了热喷涂技术的应用领域。

20 世纪 80 年代初期成功开发了超声速火焰喷涂技术，20 世纪 90 年代初期得到了广泛应用，使 WC-Co 硬质合金涂层的应用从航天航空领域大幅度扩大到各种工业领域。

功率高达 200kW 的高能等离子喷涂技术、超声速等离子喷涂技术及轴向送粉式等离子喷涂技术等，尤其是高效能超声速等离子喷涂技术的出现，为在各个工业领域进一步有效地利用热喷涂技术提供了有力的手段。

在国家标准 GB/T 18719—2002《热喷涂 术语、分类》中定义：热喷涂技术是利用热源将喷涂材料加热至熔化或半熔化状态，并以一定的速度喷射沉积到经过预处理的基体表面形成涂层的方法。在普通材料的表面上制造一个特殊的工作表面，使其具有防腐、耐磨、减摩、抗高温、抗氧化、隔热、绝缘、导电、防微波辐射等功能，达到节约材料，节约能源的目的。我们把特殊的工作表面叫涂层，把制造涂层的工作方法叫热喷涂。热喷涂技术是表面工程技术的重要组成部分之一，约占表面工程技术的 1/3。

我国热喷涂技术是从 20 世纪 50 年代开始的，当时由吴剑春等人在上海组建了国内第一个专业化喷涂厂，研制氧乙炔焰丝喷涂及电喷装置，并对外开展金属喷涂业务。

20 世纪 60 年代少数军工单位开始研究等离子喷涂技术（如北京航空工艺技术研究所，航天公司火箭技术研究院 703 所，航空部门 410、420、430 厂等单位）。

20 世纪 70 年代中后期，出现了许多品种的氧乙炔火焰金属粉末喷涂（熔）设备和各种镍、铁、钴基自熔性合金粉及复合粉末喷涂材料，给热喷涂技术快速向前发展打下了一个坚实的基础。热喷涂材料是热喷涂技术的"炊粮"，材料品种的增加和性能的改善，将直接提高涂层质量。

应该特别指出的是，最早问世的火焰喷涂技术、电弧喷涂技术在飞速发展的热喷涂技术中，不但没有被淘汰，而是经过不断改进在适应各类材料的喷涂中继续发展。

各种新型喷涂材料的出现，进一步扩大了火焰喷涂技术的使用范围。新型火焰喷涂枪可以喷涂各种金属、陶瓷、金属加陶瓷的复合材料和各种塑料粉末材料的涂层。等离子和超声速喷涂的涂层优于常规火焰喷涂和电弧喷涂，在阀门制造领域已经推广普及。

从热喷涂技术的原理及工艺过程分析，热喷涂技术具有以下一些特点：

1）由于热源的温度范围很宽，因而可喷涂的涂层材料几乎包括所有固态工程材料,如金属、合金、陶瓷、金属陶瓷、塑料以及由它们组成的复合物等。因而能赋予基体以各种功能(如耐磨、耐蚀、耐高温、抗氧化、绝缘、隔热、生物相容、红外吸收等)的表面。

2)喷涂过程中基体表面受热的程度较小而且可以控制,因此可以在各种材料上进行喷涂(如金属、陶瓷、玻璃、布匹、纸张、塑料等),并且对基材的组织和性能几乎没有影响,工件变形也小。

3)设备简单,操作灵活,既可对大型构件进行大面积喷涂,也可在指定的局部进行喷涂;既可在工厂室内进行喷涂,也可在室外现场进行喷涂。

喷涂操作的程序较少,施工时间较短,效率高,比较经济。随着热喷涂应用要求的提高和领域的扩大,特别是喷涂技术本身的进步,如喷涂设备的日益高性能和精良,涂层材料品种逐渐增多,性能逐渐提高。热喷涂技术近十年来获得了飞速的发展,不但应用领域大为扩展,而且该技术已由早期制备一般的防护涂层发展到制备各种功能涂层;由单个工件的维修发展到大批的产品制造;由单一的涂层制备发展到包括产品失效分析、表面预处理、涂层材料与设备的研制和选择、涂层系统设计和涂层后加工在内的喷涂系统工程,成为材料表面科学领域中一个十分活跃的学科,并且在现代工业中逐渐形成如铸、锻、焊和热处理的独立的材料加工技术,成为工业部门节约贵重材料、节约能源、提高产品质量、延长产品使用寿命、降低成本和提高工效的重要的工艺手段,在国民经济的各个领域内得到越来越广泛的应用。

2. 热喷涂分类方法

作为新型的实用工程技术,热喷涂尚无标准的分类方法,一般按照热源的种类、喷涂材料的形态及涂层的功能等来分。例如,按涂层的功能可分为耐腐、耐磨、隔热等涂层;按加热和结合方式可分为喷涂和喷熔(熔敷)两类,前者的特点是机体不熔化,涂层与基体形成机械结合,后者的特点是涂层会再加热重熔,涂层与基体互溶并扩散形成冶金结合;按照加热喷涂材料的热源种类可分为以下几类:

(1) 火焰类喷涂

火焰类喷涂包括线材火焰喷涂、粉末火焰喷涂和超声速火焰喷涂。

1）线材火焰喷涂。线材火焰喷涂是最早发明的喷涂法。它是把金属丝以一定的速度送进喷枪里,使端部在高温火焰中熔化,随即用压缩空气把其雾化并吹走,沉积在预处理过的工件表面上。

喷涂源为喷嘴,金属丝穿过喷嘴中心,在围绕喷嘴和气罩形成的环形火焰中,金属丝的尖端连续地被加热到其熔点。然后,由通过气罩的压缩空气将其雾化成喷射粒子,依靠空气流加速喷射到基体上,从而熔融的粒子冷却到塑性或半熔化状态,也会发生一定程度的氧化。粒子与基体撞击时变平并黏结到基体表面上,随后而来的与基体撞击的粒子也变平并黏结到先前已黏结到基体的粒子上,从而堆积成涂层。

金属丝的传送靠喷枪中空气涡轮或电动机的旋转,其转速可以调节,以控制送丝速度。采用空气涡轮的喷枪,送丝速度的微调比较困难,而且其速度受压缩空气的影响而难以恒定,但喷枪的重量轻,适用于手工操作;采用电动机传送金属丝的喷涂设备,虽然送丝速度容易调节,也能保持恒定,喷涂自动化程度高,但喷枪笨重,只适用于机械喷涂。在线材火焰喷枪中,燃气火焰主要用于线材的熔化,适用于喷涂的金属丝直径一般为 1.8~4.8mm。直径较大的棒材,甚至一些带材亦可喷涂,但须配以特定的喷枪。

2）粉末火焰喷涂。粉末火焰喷涂与线材火焰喷涂的不同之处是喷涂材料不是丝材而是粉末。

在火焰喷涂中通常使用乙炔和氧组合燃烧来提供热量,也可以用甲基乙炔、丙二烯、丙烷、氢气或天然气。火焰喷涂可喷涂金属、陶瓷、塑料等材料,应用非常灵活,喷涂设备轻便简单,可移动,价格低于其他喷涂设备,经济性好,是喷涂技术中使用较广泛的一种方法。但是,火焰喷涂也存在明显的不足,如喷出的颗粒速度较小,火焰温度较低,涂层的黏结强度及涂层本身的综合强度都比较低,且比其他方法得到的气孔率都高。此外,火焰中心为氧化气氛,所以对高熔点材料和易氧化材料,使用时应注意。为了改善火焰喷涂的不足,提高结合强度及涂层密度,可采用将空气压缩或气流加速装置来提高颗粒速度;也可以采用将压缩气流由空气改为惰性气体的办法来降低氧化程度,但这同时也提高了成本。

3)超声速火焰喷涂。超声速火焰喷涂也被称为高速氧燃料(High Velocity Oxygen Fuel,HVOF)喷涂,是将气态或液态的燃料,如丙烷、丙烯或航空煤油等与高压氧气混合在特制的燃烧室或喷嘴中燃烧,产生高温高速的燃烧焰流,其焰流速度可达3~5倍声速,将喷涂粉末从径向或轴向送入进焰流中,粉末粒子被加热至高温并以高达1~2倍声速(300~600m/s)的速度撞击到待喷涂基体表面,可以制备出相比于普通火焰喷涂与等离子喷涂工艺更高致密度和更高结合强度的涂层。超声速火焰喷涂过程如图7-56所示。

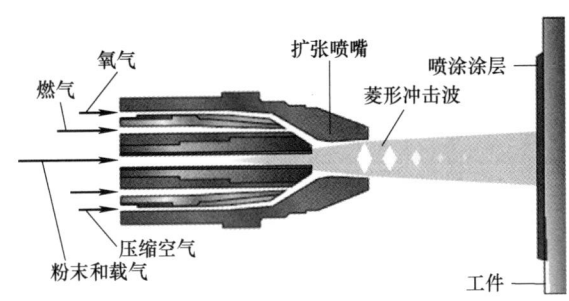

图7-56 超声速火焰喷涂过程

在喷涂过程中,燃料和氧气在燃烧室内被加压、点燃并通过扩张喷嘴加速到超声速,形成马赫锥。最后,颗粒在高速(>400m/s)和相对低的温度(<2000℃)下喷射,同时轴向进粉,以提供更均匀的受热粒子。HVOF喷涂通常不需要后续的热处理,这是由于低氧化性和高速度的颗粒撞击从而形成了致密的、结实的喷涂涂层。高速氧/空气火焰(High Velocity Oxygen/Air Fuel,HVO/AF)多功能超声速火焰喷涂系统如图7-57所示。

多功能超声速火焰喷涂涂层的性能很大程度上受喷涂粒子沉积前的状态影响,包括粒子的速度、温度、熔化状态等。而粒子沉积前的状态主要是焰流与粒子之间动量、热量交互作用的结果,因此,焰流的特性对涂层的性能有较大的影响。

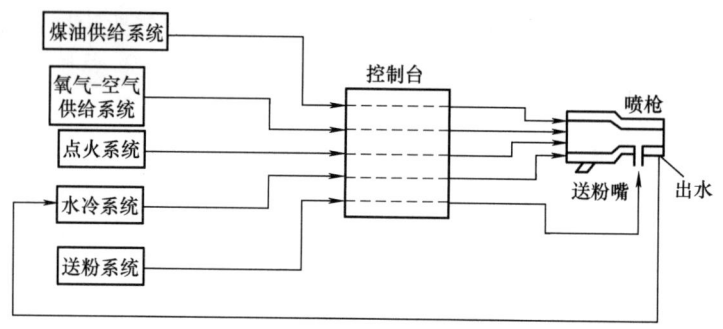

图 7-57 多功能超声速火焰喷涂系统

喷涂涂层的结构一般可分为粒子层间结构和扁平粒子内部结构。粒子层间结构包括层间界面状况、扁平粒子厚度、孔隙率和微裂纹等。扁平粒子内部结构包括晶粒大小、碳化物颗粒含量和尺寸、相结构和缺陷等。此外，孔隙率是表征涂层质量的重要指标，涂层的孔隙率越低，相应的硬度越高，耐磨性越好；涂层内部的孔洞和裂纹会降低磨损性能。

表 7-25 给出了不同工艺制备涂层的显微硬度测试结果，对于 WC-12Co 体系涂层，HVAF 工艺制备涂层的显微硬度最高。从试验数据可以看出，随着喷涂时空气（氮气）量的增加，涂层中 WC 分解的数量减少，HVAF 工艺下，WC 相基本不发生分解，因此可以获得硬度更高的涂层。总体比较，三种工艺制备涂层的显微硬度平均值差别不大。

表 7-25 涂层的硬度（HV，15s，300g）

涂层	喷涂状态	测量值					平均值
WC-12Co	HVOF	1027	975	1145	1027	975	1029
	HVO/AF	1283	1145	1027	975	1027	1091
	HVAF	1050	1145	1145	1283	1145	1153
WC-17Co	HVOF	1211	1027	927	975	1211	1070
	HVO/AF	1027	1084	1027	975	975	1017
	HVAF	1211	1027	1084	1211	1027	1112
WC-10Co4Cr	HVOF	1211	1211	927	1145	1050	1108
	HVO/AF	1027	975	1145	1050	1211	1081
	HVAF	975	1362	1283	1283	1283	1237

注：涂层硬度按 GB/T 4340.1—2009《金属材料 维氏硬度试验 第 1 部分：试验方法》检测，试验力 2.942N，试验力保持时间 15s。

第7章 控制阀制造技术

表 7-26 为 WC-12Co 涂层的结合强度测试结果,可以看出涂层的平均结合强度大多高于 70MPa,且试样断裂于胶层,表明基体与涂层间结合良好。在微观结构上,结合界面处没有大的孔隙和裂纹。涂层与基体间的结合强度还跟基体表面状态和层间界面形貌相关,通常结合强度随基体表面粗糙度的升高而增大。在超声速火焰喷涂过程中,固液两相共存是提高涂层结合强度的必要条件之一,即 WC 等硬质增强相为固态而黏结相为液态,这样也有助于粒子沉积时对基体形成较大的冲击能量。

表 7-26　WC-12Co 涂层的结合强度测试结果　　（单位:MPa）

涂 层		测量值					平均值	备注
WC-12Co	HVOF	78.4	74.2	708	71.4	68.2	72.8	断裂于胶层
	HVO/AF	73.0	54.4	78.6	65.6	40.6	62.4	断裂于胶层
	HVAF	70.2	65.0	74.6	75.0	73.0	71.6	断裂于胶层

超声速火焰喷涂的粒子速度高,粒子沉积时对基体的撞击作用强,有利于粒子与基体的结合及粒子之间的结合,因而涂层的结合强度高。

表 7-27 为涂层的磨粒磨损失重量。由表 7-27 可知,三种材料的涂层抗磨损性能相差不大,其中 WC-10Co4Cr 涂层的抗磨损性能相对较好,随着喷涂状态从 HVOF 转变到 HVAF,涂层的磨损失重量呈现减少的趋势。

表 7-27　涂层的磨粒磨损失重量　　（单位:mg）

涂 层		磨损失重量		平均值
WC-12Co	HVOF	12.5	12.4	12.45
	HVO/AF	8.0	10.7	8.85
	HVAF	11.2	10.8	11.0
WC-17Co	HVOF	14.8	13.6	14.2
	HVO/AF	12.1	10.8	11.45
	HVAF	11.9	10.7	11.3
WC-10Co4Cr	HVOF	13.1	11.8	12.45
	HVO/AF	11.7	11.7	11.7
	HVAF	6.0	8.7	7.35

影响 WC-Co 涂层磨粒磨损的因素有涂层的结构、相组成、磨粒及载荷等。涂层

磨粒磨损的主要机制是由于磨粒粒子的挤压导致涂层次表面下由 WC 分解形成的脆性相处产生裂纹。裂纹沿粒子周边富 W 的黏结相区扩展，最后导致剥落。有的实验发现磨损表面存在碳化物剥落坑和碳化物颗粒压碎的痕迹，碳化物剥落是主要的磨损机制。

三种喷涂工艺制备涂层的磨损形貌较为相似，涂层磨损表面均出现较深的犁沟，并且可以看到表面碳化物剥落后形成的凹坑，而未剥落的碳化物颗粒棱边清晰可见。磨损试样表面的磨痕主要位于黏结相表面，很少出现在碳化物颗粒表面；此外，还可以看到有些碳化物颗粒周围基本没有黏结相，这主要是由于磨损过程中强度较低的黏结相被剥离而形成的。通过上述观察结果可以判断，HVO/AF 喷涂 WC-17Co 涂层的磨损失效形式为黏结相的犁削和增强相 WC 颗粒的脱落。磨损过程中，磨料切削硬度较低的黏结相，导致 WC 颗粒逐渐失去黏结相的包裹而发生剥落。

表 7-28 和表 7-29 分别是涂层在冲蚀角度为 90°和 30°时的冲蚀磨损失重量，可见三种涂层的磨损失重量比较接近。在冲蚀角度为 30°的情况下，除 WC-12Co 在 HVAF 状态下制备的涂层磨损失重量出现大幅度增大外，其余两种涂层在三种喷涂状态下的磨损失重量变化不大。比较 30°和 90°的冲蚀磨损失重量可知，90°冲蚀磨损时的磨损失重量较大。

表 7-28 涂层的冲蚀磨损失重量（90°）

涂层		磨损失重量/mg							平均值/mg
WC-12Co	HVOF	16.7	14.2	15.3	13.5	14.3	12.5	11.5	14.0
	HVO/AF	12.8	17.9	18.5	17.8	16.3	15.7	11.2	15.7
	HVAF	13.6	12.5	11.7	11.3	12.3	11.5	8.7	11.7
WC-17Co	HVOF	15.0	11.1	12.7	12.5	11.2	10.8	8.5	11.7
	HVO/AF	15.8	14.7	13.0	12.0	11.8	12.0	8.9	12.6
	HVAF	13.8	15.1	10.5	12.0	11.3	10.8	10.1	11.9
WC-10Co4Cr	HVOF	15.8	12.6	10.1	11.3	10.3	10.2	7.9	11.2
	HVO/AF	13.5	13.4	10.9	13.0	11.4	10.9	8.9	11.7
	HVAF	14.4	14.3	11.9	13.2	11.9	12.3	11.0	12.7

第7章 控制阀制造技术

表7-29 涂层的冲蚀磨损失重量（30°）

涂 层		磨损失重量/mg							平均值/mg
WC-12Co	HVOF	13.3	11.8	11.7	10.6	8.6	8.5	10.1	10.7
	HVO/AF	15.8	10.3	11.7	10.6	8.9	8.7	8.6	10.7
	HVAF	25.5	18.4	22.3	15.7	18.6	16.2	15.6	18.9
WC-17Co	HVOF	11.6	8.9	11.7	8.5	8.5	7.6	8.9	9.4
	HVO/AF	2.3	8.9	10.5	8.6	7.1	7.2	7.6	7.9
	HVAF	8.6	8.6	11.3	8.3	8.8	7.0	8.8	8.9
WC-10Co4Cr	HVOF	14.0	12.9	10.4	8.1	8.9	8.8	7.9	10.8
	HVO/AF	12.5	8.6	8.9	7.8	7.1	8.4	6.8	8.8
	HVAF	12.0	8.8	8.4	7.7	8.5	8.6	7.4	8.8

超声速火焰喷涂在金属硬密封球阀中应用于球体及阀座密封面的耐磨涂层，密封面耐磨材料及工艺的选用需要考虑使用工况的压力、温度、腐蚀性和介质硬度等因素。此外，还需要考虑密封面耐磨材料与基体材料的结合强度、耐磨层的厚度、硬度、抗擦伤性能及基体材料的硬度等因素。

超声速火焰喷涂主要是通过极高的速度将耐磨粉末涂层材料喷涂到基体材料表面，喷涂时的气流速度在很大程度上决定了喷涂的质量，喷枪能够产生更高的气流速度，则耐磨粉末涂层就能够获得更高的运动速度，从而耐磨粉末涂层与基体材料就能够获得更高的结合力和更高的致密性，因此也就具有更好的耐磨性能和耐蚀性能。超声速喷涂的优点是可以喷涂超硬的涂层材料，涂层的硬度甚至可以达到74HRC以上，因此涂层具有很好的抗擦伤性能和耐磨性能。另外，超声速喷涂时，基体材料不需要进行高温加热，因此基体材料不会发生热变形。由于超声速喷涂主要是通过耐磨粉末涂层和基体材料的高速撞击而产生的物理结合，结合强度比银基合金的热喷涂要低一些，通常结合力在68~76MPa，因此，对于高压球阀（如Class1500~Class2500的球阀）的球体，若采用超声速喷涂技术，其涂层在使用中有脱落的可能。

对于超声速火焰喷涂制备的涂层，其质量和性能指标主要包括氧化物含量、孔隙率、结合强度、显微硬度、微观组织结构以及涂层的均匀性、应力状态和加工性能等。

通常，要求涂层具有较低的氧化物含量和孔隙率、更高的结合力和显微硬度，并且涂层呈现压应力状态。超声速喷涂的质量很大程度上取决于喷涂的设备。低气流速度的喷涂设备不可能获得良好的喷涂效果。想要获得良好的涂层质量，精良的喷涂设备、合理的喷涂工艺、优异的涂层粉末和基体材料是必不可少的。超声速喷涂常选用的涂层材料有 WC-Co、WC-Co-Cr、CrC、镍基合金和陶瓷等。图 7-58 为典型的超声速喷涂设备装置，图 7-59 为超声速喷涂球体部件现场图。

图 7-58　典型的超声速喷涂设备装置

图 7-59　球体的超声速喷涂

考虑到超声速喷涂的结合力以及喷涂工艺参数，喷涂层的厚度多控制在 0.3mm 左右。对于球体部件，喷涂前球体的圆度对于喷涂均匀性较为重要，通常需经研磨工序处理来保证球体的圆度。对于实际喷涂操作，人工手持操控难度较大，需借助机械手臂以确保喷涂涂层的精度和均匀性。

煤油超声速系统和气体超声速系统是目前国际市场上的主流产品,它们的使用领域稍有不同,煤油超声速系统多应用于大型工件的喷涂,如钢厂轧辊、激光雕刻印刷辊等,而气体超声速系统则更多地使用在小型工件上,如飞机发动机零部件、钛合金零部件等。表7-30为气体超声速系统和煤油超声速系统的综合性能对比。对比参数分别是燃料、燃料供应、维护费、核心设备价格、涂层效果和经济性。

表7-30 气体超声速系统和煤油超声速系统的综合性能对比

参数	氧丙烷 HVOF	煤油 HVOF
燃料	丙烷、丙烯、氢气、天然气	航空煤油
燃料供应	容易获得	限制
维护费	相对低	相对高
核心设备价格	相对较低	相对较高
涂层效果	张力颗粒附着	压应力颗粒附着
经济性	节省燃料	比较费燃料

由于阀门使用的特殊性,涂层的附着力是第一考虑因素,航空煤油 HVOF 的喷涂颗粒是以压应力的形式附着,因此航空煤油 HVOF 更适合阀门涂层要求,设备安装布置图如图7-60所示。

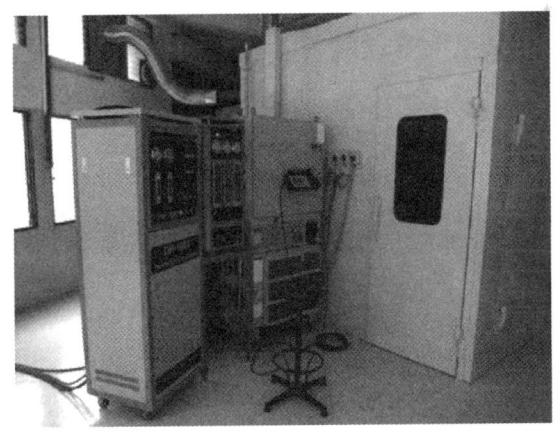

图7-60 超声速喷涂设备

表7-31为典型的超声速火焰喷涂涂层性能参数。

表 7-31 超声速火焰喷涂涂层性能参数

粉末名称	WC-12Co	WC-17Co	WC-10Co-4Cr	Cr3C2-75Ni-25Cr	73WC-20Cr3C2-7Ni	Ni55A
粉末粒度	15~45μm					
涂层推荐厚度	0.3mm					
涂层硬度 HV	≥1000	≥950	≥1050	≥820	≥1000	≥510
孔隙率	≤1%					
结合强度	≥70MPa					≥40MPa
推荐使用温度	<500℃					<300℃
基体材料	钢制件表面					
涂层性能	优良的耐磨损和耐蚀性能；良好的耐滑动磨损性能	优良耐滑动磨损和耐微振、耐磨损性能；良好的耐蚀性能	极好的耐蚀性能和耐磨损性能；优良的耐气蚀性能	极好的抗高温氧化、抗磨粒磨损和滑动磨损性能；优异的抗热气蚀性能；优良的耐蚀性能	优良的抗氧化和耐蚀性能；良好的耐冲击性能	极好的耐非氧化性酸腐蚀介质；结合强度较弱

（2）电弧类喷涂

电弧类喷涂包括电弧喷涂和等离子喷涂。

1）电弧喷涂。在两根焊丝状的金属材料之间产生电弧，因电弧产生的热使金属焊丝逐渐熔化，熔化部分被压缩空气气流喷向基体表面而形成涂层。电弧喷涂按电弧电源可分为直流电弧喷涂和交流电弧喷涂。

直流电弧喷涂操作稳定，涂层组织致密，效率高。交流电弧喷涂噪声大，电弧产生的温度与电弧气体介质、电极材料种类及电流有关（如 Fe 料，电流 280A，电弧温度为 6100K）。一般来说，电弧喷涂比火焰喷涂粉末粒子含热量更大一些，粒子飞行速度也较快，因此，熔融粒子打到基体上时，形成局部微冶金结合的可能性要大得多。所以，涂层与基体结合强度较火焰喷涂高 1.5~2.0 倍，喷涂效率也较高。电弧喷涂还可方便地制造合金涂层或"伪合金"涂层。通过使用两根不同成分的丝材或给定不同的进给速度，即可得到不同的合金成分。电弧喷涂与火焰喷涂设备相似，同样具有成本低、一次性投资少、使用方便等优点。但是，电弧喷涂的明显不足是喷涂材料必须是导电的焊丝,因此只能使用金属,而不能使用陶瓷,限制了电弧喷涂的应用范围。近些年来,为了进一步提高电弧喷涂涂层的性能,对设备和工艺进行了较大的改进,例如,将甲烷等加入到压缩空气中作为雾化气体,以降低涂层的含氧量;将传统的圆形丝材改成方形,以改善喷涂速率,提高涂层的结合强度。

2)等离子喷涂。等离子喷涂(Plasma Spray, PS)包括大气等离子喷涂、保护气氛等离子喷涂、真空等离子喷涂和水稳等离子喷涂。等粒子喷涂技术是继火焰喷涂之后大力发展起来的一种新型多用途的精密喷涂方法。喷涂过程是高压电弧加热气流,从而产生高速等离子射流。因为等离子生成气通常是含有氢或氦的氩气,所以能够有效地加热和熔融送入的粉末。等离子弧心温度在10000K以上,粒子撞击速度接近250m/s。等离子喷涂原理如图7-61所示。

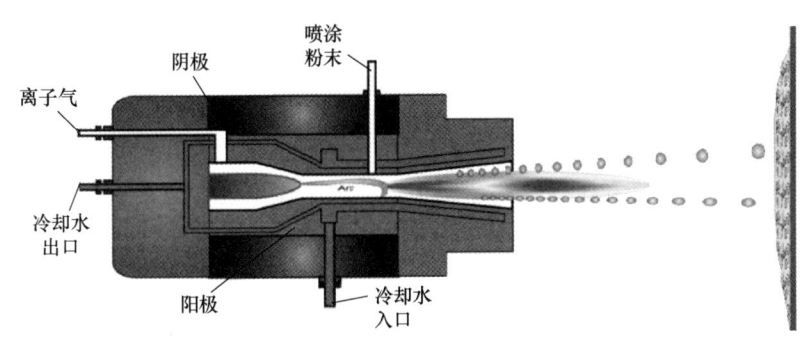

图7-61 等离子喷涂原理

等离子喷涂的特点:超高温,便于进行高熔点材料的喷涂;粒子速度高,涂层致密,黏结强度高;喷涂材料不易氧化(工作气体为惰性气体)。

等离子体可分为以下三大类:

① 高温高压等离子体,电离度100%,温度可达几亿摄氏度,用于核聚变的研究。

② 低温低压等离子体,电离度不足1%,温度仅为50~250℃。

③ 高温低压等离子体,约有1%以上的气体被电离,具有几万摄氏度的温度。离子、自由电子、未电离的原子的动能接近于热平衡。热喷涂所利用的正是这类等离子体。

等粒子喷涂是利用等离子弧进行的，离子弧是压缩电弧，与自由电弧相比较，其弧柱细，电流密度大，气体电离度高，因此具有温度高，能量集中，弧稳定性好等特点。

按接电方法不同，等离子弧有以下三种形式：

① 非转移弧：指在阴极和喷嘴之间所产生的等离子弧。这种情况正极接在喷嘴上，工件不带电，在阴极和喷嘴的内壁之间产生电弧，工作气体通过阴极和喷嘴之间的电弧被加热，造成全部或部分电离，然后由喷嘴喷出形成等离子火焰（或叫等离子射流）。等粒子喷涂采用的就是这类等离子弧。

② 转移弧：电弧离开喷枪转移到被加工零件上的等离子弧。这种情况喷嘴不接电源，工件接正极，电弧飞越喷枪的阴极和阳极（工件）之间，工作气体围绕着电弧送入，然后从喷嘴喷出。等离子切割、等离子弧焊接和等离子弧冶炼使用的就是这类等离子弧。

③ 联合弧：非转移弧引燃转移弧并加热金属粉末，转移弧加热工件使其表面产生熔池。这种情况下，喷嘴和工件均接在正极。等离子喷焊采用这种等离子弧。

进行等粒子喷涂时，首先在阴极和阳极（喷嘴）之间产生一直流电弧，该电弧把导入的工作气体加热电离成高温等离子体，并从喷嘴喷出，形成等离子焰，等离子焰的温度很高，其中心温度可达30000K，喷嘴出口的温度可达15000～20000K。焰流速度在喷嘴出口处可达1000～2000m/s，但迅速衰减。粉末由送粉气送入火焰中被熔化，并由焰流加速得到高于150m/s的速度，喷射到基体材料上形成膜。

等离子喷涂设备主要包括：

① 喷枪：实际上是一个非转移弧等离子发生器，是最关键的部件，其上集中了整个系统的电、气、粉、水等。

② 电源：用以供给喷枪直流电，通常为全波硅整流装置。

③ 送粉器：用来贮存喷涂粉末并按工艺要求向喷枪输送粉末的装置。

④ 热交换器：主要用以使喷枪获得有效的冷却，达到使喷嘴延寿的目的。

⑤ 供气系统：包括工作气和送粉气的供给系统。

⑥ 控制框：用于对水、电、气、粉的调节和控制。

在等离子喷涂过程中，影响涂层质量的工艺参数很多，主要有：

① 等离子气体：气体的选择原则主要根据其可用性和经济性，氮气便宜，且离子焰热焓高，传热快，利于粉末的加热和熔化，但对于易发生氮化反应的粉末或基体则不可采用。氩气电离电位较低，等离子弧稳定且易于引燃，弧焰较短，适于小件或薄件的喷涂，此外氩气还有很好的保护作用，但氩气的热焓低，价格昂贵。气体流量大小直接影响等离子焰流的热焓和流速，从而影响喷涂效率、涂层气孔率和结合力等。流量过高，则气体会从等离子射流中带走有用的热，并使喷涂粒子的速度升高，减少了喷涂粒子在等离子火焰中的"滞留"时间，导致粒子达不到变形所必要的半熔化或塑性状态，涂层黏结强度、密度和硬度都较差，沉积速率也会显著降低；相反，则会使电弧电压值不适当，并大大降低喷射粒子的速度。在极端情况下，会引起喷涂材料过热，造成喷涂材料过度熔化或气化，引起熔融的粉末粒子在喷嘴或粉末喷口聚集，然后以较大球状沉积到涂层中，形成大的空穴。

② 电弧的功率：电弧功率太高，电弧温度升高，更多的气体将转变成为等离子体，在大功率、低工作气体流量的情况下，几乎全部工作气体都转变为活性等粒子流，等粒子火焰温度也很高，这可能使一些喷涂材料气化并引起涂层成分改变，喷涂材料的蒸气在基体与涂层之间或涂层的叠层之间凝聚引起黏结不良现象。此外还可能使喷嘴和电极烧蚀。而电弧功率太低，则得到部分离子气体和温度较低的等离子火焰，又会导致粒子加热不足，涂层的黏结强度、硬度和沉积效率较低。

③ 供粉：供粉速度必须与输入功率相适应，过高，会出现生粉（未熔化），导致喷涂效率降低；过低，粉末氧化严重，并造成基体过热。送料位置也会影响涂层结构和喷涂效率，一般来说，粉末必须送至焰心才能使粉末获得最高的热量和最高的速度。

④ 喷涂距离：喷枪到工件的距离影响喷涂粒子和基体撞击时的速度和温度，涂层的特征和喷涂材料对喷涂距离很敏感。喷涂距离过大，粉粒的温度和速度均将下降，

结合力、气孔、喷涂效率都会明显下降；过小，会使基体温升过高，基体和涂层氧化，影响涂层的结合。在机体温升允许的情况下，喷距适当小些为好。

⑤ 喷涂角：指的是焰流轴线与被喷涂工件表面之间的角度。该角小于45°时，由于"阴影效应"的影响，涂层结构会恶化形成空穴，导致涂层疏松。

⑥ 喷枪与工件的相对运动速度：喷枪的移动速度应保证涂层平坦，不出现喷涂脊背的痕迹。也就是说，每个行程的宽度之间应充分搭叠，在满足上述要求前提下，喷涂操作时，一般采用较高的喷枪移动速度，这样可防止产生局部热点和表面氧化。

⑦ 基体温度控制：较理想的喷涂工件是在喷涂前把工件预热到喷涂过程要达到的温度，然后在喷涂过程中对工件采用喷气冷却的措施，使其保持原来的温度。

在等离子喷涂的基础上又发展了几种新的等离子喷涂技术，例如：

① 真空等离子喷涂（又叫低压等离子喷涂）：真空等离子喷涂是在气氛可控的，4~40kPa的密封室内进行喷涂的技术。因为工作气体等离子化后，是在低压气氛中边膨胀边喷出的，所以喷流速度是超声速的，而且非常适合于对氧化高度敏感的材料。真空等离子喷涂的显著特点是低压喷涂，真空等离子喷涂是在密封室内进行喷涂（见图7-62），因此喷涂气氛可以进行控制，在较低气压中喷涂，气体流速较高，可以达到超声速。喷涂颗粒受到气氛控制，可以喷涂一些极易氧化的颗粒。值得注意的是，由于粒子飞行周边气流密度低，颗粒冲击速度受到的阻碍较低，同时颗粒热量流失较低。颗粒碰撞基体时，颗粒与颗粒之间，颗粒与基体之间的夹杂低，涂层孔隙率低，非常致密，结合力强。但设备构造复杂，特别是大空间操作台，成本远高于其他喷涂设备，维护费用非常高。

② 超声速等离子喷涂：其特点是采用超声速的喷管，从而使流体速度增加，造成颗粒附着力增加，同时颗粒飞行时间短，受到氧化等气氛影响少，涂层性能容易保证，但相对设备成本高，维护费用高。

③ 水稳等离子喷涂：前面说的等离子喷涂的工作介质都是气体，而这种方法的工作介质不是气而是水，它是一种高功率或高速等离子喷涂的方法。其工作原理是：喷

第7章 控制阀制造技术

图 7-62 真空等离子喷涂设备

枪内通入高压水流,并在枪筒内壁形成涡流,这时,在枪体后部的阴极和枪体前部的旋转阳极间产生直流电弧,使枪筒内壁表面的一部分水分蒸发、分解,变成等离子态,产生连续的等离子弧。由于旋转涡流水的聚束作用,其能量密度提高,燃烧稳定,因此,可喷涂高熔点材料,特别是氧化物陶瓷,喷涂效率非常高。

(3) 电热喷涂

电爆喷涂:在线材两端通以瞬间大电流,使线材熔化并发生爆炸。此法专用来喷涂气缸等内表面。

感应加热喷涂:采用高频涡流把线材加热,然后用高压气体将其雾化成喷射粒子,依靠气体气流加速喷射到基体上,形成涂层的喷涂方法。

电容放电加热:利用电容放电把线材加热,然后用高压气体将其雾化成喷射粒子,依靠气体气流加速喷射到基体上,形成涂层的喷涂方法。

(4) 激光喷涂

把高密度能量的激光束朝着接近于零件基体表面的方向直射,基体同时被一个辅助的激光加热器加热,这时,细微的粉末以倾斜的角度被吹送到激光束中,熔化黏结到基体表面,形成了一层薄的表面涂层,与基体之间形成良好的结合(喷涂环境可选择大气气氛或惰性气体气氛，或真空下进行）。

3. 热喷涂安全措施

热喷涂安全措施包括控制与喷涂工艺相关的潜在的危险因素和在操作过程中采用安全操作规程。建议涉及热喷涂的所有人员，应熟悉这些安全措施和相关标准中包含的安全条例。

压缩空气应标明名称，以避免与氧气或燃气混淆，不能用压缩空气来清扫衣物，同样也不能用氧气和燃气清扫。

喷涂噪声超过了限定范围，在工作区附近的所有人员应采取听觉防护。

喷涂操作要求操作者使用呼吸保护装置。根据粉尘气体的性质、类型和粉尘微粒大小决定使用什么样的呼吸保护装置，如在有限或密封的空间喷涂，需要使用连续气流通道式呼吸器。

任何喷涂或吹砂需要的保护服随工作种类、性质和环境而变化。

当在限定区域工作时，需穿戴耐火衣和皮革或橡胶防护手套。衣服在腕处和脚踝处要扎紧，以保证飞溅的物质和粉尘不溅到皮肤上。

在敞开的环境下工作，可以使用普通的全套工作服，但不能敞开领口，要系好衣袋纽扣，穿上高帮鞋，裤边也要遮到脚面。

在限定空间或半敞开空间喷涂铅或其他剧毒材料时，每天和每次饭前都要更换所有衣服和呼吸保护装置，用过的衣服和呼吸保护装置在重新使用前应彻底清洗，清除所有铅尘或其他毒性材料。

电弧喷涂采用的防辐射保护和电弧焊的保护一样，眼睛可以用 3 号或 6 号遮光镜保护。在喷涂一些特殊放射材料或反射底层时，应使用头盔。

要定期检查软管和气路，对发现问题的设备应立即修复或更换。火焰喷枪应按制造商的建议维护保养。每个热喷涂操作者应熟悉火焰喷枪的操作。在第一次点火之前，应认真阅读和理解喷枪的操作说明书。控制氧气、燃气或压缩空气流量的阀，应正确装好并加上润滑剂,这样可以使枪体操作自如并能完全关闭。如果喷枪有回火,应尽可能快地扑灭。如果在喷涂中点火时有爆燃或回火,应查明原因并解决后再重新点火。火焰喷枪或它的软管不能悬挂在调节器或气瓶阀上,否则可能引起起火或爆炸。当喷涂完后,或设备停机无人看管时,应放出调节器和软管中的所有气体,按下列顺序操作:

关闭枪阀→关闭气阀→打开枪阀→转动调节螺杆到自由状态→关闭枪阀→关闭罐阀或调节器前的支管阀。

在清洗火焰喷枪时,不允许油进入气体混合室,对与氧气或燃气接触的火焰喷枪零件或阀不能使用普通的油或脂润滑,只能使用设备制造商推荐的特种抗氧化润滑剂。

操作者应时刻牢记下面的警示:

1)高速、高温的喷涂射流对人和设备都有伤害。

2)喷涂粉尘有害健康,注意防尘、通风。

3)喷涂噪声可能损坏听力,请使用耳罩。

4)喷涂弧光的辐射有损视力,请戴护目镜。

7.3.3 熔覆加工技术

1. 氧乙炔火焰喷涂、火焰熔覆

氧乙炔火焰喷涂是发展较早的一种喷涂工艺,如图 7-63 所示。它是利用氧和乙炔的燃烧火焰将粉末状或丝状、棒状的涂层材料加热到熔融或半熔融状态后喷向基体表面而形成涂层的一种方法。它具有设备简便、工艺完善、成本低、效果较好的特点。利用这种工艺可以制备各种金属、陶瓷、塑料涂层,目前是国内最常用的喷涂工艺之一。由该工艺制备的涂层与基体的结合强度低,涂层孔隙度也较大。

采用燃烧的火焰对自熔合金粉末进行一次喷涂或者对喷涂后的涂层再次进行重熔(通过火焰重熔、感应重熔等)的方法,称之为喷焊。喷焊涂层将与基体产生冶金结

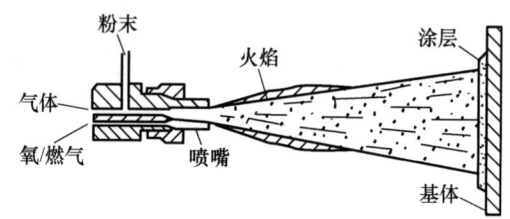

图 7-63 氧乙炔火焰喷涂

合，故而与基体的结合强度较高，可在重负荷、大冲击的工况下应用，并且由于进行喷焊强化，其涂层具有更优异的耐磨、耐腐蚀以及抵抗热疲劳的性能。

火焰喷涂熔覆工艺分为两种：一步操作方法和二步操作方法，简称一步法和两步法。

1）一步法：交替进行喷粉过程和熔化过程，也就是说，喷粉和熔化是同步发生的，喷一些粉末，熔化一些。

2）两步法：先进行喷粉，然后对粉末进行熔化，对于大面积的喷焊，这种方法比较适用。在喷涂时应控制喷涂厚度，一般来说应在 0.2~0.3mm 之内，每次的涂层厚度不得过大，应采用较低厚度、多次喷涂的原则，获得所要求的喷焊层。

火焰喷涂的一步法、两步法特点：其重熔温度能够达到将近 1000℃，工件的表面虽然没有被熔化，但是涂层和工件表面结合处的涂层被熔化，因此产生元素的渗透和扩散，从而导致涂层和工件的结合界面处生成新的组织和表面合金层。此时，涂层与工件便形成了非常牢固的冶金结合，因而，工件与涂层的结合强度较高。但是，喷焊后，工件的温度较高，并且可能发生一定的变形，因此，在喷焊后，应使其缓慢冷却，或者后续对其进行退火处理。

火焰喷涂往往采用手持式操作方法（见图 7-64），对操作人员要求高，操作辛苦。特别是一步法，要观察熔覆区的表面镜面特征，而且工作环境相对恶劣。

经过火焰喷涂熔覆后，涂层具有以下特点：

1）涂层较厚，通常为 2~3mm，甚至 5~6mm。

第7章 控制阀制造技术

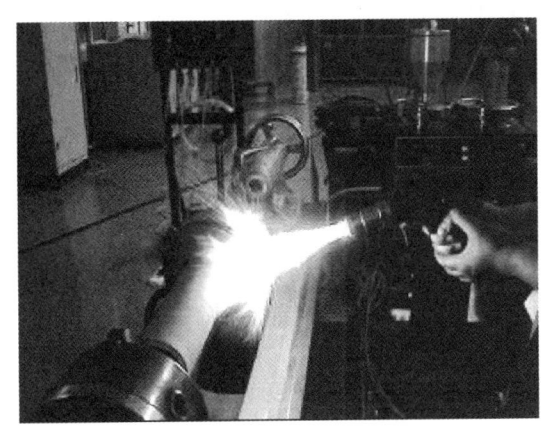

图 7-64　火焰喷涂过程

2）工件表面与喷涂涂层之间为牢固的冶金结合，结合强度在 300~700MPa 之间。

3）可以在较为复杂的型面上进行喷涂加工，并且达到较厚的厚度。

4）由于温度较高，喷涂原件要预留加工尺寸，应考虑变形因素对最终产品尺寸的影响。

5）喷焊后应进行缓慢冷却处理，防止产生变形和由于热应力而产生的裂纹。

在熔覆过程中，为保证产品冶金熔池，对操作人员的操作手艺要求较高。针对这一问题，目前国内外都陆续在开发温度传感式的自动熔覆工艺。

2. 真空熔覆技术

真空熔覆是一种源于真空烧结技术的工艺，它能够在钢制基体的表面进行复合涂层的制备，与真空烧结技术不同的是，真空熔覆技术是将粉末通过热喷涂或者涂抹的方式将涂层材料先预置在基体的表面上，然后通过真空炉对其进行辐射加热，从而使得一部分的涂层材料发生熔化，接着进行保温处理，使得涂层材料与钢制基体进行充分的原子扩散。同时，黏结相与硬质相之间也会发生充分的反应，而后进行随炉冷却，冷却至约 200℃，最后即可得到基体与涂层、黏结相与硬质相之间具有牢固冶金结合的较为致密的涂层。

常规的氧乙炔火焰熔覆虽成本低廉，但涂层粗糙，氧化严重且合格率低。氧乙炔火焰熔覆生产效率相对较低，工作强度相对较大，对工人的操作技能要求比较高，无法制定精确的工艺方法，全凭工人个人经验，不利于大规模生产的开展。由于人工操作导致工件受热温度不均匀，因而涂层组织不均匀，性能不均匀，与基体的结合强度差。与其相比，真空熔覆涂层有以下优点：

1）真空熔覆技术可以较好地改善黏结相和碳化物之间的浸润角，同时能够对颗粒表面的氧化膜进行去除；能够彻底除去成形剂和溶于金属中的空隙和气体；能够使得合金组织得到改善和收缩，并去除残留的油脂，从而使得材料的各个性能得到优化。

2）真空熔覆技术可根据需要进行涂层成分的调节。涂层的显微硬度变化范围一般在 500～1300HV 之间，这是氧乙炔火焰熔覆难以达到的。真空熔覆技术不仅可以使用自熔性合金粉末，还可以添加纯金属粉末以及其他高硬度粉末等。

3）真空熔覆技术涂层的厚度可以在 0.05～16mm 范围内根据需求进行选择，对于薄涂层来说，一般用于防护。对于厚涂层来说，一般用作耐磨涂层，它与基体结合紧密，不易破裂，因而能够承受较大的冲击。

4）通过真空熔覆技术得到的涂层具有硬度、组织均匀的特点，而其他熔覆技术制备的涂层存在成分偏析、熔池搭接和涂层硬度、组织不均匀的现象。在真空熔覆工艺过程中，熔融态涂层和基体之间能够产生充分的相互扩散，因而两者产生紧密的冶金结合，结合强度能够达到 380MPa，远远优于通过其他喷涂工艺制备的涂层。

5）真空熔覆设备相较于其他喷涂工艺所使用的设备更为简便，并且利用热电偶可以严格控制熔覆过程中的温度，从而保证熔覆质量。为了有效降低热应力、满足强度要求，采用分段保温的方式进行降温。

DZS-90 型加压气冷真空烧结炉可用于镍基合金和不锈钢制品的真空烧结处理、真空焊接处理、真空退火处理、真空回火处理和真空脱气处理等工艺，主要用途是工件的合金涂层的真空烧结。该设备的主要技术参数见表 7-32。

该工艺亦存在如下不足之处：

第7章 控制阀制造技术

1）在真空的条件下，某些蒸气压高于炉内压力的合金元素将会产生蒸发，因此应对真空度进行一定程度上的降低。

2）真空熔覆过程中的升温阶段将会有脱碳现象产生，在温度升高的过程中，炉内存有一些残留的空气、水分以及粉末中存在的氧化杂质等，这些物质与碳化物中碳发生反应，从而产生 CO 并排出，导致合金中的碳含量降低，同时，炉压会产生明显的提高。因此，即使存在含碳材料的补充还原，但是总体上来说合金发生了脱碳。

表 7-32 DZS-90 型加压气冷真空烧结炉主要技术参数

技术参数	数值
有效工作区尺寸/mm	900×600×600（长×宽×高）
装载量/kg	500（含工装）
最高温度/℃	1150
工作温度/℃	1050
炉温均匀性/℃	±5
炉温稳定性/℃	±1
极限真空度/Pa	0.8（充分烘炉后空载）
工作真空度/Pa	500（充分烘炉后空载）
压升率/(Pa/h)	0.67（充分烘炉后空载）
加热功率/kW	90
整机功率/kW	110
空炉升温时间/min	≤50（从室温升至1050℃）
降温时间/h	≤4（降温至50℃）
气冷压强/MPa	<0.2
冷却水用量	≥25m^3/h

单室卧式内热型真空电阻炉是由真空炉主机（见图 7-65）、风冷系统、真空系统、电气控制系统、回充气体系统、气动系统和水冷却系统等组成。

真空炉主机由炉体、炉盖、加热室和风冷系统等组成。炉体和炉盖为双壁水冷夹层结构，内外壁均为碳素钢制造。炉体与炉盖之间的密封采用双向锁圈密封结构，保

图 7-65 真空炉主机

证了正反两个方向的压力密封，锁圈的启闭为气动。加热室由隔热层、加热元件和炉床等部分组成（见图 7-66）。隔热层为多层碳毡和陶瓷保温毡组成的圆筒形反射屏，用石墨绳固定在最外层支架上。在加热室底部设置有滚轮和导轨。加热元件为石墨管，用绝缘陶瓷固定在加热室内壁。炉床由石墨床和石墨支柱组成。加热室在炉盖端和炉体中部均设有观察孔（见图 7-67），观察孔的有效直径均为 8cm，且具有隔热装置，可方便从观察孔不同视角观察零件在炉内加热、升温和降温等状况。

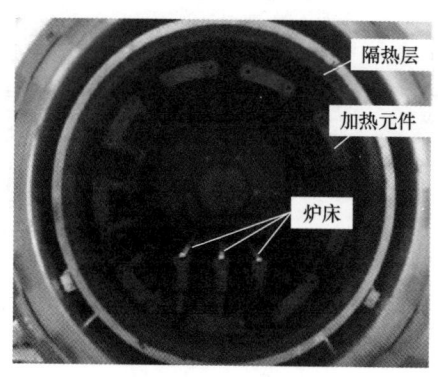

图 7-66 加热室

风冷系统由高速风机、离心式叶轮、高效换热器、加热室前后风门和导流罩等组成，实现快速均匀冷却。可通过调节气冷压强调整工件冷却速度，气冷压强可在 0.08～0.2MPa 之间调节。

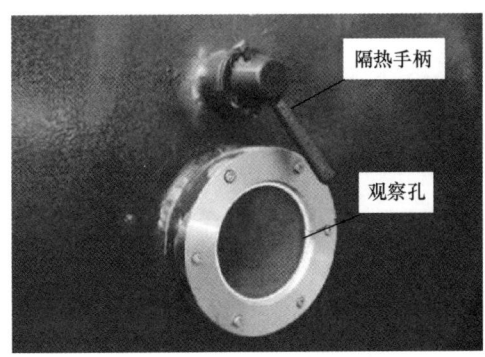

图 7-67　观察孔

真空系统由 ZJ-600 罗茨泵（见图 7-68）、2X-70 机械泵（见图 7-69）和真空挡板阀等组成。真空机组为顺序动作，具有互锁和安全操作功能。在机械泵工作到极限时，通过罗茨泵可将炉内真空度降到更低。

图 7-68　ZJ-600 罗茨泵

图 7-69　2X-70 机械泵

电气控制系统（见图7-70）由晶闸管调压器及高精度控温仪表构成的温度可编程序控制系统和由 PLC 控制的机械动作可编程序控制系统等组成，可实现全自动程序操作，并兼有一套手动操作功能。

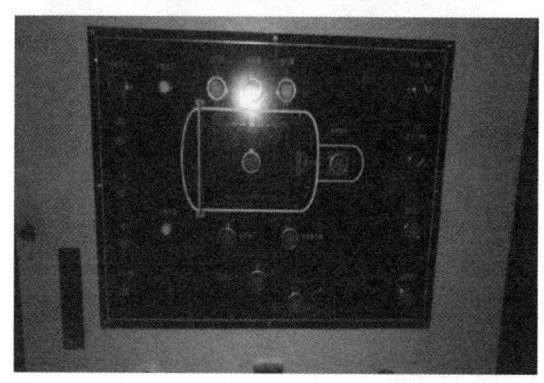

图 7-70　电气控制系统

回充气体系统由快充阀、微充阀、手动开关、管路、储气罐构成的充气系统和安全阀等组成，可通过电磁阀实现自动快速充气，也可手动充气。冷却时形成强制对流循环冷却。该系统为烧结产品提供了调节真空度的功能，可在烧结过程中对真空环境进行微调，适应烧结工艺的不同要求。

气动系统由油雾器、油水分离器、换向阀、气缸和管路等组成。

水冷却系统由不锈钢截止阀、电接点压力表、管路、水流观察及断电供水保护系统、冷却塔（见图7-71）等组成。该系统由主供水管将水分配到各冷却部位，最后汇流到回水箱。该系统采用开放式水循环系统集中供水，并在主供水管路上装有城市供水接口，可接入自来水，防止因意外断电对真空炉造成损害。主管路上还装有水压表，可有效监控主管路水压，并在超压或欠压时发出报警信号，并自动采取相应的保护措施。

工装（见图7-72）选择石墨作为工装材料，石墨在高低温时（0～2500℃）的电阻值变化比金属的电阻值变化要小很多。以 DN80 的球芯为例，该工装可一次性装载 20 个。同时可根据不同工件对工装进行拆卸组合。

第7章 控制阀制造技术

图 7-71 冷却塔

图 7-72 石墨工装

真空熔覆再制造技术过程如下：

1）表面净化。表面净化的目的是除去工件表面的污垢，以免影响涂层与基体之间的结合力。待污垢去除之后，应尽量保持工件表面清洁。当待喷工件搬运时，要使用清洁工具，以免沾染灰尘和手印，从而导致表面发生二次污染。

2）表面粗化。采用喷砂的方法对工件表面进行粗化处理。

3）预热处理。采用氧乙炔火焰熔覆设备，在不送粉的情况下，对工件进行均匀预热。

4）涂层制备。采用氧乙炔火焰熔覆设备（见图 7-73），开启送粉装置（粉材为特制镍基粉末 Ni35、Ni55、Ni60），在工件表面形成涂层，不同工件分别使用不同粉材并做标记。涂层制备完成后，将所有工件放入蛭石箱进行缓冷保温处理。

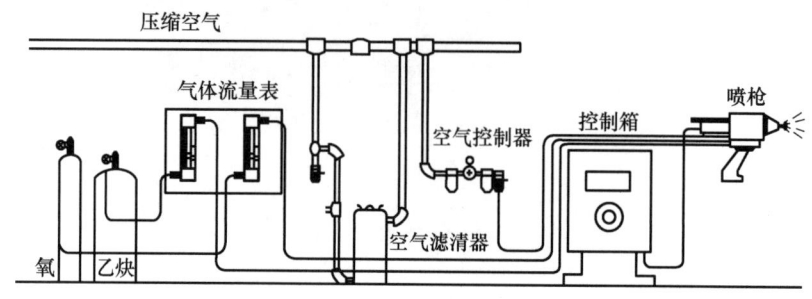

图 7-73　氧乙炔火焰熔覆设备

5）真空熔覆。将所有待熔覆工件集中放入真空炉加热室（不同种类工件分不同批次进炉），按指定工艺编辑合理的加热曲线，遵循操作规程，开启真空炉。

6）取出工件。工件温度降至 200℃ 左右时，取出所有工件。观察其表面，若无缺陷，即可送至车削（冷至室温），并进行硬度检测或耐磨试验。

图 7-74 为三偏心蝶阀密封环熔覆图，其表面成形良好，涂层平整均匀，未发现脱落、凸起、翘边等现象。图 7-75 为球芯熔覆图，其表面成形良好，涂层平整均匀，未发现脱落、凸起、翘边等现象。图 7-76 为球芯熔覆面和已加工面的对比，已加工面上未发现缺陷。

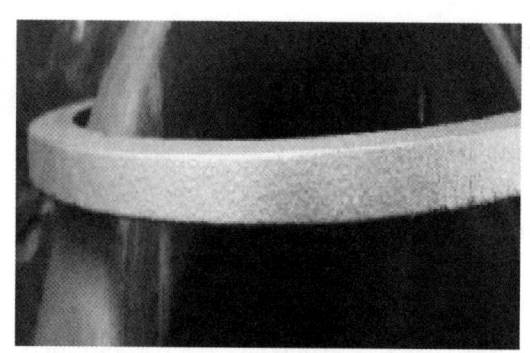

图 7-74　三偏心蝶阀密封环熔覆图

图 7-77 为球芯熔覆图（有凸起），经分析，有凸起的原因是由于保温时间较长，熔融状态下的涂层在重力作用下，最终在球芯最低处聚积形成凸起。图 7-78 为失败的

第7章 控制阀制造技术

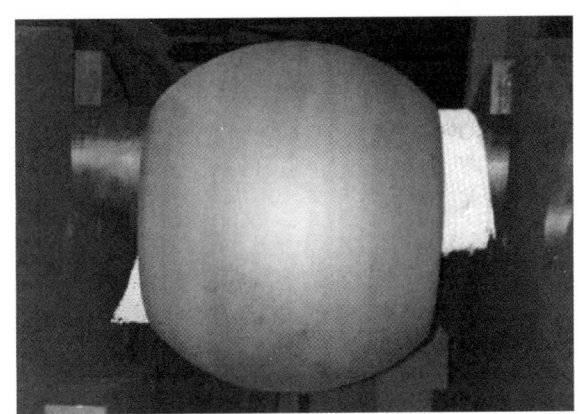

图 7-75 球芯熔覆图

图 7-76 球芯熔覆面和已加工面

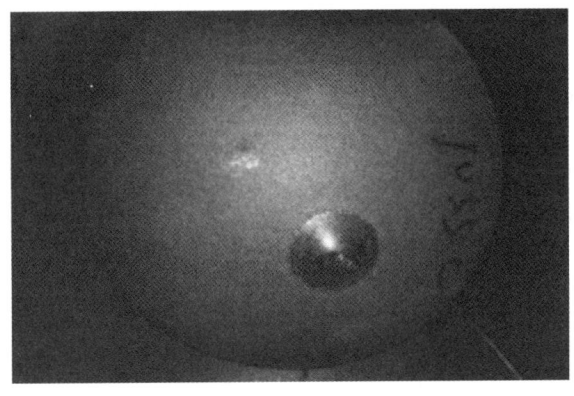

图 7-77 球芯熔覆图（有凸起）

球芯熔覆图（翘边），经分析，失败原因是喷砂不彻底，导致涂层与基体结合强度降低，加热后翘边。

图 7-78　球芯熔覆图（翘边）

3. 激光熔覆

激光熔覆（Laser Cladding）技术是利用激光加热熔化的方法把具有特殊性能的材料涂覆在基体的表面，从而获得和基体结合良好并具有优异性能的熔覆层。激光熔覆技术可以在材料表面制备出具有优异耐磨性、耐蚀性、耐热性、抗氧化性、抗疲劳性或者具有特殊功能效应的熔覆层，使用较低的成本，大幅提高材料表面性能，从而延长零部件的寿命，扩大应用领域。

激光熔覆技术（见图 7-79）涉及多个学科领域，能够进行工件的表面改性以及损伤工件的修复，不但能够满足不同工况对材料表面性能的要求，还能够节约材料，降低成本。因此，其应用越来越广泛，受到国内外的普遍重视。

20 世纪 70 年代以来，大功率激光器不断发展，随之兴起的激光熔覆技术成为了激光表面改性技术的一个分支。激光熔覆技术的功率密度介于激光合金化和激光淬火之间，其范围是 $10^4 \sim 10^6 \mathrm{W/cm^2}$。

在进行激光熔覆时，激光、基体、粉末之间存在着相互作用。

当激光束照射穿过粉末时，粉末将会吸收部分激光能量，从而使较少的能量到达基体表面；粉末受到激光的加热，在粉末进入熔池前，形态将会发生一定的变化，根

第7章 控制阀制造技术

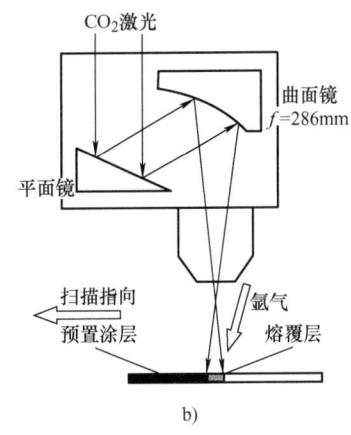

a)   b)

图 7-79 激光熔覆的原理示意图

a) 激光熔覆 b) 原理示意图

据吸收的能量进行分类,可分为熔化态、半熔化态和未熔相变态三种。

激光与粉末相互作用使得能量产生衰减,衰减后的能量又作用于基体使其发生熔化并产生熔池,而熔池的熔深取决于这部分能量,从而影响了熔覆层的稀释率。

送粉口喷出合金粉末,合金粉末由于载气流的吹动而发散,使得部分合金粉末无法到达熔池而是飞溅在基体表面。

激光熔覆中最常用的材料为合金粉末,按照送粉方式,激光熔覆主要分为以下两种方式:预置粉激光熔覆和同步送粉激光熔覆。

预置粉激光熔覆是将熔覆材料通过一定的方式预置在基材的表面,然后进行激光扫描,将预置好的熔覆材料进行熔化和凝固,熔覆材料一般的形式为丝、粉、板,其中用得最多的熔覆材料是合金粉末。预置粉激光熔覆的工艺流程为基材表面处理→预置合金粉末→预热→激光扫描→后处理。

同步送粉激光熔覆利用送粉或送丝装置将熔覆材料直接送入激光束中,在送粉或送丝的同时进行熔覆。同步送粉激光熔覆的工艺流程为基材的表面处理→送入熔覆材料并进行激光扫描熔化→后处理。目前主要有侧向送粉和同轴送粉两种同步送粉方式。

同步送粉激光熔覆的示意图如图 7-80 所示。首先，激光在基体上按一定路径扫描照射使基体表面生成液态熔池，与此同时，载气流吹动合金粉末使其从送粉喷嘴喷出，而后合金粉末与激光发生相互作用并进入熔池。送粉喷嘴跟随激光束同步运动，从而在基体表面生成熔覆层。

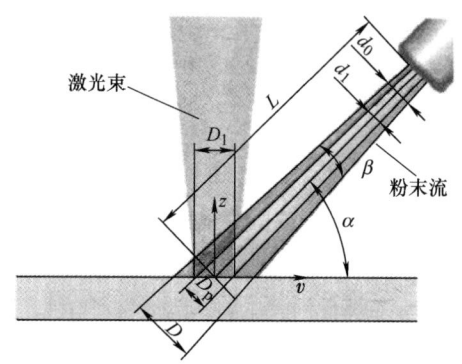

图 7-80　同步送粉激光熔覆的示意图

同步送粉法能够完全实现自动化，粉末对激光能量的吸收率相对较高，熔覆层的内部缺陷较少，特别是进行金属陶瓷熔覆时，利用同步送粉的方式能够显著降低熔覆层的裂纹敏感度，并且使得熔覆层中的硬质相分布均匀。若加入保护气，可以防止熔池发生氧化，获得表面成形良好的熔覆层。

利用载气喷注将粉末送入熔池成效较高，这是由于熔化的粉末层将激光束与材料的相互作用区覆盖，能够提高粉末的能量吸收率。这时稀释率由送粉速率控制，而非激光功率密度。气动传送粉末技术的送粉系统示意图如图 7-81 所示，该送粉系统由底部具有测量孔的漏料箱组成。金属粉末通过漏料箱进入送粉管道，该管道与氩气气瓶相连接，粉末由氩气流带出。为了能够得到比较均匀的粉末流，粉末漏料箱与振动器相连接。通过对测量孔和氩气流速进行控制能够调整送粉的速率。送粉速率能够影响熔覆层的成形以及稀释率、孔隙率和结合强度。

激光熔覆技术具有冷却速度高（可以达到 $10^5 \sim 10^6 \, \text{K/s}$），熔覆层组织为快速凝固组织的特点，因此，通过这种技术能够获得非平衡态的新相以及晶粒细化的组织。

第7章 控制阀制造技术

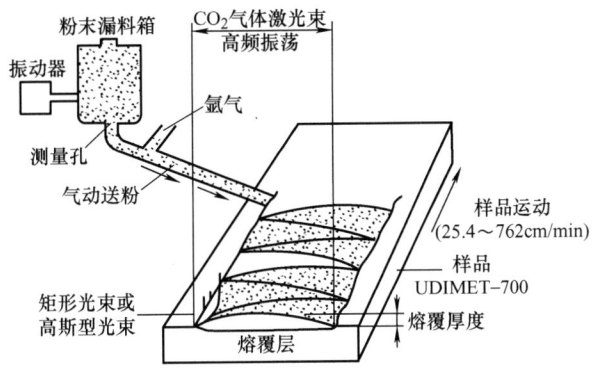

图 7-81 气动传送粉末技术的送粉系统示意图

激光熔覆技术热输入相对较小，产生的畸变也较小，一般来说，其稀释率低于5%，稀释率也较小，另外，熔覆层与基体在激光的作用下能够产生牢固的冶金结合。通过调整激光熔覆的工艺参数，能够得到冶金结合良好、稀释率较低的熔覆层，并且能够通过调整，控制熔覆层的稀释率和成分。

对于激光熔覆技术来说，其合金粉末的选择基本没有限制，大部分的合金能够在基体表面上进行熔覆，尤其适用于高熔点的合金以及在低熔点的基体上熔覆高熔点的合金。

对于激光熔覆技术来说，其制备的涂层厚度范围比较大，一般来说，单道熔覆层的厚度在 0.2~2mm 之间，并且能够得到细密的微观组织。利用该技术制备的熔覆层中，甚至能够产生非晶相、亚稳定相、超弥散相等，微观缺陷较少，且熔覆层与基体之间结合强度较高，性能优异。

利用激光熔覆技术能够实现选区熔化，降低材料的消耗，特别是进行高速、高功率密度的激光熔覆时，其表面质量能够达到工件装配公差以下。

对于难以到达的区域和复杂结构的工件来说，利用光束瞄准依然可以应用激光熔覆技术，另外，由于工艺过程易于控制，可以实现自动化。

激光熔覆技术和激光合金化技术都是利用高能量密度的激光束在基体表面形成与基体结合良好、成分和性能可控的熔覆层。两者虽然相似，但在本质上具有一定的区别，激光熔覆过程中，熔覆材料完全被激光束熔化，而基体表面熔化较少，因此，基体对熔覆层成分影响不大；激光合金化技术是通过激光束照射使得基体表面发生熔化，同时引入所需合金元素，从而在基体表面获得具有所需性能的新的合金层。

激光熔覆前需要对基体表面进行一定的处理，除去基体表面的污物和水分等，以防将其引入熔覆层内部导致缺陷的形成，从而使得熔覆层成形不良、性能降低。对于牢固黏结在基体表面的污物，通过机械喷砂工艺可对其进行去除，此外，喷砂能够提高基体表面的粗糙度，从而使得基体对激光的吸收率升高。同时，也可以通过加热清洗剂来清理油污。为了除去粉末表面吸附的水分，保证熔覆层的质量，在使用前应对粉末进行一定时间、一定温度的烘干处理。

激光熔覆能够以单道、多道、单层乃至于多层的形式进行熔覆，根据熔覆层的要求，可以选择不同的形式，为了制备大面积和大厚度的熔覆层，可采用多层多道的工艺方案。如图7-82所示为激光熔覆多道搭接示意图与试样表面形貌。

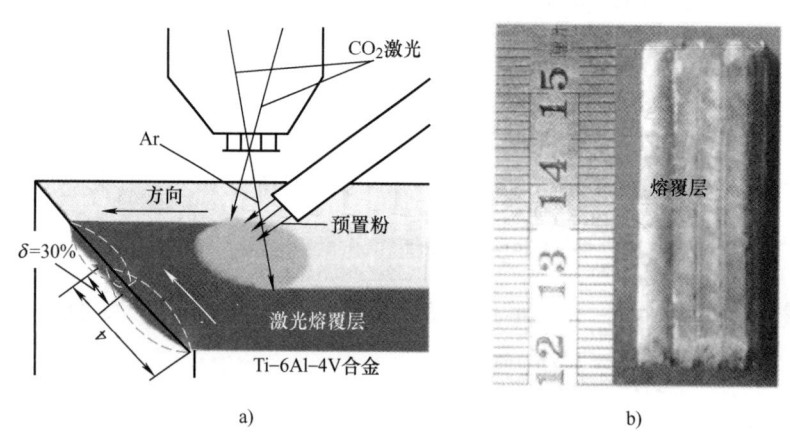

图7-82 激光熔覆多道搭接示意图与试样表面形貌

a）激光熔覆示意图 b）熔覆层表面形貌

熔覆工艺决定了激光熔覆层成形的质量。通过优化激光熔覆工艺参数，可以获得成形质量高、冶金结合好的熔覆层，熔覆层的微观组织致密并且无缺陷存在。为了防止熔池发生氧化，在熔覆过程中应该采用氩气保护。当扫描速度一定时，通过提高送粉速率，可增加熔覆层厚度，而熔覆宽度变化较小。当送粉速率一定时，通过提高扫描速度，可降低熔覆层厚度，同时熔覆层宽度也相应减小。

送粉速率与熔覆层成形的关系如图7-83所示。通过增加送粉速率，使得激光利用率提高，但当送粉速率提高到一定程度时，无法形成结合良好的熔覆层。这是由于粉末与激光会发生相互作用，当送粉量较大时，将会产生激光的漫反射，从而增大激光与粉末的相互作用时间，导致基体对激光能量的吸收减少，基体熔化程度不足，使得熔覆层与基体之间无法产生良好的冶金结合。

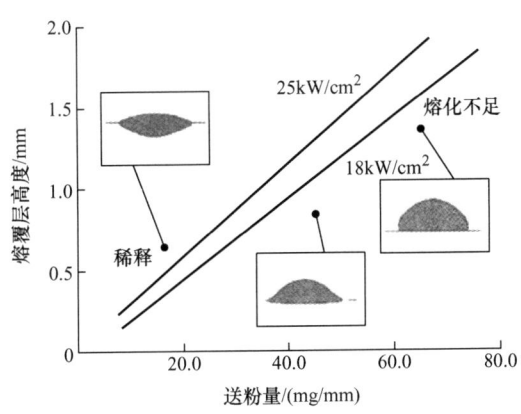

图7-83　送粉速率与熔覆层成形的关系

因此，在激光熔覆过程中，为了使基体与熔覆层之间产生良好的冶金结合，基体表面必须吸收部分激光能量，产生一定程度上的熔化，故而，基体将无法避免对于熔覆层的稀释。而当基体对熔覆层稀释较大时，将会对熔覆层的性能产生较大的影响，因此应该控制稀释率。在保证基体和熔覆层产生良好的冶金结合的前提下，尽可能降低基体对熔覆层的稀释率。在结合界面处产生致密的互扩散带是基体与熔覆层结合良好的标志。

当熔覆材料与基体的熔点差距较大时，将导致可选的工艺参数较少，无法形成质量较好的熔覆层。一般来说，熔覆材料的润湿性越好，越容易铺展在基体的表面上，从而得到成形质量较高的熔覆层。

激光熔覆层的厚度比激光表面合金化的大，可达几毫米。激光束以 10～300Hz 的频率相对于试件移动方向进行横向扫描所得的单道熔覆宽度可达10mm。熔覆速率可从每秒几毫米到大于100mm/s。激光熔覆层的质量，如致密度、与基材的结合强度和硬度，均好于热喷涂层（包括等离子弧喷涂层）。表7-33为典型的熔覆涂层性能参数和应用范围。

表7-33 典型的熔覆涂层性能参数和应用范围

粉末名称	Ni60A	Ni55A	Ni60C	Ni60A + WC
粉末粒度	-150/300目			
涂层推荐厚度	0.8mm			
涂层硬度 HRC	55~62	52~58	55~62	58~67
结合强度	半冶金			
推荐使用温度	<550℃			
基体材料	钢制件表面			
设备条件	有效加热区尺寸（长×宽×高）900mm×600mm×600mm			
不可熔覆材质	17-4PH、2Cr13、F91			
应用范围	550℃以下高温高压阀门密封面、非氧化性酸腐蚀介质	550℃以下高温高压阀门密封面、非氧化性酸腐蚀介质	耐海水腐蚀的阀门密封面	适用于550℃以下高温高压阀门密封面、非氧化性酸腐蚀介质和高磨损的工况。耐蚀性比Ni60A低

7.3.4 表面热处理

表面热处理是通过对钢件表面的加热、冷却来改变表层力学性能的金属热处理工艺。表面淬火是表面热处理的主要内容，其目的是获得高硬度的表面层和有利的内应力分布，以提高工件的耐磨性能和抗疲劳性能。表面热处理的内容主要有以下几种。

（1）表面淬火

通过不同的热源对工件进行快速加热，当零件表层温度达到临界点以上（此时工件心部温度处于临界点以下）时迅速予以冷却，这样工件表层得到了淬硬组织而心部仍保持原来的组织。为了达到只加热工件表层的目的，要求所用热源具有较高的能量密度。根据加热方法不同，表面淬火可分为感应（高频、中频、工频）淬火、火焰淬火、接触电阻加热淬火、电解液淬火、激光淬火和电子束淬火等。工业上应用最多的为感应淬火和火焰淬火。

1）接触电阻加热淬火。通过电极将小于5V的电压加到工件上，在电极与工件接触处流过很大的电流,并产生大量的电阻热,将工件表面加热到淬火温度,然后把电极移去,热量即传入工件内部而表面迅速冷却,即达到淬火目的。当处理长工件时,电极不断向前移动,留在后面的部分不断淬硬。这一方法的优点是设备简单,操作方便,易于自动化,工件畸变极小,不需要回火,能显著提高工件的耐磨性和抗擦伤能力,但淬硬层较薄(0.15~0.35mm),显微组织和硬度均匀性较差。这种方法多用于铸铁做的机床导轨的表面淬火,应用范围不广。

2)电解液淬火。将工件置于酸、碱或盐类水溶液的电解液中,工件接阴极,电解槽接阳极。接通直流电后电解液被电解,在阳极上放出氧气,在工件上放出氢气。氢气围绕工件形成气膜,成为一电阻体而产生热量,将工件表面迅速加热到淬火温度后断电,气膜立即消失,电解液即成为淬冷介质,使工件表面迅速冷却而淬硬。常用的电解液为含5%~18%碳酸钠的水溶液。电解加热方法简单,处理时间短,加热时间仅需5~10s,生产率高,淬冷畸变小,适于小零件的大批量生产,已用于发动机排气阀杆端部的表面淬火。

3)激光淬火。激光在热处理中的应用研究始于20世纪70年代初,随后即由试验室研究阶段进入生产应用阶段。当经过聚焦的高能量密度(10W/cm)的激光照射金属表面时,金属表面在百分之几秒甚至千分之几秒内升高到淬火温度。由于照射点升温特别快,热量来不及传到周围的金属,因此在停止激光照射时,照射点周围的金属便起淬冷介质的作用而大量吸热,使照射点迅速冷却,得到极细的组织,具有很高的力学性能。如加热温度高致使金属表面熔化,则冷却后可以获得一层光滑的表面,这种操作称为上光。激光加热也可用于局部合金化处理,即对工件易磨损或需要耐热的部位先镀一层耐磨或耐热金属,或者涂覆一层含耐磨或耐热金属的涂料,然后用激光照射使其迅速熔化,形成耐磨或耐热合金层。在需要耐热的部位先镀上一层铬,然后用激光使之迅速熔化,形成硬的抗回火的含铬耐热表层,可以大大提高工件的使用寿命和耐热性。

4)电子束淬火。电子束热处理在20世纪70年代开始研究和应用,早期用于薄钢带、钢丝的连续退火，能量密度最高可达 10W/cm。电子束淬火除应在真空中进行外，其他特点与激光相同。当电子束轰击金属表面时，轰击点被迅速加热。电子束穿透材料的深度取决于加速电压和材料密度。例如，150kW 的电子束在铁表面上的理论穿透深度大约为 0.076mm；在铝表面上则可达 0.16mm。电子束在很短时间内轰击基体表面，表面温度迅速升高，而基体仍保持冷态。当电子束停止轰击时，热量迅速向冷基体金属传导，从而使加热表面自行淬火。为了有效地进行"自冷淬火"，整个工件的体积和淬火表层的体积之间至少要保持 5∶1 的比例。表面温度和淬透深度还与轰击时间有关。电子束热处理加热速度快，奥氏体化的时间仅需零点几秒甚至更短，因而工件表面晶粒很细，硬度比一般热处理高，具有良好的力学性能。

（2）化学热处理

将工件置于含有活性元素的介质中加热和保温，使介质中的活性原子渗入工件表层或形成某种化合物的覆盖层，以改变表层的组织和化学成分，从而使零件的表面具有特殊的机械或物理化学性能。通常在进行化学热处理的前后均需采用其他合适的热处理，以便最大限度地发挥渗层的潜力，并达到工件心部与表层在组织结构、性能等方面的最佳配合。根据渗入元素的不同，化学热处理可分为渗碳、渗氮、渗硼、渗硅、渗硫、渗铝、渗铬、渗锌、碳氮共渗和铝铬共渗等。

7.3.5 渗碳/氮技术

1. 渗氮处理

1923 年左右，由德国人 Fry 首度研究气体渗氮技术并将其工业化。由于经过该法处理的制品具有优异的耐磨性、耐疲劳性、耐蚀性及耐高温性，其应用范围逐渐扩大。例如，钻头、挤压模、压铸模、锻压机用锻造模、螺杆、连杆、曲轴、吸气及排气活门以及齿轮、凸轮等均有使用。

传统合金钢料中的铝、铬、钒及钼元素在渗氮温度中，与初生态的氮原子接触会

第7章 控制阀制造技术

生成安定的氮化物。尤其是钼元素,还可以降低在渗氮温度时所发生的脆性。其他合金钢中的元素,如镍、铜、硅、锰等,对渗氮特性并无多大的帮助。一般而言,如果钢料中含有一种或多种的氮化物生成元素,氮化后的效果比较良好。其中铝是最强的氮化物元素,含有质量分数为 0.85%~1.5% 铝的渗氮结果最佳。对含铬的铬钢而言,如果有足够的含量,也可得到很好的效果。但没有含合金的碳钢,其生成的渗氮层很脆,容易剥落,不适合作为渗氮钢。

一般常用的渗氮钢有以下六种:

1) 含铝元素的低合金钢(标准渗氮钢)。

2) 含铬元素的中碳低合金钢 SAE 4100、4300、5100、6100、8600、8700、9800 系。

3) 热作模具钢(含质量分数约为5%铬)SAE H11(SKD61)、H12、H13。

4) 铁素体及马氏体系不锈钢 SAE 400 系。

5) 奥氏体系不锈钢 SAE 300 系。

6) 析出硬化型不锈钢 17-4PH、17-7PH、A-286 等。

含铝的标准渗氮钢,在氮化后虽可得到很高的硬度及高耐磨的表层,但其硬化层也很脆。相反,含铬的低合金钢硬度较低,但硬化层比较有韧性,其表面也有相当的耐磨性。因此选用材料时,应注意材料特征,充分利用其优点,以符合零件的功能。至于工具钢,如 SAE H11(SKD61)、D2(SKD11),具有高表面硬度及高内部强度。

调质后的零件,在渗氮处理前须彻底清洗干净,大部分零件可以使用气体去油法,去油后立刻渗氮。但在渗氮前若采用抛光、研磨、磨光等方法加工,可能产生阻碍渗氮的表面层,出现氮化层不均匀等缺陷。此时宜采用下列两种方法之一去除表面层:第一种方法是在渗氮前先以气体去油,然后使用氧化铝粉做研磨清洗;第二种方法是将表面进行磷酸皮膜处理。

将被处理零件置于渗氮炉中,将炉盖密封后进行加热,但加热至150℃之前须排除炉内空气,主要目的是防止氨气分解时与空气接触而发生爆炸,还可以防止被处理物及支架的表面氧化。被处理零件装好后将炉盖封闭,通入无水氨气,其流量尽可能大;

将加热炉自动温度控制设定在150℃并开始加热（注意炉温不能高于150℃）；炉中的空气排至10%以下，或排出气体含90%以上氨气时，再将炉温升高至渗氮温度；渗氮是氨气与加热中的钢料接触时钢料本身成为触媒而促进氨分解，在各种氨气的分解率下都能渗氮，一般采用15%~30%的分解率，并按渗氮所需厚度至少保持4~10h。

大部分的工业用渗氮炉都有快速冷却功能，在渗氮完成后快速冷却加热炉和被处理零件，即渗氮完成后，将加热电源关闭，使炉温降低约50℃，然后将氨气流量增加一倍后开启快速冷却。此时须注意观察并确认炉内正压。等导入炉中的氨气稳定后，可减小氨气流量至保持炉中正压为止。当炉温下降至150℃以下时，使用前面所述排除炉内气体方法，通入空气或氮气后方可打开炉盖。

2. 渗碳硬化处理

渗碳硬化是一种表面硬化法，属于化学表面硬化法。渗碳先于钢材表面产生初生态碳，而后渗入钢表面层，逐渐扩散进入内部。初生态碳由CO或CH_4等气体分解得到。CO由含有CO的气体得到，或由固体渗碳剂产生，或由含有氰化物的盐浴提供。初始碳原子由钢表面扩散进入内部时，钢材温度须提高到奥氏体化温度范围内，使碳容易扩散，由于奥氏体组织可溶解较多的C，而铁素体则溶解能力很小，所以渗碳温度必须在实际固态相变温度以上，以便渗碳作用顺利进行。再通过其他热处理，可使得钢材表面生成高碳硬化层和内部低碳低硬度层。使零件具有表面硬而耐磨，内部韧而耐冲击的性质。

渗碳法按使用的渗碳剂可分为如下三大类：固体渗碳法，以木炭为主剂的渗碳法；液体渗碳法，以氰化钠（NaCN）为主剂的渗碳法；气体渗碳法，以天然气、丙烷、丁烷等气体为主剂的渗碳法。

固体渗碳法设备费便宜，操作简单；所需技术水平低；加热用热源可选电气、天然气、燃料油；大小工件均适用，尤其对大工件有利；适合多品种少量生产。但固体渗碳法渗碳深度及表面碳浓度不易正确调节，有过剩渗碳的倾向；处理件变形大；渗碳结束时，不易直接淬火，需再加热；作业环境不良，作业人员多。

液体渗碳法适用于中小量生产，设备费便宜，所需技术水平低；容易均热和急速加热，可直接淬火；适合小件、薄渗碳层处理件；渗碳均匀，表面呈光辉状态。液体渗碳法不适于大件的深渗碳；处理后，表面附着的盐类不易洗净，易生锈。

气体渗碳法适用于大量生产；表面碳浓度可以调节；天然气流量、温度、时间可实现自动化控制，便于管理。但气体渗碳法设备费昂贵；处理量少时成本高；需要专门的作业知识。

3. 氮碳共渗

氮碳共渗俗称低温碳氮共渗或软氮化，即在铁-氮共析转变温度以下，使工件表面在主要渗入氮的同时也渗入碳。碳渗入后形成的微细碳化物能促进氮的扩散，加快高氮化合物的形成。这些高氮化合物反过来又能提高碳的溶解度。碳氮原子相互促进便加快了渗入速度。此外，碳在氮化物中还能降低脆性。氮碳共渗后得到的化合物层韧性好、硬度高、耐磨、耐蚀、抗咬合。

常用的氮碳共渗方法有液体法和气体法。处理温度为530~570℃，保温时间为1~3h。早期的液体盐浴用氰盐，之后又出现了多种盐浴配方。常用的有两种：中性盐通氨气和以尿素加碳酸盐为主的盐，但这些反应产物仍有毒。气体介质主要有：吸热式或放热式气体加氨气；尿素热分解气；滴注含碳、氮的有机溶剂，如甲酰胺、三乙醇胺等。

氰化（Cyaniding）指高温碳氮共渗（早期的碳氮共渗是在有毒的氰盐浴中进行的）。由于温度比较高，碳原子扩散能力很强，所以以渗碳为主，形成含氮的高碳奥氏体，淬火后得到含氮的高碳马氏体。由于氮的渗入促进了碳的渗入，使共渗速度加快，保温4~6h可得到0.5~0.8mm的渗层，同时由于氮的渗入，提高了过冷奥氏体的稳定性，加上共渗温度比较低，奥氏体晶粒不会粗大，所以钢件碳氮共渗后可直接淬油，渗层组织为细针状的含氮马氏体加碳氮化合物和少量残留奥氏体。碳氮共渗层比渗碳层有更高的硬度、耐磨性、耐蚀性、弯曲强度和接触疲劳强度。但一般碳氮共渗层比渗碳层浅，所以一般用于承受载荷较轻，要求高耐磨性的零件。

氮碳共渗不仅能提高工件的疲劳寿命、耐磨性、耐蚀性和抗咬合能力，而且使用设备简单，投资少，易操作，时间短和工件畸变小，有时还能给工件以美观的外表。典型的盐浴氮碳共渗性能参数和应用范围见表7-34。

表7-34 典型的盐浴氮碳共渗性能参数和应用范围

渗氮材料属性	渗氮为连续过程；经预热、氮化、氧化，最终获得涂层； 渗氮适用于铁基材料、各类碳钢、合金钢、不锈钢；如 ASME A 篇中所列材料、GB/T 1220 中的各类材料等； 镍基合金、钴基合金等非铁基材料不可渗氮，如常用的 Inconel718、Inconel625、Alloy20、哈氏合金、蒙乃尔合金等； 已喷涂、熔覆涂层的产品不可渗氮处理； 氮化温度高达 580℃，对于要求高硬度的马氏体不锈钢，调质处理后不建议进行渗氮处理，例如，410 材质要求 32HRC 以上时、17-4PH 材质要求 32HRC 以上时等； 渗氮工件的尺寸建议直径 <700mm，高度 <800mm
渗氮层特性	渗氮层厚度≥50μm； 渗氮层硬度≥1000HV； 使用中尽量避免长期静置于含水环境中

7.3.6　固体渗硼

渗硼技术可以提高材料表面的耐磨性能、耐蚀性能、热硬性和抗高温氧化性能，渗硼工艺依据渗剂的存在状态分为：气体渗硼、液体渗硼和固体渗硼。

气体渗硼的供硼源一般为三氯化硼，也有用乙硼烷和三甲基硼，工艺温度为850~1000℃。生成的渗硼相是 Fe_2B，渗层的质量较好，渗后不需要清理。但是工艺不好控制，三氯化硼易水解，乙硼烷以氢气作为载气时，易爆炸。另外，上述气体的价格也较高。

液体渗硼主要是以盐浴渗硼为主，供硼剂以硼砂为主，配有碳化硅、硅钙、硅铁、稀土等为还原剂。盐浴的稳定性较好，可获得单相 Fe_2B，而且这类配方价格较低，因此盐浴渗硼曾经大规模应用于生产中。但熔盐的黏度不好控制，从而造成黏盐现象，渗后清洗也十分困难，熔盐对盛具、挂具有强烈的腐蚀作用。

而固体渗硼具有操作方便、渗后易于清理、适应性强和便于推广等优点，在控制阀制造领域有着广泛的应用与发展，典型固体渗硼性能参数和应用范围见表 7-35，固体渗硼阀阀芯和阀座如图 7-84 所示。

表 7-35　典型固体渗硼性能参数和应用范围

可渗硼的材料	适合固体渗硼的材料有碳钢，中、低合金钢，9Cr18MoV 等； 低碳不锈钢不建议渗硼； 渗硼温度高达 950℃； 碳钢阀体内壁有需要时可进行渗硼处理，能为阀腔内壁提供牢固的耐酸腐蚀、耐冲刷涂层； 调节阀阀腔、DN50 口径以下阀腔及流道孔等不适合进行喷涂 WC 处理的产品，可考虑进行渗硼处理
渗硼层特性	渗层硬度可达 1500HV 以上； 渗层厚度与材料种类有关，一般在 12～150um 之间，碳钢类渗层可达 100μm 以上，不锈钢类渗层厚度范围 30～50μm； 渗层耐温性良好，500℃ 以下渗层硬度基本不受温度影响； 除硝酸外，涂层耐其他酸腐蚀良好

图 7-84　渗硼阀阀芯和阀座

固体渗硼是将工件埋入含硼的介质中，或将含硼介质制成膏剂涂于工件表面，然后在箱式或井式加热炉中加热，再保温一段时间。工艺过程与渗碳极为相似。这种方法不需要专用的设备，具有操作简便、渗后易于清理、适应性强、推广容易等优点。

近些年来，受到广泛的重视，已经达到工业应用规模。从含硼介质的形式上又可以把固体渗硼分为：粉末固体渗硼和膏剂固体渗硼。粉末固体渗硼的渗剂组成分为：供硼剂、活化剂、填充剂三部分。

7.4 控制阀腐蚀与防护

腐蚀是金属机械部件最常见的失效方式之一，每年都会造成巨大的经济损失甚至严重的安全事故。通常情况下，腐蚀是从工件表面开始发生的。通过表面工程技术在金属表面形成保护性覆盖层，可避免金属与腐蚀介质直接接触，或利用覆盖层对基体金属进行电化学保护进而起到缓蚀作用，是防止或减少金属腐蚀的有效方法。因此，表面涂层技术越来越被认为是延长零部件使用寿命，提高产品耐用性和可靠性的一种有效且经济的手段。

金属腐蚀是材料受环境介质的化学作用或电化学作用而变质和被破坏的现象，这是一个自发的过程。根据金属腐蚀机理可分为电化学腐蚀和化学腐蚀两种，其中绝大多数腐蚀均是发生电化学腐蚀。

电化学腐蚀是金属在环境中与电解质溶液接触，同金属中的杂质或不同种金属之间形成电位差，构成腐蚀原电池而引起金属腐蚀的现象。腐蚀历程可分为两个独立的并同时进行的阳极（发生氧化反应）和阴极（发生还原反应）过程，反应过程中有电流产生。其可分为析氢腐蚀和吸氧腐蚀两种。腐蚀电池反应如下：阳极：$Fe \rightarrow Fe^{2+} + 2e$；阴极：$2H^+ + 2e \rightarrow 2H \rightarrow H_2$（酸性介质中的析氢反应），$O_2 + 4H^+ + 4e \rightarrow 2H_2O$ 或 $O_2 + 2H_2O + 4e \rightarrow 4OH^-$（酸性或中性介质中的吸氧反应）。

金属材料在干燥气体和非电解质溶液中发生纯化学作用而引起的腐蚀称为化学腐蚀。反应历程是材料表面原子与非电解质中的氧化剂直接发生氧化还原反应，反应过程无电流产生。例如，在钢铁冶炼过程中，高温氧化性气体作用于钢铁表面而生成氧化铁及脱碳的腐蚀现象就是化学腐蚀。

金属材料种类的多样、腐蚀环境的复杂决定了金属腐蚀防护手段的多样。防护手段大致可分为金属表面处理、电化学保护和改善腐蚀环境三大类。

7.4.1 控制阀表面处理

控制阀金属表面处理主要是指通过物理、化学及电化学手段在金属基材表面建立一种隔离保护层，以阻隔电解质溶液与基材接触，达到减缓腐蚀的目的。

1. 涂层防护

涂料涂层防腐具有悠久的历史，从最早的桐油、大漆到现在各类多样的防护涂料，涂料涂层随处可见。涂层防腐具有经济、方便、有效、应用普遍的特点。涂料涂层除防护金属免遭腐蚀的作用外，还有美观及一些特殊功能。涂料防护有施工及修复简便、不受待涂装设备大小形状限制等优点。常用的涂料施工工艺有刷涂、辊涂和喷涂等，常用的漆有环氧树脂漆、聚氨酯漆、醇酸树脂漆、酚醛树脂漆和丙烯酸树脂漆等。

2. 金属层防护

金属层防护主要是指在基材表面覆盖一层金属或合金，将保护对象同腐蚀介质隔离开，以达到对基材金属产生保护的目的。在基材表面覆盖十几微米的保护层，可以大大提高材料的耐蚀性，节省大量的资源。覆盖金属保护层的手段有电镀、化学镀、热浸镀和真空镀等。从镀层与保护金属的电极电位区分，有阳极性镀层和阴极性镀层两种。其中阳极性镀层在受到破坏后依旧对基材有保护作用，而阴极性镀层受到破坏后则会加速基材腐蚀。

针对金属腐蚀的原因可采取适当的方法防止金属腐蚀，常用的方法有：

1）改变金属的内部组织结构。例如，制造各种耐腐蚀的合金，如在普通钢铁中加入铬、镍等制成不锈钢。

2）保护层法。在金属表面覆盖保护层，使金属制品与周围腐蚀介质隔离，从而防止腐蚀。例如，在钢铁制件表面涂上机油、凡士林、油漆或覆盖搪瓷、塑料等耐腐蚀的非金属材料；用电镀、热镀、喷镀等方法，在钢铁表面镀上一层不易被腐蚀的金属，如锌、锡、铬、镍等，这些金属常因氧化而形成一层致密的氧化物薄膜，从而阻止水和空气等对钢铁的腐蚀；用化学方法使钢铁表面生成一层细密稳定的氧化膜，如在机器零件、枪炮等钢铁制件表面形成一层细密的黑色四氧化三铁薄膜等。

3）电化学保护法。利用原电池原理进行金属的保护，设法消除引起电化学腐蚀的原电池反应。电化学保护法分为阳极保护和阴极保护两大类，应用较多的是阴极保护法。

4）消除腐蚀介质。如经常擦拭金属器材、在精密仪器中放置干燥剂和在腐蚀介质中加入少量能减慢腐蚀速度的缓蚀剂等。

3. 磷化处理

磷化处理是铁、锌等金属及其合金在酸性磷酸盐溶液中浸泡，在金属表面发生化学和电化学反应并生成磷酸盐化学膜的过程，生成的磷酸盐化学膜称为磷化膜。磷化是常用的金属前处理技术，生成的磷化膜能给基材提供保护，隔绝腐蚀介质；提高涂层漆膜对基材的附着力，延长使用寿命。

7.4.2 控制阀表面防护

1. 静电吸附改性乙烯-四氟乙烯共聚物（ETFE）涂层

静电吸附改性乙烯-四氟乙烯共聚物（ETFE）涂层参数及应用范围见表7-36。

表7-36 改性乙烯-四氟乙烯共聚物（ETFE）涂层参数及应用范围

涂层材料	改性乙烯-四氟乙烯共聚物
外观	绿色（颜色具有多种选择）
表面粗糙度 Ra	$0.5 \sim 0.8 \mu m$
涂层推荐厚度	$50 \sim 70 \mu m$
结合强度	>10MPa
烘烤温度	200℃
保温时间	$45 \sim 90 min$
涂层硬度	160（邵氏硬度D/1∶60）

(续)

使用温度	<120℃
效率	1kg 粉末可喷涂零件的表面积为 5m² （按照 50% 喷涂效率计算）
应用环境	1）溶液浓度小于 30% 的酸性介质中（如稀盐酸、稀硫酸、稀硝酸）； 2）不含以下溶剂的介质中（丙酮、脱漆剂、四氯化碳）
推荐应用范围	1）零件内外表面的静态防腐涂层； 2）一次性安装的螺栓螺母； 3）填料函； 4）密封摩擦副；制备于金属表面，可与非金属进行滑动摩擦； 5）其他不做相对运动又需要一定耐蚀性能的零件表面
材料优点	1）涂层硬度相对较高，流平性好，涂层表面光滑，价格较低； 2）涂层摩擦系数低，熔点低，烘烤后变形小； 3）对于单纯耐蚀目的，表面粗糙度不做要求； 4）对于滑动摩擦接触面，如监控调压阀，表面粗糙度 $Ra<0.5\mu m$； 5）对于填料孔等静态接触面，如填料函，表面粗糙度 Ra 为 $0.8\sim1.6\mu m$

2. 油漆涂装

典型的控制阀涂装系统性能及应用见表 7-37。

表 7-37 典型的控制阀涂装系统性能及应用

一般用途	油漆配套	阀体：环氧树脂底漆 + 聚氨酯面漆
	涂层厚度	底漆≥100μm；面漆≥75μm
	适用范围	环境/介质温度 <120℃ 不锈钢砂铸件表面喷金属色漆，RaL9006 不锈钢精铸件表面不喷漆
高温环境	油漆配套	阀体：Intertherm50 硅酮高温漆
	涂层厚度	≥50μm；该漆没有底漆和面漆之分
	适用范围	环境/介质温度 <540℃ 有铝色、黑色，该漆颜色有限，不可改色
特殊环境	油漆配套	阀体环氧富锌 + 环氧云铁 + 聚氨酯
	涂层厚度	总干膜厚度一般 >200μm
	适用范围	海洋、近海环境

3. 电泳涂装

电泳涂装典型工艺参数见表7-38。

表7-38 电泳涂装典型工艺参数

涂层材料	环氧漆
外观	颜色可选，常规配套为深灰色，改漆作为底漆使用，不建议随意变更颜色
表面要求	无油污、垢、脂
表面粗糙度 Ra	25~40μm
涂层推荐厚度	>20μm
电泳前处理	除油、除脂、清洗、磷化
烘烤温度	150~180℃
保温时间	1.5h
使用温度	<120℃
推荐应用范围	1）一般零件表面防腐； 2）一次性安装的螺栓螺母； 3）其他不做相对运动又需要一定耐蚀性能的零件表面； 4）涂层较薄，不建议用于强腐蚀性环境中

7.5 材料成型技术

7.5.1 铸造技术

铸造是将熔炼后的金属液体注入铸型内，经冷却凝固获得所需形状和性能的零件的制造过程。铸造是常用的制造方法，制造成本低，工艺灵活性大，可以获得复杂形状和大型的铸件，在机械制造中占有很大的比重，如机床占60%~80%，汽车占25%，拖拉机占50%~60%。

由于现今对铸造质量、铸造精度、铸造成本和铸造自动化等要求的提高，铸造技术向着精密化、大型化、高质量、自动化和清洁化的方向发展，例如，我国这几年在精密铸造技术、连续铸造技术、特种铸造技术、铸造自动化和铸造成型模拟技术等方面发展迅速。

铸造主要工艺过程包括金属熔炼、模型制造、浇注凝固和脱模清理等。铸造用的主要材料是铸钢、铸铁和铸造有色合金（铜、铝、锌、铅等）等。

铸造工艺可分为特种铸造工艺和砂型铸造工艺。

1. 特种铸造

（1）压力铸造

压力铸造是指金属液在其他外力（不含重力）的作用下注入铸型的工艺。广义的压力铸造包括压铸机的压力铸造和真空铸造、低压铸造、离心铸造等；狭义的压力铸造专指压铸机的金属型压力铸造，简称压铸。这几种铸造工艺在有色金属铸造中最常使用，价格也相对较低。

压铸机分为热室压铸机和冷室压铸机两类。热室压铸机自动化程度高，材料损耗少，生产效率比冷室压铸机更高，但受机件耐热能力的制约，还只能用于锌合金、镁合金等低熔点材料的铸件生产。当今广泛使用的铝合金压铸件，由于熔点较高，只能在冷室压铸机上生产。压铸的主要特点是金属液在高压、高速下充填型腔，并在高压下成型、凝固。压铸件的不足之处是：因为金属液在高压、高速下充填型腔的过程中，不可避免地把型腔中的空气夹裹在铸件内部，形成皮下气孔，所以铝合金压铸件不宜热处理，锌合金压铸件不宜表面喷塑（但可喷漆），否则，铸件内部气孔在做上述处理加热时，将遇热膨胀而致使铸件变形或鼓泡。此外，压铸件的机械切削加工余量也应取得小一些，一般在 0.5mm 左右，既可减轻铸件重量、减少切削加工量以降低成本，又可避免穿透表面致密层，露出皮下气孔，造成工件报废。

（2）金属型铸造

金属型铸造是用金属（耐热合金钢、球墨铸铁、耐热铸铁等）制作的铸造用中空铸型模具的现代工艺。

金属型既可采用重力铸造,也可采用压力铸造。金属型的铸型模具能反复多次使用,每浇注一次金属液,就获得一次铸件,寿命长,生产效率高。金属型的铸件不但尺寸精度好,表面光洁,而且在浇注相同金属液的情况下,其铸件强度要比砂型的高,不容易损坏。因此,在大批量生产有色金属的中、小铸件时,只要铸件材料的熔点不过高,一般都优先选用金属型铸造。但是,金属型铸造也有一些不足之处:金属型的模具费用昂贵,对小批量生产而言,分摊到每件产品上的模具费用明显过高,一般不易接受;又因为金属型的模具受模具材料尺寸和型腔加工设备、铸造设备能力的限制,对特别大的铸件也显得无能为力,因而在小批量及大件生产中,很少使用金属型铸造。此外,金属型模具虽然采用了耐热合金钢,但耐热能力仍有限,一般多用于铝合金、锌合金、镁合金的铸造,在铜合金铸造中已较少应用,而用于黑色金属铸造就更少了。

(3) 熔模铸造

失蜡法铸造现称熔模铸造,是一种少切削或无切削的铸造工艺,是铸造行业中一项优异的工艺技术,其应用非常广泛。它不仅适用于各种类型、各种合金的铸造,而且生产出的铸件尺寸精度、表面质量比其他铸造方法要高,甚至其他铸造方法难以铸造的复杂、耐高温、不易于加工的铸件,均可采用熔模铸造铸得。

熔模铸造是在古代蜡模铸造的基础上发展起来的。作为文明古国,我国是使用这一技术较早的国家之一,远在公元前数百年,我国古代劳动人民就创造了这种失蜡铸造技术,用来铸造带有各种精细花纹和文字的钟鼎及器皿等制品,如战国早期时的曾侯乙尊盘等。曾侯乙尊盘底座为多条相互缠绕的龙,它们首尾相连,上下交错,形成中间镂空的多层云纹状图案,这些图案用普通铸造工艺很难制造出来,而用失蜡法铸造工艺,可以利用石蜡没有强度、易于雕刻的特点,用普通工具就可以雕刻出与所要得到的曾侯乙尊盘一样的石蜡材质的工艺品,然后再附加浇注系统,经涂料、脱蜡、浇注,就可以得到精美的曾侯乙尊盘。

熔模铸造方法在工业生产中得到实际应用是在20世纪40年代。当时航空喷气发动

第7章 控制阀制造技术

机的发展,要求制造像叶片、叶轮、喷嘴等形状复杂、尺寸精确以及表面光洁的耐热合金零件。由于耐热合金材料难于机械加工,零件形状复杂,以致不能或难以用其他方法制造,因此,需要寻找一种新的精密的成型工艺,于是借鉴古代流传下来的失蜡铸造,经过对材料和工艺的改进,熔模铸造方法在古代工艺的基础上获得重要的发展。所以,航空工业的发展推动了熔模铸造的应用,而熔模铸造的不断改进和完善,也为航空工业进一步发展创造了有利的条件。

20 世纪 50~60 年代,我国开始将熔模铸造应用于工业生产中。其后这种先进的铸造工艺得到巨大的发展,相继在航空、汽车、机床、船舶、内燃机、汽轮机、电信仪器、武器、医疗器械以及刀具等制造工业中被广泛采用,同时也用于工艺美术品的制造。

所谓熔模铸造工艺,简单说就是用易熔材料(如蜡料或塑料)制成可熔性模型(简称熔模或模型),在其上涂覆若干层特制的耐火涂料,经过干燥和硬化形成一个整体型壳后,再用蒸汽或热水从型壳中熔掉模型,然后把型壳置于砂箱中,在其四周填充干砂造型,最后将铸型放入焙烧炉中进行高温焙烧(如采用高强度型壳时,可不必造型而将脱模后的型壳直接焙烧),铸型或型壳经焙烧后,于其中浇注熔融金属而得到铸件。

熔模铸件尺寸精度较高,一般可达 CT4~6(砂型铸造为 CT10~13,压铸为 CT5~7),当然,由于熔模铸造的工艺过程复杂,影响铸件尺寸精度的因素较多,例如,模料的收缩、熔模的变形、型壳在加热和冷却过程中的线量变化、合金的收缩率以及在凝固过程中铸件的变形等,所以普通熔模铸件的尺寸精度虽然较高,但其一致性仍需提高(采用中,高温蜡料的铸件尺寸一致性要提高很多)。

压制熔模时,采用型腔表面光洁的压型,因此,熔模的表面也比较光洁。此外,型壳由耐高温的特殊黏结剂和耐火材料配制成的耐火涂料涂挂在熔模上而制成,与熔融金属直接接触的型腔内表面光洁,所以,熔模铸件的表面质量比一般铸件的高,一般可达 $Ra1.6 \sim 3.2 \mu m$。

熔模铸造最大的优点就是由于熔模铸件有着很高的尺寸精度和表面质量，所以可减少机械加工工作，只是在零件上要求较高的部位留少许加工余量即可，甚至某些铸件只留打磨、抛光余量，不必机械加工即可使用。由此可见，采用熔模铸造方法可大量节省机床设备和加工工时，大幅度节约金属原材料。

熔模铸造方法的另一优点是，它可以铸造各种合金的复杂的铸件，特别可以铸造高温合金铸件。例如喷气式发动机的叶片，其流线型外廓与冷却用内腔，用机械加工工艺几乎无法完成。用熔模铸造工艺生产不仅可以做到批量生产，保证了铸件的一致性，而且避免了机械加工后残留刀纹的应力集中。

（4）消失模铸造

消失模铸造技术（EPC 或 LFC）是用泡沫塑料制作成与零件结构和尺寸完全一样的实型模具，经浸涂耐火黏结涂料，烘干后进行干砂造型，振动紧实，然后浇入金属液使模样受热气化消失，而得到与模样形状一致的金属零件的铸造方法。消失模铸造是一种近无余量、精确成型的新技术，它不需要合箱取模，使用无黏结剂的干砂造型，减少了污染，被认为是 21 世纪最可能实现绿色铸造的工艺技术。

消失模铸造技术主要有以下几种：

1）压力消失模铸造技术。压力消失模铸造技术是消失模铸造技术与压力凝固结晶技术相结合的铸造新技术，它是在带砂箱的压力罐中，浇注金属液使泡沫塑料气化消失后，迅速密封压力罐，并通入一定压力的气体，使金属液在压力下凝固结晶成型的铸造方法。这种铸造技术的特点是能够显著减少铸件中的缩孔、缩松、气孔等铸造缺陷，提高铸件致密度，改善铸件力学性能。

2）真空低压消失模铸造技术。真空低压消失模铸造技术是将负压消失模铸造方法和低压反重力浇注方法复合而发展的一种新铸造技术。真空低压消失模铸造技术的特点是：综合了低压铸造与真空消失模铸造的技术优势，在可控的气压下完成充型过程，大大提高了合金的铸造充型能力；与压铸相比，设备投资小、铸件成本低、铸件可热处理强化；而与砂型铸造相比，铸件的精度高、表面粗糙度值小、生产率高、性能好；

反重力作用下，直浇道成为补缩短通道，浇注温度的损失小，液态合金在可控的压力下进行补缩凝固，合金铸件的浇注系统简单有效、成品率高、组织致密；真空低压消失模铸造的浇注温度低，适合于多种有色合金。

3）振动消失模铸造技术。振动消失模铸造技术是在消失模铸造过程中施加一定频率和振幅的振动，使铸件在振动场的作用下凝固，由于消失模铸造凝固过程中对金属溶液施加了一定时间振动，振动力使液相与固相间产生相对运动，而使枝晶破碎，增加液相内结晶核心，使铸件最终凝固组织细化、补缩提高，力学性能改善。该技术利用消失模铸造中现成的紧实振动台，通过振动电动机产生的机械振动，使金属液在动力激励下生核，达到细化组织的目的，是一种操作简便、成本低廉、无环境污染的方法。

4）半固态消失模铸造技术。半固态消失模铸造技术是消失模铸造技术与半固态技术相结合的新铸造技术，由于该工艺的特点在于控制液固相的相对比例，也称转变控制半固态成形。该技术可以提高铸件致密度、减少偏析、提高尺寸精度和铸件性能。

5）消失模壳型铸造技术。消失模壳型铸造技术是熔模铸造技术与消失模铸造技术结合起来的新型铸造方法。该方法是将用发泡模具制作的与零件形状一样的泡沫塑料模样表面涂上数层耐火材料，待其硬化干燥后，将其中的泡沫塑料模样燃烧气化消失而制成型壳，经过焙烧，然后进行浇注，从而获得较高尺寸精度铸件的一种新型精密铸造方法。它具有消失模铸造中的模样尺寸大、精密度高的特点，又有熔模精密铸造中结壳精度、强度等优点。与普通熔模铸造相比，其特点是泡沫塑料模样成本低廉，模样粘接组合方便，气化消失容易，克服了熔模铸造模样容易软化而引起的熔模变形的问题，可以生产较大尺寸的各种合金复杂铸件。

6）消失模悬浮铸造技术。消失模悬浮铸造技术是消失模铸造工艺与悬浮铸造结合起来的一种新型实用铸造技术。该技术工艺过程是金属液浇入铸型后，泡沫塑料模样气化，夹杂在冒口模型的悬浮剂（或将悬浮剂放置在模样某特定位置，或将悬浮剂与

EPS一起制成泡沫模样）与金属液发生物化反应，从而提高铸件整体（或部分）组织性能。

由于消失模铸造技术具有成本低、精度高、设计灵活、清洁环保、适合复杂铸件等特点，符合铸造技术发展的总趋势，有着广阔的发展前景。

（5）细晶铸造

细晶铸造技术或工艺的原理是通过控制普通熔模铸造工艺，强化合金的形核机制，在铸造过程中使合金形成大量结晶核心，并阻止晶粒长大，从而获得平均晶粒尺寸小于 $1.6\mu m$ 的均匀、细小、各向同性的等轴晶铸件，较典型的细晶铸件晶粒度为美国标准 ASTM 0~2 级。细晶铸造在使铸件晶粒细化的同时，还使高温合金中的初生碳化物和强化相尺寸减小，形态改善。因此，细晶铸造的突出优点是大幅度地提高铸件在中低温（≤760℃）条件下的低周疲劳寿命，并显著减小铸件力学性能数据的分散度，从而提高铸造零件的设计容限。同时该技术还在一定程度上改善铸件拉伸性能和持久性能，并使铸件具有良好的热处理性能。

细晶铸造技术还可改善高温合金铸件的机械加工性能，减小螺孔和切削刃形锐利边缘等处产生加工裂纹的潜在危险。因此该技术可使熔模铸件的应用范围扩大到锻件、厚板机加工零件和锻铸组合件等领域。在航空发动机零件的精铸生产中，使用细晶铸件代替某些锻件或用细晶铸造的锭料来做锻坯已很常见。

（6）"短流程"铸造

"短流程"铸造工艺，是用高炉铁液直接注入电炉中进行升温和调整成分，经变质处理后浇注铸件，省去了用生铁锭再重熔成铁液的过程，是一种节能、高效、降低成本的铸造生产方法，是铸造协会重点推广的优化技术之一。

"短流程"工艺在山东等省已经得到了较好的应用，在不久前公布的72家全国优质铸造生铁基地试点企业中，采用"短流程"的山东企业达到12家。他们为加强铸造生铁基地建设，优化铸造产业集群的发展发挥了很大的推进作用，将会促进铸造业向更高的层次迈进。

2. 砂型铸造

砂型铸造是一种以砂作为主要造型材料，制作铸型的传统铸造工艺。砂型铸造主要采用重力铸造工艺。重力铸造是指金属液在地球重力作用下注入铸型的工艺，也称浇铸。广义的重力铸造包括砂型浇铸、金属型浇铸、熔模铸造、泥模铸造等；窄义的重力铸造专指金属型浇铸。

砂型一般采用重力铸造，有特殊要求时也可采用低压铸造、离心铸造等工艺。砂型铸造的适应性很广，小件、大件、简单件、复杂件、单件、大批量都可采用。砂型铸造用的模具，以前多用木材制作，通称木模，木模缺点是易变形、易损坏，除单件生产的砂型铸件外，可以使用尺寸精度较高，并且使用寿命较长的铝合金模具或树脂模具，虽然价格有所提高，但仍比金属型铸造用的模具便宜得多，在小批量及大件生产中，价格优势尤为突出。此外，砂型比金属型耐火度更高，因而如铜合金和黑色金属等熔点较高的材料也多采用这种工艺。但是，砂型铸造也有一些不足之处：因为每个砂质铸型只能浇注一次，获得铸件后铸型即损坏，必须重新造型，所以砂型铸造的生产效率较低；又因为砂的整体性质软而多孔，所以砂型铸造的铸件尺寸精度较低，表面也较粗糙。

3. 铸造工艺设计

铸造工艺设计涉及零件本身工艺设计、浇注系统的设计、补缩系统的设计、出气孔的设计、激冷系统的设计和特种铸造工艺设计等内容。

零件本身工艺设计涉及零件的加工余量，浇注位置、分型面的选择，铸造工艺参数的选择，尺寸公差，收缩率，起模斜度，补正量和分型负数等的设计。

浇注系统是引导金属液进入铸型型腔的系统，浇注系统设计得合理与否，对铸件的质量影响非常大，设计不合理，容易引起各种类型的铸造缺陷，如浇不足、冷隔、冲砂、夹渣、夹杂、夹砂等。浇注系统的设计包括浇注系统类型的选择、内浇口位置的选择及浇注系统各组元截面尺寸的确定。此外，浇注系统的选择也非常重要。

对于机械化流水线、大批量生产，为了方便生产并有利于保证铸件的质量，内浇道一般设置在铸型的分型面处，根据该铸件毛坯的浇注位置及分型面的选择，将内浇道开设在铸型的分型面处是属于"中间注入式"浇注系统。液态金属在浇注过程中难免会包含有一定的熔渣，为了提高浇注系统的挡渣能力，适合于采用"封闭式"浇注系统。

7.5.2 锻造工艺

锻造在我国有着悠久的历史，它是以手工作坊的生产方式延续下来的。大约在20世纪初，它才逐渐以机械工业化的生产方式出现在铁路、兵工、造船等行业中。这种转变的主要标志是使用了锻造能力强大的机器。

随着科技的进步，对工件精度的要求也不断提高，具有高效率、低成本、低能耗、高质量等优点的精密锻造技术得到越来越广泛的应用。依据金属塑性成形时的变形温度不同，精密冷锻成形可分为冷锻成形、温度成形、亚热锻成形和热精锻成形等。

锻造是一种利用锻压机械对金属坯料施加压力，使其产生塑性变形以获得具有一定力学性能、一定形状和尺寸锻件的加工方法，是锻压（锻造与冲压）的两大组成部分之一。

通过锻造能消除金属在冶炼过程中产生的铸态疏松等缺陷，优化微观组织结构，同时由于保存了完整的金属流线，锻件的力学性能一般优于同样材料的铸件。相关机械中负载高、工作条件严峻的重要零件，除形状较简单的可用轧制的板材、型材或焊接件外，多采用锻件。

按照生产工具不同，可以将锻造技术分成自由锻、模锻、碾环和特种锻造。

按照锻造温度，可以将锻造技术分为热锻、温锻和冷锻。

钢开始再结晶温度约727℃，但普遍采用800℃作为划分线，高于800℃的是热锻，在300~800℃之间称为温锻或半热锻，在室温下进行锻造的称为冷锻。用于大多数行业的锻件都是热锻，温锻和冷锻主要用于汽车、通用机械等零件的锻造，温锻和冷锻可以有效地节材。

锻造用料主要是各种成分的碳素钢和合金钢,其次是铝、镁、铜、钛等及其合金,铁基高温合金、镍基高温合金和钴基高温合金的变形合金也采用锻造或轧制方式完成,只是这些合金由于其塑性区相对较窄,所以锻造难度会相对较大,不同材料的加热温度、开锻温度与终锻温度都有严格的要求。

材料的原始状态有棒料、铸锭、金属粉末和液态金属。金属在变形前的横断面积与变形后的横断面积之比称为锻造比。正确地选择锻造比、合理的加热温度及保温时间、合理的始锻温度和终锻温度、合理的变形量及变形速度有利于提高产品质量、降低成本。

1. 常用的锻造方法及其优缺点

(1) 自由锻

自由锻是指用简单的通用性工具,或在锻造设备的上、下砧铁之间直接对坯料施加外力,使坯料产生变形而获得所需的几何形状及内部质量的锻件的加工方法。采用自由锻方法生产的锻件称为自由锻件。

自由锻是以生产批量不大的锻件为主,采用锻锤、液压机等锻造设备对坯料进行成形加工,获得合格锻件。自由锻工序包括基本工序、辅助工序和精整工序。其中基本工序包括镦粗、拔长、冲孔、切割、弯曲、扭转、错移及锻接等,而实际生产中最常用的是镦粗、拔长和冲孔这三种工序。辅助工序指预先变形工序,如压钳口、压钢锭棱边和切肩等。精整工序是减少锻件表面缺陷的工序,如清除锻件表面凹凸不平及整形等。自由锻采取的是热锻方式。

优点:锻造灵活性大,可以生产不足100kg的小件,也可以生产大至300t以上的重型件;所用工具为简单的通用工具;锻件成形是使坯料分区域逐步变形,因而,锻造同样锻件所需锻造设备的吨位比模锻要小得多;对设备的精度要求低;生产周期短。

缺点及局限性：生产效率比模锻低得多；锻件形状简单、尺寸精度低、表面粗糙；工人劳动强度高，而且要求技术水平也高；不易实现机械化和自动化。

（2）模锻

模锻是指在专用模锻设备上利用模具使毛坯成形而获得锻件的锻造方法。此方法生产的锻件尺寸精确，加工余量较小，结构复杂。根据其功用不同可分为模锻模膛和制坯模膛两大类。

1）模锻模膛。模锻模膛又分为预锻模膛和终锻模膛。

预锻模膛：预锻模膛的作用是使毛坯变形到接近于锻件的形状和尺寸，这样在进行终锻时，金属容易填满模膛而获得锻件所需要的尺寸。对于形状简单的锻件或批量不大时可不设预锻模膛。预锻模膛的圆角和斜度要比终锻模膛大得多，而且没有飞边槽。

终锻模膛：终锻模膛的作用是使毛坯最后变形到锻件所要求的形状和尺寸，因此，它的形状应和锻件的形状相同；但因锻件冷却时要收缩，故终锻模膛的尺寸应比锻件尺寸放大一个收缩量。钢锻件收缩量取1.5%。另外，沿模膛四周有飞边槽，用以增加金属从模膛中流出的阻力，促使金属充满模膛，同时容纳多余的金属。

2）制坯模膛。对于形状复杂的锻件，为了使毛坯形状基本符合锻件形状，以便使金属能合理分布和很好地充满模膛，就必须预先在制坯模膛内制坯。制坯模膛分为以下四种。

拔长模膛：它是用来减少毛坯某部分的横截面积，以增加该部分的长度。拔长模膛分为开式和闭式两种。

滚压模膛：它是用来减少毛坯某一部分的横截面积，以增加另一部分的横截面积，从而使金属按锻件形状来分布。滚压模膛分为开式和闭式两种。

弯曲模膛：对于弯曲的杆类模锻件，需用弯曲模膛来弯曲毛坯。

切断模膛：它是在上模与下模的角上组成一对刀口，用来切断金属。

优点：生产效率较高。模锻时，金属的变形在模膛内进行，故能较快获得所需形状；能锻造形状复杂的锻件，并可使金属流线分布更为合理，提高零件的使用寿命；模锻件的尺寸较精确，表面质量较好，加工余量较小；节省金属材料，减少切削加工工作量。在批量足够的条件下，能降低零件成本。

缺点及局限性：模锻件的重量受到模锻设备能力的限制，大多在70kg以下；锻模的制造周期长、成本高；模锻设备的投资费用比自由锻大。

(3) 辊锻

辊锻是指用一对相向旋转的扇形模具使坯料产生塑性变形，从而获得所需锻件或锻坯的锻造工艺。

辊锻变形是复杂的三维变形，大部分变形材料沿着长度方向流动使坯料长度增加，少部分材料横向流动使坯料宽度增加，辊锻过程中坯料横截面面积不断减小。辊锻适用于轴类件拔长、板坯辗片及沿长度方向分配材料等变形过程。

辊锻可用于生产连杆、麻花钻头、扳手、道钉、锄、镐和透平叶片等。辊锻工艺利用轧制成形原理逐步地使毛坯变形。

与普通模锻相比，辊锻具有设备结构简单、生产平稳、振动和噪声小、便于实现自动化、生产效率高等优点。

(4) 胎模锻

胎模锻是采用自由锻方法制坯，然后在胎模中最后成形的一种锻造方法，是介于自由锻与模锻之间的一种锻造方法。在模锻设备较少且大部为自由锻的中小型企业应用普遍。

胎模锻使用胎模的种类很多，生产中常用的有型模、扣模、套模、垫模和合模等。

闭式筒模多用于回转体锻件的锻造，如两端面带凸台的齿轮等，有时也用于非回转体锻件的锻造。闭式筒模锻造属无飞边锻造。

对于形状复杂的胎模锻件，则需在筒模内再加两个半模（即增加一个分模面）制成组合筒模，毛坯在由两个半模组成的模腔内成形。

优点：由于坯料在模腔内成形，锻件尺寸比较精确，表面比较光洁，流线组织的分布比较合理，质量较高；胎模锻能锻出形状比较复杂的锻件；由于锻件形状由模膛控制，所以坯料成形较快，生产率比自由锻高 1~5 倍；余块少，因而加工余量较小，既可节省金属材料，又能减少机加工工时。

缺点及局限性：需要吨位较大的锻锤；只能生产小型锻件；胎模的使用寿命较低；工作时一般要靠人力搬动胎模，因而劳动强度较大；胎模锻用于生产中、小批量的锻件。

2. 锻造缺陷及分析

锻造用的原材料为铸锭、轧材、挤材及锻坯。而轧材、挤材及锻坯分别是铸锭经轧制、挤压及锻造加工成的半成品。一般情况下，铸锭的内部缺陷或表面缺陷的出现有时是不可避免的，再加上在锻造过程中锻造工艺的不当，最终导致锻件中含有缺陷。以下简单介绍一些锻件中常见的缺陷。

（1）原材料的缺陷造成的锻件缺陷

1）表面裂纹。表面裂纹多发生在轧制棒材和锻制棒材上，一般呈直线形状，和轧制或锻造的主变形方向一致。造成这种缺陷的原因很多，例如，钢锭内的皮下气泡在轧制时一面沿变形方向伸长，一面暴露到表面上和向内部深处发展；在轧制时，坯料的表面如被划伤，冷却时将造成应力集中，从而可能沿划痕开裂等。这种裂纹若在锻造前不去掉，锻造时便可能扩展引起锻件裂纹。

2）折叠。金属坯料在轧制过程中，由于轧辊上的型槽定径不正确，或因型槽磨损面产生的毛刺在轧制时被卷入，会形成和材料表面成一定倾角的折缝。对于钢材，折缝内有氧化铁夹杂，四周有脱碳。折叠若在锻造前不去掉，可能引起锻件折叠或开裂。

3）结疤。结疤是在轧材表面局部区域的一层可剥落的薄膜，是浇注时飞溅的钢液凝结在钢锭表面，轧制时又被压成贴附在轧材表面的薄膜。锻后锻件经酸洗清理，薄膜将会剥落而成为锻件表面缺陷。

4）层状断口。层状断口的特征是其断口或断面与折断了的石板、树皮很相似。层状断口多发生在合金钢（铬镍钢、铬镍钨钢等）中，碳钢中也有发现。这种缺陷的产生是由于钢中存在非金属夹杂物、枝晶偏析以及气孔疏松等缺陷，在锻、轧过程中沿轧制方向被拉长，使钢材呈片层状。如果杂质过多，锻造就有分层破裂的危险。层状断口越严重，钢的塑性、韧性越差，尤其是横向力学性能很低，所以钢材如具有明显的层片状缺陷是不合格的。

5）亮线（亮区）。亮线是在纵向断口上呈现结晶发亮的有反射能力的细条线，多数贯穿整个断口，大多数产生在轴心部分。亮线主要是由于合金偏析造成的。轻微的亮线对力学性能影响不大，严重的亮线将明显降低材料的塑性和韧性。

6）非金属夹杂。非金属夹杂物主要是熔炼或浇注的钢液在冷却过程中由于成分之间或金属与炉气、容器之间的化学反应形成的。另外，在金属熔炼和浇注时，由于耐火材料落入钢液中，也能形成夹杂物，这种夹杂物统称夹渣。在锻件的横断面上，非金属夹杂可以呈点状、片状、链状或团块状分布。严重的夹杂物容易引起锻件开裂或降低材料的使用性能。

7）碳化物偏析。碳化物偏析经常在含碳高的合金钢中出现。其特征是在局部区域有较多的碳化物聚集。它主要是钢中的莱氏体共晶碳化物和二次网状碳化物，在开坯和轧制时未被打碎和均匀分布造成的。碳化物偏析将降低钢的锻造变形性能，引起锻件开裂。锻件热处理淬火时容易局部过热、过烧和淬裂。

8）铝合金氧化膜。铝合金氧化膜一般位于模锻件的腹板上和分模面附近。在低倍组织上呈微细的裂口，在高倍组织上呈涡纹状。在断口上的特征可分两类：其一，呈平整的片状，颜色从银灰色、浅黄色直至褐色、暗褐色；其二，呈细小密集而带闪光的点状物。

铝合金氧化膜是熔铸过程中敞露的熔体液面与大气中的水蒸气或其他金属氧化物相互作用时所形成的氧化膜在转铸过程中被卷入液体金属的内部形成的。

锻件和模锻件中的氧化膜对纵向力学性能无明显影响，但对高度方向力学性能影响较大,它降低了高度方向强度性能,特别是高度方向的伸长率、冲击韧度和高度方向耐蚀性能。

9)白点。白点的主要特征是在钢坯的纵向断口上呈圆形或椭圆形的银白色斑点,在横向断口上呈细小的裂纹。白点的大小不一,长度在1~20mm之间或更长。白点在镍铬钢、镍铬钼钢等合金钢中常见,普通碳钢中也有发现,是隐藏在内部的缺陷。白点是在氢和组织应力以及热应力的共同作用下产生的,当钢中含氢量较多和热压力加工后冷却(或锻后热处理)太快时较易产生。

用带有白点的钢锻造出来的锻件,在热处理时(淬火)易发生龟裂,有时甚至成块掉下。白点会降低钢的塑性和零件的强度,是应力集中点,它像尖锐的切刀一样,在交变载荷的作用下,很容易变成疲劳裂纹而导致疲劳破坏。所以锻造原材料中绝对不允许有白点。

10)粗晶环。经热处理后的铝、镁合金的挤压棒材,在其圆断面的外层常常有粗晶环。粗晶环的厚度,由挤压时的始端到末端是逐渐增加的。若挤压时的润滑条件良好,则在热处理后可以减小或避免粗晶环。反之,环的厚度会增加。

粗晶环的产生原因与很多因素有关,但主要因素是由于挤压过程中金属与挤压筒之间产生的摩擦。这种摩擦致使挤出来的棒材横断面的外表层晶粒要比棒材中心处晶粒的破碎程度大得多。但是由于筒壁的影响,此区温度低,挤压时未能完全再结晶,淬火加热时未再结晶的晶粒再结晶并长大吞并已经再结晶的晶粒,于是在表层形成了粗晶环。有粗晶环的坯料锻造时容易开裂,如粗晶环保留在锻件表层,则将降低零件的性能。

11)缩管残余。缩管残余一般是由于钢锭冒口部分产生的集中缩孔未切除干净,开坯和轧制时残留在钢材内部而产生的。缩管残余附近区域一般会出现密集的夹杂物、疏松或偏析。在横向低倍中呈不规则的皱折的缝隙。锻造时或热处理时易引起锻件开裂。

(2)备料不当产生的缺陷

1)切斜。切斜是在锯床或压力机上下料时,由于未将棒料压紧,致使坯料端面

第7章 控制阀制造技术

相对于纵轴线的倾斜量超过了规定的许可值。严重的切斜，可能在锻造过程中形成折叠。

2) 坯料端部弯曲并带毛刺。在剪断机或压力机上下料时，由于剪刀片或切断模刃口之间的间隙过大或由于刃口不锐利，使坯料在被切断之前已有弯曲，结果部分金属被挤入刀片或模具的间隙中，形成端部下垂毛刺。有毛刺的坯料，加热时易引起局部过热、过烧，锻造时易产生折叠和开裂。

3) 坯料端面凹陷。在剪床上下料时，由于剪刀片之间的间隙太小，金属断面上、下裂纹不重合，产生二次剪切，结果部分端部金属被拉掉，端面成凹陷状。这样的坯料锻造时易产生折叠和开裂。

4) 端部裂纹。在冷态剪切大断面合金钢和高碳钢棒料时，常常在剪切后3～4h发现端部出现裂纹，主要是由于刀片的单位压力太大，使圆形断面的坯料压扁成椭圆形，这时材料中产生了很大的内应力。而压扁的端面力求恢复原来的形状，在内应力的作用下则常在切料后的几小时内出现裂纹。材料硬度过高、硬度不均和材料偏析较严重时也易产生剪切裂纹。有端部裂纹的坯料，锻造时裂纹将进一步扩展。

5) 气割裂纹。气割裂纹一般位于坯料端部，是由于气割前原材料没有预热，气割时产生组织应力和热应力引起的。有气割裂纹的坯料，锻造时裂纹将进一步扩展。因此锻前应予以清除。

6) 凸芯开裂。车床下料时，在棒料端面的中心部位往往留有凸芯。锻造过程中，由于凸芯的断面很小，冷却很快，因而其塑性较低，但坯料基体部分断面大，冷却慢，塑性高。因此，在断面突变交接处成为应力集中的部位，加之两部分塑性差异较大，故在锤击力的作用下，凸芯的周围容易造成开裂。

(3) 加热工艺不当产生的缺陷

1) 脱碳。脱碳是指金属在高温下表层的碳被氧化，使得表层的含碳量较内部有明显降低的现象。脱碳层的深度与钢的成分、炉气的成分、温度和在此温度下的保温时间有关。采用氧化性气氛加热易发生脱碳，高碳钢易脱碳，含硅量多的钢也易脱碳。脱碳使零件的强度和疲劳性能下降，磨损抗力减弱。

2）增碳。经油炉加热的锻件，常常在表面或部分表面发生增碳现象。有时增碳层厚度达1.5~1.6mm，增碳层的含碳量达1%（质量分数）左右，局部点含碳量甚至超过2%（质量分数），出现莱氏体组织。这主要是在油炉加热的情况下，当坯料的位置靠近油炉喷嘴或者就在两个喷嘴交叉喷射燃油的区域内时，由于油和空气混合得不太好，因而燃烧不完全，结果在坯料的表面形成还原性的渗碳气氛，从而产生表面增碳的效果。增碳使锻件的机械加工性能变坏，切削时易打刀。

3）过热。过热是由于金属坯料的加热温度过高，或在规定的锻造与热处理温度范围内停留时间太长，或热效应使温升过高而引起的晶粒粗大的现象。

碳钢（亚共析或过共析钢）过热之后往往出现魏氏组织。马氏体钢过热之后，往往出现晶内织构，工模具钢往往以一次碳化物角状化为特征判定过热组织。钛合金过热后，出现明显的β相晶界和平直细长的魏氏组织。合金钢过热后的断口会出现石状断口或条状断口。过热组织，由于晶粒粗大，将引起力学性能降低，尤其是冲击韧性。

一般过热的结构钢经过正常热处理（正火、淬火）之后，过热组织可以改善，性能也随之恢复，这种过热常被称之为不稳定过热；而合金结构钢的严重过热经一般的正火（包括高温正火）、退火或淬火处理后，过热组织不能完全消除，这种过热常被称之为稳定过热。

4）过烧。过烧是指金属坯料的加热温度过高或在高温加热区停留时间过长，炉中的氧气及其他氧化性气体渗透到金属晶粒间的空隙，并将铁、硫、碳等氧化，形成了易熔的氧化物的共晶体，破坏了晶粒间的联系，使材料的塑性急剧降低。过烧严重的金属，镦粗时轻轻一击就裂，拔长时将在过烧处出现横向裂纹。

过烧与过热没有严格的温度界线。一般以晶粒出现氧化及熔化为特征来判断。对碳钢来说，过烧时晶界熔化、严重氧化。工模具钢（高速钢、Cr12型钢等）过烧时，晶界因熔化而出现鱼骨状莱氏体。铝合金过烧时出现晶界熔化三角区和复熔球等。锻件过烧后，往往无法挽救，只能报废。

5）加热裂纹。在加热截面尺寸大的大钢锭或导热性差的高合金钢和高温合金坯料时，如果低温阶段加热速度过快，则坯料因内外温差较大而产生很大的热应力。加之此时坯料由于温度低而塑性较差，若热应力的数值超过坯料的强度极限，就会产生由中心向四周呈辐射状的加热裂纹，使整个断面裂开。

6）铜脆。铜脆在锻件表面上呈龟裂状。高倍观察时，有淡黄色的铜（或铜的固溶体）沿晶界分布。坯料加热时，如炉内残存氧化铜屑，在高温下氧化铜还原为自由铜，熔融的铜原子沿奥氏体晶界扩展，削弱了晶粒间的联系。另外，钢中含铜量较高（>2%，质量分数）时，如在氧化性气氛中加热，在氧化皮下会形成富铜层，引起铜脆。

(4) 锻造工艺不当产生的缺陷

1）大晶粒。大晶粒通常是由于始锻温度过高和变形程度不足，或终锻温度过高，或变形程度落入临界变形区引起的。铝合金变形程度过大，形成织构；高温合金变形温度过低，形成混合变形组织时也可能引起粗大晶粒。晶粒粗大将使锻件的塑性和韧性降低，疲劳性能明显下降。

2）晶粒不均匀。晶粒不均匀是指锻件某些部位的晶粒特别粗大，某些部位却较小。产生晶粒不均匀的主要原因是坯料各处的变形不均匀使晶粒破碎程度不一，或局部区域的变形程度落入临界变形区，或高温合金局部加工硬化，或淬火加热时局部晶粒粗大。耐热钢及高温合金对晶粒不均匀特别敏感。晶粒不均匀将使锻件的持久性能、疲劳性能明显下降。

3）冷硬现象。锻造变形时由于温度偏低或变形速度太快，以及锻后冷却过快，均可使再结晶引起的软化跟不上变形引起的强化（硬化），从而使热锻后锻件内部仍部分保留冷变形组织。这种组织的存在提高了锻件的强度和硬度，但降低了塑性和韧性。严重的冷硬现象可能引起锻裂。

4）裂纹。锻造裂纹通常是锻造时存在较大的拉应力、切应力或附加拉应力引起的。裂纹发生的部位通常是在坯料应力最大、厚度最薄的部位。如果坯料表面和内部有微裂纹，或坯料内存在组织缺陷，或热加工温度不当使材料塑性降低，或变形速度过快、变形程度过大，超过材料允许的塑性极限等，则在镦粗、拔长、冲孔、扩孔、弯曲和挤压等工序中都可能产生裂纹。

5）龟裂。锻造龟裂是在锻件表面呈现较浅的龟状裂纹。在锻件成形中受拉应力的表面（如未充满的凸出部分或受弯曲的部分）最容易产生这种缺陷。

引起龟裂的内因可能是多方面的，例如，材料中 Cu、Sn 等易熔元素过多；高温长时间加热时，钢料表面有铜析出、表面晶粒粗大、脱碳；经过多次加热的表面；燃料含硫量过高，有硫渗入钢料表面。

6）飞边裂纹。锻造飞边裂纹是模锻及切边时在分模面处产生的裂纹。飞边裂纹产生的原因可能是多方面的，例如，在模锻操作中由于重击使金属强烈流动产生穿筋现象；镁合金模锻件切边温度过低；铜合金模锻件切边温度过高。

7）分模面裂纹。锻造分模面裂纹是指沿锻件分模面产生的裂纹。坯料中非金属夹杂多，模锻时向分模面流动与集中或缩管残余在模锻时挤入飞边后常形成分模面裂纹。

8）折叠。锻造折叠是金属变形过程中已氧化过的表层金属汇合到一起而形成的。它可以是由两股（或多股）金属对流汇合而形成的；或者是由一股金属的急速大量流动将邻近部分的表层金属带着流动，两者汇合而形成的；或者是由于变形金属发生弯曲、回流而形成的；还可以是部分金属局部变形，被压入另一部分金属内而形成的。折叠与原材料和坯料的形状、模具的设计、成形工序的安排、润滑情况及锻造的实际操作等有关。

锻造折叠不仅减少了零件的承载面积，而且工作时此处由于应力集中往往会成为疲劳源。

9）穿流。锻造穿流是流线分布不当的一种形式。在穿流区，原先成一定角度分布的流线汇合在一起形成穿流，并可能使穿流区内、外的晶粒大小相差悬殊。穿流产生的原因与折叠相似，是由两股金属或一股金属带着另一股金属汇流而形成的，但穿流部分的金属仍是一个整体。

锻造穿流使锻件的力学性能降低，尤其当穿流带两侧晶粒相差较悬殊时，性能降低较明显。

10）锻件流线分布不顺。锻造锻件流线分布不顺是指锻件在低倍组织检验时发现的流线切断、回流、涡流等流线紊乱现象。如果模具设计不当或锻造方法选择不合理，预制毛坯流线紊乱，或操作不当及模具磨损而使金属产生不均匀流动，都可以使锻件流线分布不顺。流线不顺会使各种力学性能降低，因此对于重要锻件，都有流线分布的要求。

11）铸造组织残留。铸造组织残留主要出现在用铸锭作坯料的锻件中。铸态组织主要残留在锻件的困难变形区。锻造比不够和锻造方法不当是铸造组织残留产生的主要原因。铸造组织残留会使锻件的性能下降，尤其是冲击韧度和疲劳性能等。

12）碳化物偏析级别不符合要求。锻造碳化物偏析级别不符合要求主要出现于莱氏体模具钢中，主要是锻件中的碳化物分布不均匀，呈大块状集中分布或呈网状分布。造成这种缺陷的主要原因是原材料碳化物偏析级别差，加之改锻时锻造比不够或锻造方法不当。具有这种缺陷的锻件，热处理淬火时容易局部过热和淬裂，制成的刃具和模具使用时易崩刃等。

13）带状组织。锻造带状组织是铁素体和珠光体、铁素体和奥氏体、铁素体和贝氏体以及铁素体和马氏体在锻件中呈带状分布的一种组织，它们多出现在亚共析钢、奥氏体钢和半马氏体钢中。这种组织是在两相共存的情况下锻造变形时产生的，带状组织能降低材料的横向塑性指针，特别是冲击韧性。在锻造或零件工作时常易沿铁素体带或两相的交界处开裂。

14）局部充填不足。锻造局部充填不足主要发生在筋肋、凸角、转角和圆角部位，尺寸不符合图样要求。产生的原因可能是：①锻造温度低，金属流动性差；②设备吨位不够或锤击力不足；③制坯模设计不合理，坯料体积或截面尺寸不合格；④模膛中堆积氧化皮或焊合变形金属。

15）欠压。锻造欠压指垂直于分模面方向的尺寸普遍增大，产生的原因可能是：①锻造温度低；②设备吨位不足，锤击力不足或锤击次数不够。

16）错移。锻造错移是锻件沿分模面的上半部相对于下半部产生的位移。产生的原因可能是：①滑块（锤头）与导轨之间的间隙过大；②锻模设计不合理，缺少消除错移力的锁口或导柱；③模具安装不良。

17）轴线弯曲。锻造锻件轴线弯曲，与平面的几何位置有误差。产生的原因可能是：①锻件出模时操作不当；②切边时受力不均；③锻件冷却时各部分降温速度不一；④清理与热处理不当。

(5) 锻后冷却工艺不当产生的缺陷

1）冷却裂纹。锻后冷却过程中，锻件内部会由于冷却速度过快而产生较大的热应力，也可能由于组织转变引起较大的组织应力。如果这些应力超过锻件的强度极限，则锻件将会产生光滑细长的冷却裂纹。

2）网状碳化物。在锻造含碳量高的钢时，如果停锻温度高，冷却速度过慢，则会造成碳化物沿晶界呈网状析出。例如，如轴承钢在 870～770℃ 下缓冷，则碳化物将沿晶界析出。

锻造网状碳化物在热处理时易引起淬火裂纹，使零件的使用性能变差。

(6) 锻后热处理工艺不当产生的缺陷

1）硬度过高或硬度不够。由于锻后热处理工艺不当而造成的锻件硬度不够的原因是：①淬火温度太低；②淬火加热时间太短；③回火温度太高；④多次加热引起锻件表面严重脱碳；⑤钢的化学成分不合格等。

由于锻后热处理工艺不当而造成的锻件硬度过高的原因是：①正火后冷却太快；②正火或回火加热时间太短；③钢的化学成分不合格等。

2）硬度不均。锻造造成硬度不均的主要原因是热处理工艺规定不当，例如，一次装炉量过多或保温时间太短；加热引起锻件局部脱碳等。

(7) 锻件清理工艺不当产生的缺陷

1) 酸洗过度。锻造酸洗过度会使锻件表面呈疏松多孔状。这种缺陷主要是由于酸的浓度过高和锻件在酸洗槽中停留时间太长，或由于锻件表面清洗不净，酸液残留在锻件表面上引起的。

2) 腐蚀裂纹。锻造马氏体不锈钢锻件，锻后如果存在较大的残余应力，酸洗时则很容易在锻件表面产生细小网状的腐蚀裂纹，若组织粗大将加速裂纹的形成。

第8章 执行机构

执行机构是一种用来操纵阀门并与阀门相连接的装置。该装置可以使用液体、气体等流体或电力驱动，开启、关闭或控制阀门开度。基本的执行机构用于把阀门驱动至全开或全关的位置。控制阀的执行机构能够精确地使阀门走到任何位置。尽管大部分执行机构都是用于开关阀门，但是如今的执行机构远远超出了简单的开关功能，其包含了位置感应装置、力矩感应装置、电极保护装置、逻辑控制装置、数字通信模块及 PID 控制模块等，而这些装置全部安装在一个紧凑的外壳内。

阀门驱动装置按运动方式可分为直行程和角行程两种。直行程驱动装置即多回转阀门驱动装置，主要适用于各种类型的调节阀、闸阀和截止阀等；角行程驱动装置即只回转90°转角的部分回转驱动装置，主要适用于各种类型的球阀和蝶阀等。阀门驱动装置按能源形式可分为手动、电动、气动、液动、电液或气液联动等形式。

8.1 气动执行机构

气动执行机构俗称气动头，又称气动执行器（Pneumatic Actuator）。气动执行器可以分为单作用和双作用两种类型，双作用（Double Acting）执行器的开关动作都通过动力气源来驱动；单作用（Spring Return）执行器的开或关由动力气源驱动而复位动力由弹簧提供。

气动执行器的执行机构和调节机构是统一的整体，其执行机构有活塞式、薄膜式和齿轮齿条式。活塞式行程长，适用于要求有较大扭矩的场合；而薄膜式行程较小，只能直接带动阀杆；由于齿轮齿条式气动执行机构有结构简单，输出扭矩大，动作平稳可靠,并且安全防爆等优点,在发电、化工、炼油等对安全要求较高的生产过程中有广泛的应用。

8.1.1 直行程气动薄膜执行机构

直行程气动薄膜执行机构是一种最常用的气动执行机构。它的结构简单、动作可靠、维护方便、价格便宜,因而得到广泛应用。按动作方式可分为正作用式和反作用式两种。气动薄膜执行机构是指使用弹性膜片将输入气压转变为对推杆的推力,通过推杆使阀芯产生相应的位移,改变阀的开度。气动薄膜执行机构是直行程控制阀最常用的执行机构,具有正作用与反作用两种动作形式,以及单弹簧与多弹簧设计结构。

(1) 正作用气动薄膜执行机构

正作用气动薄膜执行机构动作原理如图 8-1 所示。当信号压力 p 通入薄膜气室 1 时,在波纹膜片 2 上产生一个推力,使推杆 3 向下移,将压缩弹簧 4 压缩,直到弹簧反作用力与信号压力在波纹膜片上的推力相平衡为止。其平衡方程式为

$$\Delta p A_c = C_a \Delta l \tag{8-1}$$

$$\Delta l = \frac{A_c}{C_a} \Delta p \tag{8-2}$$

$$\Delta l = \frac{A_c}{C_s}(p - p_o) \tag{8-3}$$

式中 Δl——推杆行程的变化量;

A_c——波纹膜片的有效面积;

C_s——压缩弹簧刚度;

p——进入气室的信号压力;

p_o——对应于行程起点的信号压力。

由式(8-2) 可知,当执行机构的规格确定后,即波纹膜片有效面积和压缩弹簧刚度确定后,执行机构推杆的行程和信号压力成正比。由此可见,气动薄膜执行机构的

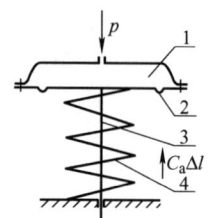

图 8-1　正作用气动薄膜执行机构动作原理

输出特性是比例式的。

（2）反作用气动薄膜执行机构

反作用气动薄膜执行机构动作原理如图 8-2 所示。信号压力进入波纹膜片下方气室 1，随着信号压力 p 增大，波纹膜片 2 同推杆 3 一起向上移动，压缩弹簧 4 的上端固定，而下端随着推杆一起向上移动，使得弹簧压缩。

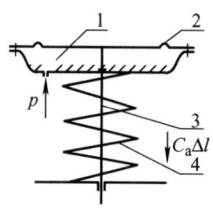

图 8-2　反作用气动薄膜执行机构动作原理

通常气动薄膜执行机构接受 0.2～1MPa 的标准压力信号，并转换成推力。气动薄膜执行机构的输出是位移，当执行机构的规格确定后，A_c 和 C_a 为常数，执行机构的位移与信号压力成比例关系。当信号压力通入薄膜气室时，此压力乘上膜片的有效面积得到推力，使推杆移动，弹簧受压，直到弹簧产生的反作用力与薄膜上的推力相平衡为止。信号压力越大，推力越大，推杆的位移即弹簧的压缩量也就越大。推杆的位移范围就是执行机构的行程。推杆则从零走到全行程，阀门就从全开（或全关）到全关（或全开）。

（3）正、反作用薄膜执行机构的输出力计算

气动薄膜执行机构由于装有弹簧，使薄膜室信号压力所产生的推力一部分被弹簧反力所平衡，因此，这种执行机构的输出力比较小。

第8章 执行机构

气动薄膜执行机构有正作用和反作用两种,其受力情况如图 8-3 所示。图中 F_t 为阀不平衡力,向上的不平衡力为正,向下的不平衡力为负,F 为薄膜执行机构的输出力,向下的输出力为正,向上的输出力为负。

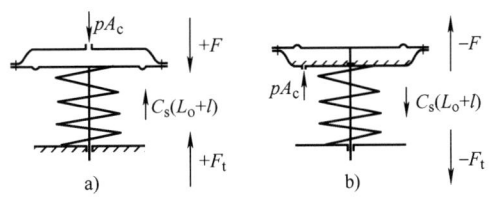

图 8-3 气动薄膜执行机构受力简图

a)正作用执行机构 b)反作用执行机构

薄膜执行机构输出力的分析及计算如下:

正作用气动执行机构中,信号压力 p 进入上面的薄膜室,通过膜片产生一个向下的作用力,当推杆处于下行时,弹簧被压缩产生一个向上的反作用力,这两个作用力之差就是输出力。所以,输出力的大小取决于信号压力与膜片有效面积的乘积,还取决于在该行程下弹簧被压缩的程度。在执行机构中,弹簧都有一定的预紧量,即当推杆行程为零时,弹簧已有一初始变形量。因此,弹簧的总变形量(即由处于自由状态算起的变形量)等于预紧量与推杆行程之和,则弹簧向上的反作用力为弹簧刚度与总变形量的乘积。由上面的分析得知,正作用薄膜执行机构输出力的计算公式为

$$F = pA_c - C_s(L_o + l) \tag{8-4}$$

反作用薄膜执行机构的计算公式为

$$F = -pA_c + C_s(L_o + l) = -[pA_c - C_s(L_o + l)] \tag{8-5}$$

合并起来可写为

$$F = \pm[pA_c - C_s(L_o + l)] \tag{8-6}$$

式中 F——执行机构输出力;

A_c——膜片有效面积;

C_s——弹簧刚度;

L_o——弹簧预紧量;

l——推杆行程。

对于一个已选定的具体执行机构来说,A_c、C_s 是固定不变的,所以输出力 F 随弹簧预紧量 L_o、信号压力 p 及相应的推杆行程 l 的不同而不同。将式(8-3)改写为下面的形式:

$$F = \pm A_c \left(p - C_s \frac{L_o}{A_c} C_s \frac{L}{A_c} \frac{l}{L} \right) \tag{8-7}$$

式中 L——推杆全行程。

执行机构为正作用时取"＋"号,反作用时取"－"号。

若设

$$p_i = C_s \frac{L_o}{A_c} \tag{8-8}$$

$$p_r = C_s \frac{L}{A_c} \tag{8-9}$$

$$F = \pm A_c \left(p - p_i p_r \frac{l}{L} \right) \tag{8-10}$$

根据式(8-8)和式(8-9)可知,p_i 代表能使弹簧产生相当于它的预紧量变形的信号压力,称为弹簧起动压力,取决于膜片有效面积 A_c、弹簧刚度 C_s 及预紧量 L_o。当 C_s、A_c 确定时,调整弹簧的预紧量可调整弹簧的起动压力,也就是调整执行机构推杆开始位移时的初始信号压力。p_r 代表使弹簧产生全行程变形量的信号压力变化范围,称为弹簧范围,它取决于膜片有效面积 A_c、弹簧刚度 C_s 及执行机构的行程范围 L。执行机构选定后,p_r 即确定。

由式(8-10)可知,执行机构工作在某一点的输出力取决于膜片有效面积、弹簧起动压力、弹簧范围、信号压力及相应的推杆行程。因此,要提高薄膜执行机构的输出力,可以通过增大膜片有效面积、加大信号压力(采用定位器)和调整弹簧起动压力等方法来实现。

（4）MF 系列多弹簧气动薄膜执行机构

吴忠仪表执行器技术有限公司生产的 MF 系列多弹簧气动薄膜执行机构（见图 8-4）属于新一代气动薄膜执行机构，采用多弹簧式结构设计，坚固紧凑、重量轻、体积小、外形美观、性能高且具有强劲的输出力，能使调节阀很轻易地关闭严密。另外，执行机构通用性、互换性极高。根据现场实际需要，配有机械限位型执行机构，非常可靠地保证了阀门的开度范围。现以吴忠仪表执行器技术有限公司生产的 MF2 执行机构为例进行说明，具体选型规格以样本为准。

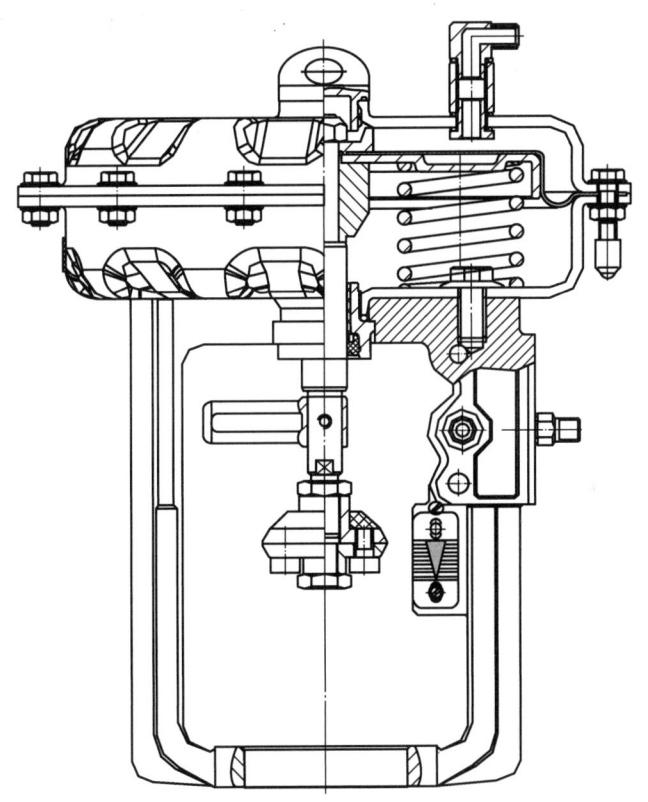

图 8-4　MF 系列多弹簧气动薄膜执行机构

我们知道气动薄膜（有弹簧）执行机构的输出信号是直线位移，输出特性是比例式，即输出位移与输入信号成比例关系。信号压力越大，在薄膜上产生的推力也越大，则与之平衡的弹簧反力也越大,于是弹簧压缩量也越大,即推杆的位移量越大。推杆的位移,即为气动薄膜执行机构的直线输入位移,其输出位移的范围为执行机构的行程。

(5) MF2 执行机构的输出力值

MF2 执行机构输出力值参数见表8-1。

表8-1 MF2 执行机构输出力值参数

		执行机构型号	膜片面积 /cm²	弹簧数量	行程 /mm	最小气源压 /mm	不同气源压力下的输出推力/kN				
							供气压力/bar				
							3.0	4.0	4.5	5.0	6.0
执行机构输出力	正作用进气关	MF2D-73 (6) B	320	3	10	1.2	5.7	8.9	10.5	12.1	15.3
				6		2.3	—	5.4	7	8.6	11.8
				3	16	1.35	5.3	8.4	10	11.6	14.8
				6		2.7	—	4.1	5.7	7.3	10.5
				3	20	1.5	4.8	8.0	9.6	11.2	14.4
				6		3.0	—	3.2	4.8	6.4	9.6
		MF2D-83 (6) B		3	20	1.25	5.6	8.8	10.4	12	15.2
				6		2.5	—	4.8	6.4	8	11.2
				3	30	1.5	4.8	8.0	9.6	11.2	14.4
				6		3.0	—	3.2	4.8	6.4	9.6
		MF2D-93 (6) B		3	20	1.5	4.8	8.0	9.6	11.2	14.4
				6		3.0	—	3.2	4.8	6.4	9.6
		执行机构型号	膜片面积 /cm²	弹簧数量	行程 /mm	弹簧范围/bar	输出推力/kN		供气压力/bar		
	反作用进气开	MF2R-73 (6) B	320	3	10	1.12	1.5		3.58	2.5	
				6		2.25	3.0		7.2	4.0	
				3	16	0.9	1.5		2.88	2.5	
				6		1.8	3.0		5.76	4.0	
				3	20	0.75	1.5		2.4	2.5	
				6		1.5	3.0		4.8	4.0	
		MF2R-83 (6) B		3	20	1.0	1.5		3.2	2.5	
				6		2.0	3.0		6.4	4.0	
				3	30	0.75	1.5		2.4	2.5	
				6		1.5	3.0		4.8	4.0	
		MF2R-93 (6) B		3	20	0.75	1.5		2.4	2.5	
				6		1.5	3.0		4.8	4.0	

(6) MF 系列多弹簧气动薄膜执行机构选型代号

MF 型号代码说明如图 8-5 所示。

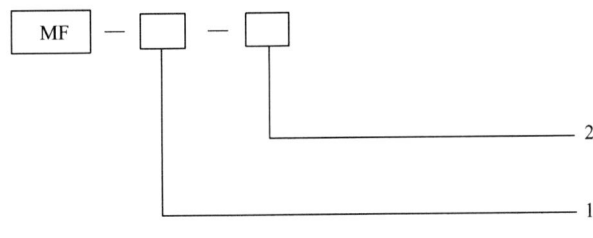

图 8-5　MF 型号代码说明

1—执行机构规格：R 代表反作用；D 代表正作用

2—弹簧设计参数：双作用无标记；3、6 代表弹簧数量

(7) 多弹簧气动薄膜执行机构选型方法

正常情况下，执行机构的供气压力是已知的，根据阀门现场使用工况和阀门压差等参数计算出阀门的推力，而且阀门的行程、开关形式等参数已知，阀门的行程为执行机构的行程，阀门动作过程中执行机构与阀门连接的连杆推力、拉力要大于阀门阀杆动作过程中的力。因而可以从 MF 执行机构样本中选出匹配阀门的气动薄膜式执行机构。

8.1.2　直行程气动活塞执行机构

薄膜执行机构尽管具有结构简单、适应性强和价格便宜等优点，但膜片能承受的压力较低，一般信号压力为 20~100kPa，最高压力不大于 250kPa，为了得到较大的输出推力就要求使用较大的膜片面积，构成较大的膜片盒（由上、下盖构成）。对于高压差、高静压和介质产生的反作用力大的阀，如使用气动薄膜执行机构，就必须配上庞大的膜片盒，这样对中、小口径的阀来说，显得极不相称，变得"头重脚轻"，且占用空间大，又不经济。而活塞式执行机构由于气缸允许操作压力较大，最大可达 500kPa，因此具有很大的输出力，属于强力气动执行机构。

吴忠仪表执行器技术有限公司的 MP 系列执行机构是一种活塞型执行机构，它的活塞面积较大，同样的供气压力，输出力也较大，适用于大口径、高压差的阀门。该系列执行机构有单作用和双作用两种，可以提供手动操作，手动操作分手轮式和液压式两种，可以保证执行机构在断信号和断气的情况下，仍然能够开启或关闭阀门。

直行程气动活塞执行机构结构示意图如图 8-6 所示。

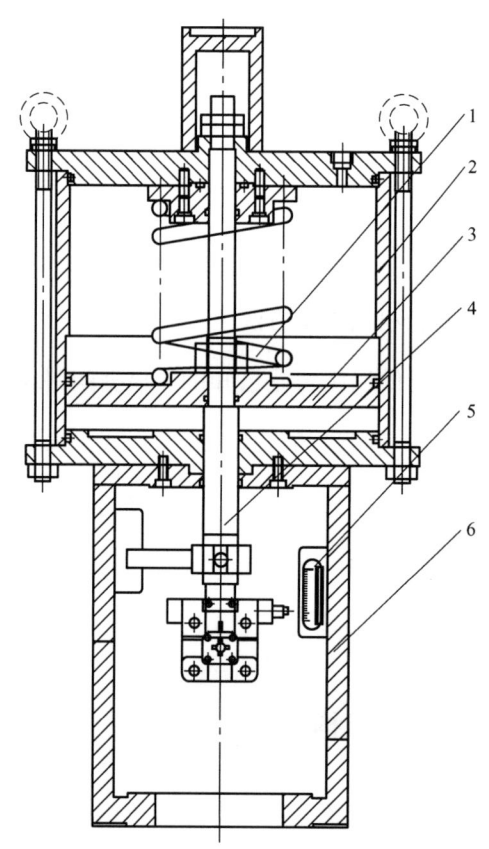

图 8-6　直行程气动活塞执行机构结构示意图

1—弹簧　2—气缸　3—活塞　4—活塞推杆　5—行程标尺　6—支架

（1）活塞式执行机构的输出力

常见的活塞式执行机构有单向和双向两种作用方式。双向活塞执行机构在结构上是没有弹簧的。由于没有弹簧反作用力，它的输出力比薄膜执行机构大，常用来做大口径、高压差调节阀的执行机构，如图 8-7 所示。

第8章 执行机构

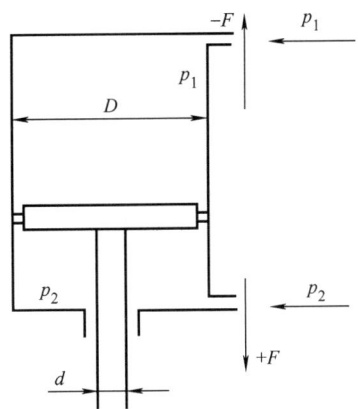

图 8-7 活塞式执行机构受力简图

图 8-7 所示为双向活塞执行机构的受力情况。当活塞向下动作时,输出力为 $+F$,计算公式为

$$+F = \left[\frac{\pi}{4}D^2p_1 - \left(\frac{\pi}{4}D^2p_2 - \frac{\pi}{4}d^2p_2\right)\right]\eta = \frac{\pi}{4}\eta(D^2\Delta p + d^2p_2) \tag{8-11}$$

式中　F——执行机构输出力(N);

　　　D——活塞直径(mm);

　　　d——活塞杆直径(mm);

　p_1, p_2——上下缸工作压力(MPa);

　　　Δp——压差(MPa);

　　　η——气缸效率,考虑到摩擦消耗,常取 $\eta = 0.9$。

当活塞杆处于向下动作极限位置时,$p_2 = 0$,$p_1 = p_0$,p_0 为最大工作压力,即阀门定位器的气源压力,因此

$$+F = \frac{\pi}{4}\eta D^2 p_0 \tag{8-12}$$

当活塞向上动作时,输出力为 $-F$,则

$$-F = \left(\frac{\pi}{4}D^2p_2 - \frac{\pi}{4}d^2p_2 - \frac{\pi}{4}D^2p_1\right)\eta = \frac{\pi}{4}\eta(D^2\Delta p - d^2p_2) \tag{8-13}$$

同样,当活塞杆处于向上动作极限位置时,$p_1 = 0$,$p_2 = p_0$,则

控制阀设计制造技术

$$-F = \frac{\pi}{4}\eta p_0 (D^2 - d^2) \tag{8-14}$$

又由于活塞的直径比活塞杆直径大很多，即 $D \gg d$，因此

$$-F \approx \frac{\pi}{4}\eta D^2 p_0 \tag{8-15}$$

综上所述，活塞执行机构可用下式表示：

$$\pm F = \frac{\pi}{4}\eta D^2 p_0 \tag{8-16}$$

式(8-16)说明活塞执行机构的输出力与活塞直径 D、最大的工作压力 p_0 和气缸效率 η 有关。一般 p_0 和 η 都为定值（$p_0 = 0.5\text{MPa}$，$\eta = 0.9$），因此输出力的大小主要决定于活塞直径。

（2）MP300 气缸活塞执行机构基本参数

MP300 气缸活塞执行机构基本参数见表 8-2。

表 8-2　MP300 气缸活塞执行机构基本参数

型号	缸径/mm	额定行程/mm	弹簧范围/MPa	最小供气压力/MPa	输出力/kN	作用形式	是否带手轮
MP300	φ300	38	0.0756~0.117	0.3	4.8	反作用	不带
		60	0.065~0.117		4.1		

（3）MP500 气缸活塞执行机构基本参数

MP500 气缸活塞执行机构基本参数见表 8-3。

表 8-3　MP500 气缸活塞执行机构基本参数

型号	缸径	额定行程/mm	作用形式	弹簧范围/MPa	是否带手轮	手动形式
MP500	φ500	150	双作用	—	带/不带①	顶装侧摇手轮
		200				
MP500-SR		150	反作用	0.21~0.33	不带	—
		200		0.18~0.33	不带	—
MP500-SD		150	正作用	0.21~0.33	不带	—
		200		0.18~0.33	不带	—
MP2500	φ500（双缸）②	150	双作用	—	带/不带①	顶装侧摇手轮

① 可根据需求选择是否带手轮。
② 执行机构有效输出力为单个 φ500 直径缸的两倍。

(4) MP500 双作用执行机构输出推力

MP500 双作用执行机构输出推力见表 8-4。

表 8-4　MP500 双作用执行机构输出推力

型号	活塞直径 /mm	活塞面积 /mm²	输出力/kN 供气压力/MPa				
			0.30	0.40	0.50	0.60	0.70
MP500	φ500	193424	53.1	78.5	88.9	105.9	123.7
MP2500	φ500	386848	106.1	141.3	177.8	211.8	247.3

(5) MP500 单作用执行机构输出推力

MP500 单作用执行机构输出推力见表 8-5。

表 8-5　MP500 单作用执行机构输出推力

	型号	活塞直径 /mm	活塞面积 /mm²	行程/mm	最小气源 压力/MPa	不同气源压力下的输出推力/kN 供气压力/MPa		
						0.45	0.5	0.6
正作用 进气关	MP500-SD	φ500	193424	150	0.33	19.8	27.9	44.4
				200				
	型号	活塞直径 /mm	活塞面积 /mm²	行程/mm	弹簧范围 /MPa	输出推力 /kN	供气压力 /MPa	
反作用 进气开	MP500-SR	φ500	193424	150	0.21~0.33	34.5	0.45	
				200	0.18~0.33	29.6	0.45	

(6) 气动活塞式执行机构选型方法

正常情况下,执行机构的供气压力是已知的,根据阀门现场使用工况和阀门压差等参数计算出阀门的推力,而且阀门的行程(即执行机构的行程)、开关形式等参数已知,阀门动作过程中执行机构与阀门连接的连杆推力、拉力要大于阀门阀杆动作过程中的力。

8.1.3　角行程拨叉执行机构

角行程拨叉执行机构按照结构的不同,可分为单气缸活塞式和双气缸活塞式。按照作用类型的不同,可分为双作用拨叉执行机构和单作用拨叉执行机构。其中执行机构的开关动作都是通过气源驱动完成的,就是双作用气动式拨叉执行机构;开动作是由气源驱动完成,关动作为弹簧复位的就是单作用气动式拨叉执行机构。

(1) 双作用气动式拨叉执行机构

1) 双作用气动式拨叉执行机构动作原理。压缩空气从右端盖气源孔进入气缸腔体内,气体推动活塞和推杆向左做直线运动,经过导杆与传动销导向滑块的导向和传动作用,将活塞等零件的直线运动转化为拨叉带动阀杆逆时针方向旋转90°的角行程运动,曲柄连接的连轴套带动阀门启闭。当压缩空气从左端盖孔进入气缸时,气体推动气缸内活塞和推杆等向右移动,通过活塞杆连接的滑块,拨叉带动阀杆顺时针旋转90°,曲柄连接的连轴套带动阀门复位。双作用气动式拨叉执行机构即将单作用弹簧缸模块拆除,执行机构输出力矩均由气源提供,如图8-8所示。

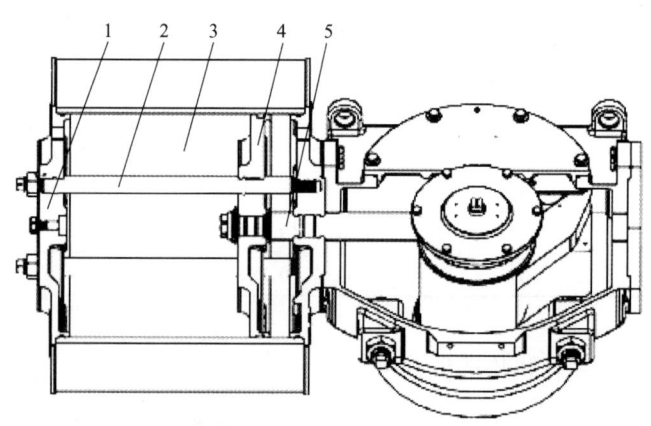

图8-8 双作用气动式拨叉执行机构

1—气缸左端盖 2—活塞导杆 3—气缸 4—气缸活塞 5—活塞推杆

2) 输出力矩的计算。如图8-9所示,作用于拨叉上的力 F 对转轴中心 O 产生的力矩为执行机构的输出力矩 $M = F \times OO'$,即

$$M = \frac{p}{\cos(45° - A)} \frac{L}{\cos(45° - A)} \tag{8-17}$$

式中 p ——气体作用在活塞上的力;

L——拨叉在中间位置时的偏心距；

A——拨叉转角。

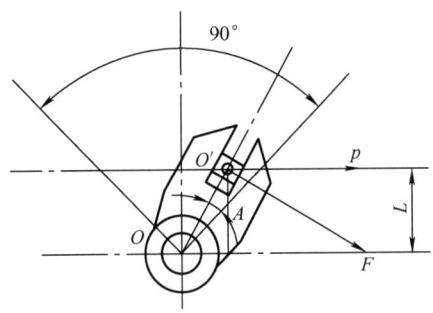

图 8-9　双作用拨叉执行机构计算简图

3）双作用拨叉执行机构输出力矩曲线如图 8-10 所示。

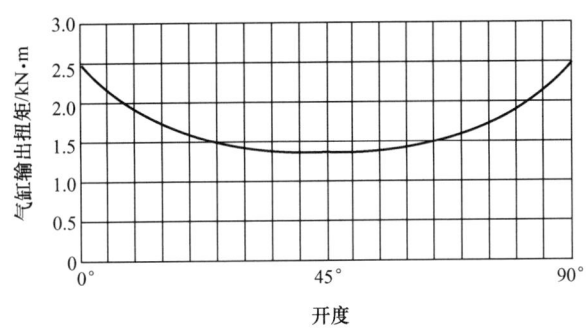

图 8-10　双作用拨叉执行机构输出力矩曲线

4）双作用拨叉执行机构输出扭矩。ZSH 双作用拨叉执行机构部分规格输出扭矩见表 8-6。完整扭矩表查询吴忠仪表执行器技术有限公司 ZSH 拨叉执行机构样本。

表 8-6　ZSH 双作用拨叉执行机构部分规格输出扭矩表

型号	行程指示	气源压力输出扭矩/N·m					
		供气压力					
		3bar	3.5bar	4bar	5bar	5.5bar	6bar	7bar
ZSH-C1-200-DA	起点/终点	1161	1355	1549	1936	2129	2323	2710
	运行（最小值）	614	716	819	1023	1126	1228	1433
ZSH-C1-250-DA	起点/终点	1639	1913	2186	2732	3006	3279	—
	运行（最小值）	867	1011	1156	1445	1589	1734	—

（续）

型号	行程指示	气源压力输出扭矩/N·m					
		供气压力					
		3bar	3.5bar	4bar	5bar	5.5bar	6bar	7bar
ZSH-C1-300-DA	起点/终点	2506	2924	3341	—	—	—	—
	运行（最小值）	1325	1546	1767	—	—	—	—
ZSH-C1-350-DA	起点/终点	3006	3507	—	—	—	—	—
	运行（最小值）	1590	1854	—	—	—	—	—
ZSH-C2-250-DA	起点/终点	1958	2284	2611	3263	3590	3916	4568
	运行（最小值）	1035	1208	1380	1725	1898	2070	2416
ZSH-C2-300-DA	起点/终点	3006	3507	4008	5010	5511	6012	—
	运行（最小值）	1589	1854	2119	2649	2914	3179	—
ZSH-C2-350-DA	起点/终点	3611	4213	4815	6019	6621	—	—
	运行（最小值）	1909	2228	2546	3182	3501	—	—
ZSH-C2-400-DA	起点/终点	4741	5531	6321	—	—	—	—
	运行（最小值）	2507	2924	3342	—	—	—	—
ZSH-C3-300-DA	起点/终点	3586	4184	4784	5977	6575	7173	8368
	运行（最小值）	1896	2212	2528	3160	3476	3793	4425
ZSH-C3-350-DA	起点/终点	4313	5032	5750	7188	7907	8626	10063
	运行（最小值）	2280	2660	3040	3801	4181	4561	5321

5）双作用拨叉执行机构选型如图 8-11 所示。

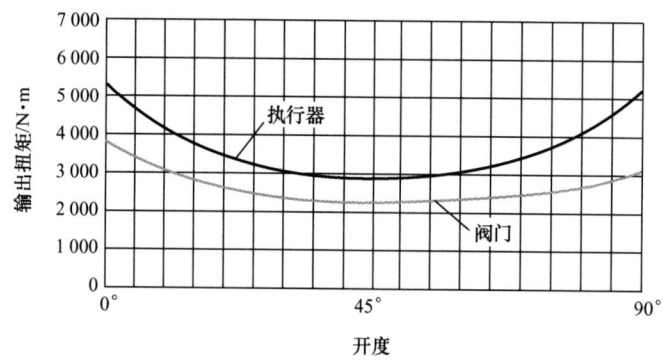

图 8-11　双作用拨叉式执行机构选型

如图 8-11 所示，阀门整个运行过程中执行器的输出扭矩需大于阀门扭矩乘上安全系数后的值。在正常操作条件下，双作用执行器的安全扭矩为阀门扭矩的 1.3 倍。例如，阀门所需扭矩为 2800N·m，执行机构需提供的扭矩为 2800×1.3N·m = 3640N·m，给执行器提供的气源压力为 4bar 时，根据表 8-6，选用 ZSH-C2-300-DA 型，扭矩值为 4008N·m，大于阀门扭矩 3640N·m，即可选择出合适的双作用拨叉执行机构。

6) ZSH 系列双作用执行机构选型。ZSH 系列双作用执行机构选型代号如图 8-12 所示。

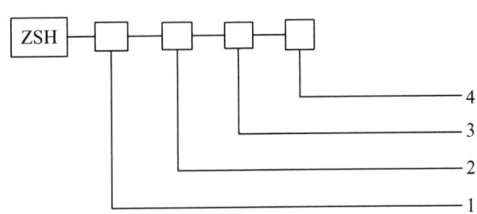

图 8-12　ZSH 系列双作用执行机构选型代号

图中选型代号说明：

1——执行机构箱体型号：C1～C7。

2——气缸筒缸径：200～1000mm。

3——故障位置：FC（故障关）、FO（故障开）。

4——手动机构：根据执行器输出不同的扭矩，选择不同的手动机构。

(2) 单作用气动式拨叉执行机构

1) 单作用气动式拨叉执行机构动作原理。压缩空气从右端盖气源孔进入气缸右腔体内，气体推动气缸内活塞和推杆向左做直线运动，通过活塞推杆连接的滑块，拨叉带动阀杆逆时针方向旋转 90°，阀门随之打开。切断气源时靠压缩的弹簧弹力使阀门复位。同时可以调换动力模块和弹簧模块的位置来改变执行器的气开、气关的作用形式。其结构示意图如图 8-13 所示，典型零件明细表见表 8-7。

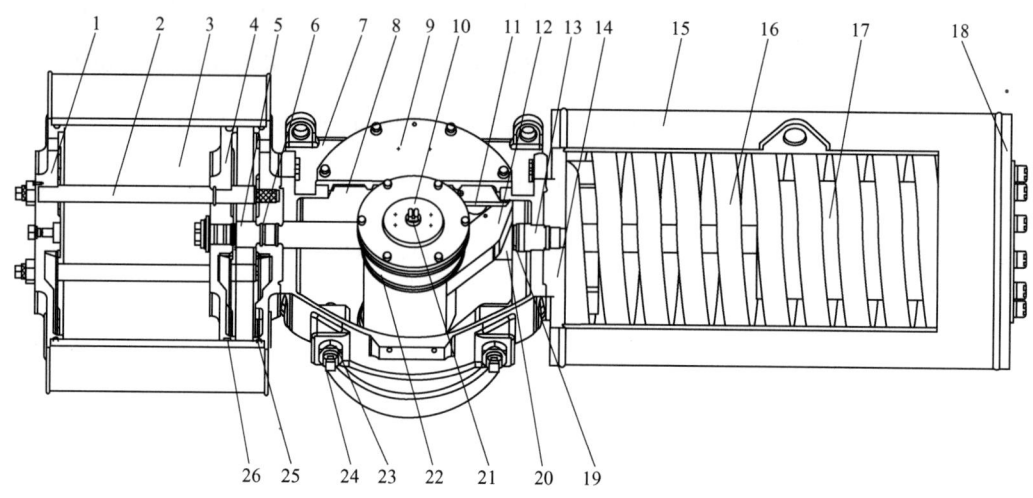

图 8-13 单作用气动式拨叉执行机构结构示意图

表 8-7 单作用气动式拨叉执行机构零件明细表

编号	名称	编号	名称
1	气缸端盖	14	弹簧左盖
2	气缸拉杆	15	弹簧缸筒
3	气缸	16	弹簧
4	活塞	17	弹簧支座
5	推杆	18	弹簧右盖
6	导向轴承	19	连接杆
7	箱体	20	导向滑块
8	导杆	21	反馈轴
9	箱盖	22	滑动轴承
10	防尘盖	23	螺母
11	销轴	24	限位螺钉
12	拨叉	25、26	密封圈
13	拉杆		

2) 输出力矩的计算。如图 8-14 所示,作用于拨叉上的力 F 对转轴中心 O 产生的力矩为执机构的输出力矩 $M = F \times OO'$,即

$$M = \frac{p - KX}{\cos(45° - A)} \times \frac{L}{\cos(45° - A)} \tag{8-18}$$

式中 p——气体作用在活塞上的力；

K——弹簧弹性系数；

X——弹簧形变量；

L——拨叉在中间位置时的偏心距；

A——拨叉转角。

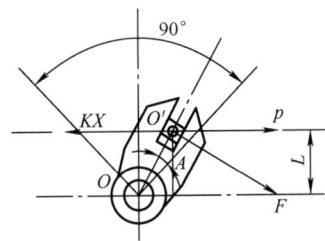

图 8-14　单作用气动式拨叉执行机构计算简图

由图 8-14 可知，拨叉执行机构的气源输出扭矩和中心 O 点所受的合力成正比，即活塞杆受到的推力与弹簧弹力的合力越大，执行机构扭矩越大；转角 A 越大执行机构输出扭矩越小。

3）ZSH 系列单作用拨叉执行机构输出扭矩曲线（见图 8-15）。

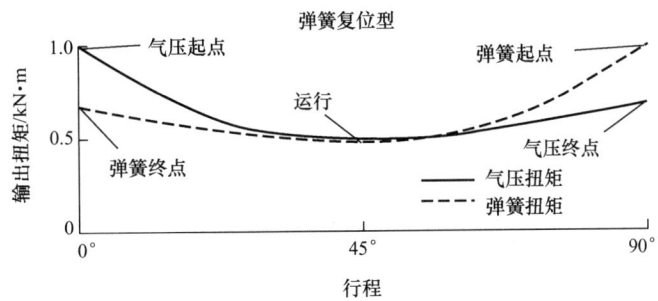

图 8-15　ZSH 系列单作用拨叉式执行机构输出扭矩曲线

4）ZSH 系列单作用拨叉执行机构部分型号输出扭矩（见表 8-8）。

表 8-8 ZSH 系列单作用拨叉执行机构部分型号输出扭矩

型号	弹簧扭矩/N·m		气源压力输出扭矩/N·m 供气压力					
			3.5bar	4bar	5bar	5.5bar	6bar	7bar
ZSH-C3-300-SR1	起点	6420	—	—	—	—	—	3368
	运行（最小值）	2901	—	—	—	—	—	1427
	终点	4808	—	—	—	—	—	1756
ZSH-C3-300-SR2	起点	5793	—	—	—	—	—	4031
	运行（最小值）	2570	—	—	—	—	—	1759
	终点	4145	—	—	—	—	—	2382
ZSH-C3-300-SR3	起点	5009	—	—	—	2766	3350	4518
	运行（最小值）	2240	—	—	—	1161	1470	2088
	终点	3657	—	—	—	1415	1999	3167
ZSH-C3-300-SR4	起点	4491	—	—	2731	3315	3899	5067
	运行（最小值）	1966	—	—	1126	1435	1744	2363
	终点	3109	—	—	1349	1933	2517	3685
ZSH-C3-350-SR1	起点	6420	—	—	—	2917	3619	5024
	运行（最小值）	2901	—	—	—	1188	1560	2304
	终点	4808	—	—	—	1305	2008	3412
ZSH-C3-350-SR2	起点	5793	—	—	2878	3580	4283	5687
	运行（最小值）	2570	—	—	1148	1520	1892	2635
	终点	4145	—	—	1229	1932	2634	4039
ZSH-C3-350-SR3	起点	5009	—	—	3365	4068	4770	6175
	运行（最小值）	2240	—	—	1478	1850	2221	2965
	终点	3657	—	—	2014	2716	3419	4823
ZSH-C3-350-SR4	起点	4491	—	2509	3914	4616	5318	6723
	运行（最小值）	1966	—	1009	1752	2124	2496	3239
	终点	3109	—	1128	2532	3235	3937	5341

第8章 执行机构

（续）

型号	弹簧扭矩/N·m		气源压力输出扭矩/N·m					
			供气压力					
			3.5bar	4bar	5bar	5.5bar	6bar	7bar
ZSH-C3-400-SR1	起点	6420	—	—	4421	5345	6268	8113
	运行（最小值）	2901	—	—	1985	2474	2962	3939
	终点	4808	—	—	2810	3733	4656	6502
ZSH-C3-400-SR2	起点	5793	—	3239	5085	6008	6931	8777
	运行（最小值）	2570	—	1339	2315	2805	3294	4271
	终点	4145	—	1599	3436	4359	5282	7128
ZSH-C3-400-SR3	起点	5009	2803	3726	5572	6495	7418	9264
	运行（最小值）	2240	1180	1669	2646	3134	3623	4601
	终点	3657	1452	2375	4221	5144	6067	7913
ZSH-C3-400-SR4	起点	4491	3352	4275	6121	7044	7967	9813
	运行（最小值）	1966	1455	1943	2920	3409	3898	4875
	终点	3109	1970	2893	4739	5662	6585	8431
ZSH-C3-450-SR1	起点	6420	3404	4577	6923	8096	9269	11615
	运行（最小值）	2901	1446	2067	3309	3930	4551	5793
	终点	4808	1792	2965	5311	6484	7657	10003
ZSH-C3-450-SR2	起点	5793	4067	5240	7586	8759	9932	—
	运行（最小值）	2570	1778	2399	3640	4262	4882	—
	终点	4145	2418	3591	5937	7111	8284	—
ZSH-C3-450-SR3	起点	5009	4554	5727	8073	9247	10420	—
	运行（最小值）	2240	2107	2728	3970	4591	5212	—
	终点	3657	3203	4376	6722	7895	9068	—
ZSH-C3-450-SR4	起点	4491	5102	6276	8622	9795	10968	—
	运行（最小值）	1966	2381	3003	4244	4866	5487	—
	终点	3109	3721	4894	7240	8413	9587	—

5）ZSH 系列单作用执行机构选型代号如图 8-16 所示。

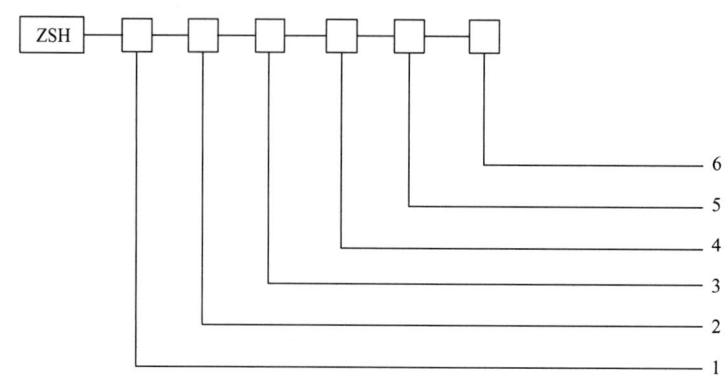

图 8-16 ZSH 系列单作用执行机构选型代号

图中选型代号说明：

1——执行机构箱体型号：C1～C7。

2——气缸筒缸径：200～1000mm。

3——弹簧规格型号：SR1～SR4。

4——故障位置：FC（故障关）、FO（故障开）。

5——手动机构：根据执行器输出不同的扭矩，选择合适的手动机构。

6——温度范围：标准型、高温型、低温型。

具体依据吴忠仪表执行器技术有限公司拨叉执行机构样本选择相应规格。

6）ZSH 系列单作用拨叉执行机构选型方法。单作用拨叉执行机构输出扭矩由压缩空气压缩弹簧后所得，如图 8-17 所示，气源推动活塞所产生的力减去弹簧被压缩后产生的反作用力，输出扭矩在开度为 0°时最大，然后逐渐减小后又逐渐增大，呈弧线形分布。

当执行机构失气时，力由压缩后的弹簧复位所得，在此情况下，弹簧输出力在开度为 90°时最大，然后逐渐变小后又逐渐增大，呈弧线形分布。

在正常操作条件下，单作用执行机构的安全扭矩为阀门扭矩的 1.3 倍。例如，阀门所需扭矩为 2600N·m，故障位置要求故障关，气源压力 4bar，则执行机构需提供扭矩为 2600×1.3N·m=3380N·m；根据表 8-8，给执行机构提供气源压力为 4bar 时，选择 ZSH-C3-450-SR3-FC 型，弹簧复位扭矩值为 3657N·m，大于阀门扭矩 3380N·m，满足弹簧复位要求，阀门 90°开启，气缸提供的扭矩 4376N·m，大于 3380N·m，满足要求。

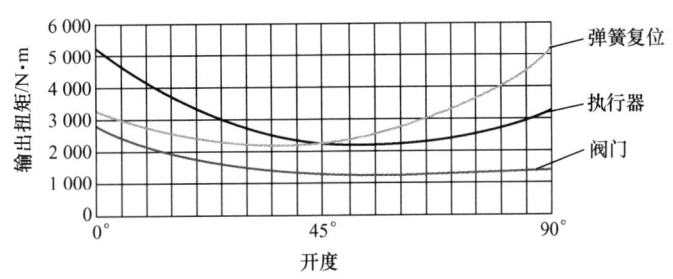

图 8-17　单作用拨叉式执行机构选型示意图

8.1.4　角行程曲柄连杆执行机构

角行程曲柄连杆执行机构按照结构的不同分为双作用和单作用，是为调节和开关控制而设计制造的。吴忠仪表执行器技术有限公司的 ZSC 和 ZSJ 系列的安装尺寸符合 ISO 5211—2017 标准，其特点是运行寿命极长，非常适用于各种旋转式阀门。需要"故障保持"时可以选择 ZSC 系列双作用执行机构，输出扭矩为 40~100000N·m，最大供气压力为 10 bar。需要"故障开/关"模式时选择具有弹簧复位功能的 ZSJ 系列单作用执行机构，其内置了弹簧安全的气缸，可以实现"故障开"或"故障关"功能。ZSJ 系列单作用执行机构应用在蝶阀、V 形球阀上可以实现"故障关"的功能，而 ZSJA 系列可以实现"故障开"的功能。ZSJ 系列单作用执行机构有三种类型的弹簧可供选择：中型弹簧适用于 4bar 的供气压力范围，轻型弹簧适用于 3bar 的供气压力范围，重型弹簧适用于 5.5bar 的供气压力范围。最大供气压力为 8.5bar 时，ZSJ 系列执行机构的输出扭矩为 50~12000N·m。

(1) ZSC 系列双作用执行机构

1) ZSC 系列双作用执行机构结构示意图如图 8-18 所示。

控制阀设计制造技术

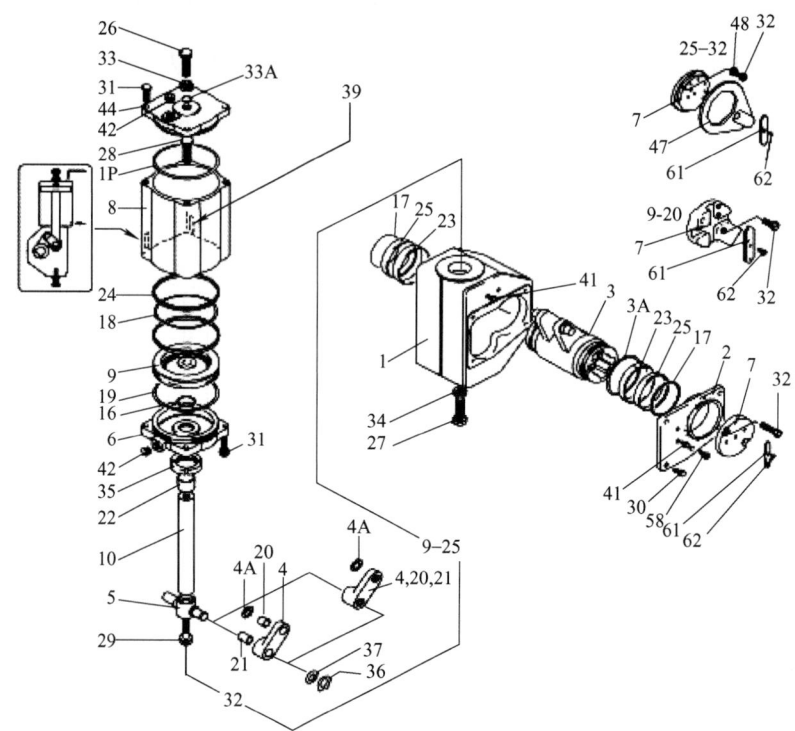

图 8-18　ZSC 系列双作用执行机构结构示意图

2) ZSC 系列双作用执行机构零部件明细见表 8-9。

表 8-9　ZSC 系列双作用执行机构零部件明细

序　号	数　量	名　称	序　号	数　量	名　称
1	1	壳体	8	1	气缸体
2	1	壳体盖	9	1	活塞
3	1	曲柄	10	1	活塞杆
3A	1	抗静电环	16	1	O 形圈
4	2	轴承	17	2	O 形圈
4A	1	抗静电环	18	1	O 形圈
5	1	轴承	19	2	O 形圈
6	1	气缸内端盖	20	2	轴承衬垫
7	1	指示盖	21	2	轴承衬垫

818

（续）

序 号	数 量	名 称	序 号	数 量	名 称
22	1, 2	轴承衬垫	34	1	螺母
23	2	轴承衬垫	35	1	锁紧螺母
24	2, 3	活塞密封圈	36	2	密封圈
25	2	轴套	37	2	支承圈
26	1	止动螺钉	39	1	铭牌
27	1	止动螺钉	41	1	柱销
28	1	螺钉	42		柱销
29	1	螺钉	44	1	气缸外端盖
30	4	螺钉	47	1	扭杆
31	8, 12	螺钉	48	2	垫圈
32	2	螺钉	58	1	排压阀
33	1	螺母	61	1	指示箭头
33A	1	O形圈	62	1	螺钉

3）ZSC 系列曲柄连杆双作用执行机构扭矩曲线图如图 8-19 所示。

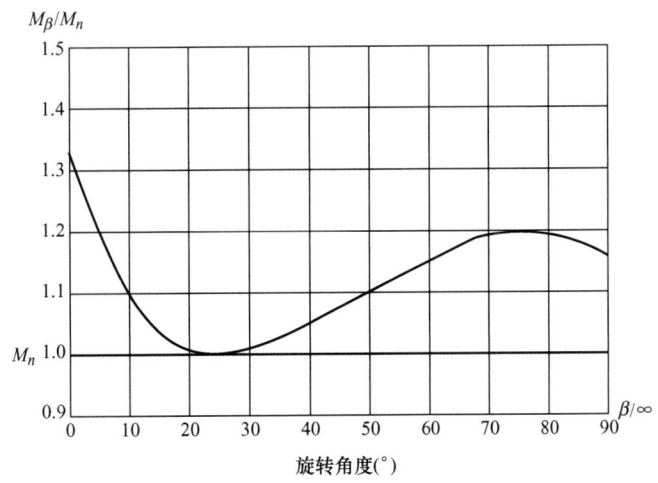

图 8-19　ZSC 系列曲柄连杆双作用执行机构扭矩曲线图

图 8-19 中，M_β 为不同角度下的气源压力和弹簧共同作用下执行机构输出合扭矩；M_n 为额定扭矩；β 为执行机构转角。

4) ZSC 系列曲柄连杆双作用执行机构的作用原理。ZSC 系列执行机构里的连杆机构能将活塞的直线运动转换为执行机构转轴的旋转运动。图 8-19 曲线描述了扭矩特性与转轴角度之间的关系。最大扭矩在 $\beta = 0°$ 时获得，通常对应于球阀和蝶阀的关闭状态，即通常出现最大扭矩的地方。另一个扭矩值峰值在 $\beta = 60° \sim 80°$ 时获得，对应于蝶阀的动态扭矩峰值点。

5) ZSC 系列双作用执行机构输出扭矩。表 8-10 给出了不同供气压力下的输出扭矩。

表 8-10 ZSC 系列双作用执行机构部分型号输出扭矩

执行机构型号	特定的气源压力下的输出扭矩/N·m						
	3.0bar	3.5bar	4bar	5bar	5.5bar	6bar	7bar
ZSC6	45	51	60	75	82	90	100
ZSC9	85	100	115	145	160	175	205
ZSC11	160	185	220	270	300	330	375
ZSC13	330	390	460	565	620	675	790
ZSC17	620	720	850	1040	1160	1260	1570
ZSC20	750	880	1030	1290	1400	1550	1780
ZSC25	1450	1700	2010	2500	2700	3000	3450
ZSC32	2890	3400	4000	5000	5500	6000	7000
ZSC40	6100	7100	8290	10310	11300	12290	14300
ZSC50	11770	13900	16290	20210	22000	24190	28100
ZSC60	17330	20300	23710	29580	32400	35320	41190
ZSC75	27180	31700	37170	46250	—	—	—
ZSC502	26540	31000	36290	44790	49600	54500	63000
ZSC602	38200	44600	52200	65110	71400	77710	90490
ZSC752	60240	70300	82340	102710	—	—	—

6) 角行程曲柄连杆双作用执行机构的选型方法。在为某个应用场合的阀门选择合适的执行机构时，首先从阀门扭矩表中确定阀门需要的最大操作扭矩，然后从执行机构的扭矩输出表中按可提供气源压力，选择输出扭矩不低于阀门所含安全系数的操作扭矩。如果不能确定其满足要求，就选择更大一级的执行机构。例如，阀门扭矩要求

第8章 执行机构

100N·m，安全系数取1.3，实际需要执行机构扭矩为130N·m；供气压力为5bar；应用场合：开关；查表8-10，ZSC9型号输出扭矩为145N·m，故选ZSC9型号。

(2) ZSJ系列曲柄连杆单作用执行机构

1) ZSJ系列曲柄连杆单作用执行机构结构示意图如图8-20所示。

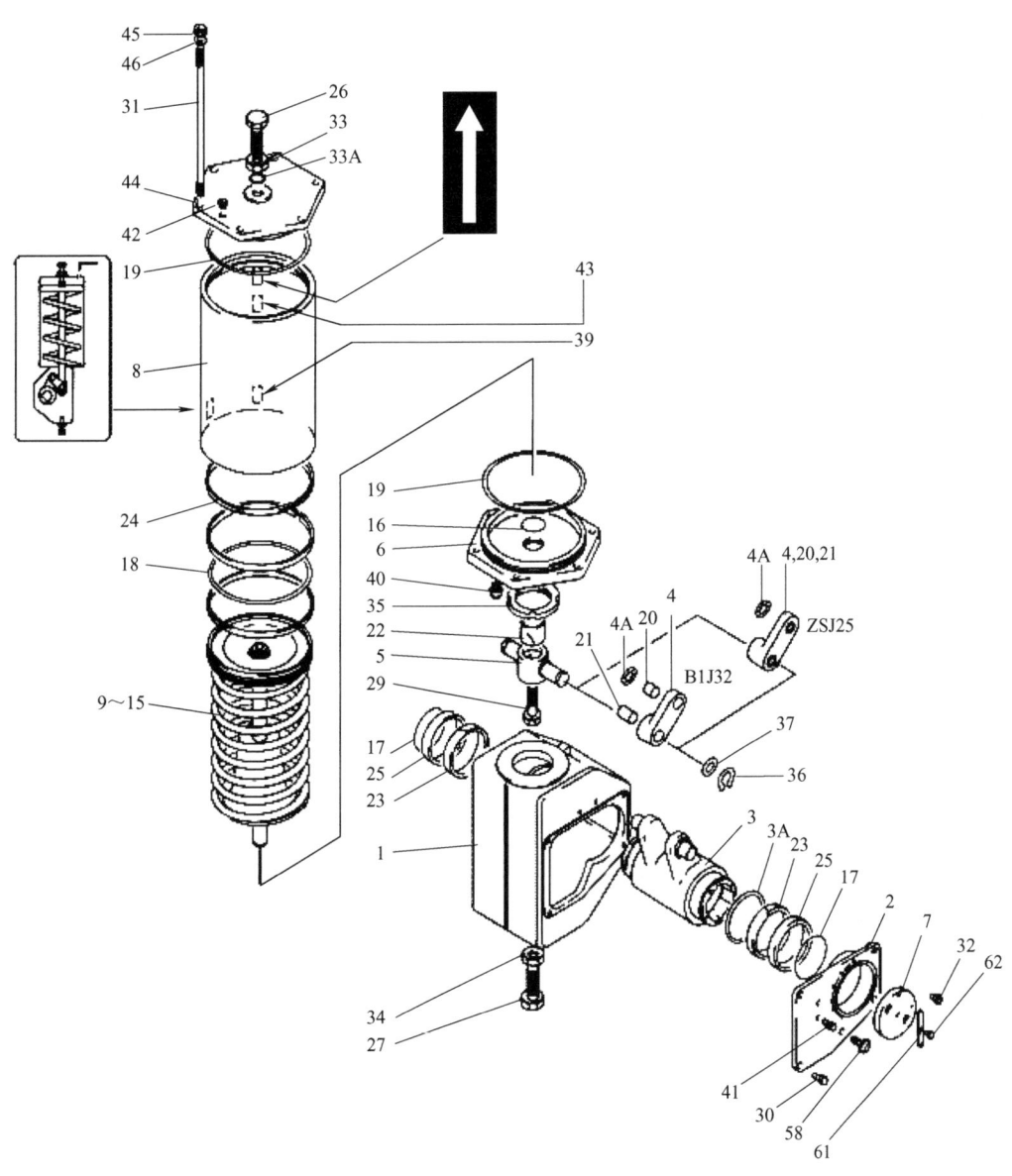

图8-20 ZSJ系列曲柄连杆单作用执行机构结构示意图

2）ZSJ 系列曲柄连杆单作用执行机构零部件明细见表 8-11。

表 8-11　ZSJ 系列曲柄连杆单作用执行机构零部件明细

序号	数量	名称	序号	数量	名称
1	1	壳体	24	3,4	活塞密封圈
2	1	壳体盖	25	2	轴承
3	1	曲柄	26	1	止动螺钉
3A	1	抗静电环	27	1	止动螺钉
4	2	连杆	29	1	螺钉
4A	1	抗静电环	30	4	螺钉
5	1	轴承	31	6	双头螺栓
6	1	气缸座	32	2	螺钉
7	1	指示盖	33	1	螺母
8	1	气缸体	33A	1	O 形圈
9	1	活塞	34	1	螺母
10	1	活塞杆	35	1	锁紧螺母
11	1	弹簧	36	2	密封圈
12	1	弹簧板	37	2	支撑圈
13	1	加紧管	39	1	铭牌
14	2	密封圈	40	1	过滤器
15	1	六角螺母	41	1	柱销
16	1	O 形圈	42	1	柱销
17	2	O 形圈	43	1	警告牌
18	1	O 形圈	44	2	气缸外端盖
19	1	O 形圈	45	6	螺母
20	2	轴承衬垫	46	6	垫圈
21	2	轴承衬垫	58	1	排压阀
22	1,2	轴承衬垫	61	1	指示箭头
23	2	轴承衬垫	62	1	螺钉

3）ZSJ 系列曲柄连杆单作用执行机构弹簧作用形式如图 8-21 所示，P_s 为驱动气源压力；M_s 为阀门关闭扭矩；M_p 为阀门开启扭矩。

4）ZSJ 系列曲柄连杆单作用执行机构扭矩曲线图如图 8-22 所示。

第8章 执行机构

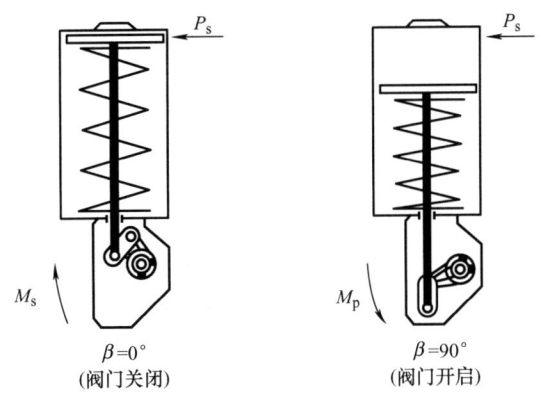

图 8-21 ZSJ 系列曲柄连杆单作用执行机构弹簧作用形式

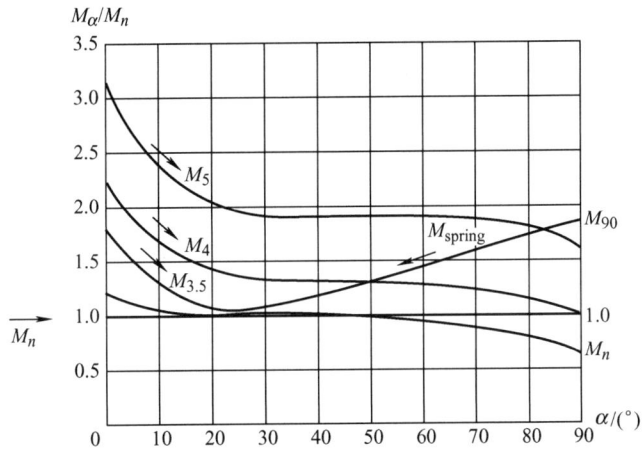

图 8-22 ZSJ 系列曲柄连杆单作用执行机构扭矩曲线图

在图 8-22 中，M_α 为不同角度下的气源压力和弹簧共同作用下执行机构输出合扭矩；M_n 为额定扭矩；α 为执行机构转角；M_5 为执行机构 5bar 供气压力下的扭矩曲线；M_4 为执行机构 4bar 供气压力下的扭矩曲线；M_{spring} 为弹簧提供的扭矩曲线；M_{90} 为弹簧压缩到执行机构 90°转角时提供的初始扭矩。

5) ZSJ 系列曲柄连杆单作用执行机构的作用原理及部分规格型号弹簧扭矩输出。连杆机构将活塞的直线运动转换为执行机构转轴的直角（最大 98°）旋转。正是由于这种设计，执行机构转轴的角度决定了输出扭矩和活塞力之间的关系。表 8-12 给出了

ZSJ 系列曲柄连杆单作用执行机构部分型号输出扭矩。

表 8-12　ZSJ 系列曲柄连杆单作用执行机构部分型号输出扭矩

执行机构型号	最小弹簧扭矩/N·m
ZSJ8	70
ZSJ10	150
ZSJ12	300
ZSJ16	600
ZSJ20	1200
ZSJ25	2400
ZSJ32	4800
ZSJ322	9600

6）ZSJ 系列曲柄连杆单作用执行机构选型方法。在为某个应用场合的阀门选择合适的执行机构时，首先从阀门扭矩表中确定阀门需要的最大操作扭矩，然后从执行机构的扭矩输出表中按可提供气源压力，选择输出扭矩不低于阀门所含安全系数的操作扭矩。如果不能确定其满足要求，就选择更大一级的执行机构。例如，阀门扭矩要求 100N·m，安全系数取 1.3，实际需要执行机构扭矩 130N·m；动作要求为弹簧关；供气压力为 4bar；查表 8-12，ZSJ10 型号最小弹簧扭矩为 150N·m，大于 130N·m，故选 ZSJ10 型号。

8.1.5　角行程齿轮齿条执行机构

齿轮齿条气动执行机构按照结构的不同分单作用及双作用两种型式，适用于各种旋转式阀门的驱动控制。吴忠仪表执行器技术有限公司生产的 RB 系列角行程齿轮齿条执行机构其内部结构采用双活塞齿轮齿条式传动结构，适用于小口径球阀、旋塞阀及蝶阀。齿轮齿条式执行机构结构紧凑，因此有体积小、重量轻等特点，并且其传输效率高，动作寿命长，工作平稳，可靠性较高，在电力、石油、化工、冶金等生产场合均有广泛应用。

1）RB 系列齿轮齿条执行机构结构示意图如图 8-23 所示。

第8章 执行机构

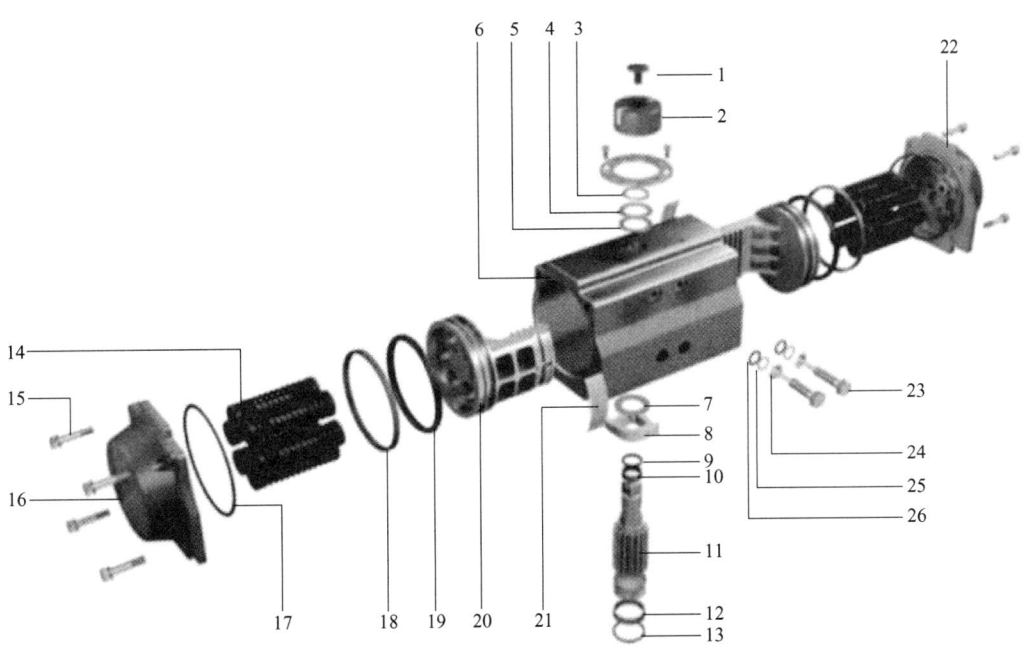

图 8-23 RB 系列齿轮齿条执行机构结构示意图

2) RB 系列齿轮齿条执行机构零部件和材料见表 8-13。

表 8-13 RB 系列齿轮齿条执行机构零部件和材料

序 号	名 称	数 量	材 料	防腐处理	可选材料
1	盖帽螺钉	1	工程塑料	—	—
2	指示器	1	工程塑料	—	—
3	弹性挡圈	1	合金弹簧钢	镀镍	—
4	垫圈	1	不锈钢	—	—
5	外垫片	1	工程塑料	—	—
6	缸体	1	铝合金	阳极氧化	—
7	内垫片	1	工程塑料	—	—
8	调节挡块	1	合金钢	—	—
9	上 O 形圈	—	耐油丁腈橡胶	—	氟橡胶/硅橡胶
10	上轴承	1	工程塑料	—	—
11	输出轴	1	合金钢	镀镍	不锈钢
12	下轴承	1	工程塑料	—	—
13	下 O 形圈	1	耐油丁腈橡胶	—	氟橡胶/硅橡胶

(续)

序号	名称	数量	材料	防腐处理	可选材料
14	弹簧（单动作）	4～12	合金弹簧钢	粉末喷涂	—
15	端盖螺钉	8	不锈钢	—	—
16	左端盖	1	压铸铝合金	粉末喷涂	—
17	端盖O形圈	2	耐油丁腈橡胶	—	氟橡胶/硅橡胶
18	活塞轴承	2	工程塑料	—	—
19	活塞O形圈	2	耐油丁腈橡胶	—	氟橡胶/硅橡胶
20	活塞	2	压铸铝合金	—	—
21	活塞盖板	2	尼龙6	—	氟橡胶/硅橡胶
22	右端盖	1	压铸铝合金	—	—
23	调节螺钉	2	不锈钢	—	—
24	螺母	2	不锈钢	—	—
25	调节螺钉垫圈	2	不锈钢	—	—
26	调节螺钉O形圈	2	耐油丁腈橡胶	—	氟橡胶/硅橡胶

3）RB系列齿轮齿条型号编制规则如图8-24所示。

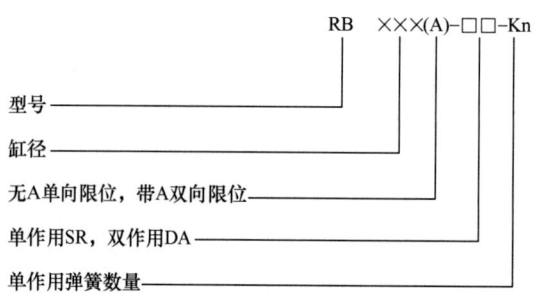

图8-24 RB系列齿轮齿条型号编制规则

4）RB系列齿轮齿条执行机构工作原理。齿轮齿条式执行机构是通过活塞推动齿条与齿轮的啮合运动带动齿轮轴旋转，达到将齿轮的回转运动转变为齿条的往复直线运动，或将齿条的往复直线运动转变为齿轮的回转运动。

单作用的执行机构示意图如图8-25所示，操作原理（标准转向）为B口进气，A口失气，推动两活塞分开，向两端移动，失气或失电时，弹簧使活塞合拢，顺时针方向旋转。其输出力矩趋势图如图 8-26 所示。

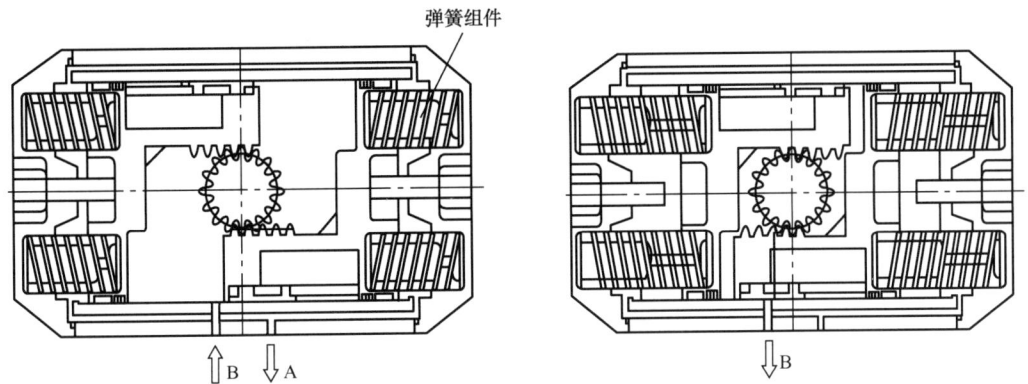

图 8-25 RB 系列单作用齿轮齿条执行机构

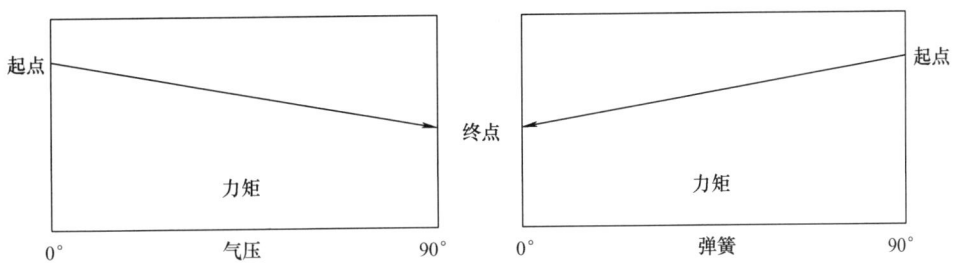

图 8-26 RB 系列单作用齿轮齿条执行机构输出力矩趋势图

双作用的执行机构示意图如图 8-27 所示,其输出力矩趋势图如图 8-28 所示。操作原理（标准转向）为 B 口进气,A 口失气,推动两活塞分开向两边移动,输出轴顺时针方向转动。A 口进气,B 口失气,推动两活塞合拢向中心移动,输出轴逆时针方向转动。

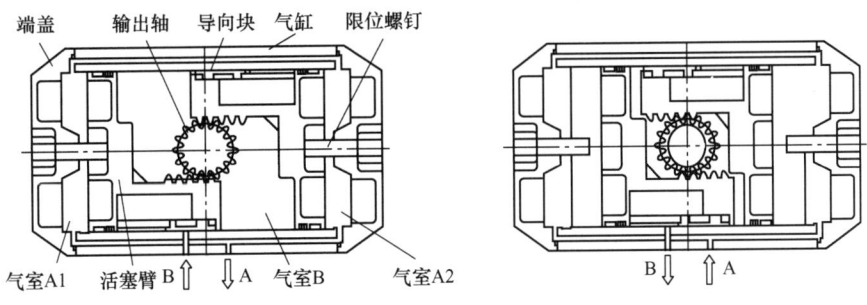

图 8-27 RB 系列双作用齿轮齿条执行机构

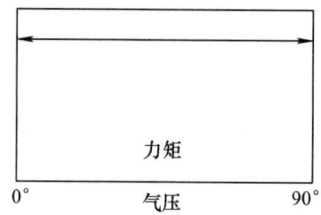

图 8-28 RB 系列双作用齿轮齿条执行机构输出力矩趋势图

5）RB 系列双作用齿轮齿条执行机构输出扭矩见表 8-14。

表 8-14 RB 系列双作用齿轮齿条执行机构输出扭矩　　（单位：N·m）

规格	气源压力/bar									
	2.5	3	3.5	4	4.5	5	5.5	6	7	8
RB50	8.6	10.4	12.3	14.2	16.0	17.9	19.8	21.6	25.4	29.1
RB63	17.4	21.2	25.0	28.7	32.5	36.3	40.1	43.9	51.4	59.0
RB75	27.0	32.9	38.8	44.7	50.5	56.4	62.3	68.2	79.9	91.7
RB80	39.7	48.3	56.9	65.6	74.2	82.8	91.4	100.1	117.3	134.6
RB95	55.7	67.9	80.0	92.1	104.2	116.4	128.5	140.6	164.8	189.1
RB100	72.0	89.3	105.0	120.6	136.3	152.0	167.6	183.3	214.6	245.9
RB125	129	160	188	215	243	271	299	327	383	439
RB140	196	208	243	278	312	347	382	417	486	555
RB160	264	327	384	441	499	556	613	670	785	900
RB190	429	518	607	697	786	875	965	1054	1233	1411
RB200	598	723	848	973	1097	1222	1347	1471	1721	1970
RB254	928	1122	1315	1508	1702	1895	2089	2282	2669	3056
RB280	1305	1577	1849	2121	2393	2665	2937	3209	3753	4297
RB300	1679	2029	2379	2729	3079	3429	3779	4129	4829	5528
RB350	2493	3012	3531	4050	4570	5089	5608	6128	7166	8205
RB400	3798	4589	5381	6172	6963	7755	8546	9337	10920	12502

6）RB 系列单作用齿轮齿条执行机构输出扭矩见表 8-15。

表 8-15 **RB 系列单作用齿轮齿条执行机构输出扭矩** (单位: N·m)

规格	弹簧总数	弹簧复位		气源压力/bar																		
				2.5		3		3.5		4		4.5		5		5.5		6		7		8	
		90°	0°	0°	90°	0°	90°	0°	90°	0°	90°	0°	90°	0°	90°	0°	90°	0°	90°	0°	90°	0°	90°
63	5	13.1	8.7	8.7	4.3	12.5	8.1	16.3	11.9	20	15.6	23.8	19.4	—	—	—	—	—	—	—	—	—	—
63	6	15.7	10.4	7	1.7	10.7	5.5	14.5	9.2	18.3	13	22.1	16.8	25.9	—	—	—	—	—	—	—	—	—
63	7	18.3	12.2	—	—	9	2.8	12.8	6.6	16.6	10.4	20.4	14.2	24.1	18	27.9	—	—	—	—	—	—	—
63	8	21.0	13.9	—	—	—	—	11	4	14.8	7.8	18.6	11.6	22.4	15.4	26.2	19.1	—	—	—	—	—	—
63	9	23.6	15.7	—	—	—	—	—	—	13.1	5.2	16.9	9	20.7	12.7	24.4	16.5	28.2	20.3	35.8	27.9	—	—
63	10	26.2	17.4	—	—	—	—	—	—	—	—	15.1	6.3	18.9	10.1	22.7	13.9	26.5	17.7	34	25.2	41.6	32.8
63	11	28.8	19.1	—	—	—	—	—	—	—	—	—	—	17.2	7.5	21	11.3	24.7	15.1	32.3	22.6	39.9	30.2
63	12	31.4	20.9	—	—	—	—	—	—	—	—	—	—	—	—	19.2	8.7	23	12.4	30.6	20	38.1	27.6
75	5	16.9	10.7	16.3	10.2	22.2	16	28.1	21.9	34	27.8	39.8	33.7	—	—	—	—	—	—	—	—	—	—
75	6	20.2	12.8	14.2	6.8	20.1	12.7	25.9	18.6	31.8	24.4	37.7	30.3	43.6	36.2	—	—	—	—	—	—	—	—
75	7	23.6	15.0	—	—	17.9	9.3	23.8	15.2	29.7	21.1	35.6	26.9	41.4	32.8	47.3	38.7	—	—	—	—	—	—
75	8	27.0	17.1	—	—	—	—	21.7	11.8	27.5	17.7	33.4	23.6	39.3	29.4	45.2	35.3	51	41.2	—	—	—	—
75	9	30.3	19.3	—	—	—	—	—	—	25.4	14.3	31.3	20.2	37.1	26.1	43	32	48.9	37.8	60.7	49.6	—	—
75	10	33.7	21.4	—	—	—	—	—	—	—	—	29.1	16.8	35	22.7	40.9	28.6	46.8	34.5	58.5	46.2	70.3	58
75	11	37.1	23.5	—	—	—	—	—	—	—	—	—	—	32.9	19.3	38.7	25.2	44.6	31.1	56.4	42.8	68.1	54.6
75	12	40.4	25.7	—	—	—	—	—	—	—	—	—	—	—	—	36.6	21.8	42.5	27.7	54.2	39.5	66	51.2
80	5	26.1	16.6	23.2	13.7	31.8	22.3	40.4	30.9	49	39.5	57.6	48.1	—	—	—	—	—	—	—	—	—	—
80	6	31.3	19.9	19.8	8.4	28.4	17	37.1	25.7	45.7	34.3	54.3	42.9	62.9	51.5	—	—	—	—	—	—	—	—
80	7	36.5	23.2	—	—	25.1	11.8	33.8	20.5	42.4	29.1	51	37.7	59.6	46.3	68.3	55	—	—	—	—	—	—
80	8	41.7	26.5	—	—	—	—	30.4	15.2	39.1	23.9	47.7	32.5	56.3	41.1	64.9	49.7	73.6	58.4	—	—	—	—
80	9	46.9	29.8	—	—	—	—	—	—	35.8	18.7	44.4	27.3	53	35.9	61.6	44.5	70.3	53.2	87.5	70.4	—	—
80	10	52.1	33.1	—	—	—	—	—	—	—	—	41.1	22.1	49.7	30.7	58.3	39.3	67	48	84.2	65.2	101.5	82.5
80	11	57.3	36.4	—	—	—	—	—	—	—	—	—	—	46.4	25.5	55	34.1	63.6	42.7	80.9	60	98.1	77.2
80	12	62.5	39.7	—	—	—	—	—	—	—	—	—	—	—	—	51.7	28.9	60.3	37.5	77.6	54.8	94.8	72

控制阀设计制造技术

（续）

规格	弹簧总数	弹簧复位		气源压力/bar																		
				2.5		3		3.5		4		4.5		5		5.5		6		7		8	
		0°	90°	0°	90°	0°	90°	0°	90°	0°	90°	0°	90°	0°	90°	0°	90°	0°	90°	0°	90°	0°	90°
95	5	22.1	34.9	33.6	20.9	45.8	33	57.9	45.1	70	57.3	82.1	69.4	—	74.5	—	—	—	—	—	—	—	—
	6	26.5	41.8	29.2	13.9	41.4	26.1	53.5	38.2	65.6	50.3	77.7	62.4	89.8	74.5	—	—	—	—	—	—	—	—
	7	30.9	48.8	—	—	36.9	19.1	49.1	31.2	61.2	43.3	73.3	55.4	85.4	67.6	97.5	—	—	—	—	—	—	—
	8	35.4	55.8	—	—	—	—	44.6	24.2	56.8	36.4	68.9	48.5	81	60.6	93.1	72.7	105.2	—	—	—	—	—
	9	39.8	62.7	—	—	—	—	—	—	52.3	29.4	64.5	41.5	76.6	53.6	88.7	65.8	100.8	77.9	125.1	102.1	144.9	119.4
	10	44.2	69.7	—	—	—	—	—	—	—	—	60	34.5	72.2	46.7	84.3	58.8	96.4	70.9	120.6	95.1	140.5	112.4
	11	48.6	76.7	—	—	—	—	—	—	—	—	—	—	67.7	39.7	79.9	51.8	92	63.9	116.2	88.2	136	105.4
	12	53.0	83.6	—	—	—	—	—	—	—	—	—	—	—	—	75.4	44.8	87.6	57	111.8	81.2	—	—
100	5	28.6	45.9	43.4	26.2	45.8	33	57.9	45.1	70	57.3	82.1	69.4	—	74.5	—	—	—	—	—	—	—	—
	6	34.3	55.0	37.7	17.0	41.4	26.1	53.5	38.2	65.6	50.3	77.7	62.4	89.8	74.5	—	—	—	—	—	—	—	—
	7	40.0	64.2	—	—	36.9	19.1	49.1	31.2	61.2	43.3	73.3	55.4	85.4	67.6	97.5	—	—	—	—	—	—	—
	8	45.8	73.4	—	—	—	—	44.6	24.2	56.8	36.4	68.9	48.5	81	60.6	93.1	72.7	105.2	—	—	—	—	—
	9	51.5	82.5	—	—	—	—	—	—	52.3	29.4	64.5	41.5	76.6	53.6	88.7	65.8	100.8	77.9	125.1	102.1	144.9	119.4
	10	57.2	91.7	—	—	—	—	—	—	—	—	60	34.5	72.2	46.7	84.3	58.8	96.4	70.9	120.6	95.1	140.5	112.4
	11	62.9	100.9	—	—	—	—	—	—	—	—	—	—	67.7	39.7	79.9	51.8	92	63.9	116.2	88.2	136	105.4
	12	68.6	110.0	—	—	—	—	—	—	—	—	—	—	—	—	75.4	44.8	87.6	57	111.8	81.2	—	—
125	5	51.0	80.6	77.7	48.2	108.5	78.9	136.5	106.9	164.4	134.9	192.4	162.9	—	174.7	—	186.6	—	198.5	—	—	—	—
	6	61.2	96.7	67.5	32.0	98.3	62.8	126.3	90.8	154.2	118.8	182.2	146.8	210.2	174.7	228.0	170.5	245.6	182.4	291.5	238.3	337.3	278.2
	7	71.4	112.8	—	—	88.1	46.7	116.1	74.7	144.0	102.7	172.0	130.7	200.0	158.6	217.8	154.4	235.6	166.3	281.3	222.2	327.1	262.1
	8	81.6	128.9	—	—	—	—	105.9	58.6	133.8	86.6	161.8	114.5	189.8	142.5	207.6	138.3	225.4	150.2	271.1	206.1	316.9	246.0
	9	91.8	145.0	—	—	—	—	—	—	123.6	70.5	151.6	98.4	179.6	126.4	197.4	122.2	215.2	134	260.9	190.0	—	—
	10	102.0	161.1	—	—	—	—	—	—	—	—	141.4	82.3	169.4	110.3	187.2	106.1	205.0	—	—	—	—	—
	11	112.2	177.2	—	—	—	—	—	—	—	—	—	—	159.2	94.2	177.0	—	—	—	—	—	—	—
	12	122.4	193.3	—	—	—	—	—	—	—	—	—	—	—	—	—	—	—	—	—	—	—	—

第8章 执行机构

140	5	101.6	68.54	114.2	74.1	139.7	106.5	174.4	141.3	209.1	176.0	243.8	210.7	—	—	—	—	—	—	—	—
	6	122.0	82.25	97.7	49.6	126.0	86.24	160.7	120.9	195.4	155.6	230.1	190.3	264.8	225.1	—	—	—	—	—	—
	7	142.3	95.95	—	—	112.3	65.91	147.0	100.6	181.7	135.3	216.4	170.0	251.1	204.7	285.8	239.5	—	—	—	—
	8	162.6	109.6	—	—	—	—	133.3	80.31	168.0	115.0	202.7	149.7	237.4	184.4	272.1	219.1	306.9	253.9	376.3	323.3
	9	183	123.3	—	—	—	—	119.6	59.98	154.3	94.65	189.0	129.3	223.7	164.1	258.4	198.8	293.2	233.5	362.6	302.9
	10	203.3	137	—	—	—	—	—	—	140.6	74.35	175.3	109.0	210.0	143.5	244.7	178.5	279.5	213.2	348.9	282.6
	11	223.6	150.7	—	—	—	—	—	—	126.9	54.02	161.6	88.72	196.3	123.4	231.0	158.1	265.8	192.9	335.2	262.3
	12	244.0	164.5	—	—	—	—	—	—	—	—	147.9	68.39	182.6	103.1	217.3	137.8	252.1	172.5	321.5	241.9
160	5	162.3	110.0	153.5	101.3	216.6	164.4	273.9	221.7	331.2	279.0	388.5	336.3	—	—	—	—	—	—	—	—
	6	194.7	132.0	131.5	68.8	194.6	131.9	251.9	189.2	309.2	246.5	366.5	303.8	423.8	361.1	—	—	—	—	—	—
	7	227.2	154.0	—	—	172.6	99.5	229.9	156.8	287.2	214.1	344.5	271.4	401.8	328.7	459.1	386.0	—	—	—	—
	8	259.6	176.0	—	—	—	—	207.9	124.3	265.2	181.6	322.5	238.9	379.8	296.2	437.1	353.5	494.4	410.8	—	—
	9	292.1	198.0	—	—	—	—	—	—	234.2	149.2	300.5	206.5	357.8	263.8	415.1	321.1	472.4	378.4	587.0	493.0
	10	324.5	220.0	—	—	—	—	—	—	—	—	278.5	174.0	335.8	231.3	393.1	288.6	450.4	345.9	565.0	460.5
	11	357.0	242.0	—	—	—	—	—	—	—	—	—	313.8	198.9	371.1	256.2	428.4	313.5	543.0	428.1	657.7
	12	389.4	264.0	—	—	—	—	—	—	—	—	—	—	349.1	223.7	406.4	281.0	521.0	395.6	635.7	510.3

831

7) RB 系列齿轮齿条执行机构的选型方法。

① 确定阀所需扭矩。

② 按所需扭矩乘以安全系数 1.3。

③ 根据气源压力和步骤②中所得扭矩查扭矩表,其值低于弹簧力矩和气源压力下的输出力矩即可。

④ 根据扭矩值确定准确的 RB 型号。

例如,控制一个需要 80N·m 扭矩的阀,考虑安全因素,将扭矩增加 30%,为 104N·m,查表 8-15,在弹簧扭矩栏找到"规格 160,弹簧数量 6,弹簧复位 0°时输出扭矩为 132N·m",右移当气源压力为 3.5bar 时,输出扭矩为 189N·m,因此就可选择执行器型号为 RB160-SR-K6。

8.1.6 角行程扇形执行机构

扇形气缸属于叶片式摆动气缸,无机械磨损、无动力损失、开关扭矩恒定。其具有结构简单、体积小、输出扭矩大、耗气量低、动作快、效率高、使用寿命长等特点。能够达到高频次动作,用于开启和关闭蝶阀、球阀、圆顶阀、旋塞阀、通风调节阀和自动门等需 90°回转的装置。下面以吴忠仪表执行器技术有限公司 ZSD 型扇形执行机构为例进行介绍。

1) ZSD 型扇形执行机构结构特点。

① 对于单个移动零件,90°回转运动是最简单、最合理、最可靠的,可直接安装位置指示器和操作过程调节装置即可。

② 没有曲柄或齿轮,没有动力损失或碰撞力,可确保精确定位。

③ 耐腐蚀表面具有很强的环境适应能力。

④ 无金属摩擦,无配合间隙,保证长时间的使用寿命,长时间不用维修,确保具有一百万次以上的操作次数。

⑤ 铝合金外壳,小巧轻便,结构紧凑,节省空间,以最小的尺寸提供最大的输出扭矩。

第8章 执行机构

⑥ 输出恒定的扭矩，没有扭矩损失，只有一个移动零件，无须驱动额外零件。

⑦ 没有危险的外部移动零件，对操作和维修人员没有危险。

⑧ 气动驱动装置系列化，扇形驱动装置共有七种规格，提供的输出扭矩为 40～500N·m。

⑨ 可用于球阀、蝶阀、旋塞阀、通风调节器和自动门的操作和定位，也可用于制造中的零件移动和定位。事实上，可用于任何需要旋转 90°或更小角度的装置上，可自控也可遥控。

⑩ 根据需要可配 180°转换器、定位器、信号回讯器、电磁阀。

2）ZSD 型扇形执行机构外形图如图 8-29 所示。

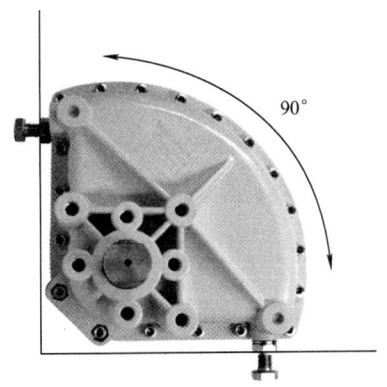

图 8-29　ZSD 型扇形执行机构外形图

3）ZSD 型扇形执行机构动作原理示意图如图 8-30 所示。

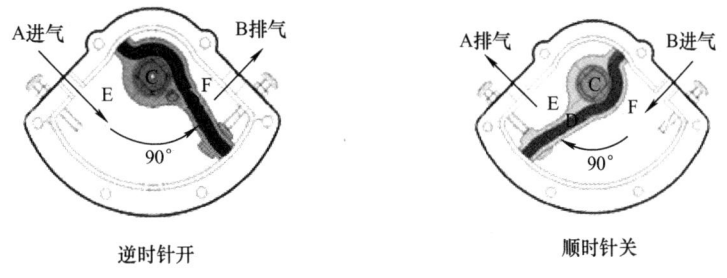

图 8-30　ZSD 型扇形执行机构动作原理示意图

4) ZSD 型扇形执行机构输出扭矩见表 8-16。

表 8-16　ZSD 型扇形执行机构输出扭矩

规格	扭矩/N·m						
	2.0bar	3.0bar	4.0bar	5.0bar	6.0bar	7.0bar	8.0bar
ZSD40	20	30	40	50	60	70	80
ZSD60	33	49.5	66	82.5	99	115.5	132
ZSD100	50	75	100	125	150	175	200
ZSD200	80	120	160	200	240	280	320
ZSD300	130	195	260	325	390	455	520
ZSD450	185	277.5	370	462.5	555	647.5	740
ZSD750	250	375	500	625	750	875	1000

5) ZSD 型扇形执行机构的选型方法。由于 ZSD 型扇形执行机构在供气压力一定的情况下，输出扭矩在整个运行过程中是固定不变的，因此执行机构输出扭矩只要大于阀门开、关所需的最大扭矩，即可正常控制阀门开关。

8.2　电动执行机构

电动执行机构是过程控制自动化领域常用的一种机电一体化设备，它以电为动力源，并能接收控制系统送来的模拟量或数字量信号，通过将这些信号变成相对应的转角或行程等的机械位移来控制阀门（如调节阀、开关阀、闸阀、旋塞阀等），以使被控对象（如压力、流量、温度、液位等）能够进行自动调节，如图 8-31 所示。电动执行机构可以使生产过程按预定的要求进行，它是过程自动控制系统中极为重要的执行设备，被广泛应用于电力、石油、化工、冶金等行业。

电动执行机构一般由电动机、减速传动机构、行程限位机构、转矩限位机构、位置反馈机构、手/电动切换机构、手动操作机构（手轮）和控制单元等几个部分构成。电动执行机构通过电动机的正反转来实现阀门的开关，减速传动机构将电动机的高转速调整为合适的阀门操作速度，其他的部分用于对电动执行机构行程力矩的控制和保

第8章　执行机构

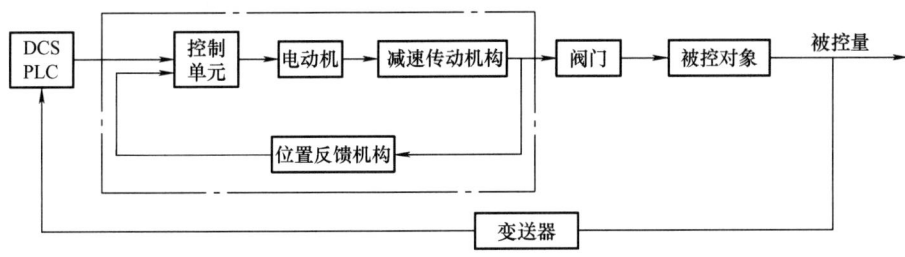

图 8-31　电动调节阀控制框图

护。电动执行机构的组成结构框图如图 8-32 所示。其中，行程限位机构限定了执行机构的行程，当调节阀动作到设定的位置时，触动限位开关，电动机停转，通过调整凸轮的位置可限定执行机构的行程。力矩限位机构使电动机在合理的力矩范围内工作，起到保护设备的作用。当输出力矩超过设定限制力矩时，借助齿轮在传递力矩时产生的偏转，触动力矩开关，电动机停转，调整力矩限制弹簧的压缩量就可调整力矩的限定值。另外，通过配置减速箱，电动执行机构可转换成输出力矩更大但运动速度减慢的多回转型电动执行机构或角行程电动执行机构，也可以配置推力转换装置，转变为直行程电动执行机构。

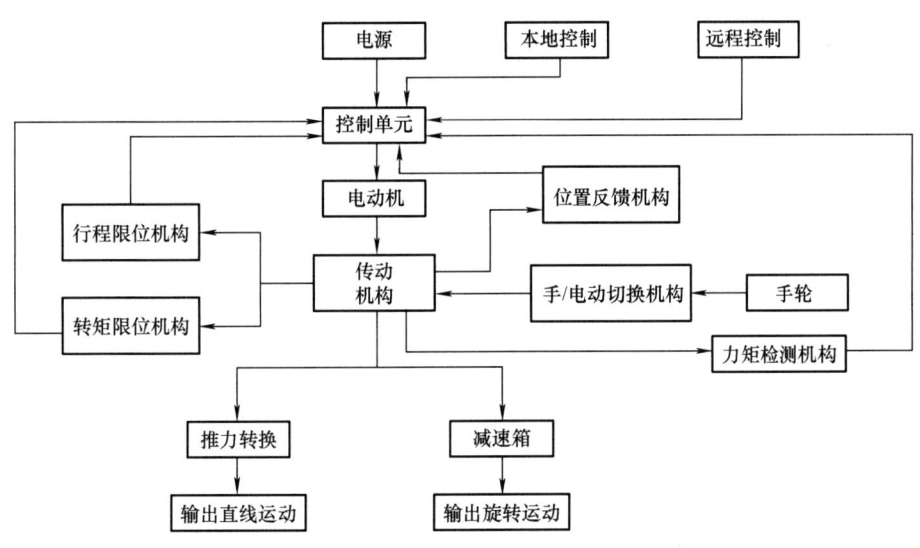

图 8-32　电动执行机构组成结构框图

835

电动执行机构已广泛应用到工业、电力、石油、化工、船舶等多个领域，电动执行机构多与调节阀配套，应用于自动化控制系统。电动执行机构在自动控制系统中应用种类很多，应根据调节阀的工作工况进行分类。

1）电动执行机构以功能方式分类：智能型（带有人机互动界面）、非智能型（机电一体式的，无液晶屏及按键）。

2）电动执行机构以调试方式分类：侵入式（调试时需要拆盖进行菜单设置）、非侵入式（通过遥控器或面板按键进行菜单组态）。

3）电动执行机构以控制方式分类：开关型（控制信号为触点类型）、调节型（控制信号为电流信号，如4~20mA电流信号）。

4）电动执行机构以气体介质环境分类：防爆型（用在有可燃性气体场合）、常规型。

5）电动执行机构以环境温度分类：整体型（机体、电动机和控制器集成一体）、分体型（控制器与机体和电动机分开）。

6）电动执行机构以电动机运行方式分类：连续运行、间断运行。

7）电动执行机构以信号输入分类：模拟量（电流信号或电压信号）、开关量（触点信号）、总线型（数字信号）。

8）电动执行机构以驱动电源分类：交流（AC 220V/AC 380V）、直流（DC 24V/DV 48V）。

9）电动执行机构以输出位移方式分类：多回转（输出角度大于360°）、直行程（输出位移为直线形式）、角行程（输出角度小于360°，多数为90°）。

8.2.1 直行程电动执行机构

直行程电动执行机构（见图8-33）一种是在多回转电动执行机构的基础上，附加梯形螺母丝杆、法兰支架和调节行程机构组合而成，将多回转的转矩和转速转变成直线运动的行程和出轴推力；另一种是直接通过机械传动结构带动丝杠与丝母套转动，丝母套输出直线位移。直行程电动执行机构输出的是位移和推力,它适合用于阀杆升降控制的阀门类型,如单座调节阀和双座调节阀等。

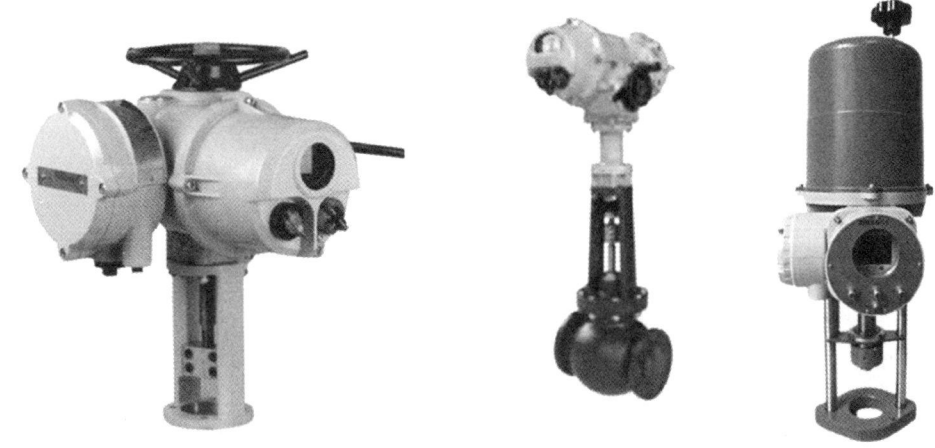

图 8-33 直行程电动执行机构

以吴忠仪表智能控制装备技术有限公司 PEL 系列直行程电动执行机构为例,进行技术参数、性能参数、选型代号及结构介绍。

PEL 系列直行程电动执行机构是数模混合控制模块内置的新一代一体化电动执行机构,输出轴为直线运动,具有结构简单、性能稳定可靠、效率高、精度高、重量轻、噪声低、保护功能强、伺服放大器内装、安装方便、操作快捷等特点。输出行程为 6~100mm,额定推力为 2~20kN,可对调节阀(如单座、双座调节阀和套筒阀、高温高压给水阀)进行精确可靠的开关控制和调节控制,该产品可广泛用于电力、冶金、石油、化工、制药、环保等行业。

PEL 系列直行程电动执行机构主要由支架杆、阀杆连接件、碟簧、丝母套、丝杠、双联齿轮、电动机齿轮、电动机部件、手轮部件、大齿轮部件、行程限位机构、反馈部件和控制部件组成。如图 8-34 所示,控制部件接收到外部开度信号时,驱动控制部件可控硅,可控硅导通后,电动机部件得电,电动机转动带动双联齿轮部件转动,双联齿轮部件带动大齿轮转动,大齿轮带动丝杠转动,丝杠转动带动丝母套上下移动,丝母套上下移动带动反馈部件上下移动，反馈电流值随其变化，当反馈电流值与给定电流值差小于死区值时，电动机停止运行。

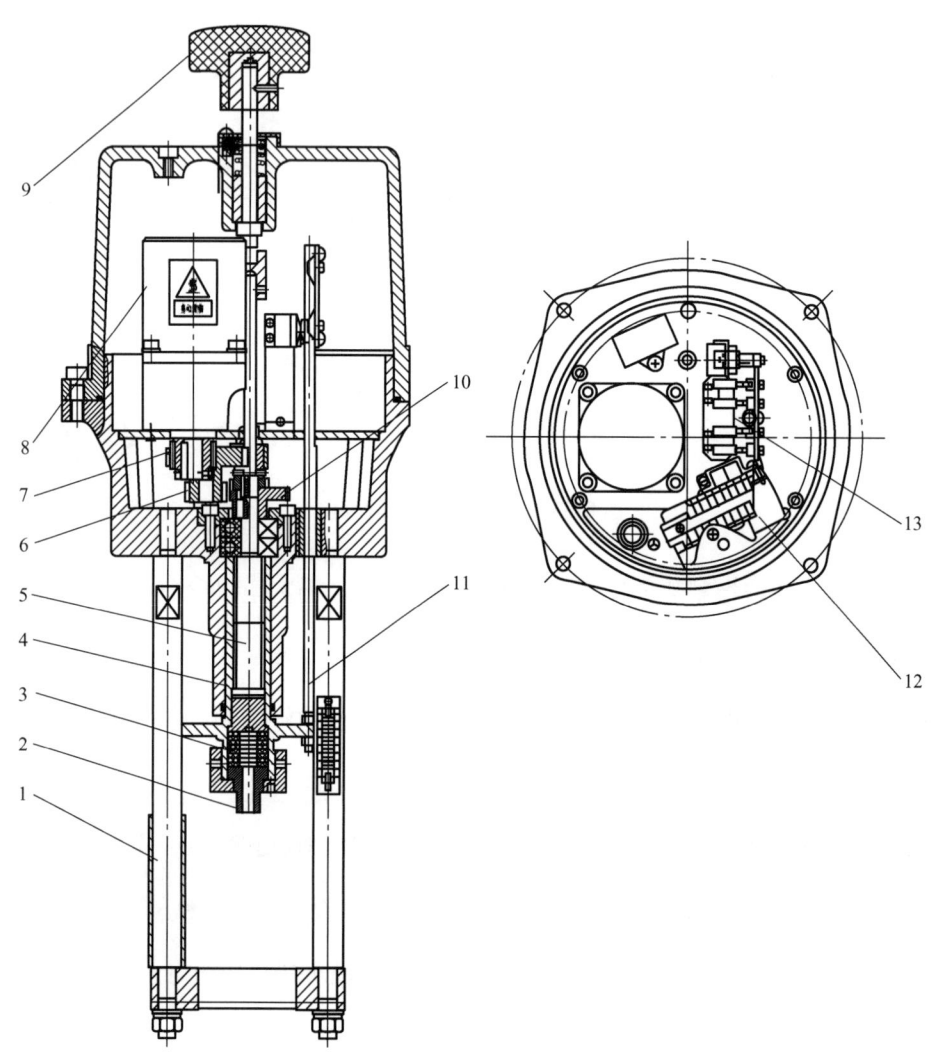

图 8-34 PEL 系列直行程电动执行机构结构示意图

1—支架杆 2—阀杆连接件 3—碟簧 4—丝母套 5—丝杠 6—双联齿轮 7—电动机齿轮 8—电动机部件 9—手轮部件 10—大齿轮部件 11—反馈部件 12—控制部件 13—行程限位机构

（1）PEL 系列直行程电动执行机构主要技术参数

PEL 系列直行程电动执行机构主要技术参数，如工作温度、环境温度、工作制式、基本误差、回差和死区等，具体参数值见表8-17。

表 8-17 PEL 系列直行程电动执行机构主要技术参数

工作温度		$-30 \sim 60$℃
环境湿度		≤95%
工作制式		启动频次 630 次/h；持续率 50%
		启动频次 800 次/h；持续率 30%
防爆/防护等级		dIIBT4/IP66
基本误差		≤ ±1%
回差		≤1%
死区		≤1%
允许振荡		1.5g
位置重复偏差		≤ ±1%
手轮安装方式		顶装式
电气接口		2×M20×1.5（内螺纹） 2×NPT1/2（内螺纹） 2×NPT3/4（内螺纹）
主要电气参数		
电源		AC 220V 50Hz/AC 380V 50Hz
接插件	端子数	11 个
	接点容量	AC 500V/DC 15A
	导线截面	电源≤2.5mm²
		信号≤2.5mm²
输入/输出信号	开关量输入	有源触点信号（DC 24V）
		无源触点信号（干接点）
	模拟量输入	DC 4～20mA
		输入阻抗≤250Ω
	开关量输出	输出方式：无源接点
		容量 AC 250V 3A/DC 125V 3A
	位置反馈输出	范围 4～20mA
		负载能力≤500Ω
		线性度 ≤0.3%
控制	死区	0.5%～5%

(2) PEL 系列直行程电动执行机构性能参数

PEL 系列直行程电动执行机构主要性能参数，如推力、电源、速度、功耗、重量及手轮安装方式等，具体参数值见表8-18。

控制阀设计制造技术

表 8-18 PEL 系列直行程电动执行机构主要性能参数

型号	推力/kN	速度/(mm/s)	电源(AC)/V	功耗/W	重量/kg	电动机保护	出线接口	手动安装方式	防护等级
PELM202	2	0.6	220/380	6	8	允许堵转、内置热保护	2×M20×1.5 2×NPT1/2 2×NPT3/4	顶装式	IP66
PELM204	4	0.85	220/380	6	10				
PELM206	6	0.55	220/380	15	12				
PELM208	8	0.75	220/380	15	16				
PELM210	10	0.6	220/380	25	20				
PELM312	12	0.95	220/380	25	22				
PELM316	16	0.65	220/380	25	25				
PELM320	20	0.75	220/380	25	35				

(3) PEL 系列直行程电动执行机构选型代号（见图 8-35）

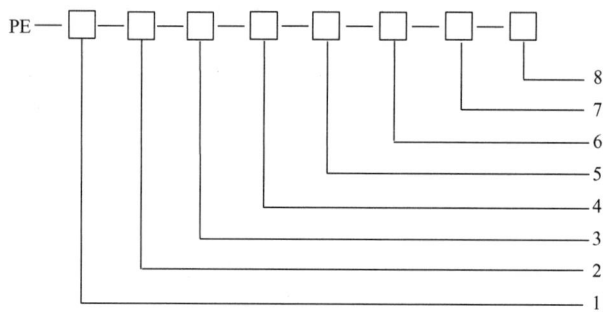

图 8-35 PEL 系列直行程电动执行机构选型代号

图中代号说明：

1——执行机构形式：无标记为普通型，M 代表智能型；

2——结构形式：无标记代表防护型（IP66），d 代表防爆型（dIIBT4）

3——输出推力：202 代表推力 2kN，204 代表推力 4kN，206 代表推力 6kN，208 代表推力 8kN，210 代表推力 10kN，312 代表推力 12kN，316 代表推力 16kN，320 代表推力 20kN

4——行程调节范围：1 代表 6~20mm，2 代表 15~20mm，3 代表 20~40mm，4 代表 40~60mm，5 代表 60~80mm，6 代表 80~100mm

5——控制形式：1代表普通调节式，2代表普通型两位式，3代表智能型调节式，4代表智能型两位式

6——限位开关：2WK代表附加限位开关，0代表无附加限位开关

7——工作电压：0代表AC 220V 50Hz，1代表AC 380V 50Hz

8——特殊订货：0代表标准型，1代表特殊订货

举例说明：PEL-M-204-1-3-0-0-0，即PEL M系列直行程智能型电动执行机构，输出推力为4kN，输出行程范围为6~20mm，智能型调节式，无附加限位开关，工作电压为220V，标准型。

8.2.2 角行程电动执行机构

角行程电动执行机构是多回转电动执行机构配置蜗轮减速箱组合而成，角行程电动执行机构一般输出转角为90°，可应用在蝶阀、球阀和旋塞阀上。

角行程电动执行机构根据安装接口方式，可分为直连式电动执行机构（见图8-36a）和底座曲柄式电动执行机构（见图8-36b）两种。直连式电动执行机构的输出轴直接与阀门的阀杆连接，而底座曲柄式电动执行机构是通过曲柄与阀杆连接。

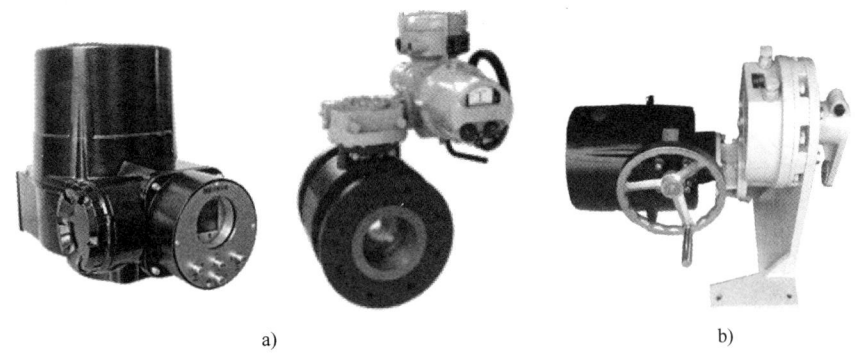

a)　　　　　　　　　　　　b)

图8-36 角行程电动执行机构

a）直连式　b）底座曲柄式

以吴忠仪表智能控制装备技术有限公司PER系列角行程电动执行机构为例，进行技术参数、性能参数、选型代号及结构介绍。

PER系列角行程电动执行机构产品是采用行星轮系减速装置，结构紧凑、重量轻、体积小、效率高、精度高、噪声低、性能稳定，输出最大转角为100°，额定扭矩为50～5000N·m，可对阀门、风门进行精确可靠的开关控制和调节控制。该系列产品可广泛用于电力、冶金、石油、化工、制药、环保等行业。

PER系列角行程电动执行机构主要由手轮、蜗杆、反馈部件、机械限位部件、行程限位机构、控制部件、电动机部件、过渡轮部件、大齿轮、涡轮、反馈杆、行星轮部件和传动部件组成，如图8-37所示。控制部件接收到外部开度信号时，驱动控制部件可控硅，可控硅导通后，电动机部件得电，电动机转动带动过渡轮部件转动，过渡轮部件带动大齿轮转动，大齿轮带动行星轮部件转动，行星轮部件带动传动部件转动，传动部件转动带动反馈杆转动，反馈杆转动带动反馈部件转动，反馈部件转动，反馈电流值随其变化，当反馈电流值与给定电流值差小于死区值时，电动机停止运行。

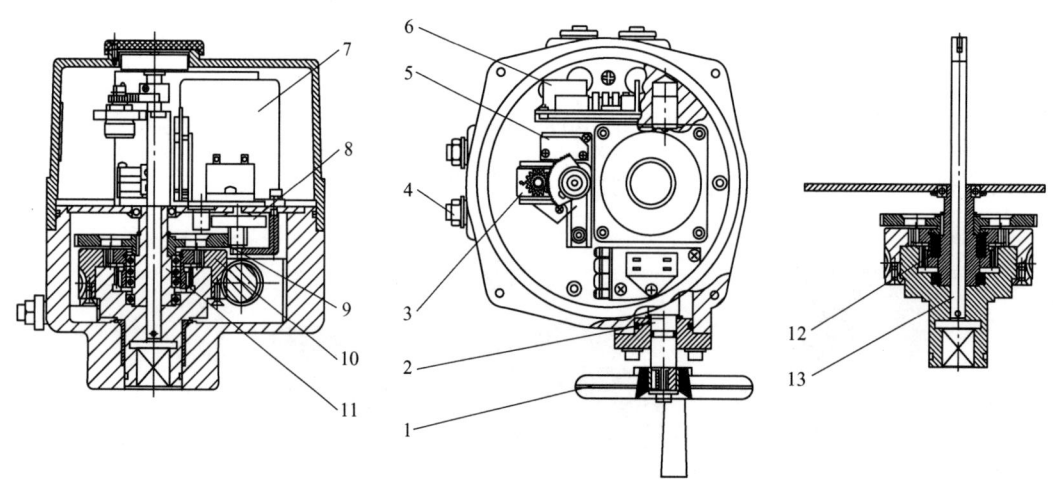

图8-37 PER系列角行程电动执行机构结构示意图

1—手轮 2—蜗杆 3—反馈部件 4—机械限位部件 5—行程限位机构 6—控制部件 7—电动机部件
8—过渡轮部件 9—大齿轮 10—涡轮 11—行星轮部件 12—传动部件 13—反馈杆

(1) PER系列角行程电动执行机构主要技术参数

PER系列角行程电动执行机构主要技术参数，如工作温度、环境湿度、工作制式、基本误差、回差和死区等，具体参数值见表 8-19。

表 8-19 PER 系列角行程电动执行机构主要技术参数

工作温度		-30~60℃
环境湿度		≤95%
工作制式		启动频次 630 次/h；持续率 50%
		启动频次 800 次/h；持续率 30%
防爆/防护等级		dIIBT4/IP66
基本误差		≤±1%
回差		≤1%
死区		≤1%
允许振荡		1.5g
位置重复偏差		≤±1%
手轮安装方式		顶装式
电气接口		2×M20×1.5（内螺纹）　2×NPT1/2（内螺纹）　2×NPT3/4（内螺纹）
主要电气参数		
电源		AC220V 50Hz/AC 380V 50Hz
接插件	端子数	11 个
	接点容量	AC 500V/DC 15A
	导线截面	电源≤2.5mm²
		信号≤2.5mm²
输入/输出信号	开关量输入	有源触点信号（DC 24V）
		无源触点信号（干接点）
	模拟量输入	DC 4~20mA
		输入阻抗≤250Ω
	开关量输出	输出方式：无源接点
		容量 AC 250V 3A/DC 125V 3A
	位置反馈输出	范围 4~20mA
		负载能力≤500Ω
		线性度 ≤0.3%
控制	死区	0.5%~5%

(2) PER 系列角行程电动执行机构性能参数

PER 系列角行程电动执行机构主要性能参数，如转矩、电源、速度、功耗、重量及手轮安装方式等，具体参数值见表 8-20。

843

表 8-20 PER 系列角行程电动执行机构主要性能参数

型号	转矩 /N·m	速度 /(s/90°)	电源 (AC)/V	功耗 /W	重量 /kg	电动机保护	出线接口	手动安装方式	防护等级
PERM0050	50	35	220/380	25	11	允许堵转、内置热保护	2×M20×1.5 2×NPT1/2 2×NPT3/4	侧装手轮	IP66
PERM0090	90	35	220/380	25	11				
PERM0150	150	35	220/380	25	11				
PERM0300	300	35	220/380	40	11				
PERM0400	400	40	220/380	120	22				
PERM0500	500	40	220/380	120	22				
PERM0650	650	40	220/380	120	22				
PERM1000	1000	41	220/380	220	36				
PERM1500	1500	41	220/380	220	36				
PERM2500	2500	95	220/380	180	56				
PERM3500	3500	95	220/380	180	56				
PERM5000	5000	95	220/380	220	56				

(3) PER 系列角行程电动执行机构选型代号（见图 8-38）

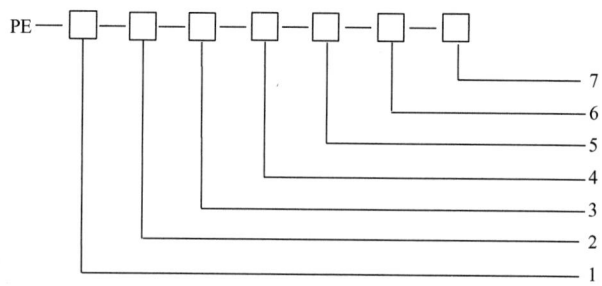

图 8-38 PER 系列角行程电动执行机构选型代号

图中代号说明：

1——执行机构形式：无标记为普通型，M 代表智能型；

2——结构形式：无标记代表防护型（IP66），d 代表防爆型（dIIBT4）；

3——输出转矩：0050 代表转矩 50N·m，0090 代表转矩 90N·m，0150 代表转矩 150N·m，0300 代表转矩 300N·m，0400 代表转矩 400N·m，0500 代表转矩 500N·m，0650 代表转矩 650N·m，1000 代表转矩 1000N·m，1500 代表转矩 1500N·m，2500

代表转矩 2500N·m，3500 代表转矩 3500N·m，5000 代表转矩 5000N·m；

4——控制形式：1 代表普通型调节式，2 代表普通型两位式，3 代表智能型调节式，4 代表智能型两位式；

5——限位开关：2WK 代表附加限位开关，0 代表无附加限位开关；

6——工作电压：0 代表 AC 220V 50Hz，1 代表 AC 380V 50Hz；

7——特殊订货：0 代表标准型，1 代表特殊订货；

举例说明：PER-M-0150-3-0-0-0，即 PER M 系列角行程智能型电动执行机构，输出转矩为 150N·m，智能型调节式，无附加限位开关，工作电压为 AC 220V，标准型。

8.2.3 多回转电动执行机构

多回转电动执行机构（见图 8-39）由单相或三相电动机驱动，通过蜗轮蜗杆减速，带动输出轴转动。在该减速箱中，具有手动/自动切换机构，当切换手柄处于手动位置时，操作手轮，通过离合器带动输出轴转动。当电动操作执行机构时，手动/自动切换机构自动回落，离合器和蜗轮相啮合，由电动机驱动输出轴，同时在电动机驱动蜗杆轴上装有力矩传感器，在输出轴上通过伞齿轮啮合将行程传输到位置传感器上。

图 8-39　多回转电动执行机构

为了提高电动执行机构的技术性能和成套能力，满足巨大的市场需求，英国的罗托克（ROTORK）、美国的里米托克（LIMITORK）、德国的奥玛（AUMA）、西博思

(SIPOS)和我国的吴忠仪表等公司均推出了以"多回转+二级减速装置"型式构成的减速系统结构的系列化产品。其特点是以多回转型电动执行机构为基础,通过输出轴的机械接口和二级(三级)减速机构或直线推进器相连,将多回转型电动执行机构输出轴的速度减小,力矩放大(或转换成推力),形成输出运动形式多样化和力矩(推力)范围大的一系列产品,通过多种输出轴的过渡连接配件可与多种不同类别的阀门相配套。组合型电动执行机构框图如图8-40所示。

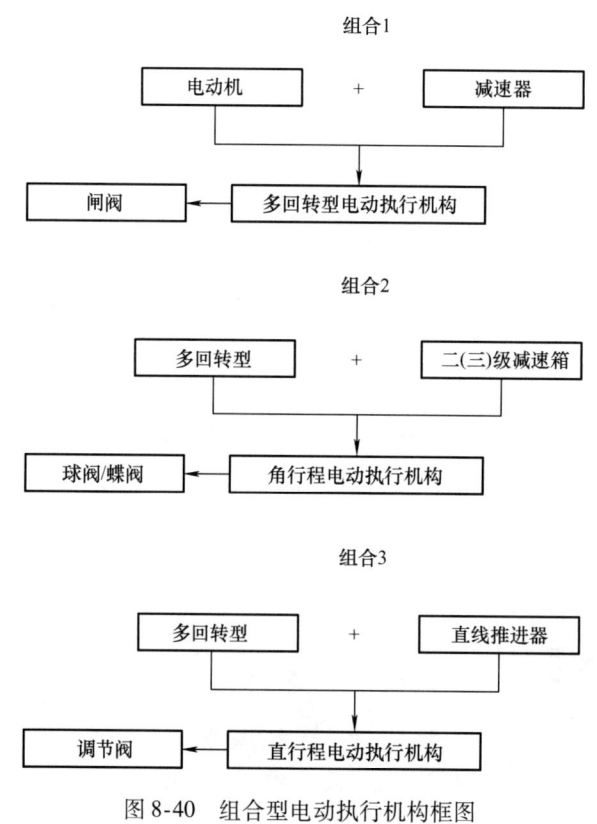

图8-40 组合型电动执行机构框图

以吴忠仪表智能控制装备技术有限公司PDM系列多回转电动执行机构为例,进行技术参数、性能参数、选型代号及结构介绍。

PDM系列多回转电动执行机构采用非侵入式设计,通过面板按钮可对电动执行机构的参数、功能进行修正和组态设置。

第8章 执行机构

PDM 系列多回转电动执行机构主要由控制部件、接线盒部件、力矩控制部件、电动机部件、蜗杆部件、涡轮部件、位置反馈机构、离合器复位弹簧、手轮和手动/电动切换机构组成，如图 8-41 所示。控制部件接收到外部开度信号时，驱动控制部件可控硅，可控硅导通后，电动机部件得电，电动机转动带蜗杆转动，蜗杆转动带动涡轮部件转动，涡轮部件转动带动反馈部件转动，反馈部件转动后反馈电流值随其变化，当反馈电流值与给定电流值差小于死区值时，电动机停止运行。设置好力矩值，当电动机输出力矩超过设定值时，控制部件控制可控硅断开，电动机停止工作，起到力矩保护作用。

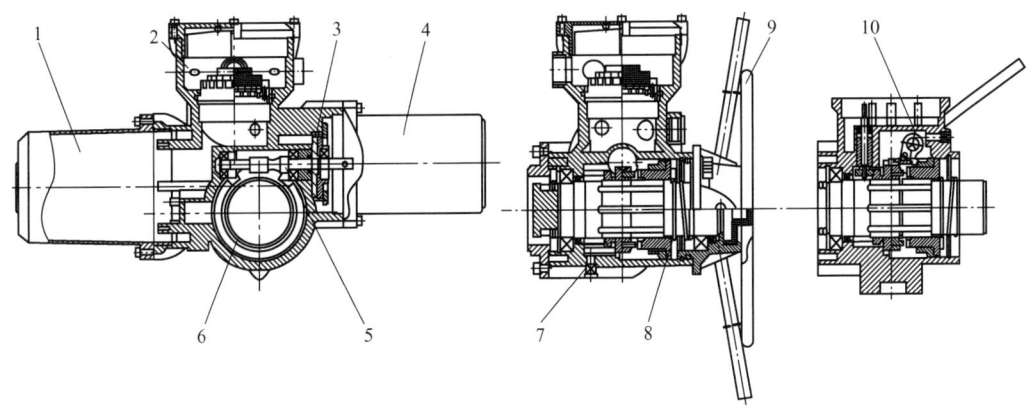

图 8-41　PDM 系列多回转电动执行机构结构示意图

1—控制部件　2—接线盒部件　3—力矩控制部件　4—电动机部件　5—蜗杆部件　6—涡轮部件
7—位置反馈机构　8—离合器复位弹簧　9—手轮　10—手动/电动切换机构

（1）PDM 系列多回转电动执行机构主要技术参数

PDM 系列多回转电动执行机构主要技术参数，如工作温度、环境湿度、工作制式、基本误差、回差和死区等，具体参数值见表 8-21。

表 8-21　PDM 系列多回转电动执行机构主要技术参数

工作温度	-40~60℃
环境湿度	≤95%
工作制式	启动频次 1200 次/h
防爆/防护等级	dIICT4/IP68

(续)

基本误差		≤±1%
回差		≤1%
死区		≤1%
允许振荡		1.5g
位置重复偏差		≤±1%
手轮安装方式		顶装式
电动机绝缘等级		F级
电气接口		根据实际要求定制
报警功能		力矩报警/堵转报警/ESD报警
保护功能		力矩保护/电气保护
主要电气参数		
电源		AC 220V 50Hz/AC 380V 50Hz
接插件	端子数	42个
	接点容量	AC 500V/DC 15A
	导线截面	电源≤3mm²
		信号≤2.5mm²
输入/输出信号	开关量输入	有源触点信号（DC 24V）
		无源触点信号（干接点）
	模拟量输入	DC 4~20mA
		输入阻抗≤250Ω
	开关量输出	输出方式：无源接点
		容量 AC 250V 3A/DC 125V 3A
	位置反馈输出	范围 4~20mA
		负载能力≤500Ω
		线性度 ≤0.3%
		预留六组无源触点开关
控制	死区	0.3%~5%

(2) PDM系列多回转电动执行机构性能参数

PDM系列多回转电动执行机构主要性能参数，如输出转速、额定转矩、电动机功耗、额定电流及法兰形式等，具体参数值见表8-22。

表 8-22　PDM 系列多回转电动执行机构主要性能参数

型号	输出转速 /(r/min)	额定转矩 /N·m	最大阀杆直径/mm	电动机功率/kW	额定电流/A	法兰号 ISO 5210	备注	熔体/A
PDM10	24	34	26 (32)	0.13	0.65	F10	—	5
	36	34						
PDM12	24	81	26 (32)	0.26	1.2	F10	—	10
	36	81						
PDM18	24	108	26 (32)	0.26	1.2	F10	—	10
	36	108						
PDM20	24	203	38 (51)	0.81	2.1	F14	可加侧手轮 ($i=10:1$)	20
	36	203						
PDM25	24	400	38 (51)	1.3	3.3	F14	可加侧手轮 ($i=10:1$)	30
	36	298						
PDM35	24	610	54 (67)	2.06	5	F16	可加侧手轮 ($i=15:1$)	50
	36	540						
PDM40	24	1020	64 (76)	2.14	5.5	F25	可加侧手轮 ($i=15:1$)	60
	36	845						
PDM70	24	1490	70 (83)	2.91	8	F25	可加侧手轮 ($i=15:1$)	80
	36	1050						

(3) PDM 系列多回转电动执行机构选型代号（见图 8-42）

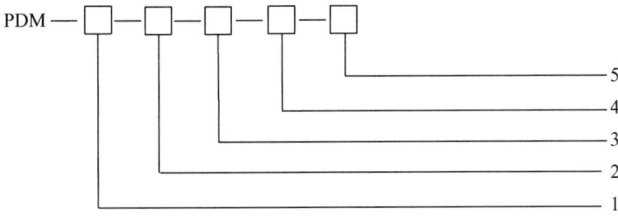

图 8-42　PDM 系列多回转电动执行机构选型代号

图中代号说明：

1——机体系列：10 代表 10 系列，12 代表 12 系列，18 代表 18 系列，20 代表 20 系列，25 代表 25 系列，35 代表 35 系列，40 代表 40 系列，70 代表 70 系列；

2——输出转速：1 代表输出转速 24r/min，2 代表输出转速 36r/min；

3——控制方式：1 代表调节式，2 代表两位式；

4——工作电压：0 代表 AC 220V 50Hz，1 代表 AC 380V 50Hz；

5——防爆等级：d 代表防爆等级（dIICT 4），N 代表普通型；

举例说明：PDM-10-1-1-0-N，即：PDM10 系列多回转电动执行机构，输出转速为 24r/min，调节式，工作电压为 AC 220V，普通型。

8.2.4 电动执行机构控制功能及显示界面

（1）整体控制功能

整体控制一般分为本地控制和远程控制（见图 8-43），在本地控制时，通过电动执行现场开关按钮控制电动执行机构开关。在远程控制时，接收控制系统指令信号，可进行自动控制和集中控制。电动执行机构限位方式分为行程限位、力矩限位、行程和力矩组合式限位（见图 8-44），具体限位方式依据阀门类型确认。

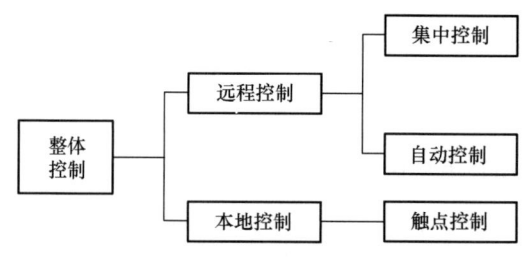

图 8-43　整体控制功能

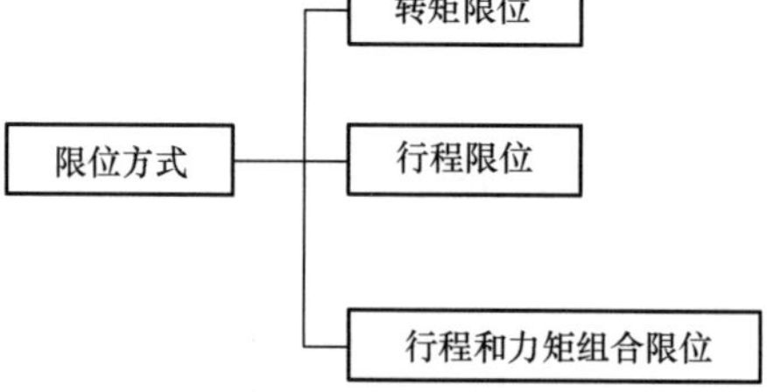

图 8-44　限位方式

(2) 显示功能

电动执行机构通过液晶屏可以显示当前的运行状态和故障报警信息，方便现场巡检。显示菜单如图 8-45 所示。

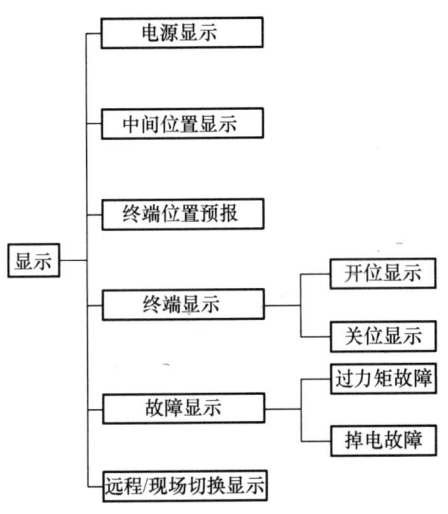

图 8-45　显示菜单

(3) 操作功能

电动执行机构运行有两种控制方式，一种是通过手轮控制（手动操作）电动执行机构运行，另一种是通过电动操作电动执行机构运行。当电动控制时，手轮装置自动切换。不同控制方式的操作方法不一样，如图 8-46 所示。

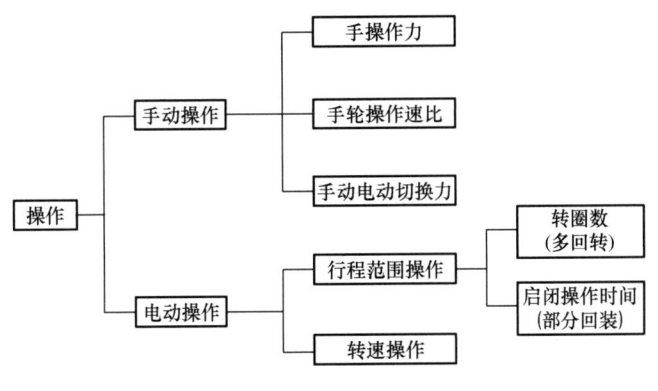

图 8-46　手动/电动操作

（4）电动执行机构操作、控制和显示功能间的关系（见图 8-47）

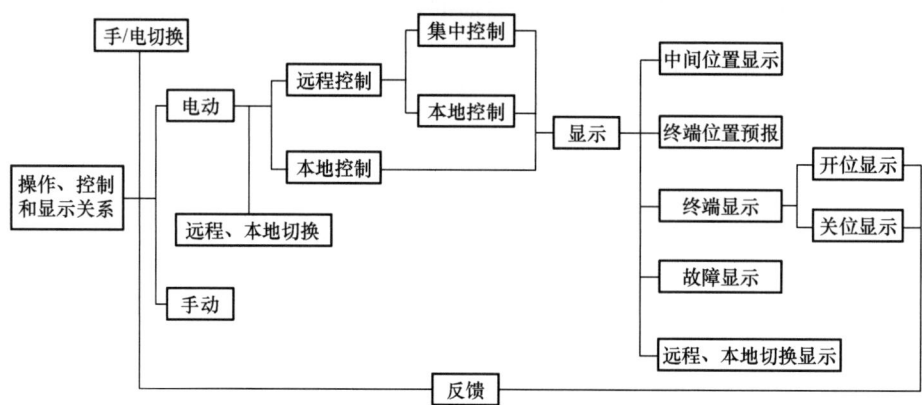

图 8-47　电动执行机构操作、控制和显示功能间的关系

8.2.5　电动调节阀常用限位方式

电动执行机构带不同类阀门时，依据阀门的特性，电动执行机构在全开和全关位置限位方式不一样，有行程限位、转矩限位和行程加转矩组合式限位。具体限位方式见表 8-23。

表 8-23　电动调节阀常用限位方式

调节阀的结构形式	全开位置	全闭位置
楔式闸阀	行程限位	转矩限位
平行式闸阀	行程限位	行程限位和转矩限位
平行式单闸板闸阀	行程限位和转矩限位	行程限位和转矩限位
楔式双闸板闸阀	转矩限位	转矩限位
截止阀	行程限位	转矩限位
截止阀（带上密封）	转矩限位	转矩限位
密封蝶阀	行程限位	转矩限位
普通蝶阀或调节阀	行程限位	行程限位和转矩限位
球阀	行程限位和转矩限位	行程限位和转矩限位
旋塞阀	行程限位和转矩限位	行程限位和转矩限位

8.2.6 电动执行机构输出力矩特性

调节阀操作力矩是指调节阀开启或关闭时所需的力矩,与调节阀的结构形式、口径大小、工作压力和摩擦系数等相关。调节阀开启和关闭过程中,所需力矩是变化的,不同结构形式的调节阀操作力矩特性也不相同,下面分别选取典型的直行程调节阀和角行程调节阀的力矩特性进行说明。

(1) 直行程电动执行机构操作力矩特性

闸阀为典型的直行程阀门,其操作特性如图 8-48 所示,从图中可以看出当阀门开度低于 10% 时,所需操作力矩迅速增大,主要是因为流体节流后,阀板前后压差增大,则阀杆需要更大力矩克服此时的压差。阀门关闭后,由于密封面静摩擦系数大于动摩擦系数,摩擦部件与阀杆之间的摩擦力增加,即开阀时所需力矩大于关阀时所需力矩。

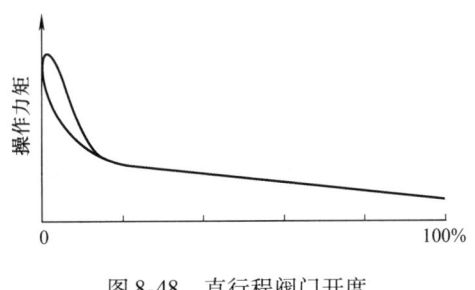

图 8-48 直行程阀门开度

(2) 角行程阀门的操作力矩特性

球阀为典型的角行程阀门,其操作特性如图 8-49 所示,从图中可以看出球阀的力矩特性曲线呈峰状。由于阀门在中间开度时,流体在阀球中流向改变造成旋流,随着阀门的开启和关闭,旋流的影响逐渐减小。

由图 8-48、图 8-49 可知,直行程阀门的最大操作力矩出现在开启阀门的瞬间,角行程阀门的最大操作力矩出现在阀门开启的过程中。最大操作力矩的计算较复杂,计算时压差应取最大关闭压差的 1.1 倍或上游最大操作压力的 1.25 倍中的较大值。由于

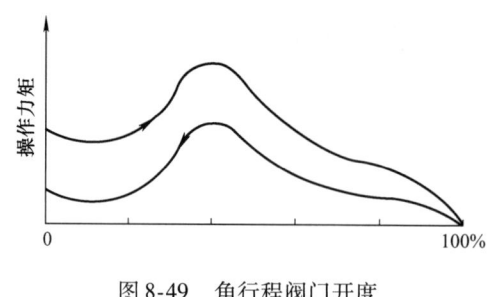

图 8-49　角行程阀门开度

各阀门厂家的装配工艺、材质选取和加工精度不同，所产生的摩擦系数也有所区别，所以具体的最大操作力矩还是应在阀门选定后，由阀门厂家确认并提供。

8.2.7　电动执行机构选型依据

电动执行机构是实现阀门控制不可缺少的设备，其运动过程可由行程、转矩或轴向推力大小来控制。由于阀门电动执行机构的工作特性和利用率取决于阀门的种类、装置工作规范及阀门在管路或设备上的位置，因此，正确选择电动执行机构，对防止出现超负荷现象至关重要。

通常，正确选择阀门电动执行机构的依据如下：

1）电气参数：依据实际工况选择电动执行机构的驱动电源，如电压选 AC 220V 或 AC 380V。

2）控制阀输出位移方式：控制阀输出位移是直线运动，选择直行程电动执行机构（如吴忠仪表 A 系列调节阀）。控制阀输出位移是转角，且转角小于 360°，选择角行程电动执行机构（如球阀或蝶阀）。控制阀输出位移是转角，且转角大于 360°，选择多回转电动执行机构（如闸阀）。

3）控制阀实际工作的工况环境：当控制阀实际工作在无可燃气体环境中，选择非防爆型电动执行机构。当控制阀实际工作在有可燃气体环境中，选择防爆型电动执行机构，根据气体的等级选择防爆电动执行机构的等级，如 d II BT4 或 d II CT4。

4）控制阀的控制方式：依据控制阀实际工艺流程，判断控制阀是开关阀还是调节阀，开关阀选择两位式电动执行机构，控制信号为触点型。调节阀选择调节式电动执行机构，控制信号为 4~20mA 电流信号。

5）控制阀的实际工作环境温度：控制阀实际工作环境温度高于 70℃，选择分体式电动执行机构，控制阀实际工作环境温度低于 70℃，选择一体式电动执行机构。

6）控制阀配电动执行机构输出力的安全系数：调节阀配电动执行机构，电动执行机构的输出推力应为调节阀输出推力的 1.2 倍；开关阀配电动执行机构，电动执行机构的输出力应为开关阀输出力的 1.2~1.5 倍。

8.2.8 电动执行机构常见故障现象及处理方法

电动执行机构在运行过程中会出现各种各样的问题，电动执行机构常见故障现象及处理方法见表 8-24。

表 8-24 电动执行机构常见故障现象及处理方法

故障现象	分析原因	检测方法	维修方法
上电黑屏无显示	1. 三相执行器电源缺相或电源电压不对	1. 用万用表测量接线板电源端子上的电压	1. 测量电压，如果电压过低或没有电压要求用户提供正确电压，如果电压正常再检查执行器内部
	2. 三相执行器有一根电源线接到地线端子上	2. 查看三相执行器三根电源端子是否有一根接到地线端子上	2. 如电源线接到地线上重新接线
	3. 显示屏不亮	3. 更换操作显示屏	3. 如更换操作显示屏后正常，为原操作显示屏损坏
	4. 执行器内部插头脱落	4. 检查执行器内部插头是否插好	4. 如果发现有插头未插好，重新把插头插好
上电白屏	1. 电源电压偏低	1. 用万用表测试电源电压是否正确	1. 如果电压偏低，要求用户提供正确电源电压
	2. 主板到显示屏的排线不良	2. 更换排线，检查是否正常	2. 如果更换排线后正常，原排线不良
	3. 主板损坏	3. 更换主板，检查是否正常	3. 如更换主板后正常，原主板不良

(续)

故障现象	分析原因	检测方法	维修方法
显示阀位出错或电动机堵转	1. 编码器故障	1. 更换编码器，测试是否正常	1. 如更换编码器重新调开关行程后正常，原编码器不良
	2. 编码器排线故障	2. 用万用表测量编码器排线两头端子是否接通	2. 如测试排线断路，更换排线
	3. 阀位反馈轴故障	3. 检查执行器动作时，阀位反馈轴转动是否平稳或阀位反馈轴与编码器连接齿轮是否啮合良好	3. 如阀位反馈轴转动不平稳，需要更换阀位反馈轴，如阀位反馈轴与编码器连接齿轮不能啮合，需重装编码器或更换连接齿轮
	4. 电动机故障	4. 如果接触器动作，电动机不动作，检测电动机绕组是否平衡，如不正常，需更换电动机	4. 更换同型号电动机
显示电动机过热	1. 电动机温度过高，开关动作太频繁	1. 停止执行器电动操作，执行器电动机冷却后查看故障是否排除	1. 如冷却后能够正常，要求用户改用频繁调节型电动执行机构
	2. 电动执行器工作环境温度过高	2. 测量执行机构工作环境温度	2. 如果环境温度高于70℃，要求用户做隔热处理或改用分体式电动执行机构
上电跳闸	1. 外接电源线短路	1. 断电后，用万用表测量每根电源线之间有没有短路，每根电源线与地线有没有短路	1. 如外接电源线短路或与地短路，更换电源线和地线
	2. 电动执行机构内部电源线短路或电源线破皮与壳体短路	2. 打开电动执行机构，检查内部电源线	2. 如电动执行机构内部电源线破皮短路，更换电源线

8.2.9 国内外电动执行机构产品介绍

国内外电动执行机构生产厂家主要有英国罗托克、德国奥玛和我国吴忠仪表等。下面主要介绍以上厂家所生产的电动执行机构。

英国罗托克 IQ 系列电动执行机构：IQ3 系列是罗托克第三代产品，IQ 系列电动执行器是自力式，具有特殊设计，用于阀门的本地和远程电动操作。其含有一个电动机、减速齿轮、双向启动器及本地控制和显示屏、电子逻辑监控和监控的圈数及力矩限位等电器设备，部件都在安装双密封型的壳体内，所有的力矩、圈数设定及显示反馈触点的配置都是通过非侵入手持蓝牙设定器设定。

德国奥玛 SA 系列电动执行机构：SA 系列电动执行机构操作简单；具有集成一体化控制单元；液晶显示界面可以显示文本信息或图形元素；具有报警显示功能，一旦发生故障，液晶显示界面颜色即刻变为红色；非侵入式设计，通过面板操作按钮进行菜单设置；通过数据分析可评估阀门特性上的各种变化；具备总线通信；配有专为阀门自动化开发的高启动力矩的三相、单项交流和直流电动机，过热保护是通过热敏开关实现的。

吴忠仪表 PE 系列电动执行机构：PE 系列智能型电动执行机构采用先进的传动系统，结构紧凑，输出力矩大。控制模块采用 32 位高性能处理器、高速高分辨率 ADC 模数转换电路和存储硬件电路核心，结合先进的软件控制算法，利用微机和现场总线通信技术将伺服放大器与执行机构合为一体，不仅实现了双向通信、在线自动标定、自校正与自诊断等多种控制技术要求的功能，还增设了行程保护、过力矩保护、电动机过热保护、断电信号保护、输出现场阀位指示等功能，可进行现场操作或远程操作。在过程控制自动化系统中接受控制系统（或 DCS）的阀位给定输入信号（4~20mA 或 ON/OFF 控制信号），实现对控制阀的控制，同时可提供四组阀位状态信号或 4~20mA 阀位反馈信号，供系统显示或实现联锁控制。

（1）PE 系列电动执行机构主要特点

1）采用高性能 32 位微处理器作为处理运算单元，所有控制功能均可通过本机或上位机编程来实现。

2）现场调试无须打开执行机构外壳，执行器的所有设定和诊断都可以通过密封的指示窗口进行。

3）采用 LCD 显示，蓝底白色，显示清晰明亮，全中文人机对话菜单。

4）先进的自整定功能，执行机构可自动整定阀位行程和死区，使调试工作变得更轻松、更简单。

5）完整的数据保持，提供运行时间、开关次数、报警原因等历史记录，为设备维护提供数据支持。

6）丰富的故障诊断和对策处理功能，可在线诊断伺服电动机过载或过热；紧急情况时，执行机构可保位或运行到预先设定的位置，有效保证系统和执行机构自身的安全运行。

7）在配有通用模拟信号的基础上，还具有四组无源触点输出，可在现场任意设定动作位置，所有触点的功能都具有常开、常闭特性选择，以满足和匹配自控系统的要求。

8）采用 EMC 设计和检测规范，产品质量更可靠。

9）防护等级可达到 IP67，完全防水防尘，适用于户外、潮湿及暴雨中的工作环境，工作环境温度 -30~60℃。

10）采用绝对值编码器，可以精准定位阀门位置。

11）阀位反馈采用隔离输出，输出驱动负载能力 500Ω。

12）具有数字、电子、机械三重限位功能，保证了系统运行的安全性、可靠性。

13）配有免脱开输出手轮，可确保安全手/自动操作；不需要配有离合装置。

14）齿轮润滑采用低温润滑脂，确保执行机构在低温下能保持较高的输出效率。

15）外壳材料采用优质铝合金 ZL104，整体喷涂环氧聚氨酯，有效防腐防霉。能牢固附着在底漆表面，使表面整体具有很好的硬度、抗石化性、耐化学品性、耐污性、耐腐和防水性能。

16）所有输入/输出通道均采用光电隔离，可承受 2kV 的浪涌，实现了执行机构内部的电气分离，具有极高的抗干扰性能。

第8章 执行机构

（2）PE 系列电动执行机构操作流程（见图 8-50）

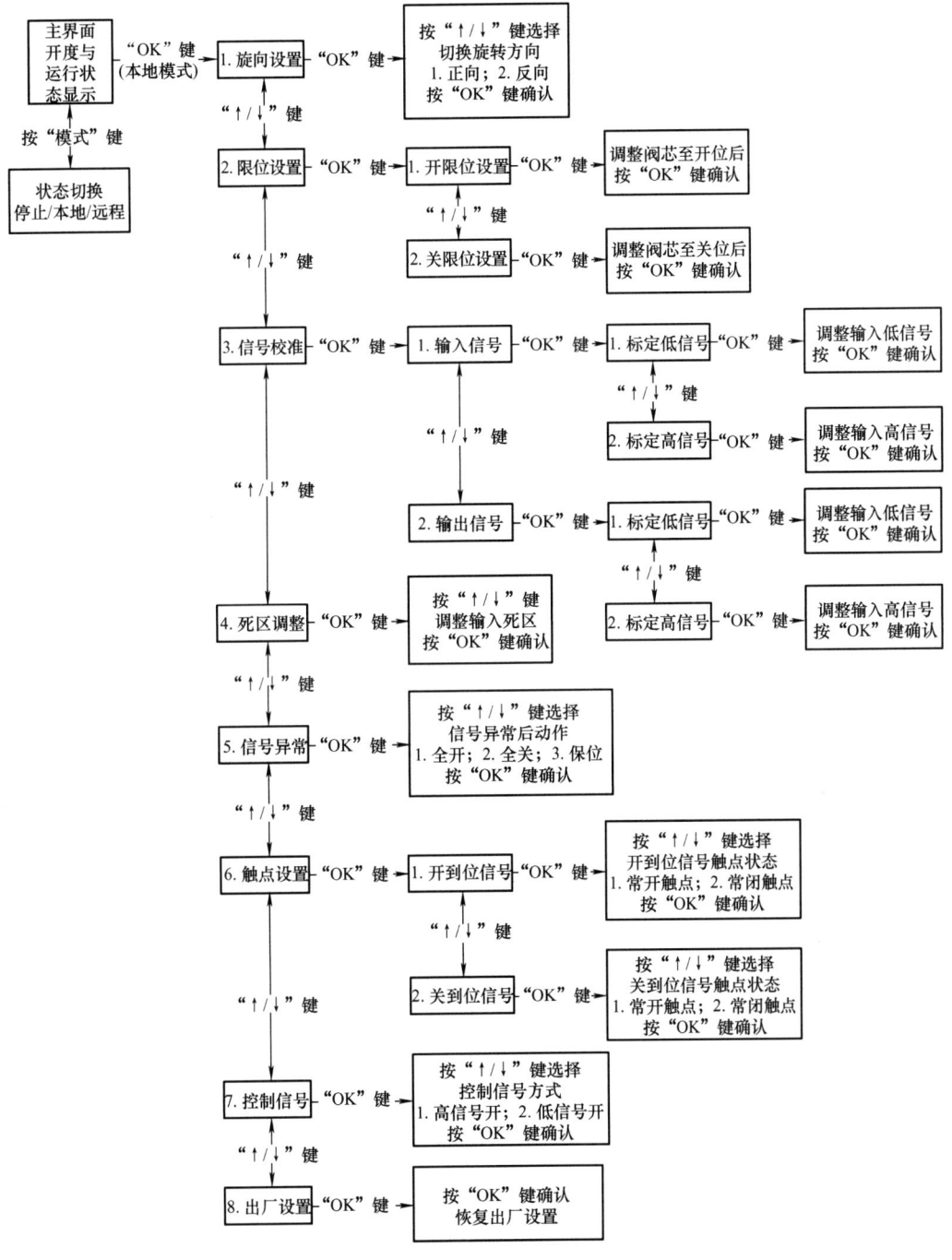

图 8-50 操作流程图

8.3 液压执行机构

液压执行机构输出推动力要高于气动执行机构和电动执行机构，且液压执行机构的输出力矩可以根据要求进行精确的调整，并将其通过液压仪表反映出来。液压执行机构的传动更为平稳可靠，有缓冲无撞击现象，适用于对传动要求较高的工作环境，因为当调节元件接近阀座时节流工况是不稳定的，越是压差大，这种情况越严重。液压执行机构的调节精度高、响应速度快，能实现高精确度控制。液压执行机构是使用液压油驱动，液体本身有不可压缩的特性，因此液压执行机构能轻易获得较好的抗偏离能力。液压执行机构使用液压动力油方式驱动，由于在操作过程中不会出现电动设备常见的打火现象，因此防爆性能要高于电动执行机构。液压执行机构工作需要外部的液压系统支持，运行液压执行机构要配备液压站和输油管路，这造成液压执行机构相对电动执行机构和气动执行机构来说，一次性投资更大，安装工程量也更多，因此只有在较大的工作场合才使用液动执行器。因此，液压执行机构在大型的电厂、石化厂等应用较为广泛。

液压执行机构根据匹配阀门运行方式的不同，可分为主要控制蝶阀、球阀等回转类阀门的角行程液动执行机构和主要控制调节阀、截止阀、闸阀等直行程开启的直行程液动执行机构。根据作用方式不同可分为双作用液动执行机构和单作用液动执行机构。打开和关闭阀门全部是通过液压油驱动的叫双作用液动执行机构；打开或关闭是通过液压油驱动，相反的动作是由弹簧复位完成的叫单作用液动执行机构。单作用液动执行机构可实现三断保护功能（在断电、断控制信号和断动力源的情况下，可以自动关闭或者打开阀门）。

8.3.1 直行程液压执行机构

直行程液压执行机构核心液压缸筒采用衍磨后高强度冷拔无缝钢管，内部采用活塞结构设计，体积小巧，坚固耐用，输出效率高，最大推力能够达到400万N；液压系统工作压力低压至 5MPa，中压至 16MPa，高压至 31.5MPa。

以吴忠仪表 ZYL 系列直行程液压执行机构为例，进行输出推力参数、选型代号及结构示意说明。

1）ZYL 系列直行程液压执行机构选型代号如图 8-51 所示。

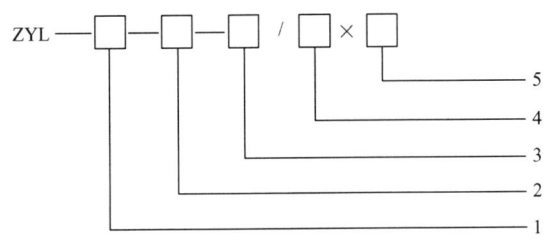

图 8-51　ZYL 型号代号说明

图中代号说明：

1——执行机构作用形式：DA 代表双作用，SR 代表单作用；

2——弹簧设计参数：双作用无标记，1，2，3，…代表单作用弹簧参数；

3——液压缸型号（直径）：

4、5——活塞杆直径。

ZYL 系列双作用直行程液压执行机构结构示意图如图 8-52 所示。

2）ZYL 系列双作用直行程液压执行机构输出推力见表 8-25。

表 8-25　ZYL 系列双作用直行程液压执行机构输出推力

型号	液压缸内径 D/mm	活塞杆直径 d/mm	使用工作压力/MPa					
			7	10	12	16	20	25
			直行程液动执行器输出力 F/kN					
ZYL-DA-40/18	40	18	6.66	9.52	11.42	15.23	19.03	23.79
ZYL-DA-50/20	50	20	10.96	15.67	18.79	25.06	31.32	39.15
ZYL-DA-63/25	63	25	17.46	24.94	29.93	39.9	49.88	62.35
ZYL-DA-80/30	80	30	28.71	41.02	49.22	65.63	82.03	102.54
ZYL-DA-100/35	100	35	45.81	65.44	78.53	104.7	130.88	163.6
ZYL-DA-125/45	125	45	70.99	101.42	121.7	162.28	202.84	253.56
ZYL-DA-140/50	140	50	89.26	127.53	153.03	204.04	255.05	318.81
ZYL-DA-160/55	160	55	117.85	168.35	202.03	269.36	336.71	420.88
ZYL-DA-180/60	180	60	150.35	214.78	257.74	343.64	429.55	536.94
ZYL-DA-200/70	200	70	183.23	261.76	314.11	418.82	523.52	654.4

控制阀设计制造技术

（续）

型号	液压缸内径 D/mm	活塞杆直径 d/mm	使用工作压力/MPa					
			7	10	12	16	20	25
			直行程液动执行器输出力 F/kN					
ZYL-DA-220/80	220	80	219.25	313.22	375.86	501.14	626.43	783.04
ZYL-DA-250/90	250	90	283.98	405.69	486.83	649.1	811.38	1014.22
ZYL-DA-280/100	280	100	357.07	510.09	612.11	816.15	1020.19	1275.23
ZYL-DA-320/110	320	110	471.39	673.42	808.1	1077.46	1346.82	1683.53
ZYL-DA-360/120	360	120	601.37	859.1	1030.92	1374.56	1718.21	2147.76
ZYL-DA-400/140	400	140	732.93	1047.03	1256.44	1675.25	2094.07	2617.58

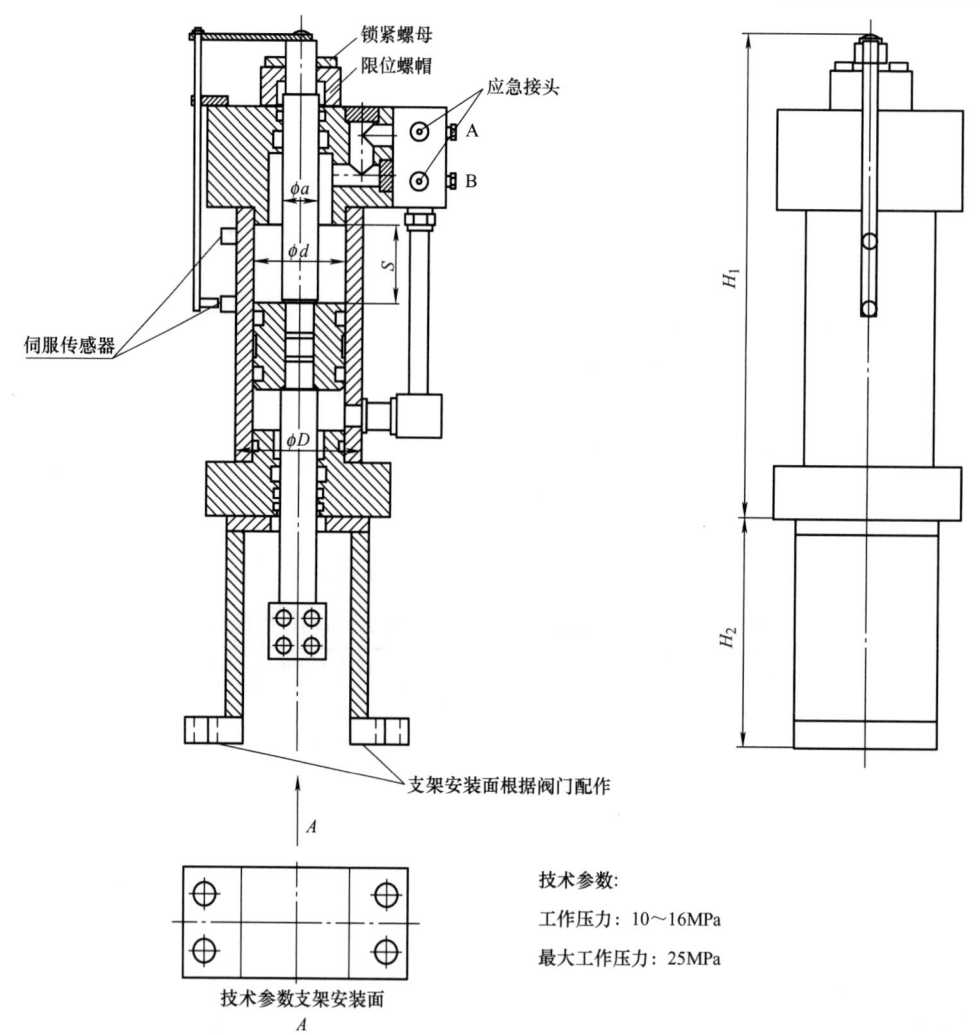

图 8-52　ZYL 系列双作用直行程液压执行机构结构示意图

3）ZYL 系列单作用直行程液压执行机构结构示意图如图 8-53 所示。

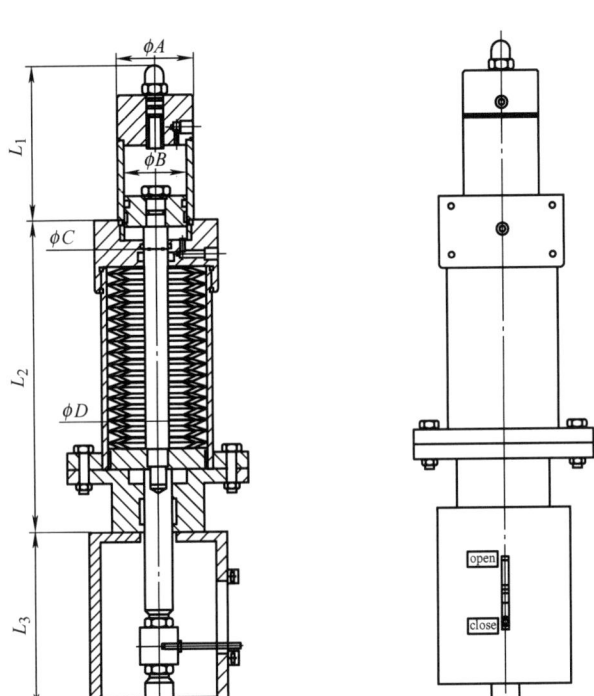

图 8-53　ZYL 系列单作用直行程液压执行机构结构示意图

4）ZYL 系列单作用直行程液压执行机构输出推力见表 8-26。

表 8-26　ZYL 系列单作用直行程液压执行机构输出推力

型号	弹簧推力/N		液压缸推力/N										
			7MPa			10MPa			12MPa			16MPa		
	最小	最大	型号	初始	终点	型号	初始	终点	型号	初始	终点	型号	初始	终点
ZYL-SR1	7200	13100	63/25	10261	4361	63/25	17738	11838	50/20	11591	5691	50/20	17861	11961
ZYL-SR2	14820	23560	100/35	30990	22250	80/30	26200	17460	63/25	15110	6370	63/25	25080	16340
ZYL-SR3	19000	29583	100/35	26810	16227	80/30	22020	11437	80/30	30220	19637	80/30	46630	36047
ZYL-SR4	26410	49400	125/45	44580	21590	100/35	39030	4604	100/35	52120	29130	80/30	39220	16230
ZYL-SR5	31730	57556	125/45	39260	13434	100/35	33710	7885	100/35	46800	20974	80/30	33900	8071
ZYL-SR6	64855	119210	180/60	85495	31129	140/50	62675	8309	140/50	88175	33809	125/45	97425	43059
ZYL-SR7	100000	200000	220/80	119250	19250	180/60	114780	15780	180/60	157740	57740	160/55	169360	69360
ZYL-SR8	160000	300000	280/100	197070	57070	250/90	245690	105690	250/90	326830	186830	220/80	341140	201140
ZYL-SR9	209000	376200	320/110	262390	95190	280/100	301000	133890	250/90	277830	116630	200/70	209820	42620
ZYL-SR10	309700	557460	400/140	423230	175470	320/110	363720	115960	320/110	498400	250610	250/90	339400	91640

5）直行程液压执行机构的选型方法。

① 双作用直行程液压执行机构选型：在正常操作条件下，双作用直行程液压执行机构考虑的安全系数为 20%～30%。

例如，阀门需要关阀力为 20kN，行程为 120mm，安全推力为 20×(1+30%)kN = 26kN，液压源压力为 12MPa，查表 8-25，选配双作用直行程液压执行机构最小规格为 ZYL-DA-63/25。

② 单作用直行程液压执行机构选型：在正常操作工作条件下，单作用直行程液压执行机构考虑的安全系数为 20%～30%。

例如，阀门需要关阀力为 14kN，开阀行程为 120mm，关阀要求 FC，安全推力为 14×(1+30%)kN = 18.2kN，液压源压力为 12MPa，查表 8-26，可以查到 ZYL-SR3 弹簧输出关阀力为

阀门全关闭时：弹簧关阀推力 $F_{弹最小}$ = 19kN

阀门全开启时：弹簧关阀推力 $F_{弹最大}$ = 29.583kN

阀门全关闭时：液压缸开阀拉力 $F_{液初始}$ = 30.220kN

阀门全开启时：液压缸开阀拉力 $F_{液终点}$ = 19.637kN

所有输出力均满足阀门推力需求，由此选择 ZYL-SR3-80/30 型号。

8.3.2 角行程液压执行机构

角行程液压执行机构按照结构方式可分为齿轮齿条式和拨叉式，中小转矩液压执行机构采用齿轮齿条式，大转矩执行机构采用拨叉式。液压系统的高压动力，使得液压执行机构具有比气动、电动等其他执行机构更小的重量；油箱、电动机、液压泵、蓄能器等按用户要求有机结合，组成稳定可靠的液压动力源，既能满足普通需要，也能满足电源可靠性较低的场合；压力、流量、方向控制阀的组合及丰富的电器控制元件构成各种液压控制系统，可以满足用户的不同功能和防护防爆要求。按作用方式分为单作用和双作用两种。

第8章 执行机构

以吴忠仪表ZYR系列角行程液压执行机构为例,进行输出推力参数、选型代号及结构示意说明。

1) ZYR系列角行程液压执行机构选型代号如图8-54所示。

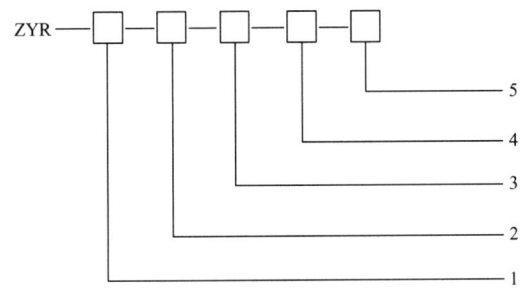

图8-54 ZYR型号代号说明

图中代号说明:

1——不同偏心力矩:分为011、025、060、066、100、120、140、180、220、270;

2——结构形式:P代表齿轮齿条式,Y代表拨叉式;

3——液压缸型号(直径):

4——执行机构作用形式:DA代表双作用,SR代表单作用;

5——弹簧设计参数:双作用无标记,1,2,3,…代表单作用弹簧参数。

2) ZYR系列双作用角行程齿轮齿条液压执行机构结构示意图如图8-55所示。

3) ZYR系列双作用角行程齿轮齿条液压执行机构输出转矩见表8-27。

表8-27 ZYR系列双作用角行程齿轮齿条液压执行机构输出转矩 (单位:N·m)

型号	工作压力				
	7MPa	10MPa	12MPa	14MPa	16MPa
ZYR-011-P-40-DA	90	128	153	180	205
ZYR-011-P-50-DA	140	200	240	280	320
ZYR-025-P-40-DA	187	267	321	375	427
ZYR-025-P-50-DA	292	417	501	585	668
ZYR-025-P-63-DA	465	662	795	927	1060
ZYR-025-P-80-DA	748	1069	1282	1496	1709
ZYR-060-P-63-DA	1113	1590	1908	2226	2543
ZYR-060-P-80-DA	1795	2565	3077	3590	4102

（续）

型号	工作压力				
	7MPa	10MPa	12MPa	14MPa	16MPa
ZYR-060-P-100-DA	2805	4006	4807	5608	6409
ZYR-060-P-125-DA	4381	6259	7511	8763	10015
ZYR-066-P-125-DA	4820	6885	8262	9639	11015
ZYR-066-P-160-DA	7896	11279	13535	15791	18047
ZYR-066-P-200-DA	12337	17625	21149	24675	28200

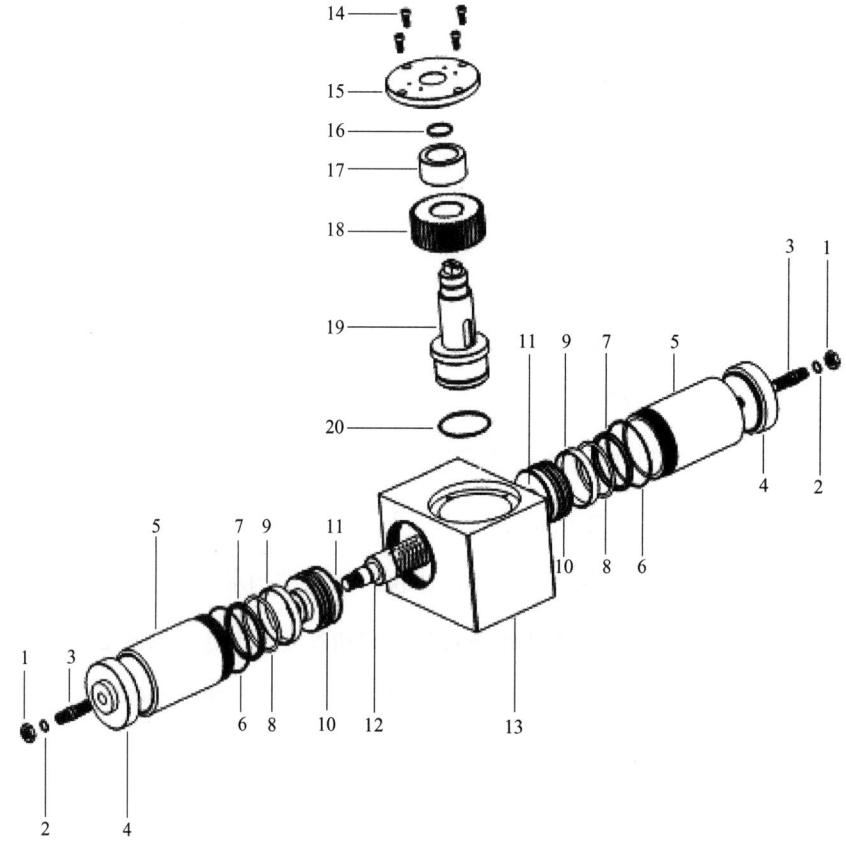

图 8-55　ZYR 系列双作用角行程齿轮齿条液压执行机构结构示意图

1—锁紧螺母　2—调节螺栓 O 形圈　3—调节螺栓　4—液压缸端盖　5—液压缸缸筒　6—液压缸 O 形圈
7—活塞 Y 形圈　8—活塞 O 形圈　9—耐磨环　10—活塞　11、12—齿轮轴　13—齿轮箱体　14—齿轮箱盖螺栓
15—齿轮箱盖　16—旋转轴上 O 形圈　17—铜套　18—齿轮　19—旋转轴　20—旋转轴下 O 形圈

4) ZYR 系列单作用角行程齿轮齿条液压执行机构结构示意图如图 8-56 所示。

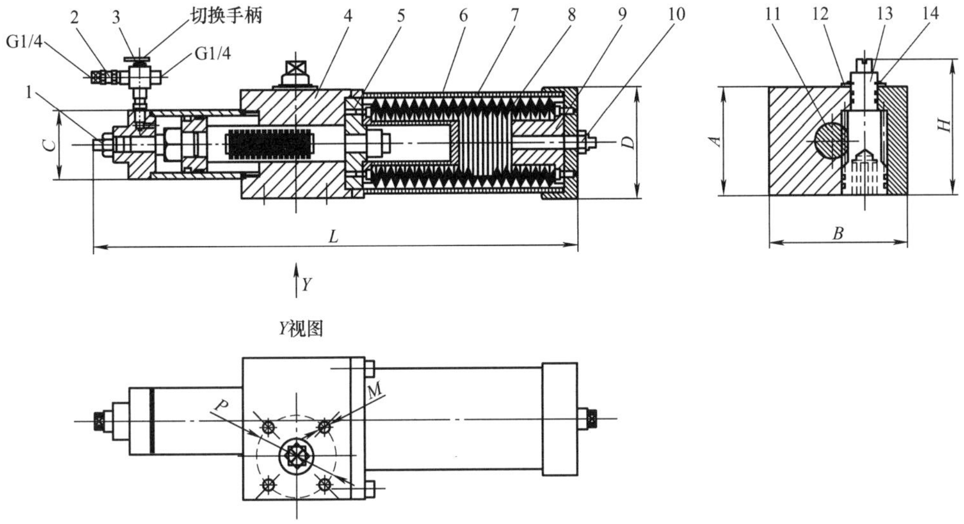

图 8-56 ZYR 系列单作用角行程齿轮齿条液压执行机构结构示意图

1—调节螺杆 2—应急快换接头 3—L形三通球阀 4—齿轮箱 5—弹簧缸活塞 6—左导柱 7—弹簧缸筒
8—碟形弹簧 9—右导柱 10—调节杆 11—齿轮 12—压套 13—旋转轴 14—压盖

5) ZYR 系列单作用角行程齿轮齿条液压执行机构输出转矩见表 8-28。

表 8-28 ZYR 系列单作用角行程齿轮齿条液压执行机构输出转矩

型号 ( ) 中代号为表中液压缸直径	弹簧转矩/N·m		液压油缸输出转矩/N·m								
			7MPa			10MPa			14MPa		
	最小	最大	液压缸直径	最小	最大	液压缸直径	最小	最大	液压缸直径	最小	最大
ZYR-011-P-( )-SR1	95	132	63	91	128	63	186	223	50	148	185
ZYR-025-P-( )-SR2	161	293	63	171	303	63	369	501	50	291	423
ZYR-025-P-( )-SR3	331	527	100	641	837	80	541	737	63	400	596
ZYR-025-P-( )-SR4	425	662	100	506	743	80	406	643	80	834	1071
ZYR-060-P-( )-SR5	709	1250	100	1553	2095	80	1313	1855	80	976	1517
ZYR-060-P-( )-SR6	852	1535	100	1269	1952	80	1029	1712	80	2053	2737
ZYR-060-P-( )-SR7	1040	1535	100	1269	1763	80	1029	1523	80	2053	2549
ZYR-060-P-( )-SR8	1418	2652	125	1728	2962	100	1355	2588	100	2956	4190
ZYR-060-P-( )-SR9	1703	3096	140	2398	3791	125	3161	4553	100	2512	3905
ZYR-066-P-( )-SR10	2800	4700	140	1345	3245	125	2180	4080	100	1468	3308
ZYR-066-P-( )-SR11	3815	7013	180	2980	6178	160	4263	7461	125	2625	5825
ZYR-066-P-( )-SR12	7600	14030	180	5960	12356	160	8500	15000	125	5250	11650

6）ZYR 系列双作用角行程拨叉液压执行机构结构示意图，如图 8-57 所示。

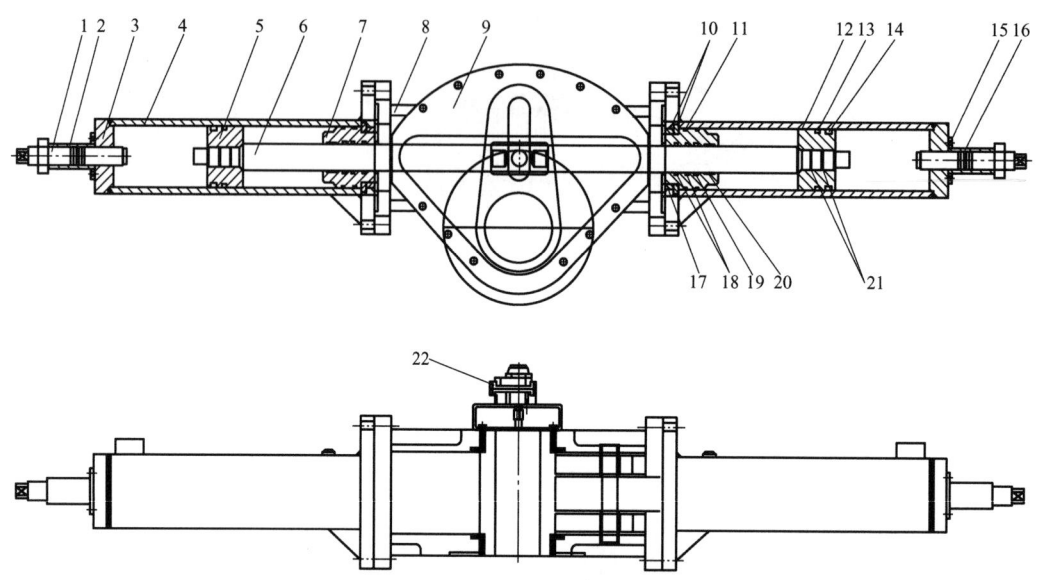

图 8-57　ZYR 系列双作用角行程拨叉液压执行机构结构示意图

1—调节螺杆　2—密封套筒　3—液压缸端盖　4—液压缸缸筒　5—活塞　6—活塞杆　7—导向套　8—箱体　9—上箱盖　10—密封件　11—O 形圈　12—耐磨环　13—O 形圈　14—U 形圈　15—O 形圈　16—O 形圈　17—密封圈　18—O 形圈　19—U 形圈　20—耐磨环　21—O 形圈　22—限位开关

7）ZYR 系列双作用角行程拨叉液压执行机构输出转矩见表 8-29。

表 8-29　ZYR 系列双作用角行程拨叉液压执行机构输出转矩

型号	液压缸输出转矩/N·m									
	7MPa		10MPa		12MPa		14MPa		16MPa	
	起始/终点	运行	起始/终点	运行	起始/终点	运行	起始/终点	运行	起始/终点	运行
ZYR-060-Y-63-DA	1832	1047	2617	1496	3140	1795	3664	2094	4187	2394
ZYR-060-Y-80-DA	2954	1688	4220	2412	5064	2894	5908	3377	6752	3859
ZYR-060-Y-100-DA	4617	2638	6595	3768	7914	4522	9233	5275	10552	6029
ZYR-060-Y-125-DA	7212	4122	10303	5888	12364	7066	14424	8243	16485	9421
ZYR-100-Y-80-DA	5033	2815	7190	4022	8628	4826	10066	5631	11504	6435
ZYR-100-Y-100-DA	7864	4398	11234	6283	13481	7540	15728	8796	17974	10053
ZYR-120-Y-100-DA	9436	5278	13480	7540	16176	9048	18872	10556	21568	12064
ZYR-140-Y-100-DA	11146	6158	15923	8797	19108	10556	22292	12316	25477	14075

(续)

型号	液压缸输出转矩/N·m									
	7MPa		10MPa		12MPa		14MPa		16MPa	
	起始/终点	运行	起始/终点	运行	起始/终点	运行	起始/终点	运行	起始/终点	运行
ZYR-140-Y-125-DA	17415	9622	24879	13746	29855	16495	34831	19244	39806	21994
ZYR-180-Y-125-DA	22392	12371	31988	17673	38386	21208	44783	24742	51181	28277
ZYR-180-Y-140-DA	28078	15513	40112	22162	48134	26594	56157	31027	64179	35459
ZYR-180-Y-160-DA	36683	20266	52404	28952	62885	34742	73366	40533	83846	46323
ZYR-180-Y-180-DA	46429	25652	66327	36645	79592	43974	92858	51303	106123	58632
ZYR-180-Y-200-DA	50400	31651	72000	45216	86400	54259	100800	63302	115200	72346
ZYR-220-Y-180-DA	56746	31352	81066	44788	97279	53746	113492	62703	129706	71661
ZYR-220-Y-200-DA	84723	46809	121033	66870	145240	80244	169446	93618	193653	106992
ZYR-220-Y-250-DA	10945	60445	156293	86350	187552	103620	218810	120890	250069	138160
ZYR-270-Y-250-DA	134271	74183	191815	105975	230178	127170	268541	148365	306904	169560
ZYR-270-Y-320-DA	219989	121540	314270	173629	377124	208355	439978	243081	502832	277806
ZYR-270-Y-400-DA	343732	189907	491046	271296	589255	325555	687464	379814	785674	434074

8）ZYR 系列单作用角行程拨叉液压执行机构结构示意图如图 8-58 所示。

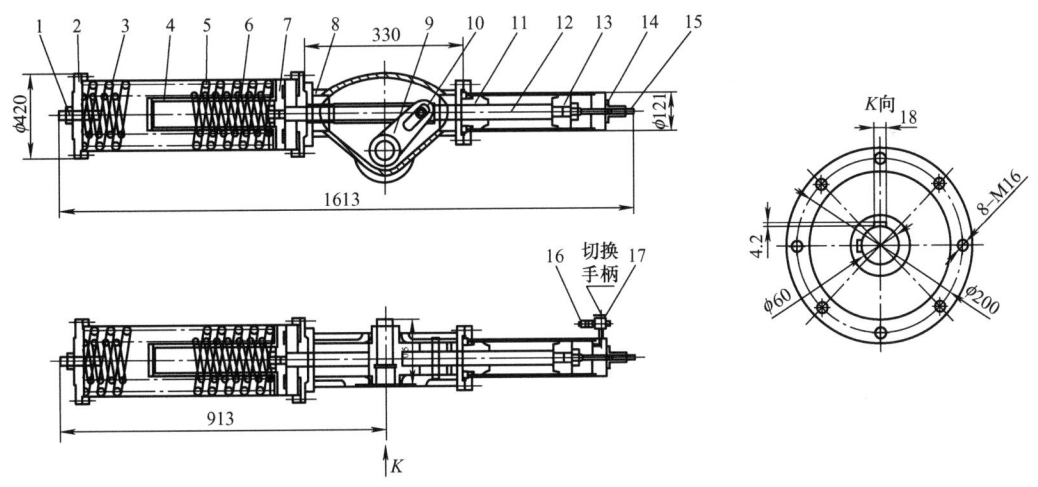

图 8-58 ZYR 系列单作用角行程拨叉液压执行机构结构示意图

1—弹簧端盖调节杆 2—弹簧缸端盖 3—弹簧缸筒 4—导柱 5—大弹簧 6—小弹簧 7—弹簧缸活塞
8—箱体 9—拨叉 10—拨叉销轴 11—液压缸导向套 12—活塞杆 13—活塞 14—密封套筒
15—液压缸端调节杆 16—应急快换接头 17—L形三通球阀

9) ZYR 系列单作用角行程拨叉液压执行机构输出转矩见表 8-30。

表 8-30　ZYR 系列单作用角行程拨叉液压执行机构输出转矩

型号	弹簧转矩/N·m			液压油缸输出转矩/N·m										
				7MPa				10MPa				14MPa		
（　）中代号为表中液压缸直径	起点	运行	终点	液压缸直径	起点	运行	终点	液压缸直径	起点	运行	终点	液压缸直径	起点	运行	终点
ZYR-060-Y-( )-SR1	1260	540	630	63	1202	507	572	50	1019	402	389	50	1678	778	1048
ZYR-060-Y-( )-SR2	2520	1080	1260	100	3357	1558	2097	80	2960	1332	1700	63	2585	1015	1145
ZYR-060-Y-( )-SR3	4510	1945	2255	125	4919	2223	2665	100	4305	1870	2050	100	6929	3278	4675
ZYR-100-Y-( )-SR4	5865	2460	2932	100	4933	1938	2932	80	4258	1562	2178	80	7135	3170	5396
ZYR-100-Y-( )-SR5	8545	3600	4343	125	7883	3269	3681	100	6835	2680	2635	100	11385	5196	7183
ZYR-100-Y-( )-SR6	11586	4860	5793	160	14332	6396	8539	125	11758	4956	5965	110	13239	5784	7446
ZYR-120-Y-( )-SR7	17376	13032	8688	180	22265	4068	13579	160	26238	6265	17550	140	28750	7652	20062
ZYR-140-Y-( )-SR8	24326	10081	12298	180	24211	9869	12183	160	28900	12431	16870	140	31515	14051	19352
ZYR-140-Y-( )-SR9	28500	7840	14350	200	30726	12870	16379	160	26850	10752	12502	140	29813	12372	15466
ZYR-140-Y-( )-SR10	49200	21352	24595	250	45831	17132	22226	200	39795	13828	15190	180	48425	18549	23819
ZYR-180-Y-( )-SR11	62553	25920	31277	250	58281	23560	27005	220	50606	19319	19330	180	61578	25381	30302
ZYR-180-Y-( )-SR12	78200	32402	39100	300	89800	38813	50700	220	59928	22310	20828	200	76100	39945	37000
ZYR-180-Y-( )-SR13	103000	43200	51265	300	77635	28015	25900	250	76675	27485	24940	220	87375	33396	35639
ZYR-220-Y-( )-SR14	125889	52800	62657	300	94886	34241	31655	250	93637	33550	30406	220	106790	40817	43558

10) 角行程液压执行机构的选型方法。

① 双作用角行程液压执行机构选型：在正常操作条件下，双作用角行程液压执行机构考虑的安全系数为 20%～30%。

例如，阀门需要转矩为 300N·m，安全转矩为 300×(1+30%)N·m=390N·m，液压源压力为 10MPa。对照 ZYR 系列双作用角行程齿轮齿条液压执行机构输出转矩表 8-27，选配液压执行机构最小规格为 ZYR-025-P-50-DA。

② 单作用角行程液压执行机构选型：在正常操作工作条件下，单作用角行程液压执行机构考虑的安全系数为 20%～30%。

例如，阀门需要转矩为 300N·m，关阀要求故障关（FC），安全转矩为 300×(1+30%)N·m=390N·m，液压源压力为 10MPa。对照 ZYR 系列单作用角行程齿轮齿条液压执行机构输出转矩表 8-28，可以查到 ZYR-025-P-80-SR4 输出扭矩为：液压缸初始行程转矩为643N·m，液压缸终点行程转矩为406N·m，弹簧终点行程转矩为425N·m，弹簧初始行程转矩为622N·m，所有输出转矩均大于390N·m，由此选择ZYR-025-P-80-SR4型号。

11）单作用角行程液压执行机构的经济选型方法：在单作用执行器的选配过程中，如果能够了解阀门在开启、运行和关闭时的转矩分配，就可以更加经济、合理地选配执行器。阀门转矩分配图如图8-59所示。

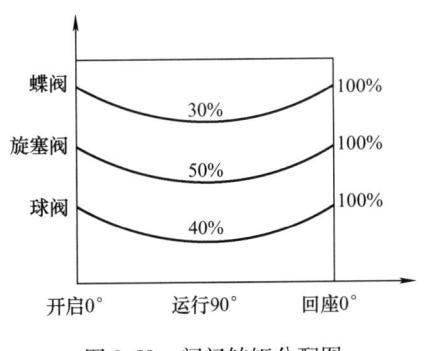

图8-59 阀门转矩分配图

例如，在正常操作工作条件下，单作用角行程液压执行机构考虑的安全系数为20%~30%。

蝶阀最大转矩为75N·m，增加安全系数后为75×1.3N·m=97.5N·m，打开后蝶阀运行转矩为97.5×30%N·m=29.25N·m，液压压力为7MPa，查表8-28，可以选择ZYR-011-P-63-SR1型号。

液压缸初始行程为128N·m>97.5N·m，液压缸终点行程为91N·m>29.5N·m，弹簧终点行程为132N·m>97.5N·m，弹簧初始行程为95N·m>29.5N·m，以上数据显示选型合适。

8.4 气液联动执行机构

气液联动执行机构是把管路天然气或氮气作为动力，液压油作为传动介质驱动管路阀门的开启和关闭。气液联动执行机构主要由提升阀气路控制器、手动泵装置、执行单元、气液罐、备用气源罐、限位开关、电子控制箱等部分组成。气液联动执行机构的动力源直接取自主管路的高压天然气，天然气经过滤之后，直接进入储气罐储存。采用集成模块、大流量、高压设计技术，使较少的控制元件承受高压，延长密封件寿命，减少配管、系统泄漏点，从而提高设备的整体安全性。气液联动执行机构工作性能稳定、动作可靠，通过调节液压油的流量，可调节执行机构动作的全行程时间。从西气东输管道多年的运行情况来看，气液联动阀总体工作平稳，性能良好，故障率低，且易于维护。

气液联动执行机构的工作原理如图8-60所示。在动力气源或手动泵压力油作用下，将A罐液压油向执行器1、2腔体中注入，并推动转子逆时针转动，打开阀门；当B罐液压油在动力气源或手动泵压力油作用下向执行器3、4腔体注入时，推动转子顺时针转动，关闭阀门，从而实现阀门的开关动作。

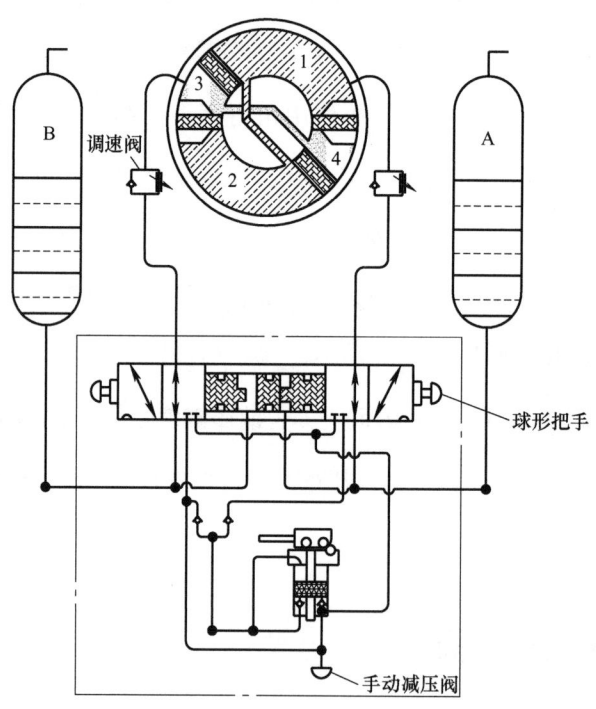

图8-60 气液联动执行机构的工作原理

8.5 电液执行机构

电液执行机构与电动执行机构比较，由于采用液压机构，因此具有更大的推力或推力矩。但液压系统需要更复杂的油压管路和油路系统的控制，例如，对液压油温度、压力等的控制，还需要补充油和油的循环。与气动活塞执行机构比较，电液执行机构采用液压缸代替气缸，由于液压油具有不可压缩性，因此，响应速度可达100mm/s，比气动活塞式执行机构快，行程的定位精确，控制精度高（可达0.5级），它的行程可很长（可达1m），输出推力矩大（可达60000N·m），输出推力大（可达25000N）。电液执行机构将输入的标准电流信号转换为电动机的机械能，以液压油为工作介质，通过动力元件（如液压泵）将电动机的机械能转换为液压油的压力能，并经管道和控制元件，借助执行元件使液压能转化为机械能，驱动阀杆完成直线或回转角度的运动。因此，它具有电动执行机构的快速响应性和活塞式执行机构的推力大等优点。主要应用于水处理、船舶、化工、钢铁、电力等行业。

电液执行机构根据作用方式不同可分为双作用电液液动执行器和单作用电液液动执行器。根据运行方式的不同，可分为角行程和直行程电液液动执行机构，按液压控制原理，其可以分为泵控型和阀控型。

电液执行机构通常包括液动头和液压缸两部分。液动头由伺服电动机、高精密油泵、液压流量配对阀、热平衡油箱、压力传感器、换向阀、控制显示单元和手动单元等组成。油缸由液-机转换单元和位置反馈单元组成。

8.5.1 泵控型电液执行机构

泵控型电液执行机构分为两种，一种是通过电动双向液压泵出口切换调节液压油的流向，从而驱动液压伺服缸活塞液动，输出转矩；另一种是通过单向液压泵和电磁换向阀切换调节液压油的流向。泵控型电液执行机构具有集成化、体积小等特点，其结构外形如图 8-61 所示。

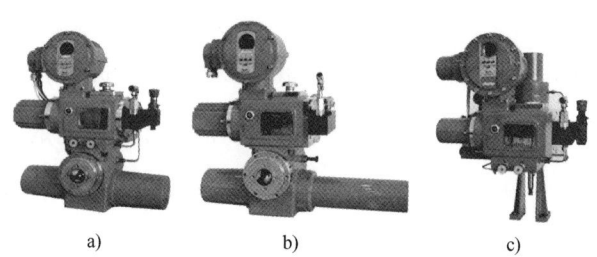

图 8-61　泵控型电液执行机构

8.5.2　阀控型电液执行机构

阀控型电液执行机构的核心元件是电液伺服阀或电液比例阀。通过电液伺服阀或电液比例阀开度变化，调节液压油的流向和流量来驱动液压伺服缸活塞移动，输出转矩。

如图 8-62 所示，伺服放大器、电液伺服阀、伺服液压缸和位移传感器等构成了阀控型电液执行机构。输入信号与反馈信号在伺服放大器中进行比较，输出控制信号（正向电流或反向电流）使电液伺服阀动作（开启或关闭），通过液压油控制伺服液压缸里面活塞的动作，直到位移传感器送出的反馈信号与输入信号相等。

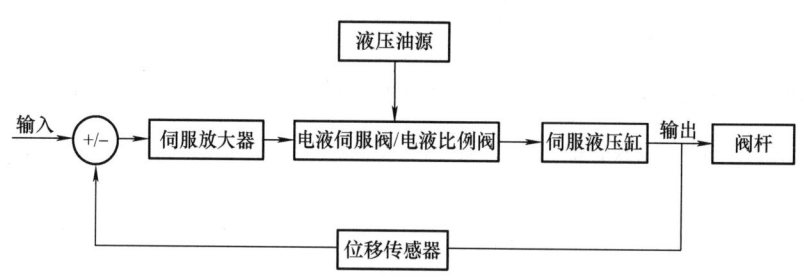

图 8-62　阀控型电液执行机构控制框图

第9章 定位器

9.1 定位器简介及分类

9.1.1 定位器简介

工业生产自动控制简称过程控制,主要针对所谓六大参数,即温度、压力、流量、液位(或物位)、成分和物性的控制问题,它覆盖许多工业部门,如石油、化工、电力、冶金、轻工和纺织等,在国民经济中占有极其重要的地位。控制阀是过程控制系统中的重要组成部分,定位器是其主要附件之一。定位器技术的发展使得控制阀变得更易于控制,更精确,简化了高性能控制回路的设计,使控制回路的执行更加紧凑。

阀门定位器是控制阀的主要配套产品之一。定位器接受 DCS 输出的信号并自动控制进入气动执行机构工作腔气压的大小,以驱动阀门产生位移,同时将位移与控制信号进行比较并不断修正,使控制阀达到信号设定的开度。阀门定位器与气动执行机构组成一个闭环控制回路,以实现控制阀的自动精准定位。工作过程如下:定位器接受 DCS 输出的不同信号并控制阀门产生位移,定位器控制单元将阀门位移信号与设定信号大小进行比较,当两者有偏差时,定位器自动调节输出压力,使执行机构动作;当阀门开度达到定位器设定的信号值时,阀门处于动态稳定位置。因此,阀门定位器组成了以阀门位移为反馈测量信号,以控制器输出为设定信号的反馈控制系统。

定位器的主要功能有:

1) 通过定位器的自动控制定位功能,改善控制阀的静态特性,提高阀门位置的线性度。

2）通过内置气动放大器的大流量输出，提高控制阀的响应速度和动态特性，减少调节信号的传递滞后。

3）机械式定位器通过内置不同特性反馈凸轮，智能式定位器通过软件设定功能，可以灵活改变控制阀的流量特性，如等百分比、快开或自定义流量特性等。

4）通过设置控制信号的范围，使控制阀实现分程控制。

5）通过内部的闭环补偿控制功能，能够克服阀门摩擦力，提高阀门控制精度和稳定性。

6）使阀门动作反向。

7）带高级诊断功能，可以对阀门运行数据和信息进行在线管理和远程运维。

9.1.2 定位器分类

定位器按输入信号、动作类型、通信方式、连接类型、防爆型式等做如下分类：

1）按输入信号分类：按输入信号分为气动阀门定位器、电气阀门定位器和智能阀门定位器。气动阀门定位器的输入信号是标准气信号，如 20～100kPa 气信号，其输出信号也是标准的气信号。电气阀门定位器的输入信号是标准电流或电压信号，如 4～20mA 电流信号。智能阀门定位器将控制室输出的电流信号转换成驱动控制阀的气信号，也可以从 DCS 接收数字信号。

2）按动作类型分类：按动作类型分为单作用阀门定位器和双作用阀门定位器。

3）按通信方式分类：按通信方式分为 HART 型、总线型和非通信型。HART 型是采用 HART 通信，半双工的通信方式，其特点是在现有模拟信号传输线上实现数字信号通信。总线型包括 PROFIBUS 总线、FF 总线、LonWorks 总线、CAN 总线、INTER-BUS 总线等。非通信型指只接收信号动作，与 DCS 无信息交互。

4）按连接类型分类：按连接类型分为直行程阀门定位器和角行程阀门定位器。

5）按防爆型式分类：按防爆型式分为隔爆型阀门定位器、本安型阀门定位器、普通防护型阀门定位器。

9.2 气动阀门定位器

9.2.1 气动阀门定位器工作原理

气动阀门定位器是一种从 DCS 中接收 20～100kPa（3～15psi）的气压信号，输出等比例的气压信号到气动执行机构，使阀门动作到指定位置的现场仪表，如图 9-1 所示。常见的气动阀门定位器有韩国永泰（YTC）的 YT-1200 系列，吴忠仪表的 VPP 系列，FOXBORO 的 SRP981 系列等。

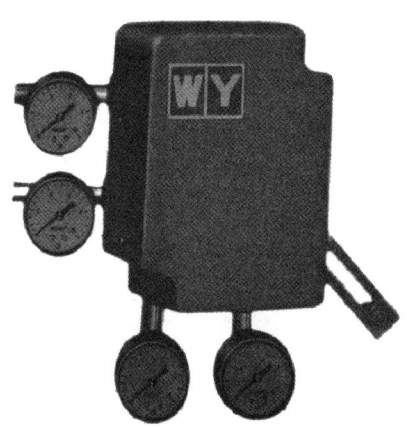

图 9-1 气动阀门定位器

气动阀门定位器是按力平衡原理设计工作的，其工作原理如图 9-2 所示，当压力信号输入增加时，杠杆 2 绕支点转动，挡板靠近喷嘴，气动放大器背压升高进而增大输出到气动薄膜执行机构的压力，阀杆向下移动，并带动反馈杆（摆杆）绕支点转动，连接在同一轴上的反馈凸轮（偏心凸轮）也随着做逆时针方向转动，通过滚轮使杠杆 1 绕支点转动，并将弹簧拉伸，弹簧对杠杆 2 的拉力与压力信号作用在波纹管上的力达到力矩平衡时仪表达到平衡状态。此时，一定的压力信号就与一定的阀门位置相对应。

常见气动阀门定位器结构如图 9-3 所示。

控制阀设计制造技术

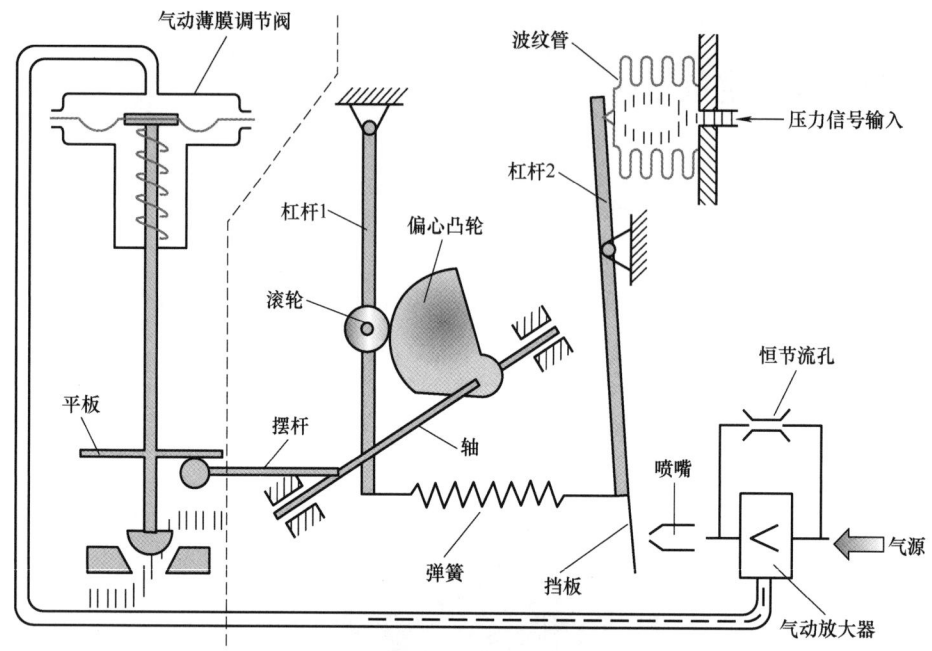

图 9-2 气动阀门定位器工作原理图

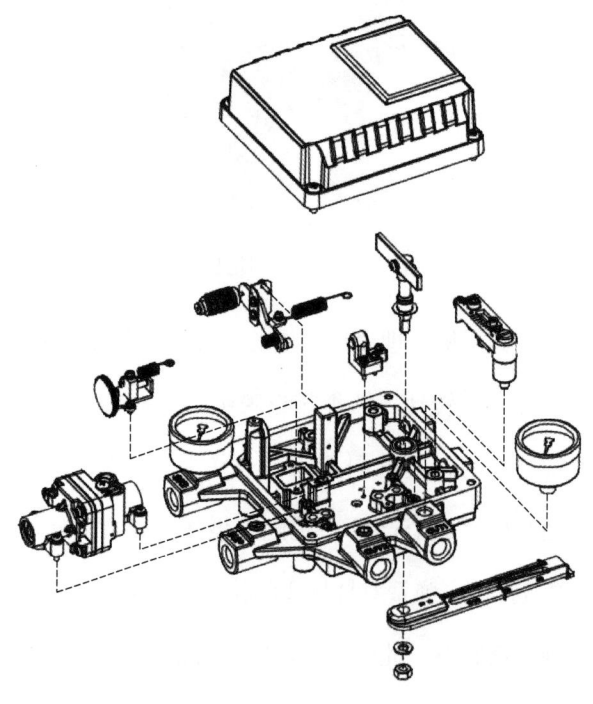

图 9-3 气动阀门定位器结构

第9章 定位器

9.2.2 气动阀门定位器常见调试方法

下面以常用的 YT-1200 系列气动阀门定位器调试为例进行调试说明。安装示意图如图 9-4 所示。

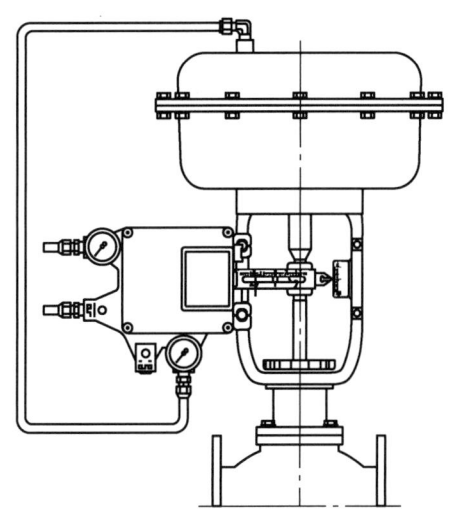

图 9-4 气动阀门定位器与执行机构安装示意图

调试方法：

(1) 正反作用设置

1) 若在输入信号增强时气动执行机构阀杆向下移动，可将"行程调节组件"装配至图 9-5 所示的上侧 M6 螺纹孔上。

2) 当输入信号增强时，若气动执行机构阀杆向上移动，可将"行程调节组件"装配至图 9-6 所示的下侧 M6 螺纹孔上。

(2) 零点调节

将压力为 0.02MPa（或 0.1MPa）的输入信号设置为初始信号，然后向上或向下旋转零点调整旋钮以调节气动执行机构的零点，如图 9-7 所示。

(3) 行程调节

1) 在设置零点后，供给压力为 0.1MPa（或 0.02MPa）的输入信号作为终点信号，

控制阀设计制造技术

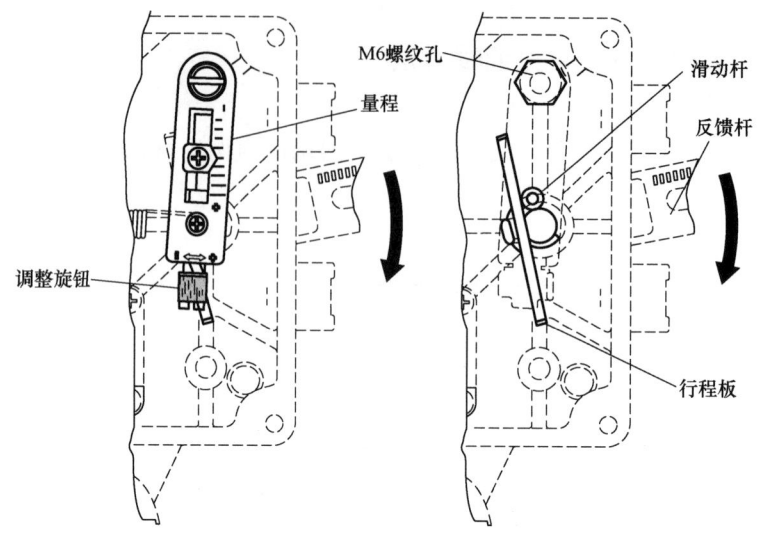

图 9-5　正作用行程调节组件安装示意图

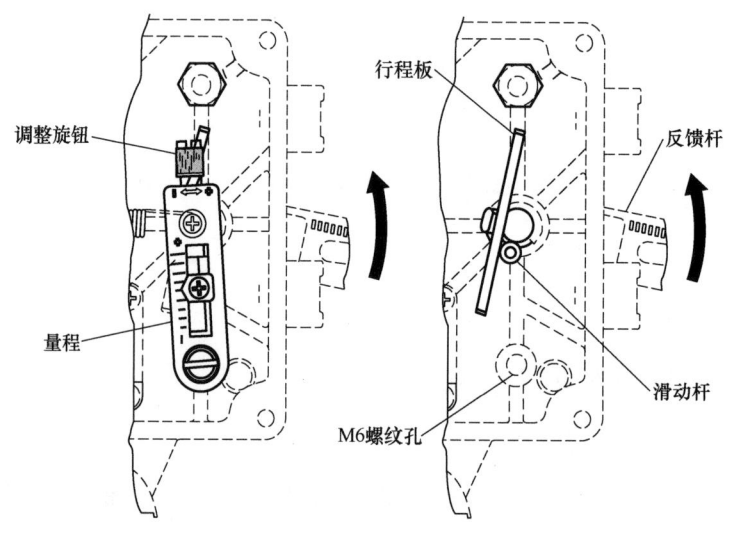

图 9-6　反作用行程调节组件安装示意图

检查气动执行机构的行程。若行程过小，通过调节行程调节组件的调整旋钮使行程增大；若行程过大，通过调节行程调节组件的调整旋钮使行程减小。

2) 调节行程会影响零点设置，因此在完成行程调节后应再次设置零点。

3) 必须重复执行上述两个步骤若干次，直至零点和行程设置无误为止。

4) 正确设置后，拧紧锁紧螺钉。

第9章 定位器

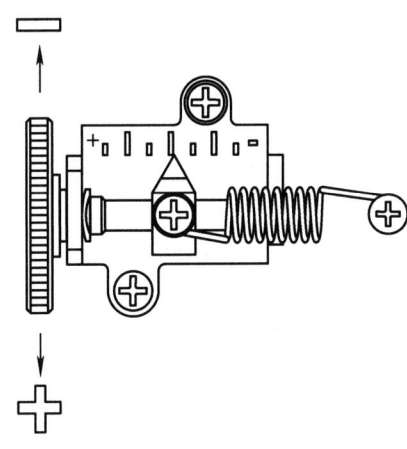

图9-7 零点调整旋钮示意图

9.2.3 气动阀门定位器常见故障及处理方法

气动阀门定位器常见故障及处理方法见表9-1。

表9-1 气动阀门定位器常见故障及处理方法

常见故障	排除方法
定位器对输入信号无响应	1）检查供气压力。供气压力至少为0.4MPa。弹簧复位型气动执行机构的供给压力必须大于弹簧对应压力 2）检查输入信号压力是否正常提供给定位器。信号压力应为0.02~0.1MPa 3）检查零点或量程点设置是否正确 4）检查定位器喷嘴是否阻塞。另外，还应检查定位器的供给压力，以及压力是否经由喷嘴释放 5）检查反馈杆是否安装无误
输出压力达到供气压力并且不会下降	1）检查自动/手动开关。若开关已损坏，更换开关或先导继动阀 2）检查喷嘴和挡板之间的间隙并确认部件有无损坏
出现振荡	1）检查稳定弹簧是否错位 2）检查气动执行机构尺寸是否过小。若尺寸过小，则减小压力流量 3）检查阀杆与填料摩擦力是否过大
气动执行机构仅移动至完全打开和完全关闭位置	检查定位器上安装的行程调节组件或凸轮是否与气动执行机构的正向或反向作用正确对应
线性度过低	1）检查直行程定位器位置是否准确。特别是检查反馈杆在50%开度时是否处于水平位置 2）检查零点和行程调节是否正确 3）检查使用空气过滤减压阀调节时的供气压力是否稳定

9.3 电气阀门定位器

9.3.1 电气阀门定位器工作原理

电气阀门定位器是以 4~20mA 的电流值作为输入信号，与控制阀配套使用，把 DCS 输出的电流信号转换成驱动控制阀的气信号，同时根据执行机构的行程进行位置反馈，使执行机构的行程按控制信号进行精确定位。

常见的电气阀门定位器有吴忠仪表智能控制装备技术有限公司的 HEP 系列（见图 9-8）和日本工装 KOSO 的 EPA814 系列等。

图 9-8 HEP 系列电气阀门定位器

电气阀门定位器的工作原理如图 9-9 所示。

电磁组件根据从控制系统输出的 4~20mA 电流信号的大小产生的不同电磁力矩来控制定位器的喷嘴与挡板间的距离，喷嘴与挡板间距离的变化使得喷嘴背压气室中的背压随之变化，背压变化使得继动器阀芯打开或关闭，从而实现执行机构的进气或排气，执行机构的进气或排气控制阀杆的位移。执行机构推杆的位移变化带动定位器的反馈杠杆产生位移并带动反馈弹簧产生一个反馈力矩，反馈力矩与电磁力矩组成一个闭环控制系统，不断调节执行机构内的压力，使输出信号与阀门开度保持一致。

常见的电气阀门定位器结构如图 9-10 所示。

第9章 定位器

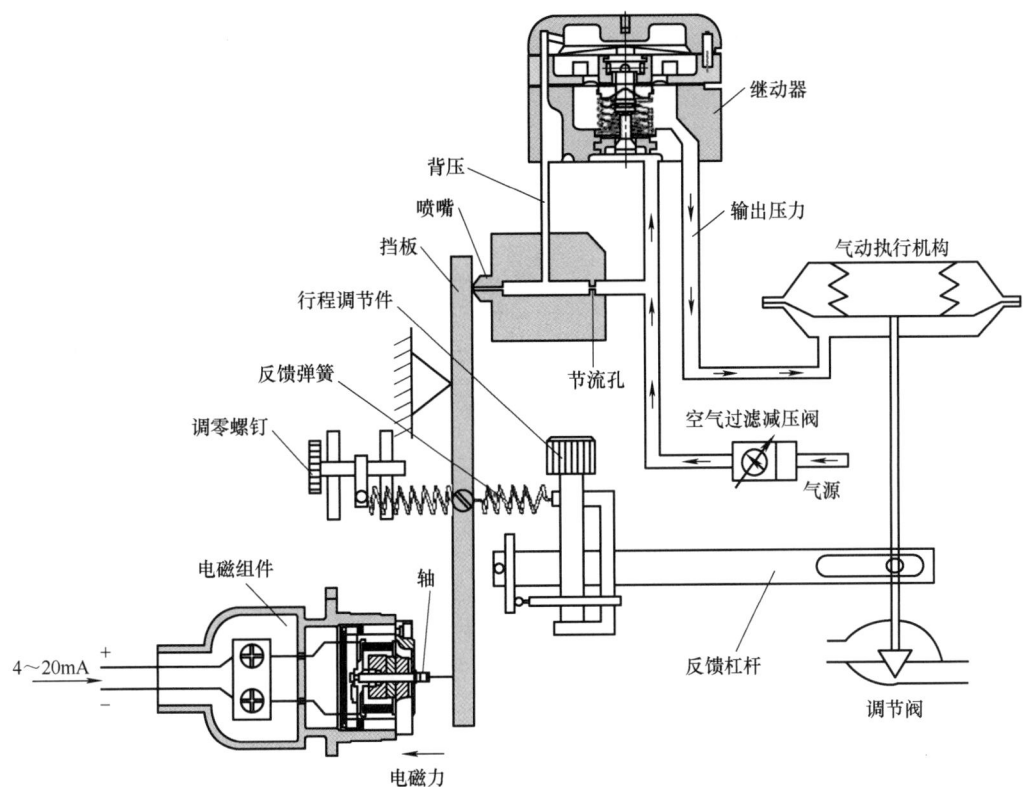

图9-9 电气阀门定位器工作原理

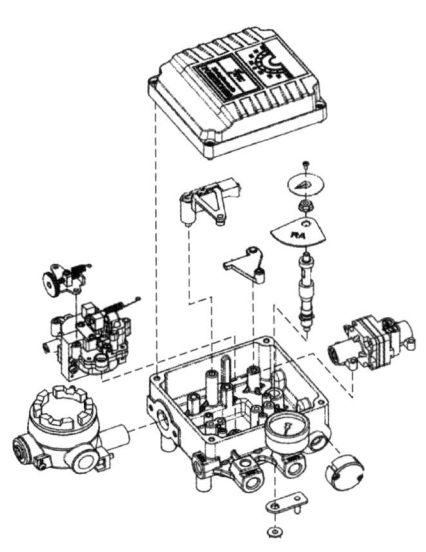

图9-10 电气阀门定位器结构

9.3.2 电气阀门定位器常见调试方法

下面以常用的吴忠仪表智能控制装备技术有限公司 HEP 系列电气阀门定位器调试为例进行调试说明。电气阀门定位器与执行机构示意图如图 9-11 所示。

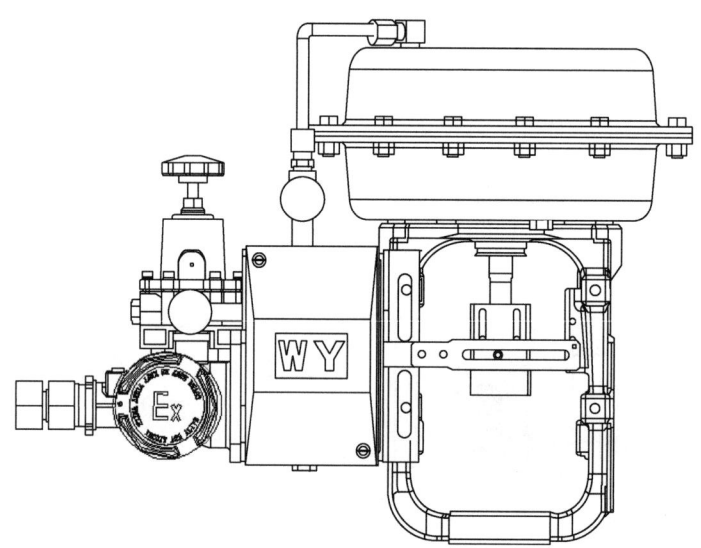

图 9-11 电气阀门定位器与执行机构示意图

HEP 系列电气阀门定位器内部结构示意图如图 9-12 所示。

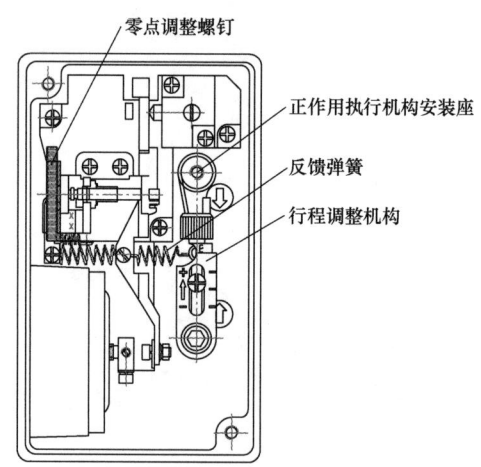

图 9-12 HEP 系列电气阀门定位器内部结构示意图

(1) 调试步骤

1) 供气管路通过减压阀接到执行机构上,用减压阀调节供气压力的大小,使执行机构推杆位于行程中心。

2) 检查反馈杠杆是否与定位器外壳成90°。

3) 把供气管路从执行机构上拆下来,接到定位器的供气压力接口(SUP)上,使定位器的输出压力口(OUT)与执行机构的气室相连接。

4) 起始点调整步骤:输入一个电流值为4mA的信号,使执行机构开始动作(标准输入信号4~20mA)。

5) 调整行程范围步骤:输入一个电流值为20mA的信号,记录阀的行程,如果该行程小于额定行程,松开行程固定螺钉,使螺钉按箭头方向移动,调好后,再将螺钉固定好。

6) 重复上述步骤4)和5),使行程达到规定值。

(2) 定位器正作用和反作用型式互换

定位器量程调整机构的安装位置取决于执行机构的作用型式。图9-12表示量程调整机构安装在反作用执行机构上的安装位置。对于正作用执行机构,要把行程调整机构安装在正作用执行机构安装座上,也就是把图9-12所示的行程调整机构颠倒过来。安装方向由定位器箭头所示,箭头朝下表示正作用型式,箭头朝上表示反作用型式。

9.3.3 电气阀门定位器常见故障及处理方法

电气阀门定位器常见故障及处理方法见表9-2。

表9-2 电气阀门定位器常见故障及处理方法

故障	检查部位	处理方法
有输入,却没有输出	电磁组件故障	更换电磁组件
	供气压力不对	调整减压阀,保证供气压力
	接线错误	检测接线

(续)

故障	检查部位	处理方法
没有输出压力	节流管阻塞	拆下壳体后的连接板，用 $\phi 0.2$ 钢丝疏通连接板上装的节流管，清除脏物
	喷嘴挡板的安装位置不合适	重新调整喷嘴挡板
	行程调整机构的位置不合适	重新调整位置
	调零螺钉位置不合适	调节调零螺钉的位置
	继动器故障	换继动器
	节流管处用的 O 形圈破损	换 O 形圈
输出压力不降低	继动器故障	换继动器
	喷嘴挡板脏了	卸下喷嘴挡板，清除喷嘴挡板上的赃物，重新装配后再进行调整
线性不好	装配调整不合适	重新安装调试
回差大	电磁组件故障，固定部分松动，喷嘴挡板的装配不好	换电磁组件，重新调整喷嘴挡板的位置

9.4 智能阀门定位器

9.4.1 智能定位器简介

智能定位器以微处理器为核心，将电控指令转换为气动定位增量，实现对阀位的精确控制，增强并扩展了定位器的功能，并实现了二线制供电以及与上位机的双向通信。智能定位器由微处理器、I/P 转换单元、LCD 显示及按键、阀位反馈、HART 通信、报警模块等部分组成。来自 DCS 的 4~20mA 电流既是输入信号又作为电路的电源，与阀位反馈信号一同进入微处理器，通过比较运算，根据两者的偏差输出一控制信号到 I/P 转换单元，控制其气压的输出及气动控制阀的阀杆运动，阀杆的行程同时反馈到微处理器，形成闭环控制；LCD 显示及按键部分，可实现人机交互，人工输入工作参数和命令，显示定位器的工作状态参数；HART 通信部分，实现与上位机的通信，可实现组态、调试、诊断和数据管理等功能；上位机可监测定位器的工作参数，并可发出命令。由于实现了数字化、智能化，智能定位器在初始化时，可根据输入参数，自动确定气动执行机构的零点、最大行程、作用方向和定位速度，大大节省了投运时间。工作时，可根据阀门的力学性能变化，自动修改控制参数，补偿阀门老化、磨损等误差。

常见的国内外智能定位器有吴忠仪表的 AEP30 系列、Fisher 的 DVC6200 系列、SIEMENS 的 6DR52XX 系列和 SAMSON 的 3730 系列等，如图 9-13 所示。

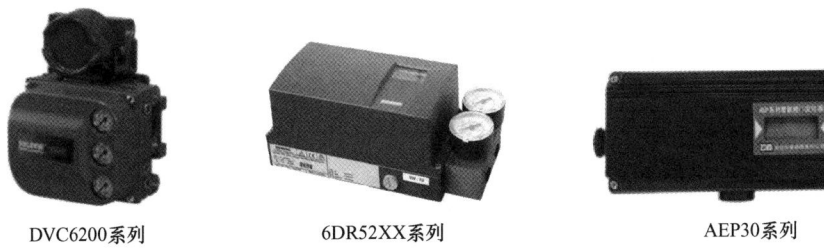

图 9-13　智能定位器外形图

9.4.2　智能定位器结构分类

(1) 按电气转换结构分类

1）基于非对称构造晶体的压电逆效应材料的压电阀技术，通常是接受数字信号（电脉冲）两位动作气动输出，采用这种技术的智能定位器有美卓（Metso-Neles）的 ND9000 系列、西门子（SIEMENS）的 SIPATR PS2 系列、福斯（Flowserve）的 PMV-D3 系列等。它的优点是：体积小、结构简单、耗气量低、便于数字控制。缺点是：加工工艺过程复杂，研制难度大。目前只有德国的贺尔碧格（HOERBIGER）公司能够生产压电陶瓷阀，气源质量不好对压电阀影响大，容易使定位器发生故障。

压电晶体是一种陶瓷功能材料，晶体为非对称中心的构造，可逆转换电能和机械能，外力可致该晶体形变和正压电效应，外加电场可致该晶体产生电极化和出现应变或应力的逆压电效应。压电阀正是基于压电逆效应，具有节能低功耗（驱动电流仅 $10\mu A$）、精密微型化、高速响应和耐用性好的显著特点，也易于阀门定位器全数字化。

目前，智能阀门定位器气动部件中的压电阀组件大都来自德国贺尔碧格自动化技术公司，主要是 P9 系列压电阀片（先导部分）和 OEM P20 系列压电阀组件，SIPATR PS2 使用的压电阀组件也是向贺尔碧格定制的。贺尔碧格压电阀工作原理如图 9-14 所示。

图 9-14a 所示是先导用的 P9 系列压电阀片的工作原理。结构为极薄弹性金属片两面黏结压电晶体，在压电片的两个工作面上真空镀膜形成两个电极，利用压电片在电场作用下的变形，来实现微型气路两位式开关换向。不通电时压缩空气输入孔 1 被封闭，输出孔 2 和通大气孔 3 相通，输出气压为大气压，相当于阀关；通电时上层晶体收缩，下层晶体伸长，上翘机械变形可有几十微米，通大气孔 3 封闭，压缩空气由孔 1 流向孔 2，输出气压信号，相当于阀开。压电片弯曲度与输入电压有关，响应时间小于 2ms，两位开关动作的滞环电压约为 4V。压电阀也可制成比例输出型，但因其上下行存在较大滞环（动作电压相差约 2V 左右），故很少在智能阀门定位器气动部件使用比例型压电阀。

图 9-14b 是 P20 系列压电阀组件的工作原理。P20 由 P9 先导压电阀片、气功放（或称主阀）、微减压器和 30μm 过滤器组成，对外呈气路两位三通特征。工作电压为 DC 24V、响应时间小于 20ms、气源压力为 120~800kPa、最大气量为 7.8Nm^3/h。左侧是断电状态，右侧是通电状态。当 P9 动作接通先导气路孔 2 时，气功放的膜片向上推动主阀打开，同时关闭排气口，形成大的气量输出。当 P9 动作封住气路孔 1 时，孔 3 通大气，气功放膜片向上作用力为 0（大气压），主阀关闭主气路和排气口。

压电阀结构的智能阀门定位器通常是采用两个 P20 系列压电阀组件（PV1、PV2）和两个单向阀（RV1、RV2）组成气动部件，如图 9-13c 所示。气动组件可有三种气路逻辑状态：

① PV1 通电、PV2 通电、RV1 打开、RV2 关闭：输出气压信号到控制阀气动执行机构，如图 9-13c 所示。

② PV1 断电、PV2 通电、RV1 关闭、RV2 关闭：气路封闭状态，封住通到气动执行机构的气路气压。

第9章 定位器

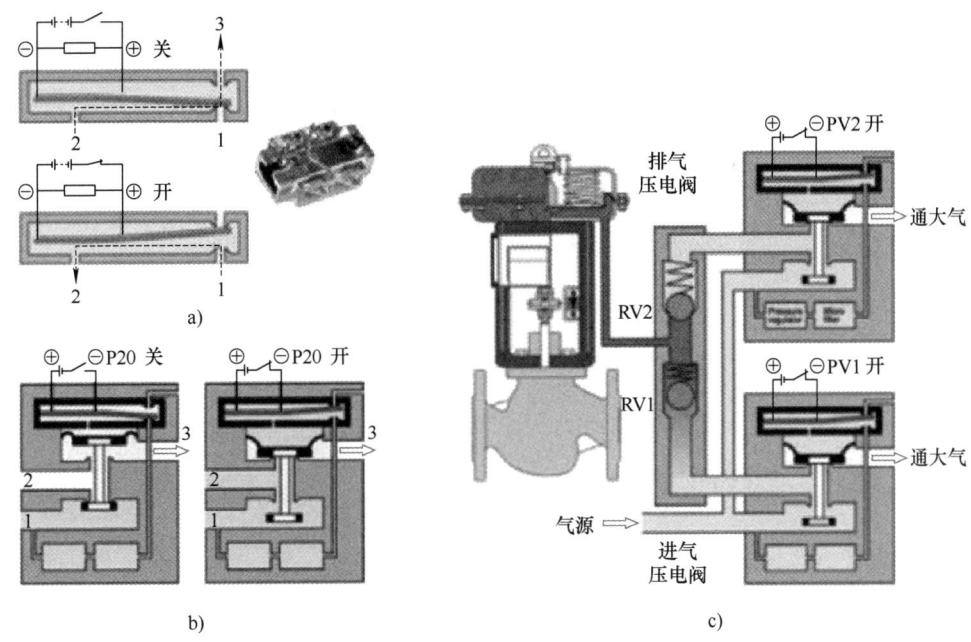

图 9-14 压电阀工作原理图

③ PV1 断电、PV2 断电、RV1 关闭、RV2 打开：排气，气动执行机构膜室经压电阀气路通大气。

这类智能阀门定位器一般采用脉宽调制（PWM）方法驱动压电阀组件，PWM 软件自适应调整，以满足气动输出需求。当定位偏差大时，CPU 发出宽幅脉冲指令，当定位偏差小时，CPU 发出脉宽窄的脉冲指令，当定位偏差在允许值内时，CPU 没有脉冲指令，压电阀组件封住外气路。定位控制可达到 1% 基本偏差，压电阀组件功耗非常低，稳态耗气量也相当低，但对压缩空气质量要求高一些。另外，对气动执行机构以及外部气管路的气密性要求很高，当有膜室或气管路泄漏大时，压电阀组件会频繁动作，有时 PWM 也难以适应，常导致阀位振荡或造成压电阀组件故障。

2）基于电磁原理和气动喷嘴挡板结构的 I/P 转换器技术，通常接受模拟电信号，通过电磁作用控制喷嘴和挡板的距离，进而控制放大器的输出压力，采用这种技术的智能定位器有 Fisher 的 DVC6000 系列、美索米兰（Masoneilan）的 SVI II AP 系列、萨姆森（SAMSON）的 373X 系列、FOXBORO 的 SRD99 系列、ABB 的 TZIDC 系列、山武

（Azibil）的 SVP3000 系列和吴忠仪表的 AEP300 系列等。

I/P 转换器基于传统的电磁技术和气动喷嘴挡板机构，技术成熟，灵敏度高，信号有一定功率且平滑线性好；机械零部件较多，开放式喷嘴持续排气的耗气量比压电阀片大，电磁线圈要考虑电磁干扰问题。喷嘴挡板机构先导信号（喷嘴背压）送给气动放大器进行进一步功率（压力×气量）放大，以便长距离输送和驱动气动执行机构。气动放大器结构简单、稳定可靠，输出气量大，对压缩空气质量要求会略低一些。智能阀门定位器通常是 CPU 将模糊 PID 运算的结果经 D/A 转换后输出模拟电信号控制 I/P 转换器，进而控制放大器的输出压力；或者 CPU 之外的定位控制电路直接输出电信号给 I/P 转换器；也有 CPU 输出数字信号让 I/P 转换器两位动作带动多位多通滑阀进行气动输出的。

图 9-15a 是一种低功耗（小于 5mW）微型 I/P 转换器（用于 SAMSON 3730/3731 系列）的工作原理图。该转换器体积小（22mm×22mm×12mm），没有磁钢单元。气源通过减压定值和恒节流孔经线圈中心的气管路从喷嘴与挡板间隙流出。电信号接到线圈产生电磁力，使衔铁（挡板）微位移，使喷嘴与挡板间隙改变，使喷嘴背压即 I/P 输出改变并与电信号成比例。由于对 I/P 转换器气源设计有微型减压定值器，所以不受定位器外部气源压力的影响，稳态耗气量基本为定值。对挡板有阻尼防抖动设计，稳定性好。

图 9-15b 是一种比较传统的 I/P 转换器（用于山武 SVP3000（AVP 30X）系列）的工作原理图，仍是磁单元结构，体积和功耗都比较大，线圈接通电信号后，在与磁钢磁场的共同作用下使可动挡板移动，靠近或远离喷嘴致使喷嘴背压变化，并影响到气动放大器输出。考虑到电气防爆，在线圈和磁单元之间加有隔离挡板。

（2）按人机交互方式分类

1）智能定位器本体不带有按键和显示设备，人机交互采用 HART 通信工具或其他手持终端设备。目前采用此结构的智能阀门定位器主要以 Yamtake 和 Fisher 定位器为代表，此类定位器具有防护能力强、调试方便、复合防爆（同时具有本安防爆和隔爆防

第9章 定位器

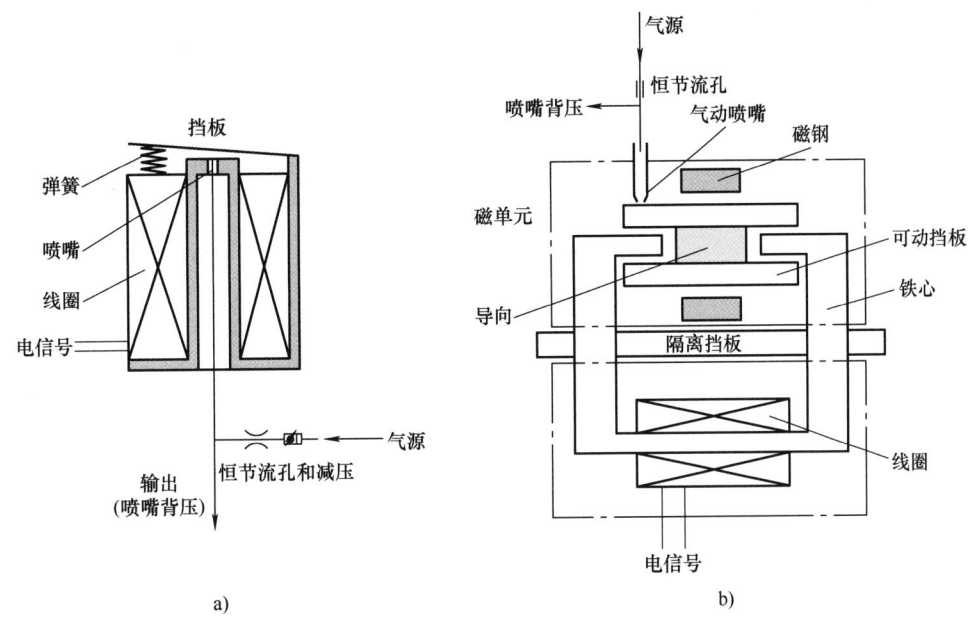

图 9-15 低功耗微型 I/P 转换器的工作原理图

爆）的特点。

2）智能定位器仪表本体带有液晶显示和操作按键。目前采用此结构的智能阀门定位器主要以 SIEMENS 和吴忠仪表智能控制装备技术有限公司的 AEP、ABB 等为代表。此类定位器容易满足用户现场的一些特殊控制需求，具有调试及参数设置方便、应用灵活的特点，但此类定位器的隔爆型产品具有成本高、结构复杂、体积大的特点。

9.4.3 智能定位器工作原理

(1) 采用压电陶瓷阀结构的智能定位器工作原理

如图 9-16 所示，当 DCS 输出的电流信号增大时，智能控制板根据输入电流的增加输出一个电压信号到 P9 先导压电阀，P9 先导压电阀压电陶瓷片由于压电陶瓷的材料特性，薄片上产生几十到几百微米的弯曲变形，大气孔 3 封闭，压缩空气由 1 流向输出孔 2，产生输出气压信号使气动放大器背压升高，背压升高使气动放大器阀芯打开，气体压力进入到执行机构,使阀门向上运动,阀杆向下运动时带动定位器反馈杆运动,这时反馈电位器阻值发生变化,阻值转换为电压信号输入到微处理器,微处理器通过对比反馈信号和输入信号,从而判断是否继续增加或减小输出电压,通过这种闭环控制反复调整,直到阀门准确定位。

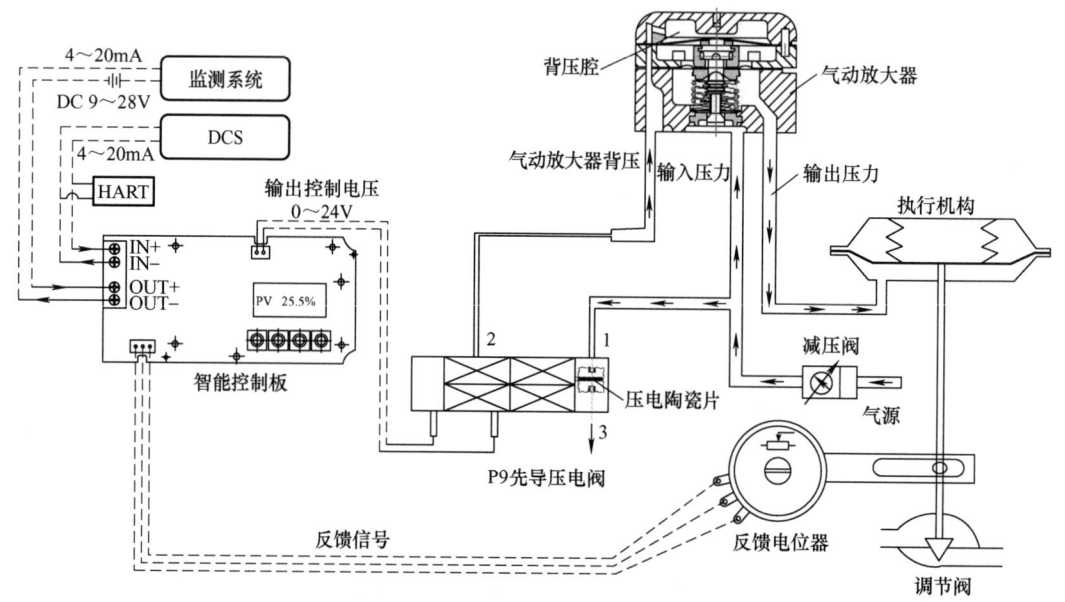

图 9-16 压电阀结构的智能定位器工作原理

压电阀片 P9 由两片极性相反的压电陶瓷片黏结到电极上,单端固定,形成悬臂机构,通电时一片伸长一片收缩,将位移放大。薄片上不加电压时,压缩空气输入孔 1 封闭,输出孔 2 和大气相通,输出气压为 0;薄片上加一定电压时,由于压电陶瓷的材料特性,薄片上产生几十到几百微米的弯曲变形,大气孔 3 封闭,压缩空气由孔 1 流向输出孔 2,产生输出气压信号,薄片的弯曲程度随着施加电压的大小变化而变化,输出孔 2 的气压也发生相应的变化,所以 P9 先导阀片可以用作开关阀或比例阀。

(2) 采用 I/P 转换结构的智能定位器工作原理

定位器中的 I/P 转换器是由恒节流孔(气阻)、喷嘴、挡板、背压室和电磁线圈等几部分组成,下面用试验来说明它的工作原理。图 9-17a 中,p_S 为气源压力;p 为背压

第9章 定位器

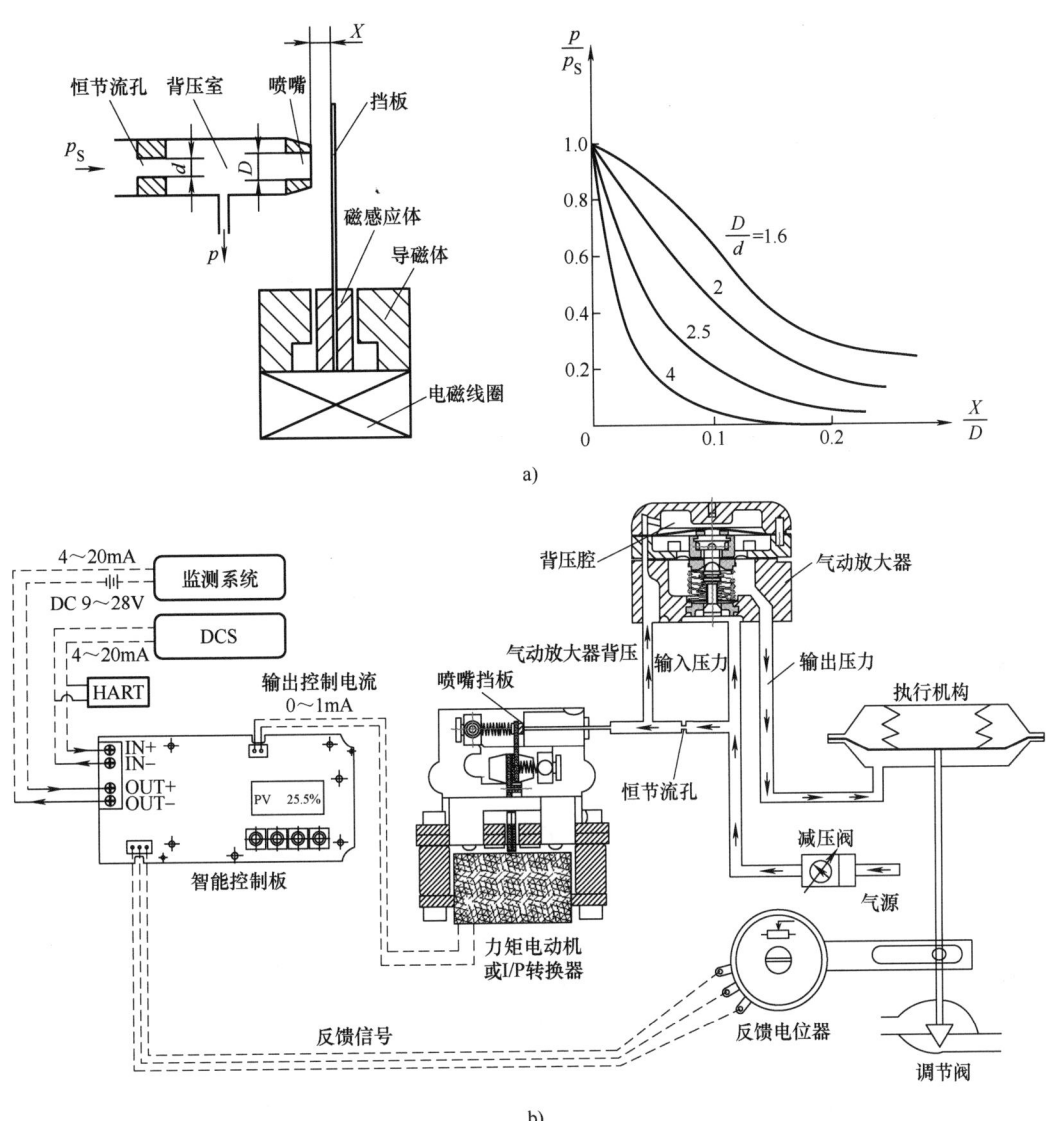

图 9-17 智能定位器工作原理

a) 喷嘴挡板原理　b) I/P 转换结构

室压力，又称背压；D 为喷嘴直径，一般取 $D=0.8\sim 2$ mm；d 为恒节流孔直径，一般取 $d=0.2\sim 0.5$ mm；X 为喷嘴与挡板间的位移。

气体由恒节流孔进入背压室，再经过喷嘴流出，若通入恒节流孔的气源压力保持不变，逐渐减小挡板与喷嘴的位移 X，当位移 X 开始从远离喷嘴位置逐渐缩小时，并

不引起背压 p 的变化，继续减小 X，则 p 迅速上升，一旦喷嘴与挡板的距离 X 为零时，这时 p 值为最大，$p=p_S$。同时由图 9-17a 可看出 D/d 的值越大，同样变化的挡板与喷嘴的位移 X 就会引起 p 值的变化量越大，这是力矩电动机中的一个重要参数，它直接影响智能定位器气动控制的响应速度和精度。

如图 9-17b 所示，当 DCS 输出电流信号增大时，智能控制板根据输入电流的增加输出一个电流信号到 I/P 转换器，I/P 转换器由于控制电流增大使得线圈所在磁路磁场发生变化，通过弹性组件使喷嘴挡板距离减小，这时气动放大器背压升高，使得气动放大器阀芯打开，气体压力进入到执行机构，使阀门向上运动，阀杆向下运动时带动定位器反馈杆运动，这时反馈电位器阻值发生变化，阻值转换为电压信号输入到微处理器，微处理器通过对比反馈信号和输入信号，从而判断是否继续增加或减小输出控制电流，通过这种闭环控制反复调整，直到阀门准确定位。

9.4.4 常见智能定位器的调试方法

(1) 吴忠仪表智能定位器（AEP300 系列）

AEP 定位器外形图如图 9-18 所示。

图 9-18 AEP 定位器外形图

最初阀门厂进行自动设定或现场更换产品，对所用参数进行设定时选用 AUTO2（见图 9-19）。步骤如下：

1) 输入 4~20mA 电流约 6s 后，液晶屏会依次显示 READY 6、5、4、3、2、1 数

字，根据阀门的开度，液晶屏显示的表示阀门开度的数字有可能不同。

2）在 AUTO CAL 显示模式下，单击一次"ENTER"键，则进入 AUTO1 显示模式。

3）按"DOWN"键，移动到 AUTO2 显示模式。

4）在 AUTO2 显示模式下，单击一次"ENTER"键，则自动进行设定。这时根据自动设定步骤，液晶屏上的数字会相应地发生变化。一般在 AUTO2 模式下的自动设定需要 3~5min 的时间，但根据执行机构的大小和其他因素自动设定完成的时间会有所不同。

5）自动设定结束后，液晶屏上会显示 COMPLETE，约过 4s 后自动回到 RUN 模式，并显示当前阀门开度百分比。

6）自动设定结束后，AEP 的零点、量程、PID 参数、正/反作用会自动设定。

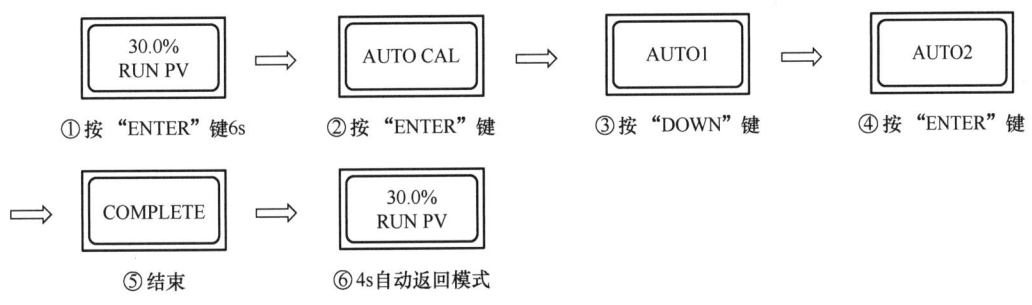

图 9-19　对所用参数进行设定

常用自整定模式选择见表 9-3。

表 9-3　常用自整定模式选择

种类	零点	量程	KP, KI, KD	BIAS	V-O	RA/DA
AUTO1	○	○	×	○	○	○
AUTO2	○	○	○	○	○	○
AUTO3	×	×	○	○	○	○
BIAS	×	×	×	○	×	×
V-O	×	×	×	×	○	×

（2）西门子定位器（6DR5210）

西门子定位器外形图如图 9-20 所示。

图 9-20　西门子定位器外形图

初始化的调校步骤如下：

1）执行机构的自动初始化。

注意：自动初始化前一定要正确设定阀门的开关方向，否则初始化无法进行。

2）正确移动执行机构，离开中心位置，开始初始化。直行程选择：进入菜单第一参数 YFCT，选择 WAY。角行程选择：进入菜单第一参数 YFCT，选择 TURN。用"＋""－"键切换。

3）短按功能键，切换到第二参数。直行程选 33°，角行程选 90°，用"＋""－"键切换。

用功能键切换到参数三，进行阀门行程选择，如果希望在初始化阶段完成后，计算的整个冲程量用 mm 表示，这一步必须设置。为此，需要在显示屏上选择与刻度杆上驱动钉设定值相同的值。

4）用功能键切换到参数四，进入自整定选择，显示 INIT。

5）按"＋"键超过 5s，初始化开始。初始化进行时，RUN1 至 RUN5 依次出现于显示屏。显示 Finish 时，初始化完成。

注意：初始化过程依据执行机构，可持续 15min。

若想回到参数四，可短按功能键；长按功能键超过 5s，可退出组态方式，松开功能键后，装置将在 Manual 方式，按功能键将方式切换为 AUTO，此时可以远控操作。

9.4.5 智能定位器的常见故障及处理方法

智能定位器常见故障及处理方法见表9-4。

表 9-4　智能定位器常见故障及处理方法

故　障	检查部位	处理方法
有输入，却没有输出	I/P 转换单元	清洁喷嘴挡板或更换 I/P 转换单元
	供气压力不对	调整减压阀，保证供气压力
	接线错误	检测接线
没有输出压力	I/P 转换单元故障	检查 I/P 转换单元，必要时更换
	喷嘴挡板的安装位置不合适	重新调整喷嘴挡板
	放大器故障	换放大器
输出压力不降低	放大器故障	换放大器
	喷嘴挡板脏了或无间隙	卸下喷嘴挡板，清除喷嘴挡板上的赃物，重新装配，再进行调整
线性不好	装配调整不合适	重新安装调试
回差大	装配调整不合适	重新安装调试
I/P 转换器无反应	智能控制板输出电流故障	更换电路板
	喷嘴挡板距离不合适	重新调整或更换
液晶屏无显示	智能控制板故障	更换智能控制板

9.5　定位器选型依据

(1) 是否带 HART 或总线功能

常用普通型定位器是不带 HART 功能的，有要求的才带，有个别厂家是全系列型号都带，要注意区分和查看。一般常用总线有 FF、PROFIBUS、CAN 等。

(2) 是否带 4~20mA 反馈功能

定位器如果要求输出信号电流值为 4~20mA，那就是要求带反馈功能，一般可通过定位器型号判断是否带反馈功能，如 AEP301LSA02B（型号中 1 表示带反馈），主要查看定位器选型代码表；有些定位器不能从型号上判断，如 Fisher 的 DVC6200 系列，这种需要特别备注 DVC6200 HC + 反馈。

(3) 是否有防爆等级要求

常见的定位器有隔爆型、本安型两种防爆类型，两种价格差异较大，需仔细解读用户需求及现场使用环境，从而判断选择使用哪种防爆类型及等级。

(4) 是否带液晶显示

定位器带液晶显示的厂家有吴忠仪表、ABB、西门子、Samson 等，不带液晶显示的有山武、Fisher 等，可根据需要选择。

(5) 是否有材质要求

定位器常见材质有铝合金和不锈钢，两者差价非常大，请仔细斟酌使用条件。

(6) 是否有环境温度要求

定位器常见使用环境温度范围有 $-25 \sim 60^\circ\text{C}$、$-40 \sim +60^\circ\text{C}$ 两种，低温主要影响的是液晶显示，可根据使用环境条件选择合适的定位器。

(7) 是否有高级诊断功能要求

定位器常见高级诊断功能有阀门在线诊断与分析、阀门离线诊断与分析、阀门使用预测性维护、输出测试报告等，一般特别重要的阀门才会有这项要求，请仔细甄别使用条件。

(8) 是否有分体式安装要求

定位器有一体式结构和分体式结构两种，分体式一般在阀门介质高温情况下使用，避免定位器本体因传导温度过高出现控制失效。

第10章 电磁阀

控制阀是流程工业自动控制系统不可缺少的组成部分，可以控制管路介质的压力和流量等。控制阀按驱动能源形式分为气动、电动和液动三种。气动控制阀是以压缩气为动力源，以气动薄膜或活塞气缸作为执行机构，借助阀门定位器和电磁阀等附件去控制，从而实现阀门的开关和比例式调节，并在整个控制系统出现电气故障或联锁时，使阀门回到安全位置。电磁阀作为控制阀的最主要附件之一，因为整体结构比较简单，成本较低，且操作维护较为便捷，所以应用广泛。其主要用途是完成气动控制阀控制气路的自动切换或实现气路通断控制，广泛应用于流程工业中各种控制阀的控制，实现生产过程的自动控制和远程操作。

电磁阀主要实现以下功能：

1）实现气动切断控制阀的开关控制，两段式执行机构的控制。

2）实现控制阀自动控制系统中一些逻辑控制，如冗余控制、串联控制和并联控制。

3）实现控制阀的远程控制和本地控制。

4）辅助实现控制阀一些控制功能，如断电和断信号保卫功能等。

5）实现阀门的快速响应功能，配合定位器实现阀门的快速开启或者关闭。

10.1 电磁阀分类

电磁阀可分别按工作原理、阀体结构、控制方式、工作环境、切换通道数和工作电压等进行分类。

1）按工作原理分为直动式电磁阀和先导式电磁阀。

直动式电磁阀：通电时，电磁线圈产生电磁力把关闭件从阀座上提起，电磁阀打开；断电时，电磁力消失，复位弹簧把关闭件压在阀座上，电磁阀关闭。

先导式电磁阀：通电时，电磁阀把先导孔打开，上腔室压力迅速下降，在关闭件周围形成上低下高的压差，流体压力推动关闭件向上移动，使电磁阀打开；断电时，弹簧力把先导孔关闭，入口压力通过旁通孔进入上腔室在关阀件周围形成下低上高的压差，流体压力推动关闭件向下移动，关闭电磁阀。

2）按阀体结构分为直动膜片结构、分布直动膜片结构、先导膜片结构、直动活塞结构、分布直动活塞结构和先导活塞结构。

3）按控制方式分为单电控电磁阀和双电控电磁阀。

单电控电磁阀：通过电磁线圈电磁力与复位弹簧配合，实现电磁阀的通断。

双电控电磁阀：电磁阀由两个电磁线圈组成，通过两个电磁线圈的通断电实现电磁阀的切换及通断控制，其中一个电磁线圈控制电磁阀的一个状态。

4）按工作环境分为防爆电磁阀和非防爆电磁阀。

5）按切换通道数和阀芯工作位置分为二位二通电磁阀、二位三通电磁阀、二位四通电磁阀、二位五通电磁阀、三位三通电磁阀和三位五通电磁阀等。一般控制阀常配套的电磁阀为直动式二位三通电磁阀、先导式二位三通电磁阀和先导式二位五通电磁阀。

6）按工作电压分为 DC 24V 电磁阀和 AC 220V 电磁阀和 DC 48V 电磁阀，一般常用的电磁阀为 DC 24V。

7）按阀体材质分为不锈钢电磁阀和铝合金电磁阀，不锈钢电磁阀一般用于耐蚀性环境。

10.2 直动式电磁阀

直动式电磁阀是一种接收 DCS 电气信号（DC 24V 或 AC 220V），输出对应的气压信号到被控气动执行机构，通过气动执行机构动作，实现控制阀切换或通断的执行仪

第10章 电磁阀

表,其特点是电磁力直接作用于阀体,通过电磁力和弹簧力来实现控制阀的切换及通断控制,如图10-1所示。

按其工作原理及结构特点,直动式电磁阀可分为直动式常闭型电磁阀、直动式双向电磁阀、直动式多通道电磁阀(直动式二位三通电磁阀、直动式二位四通电磁阀和直动式二位五通电磁阀等)。

图 10-1 直动式电磁阀

10.2.1 直动式常闭型电磁阀

直动式常闭型电磁阀是由线圈、铁心和包含一个或者多个孔的阀体组成,其工作原理如图10-2所示。当电磁阀线圈通电或断电时,动铁心的运动将导致电磁阀阀芯的位置状态变化,以达到改变阀门开关状态的目的。电磁阀的电磁部件由固定的静铁心、动铁心和线圈等部件组成;阀体部件由阀芯、阀座、密封件、复位弹簧和电磁阀阀体等组成。电磁阀线圈被直接安装在电磁阀阀体上,阀芯和阀座等被安装在阀体腔内,当电磁线圈通电或断电时,电磁阀阀芯在电磁力的作用下做活塞杆机械运动,这样通过电磁线圈的通断电改变了电磁阀阀体气体的流向,从而改变由电磁阀进入阀门执行机构的气体流向,以此来实现阀门的开关控制。

直动式常闭型电磁阀由于电磁力直接作用于阀芯,电磁阀的动作完全依靠电磁力及复位弹簧,不受气源压力、压差等因素的影响,具有动作灵敏、可靠性高等优点。同时由于需要较大的电磁力,限于经济性及功耗大的影响,过去国内这种结构的电磁

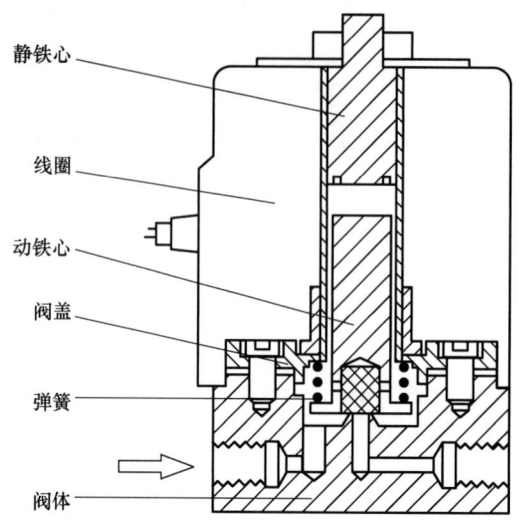

图 10-2 直动式常闭型电磁阀工作原理图

阀多为小口径（≤10mm），应用于气源压力等级不高的阀门系统中。

10.2.2 直动式双向电磁阀

直动式双向电磁阀可分为直动常闭式电磁阀和直动常开式电磁阀两种，其原理与直动常闭型电磁阀相似，区别在于其进气口和输出口不固定，此类电磁阀在阀门控制中使用较少。直动常闭式双向电磁阀结构原理图如图 10-3 所示，直动常开式双向电磁阀结构原理图如图 10-4 所示。

直动常闭式双向电磁阀：当电磁线圈通电时，产生电磁力，克服弹簧力，吸起动铁心，带动阀杆组件向上运动，开启电磁阀；当电磁线圈断电时，电磁力消失，动铁心在弹簧力及自重的作用下推动阀杆组件向下运动，关闭电磁阀。

直动常开式双向电磁阀：当电磁线圈通电时，产生电磁力，克服弹簧力，吸起动铁心，带动阀杆组件向上运动，关闭阀门。当电磁线圈断电时，电磁力消失，动铁心在弹簧力及自重的作用下推动阀杆组件向下运动，开启阀门。

常闭式与常开式电磁阀区别：断电时关闭的电磁阀为常闭式电磁阀，断电时开启

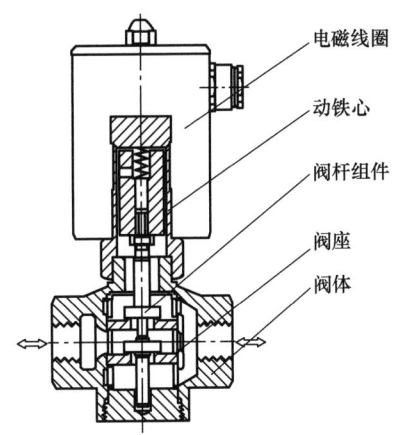

图 10-3 直动常闭式双向电磁阀结构原理图

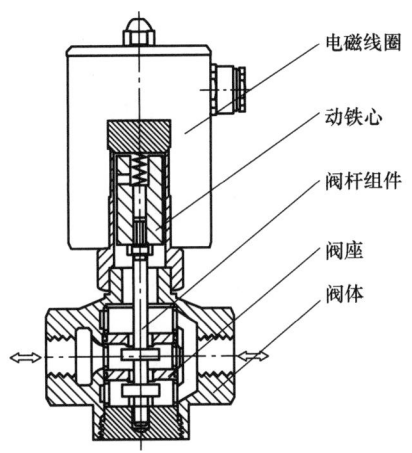

图 10-4 直动常开式双向电磁阀结构原理图

的电磁阀为常开式电磁阀。

10.2.3 直动式多通道电磁阀

直动式多通道电磁阀可分为直动式二位三通电磁阀、直动式二位五通电磁阀和直动式二位四通电磁阀等。其中，直动式二位四通电磁阀与直动式二位五通电磁阀结构原理一致，只是二位四通电磁阀共用一个排空口。直动式二位三通电磁阀根据其结构特点可实现电磁阀的常闭和常开功能。下面分别介绍直动式二位三通电磁阀、直动式二位五通电磁阀及直动式二位四通电磁阀。

（1）直动式二位三通电磁阀

直动式二位三通电磁阀与其他直动式电磁阀一样由阀体、阀座、阀杆组件、动铁心和电磁线圈等组成，与直动式常闭型电磁阀和直动式双向电磁阀不同，可实现气路的常开和常闭功能。其结构原理图如图10-5所示。

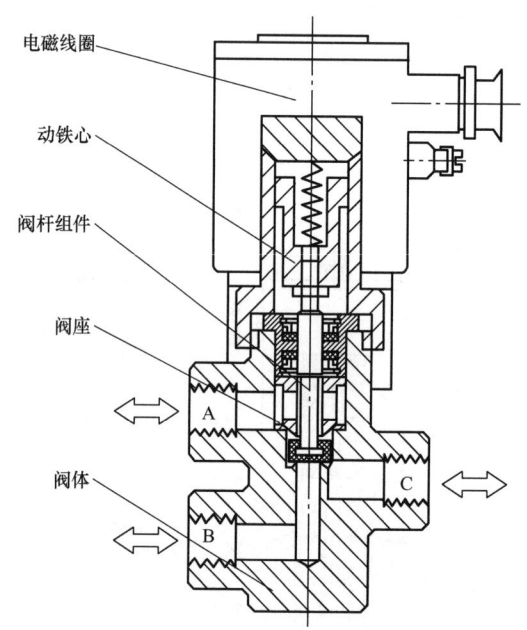

图10-5 直动式二位三通电磁阀结构原理图

直动式二位三通电磁阀根据其气源压力信号接管位置的不同可实现常闭和常开两种功能。

常闭功能：直动式二位三通电磁阀中A为进气口，C为输出口，B为排空口，在断电状态下，B与C是相通的，A被截止。当电磁线圈通电后产生电磁力，密封阀盘关闭B，A与C相通，此时三通电磁阀实现常闭功能。

常开功能：直动式二位三通电磁阀中B为进气口，C为输出口，A为排空口，在断电状态下，B与C是相通的，A被截止。当电磁线圈通电后产生电磁力，密封阀盘关闭B，A与C相通，此时三通电磁阀实现常开功能。

第10章 电磁阀

电磁阀常开常闭功能的选择与阀门的初始位置及控制要求有关,例如,单作用气动控制阀,若气开控制阀控制要求为通电开,此时电磁阀选用常闭式气路连接方式;若气开控制阀控制要求为通电关,则需选用常开式气路连接方式。

(2) 直动式二位五通电磁阀

直动式二位五通电磁阀一般用于气动双作用执行机构控制阀的控制,通过控制进入控制阀气动双作用执行机构的气源压力信号,控制对应控制阀的切换、开启和关断,其结构及工作原理如图10-6所示。与直动式二位三通电磁阀不同,直动式二位五通电磁阀的进口方向及工作口的方向(常开口及常闭口)是固定的。

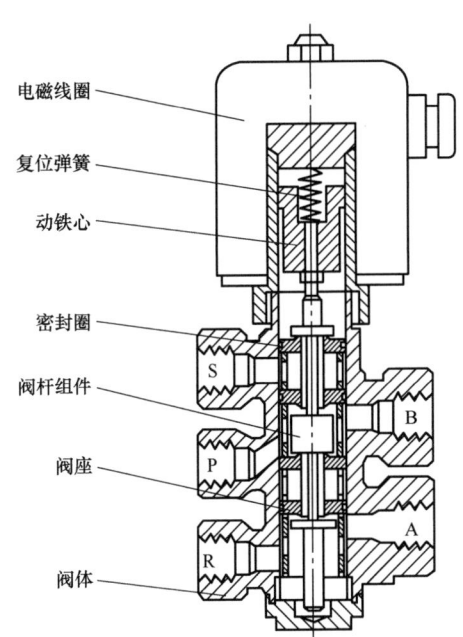

图10-6 直动式二位五通电磁阀结构及工作原理图

直动式二位五通电磁阀中P为进气口,A、B为输出口,R、S为排空口。电磁阀的线圈在断电状态下,P与B相通,A与R相通,此时气源压力信号由气源输入P经输出口B进入阀门双作用执行机构,在气源压力作用下推动阀门实现控制阀切换或阀门通断功能。当电磁线圈通电后产生电磁力吸起动铁心提起阀杆组件,使电磁阀实现P与A相通,B与S相通的换向功能,此时输入压力信号由进气口P经输出口A进入阀门执行机构，阀门在气源压力信号的作用下开始做与电磁阀电磁线圈断电时相反运动，实现阀门的切换或开关功能。

（3）直动式二位四通电磁阀

直动式二位四通电磁阀与直动式二位五通电磁阀的不同之处在于，直动式二位四通电磁阀是将 A 和 B 输出口的排空口合二为一，其结构原理图如图 10-7 所示。

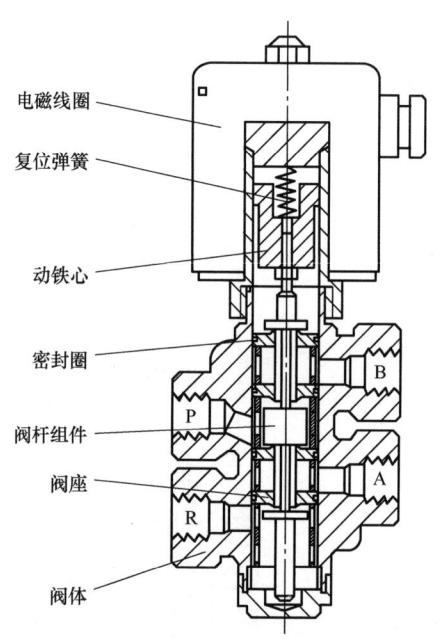

图 10-7　直动式二位四通电磁阀结构原理图

因结构原理及能耗所限，直动式多通道电磁阀一般用于气源压力小及小通径场合。

10.3　先导式电磁阀

先导式电磁阀是控制阀自动控制系统中最为常用的一种电磁阀，是一种电磁力只作用于先导阀，主阀依据先导阀的指令，完全依靠介质压差的作用而完成其动作功能的电磁阀。由于体积小、价格低，这类电磁阀在阀门控制中应用最广泛。先导式电磁阀一般由先导阀和主阀组成。先导阀和主阀间通过在阀盖上的管道相联系，

第10章 电磁阀

并通过这种结构,以先导阀的动作控制电磁阀主阀的开关,通过电磁阀主阀的开关控制阀门执行机构动作,实现控制阀的控制,先导式电磁阀动作是先导阀先动作,然后依靠管路压差(阀前与阀后的压差)完成主阀的开启或关闭。先导阀具有行程短、电磁力小、耗电量低(功率小)、结构简单紧凑、外形小和公称尺寸范围广(6~20mm)等特点。

常用的先导式电磁阀一般有二位三通先导式电磁阀和二位五通先导式电磁阀等,如图10-8所示。

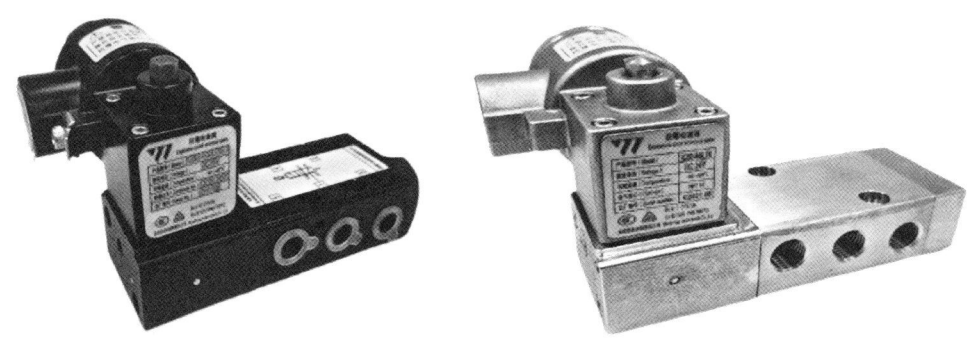

图10-8 先导式电磁阀

10.3.1 先导式二位三通电磁阀

先导式二位三通电磁阀是气动单作用执行机构阀门最常用的一种电磁阀,通过接收DCS的电信号,将电信号转换为气压信号,通过气压信号推动控制阀气动执行机构动作,以此来实现阀门的切换及通断控制,其结构原理图如图10-9所示。

先导式二位三通电磁阀由先导阀组及主阀两大部分组成。主阀进口端的工艺通道使介质与先导阀相通。通过电磁线圈的通电与断电,使先导阀控制主阀完成下面的功能:进气口与输出口接通或关闭;输出口与排空口接通或关闭。当电磁阀通电时,线圈产生电磁力,拉动铁心向上运动打开先导阀口,进气口P端气体进入阀盘组上腔,在压差作用下,阀盘组向下运动关闭阀体上阀座口,即排空口O,同时打开主阀下阀

控制阀设计制造技术

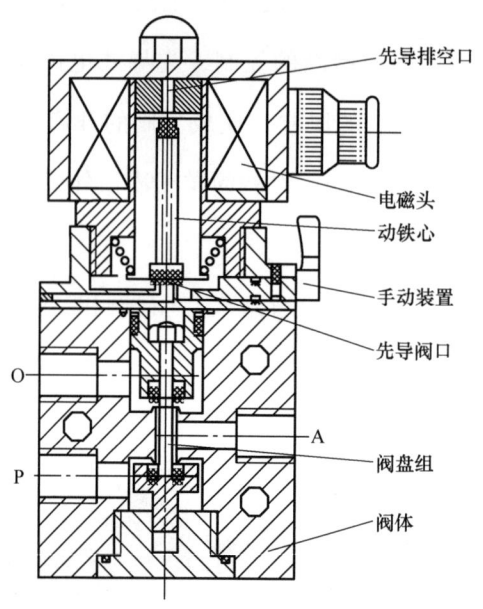

图 10-9　先导式二位三通电磁阀结构原理图

座口，进气口 P 与输出口 A 接通，气源压力信号由 P 进入 A，并进入控制阀气动执行机构，推动执行机构实现控制阀的切换及通断控制。

当电磁阀断电时，线圈电磁力消失，动铁心在弹簧力作用下向下运动关闭先导阀口，阻断通过进气口 P 的介质进入阀盘组上腔，在压差作用下，阀盘组向上运动关闭主阀下阀座口，即进气口 P，同时打开阀体上阀座口，即排空口 O，输出口 A 与排空口 O 接通，阀门执行机构内腔气体由 A 进入 O，排入大气中，同时阀盘组上方的气体由先导排空口排入大气中，实现控制阀的控制。

10.3.2　先导式二位五通电磁阀

控制阀双作用执行机构是控制阀主要的气动执行机构之一，先导式二位五通电磁阀作为双作用执行机构的常用附件在控制阀本地和远程控制中得到广泛应用，先导式二位五通电磁阀结构原理图如图 10-10 所示。

第10章 电磁阀

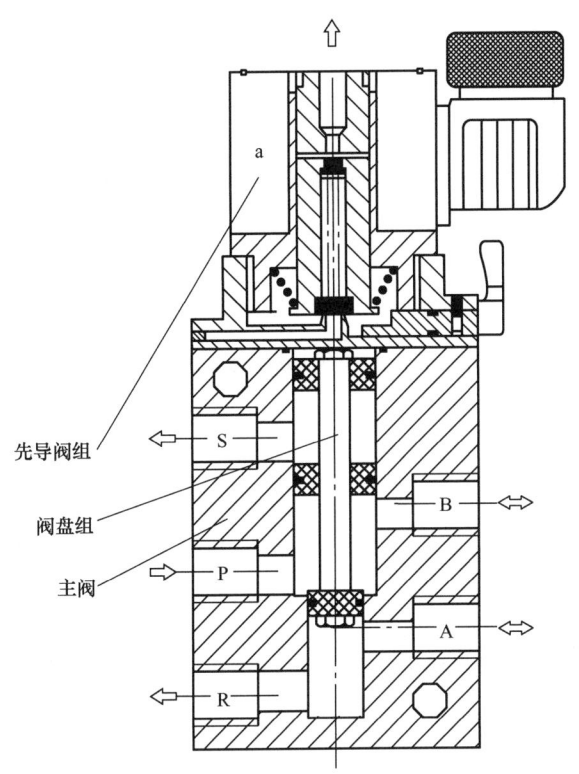

图 10-10　先导式二位五通电磁阀结构原理图

先导式二位五通电磁阀同样由先导阀组和主阀两大部分组成。先导式二位五通电磁阀的工作原理：电磁阀有一个进气口 P，有两个输出口 A 和 B，有两个排空口 S 和 R，进气口 P 有一工艺通道与先导阀相通。

断电状态下，进气口 P 与输出口 B 相通，输出口 A 端的气体由排气口 R 排出；通电状态下，进气口 P 与输出口 A 相通，输出口 B 端的气体由排空口 S 排出。通过输入口 P 与输出口 A 和 B 之间的切换，以及输出口 A、输出口 B、排空口 R 和排空口 S 之间不同的工作状态，实现气动双作用执行机构控制阀门的切换（如三通控制阀）和控制阀开关功能。

先导式二位四通电磁阀工作原理与先导式二位五通电磁阀工作原理一样，只是先导式二位四通电磁阀中排空口 R 和 S 变为一个排空口。

10.4 电磁阀的选型依据

(1) 根据阀门参数选择电磁阀的通径规格和气源接口方式

1) 按照现场阀门响应时间或流量要求来确定电磁阀通径尺寸，对于无响应时间要求的控制阀可选择通径 6mm 电磁阀，如吴忠仪表 6mm 通径直动式电磁阀 K23DZ-6d/DC 24V，有时间响应要求的可选择大通径电磁阀，如吴忠仪表 15mm 通径电磁阀 K25D-15d/DC 24V。

2) 按现场阀门时间要求确定电磁阀的接口连接方式，如 NPT1/4、Rc1/4、NPT3/8、Rc3/8、NPT1/2、Rc1/2 等气源接口选择，一般无特殊要求情况下常选用 NPT1/4 螺纹接口。

(2) 根据压力参数选择电磁阀的原理和结构

1) 公称压力：这个参数与其他通用阀门的含义是一样的，根据阀门供气压力来选择。

2) 工作压力：如果工作压力低则必须选用直动或分步直动式电磁阀，最低工作压差在 0.04MPa 以上时，直动式和先导式电磁阀均可选用。

(3) 根据阀门工作环境要求选型

1) 爆炸性环境必须选用相应防爆等级的电磁阀。

2) 环境的最高和最低温度应选在允许范围之内；环境相对湿度高及有水滴雨淋等场合应选防水电磁阀；经常有振动、颠簸和冲击等场合应选特殊品种，如船用电磁阀；在有腐蚀性或爆炸性环境中使用的电磁阀应优先根据安全性要求选用。

3) 露天安装或粉尘多的场合应选用防水、防尘品种（防护等级在 IP54 以上）电磁阀。

(4) 按阀门现场操作要求选型

当需要对电磁阀进行现场人工操作时，可选择带手动功能的电磁阀。

第10章 电磁阀

(5) 按电源条件选型

按实际工况电源条件,电磁阀可选择控制线圈是交流还是直流,即 AC 220V 或 DC 24V、DC 48V,一般常用电磁阀为 DC 24V。

(6) 按控制精度及阀门执行机构情况选型

确定阀门控制几个位置,普通的阀门是控制两个位置,如果要求较高的阀门需要多位控制,还需要考虑打开或关闭的响应时间等。

(7) 按工作制式选型

根据持续工作时间长短来选择常闭、常开或可持续通电型电磁阀。

1) 当电磁阀需要长时间开启,并且持续的时间大于关闭的时间应选用常开型。

2) 如果开启的时间短或开和关的时间相近时,则选常闭型。

3) 有些用于安全保护的工况,如炉、窑火焰监测,则不能选常开型,应选可持续通电型。

(8) 按工作频率选型

动作频率要求高时,结构应优选直动式电磁阀,电源优选交流。

(9) 按动作可靠性选型

有些场合动作次数并不多但对可靠性要求却很高,如消防、紧急保护等,切不可掉以轻心。特别重要的场合还应采取两个连用双保险。

(10) 按经济性选型

可以作为选用的原则之一,但必须是在安全、适用、可靠的基础上。经济性不单是产品的售价,更要优先考虑其功能和质量以及安装维修及其他附件所需费用。

(11) 按电气接口选型

电气接口有 NPT1/2、M20×1.5 和 M22×1.5,一般常见电气接口为 NPT1/2 和 M20×1.5。

10.5 常见电磁阀介绍

国内电磁阀主要生产厂家产品有吴忠仪表 K 系列电磁阀和亚德客 AirTAC 电磁阀等。国外电磁阀主要生产厂家有 ASCO（美国）和 NORGREN（诺冠，英国）等。

（1）吴忠仪表 K 系列电磁阀

K 系列电磁阀分直动式、标准型和大流通型电磁阀，具有动作灵活、性能可靠、维修方便的特点，并且配有手动操作的功能。直动式电磁阀外形图如图 10-11 所示。

图 10-11　直动式电磁阀外形图

1）K 系列直动式电磁阀主要用于气电控制系统，实现气路的自动切换和远程操作。该电磁阀经过防爆认证，可用于严苛工况条件下。直动式二位三通结构，具有动作灵活、性能可靠和维修方便的特点，并且配有手动操作的功能。

2）K 系列标准型电磁阀主要用于气电控制系统，实现气路的自动切换和远程操作。该型号电磁阀采用先导式设计，从结构上分有二位三通和二位五通电磁阀；从连接方式上分有管式和贴面式。该型号电磁阀具有动作灵活、性能可靠和维修方便的特点，外形图如图 10-12 所示。

3）K 系列大流通型电磁阀主要用于气电控制系统，实现气路的自动切换和远程操作。该型号电磁阀采用先导式设计，有二位三通式和二位五通式两种结构，配有手动操作的功能，具有动作灵活、性能可靠和维修方便的特点。

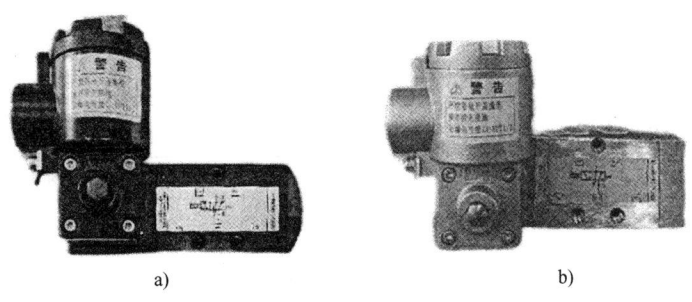

图 10-12 先导式电磁阀外形图

a) 标准型（管式连接） b) 标准型（不锈钢管式连接）

(2) 美国 ASCO 电磁阀

美国 ASCO 电磁阀各种规格型号齐全，有 8327 系列、551 系列和 8320 系列等。输入电压等级为 AC 220V/50Hz、DC 24V；电气接口为 NPT1/2 和 M20×1.5 等，外形图如图 10-13 所示。

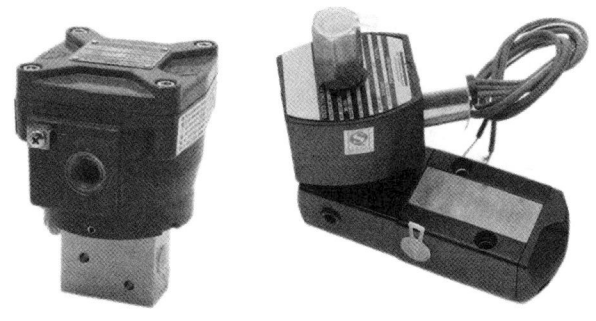

图 10-13 ASCO 电磁阀外形图

10.6 电磁阀常见调试方法及故障处理

1. 电磁阀的调试方法

电磁阀的调试方法比较简单，调试时，电磁阀进气口通公称压力，电磁阀接额定电压，通电后观察电磁阀换向动作。

2. 电磁阀常见故障处理

电磁阀常见故障处理方法见表 10-1。

表 10-1 电磁阀常见故障处理方法

故　　障	原　　因	处理方法
电磁阀通电后不工作	电源接线是否不良	重新接线和接插件
	电源电压是否在正常工作范围	调压至正常范围
	线圈是否脱焊	重新焊接
	线圈短路或开路	更换线圈
	工作压差是否不合适	调整压差或更换相称的电磁阀
	流体介质温度过高	排除介质温度异常或更换电磁阀
	杂质进入阀体使阀芯或动铁心及先导阀卡阻	进行清洗
	密封损坏	应更换密封并考虑安装过滤器
	液体黏度太大、频率太高或寿命已到	改选电磁阀或更换电磁阀
电磁阀不能关闭	主阀芯或动铁心的密封件已损坏	更换密封件
	流体温度、黏度过高	更换合适的电磁阀
	有杂质进入电磁阀卡塞阀芯或动铁心	进行清洗
	弹簧寿命已到或变形	更换复位弹簧
	节流孔、平衡孔堵塞	及时清洗
	工作频率太高或寿命已到	改选电磁阀或更换电磁阀
内泄漏	电磁阀内泄漏	检查密封件是否损坏，弹簧是否装配不良，对弹簧进行更换或重新装配
外泄漏	电磁阀外泄漏	连接处松动或密封件已坏，上紧螺丝或更换密封件
通电时有噪声	电磁阀体紧固件松动	拧紧
	电压波动不在允许范围内	调整好电压
	铁心吸合面有杂质或不平	及时清洗或更换
线圈发热	通电线圈发热	更换线圈

第11章 空气过滤减压阀

11.1 空气过滤减压阀简介

空气过滤减压阀广泛应用在电力、化工、石油、天然气、冶金等领域,是气动控制阀必不可少的气源辅助装置,一般安装在气动控制阀气源输入最前端(见图11-1),主要作用是将输入气源压力减小到控制阀执行机构所需求的气源压力,并将输入气源进行过滤净化,从而为控制阀提供洁净和压力稳定的气源。

图 11-1 控制阀配减压阀实物图

空气过滤减压阀由减压阀和过滤器组成,减压阀按力平衡原理设计,能够通过旋转调压手柄将输入压力减至气动仪表所需的给定值,当输出压力小于给定值时,则膜片受空气的向上作用力小于给定弹簧的作用力,失去平衡,膜片向下运动,阀芯的密封面与密封阀座间隙增大,输出压力增大;当输出压力大于给定值时,膜片向上运动,阀芯也向上运动,使阀芯的密封面与密封阀座间隙减小,输出压力减小达到新的平衡,因此能保证输出压力的稳定性,减小因气源气压突变对阀门或执行机构的损伤。空气过滤减压阀可以过滤空气中的灰尘、杂质和水分,对气源进行清洁,常见过滤精度能达到 $5\mu m$,能有效延长控制阀配套其他附件(如定位器、电磁阀)的使用寿命,对控制阀的安全使用起到一定的保护作用。

11.2 空气过滤减压阀分类及工作原理

11.2.1 减压阀分类

空气过滤减压阀能够将较高的输入压力降到设定的输出压力,并保证调节后输出的压力稳定。气动控制系统中,减压阀可以同各种气动元件及阀门定位器配合使用,减压阀通常按以下几个方面分类:

1)按压力调节方式分类:减压阀按压力调节方式分为直动式减压阀和先导式减压阀。直动式减压阀利用调压手柄直接调节调压弹簧的输出力来改变减压阀的输出压力。先导式减压阀利用压缩空气的作用力代替调压弹簧力来改变减压阀的输出压力。直动式减压阀结构简单,成本低,适用于通径较小的减压阀;先导式减压阀调压时操作轻便,流量特性好,稳压精度高,适用于通径较大的减压阀。

2)按调压精度分类:减压阀按调压精度分为普通型减压阀和精密型减压阀。

3)按排水类型分类:减压阀按排水类型分为自动排水减压阀和手动排水减压阀,自动排水减压阀内置浮子式自动排水器,不需要定期手动排放冷凝水。

11.2.2 直动式减压阀工作原理

(1)普通型直动式减压阀

图 11-2 为直动式减压阀原理示意图,其工作原理如下:减压阀处于工作状态时,旋转调压手柄,调压弹簧被压缩,膜片托盘部件受到向下的弹簧设定压力,膜片托盘

第11章 空气过滤减压阀

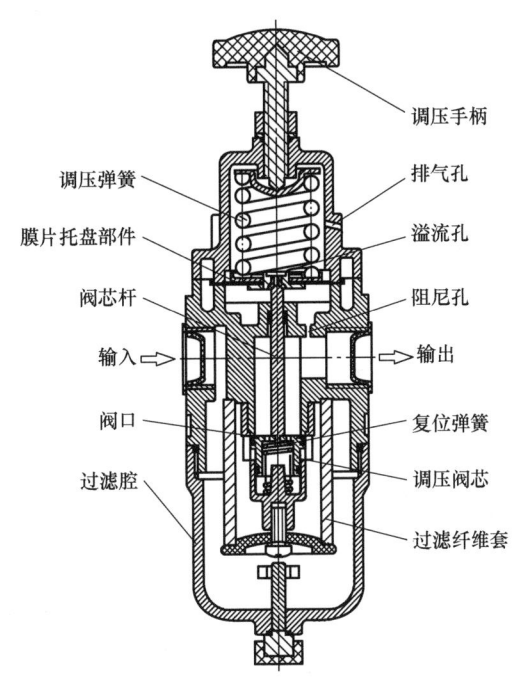

图 11-2 直动式减压阀原理示意图

部件向下移动,并通过阀芯杆带动阀芯下移,进气阀口打开,减压阀输入端的压缩空气通过阀口输出。减压阀的输出口与膜片托盘部件的下方气压腔有连通的气路通道,随着减压阀输出口的压力上升,膜片托盘部件受到向上的气压推力不断增大,膜片托盘部件向上移动,阀口开度不断减小;当膜片托盘部件向上的气压推力与向下的弹簧设定压力平衡时,阀口关闭,此时减压阀的输出压力等于调压弹簧的设定压力。减压阀就是通过对调压弹簧设定压力与输出气压的推力进行比较,并自动打开或关闭进气阀口,从而将减压阀的输出压力稳定在设定值上,以满足不同气动仪表的供气需求。

吴忠仪表智能控制装备技术有限公司的 KZ04 系列空气过滤减压阀就是比较典型的直动式减压阀,图 11-3 为 KZ04 减压阀三维结构图,直动式减压阀的结构组成按功能主要分为三个腔室,即调压腔、减压腔和过滤腔。过滤腔内部设有气体滤芯和过滤纤维套,当气体进入减压阀内部时先进行气体过滤,再进入进气阀口,这样能够将气体中的杂质和水分进行有效滤除,以保护下游气动仪表。过滤杂质的最大粒径常见的有

5μm、25μm 和 40μm 等规格。根据用途选用不同过滤精度的减压阀，如定位器一般选用过滤精度为 5μm 的减压阀，电磁阀等一般选用过滤精度为 25μm 的减压阀。

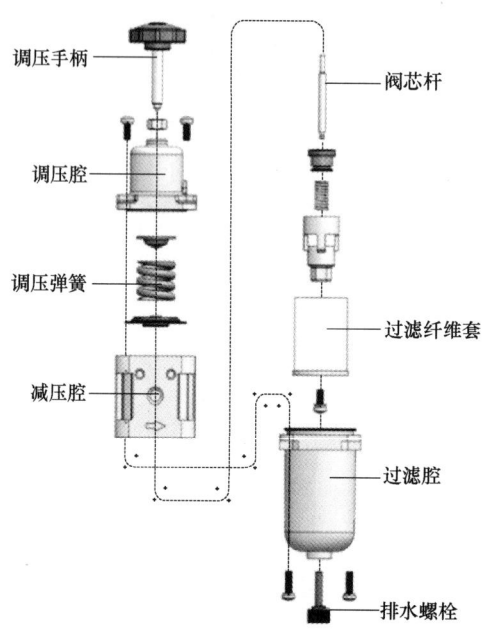

图 11-3　KZ04 减压阀三维结构图

在工况恶劣、操作不便的场合，多数会用带有自动排水功能的减压阀，自动排水减压阀通过内置浮子式自动排水器来实现自动排水的功能。图 11-4 为浮子式自动排水器原理示意图，其工作原理如下：当过滤杯内无气压时，浮子靠重力作用落下，压块关闭上节流孔。当水杯内的水位升到一定位置，浮子浮力使压块与上节流孔脱离，气压力进入活塞上腔，活塞下移，排水口被打开排水。水位下降到一定位置，上节流孔又被关闭。活塞上腔气压通过下节流孔排出，活塞上移，排水口再次被关闭，此时水已基本排完，阀组件用于排放残压。

在介质为有害气体（如煤气）时的气路中，为防止污染工作场所，应选用无溢流孔的减压阀。非溢流式减压阀必须在其出口侧装一个小型放气阀，才能改变出口压力并保持稳定。

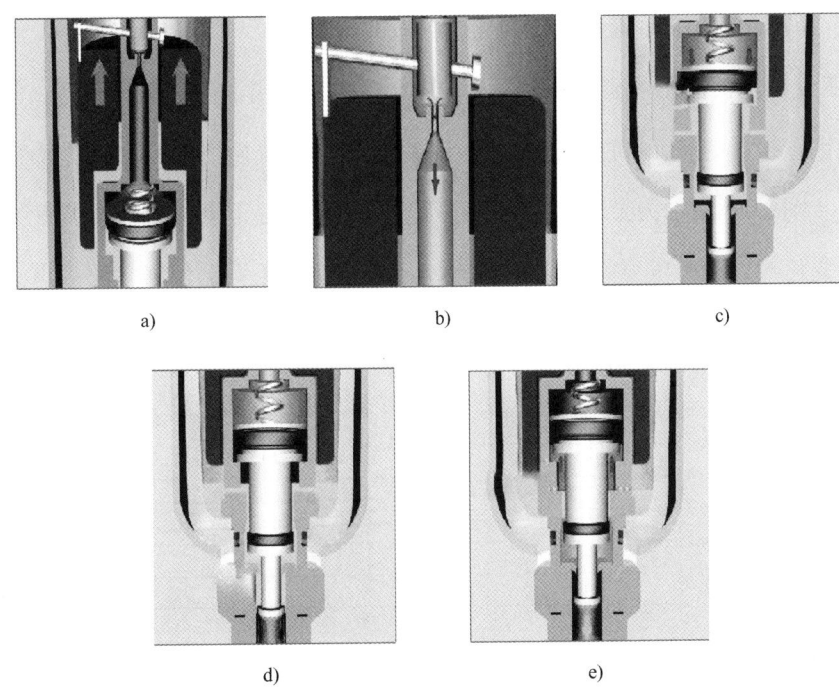

图 11-4 浮子式自动排水器原理示意图

a) 浮子上升 b) 压块与节流孔脱离 c) 气压推动活塞 d) 排水 e) 排水口关闭

(2) 精密型直动式减压阀

精密型直动式减压阀的结构与普通型直动式减压阀类似,其主要区别是精密型减压阀阀体上开有常泄式溢流孔,采用线性度高的调压弹簧及高灵敏度波形的膜片,使其稳压精度高,输出压力波动可控制在 0.001MPa 以内。由于采用常泄式溢流孔,同种规格的精密型减压阀的泄漏量通常高于普通型减压阀。

(3) 直动式减压阀的主要技术参数

1) 输入压力:通常气压传动中使用压力为 0.2~1.2MPa,最大输入压力为 1.2MPa。

2) 调压范围:指输出压力的可调范围,一般为 0.1~1MPa,在此压力范围内,要达到一定的稳压精度。调压范围主要与调压弹簧的刚度有关,设定压力最好处于调压范围上限值的 30%~80%。

3) 额定流量:在标准测试状态下(空气在 0℃和一个标准大气压状态下定义为标

准状态），减压阀输出的流量值称为额定流量。

4）流量特性：指在一定输入压力下，输出压力与输出流量之间的关系。气动元件的流量特性直接影响着元件的流通能力，是决定气动系统压力损失和动作快慢的主要参数之一。图 11-5 所示为吴忠仪表 KZ 系列减压阀在常温下测出的流量特性曲线，当流量发生变化时，输出压力的变化越小越好。一般输出压力越低，它随输出流量的变化波动就越小。

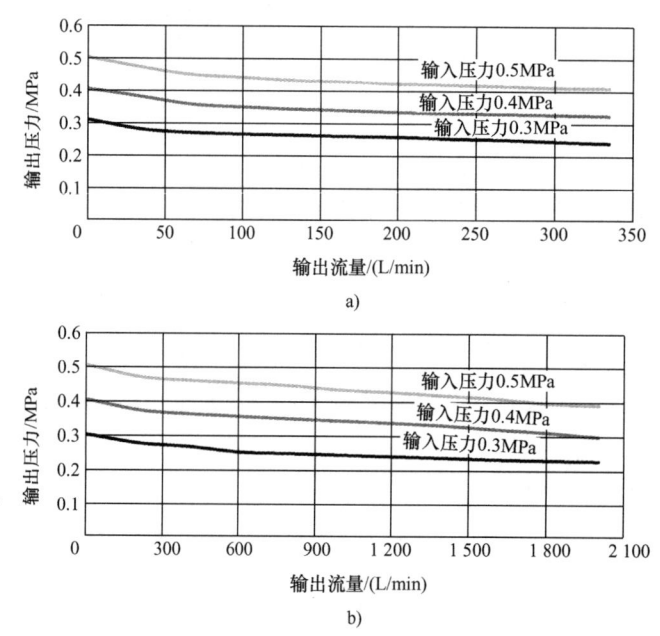

图 11-5 KZ 系列减压阀常温流量特性曲线

a）KZ03 减压阀 b）KZ04 减压阀

5）压力特性：指在输出流量基本不变的条件下，输出压力与输入压力之间的关系。图 11-6 所示为吴忠仪表 KZ 系列减压阀在常温下，设定压力值为 0.3MPa 时测出的压力特性曲线，输出压力波动越小，减压阀的稳压精度就越高，性能也就越好。

6）溢流特性：指在设定压力下，出口压力偏离（高于）设定值时，从溢流孔溢出的气流大小。溢流特性主要为了反映精密型减压阀的泄漏量，普通减压阀泄漏量少，一般不做考虑。

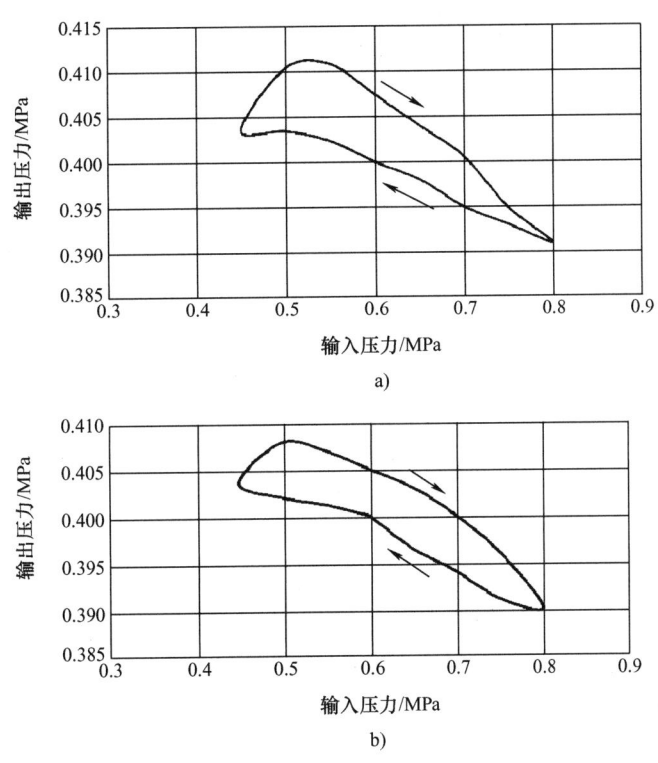

图 11-6 KZ 系列减压阀压力特性曲线

a) KZ03 减压阀 b) KZ04 减压阀

11.2.3 先导式减压阀工作原理

当减压阀产生的压力过高或通径较大时,用调压弹簧直接调压,会导致弹簧的刚度过大。流量变化时,容易出现输出压力波动范围过大的现象,阀的结构尺寸也将增大。为了克服这些缺点,可采用先导式减压阀。先导式减压阀的工作原理与直动式的基本相同。先导式减压阀所用的调压气体,是由小型的直动式减压阀供给的。若把小型直动式减压阀装在阀体内部,则称为内部先导式减压阀;若将小型直动式减压阀装在主阀体外部,则称为外部先导式减压阀。

(1) 内部先导式减压阀

图 11-7 为内部先导式减压阀结构示意图,它由先导阀和主阀两部分组成,与直动

式减压阀相比，增加了由喷嘴、挡板、固定节流孔及中气室所组成的喷嘴挡板放大环节。

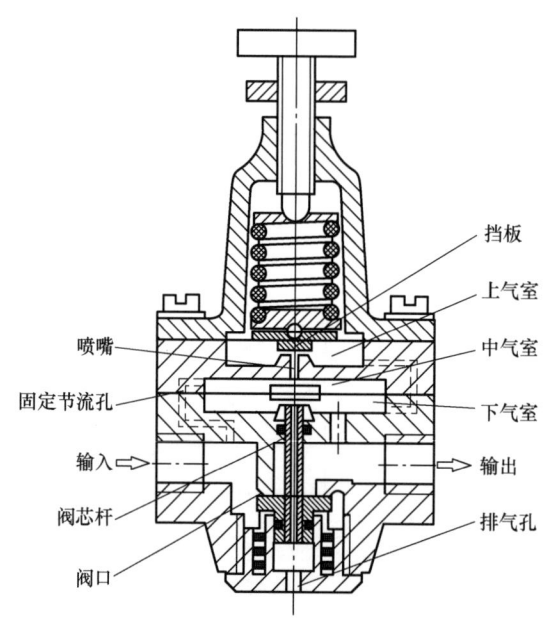

图 11-7　内部先导式减压阀结构示意图

当气流从输入口流入阀体后，一部分经进气阀口流向输出口，另一部分从固定节流孔进入中气室经喷嘴、挡板、孔道反馈至下气室，再经阀杆中心孔及排气孔排至大气。减压阀处于工作状态时，将调压手柄旋到一定位置，使喷嘴挡板的距离在工作范围内。当喷嘴与挡板之间的距离发生微小变化时，就会使中气室中的压力发生很明显的变化，从而引起膜片有较大的位移，去控制阀芯的上下移动，使进气阀口开大或关小，提高了对阀芯控制的灵敏度，即提高了稳压精度。中气室的压力随喷嘴与挡板间距离的减小而增大，于是推动阀芯打开进气阀口，立即有气流流到输出口，同时经孔道反馈到上气室，与调压弹簧相平衡。

（2）外部先导式减压阀

外部先导式减压阀的主阀工作原理与直动式相同，在主阀体外部还有一个小型直动式减压阀，由它来控制主阀。此类阀适用于通径在 20mm 以上，远距离（30m 以内)、高处、危险处以及调压困难的场合。

(3) 先导式减压阀的主要技术参数

先导式减压阀主要技术参数与直动式基本相同,除了与直动式相同的技术参数外还有几个常见的技术参数。

1) 灵敏度:指被测量能够被测出的最小变化量与满值的百分比。满值是指调压范围的最大值。

2) 重复度:指被测量重复测量出现的最大偏值与满值的百分比。

3) 直线度:指输出压力随控制压力(先导压力)的增大而增大,与直线增长的最大偏离量对满值的百分比。

11.3 空气过滤减压阀选型依据

1) 输入压力与输出压力、压力范围:按照需求参照减压阀的技术参数选用合适的减压阀。普通型减压阀输出压力不要超过输入压力的85%;精密型减压阀输出压力不要超过输入压力的90%。

2) 接口螺纹:根据使用需求可选择不同气源接口的减压阀,气源接口按螺纹种类分有Rc、NPT和G螺纹等,按螺纹大小分有1/4in、3/8in、1/2in、3/4in和1in等,一般螺纹越大减压阀的阀体越大。

3) 最大流量:考虑到控制阀的口径、功能以及对动作时间的要求,根据减压阀的最大流量,选用不同阀体大小的减压阀。减压阀的最大流量与阀体大小成正相关,阀体越大减压阀的最大流量越大。

4) 使用环境温度:考虑到寒冷地区及热带地区等环境下减压阀的耐受性,减压阀分为低温型、普通型和高温型三种。选用减压阀主要考虑其极限工作温度,低温型和高温型减压阀的密封或树脂零件需采用特殊材料。

5) 过滤精度:过滤精度指需拦截杂质的最大粒径,常见的过滤精度有5μm、

25μm 和 40μm 三种。根据用途选用不同过滤精度的减压阀，如定位器前一般选用过滤精度为 5μm 的减压阀，开关阀一般选用过滤精度为 25μm 的减压阀。

6）材质：减压阀材质的选用主要从关键件及外壳两个方面考虑，关键件如阀芯和阀芯杆等通常使用金属材质，外壳采用的材质多种多样，常用的材质有铝合金、锌合金、不锈钢、塑料和尼龙等。在化学溶剂雾气中工作的减压阀应选用金属材质的外壳，盐雾腐蚀严重的场合通常选用不锈钢减压阀。由于化学反应的作用有的还要求环境禁铜，此时应选用所有零件都不含铜的减压阀。使用塑料材料的减压阀应避免阳光直射。若减压阀要在低温环境或高温环境下工作，密封件和膜片等零件应相应地改变材质。

7）压力表：压力表常用材质有不锈钢及黄铜；连接方式有埋入式和外接式，埋入式节省空间，外接式便于更换；有带限位指示器和不带限位指示器两种。

8）排水方式：分为自动排水与手动排水，手动排水需要定期排放冷凝水，排水操作困难的场合应选用自动排水的减压阀。

9）调压精度：分为普通型及精密型，微小流量一般选用精密型减压阀。

11.4 空气过滤减压阀常见产品介绍

（1）KZ 减压阀

KZ 系列减压阀（见图 11-8）有多种型号，常用的有 KZ03、KZ04 和 KZ06 系列；具备常用的螺纹接口为 1/4in、1/2in 和 1in；最大输出流量有 320NL/min、2000NL/min 和 4400NL/min；滤芯过滤精度有 5μm 和 25μm；阀体有铝合金及 304 不锈钢材质；低温型减压阀使用环境温度为 -40～70℃。KZ 系列压力调节机构采用平衡式设计，压力调节稳定性好、压力特性好、调压灵敏度高、使用压力范围广；阀座采用软密封结构，耗气量低，能满足多数场合的应用。304 不锈钢减压阀可广泛应用于如海洋平台、石油、煤化工、制药行业以及各种大流量、高速且工况环境恶劣的场合。

第11章 空气过滤减压阀

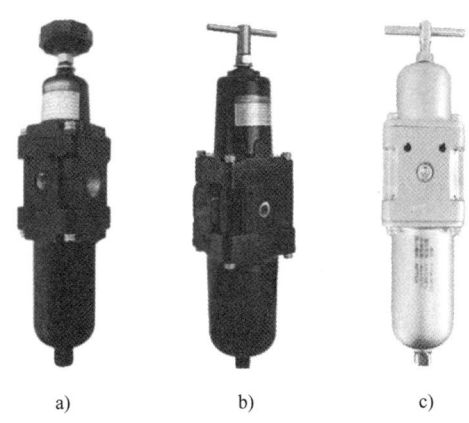

图 11-8 KZ 系列减压阀

a) KZ04 减压阀　b) KZ06 减压阀　c) KZ04 不锈钢减压阀

（2）SMC 减压阀

SMC 减压阀 AW10～60 系列（见图 11-9）主要有五种型号：AW10、AW20、AW30、AW40、AW60。AW10 减压阀阀体小，多数情况下不选用，其他几种减压阀应用广泛。SMC 系列减压阀结构轻巧紧凑、选择性多、可视性与环境适应性高、安装使用方便、作业有效性高、维护所需空间小。

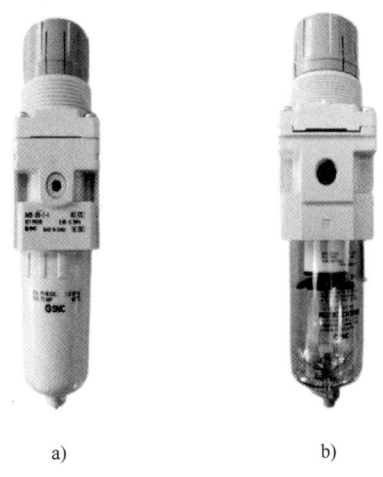

图 11-9 AW 系列减压阀

a) AW20 减压阀　b) AW30 减压阀

11.5 空气过滤减压阀常见调试方法及故障处理

11.5.1 减压阀常见调试方法

减压阀调试原理：顺时针旋转调节螺母，调节弹簧受力并向下压膜片，与此相连的阀芯和底盘向下移动，这时阀芯底盘上方形成通路，气源压力通过出口输出。当出口压力上升到设定压力大小时，出口压力通过感应孔传达到膜片底部和弹簧压力保持平衡，并维持设定压力。当出口压力大于设定压力时，出口压力通过感应孔传达到膜片底部，膜片和底盘间的孔开启，出口压力通过这个孔传达到弹簧室内并向大气排出，维持设定压力。

减压阀调试具体步骤如下：

1）向空气过滤减压阀供气之前将调节螺母逆时针方向充分旋转到弹簧不受力为止。

2）在压力表接口或排出二次压力的端口安装压力表。

3）把出口端口和压力表端口用堵塞堵住后供给一次压力。

4）观看设置在出口端的压力表，将调节螺母按顺时针方向慢慢旋转，这时二次压力开始上升。

5）当二次压力上升到所需压力时旋转锁定螺母直到调节螺母不能旋转为止。

11.5.2 减压阀常见故障处理

减压阀本身的故障包括混入异物、原件内部的故障和性能上的问题等。针对减压阀的内部故障可以考虑更换内部件，如阀芯、膜片组合部件、滤网和O形圈等。外部原因产生的故障一般是因为气源处理不好或使用不当造成的。减压阀的工作介质为压缩空气，若压缩空气中使用含有化学药品或含有有机溶剂的合成油、盐分、腐蚀性气

第11章 空气过滤减压阀

体等,会导致减压阀的动作不良或损坏。要想减压阀的使用寿命更长,需要对减压阀进行定期的维护与检修。

1)排污防水:在减压阀的底部有一个排水螺钉,可以实现排污放水,空气过滤减压阀需要每年进行一次排放污水。排放凝集水时先要切断通往减压阀的压力,或把供气压力降到1kPa以下,以免操作人员受到伤害。

2)压力调整:当出现输出的压力和给定的压力不一样的时候,可以进行调整。

调整方法:在输入0.3~1.0MPa压缩空气之后,手动调整调节螺母,这样就可以改变输出压力,顺时针调节是升高压力,逆时针调节是降低压力。当输出压力达到设定值时,停止旋转调压螺母,并拧紧锁定螺母。

3)过滤芯的清洗:过滤芯是需要一年至少进行一次清洗的。在清洗的时候须将减压阀从管道上拆下,使用汽油或四氯化碳清洗,然后再用压缩空气反向冲洗吹干净,完全干后再重新装回去。

第12章 行程开关

行程开关又称限位开关，或称阀门回讯器，是一种将阀门位移信号转换为电气或触点信号的控制设备。行程开关在控制阀系统中主要用于状态监测或联锁控制。在实际生产过程中，由于控制阀处于高负荷连续运行的状态，导致控制阀频频出现卡堵、腐蚀、冲刷、磨损、振动及内漏等问题。这些问题将会影响生产装置的稳定性和安全性，甚至会造成各种生产事故。行程开关能够实时监测控制阀的运行开度，保证其处于正常工作状态，避免了生产现场经常出现控制阀开关不到位、卡涩及反应滞后等问题，成为保证装置安全生产的一个重要设备。

行程开关也可用于控制阀的联锁保护以及远程报警指示。部分行程开关带有阀位指示功能，尤其是角行程开关，通常在顶端设计有圆顶指示器，指示器的旋转角度与控制阀开度1:1等比例对应，准确实时指示开度。开关两位式的旋转类控制阀通常选用此种功能较多，既可以将控制阀的全开、全关位置信号传回DCS，又可以实时显示现场控制阀的开/关状态。控制阀配套的各类行程开关具有结构紧凑、质量可靠、输出性能稳定、安装简单、功能多样以及适用范围广等特点。

12.1 行程开关分类

行程开关已广泛应用于石油、化工、制药等多个领域，随着市场需求的不断发展，行程开关的种类也在不断增加，常见分类如下：

（1）按开关动作方式可以分为直行程和角行程

角行程开关的转轴直接与阀门执行机构的转轴相连，执行机构带动行程开关转轴旋转，让凸轮触动微动开关（或各种感应式开关），从而使开关模块的触点闭合或断开。直行程开关是以执行机构的反馈装置带动行程开关的反馈杆触发内部微动开关，以实现位置监测。

（2）按微动开关触发方式可以分为接近式和接触式

接近式行程开关通过传感器与物体之间的位置变化，将非电量或电磁量转化为电信号，从而达到控制或测量的目的。接近式行程开关按工作原理又可以分为永磁式、差动线圈式、电感式、霍尔式、超声波式和高频振荡式等。其中电感式接近开关是目前阀门开关位置检测传感器中使用最多的一类。接触式行程开关是被测对象对开关操作头进行机械碰撞后使行程开关常开（或常闭）触头发生转换，从而实现对电路的控制。接触式行程开关按工作原理又可以分为直动式、滚轮式和微动式等。

（3）按工作环境可以分为隔爆型、本安型和防护型

隔爆型开关是用隔爆外壳将设备内部空间与周围环境隔开，发生爆炸时，外壳能承受所产生的爆炸压力而不损坏，要求符合国家标准 GB/T 3836.2—2021。本安型开关是指本质安全型，也是电气设备的一种防爆形式。它将设备内部和暴露于潜在爆炸环境的连接导线可能产生的电火花或热效应能量限制在不能产生点燃的水平，要求符合国家标准 GB/T 3836.4—2021。防护型开关是根据一个规定的防护等级，来防止一定的外部影响，要求符合国家标准 GB/T 4208—2017。

（4）按功能方式可以分为普通型、内置电磁阀型和内置阀位反馈型

普通型开关是应用量最大，只具有位置检测功能的常规型开关。行程开关内置电磁阀型是将电磁阀和行程开关两个独立的产品进行优化组合，将控制、反馈阀位等功能合为一体。行程开关内置阀位反馈型是由行程开关内置的位置变送器生成与阀门位置输出成比例的 4~20mA 信号，传输至 DCS 进行显示。

（5）按内置开关工作方式可以分为无源式和有源式

无源式行程开关，其内部没有任何形式电源存在，有输入信号即可工作。有源式行程开关，其工作时必须有外部供电才能支持内部开关的工作，供电方式可以采用环路供电或外加电源。

12.2 接近式行程开关

接近式行程开关又称无触点行程开关，它不仅能代替接触式行程开关来完成行程控制和限位保护，还可用于计数、测速、液面控制、零件尺寸检测和加工程序的自动衔接等。可以无接触发送电气指令，在不同的检测距离内动作，准确反映出控制阀的行程。其定位精度、操作频率、使用寿命及安装调整的方便性和对恶劣环境的适用能力，是一般接触式行程开关所不能相比的。

接近式行程开关采用的结构形式多种多样，其中典型的接近式行程开关内部结构示意图如图 12-1 所示。

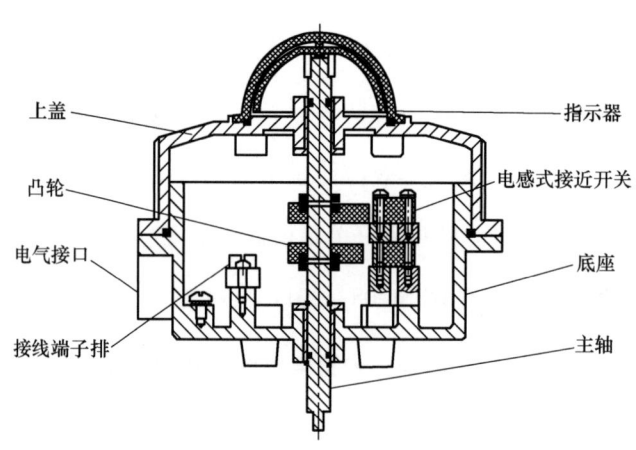

图 12-1　接近式行程开关内部结构示意图

1. 接触式行程开关

接触式行程开关通常被用来限制机械运动的位置或行程，使运动机械按一定位置或行程自动停止、反向运动、变速运动或自动往返运动等。接触式行程开关由操作头、触点系统和外壳组成。一般接触式行程开关输出电流大、触点间距小、动作行程短、内置簧片及组成单元可动部件较多,可以交/直流两用。接触式行程开关内部没有任何形式的电源存在。

接触式行程开关内部采用的结构形式较多,典型的接触式行程开关内部结构示意图如图 12-2 所示。

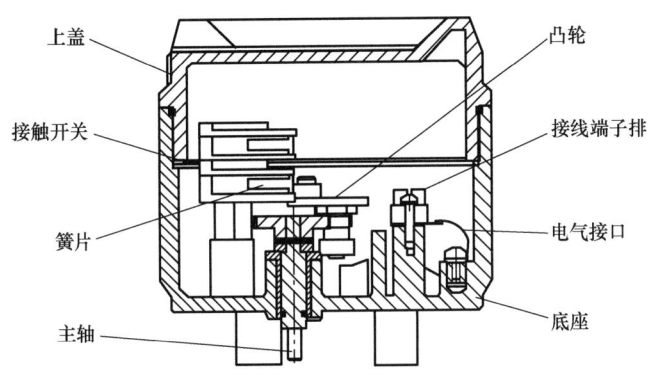

图 12-2　接触式行程开关内部结构示意图

2. 行程开关集成电磁阀

行程开关集成电磁阀型也称为一体式阀门控制器,它将传统的电磁阀和行程开关两个独立的部件进行优化组合,将控制、反馈阀位等功能合为一体。行程开关内置低功耗电磁阀线圈,电磁阀线圈在行程开关壳体内接线,电磁阀阀体安装在行程开关壳体外,用螺栓紧固件固定。在石油、天然气、化工和精炼等行业往往遵循严格的安全规定,要求操作员在重启过程前手动验证系统,行程开关集成电磁阀型具有手动复位功能,即可满足重启前手动验证这项要求。此类行程开关不仅能为控制阀同时提供现场指示和远程电气位置指示,还可以对执行机构的供气进行控制。它满足了控制阀系统的接电、通气简洁安全的现场要求,大大简化了现场的接线工作,并且实现了电磁阀线圈和行程开关微动开关的整体化低成本隔爆。

3. 行程开关内置阀位反馈

行程开关内置阀位反馈型与普通型行程开关相比附加了位置变送器,可以生成并输出与阀门位置成比例的 4～20mA 信号,用于阀门的满量程测量。如果位置传感器指示超出量程的值,则位置变送器能够生成低于 4mA 和高于 20mA 的信号,传输至 DCS 进行显示。它可以实时反映阀门开度,对控制阀起到实时监测的效果。

12.3 行程开关原理

12.3.1 接近式行程开关原理

接近式行程开关按工作原理分为永磁式、电感式、差动线圈式和霍尔式等。

(1) 永磁式

永磁式是利用永久磁铁的吸力驱动舌簧开关而输出信号。典型的结构示意图如图 12-3 所示。

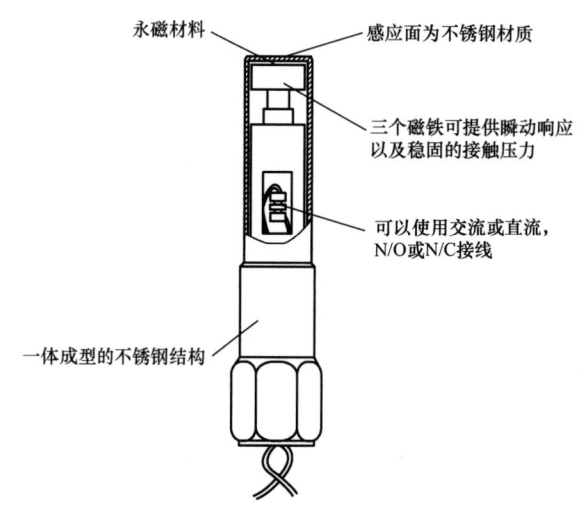

图 12-3 永磁式行程开关内部结构示意图

(2) 电感式

电感式接近开关是一种具有开关量输出的位置传感器,一般由 LC 高频振荡器、开关电路及放大输出电路组成。其工作原理如下:金属物体在接近这个能产生电磁场的振荡感应头时,就会使其内部产生涡流,产生的涡流反作用于接近开关,使接近开关振荡能力衰减,内部电路的参数发生变化,由此识别有无金属物体接近,从而控制开关的通断。或者根据接近的金属物体,发出脉冲信号给控制系统。电感式接近开关原理图如图12-4所示。

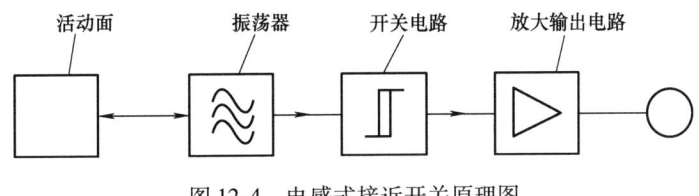

图12-4 电感式接近开关原理图

(3) 差动线圈式

差动线圈式接近开关有检测线圈和比较线圈两个电感线圈,当被检测金属物体接近检测线圈时会产生涡流效应,从而引起检测线圈中磁通量的变化,利用检测线圈和比较线圈比较后的磁通差,经由信号调理电路将磁通差转换成电的开关量输出,达到检测的目的。

(4) 霍尔式

当有一块通有电流的金属或半导体薄片垂直放在磁场中时,薄片的两端会产生电位差,这种现象就称为霍尔效应。两端具有的电位差值称为霍尔电势 U,其表达式为 $U=KIB/d$(其中,K 为霍尔系数,I 为薄片中通过的电流,B 为外加磁场的磁感应强度,d 是薄片的厚度)。霍尔式接近开关属于有源磁电转换器件,它是在霍尔效应原理的基础上利用先进的集成封装和组装工艺制作而成的,是将磁信号转换为电信号输出方式工作的,其输出具有记忆保持功能。内部的磁敏感器件仅对垂直于传感器端面磁场敏感,当磁极 S 正对行程开关时,行程开关的输出产生正跳变,输出为高电平,若磁极 N 正对行程开关时,输出为低电平。霍尔式接近开关原理图如图12-5所示。

接近式行程开关的接线图一般有两线制和三线制两种,其中三线制接近式行程开关又分为 NPN 型和 PNP 型,它们的接线原理不同。两线制的接线比较简单,接近式行程开关与负载串联后接到电源即可。三线制的接线为棕线接电源正端,蓝线接电源0V端,黑线为信号接负载。NPN 型和 PNP 型负载的另一端接法不同,对于 NPN 型接近式

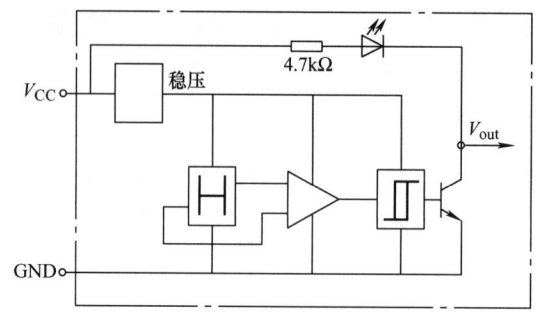

图 12-5 霍尔式接近开关原理图

行程开关,负载另一端应接到电源正端;对于 PNP 型接近式行程开关,负载另一端则应接到电源 0V 端。接近式行程开关的负载可以是信号灯和继电器线圈等。两线制接近式行程开关受工作条件的限制,导通时行程开关本身产生一定的压降,截止时又有一定的剩余电流流过,选用时应予以考虑。三线制接近式行程开关虽多了一根线,但不受剩余电流之类的不利因素困扰,工作更为可靠。

接近式行程开关两线制电气接线图如图 12-6 所示。

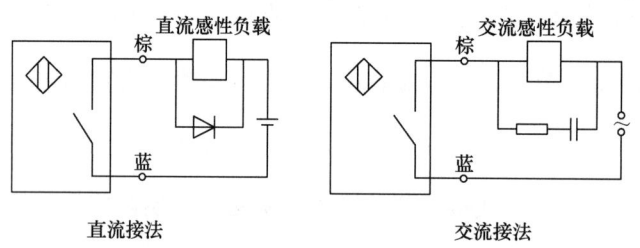

图 12-6 接近式行程开关两线制接线图

接近式行程开关三线制 NPN 型和 PNP 型电气接线图如图 12-7 所示。

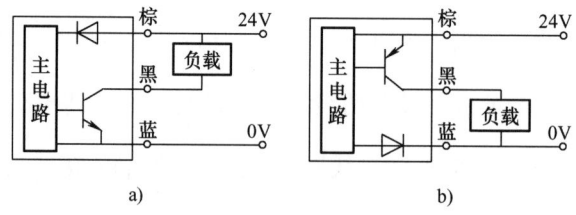

图 12-7 接近式行程开关三线制接线图

a) NPN 型 b) PNP 型

12.3.2 接触式行程开关原理

接触式行程开关按工作原理分为直动式、滚动式和微动式等。

(1) 直动式行程开关

动作原理同按钮类似,当外界运动部件上的撞块碰压顶杆时,触点动作;当运动部件离开后,在弹簧作用下,触点自动复位。典型的直动式行程开关原理图如图 12-8 所示。

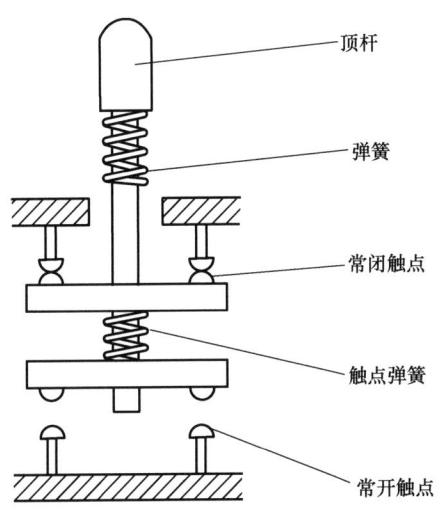

图 12-8 典型的直动式行程开关原理图

(2) 滚动式行程开关

当运动机械的挡铁(撞块)压到行程开关的滚轮上时,传动杠杆连同转轴一同转动,使凸轮推动撞块,当撞块碰压到一定位置时,推动微动开关快速动作。当滚轮上的挡铁移开后,复位弹簧使行程开关复位。这种是单轮自动恢复式行程开关。而双轮旋转式行程开关不能自动复原,当运动机械反向移动时,挡铁碰撞另一滚轮将其复原。典型的双轮式行程开关原理示意图如图 12-9 所示。

(3) 微动式行程开关

微动式行程开关是一种施压促动的快速开关。其工作原理是外部机械力通过传动

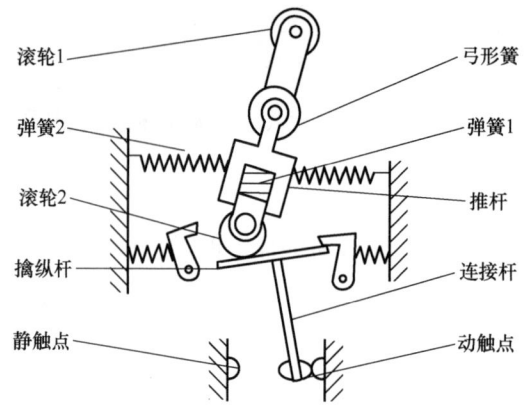

图 12-9 典型的双轮式行程开关原理示意图

元件（按销、按钮、杠杆和滚轮等）将力作用于动作簧片上，并将能量积聚到临界点后，产生瞬时动作，使动作簧片末端的动触点与定触点快速接通或断开。当传动元件上的作用力移去后，动作簧片产生反向动作力，当传动元件反向行程达到簧片的动作临界点后，瞬时完成反向动作。微动式行程开关的触点间距小、动作行程短、按动力小且通断迅速。其动触点的动作速度与传动元件动作速度无关。微动式行程开关以按销式为基本型，可派生按钮短行程式、按钮大行程式、按钮特大行程式、滚轮按钮式、簧片滚轮式和杠杆滚轮式等。

12.4 行程开关选型依据

行程开关是工业过程控制中的一大类产品，应用极其广泛，即使在控制阀行业中也是种类繁多的。因此选型时应根据控制阀的动作方式（直行程、角行程）、控制功能、供电要求和工作环境等方面进行灵活选型，以满足控制阀的配套需求。另外，由于控制阀通常应用在防爆或具有腐蚀性气体的特殊环境中，对行程开关防爆等级、防护等级、电缆接口规格和工作电压等参数需认真核对。

通常行程开关可以依据以下几个方面进行选型：

1) 防爆、防护等级。防爆等级的选择根据应用场所不同可选的有隔爆型、本安型和防护型。防护等级通常有 IP65、IP66 和 IP67。

2) 电气接口。行程开关通常有一个或多个电气接口，常用电气接口有 M20×1.5、NPT1/2、NPT3/4、G1/2 和 G3/4 等。

3) 环境温度。根据不同工况、不同地域，行程开关通常分为常温型、低温型和高温型。

4) 工作电压。通常接触式行程开关的工作电压可选用 DC 24V 2A 或 AC 220V 6A，接近式行程开关工作电压可选 DC 8V、DC 12V、DC 24V 或 DC 5~60V 等。

5) 开关形式。通常接触式行程开关的开关形式有单刀双掷和双刀双掷等。接近式行程开关的开关形式可选两线制常开或常闭，三线制 PNP 型或 NPN 型等。

6) 动作方式。根据配用执行机构和阀门的不同，行程开关动作方式也不同，可选为直行程和角行程。通常调节阀可选直行程行程开关，旋转类阀门可选角行程行程开关。

7) 其他选型依据。

① 接近式行程开关是无触点开关，寿命较长，对环境要求低、响应频率低、稳定性好。

② 接触式行程开关是有触点开关，适合单方向位置检测，由于有触点，相对寿命要短（其实，随着科技的发展和接触式行程开关触点材料的不断更新，其可通断次数也非常高，一般可以不用考虑这个因素）。

③ 在需要检测物体通过某点的时候可选接近式行程开关。

④ 双向位置检测的时候可选接近式行程开关。

⑤ 无论哪种开关，支架应该可调（有些开关本身可以微调）。

⑥ 接近式行程开关一般有两线制和三线制，因此线要比接触式行程开关多。

⑦ 接近式行程开关一定要注意区分 PNP 型和 NPN 型，要和与之相连接的设备取得一致。

在一般的工业生产场所，通常选用涡流式接近行程开关和电容式接近行程开关。因为这两种接近式行程开关对环境的要求条件较低。当被测对象是导电物体或可以固定在一块金属物上的物体时，一般选用涡流式接近行程开关，因为它的响应频率高、抗环境干扰性能好、应用范围广、价格较低。若所测对象是非金属（或金属）、塑料和烟草等，则应选用电容式接近行程开关。这种开关的响应频率低，稳定性好，安装时应考虑环境因素的影响。若被测物为导磁材料或者为了区别和它在一同运动的物体而把磁钢埋在被测物体内时，应选用霍尔式接近开关，它的价格最低。

以上方面都是选择行程开关时所需要考虑的问题，也是选择行程开关种类的选型依据。无论选用哪种行程开关，都应注意对工作电压、负载电流、响应频率和检测距离等各项指标的要求。

12.5 行程开关常见产品

1. K 系列行程开关

吴忠仪表有限责任公司产品主要有 KTS 和 KTL 系列行程开关，能够适用于各种工况，满足用户各种需求，主要有以下特点：壳体设计坚固，外壳耐腐蚀、耐低温、耐高温、耐潮湿、耐爆炸；开关具有安全完整性等级 SIL2 认证；调试方便，运行可靠，体积小，结构紧凑，外形设计美观；KTS 系列角行程行程开关占用很小的执行机构上方安装空间，内部空间宽敞便于接线和设置；开关检测精度高，精度优于 3%；旋转类阀门采用顶式安装，调节阀门采用正面侧装，安装方便，且带有圆顶指示器，可以实现本地显示功能；开关内部设置有位置快速设定凸轮，设置简单方便；上盖采用防脱螺栓设计，打开上盖时螺栓附在上盖上不会脱落。

KTS 和 KTL 系列行程开关实物图如图 12-10 和图 12-11 所示。

2. 艾默生行程开关

艾默生公司产品 TOPWORX-Valvetop 系列主要特点：有可视显示装置，外壳坚固，传感器种类多,外形设计美观。

图 12-10　KTS 系列行程开关　　　　图 12-11　KTL 系列行程开关

TOPWORX-Valvetop 系列实物如图 12-12 所示。

图 12-12　TOPWORX-Valvetop 系列行程开关

艾默生公司产品 GO Switch 70 系列和 81 系列主要特点：不会磨损和损伤被检查对象；反应速度快、使用寿命更长、对触点的寿命无影响；受水、油污、粉尘环境等影响较小；受周边温度和周边同类开关影响，以及开关之间相互影响；操作时不耗电，有多种接线选择。

GO Switch 70 系列和 81 系列实物图如图 12-13 和图 12-14 所示。

图 12-13　70 系列实物图　　　　图 12-14　81 系列实物图

12.6 行程开关常见调试方法及故障处理

1. 行程开关常见调试方法

行程开关类型虽多种多样，但其安装调试方法简单、易操作。以下是常见的行程开关调试方法：

1) 直行程行程开关调试方法。以执行机构的反馈装置带动行程开关的触点（或反馈连杆）在控制阀全开位置，调整行程开关触点（或连杆）位置，使控制阀开位行程开关处于触发状态。反之，在控制阀全关位置做同样调整，使控制阀关位行程开关处于触发状态。

注意：当行程开关的触点（或反馈连杆）脱离控制阀开位（或关位）时，行程开关应能够复位。

2) 角行程行程开关调试方法。角行程行程开关通常与旋转类控制阀配套使用，行程开关的转轴直接与控制阀执行机构的转轴相连。①当控制阀全开时，设置开位行程开关的触点使开关处于触发状态。②在控制阀全关时做同样调整，使关位行程开关处于触发状态。③行程开关设置完毕，并根据控制阀实际开度，调整圆顶指示器到对应的开关位置，使圆顶指示器的开关指示与控制阀的开关位置完全对应。

注意：当行程开关的触点脱离控制阀开位（或关位）时，行程开关应能够复位。

3) 磁式行程开关调试方法。当控制阀处于全开状态时，调整行程开关磁感应触点角度及感应距离，使开位行程开关处于触发状态。反之，在控制阀全关时做同样调整，使关位行程开关处于触发状态。

注意：磁式行程开关的灵敏度及触发状态与磁感应面的安装距离有直接关系，不同公司的产品有不同安装要求，应严格遵循相应的产品说明书进行设置。

4) 行程开关带反馈单元的调试方法。因上述类型行程开关也有带反馈单元的型号，所以调试反馈单元前应先根据开关类型按上述1）或2）、3）先对控制阀开位和关位行程开关进行正确设置,然后对行程开关反馈单元进行以下调试:①当控制阀处于全开状态时,通过内部设置,使反馈输出电流为4mA(或20mA);②当控制阀处于全关状态时,通过内部设置,使反馈输出电流为20mA(或4mA);③重复上述步骤2~3次,使控制阀阀位状态与4~20mA反馈信号对应,即可结束调试。

2. 安装注意事项及常见故障和处理措施

安装注意事项:

1)行程开关设有接地端子,用户在安装行程开关时应可靠接地。

2)现场安装、维护必须遵守"先断电后开盖"。

3)引入电缆护套外径为 $\phi 8 \sim \phi 9$,现场安装时应拧紧压紧螺母,使密封圈内径紧紧抱住电缆护套,密封圈、电缆护套老化时应及时更换,冗余引入口须用防爆堵头堵塞。

4)安装现场应不存在对铝合金有腐蚀作用的有害气体。

5)维修必须在安全场所进行,当安装现场确认无可燃性气体存在时,方可维修。

在行程开关的运行或调试过程中,行程开关常见故障和处理措施见表12-1。

表12-1 行程开关常见故障和处理措施

故障现象	处理措施
行程开关常开、常闭触点不转换	1)检查接线是否正确 2)检查凸轮位置是否调整好 3)检查行程开关的转轴与执行机构转轴连接是否正确
阀位反馈无输出或不准确	1)检查接线和供电是否正确 2)按行程开关调整方法进行重新调整
挡铁碰撞开关,触点不动作	1)调整开关的位置 2)清洗触点 3)紧固连接线
杠杆偏转后触点未动	1)将开关向上调到合适位置 2)打开后盖清扫开关

第13章 其他常见控制阀配套附件

本章主要介绍除定位器、电磁阀、减压阀、行程开关之外的其他控制阀常用配套附件，如阀位变送器、气动加速器、气控阀、闭锁阀、保位阀和电子开关等，通过这些附件与定位器、电磁阀的组合使用，来实现控制阀更复杂的控制要求。

13.1 阀位变送器

阀位变送器是化工、炼油、电力、冶金等过程控制系统中的重要监测仪表。阀位变送器与各类控制阀配套使用，能够将控制阀实际位移转化成不同范围的电流或电压反馈信号，并传回DCS。通常阀位变送器与定位器配套使用，定位器接受DCS输出的控制信号，调节控制阀开度，阀位变送器监测阀位开度并传回DCS，这样控制阀整机就组成了一个闭环控制监测系统，可以实时监测控制阀运行状态及开度。

13.1.1 阀位变送器的工作原理

如图13-1所示，阀位变送器供电通常采用两线制环路供电方式，DCS提供电压为12~24V的直流电源，阀门阀杆的位置变化（角位移或直线位移）传达到阀位变送器的反馈杆，通过主轴反馈杆的旋转带动主齿轮，同时可变电阻的齿轮跟着旋转，可变电阻的阻值变化使电阻回路的电流变化，电流值按比例相应变化，将环路电流转换成4~20mA信号，传回DCS。具体工作过程如下，阀位变送器的反馈杠杆与控制阀执行机构的推杆连接，推杆上下运动时的位移通过反馈电位器转换成电压信号，阀位变送器控制单元将电压信号经过线性化处理，并控制输出供电环路上的电流，使控制阀开度与 4～20mA 环路输出电流相对应，用以指示阀位，并实现系统的位置反馈。阀位变送器上设置有调零和满量程旋钮，可以根据控制阀实际开度进行零点和量程的准确标定。随着控制系统向自动化、智能化方向的不断发展，对阀位变送器的准确度、可靠性、稳定性方面提出了更高的要求，阀位变送器不仅需要具备一定的数据处理能力，更需要具有自检、自校和自补偿的功能。

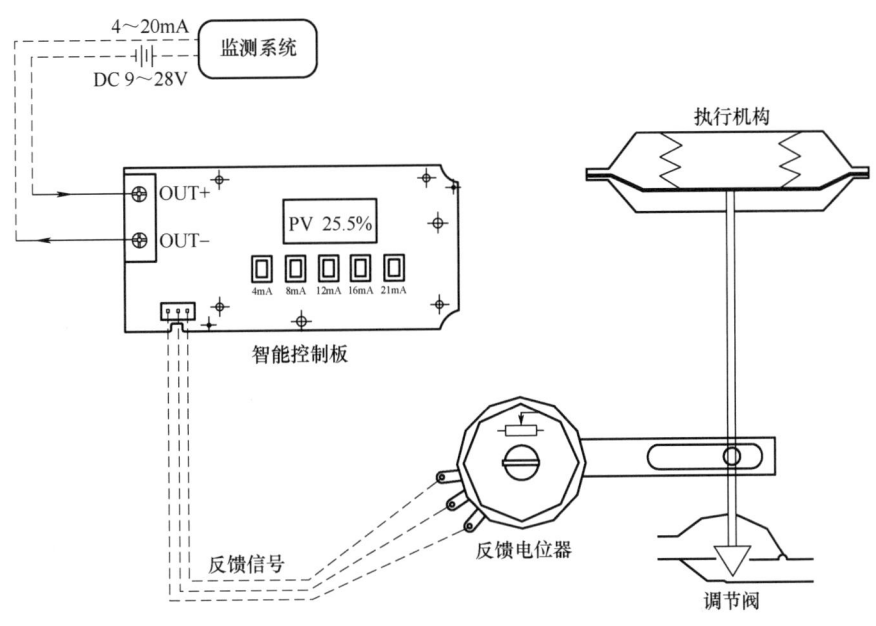

图 13-1　阀位变送器工作原理图

13.1.2　阀位变送器的分类

为满足不同控制系统的要求和应用工况，阀位变送器具有不同的类型。阀位变送器可以按功能方式、连接方式和工作环境等几个方面进行分类。

1）按功能方式可以分为普通型和智能型。普通型阀位变送器以电子式控制为主，无反馈电流零点和量程自动标定功能，需要手动调整零点与量程；智能型阀位变送器，可以自动设定反馈电流的零点和量程，反馈电流能够实时显示。

2）按连接方式可以分为直行程和角行程。直行程阀位变送器主要与直行程控制阀配套使用；角行程阀位变送器主要与球阀、蝶阀等旋转类控制阀配套使用。

3）按工作环境可以分为隔爆型、本安型和防护型。隔爆型阀位变送器是用隔爆外壳将设备内部空间与周围环境隔开，发生爆炸时，外壳能承受所产生的爆炸压力而不损坏，要求符合国家标准 GB/T 3836.2—2021。本安型阀位变送器是指本质安全型，也是电气设备的一种防爆形式，它将设备内部和暴露于潜在爆炸环境的连接导线可能产生的电火花或热效应能量限制在不能产生点燃的水平，本安型要求符合国家标准 GB/T 3836.4—2021。防护型是根据某一规定的防护等级，来防止一定的外部影响，防护型要求符合国家标准 GB/T 4798.3—2007。

13.1.3　VTM 智能阀位变送器

VTM 系列是两线制智能阀位变送器，其内置微处理器模块，可以将控制阀的开度转换为 DC 4~20mA 反馈信号；阀位变送器带有液晶显示和操作按键，既可以实时显示反馈电流大小，又可以灵活设定阀位变送器的零点、量程和正反作用形式，校准调试过程简便、精度高、易设定，零点量程设定互不干扰。阀位变送器表面采用抗腐蚀聚酯粉末涂层，防护能力强；阀位变送器设计有隔爆型、本安型和防护型，可以满足不同防爆场合的需求。VTM 系列阀位变送器外形图如图 13-2 和图 13-3 所示。

图 13-2　VTM-5V 阀位变送器外形图

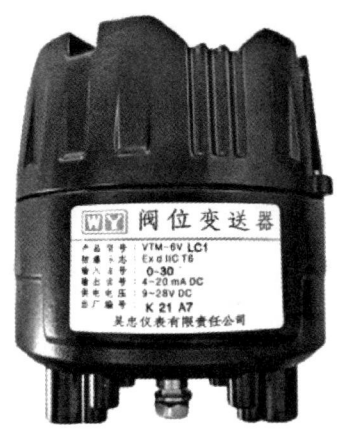

图 13-3　VTM-6V 阀位变送器外形图

13.1.4　VTM 阀位变送器的安装和调试方法

VTM 阀位变送器设计通用性强、安装简单，既可以安装在弹簧薄膜或活塞执行机构的各类直行程控制阀上，也可以安装在球阀、蝶阀等旋转类控制阀上。反馈杆在阀门行程的 50% 位置必须垂直于阀杆，有效直行程反馈杆角度为 30°。

常用的 VTM 直动式阀门变送器安装示例如图 13-4 所示。

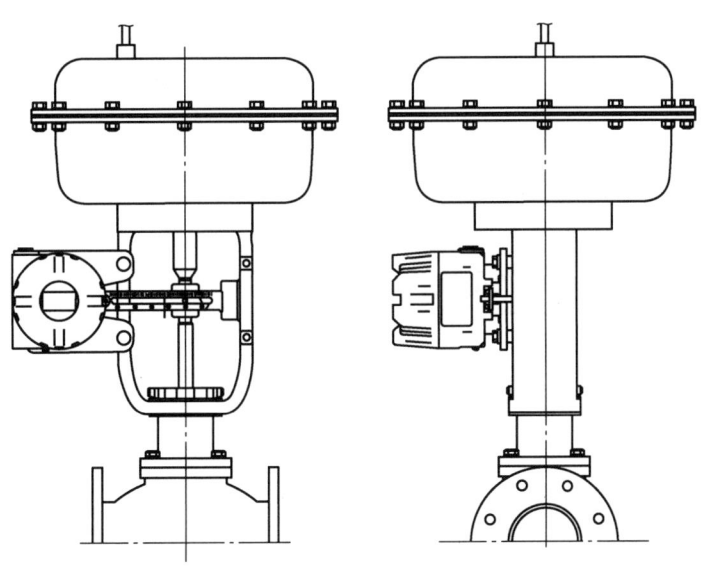

图 13-4　VTM 直动式阀门变送器安装示例

智能阀位变送器电路板示意图如图 13-5 所示，其功能和设置方法如下：

1）滑动开关是用户设置反馈电流的调试方法。当滑动开关处于"2-Point"位置时，阀位变送器采用 2 点调试法；当滑动开关处于"5-Point"位置时，阀位变送器采用 5 点调试法。

① "2-Point"调试法：以气开阀为例，控制阀全关状态时，设置按键"4mA"，确定零点位置；控制阀全开状态时，设置按键"20mA"，确定满量程位置，阀位变送器零点及量程设置完毕。

② "5-Point"调试法：以气开阀为例，控制阀全关状态时，设置按键"4mA"，确定零点位置；控制阀运行到开度 25% 位置时，设置按键"8mA"，确定 25% 开度反馈电流位置；按此方法依次设置控制阀 50% 开度（对应按键"12mA"）、75% 开度（对应按键"16mA"）位置的反馈电流；当控制阀全开状态时，设置按键"20mA"，确定满量程位置，阀位变送器零点及量程设置完毕。

2）按键（5 个）。为阀位变送器 4mA、8mA、12mA、16mA、20mA 电流设置点按键。

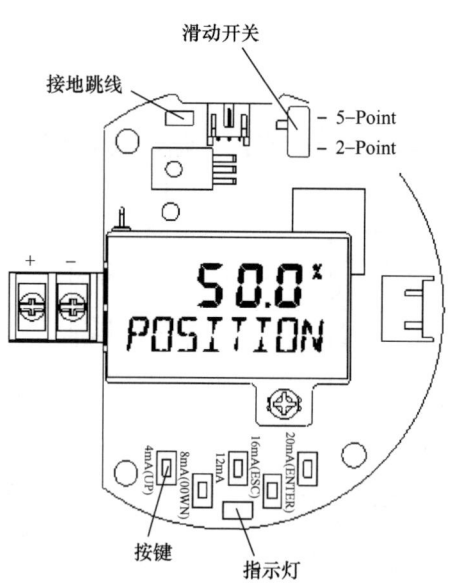

图 13-5　智能阀位变送器电路板示意图

13.1.5 阀位变送器选型依据

阀位变送器生产厂家众多，产品结构和功能各有不同，应根据用户的实际需求和应用工况进行选型。选型时主要依据以下几个方面：

1）控制功能。阀位变送器可分为普通型和智能型。普通型阀位变送器以电子式控制为主，无反馈电流零点和量程自动标定功能，需要手动调整零点与量程；智能型阀位变送器可以自动设定反馈电流的零点和量程，反馈电流能够实时显示。

2）连接方式。阀位变送器可分为直行程和角行程。直行程阀位变送器主要用在直行程控制阀上，旋转角度通常为 30°~60°；角行程阀位变送器主要应用在旋转类控制阀上，旋转角度通常≥90°。

3）防爆、防护等级。根据应用场所的不同防爆等级可选择隔爆型、本安型和防护型。防护等级通常有 IP65、IP66 和 IP67。

4）电气接口。阀位变送器通常有一个或多个电气接口，常用电气接口有 M20×1.5、NPT1/2、NPT3/4、G1/2 和 G3/4 等。

5）环境温度。根据不同工况、不同地域，阀位变送器通常分为普通型、低温型和高温型。

6）壳体材质。阀位变送器一般有铝合金和不锈钢两种壳体材质。铝合金材质经济实用，不锈钢耐蚀性强，但价格较贵。

13.1.6 阀位变送器常见故障处理

（1）阀位变送器没有输出电流

1）检查供电电流及电压。

2）检查接线是否正确，包括端子连接和极性的设置是否正确。

（2）定位器输入值和阀位变送器输出值之间的差值过大

1）检查控制阀的运行是否正常。

2）低电压可能导致输入电流值较低。

3）检查阀位变送器的电源电压是否充足。

4）检查定位器的安装情况。若安装不当，请参考安装手册重新安装。

5）重新调节变送器的零点和量程。

13.2 气动加速器

气动加速器是一种能够接收定位器等各种气动仪表输出的不同气压信号，使输出流量放大、压力保持不变的等压流量放大器。气动加速器就是一种流量控制元件，用流量很小的气压信号作为输入的控制信号，以获得等压力、大流量的输出气压。对于大容量执行机构，定位器与加速器配套使用能够显著提高执行机构的进气流量，提高控制阀动作速度；另外当气动调节器输出信号传递距离很长时，使用气动加速器能够避免压力信号衰减，提高执行机构的响应速度。在控制阀应用中，加速器通常与定位器配套使用，单作用执行机构配单作用定位器带一只加速器，双作用执行机构配双作用定位器带两只加速器。气动加速器上设计有流量输出调整螺钉，能够根据实际需求调整加速器的输出流量，以满足不同类型控制阀的响应速度，克服超调或者振荡现象。

气动加速器按其结构形式，可分成膜片式、膜片截止式、膜片滑块式和膜片滑柱式；按其结构内部的气阻形式，可分为可调式气动加速器和不可调式气动加速器；按其性能分，可分成开关式气动加速器和比例式气动加速器。控制阀行业一般应用的是膜片比例式气动加速器。

目前市场上常见的气动加速器有吴忠仪表的VF01系列和SMC的IL100系列等，结构均采用膜片比例式结构。

13.2.1 气动加速器工作原理

如图13-6所示，压力输入口接收空气过滤减压阀的输入压力，当信号输入口接收定位器输出的气压信号时,动膜片部件受到向下的压力使动膜片部件向下移动,动膜片部件向下运动过程中阀芯的上密封面与动膜片部件的排气阀座首先接触,动膜片部件继续向下移动,此时阀芯的下密封面与进气阀座脱开,压力输入口到压力输出口导通,减压阀的压力输入到执行机构。当输出压力增加到和信号输入的压力相同时,阀芯在复位弹簧的作用下再向上移动。当阀芯下密封面与进气阀座密封面接触,气动加速器既不进气也不排气,信号输入压力和输出压力保持相同。相反,输出压力大于信号输入压力,则膜片部件向上移动,排气阀座与阀芯的上密封面脱开,输出压力会通过阀芯上方空隙向支撑环排气。气动加速器根据信号改变输入压力,输出压力的灵敏度可以通过调节螺钉进行调节。根据实际需求调整加速器的输出流量,以满足不同类型控制阀的响应速度,克服超调或者振荡现象。

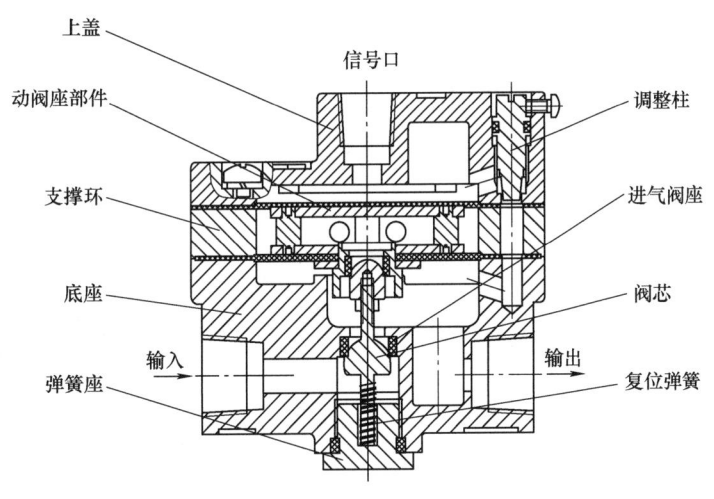

图 13-6 气动加速器工作原理图

13.2.2 VF01 系列气动加速器

VF01 系列气动加速器是吴忠仪表智能控制装备技术有限公司自主研发的一款高容量气动放大器,它整机采用膜片比例式结构,并设置有输出流量调节螺钉,可根据实际需求调整加速器的输出流量,以满足不同类型控制阀的控制需求。VF01 系列加速器具有安装简单、调试方便、运行可靠、体积小、结构紧凑、输出流量大和信号控制精度高等特点。具体型号有 VF01-1、VF01-2、VF01-4、VF01-5 和 VF01-6，其额定流量分别为 500NL/min、800NL/min、1800NL/min、3000NL/min 和 4000NL/min，螺纹接口依次是 1/4in、3/8in、1/2in、3/4in 和 1in。多种型号的额定流量可以满足不同气路需求，用户可根据阀门大小、执行机构气缸容积和全行程动作时间要求等实际情况进行选择。VF01 系列气动加速器如图 13-7 所示。

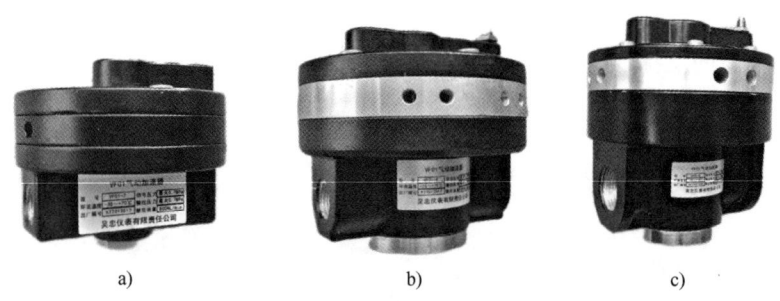

图 13-7　VF01 系列气动加速器

a）VF01-1/2 加速器　b）VF01-4 加速器　c）VF01-5/6 加速器

13.2.3　VF01 系列气动加速器调试方法

VF01 系列气动加速器外形设计简单、安装简便，既适用于单作用执行机构又适用于双作用执行机构。为了防止加速器出现问题时高压气体直接进入执行机构，气动加速器前通常要安装一个空气过滤减压阀，且为了保证加速器的输出流量不被限流，需使用与其流量相匹配的大容量空气过滤减压阀。

VF01 系列加速器调试方法非常简单，首先检查加速器进出气口和信号口的气密性，在连接正常的情况下通过调整螺钉进行调节，当定位器输入信号阀门上下振动时，逆时针旋转气动加速器的调整螺钉，输出灵敏度减小；当定位器输入信号阀门动作非常缓慢时，顺时针旋转气动加速器上的调整螺钉，输出灵敏度增强。通过调节调整螺钉的位置可以改善控制系统的稳定性。

13.2.4 VF01 系列气动加速器的选型依据和典型应用

(1) 选型依据

阀位变送器生产厂家众多，产品结构和功能各有不同，应根据用户的实际需求和应用工况进行选型。选型时主要依据以下几个方面：

1) 气源接口。根据使用需求可选择不同气源接口的加速器，气源接口按螺纹种类分有 Rc 和 NPT 螺纹等，按螺纹大小分有 1/4in、3/8in、1/2in、3/4in 和 1in 等，一般螺纹越大气控阀的阀体越大，气源接口的大小基本可以决定加速器本身的最大流量。例如，VF01 系列加速器螺纹为 3/8in 的最大额定流量为 800L/min，螺纹为 1/2in 的最大额定流量为 1800L/min，螺纹为 3/4in 的最大额定流量为 3000L/min，螺纹为 1in 的最大额定流量为 4000L/min。用户可以根据阀门全行程动作的时间计算出流量，根据流量大小选择相应的加速器。

2) 环境温度。根据不同工况、不同地域，对加速器耐高温或耐寒能力都有要求，选用加速器时仔细查阅其温度参数。

3) 壳体材质。加速器一般有铝合金和不锈钢两种壳体材质。铝合金材质经济实用，盐雾腐蚀严重的场合通常选用不锈钢材质的加速器。

(2) 典型应用

当远距离传送压力信号或执行机构气缸容积较大时，只依靠定位器控制阀门将产生较明显的传递时间滞后现象，因此定位器与加速器需配合使用，这样可以将定位器输出的小流量气压信号通过加速器转换为持续稳定的大流量气压信号，可显著提高执行机构的响应特性。加速器与其他不同附件组合可以实现各种不同的控制功能，以下简单介绍几种常见应用气路。

1) 如图 13-8 所示气路通常应用于容积≥25L 的单作用执行机构（气开阀或气关阀），可实现调节式控制；当执行机构容积在 25~80L 时，选用 VF01-2 加速器，主控制气路用通径 10mm 的气源管；当执行机构容积≥60L 时，选用 VF01-5 加速器，主控制气路用通径16mm的气源管；对于执行机构容积<25L，但要求调节阀有较快的时间（如1s）要求时也可以按该图选用。

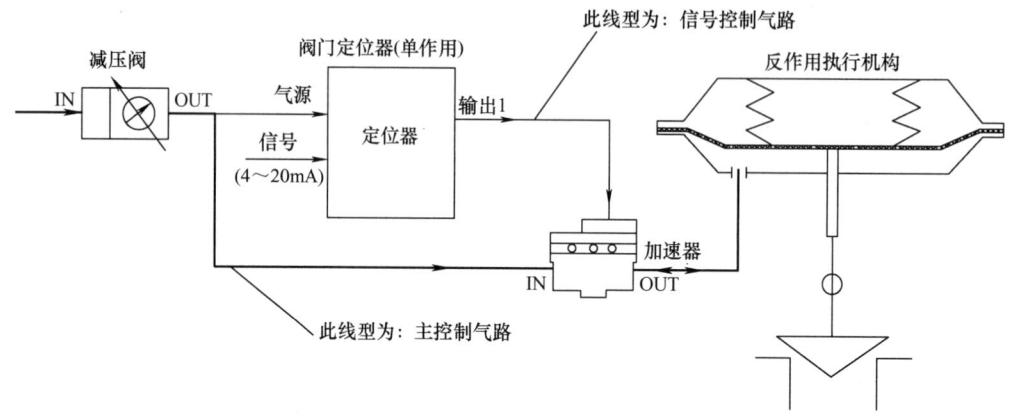

图13-8　单作用执行机构定位器调节图

2）如图13-9所示气路通常应用于容积≥25L的双作用执行机构的调节式控制，当电磁阀带电且气源正常时，通过双作用定位器输出1和输出2的压力信号分别作用于两只加速器，从而控制阀门的打开或关闭。当电磁阀断电或气源故障时，调节阀通过双作用保位阀实现故障保位功能。当执行机构容积在25~60L时，选用两只VF01-2加速器，主控制气路用通径10mm的气源管；当执行机构容积≥60L时，选用两只VF01-5加速器，主控制气路用通径12mm的气源管；对于执行机构容积<25L，但要求调节阀有较快的时间（如1s）要求时也可以按该图选用。

3）如图13-10所示气路通常应用于容积≥25L的双作用执行机构的调节式控制，当电磁阀带电且气源正常时，阀门正常动作。当电磁阀断电或气源故障时，调节阀打开或关闭（可根据实际需求将储气罐输出接到闭锁阀IN1-2或闭锁阀IN2-2排空口上）。当执行机构容积在25~60L时，选用两只VF01-2加速器，主控制气路用通径10mm的气源管；当执行机构容积≥60L时，选用两只VF01-5加速器，主控制气路用通径12mm的气源管；对于执行机构容积<25L，但要求调节阀有较快的时间（如1s）要求时，也可以按该图选用。

第13章 其他常见控制阀配套附件

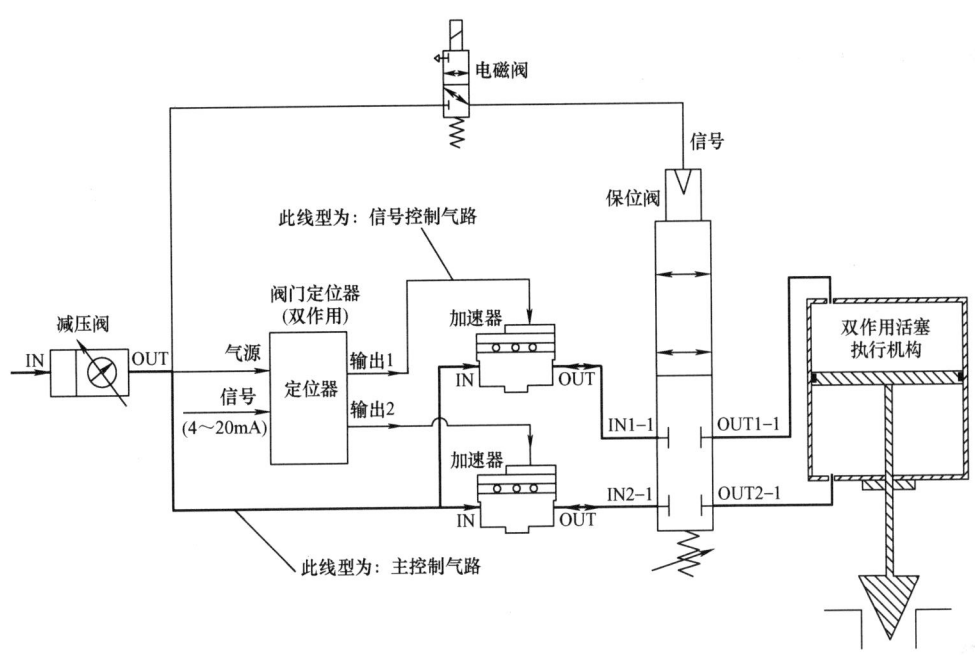

图 13-9 双作用执行机构大口径调节型控制阀断气断电阀位保持控制原理气路图

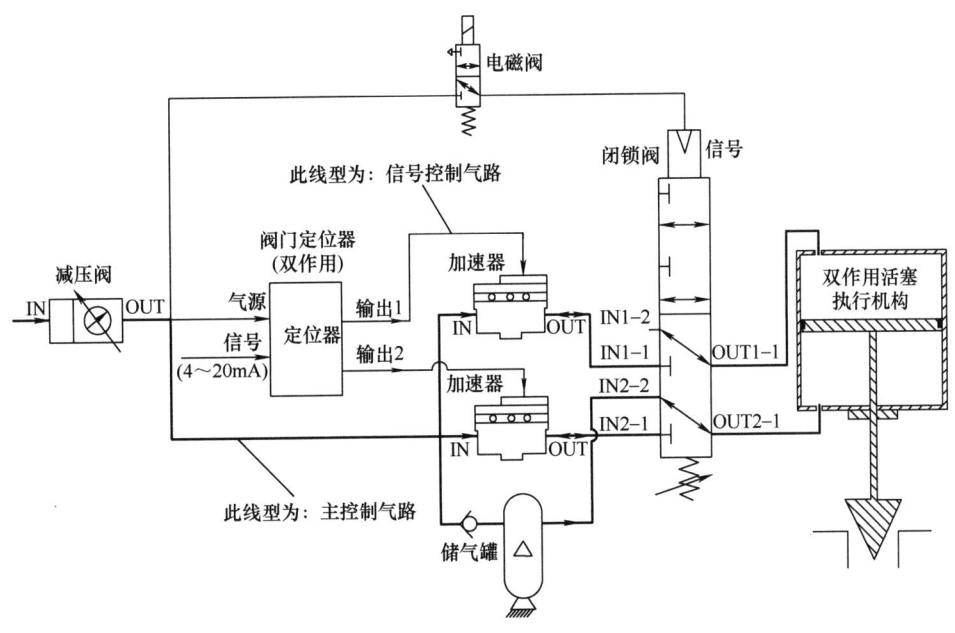

图 13-10 双作用执行机构大口径调节型控制阀断气断电复位控制原理气路图

13.3 气控阀

气控阀是一种接收一定范围的气压信号,控制气路通断转换的气动控制阀门附件。气控阀与电磁阀等配合使用可以将电磁阀输出的小流量气压信号转换为大流量气压信号。气控阀是一种能够提高执行机构动作速度,减小时间滞后的高容量空气控制器。气控阀也可以与其他控制阀门附件组合使用实现阀门特殊控制功能,如保位、阀门快开和阀门快关等。

气控阀通常按以下几个方面分类:

1) 按零位状态分类。零位状态指的是没有通气情况下气控阀的初始状态,气控阀按零位状态分为常开型气控阀、常闭型气控阀和通用型气控阀。

2) 按结构分类。气控阀按切换通口数和工作位置数可分为二位三通气控阀、二位五通气控阀和三位五通气控阀。通常二位三通气控阀用于单作用执行机构,二位五通气控阀用于双作用执行机构,也可以用两个二位三通气控阀替代一个二位五通气控阀使用。

13.3.1 气控阀工作原理

图 13-11 为二位三通气控阀工作原理示意图,其工作原理如下:经先导口进入的信号压力推动气控活塞,从而推动活塞杆,活塞杆下移,复位弹簧压缩,密封阀座 1 密封,密封阀座 2 脱开,输入口与输出口导通,气控阀正常工作。当先导口信号压力断开时,弹簧复位,推动活塞杆上移,密封阀座 2 密封,密封阀座 1 脱开,输出口与排空口导通,气控阀排气。

图 13-12 为二位五通气控阀工作原理示意图,其工作原理如下:经先导口进入的信号压力推动气控活塞,从而推动换向活塞杆,换向活塞杆下移,复位弹簧压缩,这时输入口和输出口 1 导通,输出口 2 和排空口 2 导通;当先导口压力断开时,弹簧复位,

第13章　其他常见控制阀配套附件

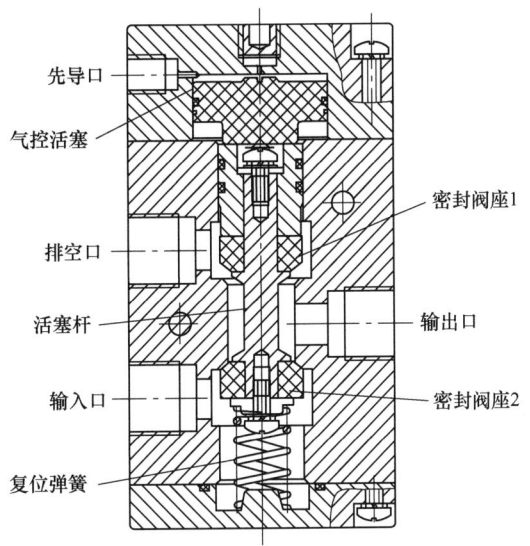

图 13-11　二位三通气控阀工作原理示意图

此时输入口和输出口 2 导通，输出口 1 和排空口 1 导通。通过先导口信号压力的通断来使气控阀气路进行切换，达到阀门的控制需求。

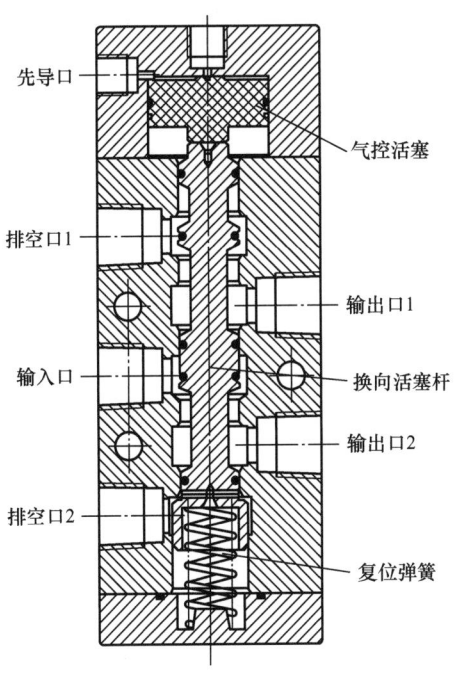

图 13-12　二位五通气控阀工作原理示意图

13.3.2 VP 系列气控阀

VP 系列气控阀是吴忠仪表智能控制装备技术有限公司自主研发的一款产品，采用铝合金材质，具有结构紧凑、通用性强、安装方便、成本低和可靠性高的特点。VP 系列气控阀有多种型号，其中二位三通气控阀有 VP23-06、VP23-10、VP23-16 和 VP23-20，最大输出流量依次是 375 NL/min、1000 NL/min、3000 NL/min 和 4750 NL/min，螺纹接口依次是 1/4in、1/2in、3/4in 和 1in。二位五通气控阀有 VP25-06、VP25-08 和 VP25-12，最大输出流量依次是 375 NL/min、700 NL/min 和 1575 NL/min，螺纹接口依次是 1/4in、1/2in。VP 系列气控阀多种型号可以满足各种使用需求，适用于各种场合。图 13-13 为 VP 系列气控阀外形图。

图 13-13　VP 系列气控阀外形图

a) VP23-10 气控阀　b) VP23-20 气控阀图　c) VP25-08 气控阀

13.3.3 气控阀选型依据和典型应用

(1) 气控阀的选型依据

气控阀的选型一般从以下几个方面考虑。

1) 结构。一般单作用执行机构选用二位三通气控阀，双作用执行机构选用二位五通气控阀，也可以用两个二位三通气控阀替代一个二位五通气控阀使用。

第13章 其他常见控制阀配套附件

2)接口螺纹。根据使用需求可选择不同气源接口的气控阀,气源接口按螺纹种类分有 Rc、NPT 和 G 螺纹等,按螺纹大小分有 1/4in、3/8in、1/2in、3/4in 和 1in 等,一般螺纹越大气控阀的阀体越大。

3)最大流量。考虑到控制阀的口径、功能以及对动作时间的要求,根据气控阀的最大流量,选用不同阀体大小的气控阀。气控阀的最大流量与阀体大小成正相关,阀体越大气控阀的最大流量越大。

4)使用环境温度。考虑到寒冷地区及热带地区等环境下气控阀的耐受性,根据极限工作环境温度可选用低温型、普通型和高温型气控阀。

5)材质。气控阀一般采用金属材质,如铝合金、不锈钢等。盐雾腐蚀严重的场合通常选用不锈钢材质的气控阀。

(2)气控阀的典型应用

1)电磁阀通径一般较小,大通径的电磁阀价格昂贵,气控阀与电磁阀配合使用,可以将电磁阀输出的小流量气压信号转换为大流量气压信号,能够节约成本,提高执行机构动作速度,减小时间滞后。单作用执行机构配置二位三通气控阀,可以实现电磁阀断电后控制阀快速复位功能,气路连接如图 13-14 所示。

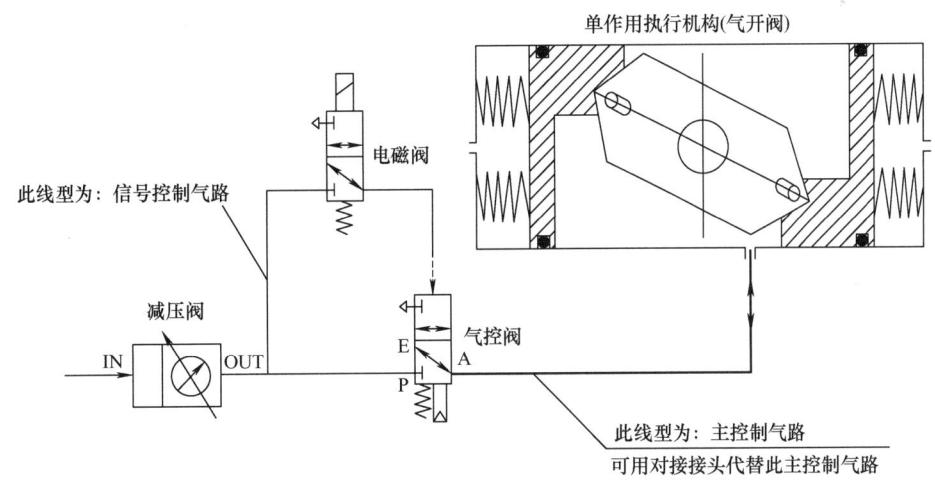

图 13-14 单作用执行机构断电快速复位控制原理图

2）常见的保位阀流量最大为1000NL/min，容积较大的双作用执行机构要求气源故障控制阀锁定时，若保位阀太小会导致阀门动作时间延长。两个大通径的二位三通气控阀配合一个小通径的闭锁阀使用，可以在实现控制阀故障锁定的同时大大提高执行机构动作速度、减小时间滞后。气路连接如图13-15所示。

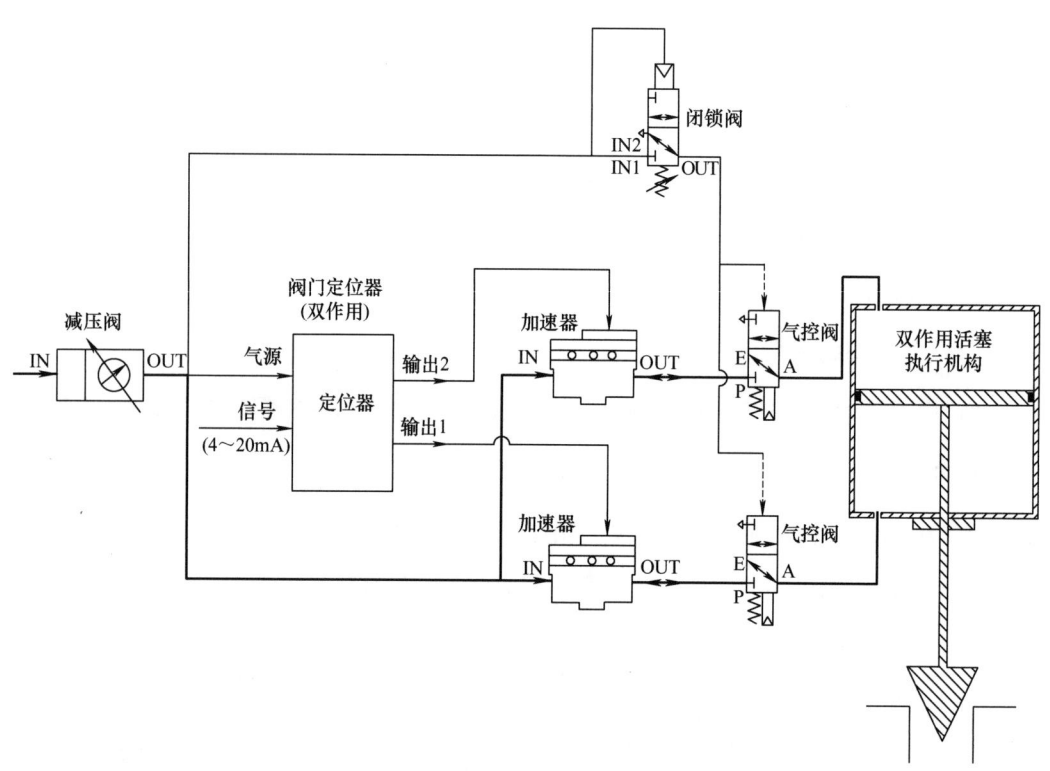

图13-15 双作用执行机构大口径控制阀故障锁定控制原理图

3）二位五通气控阀配合闭锁阀、电磁阀使用，可以实现双作用执行机构断气断电复位功能。断气断电时二位五通气控阀E1口与A口导通，P口与B口导通，储气罐中储存的气源通过气控阀向双作用执行机构一端充气，双作用执行机构另一端通过气控阀放空，使得控制阀复位。气路连接如图13-16所示。

第13章 其他常见控制阀配套附件

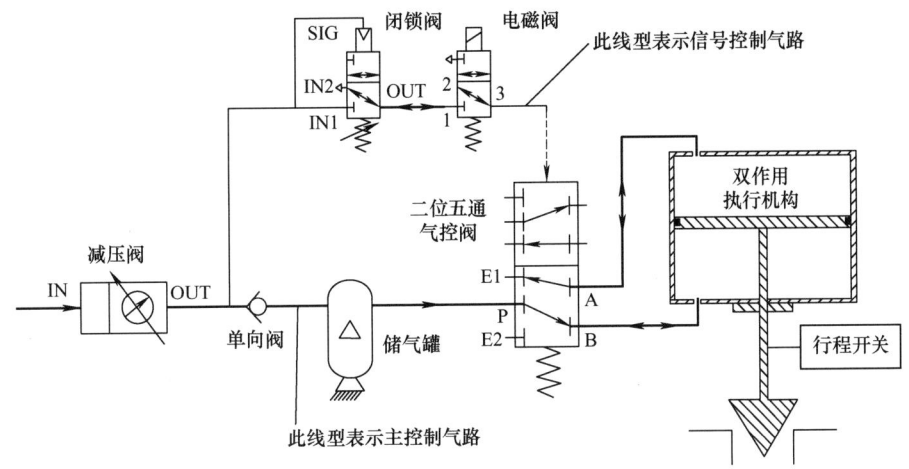

图 13-16 双作用执行机构断气断电复位控制原理图

13.4 闭锁阀

闭锁阀是气动单元组合仪表辅助元件，它通常与定位器、电磁阀等附件组合使用，以实现控制阀门打开和关闭功能。闭锁阀能够对控制阀的供气压力进行检测，并根据控制需求对故障切换点的压力进行设置。当控制阀的供气压力低于闭锁阀的气源故障点设定压力时，它能使控制阀处于全关或全开位置；当控制阀的气源压力恢复正常值，即大于闭锁阀的故障点设定压力时，控制阀自动恢复正常控制。常用品牌如吴忠仪表智能控制装备技术有限公司 ZPB 系列和韩国永泰 YT-430 系列等。

闭锁阀按结构分类：闭锁阀按切换通口数可分为单作用闭锁阀和双作用闭锁阀。通常单作用闭锁阀有两个通口用于单作用执行机构，双作用闭锁阀有四个通口用于双作用执行机构。

13.4.1 闭锁阀工作原理

吴忠仪表智能控制装备技术有限公司 ZPB 系列闭锁阀工作原理如下。

(1) ZPB-S 单作用闭锁阀工作原理

如图 13-17 所示，ZPB-S 系列单作用闭锁阀共有四个接口：IN1 口为压力输入口；OUT 口为压力输出口；IN2 口可以根据调节阀控制需要为排空口或接气源；SIG 口为信号输入口，通常接气源。顺时针旋转调整螺栓使调压弹簧压缩，膜片部件受力，当弹簧作用在膜片部件的下压力小于信号压力作用在膜片部件上的上张力时（即 SIG 信号口压力高于闭锁阀的气源故障点设定压力），SIG 口的信号压力进入上气腔室，换向活塞受压后向下运动并推动活塞杆向下运动，此时 IN1 口与 OUT 口导通，IN2 口与 IN1 口和 OUT 口均不导通。当 SIG 信号口压力低于闭锁阀的气源故障点设定压力值时，上气腔室气压通过膜片部件上方的排空口排出，在复位弹簧的作用下，活塞杆及换向活塞向上运动，此时 IN2 口与 OUT 口导通，IN1 口与 IN2 口和 OUT 口均不导通。

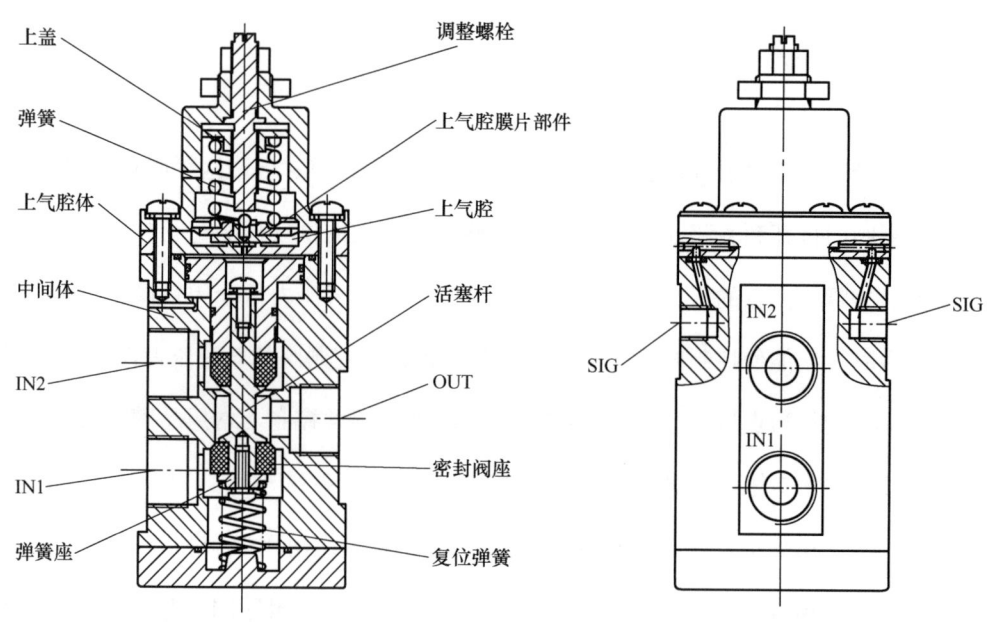

图 13-17 ZPB-S 系列单作用闭锁阀工作原理图

(2) ZPB-D 双作用闭锁阀工作原理

如图 13-18 所示，顺时针旋转调整螺栓使调压弹簧压缩，膜片部件受力，当弹簧作用在膜片部件的下压力小于信号压力作用在膜片部件上的上张力时（即 SIG 信号口压力高于闭锁阀的气源故障点设定压力），IN1-1 到 OUT1-1 口导通，IN1-2 与 OUT1-1 不通；IN2-1 到 OUT2-1 口导通，IN2-2 与 OUT2-1 口不通。当 SIG 信号口的输入压力小于闭锁阀气源故障设定点的压力时，IN1-2 到 OUT1-1 口导通，OUT1-1 与 IN1-1 口不通；IN2-2 到 OUT2-1 口导通，OUT2-1 与 IN2-1 口不通。

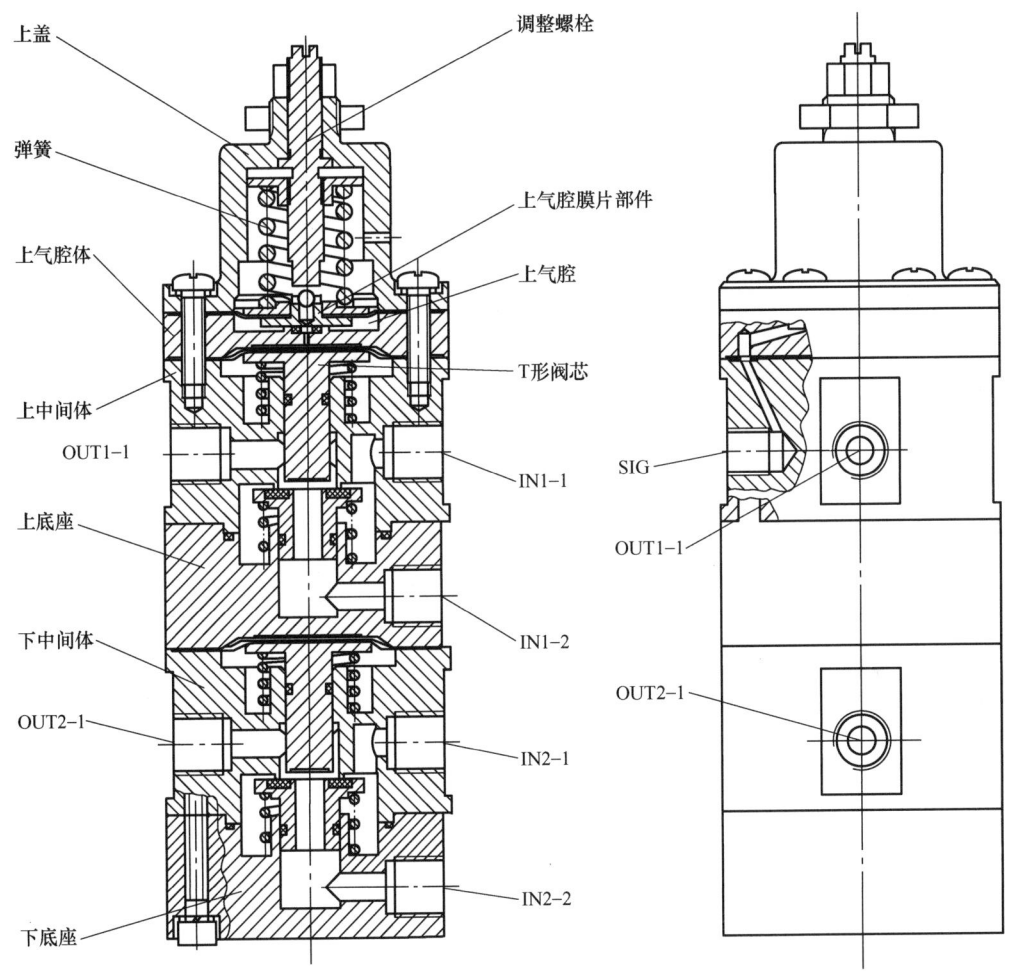

图 13-18　ZPB-D 系列双作用闭锁阀工作原理图

13.4.2　ZPB 系列闭锁阀

吴忠仪表智能控制装备技术有限公司 ZPB 系列闭锁阀有两种通径（6mm 和

10mm)、两种作用形式(单作用和双作用)，可以满足不同流量需求和不同执行机构的附件配套，主要有以下特点：尺寸小，重量轻，不需另设支架，可与金属气源管直接连接，安装方便；微小压差反应灵敏；耐蚀性好，适合于各种工况；维修、更换方便；价格合适，性价比高。ZPB 系列闭锁阀外形图如图 13-19 所示。

图 13-19　ZPB 系列闭锁阀外形图

13.4.3　闭锁阀安装与调试方法

闭锁阀安装简单易操作，首先将闭锁阀顶端的六角薄螺母拆下，将安装板套在螺纹外，压紧六角薄螺母，将安装板另一端安装在执行机构上，用固定螺栓上紧固定，最后按功能要求正确连接气路。安装时闭锁阀如果选择单作用、重量较轻的如 ZPB-S06 等型号，也可直接用金属气源管连接安装，不需要安装板。

闭锁阀常见调试步骤如下：

1）当供给气源压力调至高于闭锁阀设置的故障切换点压力时，闭锁阀应能打开，使操作压力通入执行机构。

2）将供给气源压力调至低于闭锁阀设置的故障切换点压力时，闭锁阀应处于闭锁状态。如不闭锁，可调整螺栓（顺时针旋转调整螺栓可增大气源故障点切换压力，逆时针旋转调整螺栓可减小气源故障点切换压力),直到完全闭锁为止。

3)将气源恢复到正常工作压力,闭锁阀应自动恢复到正常工作状态。

一般出厂时,闭锁阀的气源故障点设定压力为 0.3MPa,调试时,先设定减压阀的输出压力为 0.3MPa,再旋转闭锁阀的调整螺栓,将其调整到完全闭锁为止,此时气源故障点设定完成,锁紧调整螺栓上的小螺母。然后,将减压阀的输出压力调整到控制阀的正常供气压力。重复上述步骤 2~3 次即可完成调试。

13.4.4 闭锁阀选型依据和典型应用

应根据控制阀的作用形式(单作用或双作用)、控制功能、流量要求和工作环境等方面进行灵活选型,以满足控制阀的配套需求。

(1) 闭锁阀选型

1)作用形式。根据执行机构的作用形式,一般单作用执行机构选用单作用闭锁阀,双作用执行机构选用双作用闭锁阀。

2)螺纹接口。常用螺纹接口有 NPT1/4 和 NPT1/2 等。

3)环境温度。根据不同工况、不同地域,闭锁阀通常分为常温型、低温型和高温型。

4)使用流量。闭锁阀通常有两种通径(6mm 和 10mm),可以满足不同流量需求和不同执行机构的配套使用。

5)壳体材质。闭锁阀一般采用金属材质,如铝合金、不锈钢等。盐雾腐蚀严重的场合通常选用不锈钢材质的闭锁阀。

(2) 闭锁阀典型应用

1)典型的单作用执行机构断气断电复位控制原理图如图 13-20 所示。当现场仪表气源正常时,控制阀接收中控室电压信号,由电磁阀控制进行开关调节。当电磁阀断电切换(2 口与 3 口导通)或者现场仪表气源压力低于某一设定压力值后闭锁阀切换(IN2 口与 OUT 口导通),执行机构气室压力通过闭锁阀排空,使得控制阀复位。

控制阀设计制造技术

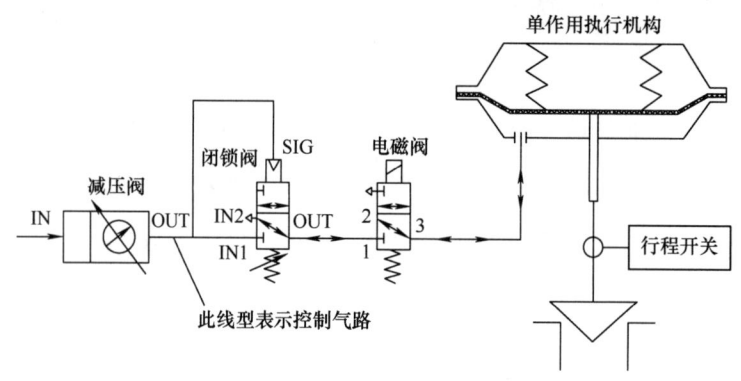

图 13-20　单作用执行机构断气断电复位控制原理图

2）典型的双作用执行机构断气断电复位控制原理图如图 13-21 所示。当现场仪表气源正常时，控制阀接收中控室信号，由阀门定位器控制进行开度调节。当电磁阀断电切换（2 口与 3 口导通）或现场仪表气源压力低于某一设定压力值后双作用闭锁阀切换（IN1-2 口与 OUT1 口导通、IN2-2 口与 OUT2 口导通），储气罐中储存的气源通过闭锁阀向双作用执行机构一端充气，双作用执行机构另一端通过闭锁阀排空，使得控制阀复位。气路图中的储气罐容积一般是双作用执行机构气室容积的 4 倍。

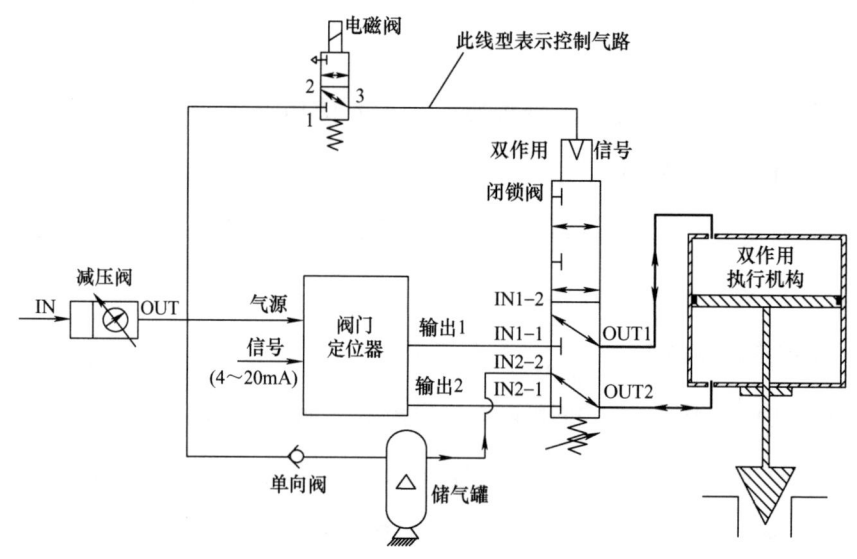

图 13-21　典型的双作用执行机构断气断电复位控制原理图

13.5 保位阀

保位阀是气动单元组合仪表辅助元件,它通常与定位器等附件组合使用,以实现控制阀保位功能。保位阀能够对控制阀的供气压力进行检测,并根据控制需求对故障切换点的压力进行设置。当控制阀的供气压力低于保位阀的气源故障点设定压力时,保位阀能使控制阀的开度保持在气源故障点前的位置,当控制阀的气源压力恢复正常值时,控制阀自动恢复正常控制。常用品牌如吴忠仪表智能控制装备技术有限公司 ZPA 系列和韩国永泰 YT-400 系列等。

保位阀按结构分类:保位阀按切换通口数可分为单作用保位阀和双作用保位阀。通常单作用保位阀有一个通口用于单作用执行机构,双作用保位阀有两个通口用于双作用执行机构。

13.5.1 保位阀工作原理

吴忠仪表智能控制装备技术有限公司 ZPA 系列保位阀工作原理如下。

(1) ZPA-S 单作用保位阀工作原理

如图 13-22 所示为 ZPA-S 系列单作用保位阀工作原理图。顺时针旋转调整螺栓使调压弹簧压缩,膜片部件受力,当弹簧作用在膜片部件的下压力小于信号压力作用在膜片部件上的上张力时(即 SIG 信号口压力高于保位阀的气源故障点设定压力),SIG 口的信号压力进入上气腔,换向活塞受压后向下运动并推动活塞杆向下运动,此时 IN 口与 OUT 口导通;当 SIG 信号口压力低于保位阀的气源故障点设定压力值时,上气腔室气压通过膜片部件上方的排空口排出,在复位弹簧的作用下,活塞杆及换向活塞向上运动,此时 IN 口与 OUT 口不导通。

(2) ZPA-D 双作用保位阀工作原理

如图 13-23 所示为 ZPA-D 系列双作用保位阀工作原理图。顺时针旋转调整螺栓使

控制阀设计制造技术

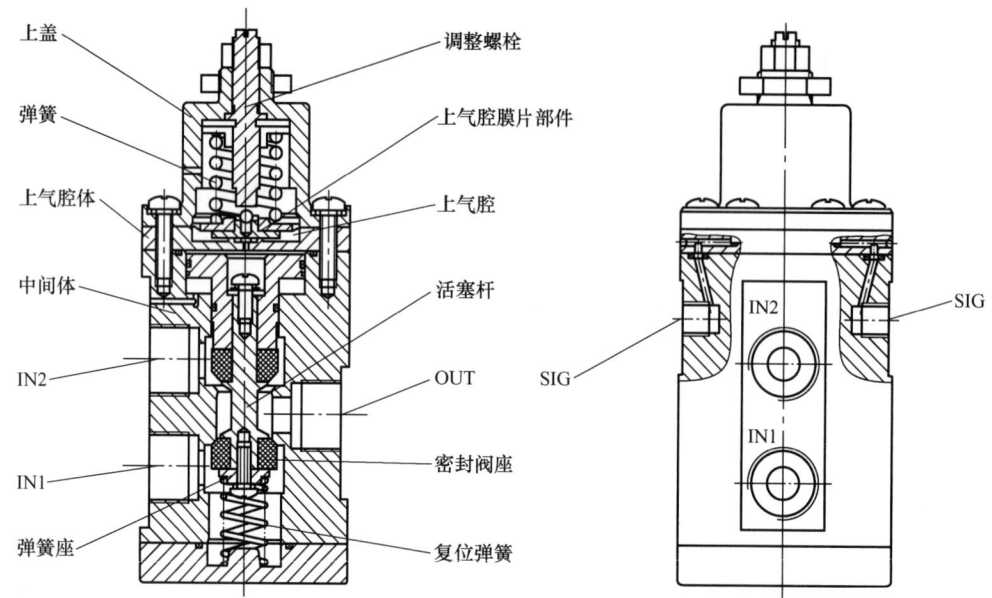

图 13-22　ZPA-S 系列单作用保位阀工作原理图

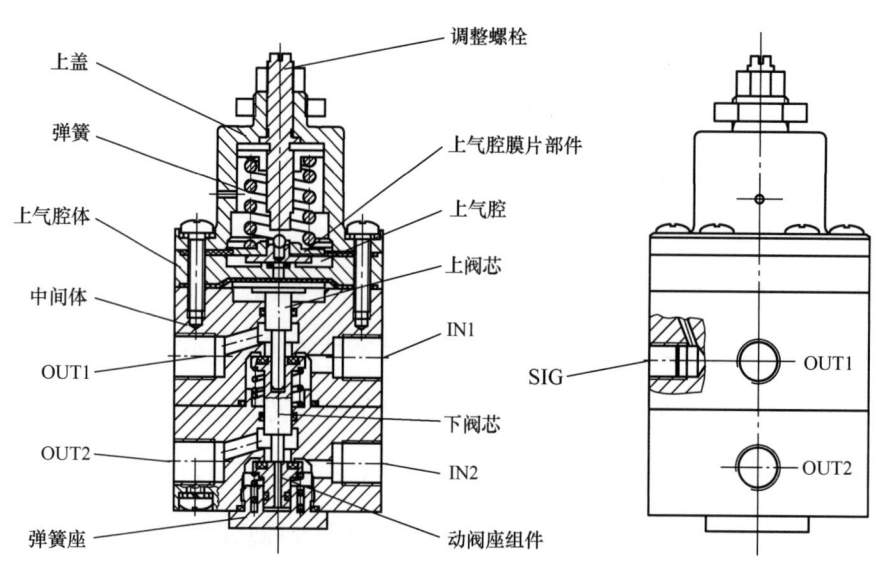

图 13-23　ZPA-D 系列双作用保位阀工作原理图

调压弹簧压缩，膜片部件受力，当弹簧作用在膜片部件的下压力小于信号压力作用在膜片部件上的上张力时（即 SIG 信号口压力高于保位阀的气源故障点设定压力），IN1 到 OUT1 口导通，IN2 到 OUT2 口导通；当 SIG 信号口的输入压力小于保位阀气源故障设定点的压力时，IN1 到 OUT1 口不通，IN2 到 OUT2 口不通。

13.5.2　ZPA 系列保位阀

吴忠仪表智能控制装备技术有限公司 ZPA 系列保位阀有两种通径（6mm 和 10mm）、两种作用形式（单作用和双作用），可以满足不同流量需求和不同执行机构的附件配套，主要有以下特点：尺寸小，重量轻，不需另设支架，可与金属气源管直接连接，安装方便；微小压差也反应灵敏；耐蚀性好，适合于各种工况环境；维修、更换方便；价格合适，性价比高。ZPA 系列保位阀外形图如图 13-24 所示。

图 13-24　ZPA 系列保位阀外形图

13.5.3　保位阀安装与调试方法

保位阀安装简单易操作，首先将保位阀顶端的六角薄螺母拆下，将安装板套在螺纹外，压紧六角薄螺母，将安装板另一端安装在执行机构上，用固定螺栓上紧固定，最后按功能要求正确连接气路。安装时保位阀如果选择单作用、重量较轻的如 ZPA-S06 等型号，也可直接用金属气源管连接安装，不需要安装板。

保位阀常见调试步骤如下：

1）当供给气源压力调至高于保位阀设置的故障切换点压力时，保位阀应能打开，使操作压力通入执行机构。

2)当供给气源压力调至低于保位阀设置的故障切换点压力时,保位阀应处于保位状态。如不保位,可调整螺栓(顺时针旋转调整螺栓可增大气源故障点切换压力),逆时针旋转调整螺栓可减小气源故障点切换压力),直到完全保位为止。

3)将气源恢复到正常工作压力,保位阀应自动恢复到正常工作状态。

一般出厂时,保位阀的气源故障点设定压力为0.3MPa,调试时,先设定减压阀的输出压力为0.3MPa,再旋转保位阀的调整螺栓,将其调整到完全保位为止,此时气源故障点设定完成,锁紧调整螺栓上的小螺母。然后,将减压阀的输出压力调整到控制阀的正常供气压力。重复上述步骤2~3次即可完成调试。

13.5.4 保位阀选型依据和典型应用

应根据控制阀的作用形式、控制功能、流量要求和工作环境等方面进行灵活选型,以满足控制阀的配套需求。

(1) 保位阀选型

1)作用形式。根据执行机构的作用形式,一般单作用执行机构选用单作用保位阀,双作用执行机构选用双作用保位阀。

2)螺纹接口。常用螺纹接口有NPT1/4和NPT1/2等。

3)环境温度。根据不同工况、不同地域,保位阀通常分为常温型、低温型和高温型。

4)使用流量。保位阀通常有两种通径(6mm和10mm),可以满足不同流量需求和不同执行机构的配套使用。

5)壳体材质。保位阀一般采用金属材质,如铝合金、不锈钢等。盐雾腐蚀严重的场合通常选用不锈钢材质的保位阀。

(2) 保位阀典型应用

1)单作用执行机构断气断电阀位保持控制原理图如图13-25所示。当现场仪表气源正常时，控制阀接收中控室电压信号由电磁阀控制进行开关调节。当电磁阀断电切换（2口与3口导通）或者现场仪表气源压力低于某一设定压力值后保位阀关闭，保持执行机构当前气室压力，让控制阀阀位保持。气路图中减压阀、气动加速器和保位阀需要根据执行机构容积和全行程动作时间要求具体计算选型。

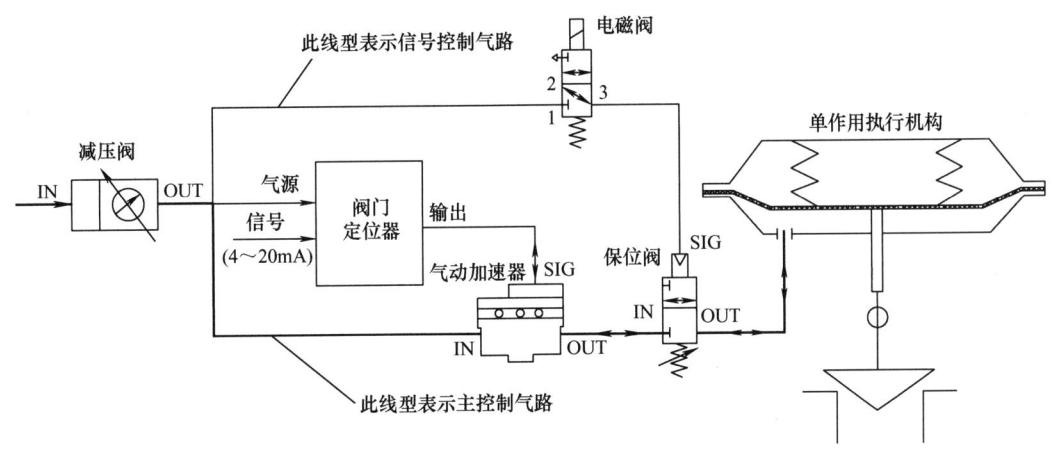

图13-25 单作用执行机构断气断电阀位保持控制原理图

2）双作用执行机构断气阀位保持控制原理图如图13-26所示。当现场仪表气源正常时，开关型控制阀通过电磁阀通/断电来实现阀门开关调节，所以开关型控制阀一般没有断电阀位保持的控制要求。当现场仪表气源压力低于某一设定压力值后保位阀关

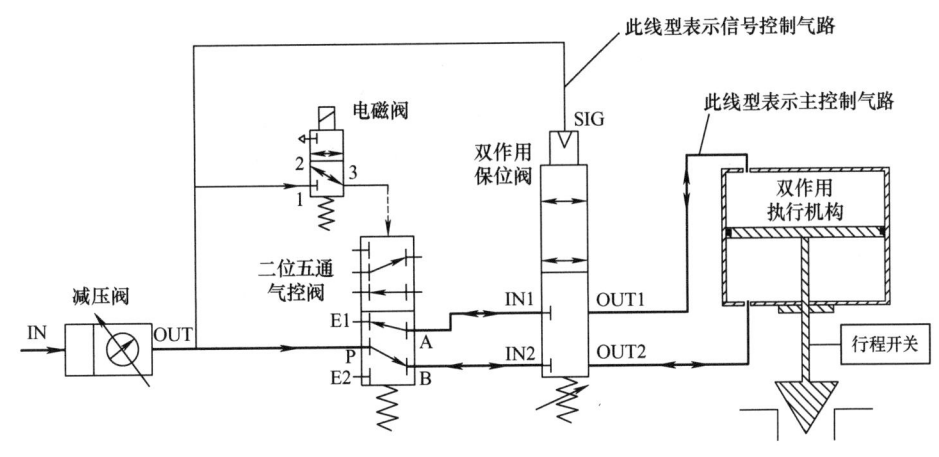

图13-26 双作用执行机构断气阀位保持控制原理图

闭，保持执行机构当前气室压力，从而让控制阀阀位保持。气路图中减压阀、二位五通气控阀和双作用保位阀需要根据执行机构容积和开/关动作时间要求具体计算选型。

13.6 电子开关

电子开关是通过 4～20mA 模拟电流驱动继电器实现电压电路通断的控制元件，包括稳压电路、控制电路和继电器等，主要与定位器和电磁阀组合配套使用，实现定位器断信号和电磁阀断电时的阀门复位或保位控制。

13.6.1 电子开关原理

电子开关原理图如图 13-27 所示。电子开关 U+、U- 端子接输入电压（如 DC 24V），当 IN+、IN- 端子无电流信号输入时，继电器 SSR 不导通，电压电路断开，即电路板 OUT+、OUT- 端子无输出；当 IN+、IN- 端子有大于 3.8mA 的电流输入时，继电器 SSR 导通，电压电路导通，即电路板 OUT+、OUT- 端子有输出。

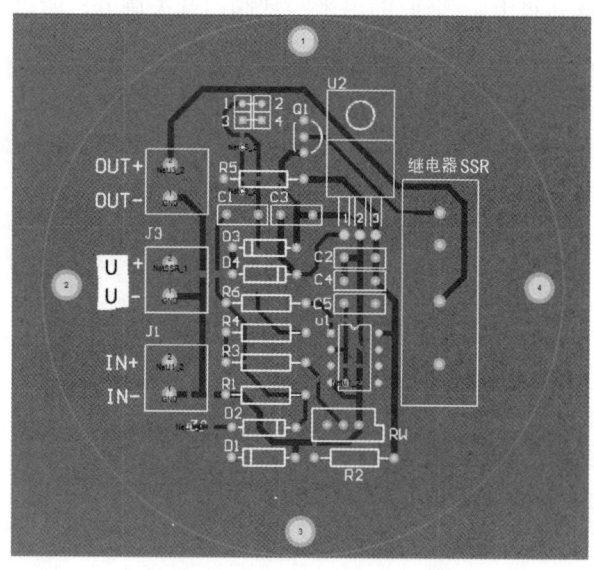

图 13-27　电子开关原理图

第13章 其他常见控制阀配套附件

13.6.2 DKB 电子开关

吴忠仪表智能控制装备技术有限公司 DKB 电子开关为常闭型,输入电压为 DC 24V,输入电流为 4~20mA,输出电压为 DC 24V。DKB 电子开关外形图如图 13-28 所示。

图 13-28　DKB 电子开关外形图

13.6.3 电子开关典型应用

如图 13-29 所示为电子开关的典型应用,与定位器、电磁阀进行连接,使得整个气

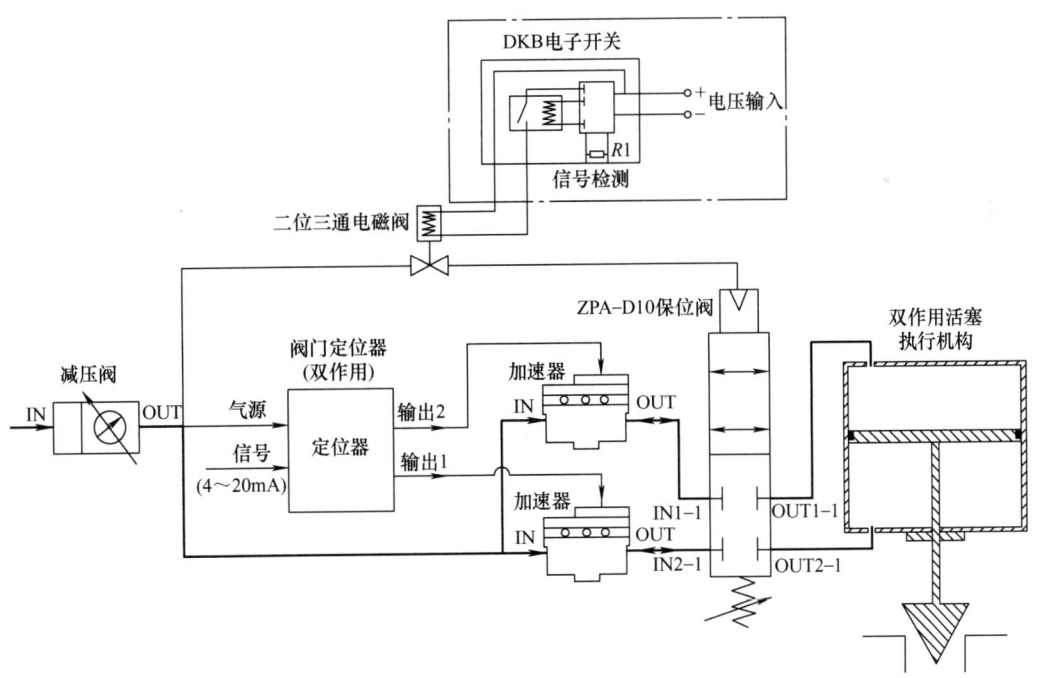

图 13-29　电子开关的典型应用

控制阀设计制造技术

路实现定位器断信号、电磁阀断电、气源故障阀门保位的控制需求，在化工应用中也称之为三断保护气路。其中电子开关（DKB）和二位三通电磁阀实现了断电源、断信号源的保护需求。

当定位器输入的控制信号（4~20mA）小于 DKB 电子开关信号故障点的设定值时，电子开关切断二位三通电磁阀的电源，二位三通电磁阀断电，双作用保位阀的控制气源被切断，调节阀锁定；当现场供电断开时，电子开关切断二位三通电磁阀的电源，双作用保位阀的控制气源被切断，调节阀锁定；当现场气源压力低于闭锁阀气源故障点设定值（出厂设定切换点为 0.28MPa）时，双作用保位阀动作，调节阀实现气源故障保位功能。

第14章 控制阀控制模式

控制阀是过程控制系统中的重要组成部分,在生产过程中,控制系统对阀门提出各式各样的控制要求。受工业现场管道工艺要求的影响,单独配套定位器和电磁阀的控制阀功能比较单一,在遇到需要控制阀调节快速打开、缓慢关闭或仪表气源故障阀位保持或调节时间控制在某一范围内的一些功能时,就需要增加其他配套控制附件,如气动加速器、快速排气阀和速度控制阀等,通过这些控制附件配套组合使用来实现控制阀需求的控制功能。控制附件的选型使用和控制阀类型(如直行程、角行程)及所配执行机构作用形式、容积大小、气源接口大小等密切相关,如何正确选择合适的控制附件来实现控制阀的不同控制功能是一个比较复杂的选型过程,对选型人员有比较高的能力要求。

本章主要对控制阀常用控制模式和控制阀特殊控制模式的内容进行介绍,有助于工业现场控制阀的控制附件配套及选型。

14.1 控制阀常用控制模式

14.1.1 单作用执行机构控制阀常用控制模式

1. 控制阀断气、断电复位控制

(1) 开关型控制阀

单作用执行机构开关型控制阀断气、断电复位控制原理气路图如图 14-1 所示,控制配置见表 14-1。

控制阀设计制造技术

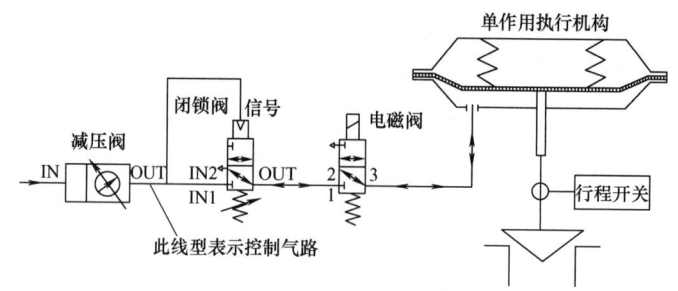

图 14-1　单作用执行机构开关型控制阀断气、断电复位控制原理气路图

表 14-1　单作用执行机构开关型控制阀断气、断电复位控制配置

控制附件	数量	型号（品牌）	功能简述
减压阀	1 件	KZ03-3BY0（吴忠仪表） AW30-N03BG（SMC）	对仪表气源进行过滤和减压
行程开关	1 件	KTL-3104（吴忠仪表）	向中控室反馈控制阀打开、关闭位置
闭锁阀	1 件	ZPB-S06（吴忠仪表）	可以设定气源压力故障点，实现断气复位控制
电磁阀	1 件	K23D-6d10N（吴忠仪表） NF8327B102（ASCO）	控制阀门进行开关调节

如图 14-1 所示，控制气路一般选用 $\phi 8$ 不锈钢管连接。

控制功能简述：当现场仪表气源正常时，控制阀接收中控室电压信号由电磁阀控制进行开关调节；当电磁阀断电切换（2 口与 3 口导通）或者现场仪表气源压力低于某一设定压力值后闭锁阀切换（IN2 口与 OUT 口导通），执行机构气室压力通过闭锁阀或电磁阀放空，使得控制阀复位。

（2）调节型控制阀

单作用执行机构调节型控制阀断气、断电复位控制原理气路图如图 14-2 所示，控制配置见表 14-2。

如图 14-2 所示，控制气路一般选用 $\phi 8$ 不锈钢管连接。

控制功能简述：当现场仪表气源正常且电磁阀正常供电时，控制阀接收中控室信号由定位器控制进行开度调节；当电磁阀断电切换（2 口与 3 口导通）或者现场仪表气源压力低于某一设定压力值后闭锁阀切换（IN2 口与 OUT 口导通），执行机构气室压力通过闭锁阀或电磁阀放空，使得控制阀复位。

第14章 控制阀控制模式

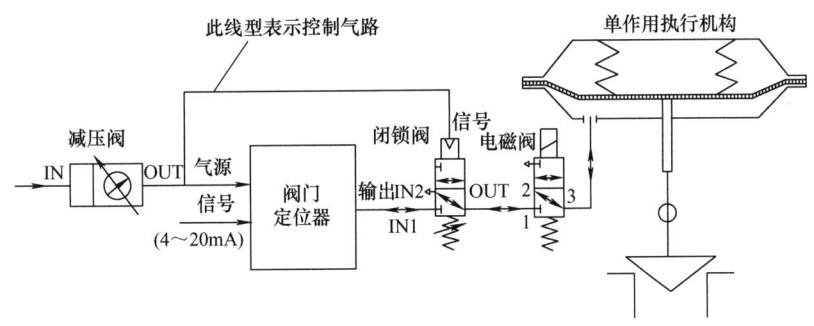

图 14-2　单作用执行机构调节型控制阀断气、断电复位控制原理气路图

表 14-2　单作用执行机构调节型控制阀断气、断电复位控制配置

控制附件	数量	型号（品牌）	功能简述
减压阀	1件	KZ03-3BY0（吴忠仪表） AW30-N03BG（SMC）	对仪表气源进行过滤和减压
定位器	1件	AEP303LSA02A（吴忠仪表） DVC6200（Fisher）	接收中控室信号，对控制阀进行开度控制
闭锁阀	1件	ZPB-S06（吴忠仪表）	可以设定气源压力故障点，实现断气复位控制
电磁阀	1件	K23DZ-6d10N（吴忠仪表） NF8327B102（ASCO）	必须选用直动式电磁阀，实现断电复位控制功能

（3）大口径开关型控制阀

单作用执行机构大口径开关型控制阀断气、断电复位控制原理气路图如图 14-3 所示，控制配置见表 14-3。

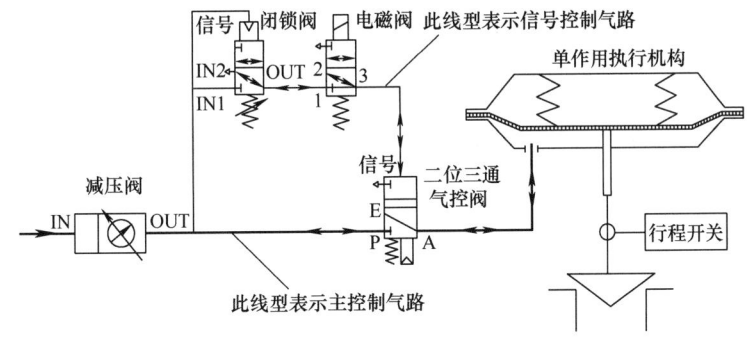

图 14-3　单作用执行机构大口径开关型控制阀断气、断电复位控制原理气路图

控制阀设计制造技术

表 14-3　单作用执行机构大口径开关型控制阀断气、断电复位控制配置

控制附件	数量	型号（品牌）	功能简述
减压阀	1 件	KZ04-3BY0（吴忠仪表） AW40-N04BG（SMC）	对仪表气源进行过滤和减压
行程开关	1 件	KTL-3104（吴忠仪表）	向中控室反馈控制阀打开、关闭位置
闭锁阀	1 件	ZPB-S06（吴忠仪表）	可以设定气源压力故障点，实现断气复位控制
电磁阀	1 件	K23D-6d10N（吴忠仪表） NF8327B102（ASCO）	控制阀门进行开关调节
二位三通气控阀	1 件	VP23-06/10/20（吴忠仪表）	配合闭锁阀、电磁阀实现阀门快速开关控制

如图 14-3 所示，信号控制气路一般选用 $\phi 8$ 不锈钢管连接，主控制气路一般根据执行机构容积和动作时间要求选用 $\phi 10 \sim \phi 25$ 不锈钢管连接。

控制功能简述：当现场仪表气源正常时，控制阀接收中控室电压信号由电磁阀控制进行开关调节；当电磁阀断电切换（2 口与 3 口导通）或者现场仪表气源压力低于某一设定压力值后闭锁阀切换（IN2 口与 OUT 口导通），此时闭锁阀或电磁阀放空二位三通气控阀信号气源导致气控阀切换（E 口与 A 口导通），执行机构气室压力通过气控阀迅速放空，使得控制阀快速复位；气路图中减压阀和二位三通气控阀需要根据执行机构容积和开关动作时间要求具体计算选型。

（4）大口径调节型控制阀

单作用执行机构大口径调节型控制阀断气、断电复位控制原理气路图如图 14-4 所示，控制配置见表 14-4。

如图 14-4 所示，信号控制气路一般选用 $\phi 8$ 不锈钢管连接，主控制气路一般根据执行机构容积和动作时间要求选用 $\phi 10 \sim \phi 25$ 不锈钢管连接。

控制功能简述：当现场仪表气源正常且电磁阀正常供电时，控制阀接收中控室信号由定位器控制进行开度调节；当电磁阀断电切换（2 口与 3 口导通）或者现场仪表气源压力低于某一设定压力值后闭锁阀切换（IN2 口与 OUT 口导通），执行机构气室压力通过闭锁阀迅速放空，使得控制阀快速复位；气路图中减压阀、气动加速器和闭锁阀需要根据执行机构容积和全行程动作时间要求具体计算选型。

第14章 控制阀控制模式

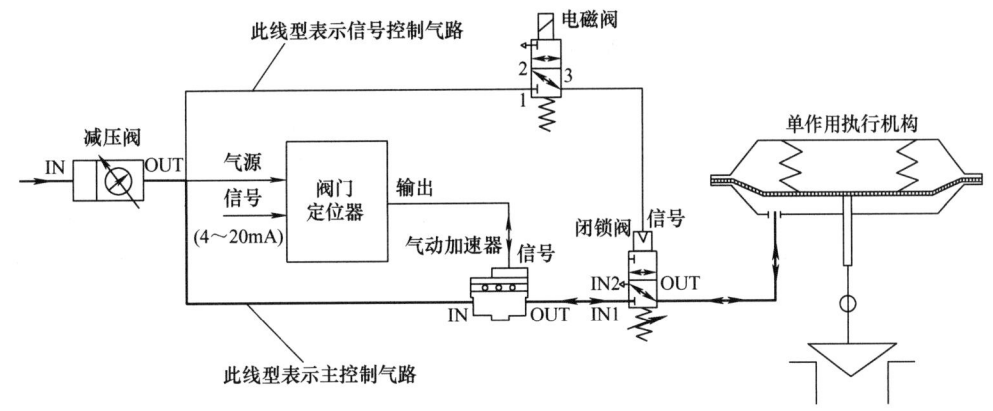

图 14-4 单作用执行机构大口径调节型控制阀断气、断电复位控制原理气路图

表 14-4 单作用执行机构大口径调节型控制阀断气、断电复位控制配置

控制附件	数量	型号（品牌）	功能简述
减压阀	1 件	KZ04-3BY0（吴忠仪表） AW40-N04BG（SMC）	对仪表气源进行过滤和减压
定位器	1 件	AEP303LSA02A（吴忠仪表） DVC6200（Fisher）	接收中控室信号，对控制阀进行开度控制
闭锁阀	1 件	ZPB-S10（吴忠仪表）	可以设定气源压力故障点，实现断气复位控制
电磁阀	1 件	K23D-6d10N（吴忠仪表） NF8327B102（ASCO）	实现断电复位控制
气动加速器	1 件	VF01-2/4（吴忠仪表）	配合定位器实现快速开度调节

2. 控制阀断气、断电阀位保持控制

（1）开关型控制阀

单作用执行机构开关型控制阀断气阀位保持控制原理气路图如图 14-5 所示，控制配置见表 14-5。

如图 14-5 所示，控制气路一般选用 $\phi 8$ 不锈钢管连接。

控制功能简述：当现场仪表气源正常时，开关型控制阀通过电磁阀通/断电来实现开关调节，所以开关型控制阀一般没有断电阀位保持的控制要求；当现场仪表气源压力低于某一设定压力值后保位阀关闭，保持执行机构当前气室压力，从而让控制阀阀位保持。

控制阀设计制造技术

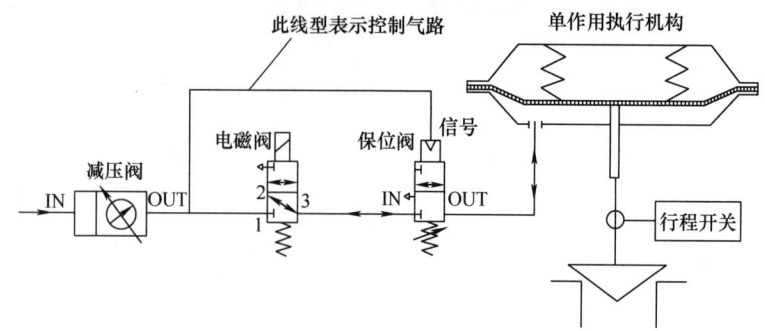

图 14-5 单作用执行机构开关型控制阀断气阀位保持控制原理气路图

表 14-5 单作用执行机构开关型控制阀断气阀位保持控制配置

控制附件	数量	型号（品牌）	功能简述
减压阀	1件	KZ03-3BY0（吴忠仪表） AW30-N03BG（SMC）	对仪表气源进行过滤和减压
行程开关	1件	KTL-3104（吴忠仪表）	向中控室反馈控制阀打开、关闭位置
保位阀	1件	ZPA-S06（吴忠仪表）	可以设定气源压力故障点，实现断气阀位保持控制
电磁阀	1件	K23D-6d10N（吴忠仪表） NF8327B102（ASCO）	控制阀门进行开关调节

（2）调节型控制阀

单作用执行机构调节型控制阀断气、断电阀位保持控制原理气路图如图 14-6 所示，控制配置见表 14-6。

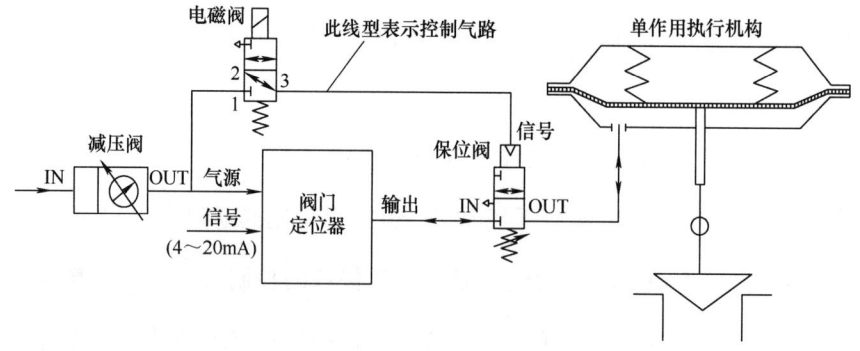

图 14-6 单作用执行机构调节型控制阀断气、断电阀位保持控制原理气路图

第14章 控制阀控制模式

表14-6 单作用执行机构调节型控制阀断气、断电阀位保持控制配置

控制附件	数量	型号（品牌）	功能简述
减压阀	1件	KZ03-3BY0（吴忠仪表） AW30-N03BG（SMC）	对仪表气源进行过滤和减压
定位器	1件	AEP303LSA02A（吴忠仪表） DVC6200（Fisher）	接收中控室信号，对控制阀进行开度控制
保位阀	1件	ZPA-S06（吴忠仪表）	可以设定气源压力故障点，实现断气阀位保持控制
电磁阀	1件	K23D-6d10N（吴忠仪表） NF8327B102（ASCO）	实现断电阀位保持控制

如图14-6所示，控制气路一般选用 $\phi 8$ 不锈钢管连接。

控制功能简述：当现场仪表气源正常且电磁阀正常供电时，控制阀接收中控室信号由定位器控制进行开度调节；当电磁阀断电或者现场仪表气源压力低于某一设定压力值后保位阀关闭，保持执行机构当前气室压力，从而让控制阀阀位保持。

（3）大口径开关型控制阀

单作用执行机构大口径开关型控制阀断气阀位保持控制原理气路图如图14-7所示，控制配置见表14-7。

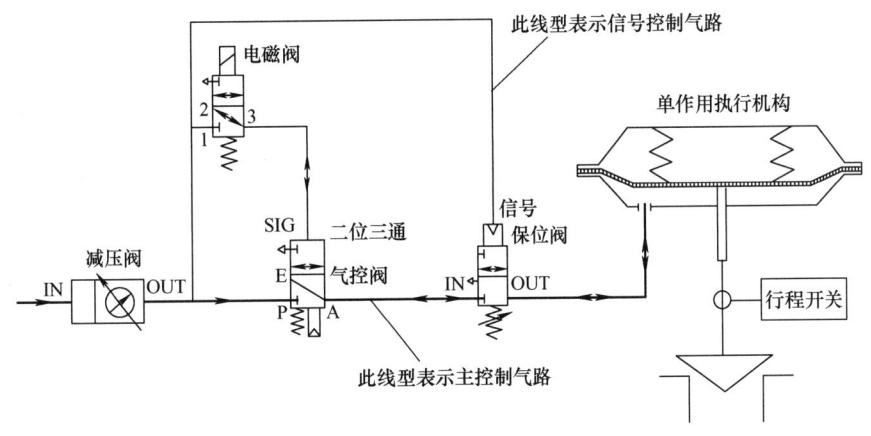

图14-7 单作用执行机构大口径开关型控制阀断气阀位保持控制原理气路图

控制阀设计制造技术

表 14-7　单作用执行机构大口径开关型控制阀断气阀位保持控制配置

控制附件	数量	型号（品牌）	功能简述
减压阀	1 件	KZ04-3BY0（吴忠仪表） AW40-N04BG（SMC）	对仪表气源进行过滤和减压
行程开关	1 件	KTL-3104（吴忠仪表）	向中控室反馈控制阀打开、关闭位置
保位阀	1 件	ZPA-S10（吴忠仪表）	可以设定气源压力故障点，实现断气阀位保持控制
电磁阀	1 件	K23DZ-6d10N（吴忠仪表） NF8327B102（ASCO）	与气控阀配合控制阀门进行快速开关调节
二位三通气控阀	2 件	VP23-06/10（吴忠仪表）	实现控制阀开关调节

如图 14-7 所示，信号控制气路一般选用 $\phi 8$ 不锈钢管连接，主控制气路一般根据执行机构容积和动作时间要求选用 $\phi 10 \sim \phi 25$ 不锈钢管连接。

控制功能简述：当现场仪表气源正常时，开关型控制阀通过电磁阀通/断电控制二位三通气控阀通/排气从而实现阀门开关调节，所以开关型控制阀一般没有断电阀位保持的控制要求；现场仪表气源压力低于某一设定压力值后关闭，保持执行机构当前气室压力，从而实现控制阀阀位保持；气路图中减压阀、二位三通气控阀和保位阀需要根据执行机构容积和开关动作时间要求具体计算选型。

（4）大口径调节型控制阀

单作用执行机构调节型控制阀断气、断电阀位保持控制原理气路图如图 14-8 所示，控制配置见表 14-8。

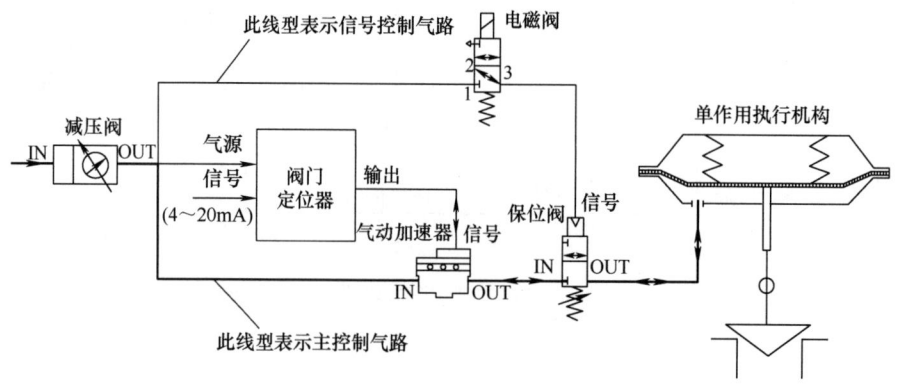

图 14-8　单作用执行机构调节型控制阀断气、断电阀位保持控制原理气路图

第14章 控制阀控制模式

表 14-8 单作用执行机构调节型控制阀断气、断电阀位保持控制配置

控制附件	数量	型号（品牌）	功能简述
减压阀	1 件	KZ04-3BY0（吴忠仪表） AW40-N04BG（SMC）	对仪表气源进行过滤和减压
定位器	1 件	AEP303LSA02A（吴忠仪表） DVC6200（Fisher）	接收中控室信号，对阀门进行开度控制
保位阀	1 件	ZPA-S10（吴忠仪表）	可以设定气源压力故障点，实现断气阀位保持控制
电磁阀	1 件	K23D-6d10N（吴忠仪表） NF8327B102（ASCO）	与保位阀配合实现断电阀位保持控制
气动加速器	1 件	VF01-2/4（吴忠仪表）	配合定位器实现控制阀快速开度调节

如图 14-8 所示，信号控制气路一般选用 $\phi 8$ 不锈钢管连接，主控制气路一般根据执行机构容积和动作时间要求选用 $\phi 10 \sim \phi 25$ 不锈钢管连接。

控制功能简述：当现场仪表气源正常且电磁阀正常供电时，控制阀接收中控室信号由定位器控制进行开度调节；当电磁阀断电切换（2 口与 3 口导通）或者现场仪表气源压力低于某一设定压力值后保位阀关闭，保持执行机构当前气室压力，让控制阀阀位保持；气路图中减压阀、气动加速器和保位阀需要根据执行机构容积和全行程动作时间要求具体计算选型。

3. 控制阀断气、断电和断信号阀位保持控制

（1）调节型控制阀

单作用执行机构调节型控制阀三断阀位保持控制原理气路图如图 14-9 所示，控制配置见表 14-9。

如图 14-9 所示，控制气路一般选用 $\phi 8$ 不锈钢管连接。

控制功能简述：当现场仪表气源正常且电磁阀正常供电时，控制阀接收中控室信号由定位器控制进行开度调节；当电磁阀断电切换（2 口与 3 口导通）或者现场仪表气源压力低于某一设定压力值后保位阀关闭，保持执行机构当前气室压力，从而让控制阀阀位保持；电子开关与定位器串联连接接收来自中控室的 4 ~ 20mA 电流信号。当中

控制阀设计制造技术

控室所给出的电流信号切断时,电子开关切断电磁阀电源,电磁阀切换(2 口与 3 口导通)排空保位阀信号气源,保位阀关闭保持执行机构当前气室压力,从而让控制阀阀位保持。

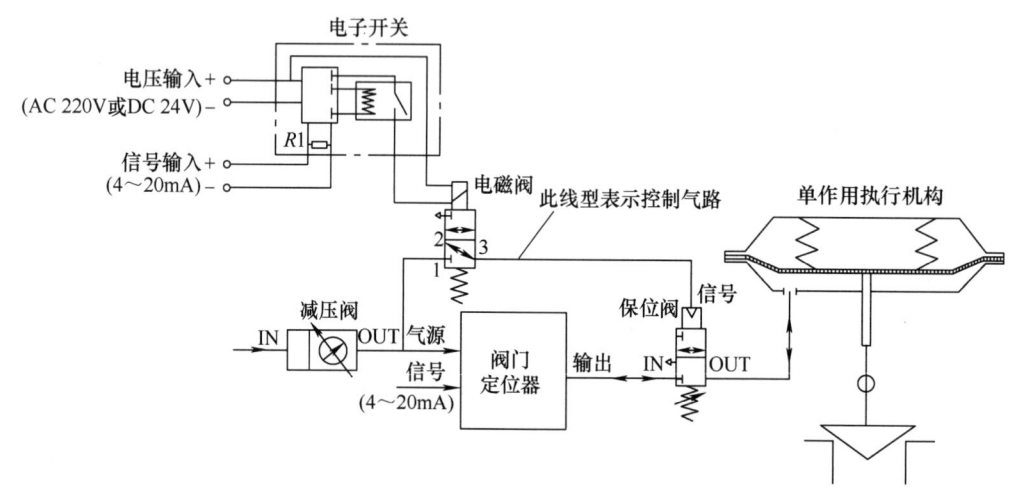

图 14-9　单作用执行机构调节型控制阀三断阀位保持控制原理气路图

表 14-9　单作用执行机构调节型控制阀三断阀位保持控制配置

控制附件	数量	型号（品牌）	功能简述
减压阀	1 件	KZ03-3BY0（吴忠仪表） AW30-N03BG（SMC）	对仪表气源进行过滤和减压
定位器	1 件	AEP303LSA02A（吴忠仪表） DVC6200（Fisher）	接收中控室信号,对控制阀进行开度控制
保位阀	1 件	ZPA-S06（吴忠仪表）	可以设定气源压力故障点,实现阀位保持控制
电磁阀	1 件	K23D-6d10N（吴忠仪表） NF8327B102（ASCO）	实现断电阀位保持控制
电子开关	1 件	DKB（吴忠仪表）	实现断信号阀位保持控制

（2）大口径调节型控制阀

单作用执行机构大口径调节型控制阀三断阀位保持控制原理气路图如图 14-10 所示,控制配置见表 14-10。

第14章 控制阀控制模式

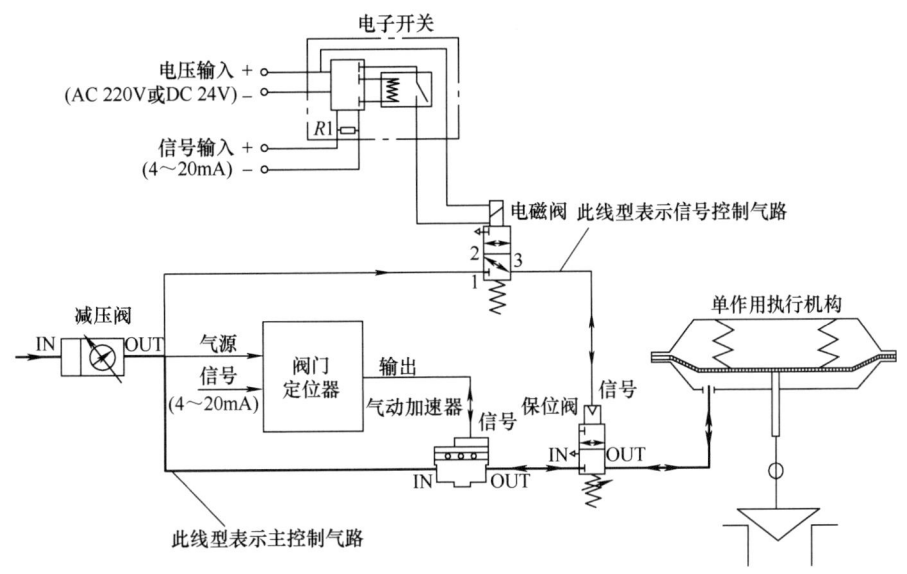

图 14-10 单作用执行机构大口径调节型控制阀三断阀位保持控制原理气路图

表 14-10 单作用执行机构大口径调节型控制阀三断阀位保持控制配置

控制附件	数量	型号（品牌）	功能简述
减压阀	1件	KZ04-3BY0（吴忠仪表） AW40-N04BG（SMC）	对仪表气源进行过滤和减压
定位器	1件	AEP303LSA02A（吴忠仪表） DVC6200（Fisher）	接收中控室信号，对控制阀进行开度控制
保位阀	1件	ZPA-S10（吴忠仪表）	可以设定气源压力故障点，实现断气阀位保持控制
电磁阀	1件	K23D-6d10N（吴忠仪表） NF8327B102（ASCO）	实现断电阀位保持控制
气动加速器	1件	VF01-2/4（吴忠仪表）	配合定位器实现控制阀快速开度调节
电子开关	1件	DKB（吴忠仪表）	实现断信号阀位保持控制

如图 14-10 所示，信号控制气路一般选用 $\phi 8$ 不锈钢管连接，主控制气路一般根据执行机构容积和动作时间要求选用 $\phi 10 \sim \phi 25$ 不锈钢管连接。

控制功能简述：当现场仪表气源正常且电磁阀正常供电时，控制阀接收中控室信号由定位器控制进行开度调节；当电磁阀断电切换（2口与3口导通）或者现场仪表气源压力低于某一设定压力值后保位阀关闭，保持执行机构当前气室压力，让控制阀阀位保持；电子开关与定位器串联连接接收来自中控室的 4~20mA 电流信号。当中控室所给出的电流信号切断时，电子开关切断电磁阀电源，电磁阀切换（2口与3口导通）放空保位阀信号气源，导致保位阀关闭，保持执行机构当前气室压力，让控制阀阀位保持；气路图中减压阀、气动加速器和保位阀需要根据执行机构容积和全行程动作时间要求具体计算选型。

14.1.2 双作用执行机构控制阀常用控制模式

1. 控制阀断气、断电复位控制

（1）开关型控制阀

双作用执行机构开关型控制阀断气、断电复位控制气路原理图如图14-11所示，控制配置见表14-11。

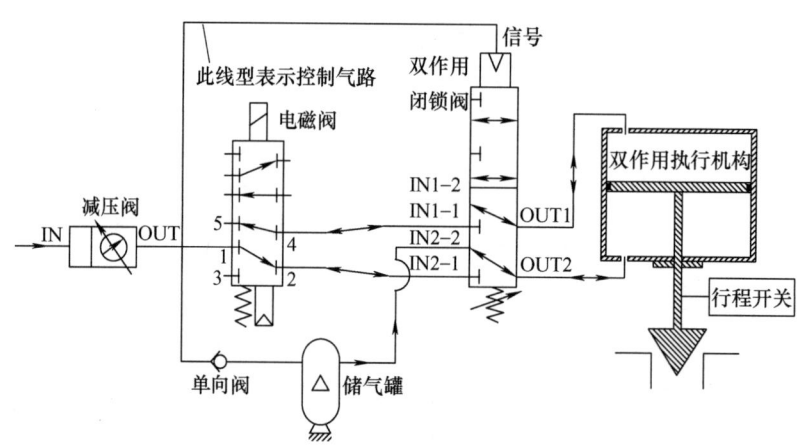

图 14-11 双作用执行机构开关型控制阀断气、断电复位控制气路原理图

表 14-11 双作用执行机构开关型控制阀断气、断电复位控制配置

控制附件	数量	型号（品牌）	功能简述
减压阀	1件	KZ03-3BY0（吴忠仪表） AW30-N03BG（SMC）	对仪表气源进行过滤和减压
行程开关	1件	KTL-3104（吴忠仪表）	向中控室反馈控制阀打开、关闭位置
双作用闭锁阀	1件	ZPB-D06（吴忠仪表）	可以设定气源压力故障点，实现断气复位控制

第14章 控制阀控制模式

（续）

控制附件	数量	型号（品牌）	功能简述
电磁阀	1件	K25D-6d10N（吴忠仪表） NF8551A421（ASCO）	控制阀门进行开关调节
储气罐	1件	CWT-150	储存气源，实现断气复位控制
单向阀	1件	AK2000-02（SMC）	防止储气罐中气体回流

如图14-11所示，控制气路一般选用 $\phi 8$ 不锈钢管连接。

控制功能简述：当现场仪表气源正常时，控制阀接收中控室电压信号由电磁阀控制进行开关调节；当现场仪表气源压力低于某一设定压力值后双作用闭锁阀切换（IN1-2 口与 OUT1 口导通、IN2-2 口与 OUT2 口导通），储气罐中储存的气源通过闭锁阀向双作用执行机构一端充气，双作用执行机构另一端通过闭锁阀放空，使得控制阀复位；气路图中的储气罐容积一般是双作用执行机构气室容积的4倍。

(2) 调节型控制阀

双作用执行机构大口径开关型控制阀断气、断电复位控制原理气路图如图14-12所示，控制配置见表14-12。

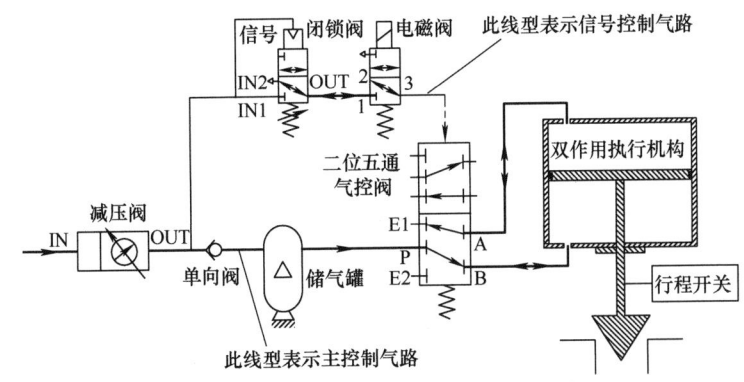

图14-12 双作用执行机构大口径开关型控制阀断气、断电复位控制原理气路图

如图14-12所示，信号控制气路一般选用 $\phi 8$ 不锈钢管连接，主控制气路一般根据执行机构容积和动作时间要求选用 $\phi 10 \sim \phi 25$ 不锈钢管连接。

表 14-12　双作用执行机构大口径开关型控制阀断气、断电复位控制配置

控制附件	数量	型号（品牌）	功能简述
减压阀	1件	KZ04-3BY0（吴忠仪表） AW40-N04BG（SMC）	对仪表气源进行过滤和减压
行程开关	1件	KTL-3104（吴忠仪表）	向中控室反馈控制阀打开、关闭位置
闭锁阀	1件	ZPB-S06（吴忠仪表）	可以设定气源压力故障点，实现断气复位控制
电磁阀	1件	K23D-6d10N（吴忠仪表） NF8327B102（ASCO）	控制阀门进行开关调节
二位五通气控阀	1件	VP23-06/10/20（吴忠仪表）	配合闭锁阀、电磁阀实现控制阀快速开关控制
储气罐	1件	CWT-150	储存气源，实现断气复位控制
单向阀	1件	AK4000-04（SMC）	防止储气罐中气体回流

控制功能简述：当现场仪表气源正常时，阀门接收中控室电压信号由电磁阀控制进行开关调节；当电磁阀断电切换（2口与3口导通）或者现场仪表气源压力低于某一设定压力值后闭锁阀切换（IN2口与OUT口导通），此时闭锁阀或电磁阀放空二位五通气控阀信号气源导致气控阀切换（E1口与A口导通、P口与B口导通），储气罐中储存的气源通过气控阀向双作用执行机构一端充气，双作用执行机构另一端通过气控阀放空，使得控制阀复位；气路图中减压阀和二位五通气控阀需要根据执行机构容积和开关动作时间要求具体计算选型。储气罐容积一般是双作用执行机构气室容积的4倍。

（3）大口径调节型控制阀

双作用执行机构调节型控制阀断气、断电复位控制原理如图14-13所示，控制配置见表14-13。

如图14-13所示，控制气路一般选用 $\phi 8$ 不锈钢管连接。

控制功能简述：当现场仪表气源正常时，控制阀接收中控室信号由定位器控制进行开度调节；当电磁阀断电切换（2口与3口导通）或现场仪表气源压力低于某一设定压力值后双作用闭锁阀切换（IN1-2口与OUT1口导通、IN2-2口与OUT2口导通），储气罐中储存的气源通过闭锁阀向双作用执行机构一端充气，双作用执行机构另一端通

过闭锁阀放空，使得控制阀复位；气路图中的储气罐容积一般是双作用执行机构气室容积的4倍。

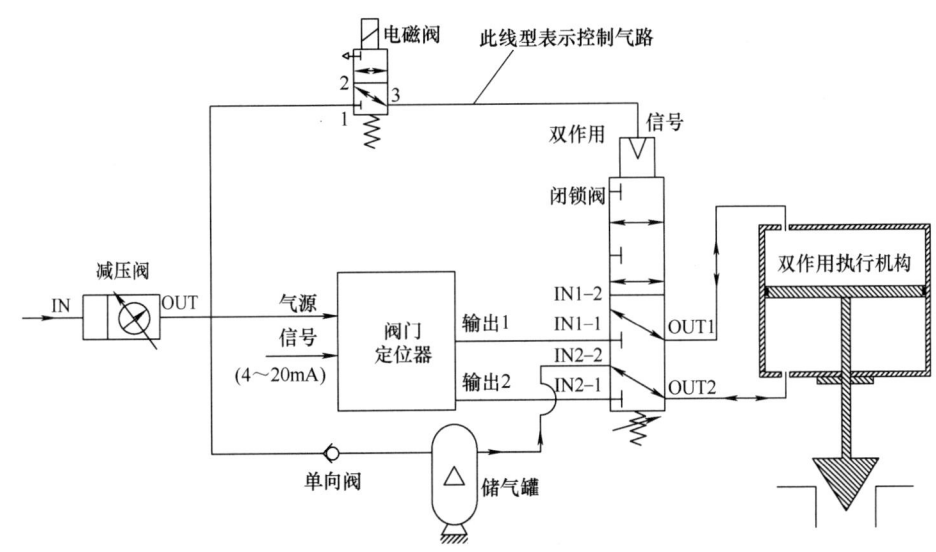

图 14-13　双作用执行机构调节型控制阀断气、断电复位控制原理

表 14-13　双作用执行机构调节型控制阀断气、断电复位控制配置

控制附件	数量	型号（品牌）	功能简述
减压阀	1件	KZ03-3BY0（吴忠仪表） AW30-N03BG（SMC）	对仪表气源进行过滤和减压
定位器	1件	AEP303LDA02A（吴忠仪表） DVC6200（Fisher）	接收中控室信号控制阀门进行开度调节
双作用闭锁阀	1件	ZPB-D06（吴忠仪表）	可以设定气源压力故障点，实现断气复位控制
电磁阀	1件	K23D-6d10N（吴忠仪表） NF8327B102（ASCO）	实现断电复位控制
储气罐	1件	CWT-150	储存气源，实现断气复位控制
单向阀	1件	AK2000-02（SMC）	防止储气罐中气体回流

（4）大口径开关型控制阀

双作用执行机构大口径调节型控制阀断气、断电复位控制原理气路图如图 14-14 所示，控制配置见表 14-14。

控制阀设计制造技术

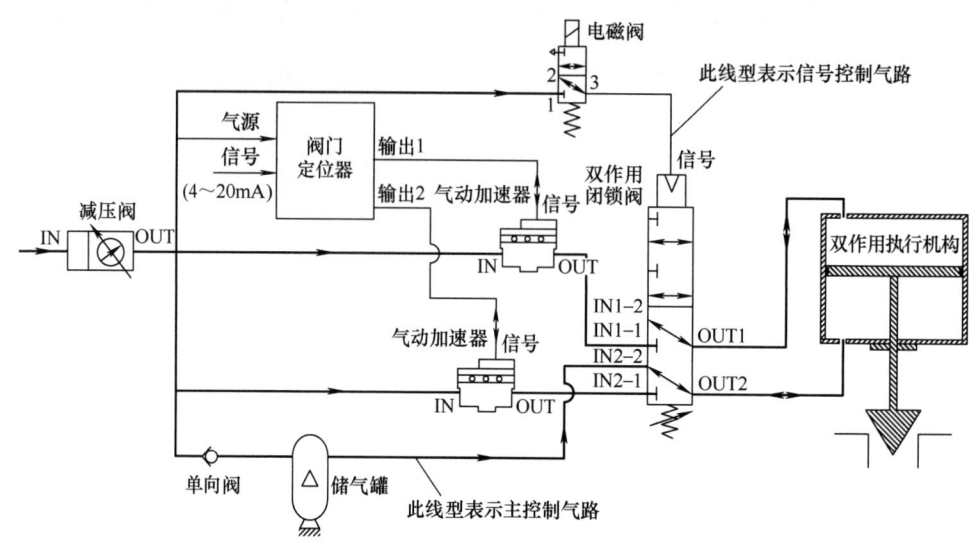

图 14-14 双作用执行机构大口径调节型控制阀断气、断电复位控制原理气路图

表 14-14 双作用执行机构大口径调节型控制阀断气、断电复位控制配置

控制附件	数量	型号（品牌）	功能简述
减压阀	1件	KZ04-3BY0（吴忠仪表） AW40-N04BG（SMC）	对仪表气源进行过滤和减压
定位器	1件	AEP303LDA02A（吴忠仪表） DVC6200（Fisher）	接收中控室信号，对控制阀进行开度控制
双作用闭锁阀	1件	ZPB-D10（吴忠仪表）	可以设定气源压力故障点，实现断气复位控制
电磁阀	1件	K23D-6d10N（吴忠仪表） NF8327B102（ASCO）	实现断电复位控制
气动加速器	2件	VF01-2/4（吴忠仪表）	配合定位器实现控制阀快速开度调节
储气罐	1件	CWT-150	储存气源，实现断气复位控制
单向阀	1件	AK4000-04	防止储气罐中气体回流

如图 14-14 所示，信号控制气路一般选用 $\phi 8$ 不锈钢管连接，主控制气路一般根据执行机构容积和动作时间要求选用 $\phi 10 \sim \phi 25$ 不锈钢管连接。

控制功能简述：当现场仪表气源正常且电磁阀正常供电时，阀门接收中控室信号由定位器控制进行开度调节；当电磁阀断电切换（2 口与 3 口导通）或现场仪表气源压力低于某一设定压力值后双作用闭锁阀切换（IN1-2 口与 OUT1 口导通、IN2-2 口与

OUT2 口导通),储气罐中储存的气源通过闭锁阀向双作用执行机构一端充气,双作用执行机构另一端通过闭锁阀放空,使得控制阀复位;气路图中减压阀、气动加速器和双作用闭锁阀需要根据执行机构容积和开关动作时间要求具体计算选型。储气罐容积一般是双作用执行机构气室容积的 4 倍。

2. 控制阀断气、断电阀位保持控制

(1) 开关型控制阀断气阀位保持

双作用执行机构开关型控制阀断气阀位保持控制原理气路图如图 14-15 所示,控制配置见表 14-15。

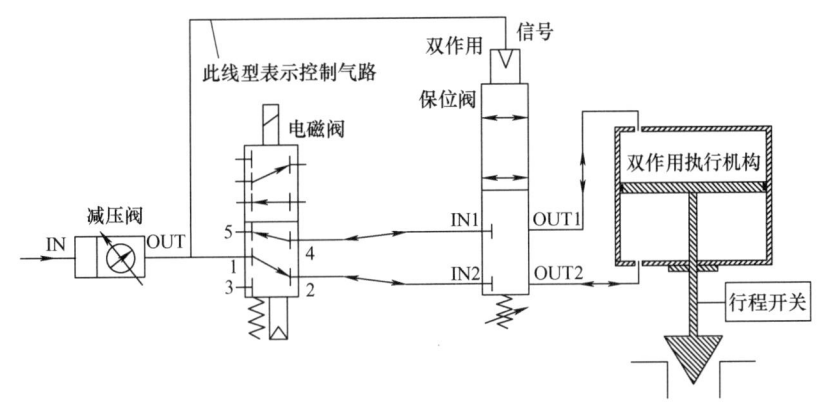

图 14-15 双作用执行机构开关型控制阀断气阀位保持控制原理气路图

表 14-15 双作用执行机构开关型控制阀断气阀位保持控制配置

控制附件	数量	型号(品牌)	功能简述
减压阀	1 件	KZ03-3BY0(吴忠仪表) AW30-N03BG(SMC)	对仪表气源进行过滤和减压
行程开关	1 件	KTL-3104(吴忠仪表)	向中控室反馈控制阀打开、关闭位置
双作用保位阀	1 件	ZPA-D06(吴忠仪表)	可以设定气源压力故障点,实现断气阀位保持控制
电磁阀	1 件	K25D-6d10N(吴忠仪表) NF8551A421(ASCO)	控制阀门进行开关调节

如图 14-15 所示,控制气路一般选用 $\phi 8$ 不锈钢管连接。

控制阀设计制造技术

控制功能简述：当现场仪表气源正常时，开关型控制阀通过电磁阀通/断电实现阀门开关调节，所以开关型控制阀一般没有断电阀位保持的控制要求；当现场仪表气源压力低于某一设定压力值后保位阀关闭，保持执行机构当前气室压力，从而让控制阀阀位保持。

（2）调节型控制阀

双作用执行机构调节型控制阀断气、断电阀位保持控制原理气路图如图 14-16 所示，控制配置见表 14-16。

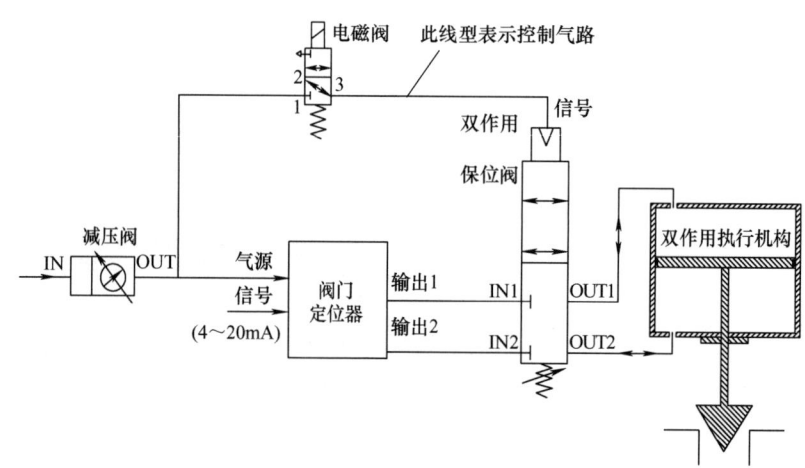

图 14-16　双作用执行机构调节型控制阀断气、断电阀位保持控制原理气路图

表 14-16　双作用执行机构调节型控制阀断气、断电阀位保持控制配置

控制附件	数量	型号（品牌）	功能简述
减压阀	1件	KZ03-3BY0（吴忠仪表） AW30-N03BG（SMC）	对仪表气源进行过滤和减压
定位器	1件	AEP303LDA02A（吴忠仪表） DVC6200（Fisher）	接收中控室信号控制阀门进行开度调节
双作用 保位阀	1件	ZPA-D06（吴忠仪表）	可以设定气源压力故障点，实现断气阀位保持控制
电磁阀	1件	K23D-6d10N（吴忠仪表） NF8327B102（ASCO）	实现断电阀位保持控制

如图 14-16 所示，控制气路一般选用 $\phi 8$ 不锈钢管连接。

第14章 控制阀控制模式

控制功能简述：当现场仪表气源正常且电磁阀正常供电时，控制阀接收中控室信号由定位器控制进行开度调节；当电磁阀断电切换（2口与3口导通）或现场仪表气源压力低于某一设定压力值后双作用保位阀关闭，保持当前执行机构气室压力，从而让阀门阀位保持。

(3) 大口径开关型控制阀断气阀位保持

双作用执行机构大口径开关型控制阀断气阀位保持控制原理气路图如图14-17所示，控制配置见表14-17。

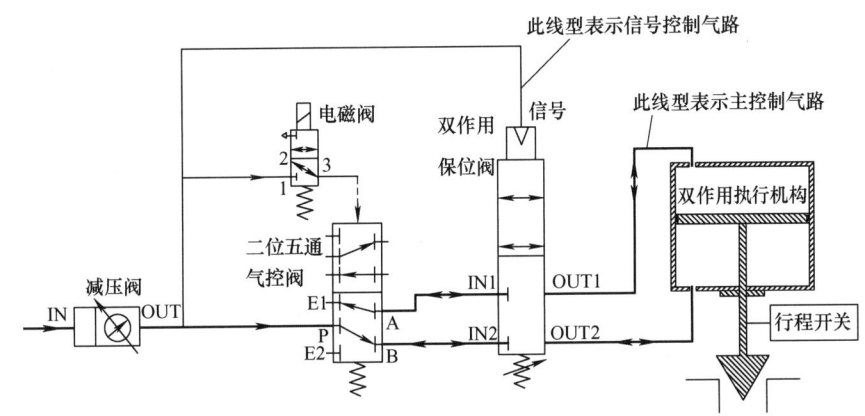

图14-17 双作用执行机构大口径开关型控制阀断气阀位保持控制原理气路图

表14-17 双作用执行机构大口径开关型控制阀断气阀位保持控制配置

控制附件	数量	型号（品牌）	功能简述
减压阀	1件	KZ04-3BY0（吴忠仪表） AW40-N04BG（SMC）	对仪表气源进行过滤和减压
行程开关	1件	KTL-3104	向中控室反馈阀门打开、关闭位置
双作用保位阀	1件	ZPA-D10（吴忠仪表）	可以设定气源压力故障点，实现断气阀位保持控制
电磁阀	1件	K23D-6d10N（吴忠仪表） NF8327B102（ASCO）	实现控制阀开关调节
二位五通气控阀	1件	VP25-06/08/12（吴忠仪表）	与电磁阀配合实现控制阀开关调节

如图14-17所示，信号控制气路一般选用 $\phi 8$ 不锈钢管连接，主控制气路一般根据执行机构容积和动作时间要求选用 $\phi 10 \sim \phi 25$ 不锈钢管连接。

控制功能简述：当现场仪表气源正常时，开关型控制阀通过电磁阀通/断电实现阀门开关调节，所以开关型控制阀一般没有断电阀位保持的控制要求；当现场仪表气源压力低于某一设定压力值后保位阀关闭，保持执行机构当前气室压力，从而让控制阀阀位保持；气路图中减压阀、二位五通气控阀和双作用保位阀需要根据执行机构容积和开关动作时间要求具体计算选型。

（4）大口径调节型控制阀

双作用执行机构大口径调节型控制阀断气、断电阀位保持控制原理气路图如图14-18所示，控制配置见表14-18。

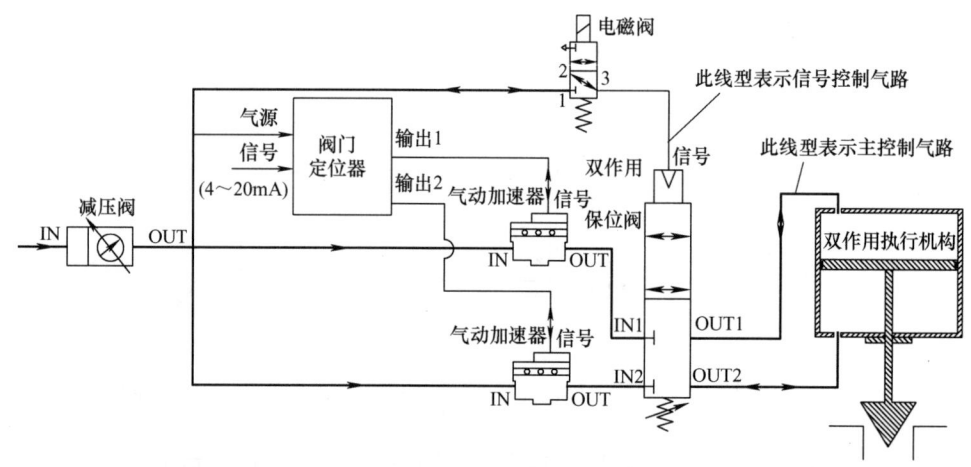

图14-18　双作用执行机构大口径调节型控制阀断气、断电阀位保持控制原理气路图

表14-18　双作用执行机构大口径调节型控制阀断气、断电阀位保持控制配置

控制附件	数量	型号（品牌）	功能简述
减压阀	1件	KZ04-3BY0（吴忠仪表） AW40-N04BG（SMC）	对仪表气源进行过滤和减压
定位器	1件	AEP303LDA02A（吴忠仪表） DVC6200（Fisher）	接收中控室信号，对控制阀进行开度控制
双作用保位阀	1件	ZPA-D10（吴忠仪表）	可以设定气源压力故障点，实现断气阀位保持控制
电磁阀	1件	K23D-6d10N（吴忠仪表） NF8327B102（ASCO）	实现断电阀位保持控制
气动加速器	2件	VF01-2/4（吴忠仪表）	实现控制阀快速开度调节

第14章 控制阀控制模式

如图14-18所示，信号控制气路一般选用 $\phi 8$ 不锈钢管连接，主控制气路一般根据执行机构容积和动作时间要求选用 $\phi 10 \sim \phi 25$ 不锈钢管连接。

控制功能简述：当现场仪表气源正常且电磁阀正常供电时，控制阀接收中控室信号由定位器控制进行开度调节；当电磁阀断电切换（2口与3口导通）或者现场仪表气源压力低于某一设定压力值保位阀关闭，保持执行机构当前气室压力，从而让控制阀阀位保持；气路图中减压阀、气动加速器和二位三通气控阀需要根据执行机构容积和开关动作时间要求具体计算选型。

3. 控制阀断气、断电和断信号阀位保持控制

(1) 调节型控制阀

双作用执行机构调节型控制阀三断阀位保持控制原理气路图如图14-19所示，控制配置见表14-19。

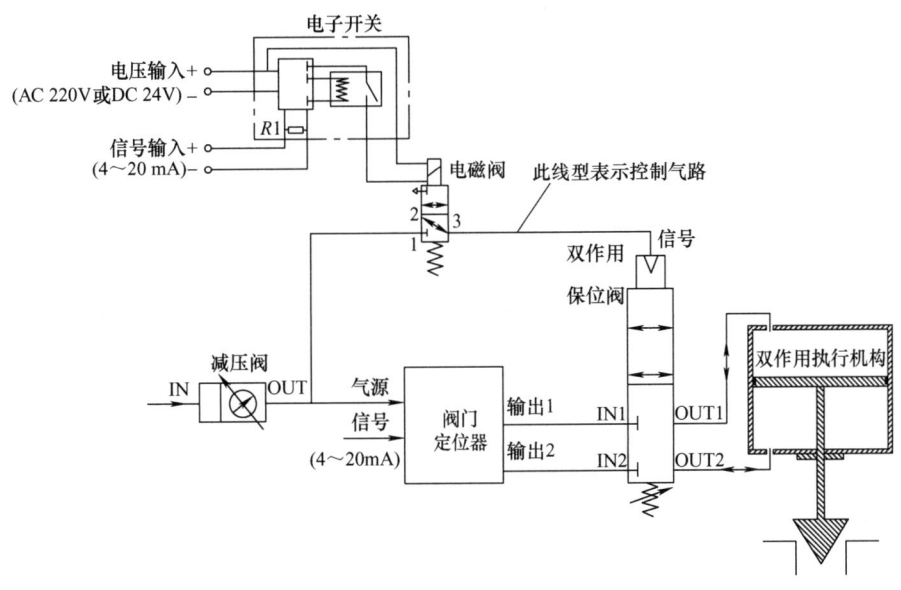

图14-19 双作用执行机构调节型控制阀三断阀位保持控制原理气路图

如图14-19所示，控制气路一般选用 $\phi 8$ 不锈钢管连接。

控制阀设计制造技术

表 14-19 双作用执行机构调节型控制阀三断阀位保持控制配置

控制附件	数量	型号（品牌）	功能简述
减压阀	1 件	KZ03-3BY0（吴忠仪表） AW30-N03BG（SMC）	对仪表气源进行过滤和减压
定位器	1 件	AEP303LDA02A（吴忠仪表） DVC6200（Fisher）	接收中控室信号，对控制阀进行开度控制
双作用保位阀	1 件	ZPA-D06（吴忠仪表）	可以设定气源压力故障点，实现断气阀位保持控制
电磁阀	1 件	K23D-6d10N（吴忠仪表） NF8327B102（ASCO）	实现断电阀位保持控制
电子开关	1 件	DKB（吴忠仪表）	实现断信号阀位保持控制

控制功能简述：当现场仪表气源正常且电磁阀正常供电时，阀门接收中控室信号由定位器控制进行开度调节；当电磁阀断电切换（2口与3口导通）或者现场仪表气源压力低于某一设定压力值后双作用保位阀关闭，保持执行机构当前气室压力，从而让控制阀阀位保持；电子开关与定位器串联连接接收来自中控室的 4~20mA 电流信号。当中控室所给出的电流信号切断时，电子开关切断电磁阀电源，电磁阀（2口与3口导通）排空双作用保位阀信号气源，保位阀关闭保持执行机构当前气室压力，从而让控制阀阀位保持。

(2) 大口径调节型控制阀

双作用执行机构大口径调节型控制阀三断阀位保持控制原理气路图如图 14-20 所示，控制配置见表 14-20。

如图 14-20 所示，信号控制气路一般选用 $\phi 8$ 不锈钢管连接，主控制气路一般由执行机构容积和动作时间要求选用 $\phi 10 \sim \phi 25$ 不锈钢管连接。

控制功能简述：当现场仪表气源正常且电磁阀正常供电时，阀门接收中控室信号由定位器控制进行开度调节；当电磁阀断电切换（2口与3口导通）或者现场仪表气源压力低于某一设定压力值后保位阀关闭，保持执行机构当前气室压力，让控制阀阀位保持；电子开关与定位器串联连接接收来自中控室的 4~20mA 电流信号。当中控室所

第14章 控制阀控制模式

给出的电流信号切断时,电子开关切断电磁阀电源,电磁阀(2口与3口导通)排空双作用保位阀信号气源,保位阀关闭保持执行机构当前气室压力,从而让控制阀阀位保持;气路图中减压阀、气动加速器和双作用保位阀需要根据执行机构容积和全行程动作时间要求具体计算选型。

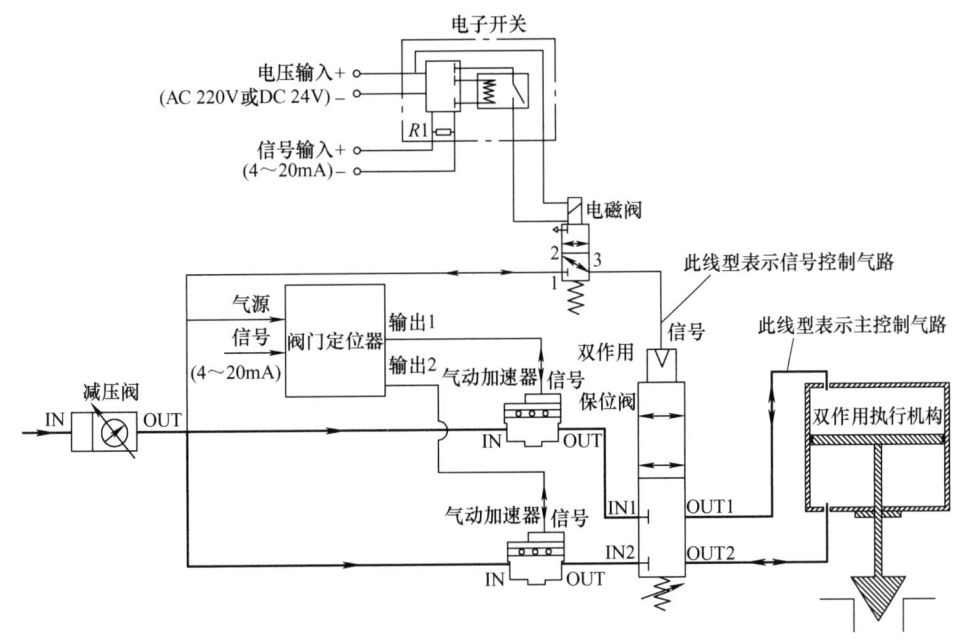

图14-20 双作用执行机构大口径调节型控制阀三断阀位保持控制原理气路图

表14-20 双作用执行机构大口径调节型控制阀三断阀位保持控制配置

控制附件	数量	型号(品牌)	功能简述
减压阀	1件	KZ04-3BY0(吴忠仪表) AW40-N03BG(SMC)	对仪表气源进行过滤和减压
定位器	1件	AEP303LDA02A(吴忠仪表) DVC6200(Fisher)	接收中控室信号,对控制阀进行开度控制
双作用保位阀	1件	ZPA-D10(吴忠仪表)	可以设定气源压力故障点,实现断气阀位保持控制
电磁阀	1件	K23D-6d10N(吴忠仪表) NF8327B102(ASCO)	实现断电阀位保持控制
气动加速器	2件	VF01-2/4/5(吴忠仪表)	配合定位器实现快速开度调节
电子开关	1件	DKB(吴忠仪表)	实现断信号阀位保持控制

14.1.3　两段式执行机构控制阀常用控制模式

1. 弹簧复位两段式执行机构

两段式执行机构控制阀控制原理气路图如图 14-21 所示，控制配置见表 14-21，控制逻辑见表 14-22。

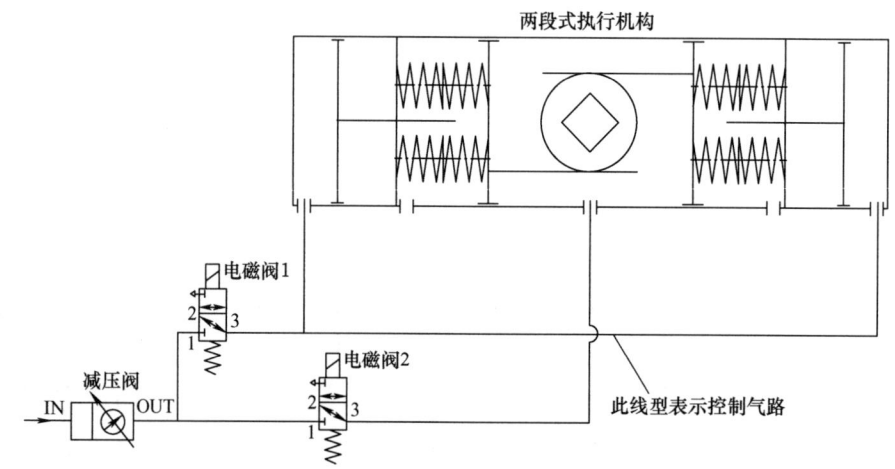

图 14-21　两段式执行机构控制阀控制原理气路图

表 14-21　两段式执行机构控制阀控制配置

控制附件	数量	型号（品牌）	功能简述
减压阀	1 件	KZ03-3BY0（吴忠仪表） AW30-N03BG（SMC）	对仪表气源进行过滤和减压
电磁阀	2 件	K23D-6d10N（吴忠仪表） NF8327B102（ASCO）	实现控制阀不同开度控制

表 14-22　两段式执行机构控制阀控制气路图中两件电磁阀控制逻辑

控制阀开度	0°	45°（可调）	90°
电磁阀 1	断电	通电	断电
电磁阀 2	断电	通电	通电

如图 14-21 所示，控制气路一般选用 $\phi 8$ 不锈钢管连接。

第14章 控制阀控制模式

2. 双作用两段式执行机构

双作用两段式执行机构控制阀控制原理气路图如图14-22所示，控制配置见表14-23，控制逻辑见表14-24。

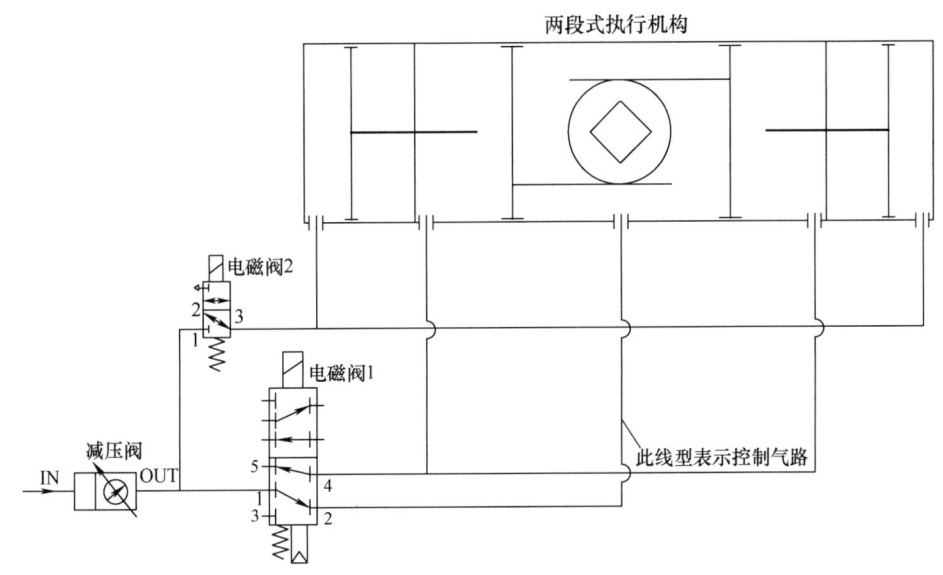

图14-22 双作用两段式执行机构控制阀控制原理气路图

表14-23 双作用两段式执行机构控制阀控制配置

控制附件	数量	型号（品牌）	功能简述
减压阀	1件	KZ03-3BY0（吴忠仪表） AW30-N03BG（SMC）	对仪表气源进行过滤和减压
电磁阀2	1件	K23D-6d10N（吴忠仪表） NF8327B102（ASCO）	实现控制阀不同开度控制
电磁阀1	1件	K25D-6d10N（吴忠仪表） NF8551A421（ASCO）	实现控制阀不同开度控制

表14-24 双作用两段式执行机构控制阀控制气路图中两件电磁阀控制逻辑

控制阀开度	0°	90°	45°（可调）
电磁阀1	断电	通电	断电
电磁阀2	断电	断电	通电

如图14-22所示，控制气路一般选用 $\phi 8$ 不锈钢管连接。

14.2 控制阀特殊控制模式

14.2.1 压缩机防喘振阀控制模式

1. 控制模式介绍

压缩机是工艺系统中比较关键和昂贵的设备。保护压缩机免受喘振损坏的任务由防喘振系统完成。喘振是压缩机出口压力小于下游系统压力或者进口气量不足，导致气量从压缩机出口反向涌入压缩机，引起机身出现剧烈振动使得压缩机密封、轴承和叶轮等关键部件损坏，严重降低压缩机的使用寿命。面对喘振所带来的不良影响，防喘振系统是通过防喘振阀将部分或全部压缩机出口气量再循环至进口以达到控制喘振的目的。

压缩机防喘振阀绝大多数是气关型控制阀，失效时为开起状态，其控制模式的特殊就在于对阀门动作时间的要求。由于压缩机喘振现象的特殊性，要求防喘阀 1.5s 内完成由全关到全开动作，但阀门关闭时又不能过快，避免防喘系统流量剧烈波动。

2. 控制原理气路图

压缩机防喘振阀控制原理气路图如图 14-23 所示，控制配置见表 14-25。

如图 14-23 所示，信号控制气路一般选用 ϕ8 不锈钢管连接，主控制气路一般根据执行机构容积和动作时间要求选用 ϕ10~ϕ25 不锈钢管连接。

控制功能简述：当电磁阀通电，控制阀进行关闭动作时，定位器输出气源给信号控制气路增加压力，快速排气阀排空口闭合，气动加速器导通给执行机构供气，从而让防喘阀缓慢关闭到指定开度；当电磁阀通电，控制阀进行打开动作时，定位器排气让信号控制气路压力减小，快速排气阀排空口小开度打开与气动加速器一起小流量排出执行机构内气体，从而让防喘阀平稳打开到指定开度；当电磁阀断电切换（2 口与 3 口导通）大流量排空信号控制气路中的压力，使得快速排气阀全开与加速器一起迅速排空执行机构内气体，从而保证防喘阀能够在规定时间内快速打开；气路图中减压阀、

第14章 控制阀控制模式

气动加速器和快速排气阀需要根据执行机构容积和动作时间要求具体计算选型。

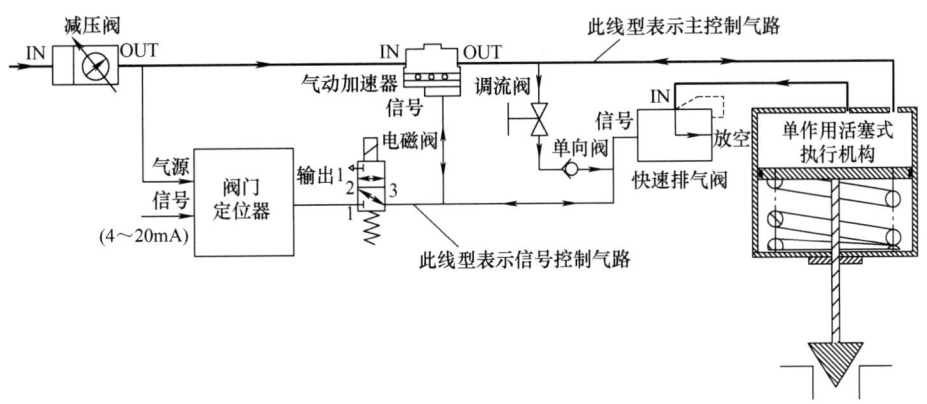

图 14-23 压缩机防喘振阀控制原理气路图

表 14-25 压缩机防喘振阀控制配置

控制附件	数量	型号（品牌）	功能简述
减压阀	1件	KZ04-3BY0（吴忠仪表）或其他品牌	对仪表气源进行过滤和减压
定位器	1件	AEP303LSA02A（吴忠仪表）或其他品牌	接收中控室信号，对控制阀进行开度控制
电磁阀	1件	K23DZ-6d10N（吴忠仪表）或其他品牌	必须选用直动式电磁阀，实现断电快速打开控制
气动加速器	1件	VF01-2/4（吴忠仪表）	配合定位器实现阀门快速开度调节
调流阀	1件	其他品牌	控制气流量
单向阀	1件	其他品牌	控制信号气流流向
快速排气阀	1件	其他品牌	实现控制阀快速打开

14.2.2 蒸汽放空阀控制模式

1. 控制模式介绍

随着煤化工项目规模越来越大，以及配套的化工装置为多套数且大型化趋势，往往一条动力蒸汽总管给几套化工装置同时提供蒸汽。为达到化工装置平稳、安全、高效和长周期运行的目的，蒸汽放空阀作为蒸汽管网关键的流体控制设备，其质量的好坏和寿命的长短对整个装置起着十分重要的作用。

化工装置正常生产运行时蒸汽放空阀处于关闭状态，阀门形式为流关型，执行机构为双作用，仪表气源故障时关闭。其控制模式的特殊性在于阀门迅速打开，快速减小总管网蒸汽压力的同时，为了避免蒸汽的过多浪费，阀门在打开动作时阀位超调不能过大。

2. 控制原理气路图

蒸汽放空阀控制原理气路图如图 14-24 所示，控制配置见表 14-26。

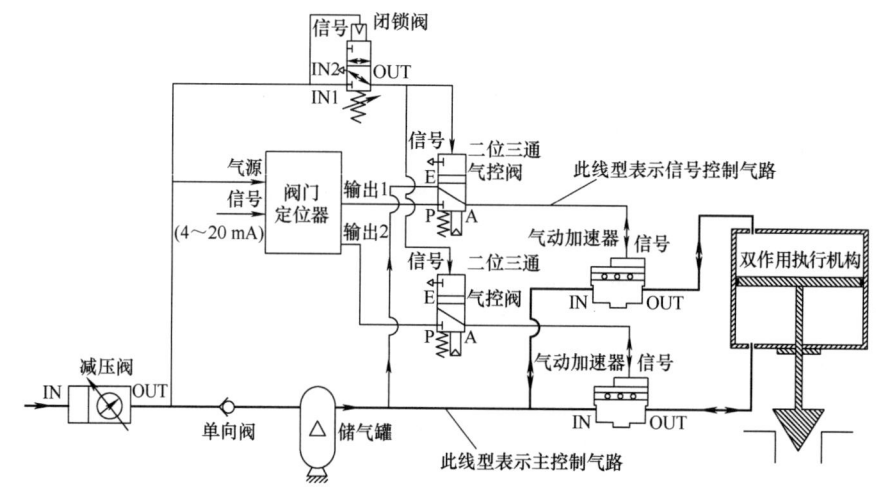

图 14-24 蒸汽放空阀控制原理气路图

表 14-26 蒸汽放空阀控制配置

控制附件	数量	型号（品牌）	功能简述
减压阀	1 件	KZ04-3BY0（吴忠仪表）或其他品牌	对仪表气源进行过滤和减压
定位器	1 件	AEP303LDA02A（吴忠仪表）或其他品牌	接收中控室信号，对控制阀进行开度控制
气动加速器	2 件	VF01-2/4/5（吴忠仪表）	配合定位器实现阀门快速开度调节
二位三通气控阀	2 件	VP23-06（吴忠仪表）或其他品牌	用于断气时信号气路控制
闭锁阀	1 件	ZPB-S06（吴忠仪表）	可以设定气源故障点，实现断气阀门关闭控制
单向阀	1 件	其他品牌	防止储气罐气体回流
储气罐	1 件	其他品牌	储存气源，实现断气阀门关闭控制

如图 14-24 所示，信号控制气路一般选用 $\phi8$ 不锈钢管连接，主控制气路一般由执

行机构容积和动作时间要求选用 $\phi 10 \sim \phi 25$ 不锈钢管连接。

控制功能简述：当现场仪表气源正常时，气控阀打开，定位器输出通过气控阀进入到加速器信号口控制气动加速器，从而实现控制阀快速开度调节；当现场仪表气源压力低于某一设定值时，闭锁阀排空二位三通气控阀信号气源，储气罐中的气体通过气控阀输入到加速器信号口，使气动加速器打开，储气罐中的气体通过气动加速器进入到气缸上腔推动执行机构让控制阀关闭，从而避免由于仪表气源压力降低而引起蒸汽管网泄压；蒸汽放空阀放空产生的高流速会引起阀门振动，从而影响定位器的开度控制，所以定位器需要选用分体式。将阀门定位器及气路附件，如减压阀、保位阀和加速器等集成在一体化安装板上，与控制阀分开安装；气路图中减压阀和气动加速器需要根据执行机构气室容积和动作时间要求具体计算选型。

14.2.3　汽轮机旁路阀控制模式

1. 控制模式介绍

汽轮机旁路系统是现代单元机组热力系统的一个组成部分。它的功能是，当锅炉和汽轮机的运行情况不匹配时，即锅炉产生的蒸汽量大于汽轮机所需的蒸汽量时，多余部分可以不进入汽轮机而经过旁路减温减压后直接引入凝汽器。此外，有的旁路还承担着将锅炉的主蒸汽经减温减压后直接引入再热器的任务，以保护再热器的安全。旁路系统的这些功能在机组起动、降负荷或甩负荷时起重要作用，旁路阀是旁路系统完成这些功能的重要控制元件。

汽轮机旁路阀执行机构一般采用双作用弹簧关形式，仪表气源故障时阀门关闭。由于旁路阀的重要性，现场阀门往往会受到多个系统控制，协调各个系统的优先级，保证控制的准确性。

2. 控制原理气路图

汽轮机旁路阀控制原理气路图如图 14-25 所示，控制配置见表 14-27。

控制阀设计制造技术

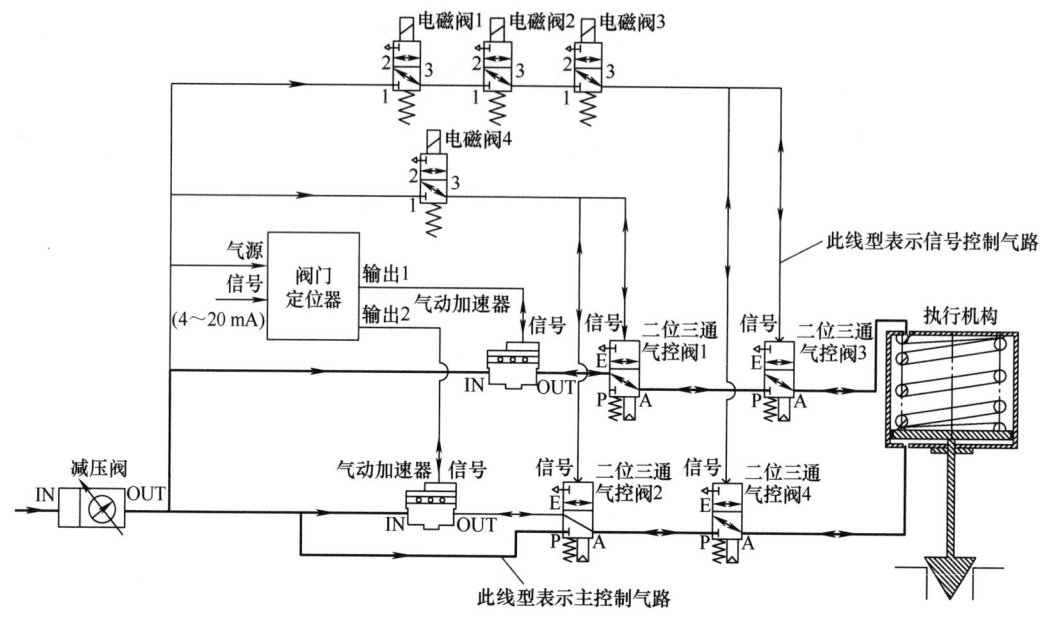

图 14-25　汽轮机旁路阀控制原理气路图

表 14-27　汽轮机旁路阀控制配置

控制附件	数量	型号（品牌）	功能简述
减压阀	1 件	KZ04-3BY0（吴忠仪表）或其他品牌	对仪表气源进行过滤和减压
定位器	1 件	AEP303LDA02A（吴忠仪表）或其他品牌	接收中控室信号，对控制阀进行开度控制
气动加速器	2 件	VF01-2/4/5（吴忠仪表）	配合定位器实现阀门快速开度调节
二位三通气控阀	4 件	VP23-06/10/20（吴忠仪表）或其他品牌	配合电磁阀实现控制阀开关控制
电磁阀	4 件	K23D-6d10N（吴忠仪表）或其他品牌	接收不同系统控制信号，实现控制阀开关控制

如图 14-25 所示，信号控制气路一般选用 $\phi 8$ 不锈钢管连接，主控制气路一般根据执行机构容积和动作时间要求选用 $\phi 10 \sim \phi 25$ 不锈钢管连接。

控制功能简述：现场仪表气源正常，当电磁阀 4 断电，且电磁阀（1、2、3）通电时，二位三通气控阀（1、2）没有气源信号，因而保持 E 口与 A 口导通，同时二位三通气控阀（3、4）接收气源信号，因而保持 P 口与 A 口导通。此时气动加速器输出的气源可以通过气控阀输入到执行机构中，从而使得控制阀受定位器控制，进行开度调节；现场仪表气源正常，当电磁阀（1、2、3）断电切换（2口与3口导通）排空二位三通气控阀（3、4）信号气源，使气控阀切换E口与A口导通，迅速排空执行机构气室气源，执行机构依靠弹簧弹力让控制阀关闭；当电磁阀（1、2、3、4）同时通电时，二位三通气控阀（1、2、3、4）接收到信号气源因而保持P口与A口导通，此时执行机构上气腔压力向外排空，下气腔接收减压阀的直接输出气源使得阀门迅速打开。由此可以看出，电磁阀（1、2、3）同一控制优先级且最高，电磁阀4的控制优先级次之，定位器控制优先级再次之。现场使用中，通过将不同系统接入到电磁阀（1、2、3、4）和定位器中，来实现不同系统对旁路阀的优先级控制；现场仪表气源切断时，执行机构依靠弹簧弹力让控制阀关闭；气路图中减压阀、气动加速器和二位三通气控阀需要根据执行机构容积和全行程动作时间要求具体计算选型。

14.2.4 自力式安全切断阀控制模式

1. 控制模式介绍

大口径调压装置关键用阀是天然气长输管线中压力、流量控制和安全保障的核心设备之一，装置采用一台大口径高压电动轴流式多级降压工作调压阀进行调压，将上游12MPa的高压天然气降压至4～8MPa，最大压降8MPa，两台自力式安全切断阀对下游压力超压情况进行迅速切断双重保护。核心设备是自力式安全切断阀及其控制系统实现天然气的压力稳定控制作用。

自力式安全切断阀通常为气开型控制阀，失效时为关闭状态，依靠将上游高压气体降压后作为自己动力气源。控制模式特殊性，由于阀门的功能安全性，要求阀门必须具备远程紧急关阀、本地自动超压关阀、本地手动确认开起和反馈阀门开关状态的功能。

2. 控制原理气路图

自力式安全切断阀控制原理气路图如图14-26所示，控制配置见表14-28。

控制阀设计制造技术

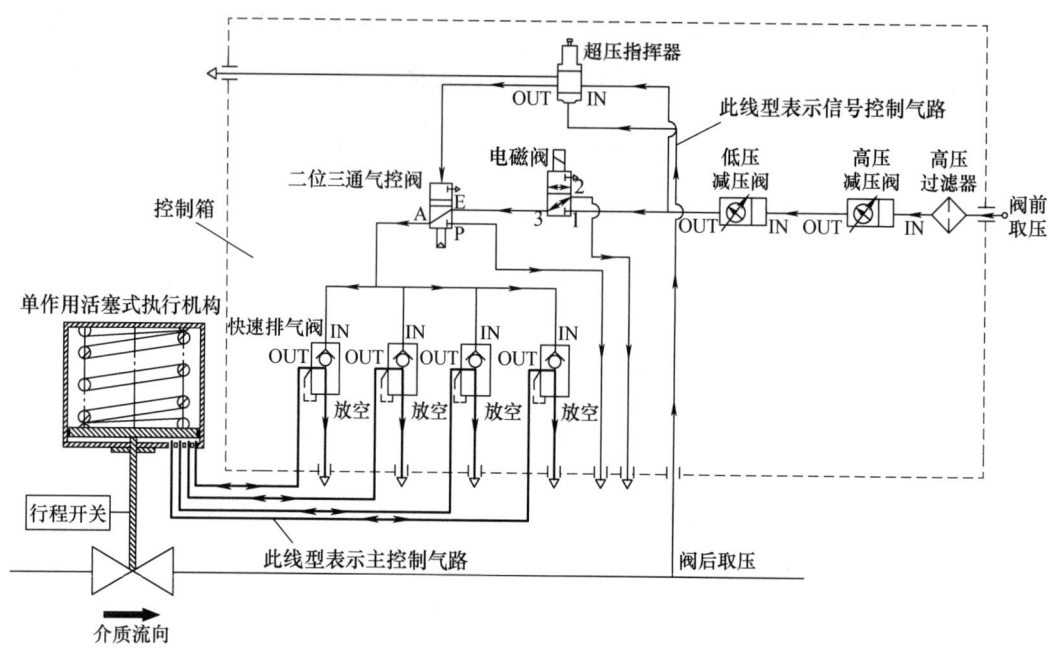

图 14-26 自力式安全切断阀控制原理气路图

表 14-28 自力式安全切断阀控制配置

控制附件	数量	型号（品牌）	功能简述
高压过滤器	1 件	其他品牌	对高压信号气源进行过滤
高压减压阀	1 件	其他品牌	对高压信号气源进行初级减压
低压减压阀	1 件	KZ03-3BY0S（吴忠仪表）或其他品牌	对初级减压后的信号气源再次减压过滤
电磁阀	1 件	其他品牌	接收中控室信号，进行远程紧急关阀控制
二位三通气控阀	1 件	VP23-06（吴忠仪表）或其他品牌	进行信号控制气路转换
超压指挥器	1 件	VF16-3（吴忠仪表）	可以设定超压切断压力点，实现自动紧急关阀控制
快速排气阀	4 件	其他品牌	实现快速关闭控制
行程开关	1 件	KTL-3104（吴忠仪表）或其他品牌	向中控室反馈阀门开关位置

如图 14-26 所示，信号控制气路一般选用 $\phi 8$ 不锈钢管连接，主控制气路一般根据执行机构容积和动作时间要求选用 $\phi 10 \sim \phi 25$ 不锈钢管连接。

控制功能简述：调压装置输气需要打开安全切断阀时，给电磁阀通电，手动复位，

第14章 控制阀控制模式

阀前 12MPa 高压气源通过高压过滤器、高压减压阀减压至 1MPa 后通入到低压减压阀，再经低压减压阀减压至 0.5MPa 后，经电磁阀、二位三通气控阀和快速排气阀进入到执行机构内，让阀门缓慢打开；安全切断阀需要远程关闭时，远程给电磁阀断电，大量排空快速排气阀信号气源，使得快速排气阀排空口全开，快速排空执行机构气室内的气体，让切断阀快速关闭。远程控制阀门关闭后需要再打开时，由于电磁阀带手动复位功能，给电磁阀通电人员必须到阀门现场手动复位后电磁阀才能切换，从而让安全切断阀打开；安全切断阀配置有一件超压指挥器和一件二位三通气控阀，组合实现本地自动超压切断功能。当切断阀下游管道压力升高需要切断时，超压指挥器感受到切断压力点后切换导通，二位三通气控阀信号口接收到超压指挥器输出的气源压力后切换，大量排空快速排气阀信号口气源，使得快速排气阀排空口全开，快速排空执行机构气室内的气体，让安全切断阀快速关闭。阀门超压切断后，当下游管道压力降到切断设定压力以下，阀门需要打开时，需要操作人员到阀门现场给二位三通气控阀手动复位，从而让切断阀打开；气路图中快速排气阀型号和数量根据执行机构气室容积和动作时间要求具体计算选型。

14.2.5 控制阀延时控制模式

1. 控制模式介绍

控制阀延时控制主要用于化工工艺流程中。控制模式的特殊性在于当控制阀输入的电流、电压信号存在故障或仪表气源压力低于某一设定值时，控制阀必须首先保持当前阀位 5~120s，当保持当前阀位设定时间到后，再开始缓慢打开，阀门从全关到全开动作时间为 5~120s。并且在控制阀保持阀位或者缓慢打开期间，若控制阀供气压力恢复或电流、电压信号故障消除，控制阀会立即恢复到正常控制状态。

2. 控制原理气路图

控制阀延时控制原理气路图如图 14-27 所示，控制配置见表 14-29。

控制阀设计制造技术

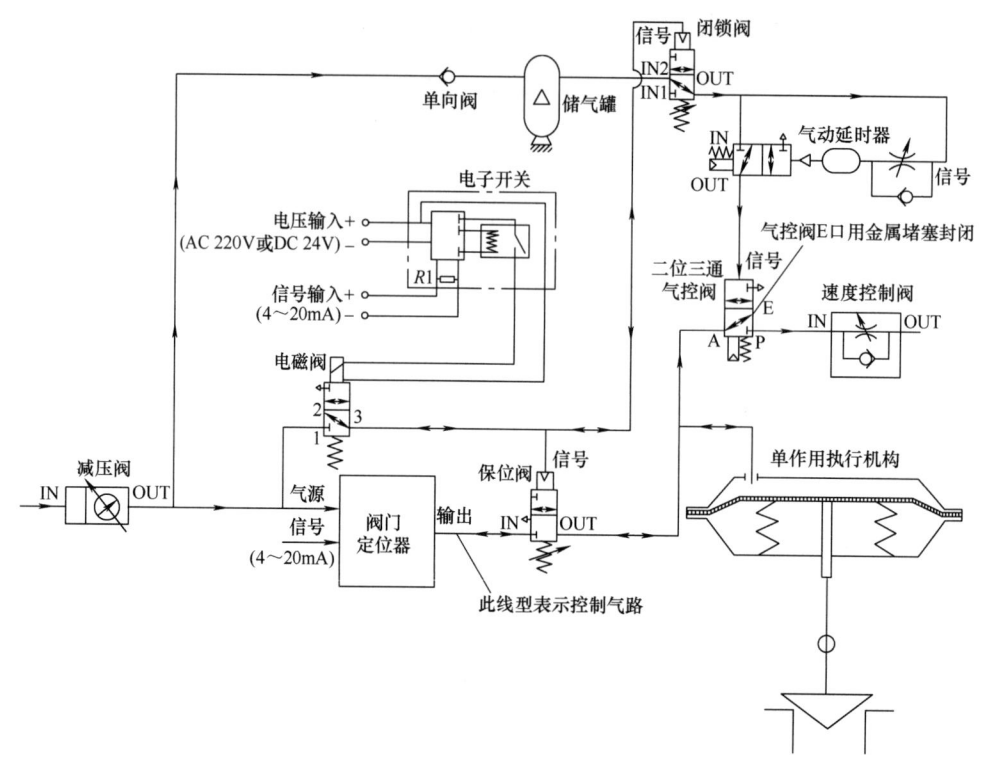

图 14-27 控制阀延时控制原理气路图

表 14-29 控制阀延时控制配置

控制附件	数量	型号（品牌）	功能简述
减压阀	1件	KZ03-3BY0（吴忠仪表）或其他品牌	对仪表气源进行过滤和减压
定位器	1件	AEP303LSA02A（吴忠仪表）或其他品牌	接收中控室信号，对阀门进行开度控制
电磁阀	1件	K23D-6d10N（吴忠仪表）或其他品牌	实现断电延时控制功能
保位阀	1件	ZPA-S06（吴忠仪表）	实现阀位保持控制功能
电子开关	1件	DKB（吴忠仪表）	实现断信号延时控制功能
二位三通气控阀	1件	VP23-06（吴忠仪表）或其他品牌	实现三断时放空执行机构气室压力功能
速度控制阀	1件	其他品牌	实现三断时控制阀打开时间可调功能
气动延时器	1件	其他品牌	实现三断时延时控制功能
闭锁阀	1件	ZPB-S06（吴忠仪表）	实现三断时延时控制功能
储气罐	1件	其他品牌	储存气源压力，实现三断时延时控制功能
单向阀	1件	其他品牌	防止储气罐中气体回流

第14章 控制阀控制模式

如图14-27所示,控制气路一般选用 $\phi 8$ 不锈钢管连接。

控制功能简述:电子开关与定位器串联连接接收来自中控室的4~20mA电流信号。当中控室给出的电流信号切断或电磁阀断电,又或现场仪表气源低于某一设定值时,电子开关切断电磁阀电源,使电磁阀切换,放空保位阀和闭锁阀信号气源,从而让保位阀切换到保位状态,同时闭锁阀切换,储气罐储存的气源通过闭锁阀输出到气动延时器,在设定好的延时时间内气动延时器不导通,二位三通气控阀无气源信号输入,所以控制阀在设定的延时时间内可以保持当前阀位。当超过设定的延时后,气动延时器导通,从闭锁阀输出的气源通过气动延时控制器输入到二位三通气控阀的信号口,气控阀切换,这时执行机构气室中的气体通过气控阀和速度控制阀排出,通过调节速度控制阀排气速度的快慢,进而调节控制阀从全关到全开的动作时间。

第15章
控制阀的质量控制及检验试验

15.1 质量管理体系

15.1.1 企业质量管理体系

1. 特种设备生产和充装单位许可

特种设备管理的法律依据是《中华人民共和国特种设备安全法》《中华人民共和国行政许可法》《特种设备安全监察条例》等有关法律法规。

特种设备是指各类锅炉,压力 0.1MPa 以上的压力容器,输送介质为有毒有害和可燃易爆气体或者液体的压力管道,电梯,起重机械,厂(场)内机动车辆,游乐设施,客运索道等容易发生事故、造成人身伤亡和重大财产损失的危险性较大的设备。实施安全监察的具体特种设备按照国务院批准的目录执行。阀门设计制造属于特种设备中压力管道元件制造许可范围。

TS 认证是指国家质量监督检验检疫总局对特种设备的生产(含设计、制造、安装、改造、维修等项目)、使用、检验检测相关单位进行监督检查,对经评定合格的单位给予从业许可,授予使用 TS 认证标志的管理行为。特种设备许可证书为《中华人民共和国特种设备生产许可证》,其有效期为 4 年。在特种设备领域,各制造、使用、检测单位在规定的期限内如果不能取得 TS 认证,国家将不允许其进入特种设备的相关领域开展经济活动。

申请特种设备生产和充装许可的单位,应当具有法定资质,具有与许可范围相适应的资源条件,建立并且有效实施与许可范围相适应的质量保证体系和安全管理制度

第15章 控制阀的质量控制及检验试验

等,具备保障特种设备安全性能的技术能力。

申请单位应当具有以下与许可范围相适应,并且满足生产需要的资源条件:

1) 人员,包括管理人员、技术人员、检测人员和作业人员等。

2) 工作场所,包括场地、厂房、办公场所和仓库等。

3) 设备设施,包括生产(充装)设备、工艺装备、检测仪器和试验装置等。

4) 技术资料,包括设计文件、工艺文件、施工方案和检验规程等。

5) 法规标准,包括法律、法规、规章、安全技术规范及相关标准。

具体资源条件和要求,在 TSG 07—2019《特种设备生产和充装单位许可规则》的附件中有详细的要求。与阀门相关的具体要求在其附件 E 和附件 F 中有明确的描述。

申请单位应当按照 TS 特种设备生产和充装单位许可规则的要求,建立与许可范围相适应的质量保证体系,并且保持有效实施。其中,特种设备制造、安装、改造和维修应当符合《特种设备生产和充装单位许可规则》附件中的"特种设备生产单位质量保证体系基本要求"。

申请单位应当具备保障特种设备安全性能的技术能力,按照特种设备安全技术规范及相关标准要求进行产品设计、制造、安装、改造、修理和充装活动。

认证标准包括 TSG 07—2019《特种设备生产和充装单位许可规则》和 TSG D 2001—2006《压力管道元件制造许可规则》等。

2. ISO 9001 质量管理体系

ISO 9001—2015 认证用于证实组织具有提供满足顾客要求和适用法规要求产品的能力,目的在于增加顾客满意度,是企业自愿选择的认证项目。

ISO 9001—2015《质量管理体系 要求》是 ISO 9000 族标准所包括的一组质量管理体系核心标准之一。ISO 9000 族标准是国际标准化组织(ISO)在 1994 年提出的概念,是指由 ISO/Tc176(国际标准化组织质量管理和质量保证技术委员会)制定的国际标准。ISO 9001 标准条款与其他质量管理和质量管理体系标准之间的关系见表15-1。

GB/T 19001—2016 使用翻译法等同采用 ISO 9001—2015，由全国质量和质量保证标准化技术委员会提出并归口，于 2016 年 12 月 30 日发布，2017 年 7 月 1 日起实施。

表 15-1 ISO 9001—2015 标准条款与其他质量管理和质量管理体系标准之间的关系

其他标准	本标准条款						
	4	5	6	7	8	9	10
GB/T 19000—2016/ISO 9000—2015	全部内容	全部内容	全部内容	全部内容	全部内容	全部内容	全部内容
GB/T 19004—2020/ISO 9004—2018	全部内容	全部内容	全部内容	全部内容	全部内容	全部内容	全部内容
GB/T 19010—2021/ISO 10001—2018	—	—	—	—	8.2.2 8.5.1	9.1.2	—
GB/T 19012—2019/ISO 10002—2018	—	—	—	—	8.2.1	9.1.2	10.2.1
GB/T 19013—2021/ISO 10003—2018	—	—	—	—	—	9.1.2	—
GB/Z 27907—2011/ISO 10004—2018	—	—	—	—	—	9.1.2 9.1.3	—
GB/T 19015—2021/ISO 10005—2018	—	5.3	6.1, 6.2	全部内容	全部内容	9.1	10.2
GB/T 19016—2021/ISO 10006—2018	全部内容	全部内容	全部内容	全部内容	全部内容	全部内容	全部内容
GB/T 19017—2020/ISO 10007—2017	—	—	—	—	8.5.2	—	—
ISO 10008—2013	全部内容	全部内容	全部内容	全部内容	全部内容	全部内容	全部内容
GB/T 19022—2003/ISO 10012—2003	—	—	—	7.1.5	—	—	—
GB/T 19023—2003/ISO/TR 10013—2021	—	—	—	7.5	—	—	—
GB/T 19024—2008/ISO 10014—2021	全部内容	全部内容	全部内容	全部内容	全部内容	全部内容	全部内容
GB/T 19025—2001/ISO 10015—2019	—	—	—	7.2	—	—	—
GB/Z 19027—2005/ISO/TR 10017—2021	—	—	6.1	7.1.5	—	9.1	—
ISO 10018—2020	全部内容	全部内容	全部内容	全部内容	全部内容	全部内容	全部内容
GB/T 19029—2009/ISO 10019—2005	—	—	—	—	8.4	—	—
GB/T 19011—2021/ISO 19011—2018	—	—	—	—	—	9.2	—

注："全部内容"表示本标准该条款的全部内容与其他的相应标准相关。

15.1.2 国际准入管理体系

1. 欧盟承压设备指令

欧盟承压设备指令（Pressure Equipment Directive 2014/68/EU，PED）。

第15章 控制阀的质量控制及检验试验

阀门取得 PED 认证是进入欧盟市场的前提条件。PED 是压力设备设计和制造的指引，是 CE 标志的一项前提条件。适用于压力容器、蒸汽锅炉、管道、热交换器、存储罐、压力释放装置、阀门、调节阀和其他最高容许压力高于 0.5bar 的压力设备。其涉猎范围从小到压力锅，大到热电站。根据所生产产品的风险类别，可以选择不同模块组合，从而满足 PED 要求，取得使用 CE 标志的授权。

承压设备可分为Ⅰ、Ⅱ、Ⅲ、Ⅳ四个合格评定等级。对于危险性很低的承压设备可按照成熟工程实践（SEP）分类。危险性越高则分类等级越高，规定也就越严格。划分为 SEP 的设备必须按照成熟工程实践来设计和制造。SEP 设备不得带 CE 标志。

第Ⅰ～Ⅳ类承压设备，必须同时满足 PED 中技术要求和基本安全要求（Essential Safety Requirements，ESRs）。PED 指令中的第三条及其附录Ⅰ分别给出了技术要求和基本安全要求。

第Ⅰ类承压设备由制造商自己施行内部生产控制。第Ⅰ类设备需要贴附不带授权机构公告号码的 CE 标志。

第Ⅱ～Ⅳ类承压设备的评定需要一个由欧盟成员国指定的授权机构参与认证，并监督制造商的质量体系，或者直接进行产品检验。第Ⅱ～Ⅳ类承压设备需要贴附带有授权机构公告号码的 CE 标志。

承压设备合格评定等级见表 15-2。

表 15-2 承压设备合格评定等级

第Ⅰ类	第Ⅱ类	第Ⅲ类	第Ⅳ类
A	A1	B1 + D	B + D
—	D1	B1 + F	B + F
—	E1	B + E	G
—	—	B + C1	H1
—	—	H	—

A—内部生产控制，不需要授权机构执行评审；

A1—内部制造检查加上最终评审监督；

B—EC 型式检查；

B1—EC 设计检查；

C1—符合型式；

D—生产品质保证（ISO 9002）；

D1—生产品质保证（ISO 9002）（模式单独应用）；

E—产品品质保证（ISO 9003）最终检验与测试；

E1—产品品质保证（ISO 9003）（模式单独应用）；

F—产品检查；

G—EC 个别检查；

H—全面品质保证（ISO 9001）；

H1—全面品质保证（ISO 9001）加上设计检查及最终评定的特别监查。

2. 美国石油协会

美国石油协会（American Petroleum Institute，API）是美国工业主要的贸易促进组织，又是集石油勘探、开发、储运、销售为一体的行业协会性质的非营利性机构。

API 的主要宗旨是"通过影响公共策略以有力有效地支持美国石油天然气产业"，同时 API 制定了 500 多个行业标准并建议覆盖石油天然气各个领域。

API 是 ANSI 认可的标准制定机构，其标准制定遵循 ANSI 的协调和制定程序准则，API 还与 ASTM 联合制定和出版标准，此外，API 积极参加适合全球工业的 ISO 标准的制定工作，是 ISO/TC 671SC9 井口设备和管道阀门的秘书处。API 标准应用广泛，不仅在美国国内被企业采用，同时被美国联邦和州法律法规以及运输部、国防部、职业安全与健康管理局、美国海关、环境保护署、美国地质勘查局等政府机构引用，而且也在世界范围内被 ISO、国际法制计量组织和 100 多个国家标准所引用。

API 标准主要是规定设备性能，有时也包括设计和工艺规范，标准制定领域包括石油生产、炼油、测量、运输、销售、安全和防火、环境规程等，其信息技术标准包括石油和天然气工业用 EDI、通信和信息技术应用等方面。

API 维护着 700 多项标准和推荐做法。许多已被纳入州和联邦法规，它们也是国际监管界引用最广泛的标准。

3. 欧盟 ATEX 防爆指令

ATEX 源于法语"Atmosphere EXlposible"，1994 年 3 月 23 日，欧洲委员会采用了"潜在爆炸环境用的设备及保护系统"（94/9/EC）指令。该指令从 1996 年开始使用，并且从 2003 年 7 月 1 日强制施行。

这个指令覆盖了矿井及非矿井设备，与以前的指令不同，它包括了机械设备及电气设备，把潜在爆炸危险环境扩展到空气中的粉尘及可燃性气体、可燃性蒸气与薄雾。

拟用于潜在爆炸危险环境的设备的制造商，应用 ATEX 指令条款并贴附 CE 标志，不用考虑应用其他更多的要求就可以在欧洲任何地方销售其防爆设备。

应用该指令有三个前提条件：

1）设备自身一定带有点燃源。

2）预期被用于潜在爆炸性环境（空气混合物）。

3）在正常的大气条件下。

该指令也适用于安全使用必需的部件，以及在适用范围内直接对设备安全使用有利的安全装置。这些装置可以在潜在爆炸性环境外部。

ATEX 94/9/EC 指令根据安装设备的保护水平将设备划分为三个类别：

1）1 类（Category 1）：非常高的防护水平。

2）2 类（Category 2）：高防护水平。

3）3 类（Category 3）：正常的防护水平。

用于爆炸性气体环境的设备区域分为 0、1 或 2 区，分别是 1G 类设备、2G 类设备和 3G 类设备。

用于可燃性粉尘环境的设备区域分为 20、21 或 22 区，分别是 1D 类设备、2D 类设备和 3D 类设备。

新版防爆指令 2014/34/EU 发布于 2014 年 3 月 29 日的欧盟官方公报，2014 年 4 月 18 日生效。新版防爆指令 2014/34/EU 于 2016 年 4 月 20 日正式执行，旧的指令 94/9/EC 也随之被取代。随着指令更新，欧委会将根据新立法架构（NLF）执行防爆指令条例。

新版本的指令在保持产品范围、产品的等级划分、基本安全要求以及一致性评估流程不变的情况下，引入了新立法架构（NLF），更详细地规定了经销商的义务。同时在新的 NLF 架构下，对公告机构在认证过程中的要求更加细化，更加明确机构在认证过程中的职责。

4. 加拿大承压设备指令

加拿大政府要求在其境内的锅炉、压力容器、承压管件、安全附件必须进行登记，凡是承压在一定压力以上的设备都必须进行加拿大压力容器（Canadian Registration Number，CRN）注册。

CRN 是针对压力容器和管件等产品的一个区域注册系统。注册一般分为某个省的注册和全国性的注册。如果产品是一次性的安装，只需要在安装地所在省注册或者认证就可以了，但该认证只在该省有效。如果产品是卖往全国的，就要在各个省取得认证。

加拿大共有 13 个省（地区），CRN 注册被授权给分管这 13 个地区的 7 个专业机构。产品大致分为压力容器和锅炉（PV&B）、管道系统（Piping System）、管件（Fittings），另外还有焊接人员评定等。

CRN 通常是由 1 个字母、4 个数字、小数点以及其后跟着的 1~10 位数字或 3 个字母组成的。小数点后面的数字代表该产品所注册的省份：

1—British Columbia；2—Alberta；3—Saskatchewan；4—Manitoba；5—Ontario；6—Quebec；7—New Brunswick；8—Nova Scotia；9—Prince Edward Island；0—New Foundland；

T—Northwest Territories；Y—Yukon Territory；N—Nunavut。

例如，M4567.19T 表示 CRN 号为 M4567 的设计在 BC 首先注册，然后在 PEI 和 NT 注册。

5. 印度承压设备指令

印度锅炉规程（India Boiler Regulations，IBR）明确规定出口到印度的锅炉压力容器、管道、阀门、原材料（板材、棒材、铸件、锻件）等都要求得到 CBB 授权检验机构的检验，由授权检验员按照 IBR 进行设计审核和制造过程监检，并进行现场安装检验和注册，才能进入印度市场，同时制造厂需按 IBR 要求出具各种制造、安装和材料认证等各类 IBR Form 表，由授权检验机构签字后方可报批。

印度锅炉规程明确规定，在印度以外的国家制造的锅炉压力容器需进行 IBR 检验认证，第三方检验机构必须得到 CBB 授权认可。因此通过 IBR 认证是产品走进印度市场的"通行证"。

IBR 对强度计算有一整套的规定，包括设计温度、材料许用应力及各种系数等参数的选取都有明确的规定。IBR 规程对阀门的设计、制造和检验有一套完整的质量控制体系，并制定了很多的检验与试验用表格（Form 表）。从原材料检验、制造、安装到运行都需填写相应的 Form 表，且在出厂前必须得到 IBR 授权检验师的认可。

6. 沙特 SABER 认证

为了确保进口产品的安全，更好地对非本土企业进行符合性认证进行评估，沙特 2019 年 1 月 1 日起开始实施 SABER 认证，取代原来的 SASO 认证。

SABER 认证是针对非沙特本土企业的符合性认证评估，是促进新的沙特产品安全计划（称为"SALEEM"）的系统。SABER 认证符合性认证计划，是集设定法规、技术要求和控制措施为一体的综合体系，其目的在于确保进口产品的安全性。

沙特 SABER 认证制度根据产品的风险等级不同管制要求也不同。

对于高、中风险等级的产品，要求相对严格一点。一般执行 PC + SC 认证制度。如果涉及能效、水效、IECEE、GCC 等认证制度的产品，则需先执行能效、水效、IECEE、GCC 等认证，取得相应证书后，然后申请 SABER 认证制度中的 SC 证书。

对于低风险等级的产品，属于非管制产品，可提交自我声明，不用注册申请 PC 证书，直接申请 SC 证书，如普通家具、五金工具。

在沙特销售的产品，无论是进口还是在当地生产，均需办理 SABRE 注册，如果未签发合格证书，产品将被禁止进入。原材料被认为是不受管制的，不需要注册。

永久性地或临时性地安置在城市中的设备、机械和构筑物均在 SABRE 认证范围内。

7. 欧盟 ROHS/REACH 认证

ROHS 测试和 REACH 测试是化学测试，检测有害物质的含量等项目，是欧盟强制性法规。

1) 测试项目不同。REACH：73 项（金属 35 项），ROHS：6 项（金属 4 项）。

2) 依据标准不同。REACH：EC 1907/2006《关于化学品注册、评估、授权和限制的法规》（简称 REACH），ROHS：2002/95/EC（2011/65/EU）。

两者的本质区别在于：ROHS 是欧盟颁布的指令，需要各成员国转化为法规后执行；而 REACH 法规颁布后直接生效。

3) 管控范围不同。ROHS 主要管控的是电子电器产品中的包括铅、镉、汞、六价铬、多溴联苯、多溴联苯醚六大有害物质的限制使用；REACH 管控的是所有商品，要求对有害化学物质进行注册、评估、授权和限制。

4) ROHS 是对均质的单一物质中的有害物质含量的管控；REACH 是对产品或物质中的某一种有害化学物质的含量占产品或物质总量的管控。

5) ROHS2.0 中增加了几种优先评估的有害物质，包含于 REACH 法规中，但两者是不可替代的。

第15章 控制阀的质量控制及检验试验

根据欧盟 WEEE&RoHS 指令要求，国内具备资质的第三方检测机构是将产品根据材质进行拆分，以不同的材质分别进行有害物质的检测。一般来说：金属材质需测试四种有害重金属元素（如 Cd 镉、Pb 铅、Hg 汞、Cr6 + 六价铬），塑胶材质除了检查这四种有害重金属元素外还需检测溴化阻燃剂（如多溴联苯 PBB、多溴二苯醚 PBDE），同时对不同材质的包装材料也需要分别进行包装材料重金属的测试（94/62/EEC）。

以下是 ROHS 中对七种有害物规定的上限浓度：

镉：小于 0.01%。

铅：小于 0.1%。

钢合金：小于 0.35%。

铝合金：小于 0.4%。

铜合金：小于 4%。

汞：小于 0.1%。

六价铬：小于 0.1%。

欧盟 REACH 将涉及 3 万种化学物质，即欧盟市场上现存的 10 万种化学物质的近 1/3。检测将采取渐进的方式，在 3 年、6 年或 11 年间逐渐增加检测物质的种类，但是在 2013 年前，优先检测最有害的或者进口量最大的物质。

从 2016 年 6 月起 3 年内，将从每年 1t 的量检测起，凡是含有最危险物质的产品，如致癌物质、致突变物质和再生产时有毒物质，必须先登记备案、通过检测。

8. 欧氯认证

该认证是由欧洲行业协会所认可并签发，并非欧洲强制性认证要求。但是在越来越多的项目招标中逐渐加入了这一项要求。涉及用于储罐和运输容器的截止阀、球阀和双锁阀（带有内部/外部阀门）的设计原则、规范、维护要求和批准程序。所有描述的阀门均可用于液氯和气态干氯气，阀门类型和使用范围见表 15-3。

控制阀设计制造技术

表 15-3　阀门类型和使用范围

阀门类型	阀门材质	温度范围	公称通径	
			最小	最大
带波纹管密封和辅助填料压盖的法兰截止手动阀	锻钢或铸钢	-40~120℃	DN25	DN150
带波纹管密封和辅助填料压盖的法兰控制阀				
带波纹管密封和辅助填料压盖的法兰式远程操作截止阀				
带填料压盖的法兰手动球阀		-40~120℃	DN15	DN50
带填料压盖的法兰遥控球阀				
用于含一个内部和一个外部阀门的氯气运输容器和储罐的阀门		-40~50℃	DN25	DN150

注：对于液氯，一般不建议使用这些公称通径以外的阀门。然而，在某些有良好记录、设计正确的情况下，也可使用。

15.2　控制阀的生产制造质量控制

15.2.1　控制阀压力试验

1. 填料函及其他连接处的密封性

调节阀的填料函及其他连接处应保证在 1.1 倍公称压力下无渗漏。特殊用途调节阀的试验压力值由制造厂和用户（订购方）商定。

用 1.1 倍公称压力的室温水，水中可含有水溶油或防锈剂，按规定的入口方向输入调节阀的阀体，另一端封闭，同时使阀杆每分钟往复动作 1~3 次，持续时间不少于 3min。观察调节阀填料函及其他连接处有无渗漏现象。试验后应排空调节阀，必要时应清洗和干燥。

2. 耐压强度

调节阀应以 1.5 倍公称压力的试验压力进行不少于 3min 的耐压强度试验，试验期间不应有肉眼可见的渗漏。

用1.5倍公称压力的室温水,水中可含有水溶油或防锈剂,按调节阀的入口方向输入调节阀的阀体,另一端封闭,使所有在工作中受压的阀腔同时承受不少于3min的试验压力,试验时观察调节阀的受压部分是否有可见的渗漏。

试验期间,直行程调节阀均应处于全开位置,角行程调节阀应部分打开,试验设备不应使调节阀受到会影响试验结果的外加应力,必要时可拆除与试验无关的可能损坏的元件,如波纹管、膜片、填料等零件后进行试验。

试验用压力仪表的精确度不得低于2.5级,测量范围的上限值不得大于试验压力的4倍。

3. 泄漏量

1) 调节阀在规定试验条件下的泄漏量应符合 GB/T 4213—2008《气动调节阀》要求,见表15-4。不应将本标准这一条款作为调节阀在工作条件下安装后预计其泄漏与否的依据。

2) 调节阀的泄漏等级除Ⅰ级外,由制造厂自行选定。但单座阀结构的调节阀的泄漏等级不得低于Ⅳ级;双座阀结构的调节阀的泄漏等级不得低于Ⅱ级。

3) 泄漏量大于5×10^{-3}阀额定容量时,应由结构设计保证,产品可免于测试。

4) 泄漏应由下列代码加以规定:

X1——泄漏等级,见表15-4 Ⅰ~Ⅵ。

X2——试验介质,G为空气或氮气,L为水。

X3——试验程序1或2,见表15-4。

表15-4 GB/T 4213—2008 泄漏量指标

泄漏等级	试验介质	试验程序	最大阀座泄漏量
Ⅰ	由用户与制造厂商定		
Ⅱ	L或G	1	$5\times10^{-3}\times$阀额定容量
Ⅲ	L或G	1	$10^{-3}\times$阀额定容量

（续）

泄漏等级	试验介质	试验程序	最大阀座泄漏量
Ⅳ	L	1 或 2	$10^{-4} \times$ 阀额定容量
Ⅳ	G	1	
Ⅳ-S1	L	1 或 2	$5 \times 10^{-6} \times$ 阀额定容量
Ⅳ-S1	G	1	
Ⅴ	L	2	$1.8 \times 10^{-7} \times \Delta p \times D$（L/h）
Ⅵ	G	1	$3 \times 10^{-3} \times \Delta p \times$（见 GB/T 4213—2008 泄漏率系数）

注：1. Δp 以 kPa 为单位。

2. D 为阀座直径，以 mm 为单位。

3. 对于可压缩流体，阀额定容量为体积流量时，是指在绝对压力为 101.325kPa 和绝对温度为 273K 或 288K 的标准状态下的测定值。

GB/T 4213—2008 泄漏率系数

阀座通径/mm（in）	mL/min	气泡/min
≤25（1）	0.15	1
38（1.5）	0.30	2
51（2）	0.45	3
64（2.5）	0.60	4
76（3）	0.90	6
102（4）	1.70	11
152（6）	4.00	27
203（8）	6.75	45
250（10）	11.1	—
300（12）	16.0	—
350（14）	21.6	—
400（16）	28.4	—

注：1. 每分钟气泡数是在用外径6mm、壁厚1mm 的管子垂直浸入水下 5~10mm 深度的条件下测量所得，所用管子的管端表面应光滑、无倒角和毛刺。

2. 如果阀座直径与该列值之一相差 2mm 以上，则泄漏率系数可在假设泄漏率系数与阀座直径的平方成正比的情况下通过内推法取得。

5）泄漏量试验方法。

① 试验介质。应为 5~40℃ 的清洁气体（空气或氮气）或水。

② 试验介质压力。试验程序 1 时，应为 0.35MPa，当阀的允许压差小于 0.35MPa

时用设计规定的允许压差；试验程序 2 时，应为阀的最大工作压差。

③ 试验信号压力。气动执行机构应调整到符合规定的工作状态，在试验程序 1 时，气开式调节阀执行机构的信号压力应为零；气关式调节阀执行机构的信号压力应为输入信号上限值加 20%；切断型调节阀执行机构的信号压力应为设计规定值。在试验程序 2 时，执行机构的信号压力应为设计规定值。不带气动执行机构的阀试验时，应附加一个试验用推力装置，所施加的力不超过制造厂规定的最大阀座密封力。

④ 试验介质流向。试验介质应按照规定流向加入阀内，阀出口可直通大气或连接出口通大气的低压头损失的测量装置，当确认阀和下游各连接管道完全充满介质并泄漏量稳定后方可测取泄漏量。

⑤ 测量误差。泄漏量和压力的测量误差应不超过读数值的 ±10%。

⑥ 泄漏等级、试验介质、试验程序和最大泄漏量应符合表 15-4 的规定。

15.2.2 控制阀动作性能检验

产品出厂试验主要检测项目有基本误差、回差、死区、始终点偏差（适用于气动调节阀）和额定行程偏差。

1. 基本误差

调节阀的基本误差应不超表 15-5 中规定的基本误差限，基本误差用调节阀额定行程的百分数表示。

气动调节阀弹簧压力范围在 20～100kPa、40～200kPa、60～300kPa 以外的调节阀及切断型调节阀免于试验。

将规定的输入信号平稳地按增大或减小方向输入，测量各点所对应的行程值，计算出实际"信号—行程"关系同理论关系之间的各点误差，其最大值即为基本误差。

校验点应至少包括信号范围 0%、25%、50%、75%、100% 这五个点。测量仪表基本误差限应小于被校阀基本误差限的 1/4。

2. 回差

调节阀的回差应不超过表 15-5 和表 15-6 的规定。回差用调节阀额定行程的百分数表示。

气动调节阀不带定位器及弹簧压力范围在 20～100kPa、40～200kPa、60～300kPa 以外的调节阀及切断型调节阀免于试验。

方法同基本误差测量方法,在同一输入信号上所测得的正反行程的最大差值即为回差。

3. 死区

调节阀的死区应不超过表 15-5 和表 15-6 的规定。死区用调节阀输入信号量程的百分数表示。

气动调节阀弹簧压力范围在 20～100kPa、40～200kPa、60～300kPa 以外的调节阀及切断型调节阀免于试验。

1) 缓慢改变(增大或减小)输入信号,直到观察出一个可觉察的行程变化,记下这时的输入信号值。

2) 按相反方向缓慢改变(减小或增大)输入信号,直到观察出一个可觉察的行程变化,记下这时的输入信号值。

3) 前两项输入信号值之差的绝对值即为死区。

死区应在输入信号量程的 25%、50% 和 75% 三点上进行试验。

4. 始终点偏差(适用于气动调节阀)

当气动执行机构中的输入信号为上、下限值时,气开式调节阀的始点偏差和气关式调节阀的终点偏差应不超过表 15-5 的规定。始终点偏差用调节阀的额定行程的百分数表示。切断型调节阀免于试验。

方法同基本误差测量方法,信号的上限(始点)处的基本误差即为始点偏差,信号的下限(终点)处的基本误差即为终点偏差。

第15章 控制阀的质量控制及检验试验

5. 额定行程偏差

额定行程偏差应不超过表 15-5 和表 15-6 的规定。调节阀的额定行程偏差用额定行程的百分数表示。

输入信号使阀杆走完全程,实际行程与理论行程之差与额定行程之比即为额定行程偏差。实际行程必须大于额定行程。

表 15-5 GB/T 4213—2008 气动调节阀性能指标

项 目			不带定位器(%)					带定位器(%)				
			A	B	C	D	E	A	B	C	D	E
基本误差限			±15	±10	±8	±8	±8	±4	±2.5	±2.0	±1.5	±1.5
回差			—	—	—	—	—	3.0	2.5	2.0	1.5	1.5
死区			8	6	6	6	6	1.0	1.0	0.8	0.6	0.6
始终点偏差	气开	始点	±6.0	±4.0	±4.0	±4.0	±4.0	±2.5	±2.5	±2.5	±2.5	±2.5
		终点	—	—	—	—	—					
	气关	始点	—	—	—	—	—	±2.5	±2.5	±2.5	±2.5	±2.5
		终点	±6.0	±4.0	±4.0	±4.0	±4.0					
额定行程偏差	调节型(金属密封)		+6	+4	+4	+4	+4	±2.5	±2.5	±2.5	±2.5	±2.5
	调节型(弹性密封)切断型		实测行程大于额定行程									

注:1. A 类适用于特殊密封填料和特殊密封型式的调节阀;E 类适用于带纯聚四氟乙烯填料的一般单、双座调节阀;B、C、D 类适用于各种特殊结构型式和特殊用途的调节阀。
2. 表中数值是相对于额定行程的百分数。

表 15-6 JB/T 7387—2014 电动调节阀性能指标

项目名称	技术指标			
	1.0 级	1.5 级	2.5 级	5.0 级
基本误差限	±1.0%	±1.5%	±2.5%	±5.0%
回差	≤1.0%	≤1.5%	≤2.5%	≤3.0%
死区	≤1.0%	≤1.5%	≤2.5%	≤5.0%
额定行程偏差	实际行程大于额定行程			

第16章 控制阀的维护、维修与安装

本章主要从控制阀的日常维护、故障诊断、故障排除、在线维修、离线维修、安装及装置大检修结束后的完工资料提供等方面进行了详细的描述，明确了控制阀日常维护内容、故障排除方法、在线维修方案、离线维修方案、上线注意事项等，为广大石化企业仪表维护工程师及控制阀检维修企业工程师提供技术指导，确保检维修后的控制阀上线安全平稳运行。

16.1 控制阀的日常维护

本节详细阐述了流程控制装置上在线运行的控制阀的故障诊断、填料泄漏的维护、气路的维护、定期维修等内容，并对装置上运行的控制阀的故障预防、故障诊断及排除方法进行了详细说明。

16.1.1 控制阀的故障诊断

控制阀作为流程工业中的执行元件，是确保装置正常运行的核心部件，在出现故障时，如何快速从故障现象分析诊断出故障原因和恢复控制阀正常运行，成为确保装置正常运行的重要工作，通常控制阀故障及处理方法主要有以下几个方面。

（1）控制阀阀杆不能走完全行程

控制阀阀杆不能走完全行程即控制阀阀芯也不能走完全行程，导致控制阀开关不到位、流通能力满足不了工艺要求或无法实现开度调节。引起该问题的主要原因和处理方法如下：

1）工艺管路内的异物堵塞在套筒或阀座上，使阀芯不能移动到位。

处理办法：拆解上阀盖，取出异物清理干净，并重新装配。注意拆开上阀盖后，需要更换新的密封垫（阀内所有密封件）。

2）输入信号有问题。

处理办法：检查气源是否漏气，使用肥皂水检测各连接位置，消除泄漏点；检查定位器本身是否存在故障现象，若定位器损坏，则进行更换。

3）操作气源压力不足或弹簧力值不够。

处理办法：核对现场实际使用工况，核算气源压力和弹簧范围，并计算当前气源压力提供的执行机构输出力是否可以克服控制阀的不平衡力。如果不合适，增大气源压力或更换弹簧，更换弹簧时注意满足弹簧范围和弹簧行程要求。

4）定位器调试时未到全行程。

处理办法：重新校验定位器，满足实际使用。

5）使用工况压差大于设计工况。

处理办法：根据实际工况重新计算控制阀的不平衡力，更换执行机构。

（2）控制阀动作迟缓

导致控制阀动作迟缓和引起该问题的主要原因和处理方法如下：

1）气源压力低。

处理办法：检查气源压力，适当调整供气压力，调整定位器。

2）膜片、密封件漏气。

处理办法：检查膜片、密封件是否漏气，若漏气，及时更换。

3）填料太紧、阀杆变形。

处理办法：检查填料压盖是否压紧均匀，检查阀杆同轴度是否满足标准，若存在弯曲现象，及时更换。

（3）控制阀阀杆移动，工艺参数不变

这种情况阀杆与阀芯脱离，由于使用中的控制阀受介质工况的影响，存在高温侵蚀、振动和前后压差等因素的影响,使阀杆和阀芯断开或连接销断裂,使阀芯与阀杆脱离,从而导致阀杆在移动过程中,阀芯部分还是落在阀座上,起不到调节作用,致使工艺参数不变。

处理办法:将阀芯与阀杆拆下,重新加工阀杆,打孔固定好阀芯。注意在安装销钉前阀杆应拧紧,铆接销钉后,进行点焊,点焊后打磨抛光,无毛刺。

(4) 控制阀阀杆可以走完全行程,但泄漏等级超标

控制阀的"跑冒滴漏"导致的泄漏量超标成为流程工业一项重点治理工程,该问题将导致能源浪费、污染环境甚至成为化工厂易燃易爆的危险源,因此,找到泄漏超标的原因和解决泄漏问题,是维修控制阀的主要内容,下面分别从以下两方面进行分析和提出解决方案。

1) 控制阀动作都能到位,经校验也正常,但投用后,泄漏量超标,这种现象多数是因为阀芯、阀座的密封面处损伤、被介质冲刷磨损;或由于阀座固定螺纹损坏、阀座密封垫损坏、阀座脱离阀体而引起的泄漏。

处理办法:将阀芯、阀座拆下,若阀芯、阀座磨损不严重,可以用研磨砂进行配研;若存在 $0.3 \sim 0.5 \text{mm}$ 的缺陷,则使用车床对阀芯、阀座密封面进行配车,配车后使用研磨砂对密封面进行配研;若已无法修复则进行测绘加工阀芯或阀座,但更换的阀芯、阀座安装前应使用研磨砂进行配研。

阀座螺纹损坏程度不大,可以涂抹螺纹胶重新固定好;若螺纹损坏严重无法固定,在应急状态下可以将阀体与阀座焊接,注意在焊接时,要保证与阀芯的咬合严密。同时对损坏零部件进行采购,以便应对突发情况。

2) 执行机构推力过小或弹簧输出力不足。

处理办法:计算控制阀所需不平衡力,根据实际力值匹配执行机构。

注意:在匹配执行机构时,需要根据计算的控制阀不平衡力,按 $1.3 \sim 1.5$ 倍的安全系数选定执行机构。

(5) 控制阀振动或噪声过大

在线控制阀在使用过程中,有时会出现振动现象,这种现象是不利于生产的,但一旦出现这种情况,就要想办法消除。

1) 控制阀的振动多发生在高速流动、压力急剧变化的节流处。截面突变的管道或急骤拐弯的弯头处,湍流与这些阻碍流体通过的部分相互作用产生涡流噪声,其噪声功率级(dB)随流速的变化关系可表示为

$$\Delta L_w = 60 \lg(V_2/V_1) \tag{16-1}$$

式中　ΔL_w——噪声功率级;

V_1——上游介质流速;

V_2——下游介质流速。

若管路设计不当还可能产生空化噪声。

噪声直接与流速有关,降低流速就可以降低噪声。所以增大控制阀内件的流阻即可达到消耗能量,降低流速的目的。

对于常规类打孔内件,每一级的流阻是一样的,图16-1为三级相同孔径阀内件示意图,设每一级流阻系数均为1.5,则总的流阻系数 $K = 1.5 + 1.5 + 1.5 = 4.5$。

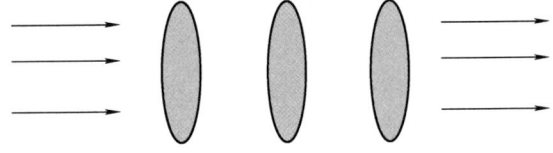

图16-1　三级相同孔径阀内件示意图

图16-2所示为多孔径阀内件示意图,多孔径总的流阻系数 $K = 1.5/2^{2(n-1)}$,其中 n 为降压级数。

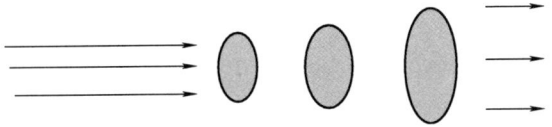

图16-2　多孔径阀内件示意图

根据以上分析可知，噪声、振动都与液体流动的状态有关，换句话说，即与压差和流速有关。改变节流件的类型即可改变振动频率或消除振动。

处理方法：众所周知，降压降噪的理想结构就是笼式打孔结构。一般遵循阀后降压降噪。对于流向为低进的控制阀，一般套筒为降压降噪原件；对于流向为高进的控制阀，一般阀座为降压降噪结构，也就是阀座带有降噪笼。对于出口流速太高和出口能量过大的工况，需要计算是否出现阻塞流，阻塞流出口流速见表16-1。

表 16-1 阻塞流出口流速

类别	气体标准动能/kPa	液体流速/(m/s)
单向流	480	30
双相流多相流	275	23
振动等特殊类场合	75	12

注：计算标准 $K_e = \rho v^2/2g$。其中，K_e 表示动能，ρ 表示介质密度，v 表示速度，g 表示重力加速度。

对于单相流介质，出口流速小于 30m/s 时为合理状态。

对于双相流、多相流介质，出口流速小于 23m/s 时为合理状态。

因为产生阻塞流时，会出现汽蚀和闪蒸现象，这两种现象对于控制阀来说都是有损害的，所以要想办法消除或把损伤降到最低。此时这种工况常规控制阀就无法使用。

针对这种工况，建议使用多级降压控制阀或迷宫式控制阀，可有效降低出口动能和流速，避免产生汽蚀和闪蒸。

对于打孔结构，孔的大小一般与介质有关。在不影响流通能力的前提下，孔越小越好，小孔之间产生的流阻大，可以消耗更多的能量，达到降压降噪的目的，如图16-3所示。

2）无导向或导向间隙过大。

处理方法：给阀杆增加导向套，并调整阀杆与导向套配合间隙，这样有助于提高控制阀运行过程中的稳定性。

3）改变控制阀流向。

4）若故障现象还不能排除，应按照最新的工艺参数设计选型，根据实际工况适配

第16章 控制阀的维护、维修与安装

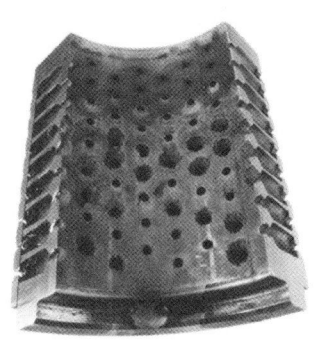

图16-3 多层套筒

出最合适此种工况类型的控制阀。

(6) 控制阀动作有波动现象

控制阀在调试过程中由于受填料摩擦力大、阀杆粗糙、控制附件漏气、定位器参数不匹配及执行机构输出力无法克服控制阀不平衡力导致控制阀在调试过程中产生波动现象，下面针对这些问题进行详细分析并提出解决方法。

1）控制阀的填料压得太紧或润滑油风干。阀杆与填料之间摩擦力太大，在定位器调试过程中会出现控制阀喘振现象。阀门上下动作时产生波动，出现一直在找阀位的现象，直到定位器给定相应电信号对应的阀位为止。

处理方法：加装填料数量不应过多，数量常规不超过8件；若填料函深度过深，则超出填料数量的深度应加装填料衬垫以减少摩擦力，防止造成阀位波动。

2）控制阀匹配的连接附件、气源管、接头等位置存在漏气现象。这样会导致供气量不足，也会造成阀位有波动现象。

处理方法：用肥皂水检查各连接位置，消除漏气点。

3）计算执行机构输出力和控制阀的不平衡力。

直行程控制阀的不平衡力乘以 1.3～1.5 倍安全系数后的值与执行机构输出力做对比，执行机构输出力要大于此数值。一般各厂家执行机构输出力都是经过计算和验证过的，较为准确，查阅相关样本即可，也可以通过 Excel 编辑设计计算软件，输入参数后自动计算，具体计算公式如下。

正作用执行机构最大输出力计算如下：

$$F_{正作用} = S_{膜片有效面积}(p_{供气压力} - p_{弹簧范围上限}) \tag{16-2}$$

反作用执行机构最大输出力如下：

$$F_{反作用} = S_{膜片有效面积} \times p_{弹簧范围下限} \tag{16-3}$$

控制阀的不平衡力：

$$F = F_{介质力} + F_{密封力} + F_{填料摩擦力} \tag{16-4}$$

其中 $F_{介质力}$ 需要区分平衡式和非平衡式结构：

非平衡式：

$$F_{介质力} = \frac{\pi D^2}{4}(p_1 - p_2) + \frac{\pi d^2}{4}p_1 \tag{16-5}$$

平衡式：

$$F_{介质力} = \frac{\pi d^2}{4}(p_1 - p_2) \tag{16-6}$$

式中 p_1——阀前压力；

p_2——阀后压力；

D——阀座密封面直径；

d——阀杆直径。

$F_{密封力}$ 需要区分泄漏等级。

$$F_{密封力} = \pi D \xi \tag{16-7}$$

式中 ξ——阀座密封系数（lbf/in），泄漏等级为 ANSI/FC 70—2—2013 Ⅳ级时取 40lbf/in，Ⅴ级时取 150lbf/in，Ⅵ级时取 300lbf/in，见表 16-2。

$$F_{填料摩擦力} = \pi d Z h f \tag{16-8}$$

式中 d——阀杆直径；

Z——填料圈数；

h——单填料高度；

f——摩擦系数。

第16章 控制阀的维护、维修与安装

表 16-2　阀座密封系数

泄漏等级	说　　明	$\xi/(\text{lbf/in})$
Ⅰ	符合用户规格（不需要工厂泄漏测试）	
Ⅱ	20lbf/in 阀口周长	20
Ⅲ	40lbf/in 阀口周长	40
Ⅳ	仅标准（下）阀座——40lbf/in 阀口周长（阀口直径小于 $4\frac{3}{8}$in）	40
Ⅳ	仅标准（下）阀座——80lbf/in 阀口周长（阀口直径大于 $4\frac{3}{8}$in）	80
Ⅴ	金属阀座——根据图 16-4 确定为多少 lbf/in 阀口周长	150
Ⅵ	金属阀座——300lbf/in 阀口周长	300

阀座负载与关闭压降曲线如图 16-4 所示。

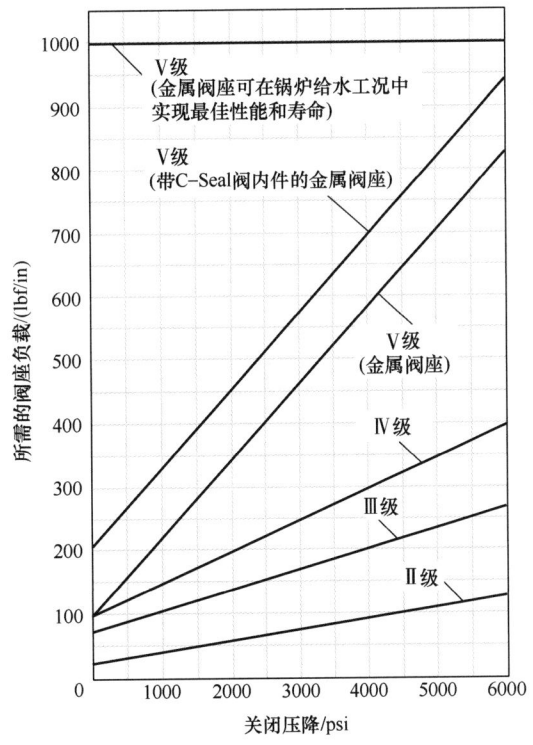

图 16-4　阀座负载与关闭压降曲线

（7）执行机构的气密性造成的故障

执行机构的气密性造成的故障表现为响应时间增大，阀杆动作滞后。具体原因分

析及处理措施如下：

1）气动薄膜执行机构的膜片未压紧。膜片未压紧或受力不均匀造成输入的气信号外漏，使执行机构对信号变化的响应变得滞后，响应时间增大。如果安装了阀门定位器，则其影响会减小。故障处理方法是用肥皂水涂刷检查，并消除泄漏点。

2）气动活塞执行机构的活塞密封环磨损。造成控制阀不能快速响应，阀杆动作不灵敏。故障处理方法是更换密封环，并检查气缸内壁是否有磨损。

3）气动薄膜执行机构的膜片破损。表现为阀杆动作不灵敏，可听到气体的泄漏声。故障处理方法是更换膜片，并应检查限位装置或托盘是否有毛刺等。

（8）不平衡力造成的故障

不平衡力造成的故障表现为控制阀动作不稳定，关不严等。故障分析及处理方法如下。

1）流向不当。控制阀安装不合适，造成实际介质流向与控制阀标记流向不一致，使不平衡力变化。故障处理方法是重新安装。

2）执行机构不匹配。造成推力或扭矩不足，使控制阀动作不到位。故障处理方法是重新计算控制阀不平衡力，重新选型执行机构，并更换执行机构。

（9）阀体组件的故障分析

1）流量特性不匹配造成的故障。控制阀的流量特性用于补偿开环增益组成部件的非线性特性。如果选配的流量特性不合适，会使控制系统的控制品质变差。例如，在小流量和大流量时，控制系统的灵敏度不同。

2）控制阀额定流量系数选择不当。选用的额定流量系数过大或过小，使控制阀可调节的最小或最大流量变大或变小，不能满足工艺生产过程的操作要求。控制阀工作在小开度或大开度位置，控制品质变差。故障处理方法是重新核算控制阀流量系数，根据最新的流量系数设计阀芯形式，以满足使用要求。

16.1.2 控制阀填料泄漏的维护

控制阀填料一般装在上阀盖的填料函中，其作用是阻止被控介质因阀杆运动而引起的泄漏。控制阀在使用过程中，由于工况变化、阀体组件自身结构差异、石墨填料与阀杆和上阀盖内孔发生电化学腐蚀等多种原因造成控制阀填料函泄漏，这是控制阀最常见的故障，是影响装置连续生产的重要因素，也是许多化工厂、炼油厂常见的危害，这不仅浪费物料，而且污染环境。因此，杜绝控制阀填料函泄漏是仪表日常维护的一个重要环节，也是一个不易解决的问题。

(1) 填料泄漏的主要原因

1) 填料材质、类型选用不当，没有充分考虑介质的腐蚀性和介质温度以及控制阀的动作频次等问题。

2) 填料安装方法不当，没有严格按填料装配顺序和要求安装。

3) 填料老化，失去弹性，填料材质一般为四氟、石墨或碳纤维成分，四氟填料受温度及介质腐蚀性的影响会加快其老化速度，石墨和碳纤维更适合高温、渗透性强的介质。

4) 控制阀频繁动作，造成填料磨损。

5) 阀杆弯曲、磨损、腐蚀、光洁度下降。

6) 控制阀使用工况发生变化。

7) 填料压盖没有压紧、偏斜，或控制阀卧式安装，会造成阀杆与填料接触不好，间隙过大或过小。

(2) 解决填料泄漏的措施

1) 提高阀杆和填料函表面精度，表面粗糙度值越小，摩擦系数越小，密封可靠性越高，填料寿命越长。

2) 依据介质特性和使用工况，选用耐腐蚀、满足使用温度的合适的材料填料，具有抵抗温度变化的能力，有抗蠕变、抗松弛及抗氧化能力。

3) 提高执行机构推杆和控制阀阀杆连接时的同轴度，特别是在高温工况加长阀杆结构中，由于阀杆长、挠度差，阀杆容易弯曲挤压填料，因此建议在填料压盖内孔增加导向，以提高填料内孔和阀杆的同轴度。

4) 装圆环形填料（纯石墨或者盘根类填料）时，应一件一件地加，如果是石墨+镍丝盘根填料，在装配时填料搭接口与上一件错位90°安装，并用压具逐一压紧、压牢，使填料受力均匀，填料预紧力的计算参照：

$$F = \frac{\pi}{4}(D^2 - d^2)\varphi p \tag{16-9}$$

式中　D——填料函内径；

　　　d——阀杆外径；

　　　φ——摩擦系数；

　　　p——工作压力。

其中 φ 按表16-3查询选取。

表16-3　盘根填料摩擦系数 φ 取值表

工作压力 p/MPa	H/S	3	4	5	6	≥7
≤2.5	φ	2.13	2.45	2.82	3.25	3.72
2.6~6.3	φ	1.89	2.09	2.31	2.55	2.82
6.4~15.9	φ	1.73	1.86	2.01	2.15	2.31
16~34.9	φ	1.59	1.67	1.73	1.81	1.89
35~50	φ	1.52	1.56	1.60	1.64	1.68

注：$p > 50$MPa 时，$\varphi = 1.4$；H 为填料总高度（mm）；S 为填料宽度（mm）。

5) 对于弹簧作用的聚四氟乙烯V形填料，压盖螺钉应尽量拧紧，其他类型填料不必要拧得太紧，以不漏为止，以免摩擦力过大，造成阀位波动，填料压板应均匀对称地压紧，不能偏斜。

6) 针对控制阀使用在高频动作工况及高温高压工况时，建议采用弹簧预紧结构，可以有效消除由于填料内孔磨损导致的外漏。

16.1.3　控制阀气路的维护

气路作为控制阀动作的动力源，在使用过程中，必须定期进行检查维护，否则产生漏气现象会导致控制系统指令不到位，控制阀定位不准，并产生喘振现象，严重影

第16章 控制阀的维护、维修与安装

响装置运行的稳定性。气动控制阀的气源质量不良是最常见的气路系统故障。气路日常维护工作，一般情况下每月不少于一次。维护的主要内容有外表清洁、无粉尘粘积，气源管应不受水蒸气、水、油污沾染，气路各管接头密封性能良好，各密封面、密封垫应完整牢固，密封严密且无损伤。

气源必须干燥、清洁，不含油、水、粉尘和其他腐蚀性物质，防止执行机构和定位器等气控附件中橡胶膜片的加速老化，避免堵塞定位器，建议在减压阀入口处带气动三联件或者在主气路增加除湿除尘除油过滤器，特别是在环境湿度较大的地区。

(1) 水分造成的影响和故障分析

1) 管道：造成管道内部生锈，管道腐蚀，空气漏损，容器破裂，管道底部滞留水分造成空气流量不足，压力损失增大。

2) 元器件：管道生锈，加速过滤网眼堵塞，使过滤器不能正常工作，铁锈进入元器件内部，引起动作不良，空气泄漏。

除水措施：用吸附能力较强的材料吸附水分；提高压力，使体积缩小，温度降低，从而析出水分。

(2) 油分造成的影响和故障分析

压缩机润滑油呈现油雾状混入压缩空气，并经过压缩空气一起送出，是压缩空气含油的原因，油分的影响如下：

1) 密封件变形：油分使密封件变形，元器件动作失灵，执行机构输出力不足，密封圈泡油发胀，使得摩擦力增大，阀位不准确。

2) 环境：由于控制阀和执行机构的密封部分泄漏会造成环境污染，从而引起其他危害。

(3) 粉尘造成的影响和故障分析

压缩机吸入有粉尘的空气，从而流进气动装置，造成气动元件堵塞、磨损，加快气动元件的损坏，同时由于灰尘进入气动元件内件的配合间隙导致摩擦力增大。

1) 控制元件：造成控制元件磨损和卡涩，导致动作失灵，影响控制阀的稳定性。

2) 执行机构：粉尘进入执行机构，导致零部件磨损，动作失灵，降低执行机构有效输出力。

3) 放大器等具有节流性能的气动元器件堵塞、失灵。

16.1.4 控制阀的定期维修

控制阀作为化工装置的执行元件，已经实现由被动维修到预防性维修的转变，下一个目标将是实现预测性维修，而预防性维修又被称为装置大检修，即通过对动设备、静设备定期的检查，对潜在的故障和已有的故障进行处理，以确保装置长周期安全正常运行。在日常维护到位的前提下，目前国内的石油化工装置已经实现四年一次的大修目标。

控制阀日常维修主要从以下几个方面进行。

(1) 外观

控制阀的外观很重要，外观是否完好影响控制阀使用效果和控制阀寿命，要定期检查，将缺少的零部件配齐，并确保阀杆光洁度。阀体外表面腐蚀部分要铲除清理干净后，重新刷防锈底漆和面漆，暴露在腐蚀环境的金属外表面做防锈处理，在做防锈处理前，必须将锈蚀部分清理干净，如果直接在锈蚀的外表面涂上一层防锈漆，它会继续从底部腐蚀，影响控制阀的使用寿命。

(2) 调校

控制阀的调校是一个重要的环节，调校的质量和精度直接影响到控制指标。现场在线控制阀调校的主要项目有：基本误差、回差、始终点偏差、额定行程偏差、泄漏量等，下面对这些指标依据 GB/T 4213—2008 标准做详细的描述。

1) 基本误差：将规定的输入信号平稳地按增大或减少的方向输入执行机构气室，测量各点所对应的行程值，计算出实际信号与行程关系同理论关系之间的各点误差，其最大值即为基本误差，校验点应至少包括 0%、25%、50%、75%、100% 这五点，测量仪表基本误差限应小于被校基本误差限的 1/4。

第16章 控制阀的维护、维修与安装

2）回差：校验过程和上述一致，只是同一输入信号上所测得的正反行程的最大差值即为回差。

3）始终点偏差：校验过程和上述一致。只是信号的下限（始点）处的基本误差即为始点偏差，信号的上限（终点）的基本误差即为终点偏差。

4）额定行程偏差：将120%的信号加入执行机构气室，从100%到120%信号阀杆再走的行程与额定行程之比，即为额定行程偏差，一般情况下是指气关阀能否关闭到位。

(3) 阀体内壁，检查腐蚀情况

若发现阀体内壁腐蚀严重，无法进行补焊的，必须更换；若有砂眼等情况下必须更换；若壳体壁厚减薄，远小于设计标准，必须更换；若壳体大面积冲刷、腐蚀损坏，需大面积补焊且补焊修复后需要去应力退火处理，修复后还会留下安全隐患，必须更换。

(4) 阀芯检查

检查阀芯各部分是否被腐蚀、冲刷、磨损。检查密封面是否完好，检查阀杆与阀芯是否松动，销钉有无断裂等。若阀芯腐蚀较为严重，且无法补焊修复，则建议报废进行更换；若密封面处损伤不严重、存在较轻微的磨损或冲刷则进行补焊，补焊后车配处理（注：车配密封面深度≤1mm，车配过多的会导致硬化层厚度减薄，影响使用性能）。若阀芯、阀杆连接处出现松动，则重新配钻锥销，进行紧固。

(5) 阀座检查

检查阀座各部分是否被腐蚀、冲刷、磨损，检查密封面是否完好。

若阀座腐蚀较为严重，且无法补焊修复，则建议报废进行更换；若密封面处损伤不严重、存在较轻微的磨损或冲刷则进行补焊，补焊后车配处理（注：车配密封面深度≤1mm，车配过多的会导致硬化层厚度减薄，影响使用性能）。

(6) 阀杆检查

检查阀杆导向部分有无磨损、拉伤，若拉伤不严重，则进行抛光处理。

检查安装填料部分有无磨损、拉伤现象，若拉伤不严重，则对安装填料部分抛光处理后，按照修复后的阀杆外圆，测量尺寸，根据实测尺寸加工或购买填料。若拉伤严重，则进行更换。

检查阀杆整体同轴度，是否存在弯曲、变形。若弯曲、变形，则进行更换。

检查阀杆螺纹连接部分，若螺纹磨损较为严重，则不能补焊，需进行更换。

（7）套筒检查

检查套筒密封面有无磨损、拉伤。若磨损、拉伤部分深度≤0.5mm，则对损伤部分进行车配修复，修复后根据实测尺寸购买密封环。若损伤较为严重，则进行更换。

（8）执行机构检查

一般现场在线维修控制阀很少拆开执行机构检查膜片的老化程度，但也可以通入气源观察排气口有无漏气现象，如果输出压力不能保压，排气口有漏气现象，此时必须更换膜片。

16.2 控制阀的离线维修

在大多数情况下，控制阀的维修都是以被动维修的方式，当阀门出现故障时才采取措施。这时候由于阀门故障已经非常明显，无法再继续维持生产，需要将阀门从工艺管线拆除或割除，然后返回维修车间进行维修。被动维修的阀门通常情况下损坏已经非常严重，在已知故障情况下，有时也不能准确判断阀门的具体故障位置。例如，当阀门发生动作故障时，可能是由于执行机构或者附件的故障引起，也有可能故障发生在阀门组件内部，甚至有可能是由工艺介质中出现的异物造成阀门内件被堵塞。因此，控制阀的维修，必然至少包含两部分，既控制阀主体部分的维修和控制阀控制部件（执行机构）的维修。由于控制阀的用途、种类和结构多种多样，其故障状况也不尽相同，维修时应区别对待。

第16章 控制阀的维护、维修与安装

16.2.1 控制阀的下线与运输

阀门的手轮、接头、气路、附件、安装板等在下线和维修过程中极容易造成损坏。下线和运输过程中操作不当就会造成手轮破损、阀杆弯曲、支架断裂、法兰密封面的磕碰损坏、附件的磕碰、安装板完全变形等。尤其是阀门上的塑料零件的损坏，相当一部分出现在阀门运输过程中。

运输阀门之前，应有足够摆放阀门的托盘，将阀门摆放在托盘上，避免阀门落地。应检查阀门的法兰是否按要求进行防护；带有包装的阀门，应检查阀门包装的完整性。阀门运输时应使用缆绳等将阀门固定好，手轮等易损件应远离支点或向上摆放。

阀门下线或装运起吊时，应避免歪拉斜吊，应选择正确的吊装方式（见图16-5），防止阀门掉落造成损坏或造成安全事故。

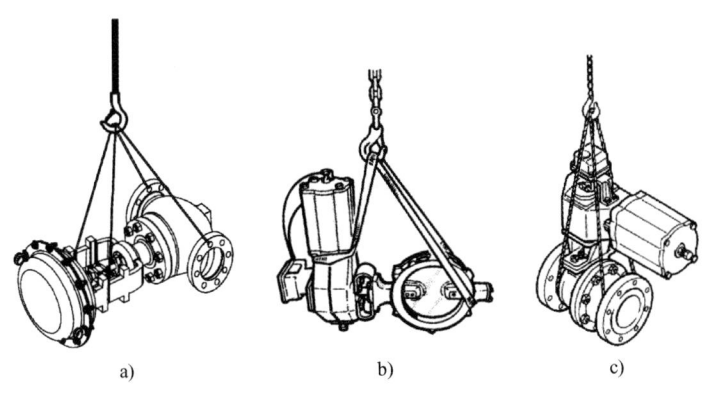

图16-5 阀门的吊装

a）调节阀吊装 b）蝶阀吊装 c）球阀吊装

阀门运输中，要保护漆面、铭牌和法兰密封面，不允许在地面上拖拉阀门，更不允许将阀门进出口密封面落地移动。在施工现场暂不安装的阀门，不要拆开包装，应放置在安全的地方，并做好防雨、防尘工作。

16.2.2 直行程控制阀维修

直行程控制阀主要是指阀门阀杆以升降方式动作的阀门。常见的球形控制阀、角阀等都属于直行程控制阀。这种结构的控制阀主要由阀体、上盖、阀芯、阀座、填料组件等零件组装构成。相比于其他控制阀，由于其结构多变，流阻系数高，压力恢复系数大而适用于不同的工况场合，所以直行程控制阀的故障也最为常见。由于阀门的故障位置不同，损坏程度不同，维修时应当分步、分类进行。

（1）直行程控制阀的拆解步骤

当已知介质对人体有害时应先对阀门进行吹扫、清洗或晾晒，然后再返回维修车间进行维修。直行程控制阀的拆解步骤：

1）拆解前应先对阀门的整体状态拍照留底，准备专用的零件盒盛放标准件等。

2）拆解前必须对所有需要分离的部分做好标记，阀体、上盖等部件可采用钢字码来做标记（见图16-6），以防止后续作业时记号丢失。

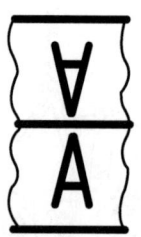

图 16-6　使用钢字码标记位置

3）当返回的阀门带有定位器、减压阀等附件时，应先拆除附件，妥善保管，拆除时必须做好标记。

4）为进行维修，必须先将阀门的执行机构与上盖脱离，拆解过程可参阅阀门的说明书。一般操作过程只需将阀门的执行机构推杆与阀杆的连接部件拆除，再用专用扳手（见图16-7）拆除上盖的圆螺母即可。拆解前可对阀门进行动作试验，以方便了解阀门的大致故障。拆解过程中应注意保护阀杆和推杆螺纹。

第16章 控制阀的维护、维修与安装

图16-7 圆螺母用勾头扳手

5）拆解填料函压板及压盖，拆除后应检查阀杆的伸出部分是否干净，以方便阀杆从上盖中轻松取出。

6）拆除阀门的上盖螺栓，使用吊具将上盖平稳地从阀体上提起，提起过程中应保证阀芯部件被保留在阀体内，防止阀芯在提起过程中坠落造成损伤。

7）使用专用填料取出器（见图16-8）去除上盖填料函中的填料，不可使用螺钉旋具硬撬，以免损伤填料函。

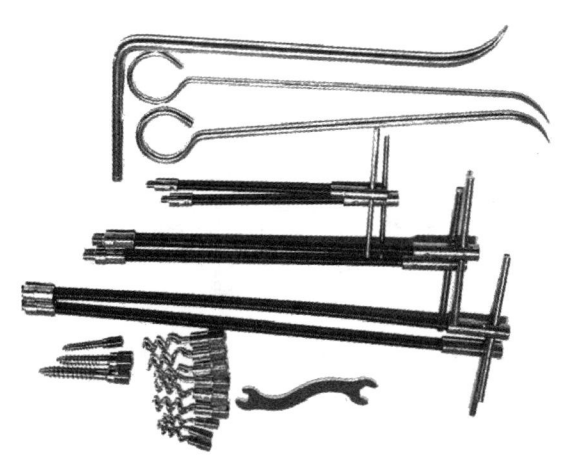

图16-8 专用填料取出器

8）依次拆除阀门的阀芯、套筒。对于套筒阀，当提起阀芯时，阀门的套筒可能随阀芯一起提起，此时应尽量将套筒下压使其保持在阀体内，以防止滑落。但当套筒带有限位时则可将套筒和阀芯一并提起。大体积套筒重量过大时，一般会设计吊装螺纹孔，可将吊环拧入螺纹孔再进行操作。阀芯或套筒上带有密封环或导向环时应尽量保证密封环或导向环的完整。

9）拆除阀座。阀座如果为压紧式（见图16-9a），拆除套筒后可直接将阀座提起。如果阀座为螺纹旋紧式（见图16-9b），则需要制作简易工具进行拆除。

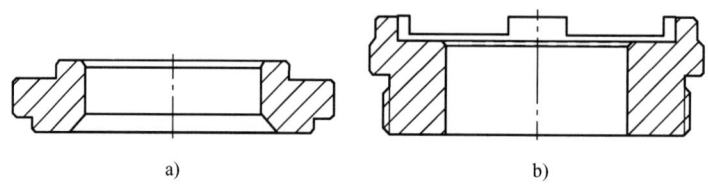

图16-9 常见阀座结构

a）压紧式阀座 b）螺纹旋紧式阀座

10）拆除阀体、上盖的密封垫片，清理垫片安装位置。

11）阀芯、阀杆在必要情况下可能要进行分离，当阀杆、阀芯使用螺纹连接时（见图16-10），先将轴销取出，然后用夹紧工具分别夹紧阀芯和阀杆，再将阀杆从阀芯上旋出。当阀芯、阀杆为焊接连接时，则需要将焊接处进行车修或打磨，使焊缝完全暴露才能进行下一步。需要注意的是，阀芯、阀杆的圆周面都属于导向面，在拆解时必须进行防护，以免造成损伤。

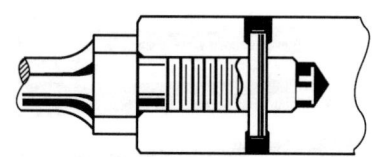

图16-10 使用螺纹连接的阀芯连接部分

12）对先导式阀芯的拆除，需要先对阀芯施加足够的压力使弹簧处于压缩状态（见图16-11），然后再拆除先导阀芯的定位挡圈，缓慢释放压力，直至先导阀芯完全取出。

13）将拆解后的标准件等放入零件盒，以防止丢失并方便进行养护。其他零部件进行清洗、除锈、打磨等，等待下一步的检查或维修。

第16章 控制阀的维护、维修与安装

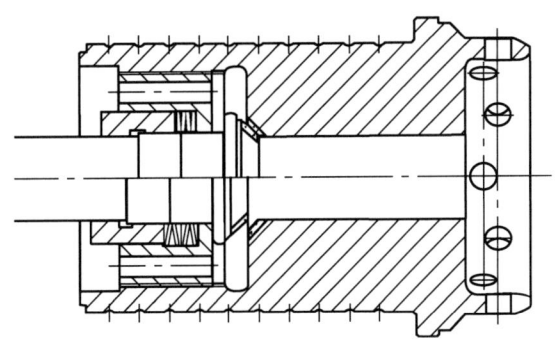

图16-11 先导式阀芯结构

（2）阀门的内部泄漏

对于控制阀而言，内漏是最常见的故障，阀门阀体内部起到密封作用的零件在长期使用后由于老化、磨损、挤伤、拉伤、汽蚀等原因可能造成阀门内部的泄漏。除此之外内漏还有可能由于阀体破损、执行机构输出力不足等原因造成。

（3）阀芯、阀座密封面损伤造成的内漏

对于直行程控制阀来说，阀座装配在阀体上，阀座密封面与阀芯密封面完全啮合，一旦密封面损伤便会造成内漏。密封面的损坏过程有冲刷、汽蚀、介质中的硬质颗粒造成的挤压变形等。应根据损伤的严重程度来确定维修方式。

对于轻微的损伤，无论阀芯、阀座都可通过车修的方式进行修复（见图16-12），车修后完全可以达到阀门泄漏等级的要求，车修时的金属去除量按表16-4执行，车修角度按表16-5执行。但同一台阀门不能多次采用这种维修方式进行维修，每次车修都会导致密封面硬化层变薄，使用寿命降低，多次车修后由于密封面的位置发生改变，使装配的尺寸发生变化，也必将影响阀门的性能。

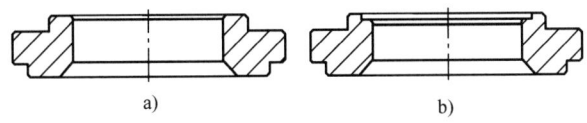

图16-12 阀座车修示意图

a）车修前 b）车修后

表 16-4　车修修复阀芯、阀座时的金属去除量

阀门通径/mm	金属去除量/mm
≤80	≤0.25
≤150	≤0.3
≤400	≤0.4

表 16-5　车修修复阀芯、阀座时的车修角度示例（以测量为准）

阀芯角度 β	阀芯示意图	阀座角度 α	阀座示意图
32°±0.5°		30°±0.5°	
42°±0.5°		40°±0.5°	

对于密封面损伤较为严重的，则不建议采取补焊或堆焊的方式进行修复，一般阀座都为环状，由于设计尺寸的限制大多为薄壁件，补焊或堆焊时加热后一定会造成阀座的变形，从而影响阀门装配的性能，建议立即更换新的零件。

无论采取哪种维修方式进行维修，都不能更改阀座的内孔尺寸，否则将导致阀门流量特性和流通能力的变化，降低阀门的调节性能。

（4）压力平衡式控制阀密封环、套筒或阀芯损伤造成的内漏

对于压力平衡式控制阀，由于平衡孔的存在，需要增加密封环。其密封的失效方式取决于密封环的安装位置。

套筒分离式控制阀（见图 16-13）的密封环安装在上下套筒组成的环槽内，密封环不随阀芯运动，所以密封环与阀芯接触的内侧容易造成磨损，此种结构的阀门密封环通常为石墨或四氟材质的蓄能密封环。部分情况下由于密封环磨损严重，无法为阀芯提供导向，致使阀芯与套筒产生磨损，此时对套筒的修复只需去除拉痕上的尖角、毛刺，使其不阻碍阀芯运动即可。密封环通常为易损件，建议每次维修时都进行更换，阀芯损伤较为严重时也必须进行更换。

对于密封环安装在阀芯上的平衡式套筒控制阀（见图 16-14），密封环材质可以是

第16章 控制阀的维护、维修与安装

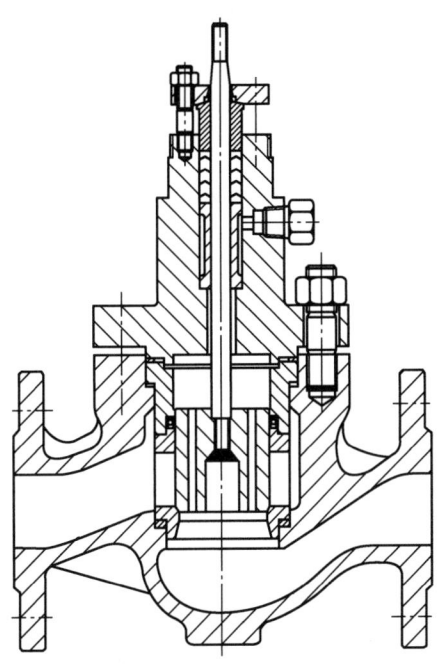

图 16-13 套筒分离式控制阀

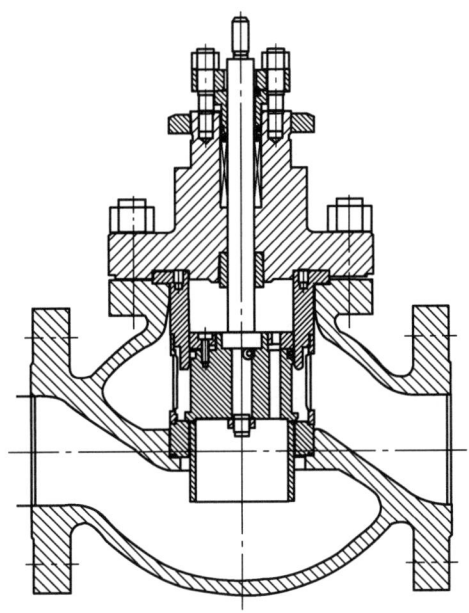

图 16-14 平衡式套筒控制阀

机械用碳、金属、四氟等,如果套筒内壁拉伤损坏,就需要更换新的备件,或进行修复处理。如果套筒内壁密封部位拉伤损坏痕迹深度不超过 0.5mm,应急修复时可以直接镗削处理直至拉痕消失,然后进行磨削、滚压处理,使其内表面达到应有的表面粗糙度及表面硬度,可以再使用一段时间,等待新的备件。套筒修复后由于内径变大,无法起到稳定的导向作用,需要增加部分导向,并重新配做密封环。

(5) 阀体损伤造成的内漏

控制阀的阀座安装在阀体上,阀座与阀体的安装位置通常使用垫片进行密封,当垫片密封失效时,就会造成阀体安装位置的冲刷损坏。当损伤较小时,可以根据阀门内件的安装尺寸补焊后再对补焊位置进行加工,严重时则需要更换阀体。

阀体的铸造缺陷在使用过程中逐渐显露,铸造时形成的砂眼、气孔等在介质的压力和腐蚀作用下逐渐形成孔洞造成阀门内漏。对于一般压力等级较低的阀体,由于阀体壁厚较薄,可以先将漏点钻孔扩大,再进行补焊。高压阀体由于壁厚比一般阀体厚很多,此时由于孔洞较深,且阀体内部很难进行补焊操作,及时补焊后也不能完全修复,不能保证修复的质量,建议遇到此类情况直接更换阀体。

(6) 内件的汽蚀损坏

控制阀内件被汽蚀损坏造成其失去调节功能也是最为常见的故障之一(见图 16-15),多数情况是由于阀门选型不合理造成的,所选阀门的压力恢复系数过低,或者流量系数过大致使阀门开度太小,使阀内件长期处于汽蚀环境中造成损坏。球形单座阀的汽蚀通常表现为阀芯、阀座密封面及流量调节型面的损坏,根据流向的不同,损伤的位置也有区别,且通常一面损伤比另一面严重。笼式阀则主要表现在小开度时阀芯、阀座以及套筒流量窗口的损伤。串式减压阀由于其减压结构,当汽蚀发生时,越接近出口则汽蚀越严重。

无论哪种阀门,当汽蚀发生时,对内件的损伤都十分严重,修复难度大,成本高,且无法保证修复的质量,必须更换新的阀门内件才能彻底修复。如果需要提高阀门的使用寿命,则必须通过更改内件的材料或通过结构的升级改造才能实现。

第16章 控制阀的维护、维修与安装

图16-15 汽蚀损坏的阀芯

(7) 阀杆的损伤

直行程控制阀阀杆的损伤主要是阀杆在上下动作时造成的磨损，阀杆与导向套、填料压盖、甚至与填料之间的摩擦都会造成阀杆的损伤。部分情况下阀杆表面还会发生化学腐蚀，形成麻坑，又或者镀层的脱落等。

当阀杆发生轻微磨损时，可采用打磨抛光的方法进行修复，但可能使阀杆表面硬度降低。因此，如果有条件应当更换正规厂家生产的备件，更换的阀杆表面要有一定的粗糙度要求，可以降低阀门填料的摩擦力，密封性能也更好。阀杆材料必须要做相应的强化处理，表面必须做硬化处理。

(8) 直行程控制阀维修后的装配

控制阀维修的目的是恢复其原有的性能和使用功能，各零件返修合格后，装配过程质量决定控制阀最终的测试性能，下面就控制阀装配过程中的注意事项做详细说明。

1) 在装配的全过程中要特别重视各零件相互间的对中性。

2) 阀体与上、下阀盖组装时，应采取对角线"十"字逐次旋紧法。螺栓上应涂抹润滑剂。

3) 密封填料装配时需注意以下几点：

① 使用开口填料时，应使相邻两填料的开口相错180°或90°。

② 对需定期向填料加注润滑油的调节阀，应使填料函中的填料套（亦称灯笼环）处于适中位置，与注油口对准。

③ 按填料的材质选用合适的润滑密封油膏。

④ 按生产厂家提供的阀门指导手册对填料法兰螺母进行预紧，表16-6为Fisher阀

1047

门指导手册提供的填料法兰螺母推荐扭矩。

表16-6 Fisher阀门指导手册提供的填料法兰螺母的推荐扭矩（不适用于弹簧加载的填料）

阀杆直径		压力等级	石墨填料				PTFE填料			
			最小扭矩		最大扭矩		最小扭矩		最大扭矩	
mm	in		N·m	lbf·in	N·m	lbf·in	N·m	lbf·in	N·m	lbf·in
9.5	3/8	CL125和CL150	3	27	5	40	1	13	2	19
		CL250和CL300	4	36	6	53	2	17	3	26
		CL600	6	49	8	73	3	23	4	35
12.7	1/2	CL125和CL150	5	44	8	66	2	21	4	31
		CL250和CL300	7	59	10	88	3	28	5	42
		CL600	9	81	14	122	4	39	7	58
19.1	3/4	CL125和CL150	11	99	17	149	5	47	8	70
		CL250和CL300	15	133	23	199	7	64	11	95
		CL600	21	182	31	274	10	87	15	131
25.4	1	CL300	26	226	38	339	12	108	18	162
		CL600	35	310	53	466	17	149	25	223
31.8	$1\frac{1}{4}$	CL300	36	318	54	477	17	152	26	228
		CL600	49	437	74	655	24	209	36	314

4）执行机构与阀两大部件组装时，要注意解体前所做的标记，确保按相对位置恢复安装。

5）上盖螺母的紧固顺序如图16-16所示，遵循十字逆向交叉法原则。

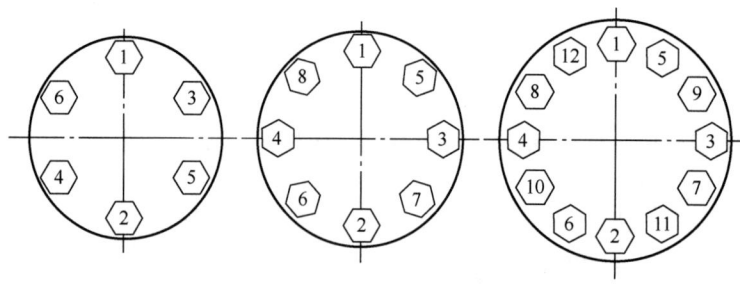

图16-16 上盖螺母紧固顺序示例

第16章 控制阀的维护、维修与安装

16.2.3 球阀的维修

球阀作为化工装置物料切断功能执行元件，对泄漏要求非常严格，一般要符合 API 598—2016 标准要求，但在使用过程中密封副磨损冲刷在所难免，另外介质工况的不同，对密封副的损坏程度差异较大。一般多相流介质对密封副损坏最严重，或者高频动作的球阀阀座、球芯磨损最严重，因此球阀的维修主要在于球芯表面的硬化和阀座密封面的修复，下面重点对球阀的拆解、修复和装配进行详细的介绍。

(1) O 型球阀拆解步骤

1）阀门泄压完成，使阀门处于完全关闭位置。

2）拆除阀门执行机构，拆除支架、联轴套等。

3）使阀门主阀体法兰向下，按十字交叉法逆时针逐个拆除阀门主副阀体连接螺栓，使主副阀体分离，如图 16-17 所示。副阀体分离后将法兰面向下，便于取出阀座并防止法兰面损伤。

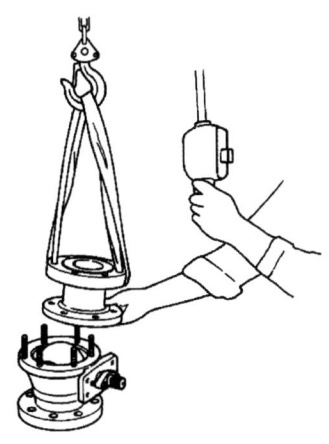

图 16-17 主副阀体分离示意图

4）拆除填料函部件，并去除填料压盖和填料组件，拆除时应使用专用工具，防止损伤阀门填料函。

5）拆除阀门底盖，并依次拆除密封垫片等零件。

6）使用拔轴器拆除阀门主轴、副轴。按垂直方向匀速取出球芯（见图16-18），当使用吊装工具时要使用衬布，防止球芯表面磕碰、划伤等。球芯拆除后应放置在可靠的底座上，防止发生滚动。

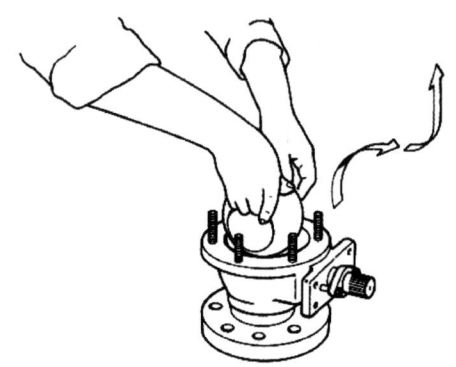

图16-18 球芯的取出方向示意图

7）使用专用工具拆除主副阀体阀座部件，在拆除时应防止阀座密封面损伤，如图16-19所示。阀座拆除后妥善保管阀座弹簧、弹簧座等相关密封件。

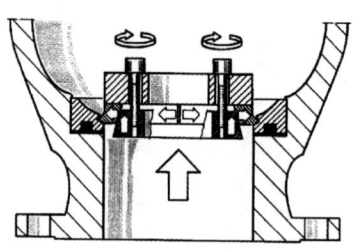

图16-19 使用专用工具拆除阀座

（2）球芯的修复

非金属阀座密封的球阀，由于阀座为软质材料，如PTFE材料等，因此球芯的硬度要求都不太高，阀门在使用过程中对球芯的损伤较小，一般经过研磨修复后，消除磨损痕迹便可继续使用。个别生产企业装置采购的软密封浮动球阀，球芯为空心结构，使用的场合大多压力不高，制作球芯的材料也很单薄，这样的球芯可能会产生变形、破损等，使用寿命不高，建议更换实心球芯。

第16章 控制阀的维护、维修与安装

采用金属阀座密封的球阀,球芯表面与阀座密封面一般都有镀层、熔覆或堆焊的硬化层,对于这种球芯,磨损、拉伤损坏后,如果伤痕较浅的,可以采用研磨使伤痕消除后即可恢复使用。但对于大多数的球芯来说,由于硬化层的硬度很高,一般达到60HRC以上,很难进行修复,当伤痕较深时就需要把原来的硬化层全部去除,然后重新进行表面硬化,最后经过加工后才能满足使用需求;更严重时,由于已经不可维修(见图16-20),或维修成本过高而不得不更换球芯或阀座。一般球芯加工的表面粗糙度及圆度要求见表16-7。

图16-20 被严重损坏的球芯

表16-7 一般球芯加工的表面粗糙度及圆度要求

项目	粗车加工	精车	粗磨	精磨	超细磨	手工对研
表面粗糙度 $Ra/\mu m$	3.2	1.6	0.8	0.4	0.2	全接触
圆度公差/mm	0.1	0.05	0.02	0.01	0.005	气密级

(3)阀座弹簧损坏

几乎所有的金属硬密封O型球阀阀座都用弹簧作为提供阀门阀座密封比压的弹性元件,一般为圆柱弹簧(柱簧)或碟簧结构,也有采用板簧或者直接将阀座加工为具有弹性补偿的结构,但无论如何,只要是具有弹簧结构的硬密封球阀,弹簧都是非常重要的。弹簧的作用除了提供球芯与阀座间的密封比压外,还使阀座可以在一定范围内浮动,防止球芯卡死,同时避免了球芯和阀座的损伤。实际维修中有相当部分的阀门是由于弹簧失效导致的阀门故障,如图16-21所示。

弹簧的损坏方式有疲劳断裂、冲蚀、刚性下降等,当发生任意一种情况时,在非

图 16-21　损坏失效的阀座弹簧

a）碟簧断裂　b）阀座柱簧变形失效

紧急情况下都不允许继续使用。尤其在高温或存在腐蚀介质的情况下，弹簧的损坏会非常严重。另外一种工况，如煤化工用锁渣球阀等由于介质中的杂质进入弹簧腔，会使弹簧的内部被杂质堵塞，造成弹簧无法被压缩。使用翻新或垫高的弹簧不能从根本上解决故障，而且具有一定危险性，可能导致阀门产生更严重的故障。

（4）转轴的损坏

球阀的转轴作为驱动球芯转动的重要零件，一方面需要承受来自执行机构转动带来的扭矩，另一方面则在受到介质力的作用下与轴承等部件产生摩擦，经常会出现两种状况：

一种是扭曲变形，这可能是由于球芯阀座摩擦力增大导致开启或关闭时的扭矩超过了设计的极限导致，也有可能是因为材料的原因。但无论如何，一旦转轴发生扭曲变形，可能导致球芯不能开启或关闭到位。一般来说这种扭曲变形一般发生在转轴连接的薄弱处，如转轴上键槽、四方等位置。发生扭曲变形后的轴由于变形后材料的性能发生转变，是不能继续使用的，只能更换新的转轴，建议更换时尽量提升材料的性能。

另一种是由于介质中的硬质颗粒等杂质进入转轴与上盖间的间隙，使转轴在转动时产生磨损（见图 16-22）。当转轴损伤不太明显时，只需要轻微打磨修复后即可继续使用；当损伤较大时，紧急处理办法是在保证可靠的前提下车除损伤，精磨并滚压处理后也可继续使用，但由于转轴尺寸的变化，需要重新配套加工填料、滑动轴承等零件。

图 16-22 被严重磨损的转轴

(5) O 型球阀维修后的装配

1）装配前，检查所有零件状态是否完好，清洗和检查零件，用清洁的气源对零部件进行吹扫。

2）在阀座外圆及主副阀体阀座孔处涂抹少量润滑密封脂，将阀座水平装入主副阀体阀座孔至底面。当阀座与阀体之间使用密封部件时应防止密封件刮伤。

3）将密封缠绕垫放入副阀体上；密封缠绕垫应平行对正推入副阀体上。

4）将副阀体装入主阀体上，按拆解时做的标记对正套入。

5）将螺母拧入螺栓，如螺母端面带字，带字的端面应向上保持一致；螺栓比螺母高出 2~3 个螺距。

6）将填料底垫放入主阀体填料孔底部，轻轻转动主轴，检查填料底垫是否平整装入底部。

7）依次装入填料，使用子母填料时应先装下填料，后装上填料。

8）装入填料压盖，放置填料压板，拧紧填料压板螺栓，需要注意填料压板的放置顺序，有时需要先连接支架再放置填料压板。

9）正确放置并连接支架，拧紧支架连接螺栓。

10）安装阀门执行机构并测试，检测阀芯的开度，开关灵活，不得有爬行现象；执行机构的方向和阀体方向应与拆解时一致。

16.2.4 高性能蝶阀的维修

高性能蝶阀结构紧凑，低压密封切断效果好，可广泛使用于常中温、低压差工况介质的调节和对泄漏要求不是很高的切断工况，由于阀座为薄钢板冲压成形，密封面容易受到介质的冲刷及腐蚀，使得其密封功能失效，因此高性能蝶阀的维修主要在于阀座密封副的修复，下面将重点介绍高性能蝶阀修复前的准备、拆解，阀板密封环、阀座密封面修复和装配等。

（1）维修准备

1）确认该阀门已进行有效隔离，工作相关风险预控措施已落实，安全技术交底已完成。

2）工器具、量具、备件已准备好。

3）拆除保温层，清除杂物，检查阀门外部阀体情况，阀体表面应无砂眼、无裂纹、无重皮，螺栓及零部件完好。

4）对阀门上需拆卸螺栓处用松动剂进行润滑。

（2）高性能蝶阀的拆解步骤

1）用刷子清除阀门外部的灰垢。

2）在阀体及阀盖上打上记号，然后将阀门置于开状态。

3）拆下传动装置或拆下手轮螺母，取下手轮。

4）卸下填料压盖螺母，退出填料压盖。

5）拆下法兰螺母，取下阀体、铲除垫片。

6）卸下螺纹套筒和平面轴承，用煤油洗净，用棉纱擦干。

7）所有零部件清理干净，并妥善保管。

（3）阀座的损坏维修

高性能蝶阀的阀座一般由薄钢板冲压或滚压工艺加工，由于高性能蝶阀的结构特点，在开关过程中阀座与阀板接触时阀座需要有一定的变形来保证密封性能。但在不停地开关过程中，阀座的使用寿命也达到极限，最终导致阀座开裂、变形等。此时，很难按原状恢复阀座结构，只能改制加工出满足使用要求的阀座，或者将阀座改为软密封结构。最好的办法是直接更换原生产厂家提供的阀座备件。当阀座为软密封结构时，如四氟阀座等则直接测绘加工更换阀座即可。

(4) 阀板密封面的损坏维修

高性能蝶阀的阀板为了减小摩擦，通常设计为球面。密封面为锥面的阀板，密封面为局部挤压损伤的凹坑或拉痕的，也可以采用局部补焊、手工打磨的方式（见图16-23）进行修复；如果损伤面积较大的，需要对阀板进行测绘，采用与球形密封面阀板同样的方式加工去除密封面硬化层、重新堆焊硬化，只是锥形密封面加工相对简单，使用卧式车床就可重新加工出合格的密封面。

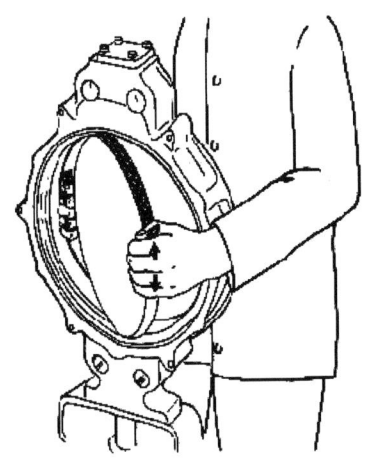

图16-23 阀板密封面的打磨示意图

(5) 转轴卡涩、卡死等

转轴的卡涩等原因通常是由于介质结晶、介质粉末堆积导致轴套与转轴不能自由转动。这种卡涩需要将转轴拆除后清理轴孔、轴套等，一般在清理后组装便能恢复。个别阀门由于结构特殊，卡涩又很严重，需要进行破坏拆除，根据拆除前和拆除后的测量尺寸重新加工转轴。建议在维修过程中进行防尘改造，以便提高维修的质量。

(6) 高性能蝶阀维修后的正确装配

1）各零部件清理干净，清点齐全，符合质量标准要求，然后按与拆卸相反的顺序进行组装。

2）装好端面轴承和导向套。

3）将阀板组装到阀杆上，阀板与阀杆连接牢固。

4）在填料函内装上填料，在填料四周均匀地涂上黑铅粉，使其分布均匀。填料不得强行组装，材质、规格符合要求，表面应平整光滑无损伤。相邻两盘根切口要错开90°~180°。

5）在阀盖内旋入阀杆，然后将填料压板套在阀杆上，旋紧阀杆至适合位置，均匀紧固填料压板，填料压板压入填料箱的深度不小于1/4，法兰螺栓要高出螺母2~3个螺距。

6）装好传动装置或手轮。

7）将垫片装于下阀盖密封面上，将下阀盖与阀体进行装配，对角均匀紧固阀盖螺栓。

16.2.5 三偏心蝶阀的维修

三偏心蝶阀作为21世纪研发出来的一类控制阀，具有结构紧凑、密封切断效果好的特点，可广泛使用于高温、高压、高压差工况介质的调节和切断，阀座和阀板密封面由于受到介质的冲刷及腐蚀，使得其切断功能失效，因此三偏心蝶阀的维修主要在于密封副的修复，下面将重点介绍三偏心蝶阀修复前的准备、拆解，阀板密封环、阀座密封面修复和装配。

（1）维修前的准备工作

1）做好执行机构与支架连接方向标识。

2）做好支架与阀体上法兰连接方向标识。

3）做好阀板密封环与阀板或阀体与阀座密封环连接方向标识。

（2）执行机构与阀体组件分离

松开执行机构与支架连接螺栓，缓慢将执行机构与阀体组件分离，注意保护执行机构及阀体组件不受损伤。

第16章 控制阀的维护、维修与安装

(3) 阀体组件拆解、检查

1) 松开填料压紧螺栓（母），取出填料压板、填料压盖，并放置于零件盒内，防止二次损坏、丢失等。

2) 松开阀芯（或阀座）密封环压板压紧螺钉，取出密封环，用专用包装袋包装后放置于不易磕碰划伤的地方保管。

3) 去掉阀板与转轴连接的销子。转轴与阀板采用键连接方式的无此工步。

4) 实用拔轴器取出转轴，注意做好防护，防止取出时磕碰阀体。

(4) 三偏心蝶阀的维修

1) 填料函检查、修复：检查填料函是否有腐蚀、拉伤等损坏，表面粗糙度应优于 $Ra0.8\mu m$。

2) 如果填料函腐蚀、轻微拉伤，或表面粗糙度达不到要求，加工制作挤压头重新挤压一次，使其达到应有的表面粗糙度。

3) 对于划伤、腐蚀严重的，应采用车床、镗床等，找正、压紧后镗削填料函，然后再测量、设计、加工挤压头，对填料函进行挤压处理，使其达到应有的表面粗糙度。

4) 阀板转轴孔修复：去除阀板转轴孔两端的毛刺等损坏。

5) 转轴修复：在跳动度仪上检查阀杆是否有弯曲，填料密封部位是否有拉伤、腐蚀等损坏情况。

6) 没有弯曲变形，但填料部位有腐蚀、拉伤等损坏的，或弯曲跳动量小于 0.3mm 的，可采用磨床的方式进行修复；对于弯曲跳动量大于 0.3mm 的，必须加工新的转轴并更换。

7) 阀内密封件的更换。拆解后，测量填料规格和阀内其他密封件尺寸，加工或购买新的密封件予以更换。

(5) 损坏的阀板密封环、阀座的修复

1) 大部分情况下，阀板、阀座密封副都已实现标准化，如果有备件的可直接进行

更换；如果没有备件的就需要加工、配做。

2）从表面看，三偏心蝶阀只有阀体、阀座、阀板、转轴、填料等几个重要的零部件，但因三偏心蝶阀泄漏量等级高，有耐高温、耐高压等特殊要求，因此三偏心蝶阀的设计参数极为复杂，各零部件的加工精度要求极高，因此在没有原厂、原尺寸的全套备件可供更换的情况下，一般维修人员，甚至维修队伍根本无法完成三偏心蝶阀的维修。

（6）三偏心蝶阀维修后的装配

三偏心蝶阀的装配不同于其他类型控制阀，三偏心蝶阀装配中阀板密封环与阀座偏心角度需要精心地调整、找正。

1）试配。经加工修复或新加工的零部件，其相互配合部位应进行试装、试配，检查配合是否适当，不满足要求的，应重新进行调整。

2）阀板装配。将阀体放平，阀板放入阀体内对应位置，装入转轴，边装边调整，防止拉伤损坏转轴，并防止转轴弯曲变形。如果有上下定位轴套的，应同时装入轴套。转轴装入后，阀板应方向正确、转动灵活。按方向装入新的连接销，如图16-24所示。

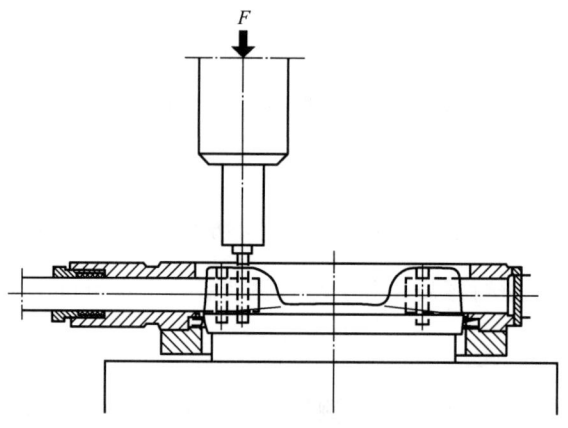

图16-24 连接销的安装示意图

安装阀板与转轴的连接销时，应按照控制阀说明书或指导手册规定的压力操作。NELES蝶阀规定的连接销安装压力值见表16-8。

第16章 控制阀的维护、维修与安装

表16-8 NELES蝶阀规定的连接销安装压力值

销子材料	销子直径/mm						
	5.1	6.9	8.4	10.2	11.9	13.4	16.9
	压模直径（压模必须与销子尺寸相同或更大）/mm						
	6	8	10	12	12	15	20
	销子压力/kN						
316	25	45	67	99	135	171	272
17-4PH	44	80	119	176	239	303	482
XM-19	51	93	139	204	278	353	561

3）装入阀板（座）密封环。将修复的密封环，或新加工的密封环按规定方向放入阀板（体），装入密封环压板、压板螺钉。

螺钉应先不拧紧，密封环可以轻松移动。轻轻开、关控制阀，使密封环能与阀座自动找正配合中心及方向。通过光源不断观察密封环与阀座的配合面是否满足密封要求，如果不合适，重新进行找正。

密封环找正、密封可靠后，再次稍微拧紧密封环压板螺钉，使其在较大力作用下仍能继续移动，用较大的扭矩、较快的速度开、关阀板1~3次，使密封环最终精确找正、定位，并使密封环与阀座紧密配合。

可靠拧紧压板密封环螺钉，并应采用措施防止螺钉松动，可靠将密封环固定在阀板（或阀体）上。

4）装入填料。按照相关标准，选择合适类型、材质的填料，按照规定方法装入填料、填料压盖、填料压板，并可靠紧固。如果是上、下都带填料的，应两端同时更换新的填料。

16.2.6 气动执行机构的维修

气动执行机构主要分为气动薄膜执行机构和气动活塞执行机构，如图16-25、图16-26所示。下面就执行机构出现的故障进行介绍，并提供详细的维修方法，为仪表

维修工程师提供维修经验和指导说明。

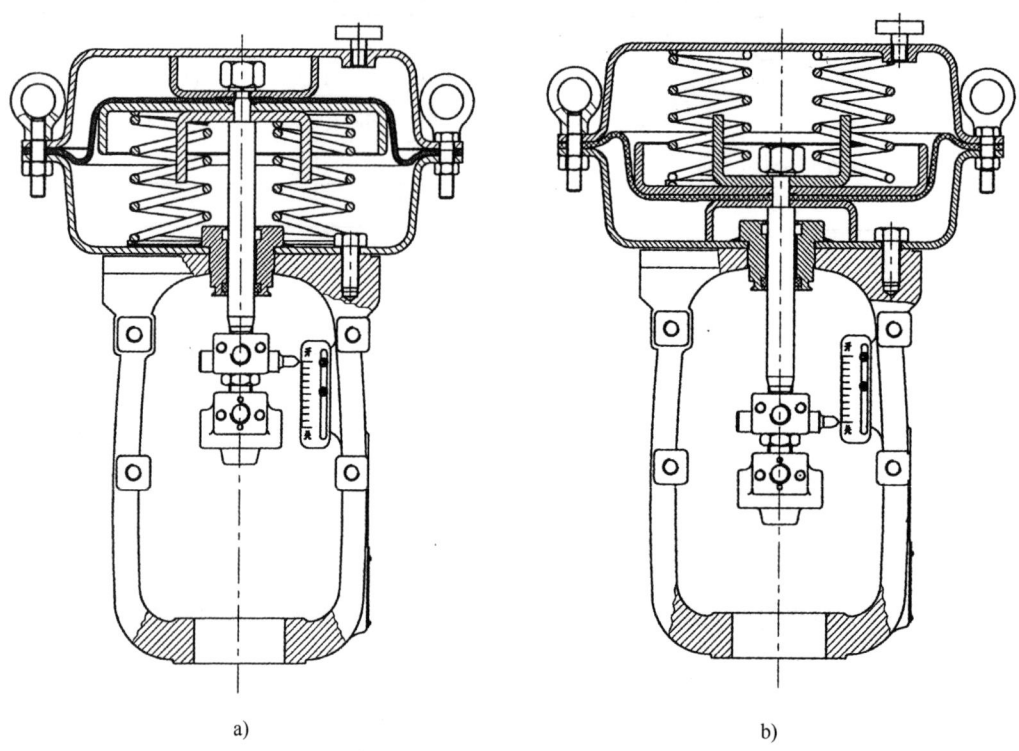

图 16-25 气动薄膜执行机构

a) 正作用执行机构　b) 反作用执行机构

（1）气动薄膜执行机构的维修

1）重点检查部位。

① 检查执行机构内弹簧是否锈蚀、断裂。

② 检查执行机构膜片是否出现裂纹、磨损、老化。

③ 检查执行机构推杆是否弯曲、拉伤等。

④ 检查执行机构推杆密封件是否老化、磨损等。

⑤ 检查执行机构膜盖、托盘、支架是否锈蚀严重，以及是否出现裂纹等。

2）常见故障处理办法。

① 执行机构漏气或窜气。通过检查找到故障的发生点，如膜片老化、破损导致，

第16章 控制阀的维护、维修与安装

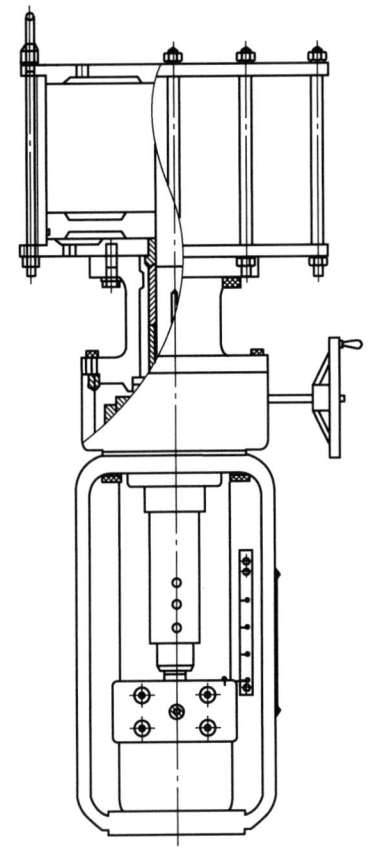

图 16-26 气动活塞执行机构

则应立即更换膜片；执行机构推杆磨损导致密封圈失效，则需要更换新推杆并更换推杆密封圈；执行机构膜盖破损，则必须更换执行机构膜盖，严重时应直接更换薄膜执行机构。

② 执行机构爬行、振动。通常情况下执行机构爬行、振动是由于执行机构弹簧弯曲、疲劳，动作过程中提供的弹簧力不足或者是气源不稳定造成的，维修时应仔细检查，若发现弹簧弯曲、疲劳，应更换新件。

(2) 气动活塞执行机构的维修

1) 重点检查部位。

① 检查气缸主缸体内壁是否锈蚀、拉伤。

② 单作用气缸检查弹簧组件是否疲劳变形或锈蚀断裂。

③ 检查缸体内密封件是否老化、断裂等。

④ 检查轴上齿轮和活塞齿条是否产生疲劳磨损、锈蚀。

⑤ 检查轴端卡簧是否牢固。

2）常见故障处理办法。

① 气缸缸体内壁磨损或拉伤。根据气缸活塞执行机构的结构，缸体分为铝件或钢件。正常情况下，密封件对缸体的磨损非常有限，只有轻微的磨损痕迹，但当缸体变形或生锈等情况下，缸体会产生严重的拉伤和磨损，这种情况下需要更换气缸缸体。紧急情况下，如没有可供更换的缸体备件，则需要对原来的缸体内孔进行镗修、磨削、滚压加工，以降低缸体内表面的粗糙程度，满足缸体密封要求，但由于加工后缸体的内径发生变化，需要同步加工调整或更换活塞。

② 密封件磨损失效。无论在使用中气缸执行机构泄漏得严重与否，执行机构一经打开，都必须更换新的、全套的密封件。无论是国外进口产品，还是国内各厂家生产的气缸执行机构，活塞密封绝大多数都使用 Y 形密封圈或 O 形圈等密封件，而且大多为丁腈橡胶、硅橡胶、氟橡胶等较柔软的橡胶材质，少数厂家使用格莱圈等其他密封件。

对于采用国标、欧标、国际公制尺寸加工的气动活塞执行机构产品，国家标准的 Y 形圈、O 形圈等密封件可以直接选用；对于采用美标等英制尺寸标准的产品，密封件需要在专业生产企业定制生产，以更换损坏的密封件。如果在给定的维修期内采购不到原型号密封件，只能对活塞密封件安装沟槽尺寸进行相应的改造后使用国家标准的密封件，这样也便于下一次的维修、更换。

16.2.7 电动执行机构的维修

（1）电动执行机构的日常维护

1）电动执行机构应经常进行维护，对于振动较大的场所应经常检查紧固件是否松动,接插件接触是否良好,锁紧是否可靠。

2)检查输出轴及连接机构是否灵活可靠,机械限位块是否牢固。

3)检查减速器是否漏油,油位是否在油窗中心线以上,如有漏油,是否密封件损坏或者螺栓(母)没拧紧。

4)检查电动机的温升情况是否正常,当电动机温度过高时,要检查电动机过热原因。

5)检查电动机转动时声音是否正常,制动机构动作是否正常,手轮是否脱出。

6)如果在灰尘较多的环境中运行,执行机构要定期清扫,保持表面清洁。

7)检查执行机构防灰尘、防日晒雨淋设施是否良好,防止雨水从位置发送器及穿线孔进入到执行机构内部,造成线路板短路或模块烧坏。

8)在易燃易爆场所严禁通电开盖维修,严禁对隔爆面进行敲打,也不得磕碰和划伤隔爆面,维修后仍应符合产品的隔爆要求。

(2)电动执行机构的检修

动作频繁的执行机构应每一年半大修一次,或与生产装置大修同步进行。检修内容如下:

1)清洗电动执行机构外观,并清除所有部位润滑脂,检查电动执行机构外观是否完好。

2)检查并清理涡轮、蜗杆,损伤严重的应立即更换。

3)检查并清理丝杠、丝母,损伤严重的应立即更换。

4)检查并清理齿轮、轴承,发现轴承磨损或锈蚀,应立即更换。

5)检查限位开关、力矩保护装置是否良好。

6)检查执行机构信号传输是否畅通。

7)检查导线、接线头、接线盒是否良好,无外观损伤。

8)仔细清洗零部件,更换磨损的零部件及老化的导线。

9)安装更换好的元件及导线,在需要润滑的部位装填新的润滑脂。

10)组装完成后,检查执行机构能否正常运转,运转时是否存在异响。

16.2.8 阀内密封件的测量与选配

阀内密封件质量是直接影响控制阀内在质量的关键因素，如果密封件质量不合格，将直接导致控制阀产生内漏或者外漏，因此，在维修阀控制阀时如何选用合适的密封垫种类、如何准确测量密封件的尺寸将决定控制阀的维修质量。常用的阀内密封件类型有金属缠绕垫片、齿形垫片、橡胶密封件、柔性石墨类密封件、四氟类密封件等，对于不同类型的密封件，其测量与选配方法不同。

（1）金属缠绕垫片的测量与选配

法兰用缠绕垫片的尺寸规格应按照相关标准执行，主要有：GB/T 4622.2—2022《管法兰用缠绕式垫片 第2部分：Class 系列》、HG/T 20610—2009《钢制管法兰用缠绕式垫片（PN 系列）》、HG/T 20631—2009《钢制管法兰用缠绕式垫片（Class 系列）》等。

阀内密封用缠绕式垫片没有相应尺寸标准，需要根据各厂家产品测量、选配。应注意缠绕式垫片厚度，根据轴向尺寸或原垫片厚度+压缩量确定，一般为 3.2mm、4.5mm 两个规格，采用压缩量确定厚度时，压缩量一般为 1mm。阀内缠绕垫片的尺寸偏差为 ±0.5mm，外径尺寸向减公差方向、内径尺寸向加公差方向，厚度公差为 0~0.3mm。

（2）齿形垫片的测量与选配

内径、外径的测量：分别测量配合件的内外径；复核尺寸链，根据轴向尺寸或原垫片厚度+压缩量确定齿形高度。

（3）橡胶密封件的测量与选配

常温控制阀（介质温度<200℃）阀内橡胶密封件主要以橡胶 O 形圈为主，O 形圈尺寸标准优先参考 GB/T 3452.1—2005《液压气动用 O 形橡胶密封圈 第1部分：尺寸系列及公差》。

（4）柔性石墨类密封件的测量与选配

柔性石墨类密封件在直动式控制阀中多用于填料、阀座、上盖等处的密封，在球阀中多用于填料、主副阀体、球阀阀座密封。一般凡是柔性石墨类的密封件都需要提供图样,但密封环截面形状为矩形,可只提供尺寸,格式为 $D \times d \times H$,即外径×内径×高度。

1) 尺寸要求。

① 只提供尺寸的,尺寸及公差要求应符合下列要求。

- 外径尺寸及公差要求按照(0,-0.1)。
- 内径尺寸及公差要求按照(0.1,0)。
- 高度尺寸及公差要求按照(0.3,0)。

② 提供图样的,应当在图样中给出尺寸及公差要求,装配关系要求精确的,还应该在图样中注明形位公差。

③ 为便于装配使用,填料环、阀座密封环等柔性石墨类密封环的棱角处应有过渡圆角,图样中未注明的,默认半径约为相连最小尺寸的1/20。

④ 柔性石墨环必须用模具压制成型,不允许使用机械加工的方式。因此各个面,尤其是配合密封面的粗糙度必须使用非加工符号,也可在右上角统一标注。

2) 材料要求。

① 填料、阀座密封环用柔性石墨环,加工材料用柔性石墨含硫、氯、灰分应符合JB/T 7758.2—2005《柔性石墨环 技术条件》。

② 柔性石墨环的耐温度等级应达到600℃。

③ 柔性石墨环成品应为无油产品。

(5) 四氟类密封件的选配

控制阀用四氟类密封件主要用作填料、密封垫片、波纹管等,四氟类密封件对四氟原料及不同类型的密封件均有不同技术要求。

四氟原料技术要求:生产加工填料、垫片、波纹管等所用的聚四氟乙烯棒料、管料、板料等,均不得采用再生聚四氟乙烯加工,原材料使用温度等级不得低于200℃,且这些棒料、管料、板材成型时均应采用压制烧结工艺成型,以确保零件有更高的密度、强度和致密性。

16.2.9 气缸密封件的测量与选配

(1) O 形圈

O 形圈的测量与选配同上节所述。

(2) Y 形圈、星形圈

1) 尺寸确定。星形圈的尺寸确定与 O 形圈的尺寸确定方法类似,本节主要叙述 Y 形圈的测量与选配。

2) 尺寸测量。内径 D_1 的测量与确定:通常根据活塞的外径 D_2 与活塞上 Y 形圈沟槽深度 H 确定,即 $D_2 = D_1 - 2H$。

外径 D_3 的测量与确定:即为缸体内径。

线径 W 的测量与确定:对于 Y 形圈,W 指 Y 形圈的高度,应当根据活塞上沟槽的宽度并参考相关标准进行选配。Y 形圈的测量如图 16-27 所示。

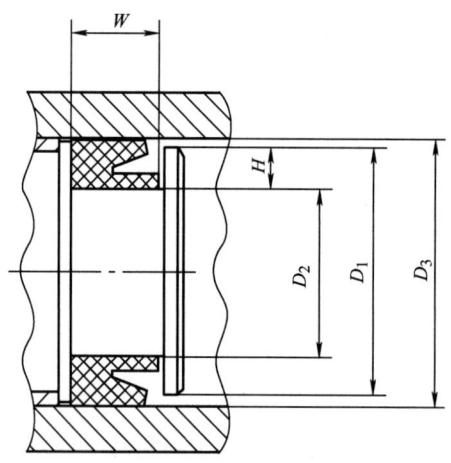

图 16-27　Y 形圈的测量

3) 参考标准。HG 4—355—1996《Y 形橡胶密封圈》和 JB/ZQ 4264—2009《孔用 Yx 形密封圈》。

(3) 材质选用

气缸密封件多为橡胶类密封件，材质的选用与 O 形圈材质相同。

16.2.10 标准件的养护

控制阀主要的通用标准件有紧固件（螺栓、螺母）和垫片。控制阀标准件的养护，主要指日常维修或大检修时对紧固件的养护，从以下几方面进行。

(1) 螺栓和螺母的检查及清洗

1) 拆卸下来的螺栓和螺母必须逐根检查。

2) 螺纹不完整、存在明显锈蚀的螺栓和螺母，应立即更换。

3) 同一紧固部位，太长、太短以及材质规格不一致的螺栓和螺母应分拣出来并更换新件。

4) 要对螺栓和螺母用清洗剂（煤油、柴油或其他）浸泡，用刷子或专用工具清理。

5) 对有轻微锈蚀或毛刺的螺纹，应进行修磨处理。

6) 螺栓处理后的合格标准是，用手能够将螺母自由转动到紧固终止的位置。

7) 对于不合格的螺栓，应立即更换。

8) 清理后的螺栓与螺母对应连接在一起，就近码放整齐，以备使用。

9) 同一个法兰的螺栓材料、规格（直径、长度、螺纹螺距）应一致。

10) 螺栓与法兰接触面的检查及清理。

11) 使用溶剂和软钢丝刷逐个密封面清理旧垫片使用后留下的异物，不允许在不锈钢法兰上使用碳钢钢丝刷。

12) 清理时力度要均匀细致，避免损坏密封面表面粗糙度。

13) 对于石墨垫片或者金属缠绕石墨垫片，密封面上的石墨粉可以不用清理。

14) 检查合格的法兰管口，要及时进行端口封闭或者保护，防止异物进入。

15) 采用金属环垫或透镜垫密封的法兰要对法兰环槽（或管端面）密封面与金属

环垫或透镜垫做接触线检查。

（2）螺母与法兰接触面检查

1）应逐个法兰检查螺母与法兰的接触面（承载面）是否有划痕、毛刺及明显的损坏，如有则需打磨平整。

2）安装前应对螺栓和螺母逐个进行防腐处理。

3）螺栓和螺母施加润滑剂之前，再次检查螺栓、螺母的配合情况，保证螺母能够用手即能自由转动。否则，应查找原因并进行必要的更换。

16.2.11 零件的热装与冷装

零件的热装和冷装是在控制阀导向套、保护衬套、硬质合金阀座等的装配中较为常用的方法，这两种方法可根据实际零件的大小、材质选用，若过盈量较大，可采用热装法，利用材料的热胀冷缩原理，即对孔类零件进行加热，使其膨胀后，再将与之配合的轴件装入包容件中。常用的冷装法是对具有过盈量配合的两个零件，装配时先将被包容件用冷却剂冷却，使其尺寸收缩，再装入包容件，待温度回升后实现过盈配合的一种装配方法。冷装法不但操作简便，能保证装配质量，而且还可大大提高工作效率。

（1）零件的热装

根据工艺及设计，具有过盈量配合的两个零件，装配时先将包容件加热胀大，再将被包容件装入到配合位置，使配件在冷却收缩过程中紧紧地配合在一起的过程，即为零件的热装。它的特点是通过加热使包容件的孔径热胀而增大，使被包容件与包容件之间的过盈配合在装配瞬间变成有一定间隙量的间隙配合，从而达到顺利装配的目的，装配后自然冷却使包容件与被包容件恢复到过盈连接的配合状态中。这种配合关系一般应用于传递大扭矩或重载荷情况下，连接件之间靠过盈量产生的压应力来保证其强度及工作的不动性，采用这种配合关系的零件，一般情况下不需要附加固定零件（键），称之为无键联接。

最高加热温度一般不允许超过加热件的回火温度。应根据结合直径、过盈量、最小热装间隙等计算加热温度，是热装连接工艺的关键内容与要求。

1）理论加热温度的计算：

$$t = \frac{\delta + \delta_0}{ad} + t_0 \qquad (16\text{-}10)$$

式中　t——理论加热温度；

　　　δ——装配的最大过盈量；

　　　δ_0——装配间隙，通常取$\delta_0 = (1 \sim 2)\delta$；

　　　d——装配的配合直径；

　　　t_0——装配时的环境温度；

　　　a——工件的线膨胀系数。

2）实际加热温度计算：由于零件形状、材料成分和加热方法不同以及加热后运输的降温影响，理论计算出来的加热温度一般不容易保证机件热装配时所需要的实际温度，实际加热温度应比理论加热温度高出25%～50%，即用式（16-11）计算：

$$T = t + t\frac{25 \sim 50}{100} \qquad (16\text{-}11)$$

式中　t——理论加热温度；

　　　T——实际加热温度。

热装的注意事项：阀门零件在热装时要先进行清理，热装零件的表面不得有划痕、毛刺等，零件的尺寸一定要精确。

热装过程中动作要快，不能停顿，如果装入出现问题不能强行装入，应该立即取下并重新加热后再重新装配。

（2）零件的冷装

冷装配（简称冷装）是对需装入基孔内的零件先进行冷却，使其外形尺寸收缩，在装配面之间产生装配间隙，以便于零件进行装配的一种装配方法。适用于包容件无法加热或加热零件会导致零件精度和材料组织变化影响其力学性能的，被包容件可以冷冻的过盈配合件的装配。

1）冷冻温度的确定：

$$T = T_0 - \frac{\sigma + b}{a}d, T < 0 \tag{16-12}$$

式中　T_0——室温（℃）；

　　　σ——最大过盈量（mm）；

　　　b——冷装需要的间隙，一般取值为零件配合直径的0.05%～0.1%；

　　　d——被包容件的外径（mm）；

　　　a——线膨胀系数。

2）冷冻时间的确定：

$$h = k\delta + (6 \sim 8) \tag{16-13}$$

式中　k——材料的综合系数；

　　　h——冷冻时间（min）；

　　　δ——被冻零件的特性尺寸，即零件的最大断面半径或壁厚尺寸（mm）。

16.2.12　气路的装配

控制阀维修完后，需要用气路将各气控制附件连接起来，以便实现控制阀的自动控制，下面对气路回装过程和方法做详细的说明。

（1）气路装配前的检查与准备

1）检查附件的型号、规格是否与控制阀匹配。

2）检查附件的数量是否与控制阀功能匹配。

3）检查附件的外观是否完好。

4）管路接头的材质、规格、表面质量是否正确和完好。

5）检查气源管的密封性能是否合格。

第16章 控制阀的维护、维修与安装

(2) 附件装配

1) 空气过滤减压阀安装时必须确保排污阀或油杯向下,否则影响其过滤作用,甚至导致空气过滤减压阀无法正常工作。

2) 定位器的安装位置要合理,保证定位器有足够的安装空间。

3) 定位器安装板要有一定的刚度,使定位器能够牢固安装,控制阀动作使定位器不晃动。

4) 保证反馈杆在控制阀有效行程内全开、全关时与限位销存在一定余量,不发生硬接触。

5) 行程50%时,反馈杆在定位器有效行程的中间位置。

6) 旋转式控制阀上安装转角式定位器时,应使控制阀的转轴轴线与定位器反馈轴轴线重合,或者使定位器反馈轴、执行机构转轴、反馈销轴线在一条直线上。

(3) 其他附件的安装

1) 控制阀其他附件的安装,在没有特别规定的情况下,只要保证附件管路连接清晰、布置合理即可。

2) 对于只有空气过滤减压阀和定位器,或电磁阀的简单气路,一般只需根据执行机构气室容积选择(外径,以下同)$\phi6$ 或 $\phi8$ 的气源管及对应的管接头即可完成气路的连接。

3) 对于有开关动作时间要求的控制阀,在气路控制元件中增加气动加速器、大流量的二位三通气控阀及减压阀,并根据计算所需压缩气体流量和气动元件选配相应规格的气源管及管接头。

4) 控制阀定位器后带有气动加速器时,定位器至加速器间的气源管以 $\phi6$ 最好,管径越小管子容量越小,定位器对加速器的控制就越灵敏。

5) 对于有气源故障保护要求及动作时间要求的气路,因有较大输出流量要求的气动元件,又增加了闭锁阀、保位阀等气源压力判断元件时,应在这些气源分配处设置有相应容积的分支管件并增大分支管件前的气源管直径,防止因大流量气体输

出时闭锁阀、保位阀等气源分支处（信号）气源压力骤然降低，引起闭锁阀或保位阀误动作。

6）气路连接完成，检查无误后，应先接通气源进行管件的气密试验，各连接处应无较大泄漏；调试完成后可靠紧固，各连接处不得有泄漏。

16.2.13　控制阀的防腐与涂装

控制阀在化工装置使用过程中，外表面受到化工现场酸性、碱性或者高盐雾环境的腐蚀，大大缩短控制阀的使用寿命，给装置带来较大的安全隐患。因此，控制阀在出厂前或者大检修结束时要对其表面进行防腐、涂装处理，以防止各种腐蚀环境对控制阀表面的腐蚀。具体按以下要求执行。

1）控制阀、仪表管道等外表面防腐蚀涂层的涂刷应符合设计文件的规定。

2）涂装的施工应符合下列要求：

① 涂装作业场所卫生必须达到 2 级卫生特征级别。

② 涂装的施工环境宜为 10~35℃，当作业地点气温≥37℃时，须采取局部降温和防暑措施。

③ 涂装作业场所操作人员每天接触噪声时间与卫生限值须符合表 16-9 要求。

表 16-9　工作地点噪声时间与卫生限值

日接触噪声时间/h	卫生限值/dB（A）
8	85
4	88
2	91
1	94
1/2	97
1/4	100
1/8	103

注：最高不得超过115dB（A）。

④ 确保涂漆作业场所的电器设备安全、可靠，电气设备须接地保护。

⑤ 严禁携带火种进入作业现场。

⑥ 油漆的配比、搅拌、倾倒和稀释须在通风环境下进行,作业时必须穿戴合适的防护设备。

⑦ 当涂料或辅料飞溅到身体,须及时用肥皂和水进行清洗,不得使用稀料和清洁剂。

⑧ 操作者在作业前必须穿戴长袖工作服、劳保鞋,戴防溶剂的手套。佩戴具有吸附物质滤芯的呼吸器,佩戴护目镜或面罩,手工刷涂修补时,操作者应佩戴防溶剂手套和口罩。

⑨ 涂刷前应清除阀体表面的铁锈、焊渣、毛刺和污物。

⑩ 控制阀工作温度120℃以下,碳钢类阀体做防锈涂层时,底漆采用环氧树脂漆,面漆采用聚氨酯树脂漆,在执行时涂膜完全干燥后再涂下一层,底漆最低涂膜厚度不小于100μm,面漆75μm;控制阀工作温度120℃及以上时,阀体底漆采用环氧酚醛树脂漆,底漆最低涂膜厚度不小于65μm,面漆采用聚氨酯树脂漆,厚度不小于65μm,采用漆膜测厚仪对漆膜厚度进行测量。

⑪ 涂层应均匀,并应无漏涂。

⑫ 面漆涂料颜色应符合设计文件的规定。

3) 防腐与涂装的其他要求按照 GB/T 50093—2013 的规定。

16.3 控制阀的在线维修

通过装置保运实现控制阀的预防性维护,可保证装置安全、稳定、长周期地连续运转,控制阀的使用场合及作用决定了其阀内件极容易损坏,因此,对损坏的控制阀进行在线维护及修理,对关键易损件的定期修复或者更换显得尤为重要。

(1) 装置保运目标

确保装置正常运行,控制阀使用功能正常,维护人员具备判断处理现场故障能力,并及时做出处理,结合国内同类型装置、控制阀的解决方案迅速、精准地解决现场问题。

(2) 装置保运内容

应对保运期间控制阀出现的故障及处理方法做好记录,及时做好资料归档,根据项目的设计规格书、控制阀厂家数据表做好技术档案管理工作。对于损坏率较高的控制阀易损件做一定的备件储存,对于常用辅料,如聚四氟乙烯、板材、棒料等做一定的储存,应对日常检修使用。

16.3.1 降温、降压

控制阀属于压力管道元件,出于对装置正常运行安全、人身安全和环境安全考虑,在线检修严禁带温带压作业,要在装置隔离后温度降下来,前后盲板隔离开的情况下施工,在拆解前应该用现场的气源动作几次,将控制阀中腔压力释放,才能进行拆解工作。下面就控制阀在线维修前的注意事项及准备工作做详细说明。

1) 穿戴统一劳保防护服,准备齐整经检验合格的拆检专用工具。

2) "检修作业工作票"和"作业前安全分析"已经开出,拆检时间安排已经确定。

3) 前后截止阀已经关闭,导淋已经打开排放,工艺管道无介质压力、温度常温,检修作业工作票规定的内容已经全部落实,检修人员明确检修作业工作票的完整性和有效性。

4) 检修前需要对保温棉进行拆除,拆除后要及时清理现场,把保温材料、保护铁皮等垃圾运至指定地点;在拆除外保温层时尽量不要用重物锤打,以防其管道或烟风道受力变形,影响使用。

5) 在阀体法兰与管道法兰连接位置、上阀盖与阀体连接位置、推杆与阀杆连接位置、执行机构与上阀盖部位做清晰、唯一、不易破坏的标记,便于复位安装。

6) 拆除调节阀附件和气源管路连接部件,拆除后及时包好裸露的连接口,防止异

第16章 控制阀的维护、维修与安装

物进入气源管口,防止工艺介质从法兰管口流出,污染环境。

16.3.2 上阀盖的拆解

上阀盖的拆解是在线检修最为关键的一步,涉及扭矩扳手的使用以及拆检前的执行机构脱开。

1) 确定上阀盖的螺栓大小,并向用户取得该阀上阀盖的螺栓推荐扭矩,如果阀门制造商无推荐扭矩,按表 16-10 的推荐扭矩进行拆解、装配。

2) 上阀盖拆解后,注意密封面的防护。

表 16-10 螺栓、螺母扭矩推荐表

螺栓强度等级		4.8		6.8		8.8		10.9		12.9	
最小破坏强度		392MPa		588MPa		784MPa		941MPa		1176MPa	
材质		一般结构型钢		机械结构钢		铬钼合金钢		镍铬钼合金钢		镍铬钼合金钢	
螺栓 M/mm	螺母 S/mm	扭矩值		扭矩值		扭矩值		扭矩值		扭矩值	
		kg·m	N·m	kg·m	N·m	kg·m	N·m	kg·m	N·m	kg·m	N·m
14	22	7	69	10	98	14	137	17	165	23	225
16	24	10	98	14	137	21	206	25	247	36	353
18	27	14	137	21	206	29	284	35	341	49	480
20	30	18	176	28	296	41	402	58	569	69	676
22	32	23	225	34	333	55	539	78	765	93	911
24	36	32	314	48	470	70	686	100	981	120	1176
27	41	45	441	65	637	105	1029	150	1472	180	1764
30	46	60	588	90	882	125	1225	200	1962	240	2352
33	50	75	735	115	1127	150	1470	210	2060	250	2450
36	55	100	980	150	1470	180	1764	250	2453	300	2940
39	60	120	1176	180	1764	220	2156	300	2943	370	3626
42	65	155	1519	240	2352	280	2744	390	3826	470	4606
45	70	180	1764	280	2744	320	3136	450	4415	550	5390
48	75	230	2254	350	3430	400	3920	570	5592	680	6664
52	80	280	2744	420	4116	480	4704	670	6573	850	8330
56	85	360	3528	530	5149	610	5978	860	8437	1050	10290

（续）

螺栓强度等级		4.8		6.8		8.8		10.9		12.9	
最小破坏强度		392MPa		588MPa		784MPa		941MPa		1176MPa	
材质		一般结构型钢		机械结构钢		铬钼合金钢		镍铬合金钢		镍铬钼合金钢	
螺栓 M/mm	螺母 S/mm	扭矩值		扭矩值		扭矩值		扭矩值		扭矩值	
		kg·m	N·m	kg·m	N·m	kg·m	N·m	kg·m	N·m	kg·m	N·m
60	90	410	4018	610	5978	790	7742	1100	10791	1350	13230
64	95	510	4998	760	7448	900	8820	—	—	—	—
68	100	580	5684	870	8526	1100	10780	—	—	—	—
72	105	660	6468	1000	9800	1290	12642	—	—	—	—
76	110	750	7350	1100	10780	1500	14700	—	—	—	—
80	115	830	8134	1250	12250	1850	18130	—	—	—	—
85	120	900	8820	1400	13720	2250	22050	—	—	—	—
90	130	1080	10584	1650	16170	2500	24500	—	—	—	—
100	145	1400	13720	2050	20090	—	—	—	—	—	—
110	155	1670	16366	2550	24990	—	—	—	—	—	—
120	175	2030	19894	3050	29890	—	—	—	—	—	—

16.3.3 内部维修

控制阀在线维修的过程和方法如下：

1）清除铁锈及污物。维修人员在定期维护中要着重检查控制阀连接管道内有无铁锈、焊渣、硬颗粒污物等，发现后应及时清理，由于控制阀的内部，如阀芯、阀座、阀体等有密封部位，对光洁度的要求较高，如果长时间有异物摩擦容易降低寿命，导致内漏甚至卡涩，影响装置的正常运行，可以在管道上增加过滤装置并定期清理。

2）检查特殊位置控制阀支撑。控制阀的对中性要求非常高，一旦对中性下降容易出现填料外漏或拉伤阀杆等故障，所以对于横装、斜装且自身较长的控制阀定期检查支撑，保证运行。

3）填料函的检查。应检查填料的磨损情况和压紧力，定期更换高温、高压场合的填料，注意在线取填料时一定要保证控制阀已泄压，而且要用专用工具防止对填料函内壁造成损伤，对于盘根式填料切口错开120°保证密封效果，常规更换填料应加润滑油，氧气用阀或特殊种类的控制阀注意禁油。

4）手轮机构等齿轮传动装置的检查。应注意配合间隙，添加润滑剂，防止咬卡现象的发生，应检查手动-自动切换是否灵活好用。

5）消除应力。由于安装或使用场合不同造成控制阀配合间隙产生各种应力。例如，一些高温高压场合产生的热应力和安装时螺栓扭矩不一致导致预紧力不均匀等产生的应力，会导致阀门卡涩或阀杆弯曲，阀芯与套筒抱死，不正确对中导致阀座内漏等，所以日常定期维修应进行应力消除的工作。

6）清除气源、液压油等供应能源的污物。气源、液压油是控制阀的动力来源，气源不干燥导致膜头锈蚀，液压油中有杂质会堵塞节流孔和管道，造成故障，因此定期检查气源、液压油及过滤装置对排污工作十分重要。

7）薄膜式执行机构膜片更换。气动薄膜执行机构的膜片在运行过程中受到压缩，比较容易损坏，更换时采购原厂家的膜片予以更换，紧固时应使膜片受力均匀，防止泄漏或损坏膜片。

8）气缸式执行机构密封件更换。气缸式执行机构的密封件由于是动密封，容易磨损无弹性补偿量，在更换时注意使用温度场合，温度较高或者较低要用特殊材质。

9）研磨阀芯、阀座。无论直动式还是旋转式控制阀，阀芯、阀座之间在运行一段时间后会泄漏增大，这时就要注意阀芯、阀座配研，研磨砂粒度的选择要根据控制阀的泄漏量、阀芯阀座材质有针对性地选择，对于球阀的球芯必要时要上数控机床进行加工，经研磨后应进行抛光处理，并满足所需光洁度和精度的要求。

10）安全运行检查。对在爆炸性危险场所使用的控制阀和有关附件应检查其安全运行情况，如密封盖是否拧紧，安全栅的运行情况，电源供应情况，是否符合防爆要求，保证控制阀和附件在安全的状态下运行。

16.4 控制阀的安装

控制阀下线维修完后,需要进行回装上线,如何确保装配质量,需要用流程进行规范和要求,以确保装配完的控制阀不会发生外漏或者损伤控制阀。下面从装配前的准备、办理作业票、监督检查、安装方向、吊装、紧固件选取、密封件选取等方面进行详细说明。

16.4.1 控制阀的装配

(1) 控制阀安装前准备

严格按照控制阀安装操作规程及安全措施对操作者进行回装技能和要求培训。

(2) 阀门安装前办理各种工作票与操作票

工作票是准许在设备设施上工作的书面命令,是明确安全职责,向作业人员交底,履行工作许可手续,实施安全技术措施的书面依据,是工作间断、转移和终结的手续。

操作票是指准许在设备设施上进行操作的书面依据,是防止误操作的主要措施。

(3) 监督及落实本程序的执行,并提供质量和技术支持

1) 施工人员负责按照本规程进行法兰螺栓紧固。

2) 质量检验员负责控制阀上线前的信息核对(位号、口径、压力、材质等)及性能和外观等质量的检查确认。

3) 作业负责人负责监督和指导施工人员的紧固工作,检查法兰接头质量,并向质量检验员汇报。

4) 质量检验员负责检查、控制法兰紧固质量,向质量技术负责人汇报。

5) 质量技术负责人负责监督及落实本程序的执行,并提供质量和技术支持。

第16章 控制阀的维护、维修与安装

(4) 检查下线阀门法兰做的标记及按照位号标记包装的螺栓、螺母

(5) 阀门螺栓紧固

扭矩法螺栓紧固是利用扭矩值与预紧力的线性关系进行控制的方法（见图16-28）。该方法在紧固时，只对紧固扭矩进行控制，操作简便。

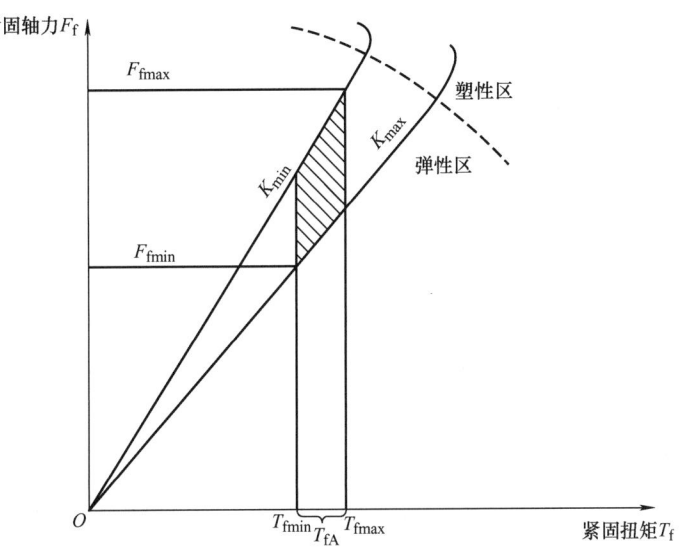

图16-28 扭矩值和预紧力的关系图

注：K 为紧固轴力与紧固扭矩的比值；T_{fA} 代表合理紧固扭矩范围值

(6) 法兰对中

安装垫片之前，要对法兰进行对中检查，消除法兰横向（法兰中心线偏离）和周向（螺栓孔周向偏离）的不对中或法兰过大的张口，以保证螺栓紧固过程中垫片均匀受压。

1）法兰对中方法。在垫片安装前要逐个检查法兰接头的对中情况并纠正法兰对中的超差。一般情况下，仅允许用手工工具（如撬棍、锤子）或者专用对中工具进行找正。法兰找正后，要保持找正工具的受力状态，直到安装垫片并紧固完成；要尽可能地遵循此规则，以免提早撤除找正工具后外力对接头产生不利影响。

2）法兰对中的允许偏差。

① 法兰中心线偏差。对法兰进行找正，使法兰内径或者外径的匹配度或接触面达

到最大化的要求。找正合格标准为螺栓能够自由穿入螺栓孔。检测中心线偏差时,在其中一片法兰的外径上放置直尺,测量另外一片法兰外径与直尺的间隙。进行测量时,在法兰周围选四个点,相互之间大约间隔90°,任何一点的偏差均应小于1.6mm(参照标准 ASME PCC—1—2013)。

② 法兰平行度。找正法兰,使法兰接头圆周范围内各个点的法兰面间隙相等。合格标准为法兰间保持平行,其偏差不得大于法兰外径的0.15%,且不得大于2mm(参照标准 GB 50235—2010);或者对任意螺栓使用不超过最大扭矩10%或螺栓载荷10%的力调整后,密封面的最大与最小间隙差不超过0.8mm(参照标准 ASME PCC—1—2013《压力边界螺栓法兰连接安装指南》)。

③ 法兰螺栓孔错位。找正法兰,使螺栓孔相互对准,以便螺栓垂直穿过法兰。合格标准为螺栓能在螺栓孔中顺利穿过,螺栓孔错位不超过3mm(参照标准 ASME PCC—1—2013)。

④ 两片法兰间的间隙。间隙以不超过两个垫片间距为宜。

静止状态下,如果两个法兰之间的间距超过垫片厚度的两倍,应保证使用小于螺栓载荷或者扭矩值的20%的外力来拉近法兰使垫片在整个法兰面均匀压缩。如果需要更大的力来使得法兰间隙达到要求,施工单位应征得对口工程师同意。

(7) 垫片安装

要逐张检查垫片标识,保证垫片与材料单一致。

当完成法兰对中以后,即可将新垫片安装就位,将垫片定位在与法兰内径同心的位置。安装法兰时,要采取措施保持垫片不要移位。可以在垫片上(不是法兰)涂加一薄层喷胶。需要特别注意的是,避免使用与工艺介质不兼容或可能造成应力腐蚀开裂或法兰面点蚀的黏合剂。切勿在垫片径向使用胶带条将其保持到位,也不得使用润滑脂。

对于缠绕垫片,可以通过十字交叉安装4个螺栓的方式使垫片定位。

(8) 法兰螺栓及螺母涂润滑剂

设备或管道操作温度在300℃及以上时,施工单位要在螺栓螺纹(啮合范围内)及螺母承载面涂高温防咬合剂。设备或管道操作温度在300℃以下的，要在螺栓螺纹（啮合范围内）及螺母承载面涂二硫化钼。

在对螺栓和螺母施加润滑剂之前，施工单位要再次检查螺栓和螺母的配合情况，保证螺母用手即能自由地转动。否则，应查找原因并进行必要的更换。

16.4.2 控制阀的流向

许多控制阀具有方向性，如截止阀、节流阀、减压阀、止回阀等，如果装倒或装反，就会影响使用效果与寿命（如节流阀），或者根本不起作用（如减压阀），甚至造成危险（如止回阀）。一般控制阀，在阀体上有方向标志，如没有，应根据控制阀工作原理，正确识别。截止阀的阀腔左右不对称，流体自下而上通过阀口，这样流体阻力小（由形状所决定），开启省力（因介质压力向上），关闭后介质不压填料，便于检修，这就是截止阀为什么不可装反的原因。其他控制阀也有各自的特性。

控制阀安装位置必须方便于操作，控制阀手轮最好与胸口取齐（一般离操作地坪1.2m），这样开闭控制阀比较省力。落地控制阀手轮要朝上，不要倾斜，便于操作。靠墙及靠设备的控制阀，要留出操作空间。要避免仰天操作，尤其是酸碱、有毒介质等。闸门不要倒装（即手轮向下），否则会使介质长期留存在阀盖空间，容易腐蚀阀杆，而且为某些工艺要求所禁忌，同时不方便更换填料。明杆闸阀，不要安装在地下，容易腐蚀外露的阀杆。升降式止回阀，安装时要保证其阀瓣垂直，以便升降灵活。旋启式止回阀，安装时要保证其销轴水平，以便旋启灵活。减压阀要直立安装在水平管道上，各个方向都不要倾斜。

1）配气动薄膜执行机构偏心旋转阀，正常安装方向为沿管道流向，执行机构气缸在管道右侧，且与管道垂直，如图16-29所示。

2）配气缸执行机构偏心旋转阀，正常安装方向为执行机构与管道方向平行，如图16-30所示。

3）配气缸执行机构的V型球阀，正常安装方向为执行机构与管道方向平行，如图16-31所示。

控制阀设计制造技术

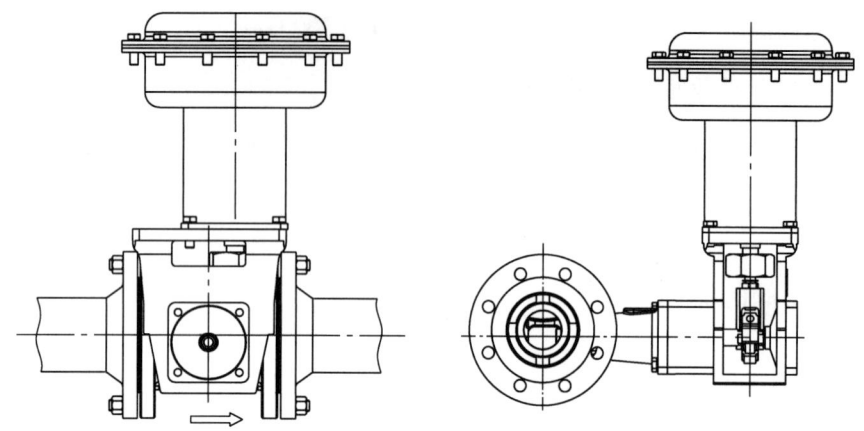

图 16-29　配气动薄膜执行机构的偏心旋转阀的安装示意图

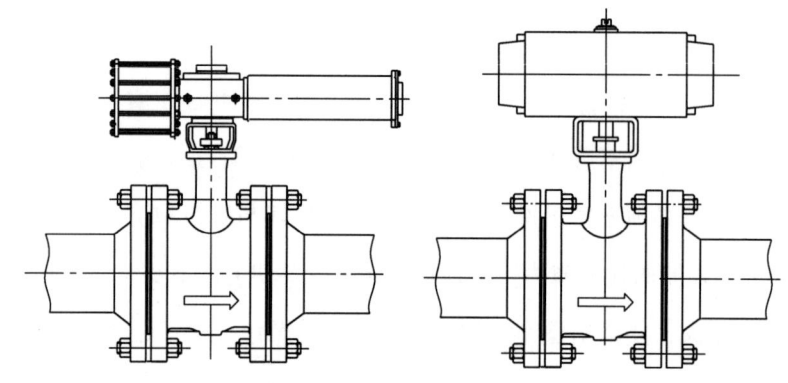

图 16-30　配气缸执行机构的偏心旋转阀的安装示意图

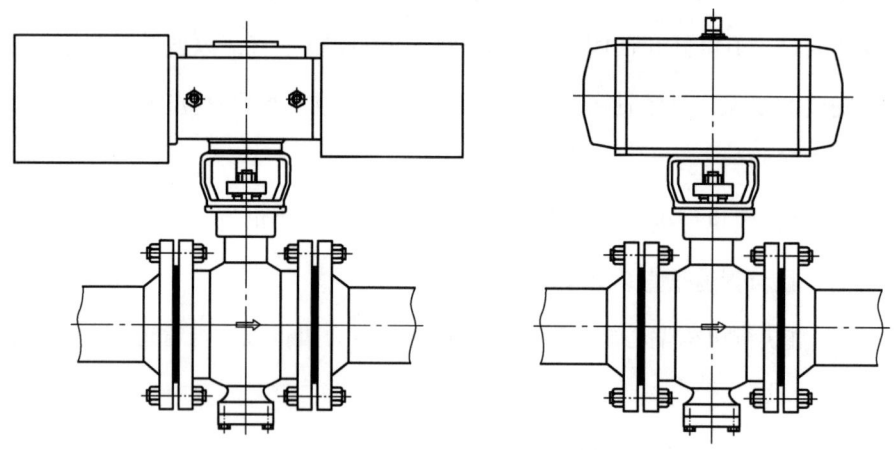

图 16-31　配气缸执行机构的 V 型球阀的安装示意图

4）配气缸执行机构的 O 型球阀，正常安装方向为执行机构与管道方向平行，除了有特殊泄放功能的双隔离泄放管路球阀、强制密封轨道球阀有流向安装要求（介质流向与阀体上的流向箭头一致）外，其余 O 型球阀流向没有要求，如图 16-32 所示。

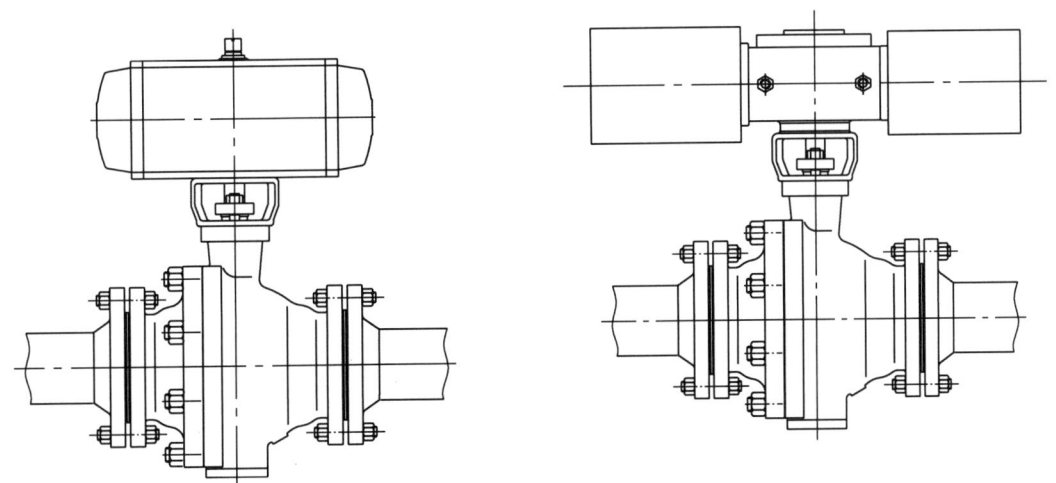

图 16-32　配气缸执行机构的 O 型球阀的安装示意图

5）配气缸执行机构蝶阀，正常安装方向为执行机构与管道方向平行，流向与阀体上的流向箭头一致，如图 16-33 所示。

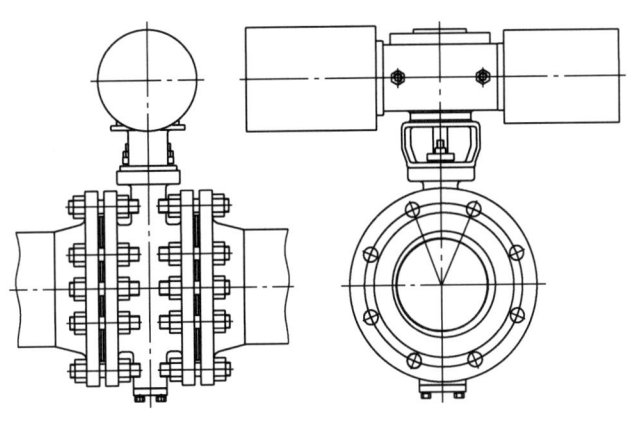

图 16-33　配气缸执行机构的蝶阀的安装示意图

6）配带薄膜执行机构直行程控制阀，正常安装方向为沿管道流向，执行机构与管道垂直，控制阀安装时注意介质流向与阀体上的流向箭头一致，如图16-34所示。

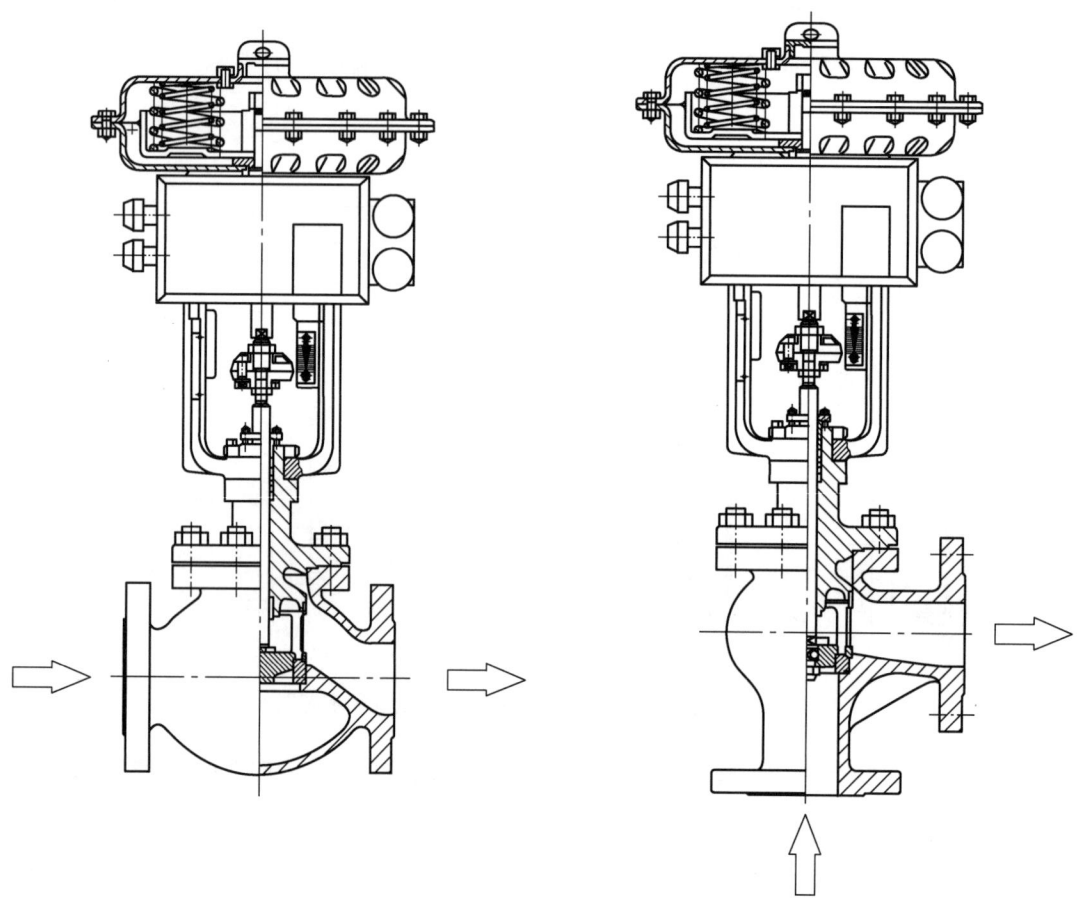

图16-34　配薄膜执行机构的直行程控制阀的安装示意图

16.5　控制阀的再制造

16.5.1　再制造的概念

再制造（Remanufacture）就是让废旧的机器设备重新焕发生命活力的过程。它以旧的机器设备为毛坯，采用专门的工艺和技术，在原有制造的基础上进行一次新的制造，而且重新制造出来的产品无论是性能还是质量都不应次于原先的新品。国家标准

第16章 控制阀的维护、维修与安装

GB/T 28619—2012《再制造 术语》对"再制造"进行了定义：对再制造毛坯进行专业化修复或升级改造，使其质量特性（包括产品功能、技术性能、绿色性、经济性等）不低于原型新品水平的过程。科学地讲，再制造是一种对废旧设备机器等实施高新技术修复和升级改造的过程，它针对的是损坏或将报废的零部件，在性能失效分析、寿命评估等基础上，进行再制造工程设计，采用一系列相关的先进制造技术，使再制造产品质量达到或优于原型新品的水平。

再制造是一个物理过程，例如，一台用旧了的发动机，经过一番修复、改造后，最终组装成的仍然是一台发动机，而不是别的什么。由此看来，再制造不同于废物利用。

再制造也具有化学过程的特征。虽然旧的发动机经"再制造之手"后仍是发动机，但是它的原材料或内部构件已经脱胎换骨，而且再制造的产品不是"二手货"，而是一种全新的产品，所以再制造也不等于一般的原材料循环利用。

再制造的本质是修复，但它不是简单的维修。再制造的内核是采用制造业的模式搞维修，是一种高科技含量的修复术，而且是一种产业化的修复，因而再制造是维修发展的高级阶段，是对传统维修概念的一种提升和改写。

通常所说的产品寿命周期，指的就是产品的研制、使用和报废三个阶段，整个过程是一个开环系统。再制造产业诞生后，产品的寿命周期就变为研制、使用、报废和再生的过程，整个过程变为一个闭环系统。继而使产品达到一个"全寿命周期"的状态。由于再制造的技术发展使得产品在设计时就应该充分考虑产品使用过程的维护以及采用包括再制造在内的先进技术对报废产品进行修复和再造，从而产品性能和价值得以延续。换句话说，在"全寿命周期"概念中，应该报废的产品其使用寿命并未走向终结，经过"再制造之手"，它可以再度使用，使产品的使用寿命周期链条拉长为产品的研制、使用、报废、再制造、再使用、再报废。再制造的出现，完善了产品全生命周期的内涵，使得产品在全寿命周期的末端，即报废阶段，不在成为固体垃圾。

16.5.2 再制造关键技术

(1) 再制造设计与评价技术

再制造设计与评价技术是指在产品设计过程中或废旧产品再制造前，设计并评价其再制造性，确定其能否进行再制造及如何进行再制造的技术与方法。通过在研制阶段就考虑产品的再制造性设计，能够显著提高产品末端时的再制造能力，增加再制造效益；通过产品末端的再制造性评价，能够形成科学的再制造方法、优化再制造工艺流程。

(2) 再制造清洗技术

再制造清洗技术是采用机械、物理、化学和电化学等方法清除产品或零部件表面各种污物（灰尘、油污、水垢、积炭、旧漆层和腐蚀层等）的技术与工艺过程。废旧产品及其零部件表面的清洗是检测零部件表面尺寸精度、几何形状精度、表面粗糙度、表面性能、腐蚀磨损及黏着情况等的前提，是对零部件进行再制造的基础。

(3) 再制造零部件损伤检测与寿命评估技术

再制造零部件损伤检测与寿命评估技术是判断废旧零件能否进行再制造的前提，直接影响产品的再制造质量、再制造成本、再制造时间和再制造后产品的使用寿命。再制造零部件的损伤检测是对拆解后的废旧零部件进行检测，能够准确地掌握零部件的技术状况，根据技术标准分析出可直接利用件、可再制造恢复件和报废件。再制造寿命评估技术主要是应用断裂力学、摩擦学、金属学等理论建立失效行为的数学模型，从而建立产品寿命的预测评价系统，评估零部件的剩余寿命。

(4) 再制造成形与加工技术

产品在使用过程中，一些零件因磨损、变形、破损、断裂、腐蚀或其他损伤而改变了其原有的几何形状和尺寸，从而破坏了零件配合特性和工作能力，使部件、总成甚至整机的正常工作受到影响。再制造成形与加工的任务是恢复有再制造价值的损伤失效零件的几何参数和力学性能，所采用的方法包括表面工程技术和机械加工技术与方法。典型技术包括纳米复合电刷镀技术、高速电弧喷涂技术、微束等离子弧熔覆技术、激光熔覆技术等。

(5) 再制造产品性能检测和试验技术

重要机械产品经过再制造后,在投入正常使用之前,必须进行性能检测与试验,其主要目的是发现再制造加工及装配中的缺陷,并及时加以排除;改善配合零件的表面质量,使其能承受额定的载荷;减少初始阶段的磨损量,保证正常的配合关系,延长产品的使用寿命;在磨合和试验中调整各机构,使零部件之间相互协调工作。磨合与试验是提高再制造质量、避免早期故障、延长产品使用寿命的有效途径。

(6) 再制造产品涂装技术

再制造产品涂装技术是指对经综合质量检测合格的再制造产品进行涂装和包装的工艺技术与方法。

(7) 再制造智能升级技术

再制造智能升级技术是指运用信息技术和控制技术实施废旧产品再制造生产或管理的技术与手段。再制造智能升级技术的应用,是实现废旧产品再制造效益最大化、再制造技术先进化和再制造管理正规化的基础,对提高再制造保障系统的运行效率发挥着重要作用。该技术包括柔性再制造技术、虚拟再制造技术和自动化再制造技术等。

16.5.3 控制阀维修中的再制造

控制阀再制造成形技术主要以废旧零部件为对象,从早期的以换件维修法和尺寸维修法为核心的再制造模式,发展到现在的将表面修复和性能提升法作为控制阀再制造的主要技术方法。

(1) 换件维修法与尺寸维修法

多年来,欧美国家在传统制造业的基础上逐渐发展并完善了以换件维修法和尺寸维修法为核心的再制造模式。这种再制造模式的技术特点是:对于损伤程度较重的零件直接更换新件;对于损伤程度较轻的零件,则利用车、磨、镗等机械加工手段,在不影响零件使用性能的情况下，改变零件尺寸，恢复零件的几何精度，再与加大尺寸的非标新品零件配对。

换件维修法和尺寸维修法再制造模式的缺点如下：

1）更换新件浪费很大，没有挖掘出零件中蕴含的高附加值。

2）尺寸变化后破坏了零件的互换性，不能保证再制造产品的寿命达到原型新品的水平。

3）只能对表面轻度损伤的零件进行再制造，很难对表面重度损伤的零件、更无法对三维体损伤的零件（如掉块等）进行再制造，旧件再制造率低、浪费大、节能减排效果欠佳。

（2）表面修复和性能提升法

我国自1999年正式提出再制造的概念以来，就开始探索自主创新的再制造模式，将表面修复和性能提升法作为再制造的主要技术方法，把先进的无损检测理论与技术、表面工程理论与技术和熔覆成形理论与技术引入再制造。这种再制造模式不仅能对表面较轻度损伤的零件进行再制造，还能对表面重度损伤及三维体损伤的零件进行再制造；不但能恢复零件损伤部位的尺寸超差，而且明显提升了零件的整体性能（这是因为修复层的材料用量很少，可选用成本虽高但耐磨、耐蚀、抗疲劳性更好的材料，使得修复层的性能优于零件基体）。

下面以锁渣球阀常见故障及解决方案（见表16-11）为例，介绍换件维修法与尺寸维修法的再制造工艺与表面修复和性能提升法再制造工艺在控制阀维修上提供的方案区别。

表16-11 锁渣球阀常见故障及解决方案

序号	故障	应用换件维修法与尺寸维修法的维修方式	应用表面修复和性能提升法的维修方式
1	阀杆表面拉伤，阀杆填料部位腐蚀	维修方式一：通过磨床直接将阀杆表面磨光，使其光洁度满足使用要求，阀杆尺寸会比原始尺寸小，但不影响使用； 维修方式二：测绘加工更换阀杆，材质选用17-4PH，进行固溶+沉淀硬化处理，硬度可达38～45HRC；磨光表面粗糙度值达到0.8μm，可满足使用要求	维修方式：将拉伤腐蚀部位车去1～2mm，通过补焊车修磨，恢复阀杆原始尺寸；或车去0.2～0.3mm，通过对阀杆表面喷涂、磨光，表面粗糙度值达到0.8μm，恢复原始尺寸，可满足使用要求

第16章 控制阀的维护、维修与安装

(续)

序号	故障	应用换件维修法与尺寸维修法的维修方式	应用表面修复和性能提升法的维修方式
2	阀杆传动部位扭曲、变形或磨损	维修方式:测绘加工更换阀杆,材质选用17-4PH,进行固溶+沉淀硬化处理,硬度可达38~45HRC;磨光表面粗糙度值达到0.8μm,可满足使用要求	维修方式:补焊阀杆传动部位,通过车铣等机加工手段修复传动部位尺寸,可满足使用要求
3	球芯密封面冲刷、拉伤,造成控制阀内漏	维修方式一:直接配研球芯阀座密封面或先用磨床磨光球芯表面,再通过与阀座配研,分粗研和细研,最终使球芯密封面的表面粗糙度达到0.8μm,可以满足使用要求; 维修方式二:测绘加工更换球芯,球芯基材材质选用316不锈钢,对球芯密封面熔覆Ni60合金,使球芯密封面硬度达到55~60HRC,再配研球芯阀座密封面,可满足使用要求	维修方式:通过数控磨床将球芯原有涂层全部去除,然后用超声速火焰熔覆对球芯表面熔覆Ni60合金,使球芯密封面硬度达到55~60HRC。熔覆完后再通过数控车床、磨床对球面车修磨光,最后再与阀座配研密封面,可满足使用要求
4	球芯流道口冲刷	维修方式:测绘加工更换球芯,球芯基材材质选用316不锈钢,对球芯密封面熔覆Ni60合金,使球芯密封面硬度达到55~60HRC,再配研球芯阀座密封面,可满足使用要求	维修方式:对球芯流道口车修,再对流道口熔覆Ni60合金或喷涂WC,增加球芯流道口硬度。熔覆完车修流道口(喷涂完不需要再加工),可满足使用要求
5	阀座密封面冲刷、拉伤,造成控制阀内漏	维修方式一:直接配研球芯阀座密封面,增加球芯与阀座的密封性; 维修方式二:更换阀座两件,阀座基材选用316不锈钢,密封面熔覆Ni55合金,使阀座密封面硬度达到50~55HRC,再与球芯配研阀座密封面,可满足使用要求	维修方式:车修阀座密封面,将原有硬化层去除,对阀座密封面重新熔覆Ni55合金,使阀座密封面硬度达到50~55HRC,再与球芯配研阀座密封面,可满足使用要求

控制阀的再制造技术,主要是零件表面修复。表面修复技术有超声速火焰喷涂技术、等离子弧堆焊技术、真空熔覆技术等,还有一些其他手段,包括表面渗硼、表面渗氮、电镀处理和碳化钨烧结。

1)超声速火焰喷涂再制造技术。超声速火焰喷涂技术是控制阀加工及其再制造过程中的核心技术之一。利用该技术可在高端阀芯、轴类及齿类等零件表面制备耐蚀、耐磨、减磨、抗高温、抗氧化的涂层,实现产品的再制造。利用超声速火焰喷涂技术喷涂的涂层具有高结合强度、高硬度、低孔隙率的特性,硬度可达到70HRC以上,超硬耐磨,防脱落,耐冲刷,抗汽蚀。通过超声速火焰喷涂修复球芯过程图如图16-35所示。

图 16-35　通过超声速火焰喷涂修复球芯过程图

2）等离子弧堆焊再制造技术。等离子弧堆焊是通过调节转移弧电流来控制熔化合金粉末并传递给工件热量，使合金粉末和工件表层熔合的工艺。由于等离子弧堆焊技术具有熔覆合金层与工件基体结合强度高，成形美观，堆焊熔覆速度快，金属零件表面不经复杂的前处理工艺即可直接进行等离子弧堆焊，易实现机械化、自动化，维修维护容易等优点，故常被用于产品的再制造过程。等离子弧堆焊设备如图 16-36 所示。利用等离子弧堆焊设备修复角阀阀内件过程图如图 16-37 所示。

 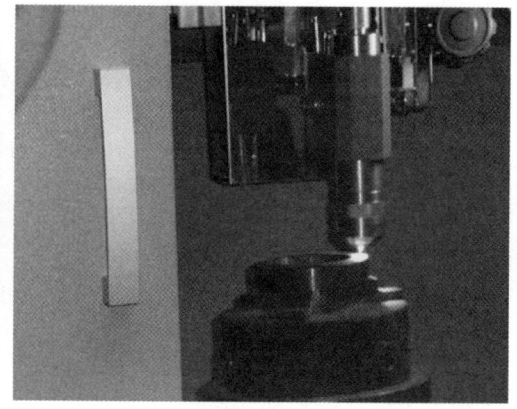

图 16-36　等离子弧堆焊设备

3）真空熔覆再制造技术。真空熔覆可将合金粉末通过热喷涂或者涂抹的方式预置在基体的表面，涂抹是将一种膏状镍基合金粉涂覆在球芯表面缺陷处。首先对有缺陷的熔覆球芯进行表面处理，然后将活性剂、溶剂和缓释剂按比例混合搅拌均匀并加入镍基合金粉末中制得膏状镍基合金粉，将其涂抹于缺陷处后晾干，然后进行真空热处

第16章　控制阀的维护、维修与安装

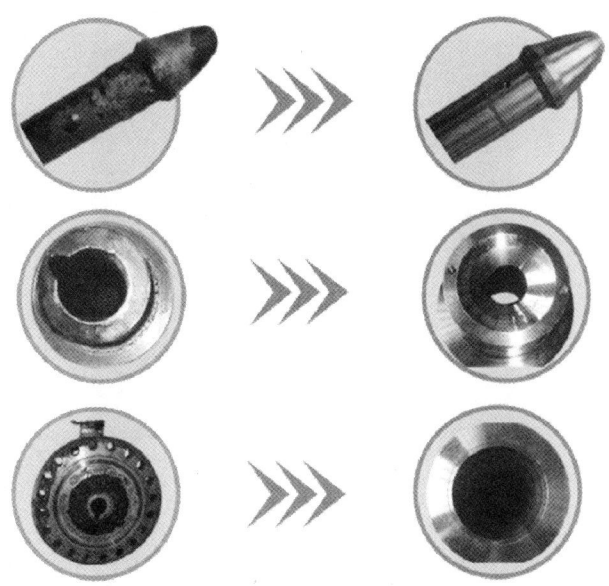

图16-37　利用等离子弧堆焊设备修复角阀阀内件过程图

理，最终使缺陷处得以修复。涂抹方式真空熔覆的优点：

① 可操作性强。当涂层出现裂纹、鼓包、翘边等缺陷时，只需将缺陷位置打磨去除干净并圆滑过渡，即可在缺陷处进行涂抹修补。而常规热喷涂上粉方式存在以下问题：因火焰喷射面广，喷涂填补缺陷位置过程中会使周边位置涂层过厚，从而使整体涂层均匀度严重下降，给后续的研磨带来了较大困难；修复部位与原涂层边缘结合处因半冶金结合过程中产生的表面张力易形成新的裂纹缺陷。

② 涂层制备简单。热喷涂是将合金粉末预喷涂在工件表面，然后进炉加热至熔融状态，以获取预期涂层。本方法则是将合金粉末与准备好的有机物混合形成膏状，涂抹在工件表面后进炉加热，以获取预期涂层，在涂层的易获取性方面要优于前者。

③ 安全性更有保障。膏状涂层是在常温下将活性剂、溶剂、缓释剂与合金粉末按一定比例混合后涂覆而成的。而常规热喷涂涂层制备过程中伴随高温、可燃、易爆、粉尘、噪声等危险源。所以在涂层获取过程中的安全性方面，前者要远胜于后者。

图 16-38 ~ 图 16-40 为拉伤球芯的修复和加工完成图。

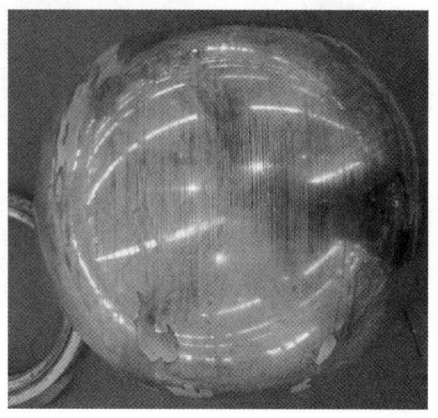

图 16-38　表面拉伤的球芯

图 16-39　通过熔覆修复的球芯

图 16-40　熔覆加工完的球芯

16.6 控制阀检维修科技资料的编制

控制阀检维修科技资料是针对石油化工、油田、煤化工等企业所用控制阀检维修过程的详细记录，指控制阀检维修改造方案、控制阀检维修技术总结、设计图样、施工方案、健康、安全、环保作业指导书等，直至整个检维修完工后收集各类记载文献所形成的科技档案，通过阅读科技档案资料可以重现整个检维修的过程。控制阀检维修科技资料凝聚了经过无数次实践生产中的经验，是一个企业的灵魂所在，是企业不可多得的隐形财富，在企业的发展过程中起到指导性作用。

16.6.1 科技资料的价值与作用

一个企业的良性发展需要科技和管理，管理是企业其他所有工作的领头担当，对企业的生产和发展起着关键性作用，其中对科技资料的管理工作是重要的一个环节。科技档案在企业中的价值与作用主要体现在下面几点：

1）它是企业在生产经营活动中总结出来的，为企业产品的质量和生产技术提供保障，也为企业的管理提供服务。科技人员以科技资料为背景来进行技术的进一步开发与研究，从而制定出科学合理、具有可行性的方案；管理人员可以通过管理方面的科技档案来制定企业未来的发展规划，进行经营决策，推动企业的生产和经营。它把科研过程和成果记录归档，形成档案，所以科技档案是储备科技知识的重要形式。同时在科研过程中，为了避免重复和不必要的弯路，就需要记录相关的资料，这些资料就是档案，它也是科研过程中的必要步骤。

2）它为企业产品的更新换代，对提高产品的科技含量提供帮助。企业想要发展就要创造收益，而创造收益的保障就是产品的质量，科技含量更高的产品具有更强的市场竞争力，让企业能在市场竞争中脱颖而出。

3）为使用者提供便利，同时保证了资料的及时性和准确性，在其他部门需要使用时降低了资源的消耗，为提高企业整体的经济效益提供帮助。

4）科技档案是提高科研管理水平的重要环节。一个课题的研究过程大致包括选题、调查、设计、试验、论证、试验小结、阶段总结、成果总结等步骤，科技档案就是将这个过程中涉及的文献资料和有价值的结果，完整地、准确地记录下来，整理成档案，为以后的科研项目提供查阅的根据。所以说科技档案虽然是科研技术工作的最后一个环节，但是其重要性不言而喻，同时它还代表着一个单位科学技术的质量和水平。

16.6.2　控制阀检维修科技档案的内容

控制阀检维修科技档案的内容包括工程说明、工程开工报告、企业资质、市场准入证、法人委托书、中标通知书、合同评审、合同、施工方案、人员名单及职责分工、特种作业人员资格证、质量、健康、安全、环保技术交底、健康、安全、环保作业指导书、现场健康、安全、环保检查表、特种作业指导书、设备完整性评价表、控制阀维修方案、检维修质量控制、工程完工证书、工程交接证书、健康、安全、环保检查表、质量控制点检查确认表、备品备件确认单、材料、备件合格证、设备材料及备件交接验收单、控制阀检修总结、控制阀试压记录、控制阀校验记录卡等。

（1）定义

控制阀检维修方案是对控制阀检维修项目从施工开始到结束，结合属地单位的实际条件和具体施工特点进行编制的。

（2）编制要求

为了加强控制阀检维修科技档案管理工作，规范项目资料、文件保管程序，保证各类档案资料的完整性，避免后期竣工资料的返工，结合 CSEI/JX 0003—2017《检维修能力评定技术规范　第3部分：检维修单位质量、安全、环境与健康（QHSE）管理体系基本要求》和企业内部制定的"阀门检维修工程作业指导书"的相关规定，控制阀检维修科技档案的编制要求如下：

1）施工方案的内容应具有针对性，能够客观反映实际检维修情况。

2）施工方案要根据检维修工程项目的实际情况编制，应做到项目内容充分，任务具体，责任明确，措施有力，预案有效，能够满足现场作业要求。

3）施工方案内容编制中的标准要结合最新的施工规范、相关技术标准、设计图样中的相关规定。

4）施工方案的内容应涵盖项目的施工全过程，做到技术先进、部署合理、工艺成熟，针对性、指导性、可操作性强。

5）能用图表表示的尽量采用图表。

6）施工方案中部分项目施工方法应在实施阶段细化，必要时可单独编制。

7）施工方案涉及的新技术、新工艺、新材料和新设备应用，应通过有关部门组织的鉴定。

(3) 施工方案的内容

检维修施工方案的内容包括项目名称、概况、施工验收技术规范、标准和质量管理程序文件、人员配备及相关资质，施工机具及检验仪器设备的配备要求、施工设计、施工进度计划、施工平面图、关键质量控制点、质量验收指标，设备、材料、备品备件的管理，工作危险性分析及相应的安全技术措施，突发事件的应急预案等。

(4) 施工方案的确认及归档

检维修施工方案的审核、批准、会签程序及其归档管理；检维修施工方案变更的审核、确认，变更信息传递程序及其变更技术文件的归档管理。

(5) 人员配备和施工安排

项目管理的组织结构及岗位职责应在施工安排中确定，组织结构要有项目经理及技术人员、现场负责人的具体联系方式和相关安全管理人员的联系方式。根据项目的规模、特点、复杂程度、目标控制和属地单位的要求设置项目管理机构，该机构各种专业人员配备齐全，完善项目管理，建立健全岗位责任制。

施工安排是按照合同规定的工程施工进度、质量、安全、环境等目标的工作部署，各项目标应满足施工合同和业主对项目施工的要求。

(6) 施工现场平面布置图

施工现场平面布置图中标注具体施工区域、办公区域、逃生通道、应急疏散区域等，对易燃易爆处区域配备足够的消防设施，预防各种安全隐患的发生。对现场平面进行科学、合理的布置，确保安全作业，文明施工。

(7) 施工进度计划、施工进度网络图

施工进度计划应按照施工安排，并结合属地单位的施工进度计划进行编制。

施工进度计划的编制应内容全面、安排合理、科学实用，在进度计划中应反映出各施工区段或各工序之间的搭接关系，施工期限和开始、结束时间。同时，施工进度计划应能体现和落实总体进度计划的目标控制要求；通过科学编制项目进度计划体现总体进度计划的合理性。

施工进度计划可采用网络图或横道图表示，并附必要说明，对于项目规模较大或较复杂的项目，宜采用网络图表示。

(8) 施工准备与资源配置计划

1）施工准备应包括下列内容。

① 技术准备：包括施工所需技术资料的准备、图样和技术交底的要求、试验检验和测试工作、大检修宣传样板制作以及与相关单位的技术交接等。

② 现场准备：包括生产、生活等临时设施的准备以及与相关单位进行现场交接等。

2）资源配置计划应包括下列内容。

① 劳动力配置计划：确定项目用工量并编制专业工种劳动力计划表。

② 物资配置计划：包括项目材料和设备配置计划、周转材料和施工机具配置计划及计量、测量和检验仪器配置计划等。

3）施工方法及施工工艺。施工方法是项目施工期间所采用的技术方案、施工顺序、组织措施、检验手段等。对施工安排情况进行详细说明，是了解施工方案的全貌、评审施工方案或正确执行施工方案关键的环节。

4)保证检修质量、安全环保的措施及方案。根据质保体系,在施工方案中需要明确说明为确保施工质量,明确质量控制点,要对所采取的必要措施、方法、技术、检测手段及标准等进行详细描述。另外,制定详细的安全环保的措施及方案,确定关键环节。

5)文明施工措施。根据检维修管理规定,现场施工必须要保证文明施工,杜绝野蛮拆装,建立良好的施工环境。在施工方案中必须包含该项内容及具体措施。

16.6.3 QHSE技术安全交底编制内容要求

(1) 施工技术交底

主要有两种交底:甲方向乙方(施工方)交底(必要时也分层次交底)和施工方(乙方)内部交底,其中施工方内部交底如图16-41所示。

图16-41 施工方(乙方)内部交底

(2) 施工方案的交底

主要是向作业人员进行交底,如图16-42所示。

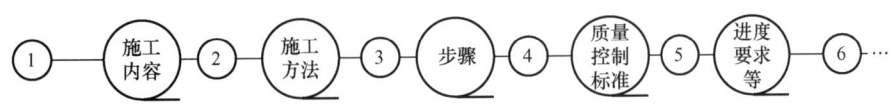

图16-42 施工方案的交底

(3) 施工现场调查

主要是到施工现场核实,如图16-43所示。

图16-43 施工现场调查

（4） 施工工序的衔接

现场每道工序各工种交叉作业的时间与人员安排，通知、联络方式，问题的反馈与协调程序等。

（5） 施工技术交底采用"分层次交底"方式

1） 职责。

① 公司副总经理负责公司技术交底的策划。

② 商务部负责向相关部门进行合同交底。

③ 项目经理组织项目部相关专业技术人员进行交底。

④ 各专业技术人员负责向班组交底。

2） 施工技术交底（三级技术交底）：公司级技术交底、项目级技术交底、班组级技术交底。

（6） 施工技术交底管理

检维修施工前必须进行施工交底，交底后方可进行施工，项目施工负责人、质量负责人、安全负责人、技术负责人进行交底，所有施工人员参加，参加交底人员签字，填写施工技术交底记录。施工交底按要求内容记录并现场记录归档。主要交底内容：

1） 设计技术交底。

2） 施工组织技术交底。

3） 施工方案技术交底。

4） 质量技术交底。

5） 安全技术交底。现场风险评价报告、工作危害分析和安全检查表分析分析表、特殊工种和起重等吊装分险评价、电气作业风险评估、架子搭设风险评估等。

（7） 备品备件的管理

1） 材料、备品、备件的准备。由技术员对损坏金属件进行测绘，将测绘图样发回厂里，通知厂里加工，加工完成后包装发往现场；密封件由技术员测绘数据，发回厂里商务部，由商务部统一采购发往现场（部分密封垫、填料由现场自制使用）。

2）材料、备品、备件的验收。工程技术服务公司应向甲方、监理等报备,并通知项目部质检员(质量保证部质检员)等三方同时对设备、材料及备件等进行到货验收。验收人员确认合格后方可施工。

(8) 验收内容

1) 质量保证部质检员负责自供原材料、辅料、耗材的到货验收。依据公司的产品检验规范和甲方产品的要求进行验收,项目部材料员负责办理出入库手续。

2) 外观验收。按照合同和技术协议核对到货设备、材料及备件的名称、型号规格、数量等是否与合同和技术协议相符,并做好记录。查看有无因装卸和运输等原因导致的残损,如有残损应做好残损情况的现场记录,必要时要拍照留存。

3) 设备、材料及备件技术资料的交接验收。设备技术资料(图样、设备使用与保养说明书和备件目录等)、产品合格证、随机配件、专用工具、监测和诊断仪器、特殊材料、润滑油料和通信器材等,是否与合同和技术协议内容相符。对于有特殊材质要求的设备或材料,必须提供产品"质量证明书"。

4) 开箱验收。对于装箱运输的设备要现场开箱验收并做好开箱记录。如开箱后不易保管和存放的,可以和甲方协商由谁代管,在安装之前再行开箱检验。

5) 设备、材料及备件性能验收。对于一般的验收属于设备(材料)的到货验收,设备性能验收要在设备安装完毕,单体试车和联动试车之后进行。

(9) 施工方案的编制、审核、审批

编制:施工单位本项目技术负责人。

审核:施工单位技术部门专业技术人员。

审批:施工单位技术负责人(实行施工总承包的,专项方案要由总承包单位技术负责人及相关专业承包单位技术负责人一同签字)。

施工方案审批表:项目经理在审批表上签字,最后由项目专业监理工程师审核及总监理工程师审核签字。审批表还需建设单位项目负责人签字。

第17章 控制阀智能制造

智能制造的根本目的是为了提高企业关键竞争力,那么企业关键竞争力究竟是哪些方面呢?从企业参与市场竞争的能力、企业可持续发展的后劲、产业变革的趋势等综合考虑,企业的关键竞争力主要涉及四个方面:质量、成本、效率、效益。

智能制造的整体成效取决于其是否全面得以实施,任何单一技术和局部实施都只能取得阶段性目标。因此,企业为了获得综合竞争力,就必须从技术、管理、装备、物料、制造五个维度全面实施智能制造,在新一轮工业革命中占据主导地位,取得竞争优势。智能制造的终极目标是提高和变革企业关键竞争力,实现质量更好、成本更低、效率更高和效益更好的目标。终极目标达成的效果与智能工厂建设程度密切相关,新时代智能工厂建设程度的考量突破于传统工厂过度依赖自动化和信息化,要紧密结合新时代智能工厂的特征、要求、目标,从自动化、数字化、信息化、精益化、网络化、柔性化、可视化和智能化等方面去推进。

17.1 技术维度

技术是智能制造的源头,技术维度主要包括产品研发过程、工艺设计过程和质量规划过程。

17.1.1 业务问题及解决思路

面向大规模小批量个性化定制模式,企业可重复利用的常规产品数据越来越少,而需要从零开始设计的个性订单越来越多,由此产生的反向差距正在拉大。另外,市场个性化定制程度越深、客户定制批量越小、企业定制规模越大，这种反向差距就越大、越突出，而产品研发部门、生产技术部门、质量保证部门的技术工作压力也随之快速倍增。

加之短期交货的要求和客户需求的多变，如何按期向生产计划、物资采购、毛坯铸造、生产制造以及外部协同单位准时交付满足个性订单要求和可加工性的高质量产品数据，同时保持个性化订单履约成本相对稳定，是制造企业产品研发部门和所有技术人员面临的一项巨大挑战。

面对这一挑战，企业在技术维度主要有如下几个业务问题：一是如何高效管控个性化产品研发过程，二是如何提升个性化产品研发效率，三是如何高效管理个性化产品数据，四是如何最大化产品数据价值。

业务问题1：如何高效管控个性化产品研发过程

面对大规模小批量个性化定制模式，企业应当如何以简明高效的方式，更好地系统性管理个性化产品研发任务的创建、分发、接收、设计、审核、审定、批准、发布等过程？应当如何实时在线跟踪和监控大规模个性化定制产品研发任务状态？

解决思路：基于产品生命周期管理（Product Lifecycle Management，PLM）工作流，集成上游业务信息系统，使PLM能够自动接收来自上游业务信息系统的个性化产品研发任务，在线派发产品研发任务，在线设计产品模型，在线审批产品数据，自动发布产品数据，实时在线统计和监控个性产品研发全过程。

业务问题2：如何提升个性化产品研发效率

面对大规模小批量个性化定制模式，企业应当如何让产品研发人员在设计环境下快速便捷地获取和使用个性化订单合同文本、合同技术协议、合同技术参数、合同评审内容和产品选型数据？应当如何从大量个性化产品研发过程中总结、提炼和应用产品知识规则？应当如何清洗、规范和再利用历史产品数据？应当如何简化产品设计过程、降低产品设计难度、缩短产品设计周期？

解决思路：基于PLM，配置产品参数，提炼产品知识规则，清洗和规范产品数据，智能搜索和适配历史产品数据，摸索并构建自动或半自动的产品数据适时生成能力，简化产品设计过程，降低产品设计难度，缩短产品设计周期。

业务问题3：如何高效管理个性化产品数据

面对大规模小批量个性化定制模式，企业应当如何高效规范和安全可靠地管理产品设计模型、零部件基本信息、物流清单、工艺路线、工时定额、材料定额、工序简图、工序加工图、工序工艺文件、工装设计图样、刀具组合图样、数控加工程序、外协粗加工图样、毛坯设计图样、砂铸件工艺图、精铸件工艺图、铸件模具图、砂铸件工艺卡片、熔模铸造工艺卡片等产品数据？应当如何始终保持产品数据版本、产品数据安全和产品数据追溯？

解决思路：基于PLM，拓展产品元数据管理、产品结构管理、产品图文档管理、研发工作流信息管理和产品数据版本管理等功能，集成防数据扩散系统（InteKey），在安全可控前提下，实现产品数据高效规范管理和可追溯。

业务问题4：如何最大化产品数据价值

面对大规模小批量个性化定制模式，企业应当如何彻底关闭打图室和纸质图文档库？应当如何安全可控地交付并保障上游业务和下游业务、内部业务和外部业务能够实时在线应用海量个性化产品数据？应当如何在全生产过程实现产品数据全要素网络化应用？应当如何在产品全生产过程中快速响应客户需求变更和产品数据变更？应当如何从全生产过程快速收集各类产品数据异常信息？应当如何快速受理、处置并向生产现场发布产品数据异常处理结果？

解决思路：基于PLM和防数据扩散系统，开发产品数据查询接口和Web产品图文档在线浏览功能，供上下游业务信息系统集成调用，在集成权限、防数据扩散机制和集成访问日志的多重管理下，安全可控地实现产品数据网络化应用，保障上游业务和下游业务、内部业务和外部业务都能根据即时需求实时在线应用个性化产品数据。

通过制造执行系统（Manufacturing Execution System，MES）与PLM双向集成应用，搭建产品数据异常在线沟通处置渠道，形成产品数据异常在线闭环管理。从MES实时在线采集生产现场发现的异常产品数据发送到 PLM，自动追溯产品设计人并将其指定为产品数据异常受理人，在产品数据异常受理工作流发布时，再将产品数据异常处理结果自动交付给 MES 应用。

通过 MES 与 PLM 双向集成应用，搭建产品数据升版管理机制，形成产品数据升版闭环管理。当 PLM 端发起产品数据升版流程时，MES 端保持实时联动响应，自动向生产现场提示产品数据版本升级消息并控制旧版产品数据的继续使用，防止产品数据升级阶段的不确定性引起更多材料消耗和产能浪费。

总的来说，解决上述业务问题的思路如下：

1）要梳理、分析、设计、论证和优化产品研发工作流程，保证产品研发工作流程能够适应并持续满足大规模小批量个性化定制研发管理模式，同时要适当调整研发部门组织结构和岗位职责。

2）要规划、论证、构建、应用和优化 PLM，将面向个性化定制的产品研发工作流程完全嵌入 PLM，保证 PLM 能够适应并持续满足大规模小批量个性化定制研发管理模式。

3）要设计、开发、验证和应用信息系统集成接口，以 PLM 为中心，集成产品设计系统（CAD、CAE、CAPP、CAM、检测规划系统等）和防数据扩散系统，构建以 PLM 为管理核心和服务核心的产品数据服务平台，进而以产品数据服务平台为核心抓手，管理产品研发全过程、产品生命全周期，服务产品生产全过程、订单履约全周期。

4）要从大量个性化产品研发过程中总结、提炼和应用产品知识规则，清洗、规范和再利用历史产品数据，通过产品知识规则、历史产品数据和计算机智能算法，全方位多角度简化产品设计和审核过程，降低产品设计难度，缩短产品设计周期，通过信息技术持续降低产品研发人员的重复工作量，让技术人员有更多的精力转移到高附加值的产品研发工作中。

5）要通过向 ERP、MES、制造服务系统（Manufacturing Service System，MSS）中

集成PLM，实现产品数据全要素在企业全业务过程的实时在线网络化应用，扩大产品数据应用范围，深化产品数据应用程度，简化产品数据应用方式方法，挖掘并最大化利用产品数据。

产品数据因应用而产生价值。产品数据获取方式越便捷、获取路径越短、应用范围越广、应用程度越深，产生的价值就越大。企业应当借助信息技术致力于产品数据的泛化应用和深化应用，争取最大化产品数据价值。

当然，所有解决问题的行动都必须始终保持与企业战略目标的一致性。

6）让CAM成为生产过程的核心技术能力。计算机辅助制造（Computer Aided Manufacturing，CAM）是指采用计算机及其交互设备辅助人们实现数控编程，并控制、监测、处理、变换和管理加工过程的一种技术。事实上，CAM技术按其所覆盖的应用领域可分为狭义CAM和广义CAM两种。其中，狭义CAM仅涉及计算机辅助数控编程方面的内容。因此，企业若要充分发挥在4CP（CAD/CAE/CAPP/CAM/PLM系统）领域投资效益，就必须全力扩展CAM的范围，突破检测与监控瓶颈，充分发挥CAM在生产过程中的核心技术能力。目前实现这个目标的基础技术已基本具备，例如，

① 制造硬件技术产品方面，全数控的制造设备、围绕制造设备的相关检测与监控装置大量涌现；车间工业网络系统也已开始普及，如新型的数控机床（CNC）包含了网络化接口、Web服务接口等功能，这使得实现网络化的CAM技术有了制造设备方面的硬件保证。

② MES（制造执行系统）向上集成ERP/MRPII系统等，以获取生产与资源计划信息并上报执行状况；向下集成制造设备（群）过程控制，以传递制造指令并获取实时的制造工况数据，实现质量控制功能。为了实现CAM在生产过程中的"落地"，就需要定制开发企业自有的制造执行系统，以支持CAM工艺/工序的现场管控和生产人员、计算机系统的协调一致。

目前，CAM应用难点在于CAM过程中的工序检测、监控技术和装置的不足，制约着生产过程中的制造属性数据、制造过程数据和故障数据等关键执行信息的双向流动，

从而影响着 CAM 技术的发挥，同时，客观上也阻碍了生产过程计划与排程的进一步发展。

17.1.2 主要系统

技术维度主要系统见表 17-1。

表 17-1 技术维度主要系统

主要系统	主要用户	主要用途
CAD	产品研发人员	产品研发和设计
CAE	产品研发人员	产品设计仿真优化
CAM	工艺设计人员	数控加工程序编制和加工仿真优化
CAPP	工艺设计人员	产品加工和装配工艺设计
IPS	工艺设计人员或质量保证人员	产品检验试验规划和方案设计
PLM	产品研发人员、工艺设计人员、质量保证人员	产品数据管理

吴忠仪表的产品数字化设计与制造，包括数字化售前服务、数字化设计这两个基础子系统，进而通过 PLM 服务和数字化制造这两个子系统的集成应用（含与 MES 的集成应用），实现了完整的控制阀产品全生命周期的数字化制造过程。产品数字化设计与制造系统的功能结构如图 17-1 所示。

1. 数字化售前服务子系统

该子系统含有客户项目信息获取、产品需求分析、控制阀智能选型、订单评审和编制生产纲领五个功能模块。该子系统输入为企业发展战略、产品供应需求和销售计划，输出为产品数字化设计的基础条件。

通过上述五个功能模块，实现数字化售前子系统与其后的数字化设计子系统之间的交互。在售前与设计这两个子系统运行过程中，各自都必须始终保持与用户需求紧密对接，持续接纳用户产品的具体技术文件，及时反馈订单评审意见和设计方案。

数字化售前服务子系统数据输入输出表见表 17-2。

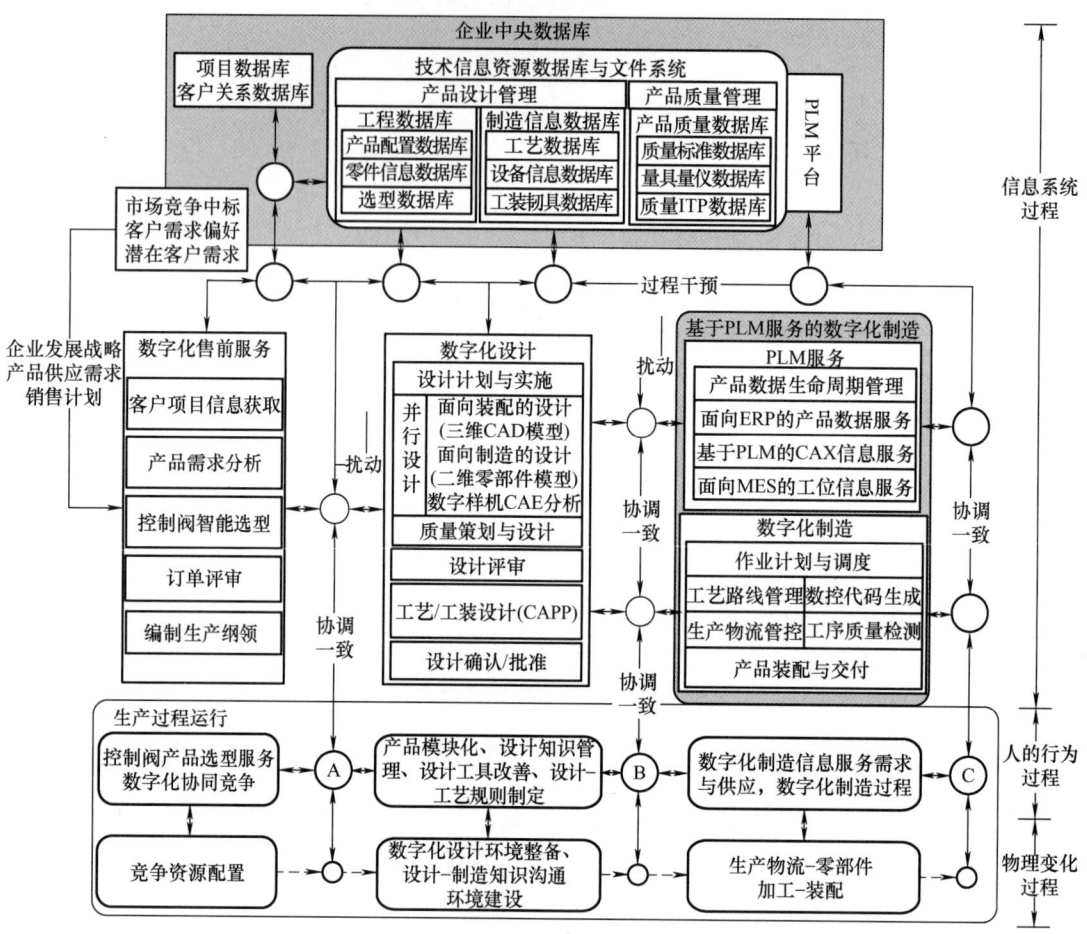

图 17-1 产品数字化设计与制造系统的功能结构

表 17-2 数字化售前服务子系统数据输入输出表

序号	功能	输入数据	数据时态	输出数据
1	客户项目信息获取	客户项目信息	初始输入	
		客户需求信息	初始输入	
			初始输出	客户产品需求技术报告
			初始输出	产品需求分析
2	产品需求分析	项目现场工况信息	初始输入	
		适合用户需求的 C_V 值计算方法	初始输入	
			初始输出	控制阀智能选型及控制阀的质量要求
			初始输出	控制阀智能选型

(续)

序号	功能	输入数据	数据时态	输出数据
3	控制阀智能选型	客户项目信息	运行输入	
		产品订单需求	运行输入	
		客户产品需求技术协议及质量要求	运行输入	
		适合用户需求的 C_V 值、噪声计算方法	运行输入	
		选型知识库	运行输入	
		用户知识领域	运行输入	
			运行输出	招投标文件、合同及技术协议
			运行输出	产品选型计算书
			运行输出	客户产品选型技术参数表
4	订单评审	客户产品选型技术参数表	运行输入	
		控制阀的质量要求	运行输入	
		正式合同及技术协议	运行输入	
			运行输出	客户产品种类与数量汇总表
			运行输出	客户技术参数与质量要求
			运行输出	产品设计与计划排产依据
			运行输出	质量过程控制
			运行输出	合同商务、货款催缴、客户信息跟踪
5	编制生产纲领	客户产品种类与数量汇总表	运行输入	
		客户技术参数与质量要求	运行输入	
			运行输出	生产计划下达与订货统计
			运行输出	产品设计与质量控制

2. 数字化设计子系统

该子系统由设计计划与实施、并行设计、质量策划与设计、设计评审、工艺/工装设计（CAPP）和设计确认/批准六个功能模块组成。其中，并行设计含有面向装配的设计（三维 CAD 模型）、面向制造的设计（二维零部件模型）和数字样机 CAE 分析。

通过上述六个功能模块，实现了基于售前服务成果的产品设计工作的运行与管理，包括数字化产品设计工作的流程化和规范化。设计过程、成果文件与数据等，由"技术信息资源数据库与文件系统"通过"产品设计管理"和"产品质量管理"进行管理。

数字化产品设计子系统数据输入输出表见表17-3。

表17-3 数字化产品设计子系统数据输入输出表

序号	功能	输入数据	数据时态	输出数据
1	设计计划与实施	产品设计任务书	初始输入	
		产品生产任务书	初始输入	
		产品设计知识库	初始输入	
			初始输出	零部件设计计划
			初始输出	装配设计计划
			初始输出	质量文件计划
2	面向制造的并行设计	零部件设计计划	运行输入	
		零部件工艺知识库	运行输入	
		企业产品质量标准	运行输入	
		控制阀质量标准	运行输入	
			运行输出	二维零部件模型
			运行输出	参数化表
3	面向装配的并行设计	装配设计计划	运行输入	
		装配工艺知识库	运行输入	
		企业产品质量标准	运行输入	
		控制阀质量标准	运行输入	
			运行输出	三维CAD模型
			运行输出	数字样机CAE分析报告
			运行输出	新产品设计实验方案
4	质量策划与设计	产品设计知识库	运行输入	
		设计任务与计划实施	运行输入	
		零件及装配并行设计	运行输入	
			运行输出	设计质量/缺陷评审报告
			运行输出	新产品设计实验方案
5	工艺/工装设计	二/三维设计模型	运行输入	
		设计实验报告	运行输入	
		工艺知识库	运行输入	
		参数化表	运行输入	
			运行输出	零部件工艺技术规程
			运行输出	关键工序质量控制点
			运行输出	各类零部件工艺-工序路线单

第17章 控制阀智能制造

(续)

序号	功能	输入数据	数据时态	输出数据
5	工艺/工装设计		运行输出	工装量夹具表
			运行输出	产能估算
			运行输出	各类物料清单表及零件加工种类
			运行输出	外协件加工清单及种类
6	设计确认/批准	零部件工艺技术规程	运行输入	
		关键工序质量控制点	运行输入	
		各类零部件工艺-工序路线单	运行输入	
		工装量夹具表	运行输入	
		产能估算	运行输入	
		各类BOM表及零件加工种类	运行输入	
		外协件加工清单及种类	运行输入	
			运行输出	加工零件清单及质量要求
			运行输出	外协清单与质量要求

总体上描述了控制阀产品数字化设计过程中的业务功能与数据输入输出关系。其中，质量策划与设计和设计评审这两个环节是整个设计工作的关键。

面向装配的并行设计和面向制造的并行设计，已被企业产品设计人员熟练掌握。为支持数字化设计与制造的一体化并行工作，通过面向装配和面向制造的产品设计，实现生产计划和生产制造执行过程中所需的基于工程设计物料清单的 CAD 数据管理。这些重要的产品基础数据资源，还可用于新产品开发和产品改进的主要过程，面向客户需求多样化，为研发活动提供产品信息化服务，支持产品信息的一体化管理，提高设计业务的效率和设计文件标准化，缩短制造准备时间。

不过，上述并行设计的基础条件必须充分，主要包括：企业拥有相对完整的产品数据库（PDM）；企业围绕自身产品各类活动的信息数据完备且快捷实用；具有为保障并行推进不同作业之间的信息沟通机制与技术手段。

3. 基于 PLM 服务的数字化制造子系统

这是基于 PLM 平台提供的设计制造一体化服务子系统，包括产品数据生命周期管理、面向 ERP 的产品数据服务、基于 PLM 的 CAX 信息服务和面向 MES 的工位信息服务四个功能模块。

通过 PLM 服务，可以支持提高生产效率、减少产品开发时间和提高产品质量的生产过程管理绩效。其中，构建控制阀研发设计、制造过程、制造服务三大环节的产品数据链，开发基于语义的知识处理功能，构建关键环节的"测量-评价-控制"技术手段，则能够为提升计算机辅助制造的智能化水平奠定基础。语义信息模型可以帮助应用系统与 CAD 基本系统几何模型建立联系，实现基于特征的产品模型的数字化应用，进而为设计、加工、生产、装配和质量的任务并行执行提供保障。

在 PLM 服务平台的支持下，数字化制造技术与 MES 得到集成应用，主要是提供与产品设计直接相关的生产过程管理信息服务和制造信息服务，从而能够有效支持数字化制造中的作业计划与调度、工艺路线管理、数控代码生成、生产物流管控、工序质量检测和产品装配与交付六个功能。

通过分析和设计开发 PLM 平台的服务功能，可以为生产过程中的各类人员提供针对工程设计、工艺制造设计、生产制造三个过程的不同物料清单（Bill of Material，BOM），如工程设计物料清单（Engineering Bill of Material，EBOM）、制造物料清单（Produce Bill of Material，PBOM）、成本物料清单（Costing Bill of Material，CBOM）。

控制阀产品 PLM 服务与数字化制造过程数据输入输出表见表 17-4。

表 17-4　控制阀产品 PLM 服务与数字化制造过程数据输入输出表

序号	功能	输入数据	数据时态	输出数据
1	产品数据生命周期管理	客户项目信息	初始输入	
		PLM 服务平台	初始输入	
			初始输出	产品二/三维模型
			初始输出	产品工艺文件
2	面向 ERP 的产品数据服务	客户项目订单请求信息	运行输入	
		产品设计结构及产品 BOM	运行输入	
			运行输出	主生产计划
			运行输出	零件基本信息

第17章 控制阀智能制造

（续）

序号	功能	输入数据	数据时态	输出数据
3	基于 PLM 的 CAX 信息服务	CAX 图文档信息	运行输入	
			运行输出	主生产计划
			运行输出	外协采购计划
			运行输出	工艺/工序质量要求
			运行输出	工艺文件
4	面向 MES 的工位信息服务	图文档信息	运行输入	
		生产计划需求	运行输入	
		工艺文件	运行输入	
			运行输出	计划执行
5	作业计划与调度	主生产计划	运行输入	
		二/三维设计模型	运行输入	
		物流数据采集	运行输入	
		零部件工艺技术规程	运行输入	
		关键工序质量控制点	运行输入	
		工装量具表	运行输入	
			运行输出	生产设备调度
			运行输出	物流转序调度
6	工艺路线管理	二/三维设计模型	运行输入	
		工艺文件	运行输入	
			运行输出	加工操作编排
7	数控代码生成	二/三维设计模型	运行输入	
		加工操作编排	运行输入	
		工艺文件	运行输入	
		工艺/序质量要求	运行输入	
			运行输出	数控加工代码文件
8	生产物流管控	物流数据采集	运行输入	
		工艺文件	运行输入	
		物流转序调度	运行输入	
		工艺/序质量要求	运行输入	
			运行输出	按调度任务执行计划
9	工序质量检测	工艺/序质量要求	运行输入	
			运行输出	工件质量检测数据
10	产品装配与交付	工艺/序质量要求	运行输入	
			运行输出	装配完工报告
			运行输出	装配质量检测数据

17.1.3 主要集成

技术维度的集成以 PLM 为核心，分别向周边业务信息系统延展和集成。PLM 主要集成于项目计划管理系统、合同管理系统、产品选型系统、CAD、CAE、CAPP、CAM、检测规划系统（Inspection Plan System，IPS）、生产计划系统、采购管理系统、铸造管理系统、MES。

1. PLM 集成项目计划管理系统

PLM 集成项目计划管理系统如图 17-2 所示。

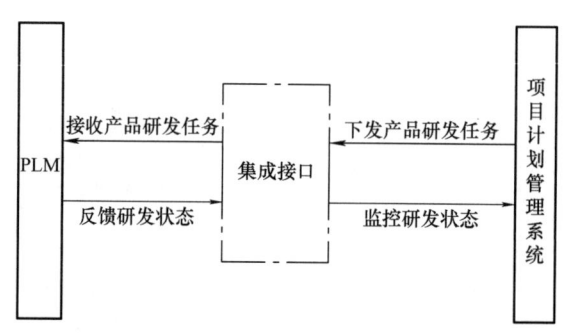

图 17-2　PLM 集成项目计划管理系统

PLM 集成项目计划管理系统主要用于解决项目经理对个性化订单产品设计任务的监控和管理问题，主要作用于项目计划管理过程。

本集成使得项目经理能够在项目计划管理系统环境下直接向 PLM 下发个性化订单的产品设计任务，直接从 PLM 中读取个性化订单产品设计任务的执行状态，从而实现对所有个性化订单产品设计任务的实时在线监控，包括设计进度、产出物、质量状态、评审内容、完成时间、设计人员等信息。本集成提高了个性化订单项目计划的执行能力和跟踪能力，提高了研发部门人力资源的协同能力和利用能力，提高了项目管理效率，缩短了项目管理周期，降低了项目管理成本。

2. PLM 集成合同管理系统

PLM 集成合同管理系统如图 17-3 所示。

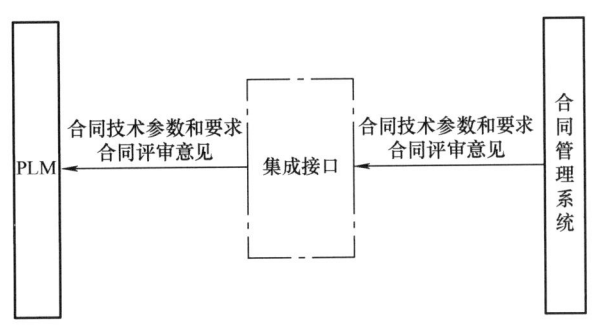

图 17-3　PLM 集成合同管理系统

PLM 集成合同管理系统主要用于提高产品研发人员对个性化订单产品设计任务的设计效能,主要作用于产品研发过程。

本集成使得产品研发人员能够在 PLM 系统环境下直接打开个性化订单的合同文本、技术协议、合同技术参数及要求、合同评审内容(源自合同管理系统),方便执行个性化订单产品设计任务;避免产品研发人员在 PLM 工作界面和合同管理系统工作界面之间频繁切换,使产品研发人员能够更集中精力于个性化产品研发过程,而不是忙于合同文本查询、技术协议查询、合同技术参数及要求查询、合同评审内容查询等人机交互过程。本集成提高了产品研发效率,缩短了产品研发周期,降低了产品研发成本。

3. PLM 集成产品选型系统

PLM 集成产品选型系统如图 17-4 所示。

PLM 集成产品选型系统主要用于提高产品研发人员对个性化订单产品设计任务的设计效能,主要作用于产品研发过程。

本集成使得产品研发人员能够在 PLM 系统环境下直接打开个性化订单的产品选型图文档 [主要包括控制阀数据表、控制阀计算书、控制阀总表、控制阀清单、控制阀外形尺寸图、控制阀产品气路图、控制阀澄清记录表、控制阀推力计算书、控制阀转

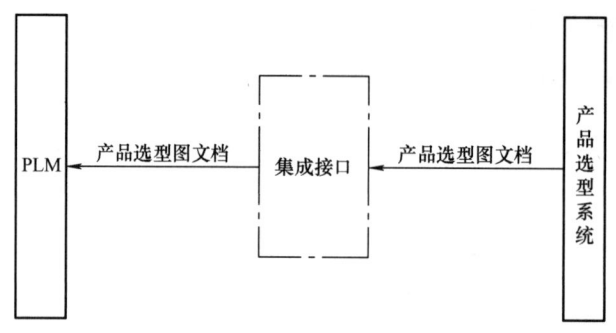

图 17-4　PLM 集成产品选型系统

矩计算书（源自产品选型系统）]，方便执行个性化订单产品设计任务；避免产品研发人员在 PLM 工作界面和产品选型系统工作界面之间频繁切换，使产品研发人员能够更集中精力于个性产品研发过程，而不是忙于产品选型数据查询等人机交互过程。本集成提高了产品研发效率，缩短了产品研发周期，降低了产品研发成本。

4. PLM 集成 CAD

PLM 集成 CAD 如图 17-5 所示。

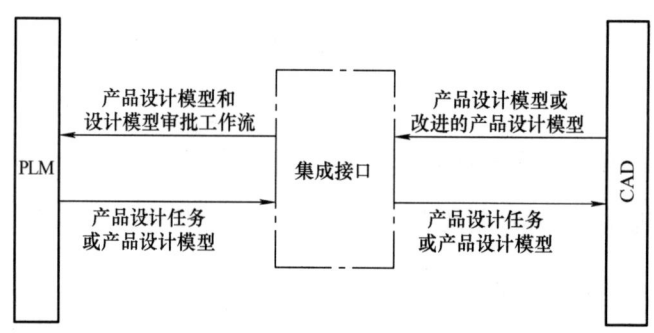

图 17-5　PLM 集成 CAD

PLM 集成 CAD 主要用于提高产品研发人员对个性化订单产品设计任务的设计效能，主要作用于产品研发过程。

本集成使得产品研发人员能够在 CAD 系统环境下直接从 PLM 中下载并打开产品设计模型（主要包括二维设计图样、三维设计模型）进行编辑，直接向 PLM 上传产品设计模型，发起产品设计审批工作流；避免产品研发人员在 CAD 工作界面和 PLM

工作界面之间频繁切换，减少了产品设计模型下载和上传、产品设计审批工作流创建等人机操作过程和次数，使产品研发人员能够更集中精力于个性产品研发过程，而不是忙于产品设计模型下载和上传、产品设计审批工作流创建等人机交互过程。本集成提高了产品研发效率，缩短了产品研发周期，降低了产品研发成本。

5. PLM 集成 CAE

PLM 集成 CAE 如图 17-6 所示。

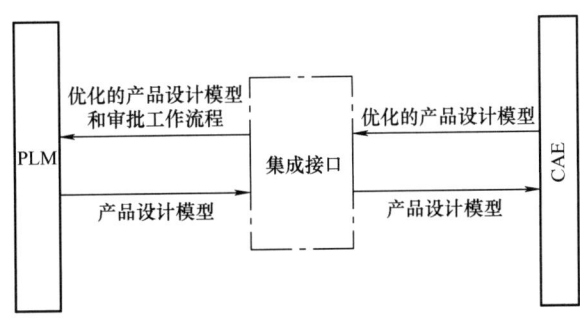

图 17-6　PLM 集成 CAE

PLM 集成 CAE 主要用于提高产品研发人员对个性化订单产品设计模型的优化效能，主要作用于产品研发优化过程。

本集成使得产品研发人员能够在 CAE 系统环境下直接从 PLM 中下载并打开产品设计模型（主要包括三维设计模型）进行仿真和优化，直接向 PLM 上传产品设计优化模型，发起产品设计优化审批工作流；避免产品研发人员在 CAE 工作界面和 PLM 工作界面之间频繁切换，减少了产品设计模型下载、产品设计优化模型上传、产品设计优化审批工作流创建等人机操作过程和次数，使产品研发人员能够更集中精力于个性产品设计优化过程，而不是忙于产品设计模型下载、产品设计优化模型上传、产品设计优化审批工作流创建等人机交互过程。本集成提高了产品设计优化效率，缩短了产品设计优化周期，降低了产品设计优化成本。

6. PLM 集成 CAPP

PLM 集成 CAPP 如图 17-7 所示。

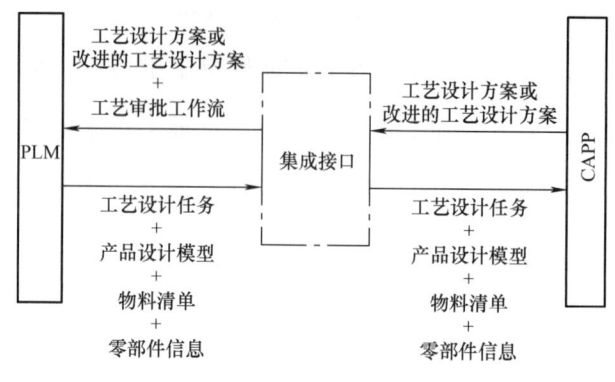

图 17-7　PLM 集成 CAPP

PLM 集成 CAPP 主要用于提高工艺设计人员对个性化订单产品工艺设计任务的设计效能，主要作用于工艺设计过程。

本集成使得工艺设计人员能够在 CAPP 系统环境下直接从 PLM 中下载并打开工艺设计模型进行编辑，直接向 PLM 上传工艺设计方案（主要包括工艺路线、工时定额、材料定额、工序简图、工序加工图、工序工艺文件、工装设计图、刀具组合图等），直接向 PLM 发起工艺设计审批工作流；避免工艺设计人员在 CAPP 工作界面和 PLM 工作界面之间频繁切换，减少了工艺设计模型下载和上传、工艺设计审批工作流创建等人机操作过程和次数，使工艺设计人员能够更集中精力于个性产品工艺设计过程，而不是忙于工艺设计模型下载和上传、工艺设计审批工作流创建等人机交互过程。本集成提高了工艺设计效率，缩短了工艺设计周期，降低了工艺设计成本。

7. PLM 集成 CAM

PLM 集成 CAM 如图 17-8 所示。

PLM 集成 CAM 主要用于提高数控编程人员对个性化订单产品零件数控加工程序的设计效能，主要作用于数控编程过程。

本集成使得数控编程人员能够在 CAM 系统环境下直接从 PLM 中下载并打开数控程序模型（主要包括产品设计模型、数控编程中间文件、后置处理程序、数控加工程序）进行编辑，直接向 PLM 上传数控程序模型，发起数控程序设计审批工作流；避免数控

第17章 控制阀智能制造

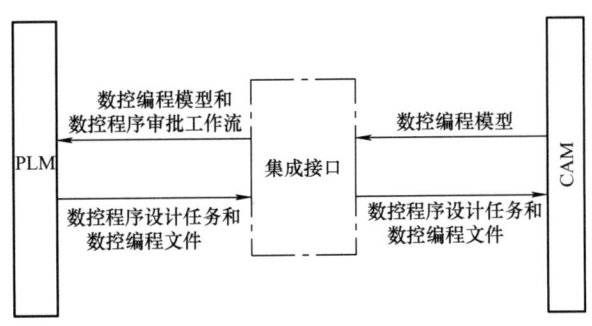

图 17-8　PLM 集成 CAM

编程人员在 CAM 工作界面和 PLM 工作界面之间频繁切换，减少了数控程序模型下载和上传、数控程序审批工作流创建等人机操作过程和次数，使数控编程人员能够更集中精力于个性产品零件数控编程过程，而不是忙于数控程序模型下载和上传、数控程序审批工作流创建等人机交互过程。本集成提高了数控编程效率，缩短了数控编程周期，降低了数控编程成本。

8. PLM 集成 IPS

PLM 集成 IPS 如图 17-9 所示。

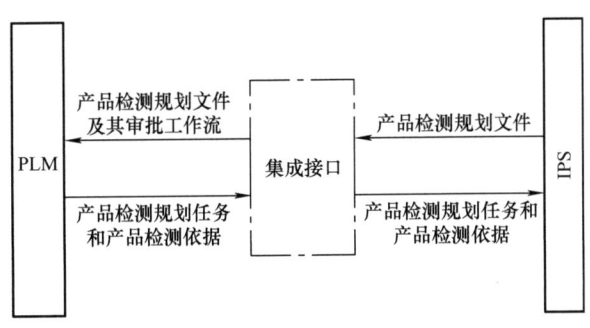

图 17-9　PLM 集成 IPS

注：产品检测依据主要包括产品设计模型、工序图、工艺文件、执行标准等，产品检测规划文件主要包括检测规划图样。

PLM 集成 IPS 主要用于提高质量保证人员对个性化订单产品检测任务的规划效能，主要作用于质量保证过程。

本集成使得质量保证人员能够在 IPS 环境下直接从 PLM 中下载并打开检验规划模型进行编辑，直接向 PLM 上传检验规划模型，发起检验规划审批工作流；避免质量保证人员在 IPS 工作界面和 PLM 工作界面之间频繁切换，减少了检验规划模型下载和上传、检验规划审批工作流创建等人机操作过程和次数，使质量保证人员能够更集中精力于个性产品检验规划过程，而不是忙于检验规划模型下载和上传、检验规划审批工作流创建等人机交互过程。本集成提高了检验规划效率，缩短了检验规划周期，降低了检验规划成本。

9. PLM 集成生产计划系统

PLM 集成生产计划系统如图 17-10 所示。

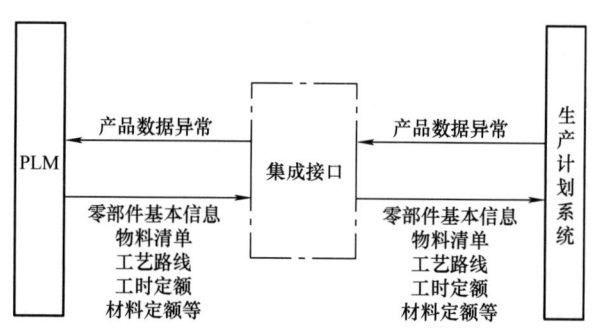

图 17-10　PLM 集成生产计划系统

PLM 集成生产计划系统主要用于提高生产计划人员对个性化订单产品生产计划的编制效能，主要作用于生产计划过程。

本集成使得生产计划人员能够在生产计划管理系统环境下直接从 PLM 中读取和使用以零部件基本信息、物料清单、工艺路线、工时定额、材料定额、毛坯质量为代表的产品数据，能够在线自动比对和分析物料清单版本差异，快速响应设计变更，更新生产计划。本集成提高了生产计划过程的产品数据获取应用能力，降低了生产计划人员的脑力劳动，将生产计划过程的产品数据获取时间缩短到毫秒级，应用成本减少到最低，直接减少了生产计划编制成本和计划编制周期，同时提高了生产计划质量。

10. PLM 集成采购管理系统

PLM 集成采购管理系统如图 17-11 所示。

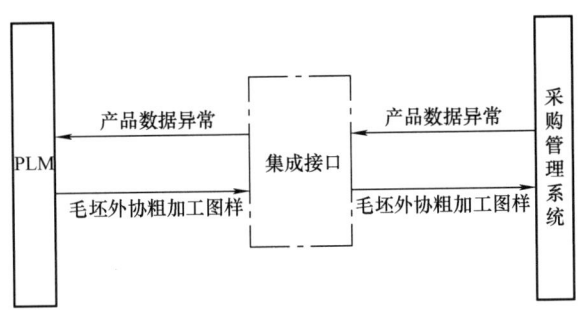

图 17-11　PLM 集成采购管理系统

PLM 集成采购管理系统主要用于提高物资采购人员对个性化订单产品原材料外购计划的编制效能，主要作用于采购计划过程。

本集成使得物资采购人员能够在采购管理系统环境下直接从 PLM 中调阅和使用以毛坯外协粗加工图样为代表的产品外采数据模型，使物资采购过程不依赖于纸质图文档，减少了图文档耗材消耗和人工成本，提高了采购过程的产品数据获取应用能力，将物资采购过程的产品数据获取时间缩短到秒级，应用成本减少到最低，减少了产品采购成本和采购周期，提高了物资采购质量。

11. PLM 集成铸造管理系统

PLM 集成铸造管理系统如图 17-12 所示。

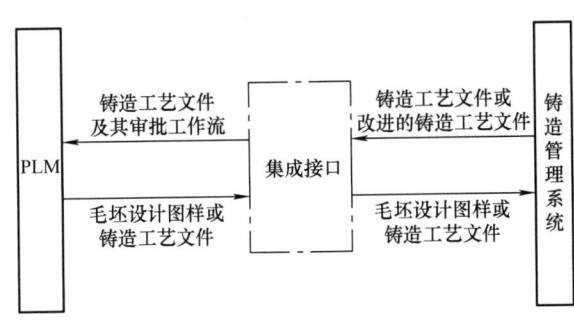

图 17-12　PLM 集成铸造管理系统

PLM 集成铸造管理系统主要用于提高毛坯铸造人员对个性化订单产品毛坯的铸造效能，主要作用于毛坯铸造过程。

本集成使得毛坯铸造人员能够在铸造管理系统环境下直接从 PLM 中调阅和使用以毛坯设计图样、砂铸件工艺图、精铸件工艺图、铸件模具图、砂铸件工艺卡片、熔模铸造工艺卡片为代表的铸造工艺文件，使毛坯铸造过程不依赖于纸质图文档，减少了毛坯铸造过程图文档耗材消耗和人工成本，提高了毛坯铸造过程的产品数据获取应用能力，将毛坯铸造过程的产品数据获取时间缩短到秒级，应用成本减少到最低，直接减少了产品毛坯铸造成本和铸造周期，提高了毛坯铸造质量。

12. PLM 集成 MES

PLM 集成 MES 如图 17-13 所示。

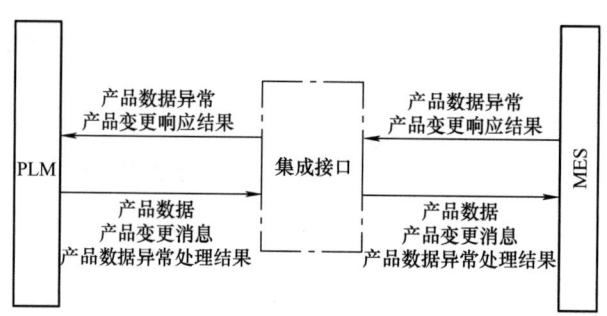

图 17-13　PLM 集成 MES

PLM 集成 MES 主要用于提高生产制造人员对个性化订单产品的生产制造效能，主要作用于生产制造过程。

本集成使得生产制造人员能够在 MES 环境下直接从 PLM 中调阅和使用以产品设计图样、产品三维模型、工艺设计文件、数控加工程序、检测规划图样为代表的产品数据，撤除了图文档打印科室、纸质图文档库，减少了图文档耗材消耗，降低了废品制造率，增加了产品数据获取应用便捷性，精简了组织结构和产品数据管理流程，使产品制造全过程实现无纸化，大幅度提高了生产制造过程对产品数据的获取应用能力。本集成能够形成产品数据异常在线闭环管理。当生产现场发现产品数据异常时，可直接从 MES 实时在线采集生产现场发现的产品数据异常到 PLM，自动追溯产品设计人并将其指定为产品数据异常受理人，在产品数据异常受理工作流发布时，再将产品数据异常处理结果自动交付给 MES 应用。本集成还能够形成产品数据变更闭环管理。当 PLM 端发起产品数据升版流程时，MES 端保持实时联动响应，自动向生产现场提示产品数据版本升级消息并控制旧版产品数据的继续使用，防止产品数据升级阶段的不确定性引起更多材料消耗和产能浪费。本集成提升了产品制造合格率，提高了产品生产效率，缩短了产品生产周期，降低了产品生产成本。

本集成示例如图 17-14 和图 17-15 所示。

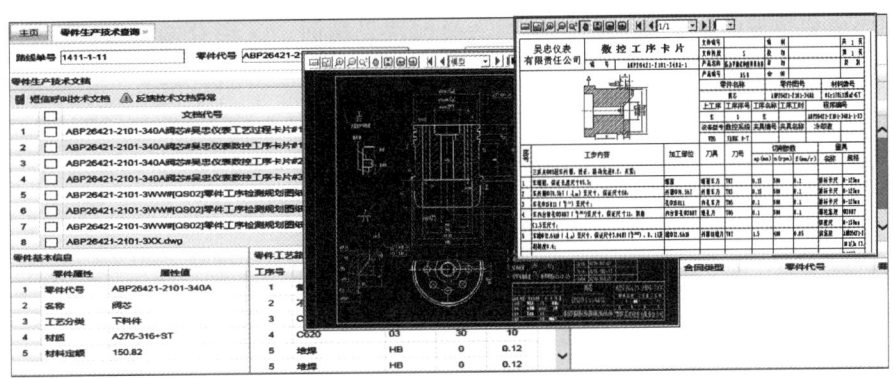

图 17-14　PLM 集成 MES 示例

材料定额：Φ90X100　工艺分类：下料件　切制件数：1　计划类型：正常计划　毛坯图号：

1411-1-11	图号(名称)	ABP26421-2101-340A(阀芯)					材质	A276-316+ST	
	本批次领用量	1	累计领用量	1	计划数量	1	部门	0709	打印人 王江帆
	计划开始日期		计划结束日期		计划投料日期			打印日期	2020/02/20

合同号：

序号	工序	工时	操作者	合格	工废/料废	序号	工序	工时	操作者	合格	工废/料废
1	备料	0.0				12	标记	0.0			
2	热处理	5.0				13	清洁	0.0			
3	C620	25.0				14	检验	0.0			

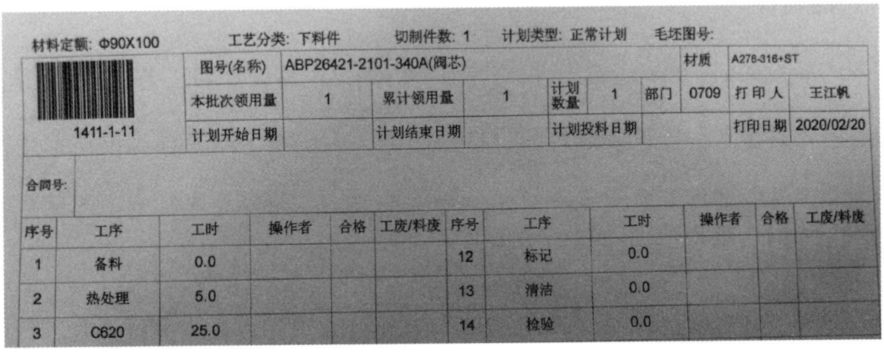

图 17-15　个性产品定制——零件生产批次号条码示例

在上述集成示例中，生产现场的各类人员可以基于 MES，通过扫描个性定制产品零件的生产批次号条码，直接在线打开与之相关的产品数据（源自 PLM），包括零件基本信息、材料定额、工时定额、工艺路线、产品设计图样、产品三维模型、工艺过程卡、数控工序卡、数控加工程序、检测规划图样，直接在线反馈产品数据异常，呼叫缺项产品数据。

产品数据在全生产过程的网络化应用方式彻底替代了以纸质媒介为载体的传统应用方式，消除了纸质产品数据管理环境下的图文档打印、装订、成套、下发、签收、借去、登记、规划等过程，不再需要设置图文档打印科室和人员，不再需要打印设备和特规纸张，也不存在图文档争用、等待情况。生产人员和产品研发人员在线零距离沟通，产品数据管理和应用能力都得到提升。生产现场没有了脏乱的纸质产品图文档，可视化环境和精神面貌焕然一新。生产人员配置更精简，文档查阅更方便，版本控制更有力，质量成本在减少，生产废品率明显减少，生产效率明显提升，生产成本明显下降，生产周期明显缩短。

总之，PLM 集成 MES 是打通产品数据在个性产品定制全生产过程在线流通应用的关键战略性举措，无论是在效率效益方面还是在质量成本方面都有非凡的价值意义。

17.1.4 智能制造能力成熟度要求

1. 产品设计

实现产品设计的三维模型定义和关键环节仿真，产品设计与工艺设计的并行协同，基于统一研发设计平台构建集成产品设计信息的三维模型。基于模型的产品生命周期信息集成和多专业多环节系统仿真优化，基于参数化产品模型库和知识库的模块化设计，实现基于模型的设计、制造、检验、运维等业务的协同优化。

1）建立典型产品组件的标准库及典型产品设计知识库，在产品设计时进行匹配和引用。

2）三维模型集成产品设计信息（如尺寸、公差、工程说明、材料需求等），确保产品研发过程中数据源的唯一性。

3）基于三维模型实现对外观、结构、性能等关键要素的设计仿真及迭代优化。

4）实现产品设计、工艺设计和生产计划间的信息交互、并行协同。

5）基于产品组件的标准库、产品设计知识库的集成应用，实现产品参数化、模块化设计。

6）将产品的设计信息、生产信息、检验信息、运维信息等集成于产品的数字化模型中，实现基于模型的产品数据归档和管理。

7）构建完整的产品设计仿真分析和试验验证平台，并对产品外观、结构、性能、工艺等进行仿真分析、试验验证与迭代优化。

8）通过产品设计、生产、物流、销售或服务等系统的集成优化，实现产品全生命周期跨业务之间的协同。

9）按照产品配置知识规则降低衍生产品的设计工作。

2. 工艺设计

计算机辅助三维工艺设计及仿真优化，实现工艺设计与产品设计间的信息交互、并行协同。基于三维模型的工艺全过程仿真优化和基于专家知识库的工艺优化，实现工艺设计与制造间的协同。

1）通过工艺设计管理系统，实现工艺信息数字化和结构化，实现工艺设计文档或数据的结构化管理、数据共享、版本管理、权限控制和电子审批。

2）建立典型制造工艺流程、参数、资源等关键要素的知识库，并能以结构化的形式展现、查询与更新。

3）基于数字化模型实现制造工艺关键环节的仿真分析及迭代优化。

4）实现工艺设计与产品设计之间的信息交互、并行协同。

5）通过工艺设计管理系统，实现工艺信息数字化和结构化，实现工艺设计文档或数据的结构化管理、数据共享、版本管理、权限控制和电子审批。

6）建立典型制造工艺流程、参数、资源等关键要素的知识库，并能以结构化的形式展现、查询与更新。

7）基于数字化模型实现制造工艺关键环节的仿真分析及迭代优化。

8）实现工艺设计与产品设计之间的信息交互、并行协同。

17.2 管理维度

管理是实施智能制造的保障，管理维度涉及内控制度、企业资源计划（ERP）和管理推进等。

17.2.1 生产计划管理系统

1. 业务问题及解决思路

业务问题1：怎么解决繁重、低效的人工计划，让计划排产更高效、准确

解决思路：基于"多小型"生产模式，产品种类繁多，生产过程中仅仅依靠人工来进行计划的编制与安排，同时还要考虑企业产能、库存情况等多方面的因素，给计划编制人员带来了繁重的工作，同时对计划编制人员的素质要求很高。即使是这样，人工排产的计划仍然存在很多问题，造成生产设备利用率偏低，甚至计划的变更不会被考虑在生产过程中，产品的准时交付存在着很大困难。基于以上问题，生产管理信息化已经成为必然，借助现在高速发展的计算机技术，通过计算机辅助，能够更加准确、合理、高效地安排计划，生产计划的合理性也影响着企业的生产能力。对于一个企业来讲，在不增加企业本身设备以及人员的前提下，仍然要提高企业的产能，只能提升企业的管理能力，同时借助计算机技术辅助，提出更优化的计划，已达到更合理、更高效的计划排程。生产计划管理系统的使用已经成为一种必然，尤其是基于"多小型"生产模式的企业。

业务问题2：生产计划管理系统的核心设计思路是什么

解决思路：此处描述的生产计划管理系统主要是基于"多小型"生产模式下的生产计划管理系统。该系统主要由生产计划准备、主生产计划和计划运行与修订三个基础单元构成，同时与质量管理系统、采购供应链管理系统、产品数据全生命周期管理系统、计算机辅助工艺设计系统、项目计划管理系统、制造执行系统、库存管理系统等集成。现在更侧重于计划排程的准确性与可执行性。

业务问题3：怎么做到计划排产后，执行过程效率、效益最大化

解决思路：生产计划管理系统中排产依据项目计划管理系统下发的节点要求进行排产。在订单执行过程中，一个单独的订单被定义为一个单独的项目，在生产过程中，同时有多个项目在进行。在计划排产过程中，既要关注单独项目的执行节点要求，也要关注多个项目同时执行中相同点的合并执行，达到生产过程效率最大化。在产品结构分解过程中，以单独项目中单独产品进行逐个分解，在计划下达过程中，尤其是零部件计划下达过程中，以项目为基点，将项目中涉及的相同零部件进行合并下达。针对外采的零部件，由于"多小型"的离散型生产模式，项目合并后仍然存在大量的记录项，采用批次内相同零件合并下达采购任务的方式，同时记录合并记录与其对应的项目之间的关系，做到可追溯。

2. 主要功能

基于平行管理的原理，生产计划管理系统解决方案自左向右为：生产计划准备、主生产计划（面向交付计划）和计划运行与修订。生产计划管理系统基础结构如图17-16所示。

（1）生产计划准备

该业务模块主要是数据的准备阶段，要充分考虑订单约定、库户需求以及效率提升，为主生产计划的编制提供依据，主要分为订单预分解、组件生产类型定义、库存分析与预测、产品批次规划以及零件加工部门定义五部分。

1）订单预分解主要是对订单进行预分解，提前预制设计和采购的瓶颈，为后续的

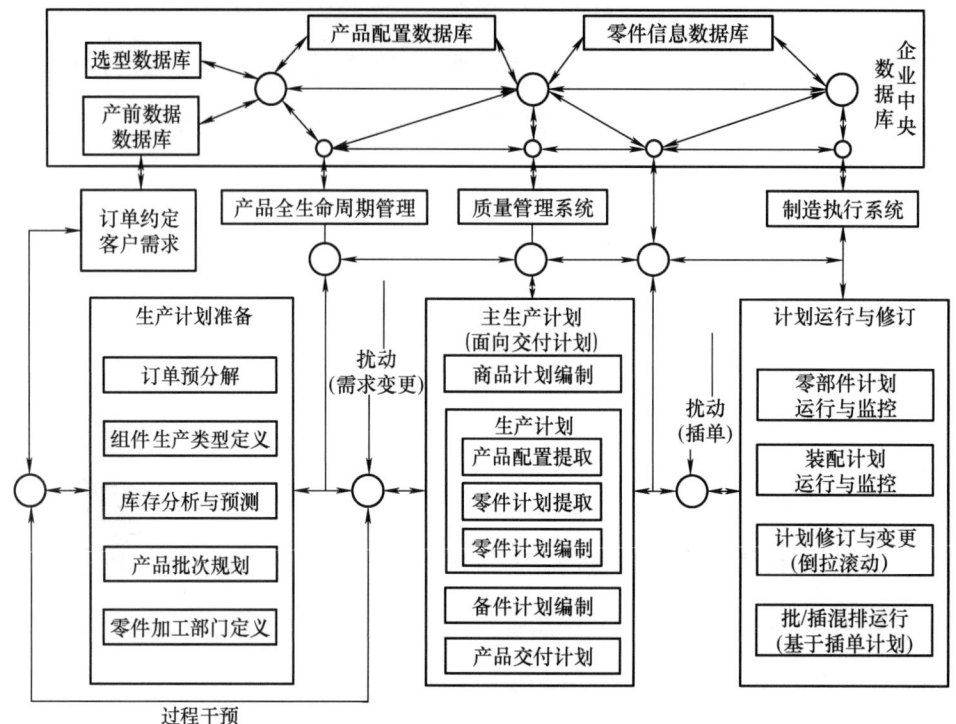

图 17-16 生产计划管理系统基础结构

订单排产做准备。

2) 组件生产类型定义主要是提前定义订单中各个标准模块组件的基础信息，如生产部门、制造方式等信息。

3) 库存分析与预测主要是针对毛坯库、半成品库以及成品库库存量的分析，考虑库存的情况与新订单需求的均衡问题，保证库存占用达到最低，但又能满足现有生产和未来一段时间的订单生产，输出库存情况分析报告。

4) 产品批次规划是根据企业产能分析报告、库存情况分析报告和供应商能力分析报告确定订单的生产批次，满足主生产计划的编制。

5) 零件加工部门定义主要是在设计完成后，提前定义零部件的加工部门等信息，为后续的计划排产做数据准备。

生产计划准备数据输入输出见表 17-5。

表 17-5　生产计划准备数据输入输出

序号	功能	输入数据	数据时态	输出数据
1	订单分解	订单分解规则	初始输入	
		订单产品数据	初始输入	
		客户关系	初始输入	
		订单履约顺序	初始输入	
		产品设计计划	初始输入	
		生产纲领	初始输入	
			运行输出	订单产品分解数据
2	库存分析与预测	库存情况明细	初始输入	
		订单产品分解数据	运行输入	
			运行输出	库存分析报告
3	企业产能分析	劳动能力	初始输入	
		设备能力	初始输入	
		设计能力	初始输入	
		管理能力	初始输入	
		订单产品数据	运行输入	
			运行输出	企业产能分析报告
4	供应商能力分析	供应商产能	初始输入	
		订单产品数据	运行输入	
			运行输出	供应商能力分析报告
5	产品批次规划	库存分析报告	运行输入	
		企业产能分析报告	运行输入	
		供应商能力分析报告	运行输入	
			运行输出	生产规划方案

企业产能分析方法：一个企业的生产能力取决于其主要车间或多数车间的生产能力经综合平衡后的结果。一个车间的生产能力取决于其主要生产工段（生产单元）或大多数生产工段（生产单元）的生产能力经综合平衡后的结果。一个生产工段（生产单元）的生产能力，则取决于该工段内主要设备或大多数设备的生产能力经综合平衡后的结果。所以计算企业的生产能力，应从企业基层生产环节的生产能力算起，即从生产车间内各设备组的生产能力算起。对于多品种小批量生产的企业，由于生产的品种变化大，在计算计划期的生产能力时，用代表产品和假定产品作计量单位都不方便

或不合适。通常直接采用"台时"计算，即计算该设备组在计划期内可以提供的工作时间。在进行生产能力平衡时，将计算所得的台时数与计划期安排在该设备组上加工的各产品的加工工作量进行对比，以检验该设备组的生产能力能否满足计划期生产任务的要求。

供应商能力分析方法：对于不定期零星采购的物资，企业可以通过"货比三家"在市场上自由选购。对于企业主导产品所用的原材料、主要材料和配套件等需要由外部长期大量供应的物料，则应认真选择供应商，并与其建立长期稳定的货源供应关系。同时要建立稳定的、可靠的供应商关系。根据供应商的企业生产能力以及供应商的业务分布情况，综合评定供应商能力。

(2) 主生产计划

主生产计划是面向交付的计划，基于订单的交付，然后采取倒拉的计划模式进行计划的排产，保证准时、准确地向用户交付产品，同时保证公司内部最小的库存积压。这块业务是整个生产过程中的核心，是后期主导生产的依据，同时需要与其他业务系统做对接，主要分为商品计划编制、生产计划、备件计划编制以及产品交付计划四部分。

1）商品计划编制主要是针对规划好批次的订单，开始进入计划排产阶段，抽取生产计划需要的数据，同时对产品进行组件级分解，将完整的产品分解到组件级，而且只是单纯的产品分解而不是按照批次进行分解。对于"多小型"制造企业的产品特点，不是直接由产品分解到零件，而是产品分解到组件级，然后由组件级分解到零件级。

2）生产计划包含产品配置提取、零件计划提取以及零件计划编制三部分。

产品配置提取是根据商品计划编制生成的组件信息列表，根据制造类型判断，属于公司生产的组件，按照组件的分类以及对应组件构成的必须参数，从产品全生命周期管理系统中，调取产品各个组件的产品配置明细清单。此处，不会根据批次等信息对产品进行合并，而是根据订单中产品明细以及符合条件的组件明细逐个对组件的配置明细进行提取，形成产品生产配置明细。产品配置提取的前提是单份订单中的所有产品都有对应的配置信息，可对该订单下所有产品的组件进行配置信息提取。

零件计划提取主要针对已提取产品配置的订单。零件计划提取必须是订单中所有产品中符合条件的组件都具有生产配置明细，提取过程中，会将同一订单内多个产品组件的相同零件合并为一个批次，提取过程中，会参考当前库存数据、在制数据、可用库存数据、库用在制数据等因素，结合订单需求数量，计算出计划需要下达的相应零件的数量，同时会再次验证零件生产所需技术文档、工艺信息等数据，生成具备可执行的零件计划清单。

零件计划编制主要是针对上述提取的零件计划进行再次确认后，下达相应的零件计划，自制零件计划下达后直接转到制造执行系统，由制造执行系统接收，组织生产；外购零件下达后会转到采购供应链管理系统，由采购供应链管理系统根据每个零件的要求，安排采购任务。

3）产品交付计划主要是针对产品，将生产出来的零件以及部件进行最后的组装。产品交付计划需要考虑产品的交货，合理安排装配计划，保证订单按时交货，同时要做到成品库库存最小；同时还涉及产品的发运以及产品到达用户现场的交接工作的计划。

主生产计划数据输入输出见表17-6。

表17-6 主生产计划数据输入输出

序号	功能	输入数据	数据时态	输出数据
1	商品计划编制	生产规划方案	初始输入	
		插单计划	运行输入	
			运行输出	产品部件清单
			运行输出	产品物料清单
			运行输出	产品结构参数表
			运行输出	外协任务清单
			运行输出	外购零件清单
			运行输出	外购部件清单

(续)

序号	功能	输入数据	数据时态	输出数据
2	库存计划	产品部件清单	初始输入	
		产品物料清单	初始输入	
			初始输出	库存计划
3	插单计划编制	特殊订单	初始输入	
			运行输出	插单计划
4	部件计划编制	产品部件清单	运行输入	
		插单计划	运行输入	
			运行输出	部件需求清单
5	零件计划编制	产品物料清单	运行输入	
		插单计划	运行输入	
			运行输出	零件需求明细表
			运行输出	车间作业明细表
6	采购计划编制	外协任务清单	运行输入	
		外购零件清单	运行输入	
		外购部件清单	运行输入	
		插单计划	运行输入	
			运行输出	零件外采任务单
			运行输出	零件外协任务单
			运行输出	部件外采任务单
7	装配计划编制	产品交货清单	初始输入	
		产品结构参数表	运行输入	
		部件需求清单	运行输入	
		零件需求明细表	运行输入	
		车间作业明细表	运行输入	
		零件外采任务单	运行输入	
		零件外协任务单	运行输入	
		部件外采任务单	运行输入	
			运行输出	装配产品清单
8	交付计划编制	装配产品清单	运行输入	
			运行输出	产品交货任务清单

(3) 计划运行与修订

该业务模块主要分为零部件计划运行与监控、装配计划运行与监控、计划修订与

第17章 控制阀智能制造

变更(倒拉滚动)以及批/插混排运行(基于插单计划)四部分。

零部件计划运行与监控、装配计划运行与监控主要依托制造执行系统,同时受到主生产计划的调度。计划变更主要影响批次、产品种类、完工时间、产品参数等,而造成计划变更的原因主要有用户需求的变更、产品设计的变更、生产过程中计划执行的变更等。计划的运行与变更都需要参考企业产能、订单的交货以及计划变更后对批次计划交付的影响程度,采取倒拉滚动的排产模式。针对插单计划,采取插单计划与正常计划混合编排的模式,提高计划的执行效率。

生产计划运行与修订数据输入输出见表17-7。

表17-7 生产计划运行与修订数据输入输出

序号	功能	输入数据	数据时态	输出数据
1	零部件计划运行与监控	零部件计划变更单	运行输入	
		混排计划	运行输入	
			运行输出	零部件加工路线单
2	装配计划运行与监控	装配计划变更单	运行输入	
		混排计划	运行输入	
			运行输出	零部件加工路线单
3	计划修订与变更(倒拉滚动)	商品计划变更方案	初始输入	
		产品设计变更	初始输入	
		用户需求变更	初始输入	
		产能估算	初始输入	
		混排计划	初始输入	
			运行输出	零部件计划变更单
			运行输出	装配计划变更单
4	批/插混排运行(基于插单计划)	插单计划	初始输入	
			运行输出	混排计划

3. 主要集成

生产计划管理系统主要与产前数据准备系统、项目计划管理系统、产品全生命周期管理系统、计算机辅助工艺设计系统、采购供应链管理系统、制造执行系统以及库存管理系统有数据交互,系统间的数据交互主要以公共接口的方式进行,如图17-17所示。

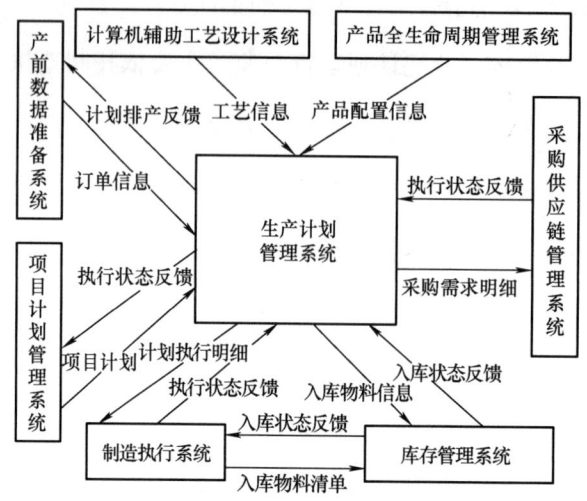

图 17-17　系统集成交互方式

（1）生产计划管理系统集成产前数据准备系统

产前数据准备系统为生产计划管理系统提供编制计划的订单明细列表、对应订单的产品需求参数以及对应订单的制造执行要求等信息；生产计划管理系统在产品计划编制完成后，需要向产前数据准备系统反馈计划的排产情况。

（2）生产计划管理系统集成项目计划管理系统

项目计划管理系统作为计划执行的纲领，为生产计划管理系统提供项目计划执行进度列表以及执行过程中每一个环节的要求，为计划编制提供依据和要求；生产计划管理系统向项目计划管理系统反馈计划执行的进度信息。

（3）生产计划管理系统集成产品全生命周期管理系统

产品全生命周期管理系统为生产计划管理系统提供产品的组件配置明细信息以及零件配置信息，为生产计划管理系统下达组件计划以及零件计划提供数据支持。

（4）生产计划管理系统集成计算机辅助工艺设计系统

计算机辅助工艺设计系统为生产计划管理系统提供零件加工过程中材料定额数据及零件加工工艺，产品组装工艺信息。

(5) 生产计划管理系统集成采购供应链管理系统

生产计划管理系统为采购供应链管理系统提供采购需求明细及采购要求，采购供应链管理系统向生产计划管理系统反馈采购执行进度信息。

(6) 生产计划管理系统集成制造执行系统

生产计划管理系统为制造执行系统提供零件加工任务清单和加工要求信息，以及产品组装任务清单和组装要求；制造执行系统向生产计划管理系统反馈制造进度及成果。

(7) 生产计划管理系统集成库存管理系统

生产计划管理系统为库存管理系统提供入、出库的任务明细清单，库存管理系统向生产计划管理系统反馈入、出库信息。

4. 智能制造能力成熟度要求

实现多重约束条件下的优化详细生产计划自动编制，通过对生产过程监控，实现计划失效预警并支持人工调整。基于系统数据协同，实现高级优化排产和调度，实时处理生产过程波动。实现基于智能算法的计划与调度，并用大数据实现持续优化、预测并提前处理生产波动和风险。

1）基于生产需求、安全库存、采购提前期、生产提前期、生产过程数据等要素开展生产能力运算，自动生成有限能力主生产计划。

2）基于设备、工具、人员、时间等约束理论的有限产能算法开展排产，自动生成详细生产作业计划。

3）实时监控各生产环节的投入和产出进度，系统实现异常情况（如生产延时、产能不足）的自动预警，并支持人工对异常的调整和统一调度管控。

4）基于先进排产调度的算法模型，系统自动给出满足多种约束条件的优化排产方案，形成优化的详细生产作业计划。

5）实时监控各生产要素，系统实现对异常情况的自动决策和优化调度。

6）建立基于智能算法并融合人工智能动态调整的新一代高级计划与高级排产系

统,提前处理生产过程中的波动和风险,实现动态实时的生产排产和调度。

7)通过统一平台,基于产能模型、供应商评价模型等,自动生成产业链上下游企业的生产作业计划,并支持企业间生产作业计划异常情况的统一调度。

17.2.2 采购供应链管理系统

1. 业务问题及解决思路

业务问题1:如何实现繁杂的采购业务向规范、标准的采购流程转化

解决思路:在企业中,采购对象主要分为生产性物料和非生产性物料。生产性物料是生产需要直接使用到的原材料以及半成品、产成品,非生产性物料如办公用计算机、各种耗材、辅料。在离散行业,尤其是以单件小批量组织生产的企业,各种采购物料批次多、种类杂、单批次需求数量少,给采购业务带来很多难题。企业生产的瓶颈往往集中在采购环节。面对这些问题,传统的手工统计已经无法满足采购业务的需求,而信息化技术的运用可以有效协调供应链,降低采购成本,缩短提前期,合理有效地管理采购过程,进而使供应与需求更加协调一致,提高企业的主要绩效指标。利用信息化技术,构建采购供应链管理系统,将采购的业务过程固化为标准的执行流程,将采购业务执行环节中的输入信息、执行标准、输出信息进行量化,保证采购物料准时、准确地进入生产环节。

业务问题2:如何对繁杂的采购业务进行高效且精细化的管理

解决思路:针对品种繁多的采购物料,需要根据这些物料的相似特性对物料进行分类,分类采购会使采购业务具有条理化,同时也对供应商的管理与评估起到辅助作用。规范的采购业务流程能够使采购业务更加高效,通常将整个采购环节划分为采购计划、采购订单、采购合同、付款管理、到货管控以及发票管理。而在实际的采购过程中存在两种执行路径,如图17-18所示。

采购业务数据的源头来源于生产计划管理系统,而生产计划管理系统的计划任

第17章 控制阀智能制造

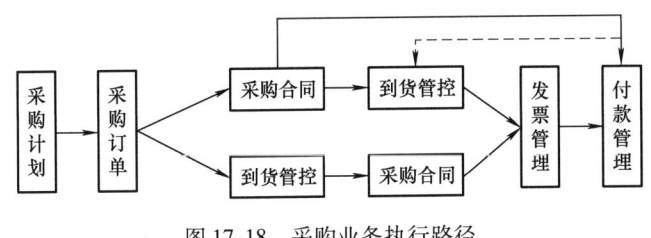

图17-18 采购业务执行路径

务在不停地叠加，不同类型的物料应采取不同的采购方式。一定时间段内，对于具备特殊性的物料，按照物料的需求，采取按需采购原则；而对于具有相同属性的物料，采取合并下单、按需到货采购原则。在采购过程中，建立采购物料与生产需求之间的对应关系，可以解决物料的漏买、错买、多买、提前到货、延期到货等问题，能高契合度地满足生产需求，在不影响生产部门正常生产的同时不额外增加库存压力。

业务问题3：如何实现企业采购部门与采购供应商业务一体化

解决思路：建立采购部门与采购供应商之间的良性互动，有助于采购业务的精准执行。采购部门与供应商之间不再只是单纯地通过电话、邮件以及纸质文件进行沟通，而是通过系统实时地进行采购信息的传递。建立健全的采购供应链管理平台，不仅将采购员的业务精简化、标准化、高效化，同时将供应商也纳入这张管理网。有信息化基础的供应商，可以通过统一的接口实现供应商生产进度与采购供应链管理平台对接，做到采购进度可追溯、可监控；而信息化基础薄弱的供应商，采购供应商管理平台中提供供应商生产重点环节线上反馈功能，以便对采购业务可追溯、可监控。这样，不但为采购部门提供了采购过程控制的有力抓手，也为供应商执行过程提供了简易计划执行系统，既能保证采购过程的时间要求，也能保证采购过程的质量控制。

业务问题4：如何解决销售订单回款与采购业务付款同步问题，以便解决公司资金合理使用问题

解决思路：业务问题2中提到，建立生产需求与采购物料之间的对应关系，通过生产计划管理系统的订单对应关系，建立销售订单与采购物料之间的直接关联关系，以销售订单合同付款方式为依据，建立相对应的采购物料的采购付款计划，并按照销售订单付款执行情况，对相应采购物料的付款计划执行进行管控。一方面可以解决公司流动资金不良占用问题；另一方面可以保证销售订单的准确执行，避免生产完成后，客户不接货的问题产生。同时，也可以避免大量采购物料到货后，生产部门暂时不需要而导致大量采购物料库存积压，占用流动资金。

2. 主要系统

基于平行管理的原理，吴忠仪表采购供应链管理系统解决方案自左向右为采购计划管理、采购计划执行与采购过程管理和采购收尾管理，如图17-19所示。

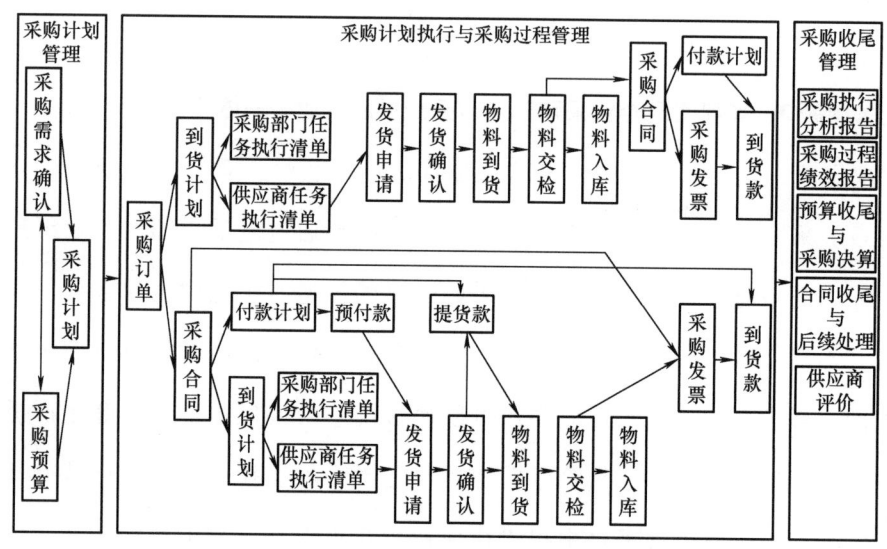

图17-19　采购供应链管理系统基础结构

采购计划执行与采购过程管理是采购环节中不可或缺也是最重要的内容，采购过程中对采购过程的跟踪检查，尤其是对供应商制造过程的追溯是保证采购质量的关键环节，同时也是保证采购顺利完成的重要节点。

3. 主要集成

采购供应链管理系统主要与生产计划管理系统、供应商管理系统、财务系统、网

第17章 控制阀智能制造

上签字系统以及计算机辅助工艺设计系统有数据交互,系统间的数据交互主要以公共接口的方式进行,如图17-20所示。

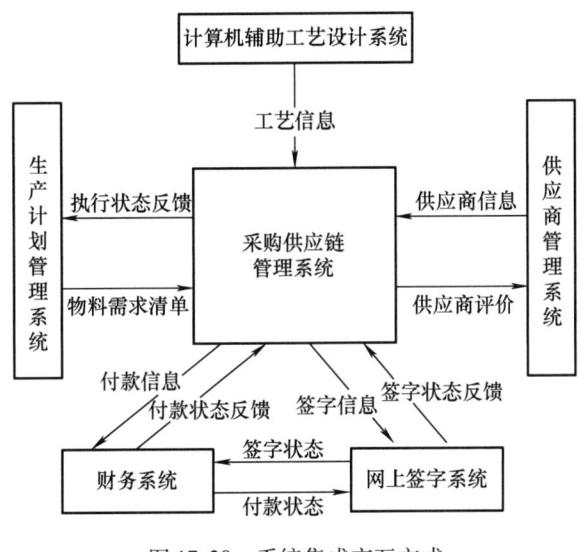

图17-20 系统集成交互方式

(1) 采购供应链管理系统集成生产计划管理系统

生产计划管理系统需要向采购供应链管理系统提供采购物料需求明细信息,由采购供应链管理系统生成采购计划,进行采购业务;采购供应链管理系统执行过程中,需要向生产计划管理系统反馈执行进度信息。

(2) 采购供应链管理系统集成计算机辅助工艺设计系统

计算机辅助工艺设计系统需要向采购供应链管理系统提供采购物料的工艺信息以及部分物料的材料需求信息,供采购供应链管理系统生成采购计划。

(3) 采购供应链管理系统集成供应商管理系统

采购供应链管理系统涉及供应商的信息,如供应商付款信息、供应商基础信息、供应商评价信息等,需要从供应商管理系统中获取;当采购业务完成后,供应商管理系统获取执行信息,丰富供应商管理系统对供应商的评价信息,对供应商做出更客观的评价,为下一次采购提供依据。

（4）采购供应链管理系统集成网上签字系统

由采购供应链管理系统发起付款申请，将信息传递至网上签字系统，在网上签字系统中完成相应的签字流程；网上签字系统将签完的付款申请结果以及签字过程反馈给采购供应链管理系统，同时将会签结果转入财务系统，等待付款。

（5）采购供应链管理系统集成财务系统

采购供应链管理系统提交的付款申请在会签完成后，结合会签结果，提交至财务系统，由财务系统按会签意见完成付款；财务系统需要将付款结果反馈至网上签字系统和采购供应链管理系统。

4. 智能制造能力成熟度要求

基于内部信息系统集成自动提出采购需求，建立供应商管理系统。建立基于与供应商信息系统集成的采购信息协同和供应商评价系统，实现供应链实时协同并开展基于智能技术的采购管理优化。

1）将采购与生产计划和仓储等信息系统集成，自动生成采购计划，并实现出入库、库存和单据的同步。

2）通过信息系统开展供应商管理，对供应商的供货质量、技术、交付、成本等要素进行量化评价。

3）与招投标系统集成，实现采购过程中的数量与价格一体化管控。

4）通过与供应商的销售系统集成，实现协同供应链。

5）基于采购执行、生产消耗和库存等数据，建立采购模型，实时监控采购风险并及时预警，自动提供优化方案。

6）基于信息系统的数据，优化供应商评价模型。

7）实现企业与供应商在设计、生产、质量、库存、物流的协同，并实时监控采购变化及风险，自动做出反馈和调整，实现数据驱动模型，模型驱动业务。

8）实现采购模型和供应商评价模型的自优化。

17.2.3 项目计划管理系统

1. 业务问题及解决思路

一般项目采用目标管理法，严格遵守合同规定，不折不扣地按时完成合同规定的所有任务。在项目执行过程中如出现任何变化，应在保障用户利益的前提下，双方磋商，达成一致，确保合同完成，让用户满意。所以，需要对整个项目工作进展有一个宏观的把握，同时对于具体问题开展分析时，又需要各种细节的支持。

传统制造业在完成目标时，存在以下业务问题。

业务问题1：生产和采购计划批量执行，没有订单的概念

制造业在生产和采购上的传统做法是以大于经济批量以上的批量投产或者根据一个周期内的订单去计算一个数量范围进行批量投产，从而期望达到备有足够存量，可以随时满足订单需求。然而，由于订单信息与批量没有强关联性，后续订单源源不断地加入（形成新的批次），加之有存在插单补单现象，在装配环节往往会因为某些产品标准化好、齐套率高，导致关键零部件被优先占用，甚至将交货期晚的订单提前作业，从而致使关键零部件供应不上，造成交期紧急，重要的订单未得到及时装配成套，不能按时交付。

解决思路：实现对所有项目计划集中管控，基于订单的视角，建立以订单为生命周期管理的信息链条。

业务问题2：进度失控，执行过程不透明

在信息化流转过程中，由于订单属性的缺失，想要针对一份订单监控其执行环节、发生的异常，变得尤为困难。

各业务环节往往拥有自己的业务系统，如设计工艺环节有PLM系统，采购计划、生产计划有ERP系统，生产执行有MES，各业务系统有自己的唯一标识属性，却与订单没有较强的关联，不仅追溯链条长，还有脱节的情况，各环节的执行情况只有当事执行人最为了解，管理层和决策层难以第一时间获得准确的执行过程。

解决思路：从管理的角度，所有环节建立与订单的关联关系，通过订单维度可以查询各个环节的执行情况。建立质量监督、人员沟通、风险上报的管控体系。

业务问题3：项目超期严重，责任人没有时间意识

由于订单信息属性弱（甚至各执行人只有批量任务的概念，没有订单的概念和意识），各执行人只是机械地完成指派的任务，不关心订单的交期。虽然他们作业饱和，但是往往"眉毛胡子一把抓"，挑拣容易做的优先做，造成紧急的订单延期，未到交期的订单先做完，库存积压。

解决思路：基于项目的订单组织管理模式，将一份合同视为一个项目，运用项目管理的核心思想，对人和时间节点进行监控，有计划的地方就必然紧跟着控制。控制主要体现在对计划工期进度的控制。项目（订单）贯穿各个环节业务系统，并反向督促业务系统信息化完善，关注信息细节，梳理细节关键点。建立项目管理协同工作平台，实现计划管理闭环控制，形成科学有效的项目管理体系，为公司高层领导至一线项目团队提供统一的业务沟通平台；覆盖计划各管理环节，包括计划多级编制、审批发布、分解下发、执行反馈、计划调整、监控考核等；保证责任明确，项目信息顺畅地上传下达。

业务问题4：变更通知不到位，未按变更执行，变更与执行脱节

当发生变更时，如设计图样变更、交货期变更等，变更通知没有全部落实到位，造成某些环节还按照变更前的内容继续作业，造成不可挽回的损失。

解决思路：建立统一完善的变更机制，当发生变更时，所有业务环节能及时响应变更，推送变更消息的手段也要多元化，形成通知—反馈确认的信息闭环。

业务问题5：缺少全流程监控手段

要实行精细化管控模式，就必须以流程为切入点，从流程的角度来审视企业的各项活动，把隐藏在部门后面的流程置于管理工作的前台。从管理和决策的角度来看，传统制造业在完成订单过程中缺少以下监控手段：

1）缺少以订单为主题的监控措施。

2）缺失资金、成本、库存实时监控。

3）缺少预警、异常等提醒。

4）缺少变更提醒。

5）缺少运营内容、业务运营、专项内容一体化管控。

解决思路： 加强信息互通，解决孤岛问题，建立多维度管控。对项目计划全流程（包括计划编制、审批、发布、执行、反馈、确认）进行管理，实现对项目进行动态跟踪与监控，并逐步完善考核机制。强化计划过程管理，提高计划执行能力，有效推进项目按期、按预算完成。从进度、成本、沟通等各方面综合管控，最终形成满足管理需要的、覆盖全企业的项目管理协同平台。

业务问题6：生产准备不到位，生产阶段不能有效组织生产

组织生产过程中，由于采购原材料、零部件不到位，图样设计不到位，工艺不到位等原因，导致生产阶段不能正常进行，或者组织混乱，不仅导致产品不能按时交付，还存在物资占用和库存积压等现象。

解决思路： 采用两段计划法，将设计、工艺、采购、铸造等环节归纳为生产准备阶段，将生产执行的后续如加工、装配、包装、发运等作为生产阶段。通过信息化手段定义两段计划，对项目计划、任务分解、计划进度跟踪与控制及相关文档等进行实时控制与管理。避免由于缺乏实时性和信息遗漏而导致信息失真和不完整，造成项目进度失控。当生产准备阶段具备向下进行的条件时，由相关人员进行评审，进入生产阶段，提高计划流转效率。

综上分析，得出最终的解决办法：基于项目的订单组织管理模式，将一份合同视为一个项目，运用项目管理的核心思想，对人和时间节点进行监控，计划按照两段计划法执行，即分为生产准备阶段和生产阶段，基于交货期推算各业务环节要求完成时间，形成计划进度跟踪、质量监督、风险上报、变更通知一体化管控，从订单维度建立考核机制。

2. 主要系统及功能

项目计划管理系统功能架构如图17-21所示。

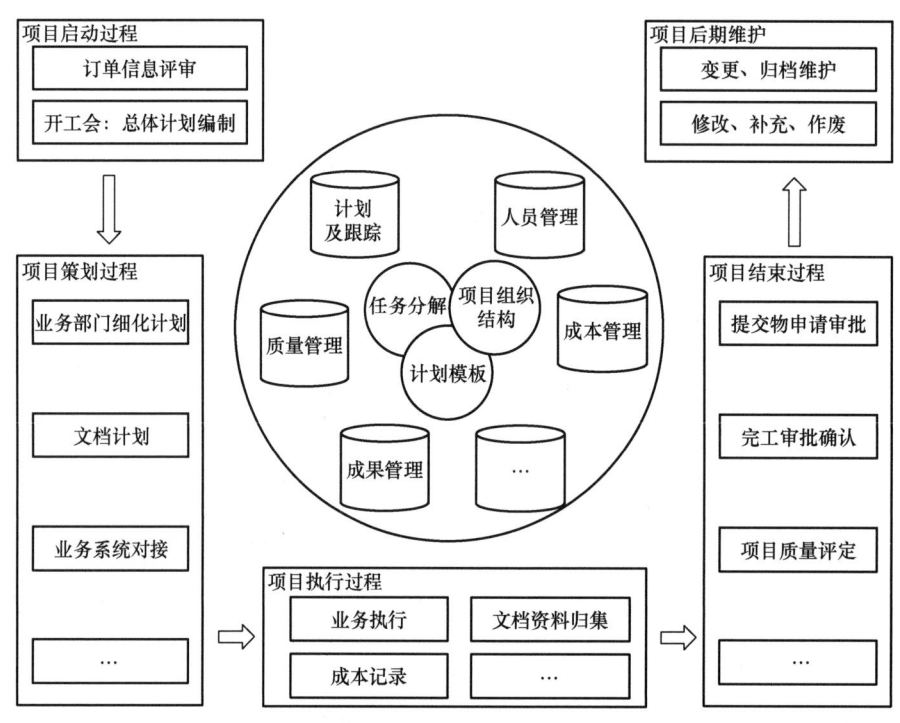

图17-21 项目计划管理系统功能架构

利用项目计划管理系统，实现全生命周期的过程管理的目的。项目计划管理系统覆盖公司的项目管理过程和相关部门；重点突出计划管理各环节，包括计划的多级编制、审批、发布、执行与反馈、监控与调整、考核评价等全过程；通过信息化手段提供初步集成面向全员的项目管理工作环境；强化项目执行过程的监控，提高项目执行能力；通过WBS规范化，促使管理数据真实、精确，支撑项目的分析决策；分析资源饱和度，协助管理者进行有效的分析。

为了达到全生命周期的过程管理的目的，需要与公司已有的业务系统进行集成，达到业务系统自动执行计划，并将计划执行状态和节点成果物提交到项目计划管理系统中，便于公司统一监控进度、完成度、人力资源等。

3. 主要集成

项目计划管理系统集成如图 17-22 所示。

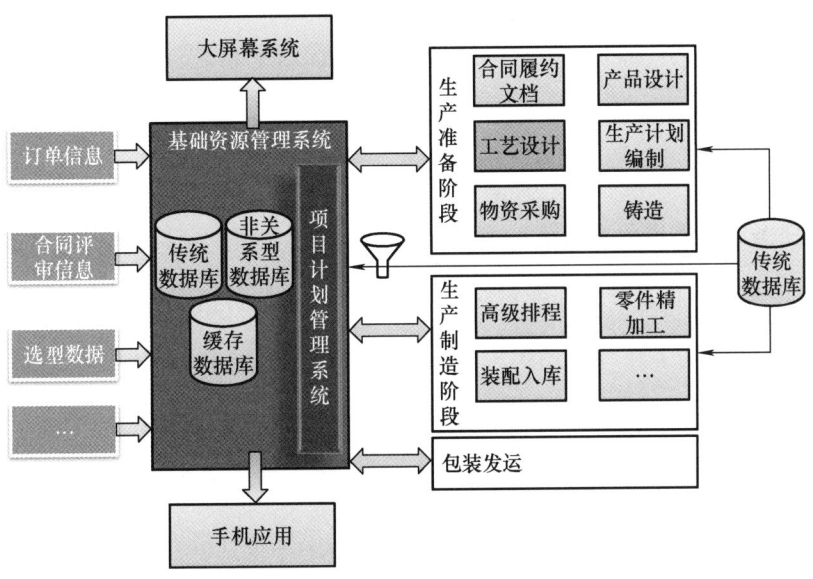

图 17-22 项目计划管理系统集成

（1）项目计划管理系统集成销售系统

订单信息、合同评审信息、产品参数信息等往往在单独的系统中，而这些信息均与销售活动有关（销售系统），其作为项目数据和任务的来源，需要与项目计划管理系统进行集成，打通从订单相关信息到计划任务下达的信息链。

在订单到计划的过程中，需要对销售系统中的订单数据进一步分解，形成具有指导项目计划编制的依据，指导各环节作业的规范、标准和生产要素等。

（2）项目计划管理系统集成成果

在产品制造的各个环节，都要按照企业标准、行业标准以及客户要求提供相应的检验报告、质量控制文档、相关说明（或图样、工艺资料）等。该工作根据目前公司的职责流程，需要由项目经理将任务统一下发，各部门协同完成。

目前，吴忠仪表对于完工资料已经有了一定的信息处理能力，如生产环节，MES

能够提供诸如外形尺寸、探伤检测报告等质量控制文档，而 ITP 文档大部分来源于生产过程质量控制文档的输出。

同时，公司也有信息完备的合同履约文档管理系统，与 MES 做了一部分的文档集成工作。项目经理的主要工作在项目计划管理平台中完成，所以要求项目经理下发文档任务的工作在项目计划管理平台中完成，能够将任务下达到合同履约文档内。

（3）任务下发集成业务系统

1）进度集成。项目计划作业对应的工作项，由于执行情况、执行过程实际上在各业务系统中体现，为了在计划系统中能实时的获得进度情况，掌握完成度，根据业务系统的完成情况，计算进度百分比，集成在项目计划相关作业节点上。

通过集成，当制订的项目计划下达时，对于那些集成了业务系统的任务，业务系统能够自动提交状态，计划编制人员和相关人员能够知道任务完成与否。

2）业务明细集成。与进度集成类似，虽然各业务系统有自己的数据分析、任务详情等，但其分散在各业务系统，不利于实时掌握详细情况，不满足决策层对于数据实时性的需求，所以通过与业务系统集成，对业务系统的数据进行二次加工、整理，形成更直观、更具有关联性的明细数据，集成在项目计划相关作业节点上。

通过集成，当制订的项目计划下达时，对于那些集成了业务系统的任务，单击相关作业节点，能够呈现出关键的业务明细数据，甚至图标数据。

3）进度考核。基于项目计划作业的计划结束时间，形成关键作业环节（里程碑节点、里程碑业务）的日任务考核、周任务考核、月任务考核，同时可以根据项目计划系统中的任务总数、超时数量、进行中数量、已完成数量等到业务系统查看具体业务完成情况。

17.2.4 安全管理智能制造能力成熟度要求

识别安全风险、建立应急预案，并实现对环保设施的数据监测和预警，建立环保设施的集成监控系统并形成知识库的安全风险识别和自动预警。基于模型开展环保设施的动态监测、分析与优化。

1）通过信息技术手段实现员工职业健康和安全作业管理。

2）通过信息技术手段实现环保管理，环保数据可采集并记录。

3）建立安全培训、风险管理等知识库；在现场作业端用定位跟踪等方法，强化现场安全管控。

4）建立应急指挥中心，基于应急预案库自动给出管理建议，缩短突发事件应急响应时间。

5）基于安全作业、风险管控等数据的分析，实现危险源的动态识别、评审和治理。

6）实现环保监测数据和生产作业数据的集成应用，建立数据分析模型，开展排放分析及预测预警。

7）综合应用知识库及大数据分析技术，实现生产安全一体化管理。

实现环保、生产、设备等数据的全面实时监控，应用数据分析模型，预测生产排放并自动提供生产优化方案并执行。

17.2.5 能源管理智能制造能力成熟度要求

基于信息化能源设备监控及节能改造，建立相关制度并开展主要设备数据采集工作。能源设备全过程监控和调度，是对能耗设备的能耗数据进行统计与分析，并制定合理的能耗评价指标，开展基于模型的能源设备分析、共享和优化，以及能源设备的在线动态预测和共享。

1）建立企业能源管理制度，开展主要能源的数据采集和计量。

2）通过信息技术手段，对主要能源消耗点开展数据采集和计量。

3）建立水电气等重点能源消耗的动态监控和计量。

4）对有节能优化需求的设备开展实时计量，并基于计量结果进行节能改造。

5）建立能源管理信息系统，对能源输送、存储、转化、使用等各环节进行全面监控，进行能源使用和生产活动匹配，并实现能源调度。

6）实现能源数据与其他系统数据共享，为业务管理系统和决策支持系统提供能源数据。

7）建立节能模型，实现能量的精细化和可视化管理。

8）实现能源的动态预测和平衡，并指导生产。

17.3 装备维度

装备是实施智能制造的条件，适合的装备决定了制造环节的效率和效益。装备维度涉及加工制造装备、检测装备、仓储和配送装备等。

全面生产设备管理系统是以生产过程设备为管理对象，以设备维护为核心业务，以提高生产过程条件保障能力为目标的信息系统。全面生产设备管理信息化解决方案，分别从信息管理、维护工人的作业行为、设备物理状态变化的三个过程着手，使之规范化。并且在企业多年的信息化建设成果之上，实现设备管理与企业资源管理、制造执行、质量管理等系统的综合集成，为生产过程提供可靠、持续的加工能力。制造设备管理系统信息化原理图如图 17-23 所示。

全面生产设备管理系统主要由设备管理、设备维护计划、设备维护作业执行（多工种协同），以及工装刀具管理、计量器具管理两个子系统构成。

1）设备管理是站在较为宏观的角度，对设备维护工作的规划，它包含了用于管理设备年度维护的设备管理计划；用于管理设备维护支出的设备维护预算；用于评估设备状态的产能分析-指标计算；用于评价设备维护成效的设备维护决策支持；以及支撑设备保养与设备点检业务的设备管理知识库维护。设备管理数据输入输出表见表 17-8。

第17章 控制阀智能制造

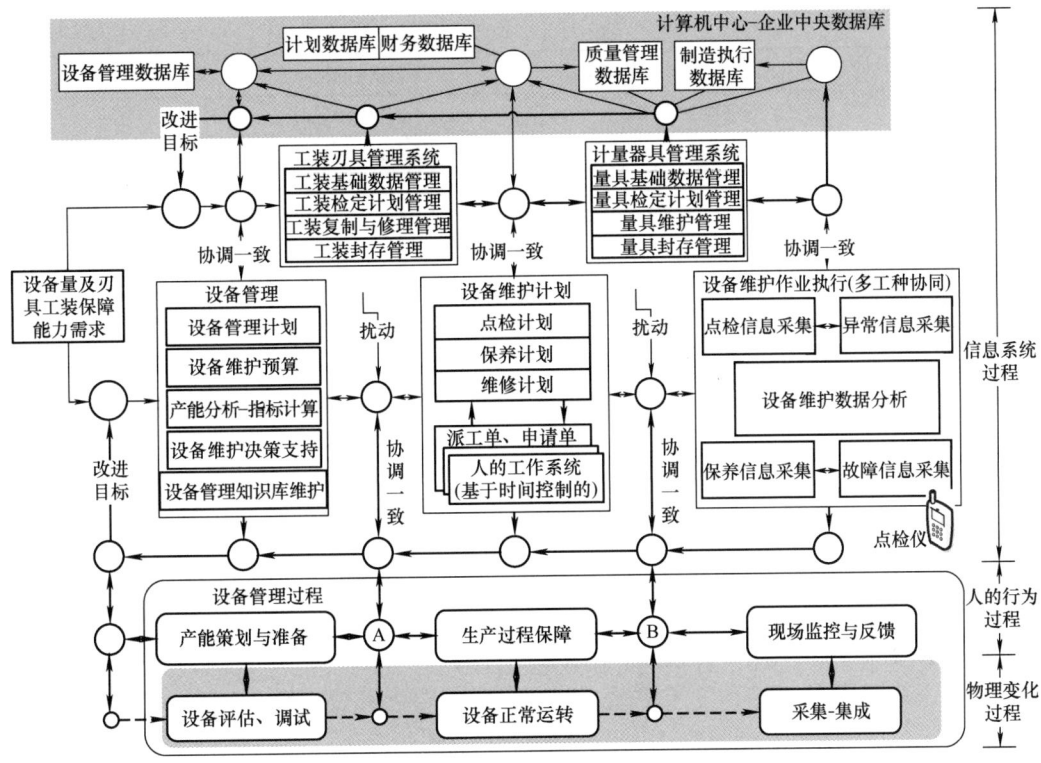

图 17-23 制造设备管理系统信息化原理图

表 17-8 设备管理数据输入输出表

序号	功能	输入数据	数据时态	输出数据
1	产能分析-指标计算	生产计划明细表	运行输入	
		工艺路线单	运行输入	
		设备维护分析报表	运行输入	
		设备明细表	运行输入	
		设备性能参数	初始输入	
			运行输出	设备故障率统计报表
2	设备维护决策支持	设备明细表	运行输入	
		设备故障统计报表	运行输入	
		设备管理知识库	运行输入	
			运行输出	设备维护方案
3	设备管理计划	设备明细表	运行输入	
		设备故障统计报表	运行输入	
		设备维护方案	运行输入	
			运行输出	年度维护计划表

(续)

序号	功能	输入数据	数据时态	输出数据
4	设备管理知识库维护	设备维护方案	运行输入	
		设备明细表	运行输入	
			运行输出	设备管理知识库
			运行输出	设备点检规则
			运行输出	设备保养规则
			运行输出	设备完好判定规则
5	设备维护预算	设备明细表	运行输入	
		年度维护计划表	运行输入	
			运行输出	设备维护预算表

2）设备维护计划是站在设备管理层面，对设备维护计划的编制，它包含了设备的点检计划、保养计划、维修计划。在设备点检、保养、维修计划的编制工作中，系统为计划人员提供了设备的性能指标、维护规则、作业规范以及当前设备的生产压力等信息，使计划人员能够结合生产情况，编制科学、合理的设备维护计划。设备维护计划数据输入输出表见表17-9。

表17-9 设备维护计划数据输入输出表

序号	功能	输入数据	数据时态	输出数据
1	维修申请	设备完好判定规则	运行输入	
		机床异常状态信息	运行输入	
		设备明细表	运行输入	
			运行输出	维修申请单
2	维修计划	维修申请单	运行输入	
		设备明细表	运行输入	
		生产计划明细表	运行输入	
			运行输出	维修计划明细表
3	维修派工单生成	维修计划明细表	运行输入	
			运行输出	维修派工单
4	保养计划	设备明细表	运行输入	
		生产计划明细表	运行输入	
		维修计划明细表	运行输入	
		设备维护预算表	运行输入	
		设备保养规则	运行输入	
			运行输出	保养计划明细表

第17章 控制阀智能制造

（续）

序号	功能	输入数据	数据时态	输出数据
5	保养派工单生成	保养计划明细表	运行输入	
			运行输出	保养派工单
6	点检计划	设备明细表	运行输入	
		设备点检规则	运行输入	
		保养计划明细表	运行输入	
			运行输出	点检计划明细表
7	点检派工单生成	点检计划明细表	运行输入	
			运行输出	点检派工单

3）设备维护作业执行是站在作业执行层面，对设备维护工作的落实，它包含了设备点检信息、保养信息、故障信息的离线采集，以及设备异常信息的在线采集。设备点检、保养、故障的信息采集，是由维护人员在作业执行过程中，对设备状态的观测、评估，为设备性能与劣化倾向分析积累原始数据，也是对设备维护作业执行情况的监督。设备异常信息采集是实时采集设备状态，与设备性能参数对比，使设备维护人员能够及时发现异常设备，尽早采取措施。设备维护作业执行数据输入输出表见表17-10。

表17-10 设备维护作业执行数据输入输出表

序号	功能	输入数据	数据时态	输出数据
1	点检信息采集	点检派工单	运行输入	
			运行输出	点检数据
2	保养信息采集	保养派工单	运行输入	
			运行输出	保养数据
3	异常信息采集	设备状态信息	运行输入	
		设备完好判定规则	运行输入	
			运行输出	异常数据
4	故障信息采集	维修派工单	运行输入	
			运行输出	故障数据
5	设备维护数据分析	点检数据	运行输入	
		保养数据	运行输入	
		异常数据	运行输入	
		故障数据	运行输入	
			运行输出	设备维护分析表

4）工装刀具管理系统是站在工艺的角度，根据《专用工艺装备管理规程》开发出针对专用工艺设备（以下简称专用工装）的信息化管理平台，将公司的专用工装管理工作纳入信息化管理，为工艺部和车间管理人员提供网络化、规范化的在线管理服务，实现专用工装的基础信息维护、各业务审批及周期检定等，以强化管理人员的监督和管理，进一步提高公司专用工装使用的时效性，达到控制和降低成本的目的。

5）计量器具管理系统是站在质量的角度，通过各类周期检定计划的编制与执行、量具维修数据信息统计、量具报废数据信息统计、量具封存数据信息统计及计量器具的使用规定的管理，实现对计量器具基础数据维护，使生产相关部门可以迅速了解计量器具的当前情况，方便安排生产任务，确保计量器具的状态良好，为产品的质量提供保障，提高公司生产效率。

在生产的机械化、自动化程度不断提高的今天，设备管理的好坏对企业的生产经营具有现实的和深远的影响。传统的单元制造系统，因设备资源固定而使组织模式存在以下问题：①设备负荷的不平衡使得某些资源的利用率下降，造成生产成本的上升；②设备负荷的不平衡又使得某些资源特别紧张，造成生产率下降；③由于设备资源是固定的，不能适应因生产任务变化而需要的最优工艺路线组合，从而造成工件跨单元加工，导致辅助资源（如自动导向车、托盘、夹具等）紧张，使得生产能力下降，交货期拖延。

17.3.1 业务问题及解决思路

对于一个企业来讲，特别是制造企业，设备利用率是一个很重要的指标，企业的设备利用率越高，企业生产能力的发挥程度越高，单位产品的固定成本相对就低，即提高设备利用率能够有效降低产品的成本。保持高的、稳定的设备可利用率，是保障设备利用率的必要条件之一。在设备维度，高的设备可利用率是设备管理的主要目标，如何提高可利用率是需要设备管理系统解决的主要问题。

设备管理的业务思路如图 17-24 所示。

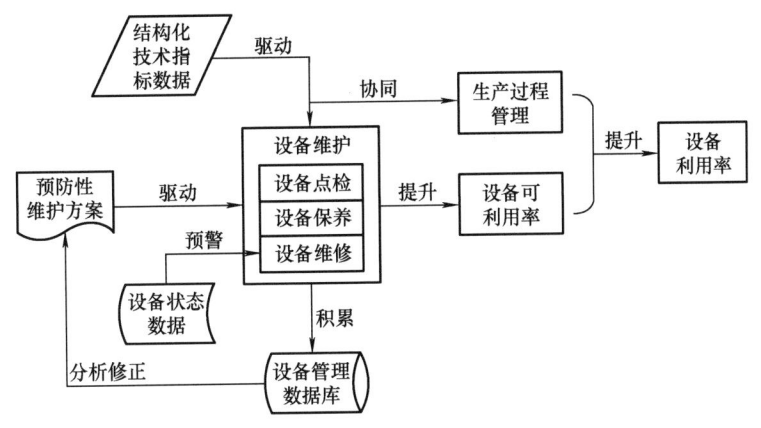

图 17-24 设备管理业务思路

设备管理系统主要包括企业对设备的维修、保养、运行等管理。该系统以提高设备利用率、降低企业运行维护成本为目标，优化企业维护资源，通过信息化手段，合理安排维修计划及相关资源，从而提高企业的经济效益和市场竞争力。设备管理信息化的内容主要包括以下几点。

1. 利用信息化手段，规范设备维护业务管理

设备的维护业务主要有点检、保养与维修，利用信息化手段，使设备点检、保养、维修等工作严格按照设备技术要求执行，并且定时、定点、定人，将维护工作落到实处；保存完整的设备点检和保养记录，为设备劣化倾向分析提供支撑性数据；设备管理系统还要涵盖设备及量刃具工装维护工时、设备备品备件、设备维护预算等多项信息化管理。

2. 结构化设备技术指标，以规则驱动业务

将设备技术指标结构化，量化设备状态，形成设备维护知识库。基于设备维护规则，实现设备点检计划、保养计划的自动化提取，以及协助设备维护人员进行设备故障诊断，提高维修计划的准确性、维修决策的科学性，减小维修任务执行的主观随意性。

3. 实时监测设备状态，实现设备故障预警

随着电子信息技术的发展，世界机床业已进入了以数字化制造技术为核心的机电一体化时代，其中数控机床就是代表产品之一。通过网络技术，将计算机与具有数控装置的机床群相连，即可实现设备状态的适时监测。设备管理系统应充分利用设备状态的实时数据，与其维护的结构化的设备技术指标匹配、对比，根据设备维护知识库的规则判定故障，实现设备故障预警。

4. 分析设备管理的业务数据，实现闭环管理

在设备维护过程中，必然形成设备点检、保养、维修、设备状态等大量的维护数据。设备管理系统应对这些业务数据进行加工，协助设备维护人员进行分析，得出设备的维护报告，为设备决策者提供可参考的决策支撑，使其能够客观地提出设备管理的优化方案，优化系统的知识库与维护规则，形成设备管理的信息闭环。此外，设备管理系统应能为生产系统提供设备可利用率、利用率、设备状态等数据，使生产计划与制造执行等系统能根据设备的实际情况及时做出任务调整。

5. 加强预防性维修，提高设备可靠性

信息化条件下，维修的目的不仅仅是排除故障与修复，还要通过维修提高可靠性和可用度，一切维修活动应围绕设备的可靠性和可用性需求来展开。为此，综合考虑设备维修相关的所有因素，以最小的资源消耗，确定合适的维修项目和维修类型，实现精确维修。相应地，主导的维修策略应从传统的事后修复性维修、周期预防性维修向预防性维修为主的、包括各种主动维修（预测性维修、健康管理等）在内的综合维修策略转型，开展有针对性的维修。

6. 集成生产系统，实现设备管理的协同与精细化

明确设备管理业务与生产过程管理之间的关系，集成生产计划管理、制造执行管理、产品质量管理等生产系统，这也属于设备管理信息化工作范畴。设备管理信息系

统与生产系统进行信息交换,形成一体化的信息环境,实现以生产需求与质量需求驱动设备维护工作,有助于设备管理的协同化与精细化。

17.3.2 主要功能

1. 设备管理是生产过程产能的关键保障

设备管理直接影响企业管理的各个方面。在现代化的企业里,企业的计划、交货期、生产监控等各方面的工作无不与设备管理密切相关,生产设备成为产能保障的关键因素之一。在有限的企业资源约束下,提高企业生产总量,应以提升企业生产效率为手段。在设备资源约束下,高设备利用率,意味着高生产效率。一般情况下,如果生产过程中的所有设备均正常运行,即设备具有很高的可利用率与完好率,那么生产过程的管理较为容易,只需评估设备加工能力,均衡机器的生产压力,以及提升物料储运设备的运行速度,确保工件流的顺畅,即可提升设备利用率,达到所需的生产率。然而,生产设备总是出现各种类型机械故障,而且这些故障往往都是难以预测的,设备问题干扰生产过程,致使生产计划和制造执行不断地调整,来降低生产损失。严重的时候,将导致局部,甚至整个生产线的瘫痪。

2. 设备管理直接关系企业产品的质量

在现代工业生产中,生产设备不仅是生产过程的产能保障,也是产品质量保障。如果生产设备维护没有得到足够重视,那么产品质量难以保障,产品品牌与企业信誉也会受损。同时,产品质量问题引起的投诉与赔偿,也是企业必须承担的经济后果。即使采用严格的质量检测手段,严守产品质量控制的最后一关,避免存在质量问题的产品进入市场,虽然能够一定程度上提高进入市场产品的质量,但是必然造成大量缺陷产品的返工。即严格的质量检测手段只能将质量问题引起的市场损失转换成企业内部的生产效率损失,不能从根本上降低产品质量问题为企业带来的经济损失。如若解决产品质量问题,应从设备维护入手,因为"高质量的产品是生产出来的,检测只是发现存在质量缺陷的产品"。

3. 设备管理水平的高低直接影响产品制造成本的高低

设备管理对生产过程的产能保障与产品质量具有重要意义，同时，设备管理水平的高低也直接影响产品制造成本。无论是设备的非计划停机造成的生产效率损失，还是设备加工精度不足引起的产品质量缺陷，都会为企业带来不必要的加工成本。但是，过度地设备维护，不仅使设备维护成本增加，而且过度占用设备加工时间，影响生产任务顺利执行。只有建立科学的、精细化的设备管理制度，严格遵守设备点检、保养标准，增强设备的预防性维护和预测性维护能力，使设备完好率与故障率保持在合理水平，才能降低设备维护问题引起的加工成本。

4. 设备管理关系到安全生产和环境保护

设备安全管理是设备管理与安全管理的综合管理形式。它们之间是一种互相渗透、密不可分的关系。设备管理是生产过程管理的一个重要组成部分，将对生产安全以及企业自身带来一系列的影响。因而为了确保生产设备的安全运行，必须抓好设备管理，从源头抓起，遏制事故的发生。

现代企业实施以资源的高效利用和循环使用为核心，以减量化、再利用、资源化为原则，以低消耗、低排放、高效率为基本特征，符合可持续发展理念的循环经济模式。设备管理以设备（零部件）全寿命周期设计和管理为指导，以节能、节材和环保为标准，不但能够修复改造失效设备零部件和提高设备使用性能，还能实现改善工厂环境、安全性、环保性等绿色维修的目的。

5. 设备管理影响企业竞争力

随着科学技术的进步以及对设备使用要求的提高，设备在自身的性能方面有了很大发展，形成了许多与现代工业相适应的特点，了解这些特点将有助于对设备的管理，从而提升企业竞争力。

17.3.3 主要集成

设备管理虽然是以设备为主要的管理对象,但它也涉及企业的其他业务领域,与财务、ERP、制造执行、质量管理等信息系统的集成,也是设备管理信息化的重要工作之一。设备管理集成逻辑图如图 17-25 所示。

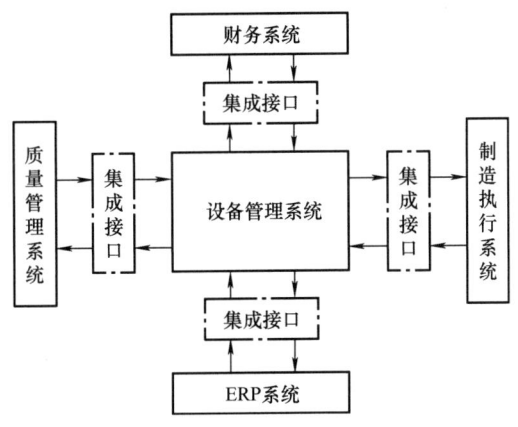

图 17-25 设备管理集成逻辑图

1. 设备管理系统集成财务系统

设备管理是对设备寿命周期全过程的管理,设备的规划、设计、选型、购置、安装、验收、使用、保养、维修、改造、更新直至报废,每个环节都会产生相应的费用,这些费用通过数据接口传入财务系统。此外,设备作为固定资产的一部分,它的折旧也会作为成本,利用财务系统分摊在产品上。

2. 设备管理系统集成 ERP 系统

设备的点检、保养、维修等工作,涉及备件、耗材等物料的使用,设备管理的信息系统需要与企业 ERP 的库存系统集成。设备维护人员根据设备的点检、保养、维修等计划或工单,生成领料单,领取备件或耗材。此外,设备管理系统也根据保养、维修计划提取备件的需求计划,然后传入 ERP 的采购供应链系统,由采购人员及时补充备件与耗材。所以,一般情况下,设备管理的系统集成会调用以下接口:

1) ERP 的物料查询接口。

2) ERP 的领料单传入接口。

3) ERP 的采购计划插入接口。

3. 设备管理系统集成质量管理系统

设备的功能与性能，决定了设备的加工范围、速度与精度，产品的质量标准对设备的性能与状态有一定的要求。设备管理需要向质量管理系统提供以下接口：

1) 设备功能信息推送。

2) 设备性能参数推送。

3) 设备完好状态推送。

4. 设备管理系统集成制造执行系统

设备管理系统是以提高生产过程条件保障能力为目标的信息系统，它的业务开展既要参考历史的生产任务，又要为未来的生产任务服务。设备的保养内容与周期和设备的维修时机既要参考设备本身特性，又要结合企业生产情况。否则可能会走向两种极端：一种情况是保养缺失、维修的延时，在繁重的生产任务执行时，出现严重的设备故障，从而影响生产；另一种情况是过度保养，设备状态良好、设备部件未出现任何缺陷时，设备的保养与部件更换不但会产生不必要的维护费用，而且会影响生产的正常进行，特别是在生产任务繁重，对设备的加工能力需求旺盛的情况下。所以，设备的保养与维修需要结合实际生产情况，设备管理系统通过以下接口与制造执行系统实现协同工作：

1) 制造执行系统历史任务查询接口。

2) 制造执行系统执行中的任务查询接口。

3) 制造执行系统待执行的任务查询接口。

17.3.4 智能制造能力成熟度要求

采用状态监测手段和信息化系统，科学建立预防性维修。实现基于在线状态检测及其数据的分析处理,和维修管理系统关联,实现基于数据的闭环管理。实现基于预测的设备管理优化,并实现设备全生命周期管理。实现基于智能模型的设备预测、自适应和自学习。

1)通过信息技术手段制订设备维护计划,实现对设备设施维护保养的预警。

2)通过设备状态检测结果,合理调整设备维护计划。

3)采用设备管理系统实现设备点巡检、维护保养等状态和过程管理。

4)实现设备关键运行参数(温度、电压、电流等)数据的实时采集、故障分析和远程诊断。

5)依据设备关键运行参数等,实现设备综合效率(OEE)统计。

6)建立设备故障知识库,并与设备管理系统集成。

7)依据设备运行状态,自动生成检修工单,实现基于设备运行状态的检修维护闭环管理。

8)基于设备运行模型和设备故障知识库,实现包含自动预警的预测性维护解决方案。

9)基于设备综合效率的分析,自动驱动工艺优化和生产作业计划优化。

10)采用机器学习、神经网络等,实现设备运行模型的自学习、自优化。

17.4 物料维度

物料是智能制造的对象,制造就是使物料增值的过程。物料维度主要涉及生产过程中的质量控制,通过标识解析技术,实现对物料的身份标识、质量状态和质量详细信息的追溯,以及物料仓储、物流和基于物料的成本核算与分析等。

17.4.1 物料质量管理系统

质量管理信息化的目的是让负有"质量控制"和"质量保证"的部门,充实既有的管理体系、细化既有的质量责任，支持他们从保持产品质量的稳定走向创新质量持续改进的过程。

本系统通常以质量管理文件所规定的行为、数据和流程，提供适合质量管理环境的工具和数据处理技术，并通过企业级计算机网络辐射到所有质量相关的跨部门（职能）的业务信息化管理过程中，直至向企业用户开放。

质量管理信息化系统的原理如图 17-26 所示。

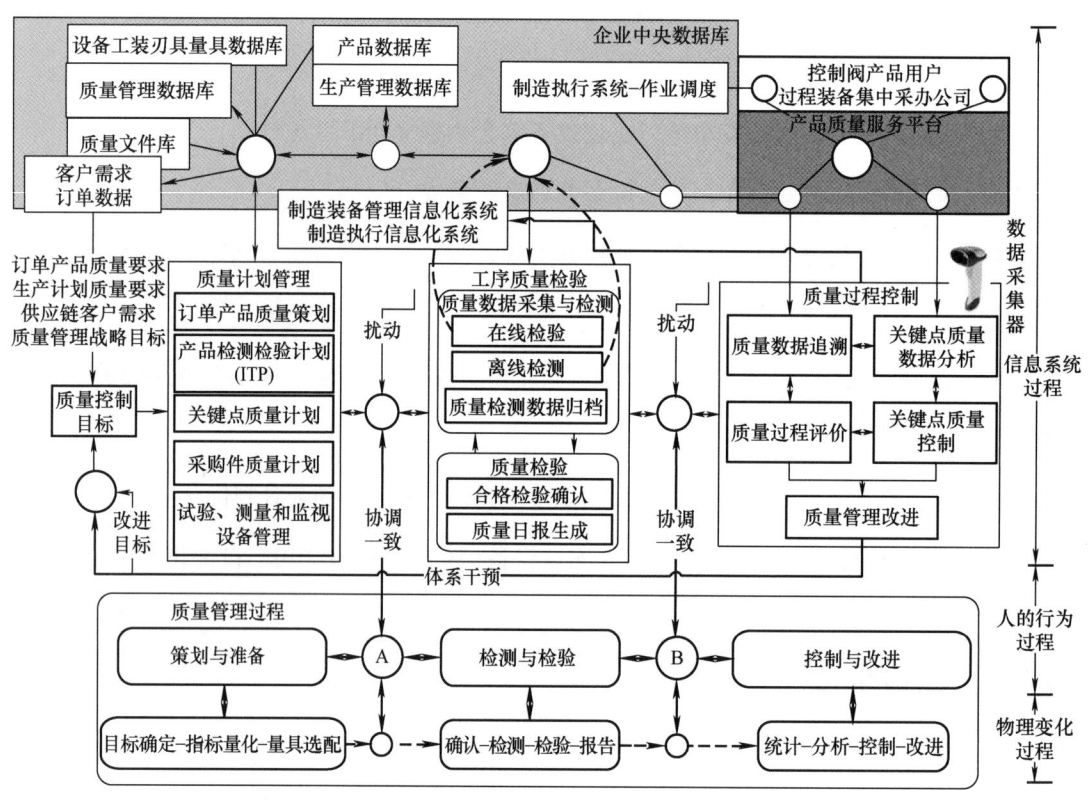

图 17-26 质量管理信息化系统的原理

质量管理信息化系统由质量计划管理、工序质量检验和质量过程控制三个子系统构成。它们代表了质量管理信息化的具体执行主体，与质量生成人员、质量管理检测人员和质量管理人员的行为过程以及生产现场的产品物理变化过程平行运行。上述系统的原理解释如下。

第17章 控制阀智能制造

1. 质量计划管理子系统

该子系统包括订单产品质量策划、产品检测检验计划（ITP）、关键点质量计划、采购件质量计划以及试验、测量和监视设备管理等功能模块，用来支持企业质量管理部门做好质量管控的准备工作。质量计划管理子系统数据输入输出见表17-11。

表17-11 质量计划管理子系统数据输入输出

序号	功能	输入数据	数据时态	输出数据
1	订单产品质量策划	订单产品质量要求	初始输入	
		质量管理体系要求	初始输入	
		生产计划	初始输入	
			初始输出	质量管理策划文件
				订单产品的质量管理过程文件
2	产品检测检验计划（ITP）	订单产品的质量管理过程文件	运行输入	
		质量管理策划文件	运行输入	
		控制阀质量标准	初始输入	
		订单产品的质量管理过程文件	初始输入	
		订单产品设计文件	初始输入	
		采购件设计文件	初始输入	
		特定质量的控制目标	初始输入	
			初始输出	产品检测检验计划
				关键质量检验清单
				质量检测检验规程
3	关键点质量计划	产品检测检验计划	初始输入	
		关键质量检验清单	初始输入	
		车间作业计划	初始输入	
		质量检测检验规程	初始输入	
			运行输出	关键点质量计划
4	采购件质量计划	采购计划	初始输入	
		采购件技术规格	初始输入	
		关键点质量计划	初始输入	
			运行输出	采购件质量计划
5	试验、测量和监视设备管理	产品检测检验计划	运行输入	
		关键点质量计划	运行输入	
		质量检测检验规程	运行输入	
			运行输出	试验、测量、计量器具需求清单

2. 工序质量检验子系统

基于企业质量管理手册的规定，实施生产与现场服务的质量控制，包括：基于工艺控制文件的质量数据采集与检测，其中，在线检测指采用数字化检测手段的工具和计算机设备直接采集工序质量数据，离线检测指采用传统检测量具人工获得工序质量数据并输入计算机系统，质量检测数据归档指在线和离线检测的工序质量数据直接存入质量管理数据库；质量检验有合格检验确认和质量日报生成两项功能，共同实施对不合格品的控制、对合格品的放行。表17-12为工序质量检验输入输出数据。

表17-12 工序质量检验输入输出数据

序号	功能	输入数据	数据时态	输出数据
1	在线检测	数字化检测量仪及设备技术规格与测量方法（如计数法、计量法）*	运行输入	
		车间作业计划	运行输入	
		关键点质量计划	运行输入	
		关键质量检验清单	运行输入	
		质量检测检验规程	运行输入	
		产品检测检验计划	运行输入	
		量仪量具的技术规格及测量方法（如计数法、计量法）	运行输入	
			运行输出	现场在线检测数据记录
2	离线检测	车间作业计划	运行输入	
		关键点质量计划	运行输入	
		关键质量检验清单	运行输入	
		质量检测检验规程	运行输入	
		产品检测检验计划	运行输入	
		量仪量具的技术规格及测量方法（如计数法、计量法）	运行输入	
			运行输出	现场离线检测数据记录
3	质量检测数据归档	数字化检测量仪及设备技术规格与测量方法（如计数法、计量法）	初始输入	
		量仪量具的技术规格及测量方法（如计数法、计量法）	初始输入	

(续)

序号	功能	输入数据	数据时态	输出数据
3	质量检测数据归档	生产计划中的在制品清单及工艺文件	运行输入	
		现场在线检测数据记录	运行输入	
		现场离线检测数据记录	运行输入	
			运行输出	工序质量数据（存入质量管理数据库）
				工件质量数据（存入质量管理数据库）
4	质量日报生成	工序质量数据（来自质量管理数据库）	运行输入	
		工件质量数据（来自质量管理数据库）	运行输入	
			运行输出	质量日报
5	合格检验确认	工序质量数据（来自质量管理数据库）	运行输入	
		工件质量数据（来自质量管理数据库）	运行输入	
			运行输出	合格品确认清单
				不合格品的处置清单

3. 质量过程控制子系统

该子系统主要功能是基于企业质量管理手册、过程控制文件、顾客满意控制程序等，实施对质量问题的分析和改进，包括质量数据追溯（含随时接受质量问题报告）、质量过程评价、关键点质量数据分析、关键点质量控制以及质量管理改进。表17-13 为质量过程控制子系统输入输出数据。

表17-13 质量过程控制子系统输入输出数据

序号	功能	输入数据	数据时态	输出数据
1	质量数据追溯	工件质量数据	运行输入	
		订单质量要求	运行输入	
		产品设计文件	运行输入	
			运行输出	工件质量数据分析
2	质量过程评价	工艺执行文件	运行输入	
		工序质量数据	运行输入	
		设备运行状态数据	运行输入	
		产品检测检验技术与方法（如计数法、计量法）	运行输入	
			运行输出	产品制造过程质量控制效果分析

(续)

序号	功能	输入数据	数据时态	输出数据
3	关键点质量数据分析	设备运行状态数据	运行输入	
		工件质量数据分析	运行输入	
		产品制造过程质量控制效果分析	运行输入	
			运行输出	产品检测检验技术与方法评价（如计数法、计量法）
			运行输出	多源质量数据追溯与分析报告
4	关键点质量控制	产品制造过程质量控制效果分析	运行输入	
		工序质量数据	运行输入	
			运行输出	关键点质量控制方法评价
5	质量管理改进	多源质量数据追溯与分析报告	运行输入	
		关键点质量控制方法评价	运行输入	
		设备运行状态数据	运行输入	
			运行输出	质量过程管理改进方案
			运行输出	质量检测检验技术改进方案
			运行输出	质量问题纠正措施
			运行输出	质量风险预防措施

17.4.2 物料标识解析系统

产品标识解析系统（Product Identification Analysis System，PIAS）通过条码、二维码、无线射频识别标签（RFID）等信息技术赋予产品唯一身份信息，并提供实时的产品身份信息在线解析服务。产品标识解析系统（PIAS）的标识对象主要包括物料、装备、图文档三大类。其中，物料类标识对象包括外购物资、铸件毛坯、零件、部件、整机、包装箱等。装备类标识对象包括工位、设备、工装、刀具、量具、托盘、工具柜等。图文档类标识对象包括质量报告、设计文档、选型图文档、合同文档、产品手册等。

产品标识解析系统（PIAS）的核心包括标识编码、标识解析。其中，标识编码主要用于按统一规范的编码规则，生成用于标识物品唯一身份的标记标签。而标识解析则通过扫码、感应等方式，在线查询物品的标记标签信息，用以识别、表明或证明物品的合法身份、属性、来源及其生命周期内的更多信息。产品标识解析系统（PIAS）与企业制造执行系统（MES）相生相伴、相互作用，同是企业智能制造系统的重要组成部分，也是实现全球供应链系统、产品全生命周期管理和智能化制造服务的前提和基础。

产品标识解析系统（PIAS）通过建立统一的标识体系、完整的产品生产过程数据链、全面的产品生产过程数据元、可靠的产品标识解析算法、简洁的产品标识界面，将企业中的物料、装备、人员、产品和数据等一切生产要素连接起来，通过在线解析异构、离散、多态的产品生命周期数据，实现对产品来源、生产过程、流动过程、设计过程、实际用途等信息的快速掌握。

17.4.3 物料仓储库存系统

1. 业务问题及解决思路

（1）业务问题

企业的仓储物资管理是维持企业日常生产经营活动所需储备的各类原材料、半成品、产成品以及生产辅料和办公用品等物资的管控活动，是"现金流→物流→现金流"整个量变和质变过程的集中体现。它为企业的相关环节提供必要的物资保障和物流凭证，成为连接计划、采购、生产、销售的中转站，对提高企业的生产效率起着重要作用，越来越被企业管理者所关注。

但对企业而言，既要满足用户对产品的个性化需求，又要盘活资金、降低成本、扩大市场、增加收入，而企业的仓储物资往往占用了大量流动资金，会不同程度地影响企业的生产经营。因此，多数企业，特别是制造型企业，不同程度地存在如何转变思想观念和管理模式、降低管理成本、提高工作效率、减少存储量和积压量、加速流转率、追求零库存等问题。部分人员在库房仓储管理上仍然存在老旧的思想理念，需要逐步转变,由管好账、物、卡,一个不能多,一个不能少,向不但管好账、物、卡,而且要做好物流供给与配餐服务。

目前,国内外对商业领域的仓储物流研究与实践应用层出不穷,特别是在国内,以德邦、顺丰为代表的物流公司发展迅猛,已深入千家万户,其服务便捷、高效是我们都能感受到的。但其在制造业内的仓储物流方面的研究与应用则较少,随着企业信息化的深入发展和物流运载设备(包括机器人)的自动化、智能化,企业仓储物流的实践应用将具有很大的发展空间。

对于制造型企业,基本上存在"合同签订→计划下达→原料采购→零件加工→零件入库(或标准件采购入库)→零件领用→产品组装→包装发运"等全过程或部分过程节点。其中,很需要物料的按时到位和数据信息的准确传递。但很多企业,特别是产品构成复杂、零件多的企业,都存在产品配套物料不同步、过程数据缺失、人工操作或干预过多等问题。

(2) 解决思路

1) 领导重视,管理到位。吴忠仪表的高层管理者对仓储物流管理工作非常注重,他们已深刻意识到仓储物流对企业流动资金占用和生产过程管理的重要性,本着"能短则短,能省则省"的物流管理思路和指导原则,缩短工序间(或业务节点间)的物流转运距离,甚至调整一些关联关系较大的设备位置,形成加工岛,从而省掉了一些不必要的物流转运工作。通过理顺和优化物流过程,逐步从业务流程、数据管控以及物流设备等方面向服务型仓储物流管理模式转变,并在不同层面、不同场合,有针对性地向相关人员讲解或共同探讨一些仓储物流管理方面的新思路、新办法,使得大家统一思想、齐心协力,共同推动各项工作的顺利开展。

2) 合理规划,加强基建。为了降低物资存储和物流的管理成本,提升为生产过程服务的效能,减少人工干预,避免因产能大幅增加而形成的瓶颈问题,吴忠仪表借助建设新厂之际,重新规划和设计仓储物流的管理模式,加大投资力度,强化仓储物流硬件方面的基础环境资源建设。例如,构建智能化立体仓库、悬挂输送线以及产品配

第17章 控制阀智能制造

餐线，购置条码采集终端、产品配餐车、无人驾驶的自动导航运输车及其物流路线中的反光板和立柱等。

3）双管齐下，软硬兼施。对于想实现智能制造的企业来说，硬件环境很重要，是根本，但这样还是不够的，还需利用信息技术，将硬件环境与融入管理思想的软件系统相结合，才能相得益彰，才有"灵性"实现智能化，真正、更好地发挥作用。多年来，吴忠仪表的仓储管理系统已历经三代，以往的系统只管物资的账务信息，且物资入库和出库的账务管理方式老旧、效率低，而本期边研发边应用的第四代仓储物流系统注重物流管理，不仅有软件功能和使用方式的创新改进，更是新思想、新技术和新设备的融合应用，是跨越式的升级换代。本系统充分利用信息技术和硬件资源，将物资管理范畴扩展到其上游待入库材料的物流转运和实物核查，以及其下游已申领物资的取料分拣和配送服务，并将上下游相关数据链高度集成，全程做好业务数据采集与验证记录，实现了融入智能化元素的仓储物流管理模式。

2. 主要系统

为了进一步提升企业的仓储管理水平和物流转运效率，优化物流管理模式和账务处理方式，吴忠仪表自主研发了一套智能仓储与物流管理系统，将仓储物资的物流过程由"待取"向"配送"方式转变，使得仓储业务规范、高效，数据准确、实时，配餐过程中取料分拣和配送下账等业务有序、可控。经与物资转运设备、仓储设备及配餐设备内置控制系统的集成应用，将一些智能算法元素融入软件系统中，实现了仓储物流工作的信息化、科学化和智能化管理。

由于本系统中的物流主要是以物资配餐作业流程方式体现的，因此称为智能仓储与配餐管理系统，其功能结构如图17-27所示。

3. 主要集成

智能仓储物流管理系统与其他相关业务系统的集成如图17-28所示。

① 仓储物流系统根据生产计划系统的零件计划号，按物资要求进行自制件机加入

控制阀设计制造技术

图 17-27 智能仓储与配餐管理系统功能结构

库操作,根据串号标签扫码即可查询物资信息,且入库数量不得多于生产计划数,为机加入库做好检查工作。

② 云计算平台根据相关数据计算出各合同的齐套率,把合并的数据同步到本地数

第17章 控制阀智能制造

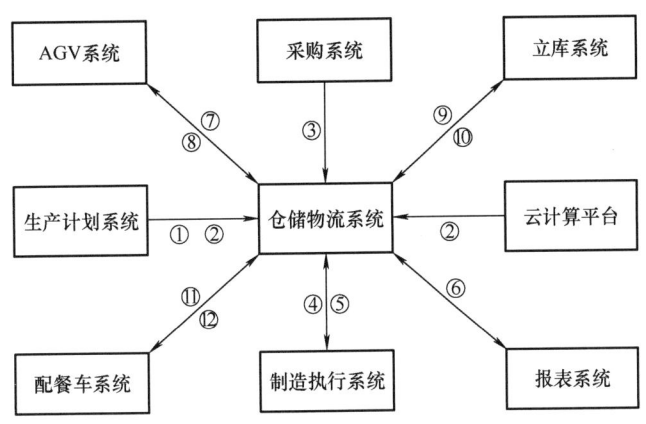

图17-28 仓储物流系统集成

据库的中间表内,通过过滤查询显示在物资申领页面,各事业部根据产品齐套率和车间生产情况,选择性地提交需配餐的产品申请,并分配产品装配任务,分别打印自制件和外购件配餐领料单等。

③ 采购系统生成采购物资数据信息,为仓储物流系统的外购物资入库做了数据源的准备,仓储物流系统根据采购物资校验单提取数据,对采购物资进行入库登记,并且打印入库单。

④ 仓储物流系统的附件物资入库,需要根据串号查询物资信息再做存储,即需要调用制造执行系统提供的附件物资详情表数据,获取必要的物资编码信息。

⑤ 仓储物流系统每提交一份电子料单都会调用消息服务,产品编号绑定制造执行的路线单号,路线单号是零件机加工过程关键属性,类似于身份证。根据申领的产品信息,生成唯一的路线单号,为机加工入库的路线单扫码做数据准备。

⑥ 报表系统查询仓储物流系统生成的配餐进度等数据信息,作为报表考核依据的一部分。

⑦ 仓储物流系统根据实际需求托盘的转运,对自动导引运输车(Automated Guided Vehicle,AGV)系统进行传送参数,以达到托盘转运目的。

⑧ AGV系统收到仓储物流系统指令后,根据获取的参数数据,命令小车将指定位置的托盘转运到目的位置,并将结果反馈到仓储物流系统。

⑨ 仓储物流系统通过调用立库系统接口的方式，获取托盘信息和状态及托盘内物资具体信息。

⑩ 立库系统存储着立库物资数据、托盘数据，它根据仓储物流系统需求进行操作及数据处理。

⑪ 仓储物流系统在配餐线上对配餐线的托盘进行操作后，对配餐车下达命令，使其将托盘移动到指定配餐线位置，便于配餐作业。

⑫ 配餐车系统收到仓储物流系统下达的命令（坐标位置），将配餐车根据命令移动到目的地后，反馈信息给仓储物流系统，等待下次命令。

4. 智能制造能力成熟度要求

实现仓储管理自动化并用标识技术实现物料状态可视化管理，基于内部信息系统集成实现仓储配送全过程可视化、配送自动化及准时化。基于生产线实际生产情况，实时拉动物料配送，实现作业计划与仓储配送的实时协同调整。优化仓储配送模型，实现最优库存和最优配送方案。

1）基于条码、二维码、RFID 等标识技术，实现出入库管理。

2）建立仓储管理系统，实现货物库位分配、出入库和移库等管理。

3）基于仓储管理系统与制造执行系统和配餐系统的集成，依据实际生产作业计划实现半自动或自动出入库管理。

4）采用射频遥控数据终端、声控或按灯拣货等手段进行入库和拣货。

5）通过配送设备（AGV、桁车、手持终端等）和信息系统集成，实现关键件及时配送。

6）通过数字化仓储设备、配送设备与信息系统集成，依据实际生产状态实时拉动物料配送。

7）建立仓储模型和配送模型，实现最小库存和最优路径。

8）基于分拣和配送模型，满足个性化、柔性化生产实时配送需求。

9)通过企业与上游供应链的集成优化,实现最优库存或即时供货。

17.4.4 物流管理系统

1. 业务问题及解决思路

生产过程组织的一个重要内容是时间组织,所追求的目标就是提高时间利用率,缩短产品的生产周期。而影响产品生产周期长短的外部因素之中,生产物流状态的影响最大。从生产组织和作业调度的工作来看,既要确定合理的批量,更要有比较精准的物流来保证各个生产流程以平行顺序的方式推进,减少产品加工过程的等待时间,加强工序之间协调配合等各方面来缩短产品的生产周期。

(1)生产物流过程,取决于生产组织方式和机械加工工艺过程

在制品/物料按照产品的生产过程和工艺流程的要求流动,经过规定的时间和空间,到达指定的位置并得到加工。只有通过这种人为的物质转移,且连续、有节奏地持续这种转移过程,产品才会产生附加价值。因此,产品的生产用物料或在制品的流程应在工艺规定的条件下尽可能短,减少迂回往返现象,物料在生产过程的各个环节处于连续流畅状态。

(2)生产物流管理,取决于生产过程的绩效管理

由于我国传统离散制造企业多年形成的粗放式生产管理习惯,轻视生产物流管理工作,物流作业人员是车间中的辅助人员,不重视机械加工的过程质量和工艺流转状态对车间绩效的影响,加之物流作业人员普遍缺乏制造系统的知识,导致生产物流作业缺少严格的规程和绩效要求。

车间生产物流具有为生产过程创造产品的空间效用、时间效用和形质效用的不可替代的功能。生产物流强度,即物流量,是一定时间内物料的移动量,可以用重量、体积、托盘或货箱来表示。在系统分析、规划和设计过程中,为了得到在制品物料的分析和计算结果,必须找出一个标准,把系统中所有的物料通过修正,折算为一个统一量，即当量物流量，才能进行比较、分析和运算。

(3) 生产物流过程缺少技术支撑

生产物流的复杂性，要求企业管理者将生产物流作为整个制造系统的一个子系统来看待。美国物流管理协会将"物流"定义为："物流是为了满足顾客需求而对物品、服务及相关信息从产生地到消费地的有效率、有效益的流动和储存进行计划、协调和控制的过程"。据此，企业要赢得竞争，必须在生产物流系统中引入、开发和应用先进的物流技术。包括自动识别技术、物联网技术以及数据处理软件技术等，按照物流系统建设阶段，引进物流自动化技术。

不仅要提升生产过程的装备能力，还要大力加强生产过程，特别是生产物流过程的管理，引入信息化手段，强化生产过程物流保障能力，提升生产过程中的在制品流通效率和质量，使在制品在生产过程的各工艺阶段，按生产计划要求的批次和时间，按预定计划均衡、准时、可感知、可控制、可协同地输送到指定位置，进而，还应面向物流过程能力改建，及早引入现代物流设备，重新规划物流路线和装载方式，增加物料搬运、装卸过程的自动化能力。

物流系统的管理对象分为功能要素和控制要素。

面向生产物流作业的物流管理系统功能要素指物流系统内部具有的基本作业活动，以及这些活动构成的物流系统主要工作环节，包括分拣、包装/集成、装卸、运输、储存、分发/合成、转移、再装卸以及上述环节的信息处理等，这些功能要素是构成物流系统的最基本的内容。其中，分拣、运输和转移是生产物流系统的主要功能要素，它们与生产车间现场的作业对象、作业人员、作业设施、设备、工具和手段、作业信息等直接关联。

面向生产物流过程的物流管理系统的控制要素指物流管理中的所有活动和能力。物流系统的控制要素在整个制造执行过程中起着对物流的规划、调度、流转、指挥和干预性的功能作用；同时还与物流系统外部的边界要素实施协同，达到保障物流系统功能要素持续发挥作用的目的。

生产物流系统构成中还隐含有企业组织、人员和信息,这三者构成了生产物流系统的基础要素,即生产物流系统是企业中"人-机-信息系统"。在由物流对象、物流设施设备、信息和人员组成的物流系统中,物流管理者和物流作业者运用有形的物流设施、设备和工具,以及无形的思想、方法、信息作用于物流对象,形成一系列物流活动。在这一系列物流活动中,人是系统的主体,因而在研究和开发生产物流系统时,必须把人和物这两个因素有机地结合起来。事实上,在离散制造企业的生产过程信息化中,生产物流管理系统是最复杂的,也是最难有效完成的两化深度融合任务。

(4) 物流管理过程描述

基于物流管控效率需求,将车间物流系统分为三个具有不同时间管理节拍的、逐步实现全局求精的物流管理子系统,即工位物流管理、工艺物流管理、全局物流管理(或称物流调度)三个子系统,集成起来支撑制造执行系统生产作业的调度系统。

1)工位物流也称主线物流,即车间在制品分批或集中地通过"车辆+容器"的方式,沿车间主要通道,以各"加工岛工位"或"加工区工位"为目的地的生产物流方式。工位物流包括将加工后在制品从"加工岛工位"或"加工区工位"分批或集中地输送到测试、装配或立体化仓库的物流。

要求:按照车间调度指令,做好准备工作,包括分拣、贴标、转载、运输、卸载、继续、完成。每次卸载后,应立即向车间调度系统发出工位物流报告。此处应引入自动运输设备,如 AGV。

2)工艺物流也称支线物流或岛内物流,包括某两个工艺连续的、相邻岛间的物流。工艺物流模式的现行情况为"人工+钓链/起重设备",应面向数字化车间建设需求,引入机械化、半自动化、可分段连续流动的物流装备,如自动化输送辊道和桁架机器人。

工艺物流是主线物流的分支,是主线物流在加工岛/区内的延续。包括主线物流的再分解、再转序和再定位。

3)物流调度属于制造执行系统中的生产调度与排程的一个子功能。即车间调度人员基于当期生产计划要求和工艺路线要求,制定出相应的在制品物流方案,并下发给工位物流操作人员;在该物流方案执行过程中,根据需要进行实时指挥或变更,保持车间生产物流状态符合当前的车间生产计划要求。

2. 主要功能

基于平行管理的原理,生产物流管理信息化由三个平行运作的过程构成,自顶向下为:信息系统过程、人的行为过程和物理变化过程。基于上述三个子系统的定义,设计生产过程物流信息化系统功能组成如图17-29所示。

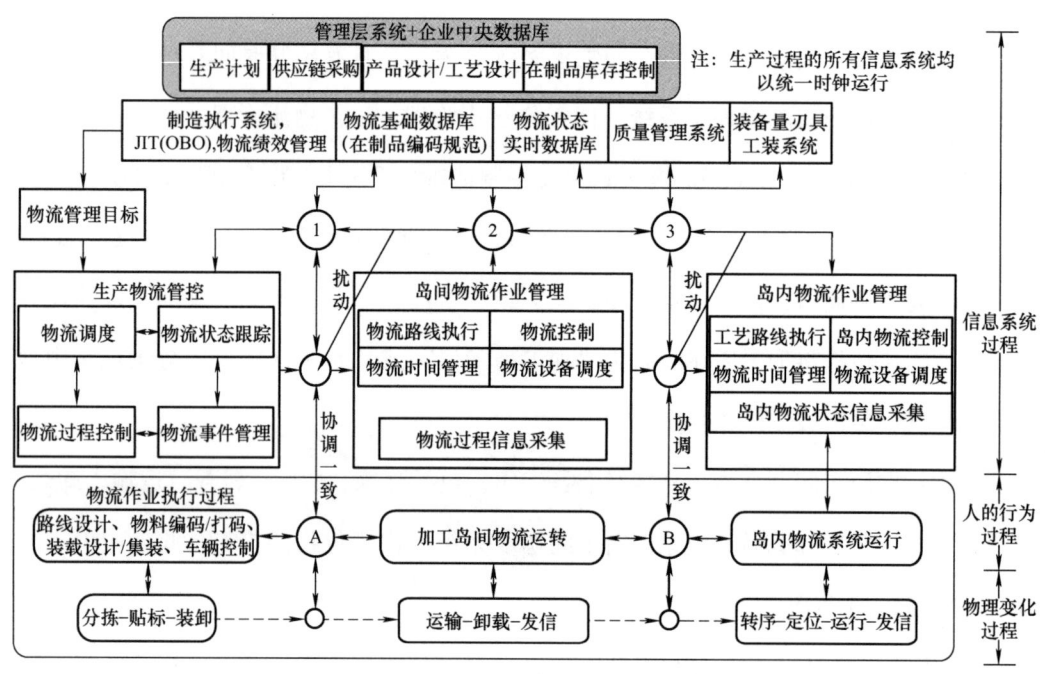

图17-29 加工车间生产物流信息化系统原理

图17-29所示的加工车间生产物流信息化系统由生产物流管控(基于生产过程作业调度)、岛间物流作业管理和岛内物流作业管理三个子系统构成。它们各自功能的执行决定了管理和控制生产物流运行的信息系统过程,并与生产车间环境中所有物流相

第17章 控制阀智能制造

关人员的行为过程、生产现场在制品物理变化过程并行运行。

（1）生产物流管控

生产物流管控内含物流调度、物流过程控制、物流状态跟踪和物流事件管理四个功能模块。其中，物流调度主要是按照生产作业组织和排程，确定全车间物流配送方案。物流过程控制通过获取当前生产物流情况，及时发现计划与实际的差异，采取干预措施，控制或调整生产物流运行过程；物流过程控制以反馈控制为主，实施物流的事中控制。物流状态跟踪则是利用物流过程感知设备和技术，实时获取物流过程的当前状态，为物流过程控制提供决策依据；物流状态跟踪是物流管控的高级措施，主要是按照作业排程和调度方案，通过现场巡视和收取各工位智能终端信息，监视和跟踪物流的运行状态，为生产作业计划和调度方案的调整做好信息准备。物流事件管理则是基于事先规定的生产物流运行规则，对发生的意外事件给予处理，使生产物流状态尽快恢复。生产物流管控子系统数据输入输出见表17-14。

表17-14 生产物流管控子系统数据输入输出

序号	功能	输入数据	数据时态	输出数据
1	物流调度	物料需求（来自制造执行信息化系统-生产过程作业调度-调度指令优化和调整）	初始输入	
		物料库存（来自ERP系统）	初始输入	
		物流设施状态	运行输入	
		事件报告	运行输入	
		物流异常报告	运行输入	
2	物流过程控制	物流调度指令	运行输入	
			运行输出	物流控制指令（发至岛间物流作业管理-物流设备管理）
3	物流事件管理		运行输出	事件报告
			运行输出	事件分析与统计
4	物流状态跟踪	物流调度指令	运行输入	
		物流状态	运行输入	
		事件报告	运行输入	
		事件分析与统计	运行输入	
			运行输出	物流异常报告

(2) 岛间物流作业管理

岛间物流作业管理内含物流路线执行、物流时间管理、物流控制、物流设备调度和物流过程信息采集五个功能模块。物流路线执行，基于工艺路线和产品制造执行信息，按照当前生产作业调度指令，提出新的物流路线或改变当前物流路线，并通知转序人员及时设置新的物流进程节点，是对物流过程中，管理基于工艺路线的工位间物料转序作业；物流时间管理，获取物流过程当前位置和时间，与事先规定的物流路线各节点到达时间相比照，做出当前及以后的物流过程新的时间表；物流控制和物流设备调度这两个功能相结合，通过物流控制指令来调度或控制物流设备的起/停/转/进等行为方式，以配合物流路线执行和物流时间管理的指令执行；物流过程信息采集即通过布设于规定的物流路线上的位置传感器，以及被运送的在制品上贴敷的物料信息标签，自动或半自动/手动读取物料信息，并输入到加工岛智能终端之中，再通过车间计算机上传至车间服务器。岛间物流作业管理子系统数据输入输出见表17-15。

表17-15　岛间物流作业管理子系统数据输入输出

序号	功能	输入数据	数据时态	输出数据
1	物流路线执行	物流调度指令：物料、数量、位置、起止时间、起止点（来自制造执行信息化系统-生产过程作业调度）	初始输入	
			初始输入	物流设备调度指令
			初始输入	物料及路线指令
2	物流设备调度	物料及路线指令	运行输入	
		物流设备调度指令	运行输入	
			运行输出	设备运载任务及时间要求
3	物流控制	物料及路线指令	运行输入	
		设备运载任务及时间要求	运行输入	
			运行输出	物流状态（驱动物流过程感知装置）
4	物流时间管理	物流调度指令：物料、数量、位置、起止时间、起止点（来自制造执行信息化系统-生产过程作业调度）	运行输入	
		设备运载任务及时间要求	运行输入	
			运行输出	物流状态（驱动物流过程感知装置）

第17章 控制阀智能制造

(续)

序号	功能	输入数据	数据时态	输出数据
5	物流过程信息采集	物流状态（来自自动感知装置）	运行输入	
		工位信息（来自各工位的智能终端）	运行输入	物流状态报告（发至制造执行信息化系统-生产过程作业调度）

(3) 岛内物流作业管理

岛内物流也称工艺物流，主要操纵加工岛内多台加工设备之间的物流设备（自动化辊道、桁架机器人等）执行岛内物流运行。

工艺物流信息化的目的是通过引入机械化、半自动化、可分段连续流动的物流装备，如自动化辊道和桁架机器人，改变加工岛内"人工＋钓链/起重设备"的工件移动方式，提高关键工艺执行过程的效率和质量，提高生产效率。

为此，需构建由数控设备、桁架机器人、自动输送机构组成的柔性生产单元，通过柔性单元内部和单元之间的柔性，解决数字化制造过程的柔性问题；在生产管理模式上，结合精益生产管理模式，开发制造执行系统，实现与上下游系统的信息协同，提升和优化车间管理方式和管理效率；在过程数据采集上，通过光电传感器件的使用，实现过程数据的实时采集和传输；在质量控制上，通过数字化监测设备和单元，实现质量控制的自动化和数字化，保障制造过程的质量要求。

3. 智能制造能力成熟度要求

建立标准化、规范化物流运营体系，实现基于信息系统的物流业务数字化管理，实现基于网络化的物流信息系统集成。基于数据全面集成共享及建模分析，实现物流过程透明化及业务活动的优化；基于感知、学习和推理判断，实现物流系统决策执行过程的自优化和自决策。

1）根据运输订单和经验，制定运输计划并配置调度。

2）对车辆和驾驶员进行统一管理。

3）对物流信息进行简单跟踪。

4）建立标准化、规范化物流运营体系，通过运输管理系统实现订单、运输计划、运力资源、调度等的管理。

5）通过电话、短信等形式反馈运输配送关键节点信息给管理人员。

6）通过仓储管理系统和运输管理系统的集成，整合出库和运输过程。

7）实现运输配送关键节点信息跟踪，并通过信息系统将信息反馈给客户。

8）通过运输管理系统，实现拼单、拆单等功能。

9）实现生产、仓储配送（管道运输）、运输管理多系统的集成优化。

10）实现运输配送全过程信息跟踪，对轨迹异常进行报警。

11）基于模型，实现装载能力优化以及运输配送线路优化。

17.5 制造维度

制造是实施智能制造的主体，合理的制造执行会充分提高人机效率。制造维度主要涉及制造资源数字化、排程调度和制造执行等。

17.5.1 业务问题及解决思路

制造过程主要包括毛坯备料过程、零件加工过程、整机装配过程、包装发运过程和生产质量管理过程。

面向大规模小批量个性化定制模式，客户需求日益多样，产品结构日趋复杂，企业制造工艺、检测方法、原材料、零部件、整机、设备加工能力、人员操作技能和生产管理方法的通用性正在逐步缩小，而需要个性化采购、制造、协同、装配和检测的市场订单却越来越多，由此产生的反向差距也正在拉大。并且市场个性化定制程度越深、客户定制批量越小、企业定制规模越大，这种反向差距就越大、越突出，也成了新常态。客户需求的个性和多变，使得产品数据、计划指令的变更频率呈上升态势，制造材料、制造装备和装配部件的采购越来越全球化，进而使得产前准备业务更加离散、更加广泛、更加长期，导致企业生产过程的组织和执行不得不面对更多的不确定性、多样性和复杂性。企业物资采购部门、生产技术部门、质保保证部门、生产部门的管理压力和执行压力随之快速倍增。

面对短期交货要求、客户需求多样、产品结构复杂、制造工艺个性、产品数据多变、物资采购离散、设备能力不足、人员技能不够和计划模式陈旧等新现状，企业生产部门如何更好协同研发部门、工艺部门、采购部门、铸造部门、质量保证部门、财务部门、人力资源部门和外部协同单位，灵活调度人力、财力、物力和信息资源，高效组织毛坯备料、零件加工、整机装配、检验试验、包装发运等生产过程，确保按合同交货日期准时交付满足客户个性要求的高质量定制产品，同时保持个性化定制产品生产成本的相对稳定，是摆在企业生产部门和所有管理人员面前的一项巨大挑战。面对这一挑战，企业在制造维度上主要有如下几个核心业务问题：一是如何确保生产全过程可视，二是如何确保生产全过程有序，三是如何确保全生产过程受控。

业务问题1：如何确保生产全过程可视

可视就是看得见，即以一种简单实用、通俗易懂的模块化方式，让各类原本看不见或难以看见的生产过程信息通过友好的计算机软件界面展示出来，以便于生产人员直观、清楚、毫不费力地理解和掌握生产状态，从而更加实时、更加科学地做出管理决策或操作行为。从而降低生产管理难度、简化生产管理过程、减少制造执行成本、提高制造执行效率。

从生产过程角度，企业如何基于信息系统实现毛坯备料、零件加工、整机装配、检验试验和包装发运等业务过程的可视？

从设备管理角度，企业如何基于信息系统实现生产设备、检测设备、物流设备等设备状态的可视？

从生产物料角度，企业如何基于信息系统实现生产物料进度状态、质量状态、位置状态的可视？

从产品数据角度，企业如何基于信息系统实现零部件信息、物料清单、设计图样、工艺文件、材料定额、数控程序、检测规划等产品数据的可视？

从绩效管理角度，企业如何基于信息系统实现操作者工时、外部协同加工费用、内部协同加工费用、生产成本、质量合格率等绩效数据的可视？

从生产管理角度，企业如何基于信息系统实现设备排班、人员排班、工位作业负荷、质量异常、物料异常、设备异常、进度异常、产品数据异常等管理要素的可视？

解决思路：从生产过程来看，要基于制造执行系统（MES）构建适用于毛坯备料、零件加工、整机装配、检验试验和包装发运等生产过程的各级作业单，通过开发友好的软件功能界面实现各级作业任务的可视。

从设备管理来看，要借助设备监控系统全面实现生产设备联网，通过开发友好软件功能界面实现生产、检测、物流、仓储等设备状态的可视。

从生产物料来看，要基于制造执行系统（MES）全面采集生产过程数据，通过开发友好的软件功能界面实现生产物料进度状态、质量状态、位置状态的可视。

从产品数据来看，要做好制造执行系统（MES）与产品全生命周期管理系统（PLM）的集成应用，通过开发友好的软件功能界面实现零部件信息、物料清单、设计图样、工艺文件、材料定额、数控程序、检测规划等产品数据的可视。

从绩效管理来看，要基于制造执行系统（MES），通过构建各类适用的模块统计分析模型，实现操作者工时、外部协同加工费用、内部协同加工费用、生产成本、质量合格率等绩效数据的可视。

从生产管理来看，要基于制造执行系统（MES）采集生产过程数据，开发友好的软件功能界面实现设备排班、人员排班、工位作业负荷、质量异常、物料异常、设备异常、进度异常、产品数据异常等管理要素的可视。

业务问题2：如何确保生产全过程有序

有序就是有顺序，就是要在"可视"的基础上，以一种简单实用、直观有效的模块化方式，让各类原本没有顺序或难以有序化的生产任务通过友好的计算机软件功能界面有序地展示出来，以便于生产人员直观、清楚、轻松地理解、掌握和执行有序化的生产指令，从而提高订单在部门之间、车间之间、班组之间、工位之间的协同执行能力，提高生产资源、生产资金、产能利用的合理性，缩短个性定制产品制造周期，确保合同有序履约、产品有序交付。

从生产过程角度，企业如何基于信息系统实现毛坯备料、零件加工、整机装配、检验试验和包装发运等业务过程整体有序？

从部门协同角度，企业如何基于信息系统实现采购部门、财务部门、毛坯铸造部门、机加部门、装配部门、质量保证部门、外协加工单位、生产技术部门以及产品研发部门之间协同有序？

从生产班组角度，企业如何基于信息系统实现生产班组之间协同有序？

从生产工位角度，企业如何基于信息系统实现工位协同有序？

从物料投放角度，企业如何基于信息系统实现原材料投放有序？

从设备利用角度，企业如何基于信息系统实现生产设备利用有序？

从资金使用角度，企业如何基于信息系统实现资金利用有序？

解决思路：要确保生产全过程整体有序，就要开发、完善和持续优化制造执行系统（MES）的各级作业单（软件功能模块），包括部门级作业单、车间级作业单、班组级作业单、工位级作业单。各级作业单要始终以生产计划为中心，依据计划开始时间或计划完成时间自动排定作业任务的优先顺序，作为各级执行者的带有优先顺序的作业指令。

通过全面统一应用各级作业单功能，确保毛坯备料过程、零件加工过程、整机装配过程、外协加工过程、物料转运过程、质量检测过程和包装发运过程整体有序。确保部门之间、车间之间、班组之间、工位之间整体有序，确保物料投放、设备利用、资金使用和人员利用整体有序。

业务问题3：如何确保全生产过程受控

受控就是所有生产活动都要受控于生产管理中心，就是要在"可视"和"有序"

的基础上，让高级生产管理人员能够在宏观层面上根据交期临近和实际生产进度，以一种简约灵活、富有弹性的模块化方式，有的放矢地暂停、放行或调控各级作业任务，灵活调控订单生产优先级，进而使各类原本无法控制或难以控制的生产任务都能够自动受控于制造执行系统（MES）的各级作业单。所有部门级、车间级、班组级、工位级作业任务，以及平行协同、上下协同和内外协同，都要统一受控于生产宏观调控措施。调控措施要张弛有度，调控指令要直达工位、全面自动响应，以此控制生产活动向计划进度回归。这是在生产管理上进一步进行"质"的提升。

从生产过程角度，企业如何基于信息系统实现毛坯备料、零件加工、整机装配、检验试验和包装发运等业务过程整体受控？

从部门协同角度，企业如何基于信息系统实现采购部门、财务部门、毛坯铸造部门、机加部门、装配部门、质量保证部门、外协加工单位、生产技术部门以及产品研发部门之间协同受控？

从生产班组角度，企业如何基于信息系统实现生产班组之间协同受控？

从生产工位角度，企业如何基于信息系统实现工位协同受控？

从变更管理角度，企业如何基于信息系统实现产品设计、制造工艺、检测方法、生产计划等业务变更在全生产过程受控？

从物料投放角度，企业如何基于信息系统实现原材料投放受控？

从设备利用角度，企业如何基于信息系统实现生产设备利用受控？

从资金使用角度，企业如何基于信息系统实现资金利用受控？

解决思路：通过制造执行系统宏观调控"当日可开工任务窗口"大小，将每日可开工任务调控在特定范围之内，保证部门级、车间级、班组级、工位级在特定时间段内执行指定的作业任务，保证平行协同、上下协同和内外协同的一致性，防止过早开工和滞后开工。避免不合理占用和消耗物料、人员、机器、场地、器具、时间等生产资源，高级别规避生产资源争用，盘活并有效利用可用产能和生产资金。进一步优化作业任务有序性、提升生产过程协同性，进一步提高生产资源、生产资金、产能利用的合理性,进一步降低生产成本、缩短制造周期、提高产品质量。

通过统一的、柔性的宏观调控措施和有序的、受控的各级作业单,确保毛坯备料、零件加工、整机装配、检验试验和包装发运等业务过程整体受控,确保采购部门、财务部门、毛坯铸造部门、机加部门、装配部门、质量保证部门、外协加工单位、生产技术部门、产品研发部门之间协同受控,确保产品设计、制造工艺、检测方法、生产计划等业务变更在全生产过程受控,确保原材料投放、生产设备利用和生产资金使用受控。

总体来讲,解决方法如下:

首先,要实现生产工位全员计算机化。就是要通过设计和定制,并向制造工位集成工业计算机(工位数字化看板)或手持终端推送相关数据,确保毛坯备料、零件加工、整机装配、检验试验和包装发运等所有制造工位都有计算机可用。确保全生产过程人人都有计算机可用是操作者和信息系统交互的硬件基础,也是实现智能制造的立足点。

其次,要实现生产车间全范围网络化。就是要以工位、车间、厂房为单位,依次构建工业计算机网络。确保每个工位、每个车间、每个厂房都要有计算机网络可用。网络形式可包括有线网络、无线网络、移动网络。就是要以各类信息系统为工具,将所有生产设备接入计算机网络,将所有工业计算机接入计算机网络,确保全生产过程处处都有计算机网络,实现生产车间全员网络化,为企业实施和应用制造执行系统(MES)奠定网络基础。

再次,要实现生产过程全要素数字化。就是要面向生产工位、生产班组、生产车间、生产部门,研究、分析、规划、开发、实施和持续优化集成的制造执行系统(MES),确保全生产过程、全生产要素都能享受制造执行系统带来的工作便利和效率提升。就是要通过制造执行系统全面呈现作业任务、产品数据、制造工艺、检测方法和时限要求。就是要通过制造执行系统全向采集生产过程数据,监控任务状态、设备状态、物流状态和质量状态。就是要通过制造执行系统实时在线跟踪订单生产进度、追溯产品制造过程和调度生产资源。就是要通过制造执行系统全面替代人力，在线统计和分析生产绩效、自动汇编和输出产品报告。

最后，要实现生产过程管理智能化。就是要始终以生产计划为中心，结合产品制造工艺和车间实际产能，有节制地自动生成各级作业任务序列（部门级、车间级、班组级、工位级），弹性调控各级作业任务有序执行。就是要通过制造执行系统实时监控各级作业任务的执行状态，自动预警进度异常、设备异常、质量异常、物流异常、仓储异常、设计异常、工艺异常和资金异常，在线受理和处置各类生产异常、监督并使异常处理结果按原路返回生产现场。就是要以制造执行系统为生产管理核心抓手，降低生产管理难度、简化生产管理过程、提高生产管理技能、增强生产状态感知、提升生产调度时效、提高生产资源利用率。

17.5.2 主要系统

制造维度主要信息系统见表17-16。

表17-16 制造维度主要信息系统

主要信息系统	主要用户	主要用途
制造执行系统（MES）	生产人员和生产管理人员	个性化订单制造执行与管理
分布式数控系统（DNC）	生产人员和工艺设计人员	数控加工程序上传、下载和共享
数控机床监控系统（MDC）	生产人员和生产管理人员	数控机床数据采集和状态监控
热处理炉监控系统	生产人员和生产管理人员	热处理炉温数据采集和监控
生产质量管理系统	生产人员、生产管理人员、质量管理人员	管理个性化订单生产质量
工装管理系统	工艺设计人员、生产人员、工装管理人员	管理工装台账、生命周期、检维修、申领、报废等
刀具管理系统	工艺设计人员、生产人员、刀具管理人员	管理刀具台账、生命周期、检维修、申领、报废等
计量器具管理系统	工艺设计人员、生产人员、量具管理人员	管理量具台账、生命周期、检维修、申领、检定、报废等
外协加工管理系统	生产管理人员、外协单位	管理整机或零部件外部协同加工过程

其中，制造执行信息化系统功能组成如图17-30所示。

第17章 控制阀智能制造

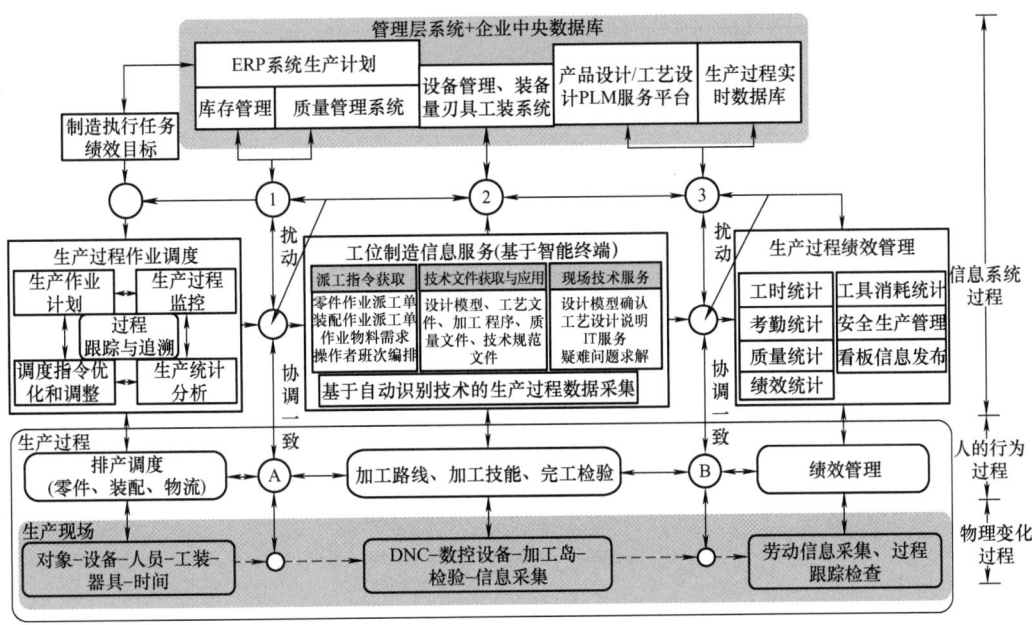

图 17-30 制造执行信息化系统功能组成

1. 生产过程作业调度子系统

生产过程作业调度子系统数据输入输出见表 17-17。

表 17-17 生产过程作业调度子系统数据输入输出

序号	功能	输入数据	数据时态	输出数据
1	生产作业计划	来自 ERP 系统的生产计划数据、外协采购计划数据,以及工艺设计文件、劳动力状态表和设备状态报告	初始输入	
			运行输出	基于产能的生产计划明细(周)
		来自生产作业调度功能的修改的调度方案、制造执行调度方案(作业派工明细表)	运行输入	
			运行输出	基于产能的生产计划明细
		来自生产统计分析的制造执行数据(周/月统计)(来自生产统计分析功能)	运行输入	
2	调度指令优化和调整	基于产能的生产计划明细	初始输入	
		工艺设计文件、劳动力状态表和设备状态报告	初始输入	
			运行输出	修改的调度方案(日)

(续)

序号	功能	输入数据	数据时态	输出数据
2	调度指令优化和调整	制造执行调度方案（作业派工明细表）	运行输入	
			运行输出	生产物流指令，发至生产物流管理信息化—基于作业调度的物流管控—物流调度
		调度作业执行状态明细表（来自过程跟踪与追溯功能）	运行输入	
		制造执行数据（日统计）（来自生产统计分析功能）	运行输入	
3	生产过程监控	生产过程状态现场督查（基于智能终端）信息	运行输入	
			运行输出	生产过程状态及问题
		调度执行过程现场核实信息	运行输入	
4	过程跟踪与追溯		运行输出	调度作业执行状态明细表
		工序执行过程现场核实（基于智能终端）信息	运行输入	
			运行输入	
			运行输出	工序执行状态
			运行输出	工艺路线运行状态
5	生产统计分析	工序执行状态（来自过程跟踪与追溯功能）	运行输入	
		工艺路线运行状态（来自过程跟踪与追溯功能）	运行输入	
		调度作业执行状态明细表（来自过程跟踪与追溯功能）	运行输入	
			运行输出	制造执行数据（日统计）
			运行输出	制造执行数据（周/月统计）

2. 工位制造信息服务子系统

工位制造信息服务子系统数据输入输出见表 17-18。

第17章 控制阀智能制造

表17-18 工位制造信息服务子系统数据输入输出

序号	功能	输入数据	数据时态	输出数据
1	派工指令获取	零件作业派工单（来自生产过程作业调度子系统的调度指令优化和调整功能）	初始输入	
		装配作业派工单（来自生产过程作业调度子系统的调度指令优化和调整功能）	初始输入	
		物流作业派工单（来自生产过程作业调度子系统的调度指令优化和调整功能）	初始输入	
		车间作业排班表	初始输入	
		作业协调请求（来自现场技术服务功能）	初始输入	
		物流搬运请求（来自现场技术服务功能）	初始输入	
		设备故障报告（来自现场技术服务功能）	初始输入	
			运行输出	派工指令确认（至生产过程作业调度子系统的调度指令优化和调整功能）
2	现场技术服务		运行输出	作业协调请求（至派工指令获取）
			运行输出	物流搬运请求（至派工指令获取）
			运行输出	设备故障报告（至派工指令获取）
			运行输出	工艺说明请求
			运行输出	模型说明请求
			运行输出	IT服务请求
3	技术文件获取与应用	产品设计模型（基于智能终端——PLM服务平台，来自产品数字化设计与制造）	运行输入	
		产品工艺文件（基于智能终端——PLM服务平台，来自产品数字化设计与制造）	运行输入	
		CAM加工代码（基于智能终端——PLM服务平台，来自产品数字化设计与制造）	运行输入	
		质量管理文件（基于智能终端——PLM服务平台，来自产品数字化设计与制造）	运行输入	
		技术规范文件（基于智能终端——PLM服务平台，来自产品数字化设计与制造）	运行输入	
			运行输出	实际加工代码（至DNC网络——数控设备）
			运行输出	文件使用日志（至车间服务器——数据库）

(续)

序号	功能	输入数据	数据时态	输出数据
4	生产过程数据采集	设备状态信息采集（来自制造装备管理信息化系统）	运行输入	
		生产物流状态信息采集（来自生产物流管理信息化系统）	运行输入	
		工序质量数据采集（来自质量管理系统的在线检测）	运行输入	
			运行输出	设备状态通知（至生产过程作业调度子系统的调度指令优化和调整功能）
			运行输出	批次号、图号、名称、数量、实际开工时间、实际完工时间、设备、操作者（至生产过程作业调度子系统的调度指令优化和调整功能）
			运行输出	工序质量数据（至生产过程作业调度子系统的调度指令优化和调整功能；至质量管理系统——在线检测功能）

3. 生产过程绩效管理子系统

生产过程绩效管理子系统数据输入输出见表17-19。

表17-19 生产过程绩效管理子系统数据输入输出

序号	功能	输入数据	数据时态	输出数据
1	工时统计	批次号、图号、数量	初始输入	
		工艺过程路线（工序数、每工序准备时间、每工序加工时间、每工序的加工设备类型）	初始输入	
		质量统计明细（来自质量统计）	运行输入	
			运行输出	工时统计明细
2	质量统计	工序质量数据	运行输入	
			运行输出	质量问题处罚单
			运行输出	质量统计明细
3	安全生产管理	安全管理细则	运行输入	
		违规行为记录	运行输入	
			运行输出	安全违规处罚单
			运行输出	安全生产违章统计明细

第17章 控制阀智能制造

（续）

序号	功能	输入数据	数据时态	输出数据
4	工具消耗统计	工具消耗指标	运行输入	
			运行输出	安全生产违章统计明细
			运行输出	工具消耗记录
5	考勤统计		运行输出	考勤统计明细
6	绩效统计		运行输出	月度绩效统计结果
7	看板信息发布	质量统计明细	运行输入	
		工时统计明细	运行输入	
		考勤统计明细	运行输入	
		安全生产违章统计明细	运行输入	
		安全生产违章统计明细	运行输入	
		月度绩效统计结果	运行输入	
			运行输出	看板信息

17.5.3 主要集成

1. MES 集成生产计划管理系统

MES 集成生产计划管理系统如图 17-31 所示。

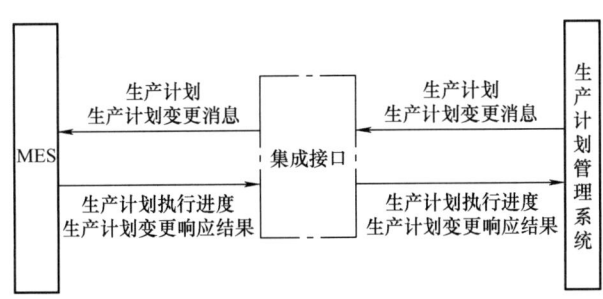

图 17-31 MES 集成生产计划管理系统

注：生产计划主要包括零件加工计划、整机装配计划。

MES 集成生产计划管理系统主要用于提高生产制造人员对个性化订单产品生产计划的获取效能，主要作用于制造执行过程。

本集成使得生产人员能够在 MES 环境下直接打开个性化订单产品的毛坯铸造计

划、零件加工计划、整机装配计划、包装发运计划、质量见证督查控制点以及合同技术参数和要求（源自生产计划系统），方便生产人员组织和执行个性化订单产品生产任务；避免生产制造人员在 MES 工作界面和生产计划管理系统工作界面之间频繁切换，减少了生产制造人员与生产计划人员之间的沟通工作量，使生产制造人员能够更加致力于个性产品生产过程，而不是忙于生产指令查询、生产进度反馈等人机或人人交互过程；同时，使得 MES 能够直接向生产计划管理系统反馈产品生产状态，直接接收来自生产计划管理系统的计划变更。本集成提高了产品生产效率，缩短了产品生产周期，降低了产品生产成本。

2. MES 集成采购管理系统

MES 集成采购管理系统如图 17-32 所示。

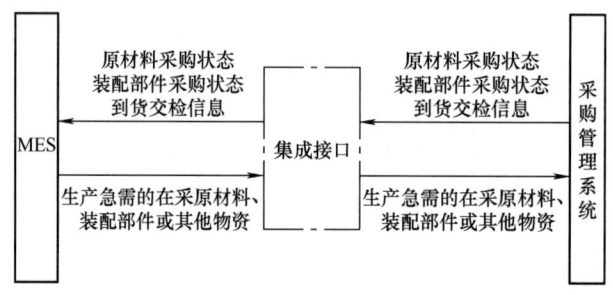

图 17-32　MES 集成采购管理系统

MES 集成采购管理系统主要用于提高生产制造人员对个性化订单产品制造原材料和外购零部件采购进度的监控效能，主要作用于制造执行过程。

本集成使得生产人员能够在 MES 环境下直接查看个性化订单产品制造原材料和外购零部件的采购状态（源自采购管理系统），包括物资编码、物资名称、采购数量、供应商、计划到货日期、预计到货日期、当前采购状态等信息，方便生产人员掌握、组织和执行个性化订单产品生产任务；避免生产制造人员在 MES 工作界面和采购管理系统工作界面之间频繁切换，减少了生产制造人员与物资采购人员之间的沟通工作量，使生产制造人员能够更加致力于个性产品生产过程，而不是忙于采购状态查询、采购进度沟通等人机或人人交互过程；同时，使得 MES 能够直接向采购管理系统反馈产品生产急需物资，直接接收来自采购管理系统的到货交检信息。本集成提高了产品生产效率，缩短了产品生产周期，降低了产品生产成本。

3. MES 集成铸造管理系统

MES 集成铸造管理系统如图 17-33 所示。

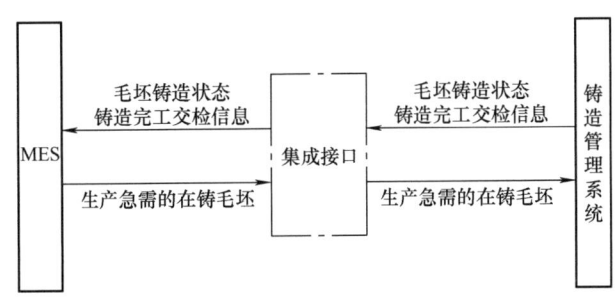

图 17-33　MES 集成铸造管理系统

MES 集成铸造管理系统主要用于提高生产制造人员对个性化订单产品零件毛坯铸造进度的监控效能，主要作用于制造执行过程。

本集成使得生产人员能够在 MES 环境下直接查看个性化订单产品零件毛坯的铸造状态（源自铸造管理系统），包括铸造批次号、毛坯图号、毛坯材质、工艺分类、计划数量、计划入库日期、预计入库日期、当前铸造状态等信息，方便生产人员掌握、组织和执行个性化订单产品零部件生产任务；避免生产制造人员在 MES 工作界面和铸造管理系统工作界面之间频繁切换，减少了生产制造人员与毛坯铸造人员之间的沟通工作量，使生产制造人员能够更加致力于个性产品生产过程，而不是忙于铸造状态查询、铸造进度沟通等人机或人人交互过程；同时，使得 MES 能够直接向铸造管理系统反馈产品生产急需毛坯，直接接收来自铸造管理系统的毛坯交检信息。本集成提高了产品生产效率，缩短了产品生产周期，降低了产品生产成本。

4. MES 集成库存管理系统

MES 集成库存管理系统如图 17-34 所示。

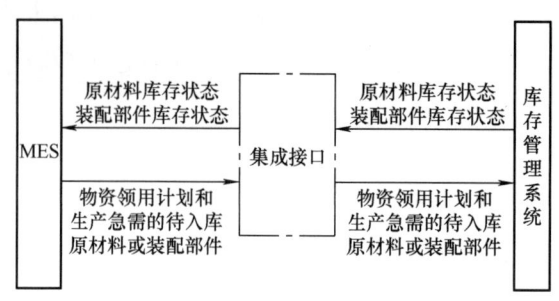

图 17-34 MES 集成库存管理系统

MES 集成库存管理系统主要用于提高生产制造人员对个性化订单产品制造原材料和零部件库存状态的监控效能，主要作用于制造执行过程。

本集成使得生产人员能够在 MES 环境下直接查看个性化订单产品制造原材料和零部件库存状态（源自库存管理系统），包括零件图号、名称、材质、工艺分类、库存数量、入库日期等信息，方便生产人员掌握、组织和执行个性化订单产品生产任务；避免生产制造人员在 MES 工作界面和库存管理系统工作界面之间频繁切换，减少了生产制造人员与库存管理人员之间的沟通工作量，使生产制造人员能够更加致力于个性产品生产过程，而不是忙于库存状态查询等人机或人人交互过程；同时，使得 MES 能够直接向库存管理系统反馈后续产品生产任务（方便库存管理人员提前齐套，提高出库效率），直接接收来自库存管理系统的紧急资源入库信息。本集成提高了产品生产效率，缩短了产品生产周期，降低了产品生产成本。

5. MES 集成物流管理系统

MES 集成物流管理系统如图 17-35 所示。

MES 集成物流管理系统主要用于提高个性化订单产品制造过程中的物料流动效能，主要作用于制造执行过程。

本集成使得生产人员能够在 MES 环境下直接监控个性化订单产品制造物流状态（源自物流管理系统），包括物资编码、名称、材质、工艺分类、数量、出发地、计划出发时间、实际出发时间、目的地、计划到达时间、实际到达时间、配送人员、配送

第17章 控制阀智能制造

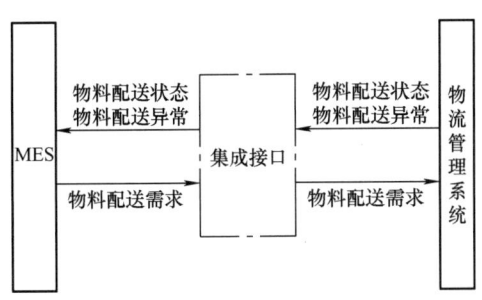

图 17-35　MES 集成物流管理系统

车辆等信息,方便生产人员掌握、组织和执行个性化订单产品生产任务;避免生产制造人员在 MES 工作界面和物流管理系统工作界面之间频繁切换,减少了生产制造人员与物流配送人员之间的沟通工作量,使生产制造人员能够更加致力于个性产品生产过程,而不是忙于物流状态信息获取等人机或人人交互过程;同时,使得 MES 能够直接向物流管理系统下发后续物流配送需求(方便物流管理人员调度物流,提高物流配送效率),直接接收来自物流管理系统的物流配送异常信息。本集成提高了产品生产效率,缩短了产品生产周期,降低了产品生产成本。

6. MES 集成设备管理系统

MES 集成设备管理系统如图 17-36 所示。

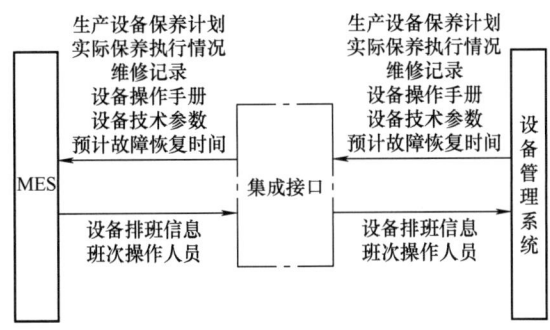

图 17-36　MES 集成设备管理系统

MES 集成设备管理系统主要用于提高生产制造人员对生产设备保养计划、实际保养执行情况、维修记录的监控效能,也用于提高生产制造人员对生产设备状态(关键、

1191

空闲、运行、报警)的监控效能,主要作用于制造执行过程。

本集成使得生产人员能够在 MES 环境下直接查看生产设备保养计划、实际保养执行情况、维修记录、设备操作手册、设备技术参数和设备状态(源自设备管理系统),包括设备编号、设备名称、设备型号、下次计划保养日期、最近保养日期、保养人员、保养内容等信息,方便生产人员监督落实全面设备保养计划,了解掌握设备利用状态;避免生产制造人员在 MES 工作界面和设备管理系统工作界面之间频繁切换,减少了生产制造人员与设备管理人员、设备维修保养人员之间的沟通工作量,使生产制造人员能够更加致力于个性产品生产过程,而不是忙于设备状态获取、设备保养计划查询等人机或人人交互过程;同时,使得 MES 能够直接向设备管理系统反馈设备排班信息、设备班次操作人员信息,直接读取来自设备管理系统的预计故障恢复时间。本集成提高了产品生产效率,缩短了产品生产周期,降低了产品生产成本。

7. MES 集成工装管理系统

MES 集成工装管理系统如图 17-37 所示。

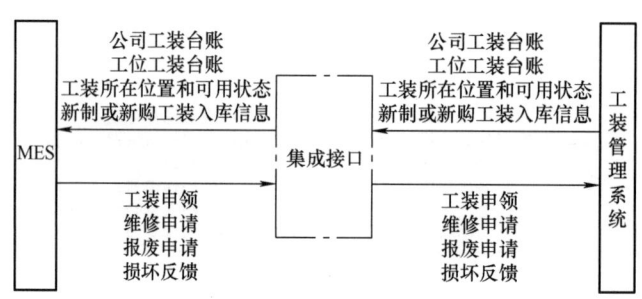

图 17-37 MES 集成工装管理系统

MES 集成工装管理系统主要用于提高生产制造人员对生产工装的管理和使用效能,主要作用于制造执行过程。

本集成使得生产人员能够在 MES 环境下直接查看执行生产任务所需的工装信息(源自工装管理系统),包括工装编号、工装型号、工装名称、可用数量、健康状态、

第17章 控制阀智能制造

所在位置、当前使用人、预计释放时间、工装设计图样等信息；能够在 MES 环境下直接查看公司工装台账、工位工装台账，直接发起工装申领流程、维修申请流程、报废申请流程，方便生产人员掌握工装状态；避免生产制造人员在 MES 工作界面和工装管理系统工作界面之间频繁切换，减少了生产制造人员与工装管理人员、工艺设计人员、工装占用人员之间的沟通工作量，使生产制造人员能够更加致力于个性产品生产过程，而不是忙于工装状态获取、申请领用、申请维修、申请报废等人机或人人交互过程；同时，使得 MES 能够直接向工装管理系统反馈工装损坏信息，直接读取来自工装管理系统的新制或新购工装入库信息。本集成提高了产品生产效率，缩短了产品生产周期，降低了产品生产成本。

8. MES 集成刀具管理系统

MES 集成刀具管理系统如图 17-38 所示。

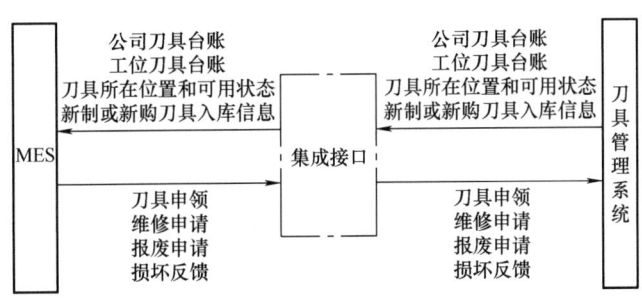

图 17-38　MES 集成刀具管理系统

MES 集成刀具管理系统主要用于提高生产制造人员对生产刀具的管理和使用效能，主要作用于制造执行过程。

本集成使得生产人员能够在 MES 环境下直接查看执行生产任务所需的刀具信息（源自刀具管理系统），包括刀具编号、品牌、型号、名称、可用数量、健康状态、所在位置、当前使用人、预计释放时间、刀具组合图样等信息；能够在 MES 环境下直接查看公司刀具台账、工位刀具台账，直接发起刀具申领流程、维修申请流程、报废申请流程，方便生产人员掌握刀具状态；避免生产制造人员在 MES 工作界面和刀具管理系统工作界面之间频繁切换,减少了生产制造人员与刀具管理人员、工艺设计人员、刀具占用人员之间的沟通工作量,使生产制造人员能够更加致力于个性产品生产过程,而不是忙于刀具状态获取、申请领用、申请维修、申请报废等人机或人人交互过程;同时,使得 MES 能够直接向刀具管理系统反馈刀具损坏信息,直接读取来自刀具管理系统的新制或新购刀具入库信息。本系统提高了产品生产效率,缩短了产品生产周期,降低了产品生产成本。

9. MES 集成计量器具管理系统

MES 集成计量器具管理系统如图 17-39 所示。

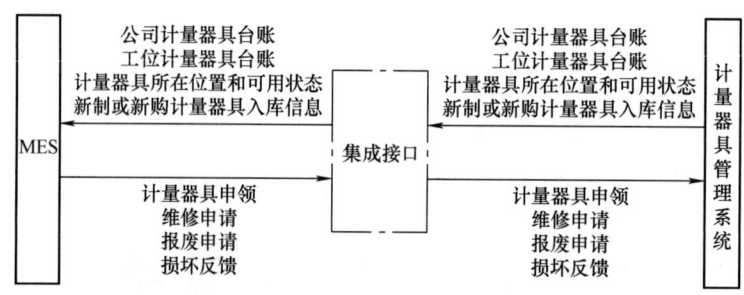

图 17-39　MES 集成计量器具管理系统

MES 集成计量器具管理系统主要用于提高生产制造人员对计量设备的管理和使用效能,主要作用于制造执行过程。

本集成使得生产人员能够在 MES 环境下直接查看监视和计量产品质量所需的计量设备信息(源自计量器具管理系统),包括计量器具编号、品牌、型号、名称、可用数量、健康状态、所在位置、当前使用人、预计释放时间、生命周期状态、操作说明书、技术参数等信息;能够在 MES 环境下直接查看公司计量器具台账、工位计量器具台账,直接发起计量器具申领流程、维修申请流程、报废申请流程,方便生产人员掌握计量器具状态;避免生产制造人员在 MES 工作界面和计量器具管理系统工作界面之间频繁切换,减少了生产制造人员与计量器具管理人员、工艺设计人员、计量器具占用人员之间的沟通工作量,使生产制造人员能够更加致力于个性产品生产过程，而不是忙于计量器具状态获取、申请领用、申请维修、申请报废等人机或人人交互过程；同时，使得 MES 能够直接向计量器具管理系统反馈计量器具损坏信息，直接读取来自计量器具管理系统的新制或新购计量器具入库信息。本集成提高了产品生产效率，缩短了产品生产周期，降低了产品生产成本。

本集成示例如图 17-40 所示。

	量具名称	规格型号	测量范围	准确度	编号	出厂编号	生产厂家	管理等级	使用者名称	标识	上次检验时间	量具状态
1	游标卡尺		(0-150)mm	0.02mm	1-2220	628073	成量	B	杜立忠	Z	2017-02-01 00:00:00.0	合格
2	游标卡尺		(0-200)mm	0.02mm	1-1761	1121112230	德国	B	杜立忠	Z	2017-06-01 00:00:00.0	合格
3	游标卡尺		(0-300)mm	0.02mm	1-1574	412-1089	上量	B	杜立忠	Z	2017-05-01 00:00:00.0	合格
4	长爪游标卡尺		(16-150)mm	0.02mm	22-34	C1211080434	桂林	B	杜立忠	Z	2017-03-01 00:00:00.0	合格
5	内径量表		(50-160)mm	0.01mm	17-168	1103128	哈量	B	杜立忠	Z	2017-04-01 00:00:00.0	合格
6	外径千分尺		(0-25)mm	0.01mm	6-2118		北量	B	杜立忠	Z	2017-06-01 00:00:00.0	合格
7	外径千分尺		(50-75)mm	0.01mm	6-723	9176	成量	B	杜立忠	Z	2017-01-01 00:00:00.0	合格
8	外径千分尺		(100-125)mm	0.01mm	6-727	1071524	哈量	B	杜立忠	Z	2017-05-01 00:00:00.0	合格
9	外径千分尺		(25-50)mm	0.01mm	6-730	97074	成量	B	杜立忠	Z	2017-04-01 00:00:00.0	合格
10	外径千分尺		(75-100)mm	0.01mm	6-747	91695	成量	B	杜立忠	Z	2017-01-01 00:00:00.0	合格
11	公法线千分尺		(25-50)mm	0.02mm	12-2040	7031	哈量	B	杜立忠	Z	2017-04-01 00:00:00.0	合格
12	数显深度尺		(0-300)mm	0.01mm	36-09	511005052JC	德国马尔	B	杜立忠	Z	2016-08-30 00:00:00.0	合格
13	内径量表		(0-5,18-35)mm	0.01mm	17-185	122886,1202016	哈量	B	杜立忠	Z	2017-02-01 00:00:00.0	合格
14	外径千分尺		(125-150)mm	0.01mm	6-760	146207	哈量	B	杜立忠	Z	2017-05-01 00:00:00.0	合格
15	外径千分尺		(200-225)mm	0.01mm	6-2092		瑞士	B	杜立忠	Z	2017-06-01 00:00:00.0	合格
16	外径千分尺		(175-200)mm	0.01mm	6-752	86267	成量	B	杜立忠	Z	2017-02-01 00:00:00.0	合格
17	外径千分尺		(150-175)mm	0.01mm	6-691	7102913	青量	B	杜立忠	Z	2017-06-01 00:00:00.0	合格
18	深游标卡尺		(0-200)mm	0.02mm	3-2041	891237	北量	B	杜立忠	Z	2017-08-12 00:00:00.0	合格

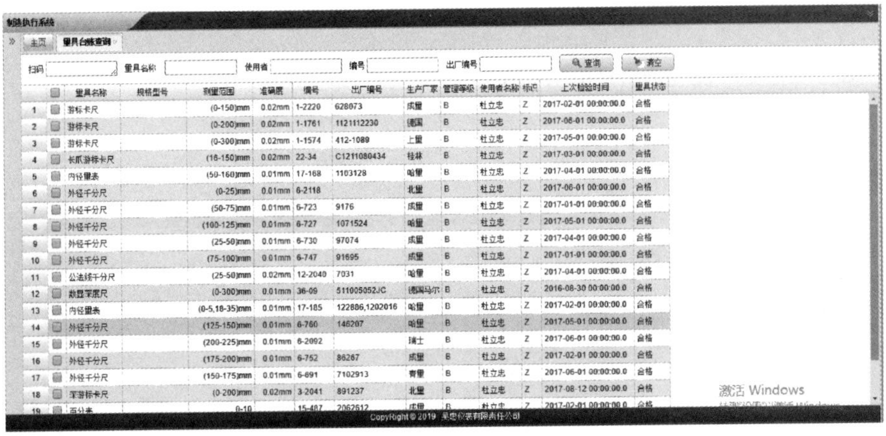

图 17-40　MES 集成计量器具管理系统示例

在上述集成示例中，生产现场的各类人员可以基于 MES，多条件在线查询计量器具的台账信息。

10. MES 集成热处理炉温监控系统

MES 集成热处理炉温监控系统如图 17-41 所示。

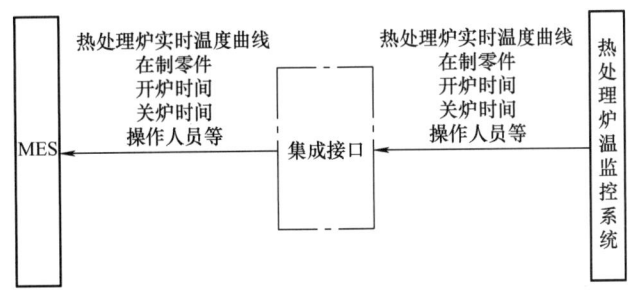

图 17-41　MES 集成热处理炉温监控系统

MES 集成热处理炉温监控系统主要用于提高生产制造人员对零部件热处理过程的

管理效能，主要作用于制造执行过程。

本集成使得生产人员能够在 MES 环境下直接监视零部件在热处理过程中的炉温变化情况信息（源自热处理炉温监控系统），包括零件名称、材质、数量、设备编号、装炉时间、装炉温度、保温温度、保温开始时间、保温时长、出炉时间、出炉温度等信息；能够在 MES 环境下直接查看零部件热处理开工信息和完工信息，方便生产人员掌握热处理进度状态，促进实物生产流动，输出零部件热处理报告。本集成提高了产品生产效率，缩短了产品生产周期，降低了产品生产成本。

本集成示例如图 17-42 所示。

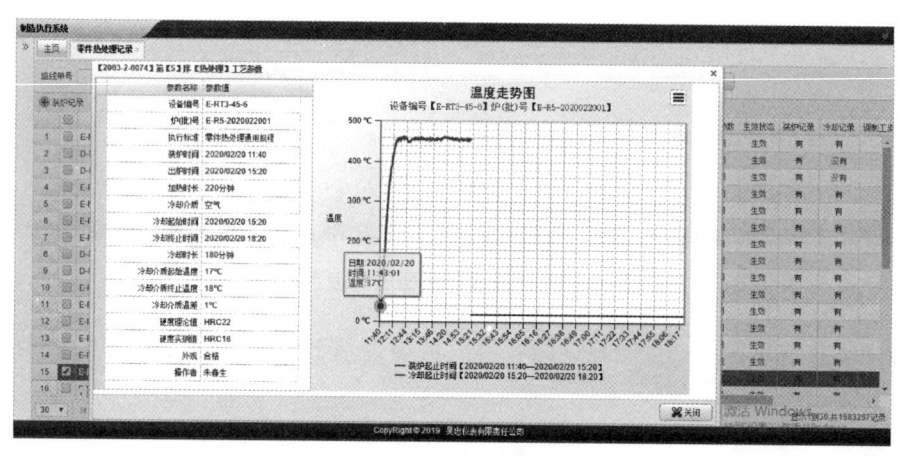

图 17-42　MES 集成热处理炉温监控系统示例

在上述集成示例中，生产现场的各类人员可以基于 MES，全天 24 小时不间断在线监控热处理炉的实时温度状态信息，通过温度监控控制零部件热处理过程质量。精准透明可视的炉温状态监控功能打破了热处理设备信息孤岛，填补了热处理工艺执行过程可视化在线监控空白，使得生产管理人员能够直观地洞察热处理炉温调控和工艺问题，更好地管理零部件热处理过程，更好地优化零部件处理工艺，是对热处理过程管理能力的重大提升。

11. MES 集成产品全生命周期管理系统

MES 集成产品全生命周期管理系统如图 17-43 所示。

第17章　控制阀智能制造

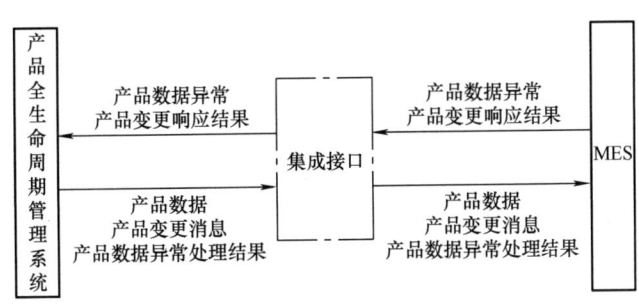

图 17-43　MES 集成产品全生命周期管理系统

MES 集成产品全生命周期管理系统主要用于提高生产制造人员对个性化订单产品的生产制造效能，主要作用于生产制造过程。

本集成使得生产制造人员能够在 MES 环境下直接从 PLM 中调阅和使用以产品设计图样、产品三维模型、工艺设计文件、数控加工程序、检测规划图样为代表的产品数据，撤除了图文档打印科室、纸质图文档库，减少了图文档耗材消耗，降低了废品制造率，增加了产品数据获取应用便捷性，精简了组织结构和产品数据管理流程，使产品制造全过程实现无纸化，大幅度提高了生产制造过程对产品数据的获取应用能力。本集成能够形成产品数据异常在线闭环管理。当生产现场发现产品数据异常时，可直接从 MES 实时在线采集生产现场发现的产品数据异常到产品全生命周期管理系统，自动追溯产品设计人并将其指定为产品数据异常受理人，在产品数据异常受理工作流发布时，再将产品数据异常处理结果自动交付给 MES 应用。本集成还能够形成产品数据变更闭环管理。当产品全生命周期管理系统端发起产品数据升版流程时，MES 端保持实时联动响应，自动向生产现场提示产品数据版本升级消息并控制旧版产品数据的继续使用，防止产品数据升级阶段的不确定性引起更多材料消耗和产能浪费。本集成提升了产品制造合格率，提高了产品生产效率，缩短了产品生产周期，降低了产品生产成本。

本集成示例如图 17-44 和图 17-45 所示。

在上述集成示例中，生产现场的各类人员可以基于 MES，通过扫描个性定制产品

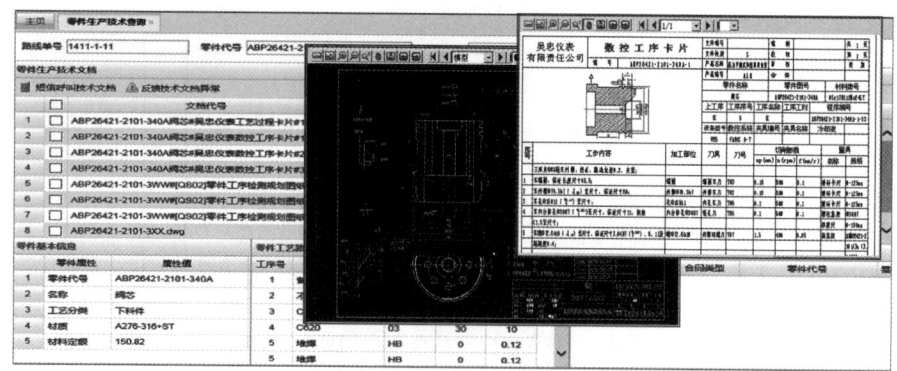

图 17-44　MES 集成产品全生命周期管理系统示例

材料定额: Φ90X100　工艺分类: 下料件　切制件数: 1　计划类型: 正常计划　毛坯图号:

1411-1-11	图号(名称)	ABP26421-2101-340A(阀芯)				材质	A276-316+ST	
	本批次领用量	1	累计领用量	1	计划数量	1	部门	0709	打印人	王江帆
	计划开始日期		计划结束日期		计划投料日期		打印日期	2020/02/20

合同号:

序号	工序	工时	操作者	合格	工废/料废	序号	工序	工时	操作者	合格	工废/料废
1	备料	0.0				12	标记	0.0			
2	热处理	5.0				13	清洁	0.0			
3	C620	25.0				14	检验	0.0			

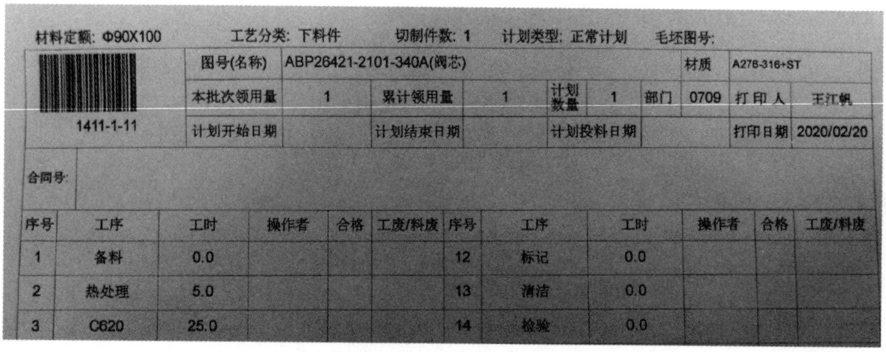

图 17-45　个性产品定制——零件生产批次号条码示例

零件的生产批次号条码，直接在线打开与之相关的产品数据（源自产品全生命周期管理系统），包括零件基本信息、材料定额、工时定额、工艺路线、产品设计图样、产品三维模型、工艺过程卡、数控工序卡、数控加工程序、检测规划图样，直接在线反馈产品数据异常、呼叫缺项产品数据。

产品数据在全生产过程的网络化应用方式彻底替代了以纸质媒介为载体的传统应用方式，消除了纸质产品数据管理环境下的图文档打印、装订、成套、下发、签收、借出、登记、规划等过程，不再需要设置图文档打印科室和人员，不再需要打印设备和特规纸张，也不存在图文档争用、等待情况。生产人员和产品研发人员在线零距离沟通，产品数据管理和应用能力都得到提升。生产现场没有了脏乱的纸质产品图文档，可视化环境和精神面貌焕然一新。生产人员配置更精简，文档查阅更方便，版本控制更有力，质量成本在减少，生产废品率明显减少，生产效率明显提升，生产成本明显下降，生产周期明显缩短。

总之，MES集成产品全生命周期管理系统是打通产品数据在个性产品定制全生产过程在线流通应用的关键战略性举措，无论是在效率效益方面还是在质量成本方面都有非凡的价值意义。

12. MES集成项目计划管理系统

MES集成项目计划管理系统如图17-46所示。

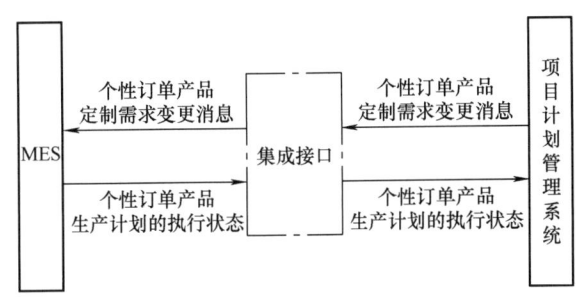

图 17-46　MES集成项目计划管理系统

MES集成项目计划管理系统主要用于提高项目经理对个性化订单产品生产进度的监控和管理效能，主要作用于项目计划管理过程。

本集成使得项目经理能够在项目计划管理系统环境下直接从MES中读取个性化订单产品生产任务的执行状态，从而实现对所有个性化订单产品生产任务的实时在线监控，包括毛坯铸造进度、零件加工进度、产品组装进度、质量检测结果、包装发运进度等信息；能够在MES环境下自动响应个性化订单项目计划的变更，如当项目计划暂停时，MES自动停滞并冻结所有与该项目相关的零件生产任务的执行，全面控制相关零件生产计划暂停在当前状态，直到新的项目计划指令到达，降低项目计划变更风险，防止不确定性带来更多损失。本集成提升了项目经理对个性化订单项目生产过程的监控能力，提升了生产过程对项目计划变更的适应能力和反应能力，提高了项目管理效率，缩短了项目管理周期，降低了项目管理成本。

13. MES 集成数控程序传输系统

MES 集成数控程序传输系统如图 17-47 所示。

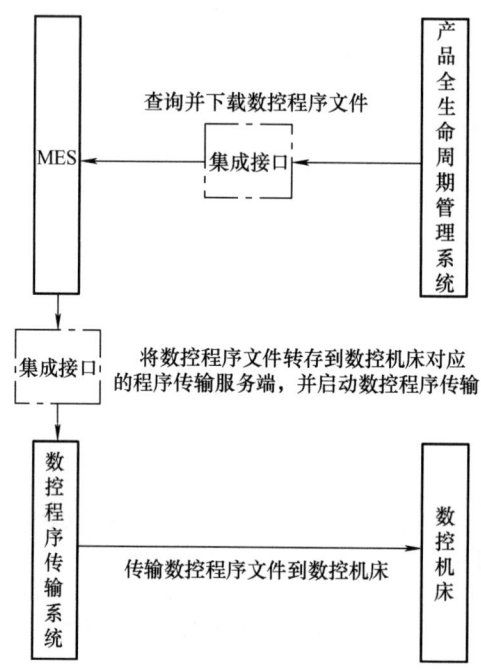

图 17-47　MES 集成数控程序传输系统（数控程序下载过程）

MES 集成数控程序传输系统主要用于提高生产制造人员对个性化订单产品数控加工程序的上传、下载和共享利用效能，主要作用于生产制造过程。

本集成使得生产制造人员能够在 MES 环境下直接从 PLM 中调取数控加工程序，进而通过数控程序传输系统将目标数控程序传送给目标数控机床，或者通过数控程序传输系统将最新的经过改进的数控加工程序上传到产品全生命周期管理系统归档，或者通过数控程序传输系统将数控加工程序共享给其他同类数控机床。本集成有利于固化、存储、传播零部件数控加工经验，从而大幅度发挥数控加工程序的作用，提高了产品生产效率、设备利用率和加工质量稳定性，减少了制造成本和生产周期。

本集成示例如图 17-48 所示。

第17章 控制阀智能制造

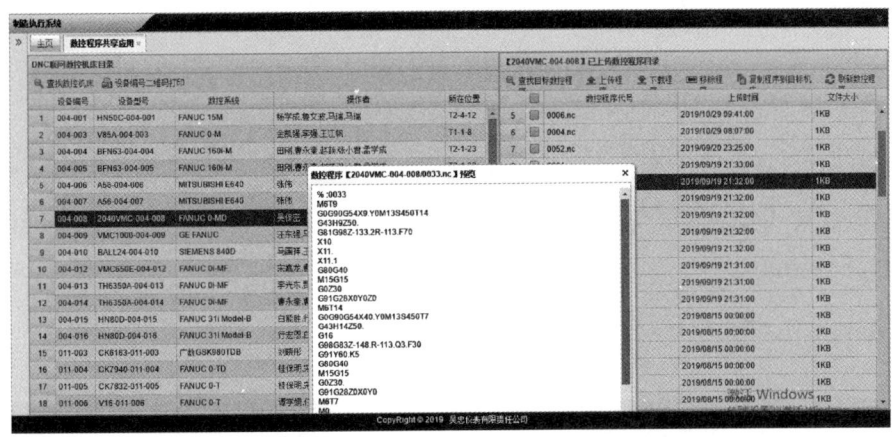

图 17-48　MES 集成数控程序传输系统示例

在上述集成示例中，生产现场的各类人员可以基于 MES，全天 24 小时随时上传、下载和共享应用数控加工程序。便捷易操作的数控程序传输应用功能将全体数控机床互联在一起，打破了数控机床加工程序孤岛，使数控机床之间、数控操作者之间能够通过网络交换和共享数控加工程序，大幅度提升了既有数控加工程序的再利用能力。在发挥数控程序价值作用的同时，提高了数控机床利用率，增强了零件加工质量稳定性，缩短了零件生产周期，降低了零件生产成本。

14. MES 集成数控机床监控系统

MES 集成数控机床监控系统如图 17-49 所示。

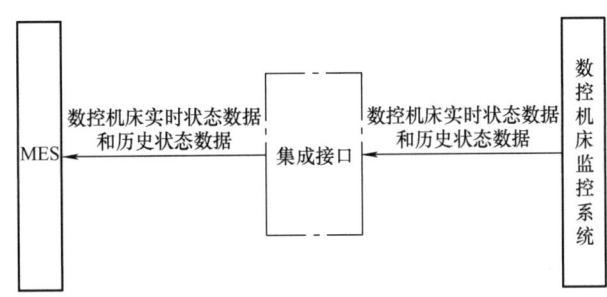

图 17-49　MES 集成数控机床监控系统

MES 集成数控机床监控系统主要用于生产制造过程中提高生产制造人员对数控机床状态的监控效能。

1201

本集成使得生产制造人员能够在 MES 环境下直接从数控机床监控系统中读取数控机床的当前状态和历史状态，包括关机、空闲、运行和报警。统计数控机床在每个班次、日、周、月、季度和全年的关机率、空闲率、运行率和报警率，支持生产管理人员发现设备利用问题和管理问题，查找并分析根本原因，进而做出科学管理决策，提高数控机床利用率。

本集成示例如图 17-50 所示。

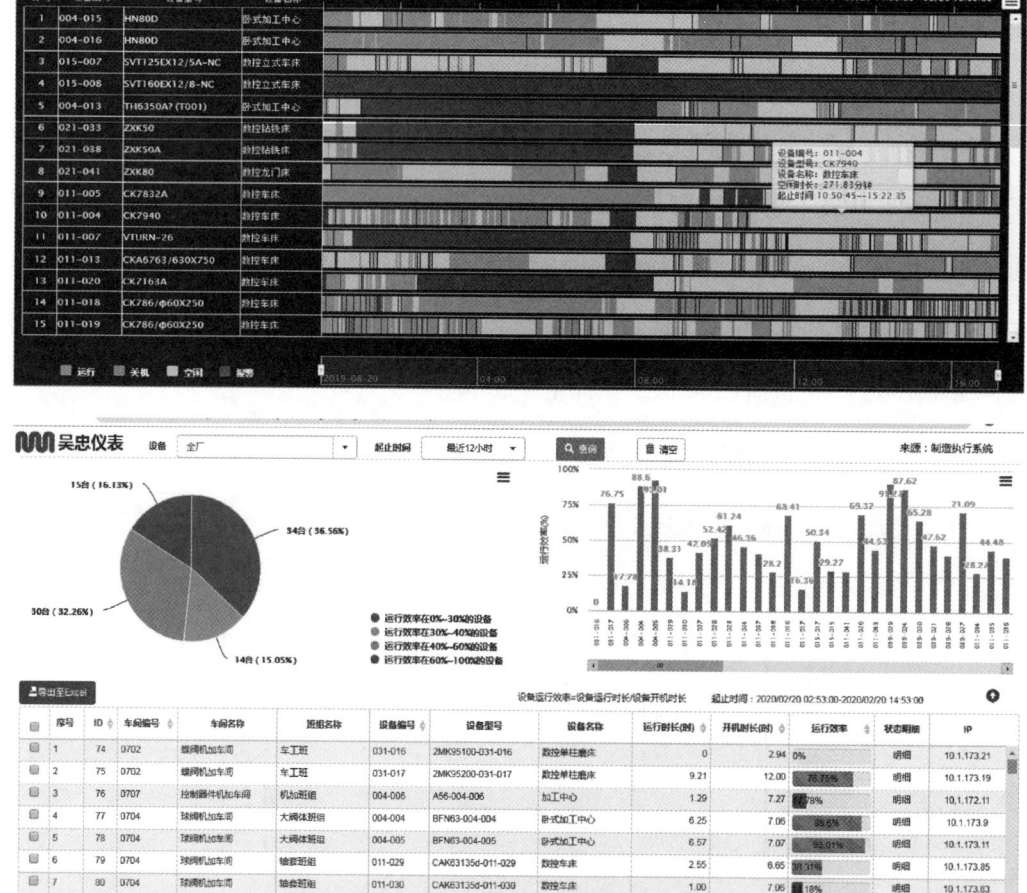

图 17-50　MES 集成数控机床监控系统示例

在上述集成示例中，生产现场的各类人员可以基于 MES，全天 24 小时不间断在线监控数控机床、自动生产线、自动仓储设备、自动物流设备、数字检测设备等主要设备的空闲、报警、运行、关机状态信息。精准透明可视的设备状态监控功能，使得生产管理人员能够直观地洞察设备调度管理应用问题，支撑设备全面统筹、统一配给、合理调度、管理决策，挖掘整体效能，发挥 1 + 1 > 2 叠加效应。

17.5.4 智能制造能力成熟度要求

信息数字化支持下的标准化生产，实现关键生产环节的数据化。实现全面生产过程数据化及驱动业务最优化，最终实现智能化高柔性自适应生产。

1）通过信息技术手段，将生产制造过程所需要的设计和工艺文件通过电子手段在线下发到生产单元。

2）基于信息技术手段，实现生产过程关键物料、设备、人员等的数据采集，并上传到信息系统。

3）在关键工序采用数字化质量检测设备，实现产品质量检测和分析。

4）通过信息系统记录生产过程产品信息，每个批次实现生产过程追溯。

5）将生产任务自动下发到各工位终端，同时实现与设计、工艺等系统的集成，自动获取与生产任务相匹配的技术资料。

6）实现对生产作业计划、生产资源、质量信息等关键数据的实时动态监测。

7）通过数字化检验设备及系统的集成，实现关键工序制造数据和质量数据的自动采集和在线分析，自动对检验结果判断和报警，实现检测数据共享，并建立产品质量问题知识库。

8）实现生产过程中原材料、半成品、产成品等质量信息可追溯。

9）根据生产作业计划，自动将生产程序、运行参数或生产指令下发到数字化设备。

10）构建模型实现生产作业数据的在线分析，优化生产工艺参数、设备参数、生产资源配置等。

11）基于在线监测的质量数据，建立质量数据算法模型，预测生产过程异常，并实时预警。

12）实时采集产品原料、生产过程、客户使用的质量信息，实现产品质量的精准追溯，并通过数据分析和知识库的运用，进行产品的缺陷分析，提出改善方案。

13）实现生产资源自组织、自优化，满足柔性化、个性化生产的需求。

14）基于人工智能、大数据等技术，实现生产过程非预见性异常的自动调整。

15）基于模型实现质量知识库自优化。

附 录

附录 A 常用计量单位转换与换算

附表 A-1 SI 基本单位

物理量名称	单位名称	单位符号	物理量名称	单位名称	单位符号
长度	米	m	热力学温度	开［尔文］	K
质量	千克（公斤）	kg	物质的量	摩［尔］	mol
时间	秒	s	发光强度	坎［德拉］	cd
电流	安［培］	A	—	—	—

附表 A-2 SI 辅助单位

物理量名称	单位名称	单位符号
平面角	弧度	rad
立体角	球面度	sr

附表 A-3 具有专门名称的 SI 导出单位

物理量名称	单位名称	单位符号	其他表示示例	物理量名称	单位名称	单位符号	其他表示示例
频率	赫［兹］	Hz	s^{-1}	磁通量	韦［伯］	Wb	$V \cdot s$
力	牛［顿］	N	$kg \cdot m/s^2$	磁通量密度，磁感应强度	特［斯拉］	T	Wb/m^2
压力，压强；应力	帕［斯卡］	Pa	N/m^2	电感	亨［利］	H	Wb/A
能量；功；热量	焦［耳］	J	$N \cdot m$	摄氏温度	摄氏度	℃	—
功率；辐射通量	瓦［特］	W	J/s	光通量	流［明］	lm	$cd \cdot sr$
电荷量	库［仑］	C	$A \cdot s$	光照度	勒［克斯］	lx	lm/m^2

(续)

物理量名称	单位名称	单位符号	其他表示示例	物理量名称	单位名称	单位符号	其他表示示例
电位；电压；电动势	伏[特]	V	W/A	放射性活度	贝可[勒尔]	Bq	s^{-1}
电容	法[拉]	F	C/V	吸收剂量	戈[瑞]	Gy	J/kg
电阻	欧[姆]	Ω	V/A	剂量当量	希[沃特]	Sv	J/kg
电导	西[门子]	S	A/V	—	—	—	—

附表 A-4　非 SI 单位

量的名称	单位名称	单位符号	与 SI 单位的关系	量的名称	单位名称	单位符号	与 SI 单位的关系
时间	分	min	1min = 60s	旋转速度	转每分	r/min	1r/min = (1/60) s^{-1}
	[小]时	h	1h = 60min = 3600s	长度	海里	n mile	1n mile = 1852m（只用于航行）
	天（日）	d	1d = 24h = 86400s				
[平面]角	度[角]	(°)	1° = (π/180) rad（π 为圆周率）	速度	节	kn	1kn = 1n mile/h = (1852/3600) m/s（只用于航行）
	分[角]	(′)	1′ = (1/60)° = (π/10800) rad				
	秒	(″)	1″ = (1/60)′ = (π/648000) rad	能	电子伏	eV	1eV ≈ 1.602177 × 10^{-19}J
体积	升	L, l	1L = 1dm^3 = $10^{-3}m^3$	级差	分贝	dB	—
质量	吨	t	1t = 10^3kg	线密度	特[克斯]	tex	1tex = 10^{-6}kg/m
	原子质量单位	u	1 u ≈ 1.660540 × 10^{-27}kg	—	—	—	—

附表 A-5　SI 词头

因数	词头名称	词头符号	因数	词头名称	词头符号
10^{-18}	阿[托]	a	10^{1}	十	da
10^{-15}	飞[母托]	f	10^{2}	百	h
10^{-12}	皮[可]	p	10^{3}	千	k
10^{-9}	纳[诺]	n	10^{6}	兆	M
10^{-6}	微	μ	10^{9}	吉[咖]	G
10^{-3}	毫	m	10^{12}	太[拉]	T
10^{-2}	厘	c	10^{15}	拍[它]	P
10^{-1}	分	d	10^{18}	艾[可萨]	E

附录

附表 A-6　长度单位换算

米（m）	厘米（cm）	英尺（ft）	英寸（in）	米（m）	厘米（cm）	英尺（ft）	英寸（in）
1	100	3.2808	39.37	0.3048	30.48	1	12
0.01	1	0.0328	0.3937	0.0254	2.54	0.0833	1

附表 A-7　面积单位换算

米^2（m^2）	厘米^2（cm^2）	英尺^2（ft^2）	英寸^2（in^2）	米^2（m^2）	厘米^2（cm^2）	英尺^2（ft^2）	英寸^2（in^2）
1	10^4	10.764	1550	0.0929	929	1	144
10^{-4}	1	1.0764×10^{-3}	0.155	6.4516×10^{-4}	6.4515	6.944×10^{-3}	1

附表 A-8　体积单位换算

米^3（m^3）	升或分米^3（L 或 dm^3）	英加仑（UK gal）	美加仑（US gal）	英尺^3（ft^3）	英寸^3（in^3）
1	10^3	220	264.2	35.315	61024
10^{-3}	1	0.22	0.2642	0.0353	61.02
0.0045	4.546	1	1.201	0.1605	277.4
3.785×10^{-3}	3.785	0.8327	1	0.1337	231
0.0283	28.317	6.2288	7.4805	1	1728
1.64×10^{-5}	0.0164	3.605×10^{-3}	4.329×10^{-3}	5.787×10^{-4}	1

附表 A-9　力单位换算

牛顿（N）	千克力（kgf）	达因（dyn）	磅力（lbf）	磅达（pdl）
1	0.102	10^5	0.2248	7.233
9.807	1	9.807×10^5	2.2046	70.93
10^{-5}	1.02×10^{-6}	1	2.248×10^{-6}	7.233×10^{-5}
4.448	0.4536	4.448×10^5	1	32.174
0.1383	1.41×10^{-3}	1.383×10^4	3.108×10^{-2}	1

附表 A-10　质量单位换算

吨（t）	千克，公斤（kg）	克（g）	英吨（ton）	短吨（sh ton）	磅（lb）
1	10^3	10^6	0.9842	1.1023	2204.6
10^{-3}	1	10^3	9.842×10^{-4}	1.1023×10^{-3}	2.2046
10^{-6}	10^{-3}	1	9.842×10^{-7}	1.1023×10^{-6}	2.2046×10^{-3}
1.0161	1016.1	1.0161×10^6	1	1.12	2240
0.9072	907.2	9.072×10^5	0.8929	1	2000
0.4536×10^{-3}	0.4536	453.6	4.464×10^{-4}	5×10^{-4}	1

附表 A-11　密度单位换算

克/厘米³（g/cm³）或 吨/米³（t/m³）	千克/米³（kg/m³）或 克/升（g/L）	磅/英寸³ （lb/in³）	磅/英尺³ （lb/ft³）	磅/英加仑 （lb/UK gal）	磅/美加仑 （lb/US gal）
1	10³	3.613×10⁻²	62.43	10.02	8.345
10⁻³	1	3.613×10⁻⁵	4243×10⁻²	1.002×10⁻²	8.345×10⁻³
27.68	2.768×10⁴	1	1728	277.42	231
1.602×10⁻²	16.02	5.787×10⁻⁴	1	0.1605	0.1337
9.98×10⁻²	99.8	3.605×10⁻³	6.229	1	0.8327
0.1198	119.8	4.329×10⁻³	7.48	1.201	1

附表 A-12　压力单位换算

牛顿/米²（N/m²）或帕斯卡（Pa）	巴（bar）	千克力/厘米²（kgf/cm²）或工程大气压（at）	磅力/英寸²（lbf/in²）	标准大气压（atm）	毫米汞柱（mmHg）	英寸汞柱（inHg）	毫米水柱（mmH₂O）	英寸水柱（inH₂O）
1	10⁻⁵	1.02×10⁻⁵	1.45×10⁻⁴	9.869×10⁻⁶	7.501×10⁻³	2.953×10⁻⁴	0.1021	4.018×10⁻³
10⁵	1	1.020	14.5	0.9869	750.1	29.53	1.021×10⁴	401.8
9.807×10⁴	0.9807	1	14.22	0.9678	735.6	28.96	1.001×10⁴	3941
6.895×10³	6.895×10⁻²	7.031×10⁻²	1	6.805×10⁻²	51.71	2.036	7.037×10²	27.7
1.013×10⁵	1.013	1.033	147	1	760	29.92	1.034×10⁴	407.2
1.333×10²	1.333×10⁻³	1.36×10⁻³	1.934×10⁻²	1.31S×10⁻³	1	3.937×10⁻²	13.61	0.5357
3.386×10³	3.386×10⁻²	3.453×10⁻²	0.4912	3.342×10⁻²	25.4	1	3.456×10²	13.61
9.8067	9.798×10⁻⁵	9.991×10⁻⁵	1.421×10⁻³	9.67×10⁻⁵	7.349×10⁻²	2.893×10⁻³	1	3.937×10⁻²
2.4908×10²	2.489×10⁻³	2.538×10⁻³	3.609×10⁻²	2.456×10⁻³	1.867	7.349×10⁻²	25.4	1

附表 A-13　体积流量单位换算

米³/时（m³/h）	米³/分（m³/min）	米³/秒（m³/s）	英尺³/时（ft³/h）	英尺³/秒（ft³/s）	英加仑/分（UK gal/min）	美加仑/分（US gal/min）
1	1.667×10⁻²	2.778×10⁻⁴	35.31	9.81×10⁻³	3.667	4.403
60	1	1.667×10⁻²	2.119×10³	0.5886	2.1998×10²	2.642×10²
3.6×10³	60	1	1.271×10⁵	35.31	1.32×10⁴	1.585×10⁴
2.832×10⁻²	4.72×10⁻⁴	7.866×10⁻⁶	1	2.778×10⁻⁴	0.1038	0.1247
1.019×10²	1.699	2.832×10⁻²	3.6×10³	1	3.737×10²	4.488×10²
0.2728	4.546×10⁻³	7.577×10⁻⁵	9.632	2.676×10⁻³	1	1.201
0.2271	3.785×10⁻³	6.309×10⁻⁵	8.021	2.228×10⁻³	0.8327	1

附表 A-14 质量流量单位换算

千克/秒（kg/s）	千克/时（kg/h）	磅/秒（lb/s）	磅/时（lb/h）	吨/日（t/d）	吨/年（8000h）（t/y）
1	3.6×10^3	2.205	7.937×10^3	86.4	2.88×10^4
2.778×10^{-4}	1	6.124×10^{-4}	2.205	2.4×10^{-2}	8
0.4536	1.633×10^3	1	3.6×10^3	39.19	1.306×10^4
1.26×10^{-4}	0.4536	2.778×10^{-4}	1	1.089×10^{-2}	3.629
1.157×10^{-2}	41.67	0.02552	91.86	1	3.333×10^2
3.472×10^{-5}	0.125	7.656×10^{-5}	0.2756	3.0×10^{-3}	1

附表 A-15 动力黏度单位换算

千克力·秒/米^2（kgf·s/m^2）	牛·秒/米^2（N·s/m^2）或帕·秒（Pa·s）	泊（P）	厘泊（cP）	磅力·秒/英尺^2（lbf·s/ft^2）
1	9.81	98.1	9.81×10^3	0.205
0.102	1	10	10^3	20.9×10^{-3}
1.02×10^{-2}	0.1	1	10^2	20.9×10^{-4}
1.02×10^{-4}	10^{-3}	10^{-2}	1	2.09×10^{-5}
4.88	47.88	478.8	4.778×10^4	1

附表 A-16 运动粘度单位换算

厘米^2/秒（cm^2/s）或斯（St）	米^2/秒（m^2/s）	米^2/时（m^2/h）	英尺^2/秒（ft^2/s）	英尺^2/时（ft^2/h）
1	10^{-4}	0.36	1.076×10^{-3}	3.875
10^4	1	3.6×10^3	10.76	3.875×10^4
2.778	2.778×10^{-4}	1	2.99×10^{-3}	10.76
929	9.29×10^{-2}	3.346×10^2	1	3.6×10^3
0.258	2.58×10^{-5}	9.29×10^{-2}	2.78×10^{-4}	1

附表 A-17 功、能和热量单位换算

焦耳（J）	千克力·米（kgf·m）	公制马力·时（ps·h）	英马力·时（hp·h）	千瓦·时（kW·h）	千卡（kcal）	英热单位（Btu）	英尺·磅力（ft·lbf）
1	0.102	3.777×10^{-7}	3.725×10^{-7}	2.778×10^{-7}	2.389×10^{-4}	9.478×10^{-4}	0.7376
9.807	1	3.704×10^{-7}	3.653×10^{-6}	2.724×10^{-6}	2.342×10^{-3}	9.295×10^{-3}	7.233
2.648×10^6	2.7×10^5	1	0.9863	0.7355	632.5	2510	1.953×10^6
2.685×10^6	2.738×10^5	1.014	1	0.7457	641.2	2544.4	1.98×10^6
3.6×10^6	3.671×10^6	1.36	1.341	1	859.8	3412	2.655×10^6

（续）

焦耳（J）	千克力·米 (kgf·m)	公制马力·时 (ps·h)	英马力·时 (hp·h)	千瓦·时 (kW·h)	千卡 (kcal)	英热单位 (Btu)	英尺·磅力 (ft·lbf)
4187	426.9	1.581×10^{-3}	1.559×10^{-3}	1.163×10^{-3}	1	3.968	3.087×10^3
1055	107.6	3.985×10^{-4}	3.93×10^{-4}	2.93×10^{-4}	0.252	1	778.2
1.356	0.1383	5.121×10^{-7}	5.05×10^{-7}	3.768×10^{-7}	3.24×10^{-4}	1.285×10^{-3}	1

附表 A-18 热容（比热容）单位换算

焦/(千克·开) (J/(kg·K))	焦/(克·摄氏度) (J/(g·℃))	千卡/(千克·摄氏度) (kcal/(kg·℃))	英热单位/(磅·华氏度) (Btu/(lb·℉))	摄氏热单位/(磅·摄氏度) (Chu/(lb·℃))	千克·米/(千克·摄氏度) (kg·m/(kg·℃))
1	10^{-3}	2.389×10^{-4}	2.389×10^{-4}	2.389×10^4	1.02×10^{-1}
10^3	1	0.2389	0.2389	0.2389	1.02×10^2
4.187×10^3	4.187	1	1	1	4.269×10^2
9.807	9.807×10^{-3}	2.342×10^{-3}	2.342×10^{-3}	2.342×10^{-3}	1

附表 A-19 功率单位换算

瓦（W）	千瓦 (kW)	公制马力 (ps)	英马力 (hp)	千克力·米/秒 (kgf·m/s)	千卡/秒 (kcal/s)	英热单位/秒 (Btu/s)	英尺·磅力/秒 (ft·lbf/s)
1	10^{-3}	1.36×10^{-3}	1.341×10^{-3}	0.102	2.39×10^{-4}	9.478×10^{-4}	0.7376
10^3	1	1.36	1.341	102	0.239	0.9478	737.6
735.5	0.7355	1	0.9863	75	0.1757	0.6972	542.5
745.7	0.7457	1.014	1	76.04	0.1781	0.7068	550
9.807	9.807×10^{-3}	1.333×10^{-2}	1.315×10^{-2}	1	2.342×10^{-3}	9.295×10^{-3}	7.233
4187	4.187	5.692	5.614	426.9	1	3.968	3087
1055	1.055	1.434	1.415	107.6	0.252	1	778.2
1.356	1.356×10^{-3}	1.843×10^{-3}	1.82×10^{-3}	0.1383	3.24×10^{-4}	1.285×10^{-3}	1

附表 A-20 温度换算公式

换算	换算公式
摄氏度（℃）→华氏度（℉）	（摄氏度×9/5）+32
摄氏度（℃）→开[尔文]（K）	（摄氏度+273.15）
华氏度（℉）→摄氏度（℃）	（华氏度-32）×5/9
华氏度（℉）→兰氏度（°R）	（华氏度+459.67）

附录 B 管道数据

附表 B-1 美制钢管数据

公称管径 /in（mm）	外径 D /in[①]	识别标记 钢管 分类[②]	识别标记 钢管 号码	识别标记 不锈钢管号码	管壁厚度 t /in	内径 d /in	管子重量 /(lb/ft)[①]
1/8	0.405	—	—	10S	0.049	0.307	0.19
		STD	40	40S	0.068	0.263	0.24
		XS	80	80S	0.095	0.215	0.31
1/4 (8)	0.504	—	—	10S	0.065	0.410	0.33
		STD	40	40S	0.068	0.364	0.42
		XS	80	80S	0.119	0.302	0.54
3/8 (10)	0.675	—	—	10S	0.065	0.545	0.42
		STD	40	40S	0.091	0.493	0.57
		XS	80	80S	0.126	0.423	0.74
1/2 (15)	0.840	—	—	5S	0.065	0.710	0.54
		—	—	10S	0.083	0.674	0.67
		STD	40	40S	0.109	0.622	0.85
		XS	80	80S	0.147	0.546	1.09
		—	160	—	0.187	0.466	1.31
		XXS	—	—	0.294	0.252	1.71
3/4 (20)	1.050	—	—	5S	0.065	0.920	0.69
		—	—	10S	0.083	0.884	0.86
		STD	40	40S	0.113	0.824	1.13
		XS	80	80S	0.154	0.742	1.47
		—	160	—	0.219	0.612	1.94
		XXS	—	—	0.308	0.434	2.44
1 (25)	1.315	—	—	5S	0.065	1.185	0.69
		—	—	10S	0.109	1.097	0.86
		STD	40	40S	0.133	1.049	1.13
		XS	80	80S	0.179	0.957	1.47
		—	160	—	0.25	0.815	1.94
		XXS	—	—	0.358	0.599	2.44

(续)

公称管径 /in(mm)	外径 D /in[①]	识别标记 钢管 分类[②]	识别标记 钢管 号码	不锈钢管号码	管壁厚度 t /in	内径 d /in	管子重量 /(lb/ft)[①]
1 1/2 (40)	1.90	—	—	5S	0.065	1.77	1.28
		—	—	10S	0.109	1.682	2.09
		STD	40	40S	0.145	1.61	2.72
		XS	80	80S	0.2	1.5	3.63
		—	160	—	0..281	1.338	4.85
		XXS	—	—	0.40	1.1	6.41
2 (50)	2.375	—	—	5S	0.065	2.245	1.61
		—	—	10S	0.109	2.157	2.64
		STD	40	40S	0.154	2.067	3.65
		XS	80	80S	0.218	1.939	5.02
		—	—	—	0.344	1.687	7.46
		XXS	—	—	0.436	1.503	9.03
3 (80)	3.50	—	—	5S	0.083	3.334	3.03
		—	—	10S	0.12	3.26	4.33
		STD	40	40S	0.216	3.068	7.58
		XS	60	80S	0.3	2.9	10.25
		—	160	—	0.438	2.624	14.32
		XXS	—	—	0.6	2.3	18.58
4 (100)	4.5	—	—	5S	0.083	4.334	3.92
		—	—	10S	0.12	4.26	5.61
		STD	40	40S	0.237	4.025	10.79
		XS	80	80S	0.337	3.826	14.98
		—	120	—	0.438	3.624	19.00
		—	160	—	0.531	3.438	22.51
		XXS	—	—	0.674	3.152	27.54
5 (125)	5.563	—	—	5S	0.109	5.345	6.30
		—	—	10S	0.134	5.295	7.77
		STD	40	40S	0.256	5.047	14.62
		XS	80	80S	0.375	4.813	20.78
		—	120	—	0.50	5.563	27.04
		—	160	—	0.625	4.313	32.96
		XXS	—	—	0.75	4.063	38.55

（续）

公称管径/in（mm）	外径 D/in[①]	识别标记			管壁厚度 t/in	内径 d/in	管子重量/(lb/ft)[①]
		钢管		不锈钢管号码			
		分类[②]	号码				
6 (150)	6.625	—	—	5S	0.109	6.407	7.60
		—	—	10S	0.134	6.357	9.29
		STD	40	40S	0.280	6.065	18.97
		XS	80	80S	0.432	5.761	28.57
		—	120	—	0.562	5.501	36.39
		—	160	—	0.719	5.187	45.35
		XXS	—	—	0.864	4.897	53.16
8 (200)	8.625	—	—	5S	0.109	8.407	9.93
		—	—	10S	0.148	8.329	13.40
		—	20	—	0.25	8.125	22.36
		—	30	—	0.277	8.071	24.70
		STD	40	40S	0.322	7.981	28.55
		—	60	—	0.406	7.813	35.64
		XS	80	80S	0.50	7.625	43.39
		—	100	—	0.594	7.437	50.95
		—	120	—	0.719	7.187	60.71
		—	140	—	0.812	7.001	67.76
		XXS	—	—	0.875	6.875	72.42
		—	160	—	0.905	6.813	74.69
10 (250)	10.75	—	—	5S	0.134	10.482	15.19
		—	—	10S	0.165	10.42	18.65
		—	20	—	0.25	10.42	28.04
		—	30	—	0.307	10.136	34.24
		STD	40	40S	0.365	10.02	40.48
		XS	60	80S	0.50	9.75	54.74
		—	80	—	0.594	9.562	64.43
		—	100	—	0.719	9.312	77.03
		—	120	—	0.844	9.062	89.29
		XXS	140	—	1.0	8.75	104.13
		—	160	—	1.125	8.50	115.64

1213

（续）

公称管径 /in（mm）	外径 D /in[①]	识别标记 钢管 分类[②]	识别标记 钢管 号码	不锈钢管号码	管壁厚度 t /in	内径 d /in	管子重量 /(lb/ft)[①]
12 (300)	12.75	—	—	5S	0.156	12.438	20.98
		—	—	10S	0.180	12.39	24.17
		—	20	—	0.25	12.25	33.38
		—	30	—	0.33	12.09	43.77
		STD	—	40S	0.375	12.0	49.56
		—	40	—	0.406	11.938	53.52
		XS	—	80S	0.50	11.75	65.42
		—	60	—	0.562	11.626	73.15
		—	80	—	0.688	11.374	88.83
		—	100	—	0.844	11.062	107.32
		XXS	120	—	1.0	10.75	125.49
		—	140	—	1.125	10.50	139.67
		—	160	—	1.312	10.126	160.27
14 (350)	14.00	—	—	5S	0.156	13.688	23.07
		—	—	10S	0.188	13.624	27.73
		—	10	—	0.25	13.50	36.71
		—	20	—	0.312	13.376	45.61
		STD	30	—	0.375	13.25	54.57
		—	40	—	0.436	13.134	63.44
		XS	—	—	0.50	13.00	72.09
		—	60	—	0.594	12.812	85.05
		—	80	—	0.75	12.50	106.13
		—	100	—	0.938	12.124	130.85
		—	120	—	1.094	11.812	150.79
		—	140	—	1.25	11.50	170.28
		—	160	—	1.406	11.188	189.11
16 (400)	16.00	—	—	5S	0.165	15.67	27.90
		—	—	10S	0.188	15.624	31.75
		—	10	—	0.250	15.50	42.05
		—	20	—	0.312	15.376	52.27
		STD	30	—	0.375	15.25	62.58

（续）

公称管径/in（mm）	外径 D /in[①]	识别标记		不锈钢管号码	管壁厚度 t /in	内径 d /in	管子重量 /(lb/ft)[①]
		钢管					
		分类[②]	号码				
16 (400)	16.00	XS	40	—	0.50	15.00	82.77
		—	60	—	0.656	14.688	107.5
		—	80	—	0.844	14.132	136.61
		—	100	—	1.031	13.938	164.82
		—	120	—	1.219	13.562	192.43
		—	140	—	1.438	13.124	223.64
		—	160	—	1.594	12.812	245.25
18 (450)	18.00	—	—	5S	0.165	17.67	31.43
		—	—	10S	0.188	17.524	35.76
		—	10	—	0.25	17.50	47.39
		—	20	—	0.312	17.376	58.94
		STD	—	—	0.375	17.25	70.59
		—	30	—	0.438	17.124	82.15
		XS	—	—	0.50	17.00	93.45
		—	40	—	0.562	16.876	104.67
		—	60	—	0.75	16.50	138.17
		—	80	—	0.938	16.124	170.92
		—	100	—	1.156	15.688	207.96
		—	120	—	1.375	15.25	244.14
		—	140	—	1.562	14.876	274.22
		—	160	—	1.781	14.438	308.5
20 (500)	20.00	—	—	5S	0.188	19.624	39.78
		—	—	10S	0.218	19.564	46.06
		—	10	—	0.25	19.50	52.73
		STD	20	—	0.375	19.25	78.60
		XS	30	—	0.50	19.00	104.13
		—	40	—	0.594	18.812	123.11
		—	60	—	0.812	18.376	166.40
		—	80	—	1.031	17.938	208.87
		—	100	—	1.281	17.438	256.10
		—	120	—	1.50	17.00	296.37

（续）

公称管径 /in（mm）	外径 D /in[①]	识别标记		不锈钢管号码	管壁厚度 t /in	内径 d /in	管子重量 /(lb/ft)[①]
		钢管					
		分类[②]	号码				
20 (500)	20.00	—	140	—	1.75	16.50	341.09
		—	160	—	1.969	16.062	379.17
22 (550)	22.00	—	—	5S	0.188	21.624	43.80
		—	—	10S	0.218	21.564	50.71
		—	10	—	0.250	21.50	58.07
		STD	20	—	0.375	21.25	86.61
		XS	30	—	0.50	21.00	114.81
		—	60	—	0.875	20.25	197.41
		—	80	—	1.125	19.75	250.81
		—	100	—	1.375	19.25	320.88
		—	120	—	1.625	18.75	353.61
		—	140	—	1.875	18.25	403.00
		—	160	—	2.125	17.75	451.06
24 (600)	24.00	—	—	5S	0.218	23.564	55.37
		—	10	10S	0.25	23.50	63.41
		STD	20	—	0.375	23.25	94.62
		XS	—	—	0.50	23.00	125.49
		—	30	—	0.562	22.876	140.68
		—	40	—	0.588	22.624	171.29
		—	60	—	0.969	22.062	238.35
		—	80	—	1.219	21.562	296.58
		—	100	—	1.531	20.938	367.39
		—	120	—	1.812	20.376	429.39
		—	140	—	2.062	19.876	483.12
		—	160	—	2.344	19.312	542.13
26 (650)	26.00	—	10	—	0.312	25.376	85.60
		STD	20	—	0.375	25.25	102.63
		XS		—	0.50	25.00	136.17

（续）

公称管径 /in（mm）	外径 D /in[①]	识别标记 钢管 分类[②]	识别标记 钢管 号码	不锈钢管号码	管壁厚度 t /in	内径 d /in	管子重量 /(lb/ft)[①]
28 (700)	28.00	—	10	—	0.312	27.376	92.26
		STD	—	—	0.375	27.25	110.64
		XS	20	—	0.50	27.00	146.85
		—	30	—	0.625	26.75	182.73
30 (750)	30.00	—	—	5S	0.25	29.50	79.51
		—	10	10S	0.312	29.376	99.02
		STD	—	—	0.375	29.25	118.76
		XS	20	—	0.50	29.00	157.68
		—	30	—	0.625	28.75	196.08

① 1 in = 25.4mm；1lb/ft = 1.488kg/m。
② STD—标准管；XS—厚壁管；XXS—超厚壁管。

参 考 文 献

[1] 黄步余. 石油化工自动控制设计书 [M]. 4版. 北京：化学工业出版社，2020.

[2] 马玉山. 控制阀设计及先进制造技术 [M]. 北京：机械工业出版社，2021.

[3] 卢焕章. 石油化工基础数据书 [M]. 北京：化学工业出版社，1982.

[4] 哈奇森. 美国仪表学会调节阀手册 [M]. 林秋鸿，等译. 2版. 北京：化学工业出版社，1984.

[5] 陆培文. 实用阀门设计书 [M]. 3版. 北京：机械工业出版社，2012.

[6] NESBITT B. Handbook of Valves and Actuators: Valves Manual International [M]. Oxford: Butterworth-Heinemann, 2007.

[7] 章华友，晏泽荣，陈元芳，等. 球阀设计与选用 [M]. 北京：北京科学技术出版社，1994.

[8] 王松汉. 石油化工设计书 第1卷：石油化工基础数据 [M]. 北京：化学工业出版社，2002.

[9] 马玉山. 智能制造工程理论与实践 [M]. 北京：机械工业出版社，2021.